AF627291

DIE PS-SCHLACHT DES ZWEITEN WELTKRIEGS

Höher, schneller, weiter – Jägermotoren der Westfront

Calum E. Douglas

Motor buch Verlag

Inhalt

Einführung

Die Mittagsvorlesungen in Brackley, der Heimat des Mercedes-Formel-1-Teams, sind selten so voll wie an jenem Tag, als Calum kam, um sein enzyklopädisches Wissen über den verzweifelten Wettlauf um die Entwicklung der Hochleistungs-Kolbenmotoren, die die Jäger und Bomber des Zweiten Weltkriegs antrieben, weiterzugeben.

Aus einem Dutzend Quellen hatten wir erfahren, dass wir diesen Vortrag nicht verpassen sollten, und Calum hat uns nicht enttäuscht. Er fesselte ein paar hundert Zuhörer mit einer Geschichte, die ebenso reich an technischen Details war wie an menschlichen Schwächen und Triumphen, die zu solch existenziellen Bemühungen gehören. Am Ende seines Vortrags schossen unsere Fragen wie Pilze aus dem Boden: Jede Antwort enthüllte eine weitere, faszinierende Einsicht und führte zu einer neuen Ebene des Fragestellung.

Ich liebe meinen Job, aber an diesem Tag kehrte ich nur widerwillig an meinen Schreibtisch zurück, denn mein Kopf brummte und mein Herz wollte noch ein wenig länger in die Welt eintauchen, die er uns offenbart hatte.

Obwohl ich eine glückliche Karriere in der Formel 1 verbracht habe, war es die Luftfahrt, mit der ich in meinen prägenden Jahren in Berührung gekommen bin. Mein Vater war Kampfpilot bei der RAF und verbrachte seine Freizeit in den 1980er und frühen 90er Jahren damit, Kampfflugzeuge aus dem Zweiten Weltkrieg auf Flugshows zu fliegen. Ich wuchs umgeben von den Flugzeugen dieser Epoche auf. Ich bewunderte die unvorstellbare Komplexität der riesigen Motoren, eingequetscht unter ihren engen, stromlinienförmigen Verkleidungen, und bei einer unvergesslichen Gelegenheit verbrachte ich mit freundlicher Genehmigung meines Vaters in einer zweisitzigen Spitfire 30 kostbare Minuten hinter einem Merlin, wobei mein ganzes Wesen von dem markerschütternden Lärm und dem Gefühl der unendlichen, brachialen und unmittelbaren Kraft, die sich in meine Gashebelhand schmiegte, überfallen wurde.

Von Kindheit an kannte ich viele der Schlagzeilenmeldungen des Zweiten Weltkriegs. Ich kannte die Bedeutung der Schneider-Trophy-Rennen für die Entwicklung der britischen Flugmotoren im Krieg. Ich kannte die groben Umrisse der Entwicklung des Merlin und der stolpernden Fortschritte der riesigen Schiebermotoren. Ich wusste von Miss Shillings Öffnung* und der Kraftstoffeinspritzung, die von den deutschen Motoren verwendet wurde. Doch schon wenige Minuten, nachdem ich Calum zugehört hatte, wurde mir klar, dass mein vom Boys' Own** gewonnenes Wissen über diese epische Periode hoffnungslos oberflächlich war; krude, primärfarbige Fingerzeichnungen, die einzelne Genies lobten, aber die weitaus interessantere Wahrheit verpassten, die ihren überragenden Leistungen zugrunde lag.

Calums Vortrag in Brackley hat meinen Appetit geweckt, und dieses fabelhafte Buch hat es mir anschließend ermöglicht, mich an der reichhaltigen Kost auf jeder Seite zu laben. Ich habe mein Berufsleben als Formel-1-Ingenieur verbracht. Formel-1-Ingenieure arbeiten in eng zusammengeschweißten Teams, in denen wir uns mit unseren Konkurrenten messen, angetrieben von der überwältigenden Notwendigkeit des Gewinnens. Unsere Tätigkeit ist im Vergleich mit der jener Jahre leichgewichtig, aber dennoch ist es unmöglich, die Parallelen zu ignorieren, die Calums Forschung offenbart. Ich kenne die verzweifelte Panik, die einen völlig überwältigen kann, wenn man sich in eine technischen Sackgasse manövriert hat. Ich habe die unausweichliche Gewissheit des Scheiterns gespürt, die sich einstellt, wenn die Grundlagen des Lernens oder des Organisierens nicht feststehen, und ich kenne die tief sitzende Befriedigung, wenn ich meine Schulter ans Ruder eines gut geführten Teams lege und weiß, dass mein Schweiß zusammen mit dem von Hunderten von anderen unsere Sache Schritt für Schritt voranbringen wird. In diesem Buch werden dieselben Muster in jeder Einzelheit und mit den Folgen, die sich auf das Schicksal von Millionen von Menschen auswirken würden, in lebhaften Details dargestellt.

Ähnlich wie »The Instruments of Darkness«, Alfred Prices bahnbrechendes Werk über die Geschichte der elektronischen Kriegsführung im Zweiten Weltkrieg, erzählt »The Secret Horsepower Race« vom Auf und Ab eines technologischen Kampfes zwischen Nationen in den 1930er und 40er Jahren. Einen Krieg mit etwas so Kompliziertem wie einem Hochleistungsflugzeugmotor erfordert eine Mobilisierung auf nationaler und internationaler Ebene. Zugang zu Rohstoffen, zu willigen und qualifizierten Arbeitskräften, zu einem System der Organisation und Versorgung, zu guter Regierungsführung, zu gut geführter und koordinierter Forschung – Calum zeigt, wie all dies funktionieren muss, damit das Rennen gewonnen werden kann, aber er tut dies durch die Korrespondenz einer Vielzahl von Hauptakteuren. Einige der Männer in diesem Buch verdienen es zu Recht, als Genies gefeiert zu werden, andere irrten gravierend, aber sie alle gaben, oft auf Kosten ihrer Gesundheit, jedes Gramm ihres Engagements für das Rennen. Ich fordere jeden auf, dieses Buch zu lesen, ohne die Triumphe – auf beiden Seiten des Kampfes – zu bejubeln oder Mitgefühl für diejenigen zu empfinden, die gegen unmögliche Chancen ankämpften, oder Frustration über die bösartige Weigerung anderer, eine verlorene Sache anzuerkennen. All diese Verhaltensmuster sind uns aus unserem eigenen Leben vertraut, werden aber in diesem Zusammenhang durch die Höhe des Einsatzes noch hundertfach verschärft.

Es ist eine fesselnde Geschichte, erzählt von einem professionellen Ingenieur, der aufgrund seiner Erfahrung in der Entwicklung von Hochleistungsmotoren ein feines Gespür für die Schwierigkeiten hat, mit denen man bei der Erforschung der Grenzen der Technik konfrontiert wird, und der dank seiner Kenntnis der damaligen Zeit überzeugend die Faktoren darstellen kann, die sich schließlich als entscheidend für den Ausgang des Kampfes erwiesen. Sie wird auch mit Respekt vor dem Können derjenigen erzählt, deren Einsatz für eine unglaublich komplexe Aufgabe eher auf einem grundlegenden Verständnis als auf der rohen Kraft des digitalen Rechners beruhte, auf Aufopferung und Furchtlosigkeit und auf der Bereitschaft, Misserfolge in Kauf zu nehmen, daraus zu lernen und es erneut zu versuchen. Ob Sie nun Ingenieur sind oder nicht, diese Geschichte sollten Sie sich nicht entgehen lassen.

James Allison
Technischer Direktor
Mercedes AMG Petronas
Formel-Eins-Team
Brackley, September 2020

* Zweideutiger Originalwortlaut: »Miss Shilling's Orifice«. Miss Shilling war Ingenieurin und löste das Problem des Vergaserüberlaufs bei der Spitfire mit einer Art Lochscheibe als Kraftstoff-Durchflussbegrenzer.

** The Boys' Own Paper (1879 – 1967): Jugendzeitschrift mit vielen Abenteuer- und Heldengeschichten.

Zum Autor

Nach seiner Ausbildung zum zertifizierten Schweißer für die Luft- und Raumfahrt am Welding Institute in Cambridge baute er fünf Jahre lang Bauteile, die das Spektrum von Drohnenkomponenten bis hin zu klassischen Autoteilen abdeckten. Anschließend fügte er der Praxis die Theorie hinzu und erwarb einen Master-Abschluss in Maschinenbau unter der Leitung von Professor Geoff Goddard, dem ehemaligen Chefkonstrukteur der Rennmotorenfirma Cosworth.

Während seines Studiums arbeitete er mit einer kleinen Gruppe internationaler Studenten an seinem ersten echten Projekt zur Entwicklung eines Rennmotors, das von einem reinen Entwurf bis zu einem laufenden Motor reichte. Als Ergebnis seiner Diplomarbeit wurde sein Name von der NASA zitiert, nachdem er einige Korrekturen an einem technischen Dokument über die Tribologie von Hochleistungsgetrieben vorgenommen hatte. Nach dem Universitätsstudium arbeitete er in Deutschland, wo er die Technologie von Formel-1-Motoren auf fortschrittliche Forschungsmotoren für Toyota übertrug; er lernte gleichzeitig die deutsche Sprache. Er hat Artikel in Fachzeitschriften und von Fachleuten begutachtete Abhandlungen über die Konstruktion von Motor- und Getriebeölsystemen veröffentlicht und bei vielen Formel-1-Rennmotorenherstellern technische Präsentationen über fortschrittliche Motorentechnologien aus dem Zweiten Weltkrieg gegeben, darunter Ferrari und Mercedes.

Obwohl die Motoren des Autors im Allgemeinen fest auf dem Boden bleiben, waren alte Flugzeuge schon immer seine größte Leidenschaft. Heute leitet er ein Unternehmen im Vereinigten Königreich, das Beratungsdienste für die Konstruktion von Motoren anbietet. Er ist immer noch auf der Suche nach einem Jumo 213 J.

www.scorpion-dynamics.com

Gewidmet Dr. Thomas James Buchanan M. A., Ph. D., F. Inst. P. [Ordentliches Mitglied des Instituts für Physik], 1913 – 1996.

Ein hervorragender Physiker des Royal Naval Scientific Service [Königlicher Wissenschaftlicher Dienst der Marine].

Vorwort

Dieses Buch befasst sich mit der Entwicklung und dem Einsatz von Kolbenflugmotoren in Kampfflugzeugen bis zum und während des Zweiten Weltkriegs auf dem westeuropäischen Kriegsschauplatz. Es konzentriert sich insbesondere auf die deutschen Entwicklungen, da diese bis jetzt am wenigsten verstanden wurden. Aber auch britische, amerikanische und italienische Entwicklungen werden berücksichtigt. Dieses Buch, das Ergebnis von fünf Jahren erschöpfender Archiv- und Feldforschung eines hochqualifizierten Kolbenmotorenkonstrukteurs, wurde – zum Zeitpunkt der Veröffentlichung – mit einer Ausnahme allen Entwicklungsfirmen für Formel-1-Motoren in der Welt vorgestellt, einschließlich Ferrari in Modena und sowohl den Chassis- als auch den Motorenfabriken von Mercedes und Renault Formula One in Frankreich und England. Es handelt sich um eine chronologische Geschichte, die sowohl die technische als auch die organisatorische Politik umfasst, die die Art und Weise, wie die Wissenschaft geleitet wurde, geprägt hat. Ausführlich wird aus den technischen Originalberichten zitiert, und im Falle des Reichsluftfahrtministeriums (RLM) werden stenografische Aufzeichnungen der technischen Konferenzen von hochrangigen deutschen Politikern und Ingenieuren aus der Kriegszeit wiedergegeben. Während der Erstellung dieses Buches wurden über 120.000 Seiten Originaldokumente aus Archiven in Großbritannien, der Schweiz, Schweden, Italien, Deutschland und Amerika fotografiert.

Ich beschloss, dieses Buch zu schreiben, während ich in Deutschland lebte und als Motorkonstrukteur für die Toyota Motorsport GmbH arbeitete. Nachdem mehrere Artikel von mir über die Entwicklung von Kolbenmotoren in Fachzeitschriften erschienen waren, besuchte ich Siegfried Knoll und Dr.-Ing. Karl Kollmann, den Chefmotormechaniker des Flugmuseums Messerschmitt bzw. den Sohn des Chefkonstrukteurs der Daimler-Benz AG. Kollmann, dessen Vater eine zentrale Rolle bei der Entwicklung der Triebwerke der meisten Messerschmitt Bf 109-Jagdflugzeuge gespielt hatte, und der selbst auch ein ehemaliger Konstrukteur von Kolbenmotoren war, stellte mir die Unterlagen seines Vaters und seine unveröffentlichten technischen Erinnerungen aus dem Jahr 1947 zur Verfügung, die ich in den drei Jahren vor der Veröffentlichung dieses Buches ins Englische übersetzte[1].

Nach Durchsicht dieser Aufzeichnungen war ich verblüfft über die fortschrittlichen Konstruktions-, Analyse-, Test- und Fertigungsmethoden, die von den Motorenkonstrukteuren der Kriegszeit angewandt wurden. In vielen Fällen erzielten sie Fortschritte, die erst jetzt – ein Dreivierteljahrhundert später – ihren Weg in kommerziell erhältliche Automobil- und Flugmotoren finden. Jeder Motor, der während des Krieges entwickelt wurde, war absolut auf dem neuesten Stand der Technik, quasi der Formel-1-Motor seiner Zeit. 20 oder 30 handgefertigte Motoren pro Jahr wurden jedoch durch Hunderttausende ersetzt, die ohne computergesteuerte Maschinen hergestellt wurden. Ich beschloss, weitere Nachforschungen anzustellen, und fand heraus, dass alle beteiligten Nationen während des Krieges ähnlich wichtige und bahnbrechende Arbeiten an Kolbenmotoren durchgeführt hatten. Die Geschichtsabteilungen von Rolls-Royce und der Daimler-AG, der derzeitigen Verwalter der Napier-Aufzeichnungen (The Institute of Mechanical Engineers), das Flugmuseum Messerschmitt und die Firma Mahle Powertrain haben mich bei der Erstellung dieses Buches direkt unterstützt.

Darüber hinaus wurde schnell klar, dass die Geschichte weit mehr umfasst als nur die wissenschaftlichen Details; im Hintergrund lag eine faszinierende Geschichte von militärischen Geheimdiensten, Begünstigung und Korruption, technischen Katastrophen und zerbrochenen Freundschaften.

Viele der Triebwerkskonstrukteure, die während des Krieges auf gegnerischen Seiten arbeiteten, hatten sich in Friedenszeiten gut gekannt, und die konkurrierenden Triebwerke, die sie entwickelten, waren Schlüsselfaktoren in fast allen Luftkämpfen des Krieges. Die Geschichte dieser leistungsstarken und hochentwickelten Triebwerke, die auf dem absoluten Höhepunkt ihrer Entwicklung in Vergessenheit gerieten, ist ebenso wichtig wie die des Düsentriebwerks – oder sogar noch wichtiger, denn die Kolbenmotoren hatten einen viel größeren Einfluss auf den Ausgang des Konflikts.

Menschen, die Motoren wirklich lieben, werden Ihnen sagen, dass sie nicht wie andere Maschinen sind. Sie atmen Luft, brechen zusammen und versagen. Sie explodieren auf kunstreiche Art und Weise und können aus dem geringsten Grund den Dienst verweigern. Auf jeden Fall sind sie Lebewesen, zerbrechlich und der Pflege bedürftig, die sie durch ihr kurzes Leben begleitet.

Ein Kolbenmotor ist aus wissenschaftlicher Sicht immer der interessanteste Teil des Flugzeugs, in das er eingebaut ist. Er ist ein Wunderwerk der Chemie, Physik und Mathematik, in dem alle Disziplinen der menschlichen Wissenschaft vereint sind und das in perfekter Harmonie funktionieren muss. Eine Vielzahl von sehr unterschiedlichen Dingen muss synchron passieren, hunderte Male pro Sekunde, in erschreckender und ständiger Nähe zum absoluten Versagen.

Heutzutage können sich die Ingenieure auf Computer verlassen, um ihre Triebwerkskonstruktionen zu überprüfen, bevor das Metall geschnitten wird – in den 1940er Jahren wurde all dies jedoch nicht durch Vermutungen oder vorgefertigte Berechnungen erreicht, sondern durch intensive Mathematik, detaillierte metallurgische Forschung und ungebremsten Antrieb. In Verbindung mit den riesigen Budgets der großen Industrienationen, die sich in einem totalen Krieg befanden, führte dieser Ansatz zu unglaublichen Fortschritten.

Die Beschäftigung mit der Arbeit dieser außergewöhnlichen Persönlichkeiten unterstreicht die Bedeutung der Grundlagenforschung im Ingenieurwesen, zeigt, wie Forschung betrieben werden sollte und wie nicht, und bietet neue Erkenntnisse über den Luftkrieg in Europa, wie wir ihn heute verstehen.

Der Leser wird feststellen, dass es an einigen Stellen Lücken in der Zeitleiste gibt und dass das Material über die Entwicklungen in den einzelnen Ländern nicht immer ausgewogen ist. Dies ist in erster Linie auf die Verfügbarkeit von Archivdokumenten zurückzuführen. Leider sind die italienischen Archive derzeit nicht in der Lage, Dokumente zur Verfügung zu stellen, die ausreichen, um ihre Geschichte so detailliert darzustellen, wie ich es für die anderen europäischen Motoren tun konnte; die verfügbaren Informationen werden jedoch präsentiert. Für die amerikanischen Motoren wie den Allison V-1710 und den Pratt & Whitney R-2800 gibt es bereits umfassende und gut recherchierte schriftliche Geschichten.[2,3] Die amerikanischen Triebwerke wurden daher eher knapp behandelt, um Platz für die fast völlig unverstandenen deutschen Entwicklungsprogramme zu schaffen.

Dass vor und während des Krieges bei der Entwicklung von Kolbenmotoren so viel erreicht wurde, und zwar ohne jede Form von Computerunterstützung, gehört für mich nach wie vor zu den erstaunlichsten technischen Leistungen der Menschheitsgeschichte im Industriezeitalter. Dieses Buch soll diejenigen zu Wort kommen lassen, die direkt involviert waren und diese Arbeit geleistet haben. Wir alle können viel von ihnen lernen.

Im Juni 2020

Calum Eric Douglas
Helensburgh
Schottland

Danksagungen

Deutschland

Die Hauptpersonen dieser Geschichte sind schon lange verstorben, ausgleichend aber durfte ich Dr.-Ing. Karl Kollmann in seinem Haus in Stuttgart interviewen. Als Sohn von Professor Kollmann bewahrt er alle technischen Unterlagen seines Vaters auf. Ich erhielt Zugang zu ihnen, um bisher unveröffentlichte Daten über die Daimler-Benz-Motorenprogramme und die Kompressorentwicklung zu erhalten. Besonders nützlich waren die Memoiren seines Vaters, in denen er systematisch sein gesamtes Wissen über die Entwicklung von Kompressoren während des Krieges aufzeichnete. Ohne dieses Dokument hätte ich nicht einmal versucht, dieses Buch zu schreiben. Mein herzlichster Dank geht an Herrn Dr.-Ing. Kollmann und seine Familie.

Ich bin auch dem Chef-Motorenmechaniker der Messerschmitt-Stiftung, Herrn Siegfried Knoll, zu Dank verpflichtet, der mir erlaubte, sein Haus zu besuchen und nicht nur originale Kompressorkomponenten zu fotografieren, sondern auch eine echte Daimler-Benz-Kupplung für den Kompressorantrieb zum Studium zu erhalten, zusätzlich zu Kopien der originalen Benz-Motorhandbücher. Siegfried gehört auch zu den wenigen, die die Messerschmitt Bf 109 G selbst geflogen haben: Dementsprechend war sein Rat unbezahlbar. Schließlich danke ich Siegfried dafür, dass er mich mit Russ Snadden in Schottland in Kontakt gebracht hat. Während der Arbeit an diesem Buch sind sowohl Siegfried als auch Russ leider verstorben.

Dank gebührt auch Dipl.-Ing. (FH) Udo E. Hafner, dem Besitzer des weltweit größten bekannten privaten Fundus an originalen deutschen technischen Handbüchern und Papieren für die Luftfahrt. Ohne die von ihm zur Verfügung gestellten Originaldokumente könnten viele historische Fliegerorganisationen keine Flugzeuge aus der Kriegszeit warten oder betreiben. Vielen Dank an Herrn Frank Anton vom Bundesarchiv in Freiburg.

Was die Übersetzungsarbeiten betrifft, bei denen die Menge der Dokumente für mich zu groß wurde, war der in Unterfranken ansässige William Buchanan in der Lage, viele der kritischsten Übersetzungen der Milch-Mikrofilmaufzeichnungen in einem außergewöhnlichen Tempo zu erledigen.

Mehrere der entdeckten deutschen Dokumente, die in alter Frakturschrift geschrieben waren, wurden freundlicherweise von Reinhold Albert entziffert.

In Deutschland schließlich war der Kraftstoffspezialist Paul Guthrie von Guthrie Consulting Services maßgeblich an der Durchsicht aller Daimler-Benz-Kraftstofftestunterlagen zur Ölverdünnung und an der Zusammenstellung der Daten für mich beteiligt.

Schweiz

Die Mitarbeiter des Schweizerischen Nationalarchivs leisten einen außergewöhnlich effizienten Dienst, der es mir ermöglichte, viele Dokumente in großer Eile zu beschaffen, ohne dass ich persönlich vor Ort sein musste, so dass ich noch Zeit hatte, andere Quellen zu recherchieren.

USA

Die Großzügigkeit von Mike Nixon von Vintage V12s in Kalifornien, der mir – einem ihm völlig Fremden – erlaubte, seine Fabrik zu besuchen und einen ganzen Tag lang fast unbezahlbare Motorenteile aus der Kriegszeit zu fotografieren, gab mir die Initialzündung für weitere Recherchen.

Ich danke Kimble McCutcheon, dem Präsidenten der Aircraft Engine Historical Society in den USA, für die Bereitstellung von Unterlagen und die Einladung, dieses Buch 2016 in Dayton, Ohio, den Mitgliedern der Gesellschaft vorzustellen. Mein Dank gilt auch den Archivmitarbeitern der National Archives in Washington D.C. und den Mitarbeitern der Archive der Smithsonian Institution in der Mall und den Udvar-Hazy-Archiven. Der Autor und Ingenieur Dan Whitney versorgte mich mit viel nützlichen Materialen über den V-1710-Motor. Schließlich danke ich Elizabeth Murray von GC International Law Practice für ihre Hilfe beim Aufspüren von Einzelheiten zu einigen der Bombenangriffe auf deutsche Maschinenbaufabriken.

Großbritannien

Mehrere Dokumente wurden vom Rolls-Royce Heritage Trust zur Verfügung gestellt, und es war wertvoll, direkten Kontakt mit Dave Piggott zu haben, der während der Ära von Sir Stanley Hooker selbst viele Jahre lang bei Rolls-Royce gearbeitet hat. Dave lieferte viele technische Details über das Entwicklungsprogramm von Rolls-Royce. Ich danke Peter Collins für die Führung durch das Rolls-Royce Heritage Trust Center in Derby und für den Zugang zu den Rolls-Royce-Archiven.

In Schottland war der ehemalige RAF-Pilot Russ Snadden bei Gesprächen über die Wiederherstellung der Flugtauglichkeit der Bf 109 G-2 »Black 6« sehr hilfreich; er stellte auch den Kontakt zu dem für die Restaurierung des DB 605-Motors in der »Black 6« zuständigen Triebwerksspezialisten, dem ehemaligen RAF-Piloten Chris Starr, her. Danke an dieser Stelle, Chris, für deine Unterstützung bei vielen Details der Daimler-Benz-Motoren, an denen du gearbeitet hast.

Von großer Hilfe waren Alan Brown und Geoff Butler vom Farnborough Air Science Trust und Harriet Pilcher von den National Archives in Kew. Sie alle stellten Kopien der Berichte des britischen Luftnachrichtendienstes über die Erprobung erbeuteter deutscher Motoren von Original-Mikrofilmen zur Verfügung.

Die Sammlungen des Imperial War Museum sind eine unglaubliche Quelle für Primärmaterial, und ich danke dem leitenden Kurator Dr. Stephen Walton dafür, dass er mir erlaubt hat, praktisch unbegrenzte Zeit damit zu verbringen, seine gut gepflegten Archive zu durchstöbern; Stephens Dokumente sind die Grundlage von weit mehr als der Hälfte dieses Buches geworden.

Anerkennung schulde ich dem Lagerexperten Allen Graham von MAHLE Engine Systems UK Ltd, der mir den Zugang zu den Vandervell-Akten verschafft hat. Der Rat vom Archivar Roland Christopher von der Firma Ricardo war sehr hilfreich, als er für mich in Shoreham die frühen Forschungsakten zur Kraftstoffeinspritzung ausgrub.

Danke an Suzanne Fisher für das vollständige Korrekturlesen. Herzliche Grüße an alle im Café »Sugar Boat« in Helensburgh, wo ein Großteil dieses Buches geschrieben wurde. Schließlich gebührt Dan Sharp, meinem Lektor bei Mortons, ein großer Teil des Verdienstes für die endgültige Form des Buches und auch für zahlreiche wichtige Korrekturen und Ergänzungen in den Bereichen der Entwicklungsgeschichte der Flugzeugzellen.

Die Luftnachrichtendienste

Der britische Luftnachrichtendienst

Als der Krieg näher rückte, erkannten die britischen Streitkräfte die unbedingte Notwendigkeit, vor dem Anfang von Feindseligkeiten ein effizientes Nachrichtendienstsystem zu organisieren und funktionsbereit zu machen. 1939 traf sich eine Gruppe des inneren Kreises der britischen Nachrichtendienste, um zu vereinbaren, wie ein solches System aussehen sollte; die Admiralität, das Kriegsministerium, das Luftfahrtministerium, das Innenministerium und der MI5 kamen überein, ein kombiniertes Nachrichtendienstzentrum einzurichten. Dieses sollte den Namen CSIC (Combined Services Intelligence Centre) tragen, in dem Vertreter der einzelnen Dienste unabhängig voneinander unter einem Dach arbeiten sollten. Da man zu spät mit der Planung begonnen hatte, um geeignete Räumlichkeiten zu finden, wurden die ersten Verhöre von deutschen Fliegern in der alten Festung Tower of London durchgeführt.

Unter dem Banner des Luftnachrichtendienstes gab es viele Abteilungen, von denen die wichtigsten A.I.2.g und A.D.I.k waren. Ersterer war der lufttechnische Nachrichtendienst und untersuchte abgestürzte und erbeutete deutsche Triebwerke, während letzterer die so genannte »menschliche Aufklärung« untersuchte, was normalerweise Verhöre bedeutete. Beide spielten eine zentrale Rolle bei der Triebwerksentwicklung und arbeiteten eng mit den Motorenbauern wie Rolls-Royce zusammen.

Britische technische Geheimdienstberichte sind in der Regel kurz und nehmen sich nur wenig Zeit, um sich zu den Motoren oder ihren Merkmalen zu äußern, außer in den Bereichen, die als unmittelbar wertvoll erachtet werden. In der Anfangsphase des Krieges wurde ein vorläufiger Bericht mit einigen allgemeinen Eindrücken über interessante Merkmale eines bestimmten deutschen Motors innerhalb weniger Tage nach der Ortung an britische Firmen und Forschungseinrichtungen weitergeleitet – ausführlichere Berichte folgten erst viel später. Die Mathematik wurde nur dort eingesetzt, wo es notwendig war, das Verhalten eines Teils des Motors zu erklären.

Die deutsche Luftaufklärung

In Deutschland wurden von der Deutschen Versuchsanstalt für Luftfahrt (DVL) und der Zentrale für Wissenschaftliche Berichtswesen der Luftfahrtforschung des Generalluftzeugmeisters (ZWB) erstaunlich detaillierte wissenschaftliche Abhandlungen über die alliierten Kolbentriebwerke in großen Mengen veröffentlicht.

Die DVL, in einem Vorort südöstlich von Berlin, war das wichtigste Zentrum der staatlich geförderten Flugmotorenforschung in Deutschland. Sie war weitaus großzügiger ausgestattet als ihre Pendants in Großbritannien und den USA und sollte das zentrale Luftfahrtforschungszentrum für die künftigen deutschen Kriegsanstrengungen bilden. Wie viele andere Institute in Deutschland wurde sie mit nahezu unbegrenzten Mitteln ausgestattet.

Die deutschen Abhandlungen über die alliierten Triebwerke waren oft mathematisch schwer verständlich und so detailliert, dass die Fertigstellung eines jeden Berichts Monate in Anspruch nahm, so dass sie mit zunehmendem Entwicklungstempo immer weniger wertvoll wurden. Sie wurden oft von den in Deutschland am meisten verehrten Motorwissenschaftlern wie Dr. List verfasst.[4] List hatte so viele Doktortitel, ob akademisch oder h.c., dass sogar die deutschen Behörden aufhörten, diese vor seinen Namen zu schreiben und es bei »Dr. List« bewenden ließen. Das Aufklärungssystem änderte sich nach dem 1. August 1944, als die Luftwaffe stark umstrukturiert wurde und der zentralisierte Chef der Technischen Luftrüstung für die Verbreitung regelmäßiger nachrichtendienstlicher Berichte über die Entwicklungen der Alliierten verantwortlich war. Leider wurde der größte Teil der Aufklärungsunterlagen der Luftwaffe Anfang 1945 vernichtet.[5]

Die amerikanische Luftaufklärung

Bis zur Invasion in der Normandie war die amerikanische technische Aufklärung in hohem Maße auf Material angewiesen, das Großbritannien von der Westfront schickte. Dieses Material reichte von Dokumenten über Motorenteile bis hin zu kompletten Motoren. Der amerikanische technische Nachrichtendienst führte mit großer Geschwindigkeit und enormer Gründlichkeit Studien über deutsche Entwicklungen durch, obwohl es Beschwerden aus der Industrie gab, dass die Ergebnisse eine zu hohe Sicherheitsklassifizierung bekamen, um leicht verbreitet und praktisch genutzt werden zu können.

Das amerikanische Kommando für technische Aufklärung befand sich während des gesamten Krieges in Wright Field, Dayton, Ohio. Im Februar 1940 wurde das Army Aeronautical Museum in aller Eile in ein aktives Geheimdienstzentrum umgewandelt und in Technical Data Branch umbenannt. Später erhielt es eine Reihe weiterer Namen, wie zum Beispiel am 3. Dezember 1942, als es in Technical Data Laboratory umbenannt wurde. Sein Emblem war die Sphinx, die Wahrheit und Geheimnis symbolisierte.

Der amerikanische Luftnachrichtendienst entwickelte sich in der Zeit nach der Normandielandungen, als die vorrückenden amerikanischen Streitkräfte große Mengen an Hochtechnologie erbeuteten, zu einer weitaus größeren und besser strukturierten Organisation. Die Berichte über dieses erbeutete deutsche Material wurden unter dem Namen Army Air Forces Air Technical Service Command (ab dem 5. Juli 1945 in T2 Intelligence umbenannt) veröffentlicht und ebenfalls in Wright Field erstellt.[6]

Die amerikanischen technischen Geheimdienstberichte waren in der Regel sehr praxisorientiert und konzentrierten sich auf eine gründliche Demontage des Motors, zahlreiche Fotos und Kommentare von Ingenieuren zum Wert oder Interesse der einzelnen Komponenten. Bei Teilen, die als besonders neuartig galten, wurde jedoch eine große Menge an Untersuchungen durchgeführt, wobei Labortests, metallurgische Analysen und Reverse Engineering zum Einsatz kamen. Nach einigen Fehlstarts arbeitete der amerikanische Geheimdienst bei der Erforschung der deutschen Triebwerkstechnologie sehr eng mit großen amerikanischen Firmen zusammen.

Die Dienste im Vergleich

Insgesamt lässt sich sagen, dass die deutschen Nachrichtendienste in der Regel zu akademisch ausgerichtet waren, um von direktem militärischem Nutzen zu sein, während die britischen Berichte extrem kurz waren, manchmal in der Form bloßer handschriftlicher Notizen; in den ersten Kriegstagen war der britische Geheimdienst in der Lage, deutsche Triebwerke innerhalb weniger Tage nach dem Absturz in die Labors zu bringen. Die amerikanischen technischen Informationen über Motoren lagen irgendwo zwischen diesen beiden Extremen.

Prolog

Am 21. Juli 1942 saß der Leiter der britischen Flugzeugentwicklung, John Jestyn Llewellin, an seinem Schreibtisch im Ministerium für Flugzeugproduktion und las ein Telegramm mit der Aufschrift »MOST SECRET« – der höchstmöglichen Geheimhaltungsstufe der Regierung. Der Absender war Sir Archibald Sinclair vom britischen Luftfahrtministerium. Im Wortlaut:

> »Lieber Jay,
> Die Deutschen haben zu viel Erfolg bei der Entwicklung von Spezialjägern. Wir werden zurückgelassen. Ein Wendepunkt des Krieges ist erreicht. Unsere Lufthoheit am Tage ist bedroht … die Kampfflugzeuge der deutschen Luftwaffe sind leistungsfähiger als die von der RAF heute eingesetzten … Ich hoffe, Du stimmst mir daher zu, dass es von größter Wichtigkeit ist, um Dein bestes Triebwerk herum ein neues Jagdflugzeug zu entwickeln, das den Deutschen bis 1944 weit voraus ist.
> Dein Archie«[7]

Bei dem fraglichen Spezialjäger handelte es sich um die Focke-Wulf Fw 190. Mit ihrem großen und leistungsstarken BMW 801-Motor war die 190 schnell, schwer bewaffnet und wendig genug, um die zeitgenössische Spitfire V in fast jeder Hinsicht zu übertreffen. Im Juli 1942 bestand die einzige Möglichkeit für Großbritannien, den vermeintlichen deutschen Vorsprung bis 1944 aufzuholen, darin, die Leistung der existierenden Motoren zu erhöhen und die vorhandenen Kampfflugzeuge weiterzuentwickeln. Die Schwierigkeit, dies zu tun, war den deutschen Ingenieuren sehr wohl bewusst, die ebenfalls alles daran setzten, den Wettlauf um immer mehr Pferdestärken zu gewinnen.

Sismore & Reynolds nach einem späteren Einsatz mit ihrer Mosquito, 28. Mai 1943.

Sieben Monate später, am kalten Morgen des 30. Januar 1943, verließen drei Zwei-Mann-Besatzungen den Besprechungsraum der 105 Squadron auf der RAF Marham in Suffolk und gingen auf ein Trio von de Havilland Mosquitos zu. Fliegeroffizier E. B. »Ted« Sismore und Geschwaderführer »Reggie« W. Reynolds, die den bevorstehenden Einsatz leiteten, kletterten an Bord ihres Flugzeugs und starteten die beiden aufgeladenen Merlin 12-Zylinder-Motoren. Um genau 8.45 Uhr hob die erste der drei Maschinen ab und nahm Kurs auf Berlin, wobei die Triebwerke in ein hypnotisches Brummen verfielen. Kein alliiertes Flugzeug hatte jemals zuvor die Hauptstadt von Hitlers Drittem Reich bei Tageslicht überflogen – die Stärke der deutschen Luftabwehr machte einen solchen Einsatz zum Selbstmord.

Der Einsatz war sorgfältig geplant worden, um mit dem 10. Jahrestag der Machtergreifung der Nazipartei in Deutschland zusammenzufallen. Als die Mosquitos einflogen, befand sich der mit der Luftverteidigung des Reiches beauftragte Hermann Göring im RLM-Gebäude in Berlin, um seine Rede vorzubereiten, von der viele der deutschen Ingenieure gleichermaßen begeistert waren, wie ihre britischen fachlichen Kontrahenten es gewesen wären – so beispielsweise der brillante Dr.-Ing. Helmuth Sachse von BMW-Luftmotoren in München. Sachse war für einen Großteil des BMW 801-Motors verantwortlich, der 1942 das Leben der Spitfire-Piloten so gefährlich machte, aber seine privaten Ansichten über die Nazipartei machten sein eigenes Leben in Deutschland ebenso gefährlich, trotz seiner offensichtlichen intellektuellen Fähigkeiten als Ingenieur.[8]

Göring bereitete sich darauf vor, um 11 Uhr mit seiner Rede zu beginnen, die über die staatliche Reichs-Rundfunk-Gesellschaft ausgestrahlt werden sollte. Die Berliner, die ihrem alltäglichen Geschäft nachgingen, blickten auf, als die Luftschutzsirenen ertönten. Hoch oben rasten die Mosquitos über Berlin. Die Flugzeuge der RAF warfen ihre Bomben ab und verschwanden in Richtung Heimat.[9]

In dem Chaos am Boden verzögerte sich die Rede von Göring. Der aufgeblasene Reichsmarschall war wütend, denn nicht

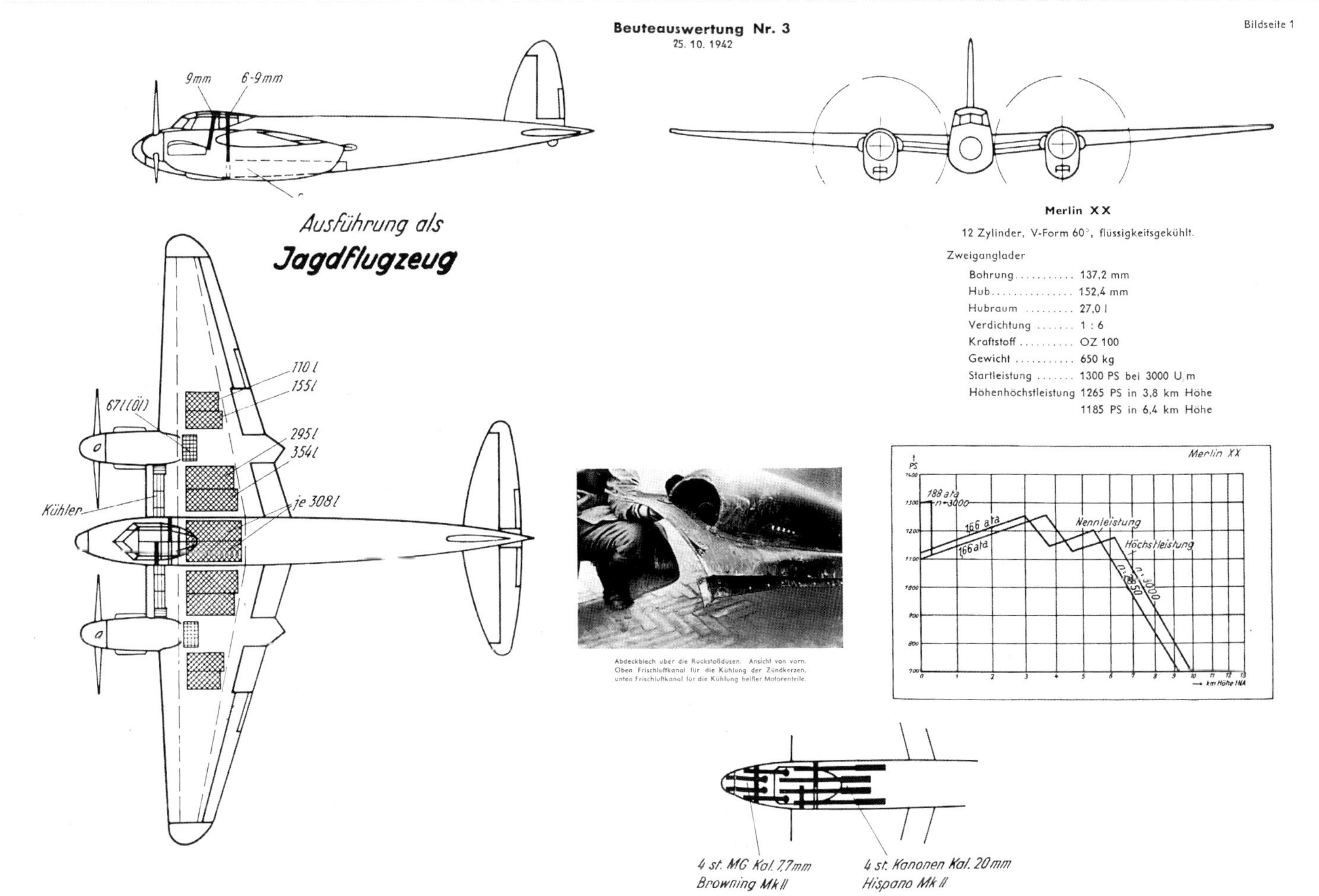

Teil eines deutschen technischen Geheimdienstberichts über die Mosquito.

nur die Partei war an ihrem Jahrestag blamiert worden, sondern auch seine drei Jahre zuvor geäußerte Drohung, dass er mit »Meyer« angeredet werden würde, wenn ein einziges alliiertes Flugzeug das Reich überflöge, war nach hinten losgegangen. Noch schlimmer für Göring war, dass alle drei englischen Flugzeuge entkommen waren, obwohl sie die deutsche Hauptstadt am helllichten Tag überflogen. Kein deutsches Flugzeug war in der Lage gewesen, sie zu erwischen; die Mosquitos hatten sich durch ihre reine Geschwindigkeit als nahezu unverwundbar erwiesen. Eine weitere Gruppe von drei Mosquitos, diesmal von der 139 Squadron, startete am selben Tag um 13.25 Uhr in Richtung der besetzten Insel Helgoland und flog mit einer Geschwindigkeit von 340 Meilen pro Stunde, wobei sie nur knapp über den Wellen der Nordsee schwebten, um dem feindlichen Radar zu entgehen.

Morris und McGeehan berichteten:

»Berlin erschien in strahlendem Sonnenschein, Ankunftszeit nach Plan ... schwere Flak begegnete ... zwei Jäger wurden gesehen, denen aber ausgewichen wurde.« Die andere Mosquito, geflogen von Massey und Fletcher, notierte: »Nur eine Fw 190 gesehen, der ausgewichen wurde.«[10]

Später am Nachmittag begab sich Göring zum Sportpalast in Berlin, um an einer Nazikundgebung teilzunehmen, bei der Hitlers Propagandaminister Joseph Goebbels zu den versammelten Menschenmengen sprach.

»Seit der Machtergreifung am 30. Januar 1933 hat der Führer jedes Jahr vom Sportpalast aus persönlich zum deutschen Volk gesprochen ...«[11].

Wieder ertönten die Sirenen und die Mosquitos des 139. Geschwaders flogen über Berlin und warfen ihre Bomben ab.

Von den drei Mosquitos kehrte nur DZ367 nicht zurück. Die mit Wright und Darling besetzte Maschine war ebenfalls den deutschen Jägern entkommen, wurde aber von der Flak getroffen.[12]

Die deutschen Ingenieure waren in der Lage gewesen, Details über die Mosquito aus einem der seltenen Fälle zusammenzustellen, in denen eine Mosquito abgeschossen worden war. Die Merlin-Motoren wurden zur Erprobung geschickt, und die Leistungskurven in dem deutschen Bericht stammen von ihren eigenen Motorprüfständen.

Viel später versammelte Göring tief in der Schorfheide, in seinem riesigen Jagdschloss Carinhall, die technischen Leiter der deutschen Luftfahrtindustrie und tobte. Ein Stenograph hielt jedes Wort für die Nachwelt fest:

> »Es macht mich wütend, wenn ich die Mosquito sehe ... Die Briten, die sich Aluminium besser leisten können als wir, bauen ein schönes hölzernes Flugzeug zusammen, das jede Klavierfabrik dort baut, und sie geben ihm eine Geschwindigkeit, die sie jetzt noch einmal erhöht haben.« [13]

Zurück im Luftfahrtministerium in Whitehall feierten Sismore, Reynolds und ihre Kollegen bereits die unversehrte Heimkehr von einer Mission, die noch ein Jahr zuvor undenkbar gewesen wäre.

Wie war es den britischen Piloten gelungen, Berlin zu überfliegen, ohne abgefangen zu werden – trotz der enormen Investitionen Nazi-Deutschlands in neue Technologien für die Luftwaffe und der Brillanz deutscher Ingenieure wie Dr.-Ing. Sachse? Die Geschichte, warum Sir Archibald Sinclairs düstere Warnung vor der drohenden deutschen Luftherrschaft nicht eintraf, und die Geschichte des geheimen Pferdestärken-Rennens beginnen fast drei Jahrzehnte früher mit einem Franzosen namens Jacques Schneider.

Kapitel 1
Die Schneider-Trophy

Die berühmtesten Luftrennen der Welt fanden in den Jahren vor dem Zweiten Weltkrieg statt. Der Coupe d'Aviation, besser bekannt als die Schneider-Trophy, wurde 1913 ins Leben gerufen, weil der französische Ingenieur Jacques Schneider, Sohn eines wohlhabenden Industriellen, davon besessen war, die Grenzen der Verkehrstechnik – insbesondere der Luftfahrt – zu erweitern. Nach einem Rennunfall war Schneider zu verletzt, um selbst zu fliegen, und deshalb finanzierte er die Flugversuche anderer.

Schneider war der Meinung, dass die Flugzeuge der Zukunft in der Lage sein müssten, auf dem Wasser zu starten und zu landen, da der größte Teil der Erdoberfläche von Ozeanen bedeckt ist. Daher sollte die Schneider-Trophy nur für Wasserflugzeuge offen sein. Die Regeln waren recht einfach. Es wurde ein Dreieckskurs mit einer Gesamtstrecke von 50 km abgesteckt, und jedes Flugzeug startete im Abstand von etwa 15 Minuten, um sieben Runden zu fliegen, was eine Gesamtstrecke von 350 km ergab. Das Flugzeug mit der schnellsten Durchschnittsgeschwindigkeit über die Strecke war der Sieger.[14]

Die Teilnehmer an diesen frühen Rennen konnten damals nicht wissen, dass ihre Bemühungen später für den Stand der Luftfahrtkenntnisse ihrer jeweiligen Nationen im Vorfeld des Zweiten Weltkriegs entscheidend sein würden. Die Entscheidung der US-Regierung, dem erfolgreichen Curtiss-Team mit flüssigkeitsgekühlten V12-Motoren 1925 die Mittel zu entziehen, würde das ganze Land in der Motorenentwicklung gegenüber Großbritannien benachteiligen, wie sich später herausstellen sollte. Das war wirklich bedauernswert für die Curtiss-Motoren und die Luftfahrt in den USA; Rolls-Royce war vom Curtiss D-12-Motor beeindruckt gewesen und wurde von dessen kompakter Bauweise beeinflusst. Der Rückzug der USA aus den Rennen ermöglichte es Rolls-Royce, die technische Überlegenheit bei der Konstruktion flüssigkeitsgekühlter Flugmotoren gegenüber amerikanischen Firmen zu erlangen.

In dieser Phase der Rennen erkannte sogar die britische Regierung – notorisch rückständig, was die Luftfahrt anging –, wie wichtig sie für das Land war und gründete die Royal Air Force High Speed Flight. Dabei handelte es sich im Wesentlichen um eine frühe Version der »Red Arrows«, deren Aufgabe es war, die besten Militärpiloten zu stellen, die die britischen Schneider-Trophy-Maschinen fliegen sollten.

Deutschland durfte nicht an den Schneider-Trophy-Rennen teilnehmen und veranstaltete stattdessen 1925 ein eigenes Flugrennen. Es wurde »Rundflug« genannt, um die Regeln des Versailler Vertrags einzuhalten (die drückenden Beschränkungen für Deutschland, die nach der Niederlage im Ersten Weltkrieg auferlegt worden waren und die die deutsche Luftfahrtentwicklung weiterhin behinderten).

Der Deutsche Rundflug 1925 wurde in der englischen Zeitschrift »Flight« unter der Überschrift »Ein wundervoller deutscher Wettbewerb«[15] in den höchsten Tönen gelobt, aber die deutschen Piloten durften nur mit Motoren von maximal 120 PS antreten – viele schauten zweifellos neidisch auf die Gloster III von 1925 mit einem Napier Lion-Motor von fast 600 PS.

Doch nicht alle Aspekte des Motorenbaus wurden durch den Versailler Vertrag vollständig unterbunden. Die Entwicklung der Kraftstoffeinspritztechnik war ein Weg, der den deutschen Ingenieuren noch offen stand.

»Sie haben alle den Einwand gehört, dass Motoren mit Kraftstoffeinspritzung wegen der hohen Drücke in der Kraftstoffpumpe und der Einspritzdüse nicht lange halten würden. Dieser Einwand wird bald ausgeräumt sein. Es spielt keine Rolle, dass nicht jedes Motorenwerk in der Lage ist, solche Pumpen und Düsen herzustellen, die in den Bereich der gelernten Mechaniker gehören, denn dafür gibt es die Ausbildung eines speziellen Ingenieurberufs. Auf jeden Fall steht fest, dass wir Deutschen hier ein offenes Feld haben, das uns nicht durch den Versailler Vertrag verschlossen ist. Also lasst uns es nutzen!«[16]

Die Beschränkungen von Versailles trieben die deutschen Ingenieure nicht nur auf den Weg der Entwicklung der Kraftstoffeinspritzung, sondern hatten noch einen weiteren unbeabsichtigten Nebeneffekt: das Aufblühen des Segelflugs als Hobby. Es wurden zahlreiche Segelflugvereine gegründet, vor allem für junge Leute, und die Notwendigkeit, ein hohes Gewicht ohne Motoren zu tragen, verstärkte die wissenschaftliche Konzentration auf die Maximierung der Effizienz von Flügelformen und Flugzeugstrukturen. Beide Entwicklungen brachten erhebliche Vorteile für die militärische Luftfahrtinfrastruktur in Deutschland: eine große Zahl ausgebildeter Piloten und einen Kern erfahrener Aerodynamiker mit einem Händchen für Problemlösungen. Hanna Reitsch, Deutschlands berühmteste Testpilotin, und Adolf Galland, Deutschlands berühmtestes Jagdfliegerass (und späterer Inspekteur der Luftwaffe), begannen beide ihre Karrieren, nachdem sie den Segelflug an staatlich finanzierten Segelflugschulen in Deutschland ausprobiert hatten.

»1929 begann er [Adolf Galland] in Borkenberge, nördlich des Ruhrgebiets, mit der Segelfliegerei und wurde bald für seine Langstreckenflüge bekannt. Als 1932 die Abiturprüfungen anstanden und er seine Abschlussarbeit schreiben sollte, war seine schulische Situation so prekär, dass ihm seine Eltern ein Segelflugzeug als Geschenk versprachen, wenn er bestehen würde … 30 Tage später stellte er einen regionalen Rekord für Ausdauer auf. Die militärische Fliegerei begann mit einem unerklärlichen Befehl an ihn und vier weitere Auszubildende, sich bei der Zentrale der Verkehrsflieger Schule in Berlin zu melden. Bei ihrer Ankunft wurden sie gefragt, ob sie an einem geheimen Lehrgang für Militärflieger teilnehmen wollten. Alle stimmten zu und wurden in Zivilkleidung nach Schleißheim bei München geschickt.«[17]

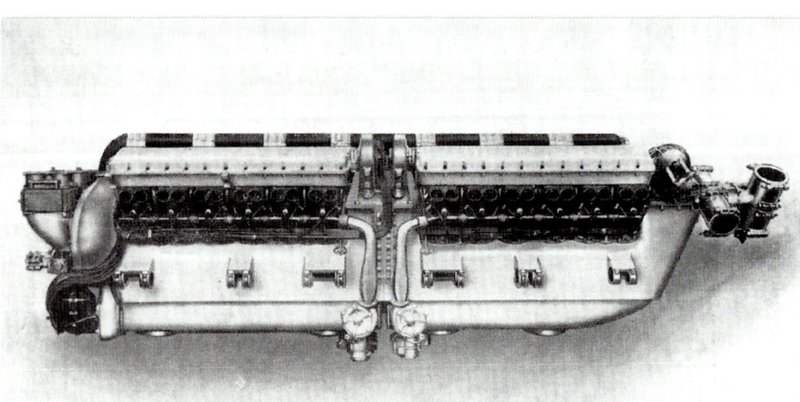

Fiat Doppel-V12-Wasserflugzeug AS6: der Rekordmotor.

Für das Schneider-Rennen 1926 in Virginia (USA) meldete das amerikanische Team einen praktisch unveränderten Curtiss-Doppeldecker. Angesichts des schwierigen wirtschaftlichen Klimas in Europa zu dieser Zeit waren die Amerikaner zuversichtlich, dass ihre europäischen Konkurrenten nur 12 Monate nach dem letzten Rennen nicht das Geld hätten, um bessere Flugzeuge zu entwickeln und einzusetzen. Der neue italienische Diktator Benito Mussolini, in einer gewissermaßen parallelen Entwicklung zu jener in Deutschland, wies den Motorenlieferanten Fiat und die Flugzeugkonstrukteure Macchi Aeronautica an, das Rennen 1926 für Italien zu gewinnen, und versprach jede erforderliche Finanzierung.[18] Das Geld und der Druck hatten die gewünschte Wirkung: Die Italiener siegten mit dem Macchi-Eindecker.

Dieser Sieg Italiens beunruhigte die Briten ernsthaft, nicht nur, weil das Rennen verloren wurde, sondern auch, weil ein faschistischer Diktator vor den Toren Englands Interesse an der Finanzierung der modernen Luftfahrt gezeigt hatte. Es war ein unheilvolles Vorzeichen. Die Schneider-Trophy hatte begonnen, einen ganz und gar unheimlichen Anstrich zu bekommen.

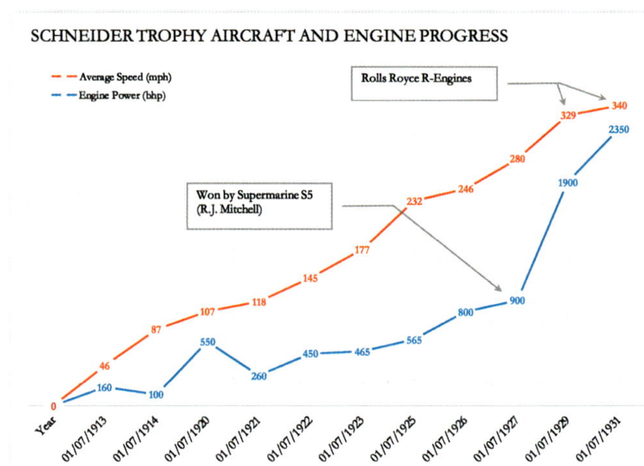

Leistungsentwicklung der Flugzeuge und Motoren der Schneider-Trophy. [Leistung in bhp, Geschwindigkeit in mph].

Sie wurde zu einer offensichtlichen Methode der Vorbereitung, nicht für das Prestige eines Rennens, sondern für den Krieg.

Auf den Fluren der Macht in London wurde beschlossen, dass Großbritannien die Schneider-Trophy gewinnen müsse; eine weitere Niederlage würde allen Beteiligten zeigen, dass die britische Luftfahrt nicht in der Lage war, einen zukünftigen Luftkrieg in Europa zu führen. Da die Macchi M.39 den Maßstab für die beste Gesamtkonzeption eines Renn-Wasserflugzeugs gesetzt hatte, wurde der Wettbewerb im Wesentlichen zu einem Wettbewerb der Rennmotoren. Der Luftwiderstand der konkurrierenden Flugzeuge hatte sich in einem relativ engen Bereich eingependelt, da sich die Entwürfe auf das Konzept des

Doppelschwimmer-Eindeckers geeinigt hatten. Ist eine Flugzeugzelle erst einmal ausgelegt, bleibt nur noch der Weg der Motorentwicklung, um die Leistung des Motors zu erhöhen. Darüber hinaus lassen sich weitere Verbesserungen in der Regel nur durch Polieren der Lackierung und Glättung der Nieten erreichen.[19][20][21] Nichts anderes führt zu einer entsprechenden Steigerung der Kampfleistung wie eine Erhöhung der Motorleistung.

Und so gewann ab 1926 derjenige, der den stärksten Motor hatte (der in einem Stück blieb).[22] Da der Sieger der Schneider-Trophy immer das nächste Rennen ausrichtete, fand das Rennen 1927 in Italien statt. Diesmal bezahlte das britische Luftfahrtministerium drei verschiedene Firmen für konkurrenzfähige Konstruktionen und schrieb vor, dass einer von ihnen einen luftgekühlten Motor haben musste. Es war sehr unwahrscheinlich, dass dies für das Rennen selbst nützlich sein würde, aber zu diesem Zeitpunkt sah das Luftfahrtministerium den Wettbewerb einfach als nützliche Möglichkeit an, die besten britischen luftgekühlten Motoren gegen die besten ihrer wassergekühlten Zeitgenossen zu testen.[23]

So schickte Großbritannien 1927 drei einzigartige Flugzeuge ins Rennen, die alle vom Luftfahrtministerium finanziert wurden. In den Wassertanks des Royal Aircraft Establishment (RAE) in Farnborough wurden aufwendige Tests durchgeführt, um die besten Schwimmerkonstruktionen zu finden, und die Windkanäle wurden genutzt, um die Form der Flugzeuge zu verbessern. Für den Bau eines detailgetreuen Modells jedes Flugzeugs in einem Viertelmaßstab waren hochqualifizierte Handwerker und Kunsthandwerker erforderlich.

»Es wurde eine umfangreiche Testreihe durchgeführt … Die Tests am kompletten Modell umfassten die Auswirkungen der Höhenleitwerkseinstellung sowie die Auswirkungen der Kräfte, Nick- und Giermomente der verschiedenen Modifikationen am Modell. Das Modell wurde auch unter Entfernung von Teilen und der Rumpf mit verschiedenen Modifikationen getestet, während die Schwimmer auch allein getestet wurden. Spezielle Tests wurden durchgeführt, um die Wirkung der Schärfe der Flügelvorderkanten, die Auswirkung des Luftwiderstands der Ansaugöffnungen und die optimale Position des Oberflächenölkühlers … sowie die Auswirkung der Auspuffgase auf den Luftwiderstand zu ermitteln.«[24]

Im Mai 1928 legte R. S. Capon des RAE unwissentlich den Grundstein für die wichtigste Entwicklungsarbeit am Turbolader während des Zweiten Weltkriegs. In seiner Abhandlung »Note on dimensional relationships for air compressors« (Anmerkung zu den Maßverhältnissen bei Luftkompressoren) begann er mit der Anwendung dieses Zweigs der Mathematik auf Turbolader[26]. Seine Arbeit sollte bald ihren Weg in die Konstruktionsbüros von Rolls-Royce finden.[26]

Im Oktober 1928 hatte George Bulman, Leiter der Triebwerksentwicklung im britischen Luftfahrtministerium, zum

Lord Ernest Hives
21. April 1886 – 24. April 1965

Lord Hives war während des Zweiten Weltkriegs der wichtigste Mann bei Rolls-Royce und stand an der Spitze aller Motorenprogramme. Ohne die Führung und das Können von Hives wäre es sehr unwahrscheinlich, dass das Unternehmen Rolls-Royce eine auch nur annähernd so zentrale Rolle für die britischen Militäraktionen in der Luft gespielt hätte. Er begann seine Karriere als Automechaniker bei C. S. Rolls, dem späteren Rolls-Royce, wurde während des Ersten Weltkriegs zum Konstrukteur von Flugzeugtriebwerken und trug später die Gesamtverantwortung für die Entwicklung des Merlin-Triebwerks. Hives blieb bis zu seiner Pensionierung im Alter von 70 Jahren bei Rolls-Royce. Sein Bestreben, Rolls-Royce während des Krieges frei von jeglicher Einmischung der Regierung arbeiten zu lassen, wurde beispielhaft belegt, als er auf die Anfrage der britischen Regierung, Panzermotoren in der gleichen Größenordnung wie den Merlin zu bauen, antwortete, dass das Unternehmen alle Hände voll zu tun habe und dass sie, wenn sie es wirklich ernst meinten, Rolls-Royce eine Million Pfund Kapital zur Verfügung stellen und das feste Versprechen geben würden, sich in keiner Weise einzumischen! Kurz darauf traf ein Telegramm in Hives' Büro ein.

Ernest Hives, Vorsitzender von Rolls-Royce.

»Hives, Rolls-Royce Derby
Die britische Regierung hat Ihnen einen offenen Kredit von einer Million Pfund gewährt. Dies ist eine Bescheinigung über Ihren Charakter und Ihren Ruf, die ihresgleichen sucht.

Lord Beaverbrook.«[27]

Diese nachdrücklich unabhängige Haltung gegenüber der Entwicklung von Flugmotoren während des Krieges blieb weitgehend ohne Nachahmung bei anderen Unternehmen, und ihre Bedeutung kann nicht hoch genug eingeschätzt werden.

ersten Mal die Gelegenheit, sich auf der Internationalen Ausstellung für zivile Luftfahrt in Berlin einen Überblick über die deutsche Luftfahrtindustrie zu verschaffen. Er hielt seine Eindrücke fest:

»1928 war ich zum ersten Mal in Deutschland ... ich war tief beeindruckt ... es schien, als ob die Unterdrückung und der erzwungene Baustopp durch den Friedensvertrag [Versailles] die Industrie dazu gebracht hätten, sich auf das Wesentliche zu konzentrieren, in aller Ruhe die grundlegenden Pläne zu entwerfen und die Mittel zu sparen ... diese Zeit der Reifung ist nun beendet. Neue deutsche ›zivile‹ Flugmotoren ... von 600 bis 800 PS, die wir bisher kaum erreicht hatten, eine breite Anwendung des Zentrifugalgebläses zur Aufladung ... und Aufladung für höhere Leistungen, die weit über den unmittelbaren Bedarf der zivilen Luftfahrt hinausgehen ... all diese Entwicklungen sind kurz gesagt Vorboten einer fortgeschrittenen Vorbereitung für militärische Zwecke, die derzeit verboten sind und fast schon zynisch unter dem Deckmantel ziviler Bedürfnisse getarnt werden!

Die Firma Bosch hat sich bewusst vorgenommen, mit einer Einspritzpumpe und einer Einspritzdüse als erste auf den Markt zu kommen ... die Form der Pumpe, der Düse usw. ist hierzulande bekannt geworden, und Ricardo z. B. hat bereits ein Gerät in Erprobung ... die Ausführung der Pumpe selbst und des Werkes im allgemeinen kann nur als vorzüglich bezeichnet werden und ist nur mit einem enormen Aufwand an Anlagen und anfänglicher Entwicklungszeit zu erreichen. Es ist daher zu erwarten, dass höchstens auf lange Sicht die Herstellung der Pumpe in diesem Lande stattfinden wird, egal wie erfolgreich sie auch sein mag.«[28]

Am 19. Dezember 1928 beendete Bulman seinen Bericht und schickte ihn an alle wichtigen Chefkonstrukteure von Motoren in England; darunter Frank Halford, der Chefkonstrukteur bei Napier, der später für den Sabre-Motor verantwortlich war, der die Hawker Typhoon und spätere Tempest-Modelle antreiben sollte, Roy Fedden in Bristol, dessen Sternmotor Centaurus die Tempest Mk II antrieb, und Arthur Rowledge bei Rolls-Royce, der eine zentrale Rolle bei der Konstruktion und Entwicklung des Merlin spielte.

Zurück im RAE in Farnborough äußerten Wissenschaftler die Befürchtung, dass die Testergebnisse ungenau sein könnten, weil sie die Abgase, die die echten Schneider-Maschinen bei laufenden Motoren erzeugten, nicht berücksichtigten. Um dem entgegenzuwirken, wurden winzige Schläuche in das Holzmodell verlegt, durch die Luft unter hohem Druck eingeleitet wurde, um die simulierten Abgase aus sorgfältig modellierten Ausgängen des Holzmodells auszuspucken. Nichts wurde dem Zufall überlassen.[29]

Die Supermarine S5, angetrieben von einem Napier Lion-Motor, gewann das Rennen. Sie wurde von R. J. Mitchell entworfen und von einem von der RAF gestellten professionellen Militärpiloten geflogen; die Briten hatten die von der italienischen Regierung gesponserte Macchi geschlagen. In den inneren Kreisen der deutschen Luftfahrt wurde man aufmerksam.

Im Vorfeld des Rennens 1929 wurde Rolls-Royce – gegen den Willen der meisten Vorstandsmitglieder – nachdrücklich aufgefordert, einen siegreichen Motor zu entwickeln. Das Luftfahrtministerium war der Ansicht, dass der Napier Lion-Motor das Ende seiner Entwicklungsmöglichkeiten erreicht hatte[31].

Rolls-Royce beschäftigte sich zu dieser Zeit hauptsächlich mit Motoren für Luxusautos, und die meisten Direktoren waren nicht gerade erpicht auf die weitere Entwicklung von Flugmotoren. Doch die Ingenieure und Henry Royce selbst fügten sich und das Projekt wurde in Angriff genommen. Dieser Motor sollte der sogenannte R-Motor für das Flugzeug S6 von Supermarine werden. Er wurde auf einen Ladedruck von + 13 psi/0,9 bar gebracht und leistete fast 1900 PS. Für die Erprobung des R-Motors mussten nicht weniger als vier V12-Motoren gleichzeitig laufen. Drei von ihnen trieben Gebläse an, die den Staulufteffekt der Vorwärtsgeschwindigkeit des Flugzeugs simulierten, und der vierte saugte die Abgase der anderen aus dem Prüfstandsbereich ab. Der Lärm war so unglaublich, dass der Bürgermeister von Derby die Anwohner zwecks Beruhigung persönlich besuchen musste.

Der R-Motor war zwar eine Weiterentwicklung des etwas in die Jahre gekommenen Kestrel-Motors, aber die Ingenieure hatten ihn erheblich verbessert und sein wichtigstes neues System hinzugefügt: einen großen doppelflutigen Schleuderlader.

Frank Halford, Konstrukteur des Sabre-Motors von Napier.

Major Frank Halford

7. März 1894 – 16. April 1955

Der ehemalige Fluglehrer Frank Halford war während des Ersten Weltkriegs zusammen mit Bulman dem Aeronautical Inspection Directorate (A.I.D.) [Lufttechnische Direktion] beigetreten. Halford bekleidete die Position des Inspector of Engines (I.E.2) und war damit Bulmans Vorgesetzter und zweiter nach Andrew Alexander Ross, der als Assistant Chief Inspector of Engines die Triebwerksinspektion des A.I.D. leitete.[30]

Nach dieser Phase seiner Karriere wurde Halford ein produktiver Konstrukteur von Triebwerken und entwarf einige der ersten britischen Turbotriebwerke. Sein wichtigster früher Beitrag war der Sabre, ein Triebwerk im H24-Format; davon wurde er 1942 von der britischen Regierung abgezogen, um an einem Düsenflugzeug zu arbeiten.

Gloster trat in Großbritannien mit dem inzwischen veralteten Napier Lion an, der trotz eines neuen Zentrifugalkompressors immer noch 500 PS weniger als der R-Motor hatte. Das Rennen von 1929 wurde von der S6 gewonnen. Das war eine beachtliche Leistung, denn das Flugzeug wog 37 % mehr als das schwerste seiner britischen Konkurrenten.[32] Napier hatte begonnen, deutlich ins Hintertreffen zu geraten, weil H. T. Vane, der Geschäftsführer von Napier, das Entwicklungstempo seiner Konkurrenten völlig falsch eingeschätzt und andere Meinungen ignoriert hatte, wie F. R. Banks später schrieb:

»Vane, der Geschäftsführer von Napier (Vane [~ vain = eingebildet] mit Namen und von Natur aus), dachte immer, der Lion würde ›ewig halten‹, und tat wenig oder gar nichts, um den nächsten Schritt vorzubereiten; und als es darum ging, einen anderen Motor zu konstruieren, hatten sie bereits ihren besten Mann, A. J. Rowledge, an Rolls-Royce verloren.«[33]

Auch die Amerikaner verfolgten die Entwicklung aufmerksam, und am 16. September 1929 antwortete H. J. Fuller (Präsident des US-Vertriebsarms von Rolls-Royce) auf einen Brief des US-Kriegsministers F. Trubee Davison:

»Bezüglich der Rolls-Royce-Motoren, die in den Schneider-Trophy-Rennen verwendet werden … wir haben die Exklusivrechte für die Vereinigten Staaten für alle Rolls-Royce-Entwicklungen und wären sehr froh, wenn wir in den Vereinigten Staaten Einrichtungen für ihre Herstellung etablieren könnten.«[34]

Die US-Luftwaffe wollte jedoch kein modifiziertes Serienmodell des Rolls-Royce Buzzard herstellen; sie wollte einen der eigentlichen Rennmotoren, um ihn zu testen, zu zerlegen, zu analysieren und daraus zu lernen.

Der Leiter der Triebwerksabteilung in Wright Field, 1st Lieutenant E. R. Page, schrieb 12 Tage später ein internes Memo an den Leiter der Versuchstechnik:

»Ein Rolls-Royce HX-Motor [der R-Motor] wäre aus folgenden Gründen höchst wünschenswert:

- Dieser Motor hat einen leichteren Zylinder als der gegenwärtige Curtiss-Motor … es wird angenommen, dass eine Studie dieses Zylinders äußerst lehrreich wäre.
- Der Rolls-Royce-Motor des Typs HX verwendet einen Fliehkraftkupplungsmechanismu s … dies scheint eine höchst wünschenswerte Methode zum Antrieb des Kompressors zu sein, die in diesem Land noch nie erfolgreich eingesetzt wurde.
- Dieser Motor verfügt außerdem über einen Ein-Nockenwellen-Mechanismus mit einem Vier-Ventil-System, das offenbar bei hohen Drehzahlen zufriedenstellend funktioniert.
- Er wurde in der Nähe von 3000 Umdrehungen pro Minute betrieben und erreichte dabei eine höhere Drehzahl als alle derzeit in diesem Land entwickelten Motoren, was eine interessante Untersuchung der Lager- und Kolbenkonstruktion erfordert.

Aus den oben angeführten Gründen und im Hinblick auf unsere geplante künftige Entwicklung kann man die Bedeutung der Beschaffung eines solchen Motors leicht erkennen.«[35]

Die Motorkonstrukteure in Wright Field sollten sich die nächsten fünf Jahre damit beschäftigen, einen Rolls-Royce R-Motor in die Finger zu bekommen.

Das Schneider-Trophy-Rennen selbst wurde immer gefährlicher, da riesige, brutal leistungsstarke Motoren an leichten Rennflugzeugen angebracht waren. Schon das Abheben war nervenaufreibend:

Rolls-Royce R-Motor in einer Ausstellung.

Rolls-Royce R-Motor auf dem Prüfstand: Einlassrohr für geblasene Luft.

»In der Anfangsphase wird der Pilot von der Gischt fast geblendet. Es gibt absolut keine andere Möglichkeit, als den Kopf zu ducken und rechts vom Wind zu starten, den Steuerknüppel nach rechts und hinten zu halten und bereit zu sein, alles unter Kontrolle zu nehmen, sobald das Flugzeug an Fahrt gewinnt.«[36]

Auch die Aerodynamik beim Start wurde durch die große Menge Wasser, die das Triebwerk über das Heck des Flugzeugs blies, zerstört; insgesamt zehn junge Piloten aller Nationen starben beim Flug mit diesen Hochgeschwindigkeitsflugzeugen, also fast einer pro Rennen.[37]

Ungeachtet der Gefahr hatte Rolls-Royce mit dem R-Motor genug getan. Mit einem weiteren Hochgeschwindigkeitsspezialisten aus dem Eliteteam der Rennpiloten der RAF am Steuer – am 13. September 1931 – gewann Großbritannien das Rennen erneut. Wing Commander A. H. Orlebar, der verantwortliche Offizier des RAF-Teams, schrieb seinen Bericht für das RAE:

»Die ›R‹-Motoren bereiteten kaum Probleme, bedürfen aber einer sorgfältigen Gemischanpassung am Boden. Die Ansammlung von Kraftstoff im Lader bei niedrigen Drehzahlen verursachte einige Probleme beim Aufdrehen, insbesondere bei den schweren Kraftstoffsorten.«[38]

Nach den Testläufen wurden die Motoren speziell für das eigentliche Rennen vorbereitet:

»Die Schwimmertanks wurden entleert und mit sorgfältig gefiltertem Kraftstoff aufgefüllt, nach diesem Flug wurden die Zündkerzen entfernt, die Bohrungen überprüft und ein Satz speziell für das Rennen ausgewählter Kerzen eingebaut, Öldruck- und Ladedruckmesser wurden abgeklebt, um die Möglichkeit eines Ausfalls durch ein gebrochenes Manometerrohr zu vermeiden.«[39]

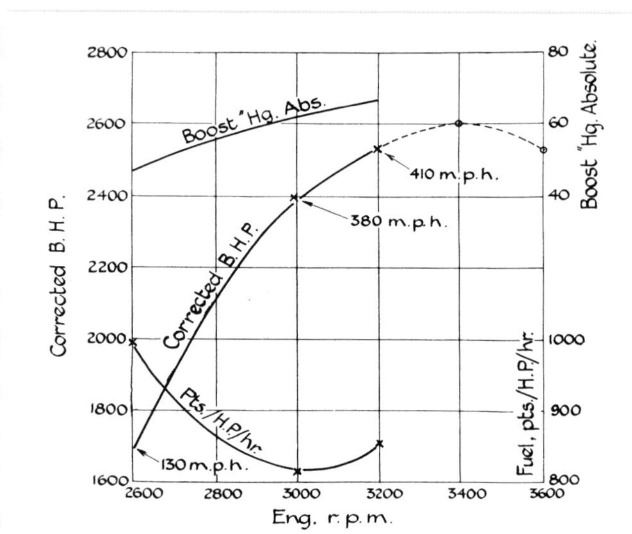

Leistungsdiagramm des Rolls-Royce R-Motors von 1931. Korrigierte Motorleistung in PS, Motorgeschwindigkeit U/min, Ladedruckerhöhung Zoll-Hg, Spezifischer Kraftstoffverbrauch in Pts/PS/h.

»Für das Rennen wurde folgender Treibstoff verwendet: 20 % Flugbenzin, 70 % Benzol, 10 % Methanol und 4 cc Tetraethylblei pro Gallone/pro 4,55 l … Obwohl eine nach vorne gerichtete Entlüftung zum Sammeltank verwendet wurde, um den Druck zu erhöhen, traten alle üblichen Symptome des Siedens auf … ohne Zweifel lokales Sieden in den Zylinderköpfen.«[40]

»Sprint-Motor Nr. 27, 3200 U/m, 2530 bhp, Ladedruck 32,85 [83,4 cm] Hg – Mittlere Geschwindigkeit der Läufe = 407,5 mph [655,8 km/h].«[41]

Wie Orlebar bemerkt hatte, ermöglichte dieses Kühlsystem ein lokales Sieden in den Zylinderköpfen, was schließlich die Wärmebehandlung des Metalls ruinieren und die Köpfe so weich machen würde, dass sie schrottreif würden. Für ein Rennen war dies akzeptabel, aber für Hochleistungs-Jagdmotoren, bei denen eine angemessene Lebensdauer erforderlich ist, würde es nicht funktionieren.

Tetraethylblei war damals eine relativ neue Entwicklung, die sich nach systematischen Tests in Amerika als äußerst wirksames Mittel gegen Klopfen erwiesen hatte. Benzol war eine so genannte aromatische Kraftstoffverbindung, die einen hohen Ladedruck bei fetten Kraftstoffgemischen ermöglichte – keine Schwierigkeit bei einem kurzen Rennen.

Ungeachtet dessen, was sowohl für den Fortschritt in der britischen Luftfahrt als auch für das nationale Prestige erreicht worden war, teilte der Führer der Labour Party [sozialdemokratische Partei], Ramsay MacDonald, als er 1929 Premierminister wurde, dem Team mit, dass für das Rennen 1931 keine Mittel zur Verfügung gestellt werden würden. Es sah so aus, als würde Großbritannien nicht einmal einen Teilnehmer stellen – geschweige denn gewinnen.

»Im Hinblick auf den Schneider-Trophy-Wettbewerb 1931 und in den Folgejahren … wurde entschieden, dass das Team der Royal Air Force nicht mehr antreten würde … Die Angelegenheit wurde daher erneut erwogen. Die Regierung hat entschieden, dass in der gegenwärtigen finanziellen Situation die Ausgaben nicht gerechtfertigt sind.«[42]

Lady Houston, eine wohlhabende Dame rechter politischer Neigung, schrieb an MacDonald und bot an, das gesamte Unternehmen selbst zu finanzieren, und mit der öffentlichen Meinung auf ihrer Seite war der Druck groß genug, dass kurz darauf eine Regierungssitzung einberufen wurde. Bulman und seine Mitarbeiter trafen sich zusammen mit Vertretern von Rolls-Royce mit dem Staatssekretär für Luftfahrt, Lord Amulree, und dem Lord Privy Seal [»Siegelbewahrer«] J. H. Thomas.

» … aus dieser Bestandaufnahme ging unser gemeinsamer Glaube hervor, dass der Zeitraum von sieben Monaten gerade ausreichen würde, wenn wir viel Glück hätten und große Anstrengungen un-

Rolls-Royce R-Engine umgeben von Ingenieuren, darunter F. R. Banks (rechts) und Stewart Tresillian (links).

ternähmen, die wir einzeln versprachen … innerhalb einer Minute teilte uns der Lord Privy Seal mit, dass er dem Kabinett sofort Bericht erstatten würde, um uns grünes Licht zu geben.«[43]

Lady Houston spendete 100.000 Pfund; damals kostete ein typisches RAF-Jagdflugzeug wie der Bristol Bulldog 4500 Pfund. Das Geld ermöglichte es Rolls-Royce, den Motor zu entwickeln und R. J. Mitchell von Supermarine, ein modernes Flugzeug zu konstruieren. Rolls-Royce schrieb an Bulman und teilte ihm mit, dass die sechs benötigten Motoren das Luftfahrtministerium etwa 30.000 Pfund kosten würden.[44]

»Ich füge nun eine Kopie der Garantie bei … in Verbindung mit Lady Houstons Angebot einer Summe von 100.000 Pfund zur Deckung der Kosten für die Teilnahme der Royal Air Force an der Schneider-Trophy. Diese Bürgschaft hat eine etwas ungewöhnliche Form, was zum Teil darauf zurückzuführen ist, dass sie mit äußerster Dringlichkeit per Telefon abgewickelt werden musste … und auf die abweichenden Wünsche der Regierung.

A. W. Brown, HM Treasury [Königliche Schatzkammer], Whitehall, 5. Februar 1931.«[45]

Das Beste, was die britische Regierung tun konnte, war, sich über die Speisefolge für die geplanten Feierlichkeiten zu streiten und zu versuchen, die Lorbeeren für ein Ereignis zu ernten, das sie zu verhindern versucht hatte. Der Premierminister begann sich jedoch langsam dafür zu interessieren, als klar wurde, dass seine Regierung nicht nur ihre Hände von der finanziellen Last befreien, sondern möglicherweise auch etwas Ansehen in der Öffentlichkeit gewinnen konnte.

»Ich bin sicher, dass das Ergebnis des Fluges einmal mehr den großartigen Mut und die Fähigkeiten unserer Luftwaffe demonstrieren wird, für die ich jedem einzelnen Mitglied deren Mitglieder ich persönlich sehr schätze, unter Beweis stellen und die Überlegenheit der britischen Ingenieurskunst außer Frage stellen.«[46]

Fast zeitgleich mit diesem für die britische Luftfahrt entscheidenden Ereignis entwarf Roy Fedden am 23. Oktober 1931 in seinem Büro in Bristol die Zeichnungen für einen luftgekühlten 18-Zylinder-Sternmotor mit 5¾ Zoll/14,6 cm Bohrung und 6½ Zoll/16,51 cm Hub. Fedden war der Ansicht, dass ein Vierventilkopf mit Standard-Tellerventilen für den Luftstrom und damit für die Leistung am besten geeignet war, hielt es aber für schwierig, das Ventilgetriebe für einen zweireihigen Sternmotor mit vier Ventilen pro Kopf zu unterbringen, da der Mechanismus komplizierter wurde.

»Dieser kehrte zum normalen Bristol-Vierventilkopf zurück, aber mit einem Ventiltrieb, der durch zwei zwischen den Zylinderblö-

Zeichnung des zweireihigen 18-Zylinder-Sternmotors von Bristol.

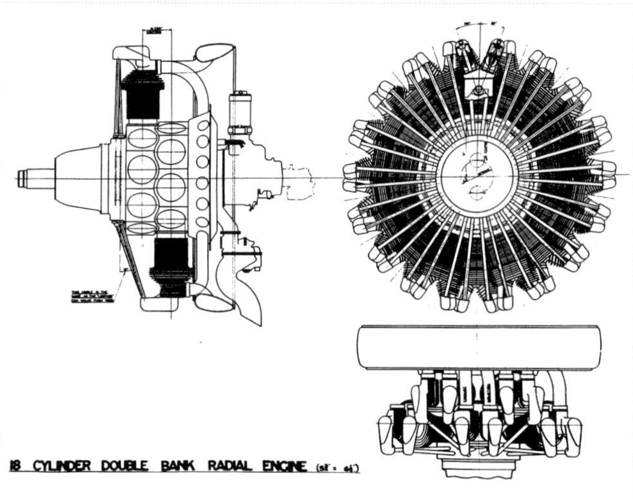

cken laufende Nockenringe betätigt wurde ... das Ergebnis war ein sehr ordentliches System, das von vorne betrachtet mit einer Hülsenventilkonfiguration verwechselt werden konnte.« [47]

Währenddessen begann Rolls-Royce in Derby, wo die Finanzierung nun gesichert war, mit einem Crash-Entwicklungsprogramm für den R-Motor.

»Die nächsten sieben Monate waren in der Tat mühsam für alle, die direkt mit dem S6 und dem R-Motor zu tun hatten. Etwa fünf Jahre normaler Motorentwicklung wurden auf sechs Monate beim R-Motor komprimiert; das Übersetzungsverhältnis des Kompressors wurde erhöht, die Drehzahl angehoben, die Ansaugkanäle vergrößert, gelenkige Hilfspleuel eingeführt und die Kurbelwelle neu konstruiert ... die Belastung des mittleren Hauptlagers stieg auf neun Tonnen, und das Gebläse brauchte 360 PS für den Antrieb ... erst am 12. August, nur drei Wochen vor dem Rennen, kristallisierte sich die endgültige Konstruktion in einem erfolgreichen einstündigen Prüfstandstest mit 2350 PS bei 3200 U/min heraus.

Das atemberaubend schöne italienische Renn-Wasserflugzeug MC.72.

Ich war selbst in Derby, um diesen Test zu beobachten, der in seiner Dramatik und fantastischen Leistung unvergesslich ist. Während des gesamten Laufs kam Hives nie näher als 60 Meter an den Prüfstand heran und schritt in einer Gasse im rechten Winkel zum Prüfhaus auf und ab, so dass er aus dem Blickfeld verschwand ... wie ein Satellit im Orbit ... Ich hatte Verständnis für ihn und für die Anspannung, die er verspürte, weil er es nicht ertrug, in der eigentlichen Testgruppe zu sein, aber nicht in der Lage war, sich aus der Hörweite zu entfernen. Er strahlte, als das Triebwerk triumphierend abgeschaltet wurde.« [48]

Hunderttausende von Zuschauern verfolgten das Rennen, das die Supermarine S6B mit ihrem überarbeiteten R-Motor gewann. Großbritannien hatte nun dreimal in Folge die Schneider-Trophy gewonnen und konnte die Trophäe gemäß den Wettbewerbsregeln dauerhaft behalten. Darüber hinaus hatte die S6B den Geschwindigkeitsweltrekord mit über 400 mph/ 644 km/h gebrochen. Der siegreiche Pilot, Orlebar, schrieb über seine Erfahrungen:

»Das Flugzeug schwankt nach links, wenn der Motor aufgedreht wird, und ist außerdem wegen der Gischt sehr blind ... Die ›Porpoising‹-Schwankungen könnten so schlimm werden, dass die Maschine aus dem Wasser springen wird. April 15, 1932.« [49]

Während der siebenmonatigen Entwicklungszeit hatte der R-Motor 21 % mehr Leistung bei nur 6,5 % mehr Gewicht erreicht. Rod Banks hatte einen Treibstoff aus Benzol, Alkohol und Tetraethylblei vorgeschlagen, der ebenfalls seinen Teil dazu beigetragen hatte. [50]

Die britische Regierung sah sich nun erneut der Kritik von Lady Houston ausgesetzt, die darauf bestand, dass das Siegerflugzeug und die Rolls-Royce-Motoren der Öffentlichkeit vorgeführt werden sollten. Das Luftfahrtministerium beschwerte sich bitterlich über die Kosten und hatte keine andere Wahl, als ihrer Forderung zuzustimmen.

»Bitte lesen Sie den beigefügten Brief von Lady Houston, unserer stürmischen Sturmschwalbe! Ich glaube nicht, dass wir ihre sehr positiven Behauptungen über die Eigentumsverhältnisse unwidersprochen lassen können. C. L. Bullock 26.2.1932.« [51]

Bulman notierte das Folgende:

»Die immense Arbeit, die innerhalb weniger Monate am R geleistet wurde, diente der Royal Air Force auf Jahre hinaus, nicht weniger als die Bemühungen von Mitchell, die direkt zum Spitfire-Prototyp führten.« [52]

Alles Wissenswerte über die Rennen war in Deutschland sorgfältig aufgezeichnet worden, und 1932 wurde in Berlin ein Pa-

Ernest Hives mit Rolls-Royce-Werksleiter Arthur Wormald und Rolls-Royce-Testingenieur Eric Platford beim Test des R-Motors in Derby.

pier verfasst, in dem detailliert dargelegt wurde, was aus den Rennen zu lernen war. Dies wiederum blieb den Amerikanern nicht verborgen, die den deutschen Bericht von den Aeronautik-Spezialisten der NACA ins Englische übersetzen ließen.

»Am 13. September 1931 erhielt der englische Flugleutnant Boothman von seinem Geschwaderkommandanten Orlebar den Befehl, mit der S6B Nr. 7 auszufliegen und die Schneider-Trophy für England zu gewinnen. Kaum eine Stunde später kehrte Leutnant Boothman zurück, um zu berichten, dass der Auftrag mit einer Durchschnittsgeschwindigkeit von 548,5 km/h (340,8 mph) erfolgreich ausgeführt worden war.

Dies ist kein Absatz aus einem phantastischen Zukunftsroman, sondern eine wahrheitsgemäße Beschreibung. Damit war einer der am härtesten umkämpften Wettkämpfe in der Geschichte der Luftfahrt zu einem fast schon bescheidenen Ende gebracht worden. Aber trotz alledem markiert dieses Ende ein glanzvolles Kapitel der Errungenschaften der englischen Luftfahrt.« [53]

F. R. Banks

22. März 1898 – 12. Mai 1985

Triebwerks-kraftstoffexperte Francis Rodwell Banks.

Francis Rodwell Banks ist eine der echten Persönlichkeiten, die sowohl zur Entwicklung von Triebwerken als auch zu den technischen Aspekten des Luftkriegs selbst einen großen Beitrag geleistet haben.

Obwohl er weniger bekannt ist als Konstrukteure wie Stanley Hooker bei Rolls-Royce, der die Kompressoren entwarf, die zur Rettung der Spitfire in der Variante Mk.IX beitrugen, war Banks' Arbeit ebenso wichtig. Seine Beiträge waren vielfältig: Er half Rolls-Royce mit seinem Fachwissen über Hochleistungskraftstoffe und seinen Verbindungen zur US-amerikanischen Kraftstoffindustrie, die Schneider-Trophy zu gewinnen, und spielte eine entscheidende Rolle bei der Sicherstellung der Versorgung Großbritanniens mit 100 Oktan-Kraftstoff.

Dank seiner Kenntnisse der deutschen Entwicklungen, die er in den 1930er Jahren als Berater der höchsten deutschen Politiker, darunter auch Göring, erworben hatte, konnte Banks fundierte Entscheidungen über die Organisation der britischen Flugmotorenentwicklung treffen. Er stieg im Ministerium für Flugzeugproduktion (MAP) zum stellvertretenden Generaldirektor für Triebwerksproduktion (D.D./G.E.P.) auf und übernahm schließlich im Februar 1944 Bulmans Rolle als Direktor für Triebwerksentwicklung (D.E.D.).

Der deutsche Bericht könnte mit einem Auszug aus der offiziellen britischen Festschrift verwechselt werden; das Rennen hatte offensichtlich einen tiefen Eindruck hinterlassen.[54] Was die Vorzüge des Rennsports als Mittel zur Beschleunigung des technischen Fortschritts angeht, ging der deutsche Autor Weyl noch weiter und zitierte einen der britischen Motorenkonstrukteure:

> »Ökonomisch gesehen ist die Entwicklung von Hochgeschwindigkeitsmotoren eine Ersparnis, weil viel Zeit eingespart wird, um technische Perfektion zu erreichen. In der Tat kann man sagen, dass die in den letzten zwei Jahren betriebene Forschung für das Schneider-Rennen einer normalen Entwicklungstätigkeit unserer Motorenabteilung von sechs bis zehn Jahren entspricht.«

Dies bedeutete das Ende der Schneider-Trophy-Rennen, denn Großbritannien hatte sie eindeutig gewonnen. Die italienische Firma Macchi hatte den M.C.72 für das Rennen 1931 entwickelt, konnte ihn aber nicht einsetzen, da er von Motorschäden geplagt war. Da sie mit dem R-Motor nicht konkurrieren konnten, schraubten sie zwei Fiat V12 in Reihe und schufen so einen monströsen V24. Er litt jedoch an einem unbekannten Leiden, das nur im Flug auftrat und zum Tod von zwei Piloten führte: Hauptmann Giovanni Monti und Leutnant Stansislao Bellini. Da die prestigeträchtige Trophäe nun dauerhaft in britischer Hand war, boten Rolls-Royce und die britische Regierung dem italienischen Team die Hilfe des Motorengurus und Rennkraftstoffchemikers F. R. Banks an, der dies möglicherweise als nützliche Möglichkeit ansah, auch Informationen über die Bemühungen der Italiener zu erhalten. Sein Besuch in Italien wird in seiner Autobiografie ganz unschuldig beschrieben.[55] Aus den Andeutungen, die Banks viel später in einem vertraulichen Interview machte, wissen wir jedoch, dass er auch als Spion für den britischen Geheimdienst tätig war.

> »Ich hielt Anfang ’33 einen Vortrag im ehemaligen Kolonialamt in Berlin und sprach mit Mitgliedern der wieder aufgebauten Flugzeugindustrie. Ich half ihnen bei Treibstofftests und bei der Frage, welche Ventilmaterialien am besten zu verwenden sind. So habe ich viel über das Geschehen erfahren. Nach dem Gespräch in Berlin ging ich zu Archie Boyle vom Luftfahrtnachrichtendienst und sagte: ›Hör mal, Archie, so habe ich es getan, ich kann nicht politisch sein, aber was meinst du?‹ Er sagte: ›Oh, mach dir keine Sorgen, mach weiter mit dem, was du tun musst, aber komm einfach zurück und erzähl uns, was du tust.‹ Das habe ich dann bis 1939 getan. Ich kannte Milch und Udet und traf Göring mehrere Male, ich hatte sogar zwei offizielle Abendessen in seinem Haus, Carinhall.«[56]

Während seines Aufenthalts in Italien entdeckte Banks, dass die Italiener keine Hilfstriebwerke verwendeten, um den Staudruck zu simulieren, der im realen Flug durch die Vorwärtsbewegung des Flugzeugs entsteht (was Rolls-Royce getan hatte). Daher waren die Kraftstoffdüsen in ihren Vergasern viel zu schwach eingestellt, da im Hochgeschwindigkeitsflug viel mehr Luft in den Motor gelangte als auf den statischen Motorprüfständen. Er beriet sie, wie ein solches System zu betreiben sei, und optimierte ihre Kraftstoffzusammensetzung.[57]

Das Konzept der »Oktanzahl«, zu deren Erhöhung Banks beigetragen hatte, wurde erstmals von dem amerikanischen Kraftstoffchemiker Dr. Graham Edgar entwickelt, der für die Ethyl Gasoline Corporation arbeitete. Seit den Anfängen des Benzinverbrennungsmotors wurden verschiedene ebenso unbefriedigende Mittel zum Vergleich von Kraftstoffen verwendet, darunter das Wiegen. Das Gewicht eines Kraftstoffs hängt mit seiner Flüchtigkeit zusammen (wie leicht er verdampft), und im Ersten Weltkrieg hatten die frühen Flugzeugmotoren einen Vergaser, der aus einem Docht aus Stoff bestand, aus dessen Ende der Kraftstoff in die Zylinder gelangte. Je flüchtiger ein Treibstoff war, desto besser verdampfte er aus diesem Docht, und so wurden die frühen Treibstoffe lediglich nach ihrem Gewicht bewertet.

Als ausgefeiltere Methoden für die Kraftstoffzufuhr in die Zylinder als der Docht entwickelt wurden, traten ernstere Probleme zutage. Der Wirkungsgrad eines Motors konnte drastisch verbessert werden, indem man den Verbrennungsraum im Verhältnis zum Hub des Kolbens verkleinerte, d. h. das Verdichtungsverhältnis erhöhte. Es wurde aber festgestellt, dass ein Verdichtungsverhältnis oberhalb eines bestimmten Wertes zu einer schnellen Zerstörung des Motors führen konnte. Experimente, bei denen Druck und Temperatur im Inneren des Zylinders gemessen wurden, zeigten, dass dies auf eine drastische Überhitzung zurückzuführen war, die den zerbrechlichen Kolben zum Schmelzen brachte. Dieses Phänomen wurde als Detonation oder Klopfen bekannt, da es sich wie das Klopfen eines Hammers auf eine Stahlplatte anhörte, wenn es auftrat. Die früheste Methode, es festzustellen, bestand darin, dass ein Mann mit einem improvisierten Stethoskop den Motor abhörte, während er lief. Dr. Edgar war der erste, der vorschlug, eine Skala zur Bewertung der Widerstandsfähigkeit eines Kraftstoffs gegen dieses Verhalten zu erstellen, indem er einen bestimmten Kraftstoff mit einer Skala verglich, die aus zwei Referenzkraftstoffen erstellt wurde. Für das untere Ende der Skala schlug Edgar den Kraftstoff Heptan (n-Heptan) vor, dessen Klopffestigkeit so gering war, dass er in jedem getesteten Motor detonierte. Am anderen Ende des Spektrums schlug Edgar als oberen Referenzkraftstoff Iso-Oktan (2,2,4 Trimethylpentan) vor. Dieser Kraftstoff wies seinerzeit die höchste Klopffestigkeit aller bis dahin getesteten Kraftstoffe auf.

Auf diese Weise schuf Edgar die Oktanskala, in der ein Kraftstoff, der genauso klopffest war wie Heptan, als Null-Oktan-Kraftstoff und ein Kraftstoff, der Iso-Oktan entsprach, als

100 Oktan-Kraftstoff bezeichnet wurde. Für die Zwischenskala wurde ein Gemisch aus 90 % Heptan und 10 % Iso-Oktan als Referenzkraftstoff für 10 Oktan verwendet und so weiter bis 100. Die Skala war nur von begrenztem Nutzen, da sie nicht linear war und in jedem Motor, in dem sie getestet wurde, unterschiedliche Ergebnisse lieferte. Sie war jedoch besser, als überhaupt kein System zur Bewertung von Kraftstoffen zu haben, und wurde daher beibehalten.

Obwohl Macchi den Sieg im Rennen von 1931 verpasst hatte, konnte das Unternehmen zufrieden sein, als die nun gut vorbereitete M.C.72 1934 mit 709 km/h den Geschwindigkeitsrekord für ein Wasserflugzeug aufstellte. Dieser Rekord hat bis heute Bestand.

Bristol hatte keines der Schneider-Trophy-Rennen gewonnen, aber Flugzeuge und Motoren für diese Rennen entwickelt. In dieser Zeit war jedoch der Neunzylinder-Sternmotor Bristol Pegasus mit Tellerventilen außerordentlich erfolgreich. Der einreihige Bristol-Pegasus-Sternmotor sollte 1932, '34, '36, '37 und '38 mit Hilfe einer zweistufigen Aufladung Weltrekorde im Höhenflug aufstellen.[58]

Trotz des Erfolgs des Bristol-Sternmotors mit vier Ventilen pro Zylinder war Fedden im Begriff, die schwerwiegendste Fehleinschätzung bei der Entwicklung von Kolbenflugmotoren in seiner Karriere zu treffen.

»In den frühen dreißiger Jahren machte mir die Art und Weise, wie unser Programm auf einen Neunzylinder-Motor festgelegt war, zunehmend Sorgen … Jetzt, da wir ständig nach mehr Leistung verlangten, sah es so aus, als ob wir mit ernsthaften Problem konfrontiert waren. Ich war der festen Überzeugung, dass der Ventiltrieb bei einem zweireihigen Motor mit vier Ventilen fast ein Ding der Unmöglichkeit war.

Da ich der Meinung war, dass wir eine solche Konstruktion nicht in Angriff nehmen sollten, richtete ich in Rodney Hall unter Frank Owner ein spezielles Büro ein, um einen doppelreihigen 16-Zylinder-Motor mit zwei obenliegenden Nockenwellen und geneigten Ventilen zu bauen, den wir Hydra nannten. Das war ein ordentlicher Motor mit kleinem Durchmesser und direktwirkenden Nockenwellen, der gut funktionierte und bei dem wir einen öldichten Kipphebelmechanismus und ein wirklich ordentliches Auspuffsystem hatten.

Wir machten jedoch einen schwerwiegenden Fehler. Bei einem Motor mit kurzem Hub dachten wir, wir könnten auf ein Mittellager verzichten, indem wir eine steife Welle mit sehr großem Durchmesser verwendeten, aber wir irrten uns. In der Anfangsphase wurde dieser Motor im Flug getestet, und die von ihm ausgehenden Vibrationen waren bei bestimmten Geschwindigkeiten so stark, dass das Projekt trotz eines attraktiven Layouts, das zunächst Hoffnung auf die Erfüllung unserer künftigen Anforderungen zu machen schien, aufgegeben werden musste.

Glücklicherweise war zu diesem Zeitpunkt in Bristol das einhülsige Atmungssystem, das im Grunde große Möglichkeiten bot und mich 1914 zum ersten Mal fasziniert hatte, auf einem guten Weg.«[59]

Damit begann für Bristol in den 1930er Jahren der unglückliche Übergang vom großen Erfolg der aufkommenden Mercury und Pegasus mit Sitzventil zum problematischen Hülsenventilsystem. Fedden schien zu ahnen, dass dieses System nur mit einem immensen Aufwand zu realisieren war, und setzte es dennoch in die Tat um. Wie er selbst schrieb:

»Ich wurde von einer Wildheit der Anstrengung und der Überzeugung angetrieben, dass eine gute Idee sich schließlich durchset-

Tranquillo Zerbi, Fiat-Chefkonstrukteur für Flugmotoren.

Ing. Tranquillo Zerbi
2. Januar 1891 – 10. März 1939

Der Italiener Tranquillo Zerbi zog nach Deutschland, wo er 1912 sein Studium an der Ingenieurschule Mannheim abschloss. Seine erste Anstellung fand er bei Sulzer in Winterthur, wo er sich mit Pumpen, Dampfmaschinen und Dieselmotoren beschäftigte. Zurück in Italien wurde er 1919 von Fiat eingestellt und führte das Unternehmen in das Konzept der Toleranzen für die Massenproduktion ein. Anschließend widmete sich Zerbi der Entwicklung von Rennmotoren und war an der Konstruktion der Fiat 803 und 805 beteiligt.

Später wurde er zum Capo dell'Ufficio Studi Speciali ernannt, wo er sich mit der Konstruktion von Flugmotoren befasste und die Entwicklung des AS2 leitete (der 1926 den Schneider-Trophy Wettbewerb im Macchi M.39 gewann). Der Höhepunkt seiner Karriere war die Arbeit am Fiat-Motor AS6, der in der Macchi M.C.72 eingebaut wurde. Dieser Motor stellte mit 709,209 km/h den Geschwindigkeitsweltrekord auf und für diese Leistung wurde Zerbi zum Grande Ufficiale della Corona ernannt. Im Jahr 1929 wurde er zum Leiter der Direzione Degli Uffici Tecnici ernannt, wo er bis 1939 alle Luftfahrt- und Automobilprojekte überwachte.

Von einer Grippe geschwächt, starb Zerbi im Alter von nur 48 Jahren.

zen muss. Dieser Standpunkt wurde, glaube ich, von jenen inspiriert, die sagten, dass der einzelne Hülse so vielversprechend sei, aber ein Jona sei und immer diejenigen bezwinge, die ihn umwerben«.[60]

Fest entschlossen, allen das Gegenteil zu beweisen, wählte Fedden den falschen Weg. Er hätte den Hydra mit einem zentralen Kurbelwellenlager und den Vierventilköpfen neu konstruieren sollen, von denen Alfa Romeo und die Japaner später bewiesen, dass sie mit modifizierten, in Lizenz gebauten Bristol-Sternmotoren funktionieren.[61]

Er hätte in ein oder zwei Jahren fertig sein können und wäre ein Arbeitspferd gewesen, mit dem Bristol den Zweiten Weltkrieg als einer der wichtigsten Anbieter von Kampfflugzeugmotoren hätte überstehen können. Tatsächlich hätte es Jahre gedauert, die Hülse überhaupt zum Laufen zu bringen, geschweige denn ihre potenzielle Leistung zu entfalten. Die Aufgabe der metallurgischen Entwicklung wurde Firth-Brown übertragen. Bis es soweit war, verlangte Firth-Brown 2 Millionen Pfund für die Entwicklung (genug, um 160 komplette Spitfires herzustellen). Es bedurfte mehr als 1100 metallurgischer Versuche, um die Hülse zum Funktionieren zu bringen, bevor die Lösung gefunden war: ein hochausdehnungsfähiger Stahl aus einer Nickel-Mangan-Chrom-Legierung, der im Schleudergussverfahren hergestellt und anschließend zur Erhöhung der Härte nitriert wurde. Beim Schleuderguss wird die Gussform gedreht, während das Metall hineingegossen wird. Dadurch erstarrten die Metallkörner radial um den Zylinder herum, so dass die Hülsen rund blieben; außerdem wurden Verunreinigungen herausgeschleudert und Schrumpfungsfehler vermieden. Es ist nach wie vor das Verfahren der Wahl für die Herstellung vieler ultrahochfester zylindrischer Bauteile. Die Zusammensetzung mit hoher Ausdehnung bedeutete, dass es sich der Ausdehnung der Aluminiumzylinderköpfe, in denen die Hülsen rotierten, besser anpasste, was auch den Ölverbrauch niedrig hielt.

Arthur Berger

Dr.-Ing. Arthur Berger

11. Dezember 1879 – 31. Oktober 1958

Berger trat rechtzeitig in die Daimler-Benz AG ein, um eine zentrale Rolle in der Gesamtgestaltung und konzeptionellen Ausrichtung des Unternehmens zu spielen. Er wurde mit der Neuentwicklung von Flugmotoren betraut.

Er studierte 1903 an der TH Berlin Maschinenbau und trat am 15. Januar 1912 in die Benz & Co. Mannheim ein. Ab 1913 war er für die Entwicklung von Flugmotoren zuständig, wo er bis 1940 blieb, als er Direktor des Unternehmens wurde.

Im Jahr 1945 ging er in den Ruhestand.[64]

In der Zwischenzeit hatten Rolls-Royce und Supermarine unschätzbare Erkenntnisse über die Hochgeschwindigkeits-Aerodynamik, die Konstruktion von Eindeckern mit gespannter Außenhaut und Hochleistungsmotoren gewonnen. Es ist erwähnenswert, dass der R-Motor bis zu dem Zeitpunkt, an dem Rod Banks den Italienern half, ihre M.C.72 zum Laufen zu bringen, gleichzeitig die Geschwindigkeitsweltrekorde in der Luft, zu Lande und zu Wasser gehalten hatte. Auch der berühmte englische Rekordhalter Malcolm Campbell hatte mit dem R-Motor zu Lande und zu Wasser gewonnen.[62] Der Motor selbst wurde einige Zeit später vom RAE im Jahr 1935 untersucht, die den Zweck der Untersuchung eines vier Jahre alten Motors wie folgt beschrieb:

»Es wurde davon ausgegangen, dass die Spannungen in der Kurbelwelle und der Luftschraube des ›R‹-Motors (Schneider-Trophy) von 1931 aufgrund der phänomenalen Leistung des Motors von allgemeinem Interesse sind.«[63]

Eine Schnittdarstellung dieser Kurbelwelle und der Luftschraube ist abgebildet (nebenstehend): Hier sind die beeindruckend umfangreichen Versuche, das Material aus dem Inneren aller Wellen auszuhöhlen, deutlich. Es blieb jedoch noch viel Arbeit, um Einsichten dieser Art auf Serienmotoren zu übertragen, die eine 100-Stunden-Abnahmeprüfung bestehen konnten, wie Bulman schrieb:

»Bei der für die Schneider-Trophäe nötigen Leistung dürfte die Lebensdauer der Hauptkomponenten nicht wesentlich über vier Stunden liegen.
A.D/R.D.E.
28. September 1932.«[65]

Eine Auszeichnung für den zweiten Platz wird im Trophäenschrank selten mit großem Stolz entgegengenommen, und im Krieg sind die Ergebnisse eines zweiten Platzes offensichtlich. Rolls-Royce erwarb ein Leistungs-Know-how, das in Friedenszeiten auf keinem anderen Weg als in einer Rennserie gegen die besten Ingenieure und Luftfahrtingenieure der anderen großen Nationen gewonnen werden konnte. Die einzigartige Einstellung, die für den Erfolg eines solchen Rennprojekts erforderlich war, und die Mentalität, die sich daraus entwickelte, wurden von Banks treffend zusammengefasst:

»Der Konstrukteur eines Rennmotors muss die Zähne zusammenbeißen, die Augen schließen, den Testern sagen: Nur durch und auf das Beste hoffen. Das Geheimnis des Erfolgs des ›R‹-Motors

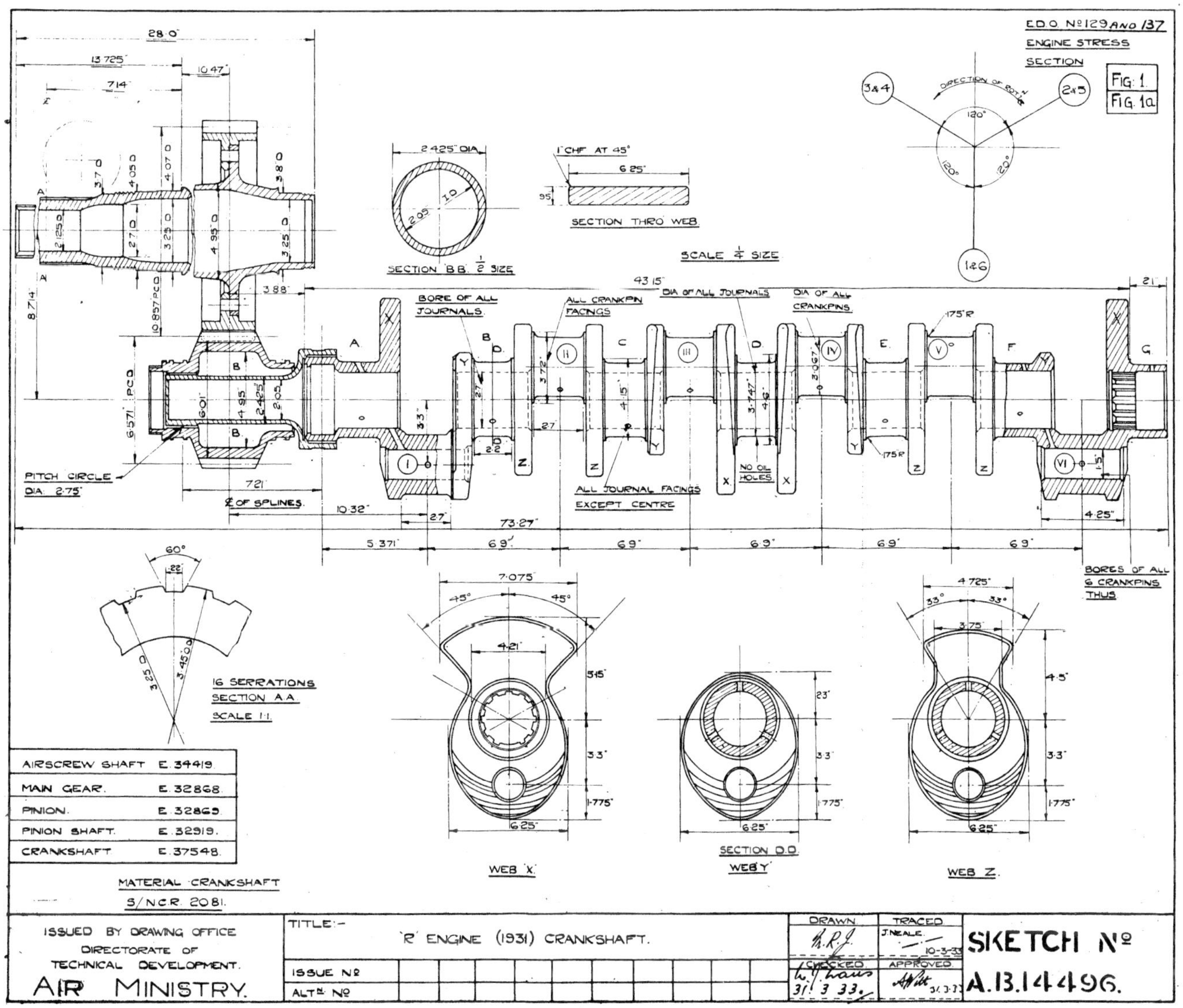

Zeichnung der Kurbelwelle des Rolls-Royce R-Motors, 1931.

lag in der unglaublichen Geschwindigkeit, mit der diese Misserfolge angegangen wurden. Vor dem Erfolg muss ein Misserfolg stehen, sonst kann man nichts lernen. Die Hauptsache ist, dass man es nach einem Misserfolg noch einmal versucht, es schnell versucht und sich nicht beunruhigen lässt.«[66]

Rolls-Royce lernte diese Lektionen im Jahr 1931, just als Deutschland einen finanziellen Zusammenbruch erlebte. Die deutsche Luftfahrtindustrie war nahezu mittellos, die Arbeitslosigkeit lag bei über 30 % und der Vertrag von Versailles verhinderte weiterhin die Entwicklung leistungsfähiger Flugzeugtriebwerke. Gerade einmal sechs Monate war es her, dass die alliierten Truppen die großen deutschen Industriezentren am Rhein verlassen hatten. In Deutschland wusste man das alles sehr genau, und es dauerte nicht lange, bis Banks persönlich eingeladen wurde, in den 1930er Jahren an der Entwicklung deutscher Motoren mitzuwirken, so hoch war sein internationales Ansehen als Experte für Motorenentwicklung.[67]

In Deutschland wurden diese Entwicklungen von Dr. Arthur Berger, dem Leiter der Flugmotorenentwicklung bei Daimler-Benz, genau verfolgt, der sich zusammen mit BMW und Junkers bald daran machte, einen zehnjährigen Entwicklungsrückstand aufzuholen.

Kapitel 2
1930 – Vorspiel zum Krieg

Großbritannien

Die Rennen um die Schneider-Trophy waren vorbei, aber die Motorenentwicklung in Großbritannien war keineswegs zum Stillstand gekommen. Rolls-Royce und das RAE waren bestrebt, die neueste technische Theorie auf ihre Triebwerkskonstruktionen anzuwenden. Im August 1931 schlug Dr. Alan Griffith vom RAE die direkte Kraftstoffeinspritzung für Mehrzylinder-Flugmotoren vor. Die Benzindirekteinspritzung in den Zylinder selbst war 1916 von Otto Mader von Junkers durchgeführt worden, war aber in Großbritannien nie eingesetzt worden.[1] Mader war damals Leiter der Junkers-Forschungsabteilung.[2]

Griffith schrieb:

»Die Verwendung der Benzineinspritzung wurde als ein Mittel vorgeschlagen, um in Mehrzylindermotoren die verbesserte Leistung und den ruhigeren Lauf zu erreichen, die durch die Verwendung eines symmetrischen Vergasungssystems möglich sein sollten. Mit dem vorliegenden Vermerk soll ein in allen wesentlichen Punkten vollständiges System zur Diskussion gestellt werden.«[3]

Das System wurde dann an einem Bristol Jupiter VII-Motor getestet.

»Es wird ein System vorgeschlagen, das Einspritzpumpen einbezieht, deren Förderung durch zwei Druckkapseln gesteuert wird, die dem Druck im Ansaugkrümmer bzw. dem Druck vor der Drosselklappe ausgesetzt sind … In diesem System wird der Kraftstoff von jeder Pumpe nur während des Ansaugtakts des entsprechenden Zylinders eingespritzt. Die Einspritzung kann entweder direkt in den Zylinder oder in jeden Ventilkanal erfolgen. Die korrekte Verteilung des Benzins stellt hier keine Schwierigkeit dar.«[4]

So hatten die Briten bereits 1931 in Farnborough einen Flugmotor mit Kraftstoffeinspritzung gebaut und in Betrieb genommen. Das RAE war der Stammsitz der britischen Luftfahrtentwicklung und stammte aus der Royal Aircraft Factory des Ersten Weltkriegs. Während des Ersten Weltkriegs war George Bulman ein zentrales Mitglied der Fabrik gewesen und hatte eine Schlüsselrolle bei der ersten regulierten Herstellung von Flugzeugtriebwerken überhaupt gespielt. Bulman hatte sich dafür eingesetzt, dass nach zahlreichen schrecklichen Triebwerksausfällen in RAF-Flugzeugen die allerersten Standards für die Prüfung von Komponenten, die Qualität von Materialien und die Qualitätskontrolle von Zulieferern eingeführt wurden.[5] Bis 1918 galt Farnborough als eine der wichtigsten Luftfahrtforschungseinrichtungen der Welt.[6]

Nur zehn Monate nach Griffiths Veröffentlichung über die Einspritzung schlug der Ingenieur Harry Ricardo am 20. Juni 1932 vor, die Kraftstoffeinspritzung sowohl in die Kanäle als auch direkt in den Zylinder des Motors zu testen.[7]

»Die besten Ergebnisse wurden bisher erzielt, wenn der Kraftstoff in den Einlassventilkanal eingespritzt wurde. Die Direkteinspritzung in den Verbrennungsraum scheint keine Vorteile zu haben und bringt eine Reihe von Schwierigkeiten mit sich. Die besten Ergebnisse wurden erzielt, wenn der Großteil des Kraftstoffs zu Beginn des Ansaugtakts eingespritzt wird, um genügend Zeit und Störung für eine gründliche Durchmischung zu gewährleisten.«[8]

Während Ricardo im Februar 1933 in Shoreham ein intensives Programm zur Erprobung der Kraftstoffeinspritzung startete, wandte Griffith seine Aufmerksamkeit der Analyse des R-Motors von Rolls-Royce zu. Er war vielleicht der erste Wissenschaftler, der sich, in seinem Aufsatz von 1921, ernsthaft mit der Theorie der Risse befasste, und danach beteiligte er sich an einer Studie mit Rolls-Royce über Spannungsberechnungen für die Kurbelwelle des R-Motors.[9] Er wurde auf dem Gebiet der Spannungs- und Ermüdungsforschung so bekannt, dass die Griffith-Risstheorie noch heute an Universitäten gelehrt wird[10]

In der unten dargestellten Gleichung, einer der einfacheren in Griffiths Arbeit über den R-Motor, stehen A, B, C und D für verschiedene Formen im Querschnitt der Kurbelwelle, T für das Drehmoment, H und V für die horizontalen und vertikalen Kräfte und der griechische Buchstabe theta für den Kurbelwellenwinkel. Die Berechnung muss für jedes Paar von sechs Kurbelwellenzapfen in Schritten von 10° des Kurbelwellenwinkels durchgeführt werden und ergibt schließlich die Abbildung (unten rechts). Würde man all diese Berechnungen für zwei Umdrehungen der Kurbelwelle in 10-Grad-Schritten für sechs Kurbelzapfen von Hand durchführen, müsste eine Gleichung wie die untenstehende 432 Mal berechnet werden, wofür eine Person etwa zwei Wochen benötigt. Berechnungen dieser Art wurden auch von den ursprünglichen Konstrukteuren durchgeführt, aber Griffith kehrte in seiner Analyse zu den ersten Prinzipien zurück, um den Rennmotor aus einer mathematischen Perspektive zu untersuchen.

Anhand dieser Diagramme wurden verschiedene Faktoren und Belastungsberechnungen durchgeführt, um festzustellen, wie weit die Kurbelwelle des Motors bei einem bestimmten Leistungsniveau vom Ausfall entfernt war. Die von Griffith erstellten Diagramme sind identisch mit denen, die von Computerprogrammen erstellt werden, die von den heutigen Rennmotorenkonstrukteuren zur Untersuchung der Kurbelwellenbelastungen geschrieben werden. Die Ingenieure der 1930er Jahre erstellten keine grundsätzlich primitiveren technischen Studien als wir heute, sie mussten nur härter und länger arbeiten, um sie zu erstellen.

Farnborough und Rolls-Royce wussten, dass ihre Ergebnisse nicht absolut mit der Realität übereinstimmten, weil der Motor bei Leistungen funktionierte, bei denen die Theorie ein Versagen nahelegte, so dass diese Studie Teil ihrer Bemühungen war, um ihre Analysemethoden der Realität besser entsprechen zu lassen. Sie waren schon lange zu dem Schluss gekommen,

Crankpin IV

$$
\begin{aligned}
Tp_4 = R\big[&(H_{ABCD} + P_{H12})\sin\overline{(30-\theta)} + P_{H2}\sin\overline{(30-\theta)} \\
&+ (\overline{V_{ABCD} + P_{V12}})\cos\overline{(30-\theta)} \\
&+ P_{V2}\sin\overline{(30-\theta)}\big] - T_E
\end{aligned}
$$

Griffiths Gleichung für das Drehmoment des Kurbelwellenzapfens.

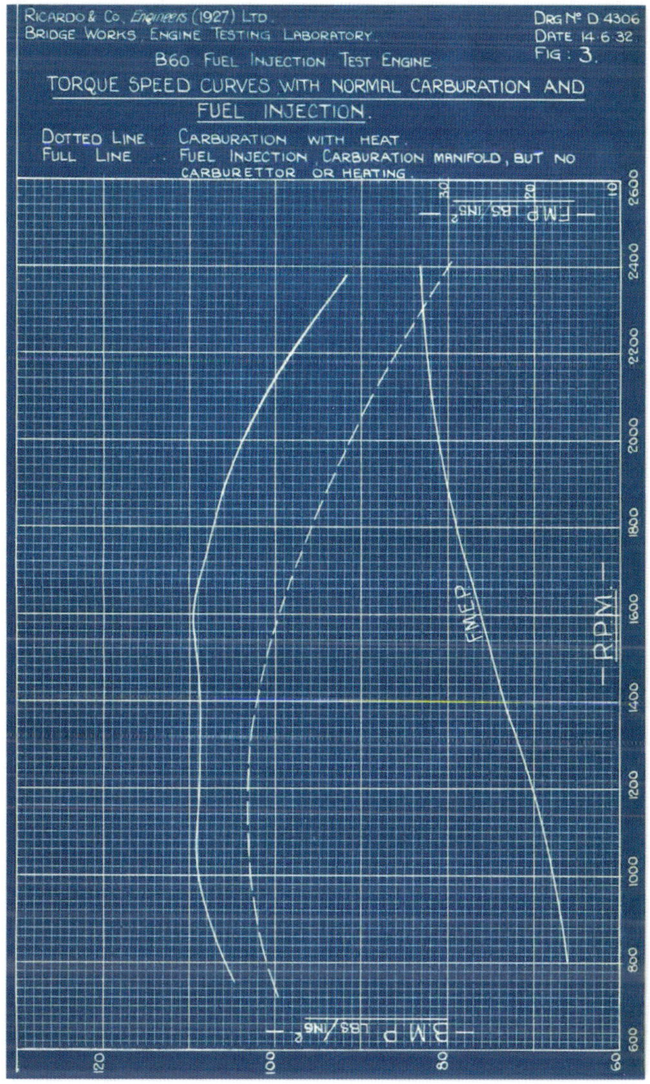

Kraftstoffeinspritztest bei Ricardo, 1932 – Drehmoment, Geschwindigkeit mit 1) normalem Vergaser 2) Einspritzung.

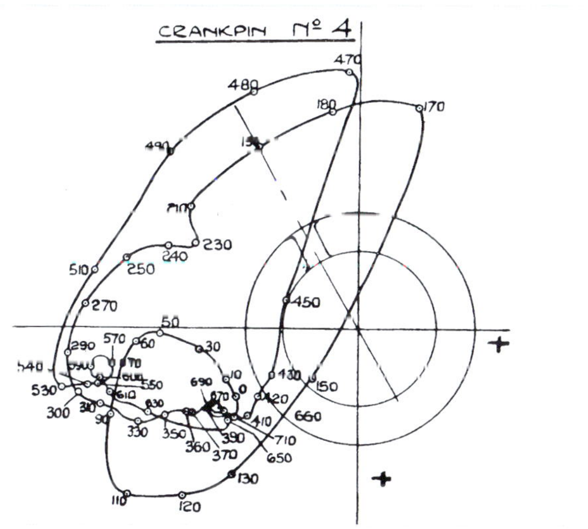

Drehmoment an Kurbelzapfen Nr. 4 des R-Motors, 1929.

dass die Zerstörung von Triebwerken allein keine nützliche Entwicklungstechnik sein würde. Dies lag nicht zuletzt an der Schwierigkeit, stark beschädigte Teile nach ihrem Ausfall forensisch zu analysieren, die durch die Art der katastrophalen Ausfälle oft so zermürbt waren, dass man wenig daraus lernen konnte. Griffith schrieb:

»Es wurde vorgeschlagen, einige der R-Motoren bis zur Zerstörung zu testen, aber es ist sehr zweifelhaft, ob dabei befriedigende Schlussfolgerungen hinsichtlich der Belastungsarten gezogen werden können.«[11]

Neben der detaillierten Arbeit an der Kurbelwellenbelastung wurde im März 1933 auch die Kühlung untersucht. Das RAE untersuchte die Entwicklung von Kühlern und konzentrierte sich dabei insbesondere auf die Frage, wie die Größe des Kühlers reduziert werden konnte. Der Kern des Problems bestand darin, dass Wasser bei 100 °C siedet, aber je größer der Temperaturunterschied zwischen der Kühlflüssigkeit und der Außenluft ist, desto größer die Wärmeübertragung. Wenn also das Kühlmittel mit einer höheren Temperatur betrieben werden konnte, konnte ein kleinerer Kühler verwendet werden. Bei den für ein künftiges Kampfflugzeug vorausgesagten Geschwindigkeiten war der vom Kühler verursachte Luftwiderstand beträchtlich; aus diesem Grund hatten viele der Schneider-Trophy-Renner Oberflächenkühlung anstelle von Kühlern verwendet. Leider war die Oberflächenkühlung unmöglich kompliziert, viel zu teuer für ein Serienflugzeug und sehr anfällig für Beschädigungen. Für die Motorkühlung bei geringem Luftwiderstand war eine andere Lösung erforderlich.

Ethylenglykol wurde für diesen Zweck verwendet, da es bei einer höheren Temperatur als Wasser siedet, aber es war ein weitaus weniger effizientes Kühlmittel, da es die Wärme deutlich weniger gut leitet als Wasser. Außerdem hatte es eine unvorteilhafte Neigung zum Durchsickern, da die Oberflächenspannung in Kontakt mit Luft nur halb so groß war wie die von Wasser. Die einzige Möglichkeit, das Wasser am Sieden zu hindern, bestand daher darin, das gesamte Kühlsystem unter Druck zu setzen. Der Druck verhindert, dass sich Blasen in der heißen Flüssigkeit bilden, und selbst reines Wasser, das unter einem Druck von vier Atmosphären steht, kocht erst bei 150 °C. In diesen frühen Tagen wurden weitaus niedrigere Drücke untersucht, aber das Prinzip war dasselbe.

»Ein System, das mit 3 psi [0,2 bar] über Atmosphärendruck arbeitet, benötigt weniger Kühlfläche als ein System, das frei in die Atmosphäre entlüftet wird. Die Verringerung beträgt je nach Höhe zwischen 7 und 9 %... Gegen einen höheren Betriebsdruck wurden Einwände erhoben, weil es schwierig ist, Kühler herzustellen, die den Bedingungen standhalten, und weil die Gefahr besteht, dass die Sicherheitsventile verkleben.

Die Konstruktionsmethoden für Kühler wurden verbessert, und lange Röhrenradiatoren können jetzt für einen Druck von 20 psi [1,38 bar] hergestellt werden. Viele der jetzt eingesetzten Flugzeuge haben gezeigt, dass ordnungsgemäß gewartete Sicherheitsventile einigermaßen zuverlässig sind.«[12]

Großbritannien hatte einen Vorsprung bei der Entwicklung von Hochtemperatur- und Hochdruck-Motorkühlsystemen, die für die Hochleistungsmotoren des nächsten Krieges unerlässlich sein würden. Am 3. Oktober 1933 machte auch die britische Kraftstoff-Direkteinspritzung sowohl in Farnborough als auch bei Ricardo Fortschritte. Der Triebwerksunterausschuss des britischen Luftfahrtministeriums (Department of Scientific and Industrial Research, DSIR) beriet über die in den vergangenen Monaten beim RAE geleistete Arbeit.

»2. Zusammenfassung der Empfehlungen,
a) Experimente zur Kraftstoffeinspritzung. Der Kraftstoff-Ausschuss empfiehlt, (i) dass die 2,35-[Test-]Einheit in Shoreham für Experimente zur Einspritzung von Kraftstoff sowohl in das Ansaugrohr als auch in den Zylinder ausgerüstet wird; (ii) dass die Experimente an dieser Einheit durchgeführt werden, um die Leistung von Kraftstoffen zu erforschen, die für eine normale Verbrennung nicht ausreichend flüchtig sind; und (iii) dass in der Zwischenzeit die Mehrzylinder-Experimente zur Kraftstoffeinspritzung ausgesetzt werden sollten, mit Ausnahme der ›Aufräumarbeiten‹ und der Berichterstattung über die bereits im RAE und Shoreham durchgeführten Arbeiten.«[13]

Es war ein schwerwiegender Fehler, die Versuche zur Kraftstoffeinspritzung an Großmotoren auszusetzen, da die resultierende gute Gemischverteilung zwischen den Zylindern von Langmotoren ein wichtiger potenzieller Vorteil wäre. Im Mai 1935 wurde immer noch die Frage untersucht, ob es besser sei, Ethylenglykol oder Wasser unter hohem Druck in Kühlern zu verwenden.

»Mit dem Ziel, die Leistung von Flugzeugen mit flüssigkeitsgekühlten Motoren zu verbessern, können Flüssigkeiten mit einem höheren Siedepunkt als Wasser verwendet werden, und zu diesem Zweck wurde Ethylenglykol eingesetzt... Ein Beispiel, das die typische Schätzung der Verringerung der Kühlergröße mit einer Kühlflüssigkeit mit höherer Temperatur zeigt, wird im Detail gegeben.

Unter den Bedingungen der vorliegenden Tests wurde gezeigt, dass die Wärmeübertragung von Flüssigkeit zu Luft pro Einheitsfrontfläche und pro Grad Temperaturunterschied bei 100 ft/sec zwischen 6 % und 8 % weniger mit Ethylenglykol als mit Wasser ist. Dies ist auf zwei Ursachen zurückzuführen: a) geringere Wärmeübertragung von der Flüssigkeit auf das Metall, b) Verringerung des Luftmassenstroms bei höherer Metalltemperatur.

Aus dem ausgearbeiteten Beispiel geht hervor, dass Ethylenglykol bei einer Höchsttemperatur von 125 °C eine starke Verringerung der Kühlerfläche (etwa um die Hälfte) aufgrund der höheren Arbeitstemperatur und des anteiligen direkten Wärmeverlusts von Motormantel, Rohren und Tanks … bei Verwendung von Hochtemperatur-Kühlmitteln ist die Frage der Kühlerlote wichtig, da die Festigkeit von Blei-Zinn-Lot mit steigender Temperatur abnimmt.«[14]

Diese Ergebnisse stützten sich auf die früheren Arbeiten des RAE und untermauerten die Theorie, dass viel gewonnen werden könnte, wenn ein Kühlmittel, das hauptsächlich aus Wasser mit seiner überlegenen Wärmeleitfähigkeit besteht, unter hohem Druck verwendet werden könnte.

Am 6. Juli 1935 befasste sich der DSIR-Unterausschuss erneut mit der Kraftstoffeinspritzung, die nun unter den Bedingungen einer hohen Ventilüberschneidung untersucht wurde, was mit einem Vergaser unmöglich war. Die Ausschussmitglieder forderten, dass die Testergebnisse bei hoher Überlappung spätestens im Januar 1936 vorgelegt werden sollten.[15]

Im Oktober 1935 wurden Berichte über einen Bristol Pegasus-Sternmotor veröffentlicht, der in England bei der Bristol Aeroplane Company im Auftrag des Aeronautical Research Committee (ARC) für den Betrieb mit Kraftstoffeinspritzung umgebaut worden war. A. W. Morley vom RAE war für das Projekt verantwortlich.[16] Der so ausgerüstete Motor wurde als Draco bezeichnet. Tatsächlich hatte Bristol bereits 1932 Versuche mit dem Draco mit indirekter Einspritzung – Kraftstoff wird in die Ansaugrohre in der Nähe des Zylinders, aber nicht direkt ins Innere eingespritzt – durchgeführt. Der daraus resultierende Motor wurde sogar in einem Westland-Doppeldecker getestet, nachdem die Tests auf dem Prüfstand 1933 abgeschlossen worden waren. Leider stellte man bei Bristol fest, dass der Motor in bestimmten Geschwindigkeitsbereichen »flache Stellen« aufwies, und beschloss angesichts seiner Komplexität, das Projekt nicht weiter zu verfolgen.[17]

1935 wurden weitere Versuche mit dem Draco durchgeführt, bei denen der Kraftstoff mit Bosch-Pumpen direkt in den Zylinder eingespritzt wurde. Diese Versuche standen kurz davor, den vielleicht größten Vorteil der Kraftstoffeinspritzung in einem Flugzeug aufzudecken, aber unerklärlicherweise wurde er im Testprogramm nicht entdeckt.

»Auf Empfehlung des Aeronautical Research Committee wurde der Draco-Benzineinspritzmotor von mäßiger Aufladung auf volle Aufladung umgestellt, um:

1) die Leistung mit der eines entsprechenden Vergasermotors (Pegasus) zu vergleichen.
2) festzustellen, ob das Einspritzsystem Vorteile bei der Beschleunigung und dem allgemeinen Fahrverhalten bietet, und auch eine automatischen Gemischregelung einzubauen … Um festzustellen, ob der Einspritzmotor in dieser Hinsicht einen Vorteil hat, wären Flugtests erforderlich, da beide Typen auf dem Prüfstand zufriedenstellend sind.«

Morley gab keine Erklärung dafür ab, warum keine Flugversuche durchgeführt worden waren, und erklärte auch, etwas paradoxerweise, dass für die automatische Gemischregelung so lange keine Zeit aufgewendet werden sollte, bis ein eindeutiger Vorteil der Kraftstoffeinspritzung gegenüber einem Vergaser nachgewiesen war. Die Möglichkeit, den Kraftstofffluss mechanisch zu steuern, ist bei einer mechanischen Einspritzpumpe einfacher als bei einem Vergaser und bot sich für die späte Entwicklung automatischer mechanischer Computer in Deutschland an, die es dem Piloten ermöglichten, sich auf den reinen Flug zu konzentrieren, ohne ständig Motoreinstellungen vornehmen zu müssen. Doch weder dieser Vorteil noch die Möglichkeit, Kunstflug zu betreiben, ohne dass der Motor ausfiel, wenn die Nase des Flugzeugs im Sturzflug nach unten gedrückt wird, wurden bekannt, da Morley keine Tests organisiert hatte, um das gesamte Forschungsprogramm wie ursprünglich geplant durchzuführen.

Am 15. Januar 1936 hatte Ricardo die Erforschung der Frage abgeschlossen, wie große Ventilüberschneidungen das Herausspülen von unverbranntem Kraftstoff aus den Zylindern und damit die Füllung der Zylinder mit frischer Ladeluft verbessern könnten.

Diese Überschneidungen waren nur mit direkter Kraftstoffeinspritzung möglich, da bei einem Vergaser der Kraftstoff während der Überschneidungszeit, wenn sowohl die Einlass- als auch die Auslassventile über einen längeren Zeitraum geöffnet waren, direkt durch den Auspuff geschossen wurde. Das wiederum würde natürlich zu einem extrem schlechten Kraftstoffverbrauch führen.

Der Vorteil des gleichzeitigen Offenhaltens der Ventile, das auf den ersten Blick als widersprüchliches Ziel erscheint, war ein dreifacher: Erstens wurde der Luftdurchsatz erhöht, ohne dass die verbrannte Kraftstoffmenge zwangsläufig anstieg. Dadurch wurde die Temperatur der sehr heißen Teile wie der Zündkerze und der Auslassventile im Inneren der Kammer ge-

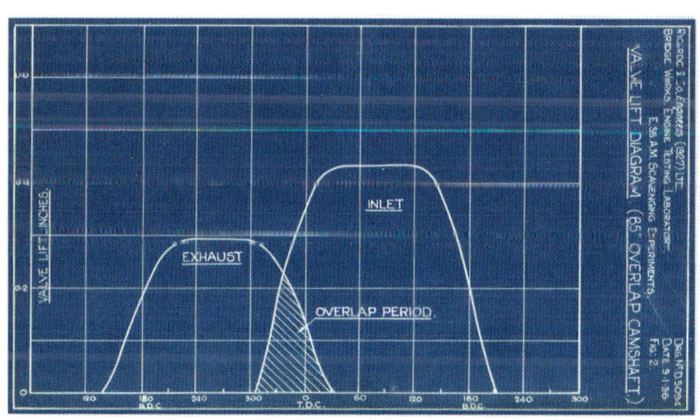

Kraftstoffeinspritzungsüberlappungs-Testdiagramm bei Ricardo – Auslass, Einlass, Überlappen.

senkt. Wenn diese Teile zu heiß wurden, konnten sie dem frischen Kraftstoff-Luft-Gemisch so viel Energie zuführen, dass es sich selbst entzündete, was zu einer Vorzündung – der Kraftstoff entzündete sich früher als erwünscht – und später zu Klopfen führte. Dies waren schwerwiegende Probleme, die die Temperaturen so hoch ansteigen lassen konnten, dass der Kolben schmolz und der Motor innerhalb von Minuten oder sogar Sekunden zerstört wurde.

Zweitens wurde durch das Offenhalten der Ventile der Verbrennungsraum von den Abgasen des vorangegangenen Zündzyklus gereinigt. Drittens bot sich die Möglichkeit, durch akustisches Tuning die Länge der Einlass- und Auslassrohre so einzustellen, dass die Füllung des Zylinders bei bestimmten Motordrehzahlen deutlich zunahm.

Die Theorie der stehenden Wellen im Ansaug- und Auspuffsystem wurde zu dieser Zeit erforscht (insbesondere von dem deutschen Motorenforscher Dr. Hans List an der Universität Graz), aber dieser letzte Vorteil sollte erst in einigen Jahren genutzt werden; zum Teil deshalb, weil die Triebwerksinstallationen in Jagdflugzeugen extrem kurze Auspuffrohre erforderten, die bei einem relativ langsam drehenden Motor viel zu kurz waren, um irgendwelche akustischen Abstimmungseffekte zu erzielen. Die Schallreflexion würde ein Auspuffrohr mit einer Länge von etwa 1,5 m erfordern, um nützlich zu sein. Diese Länge wird in erster Linie durch die Schallgeschwindigkeit des Gases bestimmt und ist so berechnet, dass in der Nähe des Auslassventils beim Schließen eine Unterdruckzone entsteht, die den Abtransport der Abgase aus dem Motorzylinder unterstützt. Wenn das Auslassventil und das Einlassventil gleichzeitig geöffnet werden, ist es sogar möglich, dass dieser Druckabfall im Auspuff durch eine Folgewirkung auch einen größeren Durchfluss in den Zylinder bewirkt.

Am 31. März 1936 berichtete das Gremium des DSIR-Motorenunterausschusses über die Ergebnisse von Morley und verlas einen Absatz aus seinem Bericht:

> »Die Unterschiede in Leistung, Kraftstoffverbrauch und Klopfen bei den jeweiligen Vergasungssystemen waren kaum messbar und von keiner praktischen Bedeutung … die normale Vergasung ergab die größere Nennhöhe aufgrund der Kühlwirkung des Benzins im Gebläse.« [18]

Andere waren von Morleys Schlussfolgerungen weniger überzeugt, und das Gremium war bestrebt, weiterzumachen. Im Protokoll ist festgehalten:

> »Bevor man mit Flugversuchen am Einspritzmotor oder mit der Entwicklung einer automatischen Steuerung dafür fortfährt, wird vorgeschlagen, zu warten, bis die derzeit laufenden Einzylinderversuche über die Wirkung der Ventilüberschneidung abgeschlossen sind und gezeigt haben, dass durch eine geeignete Einstellung der Ventilsteuerzeiten eine bessere Leistung des Einspritzmotors zu erwarten ist; der Unterausschuss Triebwerke schlägt vor, diesen Bericht (2055 ICE1078 -RAE Note No. 3486) an die Triebwerksfirmen weiterzuleiten.« [19]

Morley wurde zurückgeschickt, um die Tests fortzusetzen, aber er verschob die Entwicklung der automatischen Steuerung und die Flugerprobung eines Flugzeugs mit Kraftstoffeinspritzung erneut. Im September 1936 hatte er seine Berichte über die Direkteinspritzung und die hohe Ventilüberschneidung abgeschlossen und dem DSIR-Gremium Bericht erstattet:

> »In Anbetracht der Spülwirkung, die durch eine große Ventilüberschneidung bei der Aufladung erzielt wird, und der Möglichkeit, den direkten Durchgang von Kraftstoff in den Auspuff zu verhindern, indem ein geeignet getaktetes Einspritzsystem verwendet wird, wurden Versuche an einem luftgekühlten Einzylindermotor mit verschiedenen Ventilüberschneidungen durchgeführt, um die Leistung bei normaler Vergasung mit derjenigen bei Direkteinspritzung zu vergleichen«. [20]

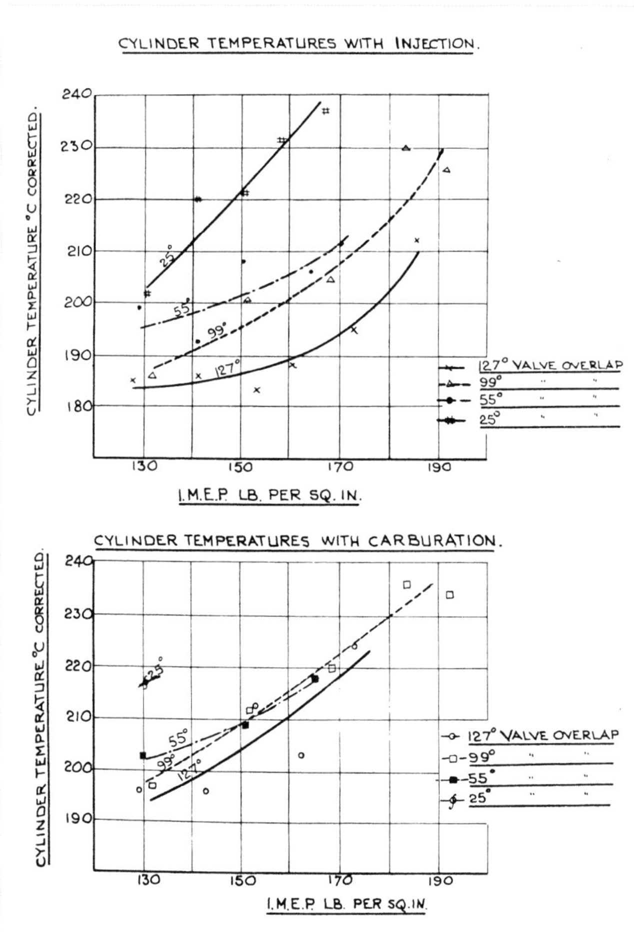

Zylindertemperaturen bei direkter Kraftstoffeinspritzung. Kurven von Temperatur und Druck mit 1) Einspritzung 2) Vergaser. Es sei bemerkt, dass die gewählte y-Achsenskala den Vorteil der Einspritzung verschleiert!

Morley verwendete eine deutsche Kraftstoffpumpe der Firma Bosch, die auf einen moderaten durchschnittlichen Kraftstoffdruck von 50 Atmosphären eingestellt war.

Unmittelbar sichtbar war eine starke Senkung der Zylindertemperaturen bei Verwendung hoher Ventilüberschneidungen mit Kraftstoffeinspritzung (s. Seite 32, Diagramm). Die Vorteile der Verringerung der Zylindertemperatur bei höheren Überschneidungen scheinen bei einem Vergaser nicht eingetreten zu sein; Morley konnte dies nicht erklären, behauptete aber, dass die Nähe des Temperatursensors zur Kraftstoffeinspritzdüse seine Ergebnisse möglicherweise verfälscht habe. In Wirklichkeit war es sehr viel wahrscheinlicher, dass der noch brennende Kraftstoff, der vom Vergaser (der auch während der Überschneidungsphase kontinuierlich Kraftstoff einspritzte) aus den Auslassöffnungen ausgestoßen wurde, die Ventile und den Zylinderkopf so stark erhitzte, dass die Kühlung durch den zusätzlichen Luftstrom über die Auslassventile während der Überschneidung zunichte gemacht wurde.

Im Oktober 1936 führte Rolls-Royce Experimente mit Druckvergasern durch; es handelte sich zwar nicht um eine Direkteinspritzung, aber sie war weit genug von einem Standardvergaser entfernt, dass sie eine primitive Form der Kraftstoffeinspritzung darstellte.

Farnborough wurde gebeten, Tests mit einem Rolls-Royce Kestrel-Motor durchzuführen, um herauszufinden, ob die Speisung des Vergasers durch Druck statt durch Sog das Kraftstoffverhalten in großer Höhe verbessern würde. Es stellte sich jedoch schnell heraus, dass die Druckbeaufschlagung des Kraftstoffsystems eine Herausforderung darstellte:

> »Während der ersten 18 Flugstunden kam es zu drei Bränden im Motorraum, der erste Brand ereignete sich in 29.500 Fuß [9000 m] Höhe.«[21]

Nach verschiedenen Reparaturen und Umbauten hörten die Brände auf, und die Leistung konnte zum ersten Mal gemessen werden.

> »... oberhalb von 25.000 Fuß [7260 m] lief ein Standardmotor der Kestrel II.S nur noch unregelmäßig und neigte zu Ausfällen. Der Druckvergasermotor ist in dieser Hinsicht überlegen ... und die an den Tests beteiligten Piloten äußerten die Meinung, dass es sich um einen der laufruhigsten Motoren handelte, die sie in großen Höhen verwendet hatten.«

In Anbetracht der späteren Ereignisse ist es erstaunlich, dass bei den Flugtests mit keinem Wort erwähnt wurde, dass dieses Testflugzeug völlig immun gegen das Abschalten bei Stürzen mit negativer G-Kraft gewesen wäre. Die Tests wurden ausschließlich unter dem Gesichtspunkt der Treibstoffersparnis und der Unempfindlichkeit gegenüber rauem Lauf in großen Höhen durchgeführt; eine große Chance, die Triebwerke der RAF-Jagdflugzeuge im realen Kampfeinsatz zu verbessern, war nun zweimal verpasst worden.

Rolls-Royce Kestrel mit Druckvergaser, Oktober 1936.

Am 11. Dezember 1936 berichtete Ricardo dem Unterausschuss für Triebwerke der DSIR über seine Experimente mit der Kraftstoffeinspritzung und verfasste einen Bericht über die relativen Vorzüge des traditionellen Vergasers und der Kraftstoffeinspritzung:

> »Die Frage der Kraftstoffeinspritzung gegenüber der Vergasung wird ständig diskutiert, und die Meinungen scheinen sehr weit auseinander zu gehen. Die folgende Aufzeichnung ist ein Versuch, einige der Argumente zugunsten von eingespritztem Benzin zu schildern. Die jüngsten Entwicklungen in der Konstruktion und im Betrieb von Benzinmotoren haben diesen Argumenten meines Erachtens beträchtliches Gewicht verliehen und werden im Lichte künftiger Fortschritte noch mehr Gewicht verleihen ... In den letzten acht Jahren haben wir in Shoreham die Angewohnheit gehabt, für einen Großteil unserer Einzylinder-Versuchsarbeiten Einspritzung anstelle von Vergasung zu verwenden, und zwar allein aus dem Grund, dass sich der Motor leichter steuern lässt, insbesondere bei der Aufladung.«[22]

Ricardo geht ausführlich auf die verschiedenen Details ein, die erforderlich sind, um das Beste aus einem Einspritzmotor herauszuholen.

> »Vorteile:
> Obwohl ... der minimale [Kraftstoff-]Verbrauch, der mit der Kraftstoffeinspritzung erreicht wird (unter sonst gleichen Bedingun-

gen), nur sehr geringfügig niedriger ist als der niedrigste, der mit einem Vergaser erreicht werden kann, … kann dieses Minimum mit weit größerer Sicherheit gewährleistet werden als mit einem Vergaser … daher sollte es mit der Kraftstoffeinspritzung möglich sein, in enger Formation mit der wirtschaftlichsten Gemischstärke zu fliegen.

Die Einführung von Luftschrauben mit variabler Steigung hat die Schwierigkeit der wirtschaftlichen Vergasung stark erhöht, die der Kraftstoffeinspritzung jedoch kaum.

Die Verwendung von hohen Verdichtungsverhältnissen im Kompressor bringt … die Notwendigkeit einer Zwischenkühlung mit sich … In diesem Fall kann und wird es wahrscheinlich gefährlich sein, auf der Ansaugseite des Gebläses zu vergasen und so eine große Menge an brennbarem Gemisch unter Druck bereitzustellen. Die Alternative, auf der Druckseite zu vergasen, bedeutet den Verzicht auf die Verwendung des Gebläses als ›Mischer‹ für eine gute Verteilung und führt zu ernsthaften Schwierigkeiten beim Druckausgleich der Vergaser. All diese Probleme entfallen, wenn eine Kraftstoffeinspritzung verwendet wird.

Bei den heute geforderten sehr hohen spezifischen Leistungen ist die Intensität des Wärmestroms zu den Auslassventilen und -kolben zum begrenzenden Faktor geworden … dieser kann reduziert werden durch a) Spülung mit Luft. b) Verdampfung des Kraftstoffs im Zylinder. Was a) betrifft, so haben unsere eigenen Experimente und die des RAE gezeigt, dass der Wärmestrom zu den umgebenden Oberflächen durch Spülung sehr stark reduziert werden kann … Zu b): … es gibt indirekte Hinweise darauf, dass im ersten Fall die Wärme von den wichtigeren Innenflächen … nämlich Auslassventil und Kolbenboden, aufgenommen wird, wenn der flüssige Kraftstoff im Zylinder verdampft.

Unsere eigenen Experimente an einem Motor mit variabler Verdichtung haben gezeigt, dass es bei einem Kraftstoff mit einer bestimmten Oktanzahl möglich ist, durch den Einsatz der Kraftstoffeinspritzung in Verbindung mit der Spülung den mittleren effektiven Druck in der Größenordnung von 20 % zu erhöhen.

Unserer Erfahrung nach bietet die Kraftstoffeinspritzung eine bessere Kontrolle, da die Beschleunigung wesentlich verbessert wird und es besteht keine Gefahr, den Motor beim Drosseln oder plötzlichen Öffnen des Motors zu ›verlieren‹.

Die Gefahr der Vereisung ist wahrscheinlich völlig gebannt.

Bei der Anwendung auf einem Hubkolbenmotor hat die Kraftstoffeinspritzung den zusätzlichen, sehr wichtigen Vorteil, dass ein beträchtliches Maß an Kühlung erreicht werden kann und dadurch ein erheblicher Gewinn an Wirtschaftlichkeit erzielt werden kann, wobei ein breiter Drehmomentbereich bei maximaler Wirtschaftlichkeit allein durch die Steuerung des Kraftstoffs genutzt werden kann.

Es scheint möglich, … die Einspritzpumpe als Aufzeichnungsinstrument für den verbrauchten Kraftstoff zu verwenden. Man mag einwenden, dass die Verwendung der Kraftstoffeinspritzung eine neue Komplikation mit sich bringt, aber dem möchte ich entgegenhalten, dass der moderne Vergaser, wenn er alle heute geforderten Bedingungen erfüllen soll, zu einem komplexen und sperrigen Gerät wird, dessen Einstellung äußerst schwierig ist … im Gegensatz dazu ist die Kalibrierung und Einstellung einer Einspritzpumpe eine sehr einfache Routineangelegenheit.«[23]

Das Argument für die Einführung eines Motors mit Kraftstoffeinspritzung war überzeugend, obwohl Ricardo anmerkte, dass die Einspritzung von Kraftstoff direkt in den Zylinder (im Gegensatz zur Einlassöffnung hinter den Ventilen) die Gestaltung der Turbulenzen in der Einlassluft sehr wichtig machte, während die Einspritzung in die Öffnung in den meisten Situationen recht gute Ergebnisse ermöglichte. Ironischerweise hatte Ricardo, wie viele andere auch, für seine Versuche eine modifizierte deutsche Bosch-Einspritzpumpe verwendet.

»Im Fall des Motors mit Turbulenzkopf-Tellerventilen gab es keine Schwierigkeiten bei der Erzielung einer gründlichen Mischung, wenn der Kraftstoff in den Einlassventilkrümmer eingespritzt wurde, noch war die Leistung des Motors in weiten Grenzen empfindlich gegenüber der Form des Sprays oder dem Zeitpunkt der Einspritzung. Mäßige Ergebnisse konnten mit Schwierigkeiten erzielt werden, wenn der Kraftstoff direkt in den Verbrennungsraum eingespritzt wurde, aber in diesem Fall war die Leistung sehr empfindlich, sowohl sowohl im Hinblick auf den Zeitpunkt der Einspritzung als auch auf die Form und Richtung des Sprühstrahls. In keinem Fall waren die mit der Direkteinspritzung erzielten Ergebnisse mit denen vergleichbar, bei denen die Einspritzung hinter dem Einlassventil erfolgte.

Bei dem obenliegenden Ventilmotor mit geringer Turbulenz hatten wir die größten Schwierigkeiten, zufriedenstellende Ergebnisse zu erzielen, wenn der Kraftstoff direkt in den Zylinder eingespritzt wurde.

Wir haben zahlreiche verschiedene Düsenformen und unterschiedliche Zeitpunkte mit unterschiedlichen Ergebnissen ausprobiert, konnten aber keine Kombination finden, die eine Leistung erbrachte, die der eines Vergasers entsprach oder auch nur nahe kam.

Um die Turbulenzen zu erhöhen, setzten wir eines der beiden Einlassventile außer Betrieb. Mit nur einem Einlassventil war das Problem sehr viel einfacher, und wir konnten eine einigermaßen gute Leistung erzielen, wenn der Kraftstoff in Form eines fächerförmigen Sprühnebels eingespritzt wurde, der auf die durch das Ventil eintretende Luft gerichtet war … mit der Einspritzung außerhalb des Zylinders [Port- oder Krümmereinspritzung] konnten wir ausgezeichnete Ergebnisse erzielen, die etwas besser waren als die besten, die mit einem Vergaser erzielt werden konnten, vorausgesetzt, dass die Einspritzung in einiger Entfernung von der Einlassöffnung erfolgte. Unsere besten Ergebnisse erzielten wir mit einem fein pulverisierten Weichspray des Zentrifugaltyps, das stromaufwärts einspritzt.«[24]

Nur vier Monate später, im März 1937, machte das britische Projekt der Direkteinspritzung einen verhängnisvollen Rückschritt, als Morley berichtete, dass er seine Versuche zur Direkteinspritzung abgeschlossen und die Ergebnisse »der Industrie zur Verfügung gestellt« hatte. Es waren zwei Jahre vergangen, seit der DSIR-Unterausschuss gefordert hatte, die Direkteinspritzung bei hohen Ventilüberschneidungen zu testen – und sechs Monate, seit Morley seinen Bericht fertiggestellt hatte.[25]

Morleys Arbeit wurde veröffentlicht, aber seine Schlussfolgerung, dass die Vorteile der Direkteinspritzung im Vergleich zur Vergasung nicht existierten, war seltsam; seine eigenen Diagramme zeigten das Potenzial für eine Menge interessanter Forschung. Sie zeigten zum Beispiel, dass die Zylindertemperatur beim eingespritzten Motor bei gleicher Leistung erheblich niedriger war, was bedeuten würde, dass der Ladedruck erhöht werden konnte, ohne dass es zu einem Klopfen kam – Morley wiederum behandelte dies entweder als Messfehler oder als eine Art seltsames Kühlungssymptom, das dadurch verursacht wurde, dass sich die Kraftstoffdüse in der Nähe des Thermoelementes zur Temperaturmessung befand.[26] Sein Bericht, der dem Vergasungsausschuss vorgelegt wurde, endete mit der Zeile:

»Weitere Entwicklungen: keine in Betracht gezogen«.

So kam es, dass Großbritannien weder mit Einspritz- noch mit Druckvergasermotoren für seine Kampfflugzeuge in den Krieg zog. Dieser Umstand würde die RAF-Piloten 1940 in einen ernsthaften taktischen Nachteil bringen. Dies ist umso erstaunlicher, als sich der wohl weltweit angesehenste Wissenschaftler für Motorenforschung und -erprobung, Harry Ricardo, im Dezember 1936 nachdrücklich für diese Technologie aussprach. Im Vorfeld des Zweiten Weltkriegs war dies ein katastrophales Versäumnis, das später einige RAF-Piloten das Leben kosten sollte. Dies war umso ärgerlicher, als die Entwicklung der Technologie in Großbritannien durchaus möglich war und zumindest zu einem bestimmten Zeitpunkt so weit fortgeschritten war wie in Deutschland, wo Einspritzsysteme noch in Hilfsflugzeugen erprobt wurden.

Es wäre jedoch nicht fair zu sagen, dass Großbritannien in jedem Bereich hinterherhinkte. Am 7. April 1937 stand für den Chefkonstrukteur von Bristol, Roy Fedden, der neue 100 Oktan-Kraftstoff ganz oben auf der Tagesordnung. Um diesen neuen Kraftstoff nutzen zu können, musste die Motorkonstruktion weiter vorangetrieben werden, da die Erhöhung der Oktanzahl allein zwar nicht die Motorleistung steigerte, es aber ermöglichte, den Zylinderdruck zu erhöhen, ohne dass es zu einem schädlichen Klopfen kam. Diese Entwicklung erforderte jedoch neue Methoden zur Erkennung von Klopfen, da diese einen Motor innerhalb von Sekunden zerstören können.

»Die Entwicklung von Motoren, die die Vorteile des 100 Oktan-Kraftstoffs nutzen sollen, hat gezeigt, dass dringend ein Indikator

Sir Roy Fedden

6. Juni 1885 – 21. November 1973

Roy Fedden

Sir Roy Fedden begann seine Karriere als Konstrukteur von Sternmotoren im Ersten Weltkrieg.

Nach der Übernahme seiner Firma Cosmos Engineering wurde er Mitarbeiter der Bristol Company, die auf luftgekühlte Sternmotoren spezialisiert war. Fedden war der Hauptbefürworter des Hülsenventilsystems, das die in den meisten anderen Motoren der 1920er Jahre verwendeten Tellerventile überflüssig machte. Seine Motoren, wie z. B. der Hercules, wurden hauptsächlich in schwereren Flugzeugen eingesetzt, aber sein Centaurus kam kurzzeitig im Hawker Tempest-Jagdflugzeug zum Einsatz.

Fedden verbrachte einen großen Teil des Krieges in den USA, wo er mit der Bewertung neuer Konstruktions- und Fertigungsentwicklungen betraut war, anstatt zu Hause seine Motoren zu entwickeln. Sein Einsatz der Luftkühlung machte ihn zu einer beliebten Figur in der US-Motorkonstruktionsgemeinschaft.

Seine Entwürfe für Hülsenventile wurden nie in vollem Umfang gewürdigt, was zum Teil an der erfolgreichen Entwicklung von Hochtemperatur-Ventillegierungen und korrosionsbeständigen Beschichtungen wie Stellite und Brightray lag, die viele der Gründe für die Umstellung auf ein Hülsenventil von vornherein negierte. Nach dem Krieg hatte er einige eher erfolglose geschäftliche Unternehmungen und wurde schließlich Universitätsdozent an der Universität Cranfield.

Fedden war ein begabter Ingenieur und hatte einen enormen Ehrgeiz, aber er war auch stur und hatte praktisch keine Geduld. Diese Eigenschaften sorgten für enorme Schwierigkeiten in seinem Berufsleben.

benötigt wird, der bei hohen Drehzahlen funktioniert, der in der Lage ist, das Klopfen zu registrieren und der unempfindlich gegenüber Motorvibrationen ist … keines der auf dem Markt befindlichen Geräte ist zufriedenstellend … die Motorenhersteller sind sehr besorgt über die Verfügbarkeit und die Zusammensetzung des 100 Oktan-Kraftstoffs. Dies ist nicht verwunderlich, da ihre vorläufigen Motorentests mit diesem Kraftstoff sehr ermutigend sind und einen deutlichen Anreiz bieten, mit der Entwicklung des kompletten Motors fortzufahren.« [27]

Im weiteren Verlauf des Berichts betonte Fedden die Bedeutung der Ladeluftkühlung als Methode zur weiteren Erhöhung des Ladedrucks, und es wurde eine Reise in die USA vorgeschlagen, um festzustellen, welche Fortschritte bei der Kraftstoffdirekteinspritzung erzielt worden waren. Die Verwendung von hochoktanigem Kraftstoff stellte die Motorkonstrukteure vor neue Probleme, da ein steigender Ladedruck die Temperatur der in

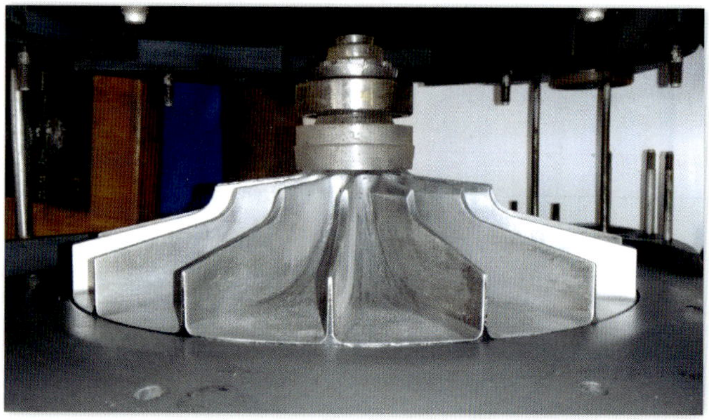

Rolls-Royce Kestrel: Kompressor mit geraden Schaufeln.

Rolls-Royce Merlin III: Kompressor – Schnitt durch die Verdichterschaufeln.

den Zylinder eintretenden Luft erhöhen würde. Ein solcher unkontrollierter Temperaturanstieg konnte genau das Problem verursachen, für das der Motor entwickelt worden war – Klopfen – und Fedden hatte Recht, dass bald eine Ladeluftkühlung erforderlich sein würde.

In der Zwischenzeit war Großbritannien kurz davor, einen zweiten potenziellen technischen Vorsprung zu verspielen, nachdem es bereits die Möglichkeit verloren hatte, die Kraftstoffeinspritzung zu entwickeln. Am 6. Mai 1937 präsentierte Professor Griffith vom RAE dem Triebwerksunterausschuss des Aeronautical Research Council seine Erkenntnisse über ein neues, von Frank Whittle entwickeltes Turbotriebwerk. Das Gremium war bereits skeptisch, was die potenziellen Vorteile von Whittles Zentrifugal-Turbotriebwerk betraf, und Griffiths Bericht begeisterte sie nicht weiter:

»Das Gremium ist der Ansicht, dass die Überlegenheit der Gasturbine gegenüber dem Kolbentriebwerk beim gegenwärtigen Stand des Wissens nicht vorausgesagt werden kann, und sie haben nicht die Absicht, die großen Ausgaben zu befürworten, die wahrscheinlich mit der Entwicklung einer Turbinenanlage durch das Luftfahrtministerium verbunden wären.« [28]

Man stimmte weiteren Tests zu, aber Whittles Zentrifugalstrahltriebwerk hatte zum denkbar kritischsten Zeitpunkt einen Rückschlag erlitten. Dieses Zögern würde jede Chance auf einen echten militärischen Beitrag des Düsentriebwerks zu den Kriegsanstrengungen der Alliierten zunichte machen.

Damit war – im Feuer eines zweiten globalen Konflikts – die Bühne für den größten Entwicklungsschub des Kolbenflugmotors bereitet. Für Großbritannien sollte dieser Motor der Merlin III sein, eine Weiterentwicklung früherer Merlin-Versionen mit einer anderen Brennkammer, die bis zu diesem Zeitpunkt sowohl enttäuschende Leistungen als auch Unzuverlässigkeit gezeigt hatten.

Der Kompressor des Merlin III war von James Ellor entwickelt worden, einem Ingenieur, den Rolls-Royce vom RAE abgeworben hatte, wo er maßgeblich an der Durchführung einiger der ersten wirklich wissenschaftlichen Tests von Kompressoren beteiligt gewesen war. [29] Der Merlin III-Kompressor wurde auf der Grundlage der Kenntnisse entwickelt, die Ellor bei der Entwicklung des Rolls-Royce Kestrel-Motors und bei seiner Arbeit in Farnborough gewonnen hatte. Der spiralförmige Ladereingang des Kestrel-Motors war eliminiert worden, und durch die Einführung eines Laufrads mit abgewinkelten Leitschaufeln hatte Ellor einen Lader entwickelt, der gut genug war, um damit in den Krieg zu ziehen.

Rolls-Royce verwendete Laderäder, die aus zwei separaten Elementen bestanden: Der Hauptrotor wurde aus einer einzigen Aluminiumlegierung geschmiedet und die Leitschaufeln wurden aus Stahl nachgefertigt. Beim Kopierfräsen handelt es sich um ein Verfahren, bei dem ein »Master«-Teil von einem geschulten Maschinenbauer sorgfältig angefertigt und dann ein »Stift« abschnittsweise über dieses Teil geführt wird, wobei das andere Ende an einem Bearbeitungsmesser befestigt wird.

Auf diese Weise konnte ein Originalteil mechanisch reproduziert werden, ohne dass die enormen Kosten für die Herstellung eines einzigen Originalteils anfielen. Auf diese Weise konnte das Laufrad leicht geschmiedet werden, und das Verfahren ermöglichte es theoretisch auch, die Leitschaufeln entsprechend der aerodynamisch idealen Form zu gestalten und nicht durch Fertigungsschwierigkeiten eingeschränkt zu werden. Solche Schwierigkeiten wären eher aufgetreten, wenn sie stattdessen gebogen wären, was bei den meisten deutschen Ladermodellen der Fall war.

Die Merlin-III-Leitschaufeln konnten noch weiter verbessert werden; in diesem Stadium waren sie fast geradlinig mit einer kleinen Krümmung in der Nähe der Stelle, wo sie auf das Hauptlaufrad aus Aluminium trafen. Hooker schrieb später einen Bericht über die Verbesserung dieser Konstruktion, der seine Karriere in der Aufladung bei Rolls-Royce einleitete, und Dr. Kollmann von Daimler-Benz bemerkte später, dass er diesen Induktor, dieses kleine, aber sehr wichtige Teil des Rolls-Royce-Laders, für besonders gut gemacht hielt. Kollmann schrieb später:

»Um das beste Strömungsregime am Eintritt in das Laufradauge zu erreichen, haben wir Konstruktionen wie den Rolls-Royce Merlin gesehen, bei dem ein separater Induktor verwendet wird, der dann später auf die Welle gepresst wird. Dies gibt mehr Gestaltungsfreiheit bei der Form des Induktors, was zu einem aerodynamisch besseren Induktor führen kann. Dies hat jedoch den Preis eines zusätzlichen Fertigungsschritts, einer größeren axialen Tiefe des Laufrads und einer Erhöhung des Laufradgewichts.« [30]

Obwohl Rolls-Royce als Unternehmen stets Zuversicht ausstrahlte, hatte es ein gesundes Interesse daran, so viele Informationen wie möglich über die Aktivitäten in Deutschland zu sammeln. Am 10. August 1937 wurden drei der ranghöchsten Rolls-Royce-Ingenieure, Elliot, Ellor und Swift, vom deutschen Luftfahrtministerium selbst zu einer Besichtigung der Highlights der neuen deutschen Luftfahrtindustrie eingeladen. Die Gelegenheit war viel zu günstig, um sie auszulassen, und so wurden die drei Ingenieure bald von Erhard Milch, Ernst Udet und Helmuth Sachse empfangen – damals deutscher Staatssekretär für Luftfahrt, Generalluftzeugmeister bzw. Leiter Referat Motorenentwicklung LC II im RLM.

»Wir erkannten bald, dass Deutschland in einem sehr viel größeren Maßstab dachte, plante und handelte als wir ... Wir sahen und durften alle ihre Motoren und Maschinen bis hin zur neuesten Produktion untersuchen ... wenn das gegenwärtige Tempo des Fortschritts anhält, das, soweit wir sehen können, wegen der dahinter stehenden Organisation beibehalten werden muss, sind wir definitiv der Meinung, dass wir, wenn wir nicht selbst in viel größerem Maßstab denken und organisieren, unweigerlich zurückfallen müssen.« [31]

Während er dafür sorgte, dass die drei Engländer unterhalten wurden und ihnen genug gezeigt wurde, um sie zu beeindrucken, achtete Sachse, der als Führer für die Rolls-Royce-Männer fungierte, darauf, die Direkteinspritzsysteme zu verbergen – obwohl er zugab, dass sie dachten, eine Art von Einspritzung sei der nächste Schritt, den die deutsche Luftfahrt machen würde. Alle Motoren, die sie sahen, waren frühe Versionen und hatten daher nur Druckvergaser zwischen den Zylinderbänken. Diese waren vergleichsweise sperrig, so dass den englischen Ingenieuren gesagt wurde, dass die beiden Zündkerzen aus Platzgründen an der Außenseite der Zylinderbänke auf der Auspuffseite angebracht werden müssten: eine Konstruktion, die sich später als sehr ungünstig für die Verbrennung erweisen sollte. Sachse erklärte den Rolls-Royce-Mitarbeitern die Gründe für einige der ungewöhnlichen Konstruktionsentscheidungen:

»Bei der Entwicklung der wassergekühlten Triebwerke sind sie auf dem gleichen Stand wie wir beim Merlin II, aber man darf nicht vergessen, dass sie zwei Typen haben, die von zwei verschiedenen Firmen hergestellt werden [DB 600 und Jumo 210]. Das deutsche Luftfahrtministerium entschied sich für die hängende Montage des Motors, weil diese bei einmotorigen Flugzeugen einfacher auszuführen war. Nachdem wir eine solche Maschine installiert gesehen hatten, waren wir sehr beeindruckt und stimmten zu, dass eine solche Anordnung eindeutige Vorteile hatte«. [32]

Ellor stellte fest, dass die deutschen Motoren für ihre größere Kapazität außerordentlich leicht waren: Der größere Daimler-Benz wog 580 kg, während der Merlin II 602 kg auf die Waage brachte, obwohl der deutsche Motor fast ein Viertel mehr Leistung hatte.

»Die Verarbeitung ist außerordentlich gut, und das äußere Finish ist sehr sauber, vor allem beim Daimler-Benz ... Sie sind sehr an 100 Oktan-Kraftstoff interessiert, sind aber durch die Tatsache beunruhigt, dass sie für die Versorgung auf externe Quellen angewiesen sind. Sie sind bestrebt, völlig autark zu sein und haben einen synthetischen Kraftstoff hergestellt ... Es werden drei Systeme untersucht: Direkteinspritzung in die einzelnen Zylinder, Einspritzung mit separaten Pumpen vor dem Einlassventil und Einspritzung in das Auge des Kompressors.« [33]

Sachse erklärte, dass sie bei der Verwendung einiger ihrer experimentellen hochoktanigen Kraftstoffe mit einem Vergaser Probleme mit der Kraftstoffzerstäubung hatten und dass dies ein Faktor war, der sie zur Einspritztechnik trieb. Sachse gab den Rolls-Royce-Männern auch zu, dass die Zündkerzen an der Außenseite der Zylinderbänke angebracht waren, um die großen Druckvergaser räumlich zu entlasten, was zu einem Leistungsverlust und dem Auftreten von dem führte, was er »umgekehrtes Klopfen« nannte. Dies sollte später beim DB 601 E zu erheblichen Kraftstoffproblemen führen, die von dem DVL-Kraftstoffwissenschaftler Franke untersucht wurden, worauf in Kapitel 6, »1942 – Der Wendepunkt«, eingegangen wird.

Theoretisch gilt: Je mehr Kraftstoff in den Zylinder gelangt, desto kälter wird das Gemisch. Dies bedeutet in der Regel, dass fette Kraftstoffgemische die Detonation verhindern, die normalerweise durch überhitzte Teile im Motorzylinder ausgelöst wird. Der instabile und schädliche Zustand der umgekehrten Detonation kann jedoch bei fetten Gemischen mit größerer Heftigkeit auftreten: das Gegenteil des erwarteten Verhaltens. Da Motoren normalerweise mit fetten Gemischen betrieben werden, um maximale Leistung zu erzielen, bereitete diese Konstruktion den deutschen Kampfflugzeugkonstrukteuren zukünftige Probleme. Wie Sir Harry Ricardo bereits festgestellt hatte, war die Direkteinspritzung ein äußerst empfindliches System.

Rolls-Royce hatte ursprünglich dieselbe Position für die Zündkerzen des Merlin-C gewählt, diese aber in neueren Versionen des Merlin wohlweislich verworfen. Rolls-Royce hielt

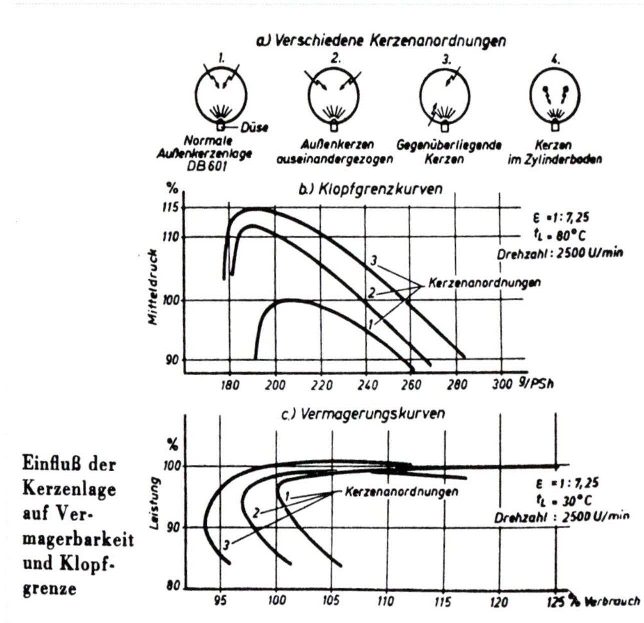

Daimler-Benz-Studie über Zündkerzenpositionen.

es für inakzeptabel, die Zündkerzen auf der gleichen Seite zu haben, da die Flamme eine größere Strecke durch den Zylinder zurücklegen musste. Aufgrund dieser größeren Entfernung müsste der Funke früher gezündet werden, wodurch das Ge-

Major George Purvis Bulman

7. April 1892 – 1979

George Purvis Bulman, Leiter Motorentwicklung.

Bulman war als Director of Engine Development (D.E.D.) für die Triebwerksentwicklung beim MAP verantwortlich, bis F. R. Banks am 4. Februar 1944 die Leitung übernahm.[34] Er war der Dreh- und Angelpunkt, um den sich die britische Regierung in der Triebwerkspolitik drehte.[35, 36] Mehr als jeder andere Mann in Großbritannien, mit der einzigen Ausnahme des Direktors von Forschung und Entwicklung bei der RAF und späteren stellvertretenden Chefs des Luftwaffenstabs, Wilfrid Freeman, war Bulman in der Entwicklung britischer Flugzeugtriebwerke federführend und erklärte, dass es in seiner Amtszeit das Prinzip war, niemals Spezifikationen an Firmen herauszugeben, sondern zu erklären, welche Anforderungen an das Triebwerk gestellt wurden, und die Firmen mit dem besten Vorschlag konkurrieren zu lassen.[37]

Bulman hatte seine ersten Erfahrungen mit Flugmotoren im Ersten Weltkrieg gemacht, als er in der Triebwerksabteilung des Aeronautical Inspection Department (A.I.D.) arbeitete, wo er mit Andrew A. Ross und Frank Halford eng befreundet war.[38] Bulmans frühe Erfahrungen mit den oft äußerst unzuverlässigen Triebwerken des Ersten Weltkriegs gaben ihm ein fundiertes Urteil darüber, was ein problematisches Triebwerkslayout ausmachen könnte. Sein pragmatischer Ansatz sorgte für viel Unmut bei den Konstrukteuren, die immer komplexere Konstruktionen vorantrieben.

Er konnte stürmisch sein, und oft stellte der Druck der Kriegsarbeit seine beruflichen und persönlichen Beziehungen auf die Probe. Seine Beziehung zu Ernest Hives mündete in einen freundschaftlichen Briefwechsel zwischen den beiden Männern, der den ganzen Krieg über andauerte. Dennoch kam es manchmal zu heftigen Auseinandersetzungen, und aus Bulmans persönlichen Briefen an Hives geht hervor, dass er sich durch dessen Kritik tief getroffen fühlte.

misch länger Zeit für falsches Verbrennen hätte. Fehler durch lokale Hotspots, wie heiße Ventile oder scharfe Kanten, würden eher zur Bildung von Spontanzündpunkten führen, die ein schädliches Klopfen verursachen. Fritz Nallinger, Technischer Direktor bei Daimler-Benz und verantwortlich für die Entwicklung von Flugmotoren, wusste dies ebenfalls sehr genau, obwohl er offenbar nicht genug gegen die Folgen einzuwenden hatte, um eine Änderung der Konstruktion zu rechtfertigen.

Die englischen Ingenieure waren überrascht, als sie erfuhren, dass fast alle wichtigen Gussteile für die deutschen Kampfflugzeugmotoren von nur zwei externen Auftragnehmern hergestellt wurden: Rautenbach bei Solingen und VDM in Heddernheim bei Frankfurt. Rolls-Royce hatte eine eigene Gießerei, ebenso wie BMW, aber BMW wurde vom RLM unter Druck gesetzt, diese zu schließen und Gussteile extern zu kaufen. Bosch wurde fast durchgängig als Hauptzündkerzenlieferant eingesetzt, so Sachse, aber die verwendete Glimmerisolierung wurde durch das Tetraethylblei des hochoktanigen Flugbenzins chemisch angegriffen.[39]

> »Siemens hat eine Sinterkorund-Zündkerze entwickelt und in Produktion genommen, die angeblich weitaus widerstandsfähiger gegen Bleibeläge ist als Glimmer.«[40]

Der Sinterkorund war eine Aluminiumoxidkeramik, die 1932 von Siemens entwickelt wurde. Er war völlig resistent gegen chemische Angriffe, aber seine Verwendung erforderte erhebliche technische Entwicklungen, um ihn gasdicht mit der ihn durchdringenden Metallelektrode zu verbinden, was deutsche Firmen wie Bosch vor große Schwierigkeiten stellte. Ellor war der Meinung, dass Rolls-Royce bei der Entwicklung des Kompressors die Nase vorn hatte, was er daraus ableitete, dass die deutschen Lader derzeit auf ein recht moderates Druckverhältnis von 2,3 : 1 pro Stufe beschränkt waren, und aus dem ungewöhnlich großen Interesse, das die deutschen Ingenieure zeigten, wenn es um die Konstruktion von Kompressoren ging.

> »Die ungefähre Zusammensetzung ihrer Lagerlegierung beträgt 28 % Blei und 72 % Kupfer, aber wir gewannen den Eindruck, dass sie mit der Produktion nicht allzu zufrieden waren, weil keiner der Motorenbauer seine eigenen Lager herstellt, da die Politik des Luftfahrtministeriums darin besteht, eine Reihe von kleinen Firmen mit der Produktion zu beauftragen, was zur Folge hat, dass die Entwicklung aus den Händen der Mutterfirmen genommen wird.«[41]

Nach einem Gespräch mit Nallinger bei Daimler-Benz hatte Ellor den Eindruck, dass dies der Hauptgrund war, warum die deutschen Ingenieure beschlossen hatten, für ihre Kurbelwellen, wann immer möglich, an Wälzlagern festzuhalten – einer bewährten und zuverlässigen, wenn auch komplexen und teuren Technologie. Diese Politik, die Entwicklung von Kleinteilen nicht mehr von den großen Motorenherstellern selbst, sondern von spezialisierten Zulieferern durchführen zu lassen, mag unter dem Gesichtspunkt der Standardisierung und des Angebots sinnvoll gewesen sein. Aus technischer Sicht war es jedoch die falsche Entscheidung des RLM. Sie verlangsamte die Entwicklung, weil die Anforderungen neuer Motoren bei Ausfällen an die Zulieferer zurückgemeldet werden mussten, und die Lager, obwohl ein scheinbar alltägliches Bauteil des Motors, erwiesen sich während des Zweiten Weltkriegs für alle Motorenkonstrukteure als zentraler technischer Punkt. Sie erforderten eine äußerst sorgfältige Herstellung, fortgeschrittene metallurgische Kenntnisse und eine intensive Entwicklung, die nicht an einen externen Auftragnehmer vergeben werden konnten. Trotz dieser offensichtlich schlechten organisatorischen Entscheidungen beeindruckte ein Großteil der deutschen Ingenieursarbeit die Rolls-Royce-Männer.

> »Wir statteten dem DVL einen sehr eiligen Besuch ab ... dies ist die Forschungsstation der deutschen Flugzeugindustrie und vereint die Funktionen des Royal Aircraft Establishment mit denen des National Physical Laboratory – allerdings in einem viel größeren Maßstab. Dr. Seewald begleitete uns bei einem Rundgang durch die folgenden Abteilungen:
> - Einzylinder-Forschungseinheiten
> - Multizylinder-Forschungseinheiten
> - Geräuschprüfstand

Helmuth Sachse

Dr.-Ing. Helmuth Sachse

Der 1900 geborene Helmuth Sachse war Anfang bis Mitte der 1930er Jahre Leiter der Motorenentwicklung im RLM. Trotz seiner anerkannten technischen Fähigkeiten war er nicht gewillt, der nationalsozialistischen Parteidoktrin zu folgen, und wurde daher 1937 aus politischen Gründen aus dem RLM entfernt.[42] Er war jedoch zu wichtig, um ihn ganz zu verlieren, so dass BMW-Flugmotoren in München ihn als Leiter der Motorenentwicklung einstellte. Sachse war maßgeblich an der Serienfertigung der komplexen mechanischen Triebwerkssteuerung des Unternehmens beteiligt, des Kommandogeräts, einem Vorläufer moderner elektronischer Steuerrechner. Das Kommandogerät wurde während des Zweiten Weltkriegs in alle BMW-Jagdmotoren eingebaut und auch von Junkers-Jumo für den Motor 213 kopiert.

- Windkanäle in Originalgröße
- Vertikale Windkanäle
- Höhenprüfstände
- Propeller-Prüfstand
- Flugversuche im Maßstab 1:1
- Materialprüfung

Besonders beeindruckend waren die Labors für Metallurgie und Werkstoffprüfung. Es gab eine Abteilung, die sich ausschließlich mit Schwingungstests und Ermüdung befasste … Sie untersuchten das Schwingen von Ventilfedern mit Hilfe von Neonlampen und einem Oszillographen für visuelle Beobachtungen und fotografische Aufnahmen mit einer Hochgeschwindigkeits-Filmkamera. Es ist zu bedauern, dass wir nicht mehr Zeit hatten, diese äußerst interessante Forschungsstation zu besichtigen.« [43]

Eine der Vorrichtungen, die die DVL für Studien zur Bewegung der Ventilfeder entwickelt hatte, verwendete kleine Metallnoppen an der Seite der Feder, um die Bewegung jeder einzelnen Windung mit einem induktiven Sensor zu verfolgen, während der Motor lief. Dies ermöglichte es, die Federschwingungen in real laufenden Motoren auf einer grundlegenden Ebene zu verstehen. [44]

Nachdem Elliot, Ellor und Swift von ihrem Besuch in Deutschland zurückgekehrt waren, trafen trotz ihrer Besorgnis über die fortgeschrittene Forschung in Deutschland positive Nachrichten über die Leistung des Merlin-Motors mit dem 100 Oktan-Kraftstoff ein, und am 16. August 1937 war der Bericht fertig.

»Wir führen jetzt Entwicklungsarbeiten am Merlin-Kraftstoff mit 100 Oktan durch und sind zuversichtlich, dass wir in der Lage sein werden, die Leistung definitiv zu erhöhen und ihn zu einem wertvolleren Motor zu machen«. [45]

Am 12. Oktober 1937 fand in München anlässlich der offiziellen Eröffnung der berühmten Lilienthal-Gesellschaft für Luftfahrtforschung ein großer Luftfahrtkongress statt. Bulman nahm daran teil und verbrachte den ersten Abend mit denselben drei hochrangigen deutschen Regierungsmitgliedern Milch, Udet und Sachse, die es inzwischen gewohnt waren, englische Triebwerkskonstrukteure zu unterhalten. Bulman, ein scharfsinniger und trotz seiner Verantwortung manchmal sensibler Mann, schrieb prophetisch seine Eindrücke von Ernst Udet auf:

»Alle drei waren zu Anerkennung und Erfolg zurückgekehrt, aber Udet – so hatte ich das Gefühl – war in seiner gegenwärtigen Nazi-Umgebung nicht glücklich.« [46]

Mehrere britische Luftfahrtkonstrukteure waren in München anwesend, darunter Farren, der bald Direktor des RAE werden sollte, und Roy Fedden aus Bristol, den viele amerikanische Konstrukteure luftgekühlter Triebwerke bereits als den weltweit führenden Experten für luftgekühlte Flugmotoren außerhalb der USA betrachteten. Bulman besichtigte zusammen mit der DVL die Werke von Daimler-Benz und Jumo. Nach der Besichtigung des BMW-Werks mit Sachse landeten die beiden Verantwortlichen für die Kolbenflugmotoren der beiden größten europäischen Mächte in einem der berühmten Münchner Bierlokale, wo die Gespräche zwischen den beiden Männern immer hemmungsloser wurden:

»Unsere intimeren Gespräche fanden nachts statt, oft bis in die frühen Morgenstunden, und erstreckten sich recht frei über die ganze Bandbreite unserer gemeinsamen Erfahrungen und aktuellen Probleme in der Motorenentwicklung, und zwar in einem Ausmaß, das unsere jeweiligen Dienststellen hätte beunruhigen können; nach einigen Bieren schüttete er die Frustrationen aus, die er unter dem Hitler-Regime ertragen musste; während ich, so schien es ihm, mit meinen Vorgesetzten reden konnte, standen er und seine Mitarbeiter immer im Schatten der Komplexe des Führers. Er sprach über dessen unberechenbare Reaktionen, seine völlige Ungeduld bei vorübergehenden Rückschlägen, seine wilde Begeisterung für neue Vorschläge, die ihm von Unwissenden gemacht wurden; Sachse sagte, dass er selbst ›zu viel redete‹ und er wusste, dass er jeden Tag entlassen werden würde.« [47]

Bulman hielt in seinem Bericht fest:

»Sachse wird von seinem jetzigen Posten versetzt, um Chefingenieur der B.M.W.-Werke zu werden. Er erklärte, dass B.M.W. vor kurzem ein oder zwei ihrer führenden Leute verloren hat und ein wenig desorganisiert ist; aber ich habe an anderer Stelle erfahren, dass es Herrn Sachse, der eindeutig entschlossen und freimütig ist, seit einiger Zeit zunehmend schwer fällt, mit bestimmten Offizieren von hohem Rang, aber rein militärischer Gesinnung, zu leben.« [48]

Sachse hielt es nur sechs weitere Wochen als Bulmans Gegenspieler als Leiter der Motorkonstruktion im RLM aus, bevor er zu BMW-Flugmotoren in München versetzt wurde, wo er begann, dem Unternehmen dabei zu helfen, seine in Lizenz gebauten amerikanischen luftgekühlten Motoren zu einem eigenen Motor zu entwickeln, zunächst den BMW 132 und dann den BMW 800, beides Neunzylinder-Sternmotoren.

Bulman schrieb später, dass mit dem Verlust von Sachse im RLM »Deutschland eine große Führungspersönlichkeit verloren« habe, und hielt mit spürbarer Traurigkeit sein letztes Gespräch mit seinem Freund fest:

»›Du und ich werden auf entgegengesetzten Seiten stehen, immer gute Freunde, aber bittere Feinde durch unsere Maschinen, durch unseren privaten Krieg‹, tranken wir uns zu. Während des Krieges habe ich oft an ihn gedacht und mich gefragt, wie es ihm ergangen ist.«[49]

Trotz der Gefühle des Respekts und der Traurigkeit, die er für seinen Konstrukteurskollegen empfand, konnte Bulman erkennen, wie ernst seine eigene Lage werden könnte:

»Ich sah mir die unglaublich schnellen Fortschritte in der deutschen Luftfahrtentwicklung an, ich bemerkte den fortgeschrittenen Stand ihrer flüssigkeitsgekühlten 12-Zylinder-Motoren von Daimler-Benz und Junkers mit 33 Litern Hubraum, im Gegensatz zu den 27 Litern des Merlin, und die, obwohl sie derzeit nur die Nennleistung des Merlin haben, diesen bei gleichbleibender Entwicklung sehr bald weit übertreffen dürften.«[50]

Bulman fragte sich, ob Feddens düstere Warnungen vor den deutschen Fortschritten übertrieben waren und schrieb in seinem Bericht:

»So beeindruckt ich auch von Herrn Feddens detaillierten Berichten über seine beiden jüngsten Besuche war, und von der intensiven Begeisterung und Beunruhigung, die sie in ihm ausgelöst hatten ... Ich hoffe, dass er in Bezug auf das Ausmaß dieses Fortschritts unabsichtlich übertrieben hat. Meine Schlussfolgerung ist, dass Deutschland in der Qualität der Flugmotorenkonstruktion im Begriff ist, unsere besten Anstrengungen zu übertreffen, und dass es, nachdem es dieses Ergebnis erreicht hat und 1933 bei Null angefangen hat, sich anschickt, uns sehr bald vollständig zu übertreffen.

Die erfolgreiche Entwicklung von Flugmotoren ist nicht nur eine Frage von geschickten Papierplänen in der Konstruktion, noch ist sie ein natürliches Produkt von besonderer Ausrüstung oder organisatorischem Können, das durch Geld unterstützt wird. Sie ist das Ergebnis einer Kombination all dieser Dinge, gepaart mit Entschlossenheit, Weitblick, der raschen Umsetzung klarer Entscheidungen in Reaktion auf Unerwartetes, und einem gewissen Fanatismus bei den direkt beteiligten Personen.

Diese letztgenannten psychologischen und menschlichen Qualitäten durchdringen eindeutig den gesamten deutschen Nationalgeist und die Organisation, in der die Luftfahrt eine übergeordnete Rolle spielt. Für den Bau von Werken und die Bereitstellung großartiger Produktions- und Versuchsanlagen aller Art ist unbegrenzt Geld vorhanden. Die deutschen Ingenieure haben immer einen hohen Rang in ihrem Beruf gehabt; alle diese Faktoren wurden bei der Entwicklung der Flugmotoren mobilisiert, es blieb nur, die Qualität ihrer grundlegenden Entwürfe zu sehen; und hier kam, vollkommen unerwartet, die beunruhigendste Erkenntnis von allen.

Während die aktuellen luftgekühlten einreihigen Sternmotoren von BMW und Bramo als galante Versuche angesehen werden können, sich mit der Pegasus-, der amerikanischen Wright- und

Sir Wilfrid Freeman

18. Juli 1888 – 15. Mai 1953

Sir Wilfrid Freeman war maßgeblich an der Entscheidung beteiligt, die Aufträge für fast alle erfolgreichen RAF-Flugzeuge des Krieges, darunter die Spitfire, die Mosquito, die Lancaster und die Mustang, zu vergeben.[51]

Seine organisatorischen Entscheidungen waren für den Erfolg der britischen Luftfahrt während des gesamten Krieges von grundlegender Bedeutung. Anstatt beispielsweise einfach nur Papierkram zwischen den Triebwerksfirmen wie Rolls-Royce und den Schreibtischtätern im Ministerium anzuhäufen, wurden hochkompetente technische Mitarbeiter in den Triebwerksfirmen selbst eingesetzt, die als offizielle Verbindungsbeamte zum Ministerium fungierten.

Diese »Resident Technical Officers« (R.T.O.s), die vor Ort bei Rolls-Royce Derby arbeiten und wohnen konnten, sorgten dafür, dass das Ministerium die Lage bei Rolls-Royce genau verstand und umgekehrt.[52, 53, 54] Dringende Forderungen nach mehr Pferdestärken wurden von Bulmans Stellvertreter Andrew A. Ross direkt an die technischen Verbindungsoffiziere weitergeleitet, die neben Männern wie Ernest Hives und Cyril Lovesey bei Rolls-Royce arbeiteten, die fast

Wilfrid Freeman

sofort eine Antwort auf die Frage geben konnten, wie sich das Gewünschte erreichen ließ. Hives schrieb dies über Freeman am 22. August 1953:

»Es war die unter Wilfrids Leitung durchgeführte Expansion, die es 1937/1939 ermöglichte, die Schlacht um Großbritannien zu gewinnen; ohne diesen Weitblick und diese Vorstellungskraft hätte KEINE Anstrengung im Jahr 1940 irgendwelche Ergebnisse gebracht.«[55]

der Pratt & Whitney-Familie zu messen, haben ihre wassergekühlten hängenden 12-Zylinder-Benzinmotoren von Daimler-Benz und Junkers in ihrer schieren Virtuosität eines sauberen, durchdachten und mit hervorragender Verarbeitungsqualität realisierten Originaldesigns den Eindruck erweckt, dass der Merlin, auch wenn er in seiner Gebrauchstauglichkeit bei gleicher Leistung im Augenblick solider sein mag, bereits veraltet ist. Ebenso ist der Vulture, obwohl er leistungsstärker ist als jeder andere Motor, den ich sehen durfte, meiner Überzeugung nach in seiner Konstruktion noch veralteter!« [56]

Diese Berichte über die Besuche britischer Motorenkonstrukteure in Deutschland lösten eine Kontroverse aus, und am 17. Oktober 1937 schrieb Hives an Freeman, um seine Ansichten über die deutschen Fortschritte und Feddens Meinungen darzulegen.

»Herr Fedden hat mir freundlicherweise seine Berichte über Deutschland zur Verfügung gestellt, die ich mit großem Interesse gelesen habe. Wie Sie wissen, haben auch unsere eigenen Flugzeugingenieure dort Besuche gemacht.

Diese Berichte bestätigen meine eigenen Eindrücke, als ich vor über zwei Jahren nach Deutschland reiste, um über den Kauf der Heinkel-Maschine zu verhandeln, und verstärken sie noch erheblich.«

Hives fuhr fort:

»Ich möchte mich dazu äußern, wie wir meiner Meinung nach unsere Position im Triebwerksbereich auf natürliche Weise stärken könnten … Ich bin der Meinung, dass unsere größte Schwäche darin besteht, dass wir nicht genügend gute Konstrukteure, Techniker und Werksingenieure haben, und in unserem Expansionsprogramm ist kein Plan zur Verbesserung dieser Position enthalten.

Wir haben – was ich freimütig zugebe – einige sehr moderne und eigentlich effiziente Schattenfabriken gebaut, aber sie haben keinerlei technische Organisation und sind in Bezug auf die schöpferischen Fähigkeiten völlig von der Muttergesellschaft abhängig … Wir haben jetzt ein komplettes Programm für die Ausbildung junger Ingenieure, das den Bereich vom Handwerkslehrling bis zum Universitätsstudenten abdeckt. Es gibt heute in diesem Land nicht genug Ingenieure, um alle erforderlichen Problemlösungen zu entwickeln. [57]

Zum Glück für Rolls-Royce und Hives sollte ihnen bald ein unschätzbarer Beitrag zur Triebwerkswissenschaft in den Schoß fallen: Anfang des folgenden Jahres sollte Stanley Hooker zu Rolls-Royce kommen.

Die britischen Ingenieure waren nicht nur damit beschäftigt, die Fortschritte im Ausland zu studieren, sondern entwickelten auch rasch neue Motoren im eigenen Land, und am 23. November 1937 lief der Prototyp des Sabre-Motors mit 24 Zylindern und Gegenkolben nach dem H-Muster »E.107« zum ersten Mal in den Entwicklungswerken von Napier.[58] Dies war ein erstaunlicher Erfolg für das Unternehmen, das seit dem Verlust von Rowledge an Rolls-Royce in eine Flaute geraten war; die ehrgeizige und zukunftsorientierte Motorkonstruktion für den Sabre war 1935, also nicht einmal drei Jahre zuvor, begonnen worden.[59]

Der Sabre bestand seine erste grundlegende Abnahmeprüfung am 17. Januar 1938. Er lief zunächst mit einer geringen

Stanley Hooker

Sir Stanley Hooker

30. September 1907 – 24. Mai 1984

Bei Rolls-Royce spielte Stanley Hooker eine ähnliche Rolle wie Kollmann bei Daimler-Benz, und sein größter Beitrag waren seine speziellen Arbeiten am Kompressor selbst. Hooker studierte Physik und Mathematik und erwarb Abschlüsse und Doktortitel am Imperial College und dann in Oxford. Später stand er Theodore von Karman nahe, der Deutschland verlassen hatte, um eine Professur am California Institute of Technology anzutreten – von Karman gilt bis heute als der größte theoretische Aerodynamiker des letzten Jahrhunderts.

Wie alle wirklich großen Ingenieure war Hooker in der Lage, sich mit Menschen genauso erfolgreich auseinanderzusetzen wie mit der Mathematik, und diese Fähigkeit war es vielleicht mehr als jede andere, die in seiner Abteilung für die Entwicklung von Kompressoren bei Rolls-Royce zum Erfolg führte.

Hooker und Lovesey bildeten eine starke technische Partnerschaft, die Lovesey dadurch förderte, dass er Tony Dunwells künstlerisches Talent nutzte, um feine technische Illustrationen von vorgeschlagenen Merlin-Entwicklungen anzufertigen, um sie dem oberen Management zu »verkaufen«. Sie waren Wissenschaftler, Ingenieure und Verkäufer. Eine Idee, die nicht kommuniziert und an andere »verkauft« werden kann, hat keine Zukunft, und Hooker wusste das.

Leistung von 1350 PS, bis die strukturelle Integrität festgestellt worden war, und es stellte sich schnell heraus, dass die Kurbelwellenlager unzureichend waren; die Lager aus Bleibronze begannen während des Betriebs wiederholt zu brechen.

Napier startete ein umfassendes Programm zur metallurgischen Entwicklung der Lager, das auch zu neuen Wärmebehandlungen für die Kurbelwelle führte. Napier entdeckte, dass nicht nur die Lager besser sein mussten, sondern dass auch die Kombination von Lager- und Kurbelwellenlaufflächen komplementär sein musste. Dies führte dazu, dass sie das Nitrierverfahren für seine Sabre-Kurbelwellen einführte, um eine härtere Lauffläche zu erhalten, obwohl die ersten Versuche zu einem katastrophalen Verzug und einer unhaltbaren Verschrottungsrate von 50 % führten.

Napier nahm nun ein ehrgeiziges Programm in Angriff, um die gesamte Wärmebehandlung von Kurbelwellen im eigenen Haus durchzuführen, und begann mit dem Bau eines eigenen Labors und kompletter Wärmebehandlungswerkstätten mit den modernsten temperaturgesteuerten Öfen. Zur Lösung dieser Probleme benötigte Napier mehrere Jahre sorgfältiger Entwicklungsarbeit.[60]

Während Napier sich um die Verbesserung der Lager bemühte, kam Stanley Hooker schließlich im Januar 1938 zu Rolls-Royce Aero Engines und begann bald darauf, seine Ausbildung bei der Konstruktion des Kompressors im Merlin III anzuwenden. Ellor wurde ein Bericht gezeigt, den Hooker über die Detailkonstruktion der Lader angefertigt hatte, wie Hooker später berichtete:

> »Ungefähr eine Woche später platzte der alte Ellor in mein Büro und wedelte mit diesem Ding herum und sagte: ›Haben Sie das geschrieben?‹ und ich sagte ›Ja‹ – also dachte ich, guter Gott, was ist jetzt passiert – und er sagte: ›Nun, Sie sind verantwortlich für die Kompressoren‹ und so bekam ich meinen ersten Job.«[61]

Anstatt mit verletztem Stolz zu reagieren, hatte Ellor die technischen Vorzüge von Hookers Arbeit anerkannt. Ellor übertrug Hooker offiziell die Verantwortung für die Konstruktion von Kompressoren. Dies war ein Schritt, der dramatische Auswirkungen auf die künftige Entwicklung des Rolls-Royce Merlin und den kommenden Luftkrieg haben sollte. Was hatte Hooker vorgeschlagen, das Hives und Ellor so beeindruckt hatte, dass sie ihm nach so kurzer Zeit in der Firma eine so verantwortungsvolle Position übertrugen?

Nachdem er die Konstruktion des Merlin-III-Kompressors untersucht hatte, schlug er drei Hauptbereiche vor, in denen Verbesserungen vorgenommen werden könnten, um die Effizienz des Kompressors zu erhöhen. Durch die Steigerung des Wirkungsgrads konnte die für den Antrieb erforderliche Leistung verringert und die Temperatur der in die Zylinder des Motors einströmenden Luft gesenkt werden. Dies wiederum erhöhte die Klopffestigkeit und erlaubte theoretisch – vorausgesetzt, der Rest des Motors wurde entsprechend entwickelt – die Verwendung höherer Ladedrücke. Das Ergebnis wäre eine höhere Leistungsabgabe und ein schnelleres Kampfflugzeug.[62]

Napier Sabre-Motor.

Hooker nannte folgende Bereiche, die verbessert werden sollten:

1) Der Lufteintritt in den Ladereinlass wurde durch die Form des Ladergehäuses übermäßig behindert. Dies geschah in erster Linie, um die Länge des Motors zu verringern, aber Hooker war der Meinung, dass der Kompromiss zu sehr zugunsten der Platzersparnis ausgefallen war.
2) Die Spitzen des Verdichterrads sollten in der Höhe reduziert werden. Dies würde die Druck-Rezirkulationseffekte im Luftkanal zwischen den Laufradschaufeln verringern.
3) Der Winkel der Leitschaufeln des Diffusors sollte so verändert werden, dass er der Strömungsrichtung besser entspricht, wenn die Strömung von der Spitze des sich drehenden Laufrads weggeschleudert wird.

In Wahrheit war Hooker zwar ein hervorragender Theoretiker, aber einige der von ihm vorgeschlagenen Änderungen hatten andere Ingenieure bei Rolls-Royce zu dieser Zeit wahrscheinlich schon im Kopf, insbesondere die Neugestaltung des Lufteinlassrohrs. Ohne seine charismatische Fähigkeit, seine Ideen mit Klarheit zu erörtern und bei anderen absolutes Vertrauen zu erwecken, wären Hookers Vorschläge vielleicht nie eingeführt worden.[63]

Hooker brachte auch die Vorteile einer erstklassigen formalen Ausbildung in fortgeschrittener Thermodynamik mit, und als er bei Rolls-Royce ankam und die Arbeit mit Ellor begann, brachte er die Arbeit von Capon zur Dimensionsanalyse mit, die er 1928 und 1930 am RAE geleistet hatte. Dies war

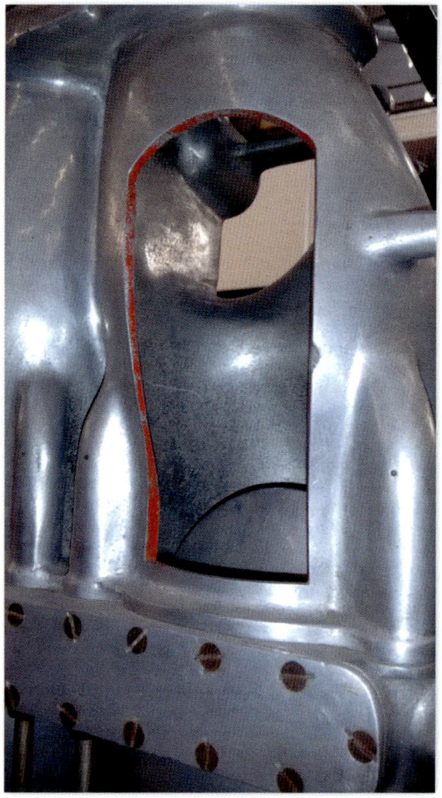

Hookers Ladergehäuse mit »zentralem Lufteinlass«.

ein wichtiger Teil des mathematischen Instrumentariums, das es Hooker ermöglichte, die besten Kompressoren des Krieges zu entwickeln. Diese Technik ging schließlich auch in die Hände von Fedden in Bristol über.

> »Er [Hooker] wandte die dimensionslose Methode der Leistungsanalyse von Kompressoren an … In kürzester Zeit überholte Rolls-Royce die Führung, die lange Zeit Bristol innegehabt hatte. Fedden schickte zu Beginn des Krieges ein Team nach Derby, um das Geheimnis zu erfahren, das Hives mit der für ihn typischen Großzügigkeit preisgab.«[64]

Der zweite Bereich, auf den sich Hooker bei der Verbesserung des Merlin III-Kompressors konzentrierte, war die Verringerung der Rezirkulation in den Strömungskanälen zwischen den beiden Laufradschaufeln. Wenn sich das Laufrad des Kompressors dreht und die Luft durchstößt, werden die Luftpartikel von der Vorderkante jeder Schaufel getroffen. Dadurch entsteht auf einer Seite jeder Schaufel eine Zone mit hohem Druck – die Druckseite. Derselbe Effekt tritt in umgekehrter Weise auf der gegenüberliegenden Seite jeder Schaufel auf. Hier versuchen die Schaufeln, sich von den Luftteilchen wegzubewegen, wodurch ein Bereich mit niedrigem Druck – die »Saugseite« – entsteht.

Damit soll nicht unbedingt gesagt werden, dass hier immer ein rotierender Luftwirbel vorhanden ist, wenn der Kom-

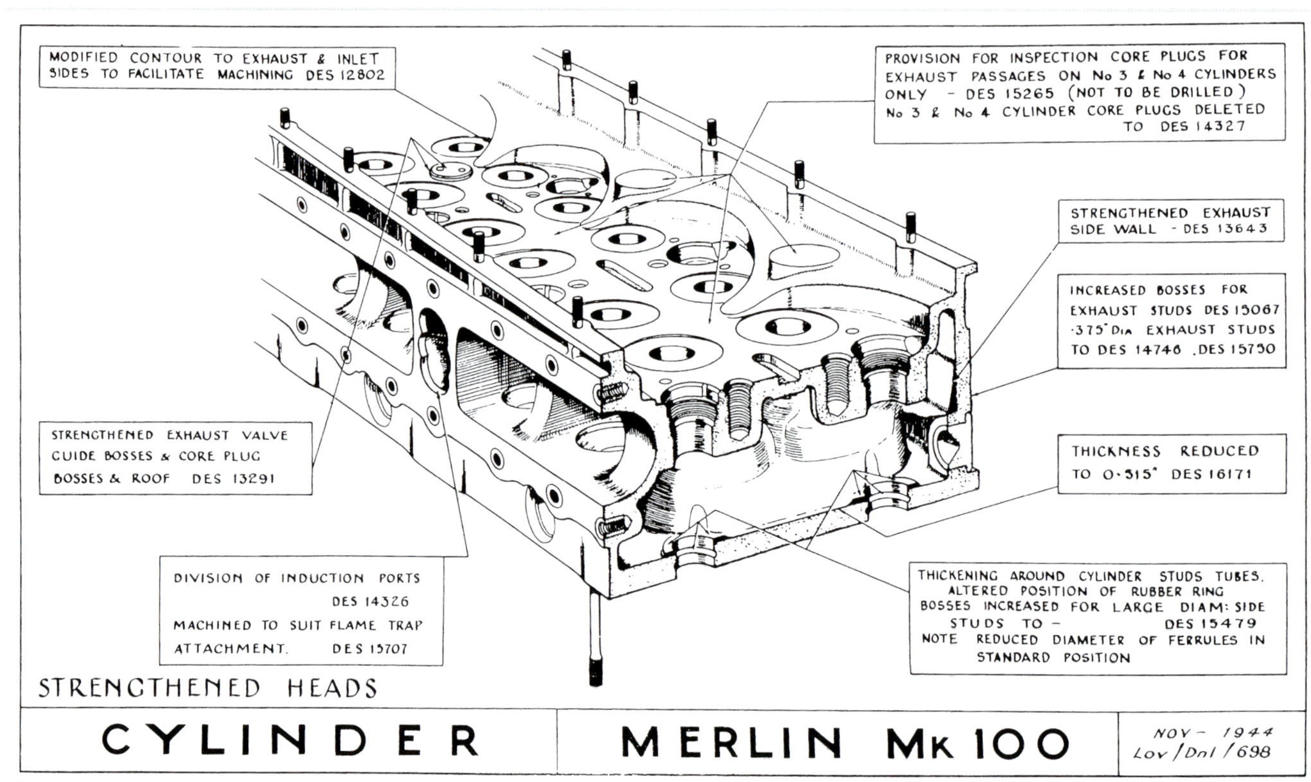

Rolls-Royce Merlin-Zeichnung von Tony Dunwell, erstellt, um der Geschäftsleitung Ideen zu verkaufen.

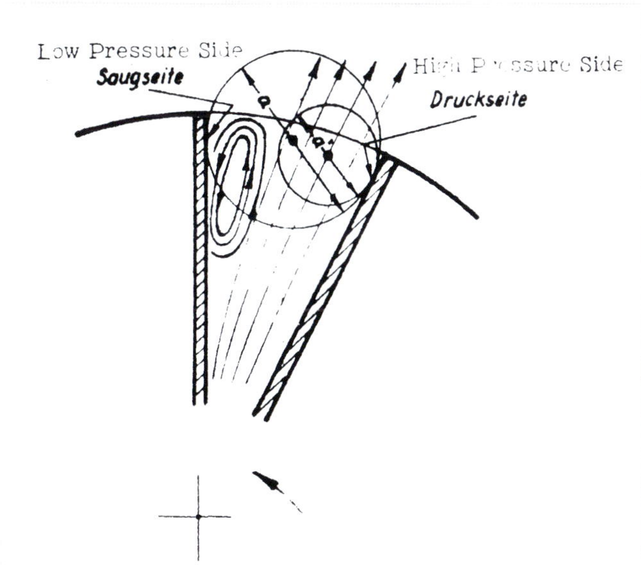

Deutsche Zeichnung der Druckfelder im Laufrad eines Kompressors – und der dadurch verursachten Rezirkulation.

pressor läuft, sondern vielmehr, dass das Vorhandensein dieser Druckunterschiede die Luft immer dazu veranlasst, sich vom Überdruck zum Unterdruck zu bewegen. Dieses Motiv, sich auf eine Art und Weise zu bewegen, die der Funktion des Pumpenstroms zuwiderläuft (die offensichtlich darin besteht, dass sich der Strom nur von der Mitte nach außen bewegt – und sich niemals in sich selbst zurückdreht), führt zu Ineffizienz im Lader. Mit anderen Worten: Um einen bestimmten Druck zu erreichen, muss sich der Kompressor schneller drehen, um gegen den erhöhten Gegendruck anzukämpfen, was zu Leistungseinbußen führt und auch die Temperatur der Ansaugluft erhöht.

Hooker berechnete, dass dieses Zirkulationsphänomen durch eine Änderung der Querschnittsfläche des Verdichters in der Nähe der Laufradkante leicht verringert werden könnte. Zu diesem Zweck schuf er das Laufrad mit »schmaler Spitze«, indem er die Höhe des Laufrads um etwa 20 % verringerte (siehe rechts). Dies hätte zur Folge gehabt, dass sich die Geschwindigkeit der Luft in der Nähe der Kante des Verdichterlaufrads nach außen hin erhöht hätte.

Die von Hooker vorgeschlagenen verbesserten Leitschaufeln (ebenfalls rechts abgebildet) wurden als »kreisbogenförmige« Schaufeln bezeichnet, und zwar aus dem einfachen Grund, dass sie im Vergleich zu den relativ geraden Leitschaufeln des Merlin-III-Laderrads eine kreisförmige Kurve statt einer geraden »Biegung« aufwiesen. Durch diese Änderung wird die Leistung des Kompressors leicht verbessert, da die Luft sanfter in das rotierende Laufrad geleitet wird, als dies bei den geraden Ansaugschaufeln des Merlin III-Kompressors der Fall war. Diese drei von Hooker aufgezeigten Verbesserungsmöglichkeiten wurden in die Praxis umgesetzt und bildeten die Grundlage für die Kompressoren der Merlin X-, XX- und 45-Motoren, die später die Spitfire Mk.III, Mk.V und Hurricane Mk.II sowie die de Havilland Mosquito antreiben sollten. Zum Leidwesen von Rolls-Royce – und den Briten – nahm die Entwicklung dieser Änderungen viel Zeit in Anspruch, sodass sie nicht rechtzeitig in Betrieb genommen wurden, um die Schlacht um Großbritannien zu beeinflussen. Am 23. Januar 1938 trafen sich Hives, Ellor und Lovesey mit dem stellvertretenden Direktor für wissenschaftliche Forschung, William Farren, um das Motorenforschungsprogramm für das kommende Jahr zu besprechen.

> »Herr Farren stimmte zu, dass wir mit einem neuen Satz von Auspuffkrümmern mit kleinerem Volumen fortfahren könnten, um die Verluste im Rohrsystem zu verringern, und mit Änderungen an den Turbinendüsen, um die Druckenergie zu erhöhen … wir würden es sehr vorziehen, dies in Derby zu tun, denn wenn die erzielten Ergebnisse wirklich vielversprechend wären, würden die Anwendungen des Turboladers für unsere zukünftigen Motortypen in hohem Maße das tatsächliche Layout jedes zukünftigen Motors diktieren, und in diesem Zusammenhang hatten wir einen Vorschlag skizziert, bei dem ein Lader zum Teil von der Kurbelwelle und zum Teil von zwei Turboeinheiten über ein Differentialgetriebe angetrieben wird.«[65]

Veranschaulichung des Hooker-Laufrads mit reduzierter Höhe und des Kreisbogeninduktors.

Die hier geführten Diskussionen legten den Grundstein für das, was später als Verbundturboaufladung bekannt werden sollte, bei der der Motor durch die Drehung der Turbinenwelle sowohl antreiben als auch angetrieben werden kann. Dies ermöglicht eine umfassendere Kontrolle der Turbinendrehzahl, bietet eine bessere Möglichkeit, die Energie aus der Abgaswärme direkt an den Motor zurück zu leiten, und kann den thermischen Gesamtwirkungsgrad des Motors drastisch erhöhen. Diese Idee kehrte in den 1980er Jahren in den Rennsport zurück, als das Motorenkonstruktionsunternehmen Cosworth einen Formel-1-Motor mit Verbundturboladung entwickelte.[66]

Die beliebteste Methode zum Vergleich der Leistung von Motoren untereinander, insbesondere innerhalb derselben Motortypenfamilie, war – und ist immer noch – der effektive Mitteldruck des Motors. Dabei handelt es sich im Wesentlichen um den durchschnittlichen Druck im Zylinder, der erforderlich wäre, um die Gesamtleistung des Motors zu erzeugen; er hat keine direkte Bedeutung für die tatsächlichen Vorgänge im Motorzylinder und ist lediglich ein nützlicher Anhaltspunkt dafür, wie gut ein Motor seine Größe nutzt, um die von ihm erzeugte Leistung zu erzeugen. Je höher dieser Durchschnittsdruckwert ist, desto besser ist die Leistung des Motors.

$$BMEP\ (PSI) = \frac{150.8 \times Torque\ (ft.lbs)}{Engine\ Swept\ Volume\ (in^3)}$$

Berechnung des effektiven Mitteldrucks (Brake Mean Effective Pressure).

Am 17. Februar 1938 schrieb Rowledge an Hives über den Wert des BMEP, den sie seiner Meinung nach anstreben sollten.

> »Dear Hs,
> es tut mir leid, dass ich Farren und Tweedie verpassen werde …
> Ich frage mich, was sie von Hochgeschwindigkeits-Benzinmotoren mit 300 bis 400 eff. Mitteldruck halten, und wenn ja, was sie diesbezüglich tun werden.
> Ich bin mir nicht sicher, ob Fedden die Standpunkte in vollem Umfang wahrgenommen hat, aber seine Bemerkungen in Derby waren für mich interessant und nützlich.
> Ich hoffe, in ein paar Tagen wieder da zu sein.
> A. Rowledge.«[67]

Am 23. Februar 1938 kam Rowledge seinem Ziel für den Merlin-Motor näher, als zwei erfolgreiche 100-Stunden-Tests ohne größere Schwierigkeiten mit 100 Oktan-Kraftstoff durchgeführt wurden, wobei der Merlin von 170 auf 210 psi [11,72–14,45 bar] effektivem Mitteldruck sprang. Um 300 psi [20,68 bar] zu erreichen, müsste der Merlin auf eine Leistung von über 1800 PS entwickelt werden, und um 400 psi [27,58 bar] zu erreichen, auf über 2400 PS.

> »Wir haben zwei 100-stündige Entwicklungstests an Merlin-Motoren mit 100 Oktan-Kraftstoff durchgeführt, und obwohl es kleinere Probleme gab, sind wir zuversichtlich, dass wir einen Merlin-Motor mit einer maximalen Leistung von 1300 PS herstellen können. Diese Tests mit 100 Oktan-Kraftstoff sind auch insofern wertvoll. Des Weiteren zeigen sie, dass es eine beträchtliche Reserve für die Zuverlässigkeit gibt, wenn die Motoren mit den Standardleistungen arbeiten.«[68]

Kurz darauf, am 28. Februar 1938, wurde eines der wichtigsten Entwicklungsprogramme eingeleitet, das im Großbritannien der Kriegsjahre jemals durchgeführt wurde, wie Farren in einem Brief an Hives festhielt.

> »Alternative Arten von Kompressoren.
> 1) Zweistufiger Zentrifugalkompressor.
> Aus früheren Gesprächen mit Ihnen habe ich entnommen, dass Sie bei Bedarf bereit sind, die Teile in Ihrem Werk anzufertigen, damit das vorgeschlagene zweistufige System für den Kestrel-Motor beim RAE getestet werden kann.«[69]

Dies ist der früheste derzeit bekannte Zeitpunkt, an dem die zweistufige Aufladung bei Rolls-Royce einen ernsthaften Entwicklungsstand erreicht hatte.

Im März 1938 erreichte der Sabre endlich die Leistung, für die er konzipiert worden war – 2050 PS. Die Lebensdauer war jedoch immer noch zu kurz, und die gebauten Motoren wurden immer noch von Hand und nicht in Serie gefertigt. Um diese Leistung zuverlässig aufrechtzuerhalten, wäre ein enormer Entwicklungsaufwand erforderlich.[70]

Ein weiterer Motor, der ungewöhnlich hohe Leistungen erbringen sollte, war der Zweitaktmotor, der so genannt wurde, weil er im Vergleich zu einem Viertaktmotor wie dem Merlin einen Leistungshub mit der halben Anzahl von Kurbelwellenumdrehungen erzeugte. Am 2. März 1938 wurden Methoden zur akustischen Abstimmung erörtert, um die Leistung des in Entwicklung befindlichen Zweitaktmotors zu erhöhen. Hives schrieb an Farren, um Möglichkeiten zur Verbesserung des Leistungspotenzials zu erörtern:

> »Wir sind an der Möglichkeit interessiert, die Spüleffizienz zu verbessern, indem wir den ballistischen Effekt des Abgases ausnutzen, wenn geeignete Auslass- und Spülöffnungen zusammen mit einer angemessenen Länge des Auspuffrohrs angeordnet werden. Armstrong Whitworth Securities Ltd. hat die Rechte an diesem patentierten Kadenacy-System, das zur Erzielung dieses Effekts entwickelt wurde … sie erfordern ein Hub-Bohrungs-Verhältnis von mindestens 1,3 : 1 und die größtmögliche Auspufföffnung, wenn die Spülöffnung beginnt, sich zu öffnen, zusammen mit einer Auspufflänge von ungefähr 4' 0'' [1,22 m], was (für den Einzylinderfall) auch eine speziell entworfene Form der Auspufföffnung erfordert. Wir schlagen vor, dass der schnellste Weg, die Behauptungen für das Kadenacy-System zu testen, darin bestünde, einen Zylinder mit einer Bohrung von 4,3'' [10,9 cm] herzustellen, der in das E.44-Kurbelgehäuse passt.«[71]

Nur wenige verstanden, wie dieses System, das 1936 von dem Ungarn Michael Kadenacy patentiert wurde, funktionierte. Es basierte auf akustischen Resonanzeffekten und wurde erwartungsgemäß als »Kadenacy«-System bezeichnet. Die Diskussionen darüber, wie der Zweitaktmotor am besten zu entwickeln sei, gestalteten sich schwierig, und am 9. März 1938 schrieb Hives an Farren, um ihm seine Ansicht mitzuteilen, dass es unproduktiv sei, wenn das Unternehmen Ricardo die gesamte Arbeit allein durchführe: Er wollte mehr Beteiligung von Rolls-Royce.

»Die Vereinbarung, dass wir dem Luftfahrtministerium einen Zeitplan für die Tests vorlegen sollten, der wiederum an Ricardo weitergeleitet werden sollte, und dass wir dann den Tests in Shoreham beiwohnen dürften ... wird uns mit zu viel Schriftverkehr, Sitzungen und Diskussionen belasten, und zwar genau in der Weise, die wir vermeiden wollten ... unsere Leute versichern mir, dass wir das Gerät bis zum Ende dieses Monats hätten in Betrieb nehmen können, wenn wir unser ursprüngliches Projekt weiterverfolgt hätten. Ich möchte Ihnen vorschlagen, dass wir entweder das Zweitakt-Aggregat von Ricardo in Derby haben dürfen, damit die Tests hier durchgeführt werden können (wir haben nichts dagegen, dass Leute von Ricardo hier sind), oder dass Ricardo angewiesen wird, uns die notwendigen Zeichnungen zu liefern, damit wir unser eigenes Aggregat bauen können.«[72]

Hives schrieb noch am selben Tag an Bulman und vermutete trocken:

»Diese Situation wäre nicht entstanden, wenn ich nicht beschlossen hätte, für zwei Wochen in Urlaub zu gehen ...«[73]

Im britischen Luftfahrtforschungsausschuss am 6. Mai 1938 hatte W. J. Stearn gerade die Übersetzung einer deutschen Forschungsarbeit des deutschen Turbomaschinenexperten Karl Leist über die Aufladung von Flugzeugtriebwerken abgeschlossen. Nach der Übersetzung ins Englische wurde die Arbeit sofort an das Department of Scientific and Industrial Research (DSIR) weitergeleitet. Kaum zu glauben, Deutschland veröffentlichte immer noch technische Forschungszeitschriften auf internationaler Ebene, und die Wissenschaftler in Farnborough und Ohio verfolgten die deutsche Forschung mit Interesse.

»Ein mechanisch angetriebener Lader wird derzeit in den meisten Fällen unter der Annahme eingebaut, dass sich die Motordrehzahl nicht mit der Höhe ändert. Bei solchen Anordnungen verschiebt sich die Höhe, in der die Leistung abfällt, auf 4, 6 und in Sonderfällen mit mehrstufigen Ladern auf 8 km. Unterhalb dieser »Nennhöhe« muss der Motor gedrosselt werden, um eine Überladung zu verhindern, d. h. ein Ladedruck, der über dem des normalen (nicht aufgeladenen) Motors in Bodennähe liegt. Die Drosselung ist jedoch mit einem starken Temperaturanstieg verbunden, der zu einer Leistungsminderung führt, obwohl der Ansaugluftdruck konstant bleibt. Aus diesem Grund ist die Leistung eines aufgeladenen Motors, der mit einem mechanisch angetriebenen Zentrifugalkompressor ausgestattet ist, in Meereshöhe deutlich geringer als die Leistung in der ›Nennhöhe‹.«[74]

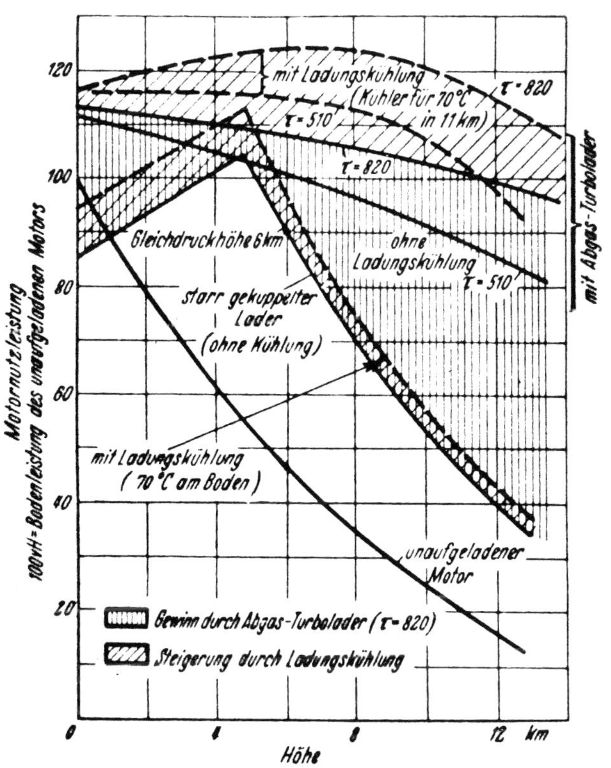

Deutsche Turbolador forschung, 1938 (Karl Leist).

Dies wird im obigen Diagramm grafisch dargestellt, das auf einem maximal zulässigen Ladedruck von 1,15 Atmosphären absolutem Ansaugdruck basiert. Der Leistungsabfall in Bodennähe ist umso ausgeprägter, je größer die »Nennhöhe« des mechanisch aufgeladenen Motors ist, und kann zu Startschwierigkeiten führen, wenn nicht für kurze Zeit eine entsprechende Erhöhung des Ladedrucks zulässig ist. Die Situation verbessert sich, wenn der Lader über ein verstellbares Getriebe angetrieben wird: Die vom Kompressor eines mechanisch angetriebenen Laders verbrauchte Energie führt zu einer Verringerung der Motorleistung. Wird der Verdichter jedoch von einer Abgasturbine angetrieben, ist der Leistungsabfall des Hauptmotors durch den Anstieg des Abgasgegendrucks wegen des Antriebs der Turbine wesentlich geringer.

Unter der Annahme, dass der Abgasdruck am Eintritt in die Turbinenschaufeln konstant ist, lässt sich die verfügbare Energie leicht aus dem Druckverhältnis in der Turbine berechnen. Diese verfügbare Energie ist proportional zum Produkt aus der Abgastemperatur und des Turbinenwirkungsgrads. Die untere Leistungskurve für den Turbolader ist mit einer Abgastemperatur von 630 °C und einem Turbinenwirkungsgrad von 56 % leicht zu erreichen, die obere Kurve erfordert eine Abgastemperatur von 970 °C und einen Abgasturbinenwirkungsgrad von 66 % – was schwieriger ist.

Da eine Erhöhung des Ladedrucks eine viel größere Leistungssteigerung bewirkt als eine entsprechende Verringerung des Abgasgegendrucks, erklärt sich der in der Abbildung gezeigte rasche Anstieg der Leistung. Bei den heutigen Motoren bleibt es abzuwarten, ob dieser Ladedruck bei heutigen Motoren aufgrund der hohen Temperaturen, die ohne Ladungskühlung zu Vorzündungen und Klopfen führen, ausgenutzt werden kann.«[75]

Leist hatte das einfache Grundprinzip gefunden, das die Leistung während des gesamten Krieges sicherstellen sollte: Hohe Leistung erforderte den Einsatz des höchstmöglichen Ladedrucks in Verbindung mit der Kontrolle der Ladelufttemperaturen, bevor die Luft die Zylinder erreichte. Die höchste vorausgesagte Leistungskurve ist mit dem Vermerk »mit Kühlung der Ansaugluft auf 70 °C in 1 km Höhe« versehen. Die zweitniedrigste Kurve, die des mechanischen Kompressors, »mit Ladungskühlung (70 °C am Boden)«, zeigt die Leistung mit zunehmender Höhe bei dem traditionellen System des Kompressorantriebs. Die gleiche Ansicht wurde in einem internen technischen Bericht des Royal Aircraft Establishment von dem Aerodynamikspezialisten Hayne Constant geäußert, der bald auch zu einem der wichtigsten britischen Pioniere des Düsentriebwerks werden sollte.

»Es ist bekannt, dass die höheren Wirkungsgrade durch die Verwendung eines Laufrads erzielt werden können, dessen Konstruktion nur für vergleichsweise niedrige Geschwindigkeiten geeignet ist. Daher macht die Verwendung einer zweistufigen statt zweigängigen Aufladung höhere Wirkungsgrade möglich. Diese zusätzliche Aufladestufe kann entweder über ein Getriebe oder über eine Abgasturbine angetrieben werden, wobei der Turbinenantrieb in jeder Hinsicht besser ist. Denn er nimmt nicht nur weniger Motorleistung auf und ermöglicht damit einen geringeren Kraftstoffverbrauch, sondern bietet auch eine wesentlich einfachere Anordnung der Lader.

Für Nennhöhen über etwa 25.000 Fuß [7620 m] ist der Turboantrieb unverzichtbar. Erstens benötigt das Triebwerk für den Start einen Schub in Bodennähe. Solange die Abgasturbinen keine wesentlich höheren Wirkungsgrade als die aktuellen erreichen, ist es nicht wünschenswert, einen Abgasturbolader für die Starthilfe zu verwenden. Eine Idee wäre die erste Stufe, die axial oder zentrifugal mit einem Druckverhältnis von 2,5 laufen könnte, in Kombination mit einer zweiten Stufe mit einem Druckverhältnis von 1,7, die es ermöglichen würde, die Leistung in Bodennähe bis zu einer Höhe von fast 35.000 Fuß [10.670 m] zu halten.«[76]

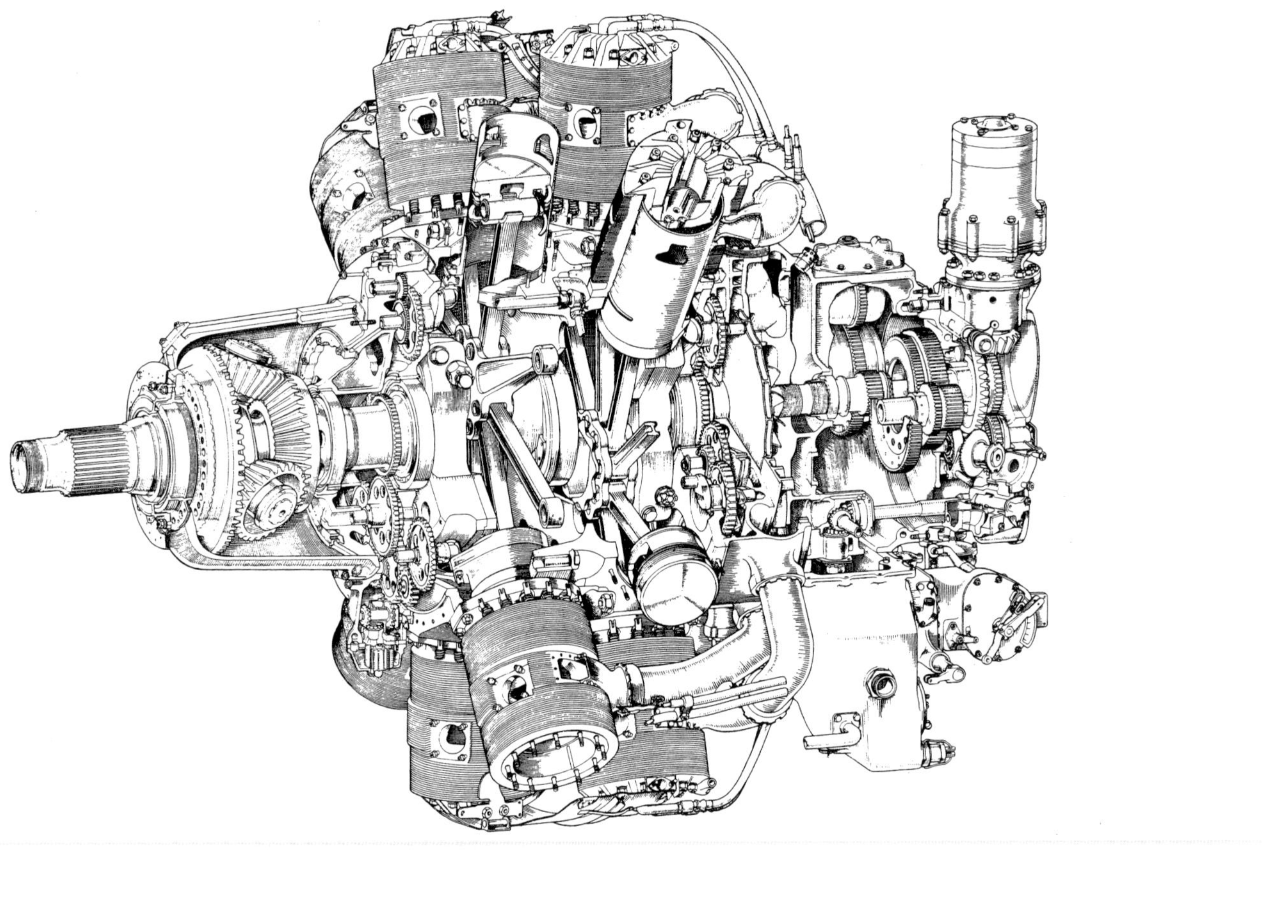

Schnittdarstellung des Bristol Centaurus.

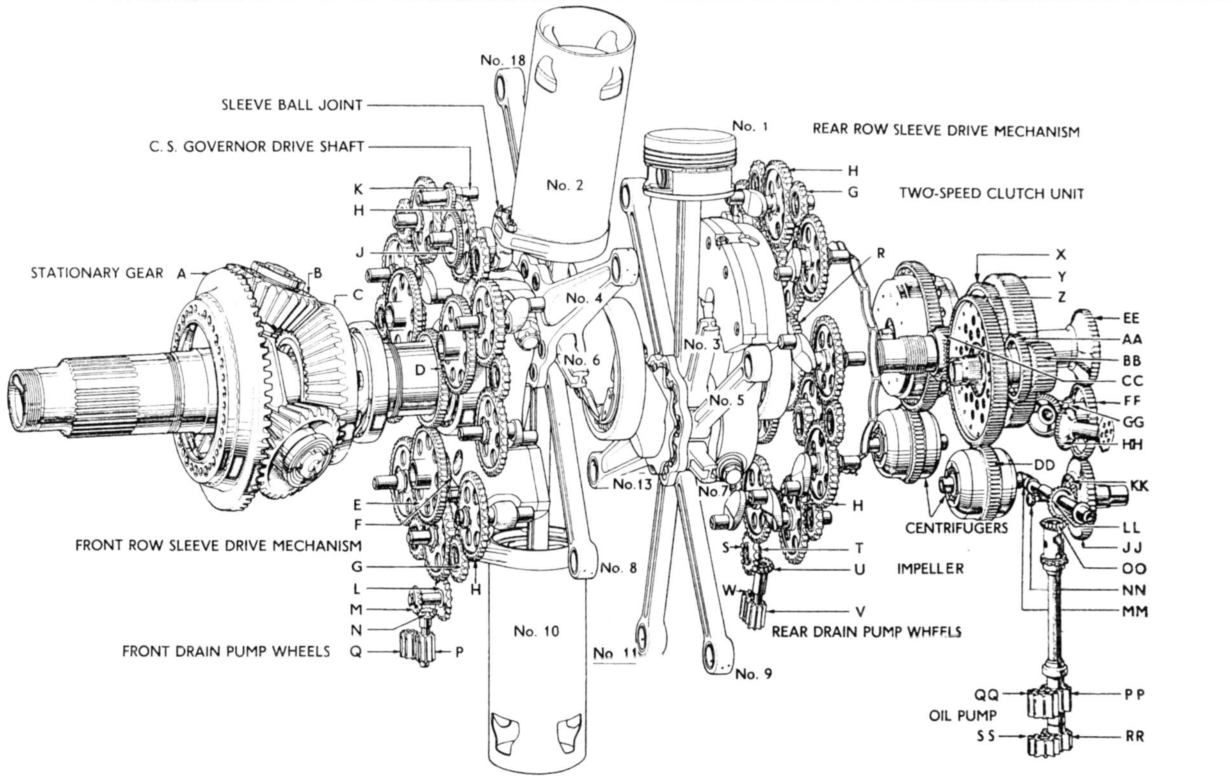

Bristol Centaurus: das Innenleben.

Der Vorschlag Constants forderte einen Motor mit zweistufigem Kompressor, bei dem eine Stufe durch einen Turbolader und die andere Stufe mechanisch angetrieben wurde. Seine Ideen wurden in Amerika aufgegriffen, aber nicht in England.

Der Aerodynamiker von Supermarine, Beverley Shenstone, machte einen etwas anderen Urlaub als den von Hives früher im Mai 1938, als er die Messerschmitt-Werke in Deutschland besuchte.

> »27. Mai 1938
> Ich wurde von Messerschmitt in seinem Werk empfangen, ich durfte das Werk nicht von innen sehen – das Gespräch wurde in seinem Büro mit Blick auf das Werk und den Flugplatz geführt … das Rekordflugzeug war abgesehen von einigen Äußerlichkeiten ganz normal. Messerschmitt erklärte, dass der Rekord jetzt verbessert werden könne, dass aber keine Schritte unternommen würden, bis wir (oder jemand anderes) es versucht hätten. Er war nicht in der Lage, die für seinen neuesten Typ veröffentlichte Geschwindigkeit von 440 mph [708,11 km/h] zu diskutieren. Alle BFW-Flugzeuge sind vollständig bündig vernietet. Das gerade fertiggestellte fünfstöckige Hauptgebäude ist sehr imposant … es wurden keine Kosten gescheut, um die Arbeitsbedingungen angenehm und effizient zu gestalten … und ein solches Interesse hier könnte unsere eigenen Bedingungen leicht immens verbessern.
> B. S. Shenstone – 3. Juni 1938.«[77]

Angesichts der Peinlichkeit, dass Deutschland den Geschwindigkeitsweltrekord hielt, der am 11. November 1937 in einer modifizierten Bf 109 mit 379 mph [601 km/h] aufgestellt worden war, wurde eine speziell vorbereitete Speed Spitfire in Erwägung gezogen, um ihn für Großbritannien zurückzuerobern. Die Arbeiten begannen, vor allem mit einem stark modifizierten Merlin von Rolls-Royce, und am 27. Juni 1938 erreichte der Spezialmotor für die Speed Spitfire mit 2180 PS seinen Höhepunkt. Die Meinungen über die Vorzüge dieses Motors waren geteilt:

> »Es scheint klar, dass es nicht ratsam ist, einen Rekordversuch mit der Spitfire zu unternehmen. Ich habe schon seit einiger Zeit den Verdacht, dass Deutschland darauf gewartet hat, dass wir das tun, um gleich danach einen besseren zu machen.
> J. Buchanan A.I.2.(g), 6. Juli 1938.«[78]

Das Direktorat für technische Entwicklung teilte diese Ansicht nicht:

> »Ich bin völlig anderer Meinung, es ist eine Frage der Entwicklung, die wir unabhängig von ›Rekorden‹ verfolgen müssen. Wir sollten mit der Spitfire/Merlin weitermachen, als ob nichts geschehen wäre.
> D. T. D., 18. Juli 1938.«[79]

Am 16. August wurde offiziell beschlossen, dass die Hochgeschwindigkeitsentwicklung der Spitfire fortgesetzt werden sollte, auch wenn kein Geschwindigkeitsweltrekord angestrebt wurde. Ein von Sir Henry Tizard vorgeschlagenes Bi-Fuel-System, bei dem Methanol zur vorübergehenden Verstärkung des Merlin-Motors verwendet wird, wurde als Möglichkeit ins Auge gefasst.

»Der Merlin-Motor für die Spitfire-Rekordmaschine hat seinen Test abgeschlossen. Während des Probelaufs wurde eine Höchstleistung von 2180 PS erreicht. Es ist interessant, die Leistungsdaten dieses Motors mit denen des ›R‹-Motors zu vergleichen, der in der Schneider-Trophy verwendet wird.

Wir haben einige sehr nützliche Daten erhalten, indem wir den Motor mit diesen hohen Leistungen betrieben haben, und es hat uns ermöglicht, einen modifizierten Austauschzylinder zu entwickeln, der eine höhere Zuverlässigkeit aufweist und so bald wie möglich in die Serienmotoren eingebaut werden soll.

	R-Motor	Merlin-Spezial 1765
▪ BHP [PS]	2350	2180
▪ BMEP [effektiver Mitteldruck]	260	328
▪ BHP/Liter [PS/Liter]	64	80,8
▪ Lbs/BHP [Leistungsgewicht]	0.695	0.62.«[80]

Die Arbeit erwies sich für Rolls-Royce als sehr wertvoll. Weit weg von Derby, im Mai 1938, machten Fedden und Bristol Fortschritte mit ihrem neuesten Motor, dem zweireihigen Centaurus-Motor, der für Hawkers geplanten Hurricane- und Spitfire-Ersatz, den Tornado, vorgesehen war.

Der Centaurus wurde für die 2000-PS-Klasse von Flugmotoren entwickelt. Wenn es gelänge, ihn zuverlässig zu machen, hätte er ein beträchtliches Potenzial für den Einsatz in einem Kampfflugzeug, vorausgesetzt, der Lader wäre in der Lage, diese Leistung in großer Höhe aufrechtzuerhalten.

Der Centaurus bestand aus einem dreiteiligen Zylinderblock, der mit langen Bolzen zusammengehalten wurde, wobei

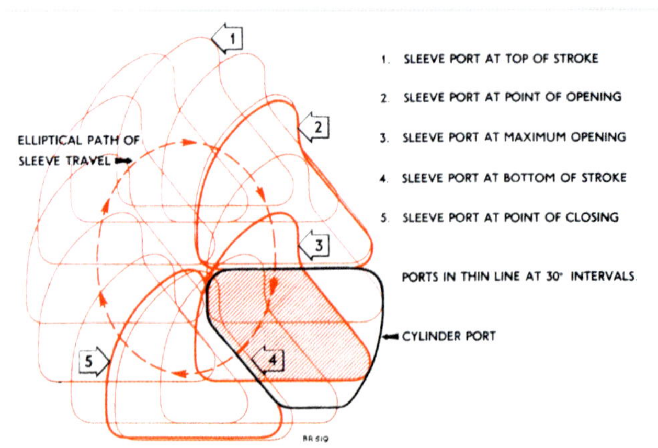

Centaurus: Zeichnung der Anschlussöffnungen in der Nahansicht.

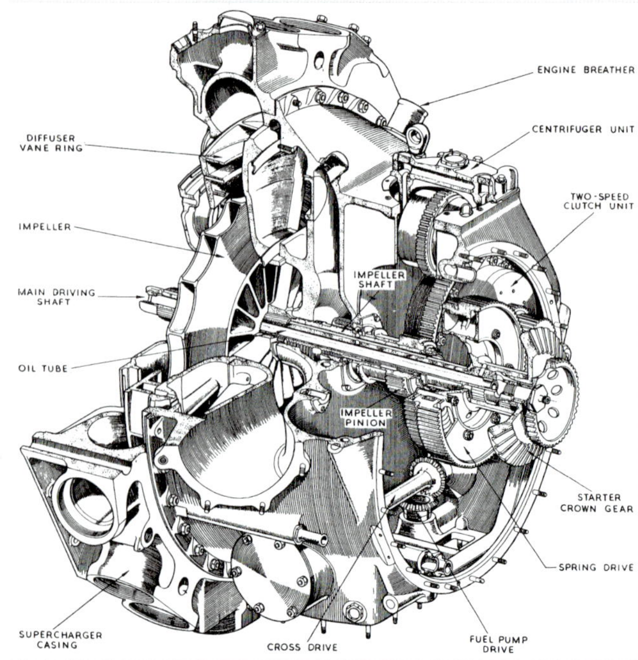

Centaurus Lader, Teilansicht.

jeder Endabschnitt neun zahnradgetriebene Vorgelegewellen enthielt, von denen jede eine der rotierenden Zylinderhülsen antrieb.

Die Hülsen bewegten sich aufgrund der Art und Weise, wie sie mit der Antriebswelle verbunden waren, elliptisch, was zu einem komplexen Bewegungsmuster der Anschlussöffnungen in der Hülse im Verhältnis zum Zylinder führte.

Diese beiden Konstruktionskompromisse schränkten die Leistung des Centaurus-Kompressors stark ein und würden sein Potenzial im bevorstehenden Krieg über Europa einschränken, in dem die Leistung in großen Höhen entscheidend war.

Auch Rolls-Royce war vor Schwierigkeiten nicht gefeit, und am 3. Oktober 1938 wurde berichtet, dass die Merlins bei Flugtests öfters ausfielen. Die Abstimmung der Spitfire als Hochgeschwindigkeitsrenner beinhaltete keinen Kunstflug, was bedeutete, dass das Projekt Speed Spitfire in dieser Hinsicht völlig unbrauchbar war, da sie lediglich flach und schnell flog und keine außergewöhnlichen Anforderungen an den Vergaser stellte, dessen Durchfluss durch Schwimmer auf Schwerkraftbasis begrenzt wurde.

»Die Gesamtflugzeit der bereitgestellten Merlins beträgt etwa 26.000 Stunden. Als neues Erzeugnis hat sich der Motor unserer Meinung nach sehr gut verhalten. Die Reklamationen bezüglich des Ausschaltens werden von uns aktiv bearbeitet, und wir glauben, dass wir eine dauerhafte Lösung gefunden haben. Bis die Spitfires und Hurricanes mit Verstellpropellern ausgestattet sind, wird man sicher die maximale Leistung aus diesen Maschinen herausholen müssen, um einen vernünftigen Start zu erreichen.«[81]

Der Verstellpropeller ermöglichte einen kürzeren Start, da der Winkel der Propellerblätter so eingestellt werden konnte, dass er bei niedriger Vorwärtsgeschwindigkeit effizienter war und außerdem die Gesamtleistung des Flugzeugs verbesserte. Der Festpropeller war zwar leichter und einfacher, konnte aber nur bei einer bestimmten Fluggeschwindigkeit seine volle Leistung entfalten. Der Verstellpropeller wurde in aller Eile in die Motoren eingebaut, die am ehesten für künftige Jagdflugzeuge benötigt wurden: den Merlin und den Vulture. Am 7. November 1938 schrieb Hives an Freeman, um über die Spitfire und das Vulture-Triebwerk für den Tornado zu sprechen. Große Hoffnungen ruhten auf dem Tornado, der nach der am 3. Dezember 1938 geänderten Spezifikation F 18/37 konstruiert worden war.

»F 18/37. Der Luftwaffenstab benötigt ein einsitziges Hochgeschwindigkeits-Jagdflugzeug, das überall in der Welt eingesetzt werden kann, als Ersatz für die Spitfire und die Hurricane. Die herausragende Anforderung ist, die größtmögliche Steigerung der Höchstgeschwindigkeit gegenüber dem heutigen Bomber zu erreichen.«[82]

»Lieber Sir Wilfrid, wir haben zwei zufriedenstellende Typentests mit den Vulture II-Motoren, mit Zweigang-Lader ausgestattet, abgeschlossen ... wir haben 1150 Betriebsstunden mit Vulture-Motoren absolviert, so dass wir in der Lage sind, Ihnen zu versichern, dass der Vulture ein zuverlässiges Triebwerk sein sollte ... Rotol-Luftschrauben für Spitfires: Mit den ersten sechs dieser Luftschrauben sind wir schon am Werk, so dass wir hoffen, in Kürze eine zufriedenstellende Luftschraube fertiggestellt zu haben, die sowohl für die Spitfire als auch für die Hurricane geeignet ist.«[83]

Am 23. Dezember 1938 notierte Frank Cowlin vom Luftfahrtministerium Einzelheiten über die bisher durchgeführten Motorentests am Speed Spitfire-Motor:

»Die Arbeiten im Zusammenhang mit der Wassereinspritzung am Merlin sollten dringend wieder aufgenommen werden, sobald die Motorreparaturen abgeschlossen sind und der Motor ans RAE zurückkehrt; für die unmittelbar bevorstehenden Flugversuche wird der Hurricane ausreichen, d.h. bis zu einer Leistung von 1700 PS. Die High Speed Spitfire muss nur dann eingesetzt werden, wenn eine höhere PS-Leistung erreicht werden kann.

Insgesamt gibt es nur drei speziell verstärkte Merlins: denjenigen, der jetzt für die Wassereinspritzung verwendet wird, denjenigen, der jetzt in der High Speed Spitfire eingebaut ist, und einen Ersatzmotor.«[84]

Im Dezember 1938 testete das RAE auch Zündkerzen. Dieser scheinbar unbedeutende Teil des Motors erwies sich als äußerst problematisch, da hochverbleite Kraftstoffe eingeführt worden waren, die den Glimmer, der traditionell als elektrische Isolierung in Zündkerzen verwendet wurde, anfraßen. Die deutsche Pionierarbeit an keramischen Isolatoren wurde von den Briten schnell kopiert, aber die Änderungen an den Materialien brachten andere Entwicklungsprobleme mit sich, wie z. B. die Gasdichtigkeit der Zündkerze. Wenn die Schnittstelle zwischen der Isolierung und der Elektrode oder dem Außenkörper beeinträchtigt war, konnten heiße Gase austreten und die Zündkerze überhitzen und zerstören. Wenn ein solches Leck auftrat, bevor die Zündkerze schmolz, führte dies oft zu einem Klopfen im Motor, da die überhitzte Zündkerzenspitze eine automatische Zündung des Kraftstoffs auslöste. Erschwerend kam hinzu, dass die Mittelelektrode mit korrosiven Kraftstoffrückständen und immer heißeren Verbrennungstemperaturen zu kämpfen hatte. KLG entwickelte eine neue Kerze – die RC27 – mit einem Keramikkörper und einer Edelmetall-Elektrode aus Platin und Iridium, die die Korrosionsbeständigkeit erhöht.[85]

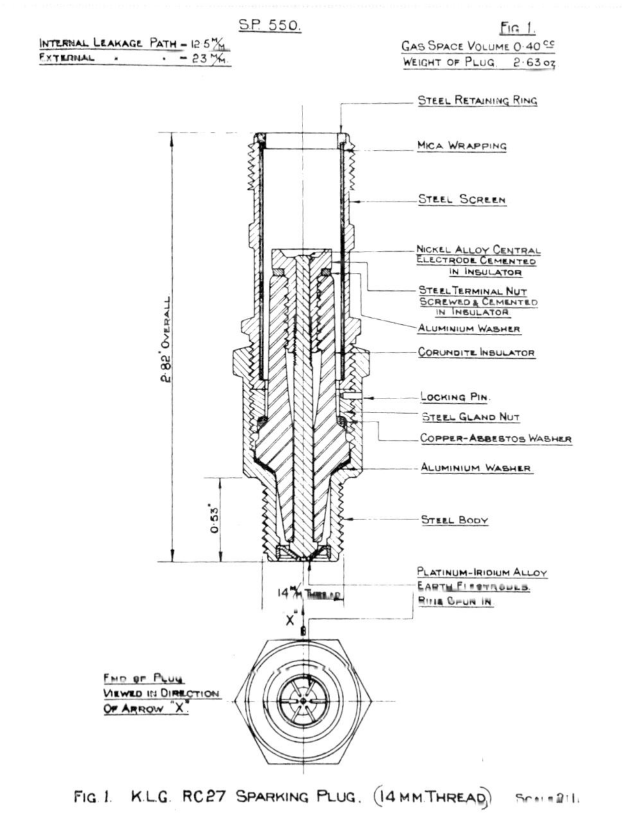

KLG RC27-Zündkerze: Keramikkörper und Platin-Iridium-Elektroden.

Die Siemens-Zündkerzen, die als erste einen keramischen Körper verwendet hatten, hießen Sinterkorund (Sinteraluminiumoxid), der in den britischen Versionen als Korundite bezeichnet wurde. Die winzigen Elektrodenbeine, die auf den ersten Blick zur Überhitzung und Vorzündung einlüden, funktionierten in Wirklichkeit hervorragend und waren dank der Platin-Iridium-Zusammensetzung sehr korrosionsbeständig. Wie bei vielen kommenden technischen Fortschritten war für die beste Lösung der Zugang zu Edelmetallen erforderlich. Diese Entwicklungsschritte waren für die zuverlässige Einführung leistungsstarker Kraftstoffe unerlässlich. Die richtigen Materialien reichten jedoch nicht aus, und die RC27-Kerze erfüllte die Anforderungen an die Gasdichtigkeit während der Merlin-Flugerprobung nicht. Weitere Entwicklungen waren erforderlich, aber die Keramikkerze mit Platin/Iridium-Elektrode war die Lösung, die während des gesamten Krieges in Großbritannien stetig weiterentwickelt wurde, um die immer höheren Leistungsstufen zu bewältigen.

Zwei Technologien entwickelten sich Hand in Hand: die Zündkerze und der Kraftstoff. Keine der beiden Technologien konnte richtig funktionieren, wenn sie nicht genau auf die Erwärmungseigenschaften der jeweils anderen abgestimmt war. Ein neuer Kraftstoff mit einer alten Zündkerze würde versagen, da die Zündkerze überhitzen würde; und eine neue Zündkerzenkonstruktion würde mit älteren Kraftstoffen versagen, da die Zündkerzennase nicht heiß genug laufen würde, um die ständig abgelagerten Kohlenstoffrückstände zu verbrennen. Jede Zündkerze funktionierte nur innerhalb eines schmalen Bandes, in dem sie weder zu kalt noch zu heiß war – deshalb war es unmöglich, einfach eine magische Zündkerze zu entwickeln, die unter allen künftigen Bedingungen einwandfrei funktionierte.

Wie sich der Treibstoff verhielt, hatte viel mit seiner Herkunft zu tun. In den meisten Ländern der Welt wurde Flugbenzin aus Rohöl raffiniert; es war aber auch möglich, es synthetisch aus Kohle, Teer oder Schiefervorkommen herzustellen. Ein solches Verfahren ist als Hydrierung bekannt, bei der Wasserstoffgas mit Kohlenstoff aus den oben genannten Quellen unter großem Druck und hoher Temperatur zu Kohlenwasserstoffen kombiniert wird – der grundlegenden Basis für die meisten Flugkraftstoffe. Deutschland hatte hier Pionierarbeit geleistet, aber bereits im Mai 1936 hatte Großbritannien seine eigenen hochentwickelten Hydrierungsprogramme gestartet, um aus nichts anderem als Kohle und Wasserstoff hochleistungsfähigen Kampfflugzeugtreibstoff herzustellen. Im Mai 1938 hatte das große Chemieunternehmen ICI – unter der Leitung des britischen Luftfahrtministeriums – das Verfahren bereits seit zwei Jahren angewandt und begann nun mit der Herstellung von 100 Oktan-Flugzeugtreibstoff durch Kohlehydrierung.

Deutschland hatte die ersten erfolgreichen großtechnischen Verfahren zur Herstellung synthetischer Kraftstoffe entwickelt und den überwiegenden Teil der frühen Arbeiten auf dem Gebiet der Chemie durchgeführt, die weitgehend noch vor dem Ersten Weltkrieg stattfanden. Daher sahen es die Deutschen als ihre Pflicht an, die Ergebnisse ihrer Arbeit in angesehenen internationalen Fachzeitschriften zu veröffentlichen und natürlich auch Patente anzumelden. Das riesige deutsche Chemiekonglomerat IG Farben bildete in dieser Hinsicht keine Ausnahme.

Die besten britischen Treibstoffchemiker hatten alles gelesen, was ihre deutschen Kollegen schrieben, und weitsichtige britische Regierungsbeamte hatten heimlich Gespräche mit ICI geführt, um die deutschen Fortschritte zu kopieren. Die potenziellen Vorteile der Herstellung von Hochleistungskraftstoff für den Fall, dass Großbritannien die Möglichkeit verlieren sollte, Rohöl zu importieren, lagen auf der Hand:

> »Die Entdeckung des Katalysators ›6434‹ durch die IG [Farben] im Jahr 1935 steigerte das Interesse am Hydrierungsprozess als Mittel zur Herstellung von Flugkraftstoffen noch weiter, da sich herausstellte, dass die Klopffestigkeit von bleifreiem Benzin, das mit diesem Katalysator hergestellt wurde, um etwa fünf Oktanzahlen höher war ... Ende 1936 war dieses ... Verfahren in großem Maßstab in Billingham [ICI] und in Deutschland eingeführt worden. Da die Bedeutung von Kraftstoffen mit 100 Oktan für militärische Zwecke inzwischen allgemein anerkannt war, beschloss das Luftfahrtministerium Anfang 1938, hierzulande Pläne für die Herstellung von hochwertigem Flugkraftstoff zu prüfen und beauftragte ICI mit der Durchführung der Forschungsarbeiten. Mit der Bristol Aeroplane Company wurde eine Vereinbarung über die Durchführung von Tests in Einzylinder-Flugmotoren an Mustern getroffen.«[86]

So begann das britische Programm für synthetischen Flugtreibstoff, das wie das deutsche Programm Treibstoff aus Wasserstoffgas und Kohle herstellte.[87] Während es zunächst nur als Absicherungsmaßnahme angesehen wurde, sollte es später eine entscheidende Rolle bei den britischen Hochleistungstreibstoffen für Kampfflugzeugmotoren spielen.

Obwohl Großbritannien bei flüssigkeitsgekühlten Hochleistungsmotoren weltweit führend war, wie die jüngsten Besuche wichtiger britischer Konstrukteure in Wright Field zeigten, war es bei der Turboaufladung hinter die USA zurückgefallen. Der Krieg mit Deutschland rückte immer näher, und es war für die britische Luftfahrt nach wie vor peinlich, dass der Geschwindigkeitsweltrekord von einer scheinbar fast serienmäßigen Bf 109 gehalten wurde. Am 23. Dezember 1938 schrieb das Luftfahrtministerium ans RAE, um erneut über den möglichen Geschwindigkeitsrekord der Spitfire zu diskutieren.

> »Hochgeschwindigkeits-Spitfire.
> Der unmittelbare Zweck der High Speed Spitfire wurde vom Luftfahrtministerium als Hochgeschwindigkeitsforschung und -entwicklung definiert. Einige zu untersuchende Punkte wurden hier bereits mit der Firma besprochen, nämlich: -
> Der Geschwindigkeitsgewinn durch den Einsatz des Motors unter ›Rennbedingungen‹ im Gegensatz zu den Nennbedingungen.
> Der Geschwindigkeitsgewinn durch den Ersatz des normalen Kühlsystems durch ein System, das ›abkocht‹.
> Der Geschwindigkeitsgewinn durch die Speziallackierung anstelle der normalen Oberfläche.

Wenn jedoch die bei diesen Tests ermittelte Luftgeschwindigkeit des Flugzeugs darauf hindeutet, dass eine Geschwindigkeit in der Größenordnung von 450 mph [724,2 km/h] am Boden erreicht werden kann, ist unverzüglich ein entsprechender Bericht zu erstellen, damit der Versuch des Landgeschwindigkeitsrekords erneut in Betracht gezogen werden kann.

In der Zwischenzeit ist dafür Sorge zu tragen, dass alle Angaben über die absolute Geschwindigkeit geheim gehalten werden.« [88]

Um sicherzustellen, dass der Rekordversuch tatsächlich den von Messerschmitt aufgestellten Rekord übertrifft, dachte man, je mehr Zeit seit dem deutschen Versuch verging, dass ein großer Geschwindigkeitsvorsprung wünschenswert wäre. Viele vermuteten, dass Professor Messerschmitt ein anderes, viel schnelleres Flugzeug bereithielt, mit dem er jeden erfolgreichen Versuch seines ersten Versuchs schnell schlagen konnte. Dies bedeutete, dass eine Geschwindigkeit von weit über 400 mph als Grundvoraussetzung angesehen wurde, und die einzige Möglichkeit für Rolls-Royce, dies zu erreichen, bestand darin, mit der Wasser-Methanol-Einspritzung zu experimentieren, um das Luft-Kraftstoff-Gemisch des Motors zu kühlen, so dass mehr Ladedruck verwendet werden konnte, ohne dass es zu schädlichem Motor-Klopfen kam.

Am 24. Dezember stellte Rolls-Royce fest, dass der Rekordmotor bereits durch Klopfen beschädigt worden war, wobei sieben Kolben zerstört wurden und ein weiterer beinahe zerstört worden wäre. Die Laufbuchsen waren gerissen und auch die Ventilführungen waren beschädigt. Aufgrund von Vorschriften des Luftfahrtministeriums war das RAE gezwungen gewesen, 100 % Ethylenglykol-Kühlmittel zu verwenden, das zwar nicht so leicht kochte, aber die Wärmeübertragung im Vergleich zu der von Rolls-Royce empfohlenen 70/30-Mischung erheblich reduzierte. Sie äußerten ihre Bedenken und nannten die Verwendung des falschen Kühlmittels »bedauerlich«, sagten aber, dass sie versuchen würden, die Maschine umzubauen und bis Januar 1939 zurückzuschicken. [80]

Der 100 Oktan-Merlin galt als fertig, musste aber noch Flugtests absolvieren, weshalb Hives am 22. Januar 1939 an Freeman schrieb:

»Wir sind auch bestrebt, eine Spitfire-Maschine zu bekommen, um den 100 Oktan-Motor zu testen, der für die Nuffield Spitfire geplant ist.« [90]

Trotz der Arbeiten am Merlin und der unaufhaltsam näher rückenden Anzeichen eines bevorstehenden Konflikts trat das ARC nur einen Monat später, am 2. Februar 1939, zusammen, um die Richtung der Motorenentwicklung für den Zweitakt-Flugmotor zu diskutieren.

»Der Triebwerksunterausschuss ist der Ansicht, dass der Entwicklung von Motoren mit Zweitakt-Benzineinspritzung höchste Priorität eingeräumt werden sollte, und empfiehlt daher, die Angelegenheit zum frühestmöglichen Zeitpunkt mit erfahrenen Konstrukteuren eines Flugmotors dieses Typs in Originalgröße zu besprechen.« [91]

Sie merkten an, dass der Einzylindermotor das Problem der geringen Leistung im Leerlauf nicht lösen könne, da solche Tests ein Testprogramm für einen Großmotor erforderten. Trotz der Möglichkeiten neuer und möglicherweise besserer Motoren als dem Merlin schickten die Rolls-Royce-Büros in New York am 4. Februar 1939 ein Schreiben an das US Air Corps, um die Herstellung des Merlin in den USA vorzuschlagen.

»An den Chef des Air Corps, Washington DC
Mein sehr geehrter Herr,

Am 17. Januar schrieb ich an Generalmajor F. M. Andrews bezüglich des wassergekühlten Rolls-Royce-Flugzeugmotors ... Der Grund für mein Schreiben in dieser Angelegenheit war, dass wassergekühlte Motoren meines Erachtens noch nicht so weit fortgeschritten sind wie luftgekühlte Motoren.

Ich glaube nicht, dass es notwendig ist, auf meine Beschreibung von Rolls-Royce oder dessen Leistungen einzugehen. Wie Sie zweifellos wissen, wurde vor kurzem mit dem Automobil ›Thunderbolt‹ in Utah der Weltrekord für Automobile gebrochen, und die Motoren in diesem Auto waren RR-Motoren.

Ich habe viel darüber gehört, wie schwierig es ist, dass die Armee Motoren, die nicht aus Amerika stammen, als Teil ihrer Ausrüstung übernimmt. Ich kann kaum glauben, dass dies die Politik ist, denn das Grundprinzip des Fliegens kann von keinem Land beansprucht werden.

Meine Absicht beim Schreiben dieses Briefes war, dass möglicherweise ... Vereinbarungen mit Rolls-Royce für die Herstellung des Motors hier durch eine kompetente Organisation getroffen werden könnten, wenn solche Motoren für die US-Regierung akzeptabel wären.

Mit verbindlichen Grüßen
John J. McManus
Präsident
Rolls-Royce New York Office" [92]

Die Möglichkeit, dass der Merlin für den bevorstehenden Krieg nicht leistungsfähig genug sein würde, war Rolls-Royce nicht entgangen. Um sich abzusichern, begann das Unternehmen, das Konzept des R-Motors für die Massenproduktion zu adaptieren. Man hoffte, dass dieser den Merlin bei Bedarf zu einem späteren Zeitpunkt ersetzen könnte. Am 17. Februar schrieb Hives an Freeman, um ihn über den Zeitplan für die Entwicklung des Griffon-Motors zu einer serientauglichen Maschine zu informieren.

Rolls-Royce: Entwicklungszeitplan für das neue Griffon-Triebwerk.

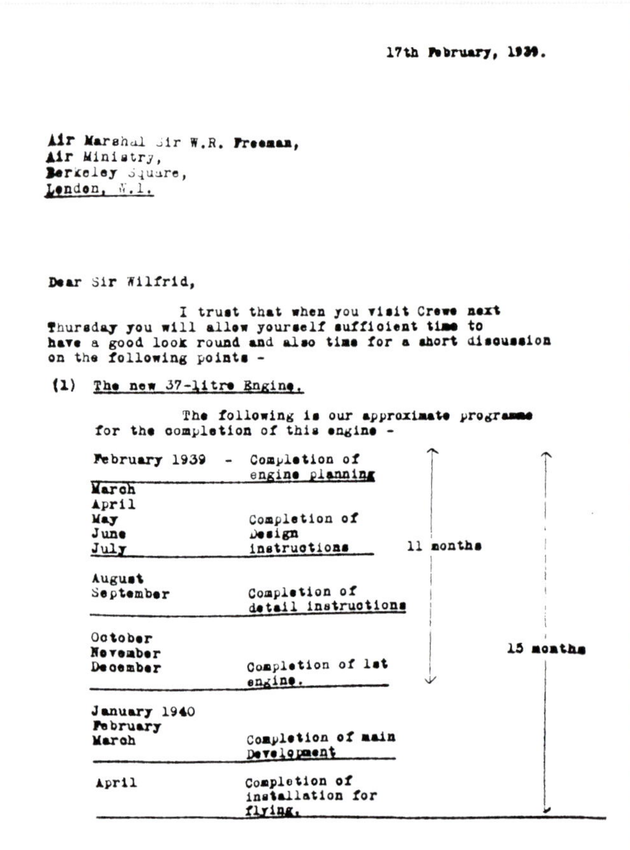

17th February, 1939.

Air Marshal Sir W.R. Freeman,
Air Ministry,
Berkeley Square,
London, W.1.

Dear Sir Wilfrid,

I trust that when you visit Crewe next Thursday you will allow yourself sufficient time to have a good look round and also time for a short discussion on the following points -

(1) The new 37-litre Engine.

The following is our approximate programme for the completion of this engine -

February 1939 -	Completion of engine planning		
March April May June July	Completion of Design instructions	11 months	
August September	Completion of detail instructions		
October November December	Completion of 1st engine.		15 months
January 1940 February March	Completion of main Development		
April	Completion of installation for flying.		

Die vorgeschlagene Zeitspanne von der Planung bis zur Fertigung und Erprobung war nach allen Maßstäben erstaunlich kurz und könnte auch heute kaum noch übertroffen werden.

»Die Tatsache, dass dieser Motor die gleiche Bohrung und den gleichen Hub wie der ›R-Motor‹ und auch der ›Griffin‹-Motor hat, bedeutet, dass wir in der Lage sein werden, in 4 oder 5 Wochen mit den Dauertests der Hauptkomponenten zu beginnen.«[93]

Der neue Motor trug noch nicht den Namen Griffon, und mit »Griffin« bezog sich Hives auf einen viel früheren Entwicklungsmotor, der in den 1930er Jahren aus Teilen des R-Motors gebaut worden war. Obwohl man davon ausging, dass ein leistungsstarker Merlin-Motor in erster Linie durch verbesserten Kraftstoff zu erreichen war, wurde auch die Wassereinspritzung in Betracht gezogen, und am 25. Februar 1939 lag ein Bericht über die erzielten Fortschritte vor.

»Diese Arbeiten wurden aufgrund der günstigen Ergebnisse mit einem Kestrel V eingeleitet, bei dem sich herausstellte, dass mit einer vergleichsweise geringen Wasserzugabe mehrere Stunden lang auf Meereshöhe Vollgas gegeben werden konnte.

Die ersten Merlin-Tests wurden mit einem Standard-Merlin II durchgeführt, aber es stellte sich sofort heraus, dass aufgrund der unzureichenden Festigkeit des Motors selbst für kurze Zeiträume nur eine geringe Leistungssteigerung möglich war. Die anschließenden Tests wurden daher an einem der für Hochgeschwindigkeits-Entwicklungsarbeiten konstruierten Merlin Spezialmotoren durchgeführt … die mit Wassereinspritzung entwickelte Leistung betrug 1320 PS bei der normalen Drehzahl von 2600 U/min und 1465 PS bei 3000 U/min. Nach 14 Betriebsstunden, … davon insgesamt 2,5 Stunden bei hoher Leistung, wurden die Tests durch Kolbenfresser beendet … es gab Anzeichen für übermäßiges Klopfen.«[95]

Rolls-Royce empfahl, das Triebwerk mit Wasser und nicht mit Glykol zu kühlen und das Öl durch Rizinusöl zu ersetzen.

Alfred Cyril Lovesey

15. Juli 1899 – 1976

Alfred Cyril Lovesey

Cyril Lovesey studierte Maschinenbau an der Universität Bristol und schuftete anschließend lange Tage als Mechaniker in einem Busdepot. Bald darauf erhielt er von Ernest Hives eine Stelle bei Rolls-Royce als Autotester in der Automobilabteilung. Seine Fähigkeiten als Tester führten dazu, dass er mit Henry Royce selbst zusammentraf, und es dauerte nicht lange, bis er zum Testen von Flugzeugtriebwerken versetzt wurde.

Lovesey war in den späten 1920er Jahren maßgeblich an der Entwicklung von Rennmotoren für Rolls-Royce beteiligt und wurde schließlich Chefingenieur bei Rolls-Royce Aero Engines. Während des Zweiten Weltkriegs war er bei Rolls-Royce für die Entwicklung des Merlin-Triebwerks verantwortlich.[94]

»Die Änderungen, die bei bestehenden Merlin II-Installationen erforderlich sind, um eine Leistungssteigerung durch Wassereinspritzung zu erreichen, umfassen den Einbau des Wassereinspritzventils und neuer Zylinderblöcke, Laufbuchsen, Kolben und Pleuelstangen in den Motor, zusammen mit geteilten Tanks, einer elektrisch angetriebenen Wassereinspritzpumpe und dem Ersatz der Glykolkühlung durch eine Druckwasserkühlung.«[96]

Die größte Schwierigkeit schien der Platzmangel in der Zelle der Spitfire zu sein.

»Der sehr hohe Wasserverbrauch bringt eine Schwierigkeit mit sich, denn wenn ein angemessener Wasservorrat vorhanden ist, wird durch die daraus resultierende Begrenzung der Benzintankkapazität die Reichweite erheblich verkürzt. Die Umrüstung einer größeren Anzahl von Merlin-II-Motoren auf Wassereinspritzung scheint daher kaum durchführbar zu sein. Bevor die Wassereinspritzung eingesetzt werden kann, muss offenbar abgewartet werden, bis geeignete Motoren, z. B. der 100 Oktan-Merlin in Produktion sind. Das System kann dann als Notlösung eingesetzt werden, falls der erforderliche Kraftstoff nicht in ausreichender Menge zur Verfügung steht.«[97]

In England wurde daher die Wassereinspritzung als mögliche Notmaßnahme für den Fall reserviert, dass die Vorräte an 100 Oktan-Kraftstoff für die neu eintreffende Flotte von Spitfires, deren Motoren für den Betrieb mit dem neuen Benzin umgerüstet wurden, zur Neige gehen sollten. Am 1. März 1939 wurde ein Treffen zwischen Rolls-Royce- und RAE-Ingenieuren anberaumt, um die Probleme mit den Speed Spitfire-Motoren zu lösen. Die RAE-Verantwortlichen erklärten, dass sie ursprünglich Tests mit dem Rolls-Royce Kestrel nach demselben Muster durchgeführt hatten, um einen Notfallplan für den Fall zu haben, dass hochoktanige Kraftstoffe nicht verfügbar sein sollten, und dass sie einen effektiven Mitteldruck von 190 psi [13,1 bar] erreicht hatten, dass aber der Merlin II, den sie zur Wiederholung der Tests verwendeten, bei diesem Wert sofort zu detonieren schien.[98] Die Ladungstemperaturen des verstärkten Merlin II betrugen 92 °C im Gegensatz zu 70 °C beim Kestrel. Rolls-Royce legte Diagramme vor, aus denen hervorging, dass ein effektiver Mitteldruck von 340 psi erreicht werden konnte, bevor das Klopfen einsetzte, wenn S.R.24-Kraftstoff verwendet wurde, der aus 20 % Benzin, 60 % Benzol und 20 % Methanol bestand, dass aber bei der Einführung von 10 cm^3 Tetraethylblei pro Gallone, wie es das RAE gemacht hatte, die Zündkerzen versagen würden (siehe oben).[99] Man war der Ansicht, dass der Merlin II 1600 PS ohne jegliche Modifikationen erzeugen konnte, wenn man die reduzierte Lebensdauer der Lager akzeptierte. Dies war eine dramatische Verbesserung gegenüber dem Merlin I mit seinem sogenannten »ramp head« [»Rampenkopf«], der eine peinliche Enttäuschung gewesen war, und der im Wesentlichen durch Aufschrauben eines vergrößerten Kestrel-Kopfes auf den Merlin I-Zylinderblock gelöst worden war.

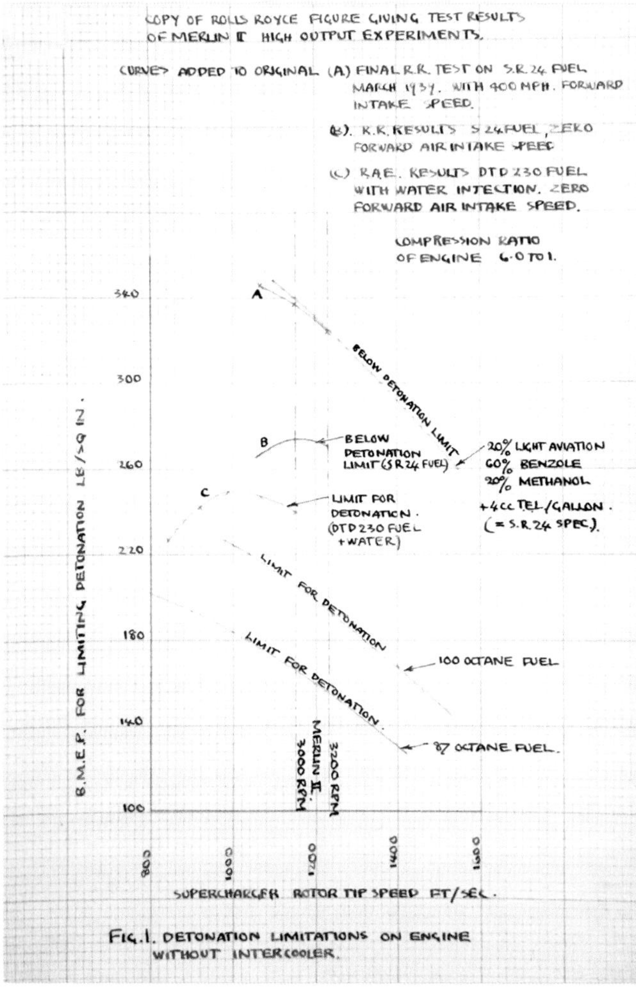

Rolls-Royce: Klopfgrenzkurve für die Speed Spitfire (Klopfgrenzen bei verschiedenen Kraftstoffgemischen, effektiven mittleren Druckwerten und Turboladergeschwindigkeiten, alles ohne Zwischenkühler).

Die Sitzung endete mit der allgemeinen Einsicht, dass beide Parteien viel enger zusammenarbeiten müssen, um die Entwicklung erfolgreich zu gestalten. Das RAE hatte erkannt, wie schwierig es war, die für die Leistungssteigerung durch Aufladung erforderliche Entwicklungsarbeit abzuschließen. Das Prinzip war einfach, aber in der Praxis musste alles mechanisch abgestimmt sein, damit es gelingen konnte.

Um sicherzustellen, dass dies der Fall war, wurden Leistungskurven erstellt. Der Speed Spitfire-Motor hatte keinen Ladeluftkühler, so dass die Temperatur der aus dem Lader austretenden Luft die Klopfgrenze festlegen würde. Diese wiederum wurde durch die Spitzengeschwindigkeit des Laders bestimmt. Das Diagramm zeigte auch deutlich den Leistungsunterschied zwischen 87- und 100 Oktan-Kraftstoffen.

Die Bedenken hinsichtlich der Größe des erforderlichen Wassereinspritzbehälters waren berechtigt. Später im Krieg waren die deutschen Wassereinspritzbehälter so sperrig, dass sie während des Flugzeugbaus in die Zelle eingebaut werden mussten und nach dem Einbau nicht mehr entfernt werden konnten.

Die Erprobung schritt voran, und am 6. März 1939 berichtete die Versuchsabteilung:

»Der Luftwiderstand der High Speed Spitfire mit konventionellem (großem) Kühler, Auspuff, gestutzten Flügeln und polierter Außenhaut scheint bei etwa 48,5 lb bei 100 fps [22 kg/30,4 m/s] zu liegen. Mit erhöhter Motorleistung sollte die Höchstgeschwindigkeit 400mph [643,8 km/h] betragen.«[100]

Das war immer noch nicht genug, um einen überzeugenden Vorsprung vor der Messerschmitt zu erlangen, so dass die spezielle Renn-Merlin Nr. 2405 noch mehr Leistung benötigen würde. Weniger als einen Monat später, am 5. April 1939, schrieb Rolls-Royce an Rayner, den Oberaufseher in Farnborough:

»HOCHGESCHWINDIGKEITS-›SPITFIRE‹-MOTOR, MERLIN 2405
Wie angefordert, senden wir Ihnen die Leistungskurve für den oben genannten Motor. Die Zahlen waren die, die beim letzten Test vor der Vorbereitung der Auslieferung ermittelt wurden und wie folgt lauten: -

U/min: 2800	PS: 1926	Ladedruck psi: + 23,77
U/min: 3000	PS: 2030	Ladedruck psi: + 25,39
U/min: 3200	PS: 2143	Ladedruck psi: + 26,81

Die Leistungskurve wurde mit einem Gebläse aufgenommen, das Luft in den Vergasereinlass bläst, um die Wirkung des nach vorne gerichteten Lufteinlasses unter Flugbedingungen zu simulieren.«[101]

Die Werte für den mittleren effektiven Bremsdruck von fast 350 psi lagen verlockend nahe an den Grenzwerten, die Rowledge in einem früheren Memo an Rolls-Royce vom 17. Februar 1938 genannt hatte. Es war also nur wenig Zeit vergangen, aber die exotischen Ziele für die Motorleistung schienen nun in greifbare Nähe gerückt zu sein.

Sir Henry Tizard, wissenschaftlicher Berater des Kriegskabinetts, schrieb, er verstehe nicht, wie dem Merlin so viel Kraft entlockt werden konnte. Griffith schrieb am 20. April zurück:

»Lieber Tizard,
Die Erklärung für die scheinbare Widersprüchlichkeit der drei Aussagen ist, dass sie sich auf unterschiedliche Motoren beziehen. Derjenige, der die hohe Leistung nicht einmal für ein paar Minuten aushält, ist der Standard-Merlin II, also der derzeitige Dienst-Merlin. Die Angabe von 1250 PS bezieht sich auf die Version, die für die Verwendung von 100 Oktan-Kraftstoff entwickelt wird; diese ist noch nicht in Produktion. Der 2000 PS-Motor ist der besonders starke Merlin, der für Geschwindigkeitsrekorde und die Hochgeschwindigkeitsentwicklung im Allgemeinen gebaut wurde.
Mit freundlichen Grüßen
A. A. Griffith.«[102]

An dem Motor waren unzählige Änderungen erforderlich.

»...Einbau eines Wassereinspritzventils, neue Zylinderblöcke, Laufbuchsen, Kolben und Pleuelstangen ... eine elektrisch angetriebene Wassereinspritzpumpe und die Ersetzung der Druckwasserkühlung durch eine Glykolkühlung.«[103]

Die Speed Spitfire wird getestet.

Es war kein Zufall, dass die Merlin-Betriebsmotoren jener Zeit nun ebenfalls auf Druckkühlung umgestellt wurden. In der Zwischenzeit brach Deutschland am 26. April 1939 seinen eigenen Geschwindigkeitsrekord mit einem hochspezialisierten neuen, maßgeschneiderten Rennflugzeug: der Messerschmitt Bf 209. In Southampton waren Supermarine und Rolls-Royce bei der Planung des britischen Rekordversuchs schon weit fortgeschritten, aber die Unternehmen waren eingeschüchtert von der Entwicklungsarbeit, die nun nötig war, um die Bf 209 überzeugend zu schlagen – der neue Rekord lag bei unglaublichen 469 mph [755 km/h].

Sie kalkulierten richtig, dass es wahrscheinlich mehr Zeit erfordern würde, die notwendige Leistung aus dem 27-Liter-Merlin herauszuholen, als zur Verfügung stand, und zogen sich zurück.

Unabhängig von den Bemühungen in Derby hatten die RAE-Ingenieure jedoch viel über die Leistungssteigerung des Merlin gelernt und ihn auf fast 1800 PS gebracht, wobei ironischerweise spezielle Rennzündkerzen verwendet wurden, die aus einem deutschen Auto-Union-Rennwagen entwickelt worden waren, da keine anderen die Temperatur aushielten.[104]

Die Speed Spitfire wurde getestet, und am 30. Mai berichtete Muir, der Leiter der Motorenabteilung in Farnborough, Jennings, dem Leiter der Aerodynamikabteilung, dass in Bodennähe eine Geschwindigkeit von 408 mph erreicht worden war. Muir berichtete, dass dies sehr nahe an der von Jennings am 6. März gemachten Schätzung lag.[105]

Weitere Tests wurden durchgeführt, um den Einfluss des speziellen Merlin-Rennmotors auf die Geschwindigkeit des Flugzeugs zu bestimmen, und am 7. Juni bestätigten die Tests, dass nur durch eine Erhöhung des Ladedrucks von + 6,25 auf + 23,5 psi die Geschwindigkeit des Flugzeugs von 312 auf 400 mph [512 auf 644 km/h] in 3000 Fuß [914 m] Höhe gesteigert werden konnte.

Die Version, die entwickelt wurde, um die Vorteile des von Griffith erwähnten 100 Oktan-Kraftstoffs zu nutzen, war der Merlin III, mit dem die meisten Spitfires und Hurricanes während der Luftschlacht um Großbritannien ausgestattet werden sollten. Die enge Verbindung zwischen den Arbeiten am Speed-Spitfire-Projekt und den echten Kampfflugzeugen, die in der Schlacht eingesetzt werden sollten, wurde deutlich, als am 16. Mai 1939 der folgende Brief an Farren im Luftfahrtministerium geschickt wurde. Farren wollte wissen, welche Oktanzahl der Treibstoff haben musste, um die Merlin-Drosselklappen weit unterhalb ihrer Nennhöhe von 15.500 Fuß [4724 m] voll öffnen zu können – was eine erhebliche Steigerung der Motorleistung in geringer Höhe zur Folge haben würde.

T A B L E

MERLIN II HIGH OUTPUT

FUEL TESTS ON SINGLE CYLINDER UNIT AT ROLLS ROYCE

COMPRESSION RATIO: 6.0 to 1

BOOST AIR TEMPERATURE (BEFORE MIXING 133°C)

B.M.E.P. (LB/SQ.IN.) AT LIGHT DETONATION LIMIT AND CORRESPONDING FUEL CONSUMPTIONS IN PINTS/B.H.P./HR.

THE MIXTURE STRENGTHS ARE APPROXIMATELY THOSE FOR "WEAKEST-MAINTAINED".

	FUEL	B.M.E.P.	SPECIFIC FUEL CONSUMPTION
(1)	Shell 100 octane	248	0.7 pints
(2)	50 Light Aviation 30 Benzole 20 Methanol	245	0.63
(3)	100 octane + Ketone (amount unknown) + 3 cc. TEL./Gallon (7cc.total)	258	0.53
(4)	100 octane + 3 cc. T.E.L./Gallon (7 cc.total)	262	0.52
(5)	50 Anglo American 100 octane 50 Iso-propyl ether	300	0.585
(6)	I.C.I. T.S.112 + 3 cc. T.E.L./Gallon (7 cc. total)	240	0.5
(7)	20 Light Aviation 70 Benzole 10 Methanol	300	0.5

Einzylinder-Kraftstofftests am Rolls Royce Merlin II.

»Lieber Farren,
Bei 5000 ft [1524 m] wäre die Oktanzahl des Treibstoffs 120 (auf der effektiver-Mitteldruck-Skala), was durch Verwendung von 30 % D.T.D.224 + 60 % Benzol + 20 % Methanol + 4 cm³ Tetraethylblei erreicht werden kann. Dies ist der so genannte Rennkraftstoff, und ich könnte mir vorstellen, dass er in angemessenen Mengen erhältlich ist. Ein alternativer Kraftstoff ist der als solcher gelieferte 100 Oktan-Kraftstoff + 6 cm³ Tetraethylblei.

Auch dies dürfte in ausreichender Menge verfügbar sein.

Frage 2. Welcher Oktan-Kraftstoff ist erforderlich, damit der Merlin II-Motor in Hurricane- oder Spitfire-Flugzeugen auf, sagen wir, 1400 PS bei 5000 Fuß aufgedreht werden kann?

Antwort. Bei einer Flughöhe von 5000 Fuß liegt die erforderliche Oktanzahl bei 106 auf der effektiver-Mitteldruck-Skala. Alternative Kraftstoffe sind: -

D. T. D. 230 [87 Oktan] + Wasser. Dies bedeutet jedoch Verwendung des BI-Fuel-Systems …

Frage 3. Wie hoch sind die Fluggeschwindigkeiten und die Motordrehzahl im Vergleich zum Standardflugzeug in verschiedenen Höhen ab 5000 Fuß?

Antwort. Diese Werte sind in der folgenden Tabelle aufgeführt.«[106]

Rolls-Royce gewann 1939 einen weiteren zukünftigen Star in Form des jungen Ingenieurlehrlings Geoffrey Wilde. Er unterzog sich einem sehr einschüchternden Vorstellungsgespräch bei Rolls-Royce Derby und war später etwas überrascht, als ihm die Stelle angeboten wurde.

»Mein nächster Fragesteller war Mr. Rowledge … er hat mich nicht gerade beruhigt. Die nächsten Fragen kamen von Colonel Barrington, einem Mann mit einem ganz anderen Stil, der stumpf und schnell sprach und ungeduldig auf eine Antwort wartete. ›Sie haben uns gesagt, dass Sie im Motorenbau arbeiten wollen, warum und welche Art von Konstruktion?‹ Ich antwortete, dass ich gerne an Konstruktionsproblemen arbeiten würde, die es einem Motor ermöglichen, eine höhere Leistung zu erzielen. Er antwortete: ›Das ist so ziemlich alles … welche Faktoren begrenzen die Geschwindigkeit eines Motors … und können Sie die Kräfte beschreiben, die auf eine Pleuelstange in einem Motor wirken und warum?‹ … Ich ging mit einem Gefühl der Niedergeschlagenheit über die Art und Weise, wie das Gespräch geführt worden war, und über meine Leistung darin. Als ich nach Hause fuhr, war es mir egal, ob ich einen Platz bekommen würde oder nicht … Als die Wochen vergingen, kehrte mein Enthusiasmus zurück, und als der Brief aus Derby eintraf, in dem mir ein Platz für £ 5 pro Woche angeboten wurde, war ich überglücklich.«[107]

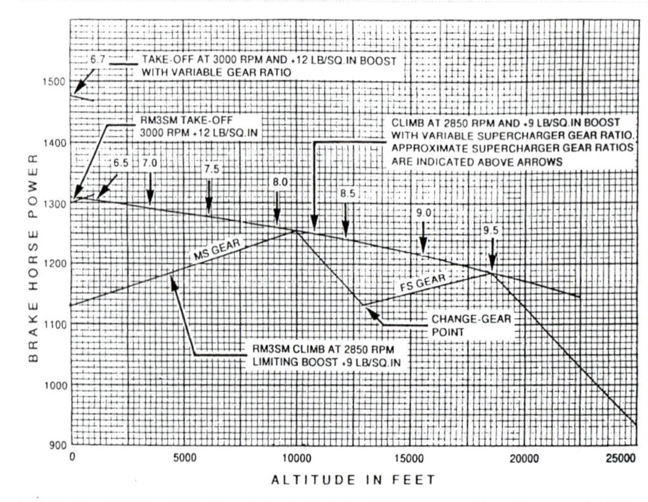

Geoffrey Wildes Diagramm für den Flüssigkeitsantrieb eines Kompressors 1939.

Geoffrey Wilde

Geoffrey Wilde

21. Mai 1917 – 18. August 2007

Die rechte Hand von Stanley Hooker bei Rolls Royce war Geoffrey Wilde. Als Sohn eines Konstrukteurs von Flugzeugtriebwerken während des Ersten Weltkriegs weist die frühe Karriere von Wilde starke Parallelen zu der von Dr. Kollmann bei Daimler-Benz auf. In der Zeit vor dem Zweiten Weltkrieg arbeitete er für den britischen Zweig des Daimler-Konzerns, wo er sich für das Konzept der drehzahlvariablen Fluidantriebe begeisterte, wie sie auch Dr. Kollmann in Stuttgart bei seinen Motoren einsetzte. Wie Hooker verlegte Wilde seine Arbeit an den Kolbenmotoren auf die Merlin- und Griffon-Triebwerke und nutzte schließlich seine Erfahrung mit Kompressoren, um ein wichtiger Konstrukteur für Rolls-Royces erste Strahltriebwerksprogramme während des Krieges zu werden. Er kümmerte sich um die Angelegenheiten in Derby, während Hooker in Royces Hauptstrahltriebwerksfabrik in Barnoldswick arbeitete. Wilde blieb bei Rolls-Royce und wurde Chefkonstrukteur, eine Position, die er bis zu seiner Pensionierung im Jahr 1979 innehatte. In dieser Zeit war er persönlich für die Konzeption und Entwicklung vieler der erfolgreichsten Strahltriebwerke von Rolls-Royce verantwortlich.

Als er seine Stelle bei der britischen Niederlassung des Daimler-Automobilkonzerns in den Midlands aufgab, brachte er einen Teil des Daimler-Fachwissens über Stufenlosgetriebe mit. Bald arbeitete Wilde für Stanley Hooker in der Abteilung für Aufladung bei Rolls-Royce in der Konstruktionsabteilung für Flugzeugtriebwerke. Er beschloss, sich um den Royce-Preis zu bewerben, der einem Mitarbeiter für einen herausragenden technischen Beitrag verliehen wurde. Er setzte sich hin und berechnete die Leistungssteigerung des Merlin-Triebwerks, die möglich wäre, wenn Rolls-Royce die Art von drehzahlvariabler Flüssigkeitsantriebskupplung, mit der er sich während seiner Lehrzeit bei Daimler vertraut gemacht hatte, zum Antrieb des Verdichterrads einsetzen würde. Damals hatte der Rolls-Royce Merlin einen Ein-Gang-Lader, der direkt mit der Kurbelwelle verbunden war. Das bedeutete, dass der Motor auf Meereshöhe stark gedrosselt laufen musste, um die Zylinder in der dicken Luft nicht zu überlasten. Wilde war der Meinung, dass diese Situation verbessert werden könnte, und legte Hooker seine Vorhersage über die Leistung des Merlin mit und ohne den von ihm vorgeschlagenen flüssigkeitsbetriebenen Lader vor:

Wilde verglich diesen Motor mit der allerneuesten Merlin-Kompressorentwicklung (später der Merlin XX), der einen Zwei-Gang-Kompressorantrieb hatte. Er konnte es damals nicht wissen, aber einige Jahre zuvor hatte Dr.-Ing. Kollmann im Motorenbau der Daimler-Benz AG in Untertürkheim seinen Vorgesetzten fast genau das gleiche Diagramm vorgelegt (oben abgebildet). Hooker war von Wildes Vorschlag begeistert und erklärte, dass alles, was den Superlader verbesserte, verfolgt werden sollte. Die beiden Männer fuhren zur Hydraulic Coupling and Engineering Co. in London, wo der Direktor Harold Sinclair, ein renommierter Hydraulik-Experte, erklärte, dass sie die Kupplung viel schneller als die Kurbelwelle drehen sollten,

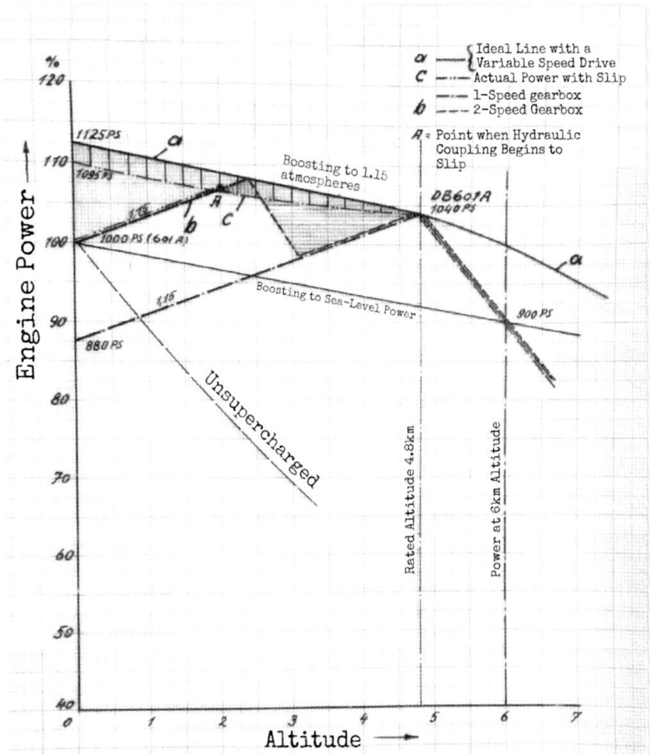

Daimler-Benz (UK)-Studie über Fluidantrieb mit variabler Geschwindigkeit im Vergleich zum Getriebeantrieb.

so dass ihr Durchmesser viel kleiner werden konnte und der Einbau in ein kleines Kampfflugzeug viel einfacher wurde.

Hooker und Wilde erkannten, dass eine beträchtliche Menge an mechanischer Entwicklung und Fertigungsänderungen erforderlich war, um die Idee zum Erfolg zu führen. Die Stunde war zu spät, um eine so große Änderung am Motor fest vorzunehmen, und Wilde fand sich leider mit der Tatsache ab, dass sie keine Zeit hatten, seine Idee umzusetzen. So kam es, dass Rolls-Royce und Daimler-Benz in ihren Strategien für den Kompressorantrieb auseinandergingen; es hätte leicht anders kommen können, wenn Rolls-Royce die Studie von Wilde ein oder zwei Jahre früher vorgelegt worden wäre.

Hooker lud den niedergeschlagenen Wilde zum Abendessen in ein örtliches italienisches Restaurant ein, um ihn aufzumuntern, und erklärte ihm, dass sie sich nach ihrer Rückkehr an die Arbeit stattdessen auf die Verbesserung des Kompressors konzentrieren müssten, um ein höheres Druckverhältnis zu erreichen, damit der Merlin bis zu einer Höhe von 40.000 Fuß [12.193 m] gut funktionieren könne. Hooker sagte, er wolle ein Druckverhältnis von 6:1 erreichen und Wilde »solle sich das ansehen und mit Frank Allen besprechen«.[108] Dieses Druckverhältnis würde nur mit der zweistufigen Aufladung des Merlin möglich sein.

Angesichts des bevorstehenden Krieges schrieb Hives am 1. Juni 1939 einen Brief, in dem er versuchte, den Einbau von Verstellpropellern in britische Jagdflugzeuge voranzutreiben.

»Mein lieber Mansell,
ich brauche Ihre Hilfe! Kürzlich haben einige unserer Leute die Möglichkeit angesprochen, 12 Hurricanes und 12 Spitfires mit den neuesten Merlin III-Motoren auszurüsten, um eine Reihe von Rotol-Luftschrauben im Einsatz zu testen.

Ich glaube, wir müssen uns schlecht ausgedrückt haben, denn ich kann mir nicht vorstellen, dass Sie sonst Einwände erhoben hätten. Ich habe gehört, dass Sie die Ansicht geäußert haben, … dass die Maschine um einige km/h langsamer ist, wenn diese Luftschrauben eingebaut sind. Das ist definitiv nicht richtig … der Hauptpunkt, den ich Ihnen vermitteln möchte, ist, dass ich es aus dienstlicher Sicht für unerlässlich halte, einige praktische Erfahrungen in den Staffeln zu sammeln, die in Formation mit Luftschrauben konstanter Geschwindigkeit fliegen. Die Bedingungen werden ganz anders sein als bei den De Havilland mit fester Steigung oder zwei Einstellungen.

Ich habe gehört, dass die Amerikaner in ihren Jagdgeschwadern Luftschrauben mit konstanter Geschwindigkeit aufgegeben haben, weil die Steuerung so schwierig ist. Sie können sich den Unterschied vorstellen, denn wenn der Pilot bei einer Luftschraube mit konstanter Geschwindigkeit Gas gibt, versucht der Propeller, die Drehzahl konstant zu halten, und der Pilot muss einen anderen Regler betätigen, um die Motordrehzahl zu verringern … Ich bitte also um Ihre Hilfe und Unterstützung, damit diese Tests so schnell wie möglich durchgeführt werden können.«[109]

Geoffrey Wildes Schema des Merlin-Flüssigkeitsantriebs, 1939.

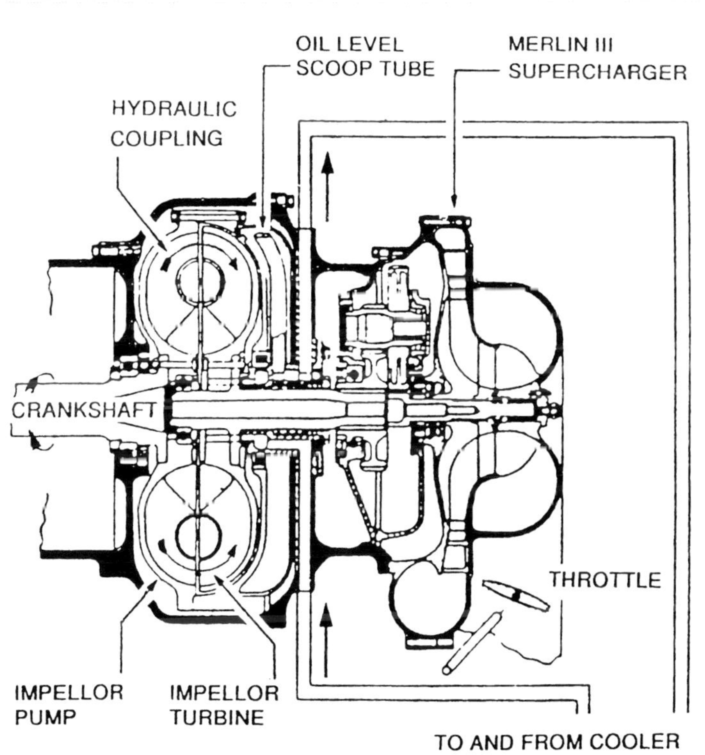

Später an diesem Tag reflektierte Hives:

»Dieser Auftrag muss erledigt werden. Ich persönlich habe das Gefühl, dass vor allem die Jagdgeschwader Luftschrauben mit konstanter Drehzahl hassen werden.«[110]

Am 10. Juli 1939 war der britische Treibstoffspezialist F. R. Banks gerade aus den USA zurückgekehrt, um seine britischen Kollegen über wichtige amerikanische Arbeiten an Treibstoffen und Ventilen zu informieren. Außerdem wurde die Formel für die neue »Performance Number« zur Einstufung von Hochleistungskraftstoffen mit über 100 Oktan bekannt gegeben. Banks wies darauf hin, dass Großbritannien bei der Einführung des neuen Kraftstoffs gegenüber den USA im Rückstand sei.

»Der 100 Oktan-Kraftstoff, den die Armee jetzt praktisch ausschließlich verwendet, scheint alle Anforderungen zu erfüllen (3,0cc TEL pro US-Gallone, 3,6cc pro Imperial Gallon). Es wurde die Verwendung eines neuen Hochreferenzkraftstoffs vorgeschlagen, der einen höheren Klopffestigkeitswert als Iso-Oktan hat. Dieser Kraftstoff ist 2.2.3 Trimethylbutan, das als Triptan bekannt ist.

Kraftstoff-Leistungszahl-Berechnung – neuer Oktan-Standard [BHP ~ PS].

$$Performance\ Number = \frac{BHP\ on\ New\ Fuel}{BHP\ on\ Iso - Octane} \times 100$$

Fuel Performance Number.

»Bei jedem Lauf ist die Gemischregelung in kleinen Schritten von voll-reich bis zum minimal zulässigen Kraftstoffverbrauch zu variieren, wobei für jede Kurve mindestens fünf Punkte erreicht werden müssen; in Wright Field wird der Beginn des Klopfens durch Sichtprüfung der Farbe der Auspuffflamme festgestellt.

Während der Diskussion über die Kraftstoffeinspritzung wurde die Frage aufgeworfen: ›Warum überhaupt eine Kraftstoffeinspritzung‹. Dies erinnerte mich an das Gefühl der Zufriedenheit und Zuversicht, das ich vor einigen Jahren beim Einsatz eines Kraftstoffeinspritzsystems bei einer der großen Fluggesellschaften erlebte. Die Gesellschaft hatte ein Flugzeug mit experimenteller Kraftstoffeinspritzung ausgestattet, mit dem der Autor das Glück hatte, eine Reihe von Reisen zu unternehmen. Damals waren die Flughäfen rau, und die Schwimmer des Vergasers hüpften so heftig auf und ab, dass sie zu den unpassendsten Zeitpunkten während des Starts ein Abschalten und manchmal einen kompletten Motorausfall verursachten, aber nicht mit Kraftstoffeinspritzung. Die Vergaservereisung war damals auch ein großer böser Wolf, gegen den die Piloten beteten … aber mit der Kraftstoffeinspritzung saß man einfach da und beobachtete die hübschen Muster, die das Eis auf den Tragflächen und Drähten bildete.

Das Alkylierungsverfahren zur Herstellung von Iso-Oktan wird das Bild in Bezug auf die Herstellung von Kraftstoffen mit hoher Oktanzahl völlig verändern, und Kraftstoffe mit 100 Oktan oder 100-plus werden in ein oder zwei Jahren so allgemein verfügbar sein wie heute Kraftstoff mit 87 Oktan.

Die Wright Aeronautical Corporation hat sich wie praktisch alle Triebwerkshersteller in der Vergangenheit bei der Entwicklung von Gebläsen auf das US Army Air Corps und General Electric verlassen, aber sie haben jetzt erkannt, dass dies keine sehr zufriedenstellende Lösung ist, und sowohl Wright als auch Pratt & Whitney entwickeln ihre eigenen Gebläse und sind sich bewusst, dass dies Hand in Hand mit der Konstruktion und Entwicklung von Triebwerken gehen muss. Bei WAC ist Kenneth Campbell für die gesamte Gebläseentwicklung zuständig, und er gab mir einige Informationen über das Cyclone-Zweigang-Gebläse.

Geschwindigkeit der Schaufelspitze = 1100 ft/sec [335 m/sec]
Krümmerdruck = 51 Zoll [12,95 cm] Hg.«[111]

Banks berichtete dann, wie ein Ventil mit hohlem Kopf aus Pyrexglas hergestellt und mit einer Flüssigkeit gefüllt wurde, deren Viskosität der von flüssigem Natrium ähnelte, und wie es auf einer Anlage platziert wurde. Es wurde festgestellt, dass bei einem Hohlkopfventil die beste Zirkulation des flüssigen Natriums auftrat, wenn das Ventil nur zu 40 % gefüllt war. Bei einem Motor wie dem Merlin, bei dem nur der Ventilschaft hohl war, sollten dagegen 60 % des Volumens mit Natrium gefüllt sein. Die amerikanische Strategie bei der Entwicklung von Kompressoren war für Banks von entscheidender Bedeutung: Durch die Auslagerung der Entwicklung von Kompressoren hatte die amerikanische Politik den Fortschritt auf diesem Bereich in den Unternehmen, in denen die Motoren entwickelt wurden, verzögert. Dies würde die Höhenleistung amerikanischer Flugzeugtriebwerke während des Krieges beeinträchtigen.

»Bis vor kurzem bestand jedoch keine Notwendigkeit, die Oberfläche der Ventilköpfe zu beschichten, da amerikanische Ventile kühler laufen als ihre britischen Pendants, weil der Hohlkopf-Typ [mit flüssigem Natrium im Inneren] praktisch durchgängig eingesetzt und kontinuierliche Schmierung des Ventiltriebs verwendet wird. Aufgrund der größeren Leistung, die jetzt von amerikanischen Zylindern erzielt wird, erwägt man jedoch die Beschichtung der Ventilköpfe mit Brightray oder einem ähnlichen Material.«[112]

Die Hitze- und Korrosionsbeständigkeit eines Auslassventils gehört zu den grundlegenden Einschränkungen, die die Leistung eines Hochleistungsmotors beeinflussen. Die entscheidende Voraussetzung ist, dass Nickel und Kobalt für diese Beschichtungen ausreichend vorhanden sind. Jedes Land, das versucht, Hochleistungs-Flugmotoren ohne Vorräte dieser Metalle zu entwickeln, würde sich in einem höllischen und fast hoffnungslosen Sumpf aus korrodierten Ventilen und zerstörerischem Motor-Klopfen finden.

Da der Druck auf Großbritannien immer größer wurde und immer mehr Informationen über die Bf 109 eingingen, begann das Luftfahrtministerium mit einigen Tests an echten Hurricanes und Spitfires, um die Frage der Höchstgeschwindigkeit zu klären. Die Ergebnisse waren nicht ermutigend:

> »GEHEIM-Ref FC/S17030
> Hauptquartier Kampfflugzeugkommando Bentley Priory
> 26. Juli 1939
> Geschwindigkeiten von Hurricane- und Spitfire-Flugzeugen.
> Mein sehr geehrter Herr,
> Ich habe die Ehre, Ihnen zu berichten, dass ich vor kurzem einige Experimente durchgeführt habe, um die tatsächlichen Geschwindigkeiten der Hurricane- und Spitfire-Flugzeuge in den Staffeln zu bestimmen, im Gegensatz zu den Geschwindigkeiten, die ihnen vom Luftfahrtministerium zugeschrieben werden.
> Diese Versuche wurden in 10.000, 15.000 und 18.000 Fuß [5486 m] Höhe durchgeführt und führten zu der Schlussfolgerung, dass die Geschwindigkeit der Hurricane in Nennhöhe stark überschätzt wurde und dass die Geschwindigkeit der Spitfire noch enttäuschender war.
> Spitfire 18.000 = 340 mph [547,2 km/h], Hurricane 304 mph [489,3 km/h].
> Hugh Dowding
> Air Chief Marshall.«[113]

Rolls-Royce, Supermarine und Hawker gaben sich gegenseitig die Schuld an den Diskrepanzen, und Stanley Hooker begann mit einer Überprüfung der Art und Weise, wie Rolls-Royce die Motorleistung in großen Höhen vorhersagte. Ohne Computersimulationen, auf die er sich stützen konnte, und ohne die fortschrittlichen Testeinrichtungen bei Fiat (die der italienische Windkanalingenieur Paolo Ragazzi später den Deutschen in Berlin zeigen sollte) musste Hooker versuchen, die Methoden nach wissenschaftlichen Grundsätzen zu verbessern.[114]

Weitere Studien begannen, um den tatsächlichen Luftwiderstand von Kampfflugzeugen zu ermitteln, und schließlich zeigten die Ergebnisse, dass eine kleine Anhäufung von Mängeln an der Zelle und allgemein zu optimistische Vorhersagen aller Beteiligten zusammengenommen zu einem sehr messbaren Verlust an tatsächlichen Geschwindigkeiten der Geschwaderflugzeuge geführt hatten.

Die Auswirkungen jedes einzelnen Mangels wurden umso deutlicher, je mehr die geforderten Geschwindigkeiten von Monat zu Monat unaufhaltsam stiegen. Es zeigte sich auch ein dramatischer Unterschied in der Leistung der einzelnen Flugzeuge – die langsamste und die schnellste der sechs getesteten Serien-Spitfires erreichten Geschwindigkeiten von 333 und 361 Meilen pro Stunde.

Im Oktober 1939, während die Leistung der Spitfire und der Hurricane im realen Einsatz in Frage gestellt wurde, bestand der Bristol Centaurus-Motor »CE1-M« zum ersten Mal seine grundlegende Musterprüfung und übertraf schließlich 2000 PS mit 100 Oktan-Kraftstoff.[115] Der Centaurus war einer von drei Motoren, die für den neuen Hawker Tornado in Frage kamen.[116]

Es schien, dass die Zeit zu kurz war, um die Spitfire und die Hurricane zu ersetzen, die vom Luftfahrtministerium aufgrund ihrer geringen Reichweite, ihrer geringen Nutzlast, ihrer kleinkalibrigen Bewaffnung und ihrer relativ kleinvolumigen Triebwerke bereits als praktisch veraltete Typen betrachtet wurden. Die Zukunft des Tornado hing jedoch vom Erfolg des Napier Sabre mit Hülsenventil, des Bristol Centaurus oder des ebenso avantgardistischen Rolls-Royce Vulture-X-Form-Triebwerks ab.[117]

Die Entwicklung des Tornado verlief etwas chaotisch, da die wahrscheinliche Verfügbarkeit der geplanten Triebwerke unklar war. Hawker war gezwungen, so unterschiedliche Versionen des Entwurfs zu skizzieren, um den Merkmalen des Vulture und des Sabre gerecht zu werden, dass sie jeweils zu eigenständigen Flugzeugen wurden.[118]

Der Fehler, den Fedden 1932 begangen hatte, war wiederholt worden: Ein halbes Jahrzehnt Arbeit war nötig gewesen, um den zweireihigen Sternmotor mit Hülsenventilen zum Laufen zu bringen. Fedden schrieb:

> »Nur wenige der damaligen Mächte waren sich des enormen Drucks bewusst, unter dem die leitenden Mitarbeiter der Bristol-Motorenabteilung fünf Jahre lang vor Ausbruch des Krieges standen, als wir alle Prinzipien über Bord warfen und für alle unsere neuen zweireihigen Motoren größerer Leistung unwiderruflich auf das Hülsenventilprinzip umstellten.
> Während dieser Zeit hatten wir die Notwendigkeit, das Hülsenventil zu verbessern, und wir arbeiteten buchstäblich die ganze Zeit unter Kriegsbedingungen. Andere Motorenfirmen arbeiteten genauso hart, aber hauptsächlich an traditionellen Motorentypen, auf die sie sich seit vielen Jahren konzentriert hatten.«[119]

USA

In den USA gab es in den 1930er Jahren ebenso bedeutende Fortschritte in der Motorenentwicklung wie in England, aber es wurden andere Wege beschritten, insbesondere bei der Aufladung. Es wurden kleine, aber entscheidende technologische Verbesserungen vorgenommen, wie z. B. die Entwicklung von dünnwandigen Kurbelwellenlagern durch die Cleveland Graphite Company. Ein hohes Maß an metallurgischer Kontrolle wurde möglich, indem geschichtete Metallbleche zu gekrümmten Formen für die Lager geformt wurden, anstatt das sehr unzuverlässige Verfahren des Gießens von Lagerlegierungen auf Lagerschalen aus Stahl anzuwenden. Es war eine brillante Innovation, und schon bald hatte der Engländer Tony Vandervell eine Patentlizenz zur Nachahmung des Verfahrens ausgehandelt.[120]

Genau wie die Beschichtung von Hochtemperaturventilen schien die Entwicklung von Lagern ein unbedeutendes Detail zu sein, aber für den Konstrukteur eines Hochleistungsmotors war sie so wichtig wie die Frontfläche eines Kampfflugzeugs für den Aerodynamiker. Die gesamte Motorleistung muss über die Lager abgeführt werden; wenn sie an der Grenze ihrer Belastbarkeit laufen, kann die Leistung des Motors nicht weiter gesteigert werden. Die Entwicklung der Lager war ebenso wichtig wie die des Laders, denn ohne bessere Lager konnte der Ladedruck des Laders oder des Turboladers nicht einmal um Haaresbreite sinnvoll erhöht werden.

Auch bei der Turboaufladung, bei der der Lader nicht von der Kurbelwelle des Motors über ein Getriebe, sondern über eine von heißen Abgasen angetriebene Turbine bewegt wurde, waren die USA führend. Am 11. August 1931 veröffentlichte die NACA einen Bericht über verschiedene Möglichkeiten der Aufladung des Curtiss D12-Motors, des damals wahrscheinlich besten amerikanischen flüssigkeitsgekühlten Motors.

Das ARC in England hatte die in den USA von Oscar Schey am Langley Memorial Aeronautical Laboratory durchgeführte Studie zur Kenntnis genommen und in Auszügen veröffentlicht.

»Die Studie umfasste Zentrifugal-, turbinengetriebene Zentrifugal-, Roots- und Schaufellader mit Getriebe. Die Ergebnisse dieser Untersuchung zeigen, dass für Höhen unter 20.000 Fuß [6096 m] ein maximaler Unterschied von etwa 6 % zwischen der von den verschiedenen Ladertypen entwickelten Nettomotorleistung besteht, dass aber für Höhen über 20.000 Fuß ein Motor mit einem Turbo-Zentrifugalkompressor wesentlich mehr Leistung entwickelt als jeder andere Typ. Die Drosselungsmethode, die bei Zentrifugalkompressoren mit Getriebe verwendet wird, ist in niedrigen Höhen sehr unbefriedigend. Ein Zentrifugalkompressor mit Getriebe würde in 20.000 Fuß die Motorleistung aufgrund mechanischer Beschränkungen um 20 % reduzieren. Der Zentrifugalkompressor mit Getriebe hat den Vorteil des geringen Gewichts und der kompakten Installation. Der Turbolader wäre [im Einbau] der am wenigsten wünschenswerte.«[121]

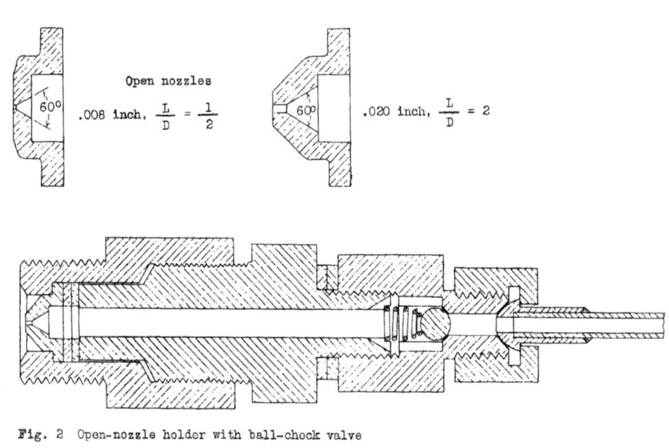

Amerikanische Einspritzdüse aus dem Jahr 1931.

Der Bericht stellte richtig fest, dass in großen Höhen ein Turbolader am besten geeignet war, während die Situation in niedrigen Höhen weit weniger sicher war.

Der zweite wichtige Forschungsbereich war, genau wie in Europa, die Verwendung von Kraftstoffeinspritzung anstelle eines normalen Vergasers. Ein Bericht von A. M. Rothrock und C. D. Waldron vom Langley Memorial Aeronautical Laboratory vom 4. November 1931 befasste sich mit der Bildung von Kraftstoffnebel. Diese Art von Arbeit war schon seit Jahren bei Dieselmotoren im Gange, die schon seit Jahrzehnten mit Kraftstoffeinspritzung arbeiteten, aber erst jetzt wurde die Benzineinspritzung in den USA untersucht.

»Kürzlich hat man sich für Ottomotoren interessiert, die mit Benzin betrieben werden und bei denen der Kraftstoff während des Ansaug- und Verdichtungstakts, wenn die Luftdichte niedrig ist, in den Ansaugkrümmer oder in den Motorzylinder eingespritzt wird. Da bei diesem Motortyp Einspritzdrücke von mehreren tausend Pfund pro Quadratzoll nicht erforderlich sind, um die erforderliche Kraftstoffsprühpenetration mit Rundlochöffnungen zu erreichen, könnte ein Niederdruck-Einspritzsystem verwendet werden, sofern der niedrige Einspritzdruck eine ausreichende Zerstäubung gewährleistet.«[122]

Nach zahlreichen Tests, bei denen Kraftstoff durch eine Einspritzdüse in eine Testbox gesprüht und dabei von einer Hochgeschwindigkeitskamera gefilmt wurde, schrieben die beiden Männer ihre Schlussfolgerungen:

»Die Zerstäubung ist bei einem Einspritzdruck von 100 Pfund/Quadratzoll sehr schlecht, scheint aber bei einem Einspritzdruck von 400 Pfund und 500 Pfund/Quadratzoll gut zu sein, wobei Benzin und Heizöl in etwa die gleichen Durchdringungsraten und das gleiche äußere Erscheinungsbild des Sprays ergeben.«[123]

Die NACA-Ingenieure beschrieben, dass bei der Direkteinspritzung drei Faktoren für den Erfolg der Verbrennung ausschlaggebend sind: die Zeitspanne zwischen Einspritzung und Zündung, die Temperatur und der Druck der Ladeluft sowie die Flüchtigkeit des Kraftstoffs. Es wurde auch festgestellt, dass mit steigender Lufttemperatur die für die Verbrennung der Ladung erforderliche Zeit abnimmt. Mit der Direkteinspritzung ergab sich die Möglichkeit, ungewöhnlich hohe Ventilüberschneidungen zu verwenden, da der Kraftstoff nicht direkt aus dem Auspuffrohr herausgeschleudert würde, wenn er nach dem Schließen des Auslassventils direkt in den Zylinder eingespritzt wird.

Etwa drei Jahre vor den Arbeiten in England, im Februar 1932, wurden daher von der NACA Motoren mit hoher Ventilüberschneidung getestet.

»Mit der breiten Akzeptanz des zahnradgetriebenen Kompressors als Standardausrüstung für Flugzeugtriebwerke ist es so einfach, fast jede Leistungssteigerung durch Erhöhung des Übersetzungsverhältnisses des Kompressors zu erreichen, dass das Problem der Leistungssteigerung lediglich darin bestand, einen Motor zu bauen, der den Betriebsbedingungen standhält. Leider ist das Problem, einen vernünftigen Kraftstoffverbrauch mit solchen aufgeladenen Motoren zu erreichen, nicht so einfach.

Viele Ingenieure haben sich für die Möglichkeiten interessiert, die Leistung von aufgeladenen Motoren zu erhöhen, indem sie die vorhandene Differenz zwischen Einlass- und Auslassdruck nutzen, um den Totraum mit brennbarem Gemisch füllen. Um dies zu erreichen, genügt es, das Auslassventil länger offen zu lassen und das Einlassventil früher zu öffnen, so dass am Ende des Auspufftakts eine beträchtliche Zeitspanne verbleibt, in der beide Ventile geöffnet sind, damit die Ladung durchströmen kann.

Ziel dieser Untersuchung ist es, die mögliche Leistungssteigerung durch eine große Ventilüberschneidung bei einem aufgeladenen Motor annähernd zu bestimmen. Wenn es möglich wäre, den Zwischenraum vollständig zu spülen, würden wir eine Steigerung der angegebenen Leistung erwarten.

Wenn der Kraftstoff mit der Luft außerhalb des Zylinders gemischt wird und ein beträchtliches Maß an Spülung erreicht wird, entweicht mit ziemlicher Sicherheit eine beträchtliche Menge an Kraftstoff durch das Auslassventil. Bei direkt in den Zylinder eingespritztem Kraftstoff ist es jedoch möglich, die Kraftstoffeinspritzung bis nach dem Schließen des Auslassventils zu verzögern, so dass ein angemessener Kraftstoffverbrauch mit einem hohen Maß an Spülung beibehalten werden kann.«[124]

Die NACA-Ingenieure bauten einen Einzylindermotor, um diese Idee zu testen, indem sie Anordnungen mit bis zu 100° Ventilüberschneidung an der Kurbelwelle ausprobierten. Damit dies funktionierte, musste der Motor mit einer direkten Kraftstoffeinspritzung ausgestattet sein. Wie die Briten bauten die Amerikaner eine deutsche Bosch-Kraftstoffpumpe in den Testmotor ein und fertigten eine spezielle Einspritzdüse, die das Benzin direkt in den Zylinder einspritzt.

Mit einer Ventilüberschneidung von 100° wurde eine Spitzenverbesserung der angezeigten Motorleistung von 9 % im Vergleich zu 50° Überschneidung erreicht. Die NACA stellte fest, dass noch höhere Überschneidungswerte plausibel erschienen, um eine noch größere Leistungssteigerung zu erreichen. Bei einer Überschneidung von mehr als 40° begann eine messbare Menge der vom Kompressor erzeugten Luft während des Ansaugzyklus aus den Auspuffrohren zu strömen. Dies deutet darauf hin, dass zur Aufrechterhaltung der Motorleistung letzt-

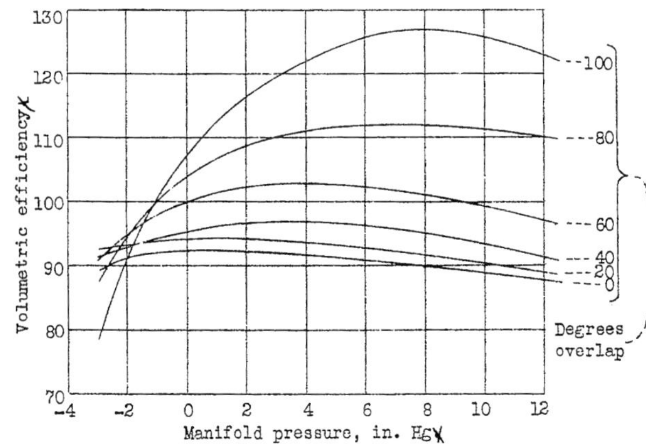

Fig. 8 Variation in volumetric efficiency with overlap efficiency based on air at intake pressure and temperature and corrected for compression of residual products

NACA-Studie über hohe Ventilüberschneidungen (Volumetrischer Wirkungsgrad/Krümmerdruck/Überschneidungswinkel).

endlich ein größerer Lader benötigt wird, da er nicht nur die Luft für die Verbrennung liefert, sondern auch die Luft zwingt, während der Überlappungsperiode, in der kein Kraftstoff eingespritzt wird, durch beide Ventile zu strömen.

Dieses System erschwert jedoch den Leerlauf des Motors bei niedrigen Drehzahlen, da der Motor extrem rau läuft. Bei niedrigen Drehzahlen sinkt der Ansaugkrümmerdruck im Verhältnis zum Auspuffdruck so stark ab, dass es im Ansaugkrümmer zu Strömungsumkehrungen zwischen benachbarten Zylindern kommt. Der NACA-Ingenieur bemerkte dazu:

»Es könnte möglich sein, einen solchen Motor im Leerlauf zu betreiben, indem man in der Nähe jedes Einlassventils eine separate Drosselklappe anbringt«[125].

Es war klar, dass einige Entwicklungen an den Einlasskrümmern erforderlich sein würden, damit ein Motor mit ungewöhnlich hoher Ventilüberschneidung ordnungsgemäß und in Verbindung mit direkter Kraftstoffeinspritzung funktionieren konnte. Es sollte noch einige Jahre dauern, bis dies in einem militärischen Flugmotor erreicht wurde. Ein solches System würden auch die deutschen Ingenieure für ihre Motoren mit hoher Ventilüberschneidung benötigen.

Am 11. September 1934 waren diese Forschungen bis zur Direkteinspritzung von Benzin in den Zylinder des Motors selbst vorangeschritten, als A. M. Rothrock und M. Cohn über die in Amerika am Langley Memorial Aeronautical Laboratory durchgeführten Forschungen berichteten.

»Eine Untersuchung der Verbrennung von Benzin, Sicherheits- und Dieselkraftstoff wurde im NACA-Verbrennungsapparat unter Temperaturbedingungen durchgeführt, die eine Zündung durch Funken bei direkter Kraftstoffeinspritzung ermöglichten, trotz des verwendeten Verdichtungsverhältnisses von 12,7. In fast allen Fällen verbesserte sich die Verbrennung mit steigender Temperatur.«[126]

Cohn und Rothrock hatten einen entscheidenden Faktor bei der Direkteinspritzung entdeckt, da der Kraftstoff bei der Direkteinspritzung viel kürzer zerstäubt werden musste; niedrige Temperaturen behinderten eine gute Kraftstoffdurchmischung und führten daher zu einer schlechteren Verbrennung. Sie stellten erwartungsgemäß fest, dass sehr flüchtige Kraftstoffe in dieser Hinsicht nicht so stark betroffen waren.[127]

So wie die Briten die deutschen Entwicklungen studiert und die amerikanischen Turbolader in Betracht gezogen hatten, waren auch die amerikanischen Ingenieure bestrebt, von den britischen Konstruktionspraktiken so viel wie möglich zu lernen. Am 6. Februar 1934 beschafften amerikanische Ingenieure in Wright Field einen Rolls-Royce Buzzard V12-Motor zur Bewertung, von dem sie annahmen, dass es sich um die weiterentwickelte Version des Buzzard handelte, die bei den berühmten Schneider-Trophy-Rennen eingesetzt wurde – den R-Motor. Als die Kisten geöffnet wurden, waren die amerikanischen Ingenieure jedoch wütend. Es handelte sich eindeutig nicht um den echten Rennmotor, und die Telefone begannen zu klingeln:

»Lyon: Ich habe noch nicht herausgefunden, auf welcher Grundlage wir den Buzzard gekauft haben – ich werde Sie zurückrufen.
Lyon: Sagen Sie Major Howard, aus unseren Unterlagen geht hervor, dass Herr Fuller, der amerikanische Vertreter der Firma Rolls-Royce, dem Air Corps einen HX-Motor mit 2000 PS angeboten hat. Als der Auftragnehmer schließlich das Geschäft abschloss, war es notwendig, den Standard-Buzzard zu beschaffen, von dem behauptet wurde, er sei derselbe wie der HX- oder Rennmotor, mit Ausnahme einiger Modifikationen …
Estabrook: Ich verstehe …
Lyon: Und dazu gab es eine Frage, 935 PS?
Estabrook: Der Schneider-Cup entwickelte im Rennen 2000 PS.«[128]

Die Wright-Field-Ingenieure waren jedoch nicht absichtlich von Rolls-Royce getäuscht worden – die echten Rennmotoren befanden sich damals im Besitz des britischen Luftfahrtministeriums –, aber dies gab den Ton für die schwierige Beziehung beim Informationsaustausch zwischen den beiden Ländern an.

Die Bedeutung von Kraftstoffen für die Leistungssteigerung von Motoren war vom ersten Moment an, als der Verbrennungsmotor getestet wurde, erkannt worden, aber die tatsächliche Synthese und Destillation solcher Kraftstoffe, und zwar in Mengen, die für die Verwendung in Serienmotoren ausreichen, war ein ganz anderes Unterfangen. F. R. Banks, der so viel für Rolls-Royce getan hatte und dabei half, die fortschrittlichen Kraftstoffe zu liefern, die es dem R-Motor ermöglichten, die Schneider-Trophy zu gewinnen, hatte 1930 seine Arbeit für das amerikanische Kraftstoffunternehmen Ethyl Gasoline Corporation aufgenommen. Das US-Militär war sehr an hochoktanigen Kraftstoffen interessiert und wollte, dass die Industrie mehr davon lieferte. Als Banks mit den gleichen Ideen ankam, war dies der Beginn einer militärisch wichtigen internationalen Kraftstoffpartnerschaft zwischen Großbritannien und den USA. Darüber hinaus wurde das US Air Corps von einem anderen englischen Ingenieur namens Sam Heron beeinflusst, der 1921 das Vereinigte Königreich verlassen hatte und nun bei der Ethyl Gasoline Corporation für Forschung und Entwicklung zuständig war. Der Mann, dem die Erfindung der 100 Oktan-Flugkraftstoffe zugeschrieben wird, ist F. D. Klein, der in Wright Field arbeitete. Klein veröffentlichte seine Arbeit im Journal of Aeronautical Sciences, die dann vom British Aeronautical Engine Research Sub-Committee begierig gekostet wurde.[129]

Klein fasste seine Ergebnisse zusammen:

»Mit Kraftstoff mit einem Klopffestigkeitswert von 92 Oktan wurde in Motoren, die für maximale Leistung mit diesem Kraftstoff ausgelegt sind, eine Leistungssteigerung von etwa 33,3 % gegenüber den Motoren früherer Bauart erzielt, die vor 1928 mit Kraftstoff mit einer Oktanzahl von etwa 50 betrieben wurden. Bis vor kurzem schienen höhere Klopffestigkeitswerte für den Betrieb nicht praktikabel zu sein, da sie zu teuer waren, nur begrenzt zur Verfügung standen und zwangsläufig einen hohen Bleigehalt aufwiesen, der zu übermäßigen Korrosionsproblemen führte. Entwicklungen Anfang 1934 ermöglichten die Herstellung von kommerziellem Iso-Oktan in großem Maßstab und zu ausreichend niedrigen Kosten.«[130]

Die Gruppe in Wright Field hatte versucht, die offensichtlichste und schwierigste Lösung für das Problem der Herstellung hochoktaniger Kraftstoffe zu finden. Da jeder Kraftstoff im Vergleich zu den beiden Referenzkraftstoffen getestet wurde, wobei Heptan für null Oktan und Iso-Oktan für 100 Oktan stand, warum nicht einfach einen Kraftstoff herstellen, der fast vollständig aus Iso-Oktan bestand (das die höchste damals bekannte Klopffestigkeit aufwies)? Letztendlich war es nicht möglich, den Kraftstoff zu 100 % aus Iso-Oktan herzustellen, aber indem man den Raffinationsprozess so weit entwickelte, dass er zu 40 bis 45 % aus Iso-Oktan bestand, konnte der hohe Klopffestigkeitswert ohne den Einsatz von zu viel Tetraethylblei erreicht werden.

Es wurde festgestellt, dass diese Bleiverbindung die Klopffestigkeit eines Kraftstoffs drastisch verbessert, aber sobald die Anteile ein hohes Niveau erreichten, verursachte das Blei schreckliche Hochtemperaturkorrosion im Motor. Die Ventilköpfe und Ventilsitze wurden abgefressen, bis der Motor ausfiel. Durch die Verwendung von mehr Iso-Oktan und weniger Blei konnten die hohen Leistungen genutzt werden, was den

Vorteil hatte, dass die Motoren viel länger hielten. Das Gleichgewicht zwischen Blei- und Iso-Oktan-Gehalt zu finden, sollte während des Krieges ein ständiges Problem für die Motorenentwickler sein.

Klein schloss sein Papier:

»Die deutliche Leistungssteigerung von 15–30 %, die mit 100 Oktan-Kraftstoff im Vergleich zu 92 Oktan-Kraftstoff möglich ist, zeigt nicht nur die Vorteile dieses Kraftstoffs, sondern auch, was noch wichtiger ist, dass es vom militärischen Standpunkt aus äußerst wünschenswert ist, diesen Kraftstoff als Mittel zur erheblichen Steigerung der Motorleistung bei relativ geringem Gewichtszuwachs einzusetzen ...«

Seine abschließende Bemerkung war möglicherweise die wichtigste in dem gesamten Papier:

»... vorausgesetzt, dass die Motoren so konstruiert sind, dass sie die Vorteile der Kraftstoffe mit höherem Klopfschutz voll ausnutzen können.«

Der gesamte Ausgang des Luftkampfes im Zweiten Weltkrieg hing davon ab, wer diese letzte Bemerkung am besten verstehen und auf seine Triebwerksindustrie anwenden konnte. Das Problem war, dass der neue Referenzkraftstoff Iso-Oktan weltweit nur in der synthetischen Kraftstoffanlage von Rohm and Haas in Philadelphia, USA, hergestellt wurde. Und der einzige Grund, warum sie ihn überhaupt in großen Mengen herstellten, war, dass sie von der Ethyl Corporation darum gebeten worden waren.[131] Dies war dasselbe Unternehmen, in dem zwei der herausragendsten britischen Experten für Motorkraftstoffe nun leitende Positionen innehatten: F. R. Banks und Sam Heron. Unglaublicherweise erteilte die Ethyl Corporation zu dieser Zeit der Nazi-Regierung eine Lizenz für den Bau einer Tetraethylblei-Anlage in Gapel-Doberitz (64 km östlich von Berlin) für ihr Verfahren und verkaufte ihr sogar die gesamten Pläne für die Anlage.[132] Banks wusste sehr wohl, dass dies geschah und schrieb später:

»Ich erinnere mich, dass wir – Associated Ethyl – in Zusammenarbeit mit der IG Farben ein Werk in Deutschland gebaut hatten, um unser Antiklopfmittel, Tetraethylblei, herzustellen. Kurz nach dem Bau erfuhren wir, dass die deutsche Regierung mit der IG über den Bau einer weiteren (geheimen) Bleifabrik verhandelte ... Wir öffneten den Brief vorsichtig mit Dampf und fanden heraus, dass er sich auf diese neue Fabrik bezog und wo sie sich befand! Dann schickten wir das Ganze [das Paket mit den Papieren] an IG zurück.«[133]

Die geheime deutsche Tetraethylbleifabrik, die Banks erwähnte, befand sich in Frose, in der Nähe von Magdeburg.[134] Banks behauptete, er habe sie dem Bombardierungskomitee in England gegenüber erwähnt und darauf hingewiesen, wie wichtig diese Chemikalie für Militärmotoren sei. Er drängte darauf, dass die Anlagen im Falle eines Krieges bombardiert werden müssten.[135] Es war eine merkwürdige Konstellation, denn zuvor, am 12. Januar 1935, schrieb DuPont an den Präsidenten der Ethyl Corporation und deren gesamten Vorstand und erklärte:

»Ich habe heute über unsere Abteilung für organische Chemikalien erfahren, dass die Ethyl Gasoline Corporation die Absicht hat, eine deutsche Firma mit der IG zu gründen, um Ethylblei in diesem Land herzustellen ... es wurde behauptet, dass sie heimlich wieder aufrüsten ... Unter keinen Umständen sollten Sie oder der Vorstand der Ethyl Corporation irgendwelche Geheimnisse des Know-hows im Zusammenhang mit der Herstellung von Tetraethylblei in Deutschland preisgeben.«[136]

Mit diesem peinlichen Interessenkonflikt im Hinterkopf besuchte Banks am 12. Juni 1936 Wright Field, um an einer umfassenden Diskussion über die Entwicklung von Flugmotoren teilzunehmen.

»Am 8. Juni 1936 fand in der Abteilung eine Konferenz zwischen den britischen Vertretern Wood, Pearson, de Paravicini von der Rolls-Royce Company und Herrn Banks von der Ethyl Gasoline Corporation of England statt.

Herr Wood erklärte, dass das Programm der Rolls-Royce Company die Vervollkommnung des Merlin-Motors und die anschließende Entwicklung eines größeren, flüssigkeitsgekühlten Motors vorsieht. Der größere Motor befindet sich jetzt in der Konstruktionsphase, und aus den Aussagen in Herrn Woods Artikel für die SAE geht hervor, dass dieser Motor etwa 1600 PS haben wird. Herr Wood erklärte, dass die Firma Rolls-Royce sich definitiv dem flüssigkeitsgekühlten Motor verschrieben hat und dass alle Arbeiten an luftgekühlten Motoren ausschließlich zu Ausbildungszwecken durchgeführt werden und keinesfalls die Absicht besteht, die flüssigkeitsgekühlten Entwicklungen aufzugeben.

Die Rolls-Royce-Ingenieure zeigten Bilder einer deutschen Heinkel-Maschine, die sie als Testmaschine für ihre Motoren erworben haben.

Die Firma Rolls-Royce erklärte, sie habe die Erfahrung gemacht, dass es für den Triebwerkshersteller von wesentlicher Bedeutung sei, so viel Einbauarbeit wie möglich zu leisten, um eine zufriedenstellende Arbeit zu erhalten. Sie verfügen über einen eigenen Flugplatz und Maschinen für die Entwicklung von Kühlern, Ölkühlern, Startern, Generatoren und allem anderen Motorzubehör.

Es gab eine beträchtliche Diskussion über die Öleinlasstemperaturen, die bei Typentests verwendet werden, und Herr Wood erklärte, dass das Luftfahrtministerium sie um ihre Empfehlungen gebeten habe und dass derzeit alle Typprüfungen mit einer Öleintrittstemperatur von 90 °C durchgeführt würden. Auf die Frage von Herrn Wood, ob es eine Tendenz zur Senkung dieser Temperatur gebe, antwortete er, es gebe keinerlei Tendenz, da man die Temperatur eher erhöhen als senken wolle.

Die Vertreter von Rolls-Royce erklärten, dass sie die Verdunstungskühlung endgültig aufgegeben hätten und dass Ethylenglykol zwar nicht ihre ideale Kühlflüssigkeit sei, aber dennoch alle ihre neuen Motoren mit Ethylenglykol als Kühlmittel betrieben würden.

Sie hatten einige zweistufige Kompressoren gebaut, die einen besseren Start im unteren Drehzahlbereich ermöglichten. Sie waren der Meinung, dass sie zu einer Art von Zwischenkühlung übergehen mussten. Sie gaben an, dass der adiabatische Wirkungsgrad ihres Kompressors bei einem Druckverhältnis von 2,4 : 1 etwa 68 % beträgt.

Die englischen Vertreter gaben an, dass sie KE-956-Auslassventile mit hohlen, natriumgefüllten Schäften verwenden, die auf NMC-Ventilsitzringen sitzen.

Es war auffallend, dass die Briten und die Amerikaner anscheinend nur die positiven Seiten der Erfahrungen des jeweils anderen im Motorenbau kennen und dazu neigen, ihre eigenen Probleme als etwas Besonderes zu betrachten, während in Wahrheit beide mit den gleichen Schwierigkeiten zu kämpfen haben.

Herr Banks stellte eine Reihe von Zündkerzen unterschiedlicher Bauart aus, die unter dem Gesichtspunkt der heutigen Hochleistungsmotoren diskutiert wurden. Herr Banks wurde darüber informiert, dass die Abteilung eine KLG-Zündkerze V6/3 getestet hatte, die im Vergleich zu den Standardkerzen eine niedrige Vorzündungsrate aufwies; diese Kerze wurde bei einem effektiven Mitteldruck von 180 psi [12,4 bar] betrieben … der Vertreter von Rolls-Royce sagte, dass sie das Gefühl hätten, der ›Flaschenhals‹ in der Motorenentwicklung seien die Zündkerzen, und dass ihrer Meinung nach die Glimmer-Zündkerze gerade an ihre Grenzen stoße und sie erwarten, dass sie eine Form von Keramik verwenden müssen.«[137]

Der einzige Weg in die Zukunft waren in der Tat Zündkerzen mit Keramikisolatoren anstelle von Glimmer. Die amerikanische Presse veröffentlichte zu dieser Zeit alle neuesten technischen Entwicklungen des Landes ohne Rücksicht auf Geheimhaltung und ließ am 4. April 1938 einen technischen Hinweis fallen, der sich später als von grundlegender Bedeutung für die Konstrukteure von Flugmotoren erweisen sollte:

»Indium, vor einigen Jahren noch eine chemische Kuriosität, die nur unter großen Schwierigkeiten aus seltenen Mineralien gewonnen werden konnte, ist heute ein vollwertiges Industriemetall, dessen Einsatz als Legierungsmittel für Lagerwerkstoffe ständig zunimmt.

Motorlager, die Millionen von Umdrehungen standhalten, werden von General Motors durch Beschichtung der Lageroberfläche mit Indium hergestellt. Diese Oberflächenbeschichtung macht das Lagermetall resistent gegen Korrosion durch saure Öle.

Heute werden Lager mit Silber-Kupfer-Kadmium-, Kadmium-Nickel- und Kadmium-Zink-Legierungen ausgekleidet, die später mit Indium galvanisiert werden, was ihre Beständigkeit gegen Ölkorrosion erhöht.«[138]

Hier war ein großer Vorteil für jedes Land angeboten, das auf solche Forschungstipps hören wollte. Umgekehrt erwartete diejenigen, die dies nicht taten, eine Flut von Katastrophen. Das Blei, das wegen seiner Schmiereigenschaften in den Lagern von Flugzeugtriebwerken verwendet wurde, war überraschend korrosionsanfällig, und die Säuren, die sich mit der Zeit in den Motorölen bildeten, griffen es unersättlich an. Dieser Angriff wurde ironischerweise noch verstärkt, als verbleite Kraftstoffe (die die Motorleistung steigern sollten) allgemein verwendet wurden. Denn das Bleioxid, das sich nach der Verbrennung bildete, war außerordentlich korrosiv; jedes Lager, das durch die Säuren im Motoröl angegriffen wurde, wurde bald zerstört. Dies galt vor allem bei hohen Motorleistungen, wenn die Lager sehr stark beansprucht und überhitzt wurden, da Korrosion eine chemische Reaktion ist und daher bei steigenden Temperaturen schneller abläuft.

Kaum ein Jahr nach seinem Einstieg bei Rolls-Royce wurde Stanley Hooker bereits als Repräsentant des Unternehmens ins Ausland geschickt. Am 28. September 1938 besuchte er fünf Ingenieure in Wright Field für Besprechungen der neuesten Fortschritte von Rolls-Royce.[139] Hooker war direkt, ehrlich und aufgeschlossen; Eigenschaften, die ihn bei den Amerikanern schnell beliebt gemacht hätten. Die Probleme mit den Lagern, die alle Triebwerkshersteller im Krieg heimsuchen würden, zeichneten sich bereits ab, wie Hooker seinen amerikanischen Gesprächspartnern berichtete:

»Dr. Hooker wurde nach der Bedeutung der ›internationalen Nennleistung‹ gefragt, und er erklärte, dass er es nicht genau wisse – außer dass er sicher sei, dass es sich um eine kontinuierliche Leistung und nicht um eine Kurzzeit-Leistung handele.

… Dr. Hooker erklärte, dass seiner Meinung nach die vom britischen Luftfahrtministerium für die Bestimmung der kritischen Höhe verwendeten Formeln wahrscheinlich nicht die besten seien … Mit den von ihrer Firma entwickelten Auspuffkrümmern mit Düsenwirkung wurde ein Geschwindigkeitszuwachs von 5 bis 10 mph festgestellt. Er gab an, dass die berechnete Abgasgeschwindigkeit etwa 1500 ft/sec [457 m/s] betrug.

Rolls-Royce hat Probleme mit den Lagern, die sie laut Dr. Hooker etwa 3000 Pfund pro Woche kosten, und ihre Vertreter sind in dieses Land [USA] gekommen, um zu sehen, was man dagegen tun kann … Dr. Hooker vertrat die Ansicht, dass in der Höhenprüfkammer von Farnborough die meisten Anstrengungen darauf verwendet wurden, die Ausrüstung zum Laufen zu bringen, und dass nur sehr wenige tatsächliche Tests durchgeführt wurden. Er erklärte, dass das Luftkühlsystem, bei dem sich Schnee am Motoreinlass absetzte, besonders unbefriedigend war ... Hooker war sehr an abgasbetriebenen Kompressoren interessiert, und man zeigte ihm eine veröffentlichte Kurve über den Abgasgegendruck, die er für eine sehr gute Leistung hielt.«[140]

Die Amerikaner verbrachten einige Zeit damit, Hooker zu fragen, wie Rolls-Royce es schaffte, so viel Startleistung aus dem Merlin herauszuholen, ohne dass es zum Klopfen kam. In späteren Aufzeichnungen von Wright Field wurde festgehalten, wie ähnlich die Probleme bei der Motorenentwicklung in England und Amerika waren. Die Amerikaner wussten sehr wohl, dass sie selbst mit den gleichen Problemen zu kämpfen hatten, und vertrauten sich manchmal gegenseitig an, dass es fast eine Erleichterung war, zu hören, dass andere Ingenieure genauso kämpften wie sie selbst. Es fand ein weiterer internationaler Informationsaustausch statt, und am 23. September 1938 besuchte Dr. Griffith vom RAE die Motorenforschungseinrichtung der amerikanischen Regierung in Wright Field, Ohio.

»Konferenz in der Abteilung am 23. September 1938 über Triebwerke unter Teilnahme von Dr. Griffith aus Farnborough, England, sowie Major Page und Herrn Chenoweth von der Materialabteilung.

Dr. Griffith erklärte, dass der Rolls-Royce-Merlin-Motor jederzeit 5 Minuten lang mit der Höhenleistung betrieben werden könne, da es keine Einschränkungen hinsichtlich der Häufigkeit der Nutzung der 5-Minuten-Militärleistung gebe.

Die Platin-Elektroden-Keramik-Zündkerzen von Bristol sollen die besten in England sein, aber unter bestimmten Umständen, wenn aromatische Kraftstoffe verwendet werden, kommt es zu einer Erosion des Platins. Dr. Griffith erklärte, dass sie glaubten, dass aromatische Kraftstoffe, die eine größere Menge an Kohlenstoff enthielten, für dieses Problem verantwortlich seien, da Kohlenstoff bekanntlich Platin angreift.«[141]

Die Entwicklung von Zündkerzen wurde zu einem der wichtigsten Aspekte der Entwicklung von Kolbenmotoren im Zweiten Weltkrieg. Die Entwicklung von Zündkerzen, die von Kraftstoffen chemisch nicht angegriffen wurden, war bei der Verwendung aromatischer Kraftstoffe (typische Aromaten sind Benzol, Toluol, Xylol, Ethylbenzol und Hydrinden) sehr viel schwieriger; eine Tatsache, die für Deutschland problematisch werden sollte, da dort Kraftstoffe mit hohem Aromatengehalt verwendet wurden.

Dr. Griffith fuhr fort, die anderen Entwicklungen in Farnborough zu beschreiben:

»... es wird intensiv an Kraftstoff-Luft-Kühlern gearbeitet, die in Verbindung mit Getriebeladern eingesetzt werden sollen, und man hofft, durch die Verwendung sehr kleiner Durchgänge auch einen Flammensperrer für die Rückzündungssteuerung zu schaffen. Dr. Griffith erklärte, dass das Rolls-Royce Merlin-Triebwerk wegen seiner hohen Drehzahl nicht besonders klopfanfällig sei; wahrscheinlich verhinderten die sehr fetten Gemische, die beim Start verwendet werden, auch die Klopfung, es werde an einem Klopfindikator mit einer Thyratronröhre und einem piezoelektrischen Aufnehmer gearbeitet«.

»... Er erklärte, dass ein elektrisches Auge verwendet wird, das durch den Piezostrom am Thyratron auf jede gewünschten Klopfintensität eingestellt werden kann und das elektrische Auge anzeigt, wenn diese Klopfintensität erreicht ist. Es wird vorgeschlagen, dieses Gerät für Flugzeuginstallationen zu verwenden.

Dr. Griffith erklärte, dass der Wirkungsgrad des Kompressors beim Rolls-Royce Merlin-Triebwerk etwa 75 % beträgt und dass der Bristol-Kompressor etwas weniger effizient ist. Er erklärte weiter, dass beim Merlin-Triebwerk jetzt Eintrittseimer [gekrümmte Induktor-Schaufeln] verwendet werden.

Dr. Griffith erklärte, dass sich der einzige Höhenprüfstand in England in Farnborough befindet und dass dort Einrichtungen für 1500 PS bis zu einer Höhe von 20.000 Fuß [6096 m] vorhanden sind. Er erklärte, dass ihr Luftkühlungssystem, bei dem es sich um ein Lufttriebwerk handelt, bei dem die Luft komprimiert, gekühlt und expandiert wird, nicht ganz zufriedenstellend ist. Es handelt sich zwar um eine kompakte Anlage, doch muss die Luft durch eine Zentrifuge geleitet werden, um den Schnee zu entfernen, und selbst dann gibt es unter Reiseflugbedingungen Probleme mit der Vereisung.

Er erklärte, dass das britische Luftfahrtministerium an der Abgasturbine als Antriebsmaschine interessiert ist und mit der Brown-Boveri Company an diesem Triebwerkstyp arbeitet.

Dr. Griffith erklärte, dass in Farnborough 140 Personen an Flugzeugtriebwerken arbeiten.«

Ein piezoelektrischer Tonabnehmer kann Schwingungen in ein elektrisches Signal umwandeln. Dieser ist mit einem Thyratron – einer besonders leistungsstarken Vakuumröhre – verbunden, und schließlich ist das »elektrische Auge« eine andere Bezeichnung für eine Photoröhre, die Licht in ein elektrisches Signal umwandeln kann. Auf diese Weise wird das verstärkte Licht von der Vakuumröhre gelesen und das Zylinderdrucksignal mit dem menschlichen Auge wahrgenommen. Wenn Klopfen entsteht, ändert sich die Kurve dieses Signals von einer gleichmäßigen zu einer sprunghaften Kurve, so dass der Bediener den Motor schnell abschalten oder den Ladedruck verringern kann, um einen Ausfall zu verhindern.

Die amerikanischen Ingenieure waren der Meinung, dass sie von den meisten britischen Motorenkonstrukteuren wenig zu lernen hatten, was nicht unberechtigt war, da die Briten nur luftgekühlte Motoren herstellten und der Großteil der zukünftigen Strategie der USA in luftgekühlte Motoren investiert wurde. Wie üblich neigten verschiedene Gruppen von Ingenieuren aus allen Nationen dazu, zu glauben, dass ihr Gegenüber zu einem niedrigeren Standard als sie selbst arbeitete.

Griffith selbst genoss jedoch inzwischen ein hohes Ansehen, und seine Worte hatten bei der Wright Field-Delegation Gewicht.

> »In diesem Land hatte man gehört, dass das britische Luftfahrtministerium nicht darauf bestand, dass sich der Motor nach der Musterprüfung in einem guten Zustand befand, solange der Motor lief. Dr. Griffith erklärte, dass dies nicht stimme, da der Motor nach der Musterprüfung in gutem Zustand sein müsse, die einzige Ausnahme seien kleinere Schwierigkeiten.«[142]

Rolls-Royce war auf die Ankunft des 100 Oktan-Kraftstoffs aus Amerika gut vorbereitet und gab im November 1938 ein vorläufiges Lastenheft für den R.M.2.S.M. Merlin heraus, der vor allem über ein Hochdruckkühlsystem verfügte.

> »Dieser Motor hat die gleichen Konstruktionsmerkmale wie der Merlin X Zweigang-Kompressor-Motor. Er ist für den Betrieb mit Kraftstoff der Oktanzahl 100 ausgelegt, und die detonationshemmenden Eigenschaften dieses Kraftstoffs wurden voll ausgenutzt, um eine umfassende Leistungsverbesserung im Vergleich zum Standardmotor Merlin X zu erzielen.
>
> Maximale Startleistung: 1300 PS bei 3000 U/min auf Meereshöhe (niedriger Gang). Maximaler Ladedruck beim Start: + 12,12 psi [0,84 bar].«[143]

Das Triebwerk war jedoch noch nicht ausgereift, da die maximal zulässige Leistung im Flug auf + 9,3 psi [0,646 bar] Ladedruck für fünf Minuten begrenzt war.

> »Das Triebwerk ist für eine Hochtemperaturkühlung mit Wasser unter Druck ausgelegt. Dieses System ist ähnlich aufgebaut wie ein normales Wassersystem, aber der Druck wird durch ein federbelastetes Überdruckventil im Vorlauftank erzeugt, das so eingestellt ist, dass es bei einem Druck abbläst, der der zulässigen Betriebstemperatur entspricht. Vorläufig sollte der maximal zulässige Druck im System als 15 psi [1,034 bar] über dem atmosphärischen Druck betrachtet werden, was einer Höchsttemperatur von 120 °C entspricht.«[144]

Diese Erhöhung des Drucks belastete alle Kühlleitungen und Kühler erheblich und belastete auch den Motor, da er heißer laufen konnte. Im Gegenzug konnte jedoch die erforderliche Größe der Kühler reduziert werden, was den Luftwiderstand verringerte. Das unter hohem Druck stehende System verhinderte außerdem ein Sieden im Motor bei hoher Leistung. Selbst wenn die Temperatur auf über 100 °C anstieg, konnte das Wasser nicht kochen. Dies war ein entscheidender Vorteil für die Leistung des Flugzeugs, aber um dies zu erreichen, musste das Kühlsystem besonders robust sein.

> »Ausgleichsbehälter, Kühler usw. sind so konstruiert, dass sie einem Druck von bis zu 50 psi [3,447 bar] standhalten, und überall werden Hochdruck-Kupplungen verwendet.«[145]

Nur einen Monat nach Hookers Besuch in Wright Field, am 22. Oktober 1938, wurde die amerikanische Treibstofffirma Standard Oil Company vom US-Militär gebeten, sich mit Treibstoffen zu befassen, deren Klopfwerte sogar über dem neuen 100 Oktan-Treibstoff liegen, der in den USA und im Vereinigten Königreich in Dienst gestellt wird.

> »Diese Abteilung ist daran interessiert, Versuchsmengen von Flugzeugtriebwerken zu beschaffen, die eine Leistungssteigerung von etwa 25 % gegenüber dem Kraftstoff mit einer Oktanzahl von 100 in vollwertigen Flugzeugtriebwerken ermöglichen.
>
> Eine solche Steigerung sollte durch eine Erhöhung der Klopffestigkeit oder der Bleianfälligkeit des Basiskraftstoffs oder des Beimischungsmittels oder beides möglich sein, ohne dass sich die Menge an Tetraethylblei im fertigen Kraftstoff erhöht.«[146]

Die Prüfung sah vor, dass der Klopffestigkeitswert eine bestimmte Bedingung in einem CFR-Testmotor erfüllen sollte, die jedoch nur wenig Ähnlichkeit mit den Bedingungen in einem realen Flugzeugtriebwerk aufwies. Der vorgeschriebene Test sollte bei 1800 Umdrehungen pro Minute mit einem als »optimal« bezeichneten Gemisch durchgeführt werden, was wahrscheinlich stöchiometrisch bedeutete – und das bei einer Ladelufttemperatur von 40 °C.

Drei Tage später antwortete Standard Oil:

> »Wir können Ihnen sofort einen Kraftstoff mit 3 cm^3 Tetraethylblei pro Gallone zur Verfügung stellen ... der Oktanwert wird deutlich über dem von 2,2,4 Trimethylpentan liegen ... er besteht fast vollständig aus hochflüchtigem Iso-Oktan ... wir rechnen damit, diese Art von Kraftstoff Anfang nächsten Jahres in angemessen großen Mengen herzustellen.«[147]

In den USA wurde Iso-Oktan nun immer häufiger als Hauptbestandteil von Treibstoffen verwendet. Obwohl sie durchaus in der Lage waren, Iso-Oktan zu produzieren, konnten die deutschen Hydrierwerke für synthetische Kraftstoffe aufgrund der langwierigen Raffinationsprozesse, die zur Herstellung von Iso-Oktan erforderlich waren, dies nicht in großem Umfang tun.

Zwei Monate später stellte Standard Oil seine Pläne vor, die auch eine Antwort auf die Forderung des US Air Corps nach einem Treibstoff von mehr als 100 Oktan enthielten, der nun als »Super Fighting Grade Fuel« bezeichnet wurde. Dessen Definition lautete: »Ein Kraftstoff, der es ermöglicht, einen Motor so zu verstärken, dass er mindestens 25 % mehr Leistung erbringt, als dies derzeit mit Kraftstoff mit 100 Oktan möglich ist. Er musste mindestens die gleiche Klopffestigkeit aufweisen wie reines Iso-Oktan mit 1,5 ml TEL pro US-Gallone. Außerdem durfte er höchstens 50 Volumenprozent des hochoktanigen Mischungsmittels enthalten, das dem Basisbenzin beigemischt wurde. Außerdem wurde gefordert, dass der Kraftstoff eine ungewöhnlich hohe Oktanzahl aufweisen musste, bevor Tetraethylblei hinzugefügt wurde.

Diese Anforderungen waren auf die Entwicklung der nächsten Generation von Kampfflugzeugmotoren zugeschnitten, deren Entwicklung wenig Sinn machte, wenn nicht ein großer Leistungssprung von 25 % möglich war. Die Vorschrift, dass der Anteil an speziellen Additiven nicht mehr als 50 % betragen sollte, sollte sicherstellen, dass ein solcher Kraftstoff in Kriegszeiten wirtschaftlich hergestellt werden konnte. Der Wunsch nach einer hohen Oktanzahl ohne TEL sollte die Kraftstoffhersteller dazu bringen, den grundlegenden Antiklopfwert des Kraftstoffs zu entwickeln, ohne sich nur auf die Krücke TEL zu verlassen, von der man herausfand, dass sie bei hohen Konzentrationen schreckliche Korrosionsprobleme verursachte.

> »Herr Ellis erklärte, dass sein Unternehmen derzeit einen ›gemischten Oktan‹-Kraftstoff herstellt, der eine hohe bleifreie Oktanzahl hat und dessen Destillationskurve der eines herkömmlichen fertigen Flugkraftstoffs ähnelt. Er glaubte, dass dieser Kraftstoff mit dem Zusatz von 3 ml PbEt4 pro Gallone möglicherweise die Anforderungen des Air Corps an einen Super Fighting Grade Kraftstoff erfüllen könnte.«[148]

Trotz der Anlaufschwierigkeiten mit dem Renn-Merlin, der für den Speed Spitfire-Rekordversuch in England vorbereitet wurde, ähnlich wie damals mit dem Buzzard, wollte Wright Field den Merlin für Amerika. Der Krieg zeichnete sich in Europa ab, und einige in Amerika wussten, dass es zu spät war, um mit der Entwicklung neuer flüssigkeitsgekühlter Flugmotoren zu beginnen. Am 4. Februar 1939 wandte sich Wright Field an die US-Vertreter von Rolls-Royce in New York und machte ihnen ihre Absichten klar; die Antwort folgte zwei Tage später:

> »Bei aller Bescheidenheit glaube ich nicht, dass wir irgendetwas haben, das an das Produkt [den Merlin] bei den wassergekühlten Motoren herankommt.«[149]

Die Amerikaner verfügten mit dem AllisonV-1710 über einen eigenen ausgezeichneten flüssigkeitsgekühlten V12-Motor, doch das Kühlsystem blieb hinter dem Stand der britischen Triebwerkskonstruktion zurück, und der mechanische Lader mit kleinem Durchmesser am Motor selbst war nie für den Betrieb als Höhenkompressor konzipiert worden. Obwohl das V-1710 in vielerlei Hinsicht ein moderneres Triebwerk als das Merlin war, waren die amerikanischen Konstrukteure sehr daran interessiert, die neuesten Entwicklungen im Bereich der Kompressoren in England kennenzulernen, da sie der Meinung waren, dass diese in Amerika nicht vorhanden waren. Trotz dieser engen Verbindungen zu den geheimsten Triebwerksaktivitäten in England bei Rolls-Royce empfing Wright Field am 23. Februar 1939 ausländische Besucher einer ganz anderen Couleur: Busch, Lindenberg und Reidel vom deutschen RLM.

> »Während des Besuchs des o. g. deutschen Luftfahrtministeriums in der Material Division wurden folgende allgemeine Punkte in Erfahrung gebracht.
>
> Typprüfung der Motoren. Die allgemeine Typprüfung der deutschen Motoren umfasst einen Zeitraum von etwa 250 Stunden. Sie wird über einen Zeitraum von 25 Tagen bei 10 Stunden Betrieb pro Tag durchgeführt, davon eine Stunde bei Vollgas und neun Stunden bei 90 % Leistung. Nach diesem Test auf dem Prüfstand werden 200 Flugstunden absolviert, dann kann das Triebwerk in die Produktion gehen.
>
> Die deutschen Ingenieure erklärten, sie glaubten, dass die Umstellung von 87 auf 100 Oktan Kraftstoff nur wenig zusätzliche Leistung bringe, und sie glaubten außerdem, dass jede entschiedene Leistungssteigerung in der Zukunft auf höheren Verdichtungsverhältnissen, Drehzahlen, Materialien und detaillierten Verfeinerungen der Motorstruktur beruhen würde. Die Entwicklungen liegen im Bereich von 1500 bis 1800 PS, zumeist in Form eines hängenden V-Motors. Für die Entwicklung luftgekühlter Motoren werden nur geringe Anstrengungen unternommen. Als die deutschen Ingenieure auf die Entwicklung von Turbinenladern angesprochen wurden, wurde den Vertretern der Materialabteilung mitgeteilt, dass es ihnen nicht gestattet sei, über die Entwicklung von Turbinenladern zu sprechen.
>
> In den Militärflugzeugen der deutschen Luftwaffe ist etwa die Hälfte der Flugzeugmotoren mit Kraftstoffeinspritzung ausgestattet, sie waren von der Kraftstoffeinspritzung sehr begeistert und erklärten, dass darin eine größere Zukunft liegt.«[150]

Die Deutschen waren zumindest ehrlich, was die Anzahl ihrer Flugzeuge mit Kraftstoffeinspritzung anging, aber sie belogen die amerikanischen Ingenieure in Bezug auf luftgekühlte Motoren, mit deren Entwicklung BMW schon Jahre zuvor beauftragt worden war. Sie widersprachen auch ihren eigenen technischen Berichten über die Entwicklung von Treibstoff mit einer Oktanzahl von über 100, die bei der IG Farben und anderen Einrichtungen mit großem Aufwand vorangetrieben wurde.[151] Es scheint wahrscheinlich, dass der Zweck ihres Besuchs darin bestand, dass Deutschland lernen sollte, was die USA taten, und nicht umgekehrt.

Einige Monate später, am 29. März, fand in Wright Field eine große Konferenz über Treibstoffe statt, an der unter ande-

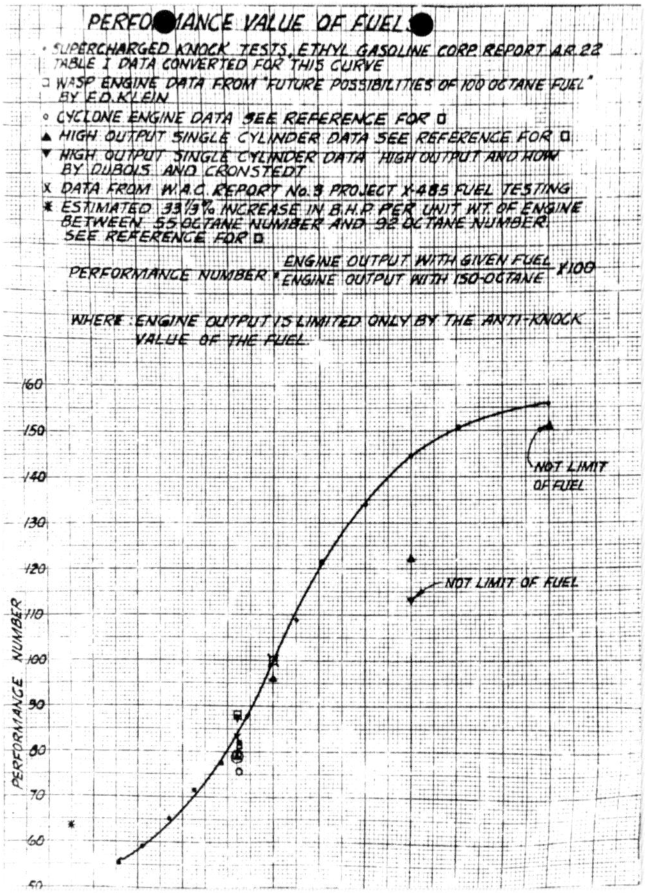

US-Kraftstoffleistung: Kurve Leistungszahl-Oktanzahl.

rem Vertreter der Ethyl Gasoline Corporation, von Shell und Standard Oil teilnahmen.

»Es wurden verschiedene Konstruktionsmerkmale erörtert, die in kooperative Kraftstoff-Forschungsmotoren für aufgeladene Klopftests von Kraftstoffen eingebaut werden sollen. Es herrschte Einigkeit darüber, dass eine zu starke Standardisierung dieser Motoren zum jetzigen Zeitpunkt nicht gerechtfertigt ist, da noch keine Klopftestmethode nachweislich mit den Testergebnissen von Flugzeugtriebwerken in Originalgröße korreliert. Es wurde die Möglichkeit erörtert, die Klopffestigkeitswerte von Kraftstoffen in Form von Leistungszahlen statt in Form von Oktanzahlen auszudrücken.«[152]

Am 3. April 1939 wurden zwischen der Shell Corporation in Illinois und Wright Field Methoden zur Bewertung von Kraftstoffen mit einer Oktanzahl von über 100 diskutiert.

»Wie Sie vielleicht wissen, hat die CFR Aviation Fuels Division ein Projekt, das als Laboratory Engine Project bekannt ist, um eine neue Methode zur Bestimmung der Klopffestigkeit von Flugbenzin im Bereich von 87 bis 100 Oktan und möglicherweise etwas über 100 zu entwickeln, die eine etwas bessere Korrelation mit den Ergebnissen von Motoren in Originalgröße ergibt als die gegenwärtig akzeptierten Methoden. Die beigefügte Zeichnung zeigt die Korrelation zwischen dieser Methode und einigen von der Wright Aeronautical Corporation und Pratt & Whitney vorgenommenen Bewertungen in Originalgröße.«[153]

Das nebenstehende Diagramm zeigt, dass die Motorleistung schließlich abnahm, als die Menge an Tetraethylblei im Treibstoff erhöht wurde, wobei mehr als 6 ml pro US-Gallone nur noch eine sehr geringe Auswirkung hatten.

Je näher der Krieg rückte, desto mehr interessierten sich die amerikanischen Ingenieure für die Fortschritte der deutschen Flugmotoren, und am 11. Mai 1939 unterhielten sich das Kriegsministerium und Wright Field, um Informationen über die Aktivitäten ihrer Kollegen in Deutschland zu erhalten:

»War Dept. Office Chief of the Air Corps, Washington DC
An: Leiter der Materialabteilung, Wright Field, Dayton, Ohio.

Alle Informationen über die Junkers-Jumo 211 und die Daimler-Benz-Motoren der Baureihen DB 600 bis 601 sind der Material Division bereits übermittelt worden. Ein Katalog, ähnlich dem des Rolls-Royce Merlin, ist nicht verfügbar.

Es wird versucht, herauszufinden, welcher Motor bei den neuen Rekordflügen von Heinkel und Messerschmitt tatsächlich verwendet wurde, und eine einigermaßen gute Beschreibung desselben zu erhalten …

Im Auftrag des Chefs des Air Corps
C. E. Duncan.«[154]

Wie im Fall des Rolls-Royce R-Motors für den Rennsport wollten die amerikanischen Ingenieure natürlich auch mehr über den speziell präparierten Daimler-Benz DB 601 wissen, der für die Weltrekordversuche in der Luft eingesetzt wurde. Alles, was man erfahren konnte, waren jedoch vage Hinweise des britischen Geheimdienstes auf die möglichen Methoden der Deutschen zur Leistungssteigerung des Motors. Die Pressemitteilungen aus Deutschland enthielten alle falsche Daten und irreführende Behauptungen.

Eine nützlichere Quelle für Entwicklungsinformationen lieferten die Briten am 6. Juni 1939 aus ihren eigenen Bestrebungen. Als Rolls-Royce Wright Field besuchte, um Probleme bei der Merlin-Entwicklung und künftige Auflademöglichkeiten zu erörtern, waren Captain G. F. Smith vom US Air Corps und 11 weitere amerikanische Ingenieure anwesend.

Ray Dorey von Rolls-Royce, der die Flugversuchsanlage in Hucknall leitete, nahm sich viel Zeit, um den von ihnen gewählten Weg zur Hochdruck-Wasserkühlung und einige der damit verbundenen Auswirkungen zu erläutern. Die Amerikaner bezeichneten die erforderliche Stärke der Kühler, die die Briten entwickeln mussten, um ein Bersten zu vermeiden, als »bemerkenswert«.

»Rolls-Royce rief bei der Abteilung an, um über Turbolader zu sprechen, wie sie in Flugzeugen des Air Corps verwendet werden. Der Turbolader unterliegt Beschränkungen, Einzelheiten über solche Anlagen konnten mit den Vertretern von Rolls-Royce nicht erörtert werden. Die Vertreter von Rolls-Royce gaben die folgenden Informationen:

Es gab eine beträchtliche Diskussion über die Kraftstoffeinspritzung, und die Rolls-Royce-Vertreter waren der Ansicht, dass die Vergasung in modernen Flugmotoren ausgezeichnet ist. Sie sind nicht der Ansicht, dass die Ersetzung der Kraftstoffeinspritzung die Leistung so stark verändern würde, dass sie die Ersetzung rechtfertigen würde.

Die Rolls-Royce Company arbeitet experimentell an Aluminium-Zinn-Lagern für den Einsatz im Merlin-Motor. Diese Lagerlegierung hat sich für den von Rolls-Royce hergestellten Bentley-Sportwagen bewährt und wird als der Kupfer-Blei-Legierung weit überlegen angesehen.

Herr Dorey erklärte, dass die Größe des Kühlers in der Regel durch die Mindestgröße bestimmt wird, die erforderlich ist, um die Kühlanforderungen im Steigflug zu erfüllen, was normalerweise einem statischen Druckabfall von 8" [20,3 cm] Wasser über den Kühlerkern entspricht. Um Turbulenzen am Einlass zu vermeiden, darf der Expansionswinkel des Einlasskanals 10 ° nicht überschreiten. Der Luftstrom wird durch eine Klappe am Auslass gesteuert, die den Auslassbereich ungefähr auf die Größe des Kühlers öffnen kann, um eine maximale Kühlung im Steigflug zu gewährleisten.

Der normale Kühlstrom in britischen Motoren wird vom Ministerium auf 15 Gallonen pro Minute pro 100 PS für den Merlin-Motor begrenzt, der Mindeststrom von 110 bis 120 Gallonen pro Minute ist als sicheres Minimum festgelegt. In ihren Drucksystemen arbeiten sie mit 70 % Wasser und 30 % Prestone [Ethylenglykol] bei einem Druck von 19 lb [8,61 kg], was eine Temperatur von 120 bis 130 °C ergibt.

Die Kühler für diese Drucksysteme arbeiten daher mit einem tatsächlichen Druck von 20 bis 30 psi [1,38 – 2,06 bar] und werden mit einem Prüfdruck von 50 psi [3,48] beschafft.

Um diesem Druck standzuhalten, ist es notwendig, entweder einen runden Kühler zu verwenden oder die Krümmer mit Verstärkungsstreben zusammenzubinden. Jeder Kühler wird einem ziemlich aufwendigen Prüfverfahren unterzogen. Er wird dreimal pro Zyklus einem Dampfbad und einem Kaltwasserbad unterzogen und mit einem Druck von 60 psi [3,45 bar] getestet. Dies lässt auf eine bemerkenswerte Stärke und Robustheit der von den Briten verwendeten Kühler schließen. Die richtige Art der Installation ergibt einen Temperaturanstieg von 40 bis 45 °[C]. Dies führt zu einem internen Widerstand von Null und einer Austrittsgeschwindigkeit, die der Geschwindigkeit der freien Luft entspricht.

Sie gaben an, dass sie eine Wärmeabgabe von 3 % der effektiven Leistung an das Öl und 48 % der effektiven Leistung an das Kühlmittel haben und dass der Ölkühler bei den meisten Installationen etwa 1/10 der Größe des Kühlers ausmacht. Die normale Kühlergröße eines 1000-PS-Motors wurde mit 2 bis 2,8 Quadratfuß [0,186 – 0,260 m^2] Frontfläche und 12 Zoll [30,48 cm] tiefem Kern angegeben.

Sie hatten keinerlei Schwierigkeiten mit der Ölspülung in ihren Betriebsmotoren. Er gab an, dass sie über getrennte Spülpumpen verfügten, eine vorne und eine hinten, die über eine ausreichende Kapazität verfügten, um 150 % der maximalen Förderleistung der Druckpumpe zu bewältigen. In diesem Land ist eine der größten Schwierigkeiten die Spülung. In den Spezifikationen wird gefordert, dass die Spülpumpe die Förderleistung der Druckpumpe übernehmen muss, was je nach Lagerspiel nur 100 % oder weniger betragen würde. Dies wird im Dauertest nie überprüft. Ihre Motoren würden trockener laufen (d. h. mit weniger Öl im Kurbelgehäuse), und das bei höheren Drehzahlen als den Leerlaufdrehzahlen. Dies ist das Gegenteil von dem, was bei den Air-Corps-Motoren der Fall ist.

Bei der Spitfire wurde eine Steigerung von 7 bis 14 Meilen pro Stunde [11,27 – 22,54 km/h] erreicht, indem ein Auspuffkrümmer über offene kurze Auspuffrohre verwendet wurde.

Bei Rolls-Royce waren 400 Personen mit der Installation von Versuchstriebwerken beschäftigt. Von diesen Mitarbeitern waren 100 Ingenieure. Keiner dieser Mitarbeiter arbeitete an der Produktion oder der Konstruktion von Motoren. Dieser Gruppe standen 15 verschiedene Flugzeuge zur Verfügung, mit denen Flugtests durchgeführt werden konnten. Die Triebwerkshersteller führen alle Entwicklungs- und Versuchsarbeiten durch, nicht nur am Triebwerk selbst, sondern auch an der Triebwerksanlage.

Der Rolls-Royce-Merlin-Motor, der normalerweise für 1000 PS ausgelegt ist, wurde erfolgreich ohne Erhöhung der Drehzahl bei hohem Ansaugdruck betrieben, um bis zu 2260 PS zu entwickeln, und dieser Motor leistete über einen Zeitraum von 10 Stunden 1800 PS. Es wurde ein spezieller Kraftstoff verwendet, der zu 60 % aus Benzol, zu 20 % aus reinem Flugbenzin, zu 20 % aus Methanol und zu 4 cm^3 aus Tetraethylblei bestand. Es heißt, dass die kürzlich von den Deutschen erreichten hohen Geschwindigkeiten durch die Verwendung eines ähnlichen Spezialtreibstoffs und das Herausholen ungewöhnlicher Leistungswerte aus dem Motor möglich waren.«[166]

Das britische System der Hochdruck-Wasserkühlung und die unglaublich rigorose Entwicklung und Erprobung von ausreichend robusten Kühlern sollte zu einem der Glanzstücke der britischen flüssigkeitsgekühlten Flugmotoren werden; ein Beispiel für hervorragende theoretische Voraussicht, die sich bis zum Einsatz an der Front durchsetzte. Der Mangel an Erfahrung mit flüssigkeitsgekühlten Hochleistungsmotoren, sichtbar in der Vorgehensweise des US Air Corps, bei der die Ölspülpumpen bestenfalls mit den Druckpumpen mithalten mussten, war ein schwerer technischer Fehler. In der Praxis würden selbst die von Rolls-Royce vorgeschlagenen 150 % heute als ziemlich konservativ angesehen werden.

Mit geeigneten Entlüftungssystemen und einem sehr hohen Spüldurchfluss kann das Kurbelgehäuse intern druckentlastet werden, was die Verluste durch die darin umherschwirrenden beweglichen Teile verringert. Daraus resultiert ein Leistungsgewinn sowie ein Zugewinn an Zuverlässigkeit, da die Öltanks stets ordnungsgemäß mit Öl gefüllt bleiben, das von den Saugpumpen aus dem Kurbelgehäuse entfernt wird. Außerdem werden die Kolbenringe durch das Freihalten des Kurbelgehäuses von übermäßigen Ölmengen wesentlich entlastet und der Ölverbrauch gesenkt.

Wenn das Öl in den Motor gepumpt wird, ist es aufgrund des hohen Drucks notwendigerweise frei von großen Blasen. Um die Lager zu schonen, muss dieses Öl außerdem relativ frei von Luftblasen sein. Nachdem das Öl den Motor und die Lager passiert hat und durch das Kurbelgehäuse geschleudert wurde, beginnt es, einem Schaum oder Nebel zu ähneln. Um das Öl mit der gleichen Geschwindigkeit zu entfernen, müssen die Spülpumpen eine wesentlich höhere Förderleistung haben als die Druckpumpen, da das zu entfernende Öl einen sehr hohen Luftanteil enthält. Wenn die Spülpumpen die gleiche Größe wie die Druckpumpen haben, kann das Öl nicht als Nebel abgeführt werden, sondern wird erst dann abgepumpt, wenn es sich an den Innenflächen des Motorblocks angesammelt hat und nach unten abläuft und in der Nähe der Spülpumpen Öllachen bildet. Diese Anordnung funktioniert zwar, bedeutet aber, dass das Motorinnere mit viel mehr Öl als nötig bedeckt wird und dass das Kurbelgehäuseentlüftungssystem wahrscheinlich überlastet wird und Öl über das Entlüftungsrohr in die Außenluft verloren geht.

Zwei Monate später, am 9. August 1939, wurde in Wright Field erneut über Super Fighting Grade Fuel diskutiert.

> »Ziel ist es, verfügbare Kraftstoffe zu erörtern, die die höchste praktikable Leistung von Verfolgungsflugzeugen [Jägern] ermöglichen.
>
> Der praktikabelste Treibstoff, der in ausreichenden Mengen zur Verfügung steht, um seine Spezifikation für die Entwicklung von Motoren mit der höchsten praktikablen Leistung für Verfolgungsflugzeuge zu ermöglichen, ist derjenige, der unter die Spezifikation 2-90 fällt, mit der Ausnahme, dass jeder Gallone Treibstoff 6 ml Tetraethylblei hinzugefügt werden sollten. Darüber hinaus sollte der Motorkonstrukteur die Möglichkeit haben, den Motor für die Einspritzung eines Gemischs aus 60 % Isopropylalkohol in Wasser während des Starts auszulegen … Die Ergebnisse von Motorversuchen zeigen, dass der effektive Mitteldruck um 25 bis 35 % höher ist als der mit Kraftstoff der Klasse 100 bei gleicher Drehzahl ohne Detonation zulässige Wert.«[156]

Die Zugabe von noch höheren Konzentrationen von Tetraethylblei in den Kraftstoff würde diesen im Brennraum natürlich noch korrosiver machen und noch höhere Anforderungen an die Ventilmetallurgie stellen. Dem Bericht zufolge könnte die Wassereinspritzung eine Leistungssteigerung um ein Drittel bewirken. Diese Veränderungen des Zylinderdrucks und die sehr hohen Klopffestigkeitswerte machten die bestehenden Methoden zur Bewertung der Kraftstoffleistung immer fragwürdiger. Und so einigte sich die Gruppe am 2. November 1939 auf eine Methode zur Aufladung eines CFR-Testmotors und nannte sie die »US Air Corps Super Fighting Grade Method«. Mit dieser Methode sollten die Super Fighting Grade-Kraftstoffe genauer getestet werden, deren Mischung für den Einsatz in Kampfflugzeugen bereits im Gange war. Es war eine Sache, einen besseren Treibstoff herzustellen, aber ohne eine bessere Testmethode tappte die Entwicklung im Dunkeln.

In den 1930er Jahren war Amerika in mehreren Schlüsselaspekten der Entwicklung von Hochleistungs-Kolbenflugmotoren weltweit führend. Die Amerikaner waren nicht nur bei der Turboaufladung allen anderen weit voraus, auch bei der Erprobung von Flugzeugen mit Turbolader (wie das Jagdflugzeug P-38, das Anfang 1939 flog) und entwickelten die Metallurgie für die Turbinen, sondern waren auch bei der Entwicklung und Herstellung von Treibstoff führend. Einige dieser Fortschritte wurden von britischen Ingenieuren in ihren Positionen in amerikanischen Firmen wie Heron und Banks gesteuert, aber es war dennoch ein brillanter nationaler Erfolg für Amerika. Auch bei der Entwicklung von Kugellagern hatten amerikanische Ingenieure einen Vorsprung, obwohl Tony Vandervell dank seiner Lizenz von der Cleveland Graphite Company begonnen hatte, dieses Wissen von Amerika nach England zu übertragen. In der Zündkerzentechnologie hinkten die Amerikaner jedoch etwas hinterher, da sie stark auf elektrische Isolierung aus Glimmer statt auf die neu entwickelte Keramik von Siemens in Deutschland angewiesen waren. Auch der Hochdruckkühlung standen die USA gleichgültig gegenüber – ein Fehler, der noch vor Kriegsende behoben werden sollte.

Deutschland

In Deutschland beherrschten in den 1930er Jahren drei Firmen den Markt für Flugmotoren: BMW, Junkers-Jumo und Daimler-Benz, mit Siemens und Bramo am Rande.

Daimler und Benz hatten sich 1926 zur Daimler-Benz AG zusammengeschlossen, und in der Zwischenkriegszeit begann das Unternehmen mit der Entwicklung einer modernen Reihe von Flugmotoren, beginnend mit der so genannten F-Serie. Vom wassergekühlten Dreizylindermotor F1 (1926) und dem wassergekühlten Zwölfzylinder-Luftschiffmotor F2 über den luftgekühlten F3 (1927) bis hin zum flüssigkeitsgekühlten hängenden Motor F4A (1931), der die Grundlage für den ersten wirklich modernen Daimler-Benz-Flugmotor seit Ende des Ersten Weltkriegs bildete. Die Motoren F2 und F3 dienten in erster Linie als Sprungbrett für den hängenden V12 – den F4.[157]

In der Zwischenzeit hatte Junkers 1929 in Dessau seinen ersten wassergekühlten V12-Benzin-Flugmotor mit Untersetzungsgetriebe entwickelt: den 800 PS starken L88. Dieser »Kopf oben«-V12-Motor, der in zivilen Junkers-Flugzeugen eingesetzt wurde, diente als Grundlage für den Bau der späteren militärischen V12-Motoren von Jumo. Alle diese Entwicklungen standen unter der Leitung des Chefs der Jumo-Motorenwerke, Prof. Dr.-Ing. Otto Mader.

Die künftige Entwicklungsrichtung dieser Firmen wurde von Dr.-Ing. Helmuth Sachse, dem Technischen Leiter der Motorenentwicklung am RLM, homogenisiert.

Sein Nachfolger war Wolfram Eisenlohr, der später Leiter der Motorenentwicklung des RLM wurde (GL/C-E 3). Eisenlohr hatte in den 1920er Jahren Ingenieurwissenschaften studiert und war nach einer Zeit in der Industrie 1933 in die Technische Abteilung des RLM eingetreten. Die nächsten zwei Jahre verbrachte er als Gruppenleiter bei Rechlin und schrieb später:

Der Daimler-Benz F2-Motor von 1927 – damals noch »Kopf oben«.

> »Auf Initiative meines Kollegen Sachse vom Heeresamt wurde ein neues Pflichtenheft für eine neue Serie von Großflugmotoren aufgestellt. Diese wurden dann in Gesprächen mit Dr. Wunibald Kamm von der DVL und mit Herrn Jellinghaus von der Lufthansa diskutiert und festgelegt.
>
> Trotz der damaligen politischen Restriktionen für derartige Arbeiten wurden 1928 Ausschreibungen an die Firmen Argus, BMW, Daimler-Benz und Junkers-Motorenwerke verschickt.
>
> Für diese neuen Großflugmotoren wurden folgende Anforderungen gestellt:
>
> 1) Hängende Anordnung, also mit der Kurbelwelle oben und den Zylindern unten in V-Formation. Dadurch wurde das Sichtfeld des Piloten weniger eingeschränkt. Alle sechs Zylinder jeder Bank sollten in einer einzigen Einheit aus Leichtmetall gegossen werden, wobei die Laufbuchsen nachträglich eingesetzt wurden.
> 2) Ein tiefer montiertes Auspuffsystem war bei dieser Ausrichtung vorzuziehen, da die Auspuffflammen und auch die Abgase

Dipl.-Ing. Fritz Nallinger

6. August 1898 – 4. Juni 1984

Fritz Nallinger

Fritz Nallinger war Technischer Direktor bei Daimler-Benz. Er war 1926 in das Unternehmen eingetreten und wurde im Mai 1935 zum Direktor ernannt. In dieser Zeit war er für die Produktion, Forschung und Entwicklung von Motoren für den Straßen-, See- und Luftverkehr zuständig. Nallinger kontrollierte die Richtung zukünftiger technischer Bemühungen, die an Friedrich, Berger und dann an Kollmann weitergegeben wurden, um sie im Konstruktionsbüro am Firmensitz in Untertürkheim, Stuttgart, anzuwenden. Nallinger nahm auch an den exklusiven Treffen der Luftwaffe in Hermann Görings Jagdschloss Carinhall in Bayern teil. Dank seiner 1941 verfassten Arbeit über die Daimler-Benz-Entwicklungsbemühungen während eines Zeitraums von sechs Jahren liegen äußerst wertvolle technische Erkenntnisse über die Schwierigkeiten der deutschen Luftfahrtindustrie vor, die in vielerlei Hinsicht eine Besonderheit der politischen und wissenschaftlichen Lage Deutschlands darstellten.

weiter vom Piloten entfernt sind. Außerdem ist der Rumpf an der Stelle der Tragflächenbefestigung breiter als weiter oben, so dass es sich anbietet, den breitesten Teil des Motors in einer ähnlichen Position tief unten in der Nähe der Flügelwurzel zu montieren.

3) Ein Untersetzungsgetriebe für den Propeller, so dass die Kurbelwelle im Vergleich zum Propeller eine relativ hohe Drehzahl erreicht.
4) Auf der Achse der Propellernabe sollte sich eine Hohlbohrung befinden, durch die entweder ein MG oder eine 20-mm-Kanone geführt werden kann. Diese Anordnung schafft die einfachste Möglichkeit für den Piloten, eine gute Treffsicherheit zu erreichen, da die große Masse des Motors neben anderen Faktoren eine große Stabilisierungswirkung auf die Bewegung der Bewaffnung hat.
5) Höhenlader, einstufig mit zwei Gängen für 2,5 und dann 4,5 km Höhe.
6) Kraftstoffeinspritzung, obwohl diese Anforderung erst zu einem späteren Zeitpunkt entwickelt werden durfte.
7) Heiß-Hochdruck-Kühlung von 115 bis 120 °C. Dies wurde erstmals mit dem BMW VI-Motor erforscht. Mit dieser Methode kann die Größe der Kühler um die Hälfte reduziert werden im Vergleich zu einem System mit 80 ° Wassertemperatur. Dies ist auf den größeren Temperaturunterschied zwischen dem Kühlmittel und der Außenatmosphäre und den geringeren Unterschied zwischen der Motortemperatur und dem Kühlmittel zurückzuführen.«[159]

Otto Mader, Leiter von Jumo.

Dr.-Ing. Otto Mader

17. September 1880 – 9. September 1944

Otto Mader hatte seine Zusammenarbeit mit Professor Hugo Junkers am 1. Oktober 1909 als dessen Assistent begonnen. Im Jahr 1932 leitete Mader die Jumo-Entwicklung der Direkteinspritzmotorenforschung. Bis 1940 wurde die Jumo-Motorenentwicklung im so genannten OMW (Otto-Mader-Werk) durchgeführt.

Mader starb nach langer Krankheit noch vor Kriegsende in einem Krankenhaus in Tirol.[158]

Es handelte sich dabei lediglich um eine Ausschreibung, und es sollte bis Anfang der 1930er Jahre dauern, bis die Unternehmen tatsächlich mit der Entwicklung von Motoren beginnen konnten, die diesen Kriterien entsprachen. Die Spezifikationen erforderten große Technologiesprünge in einer Zeit, in der sich die deutsche Industrie in einem wirtschaftlichen Sumpf befand.

Bis dieses Dokument verschickt wurde, hatten alle drei großen deutschen Hersteller nur »Kopf-oben«-V12-Motoren entwickelt. Die Umkehrung eines Motors erforderte eine völlige Neukonstruktion des Ölsystems, um die Spülpumpen an die Nockenwellenabdeckungen statt an die Ölwanne zu verlegen, und das Kraftstoffeinspritzsystem würde einen immensen Aufwand an technischer Entwicklung erfordern.

Die Direkteinspritzung des Kraftstoffs in den Zylinder war viel anspruchsvoller als die Verwendung einer Düse, die den Kraftstoff unter hohem Druck in den Ansaugkrümmer einspritzt, da der Kraftstoff nur sehr wenig Zeit hatte, sich mit der Luft zu vermischen, bevor die Verbrennung begann. Wenn der Sprühstrahl nicht genau wie gewünscht austrat, konnte er das Öl von der Innenseite der Zylinderlaufbuchse abwaschen, was zu einer Verdünnung des Öls und einem schnellen Verschleiß der Laufbuchsen und Ringe führte. Die Entwicklung dieses Systems für Benzinmotoren erwies sich als weitaus schwieriger, als die deutschen Ingenieure erwartet hatten.

Um dieser neuen Spezifikation von Sachse gerecht zu werden, machte sich Daimler-Benz daran, das F2/F3-Motorkonzept zu modifizieren, woraus der F4 wurde. Er war der erste von Daimler-Benz produzierte hängende Motor und wurde später in mehreren Varianten bis zum F4E im Jahr 1935 weiterentwickelt, einem nicht aufgeladenen Einzylinder-Versuchsmotor mit Vergaser. Diese Versuche bildeten die Grundlage für die Baureihe DB 600, auf der fast alle kriegsbedingten Flugmotorenentwicklungen des Unternehmens beruhten.

Diese frühen Daimler-Benz-V12 der 1930er Jahre wurden alle von Arthur Berger und Fritz Nallinger entworfen. Nach den Maßstäben der späteren Entwicklungen primitiv, zeigt der F4A die fertige Form eines kompakten, wassergekühlten, aufgeladenen V12, der den Großteil der in den folgenden Jahren von Großbritannien und Deutschland produzierten Jagdmotoren widerspiegelt. In dieser frühen Ausführung verfügte er noch über ein Vergaserkraftstoffsystem und getrennte Zylinder, die an einem gemeinsamen Kurbelgehäuse montiert waren – beides Details, die später wegfallen sollten.

Anfang der 1930er Jahre arbeitete BMW in München immer noch an flüssigkeitsgekühlten Flugmotoren, obwohl man 1928 von Pratt & Whitney eine Herstellungslizenz für den luftgekühlten Sternmotor Hornet erhalten hatte. Am 28. September 1931 veröffentlichte BMW Testergebnisse zur Heißkühlung,

Daimler-Benz F4A hängender V12-Motor. Die Zylinder sind voneinander getrennt.

d. h. zum Betrieb des Motorkühlmittels bei einer ungewöhnlich hohen Temperatur, um die erforderliche Kühlergröße im Flugzeug zu verringern, ganz im Sinne der damaligen Forschung in Großbritannien.

Hans Weidinger von der Versuchsanstalt Travemünde untersuchte ebenfalls verschiedene Möglichkeiten zur Verringerung des Luftwiderstands von Flugzeugkühlern. Er beauftragte den berühmten Thermodynamiker Dr. Wilhelm Nusselt (in dessen Labor Kollmann ebenfalls an der Technischen Hochschule München studiert hatte) mit ersten Untersuchungen zu diesem Thema. Nusselt kam zu dem Schluss, dass ein großer Gewinn erzielt wird, wenn die Kühlmitteltemperatur deutlich höher ist, weil dem Motor dann weniger Wärme entzogen wird, da die Temperatur des Kühlmittels näher am Metall des Motors liegt. Außerdem arbeiten die Kühler effektiver, da das Kühlmittel einen höheren Temperaturunterschied zur Außenluft aufweist. Diese Änderung der Wassertemperatur, die eine Verkleinerung der Kühlerfläche ermöglichte, machte es jedoch erforderlich, entweder mit einem unter hohem Druck stehenden Wassersystem zu arbeiten, um ein Sieden des Wassers zu verhindern, oder eine neue Chemikalie als Kühlmittel zu verwenden, die bei viel höheren Temperaturen siedet als Wasser. Weidinger schrieb:

»Diese Methode der Kühlung konnte nicht direkt angewandt werden, weil jeder kleine Fehler in der Abdichtung des Kühlersystems dazu führt, dass das Kühlmittel verdampft … daher wurden zunächst Versuche unternommen, die Kühlung mit einer Flüssigkeit durchzuführen, die physikalisch dem Wasser ähnlich ist, aber einen höheren Siedepunkt hat.«[160]

Deutsche Ingenieure entdeckten, dass die Druckkühlung hohe Anforderungen an die Integrität des Kühlsystems und die Rohrleitungen stellte. Ein einziger Fehler würde zu einem Totalausfall führen, denn wenn der Druck im System durch ein Leck abfällt, kocht das verbleibende Kühlmittel schnell aus und zerstört den Motor. Die Tests wurden mit dem flüssigkeitsgekühlten BMW VI-Motor unter Verwendung von Öl, Glykol und Flüssigkeit 82 (eine eigene Mischung von der IG Farben) durchgeführt. Das Öl versickerte und einige seiner leichteren Bestandteile kochten ab, so dass das Mittel schnell aussortiert wurde. Es stellte sich heraus, dass Glykol sich ähnlich verhielt wie das Produkt von IG Farben und wurde daher als einzige praktikable Lösung gewählt. Trotz der geleisteten Entwicklungsarbeit wurde dieses System der Hochdruck- und Hochtemperaturkühlung nicht auf die ersten neuen Betriebsmotoren übertragen, die bei Daimler-Benz, Jumo und BMW entwickelt wurden. Weidingers Fazit lautete:

»Unsere Ergebnisse zeigen eine mögliche Verringerung der Größe des ursprünglichen Kühlers um 70 % und wahrscheinlich noch mehr … die Verringerung der Größe des Kühlers ermöglicht eine

> Erhöhung der Geschwindigkeit des Flugzeugs, die bei einem sehr schnellen Flugzeug recht bedeutend sein kann. Außerdem wird Gewicht eingespart, im vorliegenden Fall etwa 32 kg.«[161]

Die deutschen Ingenieure kannten nun die Vorteile der Hochdruck- und Hochtemperaturkühlung, aber es blieb abzuwarten, ob sie in der Lage sein würden, ihre Serienmotoren rechtzeitig für den kommenden Konflikt an die harten Anforderungen anzupassen.

Staatliche Forschungsarbeit – das RLM

Hitler war am 30. Januar 1933 Reichskanzler geworden, und am 24. März wurde seine Macht mit der Verabschiedung des Ermächtigungsgesetzes gefestigt. Dieses Gesetz verlieh der NSDAP und insbesondere Hitler selbst nahezu unbegrenzte Befugnisse in Deutschland. Eine industrielle und wissenschaftliche Renaissance wurde durch eine Reihe kreativer Buchhaltungsmaßnahmen erzwungen, was bedeutete, dass jede Forschung, die für die zukünftigen deutschen Luft- und Bodenstreitkräfte nützlich sein könnte, staatlich finanziert wurde.[162] Pläne, die in den Jahren zuvor gefasst worden waren, aber noch schlummerten, wurden in die Tat umgesetzt. Ein beispielloses Entwicklungsprogramm, das darauf abzielte, die wissenschaftlichen und militärischen Errungenschaften des übrigen Europas und Amerikas aufzuholen und dann zu überholen, hatte begonnen.

Das RLM wurde im April 1933 gegründet, obwohl das riesige, 56.000 m^2 große Berliner Bürogebäude der Organisation erst 1935 gebaut wurde, nachdem die alten Gebäude abgerissen worden waren. Eine der ersten Amtshandlungen bestand darin, die Kontrolle über die Unternehmensgeschäfte von Dr. Hugo Junkers zu übernehmen.

Als Deutschland zunehmend bei der Entwicklung seiner Flugmotoren Fortschritte machte, wurde einer der führenden Forscher des Landes, Oskar Kurtz von der DVL, beauftragt, die wichtigsten deutschen Flugmotorenwerke zu besuchen und einen Bericht über ihre Fortschritte zu verfassen. Kurtz, der die Angelegenheit mit allen leitenden Konstrukteuren von Junkers-Jumo, Daimler-Benz und BMW besprochen hatte, sprach für die gesamte deutsche Motorenforschung, als er am 14. Dezember 1933 erneut die Auswirkungen des Luftrennens auf die militärische Entwicklung darlegte:

> »Unsere modernen wassergekühlten Motoren werden noch mit verhältnismäßig großem Kolbenhubraum und entsprechenden Abmessungen gebaut, die für den Einbau in viele Flugzeuge ungünstig sind. Mehrere andere Länder, die nach dem Kriege wesentlich mehr Mittel für die Motorenentwicklung und auch die im Rennsport erworbenen Kenntnisse zur Verfügung hatten, sind uns in dieser Hinsicht im Vorteil und bauen Motoren mit kleineren Abmessungen, die sich günstiger einbauen lassen. Es ist jedoch zu hoffen, dass unsere eigenen Motorenfirmen sie bald überholen können.«[163]

Nachdem er seinen 48-seitigen Bericht fertiggestellt hatte, legte Kurtz ihn am 24. Juni 1932 der 1912 gegründeten Wissenschaftlichen Gesellschaft für Luftfahrt (WGF) vor, die heute noch als DGLR tätig ist.[164]

Deutschland sollte sehr bald das Finanzierungsdefizit im Rahmen von Hitlers Plänen zur technischen Modernisierung des deutschen Militärs überwinden und Geld würde kein Hindernis mehr darstellen. Wie Kurtz klar und deutlich feststellt, konnte der verbleibende Bereich, in dem Deutschland hinter Großbritannien zurücklag – die Rennerfahrung – nicht einfach um jeden Preis gekauft werden. Es handelte sich um Wissen, das durch jahrelanges Lernen aus kostspieligen Misserfolgen und durch intensive wissenschaftliche Studien gewonnen wurde.

Ein Mann, der an der Spitze dieser Modernisierungsbemühungen stand, war Dr. Adolf Baumker, Leiter der deutschen Luftfahrtforschung unter Göring selbst. Baumker hatte bereits die besten Luftfahrtinstitute der Welt ausfindig gemacht, deren Arbeit sie zu übertreffen versuchen würden: in den USA Wright Field, Langley und Virginia, in Großbritannien Farnborough und Teddington, Guidonia in Italien, Chalais-Meudon in Frankreich und das ZAGJ bei Moskau in Russland.[165]

Alle deutschen Firmen nutzten dieses nahezu unbegrenzte Ausgabenpotenzial, obwohl es eine unbeabsichtigte Auswirkung hatte, nämlich dass die Firmen einfach mehr Projekte übernahmen, anstatt die wichtigen Kernaufgaben schneller zu erledigen.

In den Konstruktionsbüros der Daimler-Benz-Flugmotoren in Stuttgart-Untertürkheim konzentrierte man sich vor allem auf die Aufgabe, die nächste Generation des Daimler-Benz V12 zu bauen. Die Weiterentwicklung des F4A-Motors

Daimler-Benz F4B (DB 600-Prototyp), 1933.

in Form des DB 600-Motors erfolgte durch den Einsatz eines völlig überarbeiteten Kurbelgehäuses, bei dem jede Reihe von sechs Zylindern zu einer »Monoblock«-Konstruktion zusammengefügt wurde. Dieses System steigerte die Steifigkeit und Festigkeit des gesamten Motors beträchtlich, da es im Wesentlichen verhinderte, dass sich die Zylinder gegeneinander bewegten. Der F4B war effektiv der erste Prototyp des DB 600, dessen Form und Aufbau mit Ausnahme der Vergaser, die bis zur Entwicklung der Direkteinspritzung noch vorhanden waren, fast identisch mit den späteren Versionen war.

Der zweite Lader, der beim F4A verwendet wurde, entfiel und stattdessen wurde ein größerer Lader, nur auf der linken Seite des Piloten, verwendet. Die Vorfahren der Reihe haben die ganze Serie geprägt, und alle Motoren der DB-Serie hatten die Möglichkeit, einen zweiten Lader auf der gegenüberliegenden Seite anzubringen, was Daimler-Benz später im Krieg wieder aufgreifen würde. Der DB 600 behielt, wie die meisten anderen Flugmotoren jener Zeit, den Vergaser als Kraftstoffzufuhr bei, aber die Verteilung des Kraftstoffs auf die einzelnen Zylinder in einem so langen Motor entsprach nicht den Idealwerten.

Das deutsche Interesse an der Automatisierung der Triebwerkssysteme, um den Piloten zu entlasten, erwies sich beim Vergaser als sehr schwierig umzusetzen, da sein Betrieb durch den Luftstrom bedingt war und er sich nicht ohne weiteres an Temperaturschwankungen und andere Veränderungen anpassen ließ. Darüber hinaus waren die so genannten Sicherheitskraftstoffe von großem Interesse als Versicherung gegen Tankbrände, wenn die Tanks von Brandmunition durchstoßen wurden. Der Nachteil war, dass sich diese schweren Kraftstoffe, die zwischen Benzin und Diesel angesiedelt sind, mit dem niedrigen Druck einer Vergaserdüse kaum zerstäuben ließen, so dass für ihre Verwendung eine Hochdruckeinspritzung erforderlich war.

Modell eines DB 600 mit zweistufiger Kompressor-Attrappe im Jahr 1934.

1933 wurde der deutsche Motorenkonstrukteur Albert Friedrich von der Argus Motoren AG von Daimler-Benz abgeworben, um die Entwicklung des DB 600 voranzutreiben. Bereits 1934 wurde der Prototyp des DB 600-Motors, der F4E, mit einem zweistufigen Aufladesystem konstruiert.[166]

Der Grund, warum Daimler-Benz fortschrittliche Kompressorauslegungen wie diese erforschte, wird durch ein Diagramm veranschaulicht, das von Dr. Werner von der Nüll gezeichnet wurde, der 1934 in die Abteilung Turbomaschinen der DVL eingetreten war (er sollte sie bis 1939 leiten).

Ziel des Kompressors ist nicht nur die Anhebung der Flughöhe des Flugzeugs, sondern durch die Anhebung der blauen Linie so weit wie möglich über die rote Kurve hinaus wird auch die »Steigleistung« des Flugzeugs (die Überschussleistung, die zwischen der Leistung, die nur benötigt wird, um in der Luft zu bleiben, und der Leistung, die der Motor erbringen kann, liegt) erhöht. Der zweistufige Lader konnte diese Linie weiter anheben und damit die Steigleistung eines Kampfflugzeugs in großer Höhe drastisch verbessern, nicht nur seine Geschwindigkeit in großer Höhe und seine absolute Flughöhe. Der zweistufige Lader stieß jedoch bei einigen im RLM auf Widerstand. Sie sahen die Luftwaffe weiterhin als Unterstützungsdienst für die gepanzerten Speerspitzen der Wehrmacht, und in Anbetracht

Albert Friedrich, Leiter des Flugmotorenentwicklungsbüros der Daimler-Benz AG

Dr.-Ing. Albert Friedrich

19. Januar 1902 – 1961

Albert Friedrich trat 1933 in die Daimler-Benz AG ein, nachdem er zuvor bei Argus an luftgekühlten Flugmotoren gearbeitet hatte. Er war als Direktor für die gesamte Konstruktion und Entwicklung der Daimler-Benz AG verantwortlich und spielte eine wichtige Rolle bei der technologischen Entwicklung der Baureihe DB 600. Dr. Kollmann arbeitete unter seiner Leitung im Konstruktionsbüro als sein Stellvertreter.

Friedrich entwickelte später den berühmten Geländewagen UNIMOG.

Der Daimler-Benz DB 600 Motor: Schnittansicht.

dieser Rolle war es wenig sinnvoll, ein Jagdflugzeug mit einem zweistufigen Lader auszustatten.

Zwei Industriespione des ZWB, die ihre Erkundungsmission über die US-Luftfahrttechnik abgeschlossen hatten, erkannten jedoch die Fortschritte bei den Höhenflugmotoren. Sie berichteten im Mai 1934 über ihre Entdeckungen. Die Männer, Schilo und Köster, waren in die USA geflogen und hatten viele der fortschrittlichsten Entwicklungs- und Testeinrichtungen für Kolbenmotoren in Amerika besucht, darunter Pratt & Whitney, Wright Aeronautical Corporation und Wright Field.[167] Sie stellten fest, dass die Turbolader und die Prüfkammern für Höhenflugmotoren eindeutig auf einem hohen Entwicklungsstand waren. Es sollte eine von vier derartigen Erkundungsmissionen im Ausland sein, die zu den ersten technischen Bemühungen der ZWB gehörten, aus einer bankrotten Nation eine wiedererstarkende Luftfahrtmacht zu machen. Ihr Bericht ging sehr detailliert auf jeden Aspekt der amerikanischen Triebwerksherstellung, -entwicklung und -erprobung ein. Es wurden Zeichnungen der Fabrikhallen angefertigt, die Triebwerksprüfstände gezeichnet und Diagramme der amerikanischen Turbomotoren angefertigt, bei denen die Abgase zum Antrieb des Kompressors und nicht des Motors selbst verwendet wurden.

Obwohl zu diesem Zeitpunkt kein Kriegszustand zwischen den USA und Deutschland herrschte, erscheint es heute erstaunlich, dass die Männer Zugang zur Wright-Field-Anlage erhielten, die der US-Regierung gehört und von ihr betrieben wird.

Zu Hause in Deutschland kamen Daimler-Benz und Jumo mit der Entwicklung ihrer hängenden V12-Motoren zügig voran, und die Prototypen des DB 600 befanden sich in Stuttgart in der Testphase. In Dessau war der Jumo 210-V12 in der Ent-

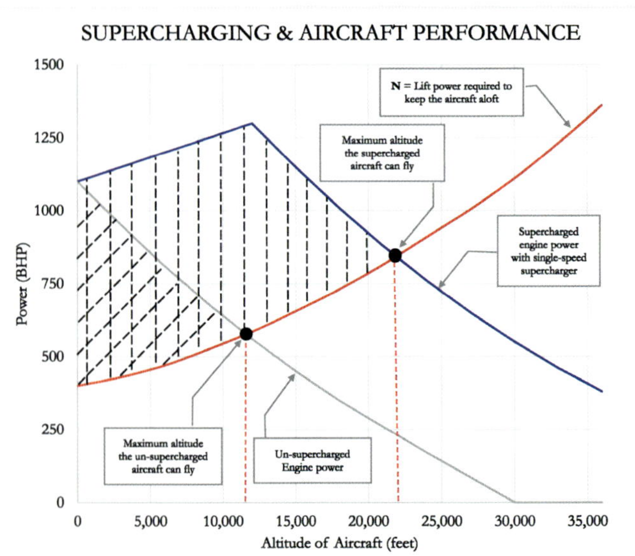

Eine allgemeine Darstellung des Zusammenhangs zwischen der Leistung eines Flugzeugs und Flughöhe mit und ohne Turbolader.

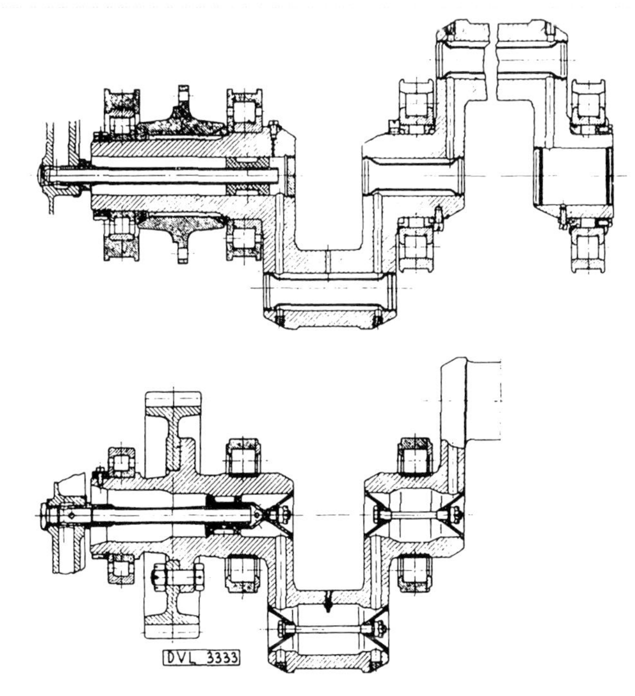

Abbildung der frühen Junkers-Jumo-Druckschmierung durch die Mitte der Kurbelwelle.

wicklung – der erste hängende V12 von Jumo. Jumo hatte jedoch eine entscheidende Verbesserung des Ölsystems vorgenommen, die Daimler-Benz versäumt hatte. Um 1930, bei der Entwicklung des Dieselflugmotors Jumo 204, hatte das Unternehmen beschlossen, das Öl in der Mitte der Kurbelwelle zuzuführen und nicht durch externe Ölkanäle von oben oder unten.

Ausschlaggebend dafür waren vermutlich die hohen Zylinderdrücke der Dieselmotoren, für die Jumo bereits berühmt geworden war und die bei Jumo zu Lagerproblemen führten, bevor sie bei Daimler-Benz auftraten. Diese Methode der Öleinführung in die Kurbelwelle war ihrer Zeit um Jahrzehnte voraus, während Daimler-Benz bei der Baureihe DB 600 die wälzgelagerte Kurbelwelle weiterführte.

Wenn das Öl durch die Mitte der Kurbelwelle zugeführt wird, muss es nicht gegen die Rotation der Kurbelwelle ankämpfen, die versucht, das Öl in ihrem Inneren wieder nach außen zu schleudern. Dadurch wird die Ölversorgung der Kurbelwellenlager wesentlich verbessert. Diese hervorragende Konstruktion wurde durch einen winzigen Luft-/Ölabscheider weiter verbessert, der in die Nase der Kurbelwelle des Jumo 210 eingebaut wurde, bevor das Öl in den zentralen Kern gelangte.

Wenn das Öl, das in die Kurbelwelle gelangt, mehr als ein paar Prozent Luft enthält, ist das tödlich für die Lager, und diese Entwicklung von Jumo war ausschlaggebend dafür, dass das Unternehmen erfolgreich glatte Kurbelwellenlager anstelle der von Daimler verwendeten Rollen verwenden konnte. Das war eine geniale Detailkonstruktion. Sowohl die neuen Jumo-Motoren als auch die Daimler-Benz-Motoren hatten eine ungewöhnliche Zylinderkopfanordnung. Der DB 600-Motor hat keine Zylinderkopfschrauben, stattdessen sind die Stahlbuchsen in den Zylinderkopf geschraubt und ragen in das Kurbelgehäuse hinein. Sie werden mit großen Ringmuttern befestigt, die ihrerseits angezogen werden, indem zwei Getriebewellen in die beiden Löcher im Kurbelgehäuse neben der Buchse (sichtbar auf der linken Seite der Zylinderlaufbuchse) gesteckt und gedreht werden, um die Ringmutter festzuschrauben. Beim DB 600 und Jumo 210 wird jeder Hauptlagerdeckel mit vier Keilwellenmuttern festgehalten. Die Deckel bestehen aus geschmiedetem eloxiertem Aluminium, um eine verschleißfeste Oberfläche zu erhalten. Schließlich ist jedes Hauptlager durch das gesamte Kurbelgehäuse hindurch quer verschraubt, um die gesamte Kurbelwellenlagereinheit zu versteifen.

Etwa zu dieser Zeit begann Dr. Karl Kollmann mit der Arbeit an der Baureihe F4E/DB 600.

Die Komplexität des DB 601-Motors zeigt sich am deutlichsten im Wälzlagersystem.

Die Ölzufuhr zu den Rollen besteht aus vier gleichmäßig verteilten Bohrungen durch das große Kurbelende, die die Rollen versorgen; eine große Anzahl von Öllöchern ist im geschmiedeten Aluminium-Rollenkäfig vorgesehen, die wieder-

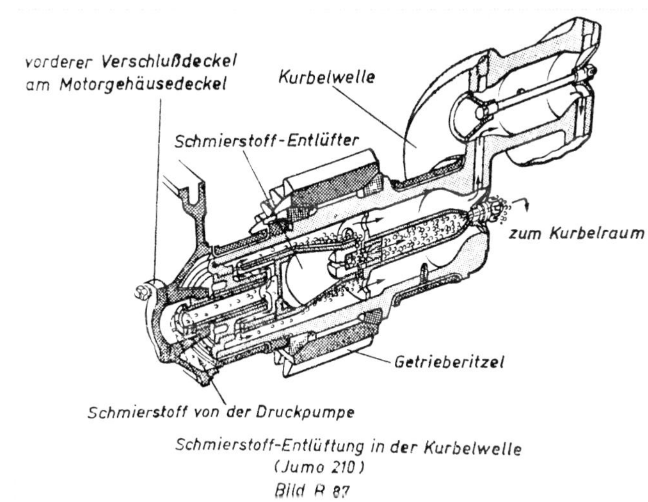

Junkers-Jumo-Schulungshandbuch, Nahansicht der Kurbelwellennase der Ölzufuhr-Entlüftungszentrifuge.

um die innere Gabelstange schmieren, die die Scherenwirkung durch ein Gleitlager an der Außenseite des Rollenlager-Außenrings aufnimmt. Die Laufringe bestehen aus drei Reihen von Ø 9 mm-Rollen, jede 14 mm breit, mit insgesamt 72 Rollen pro Stangenpaar.

Trotz der Komplexität bewirken die Rollenlager, dass der Motor im kalten Zustand ein viel geringeres Anfahrdrehmoment benötigt, um durchzudrehen, aber wenn das Öl einmal die Betriebstemperatur erreicht hat, ist der Reibungsgewinn durch die Rollen sehr gering. Der Unterschied in der Reibungsleistung bei 40 °C zwischen den DB 601-Rollenlagern

Pleuelstange mit Stangen-, Laufring- und Käfigverzahnung. Man beachte die senkrechte Innen-/Außenverzahnung.

und Gleitlagern wie denen des Merlin oder Jumo beträgt etwa 15 PS.[168]

Ein zweiter Vorteil von Rollenlagern ist, dass sie im Vergleich zu Gleitlagern einen wesentlich geringeren Ölstrom benötigen, um zu funktionieren. Die Pleuellager können schwieriger zu schmieren sein als die Hauptlager, da das Öl bei den meisten Motoren zuerst durch die Hauptlager und dann durch Bohrungen zu den Kurbelzapfen fließen muss, um sie zu erreichen. Das bedeutet, dass ein Motor mit Rollenlagern eine kleinere Ölpumpe haben kann als ein Motor mit Gleitlagern; eine Falle für jeden, der später einen Motor mit Rollenlagern auf Gleitlager umbauen muss. Der Jumo 210-Motor war insofern einzigartig, als die Laufbuchse durch lange Bolzen im Zylinderkopf gehalten wurde, die von der Unterseite der Laufbuchse durch den Zylinderkopf nach oben gingen: eine Konstruktion, die in keinem anderen Motor zuvor oder danach zu finden war.

Abbildung im Junkers-Jumo-Schulungshandbuch der Methoden der Ventilsitzmontage.

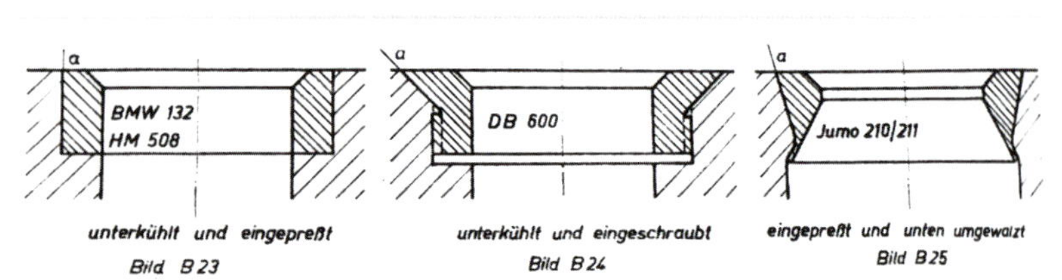

Der Jumo 210 hatte auch Ventilsitze, die durch eine gefaltete Lippe im Kopf gehalten wurden, nicht durch ein Gewinde wie bei den Merlin- und DB 600-Motoren. Dies ermöglichte eine bessere Wärmeübertragung, da sich die Oberflächen besser berührten, während beim Gewinde zwangsläufig leichte Lücken zwischen den Bauteilen bestanden, die etwas Luft einschlossen und verhinderten, dass bei Stillstand des Ventils die Wärme vom Ventilteller so leicht durch den Sitz abgeleitet wurde.

Eine weitere Besonderheit der Jumo-Auslassventilführung war die Flüssigkeitskühlung, die für Flugmotoren dieser Zeit einzigartig war. Das bedeutete, dass die Kühlflüssigkeit direkt mit der Ventilführung in Berührung kam, anstatt dass die Wärme erst durch die Führung und den Aluminiumkopf geleitet werden musste. Dadurch wurden die Ventiltemperaturen weiter gesenkt.

Trotz des beachtlichen Einfallsreichtums beging Jumo einen schwerwiegenden Fehler: die Entscheidung, im Zylinderkopf des Jumo 210 nur drei Ventile zu verwenden. Dies war für die damaligen Motoren sinnvoll, da das zusätzliche Ventil nur dann von großem Nutzen war, wenn die Motordrehzahl über das derzeit verwendete Maß hinaus erhöht werden musste, bedeutete aber eine ernsthafte Einschränkung des möglichen Gasflusses, die später mit großem Aufwand behoben werden musste.

Neben den großen technischen Fortschritten, die erforderlich waren, war auch die logistische Planung für den kommenden Luftkrieg für Deutschland kritisch. Die neuesten Luftfahrtpläne für die militärische Expansion waren ehrgeizig, aber die Planer wussten auch, dass Deutschland mit zwei potenziell fatalen Problemen konfrontiert war: Zum einen fehlten einheimische Reserven an Edelmetallen wie Nickel, Chrom, Kobalt, Wolfram, Silber und Platin, zum anderen gab es fast keine natürlichen Rohölreserven.

Auf deutscher Seite einigte man sich auf zwei Konzepte zur Umgehung dieser Hindernisse. Erstens sollten sie ein modernes und hochmobiles Militär auf der Grundlage überlegener Technologie entwickeln, um so schnell wie möglich entscheidende Ergebnisse zu erzielen und einen kurzen Feldzug zu garantieren; zweitens sollten riesige Vorräte an Kriegsmaterial angelegt werden, Jahre bevor sie benötigt würden.

Zu diesem Zweck wurde Ende der 1930er Jahre im Verborgenen ein großes und scheinbar friedliches Organisationsnetz geschaffen, um sich auf den Krieg vorzubereiten. Die für den Flugzeugtreibstoff zuständige Organisation war die Wirtschaftliche Forschungsgesellschaft (WIFO). Die WIFO, die im Oktober 1934 von der NSDAP und dem deutschen Chemiekonglomerat IG Farben mitbegründet wurde, begann mit einem riesigen Industrieprogramm zum Bau von versteckten unterirdischen Betontreibstoffbunkern von beispielloser Größe an strategisch wichtigen Standorten in ganz Deutschland.[169] Die WIFO lieferte Treibstoff für viele Zwecke, aber das Hauptziel dieser riesigen Anlagen war es, als strategische Haupttreibstoffreserve für militärische Flugzeugtriebwerke zu fungieren.[170] Um diese riesigen Tanks füllen zu können, beschleunigte Deutschland die Entwicklung seiner synthetischen Ölanlagen.

Fast alle diese Anlagen wurden in unmittelbarer Nähe von Kohlebergwerken gebaut, wo sie in der Lage sein würden, alle Produkte zu produzieren, die zur Raffinierung von Flugzeugtreibstoffen durch Hydrierung benötigt wurden. Dies schien auch eine einfache logistische Lösung zu sein, da die Bergwerke in der Regel durch große und gut ausgebaute Schienen-, Straßen- und Kanaltransportsysteme bedient wurden.

Während der anfänglichen Planungen für dieses System der Treibstoffproduktion und -lagerung sprach sich Professor Steinmann vom Energie-Institut der Universität Berlin, der Hauptberater der deutschen Luftwaffe, entschieden gegen die Einrichtung eines solchen Systems aus. Steinmann schlug vor, statt einiger großer synthetischer Anlagen in der Nähe der Kohlereserven ein viel größeres Netz weitaus kleinerer Raffinerien zur Herstellung von Flugkraftstoffen zu errichten.

Die Kosten für beide Systeme wurden geschätzt, und für eine solche kleine Anlage, die 150 Tonnen pro Monat produzieren sollte, stiegen die Kosten auf 27 statt 20 Pfennig pro Liter. Steinmann wurde trotz seiner Proteste, dass die großen Raffinerien extrem anfällig für Luftangriffe wären, überstimmt.[171] Die Entscheidung, Steinmann zu ignorieren, erwies sich später als fatale Fehleinschätzung.

Die ersten Lagerbunker in Derben, Nienburg, Stassfurt, Neuburg, Hitzacker, Dragehnen und München sollten insgesamt fast eine Million Tonnen Treibstoff lagern.[172] Man entschied sich für Tarnnamen und stempelte die Papiere von jedem Lagerzentrum mit einem Decknamen, so dass der wahre Standort selbst vor anderen hochrangigen deutschen Regierungsbeamten verborgen blieb.

Die WIFO war eine der geheimnisvollsten Organisationen in Nazi-Deutschland, obwohl die Tatsache, dass sie begann, riesige Mengen an Rohöl zu importieren – und 1935 bis 1936 sogar direkte Bestellungen bei amerikanischen Ölfirmen wie Standard Oil aufgab –, deutlich gemacht haben muss, dass ein gigantisches Industrieprogramm im Gange war.[173]

In einer partiellen Anerkennung von Steinmanns Einwänden war es den deutschen Ölraffinerien untersagt, um das Risiko von Schäden durch Flugzeuge zu minimieren, große Mengen vor Ort zu lagern; alles wurde in einem der unterirdischen

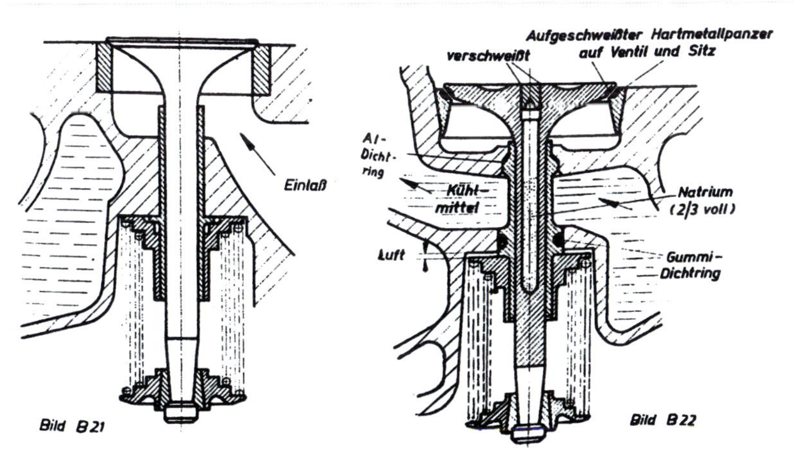

Junkers-Jumo-Schulungshandbuch: zur Kühlung der Ventilführung.

Prof. Dr.-Ing. Karl Kollmann

18. November 1902 – 26. Juni 1988

Karl Kollmann besuchte das Gymnasium in München und studierte später Elektrotechnik und Maschinenbau an der Technischen Hochschule München. Kollmann erhielt 1925 den Grad Dipl.-Ing. und trat seine erste Stelle bei der AEG in Berlin an. Im Jahr 1928 kehrte er an die TU München zurück und arbeitete am Institut des berühmten Thermodynamik-Pioniers Wilhelm Nusselt. 1931 promovierte Kollmann und kehrte noch im selben Jahr nach Berlin zurück, wo er eine Stelle bei Rheinmetall-Borsig antrat. Im Jahr 1933 wurde Dr. Kollmann von der Daimler-Benz AG in Stuttgart eingestellt, bei der seine Karriere als Konstrukteur von Flugmotoren begann.

Kollmann war verantwortlich für einige der wichtigsten wissenschaftlichen Abhandlungen über die Konstruktion von Kompressoren, die in den 1930er Jahren in Deutschland veröffentlicht wurden. Seine Fähigkeiten führten ihn immer höher in der Firma, und Ende 1944 wurde Kollmann schließlich Leiter der Flugmotorenkonstruktion bei Daimler-Benz, wo er vor allem an der Entwicklung der Daimler-Benz-Turbojets und der endgültigen Entwicklung der DB 603-Kolbenflugmotoren mitwirkte, die im DB 603 N gipfelte, der vor Kriegsende nur ein frühes Teststadium erreichte.

Karl Kollmann der Daimler-Benz AG – Leiter der Flugmotorenentwicklung.

Innenseite des Kurbelgehäuses des DB 601 mit Kreuzverschraubung und Buchsenbefestigungssystem.

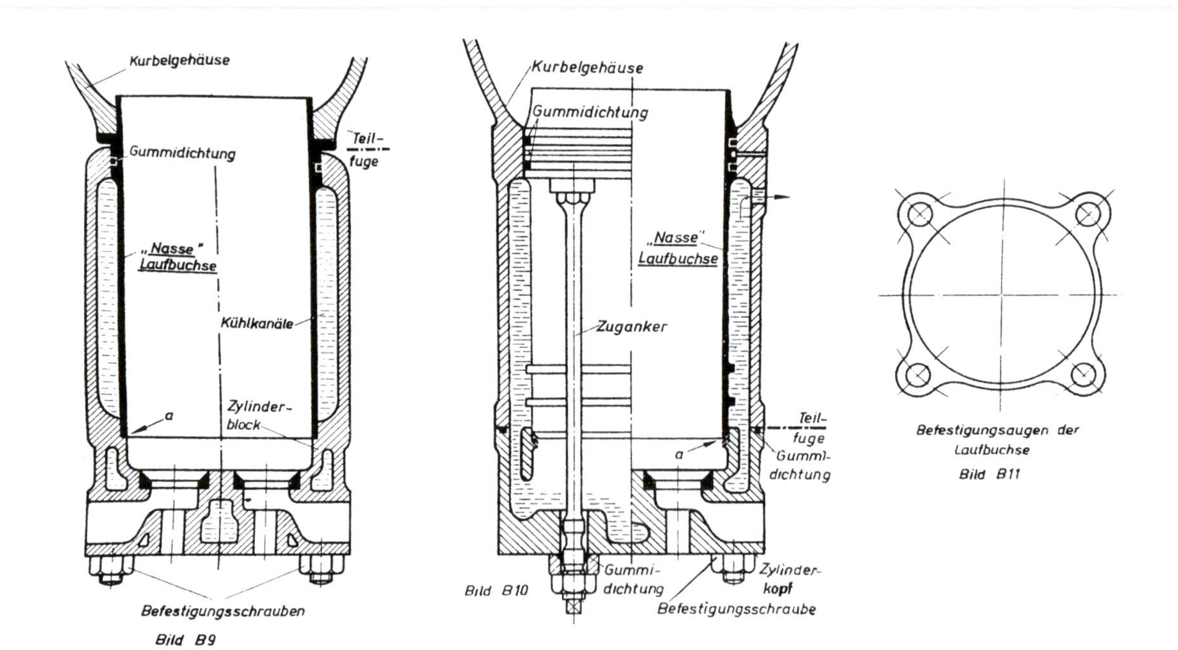

Junkers-Jumo-Schulungshandbuch: Befestigungssysteme für Zylinderlaufbuchsen.

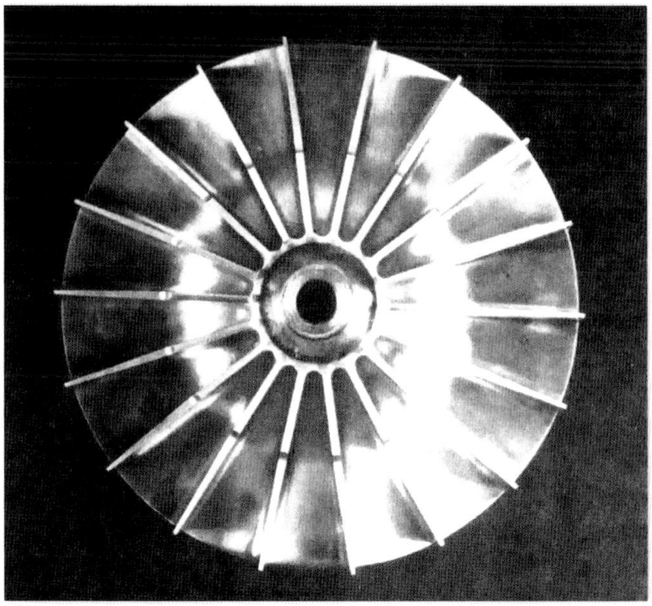

Rolls-Royce Buzzard: Kompressor-Laufrad bei der DVL.

Abb.1 u.2 Laurad in Ansicht und Seitensicht und Laufradwelle mit Antriebsritzel.

Bunker der WIFO aufbewahrt. Dies stellte ein Problem dar, da die Entwicklung moderner Flugzeugtreibstoffe rasch voranschritt und immer komplexere Mischungen von Ölfraktionen erforderte. Kein einziges der großen deutschen Synthesewerke konnte alle Teilkomponenten allein liefern, und da vor Ort keine nennenswerten Mengen gelagert werden durften, konnte der Treibstoff für die deutschen Kampfflugzeuge nicht direkt von der Raffinerie zu den Flugplätzen gelangen. Die Komponenten mussten von verschiedenen Standorten in ganz Deutschland zu einer Mischstation der WIFO geliefert werden, wo die Chemiker nach genauen Anweisungen die verschiedenen, einzeln in Bunkern gelagerten Treibstoffkomponenten zu einem großen Silo für das endgültige Treibstoffprodukt zusammenmischen mussten. Später wurde das fertige Produkt über Straßen- oder Schienenverbindungen von jeder Mischstation zu den Flugplätzen transportiert.[174]

Das Treibstofflager in Hitzacker gehörte zu den größten und wichtigsten Treibstofflagern in Deutschland und war Teil einer Kette von etwa einem halben Dutzend Standorten, die als Großraumtanklager bekannt waren. Diese befanden sich alle im Besitz der WIFO, obwohl die nächstkleineren Depots von der Luftwaffe gekauft wurden und als Lufttanklager bekannt waren. Weiter unten auf der Liste standen die Hilfstanklager, die am zahlreichsten waren. Diese Methode des Mischens und Verteilens von Treibstoffen vor Ort – abseits der großen Raffinerien – war nur in der deutschen Kriegsvorbereitungsstrategie zu finden und sollte später die deutschen Kampfflugzeugflotten vor große technische und logistische Probleme stellen.

Weit weg von solchen Schwierigkeiten, in Berlin bei der DVL, versuchte Werner von der Nüll, einer der einflussreichsten deutschen Laderwissenschaftler, mit den Aktivitäten der anderen großen Nationen Schritt zu halten. In Deutschland wurden beträchtliche Anstrengungen unternommen, um den Rückstand aufzuholen, und das erste Ziel war, mit der Arbeit bei Rolls-Royce vertraut zu werden. Zu diesem Zweck wurde ein Rolls-Royce Buzzard beschafft und im Mai 1935 zur Beurteilung an die DVL geschickt.[175]

Als von der Nüll den Rolls-Royce-Kompressor inspizierte, war er sehr beeindruckt von der Herstellung und der Qualität, aber weniger begeistert von der Effizienz oder dem Ladedruck, wie er fast ein Jahr später in der deutschen Zeitschrift *Luftwissen* seine Bewertung ausländischer Kompressoren veröffentlichte.

Abb.11 Ansicht des Laderdeckels mit spiraligem Einlaufgehäuse.

Demontage des Rolls-Royce Buzzard-Kompressors bei der DVL.

Rolls-Royce Buzzard-Kompressor im Test bei der DVL.

Von der Nüll wies darauf hin, dass Rolls-Royce durch den Verzicht auf gekrümmte Leitschaufeln bei der Herstellung des Laufrads einen erheblichen Aufwand eingespart hatte, der jedoch auf Kosten der Leistung ging. Das Fehlen der gekrümmten Schaufeln bedeutete, dass ein Dralleinlass erforderlich war, um die Luft mit einer Geschwindigkeit zu drehen, die der der rotierenden Schaufeln nahe kam – was die Leistung des Buzzard-Kompressors ernsthaft beeinträchtigte. Er empfahl deutschen Firmen, das aerodynamische Design nicht zu kopieren.

> »Die Untersuchung des Rolls-Royce Buzzard-Kompressors hat ergeben, dass er mit sehr niedrigen Druckhöhen und Wirkungsgraden arbeitet. Unsere Messungen der Strömungsquerschnitte und die ungefähre Lage der Motorbetriebspunkte auf dem Kompressorkennfeld zeigten, dass der Lader zu klein ist und daher in einem ungünstigen Bereich des Kompressorkennfeldes läuft.
>
> Selbst der höchste Ladewirkungsgrad des Buzzard-Kompressors ist als niedrig zu bezeichnen, insbesondere in Anbetracht der geringen Druckhöhe, die er erzeugt. Dies ist zum einen das Ergebnis eines spiralförmigen Einlasses mit rein radialen Laufradschaufeln am Eintritt, anstatt gekrümmter Leitschaufeln, zum anderen würde das große Axialspiel zwischen den Schaufelkanten und dem Ladergehäusedeckel, das reduziert werden könnte, den Wirkungsgrad deutlich erhöhen. Bei unseren Tests zeigte der Lader einen hohen Ölauswurf in den Luftstrom.
>
> Die Ausführung der Fertigung der Kompressor-Strömungskanäle und des Lagereinbaus ist jedoch sehr gut.«[176]

Es ist möglich, die gebogenen Leitschaufeln zu vermeiden, indem man sie durch eine Vordrallspirale ersetzt. Dies mag für den Buzzard eine schlechte Wahl gewesen sein, doch die Möglichkeit, die in den Lader eintretende Luft mit einem »Vordrall« zu versehen, wäre äußerst nützlich, wenn sie nach Belieben ein- und ausgeschaltet werden könnte. Die Kompressorkonstrukteure André Planiol und Josef Szydlowski von der französischen Firma Szydlowski-Planiol machten sich diese Idee zunutze, um

Werner von der Nüll, Leiter des Bereichs Turbomaschinen bei der DVL.

Prof. Dr.-Ing. Werner von der Nüll

2. Mai 1905 – 1993

Werner von der Nüll trat 1934 in die DVL in Berlin-Adlershof ein und wurde ab 1939 Leiter des Turbomaschinenlabors der DVL. Ab 1935 arbeitete er mit der Daimler-Benz AG an Kompressoren und war der Wissenschaftler, der im Forschungslaboratorium für Flugmotoren für viele grundlegende theoretische Entwicklungen in der Kompressor- und Turboladertechnik verantwortlich war.[177] Er leitete einen Entwicklungsausschuss für Turbolader, der Erhard Milch unterstellt war.[178] Von der Nüll war einer der brillantesten jungen Wissenschaftler Deutschlands; ein stürmischer, arroganter und abweisender Mann, dessen Ehrgeiz nur von seinen frühreifen Fähigkeiten übertroffen wurde.

Innerhalb von zehn Jahren avancierte er vom Assistenten des deutschen Begründers der Kompressionswissenschaft, Professor Carl Pfleiderer, zum Professor. Er lieferte sich oft akademische Duelle mit Dr. Kollmann, wobei die beiden in ihren wissenschaftlichen Veröffentlichungen immer wieder auf die Arbeit des anderen Bezug nahmen und versuchten, Fehler in der Arbeit des anderen zu finden. Wie viele deutsche Intellektuelle verachtete von der Nüll die Nazipartei und vertraute sich Dr. Kollmanns Vorgesetzten bei Daimler-Benz, Dr. Albert Friedrich, an. Daraus entwickelte sich eine berufliche Beziehung, die für von der Nüll eines Tages von großem Nutzen sein sollte.[179]

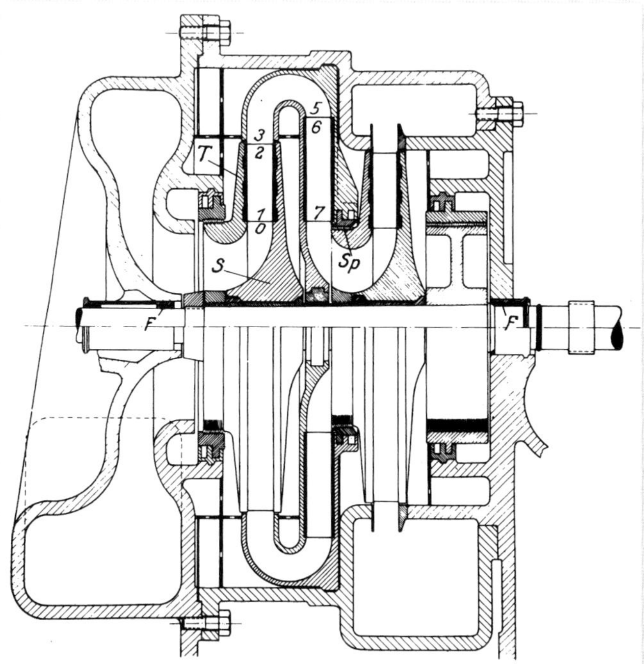

Abb.1 Längsschnitt durch den Verdichter.

DVL: Test eines zweistufigen Aufladers, Oktober 1935.

diesen »Vordrall« für einen experimentellen Kompressor zu variieren, der vor Kriegsausbruch am Hispano-Suiza 12Y-Flugmotor getestet wurde.[180]

Im Oktober 1935 setzte von der Nüll seine Untersuchung der verschiedenen für Flugmotoren konzipierten Lader fort und legte seinen Bericht über einen zweistufigen Lader von Thomas vor, wobei er sich abwertend über dessen Wirkungsgrad und Druck äußerte.

»Die Gesamtförderhöhe des Kompressors bei 18.700 U/min beträgt nur 4300 m bei einem Wirkungsgrad von 67 % und nur 6250 m bei einem Wirkungsgrad von 57,5 %. Um eine Zerstörung des Verdichters zu vermeiden, wurde die Drehzahl nicht weiter erhöht.

Aber selbst wenn dies möglich gewesen wäre, muss man sagen, dass die hier in zwei Stufen erreichten Werte von Wirkungsgrad und Förderhöhe zu gering sind, um den Aufwand der zweistufigen Ausführung zu rechtfertigen. Der Betriebspunkt würde beim Einsatz des Verdichters als Flugtriebwerksauflader einer Nennhöhe von 4250 m bei etwa 550 PS Triebwerksleistung entsprechen.

Neue Tests an einstufigen Kompressoren anderer Bauarten ergeben Wirkungsgrade von 70 % und mehr bei Förderhöhen von 5300 m. In einem Kurzzeittest mit einer Geschwindigkeit von 300 m/s lag Nad [adiabatischer Wirkungsgrad] bei über 6000 m Förderhöhe bei über 65 %. Mit einem zweistufigen Rateu-Kompressor wurden bei DVL vor einigen Jahren Förderhöhen zwischen 7000 und 8000 ermittelt, mit Wirkungsgraden von 52 bis 53 %.«[181]

Von der Nüll hatte erkannt, dass der Bau eines zweistufigen Kompressors nicht automatisch zu magischen Ergebnissen führte. Es bedurfte immer noch der allerbesten Konstruktion und Analyse, um einen effektiven zweistufigen Kompressor herzustellen, der später für Höhenjäger benötigt werden würde. Dies bestärkte in Deutschland die Idee, sich auf die Herstellung sehr effizienter einstufiger Kompressoren zu konzentrieren, was durch die Ansicht der militärischen Dienststellen zementiert wurde, dass die Luftwaffe eine bodengestützte Organisation wäre und keine eigenständige Streitkraft, die sich die Luftüberlegenheit als eindeutiges Ziel setzte.[182]

Infolge der ersten Aufträge des RLM an die Industrie für die nächste Generation von Flugmotoren waren die Programme von Daimler-Benz, Jumo und BMW bereits weit fortgeschritten. In der RLM-Spezifikation von 1928 war anerkannt worden, dass die Firmen mehr Zeit für die Entwicklung der Direkteinspritzung benötigen würden, und erst 1936 wurde der DB 600 in Form des DB 601 aktualisiert, der das Motorkonzept des DB 600 um eine Kraftstoffeinspritzung und einen drehzahlvariablen Laderantrieb ergänzte. Daimler-Benz beauftragte Bosch mit der Entwicklung des Kraftstoff-Direkteinspritzsystems, die in nur 12 Monaten erfolgreich durchgeführt wurde. Das System verwendete eine von einer Dieselmotorpumpe abgeleitete Hochdruckpumpe, bei der jeder Motorzylinder über einen winzigen Pumpenkolben verfügte.

Die zweite Besonderheit des DB 601 gegenüber dem DB 600 war das Antriebssystem des Kompressors. Anstelle eines direkt angetriebenen Getriebes wurde eine Flüssigkeitskupplung zum Antrieb des Laders verwendet. Die Auswirkung dieser Kupplung im Gegensatz zu einem Getriebe ist in den Kurven für den Leistungs- und Höhenverlauf zu sehen.

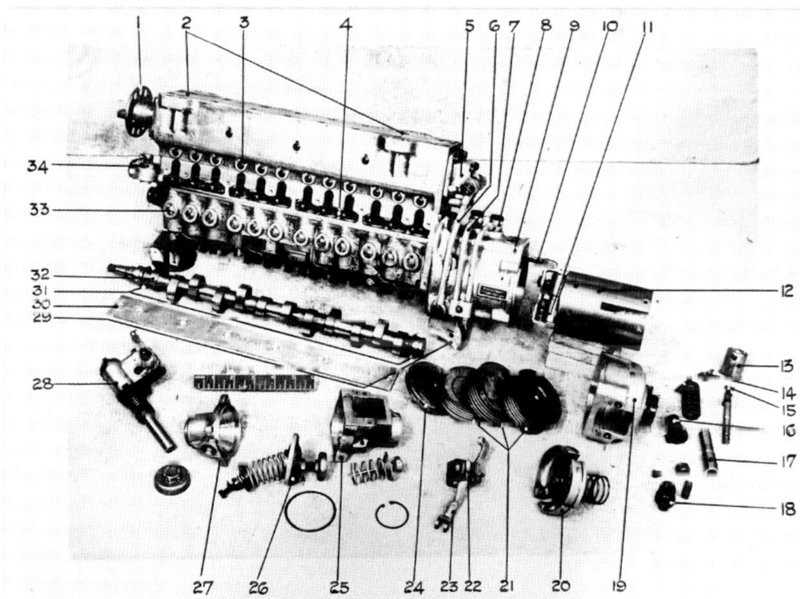

DB 601: Kraftstoffhochdruckpumpe.

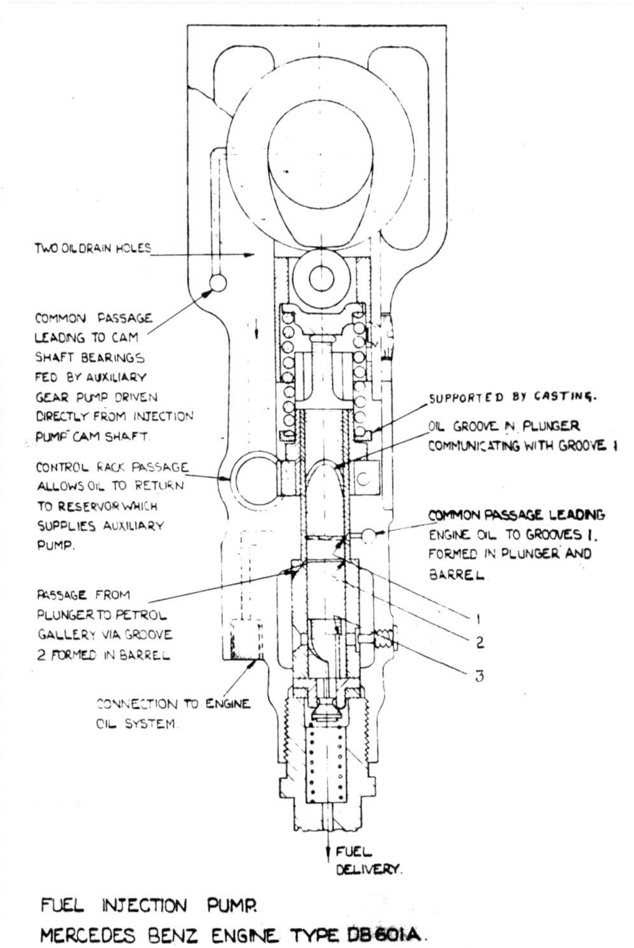

DB 601: Schnittansicht Hochdruckpumpe – mit Beschreibung auf Englisch.

Wie wir in den Diagrammen auf den Seiten 58 und 59 gesehen haben, weisen die Motoren mit Ein- und Zweigang-Kompressorgetriebe klar definierte Spitzenwerte auf, die ein aggressives Sägezahnmuster aufweisen. Der Unterschied zwischen der Verwendung einer Flüssigkeitskupplung und eines Getriebes für den Antrieb des Kompressors besteht darin, dass ein großer Teil des Bereichs zwischen den beiden Spitzen der sägezahnförmigen Leistungskurve ausgefüllt wird. Der Bereich zwischen diesen Spitzen stellt den Hauptbereich der »Schlupfanpassung« des Kupplungsvorgangs dar. Obwohl er zwischen zwei Sollwerten für den minimalen und maximalen Schlupf stufenlos einstellbar ist, decken diese beiden Punkte nur einen relativ kleinen Bereich der Drehzahländerung ab. Der geringste Schlupf ist gegeben, wenn der Hohlraum des Rotors durch die Versorgungspumpe vollständig mit Öl gefüllt ist, und der höchste Schlupf, wenn der Hohlraum des Rotors leicht mit Öl geleert ist. Ein winziges Loch an der Außenseite des Gehäuses sorgt dafür, dass ständig eine kleine Menge Öl durch die Kupplung fließt. Durch den Drehzahlunterschied zwischen An- und Abtriebswelle wird das Öl geschert und dadurch erwärmt. Ohne einen konstanten Öldurchfluss durch die beschriebene Ablassöffnung würde die Kupplung überhitzt werden. Die Wärmemenge, die durch diese Scherung in das Öl gelangt, bildet die Obergrenze für den Schlupf, den diese Kompressorantriebskonstruktion bieten kann.

Die Kupplung kann also praktisch ein variables Übersetzungsverhältnis von 0,7 bis 0,98 bieten. Während des Steigfluges sinkt die Motorleistung nach Erreichen des »gesperrten« Zustandes bei weiterem Steigflug wie bei einer Spitfire oberhalb der Nennflughöhe durch die abnehmende Luftdichte. Diese von der DB 601 verwendete Flüssigkeitskupplung wurde als Föttinger-Kupplung bezeichnet und ihre Leistungsübertragungsfähigkeit wird durch diese Gleichung angegeben.[183]

$$Pt = \left(\frac{d}{100}\right)^5 \left(\frac{n}{100}\right)^3 k$$

Kraftübertragung durch Flüssigkeitskupplung

Dabei ist Pt = Leistungsübertragungsfähigkeit (PS), d = Außendurchmesser der Kupplung (cm), n = Wellendrehzahl (U/min) und k = eine Geometriekonstante (abhängig von der Form der Innenrippen der jeweiligen Kupplung). Der Faktor Durchmesser steigt mit der fünften Potenz, so dass eine kleine Vergröße-

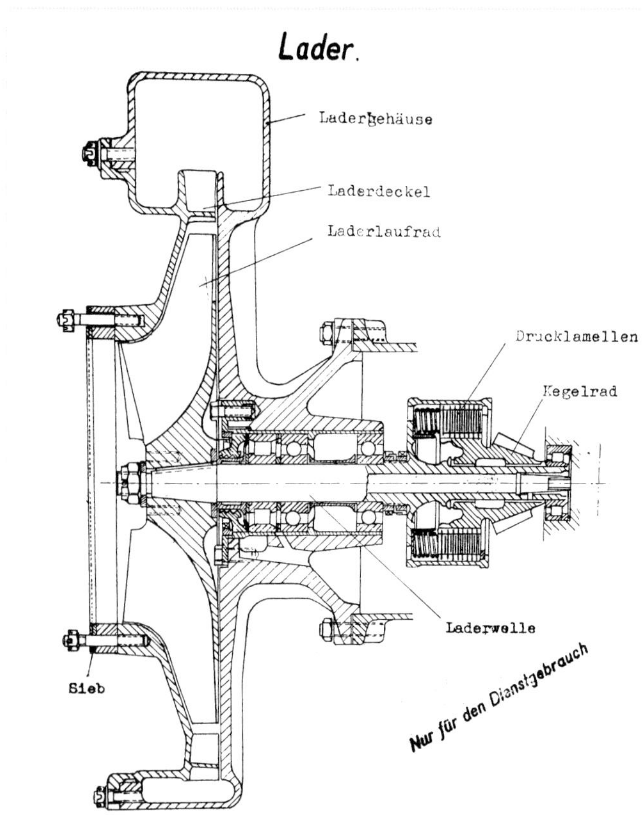

DB 600 Laderantriebssystem.

rung des Durchmessers zu einem enormen Anstieg der Leistungsübertragung führt. Obwohl das System auf den ersten Blick komplex erscheint, kam eine amerikanische Kriegsstudie über Kompressor-Antriebssysteme später zu dem Schluss, dass die Flüssigkeitsantriebskupplung im Benz sowohl leichter als auch kleiner war als die entsprechende britische Zweigang-Getriebekonstruktion.[184]

Während des Fluges wird sie über eine zweistufige Ölpumpe gesteuert. Dadurch kann die Kupplung gekühlt werden und das Steuersystem kann die Ölmenge in der Kupplung regulieren. Ohne die Ablassventile würde die Kupplung einfach von leer auf voll schalten und nach wenigen Sekunden Betrieb direkt in den gesperrten Zustand übergehen.

Die Ölpumpe der ersten Stufe pumpt einen kleinen Ölstrom durch die Kupplung, der genug Öl im Inneren hält, um den Kompressor bei der minimal erforderlichen Drehzahl zu halten, die in der dichten Luft auf Meereshöhe herrscht. Die Ölpumpe der zweiten Stufe ist mit einem barometrisch gesteuerten Druckbegrenzungsventil ausgestattet, das beim Steigen des Flugzeugs eine zunehmende Ölmenge zuführt, wodurch der Kupplungsschlupf stetig abnimmt und die Drehzahl des Kompressors in Richtung seines Auslegungsmaximums erhöht wird. Die Kupplung enthält zwei gegenüberliegende Schaufelsätze, wodurch die Schubbelastung der Stützlager ausgeglichen wird, obwohl sich dadurch auch die Kapazität der Leistungsübertragung verdoppelt.

In einem Kampfflugzeug aus dem Zweiten Weltkrieg konnte die für den Antrieb des Kompressors erforderliche Leistung zwischen 100 und 400 PS liegen. Dies zeigt, dass die Wärmeverluste einfach im Verhältnis zur effektiven Getriebeübersetzung und zur übertragenen Verdichterleistung stehen.[185]

Da Kampfflugzeuge in der Regel kalt starten, schnell aufsteigen, in den Kampf ziehen und dann nach Hause zurückkehren, muss der Ölkühler nicht so stark vergrößert werden, wie man es sich vielleicht vorstellt. Beim Start, wenn die Wärmeentwicklung in der Kupplung hoch ist, trägt er dazu bei, das Öl schnell zu erwärmen. In der Nähe der Nennhöhe ist die Wärmezufuhr vernachlässigbar, und bei der Rückkehr zur Basis ist die Triebwerksleistung nicht mehr auf Kampfleistung. Aus diesem Grund eignet sich die Kupplung gut für den Einsatz in Abfangjägern.

Das Laufrad des DB 601 wurde aus DM31 geschmiedet, die der 2014-Aluminiumlegierung der heutigen Luft- und Raumfahrt ähnelt. Die aus einem Stück geschmiedete Krümmung der Einlassleitschaufeln wurde durch Kaltverformung nach dem ersten Schmieden erreicht.[186] Das so hergestellte DB 601-Laufrad hatte eine Festigkeit, die nur etwa 20 % unter der von Basisstählen lag.[187]

Das Laufrad wurde außerdem eloxiert, was eine gefärbte Oberfläche erzeugte. Dabei wurde das Aluminiumteil in eine verdünnte Säure getaucht und mit elektrischem Strom durchflossen. Durch das Eloxieren wurde die Tiefe der natürlich vorkommenden harten Aluminiumoxid-Oberflächenschicht künstlich verstärkt. Es war ein einfaches Verfahren, um ein relativ weiches Metall mit einer harten, verschleißfesten Beschichtung zu versehen, die sonst leicht durch Schmutzpartikel in der Luft, die bei sehr hohen Geschwindigkeiten relativ zum Laufrad in den Lader eintritt, beschädigt und abgetragen werden konnte.

DB 601 A: Kompressor-Laufrad.

Dieses Herstellungsverfahren war ehrgeiziger als das von Rolls-Royce, das ein relativ grobes Aluminiumlaufrad zusammen mit einem separaten Stahlteil verwendete, das mit dem Laufrad zusammengepresst wurde, um die gekrümmten Leitschaufeln zu bilden. Das Rolls-Royce-Merlin-Laufrad war aufgrund dieser Fertigungstechnik und der Tatsache, dass das Merlin-Laufrad bei der Vergasung heftigen Rückzündungen standhalten musste, mit 3 kg erheblich schwerer als das Benz-Bauteil – das Laufrad des Benz 601 wog nur 0,880 kg.[188]

Dr. Kollmann von Daimler-Benz stellte später fest, dass das Rolls-Royce-Laufrad zwar schwerer war, aber den separaten Stahlinduktor gut nutzte, der aerodynamisch effizienter war als die Verwendung eines einteiligen Bauteils.

Am 31. Mai 1936 entließ Göring den angesehenen Leiter der technischen Abteilung des RLM, Generalmajor Wilhelm Wimmer, gegen den er eine persönliche Abneigung gehegt hatte. Göring wählte stattdessen das Fliegerass des Ersten Weltkriegs und Kunstflieger Ernst Udet zum neuen technischen Leiter des RLM. Im Februar 1939 wurde sein Verantwortungsbereich erweitert und umfasste nun die Aufsicht über alle technischen Angelegenheiten der Entwicklung und Beschaffung von Flugzeugen und Triebwerken unter dem neu eingeführten Titel »Generalluftzeugmeister«. Udet wusste zwar, wie man ein Flugzeug fliegt, aber seine Fähigkeiten als strenger und entschlossener technischer Verwalter waren zweifelhaft, wie sein Nachfolger, Generalfeldmarschall Erhard Milch, später feststellte:

> »Udet war für den Posten des Generalluftzeugmeisters völlig ungeeignet«.[189]

In der Praxis neigte Udet nun dazu, technische Angelegenheiten dem neuen technischen Leiter des RLM, Flieger-Hauptstabs-Ingenieur Gottfried Reidenbach, zu überlassen. Udets entsprechende Gegenspieler zu dieser Zeit waren Wilfrid Freeman und Hugh Dowding, mit denen Udet eine erstaunlich ähnliche frühe Karriere teilte. Alle waren Piloten im Ersten Weltkrieg, und keiner von ihnen hatte eine ernsthafte formale wissenschaftliche Ausbildung. Danach trennten sich ihre Wege. Freeman war 1927 bereits stellvertretender Direktor für Operationen und Nachrichtendienst und verfügte damit über ein Jahrzehnt Erfahrung in der militärischen Planung auf höchster Ebene in der RAF; Dowding war 1926 Direktor für Ausbildung im britischen Luftfahrtministerium und wurde 1933 Luftmarschall.

Udet, der über keine derartigen organisatorischen Erfahrungen auf höchster Ebene verfügte, war nun für die technische Koordinierung des gesamten deutschen Luftfahrtministeriums zuständig. Es wäre völlig falsch, Udet alle späteren Versäumnisse anzulasten, aber er war von ehrgeizigen und rücksichtslosen Männern wie Milch und Göring umgeben und hatte vielleicht nicht genug Charakter, um ihrem Druck standzuhalten.

Die Erprobungsstelle Rechlin, etwa 150 km nördlich von Berlin in der Nähe der Müritz gelegen, war eine von acht staatlichen Luftfahrtforschungsstellen, die von Edgar Petersen, K.d.E. (Kommandeur der Erprobungsstellen), als Gruppe geleitet wurden. Rechlin selbst wurde von Major Otto Behrens geleitet, mit Dr. Otto Cuno als Leiter der Triebwerksabteilung.[190, 191] In Rechlin wurde ein großer Teil der Triebwerkstests, der Entwicklung und der Fehlersuche durchgeführt, und obwohl es mehrere andere Standorte gab, war es Rechlin, wo der Großteil der Aktivitäten im Zusammenhang mit Kolbenmotoren stattfand.

Auch deutsche Versuche zur Direkteinspritzung in Benzinflugmotoren wurden in Rechlin erfolgreich durchgeführt.[192] Ein Rechliner Ingenieur namens Alt veröffentlichte im August 1936 seine Studie Nr. 651 mit dem Titel »Eine fehlerfreie Gemischregelung für den Einspritzzündmotor«, die zeigte, dass deutsche Flugmotorenentwickler auf dem besten Weg waren, eine Lösung für einen der schwierigsten Aspekte bei der Einführung eines Direkteinspritzsystems zu finden.

Neben den etablierten Flugmotorenherstellern wie Daimler-Benz, BMW und Junkers-Jumo waren die deutschen Forscher daran interessiert, zu sehen, ob man durch den Transfer von Wissen aus einem Bereich, in dem Deutschland in den 1920er und 1930er Jahren sehr erfolgreich gewesen war, etwas gewinnen konnte: dem Motorsport. So wurde Dr. Ferdinand Porsche am 29. Dezember 1936 von Dr. Helmut Caroselli von der DVL kontaktiert, um über die Konstruktion von Flugmotoren zu sprechen. Caroselli bot Vorschläge für eine Konstruktionsstudie an, die Dr. Porsche annahm und die Motoren Typ 70 und Typ 72 vorschlug.

Im Dezember 1936 veröffentlichte die DVL ihre Stellungnahme zu den beiden von Porsche entworfenen Motoren:

> »Studie über die Anwendung der beim Flugmotor gewonnenen Erkenntnisse auf den Rennwagenmotor unter Bezugnahme auf die Dr. Porsche GmbH
> Abschließende Schlussfolgerungen:
> Die Beurteilung der beiden Flugmotorenkonstruktionen hat ergeben, dass die Anwendung der in der Rennwagenmotorenentwicklung gewonnenen Erkenntnisse über die Verkleinerung der Zylinderabmessungen, die Erhöhung der Drehzahlen und die Hochaufladung dem Flugmotorenkonstrukteur zur Zeit keinen Nutzen bringt.
> Zusammenfassend sind die folgenden Gründe ausschlaggebend.
> 1) Die in Rennmotoren verwendeten Kraftstoffe auf Alkoholbasis sind wegen ihres niedrigen Heizwertes und des damit verbundenen hohen Verbrauchs für Flugmotoren nicht geeignet. Für den Einsatz mit konventionellen Kraftstoffen müssten wegen der geringeren Verdampfungswärme der Ladedruck und das Verdichtungsverhältnis erheblich reduziert werden, um Detonationen zu vermeiden.
> 2) Die Lader von Rennmotoren sind auf Meereshöhe ausgelegt und haben daher ein niedriges Druckverhältnis. Die Lader von Flugzeugtriebwerken sind für ein wesentlich höheres Druckver-

Ernst Udet

Ernst Udet

26. April 1896 – 17. November 1941

Der in Frankfurt am Main geborene Ernst Udet wurde ein berühmter Pilot des Ersten Weltkriegs, den er als das erfolgreichste überlebende deutsche Fliegerass überstand. Udet war ein lebensfroher Mensch und ein enger Freund von Willy Messerschmitt. Er gründete 1922 seine eigene Flugzeugbaufirma Udet-Flugzeugbau, aber das Unternehmen schloss ohne großen Erfolg. Im Juni 1936 wurde er als Leiter der Technischen Abteilung des RLM vorzeitig in eine Rolle gedrängt, für die er nicht geeignet war, und sein Gesundheitszustand verschlechterte sich zusehends. Sein Leben wurde am 17. November 1941 durch seine eigene Hand beendet, nachdem der Druck seiner Rolle unerträglich geworden war.[193] In Berlin wurden Pressemitteilungen herausgegeben, in denen es hieß, er sei bei einem Unfall bei der Erprobung einer neuen Waffe ums Leben gekommen, um eine Blamage für Hitler zu vermeiden.

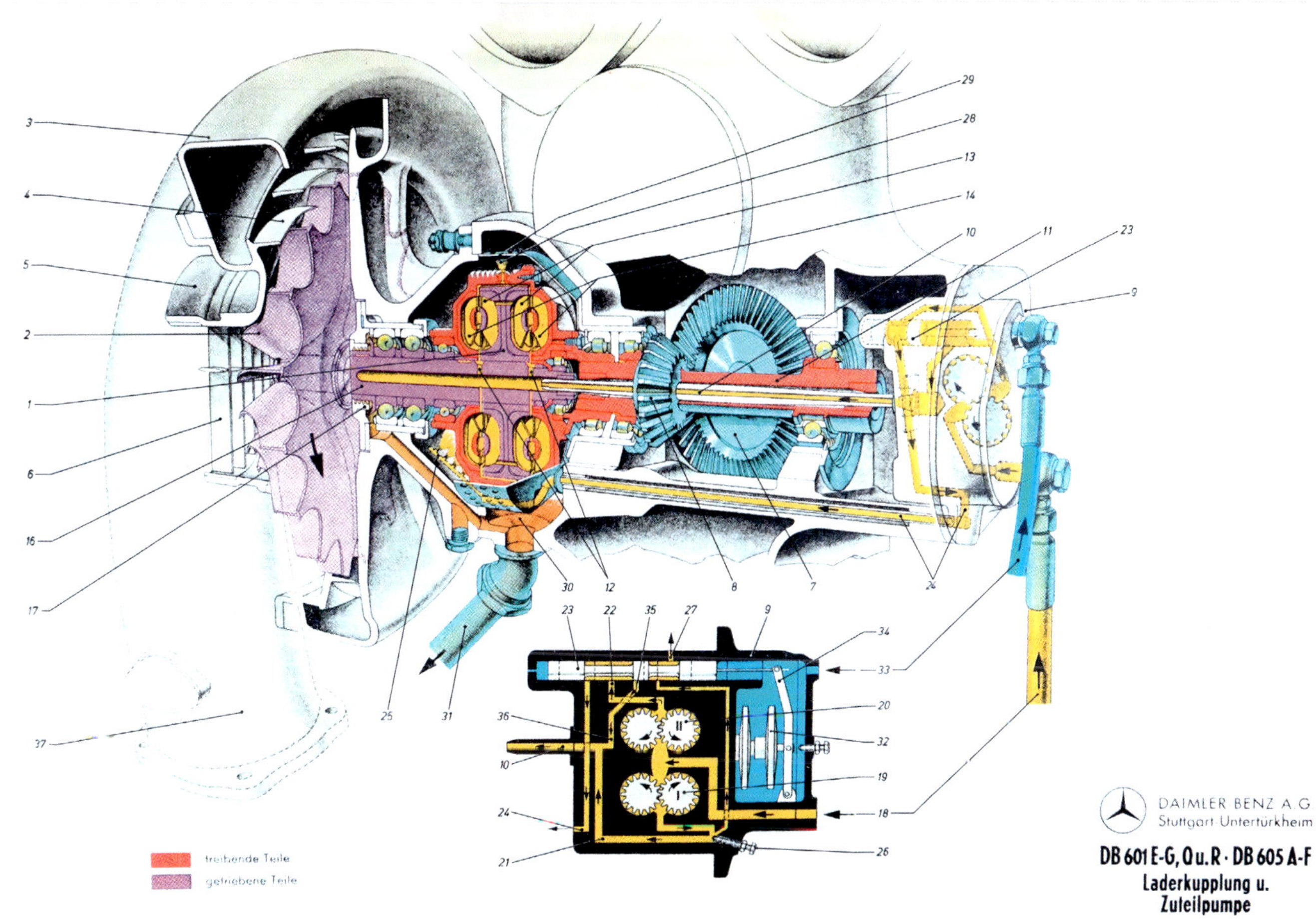

Darstellung des Fluidantriebssystems DB 601.

hältnis ausgelegt. Dies führt zu höheren Ladelufttemperaturen, so dass die Drehzahl und damit die Leistung in Meereshöhe gedrosselt werden muss. Je höher der Ladedruck, desto weniger eng ist das Verhältnis zwischen Vollgas und voller Leistung in Meereshöhe.

3) Die Möglichkeit, diese Motoren weiterzuentwickeln, ist begrenzter, da sie bereits mit dem höchstmöglichen Ladedruck und Verdichtungsverhältnis laufen. Dies gilt insbesondere für die Verbesserung der Nennhöhe, da für eine Nennhöhe von 6 km mit diesen beiden Triebwerken ein Ladeluftkühler erforderlich wäre, während die derzeitigen Flugmotoren diese Nennhöhe aufgrund der höheren Verdichterwirkungsgrade ohne Ladeluftkühler erreichen können.
4) Die Gewichts- und Einbaubedingungen sind nicht günstiger als bei modernen Flugzeugtriebwerken.
5) Der Konstruktionsaufwand ist wesentlich höher als bei den neuen konventionellen Flugzeugtriebwerken.«[104]

Der Typ 72 erreichte ein spezifisches Gewicht von 0,5 kg/PS und einen Treibstoffverbrauch von 275 g/PS/h in 8 km Höhe bei einer Leistung von 900 PS, einem Gewicht von 493 kg und einem Hubraum von 19,7 Litern, etwa 13 Liter weniger als der DB 600, aber mit etwa gleicher Leistung.

Caroselli hatte Recht, dass die Vorteile eines solchen Motors bis zur vollständigen Anpassung an den Einsatz in Militärflugzeugen, mit anderen Kraftstoffen und in der Massenproduktion, erheblich geschmälert werden könnten. Die vorgeschlagene Höchstdrehzahl der Kurbelwelle von 4100 Umdrehungen pro Minute war jedoch nicht unmöglich – wie die britischen Flugmotorenkonstrukteure bei Napier mit dem Sabre zeigen sollten. Damit war eine Chance vertan, die Praxis des Hochleistungsmotorenbaus von Porsche auf deutsche Flugmotoren zu übertragen.

Die deutsche Kompressorentwicklung an der DVL trug, wie die meisten deutschen Forschungsarbeiten in den 1930er Jahren, die Züge einer akademischen Einrichtung, ein Hintergrund, der den meisten Mitarbeitern der Kompressorforschung an der DVL gemeinsam war.[195] Die DVL war besessen von der Effizienz des Aufladers als treibender Faktor in der Entwicklung, weil Werner von der Nüll richtig festgestellt hatte, dass eine zu hohe Temperatur der in den Motor eintretenden Luft häufig zu Detonationen führte. Er stellte fest dass:

Zweistufige Aufladungssysteme von Werner von der Nüll.

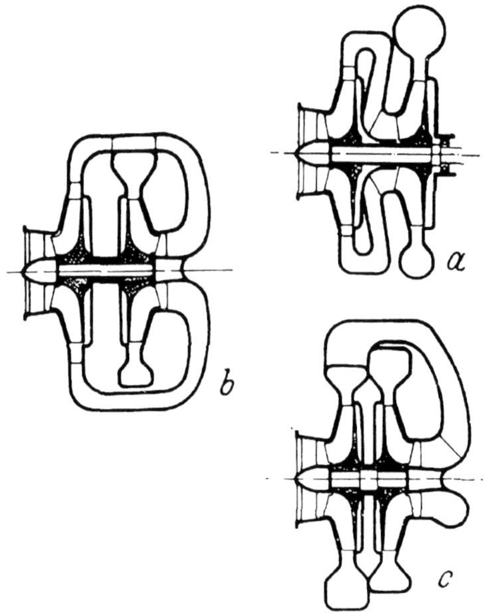

»Wenn man eine Temperatur von 80 °C als die höchste zulässige Ladelufttemperatur ansieht, bei der der Motor noch klopffrei läuft, dann sind die zulässigen kritischen Höhen ohne Ladeluftkühlung ... eine Funktion des adiabatischen Wirkungsgrades der Ladeluft.«[196]

Obwohl von der Nüll wusste, dass es möglich war, die aus dem Lader austretende Ladung mit einem Zwischenkühler oder Ladeluftkühler künstlich zu kühlen (mit Hilfe von kalter Luft oder Wasser, um den Temperaturabfall zu erreichen), war es bei der Arbeit in der DVL offensichtlich, dass alles darauf ausgerichtet war, den höchstmöglichen Wirkungsgrad des einstufigen Laders zu entwickeln, um eine zweite Laderstufe oder einen Ladeluftkühler zu vermeiden.[197]

»Die Verwendung einstufiger Zentrifugalkompressoren für die Aufladung bis zu einer Atmosphäre, d. h. 8 bis 9 km (25.000 bis 29.000 Fuß) Höhe, erscheint bei geeigneter Regelung ohne Ladeluftkühlung durchaus möglich.«[198]

Diese Haltung war wissenschaftlich hoch lobenswert, ließ aber die Möglichkeit außer Acht, dass jemand anderes sich mit einer weniger effizienten Konstruktion zufrieden geben könnte, die mit brachialer Gewalt eine höhere Leistung in größeren Höhen erzielen könnte. Von der Nüll zog mehrstufige Lader in Betracht, nannte aber Schwierigkeiten bei der Konstruktion eines praktischen Laders. Er war von der Rolls-Royce-Installation eines großen Laders am hinteren Teil des Motors angetan, wo sein großer Durchmesser nicht über die Ränder der Frontfläche des Motors herausragen würde, und stellte fest, dass die ideale Position im Vergleich zu der gegenwärtigen deutschen Praxis, ihn an der Seite zu montieren,

»...noch nicht endgültig festgelegt werden kann.«[199]

Im Juli 1937 veröffentlichte von der Nüll in der populären deutschen Luftfahrtzeitschrift Luftwissen eine umfassende Bewertung der im Ausland gebauten Triebwerkskompressoren. Er stellte fest, dass für einen optimalen Wirkungsgrad ein zweistufiger Verdichter als doppelseitiges Laufrad konstruiert werden müsste, um den hohen Axialdruck von zwei in dieselbe Richtung pumpenden Laufrädern zu vermeiden. Damit der Luftstromweg funktioniert, wäre eine Gegenstromkonstruktion erforderlich, die in seiner Abbildung als b und c dargestellt ist. Dies bedeutete, dass die Laufräder Rücken an Rücken montiert werden mussten, so dass die spiralförmige Ausrichtung des aus der ersten Stufe austretenden Stroms in die zweite Stufe in einer aerodynamisch vorteilhaften Richtung eintreten würde. Diese ideale Anordnung brachte erhebliche Einbauschwierigkeiten im engen Raum, der in der Nase eines einsitzigen Kampfflugzeugs zur Verfügung stand, mit sich.

In seinen Bewertungen machte von der Nüll viele Vorschläge, die sich später in den Entwicklungsentscheidungen wiederfinden, die Rolls-Royce zur Verbesserung des Merlin-Kompressors treffen würde. Das soll nicht heißen, dass die Briten die Empfehlungen von der Nülls kopierten; es ist viel wahrscheinlicher, dass sie als Beispiel dafür dienen, wie nahe die Ingenieure auf beiden Seiten des Ärmelkanals in ihrem Denken über die natürlichen Wege für die Weiterentwicklung der Technologie waren. Es wäre jedoch auch naiv zu glauben, dass nicht alle bedeutenden deutschen wissenschaftlichen Forschungsarbeiten von den Alliierten sofort nach ihrer Veröffentlichung geprüft und übersetzt wurden. Tatsächlich wissen wir, auch dank der NACA, dass dies der Fall war.[200, 201, 202]

Von der Nüll äußert sich auch zur Gestaltung des Lufteintrittsgehäuses. Bei Konstruktionen, die auf die Eintrittsspirale verzichteten – wie sie beim Buzzard-Laufrad verwendet wurde –, stellte der Einbauraum des Laders ein Problem für das Triebwerk dar, da der Lader mit Induktorschaufeln anstelle einer Eintrittsspirale deutlich länger war. Dies erschwerte den Einbau in den Bug des Flugzeugs, so dass häufig versucht wurde, den Lader so weit wie möglich zu verkürzen. Eine Lösung für dieses Problem war die Verwendung eines ineffizienten Kompressors mit seitlichem Eintritt, wie z. B. der Rolls-Royce Buzzard oder der frühe Merlin, wie bereits gezeigt.

Der nebenstehend gezeigte Entwurf für den »Zentraleinlass«-Kompressor stammt vom spanischen Hersteller Hispano-Suiza. Hispano hatte auch einen große Niederlassung in Frankreich, in der Nähe von Paris, und 1937 (zu spät) wurde der französische Betrieb von Hispano-Suiza mehrheitlich von der französischen Regierung übernommen, da ihre Motoren als entscheidend für die Zukunft der französischen Luftwaffe angesehen wurden.

All diese Forschungen und Studien trugen zu einem ernsten Problem für die deutsche Motorenentwicklung bei: die schiere Anzahl der parallel laufenden Motorenprogramme. Am 15. April 1937 befand sich das RLM in einem umfangreichen Motorenentwicklungsprogramm, das außer Kontrolle zu geraten drohte. Dazu gehörten: Daimler Benz DB 601, DB 604, DB 607; Junkers-Jumo 210, Jumo 211A, Jumo 206, Jumo 207, Jumo 208, Jumo 209; Argus As 10, As 410, As 417; BMW 132 F, BMW 139, BMW 140; Bramo 325, Bramo 323, Bramo 329; und der Hirth HM 500, HM 501, HM 504, HM 506, HM 508, HM 512.[203]

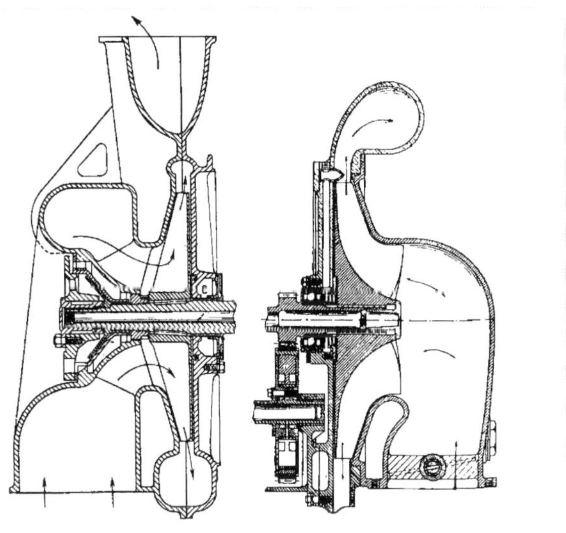

Supercharger-Einlasskonzepte von von der Nüll.

Es wurden nicht weniger als 24 einzelne Motoren aufgelistet, von denen viele in fast allen bekannten Konfigurationen völlig unterschiedlich gestaltet waren. Wenn man die Untervarianten mit einbezieht, ist die Liste noch wesentlich länger und umfasst vielleicht fünfzig Varianten. Es sah eher nach einem überstürzten Forschungsprogramm aus, das sich in alle Richtungen verzweigte, als nach einem einzigen Plan für eine erfolgreiche militärische Kampagne. Bei vielen dieser Typen handelte es sich bereits um veraltete Entwürfe mit geringer Leistung, die nur noch für Transport- und Trainingsflugzeuge geeignet waren.

Der Produktionsplan für Flugzeugzellen war ebenfalls außer Kontrolle geraten; Dutzende von Flugzeugtypen waren für die Massenproduktion vorgesehen. Doch trotz der riesigen Liste von Flugzeugen waren darunter erstaunlicherweise nur zwei einsitzige Jagdflugzeuge. Die Bf 109 war mit sieben verschiedenen Triebwerksvarianten aufgeführt, und auch die Heinkel He 112 war in der Planung mit der gleichen Vielfalt an Triebwerken aufgeführt, von Kestrel über Jumo 210 bis DB 600 und DB 601. Schwere Jagdflugzeuge waren nur durch die Bf 110 und die Henschel Hs 124 vertreten.[204]

Die technische Entwicklung der Luftwaffe schien in alle Richtungen zu gehen und die Produktion von einsitzigen Jagdflugzeugen wurde durch zahlreiche veraltete oder militärisch zweifelhafte Typen verwässert. Angesichts des extremen Aluminiummangels in Deutschland scheinen die Entwicklungsprogramme hoffnungslos unausgewogen zu sein. Eine Fülle von Wasserflugzeugen, Transportern, Aufklärungs-, Schul- und Bombern aller Art wurden aufgeführt. Dennoch gab es eine weitere Motorenentwicklung bei Daimler-Benz: die Aufladung des DB 601. Am 28. Mai 1937 informierte Daimler-Benz in einem Schreiben an das RLM über die neuesten Entwicklungen im Programm des aufgeladenen DB 601:

> »Die Arbeiten zur Kombination des BBC-Doppelturboladers mit dem DB 601-Motor sind im Gange … Im letzten Bericht Ihrer Vertreter wurde versprochen, dass bis Juli sechs DB 601-Motoren zur Erprobung in ein angepasstes Ha 138-Flugzeug eingebaut werden – Prototypen V4 und V5 –, wir haben drei DB 601-Motoren zu diesem Zweck geliefert.«

Der DB 601 V25 wurde schließlich auf dem Rechlin-Motorstand mit dem BBC-Turbolader getestet.[205] Auch konventionell aufgeladene Versionen des DB 601 waren in der Entwicklung, und am 1. Juli 1937 ging ein DB 601 mit stark überarbeitetem Lader und Zylinderköpfen in einer Ha 138 auf Testflüge. Der zweistufig aufgeladene DB 601 D sollte auch in einem Junkers EF 61-Höhenaufklärer getestet werden, mit einer Nennflughöhe von 6 km, im Gegensatz zu den 4 km des Standard-DB 601 A jener Zeit.[206, 207]

Der DB 601 E verfügte über ein Laderrad mit mehr Schaufeln und größerem Durchmesser, deutlich verbesserte Einlass-

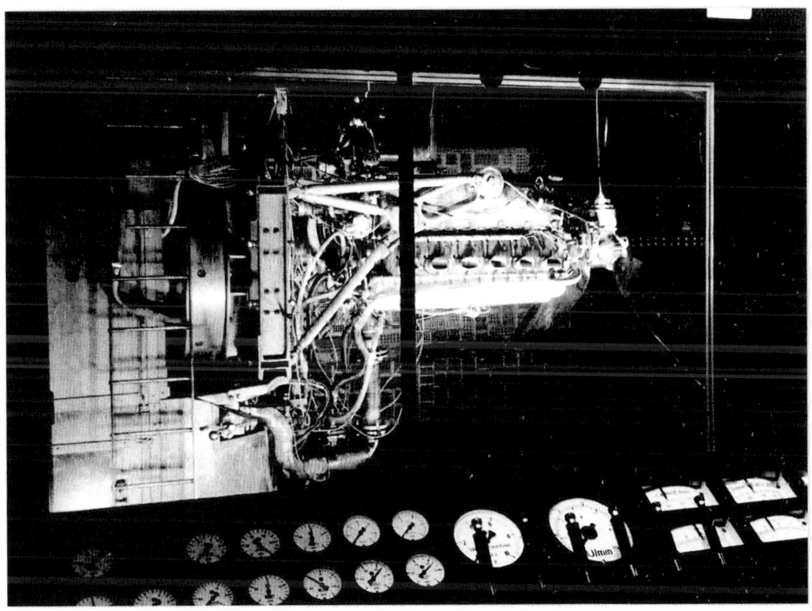

DB 601 E auf dem Prüfstand.

DB 601 E Kompressor-Laufrad.

DB 601 A Einlassanschlüsse, man beachte die zwei getrennten Kanäle.

DB 601 E Einlassöffnungen, hier aber mit nur einem offenen Kanal.

kanäle und eine radikal veränderte Ventilsteuerung. Es war ein großer Entwicklungsschritt, der sowohl eine deutlich höhere Leistung als auch eine höhere Einsatzgrenze versprach.

Der DB 601 E war der erste Daimler-Benz-Motor der Baureihe DB 600, der eine sehr hohe Ventilüberschneidung aufwies, was theoretisch zu einer erheblichen Leistungssteigerung führen würde, da der Brennraum kühler blieb und die Zylinder besser gefüllt wurden, wie dies 1936 auch in England von Sir Harry Ricardo und noch früher in den USA entdeckt worden war.

Neben der hohen Ventilüberschneidung gab es bald darauf Vorschläge von Willy Messerschmitt und Fritz Nallinger bei Daimler-Benz für eine große Leistungssteigerung eines DB 601-Motors – mit dem Ziel des Geschwindigkeitsweltrekords zu Propagandazwecken. Am 11. November 1937 veröffentlichte Willy Messerschmitt in Deutschland ein kurzes Dokument über die Schwierigkeiten des Hochgeschwindigkeitsfluges. Er skizzierte die aktuellen Überlegungen zum Bau von Hochgeschwindigkeitsflugzeugen und gab einen ausführlichen Überblick über die Ergebnisse des Schneider-Trophy-Rennens. Messerschmitt wies darauf hin, dass die Teilnahme Englands der Spende von Lady Houston zu verdanken sei, und stellte anhand eines Diagramms die steigenden Geschwindigkeiten der Gewinner der Schneider-Trophy fest:

> »Nur ein paar km/h mehr oder weniger können über Erfolg oder Misserfolg entscheiden. Es gibt kaum einen Präzedenzfall in der Geschichte, bei dem Erfolg oder Misserfolg so eindeutig von einer so geringen Leistungsspanne abhängen.« [208]

Messerschmitt ging weiter auf die Motorenentwicklung ein:

> »Die Motorenentwicklung der Nachkriegszeit hat zu einer plötzlichen Leistungssteigerung geführt, beginnend mit dem 400 PS Liberty-Motor, später dem 500 PS Curtiss, danach dem 2000 PS Rolls-Royce und dem 3800 PS Fiat-Doppelmotor. Wäre diese Entwicklung nur durch Vergrößerung erreicht worden, wäre der Fortschritt nicht sehr bemerkenswert. Die Bedeutung des Fortschritts liegt jedoch darin, dass das Leistungsgewicht der Motoren von etwa 1,25 kg/PS > 0,5 kg/PS für typische Motoren und bis zu 0,3 kg/PS für die Geschwindigkeitsrekordmotoren erreicht wurde – und dass diese kompakten Motoren trotz der hohen Leistung noch relativ zuverlässig waren.« [209]

Messerschmitt wurde oft für seine Betonung des Leichtbaus kritisiert. Manche glaubten, dass er mit dieser Philosophie zu weit ging und gefährliche Flugzeuge entwarf, die auseinanderfallen würden. Als das RAE jedoch später die Tragflächen einer Bf 109 bis zur Zerstörung testete, stellte sich heraus, dass sie bei Belastungen versagten, die weit über denen lagen, bei denen der Pilot einen Blackout erleiden würde.[210, 211] Messerschmitt betonte, dass die Gewichtsreduzierung eines Flugzeugs den gleichen Effekt hatte wie die Verringerung des Luftwiderstands oder die Erhöhung der Motorleistung, so dass ein Gleichgewicht zwischen dem Einbau des größtmöglichen Motors und einer guten Gesamtleistung des Flugzeugs gefunden werden musste. Über dieses Gleichgewicht schrieb Messerschmitt:

> »Es ist außerordentlich wichtig, dass diese Frage klar verstanden wird, denn ich sehe, dass wir bald gezwungen sein werden, noch größere und schwerere Flugmotoren zu verwenden, und um mit diesen Motoren fertig zu werden, werden die Flugzeuge größer gebaut werden müssen, als sie es heute sind. Im Interesse der Luftwaffe muss die Frage des Einbaus großer Triebwerke und der damit verbundenen Erhöhung des Gesamtgewichts oder der Ver-

Willy Messerschmitts Bf 109 für den Fluggeschwindigkeitsrekord von 1937, 379mph/ 610 km/h.

wendung kleiner Triebwerke für kleine Flugzeuge geprüft werden. Die Entwicklung neuer Triebwerkstypen kostet so viel und jedes Problem bringt so viel mehr Entwicklungskosten mit sich, dass diese Frage nicht ernst genug genommen werden kann.«[212]

Als die frühe Bf 109 entworfen wurde, wurde der Rolls-Royce Kestrel zu Testzwecken eingebaut, als die Flugzeugzelle kurz vor der Fertigstellung stand, weil die deutschen Junkers Jumo 210-Triebwerke, für die sie ursprünglich konzipiert worden war, noch nicht bereit standen. Sowohl der Kestrel- als auch der Jumo-Motor hatten einen Hubraum von fast 20 Litern und eine Leistung von etwa 700 PS und wogen beide etwa 440 kg. Der DB 601, mit dem die Bf 109 in die Luftschlacht um England zog, wog über 150 kg mehr und hatte einen fast vierzehn Liter größeren Hubraum. Die hohen Tragflächenbelastungen waren einer der Kritikpunkte, die häufig gegen die Bf 109 vorgebracht wurden, obwohl die Vorflügel die Tragflächen um 15 % verkleinern konnten, weil sie die Länge der Start- und Landebahn verringerten.[213]

Die Entwicklung von Kraftstoffen schritt in dieser Zeit voran, und im Hydrierwerk Pölitz wurde an Kraftstoffen mit einer Oktanzahl von weit über 87 gearbeitet. Neben den technischen Bemühungen schenkte Deutschland auch ausländischen Experten seine Aufmerksamkeit. So wurde einer der vielen Vorträge von F. R. Banks zum Thema 100 Oktan-Kraftstoff ins Deutsche übersetzt und in der deutschen Luftfahrtindustrie verbreitet.

»Man spricht heute oft über 100 Oktan-Kraftstoff, aber ich würde gerne wissen, woher dieser Kraftstoff kommen soll. Heute produziert nur ein Land auf der Welt Iso-Oktan: die USA. Es ist zweifelhaft, ob es richtig ist, Motoren für einen Treibstoff zu bauen, der nur in Friedenszeiten und nur an bestimmten Orten gewonnen werden kann.«[214]

Diese pessimistische Einschätzung stammt nicht von Banks, sondern von einem der anderen Delegierten, der seinen Optimismus bezüglich der Versorgungsprobleme nicht teilte. Am 14. Dezember 1937 legte Daimler-Benz dem RLM seinen regelmäßigen Entwicklungsbericht vor. Er enthielt zum größten Teil verschiedene abwegige Entwicklungen, die kurzfristig keinen militärischen Nutzen bringen würden.

Die Entwicklung des DB 604 in X-Konfiguration, eines dem Rolls-Royce Vulture ähnlichen Motors, eines Zweitaktmotors und eines Drehschieber-Versuchsmotors, der später in den Werken von Jumo und Daimler in Serie gehen sollte, ging weiter. Der Drehschiebermotor sollte 30 Liter Hubraum haben, ein völlig neuer Motor sein und nicht nur ein DB 601 mit einem neuen Zylinderkopf. Daimler-Benz berichtet, dass bisher nur ein V-Twin-Versuchsmotor fertiggestellt worden sei.

Der neueste Henkel-Jäger He 100 verwendete ein neues Kühlsystem, und am 17. Januar 1938 veröffentlichte Daimler-Benz einen Bericht über die Verdunstungskühlung des Flugzeugs, mit deren Erprobung am 15. Dezember 1937 begonnen worden war.[215]

»Für Heinkel wurden Verdunstungskühlversuche mit dem DB 600 und DB 601 durchgeführt. Bei den ersten Versuchen hat sich gezeigt, dass die Werkstoffe die erhöhten Kühlmitteltemperaturen vertragen, aber die Wasserpumpe nicht genügend Kühlmittelstrom liefern konnte. Diese Pumpe befindet sich nun in der Entwicklung, mit dem Ziel, den Druck im Motor so weit zu erhöhen, dass diese Dampfnester im Kühlmantel vermieden werden, denn diese zerstörerischen Verdampfungszonen müssen unter allen Umständen vermieden werden.«[216]

Das Heinkel-Verdunstungskühlsystem sollte einen externen Kühler überflüssig machen, stieß aber auf dasselbe Problem, das das Konzept schon immer geplagt hatte: Es war ein großer Entwicklungsaufwand erforderlich, um sicherzustellen, dass sich im Motor selbst kein Dampf bildete. Der Motor würde durch solche Dampfblasen schnell zerstört werden, da das verdampfte Wasser die heißesten Stellen im Zylinderkopf isolieren würde, was deren Kühlung verhinderte und zu einer fatalen Überhitzung des Motors führte. Am 26. Januar 1938 wurde deutlich, dass das Interesse anderer Nationen am DB 601 zunahm. Das RLM schreibt Daimler-Benz direkt an:

> »Am 8. Dezember 1937 haben Sie mir mitgeteilt, dass eine Gruppe französischer Industrieller angefragt hat, ob ein DB 601, eingebaut in eine Bf 109, zu Studienzwecken freigegeben werden kann … Anfragen ausländischer Nationen nach Lizenzen für diesen Motor kommen nicht in Betracht. Lediglich DB 600-Motoren mit Vergasern sind zum Verkauf freigegeben worden, bedürfen aber noch einer Sondergenehmigung.
>
> Ferner bitte ich Sie, die Anfrage zum Verkauf des DB 600 an die Russen negativ zu beantworten.«[217]

Die Einspritzanlage befand sich noch in der Entwicklung und galt im Detail als streng geheim. Am 8. Februar 1938 teilte Daimler-Benz mit, dass die erste Serie von DB 601-Motoren mit Direkteinspritzung getestet worden war. Die Bezeichnung »V« bedeutete Prototyp, so dass der V1 tatsächlich der erste voll funktionsfähige DB 601-Motor war.

> »DB 601-Motoren mit Direkteinspritzung, DB 601-V1 bis V5. Der Motor V1 hatte Kolben mit einem Verdichtungsverhältnis von 6,9 : 1 und befindet sich jetzt in der Dauererprobung.
>
> Der Motor V2 wurde auf dem elektrischen Prüfstand getestet, um das Ölsystem zu prüfen. Dabei zeigte sich, dass der Ölfluss aus den Hauptlagern insbesondere bei niedrigen Temperaturen unzureichend ist.
>
> Motor V3: Dieser Motor hatte einen kurzen Lauf mit den neuen Kühlmittelkanälen und einem Verdichtungsverhältnis von 7,3 : 1, bei dem verschiedene Kolben feststeckten, was auf leichtes Klopfen hinwies. Die Ursache war ein zu geringer Wasserdurchfluss, und er wird jetzt mit Pumpen mit größerer Kapazität ausgestattet. Danach wurde ein Verdichtungsverhältnis von 7 : 1 verwendet.
>
> Der Motor V10 wurde für Hochleistungstests auf eine Verdichtung von 9 : 1 eingestellt, aber die Nockenwellenstützen brachen, und die erfolgreiche Zündung war sehr schwierig.«[218]

Eine hohe Verdichtung führt dazu, dass die nötige Energie, um den Funken überspringen zu lassen, erhöht wird, da dichte Luft ein hervorragender elektrischer Isolator ist, und so konnte der Magnetzünder bei 9 : 1 nicht genug Energie liefern. Am 6. April 1938 notiert Daimler-Benz den Fortschritt des gesamten Entwicklungsprogramms.

> »Verbesserung des DB 601, Leistungssteigerung und Erreichen eines niedrigen Kraftstoffverbrauchs:
> Stufe 1: 5 min Notleistung, 1300 PS mit DB 601 E
> Stufe 2: 5 min Notleistung, 1400 PS mit DB 601.
>
> - Weitere Tests der DB 601 Testmotoren und laufende Tests.
> - Kühlsystemtests, Glykol- und Verdunstungskühlung.
> - Entwicklung von Getrieben für gegenläufige Propeller.
> - Versuche mit Motoren mit wälzgelagerter Kurbelwelle.
> - Versuche mit Motoren mit Gleitlagern für Haupt- und Pleuellager.
> - Entwicklung des Motors DB 607 mit gegenläufigen Propellern.
> - Entwicklung eines Mehrzylinder-Scheibenventilmotors mit der vorläufigen Bezeichnung »P37«, der zunächst auf der Grundlage des DB 600 entwickelt wird, um 2 bis 3 vollständige Testmotoren herzustellen.
> - Entwicklung von Motoren mit dem Ziel einer Leistung von 3000 PS, vorläufige Bezeichnung »P-38«.
> - Entwicklung eines Kompressors
>
> Einstufig für eine Nennhöhe von 6 km.
> Tests an offenen und geschlossenen Laufrädern.
> Verschiedene Anordnungen für Induktor-Schaufeln.
> Verschiedene Ausführungen für die Spiralgehäuse.
> Variable Drehzahlregelung.
> Zweistufiger Lader mit einer Nennhöhe von 8,5 km Höhe.
> DB 604 Lader mit 6 km Nennhöhe.
> Erprobung von Abgasturboladern.
> Düsenentwicklung für Ejektorabgase.
> Entwicklung von Zweitaktmotoren.«[219]

Insgesamt wurden für den Zeitraum 1938/39 18 neue Projekte aufgelistet, darunter 14 DB 601 R-Rekordmotoren, mit Gesamtkosten von 2,8 Millionen Reichsmark. Das Ausmaß der Arbeiten, die Daimler-Benz in Angriff nahm, war immens, und der Krieg war weniger als 18 Monate weg.

Am 9. Juli 1938 schreibt Daimler-Benz an das RLM, um die Lizenzfertigung des DB 601 mit Japan weiter zu diskutieren.

> »Im Oktober 1937 haben wir folgende Vereinbarung getroffen. Von den vor dem 1. Januar 1937 fälligen Lizenzgebühren soll die Hälfte dieser Summe dem Reich gespendet werden, die andere Hälfte soll für die Erweiterung der Gebäude in Untertürkheim verwendet werden.«[220]

Nachdem bereits der Vorschlag, Motoren nach Russland oder Frankreich zu verkaufen, abgelehnt worden war, sprach die Entscheidung, die Produktionsrechte an Japan zu verkaufen – was die Übersendung aller Fertigungszeichnungen bedeutet hätte –, Bände über die politische Situation im Deutschland der 30er Jahre. Bis zur Unterzeichnung des Dreimächtepaktes sollten noch einige Jahre vergehen.

Am 20. Juli 1938 hatte Daimler-Benz zwei neue Einzylinder-Forschungsmotoren des Typs DB 6001, gekennzeichnet durch die zusätzliche Null im Namen, für Hochleistungstests aufgestellt. Mit dem 6001/5 wollte das Unternehmen die Forschung mit neuen Einspritzanlagen fortsetzen; die Umstellung von einem ursprünglich von Bosch für Dieselmotoren verwendeten System auf Benzin erwies sich als schwieriger als erwartet.[221]

Nach dem Entwicklungsbericht von Daimler-Benz über die Turboaufladung stellte die Metallurgie der Turbinenschaufeln weiterhin eine große Herausforderung dar. Am 28. Juli 1938 berichtet Daimler-Benz über die neuesten Versuche:

> »Der 1. Quartalsbericht über das BBC-Turboladerprojekt für DB 600-Motoren. Der Abgasturbolader wurde vom DB 600 angetrieben. Die Auspuffrohre waren wassergekühlt, um die von der BBC vorgegebene Temperaturgrenze von 600 °C nicht zu überschreiten. Die Turbine wurde bei diesen Teillastbedingungen des Motors unter 11.000 U/min gehalten. Bei Teillast konnte nicht genügend Ladedruck erzeugt werden, um den Betrieb aufrechtzuerhalten, aber bei Volllast mit 19.000 U/min und einer Motordrehzahl von 2250 U/min konnte die Drehzahl nur eine Minute lang gehalten werden, bevor die Temperaturgrenze der Turbine überschritten wurde. Bei diesem Wert wurde ein Wirkungsgrad von 50 % erreicht, was immer noch als zu niedrig erachtet wird. Ein neues Turbinenlaufrad und ein neues Gehäuse werden entwickelt, um diesen Wert zu verbessern.«[222]

Verbrennungsmotoren sind Wärmekraftmaschinen, und eine hohe Leistung führt zu hohen Gastemperaturen. Da die Abgase gekühlt werden mussten, um eine Überhitzung der Turbine zu verhindern, wurde dem Abgas viel Energie entzogen, so dass es, wenn es schließlich den Turbolader erreichte, weniger Leistung hatte, um ihn anzutreiben. Die gesamte Abwärme ging in die Wasserkühlung der Auspuffrohre und trug zur schlechten Leistung des Turboladers bei. Ohne eine grundlegende Änderung der Entwicklung war der Turbolader in Deutschland keine brauchbare Technologie.

Weiter östlich, in Dessau, machte Dr. August Lichte bei Jumo einen bedeutenden Schritt nach vorn, als der erste Prototyp des Jumo-Motors 213 zusammengebaut und am 26. Juli 1938 zur Erprobung in die Prüfstelle geliefert wurde. Der 213 war eine bedeutende Weiterentwicklung des Jumo 211 mit einer höheren Drehzahl und einem völlig neu gestalteten Zylinderkopf, bei dem die beiden Zündkerzen senkrecht in die Kammer eintauchten. Er verfügte auch über einen wesentlich fortschrittlicheren Kompressor, obwohl Jumo sich trotz der anderen fortschrittlichen Merkmale enttäuschenderweise dafür entschieden hatte, die Dreiventil-Zylinderköpfe beizubehalten.[223]

Einen Monat später, am 24. August 1938, veröffentlichte die DVL Pläne für verschiedene H- und X-Motoren mit Sitz- und Scheibenventilen.

Diese wurden mit dem so genannten DB 601 S verglichen, wobei der Buchstabe »S« für Scheibensteuerung stand. Noch immer verwässerten die deutschen Ingenieure ihre Bemühungen, indem sie in fast alle Entwicklungsrichtungen gleichzeitig ausgriffen. Wie wenig vorausschauend diese Vorgehensweise war, zeigte sich am 6. September 1938, als Daimler-Benz ernst-

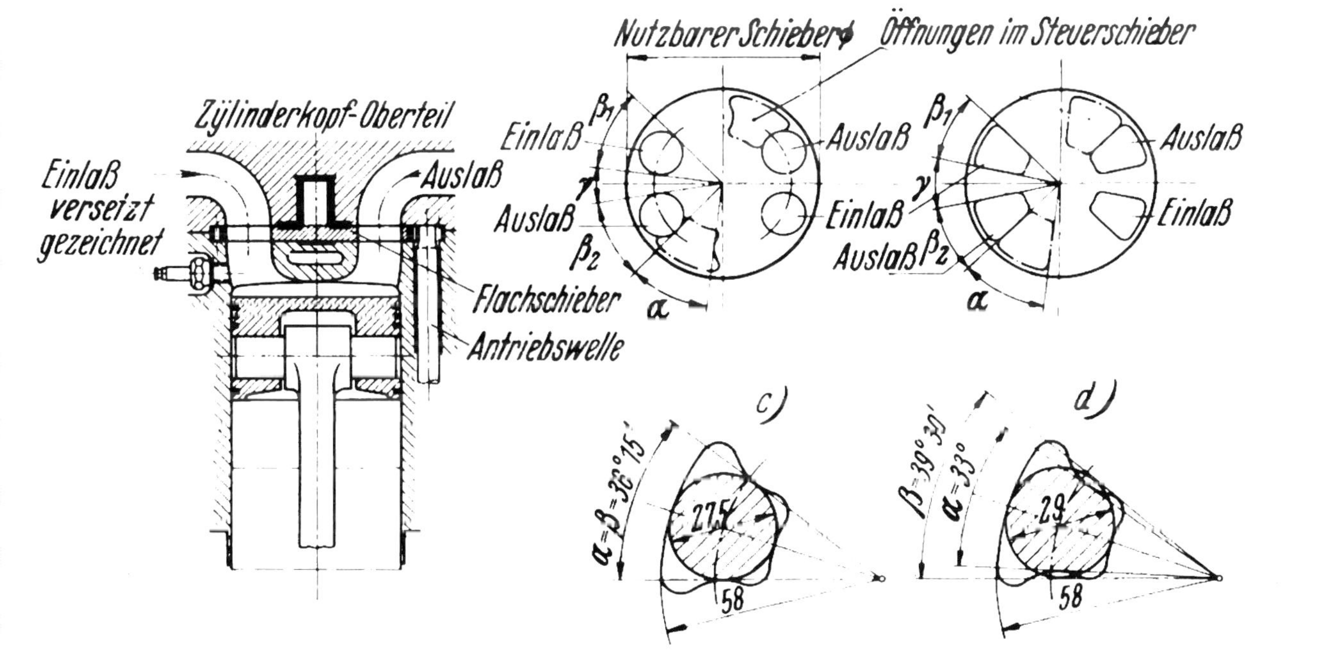

DB 601: Scheibenventil-Einzelzylinderkopf.

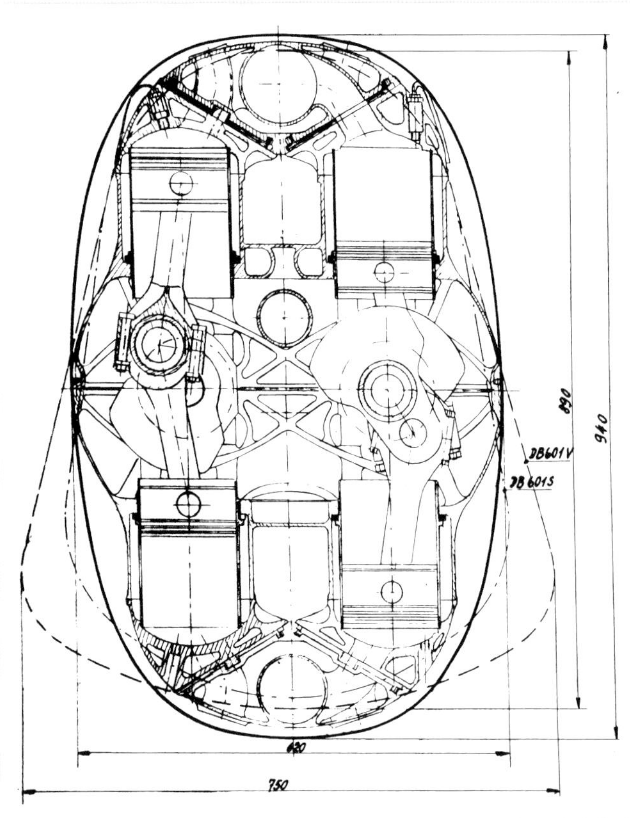

DVL H-Motor mit Scheibenventilen.

hafte Probleme hatte, einfach nur die Serienmotoren zum Laufen zu bringen, geschweige denn irgendwelche avantgardistischen Konzepte.

»Die Ventile des Serienmotors DB 601 hatten Probleme, die sich darin äußerten, dass die Ventile nach einer gewissen Betriebszeit ihre Gasdichtigkeit verloren. Schon früh in der Entwicklung des DB 601 traten Probleme mit den Ventilen auf, aber das RLM übernahm die Verantwortung dafür, die Serienproduktion trotzdem zu starten. In dieser Phase wurde ein Testzylinder mit einer neuen Konstruktion der Wasserströmungskanäle entwickelt, der bewies, dass diese Änderung das Ventilproblem beheben konnte und mindestens 200 Stunden sicheren Betrieb ermöglichte, d.h. zwei Teilüberholungen, die zu weiteren 300 Stunden führen, bis die Hauptüberholung wahrscheinlich erforderlich wird.«[224]

»Es wurden Tests durchgeführt, um zu sehen, ob die Konstruktion mit dem alten Wasserkanaldesign 100 Betriebsstunden mit der Startleistung von 1175 PS erreichen konnte, und um zu klären, warum es bei der Massenproduktion dieser neuen DB 601-Version mit dem neuen Wasserkanaldesign zu Rückschlägen kam. Vorversuche wurden über ein 10-Stunden-Laufprogramm durchgeführt, 30 Minuten mit 1000 PS, 30 Minuten mit 950 PS und pro Stunde drei Perioden mit einer Startleistung von 1175 PS.

Daraus ergaben sich die folgenden Vorschläge für Motoränderungen:

- Strömungsleitbleche im Wasserkanal in den Wassereintrittsbereichen
- Vergrößerung des Spiels in den Ventilführungen von 0,04. > 0,06 auf 0,07. > 0,09 mm
- Tieferes Einschneiden der Ventile in die Ventilsitztasche um 0,8 mm
- Verwendung von Celsit V-Stellite für die Ventile anstelle des alten WH4-Materials

In diesem letzten Punkt erwies sich die Verwendung von Celsit V als besonders vorteilhaft, ebenso wie Ventilsitze aus Stahl mit Stellite-Beschichtung anstelle des alten Bronzematerials.«[225]

»Mit Celsit V wies keines der Ventile in den Tests Risse auf, aber mit der WH4-Beschichtung zeigte das WH4-Stellite selbst bei Ventilen, die nicht überhitzt erschienen, häufig Risse.«[226]

Celsit ist eine hochtemperaturbeständige Beschichtung, die auf Ventile aufgetragen wird, um sie vor Korrosion zu schützen. Sie wird auch heute noch verwendet und besteht aus 27 % Chrom, 4 % Wolfram und der Rest ist Kobalt. Es musste sparsam verwendet werden, da die Beschichtung Metalle enthielt, die auf der Problemliste für die zukünftige Versorgung standen. Deutschland verfügte über fast keine einheimischen Reserven dieser Metalle und konnte es sich daher nicht leisten, die Beschichtung einfach großzügig auf alle Motorventile aufzutragen. Bald wurden in Deutschland neue »kobaltarme« Sparversionen dieser Beschichtung entwickelt, die jedoch nicht so gut funktionierten wie die ursprüngliche Zusammensetzung.[227, 228]

»Ventile mit elastischen Ventilköpfen: Im Vergleich zu normalen Ventilen scheinen diese einen Vorteil und auch weniger Gewicht zu haben; die Frage der elastischen Ventilköpfe bedarf weiterer Tests. Einige der ausgefallenen Ventile fielen nicht aus, als sie durch identische neue Ventile ersetzt wurden. Es liegt also offensichtlich auch ein Herstellungsfehler vor, die Firma Teves wurde informiert, bei Ventilen aus den Bayerischen Leichtmetallwerken traten solche Abweichungen nicht auf.

Es sollte ein neues Wasserrohr mit der Teilenummer 9-601.301-700.13/c eingebaut werden.«[229]

Das neue Wasserrohr bezog sich auf Änderungen an den Bohrungen in einem langen Rohr, das durch den gesamten Zylinderkopf verlief und das Kühlmittel um die Ventile und Ventilsitze herum verteilte (siehe drittes Bild unten auf Seite 92 und Bild auf Seite 184). Nur zwei Firmen in Deutschland konnten Ventile für Flugmotoren herstellen, die Bayerischen Leichtmetallwerke in München und Teves in Berlin.[230] Die oben erwähnten elastischen Ventile hatten einen weniger stabilen Ventilteller, der es ihnen ermöglichte, sich bei der Verformung des Ventilsitzes genauer an diesen anzupassen. Während man sich um die Ventilprobleme kümmerte, begannen auch die Einbauversuche für die Kanone durch die Propellerwelle.

Am 13. Oktober 1938 hielt die Lilienthal-Gesellschaft für Luftfahrtforschung ihre opulente Jahrestagung in Berlin ab. Um ihr Ansehen zu steigern, lud die Organisation jedes Jahr die führenden Namen der Luftfahrt ein, und zu diesem Anlass war der Leiter der Kompressorentwicklung bei Rolls-Royce, Jimmy Ellor, eingeladen worden, um seine Überlegungen zur Aufladung von Flugmotoren vorzustellen. Sein Vortrag begann:

»Der Autor ist sich der Ehre sehr bewusst, die ihm die Lilienthal-Gesellschaft mit ihrer Einladung zuteil werden ließ, auf ihrer Jahreskonferenz und vor einer so weltweiten und angesehenen Versammlung von Luftfahrttechnikern einen Vortrag zu halten ... da Dr. von der Nüll sich in seinen ausgezeichneten Vorträgen bereits eingehend mit der Konstruktion und den Leistungen von Flugmotorenaufladern befasst hat, hat er sich entschlossen, eher auf die praktische Anwendung des Aufladers einzugehen.«[231]

Ellor stellte seine Analyse von Motoren mit verschiedenen Antriebsmethoden des Aufladers den gesammelten deutschen Flugmotorenentwicklern vor.

Er führte weiter aus:

»Ein System der Kraftstoffeinspritzung in das Ansaugrohr hat eine Reihe von Vorteilen. Es beseitigt die Vergaserverluste, was den Wirkungsgrad des Laders erhöht, während es gleichzeitig die Vorteile eines Druckvergasersystems in Bezug auf Gefrierfreiheit und Maximierung der Dichte des brennbaren Gemischs besitzt.«

Ellor fuhr mit der Aufladung des Flugmotors fort:

»Diese Art der Aufladung ist immer attraktiv, da sie die Vorteile variabler Laufradgeschwindigkeiten ohne offensichtliche Leistungseinbußen bietet. Es wird jedoch darauf hingewiesen, dass die Leistung für den Antrieb des abgasbetriebenen Laders nicht von der Kurbelwelle abgenommen wird, sondern dass die Gesamtleistung des Motors bei den gleichen Verdichtungsverhältnissen des Laders geringer ist wegen des geringeren Gewichts der angesaugten Ladung aufgrund der Gegendruckunterschiede. Wenn beispielsweise der für den Antrieb der Turbine erforderliche Gegendruck gleich dem Ladedruck ist, entspricht der Leistungsverlust in etwa dem, der für den Antrieb des mechanisch angetriebenen Laders erforderlich ist. Die Leistung in verschiedenen Höhen ist daher vergleichbar mit der eines mechanisch angetriebenen Laders mit stufenlos einstellbarer Drehzahl.«

Obwohl er es nicht wissen konnte, hatten Dr. Kollmann, Schmid und Kamps im Werk Stuttgart-Untertürkheim genau eine Woche vor seinem Vortrag einen Daimler-Benz DB 601 mit einem Abgasturbolader betrieben.

»Nach 40 Betriebsstunden lief der Turbolader sehr gut. Anschließend wurde der Test über volle 100 Stunden durchgeführt. Die Abgastemperatur am Eintritt in die Turbine wurde bei 600 °C gehalten. Die Turbinendrehzahl betrug 18.000 bis 20.000 Umdrehungen pro Minute. Der Zustand der Lager war zufriedenstellend.«[232]

Wie zufriedenstellend der Turbolader auch immer gewesen sein mag, die Abgastemperaturen wurden immer noch durch Wasserkühlung des Abgaskrümmers künstlich auf 600 °C begrenzt, was im Flugzeug unmöglich gewesen wäre. Im Gegensatz dazu arbeitete in Großbritannien zur gleichen Zeit der deutschstämmige britische Metallurge Leonard Bessemer Pfeil bei der Firma Henry Wiggin & Co. in Birmingham an einer Legierungsfamilie, die als Nimonics bekannt war. Pfeil entwickelte Nimonic 75, dann Nimonic 80 aus 70 % Nickel, 21 % Chrom, 3 % Titan, 3 % Eisen, 2 % Kobalt und 1 % Aluminium. Die einheimischen deutschen Metallurgen verstanden zwar ihr Fach bestens, waren aber nicht in der Lage, Materialien für die Massenproduktion einer gleichwertigen Legierung zu beschaffen. Nimonic 80 konnte einer Gastemperatur von 800 °C standhalten und wird noch heute in Gasturbinen verwendet.

Der nächste Vortragende war Sir Roy Fedden aus Bristol, der zunächst über seine Forschungen zum Hülsenventil sprach. Wie üblich verzichtete Fedden auf eine ausführliche Einleitung mit Danksagungen an seine Gastgeber oder gesellschaftlichen Nettigkeiten, sondern ging gleich in der ersten Zeile auf die technischen Details ein:

»Die Behandlung, der ein Sitzventil im Betrieb ausgesetzt ist, ist so hart, dass es keiner Erklärung für die wiederholten Bemühungen bedarf, einen Ersatzmechanismus zu finden. Die gleichmäßige Bewegung von zwangsgesteuerten Hülsen hat sich schon früh angeboten.

Die naheliegendste Methode, eine Muffe zu betätigen, besteht darin, sie in eine hin- und hergehende Bewegung zu versetzen, wobei leider zwei Sätze von Öffnungen nacheinander freigelegt werden müssen ... Die britische Daimler Company hat diese Konstruktion als erste ernsthaft aufgegriffen. Die Leistung dieses Motors war bemerkenswert und unter offizieller Beobachtung absolvierte er im Frühjahr 1909 einen Dauertest von 100 Stunden.

Seit diesem Zeitpunkt wurde das Tellerventil natürlich erheblich verbessert. Hohlventile mit Natriumkühlung und sternförmigen Sitzen sind jetzt üblich ... aber die Aufgabe des Tellerventils wurde trotz dieser technischen Verbesserungen immer anstrengender.

Auf der Grundlage der gewonnenen Erfahrungen wurde die Einheit 1930 unter Verwendung von geschmiedeten Hülsen aus austenitischem Nickel-Chrom-Wolfram-Stahl (KE 965), Zylindern aus Aluminiumlegierung und Köpfen mit verstärkten Rippen umgebaut. Eine der Hülsen wurde in weichem Zustand belassen, die andere nitriert – mit der nitrierten Komponente wurden äußerst vielversprechende Ergebnisse erzielt.

DB 601 mit Kanone an der hinteren Seite.

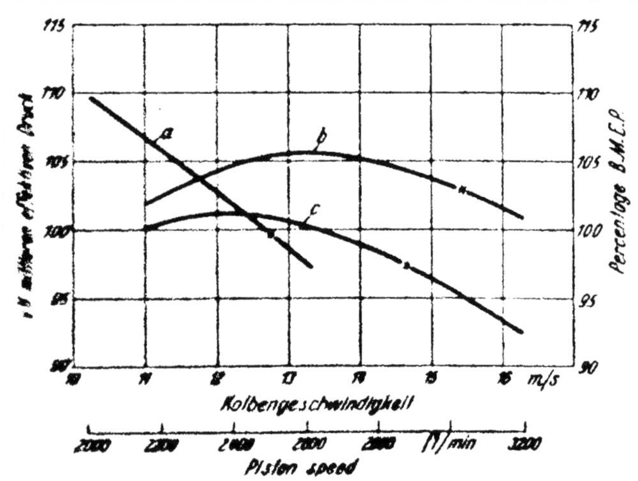

Feddens Vergleich von Ventilkonstruktionen.

Inhärente Vorteile der Hülsen-Ventil-Konstruktion

- Völlige Wartungsfreiheit mit Ausnahme der Wartung von Zündkerzen und Zündmagneten
- Beseitigung von Hot Spots im Brennraum
- Verwendung von höheren Verdichtungsverhältnissen oder Ladedrücken
- Verbesserter volumetrischer Wirkungsgrad aufgrund der größeren effektiven Öffnungsflächen
- Zentral angeordnete Zündkerzen.

Unter allen Gesichtspunkten muss ich feststellen, dass es keinen versteckten Faktor gibt, der die erfolgreiche Einführung des Sleeve-Ventils verhindern könnte.«[233]

Fedden stellte eine Filmkamera auf und zeigte den Delegierten eine Filmrolle, auf der zu sehen war, wie sich die Hülsen bewegten. Er bemerkte, dass nur sehr wenige Menschen dies anhand von Bildern wirklich zu verstehen schienen.

Fedden zeigte auch ein Diagramm, in dem die Motorleistung mit der Kolbengeschwindigkeit verglichen wurde, in diesem Fall ein typischer amerikanischer luftgekühlter Zwei-Ventil-Zylinderkopf, ein Bristol-Hülsenventil und ein Bristol mit einem Vier-Ventil-Sitzventilkopf. Zumindest unter dem Gesichtspunkt der Atmungskapazität als eigenständiges Element

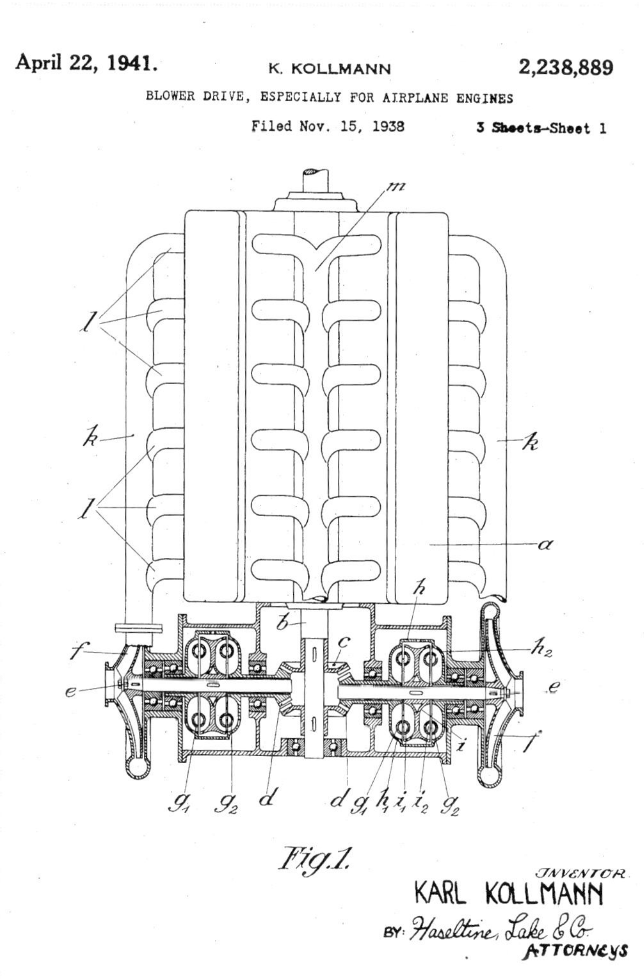

Kollmanns patentierter Doppelverdichter mit Flüssigkeitsantrieb, 15. November 1938.

bestand kaum ein Zweifel daran, dass das Hülsenventil selbst gegenüber einem Vierventil-Zylinderkopf einen Vorteil bot und eine erhebliche Verbesserung gegenüber den älteren Zweiventil-Konstruktionen darstellte. Es ist ein besonders schwieriges Problem, einen Vierventilkopf in einen Sternmotor einzubauen, da jeder Zylinder völlig separat ist und es daher nicht möglich ist, einfach eine weitere Nockenwelle zur Betätigung des anderen Ventilpaars hinzuzufügen. Daher waren die Konstrukteure von Sternmotoren sehr daran interessiert, die Zweiventilanordnung beizubehalten, die aufgrund der begrenzten Atmungskapazität des Zweiventilkopfes eher moderate Kurbelwellendrehzahlen begünstigte.

In einer neuen Ära, in der die Aufladung das Mittel der Wahl war, um die Motorleistung zu steigern, waren die meisten Hersteller jedoch der Meinung, dass sie lieber beim einfachen Tellerventil bleiben und den Ladedruck des Kompressors erhöhen wollten, um die Motorleistung zu steigern, als das Hülsenventilsystem zu entwickeln. Jeder konnte sehen, dass einer der besten britischen Flugmotorenkonstrukteure fast ein Jahrzehnt gebraucht hatte, um die Hülse zu einem zuverlässigen System zu entwickeln, und sie waren verständlicherweise nervös, es selbst zu versuchen.

Am 15. November 1938 meldete Kollmann bei Daimler-Benz offiziell sein Kompressor-Patent für den Antrieb von zwei Kompressoren von der Rückseite eines flüssigkeitsgekühlten V12-Flugzeugmotors aus an, wobei zwei Flüssigkeitskupplungen zum Antrieb der Kompressoren verwendet wurden. Im Vergleich mit dem mechanisch einfachen Ansatz, den Lader durch eine koaxiale Fortsetzung der Kurbelwelle anzutreiben, erkannte Kollmann, dass eine solche Anordnung zwar einfacher zu konstruieren war, aber bedeutete, dass die in den Motor strömende Luft drei 90°-Drehungen überwinden musste, um vom Lufteinlass des Flugzeugs zum Einlasssystem des Motors zu gelangen.

Da der Luft bei jeder Richtungsänderung Energie entzogen wird, bräuchte Kollmanns Motorkonzept für eine gegebene Motorleistung Kompressoren, die sich nicht so sehr anstrengen, um die Luft durch alle Krümmungen der Rohrleitungen zu ziehen.

Gleichzeitig machte das Team von Dr. Lichte in Dessau Fortschritte mit dem Jumo 213. Der erste Prototyp, der am 26. Juli zusammengebaut worden war, lief nun, aber fast sofort trat eine Reihe von Problemen auf und der Betrieb musste eingestellt werden.

»Motor 213 V 1 57001, 10-Stunden-Lauf auf 1500 PS-Basis, Störung nach 3 Stunden. Probleme:
Ventilbruch, Federbruch, Risse im Zylinderkopf und Fehlausrichtung der Auslassventilsitze. Beschädigung des Hauptlagers Nr. 1.«[235]

Wolfram Eisenlohr

Dipl.-Ing. Wolfram Eisenlohr

25. Februar 1893 – 5. Januar 1991

Eisenlohr hatte einen Großteil des Ersten Weltkriegs als Pilot verbracht. Im Vorfeld des Zweiten Weltkriegs arbeitete er mit Helmut Sachse am Wiederaufbau der deutschen Luftfahrtindustrie. Vom 1. April 1934 bis zum 31. Dezember 1937 war er zunächst Direktor für Flugmotoren in der deutschen Versuchsanstalt Rechlin, vom 1. Januar 1938 bis zum 31. Januar 1944 Leiter der Abteilung Motoren und Zubehör im Technischen Büro des RLM. Damit war Eisenlohr für den größten Teil des Krieges der Gegenspieler von Bulman, nachdem er Ende 1937 die Nachfolge von Dr. Sachse angetreten hatte.

In der Nachkriegszeit wurde Eisenlohr zu einer angesehenen Persönlichkeit in deutschen Luftfahrtkreisen.[234]

Der Bauleiter von Pölitz blickt auf die neue Raffinerie.

Die Änderungen, die notwendig waren, um einige dieser Probleme zu lösen, waren extrem, und das gesamte Motorblock- und Kopfsystem wurde fast vollständig neu konstruiert, um den Abstand der Zylinderbohrungen um 4 mm zu vergrößern und die Zylinderkopfstruktur zu verstärken. Diese Änderungen hatten einen immensen Umfang und nahmen einen Großteil der folgenden 15 Monate in Anspruch. Eine Änderung der Bohrungsabstände ist so grundlegend, dass sie zu einem fast völlig anderen Motor führt; sie verändert die Abmessungen fast aller wichtigen Bauteile, einschließlich der Kurbelwelle, der Nockenwellen, der Zylinderköpfe und der Ventildeckel, und wäre niemals vorgenommen worden, wenn nicht alle anderen Möglichkeiten ausgeschöpft worden wären.

In der Zwischenzeit, nach dem politisch motivierten Rauswurf von Helmuth Sachse als Leiter der Motorenentwicklung im RLM, schrieb BMW-Flugmotoren am 9. Dezember 1938 aus München an seinen Nachfolger Wolfram Eisenlohr:

> »Sehr geehrter Eisenlohr!
> Wir fügen Ihnen die Kopie einer Übersetzung bei, die die englischen Erwartungen für die zukünftige Entwicklungsrichtung der Flugmotoren wiedergibt, da wir denken, dass dies für Sie von Interesse sein wird.
> BMW Flugmotoren Spandau.«[236]

Dem Schreiben von BMW war die neueste Veröffentlichung von F. R. Banks in deutscher Übersetzung beigefügt. Eisenlohr, der wie Bulman seine Ingenieurskarriere während des Ersten Weltkriegs begonnen hatte, wurde im RLM in eine erstaunlich komplizierte Situation gestoßen, in der umfangreiche Entwicklungsprogramme liefen und wenig auf eine klare politische Richtung hindeutete. Erfolg oder Misserfolg in der Luft würden weitgehend davon abhängen, ob Eisenlohr in der Lage war, eine Konsolidierung der deutschen Bemühungen zu erreichen. Seine größte Herausforderung würde bald darin bestehen, einen Weg zu finden, wie die deutschen Triebwerke mit immer geringeren Reserven an kritischen Metallen betrieben werden konnten.

Der 100 Oktan-Kraftstoff wurde am 10. Januar 1939 fest in die deutsche Luftfahrtplanung aufgenommen, wobei das Hydrierwerk Pölitz die Hauptrolle bei der Lieferung der speziellen Verbindungen spielte, die zur Herstellung des als »CV2b« bezeichneten Spezialkraftstoffs erforderlich waren.[237]

Auch die Treibstoffqualität würde eine Herausforderung für Eisenlohr darstellen. Fritz Seeber, ein Treibstoffwissenschaftler, der direkt unter Alexander von Philippovich bei der DVL in Berlin arbeitete, schrieb am 10. Januar 1939 in der Zeitschrift Luftfahrtforschung über die Erprobung deutscher hochoktaniger Treibstoffe. Auch zu dieser Zeit verbreitete Deutschland seine Zeitschriften noch international, und Seebers Aufsatz gelangte schnell in die Hände der Wissenschaftler der NACA in Amerika, die ihn übersetzen ließen.

> »Eine der wichtigsten Eigenschaften von Flugzeugtreibstoffen für Ottomotoren ist ihre Klopffestigkeit. Die CFR-Motorentests von Kraftstoffen mit 87 Oktan und mehr entsprechen nicht immer ganz dem tatsächlichen Verhalten dieser Kraftstoffe im Flugzeugtriebwerk. Deshalb wurde eine Methode entwickelt, die im Gegensatz zur Oktanzahlbestimmung eine Prüfung des Kraftstoffs bei verschiedenen Temperaturen und Mischungsverhältnissen erlaubt.«[238]

> »Kritik an der Oktanzahl und Notwendigkeit der Entwicklung neuer Prüfverfahren ...
> Die Klopfzahl wird nur bei einer einzigen Ansaug- oder Gemischtemperatur bestimmt, so dass die Temperaturempfindlichkeit eines Kraftstoffs nicht ermittelt wird. Bestimmt man z. B. die Oktanzahl eines Flugbenzins bei verschiedenen Gemischansprechtemperaturen ... so erhält man folgende Werte.
> 150 °C Lufttemperatur = 86,9 Oktanzahl
> 127 °C Lufttemperatur = 87,4 Oktanzahl
> 30 °C Lufttemperatur = 92,1 Oktanzahl
> Die Gemischstärke wird nur für den stärksten Klopfzustand geregelt; dieser tritt nach den Versuchen bei einem Luftüberschussverhältnis von 1,05 auf. Dieses Verhältnis entspricht jedoch nicht den Bedingungen im Flugbetrieb.
> Die Durchführung der Vergleichstests erfolgt unter der Bedingung von sehr starkem Klopfen, diese Bedingung entspricht jedoch nicht den in einem Flugmotor auftretenden Bedingungen. Anfängliches Klopfen ist die geeignetste Vergleichsbasis, da es

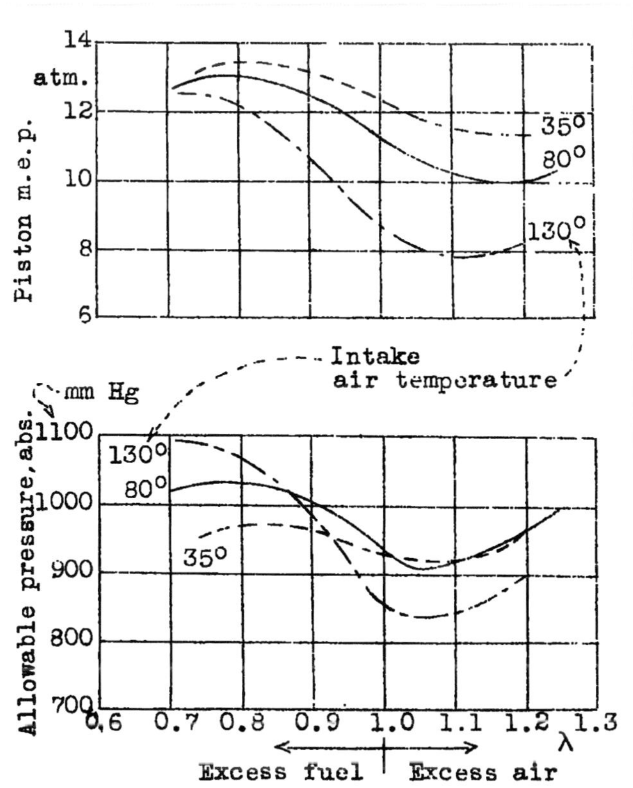

> im Testmotor zuverlässiger bestimmt werden kann ... Anfängliches Klopfen kann nach Gehör bestimmt werden, obwohl zunehmend Indikatoren zum Einsatz kommen.
>
> Die Temperaturempfindlichkeit des Bezugskraftstoffs unterscheidet sich von der des Motorkraftstoffs, sodass die Verwendung solcher Bezugskraftstoffe (z. B. Iso-Oktan) nicht den tatsächlichen Bedingungen in den heutigen hoch wärmebelasteten Flugzeugtriebwerken entspricht.
>
> Die oben aufgeführten Mängel bestätigen die Auffassung, dass es mit der derzeitigen Oktanzahlbestimmung im CFR-Motor nicht möglich ist, vollständige Informationen über das Verhalten eines Kraftstoffs in einem Flugzeugtriebwerk zu erhalten.«[239]

Seeber hatte bestätigt, was schon länger vermutet wurde, nämlich dass mit dem Oktansystem nicht genau bestimmt werden kann, wie viel Leistung aus einem Kraftstoff in einem realen Triebwerk herausgeholt werden kann. Dies sollte für die Konstrukteure von Flugmotoren aller Nationen bis zum Ende des Zweiten Weltkriegs eine ständige Schwierigkeit darstellen, die nur dadurch überwunden werden konnte, dass die Testmotoren den realen Motoren immer ähnlicher wurden. Dies führte schließlich zu der Erkenntnis, dass nur ein Einzylinder-Versuchsmotor, der ein exaktes Duplikat desjenigen im realen Einsatzflugzeug darstellte, zur zuverlässigen Erprobung von Kraftstoffen verwendet werden konnte, und dass es wünschenswert war, das Kraftstoffverhalten nach Möglichkeit auch an Motoren im Originalmaßstab zu testen.

Deutsche Oktantests, 10. Januar 1939.

Am 17. Februar 1939 veröffentlichte Seeber einen Aufsatz über neue Kraftstofftestmethoden, der viele der Informationen enthielt, die für die Entwicklung deutscher Hochleistungsflugmotoren während des kommenden Krieges von Bedeutung sein sollten. Er begann damit, dass er sich auf eine kürzlich erschienene Veröffentlichung von Ellor über hochoktanige Kraftstoffe bezog, und fuhr fort, die völlige Unfähigkeit der Standard-Oktantestmethode zur Vorhersage der tatsächlichen Motorleistung zu demonstrieren. Noch wichtiger ist, dass Seeber den Unterschied im Verhalten zwischen Hochleistungskraftstoffen aufzeigte, die entweder zur Hälfte aus reinem Iso-Oktan oder zur Hälfte aus synthetischem hocharomatischem Kraftstoff bestehen, beide mit einem sehr hohen Tetraethylbleigehalt von 0,12 %. Abgesehen von den deutlichen Unterschieden in der potenziellen Motorleistung zwischen den einzelnen Kraftstoffen sowie dem Luft-Kraftstoff-Verhältnis und der Lufttemperatur (links) war der entscheidende Punkt der Leistungsunterschied zwischen den von den alliierten Nationen verwendeten Iso-Oktan-reichen Kraftstoffen (die Paraffine enthalten) und den deutschen synthetischen Kraftstoffen mit hohem Aromatengehalt.

Der synthetische aromatische Kraftstoff zeigte eine außergewöhnliche Motorleistung, allerdings nur bei niedrigen Lufttemperaturen und bei kraftstoffreichen Luftgemischen. Darüber hinaus waren die Schwankungen weitaus extremer als bei Kraftstoffen, die ihre Leistung durch Iso-Oktan-Zusatz erhielten. Der Motorkonstrukteur, der in der Lage war, Iso-Oktane zur Steigerung der Kraftstoffleistung zu verwenden, konnte sicher sein, dass der Motor trotz der Schwankungen bei Temperatur und Kraftstoffgemisch eine gute Leistung erbrachte. Der Konstrukteur, der gezwungen war, Aromaten zu verwenden, konnte sich nur bei fettem Kraftstoff einer guten Leistung sicher sein und musste einen Leistungsabfall von bis zu 50 % in Kauf nehmen, wenn der Motor mager laufen musste, wie es im Reiseflug der Fall war. Die Leistung des alliierten 100 Oktan-Kraftstoffs beruhte ausschließlich auf der Zugabe von Iso-Oktanen, die durch die Alkylierung von Rohöl hergestellt wurden; ein Verfahren, das erstmals von der Ethyl Corporation in den USA kommerzialisiert wurde. Deutschland verfügte nicht über ein solches Angebot und fand es schwierig, Iso-Oktane in großen Mengen durch Hydrierung herzustellen.

Die fogende Darstellung kann als eine entscheidende technische Erkenntnis in der Treibstoffschlacht zwischen den Konstrukteuren der Achsenmächte und den Alliierten während des Zweiten Weltkriegs betrachtet werden. Schon damals wurde die Bedeutung von Seebers Arbeit erkannt, und dieser neue Bericht wurde wiederum von NACA-Wissenschaftlern übersetzt.

Aus Seebers Arbeit ging klar hervor, dass zur optimalen Nutzung des Kraftstoffs unter verschiedenen Betriebsbe-

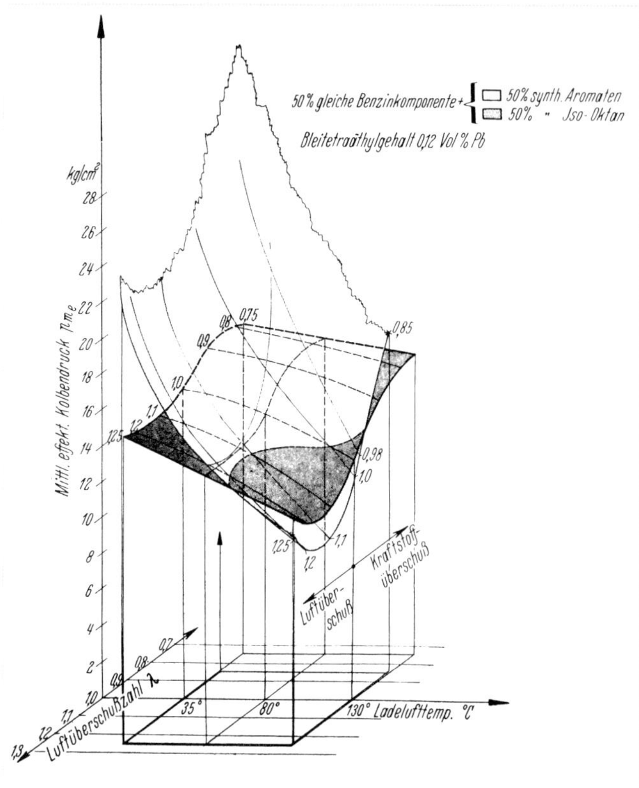

Kraftstofftest-3D-Karte von Fritz Seeber aus dem Jahr 1939.

dingungen komplexe Tests durchgeführt werden mussten und ebenso komplexe Motorsteuerungssysteme erforderlich sein würden. Diese Tests mussten sicherstellen, dass der Motor bei sehr magerem Kraftstoff oder bei unterschiedlichen Lufteinlasstemperaturen nicht detonierte. Diese Art der Steuerung war mit einem Vergaser fast unmöglich zu erreichen, aber die Alliierten hatten den Vorteil, dass ihre Kraftstoffe eine viel flachere Kraftstoffkurve aufwiesen als die deutschen aromatischen Kraftstoffe, so dass ihre Motoren viel weniger angepasst werden mussten, um bei unterschiedlichen Temperaturen, Ladedruckstufen oder Luft-Kraftstoff-Verhältnissen gut zu laufen. Wenn die deutschen Motoren jederzeit eine Leistung nahe ihrem Maximum erbringen sollten, wäre eine Kraftstoffeinspritzung mit einem hochentwickelten mechanischen Steuerungssystem erforderlich. Daran arbeitete der verschmähte ehemalige Leiter der RLM-Motorengruppe, Dr. Helmuth Sachse, bereits in seiner neuen Funktion bei BMW.

Obwohl Sachse wegen Unstimmigkeiten mit den Nationalsozialisten versetzt worden war, sahen die Nationalsozialisten zumindest den Propagandawert der Geschwindigkeitsweltrekorde als vorrangig an. So fielen am 30. März 1939 weitere Rekorde an deutsche Rennflugzeuge.

Nachdem Daimler-Benz zunächst mit einer modifizierten Messerschmitt Bf 109 den Geschwindigkeitsweltrekord aufgestellt hatte, verhalf die Firma der Heinkel He 100 von Hans Dieterle zu 466,6 mph [751 km/h] – offiziell ein neuer Weltrekord. Dipl.-Ing. Hoffman von Daimler-Benz war federführend dabei, dem Motor DB 601 A durch Aufladung auf 2,2 Atmosphären über dem Atmosphärendruck eine hohe Leistung zu entlocken. Der 33-Liter-Motor erreichte unglaubliche 2500 PS.[240] Ernst Heinkel war fest davon überzeugt, dass dies seinem Flugzeug einen Produktionsvertrag mit der Luftwaffe sichern würde, aber er hatte Willy Messerschmitt unterschätzt. Der Professor hatte eine neue Rekordmaschine – die Bf 209 – entworfen, die in Wirklichkeit nichts mit der Bf 109 gemein hatte und ein reines Geschwindigkeitsrekordflugzeug war. Es handelte sich um ein kleines Flugzeug mit einem großen Motor, und das Cockpit war folglich in das Heck eingelassen, um den Schwerpunkt auszugleichen. Sie war fast unmöglich zu handhaben, und der brillante Testpilot Fritz Wendel war wahrscheinlich einer der wenigen in Deutschland, die sie sicher fliegen konnten.

Während das öffentliche Spektakel der Rennen weiterging, waren hinter den Kulissen die deutschen Hydrierkraftstoffwerke voll in Betrieb, und im März 1939 begann die erste Großproduktion von Flugkraftstoff für die Fronteinheiten der Luftwaffe. Trotz der jahrelangen Vorbereitungen und Forschungen dauerte es mindestens sechs Monate, bis die Probleme mit der Qualität des synthetischen Treibstoffs behoben waren.[241] Diese Schwierigkeiten spielten für den Rennmotor DB 601 R keine Rolle, der auf einen speziell gemischten Treibstoff angewiesen war, der

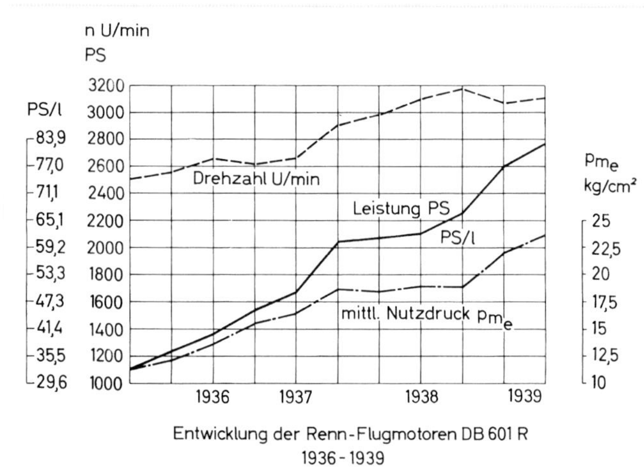

Diagramm zur Leistungsentwicklung des DB 601 R-Motors.

sich aus dem Hochleistungskraftstoff C2 zusammensetzte und mit »erheblichen« Zusätzen von Alkohol modifiziert wurde.

Das Ergebnis war wahrscheinlich 40 % Methanol, 20 % Iso-Oktan, 20 % Benzin, 10 % Benzol und 10 % Toluol, abgerundet mit einem hohen Anteil an Tetraethylblei.[242] Ebenfalls von einem modifizierten Daimler-Benz DB 601-Motor angetrieben, erreichte er nur einen Monat nach dem Heinkel-Versuch, am 26. April 1939, 469 mph [756 km/h]. Dieser Rekord für einen Kolbenmotor sollte bis in die 1960er Jahre Bestand haben.

Die in der Presse verbreitete Behauptung, die Geschwindigkeiten seien mit fast serienmäßigen Motoren und leicht aufgemotzten Flugzeugzellen erreicht worden, ist nicht zutreffend. Ohne die außerordentlich hohen Leistungssteigerungen der Daimler-Benz-Motoren wären diese Rekorde nicht möglich gewesen, wie die Daimler-Benz-Firmentabelle zur Entwicklung des Rennmotors DB 601 R zeigt. In weniger als einem Jahrzehnt steigerte der speziell präparierte DB 601 seine Leistung von 1100 auf fast 2800 PS.

Trotz der beeindruckenden Leistungen von Daimler-Benz musste man sich auch mit anderen Mitteln zur Steigerung der Motorleistung befassen, da der spezielle Rennmotor nicht einfach in Serie produziert und an die Staffeln ausgegeben werden konnte. Der benötigte Treibstoff hatte einen hohen Alkoholgehalt, dessen sehr hoher Verbrauch den Einsatz in einem Kampfflugzeug unpraktisch machte, und die Drehzahl des Motors war erhöht worden, was seine Lebensdauer erheblich verkürzte. Spezielle Zündkerzen und der sorgfältige Zusammenbau jedes Motors von Hand waren unabdingbar; der DB 601 R konnte niemals von angelernten Arbeitern hergestellt werden.

Um die Leistung des Serienaggregats zu verbessern, wurde von Dr. Otto Cuno in Rechlin Lachgas für das Jagdflugzeug Bf 109 entwickelt. Cuno entdeckte, dass durch die Verwendung der Verbindung Distickstoffoxid, die sowohl aus Sauerstoff als auch aus Stickstoff (N_2O) besteht, eine ausgeglichenere Verbrennungstemperatur entsteht. Cuno spielte eine wichtige technische Rolle bei den zukünftigen Entwicklungen und war zusammen mit Eisenlohr für die Teilnahme an den technischen Sitzungen des RLM in Berlin verantwortlich, um Erhard Milch den Stand der Entwicklung von Flugmotoren zu erläutern.

Der erste Test mit Distickstoffoxid in einer Bf 109 fand im April 1939 statt. Das Gas wurde auf 30 Atmosphären komprimiert und die Geschwindigkeit der Bf 109 mit ihrem Daimler-Benz DB 601 stieg um 40 km/h in 8000 m Höhe und 100 km/h in 10.000 m Höhe. Das System diente nur zur Wiederherstellung der Leistung, die durch die Verdünnung der Atmosphäre oberhalb der Kompressor-Nennhöhe verloren ging, und wurde nicht zur Erhöhung der maximalen Motorleistung unterhalb dieser Höhe eingesetzt.

Am 28. April 1939 wurde in einer RLM-Sitzung, an der auch Eisenlohr und Fritz Nallinger teilnahmen, der Einbau des DB 601 E in die neue Bf 109 F diskutiert.

»Nach dem Einbau des DB 601 E in die Me 109 F sind erhebliche Schwierigkeiten aufgetreten. Diese Probleme wurden von Messerschmitt darauf zurückgeführt, dass Daimler-Benz keine ausreichenden Informationen über den Motor geliefert hatte. Insbesondere Änderungen am Hilfsantrieb, über die Messerschmitt nicht rechtzeitig informiert wurde. Daimler-Benz sagt, dass Messerschmitt im Sommer 1938 die Informationen für den Einbau des DB 601 E erhielt und dass Messerschmitt darüber informiert wurde, dass dieses Muster nicht endgültig war und dass er mit späteren Änderungen rechnen musste.«[243]

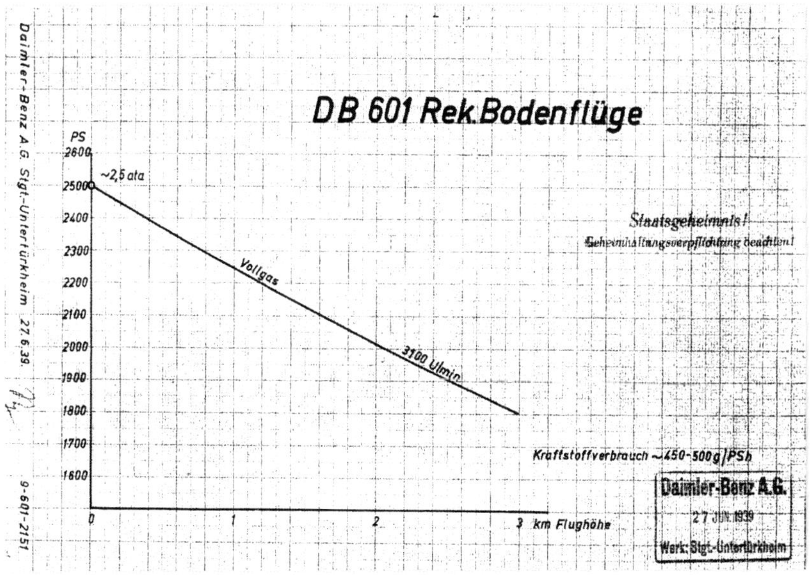

DB 601 R: Offizielles Motorkennfeld.

Der Streit, die Vorwürfe und Gegenvorwürfe zogen sich über Monate hin. Messerschmitt schlug zunächst vor, die Bf 109 F mit einem DB 601 A fliegen zu lassen, was aber aus Fertigungsgründen nicht möglich war. Der DB 601 E sollte ab Mai 1939 in Kleinserie gehen, die Serienfertigung der Bf 109 F sollte im Juni 1940 beginnen. Das RLM erklärte sich bereit, für die ersten Chargen der Bf 109 F Motoren mit geringerer Leistung als erwartet zu akzeptieren.

»DB 601 mit DVL-Scheibenventilsystem. Nachdem die Jumo 210-Motoren mit DVL-Scheibenventil gute Erfahrungen gemacht haben, schlägt das RLM vor, auch eine Anzahl von DB 601-Motoren ebenfalls mit dem DVL-Scheibenventilsystem umzurüsten. Insgesamt sollen 20 Motoren für die Umrüstung zur Verfügung gestellt werden.«[244]

Es grenzte an Wahnsinn, ein so neuartiges System in Serie zu bringen, während die vorhandenen Serienmotoren selbst so viele Schwierigkeiten hatten.

Insgesamt 18 DB 601 R-Motoren standen bei Daimler-Benz zur Verfügung, aber wegen weiterer geplanter Rekordversuche wurde vereinbart, mehr Motoren zu bauen, um einen ausreichenden Ersatzteilbestand zu gewährleisten.

»Daimler-Benz wies darauf hin, dass die Flugversuche mit einem 50/50-Wasser-Glykol-Gemisch durchgeführt werden und glaubt, dass sich dies negativ auf die Motortemperaturen auswirken wird. Daimler-Benz merkte an, dass dies für die unterschiedlichen Ergebnisse zwischen den Prüfstandsergebnissen und den

Flugtests verantwortlich sein könnte, auf dem Prüfstand wird reines Wasser verwendet, und Daimler-Benz hat darum gebeten, klären zu lassen, ob 50 % Glykol wirklich notwendig sind.

Das RLM bestand auf dem thermisch weniger günstigen Gemisch, weil die Flugzeuge mit dem 50%igen Glykol auch im harten Winterbetrieb ohne Umrüstung betrieben werden konnten. In Rechlin zeigte sich der DB 601 noch immer nicht ganz zuverlässig und bei Flugversuchen in einer He 111 vom 8. Mai 1938 bis zum 16. März 1939 traten immer noch Ventilprobleme auf.

»Werk-Nr. 60006: 8.3.38: Motor überhitzt, zur Überholung ins Werk zurückgeschickt
Werk-Nr. 60020: 6.5.38: Ventile verbrannt und erodiert, Ventilführungen mit Hitzeschäden
Werk-Nr. 60086: 15.7.38: Ventile nicht gasdicht, in Rechlin überholt
Werk-Nr. 10475: 11.1.39: Ventile verbrannt, Kolben und Kopf durch Klopfen beschädigt.«[246]

Keiner der DB 601-Motoren, die Rechlin in dieser Versuchsreihe in der He 111 erprobte, erreichte mehr als 106 Betriebsstunden, wobei mehrere Ausfälle bereits nach 32 Stunden auftraten, darunter auch Werk-Nr 10475.

Aus der Tabelle geht auch hervor, dass Rechlin zwischen Februar und März 1939 von Shell 87 Oktan Standardflugbenzin auf das deutsche B4-Gemisch umgestellt hatte.[247] Am 27. Juli 1939 schloss Rechlin die Versuche ab, die auch zeigten, dass die Verringerung des Kühlmittelwirkungsgrades durch das Bestehen auf 50 % Glykol zu höheren Ventiltemperaturen führte.

»Die Verwendung von Shell- oder B4-Kraftstoff hat keinen Einfluss auf das Verhalten der Ventile, so dass die 50-Stunden-Kontrollprüfung für alle neuen Serienmotoren nach wie vor als absolut notwendig erachtet wird. Die Verwendung von Frostschutzmitteln durch den Einsatz von 50/50 Glykolwasser als Kühlmittel verschlimmert die Ventilkorrosion. Während der Tests traten auch die folgenden grundlegenden mechanischen Schwierigkeiten auf: Risse in den Rippen der Kappe des Kurbelwellen-Hauptlagers und zerfressene Lager im Antrieb des Kompressors.«[248]

Der B4-Kraftstoff hatte einen Bleigehalt von 0,116 Volumenprozent, während der bisherige Flugkraftstoff 0,089 Volumenprozent enthielt.[249]

»Mit B4 erreichten die Ventile nicht einmal die grundlegende Mindestanforderung an Betriebsstunden. Der neue Versuch, die Lebensdauer der Ventile zu verbessern, besteht daher darin, den Treibstoff B4 durch die Verwendung eines Zusatzes mit geringerem Bleigehalt (Shell 0,9) zu verändern. Vom 17. März 1939 bis zum 18. April 1939 wurden 42 Stunden Flugversuche durchgeführt, und zu diesem Zeitpunkt wurden die Versuche unterbrochen, da die Ventile erneut ausgebrannt und rissig waren, sodass die Motoren demontiert werden mussten.«[250]

Mitte 1939 erhielten die ohnehin durch die Umstellung von flüssigkeitsgekühlten auf luftgekühlte Motoren strapazierten Entwicklungsanstrengungen von BMW einen weiteren Schlag. Das RLM beauftragte nun auch BMW, mit der Entwicklung von Strahl- und Raketenmotoren zu beginnen. Dieser Auftrag fiel mitten in die wichtige Entwicklungsphase der Zusammenführung von Merkmalen des 30-Liter-BMW 800 und des 44-Liter-BMW 801.[251] Die Entwicklungsgruppe bei BMW war stark gefordert.

BMW Spandau schrieb ein Resümee über die gesamte Zeit:

»Bis Herbst 1938 bestand eine Zusammenarbeit mit Bramo für die Bramo 323 und 329, die mit einer großen Anzahl von Motoren etwa 1500 Betriebsstunden erreicht hatten. Bei der 329 wurde eine Einhebelsteuerung mit Kommandogerät entwickelt, die im Sommer 1938 2050 PS bei 87 Oktan Kraftstoff erreichte.

Die Konstruktion der 323er E- und H-Serie war komplett und zum Teil erprobt, was den gleichen Hubraum, aber höhere Leistungen bedeutete. Der Zylinderkopf wurde neu konstruiert und eine sehr hohe Ventilüberschneidung verwendet, um eine hohe Startleistung mit 87 Oktan-Kraftstoff zu erreichen. Im Frühjahr 1939 wurden längere Laufzeiten von 50 Stunden mit einer Startleistung von 1200 PS erreicht.

Der 300er war ein 18-Zylinder-Motor mit 56,3 Litern Hubraum und sollte eine Startleistung von 2000 PS haben, mit 1800 PS in 6 km Höhe durch drei Kompressoren. Das Triebwerk war auf dem Papier entworfen und detailliert, einzelne Baugruppen waren gebaut und getestet worden.

P3020, ein schnelllaufendes Triebwerk mit 24 Zylindern, war erst im Entwurfsstadium.

Kollaboration wurde eingeführt, um die Fabriken zu vereinheitlichen, die Konstruktionsbereiche zu trennen und gleichzeitig jeder beteiligten Firma die Möglichkeit zu geben, sich zurückzuziehen, wenn sie es wünschte.

Der 329 wurde eingestellt, um mit dem BMW 801 weiterzumachen.

Der 300 wurde gestrichen, um den BMW 802 zu beginnen Der 323 E-H wurde gestrichen, um den BMW 800 zu beginnen.

Die letzte dieser Änderungen wurde mit dem Ziel durchgeführt, die Konstruktionsarbeit auf die kollaborierenden Firmen zu verteilen und die Erfahrungen in München und Spandau mit neuen Motoren zu vereinen.

Die bisherigen Motoren mit 26,8 Litern Hubraum mussten gestrichen werden, da die für die 132 geltenden Lizenzgebühren an Pratt & Whitney hätten gezahlt werden müssen, da sie alle luftgekühlten 9-Zylinder-Motoren mit einem Hubraum von etwa 30 Li-

Motorprüfzellen bei der DVL Adlershof.

tern abdeckten. Man einigte sich daher darauf, fast die gesamte Konstruktionskapazität für die zweireihigen Motoren mit 14 und 18 Zylindern nach München zu verlagern.

Die Weiterentwicklung des 9-Zylinder-Motors als Allzweckmotor für Transportflugzeuge blieb in Spandau.

Bei der nächsten vorgesehenen Motorengeneration der 4000 PS-Klasse sollten die Einhebelkonstruktionssteuerungen nach Spandau verlagert werden, da Spandau zu diesem Zeitpunkt einen größeren technischen Vorsprung auf diesem Gebiet hatte, außerdem sollte sich Spandau auf Turbojet- und Raketenmotoren konzentrieren, mit dem Plan, dies schließlich zu seinem Hauptarbeitsgebiet zu machen. Als alle neuen Kolbenmotoren nach München verlegt wurden, führte dies zu einem großen Mehraufwand, der das Münchner Werk überlastete und dazu führte, dass zahlreiche kleinere Projekte eingestellt werden mussten. Spandau erklärte sich bereit, einen Teil dieses Aufwands zu übernehmen, bis München ausgebaut werden konnte.

Aus dieser Vereinbarung entstand die Vielzahl der Spandauer Entwicklungen auf dem Gebiet des Motorenzubehörs. Die Zusammenführung der Konstruktionsinformationen für die Motoren 323, 132, 800 und 801 erfolgte dann in monatlichen Besprechungen, und zwei Konstrukteure teilten ihre Zeit zwischen Spandau und München, ebenso die Versuchsingenieure. Das Kompressorgehäuse des BMW 801 wurde von einem Konstrukteur in München entwickelt.

Bei der Konstruktion des BMW 800 und 801 hatte man von Anfang an die Absicht, die Konstruktion der beiden Motoren so weit wie möglich zu vereinheitlichen. Bei der Besprechung der Skizzen zeigte sich, dass es im derzeitigen Entwicklungsstadium nicht ratsam war, einige der Konstruktionsideen als einheitliche Lösung einzuführen, da die vorgeschlagenen Lösungen weder technisch noch betrieblich zufriedenstellend waren. Im Moment ist es zudem aus Termingründen notwendig, auf eine Vereinheitlichung der Konstruktionstechnik zu verzichten.«[252]

BMW hatte beabsichtigt, den Pendeldämpfer in der Kurbelwelle der beiden Motoren zu verwenden, aber aus Zeitgründen und wegen der Schwierigkeiten bei der Entwicklung der stets sehr kniffligen Pendel wurde auch dieses Merkmal noch vor Beginn des Zweiten Weltkriegs aus der Konstruktion gestrichen. Bei dem Pendeldämpfer handelt es sich häufig um einen Satz von Rollen, die in Taschen in den Kurbelwellengegenge-

Fw 190: Zusammenstellung der ersten Attrappe.

wichten montiert sind und deren Schwingungsfrequenz auf die Problembereiche des Motors abgestimmt ist.

Wenn der Motor in Resonanz gerät, werden die Pendel angeregt und versuchen, hin- und herzurollen. Da die Pendel in kleinem Radius rollen, müssen sie, wenn sie schwingen, die Neigung jeder Tasche »hinaufrollen«, wodurch die Schwingungsenergie des Motors absorbiert wird; dies trägt dazu bei, die Schwingungen der Motorkurbelwelle zu dämpfen. Heute werden Pendeldämpfer in vielen Serienfahrzeugen und Formel-1-Motoren eingesetzt, unter anderem weil das Pendel in einem breiten Drehzahlbereich funktioniert. Die Abkehr von dieser Dämpfungsmethode führte zu einer Zeit- und Komplexitätsersparnis, erforderte aber, dass einige der Innenteile des Motors schwerer gemacht wurden, um die schwingungsgefährdeten Punkte aus dem Laufbereich des Motors heraus zu verlagern, und dass einige leichter gemacht wurden, was oft sehr aufwendige mechanische Analysen erforderte.[253] Amerikanische und britische Konstrukteure von Sternmotoren entschieden sich indessen für die Beibehaltung des Pendelschwingungsdämpfers.

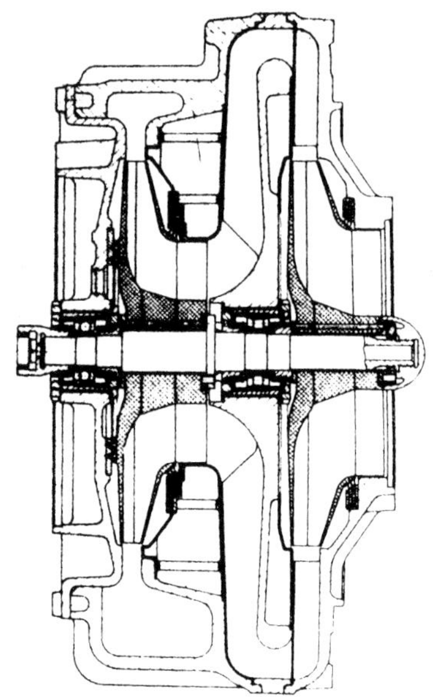

Bild 11 Lader K9AC im Meridianschnitt

Schnittdarstellung des zweistufigen Verdichters für den Motor DB 601 E.

Der erste BMW 800 Motor erreichte den Prüfstand im August 1939 und kam nie über das Prototypenstadium hinaus. BMW blieb nur noch wenig Zeit, um einen brauchbaren Jagdmotor zu entwickeln, bevor der Krieg ausbrach, und Kurt Tank von Focke-Wulf wartete sehnsüchtig auf einen geeigneten Motor für sein Jagdflugzeug Fw 190, das sich in der Entwicklung befand.

Weit weg vom Focke-Wulf-Werk in Bremen, bei der DVL in Berlin, hatte Werner von der Nüll den Auftrag, einen zweistufigen Turbolader für den Motor DB 601 E zu entwickeln.

> »Der vorliegende Bericht soll die im Institut übliche Vorgehensweise bei der Auslegung eines neuen Flugzeugturboladers anhand der Berechnung für einen zweistufigen Turbolader aufzeigen. Als Beispiel wird der TK9AC-Turbolader herangezogen, der 1939 im Institut entworfen, gebaut und umfangreich vermessen wurde.«[254]

Der Turbolader war so ausgelegt, dass er die volle Reiseleistung des DB 601 E bis zu einer Höhe von 30.000 Fuß [9144 m] mit einer Turbinendrehzahl von 22.000 U/min aufrechterhalten konnte.

Es war ein seltsames Unterfangen; der Entwurf scheint fast ein akademisches Experiment gewesen zu sein, und die beabsichtigte Anwendung wurde nicht erwähnt. Der DB 601 E war ein Hochleistungs-Jagdmotor, aber zu dieser Zeit konnte kein deutsches Jagdflugzeug, das sich in der Produktions- oder Prototypenphase befand, den Turbolader aufnehmen. Noch merkwürdiger erscheint es, wenn man bedenkt, dass der DB 601 schon Jahre zuvor von Daimler-Benz mit einem zweistufigen Kompressor konzipiert worden war. Mit konstruktionsintensiven Projekten wie dem DB 607 und DB 608, die auf dem DB 601 basierten, war Daimler-Benz überfordert. Dazu gehörte ein schnell schaltender, vollautomatischer VDM-Propeller, der in einer Version eine umgekehrte Drehrichtung des Propellers aufwies (was das Ansaugen von Abgasen verhinderte). Trotz dieser potenziell nützlichen Entwicklung kamen weder der DB 607 noch der DB 608 jemals über das Prototypenstadium hinaus.[255]

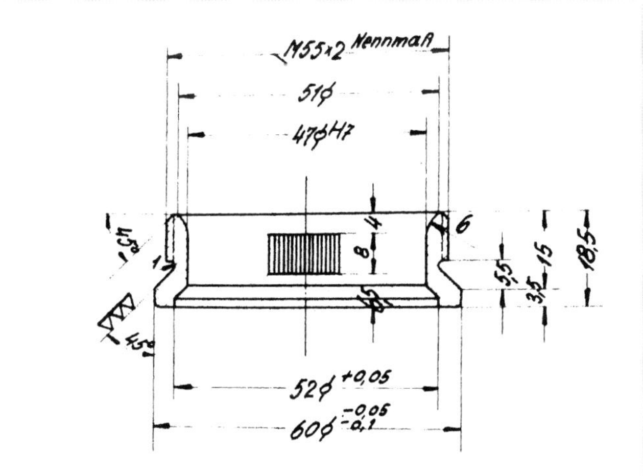

Trotz der anhaltenden Schwierigkeiten mit dem DB 601 fand Daimler-Benz dennoch die Zeit, einen Einzylinder-Hülsenventil-Motor zu entwickeln, wahrscheinlich durch Feddens Arbeit in Bristol inspiriert.

»Der Hülsenventilmotor wurde bei verschiedenen Ladedruck- und Drehzahlstufen untersucht, ein Vergleich gemacht zwischen Hülsen- und DB 6001-Tellerventilmotor.«[256]

Die Ergebnisse zeigten jedoch, dass der DB 6001 mit Hülsenventil eine geringere Maximalleistung erbrachte als mit dem normalen Tellerventil, und so wurde die Untersuchung anscheinend aufgegeben.

Am 3. August 1939 wurde ein weiterer Test mit dem DB 601 mit B4-Kraftstoff durchgeführt, um zu versuchen, die Erosion der Ventile zu beheben – wieder mit 50/50 Wasserglykol als Kühlmittel. Indem man die Ventile 1,5 mm tiefer in die Ventilsitze versenkte, bestand der Motor den Test, ohne dass Ventilkorrosion festgestellt wurde.[257] Tests an den Rückständen, die an den Ventiltellern klebten, ergaben, dass die Ablagerungen zu 15 % aus Ruß und zu 58 % aus Blei bestanden, was zeigt, wie sehr der stark bleihaltige Kraftstoff an den Ventilen klebte.[258]

Am folgenden Tag wird erstmals erwähnt, dass eine Seite des DB 601 ein einzigartiges Verdichtungsverhältnis aufweist: »Verdichtung 6,68 : 1 linke Seite«.[259] Kurze Zeit später stellte Daimler-Benz das Verdichtungsverhältnis aller Motoren so um, dass es auf einer Zylinderbank niedriger war als auf der anderen, ein Grund dafür wurde aber nicht angegeben. Das Werk Genshagen meldete am 28. August, dass nach den vorangegangenen Ausfällen des Kurbelgehäuses in Rechlin bei der He 111 das neue, verstärkte Kurbelgehäuse nun gut funktioniere.[260]

Sechs Tage später nahm Daimler-Benz Gespräche über die Weiterentwicklung des Rekordmotors DB 601 R und andere Modernisierungsmaßnahmen auf.

»Rekordmotor: Wir haben die Arbeit wie folgt fortgesetzt, die Kolbenbolzen wurden verstärkt und jetzt in die neuen Motoren eingebaut, um 2200 PS zu erreichen. Dieser Motor hat eine niedrigere Verdichtung von 7 : 1 im Vergleich zu früheren Rekordmotoren und wurde mit einem Ladedruck von bis zu 2,6 Atmosphären betrieben. Dieser Motor wird in Kürze seinen ersten Lauf absolvieren und soll bei Tests mit verschiedenen neuen Kraftstoffen, die weniger Alkohol und mehr Tetraethylblei enthalten, eingesetzt werden.

Für Rekordmotoren mit größerer Nennhöhe haben wir einen Rekordmotor mit einem höheren Verdichtungsverhältnis von 9,3 : 1 gebaut, der für Prüfstandsversuche mit aggressiven Nocken-

DB 608 Motor mit umgekehrter Propellerrichtung.

DB 601: vertiefte Auslassventilsitztaschen.

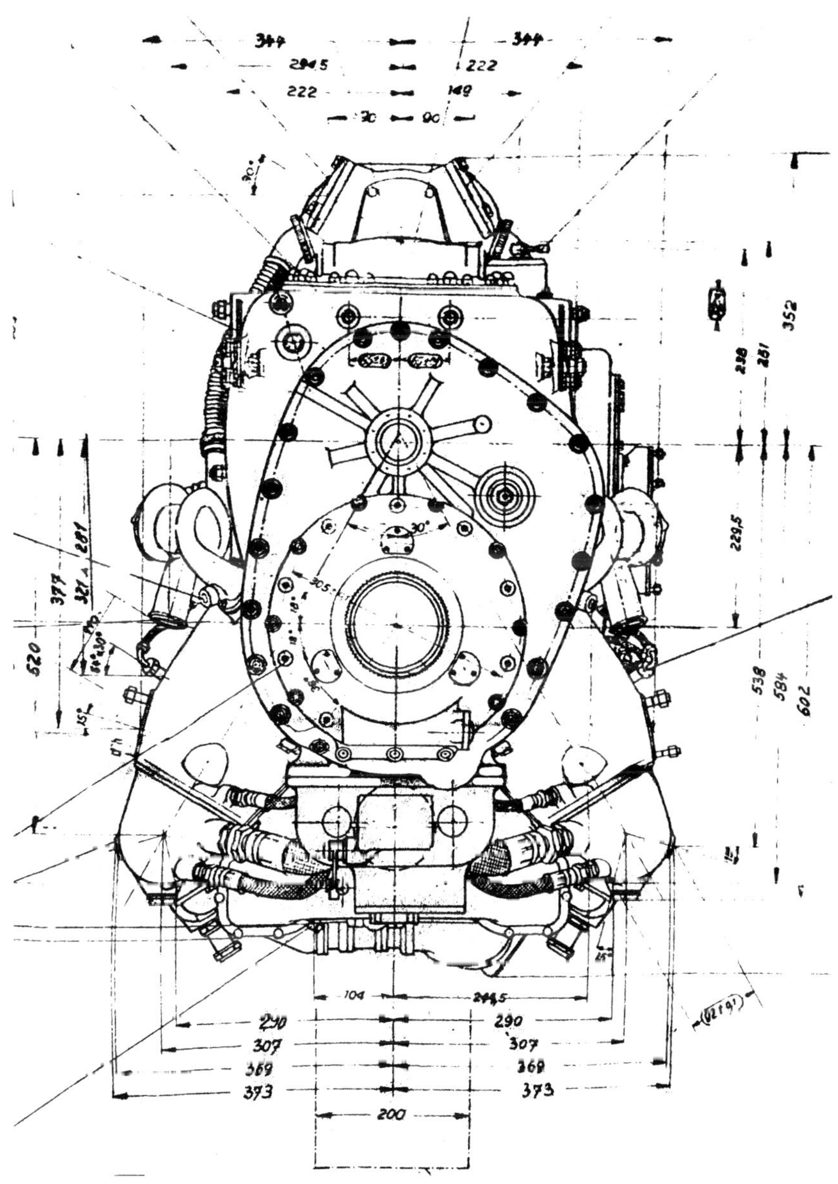

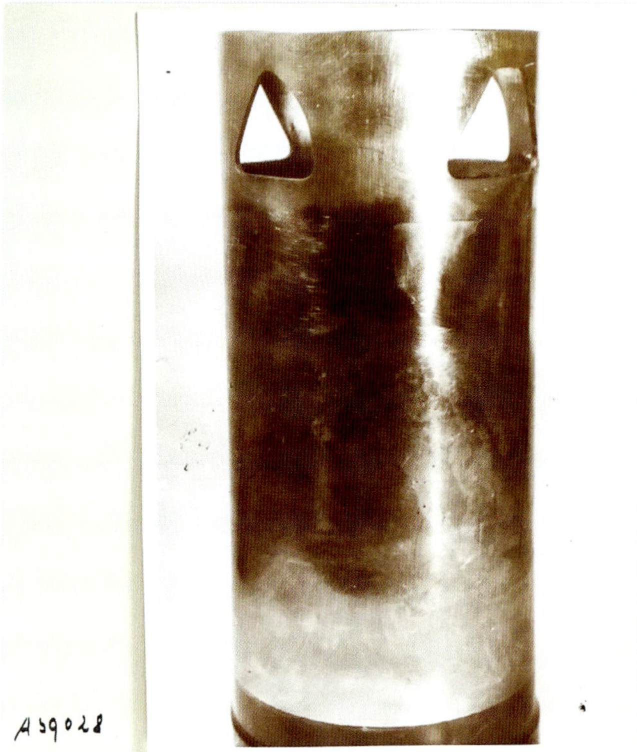

Zylinder des DB 601 Hülsenventil-Testmotors.

profilen für noch höhere Leistungen eingesetzt werden soll. Dieser wurde kürzlich auf dem Höhenprüfstand aufgestellt.«[261]

Die neuen Nockenprofile bedeuteten zwar, dass die Ventile früher vollständig geöffnet wurden und somit mehr Luft in die Zylinder gelangte, aber diese Entscheidung bedeutete eine hohe Belastung für das Ventilsystem. Die Tatsache, dass Daimler-Benz sich für Rollenschlepphebel entschieden hatte, würde dazu beitragen, diese Probleme zu verringern. Der Merlin hatte immer mit einem hohen Verschleiß der Kipphebel zu kämpfen, die keine Rollen hatten und nur auf einem Ölfilm glitten. Rolls-Royce wollte das von Daimler-Benz verwendete Rollenlagersystem kopieren, aber wegen der engen Abstände unter den Nockenabdeckungen passte das sperrige Rollensystem einfach nicht.

Am 12. September 1939 meldete die Messerschmitt AG dem RLM, dass sie für die Me 210 V1 bis V14 die Motoren DB 601 B und DB 601 F zum Einbau erhalten hatte. Der Jumo 213 (die Weiterentwicklung des Jumo 211) war als möglicher Konkurrent diskutiert worden, aber da er erst in einigen Jahren produziert werden sollte, war seine Erwähnung im Jahr 1939 für die Me 210 ein Hinweis auf die mangelnde Gründlichkeit der Planung.

»Der Jumo 213 wird voraussichtlich nicht in das Flugzeug eingebaut werden.«[262]

Ende der 1930er Jahre lag die deutsche Motorenentwicklung in Trümmern. Daimler-Benz versuchte, den DB 601 trotz eklatanter metallurgischer Probleme mit Ventilen und Ventilbeschichtungen zum Laufen zu bringen, und baute X-Motoren, Scheibenventilmotoren, Doppelmotoren und Motoren mit Hülsenventilen.

Jumo machte mit dem Jumo 211 stetige Fortschritte, war aber bei der Konstruktion des Kompressors deutlich hinter Daimler-Benz zurückgeblieben, was dem ansonsten hervorragenden Jumo 211 eine schlechte Höhenleistung bescherte.

Messerschmitt war durch die Versprechungen von Verbesserungen so verwirrt worden, dass es für ihn ein Schock war, dass das zweimotorige Jagdflugzeug Me 210 1939 ohne den erhofften Jumo 213 auskommen musste, der in Wirklichkeit noch Jahre von der Produktion entfernt war. Jumo entwickelte außerdem Doppelmotoren, aus zwei Jumo 211 bestehend, die am Bug mit einem gemeinsamen Propeller verbunden waren. Außerdem versuchte das Unternehmen, einen Mehrreihen-Sternmotor – den Jumo 22 – zu entwickeln, was sich als ein großer Entwicklungsaufwand erwies. BMW war ins Chaos gestürzt, nachdem man in den 1930er Jahren mit flüssigkeitsgekühlten Motoren begonnen hatte, bis das RLM kurz vor Kriegsbeginn anordnete, nur noch luftgekühlte Motoren zu bauen. Das RLM hatte vielleicht vernünftigerweise beschlossen, dass nicht alle drei Hersteller in Deutschland versuchen sollten, genau die gleiche Art von Flugmotoren zu entwickeln – aber es hatte einen ziemlich späten Zeitpunkt gewählt, um etwas dagegen zu unternehmen. BMW hatte frühere Erfahrungen aus einer am 3. Januar 1928 von Pratt & Whitney erteilten Lizenz genutzt und war dann eine Entwicklungskooperation mit Siemens und Bramo eingegangen, die nur ein Jahr vor Kriegsausbruch zu einer Übernahme durch BMW führte. Während die ersten Fw 190-Prototypen getestet wurden, stritt BMW noch über die genaue Form des endgültigen Fw 190-Motors, da der BMW 139 zugunsten einer zweireihigen Entwicklung (BMW 801) des BMW 800 verworfen wurde.

Italien

In den 1930er Jahren wollte Italien an die Erfolge der 1920er Jahre anknüpfen. Wie Großbritannien hatte auch Italien große Fortschritte in der Hochgeschwindigkeitsfliegerei für Wasserflugzeugrennen gemacht. Giovanni Pegna, Chefingenieur des Wasserflugzeugherstellers Piaggio, schrieb:

»Die Wasserflugzeugrennen um die Schneider-Trophy haben die Konstrukteure dazu angeregt, immer höhere Werte für das Verhältnis zwischen der effektiven Motorleistung und dem Luftwiderstand zu erreichen. Dies hat zur Herstellung einiger bemerkenswerter Wasserflugzeuge geführt. Der 2500-PS-Rolls-

Royce-Motor der S.6, des diesjährigen Pokalsiegers, ist in der Tat eine bemerkenswerte Leistung.«[263]

Die Motorenentwicklung in Italien konzentrierte sich auf die Unternehmen Alfa Romeo und Fiat. In den frühen 1930er Jahren konzentrierte sich Alfa Romeo auf den Bau von luftgekühlten Neunzylinder-Sternmotoren mit Tellerventilen unter Lizenz von Bristol. Die in Lizenz gebauten Bristol-Motoren mit Tellerventilen waren so zuverlässig, dass Mussolini selbst in einem von ihnen angetriebenen Flugzeug reiste.

Carlo Felice Bona, der unter Tranquillo Zerbi bei Fiat arbeitete, setzte die Entwicklung italienischer Flugmotoren in den 1930er Jahren fort. Nachdem er sich zunächst auf flüssigkeitsgekühlte Motoren konzentriert hatte, erließ das italienische Luftfahrtministerium 1933 einen Erlass, wonach die gesamte Entwicklung stattdessen auf luftgekühlte Sternmotoren ausgerichtet werden sollte. Diese Entscheidung ist nach allgemeiner Auffassung weitgehend dafür verantwortlich, dass die italienische Flugmotorenindustrie in den 1930er Jahren nicht mit den flüssigkeitsgekühlten Motoren der anderen Weltmächte wie Deutschland, Großbritannien und Amerika mithalten konnte.[264]

Am 6. Oktober 1935 gab Bona einen Überblick über die Hochleistungs-Kolbenflugmotoren.

»Das Ziel des vorliegenden Aufsatzes ist es, einen Bericht über die italienischen Konstruktionen von Hochgeschwindigkeitsmotoren zu geben.

Eine Erhöhung der Geschwindigkeit kann vom Motor nur unter der Bedingung verringerter hin- und hergehender und rotierender Massen unterstützt werden. Außerdem ist bekannt, dass die Kühlung der Kolben und der Ventile bei klein dimensionierten Zylindereinheiten leichter zu erreichen ist. Diese beiden Umstände führen zu einer Aufteilung des Gesamtzylinderhubraums auf eine große Anzahl von Zylindern. Andererseits wird der Vorteil einer großen Anzahl von Zylindern durch die Nachteile einer großen Stirnfläche und eines großen Gewichts pro Volumeneinheit des Zylinders aufgehoben; dieses verschlimmert sich mit zunehmender Anzahl von Zylindern. Die Wahl eines glücklichen Kompromisses zwischen diesen widersprüchlichen Faktoren ist ein Test für die Fähigkeiten des einzelnen Konstrukteurs.«[265]

Bona erörterte das Problem der Kühlung; er wusste, dass eine Verkleinerung des Kühlers und eine Erhöhung der Kühlmitteltemperatur erforderlich waren, erwähnte aber nur die Lösung, eine Flüssigkeit mit höherem Siedepunkt wie Glykol zu verwenden, um dieses Problem zu lösen. Er räumte ein, dass dies aufgrund der schlechten thermischen Eigenschaften von Glykol zu einer Verringerung der Effizienz führte. Die Alternative, eine Druckerhöhung im Kühlsystem, schlug er nicht vor, eine Lösung, die in England nur fünf Monate vor der Veröffentlichung von Bonas Arbeit vom RAE untersucht wurde.

Bona erwähnte dann, dass die Erhöhung der Kurbelwellendrehzahl und die Verringerung des Fassungsvermögens des Kurbelgehäuses dazu führten, dass in der Regel mehr Öl an den Kolbenringen vorbei in den Verbrennungsraum gelangte – ein Problem, das später Daimler-Benz plagen sollte.

Bona kannte seine Kraftstoffe und erzählte, dass die Wahl für einen modernen Rennmotor schwierig war. Er vertrat die Ansicht, dass für einen Kraftstoff folgende Ziele wichtig waren:

Carlo Felice Bona

Ing. Carlo Felice Bona

1898 – 10. Juli 1970

Der in Asti geborene Bona schloss 1922 sein Maschinenbaustudium in Turin ab. 1923 wurde er von Fiat eingestellt und trat in die von Ing. Zerbi geleitete Arbeitsgruppe ein; unter seiner Leitung war Bona an der Konstruktion des A22-Motors und seiner Weiterentwicklungen, des A50, des A30 und der Wettbewerbsmotoren AS2, AS3, AS5 und AS6 beteiligt.

Bona wurde 1930 zum Leiter des Technischen Büros für Avio-Motoren ernannt und leitete die Arbeitsgruppe, die in den 1930er und 1940er Jahren alle Fiat-Flugmotoren (mit Ausnahme des A40) entwickelte. Zu den bekanntesten gehören die flüssigkeitsgekühlten Reihenmotoren A33 und A38, der Wettbewerbsmotor AS8 und die Sternmotoren A59, A74, A76, A80, A82 und A83.

Im Mai 1945 wurde er der Kollaboration mit den Nazis beschuldigt und zusammen mit anderen Managern, darunter Vittorio Valletta, aus dem Fiat-Konzern entlassen.

Im April 1946 wurde er von Fiat wieder eingestellt und wurde stellvertretender Direktor des Laboratorio Centrale Ricerche e Controlli auto-avio, dessen Direktor er später bis zu seiner Pensionierung im Juli 1967 wurde. Bona war ein leidenschaftlicher, wissbegieriger Liebhaber von Kunst und Geschichte.

Die Klopffestigkeit, die einen hohen Ladedruck ermöglicht, eine hohe latente Verdampfungswärme, um die Ansaugtemperaturen zu senken und damit die Dichte und die Leistung anzuheben, sowie ein hoher Heizwert, der das benötigte Gewicht des Kraftstoffs reduziert. Mit einem einzigen Kraftstoff ließen sich in der Regel nur die ersten beiden Punkte erfüllen.

Bona schrieb, dass alle Schneider-Trophy-Motoren, die Italien produziert hatte, von Fiat stammten und dass der AS5, der als Standard-V12 vielversprechend gewesen war, nie eine Chance hatte, sich zu bewähren, und schließlich als AS6 des M.C.72-Rennflugzeugs zu einem axialmontierten Doppelmotor zusammengebaut wurde. Anstelle eines Aluminiumgusses besaßen diese Motoren alle geschweißte Stahlzylinder, die in aufwändiger Handarbeit zusammengebaut werden mussten. Diese Bauweise war in den 1920er Jahren populär gewesen, aber mit dem Aufkommen des Monoblock-Motors aus Aluminiumguss war sie wegen der hohen Konstruktionsschwierigkeiten und der Unzuverlässigkeit der unzähligen Schweißnähte veraltet.

Herstellungsschritte für geschweißte Fiat-Motorzylinder.

Ende der 1930er Jahre gab das italienische Luftfahrtministerium eine Spezifikation für flüssigkeitsgekühlte Motoren der 1500-PS-Klasse heraus, und so machten sich Bona und seine Fiat-Gruppe daran, eine Vielzahl von Motoren zu entwickeln, um diese Anforderung zu erfüllen. Dabei entstand eine Vielzahl von Zeichnungen, von denen viele seltsame Hybride aus der DB 600-Serie von Daimler-Benz und den V12-Motoren von Rolls-Royce waren und viele Konstruktionsmerkmale der beiden Motoren gemeinsam hatten. Drei Motoren wurden kurz hintereinander gezeichnet, wobei nur ein Monat zwischen den Daten auf den Zeichnungen lag.

Bona beschrieb, wie die Stahlzylinder hergestellt wurden:

»Um den Zylinder und die Rohre ist ein dünnes Stahlblech geschweißt, das den Wassermantel bildet. Die Brennkammer ist zylindrisch mit zwei diametral angeordneten Zündkerzen. Diese Konstruktion wurde, abgesehen von der Änderung der Abmessungen, in den vier genannten Motoren identisch weitergeführt und erwies sich als leistungsfähig, ausgenommen einige kleine Schwierigkeiten, die auf den Verlust von Wasser aus den Schweißnähten zurückzuführen waren, die aber leicht zu beheben waren.

Die Aluminium-Monoblock-Konstruktion wurde nicht verwendet, da sie schwerer ist und eine größere Stirnfläche aufweist als der geschweißte Stahl. Mit dem AS6 wurden Tests mit Einzylindermotoren durchgeführt, um das Verhalten des Fiat-Zylinders mit Kompressor zu untersuchen, wobei eine weitere vorteilhafte Eigenschaft dieser Konstruktion zum Vorschein kam, nämlich die begrenzte Wärmemenge, die an das Wasser abgegeben wird.«[266]

Diese Tatsache mag dazu beigetragen haben, dass das Interesse an der Hochdruckkühlung zur Verkleinerung der Kühlersysteme in Italien nachließ.

Bona fuhr fort:

»Während der Konditionierung des AS5 gab es viele Probleme mit dem sehr hohen Ölverbrauch. Abhilfe wurde durch die Konstruktion eines groß dimensionierten Kurbelgehäuses geschaffen, das als Ölsumpf für das zerstäubte Öl diente, das um die Kurbelwelle geworfen wurde. Der vordere Teil des Kurbelgehäuses war stromlinienförmig und ohne Verkleidung an der Vorderseite des Rumpfes, so dass er direkt dem Luftstrom ausgesetzt war und als effizienter Ölkühler diente, was eine Verringerung der Fläche des Kühlers selbst ermöglichte. Auch die Nockenwellenabdeckungen waren stromlinienförmig an die Form des Rumpfes angepasst und waren unverkleidet und dem Luftstrom ausgesetzt.«

Eine bessere Lösung wäre es gewesen, viel größere Ölabsaugpumpen einzusetzen, um mehr Luft-Öl-Gemisch aus dem Kurbelgehäuse abzusaugen. Der Erfolg bestimmter Motoren mit hochentwickelten Ölabscheidepumpen sollte sich während des folgenden Luftkriegs zeigen. Am 14. Februar 1939 wurde eine 18-Zylinder-Konstruktion mit drei Zylinderbänken entworfen, die wie ein verlängerter Napier Lion aussah. Sie hatte 60° zwischen den Zylinderbänken und wurde A38-III genannt.

Die Konstruktion war jedoch wenig vorteilhaft: Die Gewinde, mit denen die Zylinderlaufbuchsen an den Zylinderköpfen befestigt waren, überlappten den Bereich am oberen Ende des Kolbenwegs, wo die Gastemperaturen am höchsten waren. Der Wärmeübergang durch die Gewinde wäre also aufgrund der unvermeidlichen Lücken zwischen den ineinandergreifenden Gewinden schlecht gewesen. Dies hätte einen Motor mit hohen

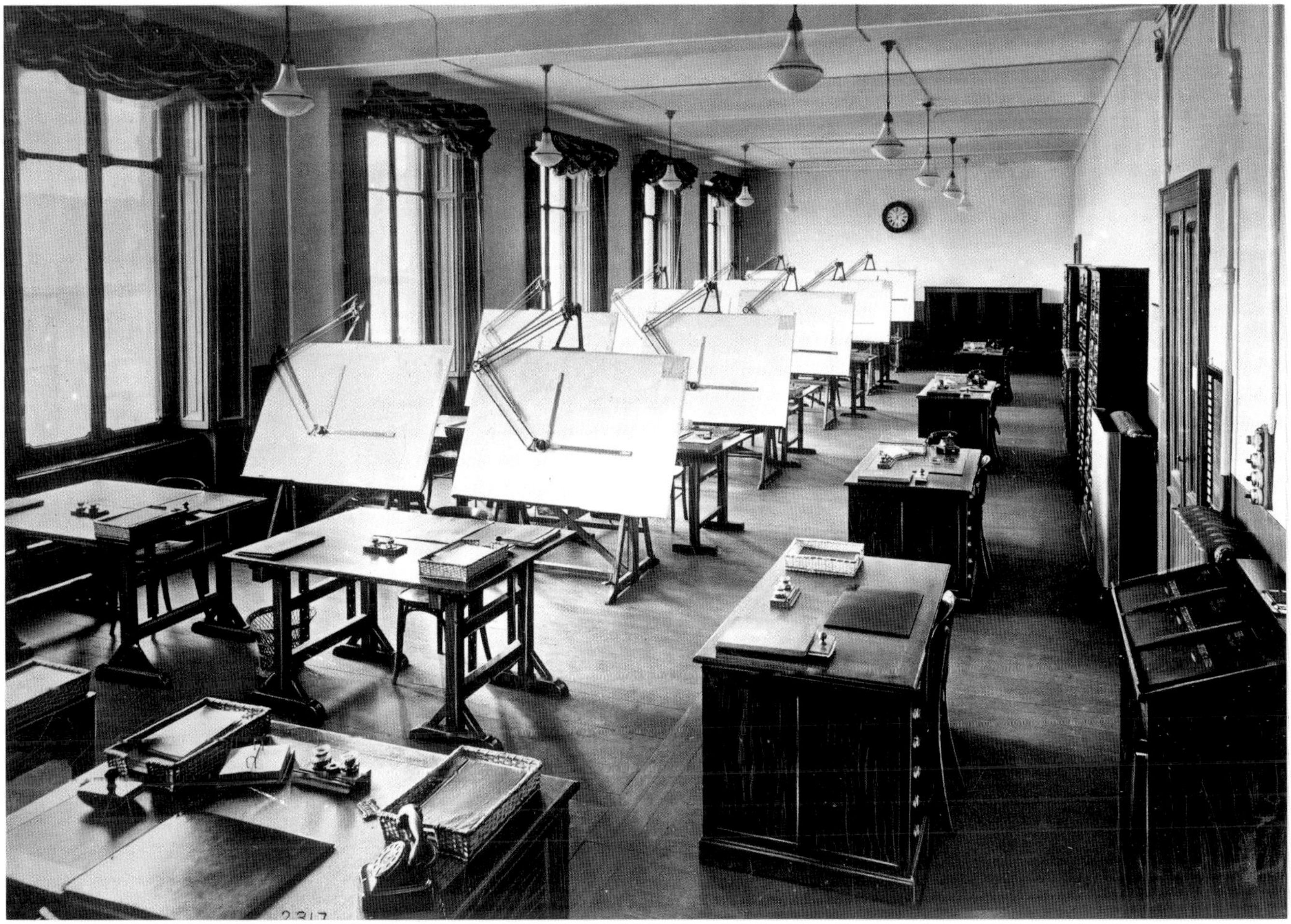

Zeichnungsbüros für Fiat-Motoren.

Brennraumtemperaturen zur Folge gehabt, der bei hohem Ladedruck höchstwahrscheinlich unter Detonation gelitten hätte.

Sechs Wochen später, am 27. März 1939, wurde ein viel konventionellerer V12-Motor ausgedacht. Er schien vernünftig aber unauffällig zu sein und verfügte über einen einstufigen Kompressor und einen Vergaser. Einen Monat später, am 28. April 1939, veröffentlichte die Fiat-Gruppe von Zerbi diese Zeichnung eines V12 nach eigenem Entwurf, der in der Seitenansicht dem Profil des Rolls-Royce Merlin ähnelte. Der A38 im V12-Format war länger, aber vertikal etwas kompakter. Er hatte einen Hubraum von 34,5 Litern und eine prognostizierte Leistung von 1300 PS in 4500 m Höhe.

Zerbi produzierte eine weitere Version des A38-RC mit einem Kompressor, der unter dem Motor montiert war – ein einzigartiges und seltsames Layout. Auch dieser »Kopf-oben«-V12 wurde zum Vergleich der Silhouette eines DB 601 überlagert dargestellt.

Als nächstes entwarf Zerbi einen umgekehrten V12 und stellte ihn einem Jumo 211 gegenüber. Daraus ist ersichtlich, dass die Italiener hofften, einen eigenen Konkurrenten zu den deutschen Motoren zu schaffen, um ihre eigenen Jagdflugzeuge wie die kommende Fiat G.55 anzutreiben.

Am 28. Dezember 1939 verließen die ersten detaillierten Fertigungszeichnungen das Konstruktionsbüro von Bona, obwohl es immer noch schwierig war, genau festzustellen, welche der Motoren die Italiener herstellen wollten.

Da sich die Entwicklung von flüssigkeitsgekühlten Motoren verzögert hatte, wurden in den Büros von Bona schnell so viele Entwürfe wie möglich erstellt, wobei Aspekte vieler zeitgenössischer Motoren verwendet wurden, um die verlorene Zeit aufzuholen. Hunderte von Zeichnungen wurden bei Fiat fertiggestellt, aber der A38-Motor blieb ein Prototypenprojekt.

Zurück auf der Tagung der Lilienthal-Gesellschaft in Deutschland sprachen nicht nur Ellor und Fedden, sondern auch der italienische Windkanalingenieur Paolo Ragazzi, der den deutschen Kollegen die äußerst beeindruckenden Höhenprüfkammern des Fiat Motorenwerks in Italien vorstellte. Diese waren damals ohne Frage die fortschrittlichsten Triebwerkstestanlagen der Welt. Der italienische Militärapparat wies gewisse Parallelen zu dem Deutschlands in den 1930er Jahren auf, da

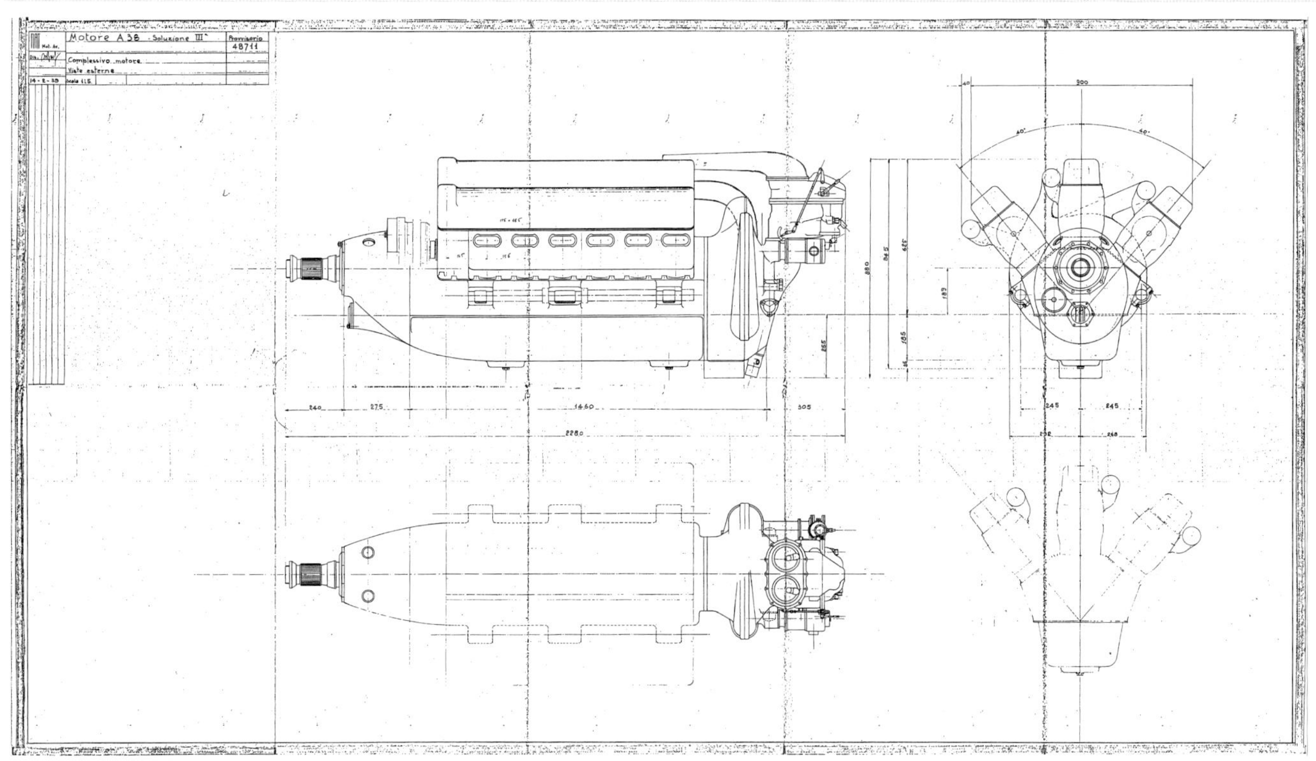

Fiat A38-III mit 18 Zylindern in drei Bänken: Übersicht.

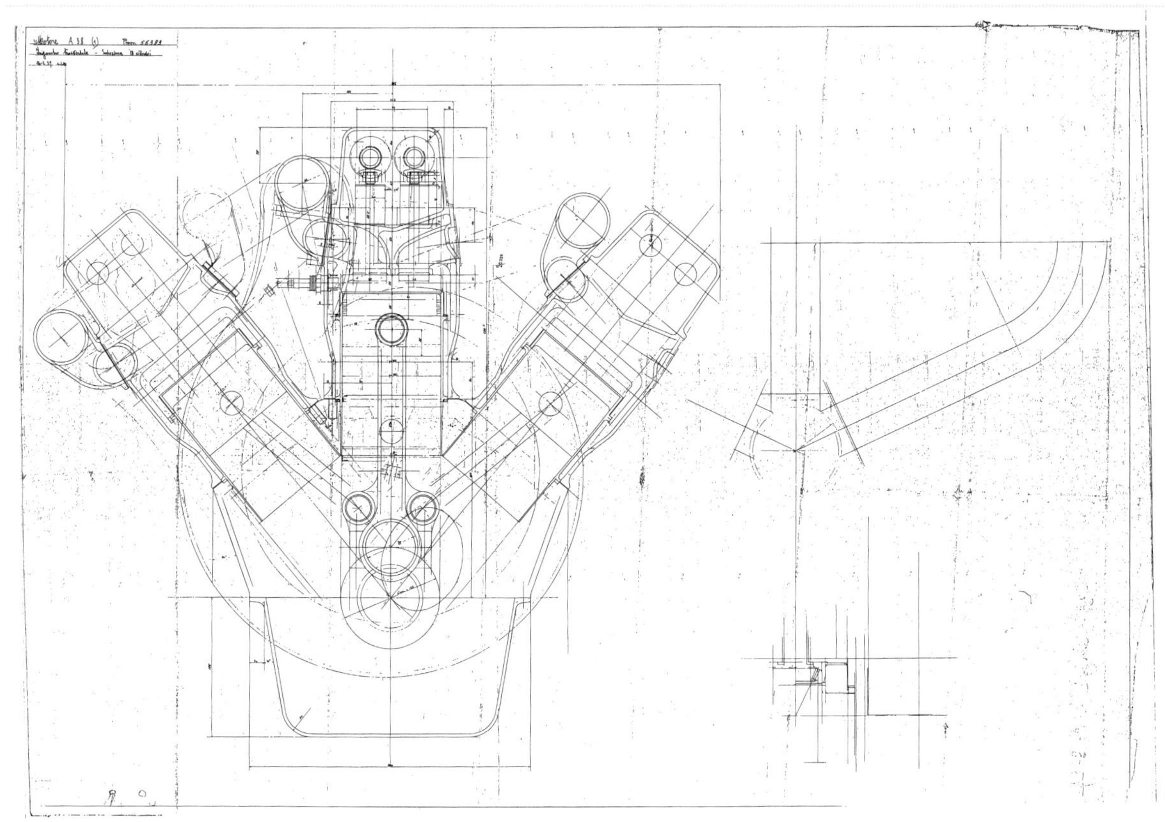

Fiat A38-III mit 18-Zylindern in drei Bänken: Innenquerschnitt.

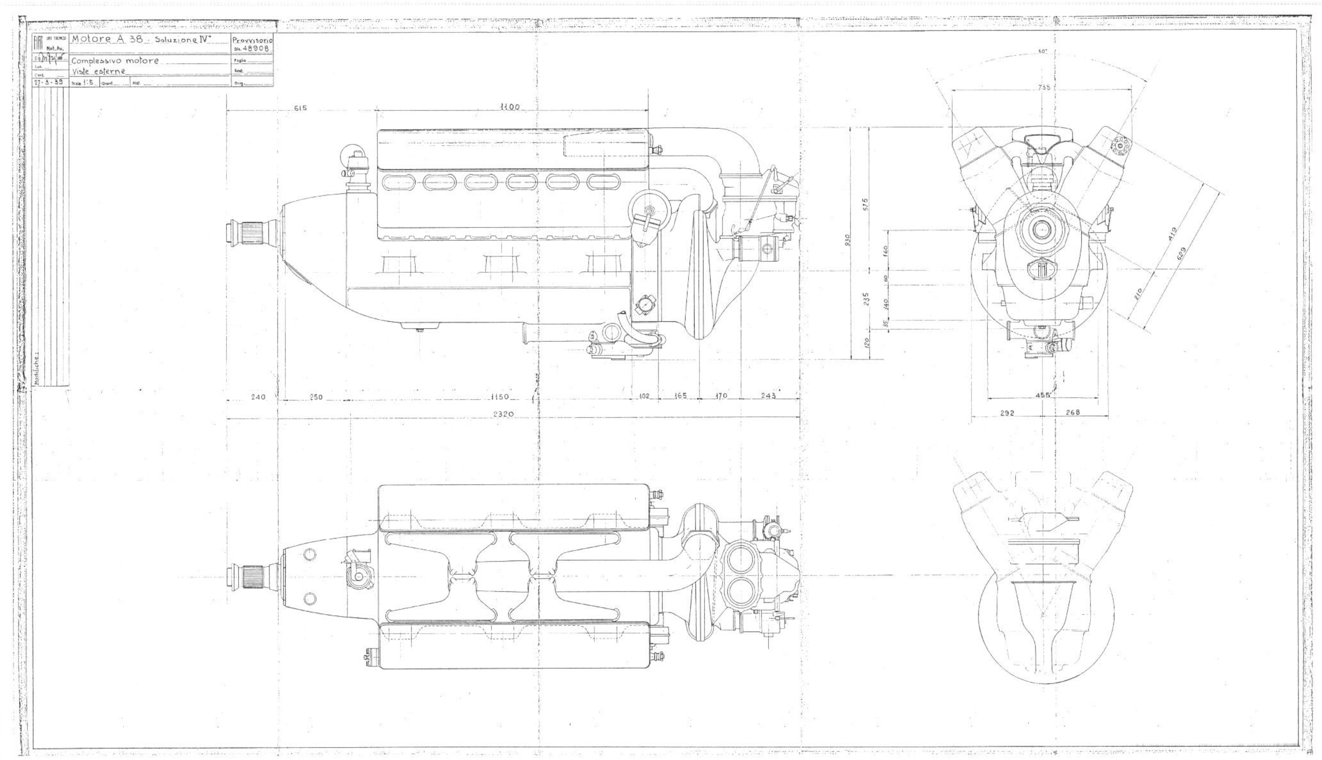

Fiat A38-IV »Kopf-Oben«-V12-Motor.

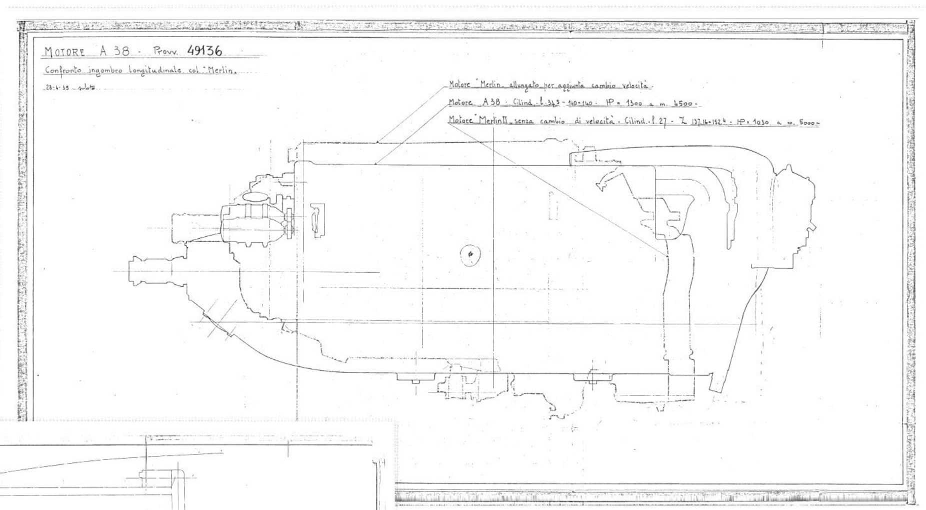

Fiat A38 V12 und Merlin überlagert.

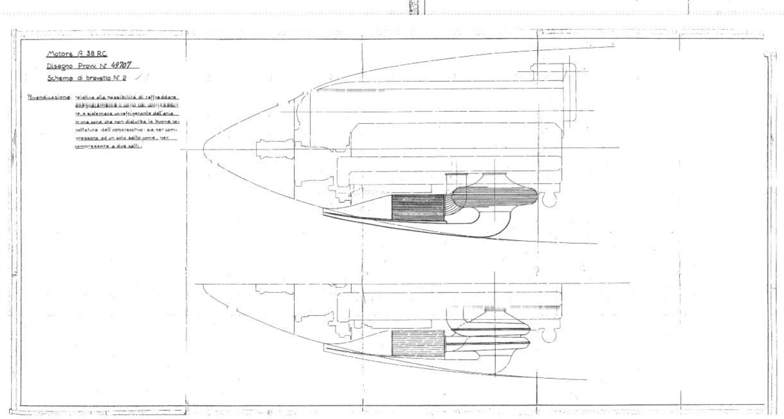

Fiat A38-RC V12 – Ansicht der Position des Ladeluftkühlers. »Eine Möglichkeit, das Kompressorgehäuse angemessen zu kühlen und einen Ladeluftkühler in einem Bereich zu platzieren, der die glatte Oberfläche des Rumpfes nicht stört, sowohl für einen ein- als auch zweistufigen Kompressor.«

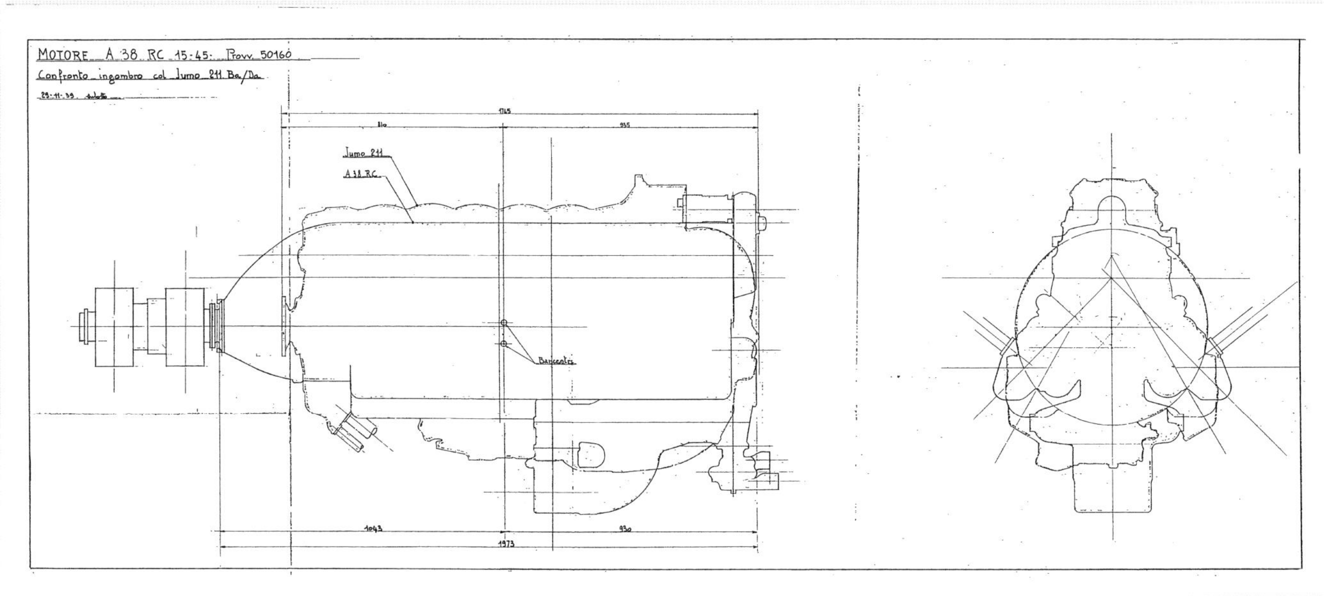

Fiat A38-RC-15 V12, hängende Ordnung, und Jumo 211 überlagert.

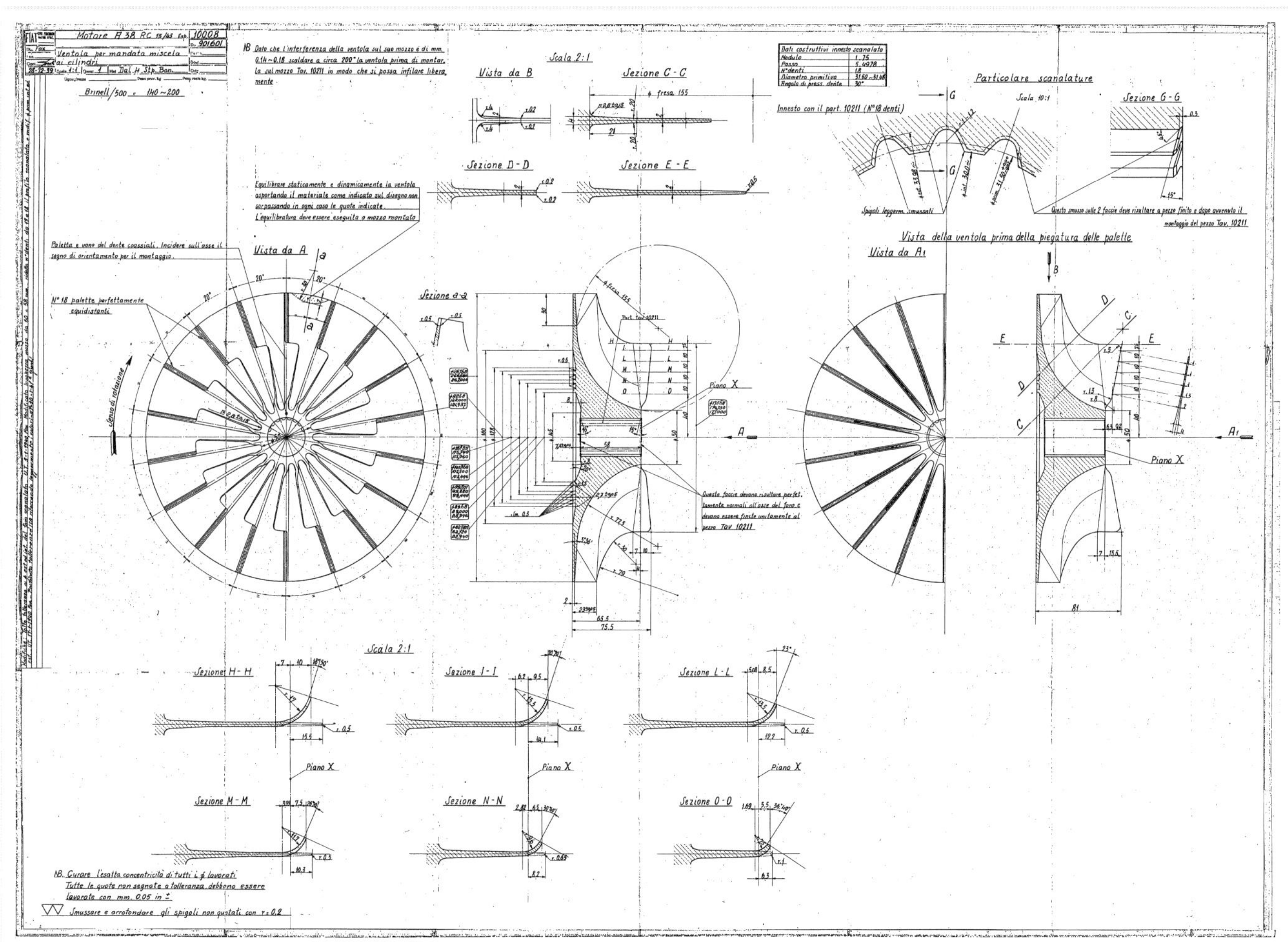

A38: Kompressor-Laufrad.

version	Layout	Dwg ref	Ltot	date	n. propellers	n. cylinders
I	V45°	48730	2610	21/2/39	1	16 (2x8)
II	V45°	49226	2150	21/2/39	1	16 (2x8)
III	V60°	48711	2280	14/2/39	1	18 (3x6)
IV	V60°	48908	2320	27/3/39	1	12 (2x6)
V	V45°	49202	2150	19/5/39	1	16 (2x8)
VI	V90°	49275	2610	26/5/39	1	12 (2x6)
VII	V90°	49276	2510	26/5/39	1	12 (2x6)
VIII	?	49619	2015	12/7/39	1	16 (2x8)
?	Inv. V90°	49945	1865	20/10/39	2	16 (2x8)
?	Inv. V90°	A38 R1C 15/45	1923	17/3/41	1	16 (2x8)

Die von Fiat angestrebten Varianten. (»Ltot« ist die Länge des Motors in mm, einschließlich der Kardanwellenkappe, mit Ausnahme des A38 RC 15/45, bei dem diese nicht mitgerechnet wird).

die wissenschaftliche Forschung in diesem Land durch kolossale finanzielle Investitionen eines kühnen nationalistischen Führers künstlich beschleunigt worden war. Das Ergebnis war eine etwas unausgewogene Struktur, in der sich völlig veraltete Flugzeuge die Bühne mit relativ modernen Konstruktionen und einigen staatlich geförderten Forschungseinrichtungen von technischem Weltniveau teilten.

Ragazzis Arbeit wurde zweimal übersetzt, zuerst vom Italienischen ins Deutsche durch die Lilienthal-Gesellschaft für Luftfahrtforschung, dann ins Englische durch die NACA in den USA. Die Fiat-Prüfkammer (rechts) war nach allen Maßstäben äußerst beeindruckend – eine hochmoderne Triebwerksprüfanlage, die heute nur noch durch die Qualität der elektrischen Instrumente und den Einbau von Computersteuerungen verbessert werden könnte. Sie bestand aus einem riesigen versiegelten Stahltunnel, in dem der atmosphärische Druck auf den Wert gesenkt werden konnte, der normalerweise in großen Höhen erreicht wird. Darüber hinaus war dieser ein Umlaufwindkanal, so dass die Vorwärtsbewegung des Flugzeugs simuliert werden konnte. Er war allem, was in Großbritannien gebaut wurde, um Jahre voraus; die britische Regierung hatte in den 1930er Jahren den Wert solcher Investitionen noch nicht erkannt.[267]

Trotz der hervorragenden Leistung beklagten die Fiat-Ingenieure den Mangel an Leistung für ihre Testanlage und hofften, dass eine wesentlich leistungsfähigere Testanlage gebaut werden könnte. Die Ingenieure des RAE hatten ähnlich ehrgeizige Hoffnungen und forderten einen Antriebsmotor mit einer Leistung von drei Millionen Watt, der ausreichen würde, um einen Kolbenmotor mit 2000 PS in 50.000 Fuß [15.240 m] Höhe zu testen – das Dreifache der Kapazität der Fiat-Anlage.[268]

Die Tests von Ragazzi hatten einige der Schwierigkeiten aufgezeigt, die bei einem Flugzeugtriebwerk unter realen Bedingungen auftreten, wenn man versucht, die Leistung über die akzeptierten Standards hinaus zu steigern; die Italiener hatten die damit verbundenen Probleme für die Funktionsfähigkeit der Zündkerzen bei immer leistungsfähigeren Flugzeugtriebwerken untersucht.

Als der Ladedruck des Kompressors um 50 % erhöht wurde, stieg die Temperatur der Zündkerze gegenüber derjeniger unter normalem Ladedruck um 50 °C an.

Das Ergebnis war, dass die Temperatur der Zündkerze in der Nennhöhe des Flugmotors, in der sie eigentlich ihre höchs-

Höhenprüfkammer für Fiat-Flugmotoren 1938.

te Leistung erreichen sollte, ihren Höhepunkt erreichte. Aus dieser Tatsache ergeben sich zwei sehr wichtige Probleme. Erstens müssen auch heute noch Aluminiumgusslegierungen, die in Hochleistungsmotoren verwendet werden, unter etwa 240 °C gehalten werden, da sie sonst ihre Festigkeit verlieren und weich werden, was unweigerlich zu einem katastrophalen mechanischen Versagen führt; zweitens – und das ist noch schwerwiegender – glüht die Nase der Zündkerze heiß.

Da sie in den Verbrennungsraum hineinragt, wirkt diese überhitzte Zündkerze wie eine Zündflamme, die die Frühzündung des Kraftstoff-Luft-Gemischs im Zylinder auslöst. Dies kann sowohl zu einer Vorzündung als auch zu Klopfen führen, die beide zur Zerstörung der Kolben führen können, da diese buchstäblich weggebrannt werden. Die Entwicklung von Zündkerzen ist eine sehr komplexe Wissenschaft, die ohne den Zugang zu exotischen Metallelementen wie Palladium, Rhodium und Platin, die Italien und Deutschland nur schwerlich beschaffen konnten, nicht leicht zu lösen ist.

Italien befand sich zu Beginn des Krieges in einer seltsamen Lage. Es besaß die fortschrittlichsten Triebwerkstesteinrichtungen der Welt. Die Italiener hatten ein eigenes Programm für synthetischen Flugkraftstoff entwickelt, das wie das deutsche auf der Hydrierung von Kohle beruhte. Diese Errungenschaften wurden jedoch durch einen gravierenden Mangel an hochmodernen wassergekühlten Flugmotoren gebremst, die mit denen der neuesten britischen oder deutschen Hersteller vergleichbar waren. Die Fiat-Motoren AS5 und AS6, die ein Jahrzehnt zuvor bei den Schneider-Trophy-Rennen bewundernswerte Leistungen erbracht hatten, waren nicht weiterentwickelt worden, und Fiat war verzweifelt auf der Suche nach einem leistungsfähigen neuen Triebwerk für die nächste Generation italienischer Jagdflugzeuge.

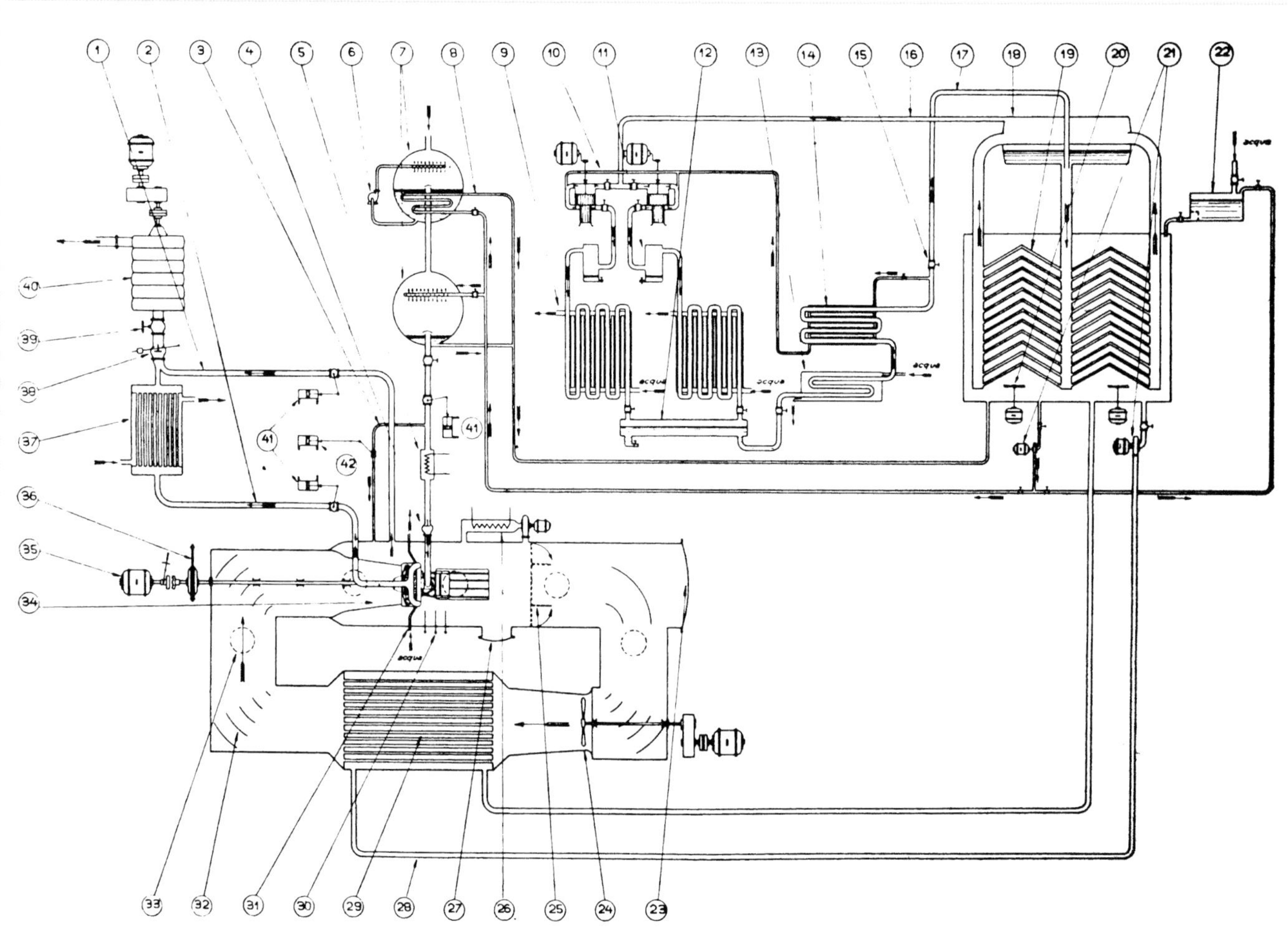

Schematische Darstellung der fortschrittlichen Fiat-Motorenprüfkammer.

Kapitel 3

1939 – Der Kampf um Großbritannien beginnt

Großbritannien

Der Zweite Weltkrieg begann am 1. September 1939 und zwei Tage später trafen die ersten Geheimdienstberichte über die deutsche Luftwaffe ein.

> »Die G.A.F. hat zehn Flugplätze in Polen angegriffen ... Die Flugzeuge, die Warschau angriffen, wurden von Me 109 und Me 110 begleitet.«[1]

Die deutschen Kampfflugzeuge operierten bereits seit einiger Zeit verdeckt in Spanien, aber dies war das erste Mal, dass sie offiziell im Kampf gegen einen Feind eingesetzt wurden, der über eigene moderne Flugzeuge verfügte. Für die Briten war es von großem Interesse, wie sie sich schlagen würden.

Die Zeitschrift Flight veröffentlichte am 5. Oktober 1939 einen langen Artikel von Horace »Rex« King unter dem Titel »Fighters of the Luftwaffe«. King schrieb ausführlich über die jüngsten deutschen Geschwindigkeitsrekorde und die wahrscheinlichen Flugeigenschaften der Bf 109 und der Heinkel He 112, die beide den DB 601-Motor verwendeten. Die Leser konnten es nicht wissen, aber King, obwohl ein bekannter Journalist, arbeitete auch für den britischen Geheimdienst in Abteilung A.I.2.(g).

> »Er arbeitete in der Abteilung Air Intelligence 2, die für die Untersuchung feindlicher Waffen während der Schlacht um Großbritannien zuständig war. Während der Schlacht um Großbritannien war Rex der erste an Bord eines jeden abgeschossenen und noch intakten feindlichen Flugzeugs. Niemand sonst durfte etwas anfassen, bevor Rex nicht einen Blick darauf geworfen und etwas Neues festgestellt hatte.«[2]

King schrieb über die Bf 109 und die He 112 dass:

> »Nach ihrem Debüt durchliefen die beiden Jäger eine Entwicklungsphase und hatten ihren Anteil an Kinderkrankheiten mit dem Ergebnis, dass die Typen, die schließlich für den Geschwadereinsatz standardisiert wurden, sich in einer Reihe von Punkten von den Prototypen unterschieden. Die größten Aufträge wurden für die Messerschmitt erteilt, die zunächst mit einem Junkers Jumo 210-Motor mit nur 650 PS ausgestattet war, während spätere Serien mit dem Daimler-Benz DB 600-Aggregat mit 950 PS ausgerüstet wurden. Mit dem Daimler-Benz DB 600 erreicht die Maschine eine Höchstgeschwindigkeit von 323 Meilen pro Stunde [520 km/h] und benötigt für den Aufstieg auf 16.400 Fuß [5.000 m] nur etwas mehr als 5 Minuten. Die maximale Flughöhe beträgt 36.489 Fuß [11.129 m] und die Reichweite wird mit 445 Meilen [716,2 km] angegeben, vermutlich bei Vollgas.
>
> Ein Motor der Daimler-Benz-Baureihe DB 601, der jetzt bei der Luftwaffe standardisiert ist, dürfte eine deutlich höhere Leistung erbringen.
>
> Einige außergewöhnlich hohe Geschwindigkeiten wurden von speziell präparierten Versionen dieses Jägers erreicht. Im November 1937 erreichte Wurster mit einer Maschine, die als Me 113 R bezeichnet wurde, eine Geschwindigkeit von 379,59 mph [611 km/h]. Diese Maschine ähnelte im Wesentlichen der Me 109; die Flügelfläche war recht groß und unter dem Steuerbordflügel befand sich ein großer Kühler.
>
> Am 26. April dieses Jahres erreichte Fritz Wendel mit einer offiziell als Me 109 R bezeichneten Maschine 469,225 mph [755 km/h]. Dieser Wert gilt heute als absoluter Geschwindigkeitsweltrekord. Die Me 109 R (die Werksnummer 109 wurde wohl in der ausdrücklichen Absicht verwendet, den Eindruck zu erwecken, dass die Maschine dem Standard-Jagdflugzeug ähnel-

Heinkel He 111, abgeschossen in den Lammermuir Hills in Schottland, 28. Oktober 1939.

te) hatte im Vergleich zum früheren Typ des Messerschmitt-Rekordjägers eine wesentlich geringere Flügelfläche, einen Flügel mit anderem Querschnitt und anderer Grundrissform, einen neu gestalteten Rumpf, eine neue Cockpitverkleidung und ein auffälliges Kreuzleitwerk, das an die alten Macchi-Rennsportflugzeuge erinnerte. Außerdem wurde sie mit einem erheblich verstärkten Daimler-Benz DB 601 A angetrieben, der 1800 PS bei 3500 U/min gegenüber den 1150 PS bei 2400 U/min eines typischen DB 601 aus der Serienproduktion liefern sollte.«[3]

Aus Kings Artikel ging klar hervor, wie erfolgreich die Deutschen Verwirrung über ihr neues Flugzeug gestiftet hatten. Einige genaue Details waren durchgesickert, aber in Wirklichkeit waren wesentlich mehr als 1800 PS erforderlich, um den Rekordflug von Fritz Wendel zu erreichen. Es kam Deutschland gelegen, das Gegenteil zu behaupten, da die 1800 PS, wenn man sie für bare Münze nahm, den Eindruck erweckten, dass die Widerstandseigenschaften ihres neuen Jagdflugzeugs wesentlich besser waren, als dies tatsächlich der Fall war, und so das Image der deutschen aerodynamischen Konstruktion aufwerteten.

Der britische Ausschuss für die Koordinierung der Erdölpolitik trat am 6. Oktober 1939 zusammen, um Notfallpläne für den Fall einer Blockade zu erörtern. Dabei ging es insbesondere um die Fortschritte beim Bau einer neuen Anlage für synthetischen Treibstoff und der damit verbundenen chemischen Anlagen, die zur Herstellung von Tetraethylblei (TEL) benötigt wurden. TEL wurde benötigt, um die Oktanzahl auf 100 zu erhöhen, und Ethylendibromid, um einen Teil der korrosiven Auswirkungen des Bleioxids auf Motoren zu verhindern, die mit verbleitem Kraftstoff betrieben wurden (in Deutschland gab es nur eine Dibromidanlage in der Nähe von Hamburg). Das Dibromid nahm den Kohlenstoffablagerungen in der Brennkammer die elektrische Leitfähigkeit, indem es das Bleioxyd abbrennen ließ (durch Senkung seiner Verdampfungstemperatur). Andernfalls bildete das angesammelte Bleioxyd einen leitenden Pfad über die Elektroden der Zündkerzen, was natürlich dazu führte, dass diese nicht mehr zündeten.

»T.E.L.: Die Hauptanlage in Lostock Gralam soll im April 1940 fertiggestellt werden. Die Ethylanlage in Runcorn müsste bis Februar 1940 fertiggestellt sein. Die Bromanlagen in Hayle (Cornwall) sollen bis September 1940 fertiggestellt werden.

Hydrierwerk Heysham: Es wurde eine Genehmigung für die Erweiterung der Anlage auf die volle Kapazität (345.000 Tonnen pro Jahr) eingeholt, und alle drei Unternehmen wurden angewiesen, damit fortzufahren ... die Anlage dürfte gegen Ende 1941 betriebsbereit sein.

Shell-Hydrierungsprojekt: Dieses Vorhaben wurde vom Finanzministerium vorbehaltlich der Zustimmung des Präsidenten des Ölausschusses im Grundsatz genehmigt ... Die Anlage wird eine Kapazität von 350.000 Tonnen pro Jahr haben und in etwa zwei Jahren in Betrieb genommen werden.

Trinidad Leaseholds Ltd: Herstellung von 100 Oktan-Kraftstoff in Trinidad. Dieses Vorhaben wurde im Grundsatz genehmigt ... Das Projekt sieht die Herstellung von 133.000 Tonnen 100 Oktan-Kraftstoff pro Jahr vor. Die Erweiterung der Raffinerie wird zwischen 18 Monaten und zwei Jahren in Anspruch nehmen.«[4]

Neben dem Werk in Heysham sollte das Hydrierwerk für synthetischen Kraftstoff von ICI Billingham in Middlesbrough ab April 1940 100 Oktan liefern. Der Plan, eine neue Anlage in

Trinidad zu bauen, wurde letztendlich nicht benötigt, und die einzigen beiden 100 Oktan-Kraftstoffanlagen in Großbritannien, die bedeutende Mengen der Kraftstoffkomponenten produzieren würden, waren ICI Billingham und ICI Heysham (Teil eines Konsortiums mit Trinidad Leaseholds und Shell, genannt »Trimpell«). Das Shell-Projekt in Thornton wurde nicht abgeschlossen und die Bauarbeiten wurden 1941 eingestellt, als sich die Versorgungslage entspannte.

Die aus den britischen Kohlereserven stammende Versorgung mit 100 Oktan-Kraftstoff belief sich auf etwa 700.000 Tonnen pro Jahr, weit weniger als die Gesamtmenge, die später im Krieg benötigt werden würde. Im Juni 1944 hätte die gesamte Jahresproduktion der beiden britischen Synthesewerke die riesige alliierte Invasionskampagne nur 45 Tage lang am Laufen gehalten.[5] Dennoch war dies eine wichtige Versicherungsmaßnahme und bedeutete, dass es immer möglich sein würde, selbst während einer Blockade zumindest eine Defensivtruppe von Hochleistungsflugzeugen von britischem Boden aus zu betreiben.

Einhundertfünfzig Meilen nördlich von Heysham stürzte am 28. Oktober 1939 das erste deutsche Flugzeug, das über britischem Boden abgeschossen wurde (eine Heinkel He 111), in den Lammermuir Hills in Schottland ab. Zwei Mitglieder der Besatzung starben bei dem Kampf, der Navigator und der verletzte Pilot überlebten. Um das Flugzeug versammelte sich eine große Menschenmenge und es mussten bewaffnete Wachen aufgestellt werden, um zu verhindern, dass Souvenirjäger wichtige Informationen erbeuteten; tragbare Gegenstände wie gedruckte Handbücher und Funkgeräteteile erwiesen sich im weiteren Verlauf des Krieges als besonders beliebt bei Plünderern. Zwei Männer von Rolls-Royce, William Gill und Dick Royce, hörten von dem Absturz und beschlossen, zu prüfen, ob sie eines der Jumo-211-Triebwerke des Flugzeugs zwecks Analyse in Derby bekommen könnten. Da die beiden wussten, wie viel bürokratischen Aufwand es bedeuten würde, wenn ein offizielles RAF-Team zuerst vor Ort wäre, beschlossen sie, die Sache selbst in die Hand zu nehmen. Sie besorgten sich einen Lastwagen mit Kran und machten sich auf die beschwerliche Fahrt quer durchs Land zur Absturzstelle.

»Ich sah etwas, das wie ein Labyrinth von Rohren aussah, mit denen der Motor an der Tragfläche befestigt war – meine erste Begegnung mit einem Triebwerk. Man gab mir eine Bügelsäge und sagte mir, ich solle sie einfach nur durchsägen!«[6]

Heinkel He 111: Motor wird ausgebaut und nach Derby gebracht.

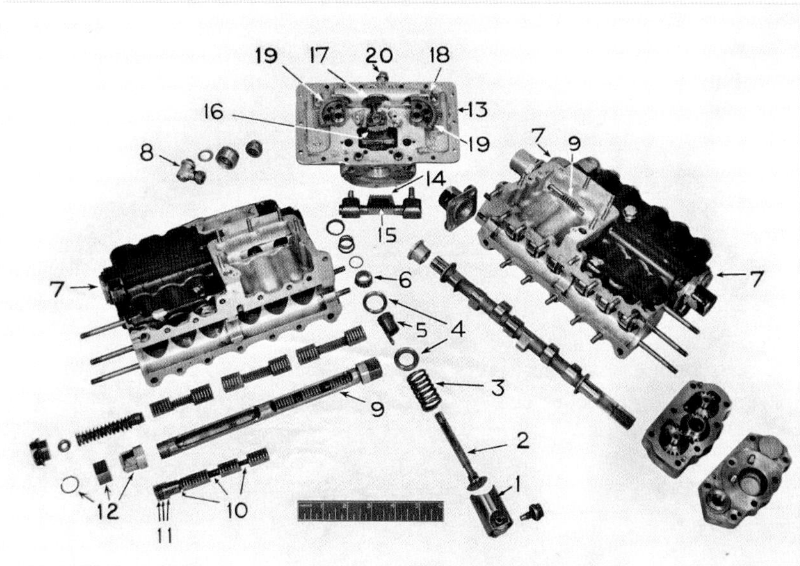

Jumo 211: Teile einer Kraftstoffpumpe für Direkteinspritzung.

Jumo 211: Aufgeschnittener Zylinderkopf.

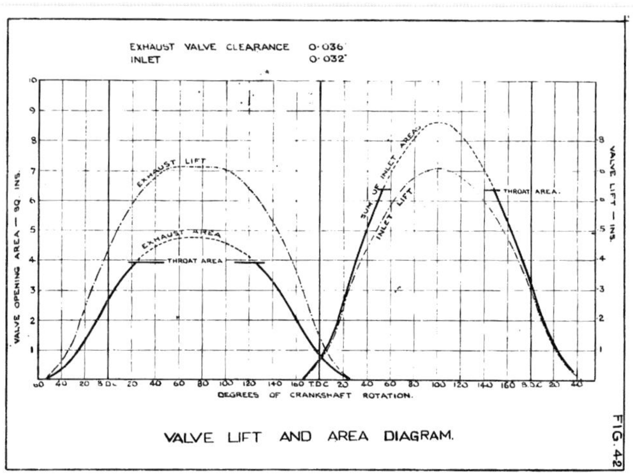

Jumo 211: Nockenwelle-Ventilhubprofile.

Sobald der abgetrennte Motor am 3. November in Derby eintraf, machte sich Rolls-Royce-Entwicklungsingenieur Geoffrey Bone daran, ihn für die Tests vorzubereiten.

> »Ich war auch an einigen Experimenten mit einer He 111 beteiligt, die in den Lammermuir Hills abgestürzt war – wir hatten einen ihrer V12-Motoren mit Kraftstoffeinspritzung auf dem Prüfstand in Derby, und ich war daran beteiligt, herauszufinden, ob sie irgendwelche Geheimnisse hatten, die Rolls-Royce nutzen sollte. Ich glaube, man hatte das Gefühl, dass die Kraftstoffeinspritzung im Gegensatz zur Vergaserversorgung ein wichtiges Merkmal sein würde – was sich auch als richtig herausstellte, denn sie ermöglichte einigen ihrer anderen Flugzeuge Kunstflugmanöver, die mit Vergasern schwierig waren. Ich denke, einiges war bekannt, denn diese Dinge werden gewissermaßen allgemein bekannt – es war Teil der üblichen Praxis, zu schauen, ob jemand anderes Ideen hatte, an die man selbst nicht gedacht hatte; ich denke, es war ein Hinweis für die Rolls-Royce-Ingenieure, dass sie nicht ganz so weit vorne waren, wie sie angaben.«[7]

Hives schrieb Folgendes an Wilfred Freeman:

> »... wenn Sie uns am Mittwoch besuchen, werden wir in der Lage sein, Ihnen den deutschen Junkers-Motor zu zeigen, der aus der Maschine stammt, die letztes Wochenende in Schottland abgeschossen wurde. Der Motor ist erst heute im Werk eingetroffen. Es ist ein Junkers 12-Zylinder, flüssigkeitsgekühlt, mit Benzineinspritzung. Wir glauben, dass wir von diesem Motor einige interessante Informationen erhalten können.«[8]

Hives freute sich auch darüber, dass es Rolls-Royce gelungen war, den ehrgeizigen Zeitplan für den Einsatz des Griffon in der Spitfire einzuhalten. Im selben Brief informierte er Freeman darüber, dass Rolls-Royce 100 Teststunden mit einem der ursprünglichen Griffons aus den 1930er Jahren absolviert hatte, der mit einigen aktualisierten Teilen ausgestattet worden war und somit als Testplattform diente. Hives erklärte, dass die neue Version des Griffon in einem Monat fertiggestellt sein würde. Hives merkte an, dass Supermarine bereits einen »gut aussehenden« Entwurf für eine Griffon-Spitfire ausgearbeitet hatte.[9]

Einer der Lammermuir-Motoren wurde vom RAE untersucht, das einen ausführlichen Bericht verfasste.[10]

> **»Alle Teile sind gut gemacht und sehr gut verarbeitet, es wurde viel Arbeit in die Herstellung des Motors gesteckt, die Kurbelwelle wird durch eine Hülse am vorderen Ende mit Schmieröl versorgt.«**

Andere geborgene Jumo 211 wurden später von Rolls-Royce ans RAE geschickt, wo Dr. Morley Mitte der 1930er Jahre zu dem Schluss gekommen war, dass die Forschung zur Direkteinspritzung keine weiteren Maßnahmen rechtfertigte. Diesmal lautete die Schlussfolgerung etwas anders:

> »Diese Motoren arbeiten mit wesentlich schwächeren Gemischstärken, als sie von Vergasermotoren verlangt werden, und weisen einen außergewöhnlich wirtschaftlichen Kraftstoffverbrauch auf. Dies ist auf die direkte Kraftstoffeinspritzung in Verbindung mit einem automatischen Steuergerät zurückzuführen, das eine genaue Regelung ermöglicht. Wenn man bedenkt, dass der Motor vom Piloten nur mit dem Gashebel gesteuert wird, ist die Erzielung eines solchen Verbrauchs bemerkenswert. Ein weiterer Vorteil dieses Einspritzsystems ist die herausragende Fähigkeit, auch mit sehr schwachen Gemischen konstant zu arbeiten, ohne abzuschalten … Diese verschiedenen Vorteile sind wichtig genug, um eine genauere Untersuchung zu rechtfertigen.«[11]

Die ersten Ergebnisse der Erprobung des deutschen Direkteinspritzsystems überzeugten die britischen Motorkonstrukteure bald davon, dass sie ihre eigenen Forschungen an dieser Technik zu schnell aufgegeben hatten. Außerdem handelte es sich bei dem Jumo 211 nicht um eine von Deutschlands besten Ingenieuren zusammengebastelte Laborversuchsanlage, sondern um ein am Fließband gebautes Serienaggregat, das die Eignung der Direkteinspritzung für die Massenproduktion eindeutig bewies.

Inzwischen bemühte man sich, den britischen Motorenherstellern alle Informationen zukommen zu lassen, die für sie von Vorteil sein könnten. Zu diesem Zweck schrieb N. S. Muir vom Luftfahrtministerium am 16. November 1939 an William Farren (D.D./R.D. A.) vom RAE und wies ihn an, alle aus dem Speed-Spitfire-Projekt gewonnenen Informationen an Rolls-Royce weiterzugeben. Erstaunlicherweise hatte es zuvor eine Beschränkung gegeben, die dies verhinderte.[12]

In der Zwischenzeit stand das Werk in Billingham, County Durham, kurz davor, mit der Produktion von 100 Oktan-Kraftstoff zu beginnen, und am 6. Dezember 1939 trat der Ausschuss für Ölpolitik zusammen, um darüber zu beraten.

> »Billingham (ICI) sollte im April 1940 mit der Produktion von 16/20.000 Tonnen pro Jahr beginnen.[13]

Die Produktion von Anglo American, Shell und Trinidad belief sich auf insgesamt 128.000 Tonnen pro Jahr, wobei die Produktion von ICI in England 14 % der geplanten Gesamtproduktion ausmachte. Das Fighter Command bereitete sich schon auf die Umstellung von 87 Oktan auf 100 Oktan vor, und am 12. Dezember 1939 erhielt Hugh Dowding, Oberbefehlshaber des Fighter Command, einen Brief von seinem Ausrüstungsdirektor G. H. Lines:

> »Unter Bezugnahme auf Ihr Schreiben Nr. F.C. 15447/76/E.O.2 vom 7. Dezember 1939 werde ich angewiesen, zu bestätigen, dass 100 Oktan-Kraftstoff für die Verwendung in Hurricane-, Spitfire- und Defiant-Flugzeugen zugelassen ist, und mitzuteilen, dass die Ausgabe erfolgen wird, sobald der Kraftstoff in den Auslieferungslagern, die die betreffenden Stationen des Fighter Command versorgen, in ausreichenden Mengen zur Verfügung steht … es wird daher vorgeschlagen, dass der Lagerraum für 100 Oktan-Kraftstoff in den Stationen durch den Verbrauch des bereits auf Lager befindlichen D.T.D.230-Kraftstoffs verfügbar gemacht wird. Wenn ein Tank in der Anlage leer wird, soll er mit 100 Oktan-Kraftstoff aufgefüllt werden … Zu Ihrer Information gebe ich an, dass der 100 Oktan-Kraftstoff ›auffallend grün gefärbt‹ ist.«[14]

Der D.T.D.230-Kraftstoff, auf den sich Lines bezog, war die Standardspezifikation für 87 Oktan-Kraftstoff, der von der RAF seit 1933 verwendet wurde.[15] Doch obwohl der neue Treibstoff nun für alle RAF-Jagdflugzeuge zugelassen und zur Auslieferung bereit war, würde es noch einige Monate dauern, bis die Vorräte an 87 Oktan-Kraftstoff in den örtlichen Depots erschöpft sein würden – es wurde als zu kostspielig erachtet, den weniger potenten Treibstoff einfach abzufüllen und woanders hinzubringen.

Der neue 100 Oktan-Kraftstoff erhielt die britische Spezifikation RDE/F/100, etwa zwei Jahre nachdem die US-Luftwaffe ihren eigenen 100 Oktan-Kraftstoffstandard herausgegeben hatte: US-2-92A. Trotz der großen Ähnlichkeit zwischen britischem und amerikanischem 100 Oktan-Kraftstoff unterschieden sich die Methoden, mit denen der Kraftstoff auf seine Konformität geprüft wurde, bevor er an die Geschwader ausgegeben werden konnte, etwas, da die in Großbritannien und Amerika verwendeten Prüfmotoren nicht vom gleichen Typ waren. Infolgedessen mussten die aus den USA nach Großbritannien gelieferten 100 Oktan-Lieferungen von Zeit zu Zeit nachgebessert werden, vor allem um die Detonationsfestigkeit des Kraftstoffs bei fetten Gemischen zu erhöhen.[16] Dies war ein Risiko, das sich aus der Bewertung des Kraftstoffs unter nur einer Kombination von Motorbedingungen ergab. Man ging davon aus, dass, wenn sich die Klopffestigkeit von zwei Kraftstoffen bei einem Luft/Kraftstoff-Verhältnis überschneidet, sich beide Kraftstoffe im restlichen Betriebsbereich gleich gut verhalten würden. Dies erwies sich schnell als falsch. Die Deutschen hatten dies zuerst erkannt, aber auch die Briten und Amerikaner wurden nun darauf aufmerksam.

Bevor die Hauptlieferungen von 100 Oktan an die Stationen des Fighter Command erfolgten, waren seit Ende 1938 kleinere Lieferungen an einige der größeren RAF-Stützpunkte im Gange. Debden, Digby, Duxford und Northolt erhielten Lieferungen, die für den gesamten Kraftstoffumsatz einer Woche ausreichten, wobei Duxford am 25. August 1938 2499 Gallonen [11.361 l] erhielt. Da die Haupttanks der Stützpunkte noch nicht fertig waren, wurde der Treibstoff per Zug und Lastwagen angeliefert und in 50-Gallonen-Fässern gelagert.[18]

Schon früh erhielt das Bomber Command Vorrang bei der Lieferung von 100 Oktan-Kraftstoff für seine Bristol Blenheim-Bomber und -Aufklärungsflugzeuge. Diese fast veralteten Flugzeuge wurden benötigt, um die Frontlinien in Frankreich zu überfliegen, und man ging davon aus, dass sie mit 100 Oktan eine etwas größere Chance hatten, unversehrt nach Hause zu kommen. Dowding erhielt am 6. November 1939 einen Brief, in dem ihm mitgeteilt wurde, dass 40 % der Blenheim-Einsätze mit 100 Oktan geflogen wurden.[19]

USA

Die Entwicklungen in Amerika in dieser Zeit entsprachen in vielerlei Hinsicht denen in England, da die Triebwerkskonstrukteure beider Länder in der Kraftstoffforschung und -versorgung eng zusammenarbeiteten. Am 9. August 1939 wurde in Wright Field erneut über Super Fighting Grade Fuel diskutiert.

> »Die erfolgreiche Entwicklung von Motoren für Verfolgungsflugzeuge hängt in hohem Maße von der Verfügbarkeit eines Kraftstoffs ab, dessen Klopffestigkeit wesentlich höher ist als die des Kraftstoffs der Klasse 100. Es liegt auf der Hand, dass der Spielraum bei der Konstruktion von Triebwerken umso größer ist, je höher die Überlegenheit dieses Treibstoffs im Vergleich zu 100er Treibstoff ist, da die Materialfestigkeit des Triebwerks zum begrenzenden Faktor wird und nicht mehr die Detonation des Treibstoffs. Die aktive Arbeit an der Entwicklung von Kraftstoffen mit Oktanzahlen wesentlich besser als 100 wurde im Oktober 1938 begonnen, aber der Fortschritt in dieser Entwicklung war begrenzt, hauptsächlich durch das Fehlen einer Klopfprüfmethode, mit der Kraftstoffe über 100 Oktan bewertet werden können, durch das Fehlen von korrelativen Daten für die Festlegung einer Klopfprüfmethode und durch das Fehlen von genügend Personal für die Durchführung eines ständigen Entwicklungsprogramms.«[20]

In den USA wurde zur Kraftstoffbewertung ein aufgeladener Motor verwendet, der dem in Deutschland von der DVL und der IG Farben im Werk Oppau in Ludwigshafen entwickelten Motor sehr ähnlich war. Erste Tests wurden aufgezeichnet:

> »Kraftstoffeinspritzung beginnt, 40 ° nach dem oberen Totpunkt im Ansaugtakt … Kraftstoffeinspritzdruck – 100 psi [6,9 bar], Verdichtungsverhältnis 7 : 1 konstant … Ansauglufttemperatur 100 °F … Ansaugkrümmerdruck allmählich erhöht, bis leichte Detonation auf Kathodenstrahlröhre angezeigt wird.«[21]

Das Testverfahren verbesserte sich zwar, blieb aber immer noch hinter der deutschen Praxis zurück, da es mit festem Zündvorlauf und fester Ansauglufttemperatur durchgeführt wurde, was die Anwendung der Ergebnisse auf die damals in Betrieb befindlichen Flugmotoren erschwerte, die einen schwankenden Zündvorlauf und Ansauglufttemperaturen aufwiesen, die erheblich von 43 °C (110 °F) abwichen. Die meisten aufgeladenen Motoren hatten eine Lufteintrittstemperatur von mindestens 80 °C. Die Tests unter einer bestimmten Bedingung hatten, wenn überhaupt, nur wenig Ähnlichkeit mit dem, was der Kraftstoff in einem echten Flugmotor im Kampfeinsatz bewirken könnte. Die Testmotoren liefen nicht einmal annähernd mit den Geschwindigkeiten eines Flugzeugtriebwerks, und sie hatten auch nicht die gleiche Größe der Zylinderbohrung, des Kompressors oder des Ventiltriebs. Es handelte sich um einfache und primitive Konstruktionen, die aus wirtschaftlicher Notwendigkeit entstanden. Langsam wurde den Ingenieuren klar, dass der einzige Nutzen von Kraftstofftestmotoren darin bestand, dass die Ergebnisse mit denen anderer Testmotoren verglichen werden konnten – was für die rein wissenschaftliche Forschung über das Kraftstoffverhalten nützlich war, aber weit weniger für die Anwendung dieser Ergebnisse auf echte Flugmotoren.

Es wurde vorgeschlagen, dem Kraftstoff mehr TEL beizumischen und Wasser in die Ansaugluft einzuspritzen, wodurch die Ansaugladung gekühlt und damit die Neigung zur Selbstentzündung der Endladung deutlich verringert wird.

> »Der praktikabelste Kraftstoff, der in ausreichenden Mengen zur Verfügung steht, um seine Spezifizierung für die Entwicklung von Motoren mit höchster praktikabler Leistung für Verfolgungsflugzeuge zu ermöglichen, ist derjenige, der unter die Spezifikation 2-90 fällt, mit der Ausnahme, dass jeder Gallone 6,0 ml TEL zugesetzt werden sollten … zusätzlich sollte es dem Motorkonstrukteur gestattet sein, den Motor für die Einspritzung eines Gemischs aus 60 % Isopropylalkohol in Wasser während des Starts auszulegen. Das Alkohol-Wasser-Gemisch sollte bis zu einem Gewichtsanteil von 15 % des für den Start verwendeten Kraftstoffs zulässig sein … Die Ergebnisse von Klopftests mit aufgeladenen Motoren haben gezeigt, dass die Spezifikation 2-90 Kraftstoff plus 6,0 ml PbEt4 pro Gallone es einem gegebenen Motor ermöglicht, bei gleicher Motordrehzahl mit einem um 25 bis 35 % höheren BMEP zu arbeiten, als es mit Kraftstoff der Klasse 100 zulässig ist, ohne dass es zu Detonationen kommt.«[22]

In nur fünf Wochen wurden nicht weniger als 20 verschiedene Kraftstoffe getestet, um den idealen neuen Kraftstoff als Ersatz für 100 Oktan zu finden. Ebenso wie die Briten waren auch die Amerikaner daran interessiert, mehr über den Daimler-Benz DB 601 R zu erfahren. Am 23. September 1939 startete Wright Field eine Untersuchung, um mehr über den Motor herauszufinden, mit dem der absolute Geschwindigkeitsweltrekord aufgestellt wurde.

Daimler-Benz hatte einen DB 601 R auf großen Luftfahrtausstellungen in ganz Europa ausgestellt, und die Mitarbeiter des Geheimdienstes in Wright Field waren begierig darauf, von diesen öffentlichen Vorführungen zu erfahren, was sie konnten.

> »Daimler-Benz-Motor
> Assistent des Stabschefs, G-2
> Generalstab des Kriegsministeriums
> Die Materialabteilung ist bestrebt, über ihre ausländische Vertretung alle möglichen Informationen über das hydraulische Kompressor-Antriebssystem zu erhalten, das bei dem auf der Brüsseler Ausstellung ausgestellten Weltrekordmotor von Daimler-Benz (DB 601 Aa) verwendet wird.
> Frank M. Kennedy, Oberst – Air Corps."[23]

Sehr oft waren Presseberichte die einzigen verfügbaren Informationsquellen, und der größte Teil der von A.I.2.(g) und A.D.I.(k) gesammelten technischen und menschlichen Informationen zu diesem Thema wurde innerhalb weniger Wochen nach Wright Field geschickt.

Am 12. Dezember 1939 wurde in einem weiteren Briefwechsel die Treibstoffsituation in Deutschland und die Möglichkeit einer weiteren Erhöhung der Geschwindigkeit der Bf 109 erörtert. Dieser Brief wurde von der Abteilung für Versuchstechnik in Wright Field verschickt:

> »Um die Geschwindigkeit auf 365 mph [587 km/h] zu erhöhen, wäre es notwendig, einen Motor mit 1215 PS einzubauen und den Oktanwert von 87 auf 100 zu erhöhen.
> Da es in Deutschland nicht genügend hochoktanigen Kraftstoff gab und der Daimler-Benz-Motor nicht in der Lage war, höhere Drehzahlen zu verkraften, bestand die wahrscheinliche Methode zur Erhöhung der Geschwindigkeit der Me 109 darin, einen Motor einer anderen Marke einzubauen. Der einzige Motor, der wahrscheinlich verwendet wurde, ist der Junkers Jumo 211.«[24]

In Wirklichkeit war der Jumo 211 nicht für die Bf 109 vorgesehen, aber Wright Fields Einschätzung der Situation mit hochoktanigem Treibstoff in Deutschland war zumindest zutreffend, ebenso wie die Aussage, dass es schwierig sein würde, die Kurbelwellendrehzahl des DB 601 deutlich zu erhöhen – obwohl dies auch für fast alle anderen Kolbenflugmotoren galt, die damals produziert wurden.

Deutschland

Seit Mitte der 1930er Jahre hatte Deutschland fast sein gesamtes Flugbenzin und -öl aus dem Ausland importiert. Dies wurde im Februar 1939 eingestellt, und ab März stammte der gesamte Treibstoff, der in den Lagertanks der WIFO gelagert wurde, aus den synthetischen Treibstoffanlagen, die in der Nähe der deutschen Kohlequellen errichtet worden waren. Der Brennstoff wurde hauptsächlich von drei Handelsgesellschaften bezogen: Rhenania-Ossag, DAPG und DP-Olex.[25]

Bis Mai 1939 erreichte und übertraf die einheimische deutsche synthetische Produktion aus Kohle und Steinkohlenteer diejenige, die ursprünglich durch die Raffination von Rohölimporten gewonnen wurde, d. h. etwa 36.000 Tonnen Flugbenzin pro Monat. Dieser Wechsel der Treibstoffquelle für Kampfflugzeuge sollte den deutschen Triebwerkskonstrukteuren Schwierigkeiten bereiten, da die synthetisch hergestellten Treibstoffe nicht mit den importierten Treibstoffen identisch waren. Obwohl mit dem Verfahren im Prinzip jede beliebige Mischung von Erdöldestillat-Äquivalenten hergestellt werden konnte, wurden zur Erleichterung einer schnellen Produktion Beschränkungen vorgenommen, um das am schnellsten und in der größten Menge Synthetisierbare am besten zu nutzen.

An der Motorenfront hatte Deutschland hart an der Entwicklung von Alternativen zu den herkömmlichen Tellerventilen gearbeitet, so wie es Großbritannien mit Feddens Centaurus-Motor mit Hülsenventil und Frank Halfords Sabre-Motor getan hatte. Am 8. August 1939 gab Dr. Lorenz in der DVL einen Überblick über die neueste deutsche Kolbenflugmotorenforschung.[26]

Eine der Neuentwicklungen waren Zylinderköpfe mit Drehflachschieberventilen, die die Stirnfläche des Motors und damit den Luftwiderstand des Flugzeugs, in das er eingebaut wurde, verringern sollten. Der Luftwiderstand ist direkt proportional zur Stirnfläche, so dass jede Verkleinerung der Stirnfläche theoretisch zu einer entsprechenden Verringerung des Luftwiderstands führen würde.[27]

Da das Drehflachschieberventil keine Nockenwelle und keinen Kipphebelmechanismus enthielt, konnte der Zylinderkopf flacher sein. Lorenz stellte die Ergebnisse vor, die zeigten, dass die Stirnfläche des Motors durch die Verwendung des Drehflachschieberventils um 18 % verringert werden konnte.

Der Motor hat nicht nur eine viel kleinere Stirnfläche, sondern profitiert auch von einer besseren Atmung, was bedeutet, dass er bei höheren Kurbelwellendrehzahlen betrieben werden

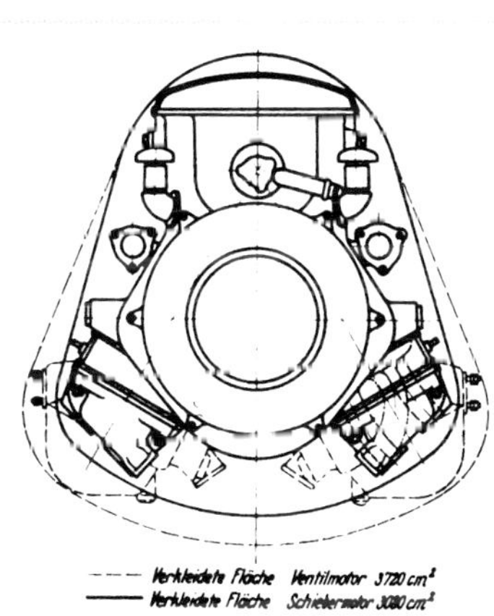

Ein Vergleich zwischen der Stirnfläche des Drehflachschieberventilmotors und der des Tellerventilmotors Jumo 211.

Ein Motorprüftechniker bei der DVL montiert die obere Hälfte eines Drehflachschieber-Zylinderkopfes: Die rotierenden Ventile sind sichtbar.

kann. Diese Drehzahlen überstiegen die derzeitigen Betriebsgrenzen, aber es zeigte sich, dass der Drehflachschieberventilmotor zwischen 3000 und 3500 Umdrehungen pro Minute mehr Leistung erbrachte, während dem normalen Jumo 211 bei etwa 3000 Umdrehungen pro Minute die Luft ausging.

Der Jumo 211 hatte einen Drei- statt Vierventil-Zylinderkopf, so dass sein Atmungspotenzial mit Tellerventilen geringer war als das seiner Zeitgenossen. Es ist wahrscheinlich, dass der Drehschieberkopf ein ähnliches Strömungspotenzial wie ein Vierventil-Zylinderkopf hätte, wie er bei den Merlin- und Daimler-Benz-Motoren verwendet wurde. Diese Technologie war bei Flugmotoren noch nie erfolgreich angewandt worden, und so stellte sich die Frage: Konnten die Scheiben lange genug dicht bleiben, um einen 100-Stunden-Zuverlässigkeitstest zu bestehen? Mit derartigen Konstruktionen war schon Jahre zuvor in Versuchen experimentiert worden, vor allem bei Rennmotorrädern, aber niemand hatte zuvor versucht, ein großes militärisches Hochleistungsflugtriebwerk mit dem Drehschieberventil-Layout zu bauen. Da solche Triebwerke in Serie produziert werden sollten, waren die Anforderungen an die erforderlichen technischen Raffinessen hoch. Die metallurgischen Herausforderungen waren immens und Lorenz widmete einen Teil seines Berichts den Ersatzwerkstoffen:

»Die Abkehr von der Platin-Iridium-Entwicklung [für Zündkerzen] wird sehr schwierig sein. Für Abgasturbolader wird bei den Firmen Heraes-Vacuumschmelze A.G., Telefunken und Osram metallurgisch geforscht, um metallische Legierungen für den Einsatz im Bereich über 1000 °C zu finden. In diesem Fall wird die Versorgung mit Chrom, Molybdän und Wolfram die große Frage sein. Ähnliche Forschungen laufen bei den Firmen Hescho in Hermsdorf und Degussa in Frankfurt zur Entwicklung von Ingenieurkeramik als Wirtschaftsmaterial.«[28]

Ein Bericht des RLM vom 28. September 1939 zeigte eine weitere Herausforderung für die deutschen Triebwerkskonstrukteure auf, als er die weltweiten Standorte typischer Rohstoffe für die Luftfahrtentwicklung aufzeigte.[29] Für Bauxit, das zur Herstellung von Aluminium benötigte Erz, wurde beispielsweise festgestellt, dass Deutschland derzeit nur 0,54 % der gesamten Weltproduktion von 3,7 Millionen Tonnen pro Jahr produzierte, während Amerika und das Britische Empire etwa 40 % der Gesamtproduktion aufwiesen.

Blei war vielversprechender: Deutschland produzierte 5,4 % der weltweiten Gesamtmenge von 500.000 Tonnen pro Jahr. Kupfer, das für die Herstellung von Bronzen für die Bleibronze-Legierungen benötigt wird, war jedoch äußerst knapp; Deutschland produzierte nur 1,5 % der weltweiten 238.000 Tonnen pro Jahr. Zinn, das ebenfalls für zuverlässige Hochleistungs-Kurbelwellenlager benötigt wurde, war in Europa so gut wie gar nicht vorhanden, der Großteil kam aus Asien, Amerika und Afrika. Das vielleicht Schlimmste war, dass fast alle Nickelvorräte weltweit aus Kanada stammten – mehr als 95 % – und Norwegen die einzige Quelle in Europa war. Das RLM wusste also bereits 1939, welche Probleme es bei der Rohstoffversorgung haben würde; nur ein schneller Krieg mit der Überrumpelung Frankreichs, Norwegens und wichtiger Teile Afrikas konnte eine langfristige Lösung für seinen Bedarf an Luftfahrttechnik bieten. Ein langwieriger Feldzug, der eine intensive technologische Entwicklung der Triebwerksleistung erfordert, würde Deutschland wissenschaftlich und strategisch stark benachteiligen.

Abgesehen von diesen praktischen Erwägungen entwarfen die BMW-Ingenieure am 19. Dezember 1939 den Plan für ein völlig neues luftgekühltes Triebwerk. Sie wussten, dass der BMW 801 einen relativ minderwertigen Kompressor besaß, der von den inzwischen veralteten amerikanischen Pratt & Whitney-Lizenzmotoren abgeleitet war. Zunächst als P 8000 bezeichnet, sollte er später als BMW 802 bekannt werden.

»Der Flugmotor P 8000 ist ein luftgekühltes 18-Zylinder-Doppelreihenaggregat … Es handelt sich um einen 4-Takt-Motor mit direkter Kraftstoffeinspritzung, der über ein 3-Gang-Getriebe zum Antrieb des Kompressors verfügt, eines für den Start, eines für Höhen zwischen 1,5 und 4 km und ein letztes für Höhen über 4 km. Es wird einen 4-Blatt-Propeller antreiben.[30]

Das war ein ehrgeiziges Ziel, da der ursprüngliche BMW 801-Motor noch nicht zuverlässig funktionierte.

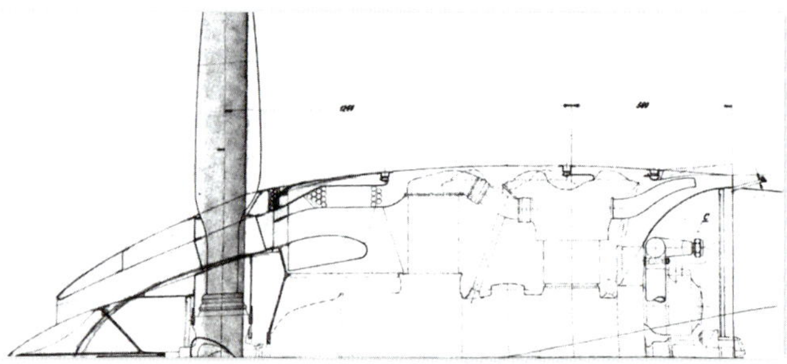

BMW 802-Projekt: Einbauzeichnung.

Frankreich

Das Hispano-Suiza-Werk in Paris, Frankreich (jetzt unter der Kontrolle der französischen Regierung mit einem Anteil von 51 %), konzentrierte sich ab 1938 auf die Herstellung von V12-Flugmotoren, woraufhin das Unternehmen in Laboratoires D'Essais Societe Francaise Hispano-Suiza Bois-Colombes umbenannt wurde.

Hispano beschaffte einen Jumo 211 B, der zwar zu stark beschädigt war, um zu laufen, aber inspiziert und fotografiert wurde und dessen unbeschädigter Lader getestet wurde. Auf den Detailaufnahmen des Motors war ein dünnes Rohr an der Spitze der Kurbelwelle zu sehen, das Öl unter Druck direkt in den Kern der Kurbelwelle leitete, von wo aus es durch Bohrungen entlang der Länge zu den Lagern der Kurbelwelle und der Pleuelstangen geleitet wurde.

Jumo 211: Kompressor und Zylinderdrosselklappe.

Kurbelwelle des Jumo 211 B im Werk von Hispano-Suiza in Frankreich.

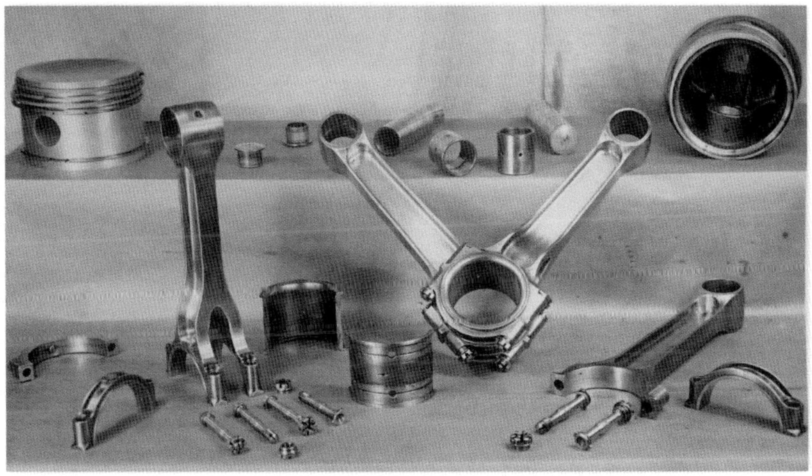

Jumo 211: Pleuelstangen, Lager und Kolben. Für die erfolgreiche Entwicklung der gezeigten Gleitlager hat Jumo lange Zeit benötigt. Auffallend ist die außergewöhnlich glatte Oberfläche der Pleuelstangen und das saubere und leichte Aussehen aller Teile.

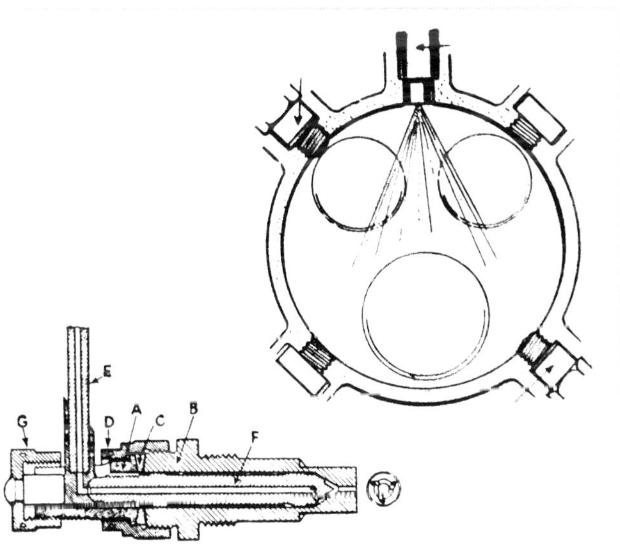

Brennkammer des Jumo 211: Illustration bei Hispano-Suiza.

Dieses scheinbar unbedeutende Konstruktionsdetail verschaffte Jumo einen entscheidenden Vorteil gegenüber der Konkurrenz im In- und Ausland.

Das Dessauer Unternehmen hatte mit dem Jumo 210, der über drei Ventile pro Zylinder verfügte, den Bau von flüssigkeitsgekühlten Benzinmotoren begonnen und mit dem größeren Jumo 211 fortgesetzt.

Der Kopf des Jumo 211 wies noch andere lobenswerte Eigenschaften auf. Im Gegensatz zu Daimler-Benz war Jumo mutig genug, die Zündkerzen in der verbesserten, diametral gegenüberliegenden Position zu verwenden.

Diese Zündkerzenposition ermöglichte eine bessere Verbrennung auf Kosten schwierigerer Wartungsverfahren und eines schwierigeren Kühlungsproblems für die Zündkerzen in dem inneren »V«, wo die Bildung eines Kühlluftstroms um sie herum schwierig zu erreichen war.

Jumo 211: Zylinderlaufbuchse und Dichtungsringe.

Jumo 211 Kurbelgehäuse – steif genug, um der Kurbelwelle ein stabiles Gehäuse zu geben, und mit einer Kreuzverschraubung wie bei der DB 600 Serie.

Obwohl Jumo ein hervorragendes Ingenieurbüro war, hatte der Jumo 211-Motor einige unkonventionelle Konstruktionen, die schwierige Kompromisse erforderten. Die Laufbuchsen beispielsweise sind mit dem Zylinderkopf abgedichtet, indem sie von den vier langen Bolzen, die den gesamten oberen Zylinderkopf durchdringen, gegen die Unterseite des Zylinderkopfs gezogen werden. Dies führte dazu, dass sich die Laufbuchsen dort verzogen, wo die langen Stehbolzen weiter unten mit ihnen verbunden waren. Diese Verformung passierte jedoch am entgegengesetzten Ende weg vom Kopf, wo die hohen Gasdrücke in der Kammer entstanden, wenn sich der Kolben nahe am Kopf befand, so dass der Motor immer noch funktionierte.

Der frühe Jumo 211-Kompressor war eine schlechte Konstruktion. Die abgebildete Kastenform (oben rechts, S. 125) erwies sich als hoffnungslos ineffizient. Es war eine elegant ausschauende Lösung für das kleinere Problem gewesen, unter dem die meisten Lader leiden, nämlich das Entweichen von Luft in die Hohlräume zwischen den einzelnen Schaufeln über den offenen Spalt zwischen der Laufradspitze und dem Gehäuse. Dies wird heute manchmal dadurch minimiert, dass man eine weiche Beschichtung auf die Innenseite des Kompressorgehäuses aufträgt, wo die Oberkanten der Laufradschaufeln verlaufen, und die Schaufeln in diese weiche Opferbeschichtung »einbetten« lässt, um diesen Spalt zu minimieren – die Beschichtung ist weich genug, um das Laufrad nicht zu beschädigen, aber hart genug, um nicht einfach abgerissen zu werden. Die ebenfalls gezeigte Zylinderdrossel (oben rechts, Seite 125) war jedoch eine potenziell bessere Konstruktion als die herkömmliche Drosselklappe, insbesondere für einen Flugmotor, der einen sehr großen Teil seiner Lebensdauer bei oder nahe der Vollgasstellung verbringt – an diesem Punkt drosselt die Drosselklappe den Durchfluss praktisch nicht.

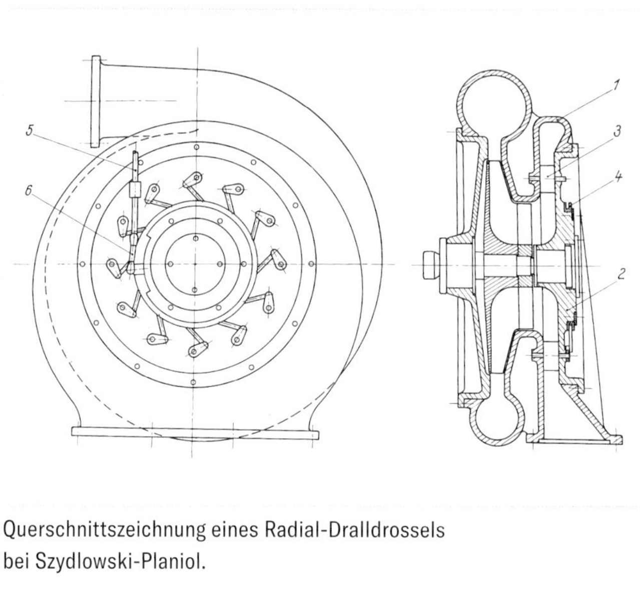

Querschnittszeichnung eines Radial-Dralldrossels bei Szydlowski-Planiol.

Die Pleuelstangen des Hispano 12Y: im Jahr 1940 schon mehr als ein Jahrzehnt hinter den zeitgenössischen Konstruktionen zurück.

Frankreich wurde überrannt, bevor die französischen Ingenieure ihre eigenen Konstruktionen auf der Grundlage des Jumo-Motors weiterentwickeln konnten. Der Hispano 12Y-Motor war die fortschrittlichste Triebwerksentwicklung des Landes, aber im Detail war er im Vergleich zu den neuesten deutschen, britischen und amerikanischen Motoren archaisch. Mit Einlass und Auslass auf der gleichen Seite des Zylinderkopfs und schwachen Pleuelstangen mit kreisförmigem Querschnitt lag er vielleicht ein Jahrzehnt hinter den neuesten Trends zurück.

Hätte mehr Zeit zur Verfügung gestanden, hätte er aktualisiert werden können. Die französischen Ingenieure von Szydlowski-Planiol hatten fortschrittliche Kompressoren entwickelt, die aus dem 12Z einen leistungsstarken Motor für Höhenjagdflugzeuge hätten machen können. Nur der leistungsschwächere 12Y wurde in Serie produziert. Deutsche Ingenieure hatten die veröffentlichten Diagramme des Szydlowski-Planiol-Kompressors für den Hispano-Motor studiert und arbeiteten bereits daran, dessen cleverste Innovation zu stehlen: die variable Drosselklappe.

Zusammenfassung – 1939

Die Briten hatten vernünftigerweise einen Vorrat an 100 Oktan-Kraftstoff für die bevorstehende Jagdschlacht gesichert und Maßnahmen ergriffen, um mit einer Blockade fertig zu werden, falls deutsche U-Boote die Verschiffung dieses neuen Kraftstoffs aus dem Ausland verhindern sollten. Die effizienten und gut organisierten britischen Luftaufklärungsteams sorgten auch für einen Fluss weitgehend genauer Informationen über die deutschen Entwicklungen sowohl bei den Rennen als auch bei den militärischen Operationen. Dies hatte zweifellos dazu beigetragen, den Druck zu erhöhen, um den kolossalen logistischen Aufwand zu organisieren, der erforderlich war, um die RAF auf 100 Oktan-Kraftstoff umzustellen. Rolls-Royce hatte auch die Möglichkeiten der Kraftstoffeinspritzung entdeckt, indem sie die Heinkel He 111 von Lammermuir untersuchten, die sie später im Krieg in überarbeiteter Form wieder aufgreifen würden. Für die RAF-Piloten war es bedauerlich, dass die Briten es versäumt hatten, eine Gegenmaßnahme für die Auswirkungen des Negativ-g-Fluges im Kampf zu entwickeln, und angesichts der massiven Ausgaben für die Entwicklung und Produktion von Flugmotoren, die in Angriff genommen wurden, fällt es heute schwer, dies als etwas anderes als einen ernsthaften Mangel an Voraussicht in der Motorenentwicklung zu betrachten.

Deutschland hatte die PR-Schlacht gewonnen und die Welt bewunderte die deutschen Errungenschaften im Hochgeschwindigkeitsflug und die neue Luftwaffe. Diese PR-Masche verdeckte jedoch schwerwiegende Unzulänglichkeiten. Die Heinkel-Jagdflugzeuge, die die Presse beeindruckt hatten, befanden sich nicht in der Produktion, und das Messerschmitt-Rekordflugzeug war weitaus spezialisierter als zugegeben wurde. Außerdem befand sich Deutschland zu Beginn des Konflikts mitten in der Umstellung von importiertem Treibstoff und Öl auf Flüssigkeiten, die mit Hilfe des Hydrierungsverfahrens aus deutscher Kohle hergestellt wurden. Die Hydrierungsbrennstoffe unterschieden sich erheblich von den importierten Sorten, und die Umstellung war nicht so einfach, wie einige offensichtlich gehofft hatten. Eine Reihe von Verbrennungs- und Schmierungsproblemen war zu erwarten.

Die Berichte des RLM über die künftige Rohstoffsituation wären auch in den Konstruktionsbüros von Junkers, Daimler-Benz und BMW eine deprimierende Lektüre gewesen. Deutschlands einzige Hoffnung bestand darin, den Europafeldzug schnell zu beenden und folgendes zu erreichen: Erwerb der norwegischen Rohnickelreserven für Ventile, Anlegen von Vorräten an Edelmetallen wie Kobalt für Hochtemperaturbeschichtungen des Typs Stellit/Brightray aus Französisch-Marokko und Erwerb von Erdölförderanlagen in Osteuropa, um die Produktion von Iso-Oktan zu steigern.

Die Innovationen der DVL mit neuen Drehflachschieberkonstruktionen waren beeindruckende technische Errungenschaften, aber solche Laborexperimente waren weit davon entfernt, zu einer kriegstauglichen Technologie zu werden. Deutschland hatte es auch versäumt, die Errungenschaften seiner eigenen Motorenbaufirmen zu konsolidieren. Dies mag zwar unrealistisch klingen, doch sollte man bedenken, dass Jumo ein Staatsunternehmen war und als solches leicht zu einem Technologietausch mit Daimler-Benz und BMW hätte bewegt werden können, ohne sich um die kommerziellen Auswirkungen zu kümmern. Die DB 600-Baureihe hätte mit dem Kurbelwellenkopf-Ölversorgungssystem des Jumo 211 auf den neuesten Stand gebracht werden müssen, und das ineffiziente, kastenförmige Jumo 211-Laderrad hätte durch das des weitaus besseren DB 601 E ersetzt werden müssen. Und das Ölzufuhrsystem des Jumo 211 hätte die Probleme, die Daimler-Benz zu schaffen machen sollten, drastisch lindern können.

Amerika befand sich noch nicht im Krieg, und so konzentrierten sich seine Entwicklungen in Bezug auf den europäischen Konflikt auf die Lieferung des so wichtigen Treibstoffs und Öls nach England. Die Konstrukteure bei Wright Field, Allison und Pratt & Whitney arbeiteten hart an der Entwicklung ihrer Motoren, aber noch nicht in dem vom Krieg geforderten Tempo. Die amerikanischen Treibstoffentwicklungen schritten jedoch extrem schnell voran und wurden von den Ingenieuren von Wright Field fachmännisch gefördert, unterstützt durch die hervorragenden Beziehungen zu Großbritannien, die durch Heron und Banks ermöglicht wurden. Die Kraftstoffentwicklung war zu diesem Zeitpunkt das Juwel in der Krone der amerikanischen Motorenentwicklung.

Trotz einiger brillanter technischer Leistungen der Konstrukteure von Kompressoren bei Szydlowski-Planiol kamen die Franzosen zu spät, um direkt zum Krieg gegen die Kolbenmotoren beizutragen. Die französische Regierung kaufte richtigerweise das Hispano-Werk in der Nähe von Paris auf, da sie dessen Bedeutung für die französische Luftwaffe erkannte, aber diese Entscheidung kam einige Jahre zu spät. In Italien war das Team von Bona immer noch damit beschäftigt, Zeichnungen für neue Motorenkonzepte zu erstellen.

Kapitel 4

1940 – Bedrohung für Großbritannien

Großbritannien

Ähnlich wie bei den Flachscheibenventilen in Deutschland wurden auch bei den Jagdflugzeugen viele Hoffnungen in komplexe Neuentwicklungen gesetzt. Am 2. Februar 1940 wurden die neuesten Entwicklungen bei Zweitaktmotoren diskutiert. Hives von Rolls-Royce schrieb an das Luftfahrtministerium und gab seinen Entwicklungsbericht ab:

> »Beim 2-Takt-Motor mit Benzineinspritzung haben wir die Entwürfe für einen 12-Zylinder-Motor praktisch abgeschlossen, und wir haben zwei 2-Zylinder-Versuchseinheiten im Einsatz in der Entwicklungsarbeit. Wir sind uns einig, dass ein Aggregat für die Entwicklung nach dem Kadenacy-Prinzip vorgesehen werden soll.« [1]

Das von Hives erwähnte Kadenacy-Prinzip nutzte das Phänomen der akustischen Resonanz, um die Leistung des Zweitaktmotors zu erhöhen, indem es eine günstigere Gasströmung in den und aus dem Zylinderkopf ermöglichte, obwohl die Frage, wie man mehr Leistung aus dem Zweitaktmotor herausholen könnte, die geringste Schwierigkeit für die Firma sein würde. In der Zwischenzeit wurde am 5. März 1940 mit der Flugpremiere des ersten Hawker Typhoon-Prototyps eine unmittelbarere Demonstration einer praktischen Kriegsmaschine gezeigt. Napier hatte es geschafft, den Sabre-Motor bis zur Flugtauglichkeit zu entwickeln, und Großbritanniens leistungsstärkstes einmotoriges Jagdflugzeug war nun bereit für die Erprobung.

Der Prototyp des Kampfflugzeugs Typhoon mit Sabre-Motor, der als P2512 bezeichnet wurde, sollte die Spitfire und die Hurricane ersetzen. Es gab einige kritische Bedenken: Wie schnell könnte die Zelle in Produktion gehen; würde der Motor (s. Seite 43) die Erwartungen unter realen Testbedingungen erfüllen; würde sein Kompressor in der Lage sein, seine Leistung im realen Flug ausreichend hoch zu halten; und konnte Napier die Zuverlässigkeit des neuartigen Hülsenventil-Systems, das Bristol in den 1930er Jahren mit dem Perseus und dem Hercules als zivil genutzte Motoren so hart erarbeitet hatte, in der Massenproduktion wiederholen?

Die Leistungskurven vom Januar 1941 (die später im August an die Amerikaner geliefert wurden) waren äußerst beeindruckend, aber der schnelle Durchlauf durch die Typprüfung täuschte über eine Reihe von frühen Entwicklungsproblemen mit den Hülsen und Kurbelwellenlagern hinweg, die durch den sorgfältig von Hand zusammengebauten Motor, der für die Typprüfung geliefert wurde, überdeckt worden waren.

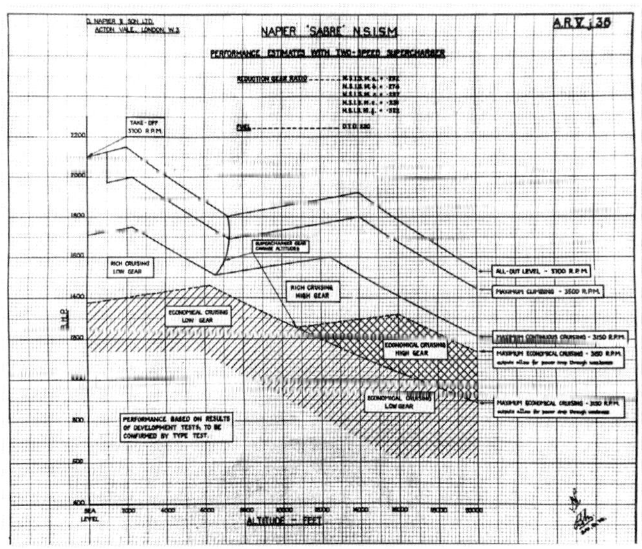

Sabre N.S.1.S.M: Leistungskurven.

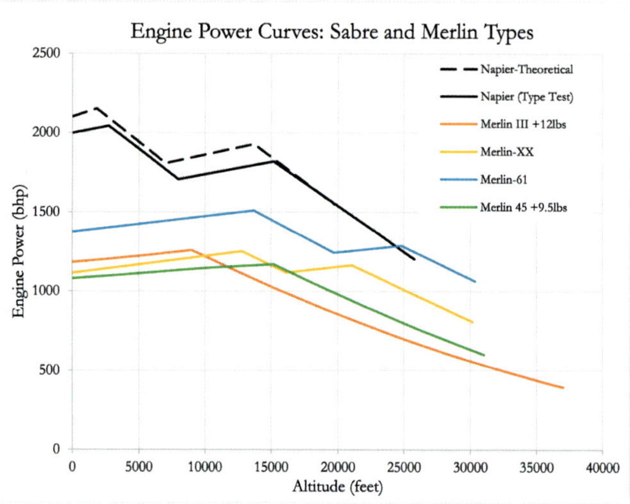

Leistungskurven des Sabre I und der Merlin-Variante.

Die Leistung des Sabre war auf Meereshöhe so hoch, dass selbst mit einem weniger effektiven Kompressor die Leistung in großen Höhen immer noch deutlich über der des neuesten Merlin von Anfang 1940 lag.

Die beste Methode zur Verbesserung der Leistung in großen Höhen war der abgasbetriebene Turbolader. Allerdings war Großbritannien in den 1930er Jahren auf dem Gebiet der Aufladung von den USA abgehängt worden. Freeman und Hives taten ihr Bestes, um diesen Fehler zu korrigieren, wenn auch mit einiger Verspätung, und am 24. März 1940 schrieb Freeman an Hives, um einen amerikanischen Allison-Flugzeugmotor mit Turbolader zu bekommen.

»Mein lieber Hives,
... Ich habe mein Bestes getan, um die Zusage eines Allison-Motors mit Abgasturbo im Austausch für einen Merlin X zu erhalten, aber die Angelegenheit ist bis in die höchsten Kreise aufgestiegen ... mit dem Ergebnis, dass ich, um es den Amerikanern zu ›versüßen‹, der Leihgabe von zwei Merlin X zu Testzwecken zustimmen musste, ohne irgendeine Gegenleistung in der Möglichkeit der Leihgabe eines Allison-Motors. Ich weiß, dass Sie darüber nicht glücklich sein werden, auch wenn Sie sich durch die Bedeutung, die die Amerikaner Ihrer Anfrage beimessen, geschmeichelt fühlen mögen.« [2]

Das Zögern der Amerikaner, Rolls-Royce mit diesem fortschrittlichen Triebwerk zu beliefern, sollte sich als strategischer Fehler erweisen, denn Rolls-Royce war in der Lage, die Konstruktion der General Electric-Kompressoren zu verbessern, die zu diesem Zeitpunkt noch nicht so weit entwickelt waren, wie sie es hätten sein sollen.

Allerdings befanden sich die USA noch nicht im Krieg, so dass der Wunsch, die Exklusivität hart erkämpfter technologischer Vorteile zu wahren, verständlich war. Die Briten mussten ohne den Turbolader weitermachen, so gut sie konnten, und General Electric verpasste die Chance, seine Turboladerkompressoren zu verbessern. So hatten die britischen Ingenieure merkwürdigerweise mehr Gelegenheit, von deutschen Motoren zu lernen, als die amerikanischen. Im März 1940 veröffentlichten die RAE-Ingenieure einen Bericht, in dem sie die kürzlich geborgenen Motoren Jumo 211 und DB 601 A verglichen. Leider waren die Motoren, die aus den zerschmetterten Überresten abgeschossener Kampfflugzeuge gesammelt wurden, nicht immer in bestem Zustand, was das Testen erschwerte.

»Der Jumo war zu stark beschädigt, um Lauftests durchführen zu können, und die vollständigen Ergebnisse von Lauftests, die von der Firma Rolls-Royce mit einem ähnlichen Motor durchgeführt wurden, liegen noch nicht vor ... Die wichtigste Neuerung des DB 601 A-Motors ist die Ausstattung mit einem Laderantrieb, der angeblich automatisch vom Boden bis zur Nennhöhe die minimale Laderdrehzahl aufrechterhält, die zur Erzeugung des richtigen Ladedrucks erforderlich ist.« [3]

Obwohl die Briten die deutschen Entwicklungen aufmerksam studierten, waren die britischen Ingenieure immer noch stark mit den Arbeiten beschäftigt, die notwendig waren, um ihre eigenen Entwicklungsmotoren einsatzbereit zu machen. Hives schrieb am 16. April 1940 an Freeman, um zu erklären, was Rolls-Royce mit den Vulture-, Merlin- und Zweitakt-Crecy-Motoren vorhatte:

»Lieber Sir Wilfred,
aus vielen Quellen hört man, dass der Rolls-Royce Vulture-Motor ein Misserfolg ist. Glücklicherweise haben wir genügend Erfahrung, um uns von diesen Aussagen nicht zu sehr deprimieren zu lassen ...

Es war klar, dass wir in der damaligen Zeit keine unbekannten neuen Merkmale einführen konnten, sondern das vorhandene Wissen und die Entwicklung voll ausnutzen mussten. Wir müssen zugeben, dass das Gewicht des Motors erheblich über unseren Schätzungen liegt ... der wichtigste Punkt, der übersehen zu werden scheint, ist, dass wir Motoren nach Programm liefern. Es ist sicher, dass ein Motor, wenn er lange genug auf dem Boden liegt, als veraltet angesehen wird.

Was die einmotorige Maschine – den Tornado – anbelangt, so wurde sie speziell für das Sabre-Triebwerk entwickelt. Erst zu einem späteren Zeitpunkt, als jemand in weiser Voraussicht davon ausging, dass dieser Triebwerkstyp möglicherweise nicht mehr produziert werden würde, wurde der Vulture als Alternative eingebaut, aber der Einbau des Vulture hat definitiv darunter gelitten, dass die Maschine für einen anderen Triebwerkstyp ausgelegt war. Alles, was wir zu verkaufen haben, ist Schubkraft. Wenn diese vom Flugzeugkonstrukteur nicht effizient genutzt wird, liegt das nicht in unserer Verantwortung.« [4]

Freeman, der den Schmerz in Hives spürte, antwortete ihm, um ihn zu unterstützen:

»Mein lieber Hives,
Ich habe eine ganze Reihe von Beschwerden über dieses Triebwerk gehört, und ich habe mir besondere Mühe gegeben, jede Andeutung, dass es ein Versagen ist, zurückzuweisen und diejenigen, die sich beschweren, daran zu erinnern, dass ein Großteil der Schuld beim Flugzeugkonstrukteur selbst liegt, und nicht zu vergessen, dass ich einst von allen Seiten beschuldigt wurde, große Aufträge für das Merlin-Triebwerk erteilt zu haben, lange bevor es sich als so zuverlässig erwiesen hatte, wie es heute ist. ... Einem Mann, der sich ziemlich verbittert über den Vulture äußerte, sagte ich, dass seine Beschwerden kaum im guten Stil seien, wenn man bedenkt, wie Rolls-Royce seine Firma und ihre Flugzeuge in der Vergangenheit aus Schwierigkeiten herausgeholt hat.«[5]

Hives schrieb auch an Air Marshall Tedder, um ihn über die Aktivitäten bei Rolls-Royce zu informieren:

»Wir haben beträchtliche Fortschritte bei der Entwicklung des Zweitakt-Benzineinspritzmotors gemacht. Wir haben mehrere Ein- und Zweizylinder-Einheiten in Betrieb, und wir haben die Konstruktion eines 12-Zylinder-Motors dieses Typs praktisch abgeschlossen. Nach unserem Programm sollte der komplette Motor im November auf dem Prüfstand stehen ... die verbesserten Merlin-Motoren RM.3.SM ... werden, wenn sie in bestehende Flugzeuge eingebaut werden, deren Leistung erheblich verbessern. Wir haben RM.3.SM-Motoren an Supermarine geliefert ... die Spitfire sollte diese Woche fliegen. Die erwartete Leistung liegt weit über 400 mph [644 km/h].«[6]

Das RM.3.SM-Triebwerk, auf das sich Hives bezog, war das Merlin XX-Triebwerk, wie das Luftfahrtministerium es bezeichnete, das als erstes Merlin-Triebwerk über ein Zweigang-Getriebe zum Antrieb des Kompressors verfügte. Dieses zusätzliche Getriebe steigerte die Höhenleistung des Motors erheblich, da nach dem Steigflug bis zu einer Höhe, in der der Lader unwirksam wurde, der zweite Gang eingelegt werden konnte, der die Drehzahl des Laders erhöhte, sein Druckverhältnis verbesserte und die maximale Leistung in größerer Höhe besser aufrechterhielt (s. Seite 130). Das Flugzeug, für das der Merlin XX vorgesehen war, war die Spitfire Mk.III, für die Supermarine eine sehr umfangreiche Aktualisierung der Flugzeugzelle plante, einschließlich Grenzschicht-Bypass-Kanälen für die Kühler, die deren Effizienz erhöhten, indem sie das Eindringen von turbulenter Luft in die Kühler-Kernfläche verhinderten. Für die Entwicklung waren 91.120 Arbeitsstunden erforderlich, fast ein Drittel der Zeit, die für die Entwicklung der ursprünglichen Spitfire Mk.I benötigt worden war.[7]

Arthur Rubbra, der dafür verantwortlich war, dass alle wichtigen Konstruktionsänderungen zuverlässig und schnell umgesetzt wurden, wurde, wie alle fortschrittlichen Triebwerkskonstrukteure, zunehmend durch das Ausbleiben von ehemals recht zuverlässigen Produkten wie Zündkerzen behindert.

Die Konstrukteure mussten sich mit zunehmenden Bleimengen im Kraftstoff auseinandersetzen, um hohe Ladedrücke zu ermöglichen. Blei ruinierte jedoch die Zündkerzen, indem es sie korrodierte und eine leitfähige Ablagerung auf den Elektroden hinterließ, die zu Kurzschlüssen führte. Höherer Ladedruck erhitzte die Kerzen stärker und die dichtere Ladung in den stark aufgeladenen Zylindern der neuen Flugmotoren stand der elektrischen Leitfähigkeit entgegen, die notwendig war, damit der Funke über die Elektroden springen konnte.

Die Konstrukteure von Zündkerzen bewegten sich auf einem äußerst schmalen Grat. Wäre die Kerze im Querschnitt robust genug, um den mechanischen Belastungen standzuhalten, würde sie zu viel Wärme von den Elektroden ableiten und diese würden zu kalt laufen, um die Verbrennungsrückstände abzubrennen. Wäre die Kerze hingegen im Querschnitt zu dünn, würden die Elektroden heiß genug bleiben, um beim nächsten Verbrennungszyklus eine Vorzündung auszulösen. Als wäre dies nicht schon Herausforderung genug, könnte die Dichtung zwischen der starren Keramik des Isolators und der zentralen Metallelektrode – wenn sie nicht perfekt entwickelt ist – undicht werden. In diesem Fall würde heißes Gas durch den Körper der Zündkerze nach oben strömen, bis die elektrischen Anschlüsse außerhalb des Zylinderkopfs schmolzen und der Motor fehl-

Arthur Rubbra

Arthur Rubbra

29. Oktober 1903 – 24. November 1982

Arthur Rubbra war der Chefdesigner von Rolls-Royce Derby. Nach seinem Abschluss an der Universität Bristol trat er in das Unternehmen ein und war für einen Großteil der Konstruktionsarbeiten an den Schneider-Trophy-Triebwerken sowie an den Triebwerken Kestrel, Goshawk, Peregrine, Vulture, Merlin, Griffon und Eagle verantwortlich. Nach dem Krieg wurde er stellvertretender Vorsitzender von Rolls-Royce und wurde zum CBE ernannt.

In seinem Nachruf heißt es, dass »seine wichtigste Aufgabe darin bestand, Rolls-Royce immer einen Vorsprung vor der deutschen Konkurrenz zu verschaffen.«[8]

zündete. Wenn dies länger als ein paar Minuten andauerte, würde die gesamte Zündkerze so heiß werden, dass es zu einer Vorzündung und schließlich zu einem Totalausfall des Motors kommen würde.[9, 10, 11]

Lodge und KLG waren die Hauptentwickler von Zündkerzen in England und im Mai 1940 wurde eine Charge von Lodge-Keramikzündkerzen in Farnborough getestet.

> »Flugtests waren für eine experimentelle Lodge-Zündkerze des Typs R.657-1 mit Sintox-Isolator (Aluminiumoxid) erforderlich. Diese Kerze verfügt über eine spezielle Stopfbuchsenkonstruktion, die entwickelt wurde, um den übermäßigen Gasaustritt aus der Stopfbuchse bei früheren Typen von Sintox-Kerzen zu überwinden … die Erosionsrate der Elektroden ist gering und betrug während des 20-stündigen Flugtests im Durchschnitt 0,00012 Zoll [3,048 µm] pro Spalt und Stunde.
>
> In seiner jetzigen Form kann man sich nicht darauf verlassen, dass dieser Steckertyp die Gasdichtigkeit über lange Betriebszeiten aufrechterhält, und kann daher nicht für die Lufttüchtigkeitszulassung empfohlen werden. Es wird jedoch davon ausgegangen, dass durch die Verwendung von konischen Stopfbuchsen, wie sie in neueren Typen von Lodge-Steckern verwendet werden, eine dauerhafte Gasdichtigkeit gewährleistet werden kann.«[12]

Bei diesen Lodge-Steckern wurde auch Platin-Iridium in den Elektrodenenden verwendet. Bei den deutschen Steckern wurde im Prinzip eine Leckrate von höchstens 1 cm^3/min erwartet, die jedoch nur selten erreicht wurde, und die Elektroden wurden aus einer einfacheren Legierung aus Nickel und 4 % Mangan hergestellt, da Platin in Deutschland zu dieser Zeit nicht verfügbar war.[13] Während diese technischen Entwicklungen stattfanden, schuf Churchill am 14. Mai 1940 offiziell das Ministerium für Flugzeugproduktion (MAP) – eine Organisation, die speziell eingerichtet wurde, um dem alten Luftfahrtministerium und dem RAF-Hauptquartier in Bentley Priory so viel Kontrolle wie möglich zu entziehen. Lord Beaverbrook war von Anfang an für das MAP zuständig und leitete es von seinem Privathaus aus. Für viele Mitarbeiter bedeutete dies jedoch lediglich eine Änderung des Namens über den Türen.[14]

> »Wer das MAP in Millbank besucht hat, wird das Chaos der Anfangszeit nicht vergessen … der neue Direktor der Motorenproduktion, Rod Banks, war mit seinem gesamten Personal in einem Raum untergebracht. Der Direktor selbst konnte nirgends sitzen, und wir liefen durch das Gedränge auf und ab, während er [Beaverbrook] mit einer langen Zigarettenspitze gestikulierte und seine Pläne erläuterte.«[15]

Die Entscheidungskette in der Triebwerkspolitik begann mit George Bulman, der im Luftfahrtministerium (und jetzt beim MAP) für die Triebwerksentwicklung zuständig war. Bulman war Freeman unterstellt, der wiederum direkt Churchill unterstand. Das MAP entschied, welche Triebwerke in Auftrag gegeben und welche gestrichen werden sollten. Bulman und sein Stellvertreter Andrew Alexander Ross waren sowohl für die Typprüfung neuer Triebwerke zuständig, um die Industrie über Probleme zu informieren, als auch für dringende Anforderungen zur Steigerung der Triebwerksleistung im Kampfeinsatz. Im letzteren Fall kommunizierten Bulman und Ross direkt mit dem Triebwerkshersteller. Darüber hinaus wurden bei jedem größeren Motorenlieferanten offizielle »Maulwürfe« der Regierung eingesetzt. Dieses hervorragend funktionierende System ermöglichte es dem MAP, Augen und Ohren vor Ort zu haben und bei Bedarf sofort mit jedem Unternehmen in Verbindung zu treten. Die »Maulwürfe« erstatteten dem MAP auch direkt Bericht, wodurch die Möglichkeit ausgeschlossen wurde, dass ein Unternehmen seine Entwicklungsschwierigkeiten beschönigte. Dieses System wurde als »Resident Officer«-System bezeichnet.

Dieses umfassende und gut geordnete System war in jeder Hinsicht besser als das deutsche Organisationssystem für die Entwicklung von Flugmotoren.

Ein weiteres Problem für die britische Flugzeugindustrie war die Überfülle an parallelen Flugzeugentwicklungsprogrammen, und so fand am 15. Mai 1940 eine Krisensitzung zur Flugzeugproduktion statt, die erhebliche Auswirkungen auf die Motorenentwicklung hatte. Beaverbrook und Sir Charles Craven kamen überein, dass sich alle Produktionsanstrengungen auf nur fünf Flugzeugtypen konzentrieren sollten. Alle anderen Überlegungen, finanziellen Auswirkungen und logistischen Schwierigkeiten sollten sofort außer Acht gelassen werden. Die einzigen beiden Kampfflugzeuge auf dieser Liste waren die Hurricane und die Spitfire, was bedeutete, dass das Rolls-Royce Merlin als einziges Flugzeugtriebwerk für den Einsatz in Kampfflugzeugen geeignet war und die volle Produktionsunterstützung der Regierung erhielt.

> »Nichts – und dieser Punkt wurde mit Nachdruck betont – durfte einer maximalen Produktion dieser Typen in der kürzest möglichen Zeit im Wege stehen.«[16]

Am 28. Mai 1940 hatten sich die Luftkämpfe verschärft, und vier Tage nachdem Hitlers Panzerdivisionen in ihrem zuvor unerbittlichen Vorstoß auf die überlebenden britischen und französischen Bodentruppen zum Stillstand gekommen waren, starteten drei Spitfire-Staffeln der RAF Hornchurch zu einem Patrouillenflug über Dünkirchen.

> »HORNCHURCH 28. Mai 1940.
> Pilot Officer Deere wurde in der Nähe von Dünkirchen abgeschossen. Er kehrte nach vielen Abenteuern in einem Zerstörer zurück, der mit Tausenden von anderen B.E.F.-Mitgliedern beladen war.

Die 65 Squadron schoss eine Ju 88 und eine Me 109 ab (unbestätigt). Pilot Officer Smart wurde abgeschossen, aber auch er schaffte den Weg zurück nach Dover.«[17]

Al Deere war, wie sich herausstellte, von einem Dornier Do 17-Bomber abgeschossen worden und landete mit seiner Spitfire am Strand. Er kam 19 Stunden später wieder bei seinem Geschwader an.[18]

Beaverbrook hatte versucht, auch 146 Merlin-Motoren aus Frankreich evakuieren zu lassen. Diese wertvollen Triebwerke waren über den Ärmelkanal geschickt worden, um in einem verspäteten Versuch, den deutschen Ansturm aufzuhalten, in französische Amiot-Bomber eingebaut zu werden, und saßen nun in Frankreich fest. Ein alternativer Plan wurde ausgeheckt, um Hurricanes ohne Triebwerke nach Frankreich zu exportieren, um die Triebwerke zu nutzen oder sie gegen komplette Flugzeuge auszutauschen, aber als der deutsche Vormarsch voranschritt, wurde dies eindeutig undurchführbar.

»Sehr geehrter Minister für Flugzeugbau,
Ich habe deutlich gemacht, dass ich Ihre Ideen, diese Motoren nach England zu bringen, voll und ganz unterstütze, aber ich habe erklärt, dass ich den Abschluss eines Abkommens mit den Franzosen auf der Grundlage eines Exports von Hurricane-Flugzeugen an sie nicht genehmigen kann.
Mit freundlichen Grüßen,
Sinclair. 14. Juni 1940.«[19]

Im Juni 1940 begann Rolls-Royce mit dem wichtigsten Projekt des Zweiten Weltkriegs: der Entwicklung eines zweistufigen Zentrifugalkompressors mit Wasser-Zwischenkühlung.

»Die nächste Stufe der Entwicklung der Spitfire … war der Merlin 61-Motor, der Nachfolger der Merlin XX-Serie. Rolls-Royce begann mit der Entwicklung eines zweistufigen Hochgeschwindigkeitsmotors mit Zwischenkühler … als eine Angelegenheit von äußerster Dringlichkeit … im Juni 1940.«[20]

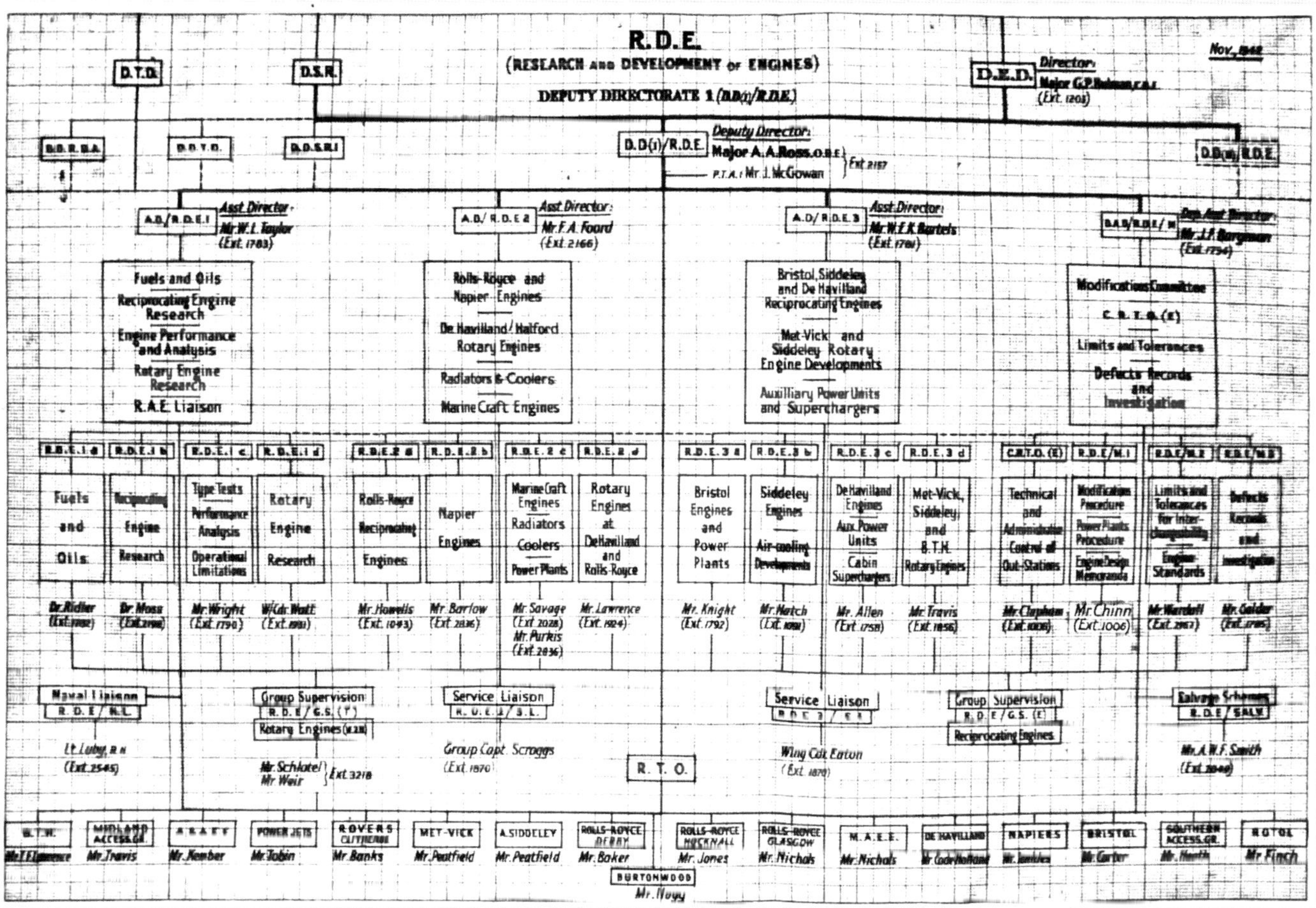

RDE-Organisationsstruktur, November 1942. Die drei ortsansässigen technischen Offiziere bei Rolls-Royce in Derby, Napier und Bristol waren Baker, Ionides und Carter, während Jones in der Rolls-Royce-Flugzeugtestanlage in Hucknall arbeitete. Dieses Diagramm gibt einen grundlegenden Überblick darüber, wie die Entwicklung von Flugzeugtriebwerken im Großbritannien der Kriegszeit organisiert war.

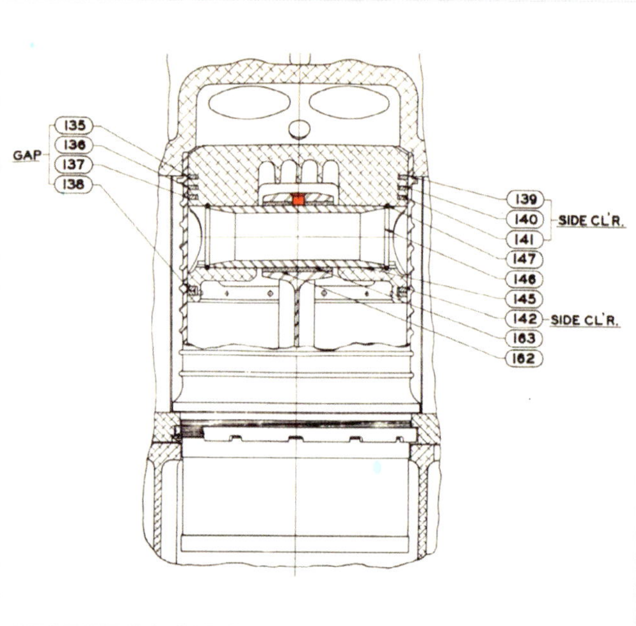

V-1710: Schnittzeichnung mit Brennkammer, Kolben und markiertem Quetschbereich.

Zu diesem Zeitpunkt war die Entwicklung für eine Version des Wellington-Höhenflugprojekts vorgesehen, die als Merlin 60 bezeichnet wurde. Als man später feststellte, dass das Triebwerk auch für ein Jagdflugzeug entwickelt werden konnte, wurde es in Merlin 61 umbenannt.

Auch ohne die zweistufige Aufladung war der Merlin-Motor mit der zweigängigen, einstufigen Aufladung ein leistungsfähiges Triebwerk für den Einsatz in einem Jagdflugzeug, und am 25. Juni 1940 wurde erörtert, ob es möglich sei, Merlin-XX-Motoren für das amerikanische Jagdflugzeug P-40 als Ersatz für den ursprünglich vorgesehenen Allison-V-1710-Motor zu liefern.

»Anlass: Bericht über die Ergebnisse einer weiteren Studie zum Ersatz des Allison V-1710-Motors in der Curtiss P-40 durch Rolls-Royce Merlin-Motoren … Schlussfolgerungen: Das V-1710-Triebwerk in der P-40 kann durch das Rolls-Royce Merlin XX-Triebwerk ersetzt werden, indem die Motorhalterung, die Propellernabe und die Motorhaube geändert werden. Am Rumpf hinter der Motorbrandwand sind keine Änderungen erforderlich.«[21]

Der V-1710 war in vielerlei Hinsicht ein ausgezeichnetes Triebwerk, aber sein Lader war noch nicht so weit entwickelt, wie es

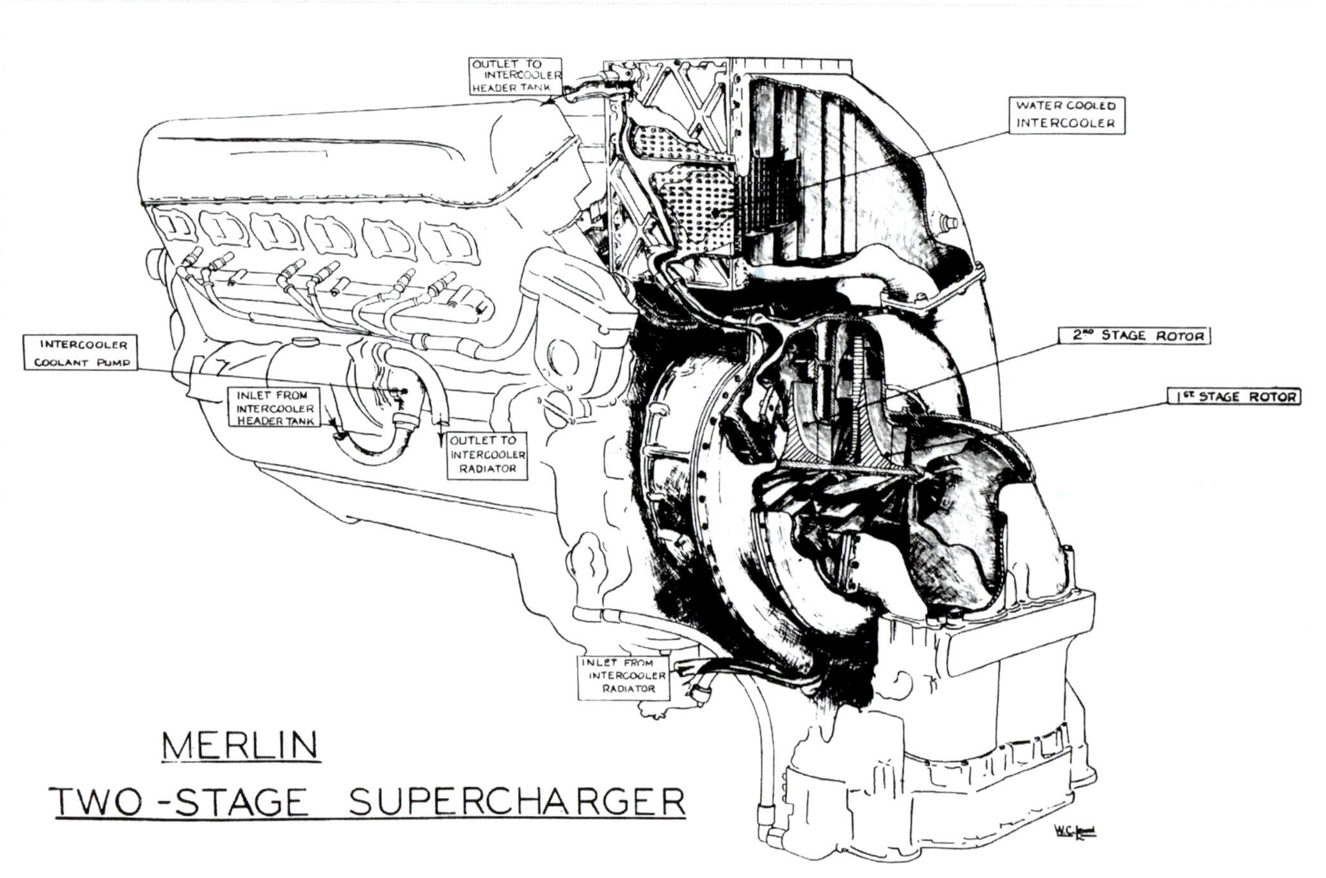

Schnittdarstellung des zweistufigen Merlin-Kompressorsystems.

Hooker bei der Entwicklung des Merlin-Laders gewesen war.[22] Daher gab es Befürchtungen, dass der V-1710 im bevorstehenden Luftkrieg die von einigen vorausgesagten Höhenanforderungen nur schwer erfüllen könnte.

Die amerikanischen Ingenieure berichteten, dass die P-40 mit dem Merlin XX um 90 kg schwerer werden würde, aber im Gegenzug würde die Startleistung von 1090 auf 1300 PS steigen und die Höchstgeschwindigkeit würde sich um 40 mph auf 400 mph [644 km/h] in 23.000 Fuß [7010 m] erhöhen. Die ursprüngliche Höchstgeschwindigkeit mit dem V-1710 von 360 mph wurde bis zu einer maximalen Höhe von 15.000 Fuß erreicht.[23]

Der V-1710 wies fortschrittlichere strukturelle Merkmale auf; der Brennraum zeigte einen beeindruckenden frühen Versuch, eine Vierventilkammer mit Pent-Dach und Verbrennungsquetschung zu schaffen. Die Verbrennungsgeschwindigkeit steht in direktem Zusammenhang mit der Turbulenzgeschwindigkeit des Luft-Kraftstoff-Gemischs. Indem der Kolben sehr nahe an den Zylinderkopf herangeführt wird, »quetscht« er das Gemisch mit hoher Geschwindigkeit aus dem kleinen Spalt, wodurch Kraftstoff und Luft sehr effektiv aufgewirbelt werden.

V-1710-Motor.

In der Schnittzeichnung des V-1710 ist ein schmales Band um den Rand des Kolbens zu sehen, wo er sich dem Zylinderkopf nähert. Dieser frühe Versuch, zusätzliche Verbrennungs-

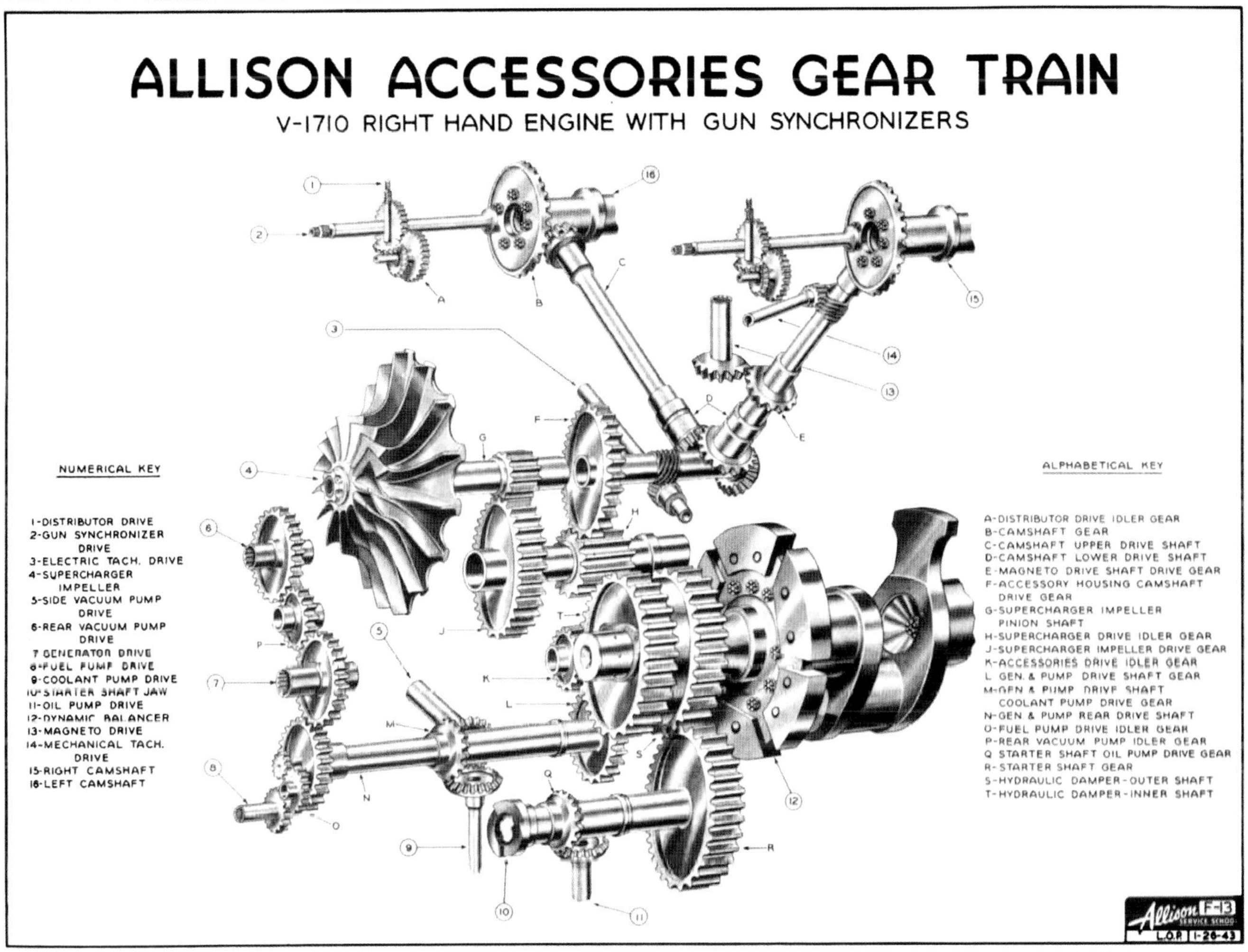

V-1710-Motor: Abbildung der Einbauten und des Kompressors.

V-1710-Motor: Foto der Verbrennungskammer – vier kleine Quetschstellen sind in den Quadrantenpositionen zu erkennen.

turbulenzen zu erzeugen, war im Merlin nicht zu finden. Die Kurbelwelle des V-1710 verfügte auch über clevere Konstruktionsdetails, um das Eindringen von Schmutz und Luft in die Lager zu verhindern; die Stahlbecher, die die hohlen Kurbelzapfen ausfüllten, hatten ihre Öffnung an der Innenseite und schleuderten so das Öl zentrifugal nach außen. Dadurch würde tendenziell nur sauberes Öl aus dem Kurbelzapfen austreten.

Allison hatte jedoch mit der Festigkeit der Kurbelwellen bei steigender Leistung zu kämpfen und untersuchte, ob man von der Aufkohlung zur Nitrierung übergehen sollte, um die Dauerfestigkeit zu erhöhen.[25]

Der V-1710-Motor wies auch moderne Merkmale auf, wie die Teilung des Kurbelgehäuses entlang der Kurbelwellenachse und die Integration der unteren Hauptlager in den Sumpfguss.

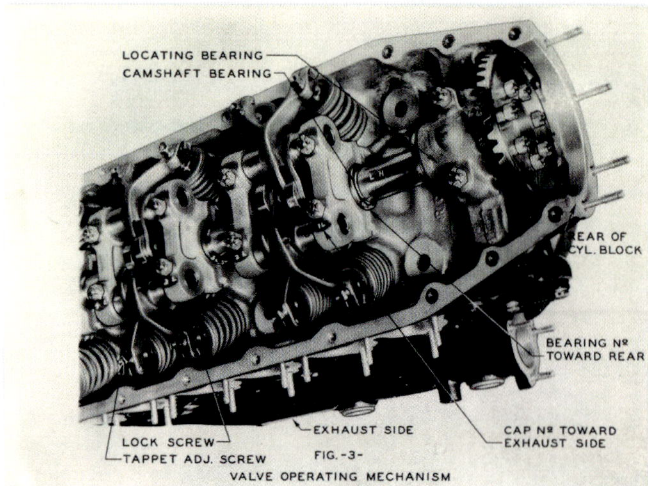

Rollen-Kipphebel-System des V-1710 Zylinderkopfes.

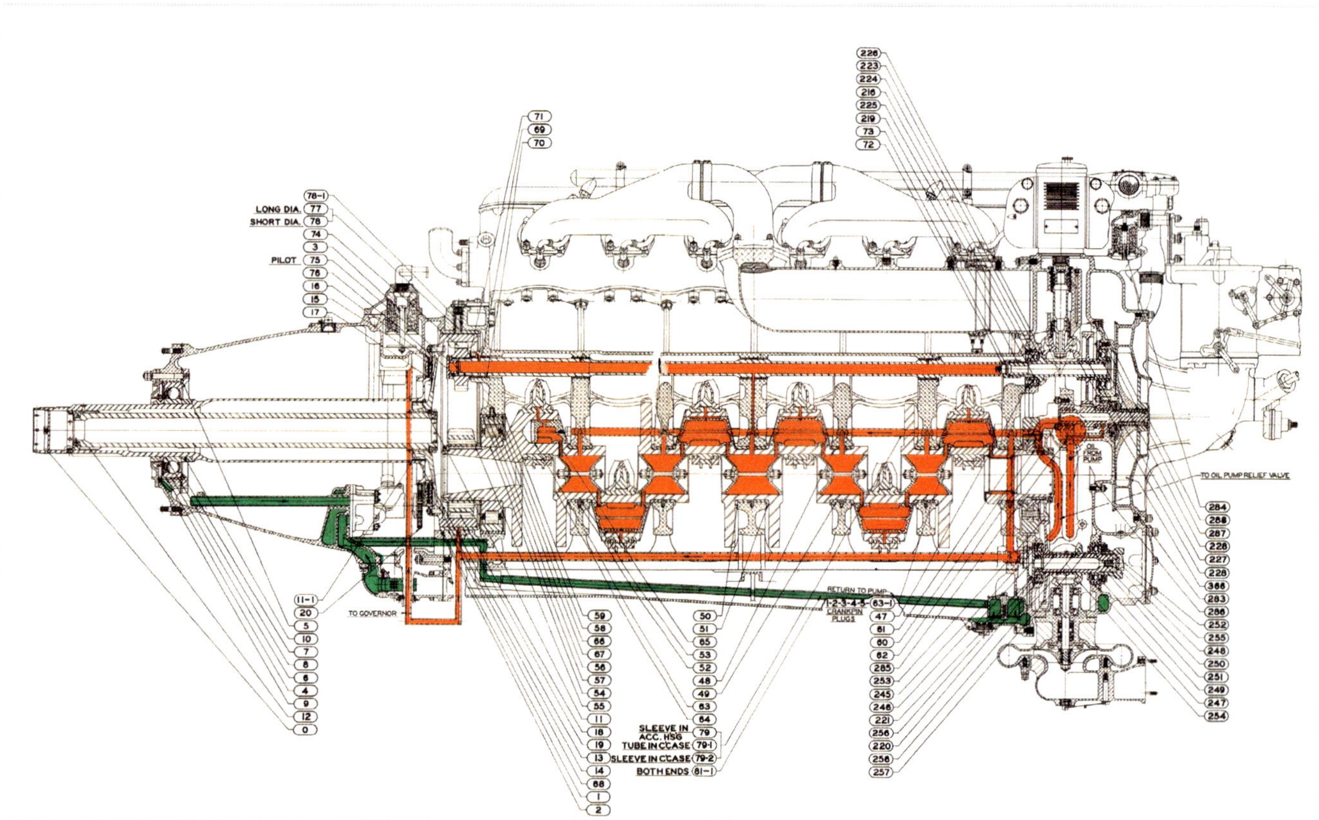

V-1710: Längsschnittzeichnung mit Ölkanälen.[24]

Dies ist ein einfacher Weg, um eine extrem steife Struktur zu erhalten, die dazu beiträgt, die Lager und die Kurbelwelle in der richtigen Position zu halten.

Der Allison verfügte außerdem über ein sehr gut durchdachtes Rollenkipphebelsystem. Dadurch wurden die Probleme vermieden, die beim Merlin mit abgenutzten Kipphebeln während seiner gesamten Lebensdauer auftraten. Dies wurde dadurch erreicht, dass der Gleitkontakt durch einen Rollkontakt ersetzt wurde, der allerdings mehr Platz für die Unterbringung benötigte.

Auch das Wassersystem des Allison war gut durchdacht. Heute wird nicht nur darauf geachtet, dass das Kühlmittel durch den Motor fließt, sondern auch darauf, dass es in einigen Bereichen schnell und in anderen langsamer fließt. Das bedeutet, dass Wärme aus kritischen Bereichen abgeführt wird und gleichzeitig die Pumpe nicht unnötig groß sein muss (was der Fall wäre, wenn das Wassersystem so ausgelegt wäre, dass es das Wasser mit hoher Geschwindigkeit durch den gesamten Motor leitet).

Erreicht wird dies durch zwei unabhängige Einlässe für das Kühlmittel in den Motorblock und durch eine »Ummantelung« der Zylinderlaufbuchsen, damit das Wasser mit hoher Geschwindigkeit um sie herumfließen kann, um eine gute Kühlung zu gewährleisten, und damit das Wasser langsam um den Außenbereich der Zylinderlaufbuchsen des Motorblocks fließen kann. Bei langen, durchgehenden Bolzenkonstruktionen wie dem V-1710-Motor ist es schwierig, die unterschiedlichen Dichtungsbelastungen in den Griff zu bekommen, die dadurch entstehen, dass Stahlbolzen einen Satz von Aluminiumgussteilen zusammenhalten, da sich die beiden Materialien unterschiedlich ausdehnen.

Allison hat versucht, dieses Problem zu meistern, indem der Hauptzylinderguss von der Hochgeschwindigkeitsströmung um die Zylinder herum isoliert wurde, wo die Wärme bei plötzlichen Änderungen der Motorleistung schnell absorbiert wird. Außerdem wurden die Zylinderrohre in eine Ziehharmonikaform gebracht, die Temperaturschwankungen verzeiht, indem sie wie ein struktureller Balg in der Achse des Zylinders wirkt – und dennoch steif genug ist, um die Motorstruktur an Ort und Stelle zu halten.

Der Allison verfügte außerdem über ein ausgeklügeltes System zur Dämpfung von Torsionsschwingungen. Auf der Propellerseite bestand die Abtriebswelle aus zwei konzentrischen Wellen, deren Verbindung über eine Reibplatte am inneren Ende erfolgte. Dadurch wurden die Vibrationen des Pro-

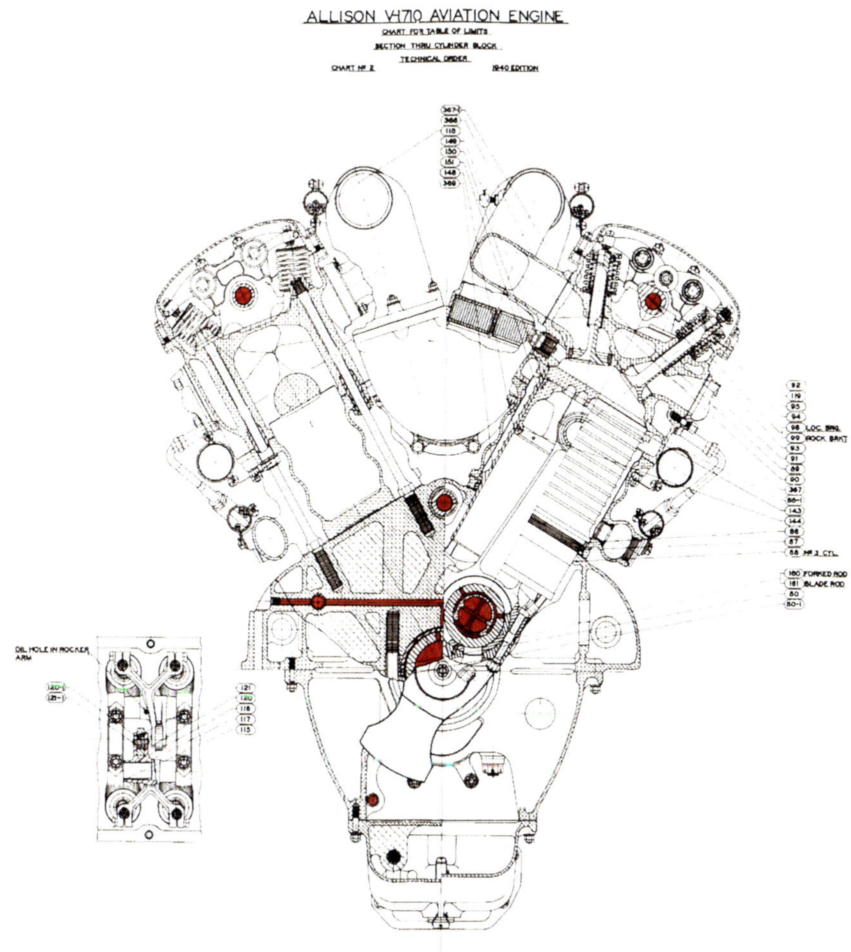

Seitliche Schnittzeichnung, die die Gesamtbauweise des V-1710-Kurbelgehäuses zeigt.

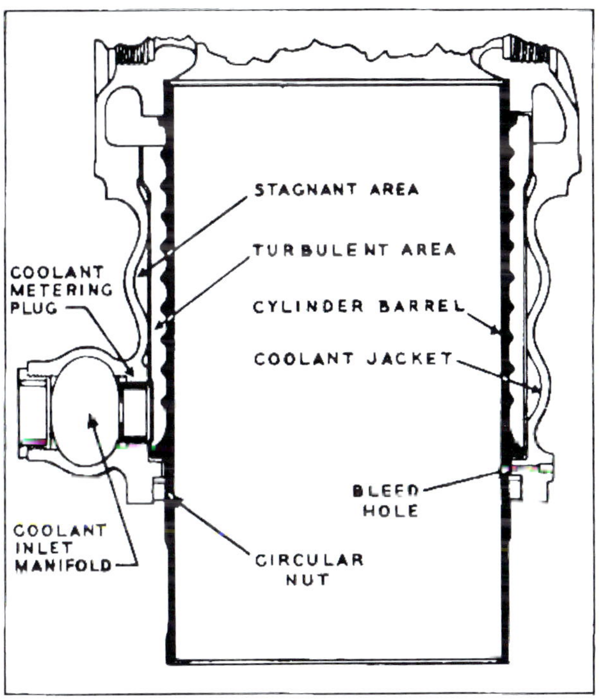

Cylinder Barrel and Coolant Jacket Assembly

Schnitt durch die Zylinder mit Wasserabscheider-Prallplatte des V-1710.

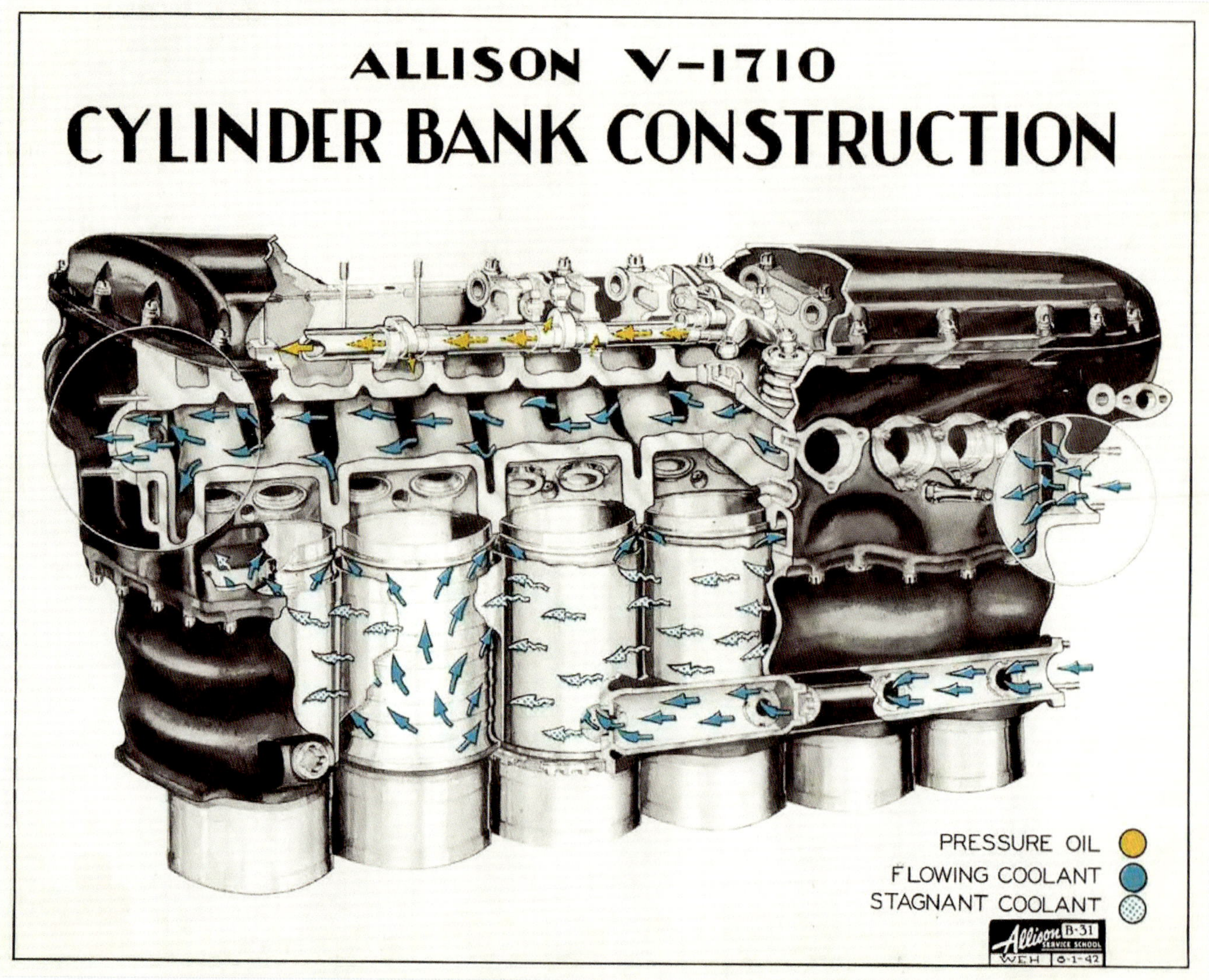

V-1710: Schnitt durch das Zylinderblock-Wasser-System.

pellers wirksam gedämpft. Am hinteren Ende, wo der Antrieb des Kompressors austrat, befand sich ein Satz von vier Pendeldämpfern vom Typ »Bifilar« und hinter dem Ausgang eine lange Pinole, die ihrerseits durch einen hydraulischen Dämpfer vom Typ »Atlas« gedämpft wurde.[26] Der Atlas verhielt sich wie eine Flüssigkeitsratsche, die eine Drehbewegung durch Rückschlagventile und eine kleine Öffnung verhinderte, die nur eine sehr langsame Relativbewegung von Dämpfer und Welle zuließ.

Obwohl dies ein hervorragender und einfallsreicher Einsatz einer Vielzahl von Dämpfungssystemen zu sein schien, haben neuere Analysen suggeriert, dass der V-1710 auch ohne eine solche Fülle von Dämpfern eine angemessene Leistung hätte erbringen können.[27] Möglicherweise wurden die Dämpfer bei einem frühen Konstruktionsversuch eilig eingebaut, um die sehr lange Verlängerungswelle für das Mittelmotor-Jagdflugzeug Bell XP-39 zu verwenden, und wurden danach bei allen nachfolgenden Modellen beibehalten, obwohl sie vielleicht unnötig waren.

Trotz zahlreicher ausgeklügelter Details konnte der V-1710 in dieser frühen Phase des Krieges ohne einen leistungsstarken Kompressor das Potenzial ihrer Auslegung nicht ausschöpfen. Zu dieser Zeit hatte Rolls-Royce große Schwierigkeiten, den Merlin XX in die neue Spitfire einzubauen – er passte einfach nicht. Der Zweigang-Kompressor verbesserte die Leistung beim Start und in größeren Höhen beträchtlich, aber er verlängerte den Motor auch erheblich, und der Einbau in die Spitfire III erwies sich als schwierig, wie dieser Brief an Freeman vom 22. Juli 1940 zeigt:

»Lieber Sir Wilfred,
ich war überrascht zu erfahren, dass das Supermarine-Produktionsprogramm mit der Produktion der Spitfire I fortgesetzt werden soll, die nur für den Merlin III-Motor geeignet ist.

Ich hatte den Eindruck, dass die Politik darin besteht, mit der Spitfire III fortzufahren, die den Merlin XX aufnehmen soll, und dass, bis der Merlin XX-Motor verfügbar ist, diese Maschinen mit dem Merlin III ausgerüstet und geflogen werden können ... wenn wir die technische Überlegenheit bei den Jagdflugzeugen beibehalten wollen, kann ich nicht sehen, wie irgendetwas die Verbesserung der Leistung dieser Maschine behindern kann. Unser Werk in Glasgow ist darauf ausgelegt, nur noch den Merlin XX zu produzieren, das Werk in Crewe wird auf Merlin XX umgestellt, das Ford-Werk kann nur noch Merlin XX produzieren.

Was meinen Sie, was man dagegen tun kann?« [28]

Triebwerksmodernisierungen waren besonders wichtig für die hochfliegenden Fotoaufklärungs-»Spion-Spitfires«, die hoch und schnell über Deutschland flogen und die Aktivitäten der deutschen Industrie und des Militärs fotografierten. Am 27. Juli 1940 meldete der stellvertretende Chef des Luftwaffenstabs, dass die PR-Spitfires mit Merlin-III- statt mit Merlin-XX-Triebwerken geliefert werden müssten. Es sei »unmöglich«, die Spitfires einfach umzurüsten. [29, 30]

Am 4. August 1940 schrieb Dowding:

»Es scheint zwei ernsthafte Nachteile in einem ansonsten ausgezeichneten Flugzeug zu geben. Die Landestrecke ist gefährlich lang und für den Nachtflug wahrscheinlich ausgeschlossen. Die quadratischen Enden der Tragflächen werden es noch schwieriger machen, die Spitfire von der Me 109 zu unterscheiden, eine Sache, bei der bereits Fehler gemacht wurden.« [31]

Innerhalb des MAP wurde lange darüber diskutiert, welches Flugzeug den Merlin XX zuerst erhalten sollte. Freeman wollte ihn für die Spitfire, da sie in der Höhe am meisten davon profitieren würde, aber Archibald Sinclair war in einem Brief an Lord Beaverbrook anderer Meinung:

»Lieber Max,

Eine Spitfire mit einer Geschwindigkeit von etwa 365 Meilen pro Stunde [587 km/h] wird für viele Monate eine nützliche Maschine sein. Eine Hurricane mit einer Geschwindigkeit von 320 Meilen pro Stunde wird schnell aus dem Rennen fallen. Die Merlin XX wird sie einfach wieder in die vorderste Reihe des Kampfes bringen.

Mit freundlichen Grüßen, Archic. 27. August 1940.« [32]

Dowding bat darum, den Prototyp der Mk.III Spitfire für die Flugerprobung mit Flügeln der Mk 1 Spitfire anstelle der neuen abgewinkelten Flügel auszustatten. [33]

»DDOR 28. August 1940

Der Prototyp der Spitfire III befindet sich zur Zeit in Southampton, wo er seinen richtigen Kühler erhält, und wird noch einige Tage nicht fliegen. Es ist wichtig, dass wir die technische Freigabe dieses Flugzeugs zum frühestmöglichen Zeitpunkt erhalten. ADRDL.« [34]

Die britische Luftaufklärungsgruppe A.D.I.(k) kam nun in Schwung, und Samuel Felkin musste mit Händen und Füßen um Personal und Ressourcen kämpfen, um seine Abteilung so einzurichten, wie er es für richtig hielt. Im Oktober war er, obwohl er einen der wichtigsten britischen Nachrichtendienste leitete, noch nicht einmal zum Wing Commander befördert worden. [35] Mit nur 16 Vernehmungsbeamten, die für Luftfahrtangelegenheiten vorgesehen waren, schaffte es Felkins Einheit irgendwie, im Jahr 1940 mehr als 1000 Vernehmungsberichte zu erstellen – mindestens drei pro Tag. [36]

»Focke-Wulf-Jäger: Dieses Flugzeug soll mit einem luftgekühlten, zweireihigen Sternmotor BMW 808 mit 18 Zylindern ausgestattet sein, der beim Start 1600 PS entwickelt. Major Mölders soll eine solche Maschine auf Testflügen geflogen haben und von ihr sehr begeistert gewesen sein. Ein Kriegsgefangener, der behauptet, dieses Flugzeug geflogen zu haben, sagt, es sei leichter und kleiner als die Me.109 ... dieser Mann glaubt, dass es bereits in Produktion ist und bald bei uns zu sehen sein wird. A.D.I.k.760, 16.10.40.« [37]

Die Leistung der beiden Basistriebwerke, mit denen die Kampfflugzeuge beider Seiten ausgestattet sind, ist in einem Diagramm dargestellt (s. folgende Seite); oberhalb von 16.500 ft [5029 m] gibt es kaum noch Unterschiede zwischen den beiden Triebwerken. Diese Höhe entspricht in etwa der Nennhöhe beider Triebwerke, d. h. dies ist die maximale Höhe, in der beide den maximalen Ladedruck aufrechterhalten können. Der Merlin III beginnt den Ladedruck etwas früher zu verlieren als der DB 601 A-1, aber der Unterschied ist gering. Die Bf 109 hat eine um 23 % höhere Flächenbelastung als die Spitfire aufgrund ihrer viel kleineren Flügelfläche, die die Dienstgipfelhöhe gegen eine höhere Höchstgeschwindigkeit eintauscht.

Klar ist, dass der Daimler-Benz in Höhen von Meereshöhe bis 12.000 Fuß [3658 m] einen Vorsprung von fast 100 PS hat, der bei etwa 15.000 Fuß [4572 m] auf Null sinkt. Doch die Lader beider Motoren erzeugen bis zu diesem Punkt einen konstanten Ladedruck. Warum also schwankt die Leistung am Propeller, ohne dass sich der Ladedruck des Kompressors ändert? Die Antwort liegt darin, dass der bereits beschriebene drehzahlvariable Laderantrieb des Daimler-Benz es ermöglicht, den Motor im Steigflug ungedrosselt laufen zu lassen, indem der Ladedruck durch Variation der Laderdrehzahl begrenzt wird. Beim Merlin hingegen wurde der Ladedruck durch langsames Öffnen einer Drosselklappe am Ladereinlass begrenzt.

Über die relative Leistungsfähigkeit der Hurricane, der Spitfire und der Bf 109 während der Luftschlacht um Großbri-

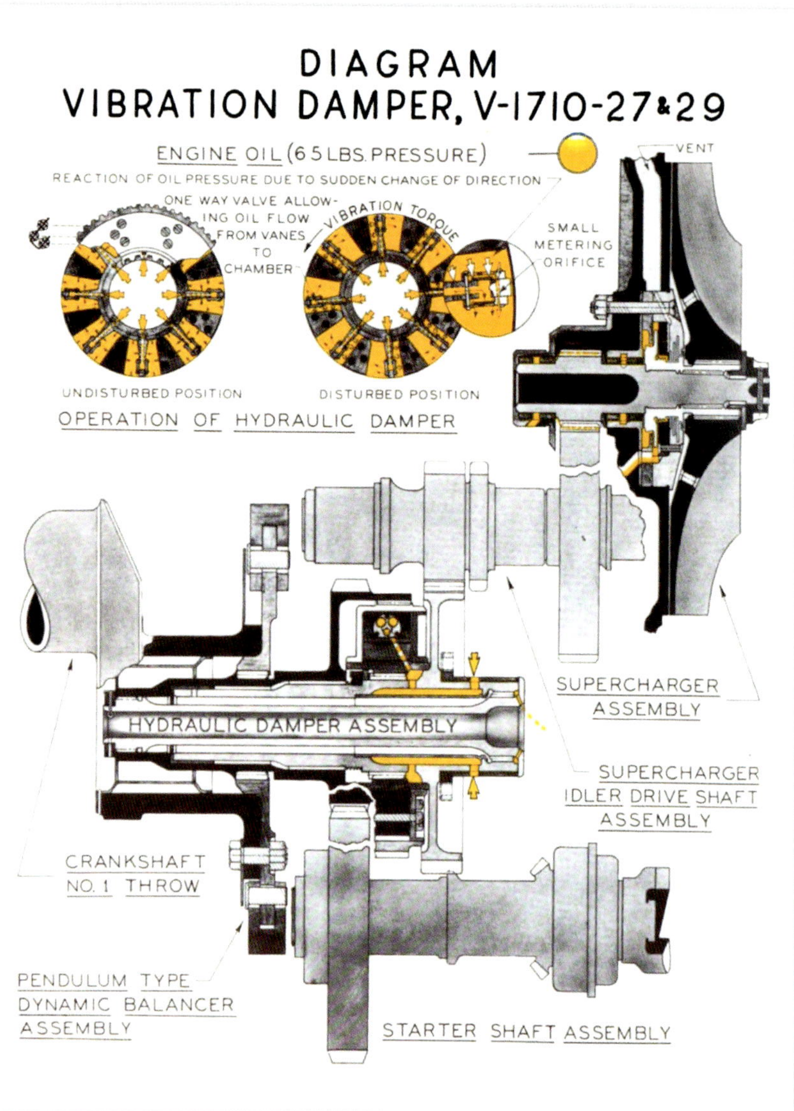

V-1710: Hydraulischer Dämpfer im Kompressorantrieb.

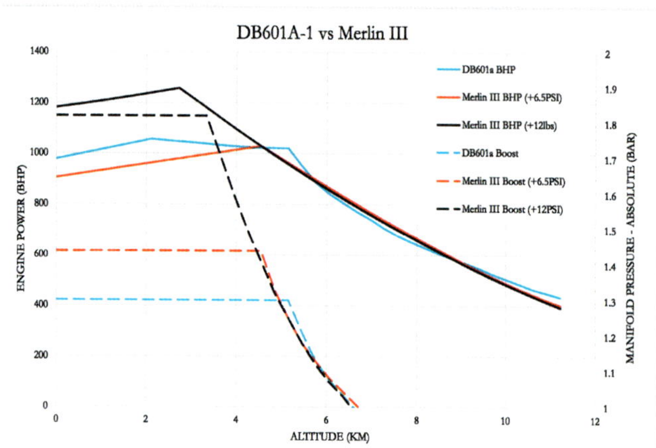

Vgl. DB 601 und Merlin III: Motorleistung und Ladedruck.

tannien wurde heftig gestritten, sogar im britischen Geheimdienst. Ein im September 1940 freigegebener Bericht war in Bezug auf die Frage, welches Flugzeug manövrierfähiger war, unüberbrückbar widersprüchlich.

»Wenn die Me.109 der Hurricane oder der Spitfire folgte, stellte sich heraus, dass unsere Flugzeuge ohne Schwierigkeiten in die Me.109 eindrehten, wenn sie von entschlossenen Piloten geflogen wurden, die sich nicht scheuten, ihre Flugzeuge in einer engen Kurve hart zu ziehen. In einer erstaunlich großen Zahl von Fällen gelang es der Me.109 jedoch, während dieser Kurvenflugversuche am Heck der Spitfire oder Hurricane zu bleiben, und zwar nur deshalb, weil unsere Piloten aus Angst vor einem Überziehen und Trudeln die Kurve nicht genügend straffen wollten.«[38]

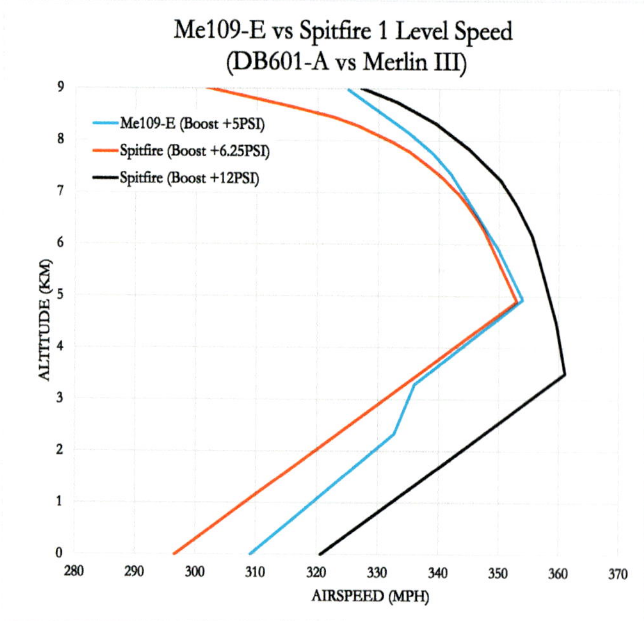

Bf 109 und Spitfire: horizontaler Flug.

Dies verdeutlicht die enormen Schwierigkeiten, objektiv die Jagdflugzeuge der gleichen Klasse zu vergleichen. Zum Daimler-Benz-Motor heißt es im selben Bericht:

»Ein interessantes Merkmal ist, dass der Lader über eine hydraulische Kupplung angetrieben wird; die Vorteile eines solchen Systems werden in Verweis 1 diskutiert.«

Der ausführliche Originalbericht der Franzosen macht mehrere aufschlussreiche Entdeckungen, nicht zuletzt, dass das Heck der Bf 109 in Wirklichkeit mit Ballastgewichten gefüllt war, deren Gewicht durch die Aufrüstung des Motors auf den DB 601 um zwei Stufen erhöht worden war. Der Motor war so viel schwerer und größer als der kleine Jumo 210, der ursprünglich für

Messerschmitt geplant war, dass die einzige Möglichkeit, den Schwerpunkt des Flugzeugs wiederherzustellen, darin bestand, 27 kg Metall in das Heck zu packen. Die französischen Ermittler stellten fest, dass die Bf 109V1 mit ihrem Jumo 210 keine solchen Ballastgewichte enthielt.

> »Es war nur möglich, den jetzigen DB 601 in dieses Flugzeug einzubauen, indem man den Ballast noch weiter erhöht hat, natürlich auf Kosten der Manövrierfähigkeit, angesichts der Trägheit in Bezug auf die Querachse. Dies erklärt die mangelnde Manövrierfähigkeit dieses Flugzeugs im Gefecht, wie es in einigen Berichten heißt, und rechtfertigt den Spitznamen ›fliegender Ziegelstein‹.«[39]

Trotz dieses Mangels und der schwierigen Landeeigenschaften, die durch das ungünstig schmale Fahrwerk verursacht wurden, schätzte der französische Ingenieur Merle, der Leiter der Flugzeugabteilung, die Qualitäten des Flugzeugs sehr positiv ein und kam zu dem Schluss:

> »Das Ziel der Konstruktion dieses Flugzeugs, vom Standpunkt der Herstellung aus gesehen, war Einfachheit, Arbeitsersparnis und Leichtigkeit in der Herstellung, und es wurde in meisterhafter Weise erreicht ... Zusammenfassend kann man sagen, dass der allgemeine Eindruck, den man von diesem Flugzeug gewinnt, immer wieder Beweise für das Vorhandensein eines gesunden praktischen Urteilsvermögens in Verbindung mit hohen technischen Kenntnissen enthält.«[40]

Am 7. September 1940 wurde die Leistungsfähigkeit der Bf 109 noch stärker angedeutet, als der Kommandeur der Gruppe 11, Air Commodore Park, »vom Luftfahrtministerium den Befehl erhielt, die Zerstörung aller Flugplätze in Südostengland vorzubereiten«. Park weigerte sich, den Befehl anzunehmen; er schickte eine Nachricht zurück, in der er seinen Ungehorsam mit der Begründung unterstrich, dass dies katastrophale Auswirkungen auf die Moral seiner Piloten haben würde, von denen viele bereits psychisch am Ende waren. Park wurde während des Krieges und danach für diese Entscheidung sehr gelobt.[41]

Am 16. Oktober 1940 erstellte der britische Geheimdienst einen Bericht über die neue Focke-Wulf Fw 190, der sich auf die Aussage eines gefangenen deutschen Fliegers stützte. Der Gefangene hatte enthüllt, dass dieses neue, äußerst wendige deutsche Hochleistungsjagdflugzeug mit einem leistungsstarken luftgekühlten BMW-Motor auf dem Weg war.

Ein solches Flugzeug nahm tatsächlich Gestalt an, und die Erprobung der frühen Prototypen war in vollem Gange.

Solche Aussagen von Häftlingen enthielten immer Ungenauigkeiten, zum Beispiel hatte der BMW 801-Motor 14 und nicht 18 Zylinder, aber er hatte Recht, dass erhebliche Zweifel an der maximalen Leistung dieses Motors aufgekommen waren. Zu dieser Zeit erlebte BMW, wie auch Daimler-Benz, den ersten einer Reihe von katastrophalen Motorausfällen bei hohen Leistungen, die auf den von der Regierung angeordneten Ersatz einiger wichtiger legierter Stähle durch Sparmetall-Äquivalente zurückzuführen waren. Dies war den Triebwerkskonstrukteuren in England und dem britischen Luftnachrichtendienst jedoch noch nicht bekannt.

BMW 801 Motor auf dem Stand im Focke-Wulf-Werk.

Ende 1940 war klar, dass die Bedrohung durch die Invasion vorerst vorbei war, und obwohl die Luftwaffe nachts weiterhin Angriffe flog, waren die großen Angriffe bei Tageslicht vorbei. Bis Ende Oktober waren fast alle einsatzfähigen bewaffneten Militärflugzeuge auf den ausschließlichen Betrieb mit 100 Oktan-Kraftstoff umgerüstet worden. Das Kriegskabinett erhielt am 30. Oktober 1940 ein Memorandum des MAP:

> »Flugkraftstoff mit 100 Oktan ist jetzt eine Notwendigkeit für einsatzbereite Flugzeuge, drei britische Anlagen zur Herstellung dieses Kraftstoffs werden derzeit in Heysham, Trinidad und Thornton errichtet. Die ersten beiden werden 1941 fertiggestellt, Thornton kann erst in den letzten Monaten des Jahres 1942 fertig werden.«[42]

Allein die Kosten für die Anlage in Thornton beliefen sich auf 9 Millionen Pfund, und alle drei Brennstoffanlagen zusammen kosteten etwa ein halbes Prozent des gesamten britischen Bruttoinlandsprodukts.[43] Während des Zweiten Weltkriegs wurde etwa die Hälfte des britischen BIP von 300 Milliarden Pfund für die Verteidigung ausgegeben.[44, 45, 46]

> »Amerika ist die wichtigste externe Bezugsquelle. Und wir werden 1942 mindestens 350.000 Tonnen aus den USA beziehen müssen. Die potentielle Produktion der USA wurde zuverlässig auf 1,5 Millionen Tonnen pro Jahr geschätzt. Der Inlandsverbrauch der USA beträgt nicht mehr als 500.000 Tonnen ... es sollte ein ausreichender Überschuss vorhanden sein, um unseren Bedarf zu decken.«[47]

Im Kriegskabinett wurde die Frage aufgeworfen, ob sich die Anlage in Thornton lohne, wenn man mit Lieferungen aus Amerika rechnen könne. Weniger als eine Woche später, am 5. November, traf das Luftfahrtministerium seine Entscheidung:

> »Es wird geschätzt, dass die von uns angestrebte Streitmacht 850.000 Tonnen 100 Oktan-Kraftstoff pro Jahr verbrauchen wird. Um diesen Bedarf zu decken, werden voraussichtlich die folgenden Mengen aus anderen Quellen als den USA zur Verfügung stehen:

Heysham (staatliche Anlage)	150.000 Tonnen
Trinidad (staatliche Anlage)	80.000 Tonnen
Billingham (I.C.I.)	15.000 Tonnen
Stanlow (Shell)	55.000 Tonnen
Abadan (Anglo-iranisch)	50.000 Tonnen
Aruba (Standard Oil of N.J.)	50.000 Tonnen
Palembang (Standard Oil of N.J.)	50.000 Tonnen
Pladjoe (Shell)	50.000 Tonnen
Insgesamt	500.000 Tonnen

> Wir werden also weitere 350.000 Tonnen pro Jahr benötigen ... die Bezeichnung 100 Oktan, wie sie in den USA verwendet wird, entspricht 90 Oktan nach unseren Standards, einige Firmen waren nicht in der Lage, diese Tests zu bestehen. Es wird geschätzt, dass die Thornton-Anlage 200.000 Tonnen pro Jahr produzieren würde ... wir wären gut beraten, ihren Bau fortzusetzen.«[48]

Von den oben genannten Kraftstoffanlagen sollten drei durch Kohlehydrierung 100 Oktan Flugbenzin herstellen, wie es die Deutschen taten: Heysham, Billingham und Stanlow. Die ersten beiden wurden von ICI und die dritte von Shell gebaut. Die Anlage in Stanlow wurde nie fertig gestellt, da sich die Versorgungslage verbesserte und die enormen Kosten für den Bau den Nutzen überstiegen. Das bedeutete, dass 1940 in Großbritannien 220.000 Tonnen 100 Oktan-Kraftstoff von insgesamt 850.000 Tonnen hergestellt werden sollten.

Die gesamte deutsche Flugkraftstoffproduktion für 1940 betrug 720.000 Tonnen (einschließlich aller Flugkraftstoffsorten, A3-Trainingskraftstoff, B4-Dienstkraftstoff und C3-Spezialkraftstoff für Kampfflugzeuge – 80, 87 und 100 Oktan), die fast alle aus deutscher Kohle durch Hydrierung hergestellt wurden. Allein der voraussichtliche britische Bedarf an Kraftstoff mit 100 Oktan überstieg die gesamte deutsche Produktion aller Flugkraftstoffarten zusammengenommen, und das britische synthetische Programm sollte 30 % des deutschen synthetischen Programms produzieren. Allerdings würde nur ein winziger Bruchteil des deutschen Programms im Jahr 1940 Kraftstoffe mit 100 Oktan produzieren, und es ist wahrscheinlich, dass das britische Programm für synthetische Kraftstoffe im Jahr 1940 mehr Flugkraftstoff mit 100 Oktan produzieren wollte als die viel weiter entwickelten deutschen Hydrierungsbemühungen. Letztendlich wurde 1940 im Vereinigten Königreich eine weitaus geringere Menge von nur 27.000 Tonnen durch Hydrierung hergestellt, da die Hydrierungsanlagen in Billingham und Heysham erst mit Verzögerung ihre volle Kapazität erreichten. Weitere 71.000 Tonnen 100 Oktan, die auf herkömmliche Weise aus Rohöl hergestellt wurden, kamen aus den in britischem Besitz befindlichen Raffinerien in Abadan, Trinidad und Curacao.

Die Luftwaffe begann das Jahr 1940 mit einem Bestand von 520.000 Tonnen Flugbenzin aller Sorten, verbrauchte 869.000 Tonnen, produzierte 732.000 Tonnen und beendete das Jahr mit einem Bestand von 623.000 Tonnen (240.000 Tonnen erbeutete Bestände bildeten den Rest).[49, 50] Großbritannien begann das Jahr mit einem Bestand von etwa 200.000 Tonnen 100 Oktan, verbrauchte 130.000 Tonnen, produzierte 99.000 Tonnen in britischen Raffinerien und beendete das Jahr mit einem Bestand von 500.000 Tonnen (die Differenz ist importierter Kraftstoff aus verschiedenen Quellen).[51]

Da die Bf 109 E nun mit dem DB 601 N und erhöhter Drehzahl in Betrieb war, wuchs der Druck für eine Spitfire mit gesteigerter Leistung, aber es traten ernsthafte Probleme mit dieser leistungsstärkeren Messerschmitt auf. Die folgende Mitteilung des deutschen Generalquartiermeisters für Luftfahrzeugausrüstung wurde am 14. November 1940 vom britischen Geheimdienst abgefangen:

> »Um die Leistung der Me 109 zu steigern, wird in Zukunft eine kurzzeitige Erhöhung der Drehzahl in Höhen über 5,5 km [17.000 ft] zulässig sein. Für den Motor DB 601 A beträgt die normale Höchstdrehzahl 2400. Oberhalb der vollen Druckhöhe darf sie kurzzeitig von 2400 auf 2600 erhöht werden. Für den Motor DB 601 N beträgt die normale Drehzahl 2600, darf aber oberhalb der vollen Druckhöhe kurzzeitig auf 2800 Umdrehungen pro Minute erhöht werden. Eine Erhöhung der normalen Drehzahl von 2400 für den DB 601 A bzw. 2600 für den DB 601 N in Höhen von weniger als 5,5 km ist weiterhin nicht zulässig, da der Motor beschädigt wird. Die Nutzung der erhöhten Drehzahlen stellt eine besondere Belastung für den Motor dar und muss daher aus Sicherheitsgründen auf das absolut Notwendige beschränkt werden.«[52]

Was die britischen Ingenieure nicht wussten, war, dass Daimler-Benz ernsthafte Probleme mit den Kurbelwellen-Hauptlagern hatte, die nicht auf Rollen, sondern auf Gleitlagern gelagert waren, was nun die Einsatzfähigkeit der deutschen Piloten einschränkte. Die Briten hatten das gegenteilige Problem: Sie hatten einen neuen Motor, aber kein Flugzeug, in das sie ihn einbauen konnten. Am 11. Dezember 1940 kämpfte Supermarine immer noch damit, den neuesten Merlin-XX-Motor mit seinem Zweigang-Kompressor in die Spitfire Mk. III einzubauen. Die zusätzliche Länge, die das Getriebe des Zweigang-Kompressors erforderte, bereitete Schwierigkeiten. Rolls-Royce hatte den Prototyp des »RM5S«-Merlin konstruiert, bei dem es sich angeblich um den Merlin mit dem XX-Kompressor handelte, bei dem aber nur das »S«-Höhengetriebe eingebaut war und der Kompressor dementsprechend etwa so kurz wie der Merlin III. Dieses als Merlin 45 bezeichnete Triebwerk war eine Notlösung und sollte nur als Interimstriebwerk dienen, wenn das längere Merlin XX mit seinem sperrigen Zweigang-Kompressorgetriebe nicht passte.

Am 12. Dezember wurde die Anfrage weitergeleitet:

> »Bitte besorgen Sie die Bewertung dieses RM5S und geben Sie die Geschwindigkeiten und Steigkurven für Hurricane und Spitfire an.
>
> Dies ist dringend erforderlich.
>
> F. Cook.«[53]

Drei Tage später, am 15. Dezember, kamen die prognostizierten Informationen zurück: Die Spitfire würde wahrscheinlich 18 mph [29 km/h] schneller sein, aber nur über 17.000 ft [5182 m], und die Dienstgipfelhöhe würde sich um 1000 ft erhöhen.

An Heiligabend 1940 setzte sich Luftmarschall Sholto Douglas mit Ernest Hives von Rolls-Royce und Vertretern vom MAP zusammen, um zu entscheiden, was zu tun sei. Die Produktion der Spitfire Mk. III konnte nicht vor Mitte des Sommers 1941 beginnen, und das war, so Douglas, zu spät. Es musste eine Zelle für den Prototyp Merlin 45 ausgewählt werden, und Douglas entschied, dass es die Spitfire sein sollte; ein Motor für große Höhen erforderte ein Flugzeug, das sich in großer Höhe gut handhaben ließ. Das war eine weise Entscheidung.[54]

Zu den letzten Dokumenten, die 1940 von Rolls-Royce freigegeben wurden, gehörte das Lastenheft für den zweistufig aufgeladenen Merlin, der damals als R.M.6.S.M. bekannt war:

> »Dezember 1940.
>
> Vorläufige Leistungsdaten des Rolls-Royce Merlin R.M.6.S.M. Das Triebwerk ist eine Weiterentwicklung des Merlin XX, es ist mit einem zweistufigen Zweigang-Kompressor ausgestattet, der eine maximale Leistung in einer Höhe von 30.000 Fuß [9144 m] ermöglicht. Wegen der hohen Temperatur, die mit einem zweistufigen Lader erreicht wird, ist ein Zwischenkühler zwischen der zweiten Stufe des Laders und dem Motor vorgesehen. Die beiden Stufen des Laders sind miteinander gekoppelt. Da das Triebwerk und die Leistung in erster Linie für den Einsatz in einem zweimotorigen Höhenbomber vorgesehen sind, gibt es keinen Leistungszuwachs für den reinen Horizontalflug. Maximale Startleistung 1300 PS bei 3000 Umdrehungen pro Minute bei einem Ladedruck von 12 lb/sq.in. [0,83 bar]«.[55]

Das Triebwerk verfügte über eine 33%ige Zwischenkühlung, was bedeutet, dass der Ladeluftkühler 33% des Temperaturanstiegs vom Einlass des Kompressors zum Auslass abführt. Theoretisch wären 100 % perfekt, aber tatsächlich wurde der Luft ein Teil der Wärme entzogen, um die Verdampfung des Kraftstoffs zu gewährleisten, und jede durch den Ladeluftkühler erzielte Temperatursenkung bedeutete, dass ein größerer Kühler unter dem Flügel angebracht werden musste, um die Wärme abzuleiten, was den Luftwiderstand erhöhte. Daher entschied Rolls-Royce, dass die Abführung eines Drittels der Wärme das Niveau war, bei dem die vom Motor gewonnene Leistung nicht mehr durch die Größe, das Gewicht und den Luftwiderstand des zugehörigen Flügelkühlers aufgewogen wurde.

Da der Merlin 45 nur mit einem Hochgeschwindigkeits-Kompressorgetriebe ausgestattet war, litt die »Notlösung« in der Nähe des Meeresspiegels immer unter einer geringen Leistung,

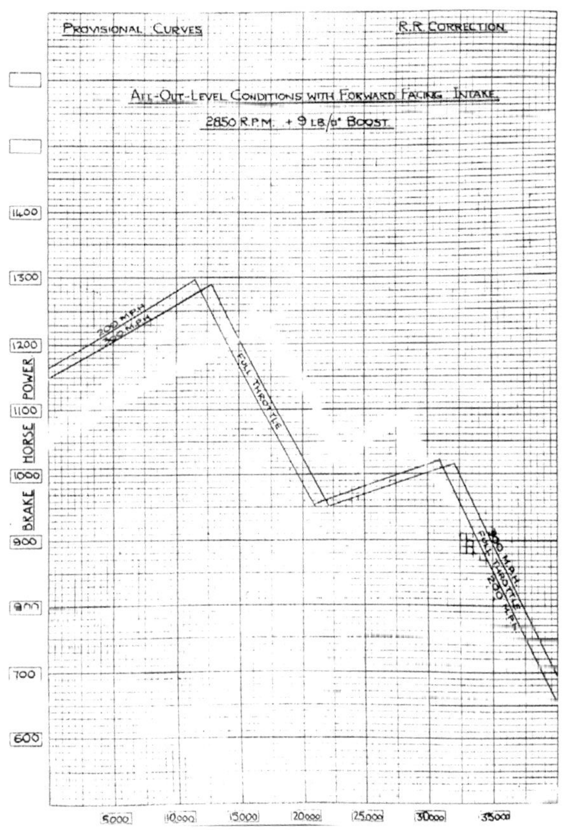

R.M.6.S.M. (Merlin-60) projected power curve, dated December 1940.

R.M.6.S.M. (Merlin-60) projizierte Leistungskurve, datiert Dezember 1940.

da der Kompressor, der nicht heruntergeschaltet werden konnte, im Tiefflug stark gedrosselt werden musste, um zu verhindern, dass der Motor in der dichten Luft zu stark beschleunigt wurde. Diese Drosselung hatte den Nachteil, dass sie der Kurbelwelle des Motors Leistung entzog. Der Merlin XX war von vornherein so konzipiert worden, dass er dank seiner zwei Aufladergänge sowohl im unteren als auch im oberen Drehzahlbereich gute Leistungen erbringen konnte. Die Spitfires der Merlin 45-Familie mussten durch eine Änderung des Laufraddurchmessers so eingestellt werden, dass sie in bestimmten Höhen am besten funktionierten, was ihre Anpassungsfähigkeit stark einschränkte. Dennoch flog die Spitfire K9788 am 26. Dezember 1940 von Boscombe Down aus mit einem umgebauten Merlin XX, der den neuen Merlin 45-Motor mit nur einem Getriebe und Aufladung repräsentierte.[56]

USA

Die Triebwerksentwickler in Wright Field hatten inzwischen die Spezifikationen für den »Super-Fighting Grade«-Treibstoff festgelegt, der für den künftigen Einsatz von Kampfflugzeugen im Krieg benötigt wurde. Die Ölraffinerien hatten immer noch Mühe, eine Mischung zu entwickeln, die alle Anforderungen erfüllte, aber am 15. Januar 1940 kamen sie dem Ziel immer näher.

> »Es wurde angedeutet, dass Super-Fighting Grade-Kraftstoff aus Mischungen von handelsüblichen Kraftstoffen wie Iso-Octanen, Neohexen, Iso-Pentan und ähnlichen Kraftstoffen mit maximal 3 ml PbET4 pro Gallone hergestellt werden kann. Die Abteilung hat jedoch noch keine Tests mit solchen Mischungen durchgeführt … Dr. Barnard erklärte, dass die bisherigen Arbeiten seiner Firma darauf hindeuten, dass die Spezifikation für Super-Fighting Grade-Kraftstoff nicht in allen Einzelheiten erfüllt werden kann.«[57]

In England hatte der in Italien geborene Kompressorspezialist und Mathematiker Dr. Frank Martinuzzi einen langen Artikel mit dem Titel ›German Supercharger Tests‹ [›Tests der deutschen Turbolader‹] für The Aircraft Engineer geschrieben, der der populären Zeitschrift Flight beilag, als diese am 29. Februar 1940 der Öffentlichkeit vorgestellt wurde. Der Artikel war so detailliert, dass er große Aufmerksamkeit erregte und sofort von amerikanischen Ingenieuren aufgegriffen wurde, nachdem der Leiter der technischen Forschung der NACA ihn an Wright Field weitergeleitet hatte.

> »Als die Deutschen begannen, ernsthaft aufzurüsten, kauften sie Motoren und Lizenzen im Ausland, um so schnell wie möglich alles zu lernen, was sie konnten. Diese Triebwerke wurden bei der DVL, der Forschungsanstalt der Regierung, sehr gründlich und methodisch getestet … die Ergebnisse der DVL-Arbeit wurden in verschiedenen Publikationen, insbesondere in der Luftfahrtforschung, oft mit erstaunlicher Offenheit veröffentlicht.
>
> Das Material, das über Kompressoren und Turbolader zur Verfügung gestellt wurde, ist sehr reichhaltig und bildet eine wahre Fundgrube für Informationen auf einem Gebiet, auf dem es nur wenige veröffentlichte Daten gibt. Die Amerikaner haben zwar einige hervorragende Arbeiten verfasst, aber sie geben im Allgemeinen nur die Ergebnisse wieder. Die Deutschen hingegen geben auch vergleichende Testdaten von höchstem Interesse an, die jedem, der sich mit dem Thema beschäftigt, viel Zeit und Geld sparen können. Diese deutschen Tests sind jedoch in anderen Ländern nicht sehr bekannt. Die Jahrbücher der [deutschen] Luftfahrtforschung sind teure und sperrige Wälzer, die eher den Flugzeug- als den Triebwerkskonstrukteuren bekannt sind, die Artikel sind schwer und unverdaulich, Formeln und griechische Buchstaben werden nur so zum Spaß herumgereicht, und eine gründliche Kenntnis der deutschen Lehrbücher über Kreiselpumpen und Kompressoren wird immer vorausgesetzt. Die Männer, die bei der DVL für die Kompressoren zuständig sind, sind akademischer Herkunft und Ausbildung, und ihre Arbeiten scheinen dem Praktiker von jener schwachen Aura der Unwirklichkeit umgeben zu sein, die die akademische Forschung kennzeichnet.«[58]

Die Amerikaner hingegen hatten in den 1930er Jahren weniger intellektuelle Sorgfalt in die Konstruktion von Verdichterteilen für Flugzeugtriebwerke investiert, holten aber rasch auf. Beim Antrieb der Kompressoren durch Abgase waren die Amerikaner bereits weit vorne – sehr zum Neid der Briten. Am 15. März 1940 hatte Wright Field von der Union Oil Company Chargen von Super-Fighting Grade-Kraftstoff für Klopftests erhalten. Allerdings wurde noch immer die alte CFR-Methode angewandt, bei der das Verdichtungsverhältnis des Motors verändert wurde, während andere Motorparameter wie die Zündverstellung und die Lufttemperatur festgehalten wurden.

Sie war daher keine besonders repräsentative Methode, um zu ermitteln, wie viel Leistung ein solcher Kraftstoff in einem echten Flugmotor in Originalgröße entwickeln könnte. Die deutsche »DVL-Auflademethode« hörte auf mit Tests der Klopfgrenzen, bei denen der Zylinderkopf auf und ab bewegt wurde, um den Brennraum zu vergrößern oder zu verkleinern und so das Verdichtungsverhältnis zu verändern. Stattdessen wurde lieber ein repräsentativer Flugmotorzylinder verwendet und der Ladedruck des Kompressors verändert, um den Widerstand des Kraftstoffs gegen die Kompression zu testen, als die Höhe des Kolbens im Zylinder zu verändern.

Dies war eine weitaus realistischere Methode, um Kraftstoffe für militärische Flugzeugtriebwerke zu testen, da eine Änderung der Kolbenposition die Verbrennungseigenschaften des Motors grundlegend verändern kann und nicht nur die Verdichtung des Kraftstoff-Luft-Gemischs. Obwohl diese Methode den Amerikanern bekannt war und sie ihre Vorteile zu schätzen wussten, erforderte sie einen hohen Arbeitsaufwand und wurde daher nur langsam eingeführt.

»Dies bezieht sich auf die fünf Gallonen ›Experimental Super-Fighting Grade Brennstoff – klar‹, die Sie an diese Abteilung … für Klopftests geliefert haben. Aufgrund der Priorität anderer Projekte wurde die Entwicklung eines Klopftestverfahrens für aufgeladene Motoren auf unbestimmte Zeit verschoben.«[59]

Dies verlangsamte das Entwicklungstempo bei den Kraftstofftests, was es den Motorenherstellern erschweren würde, die Leistung ihrer neuesten Motoren unter Verwendung der neuen Kraftstoffe genau vorherzusagen.

»Der Klopfwert, wie er im Rundschreiben festgelegt ist (97 % Iso-Oktan in normalem Heptan), plus 3 ml PbEt4 pro Gallone. Dies entspricht nach den verfügbaren Informationen verschiedener Labors Iso-Oktan plus 1,5 ml PbET4 pro Gallone. Als zusätzlicher Schutz wurde die Anforderung eingeführt, dass der Basiskraftstoff (Kraftstoff vor dem Zusatz von Tetraethylblei) eine Oktanzahl von 97 haben muss. Die oben genannten Vorsichtsmaßnahmen wurden durch die Vorgabe erforderlich, dass die Klopfmethode der Aviation Fuels Division 1-B anstelle der Supercharged-Klopfmethode verwendet werden sollte, die für die Verwendung in der Spezifikation als nicht ausreichend standardisiert angesehen wurde. Außerdem war bekannt, dass etwa zwölf Laboratorien eingerichtet wurden, um nach der … 1-B-Methode zu testen.«[60]

Es war ein Fehler der amerikanischen Ingenieure, ein primitiveres Verfahren für die Kraftstoffprüfung zu verwenden, nur weil es bereits besser etabliert war. Ihre Ablehnung eines fortschrittlicheren Auflade-Klopf-Verfahrens, das ihnen zur Verfügung stand, musste später im Krieg korrigiert werden.

Die Herstellung von Turboladern in den USA war jedoch allen anderen Ländern weit voraus und General Electric produzierte in seinem Werk in Lynn immer mehr Turbolader des Typs B. Die amerikanischen Turbolader nutzten in großem Umfang Blechpressen für eine schnelle Produktion. 1938 wurden 15 B-Typ-Turbolader hergestellt, 1939 272 und 1940 511. In den USA wurden vier weitere Werke für die Herstellung von Turboladern errichtet: Everett, Fort Wayne, Ford und Allis-Chalmers. Das Ziel war etwa 20.000 Turbolader pro Jahr.[61]

Turbolader waren bei Lockheed im Gespräch, als die Spezifikationen für das kommende zweimotorige Jagdflugzeug P-38 Lightning festgelegt wurden. Während das amerikanische V-1710-Triebwerk mit Turbolader seine Vorzüge hatte, bot das Merlin XX mit seiner einfacheren und leichteren Installation ebenfalls entscheidende Vorteile, und es war keineswegs sicher, welches die beste Option für die amerikanischen Konstrukteure war. Die verschiedenen Motoren für die P-38 wurden am 2. Juni 1940 festgelegt.

Amerikanisches Kampfflugzeug mit Lader, die P-38 Lightning: Die Turbolader sind an der Oberseite der beiden Ausleger am Tragflächenanschluss zu sehen.

Die Hoffnungen für das Flugzeug waren sehr groß, und es wurde eine recht optimistische Tabelle erstellt, die zeigte, welche Geschwindigkeiten mit verschiedenen Motoren erreicht werden könnten. Diese Geschwindigkeiten waren alle rein theoretisch und basierten auf den spärlichsten Informationen. Dennoch wurden die höchsten Geschwindigkeiten mit Merlin XX- oder Griffon-Motoren prognostiziert.[62]

Die Möglichkeit, ein amerikanisches Kampfflugzeug mit einem Motor britischer Bauart zu produzieren, stieß nicht überall auf Gegenliebe, und unabhängig vom Leistungspotenzial hätte ein britischer Motor nur dann eine ernsthafte Chance übernommen zu werden, wenn das Leistungspotenzial dramatisch höher wäre. Abgesehen vom Griffon, der noch nicht fertig war, war der Leistungsunterschied zwischen dem Merlin XX

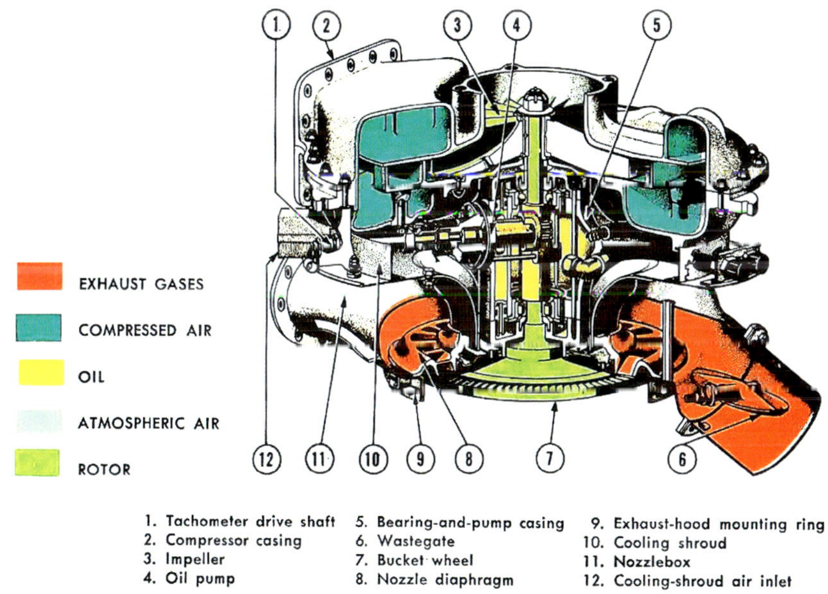

General Electric B-Type Turbolader für die P-38.

und dem V-1710 vielleicht nicht groß genug, um die Verwendung eines ausländischen Motors zu rechtfertigen. Das Allison-Triebwerk bot zwar eine geringfügig niedrigere Höchstgeschwindigkeit, erreichte diese aber in größerer Höhe, dank des Turboladers, der allerdings ein höheres Einbaugewicht mit sich brachte, und trotz des Widerstands der erforderlichen Ladeluftkühler.

Selbst mit einem externen Turbolader wurde der V-1710 etwas abgewürgt, da der mechanisch angetriebene Lader mit einem Durchmesser von 241,3mm im Vergleich zum 260mm-Laufrad des Merlin XX klein war. Obwohl viele verschiedene Kompressorübersetzungen zur Verfügung standen, wurde bei der Version, die für den Anschluss an einen externen Turbolader hergestellt wurde, das Übersetzungsverhältnis des Kompressors von etwa 8:1 auf 6,3:1 gesenkt.[63] Dies geschah zum Teil, um die Ladetemperatur unter Kontrolle zu halten, da die Wärmeentwicklung durch den Kompressor direkt proportional zum Quadrat der Geschwindigkeit der Laufradspitze ist.[64] Dieser kleine Laufraddurchmesser in Verbindung mit einer sehr niedrigen Spitzengeschwindigkeit ist einer der Gründe, warum die Lockheed P-38 Lightning, obwohl es sich um ein zweistufig aufgeladenes Flugzeug handelte, in großen Höhen nicht so beeindruckend war, wie sie hätte sein sollen.

Am 20. Juni 1940 informierte ein US-Diplomatenattaché die Amerikaner über die Entwicklung der Daimler-Benz-Motoren.

»DB 600 A, ein ausgezeichneter Motor, aber nicht stark genug. DB 601 E, Leistung beim Start 1325 PS (mit Kraftstoff von 100 Oktan 1400 – 1450 PS).

Der 601 E wurde weitgehend neu konstruiert und in die Me 109 F-4 eingebaut. Die wichtigsten Änderungen sind folgende:

- Neu gestaltete Nockenwelle mit einer Überschneidung von 105° und Spülfunktion für die Zylinder.
- Ein neu gestaltetes Gebläserad für den Kompressor mit mehr Schaufeln als beim alten Typ und einem größeren Luftdurchsatz
- Eine neu gestaltete Kraftstoffeinspritzpumpe
- Ein neu gestaltetes Ansaugsystem
- Neu gestaltete Ladedruckregelung
- Neu gestaltetes Propellerverstellgetriebe, das in das vordere Ende des Kurbelgehäuses eingebaut ist
- Eine neu gestaltete Propellerwelle mit einem etwa 3/4" größeren Durchmesser. Es wird vermutet, dass diese Konstruktion den Einbau von gegenläufigen Propellern vorsieht.

Der DB 603 – um ein Drittel leistungsfähiger als der DB 601 E – wird derzeit im Auftrag des deutschen Luftfahrtministeriums entwickelt. Letzteres erwartet, dass dieser Motor in einem Jahr zur Erprobung bereit sein wird. Ein mit dem Unternehmen verbundener Spezialist erklärte jedoch, dass dies wesentlich länger dauern würde. Der maximale Querschnitt dieses Triebwerks wäre 10 % größer als der des DB 601. Aber seine Länge würde natürlich größer sein.

DB 605 – Gebaut nach dem DB 601 E, aber eine Vergrößerung der Zylinderbohrung gibt dem DB 605 eine Leistung, die etwa

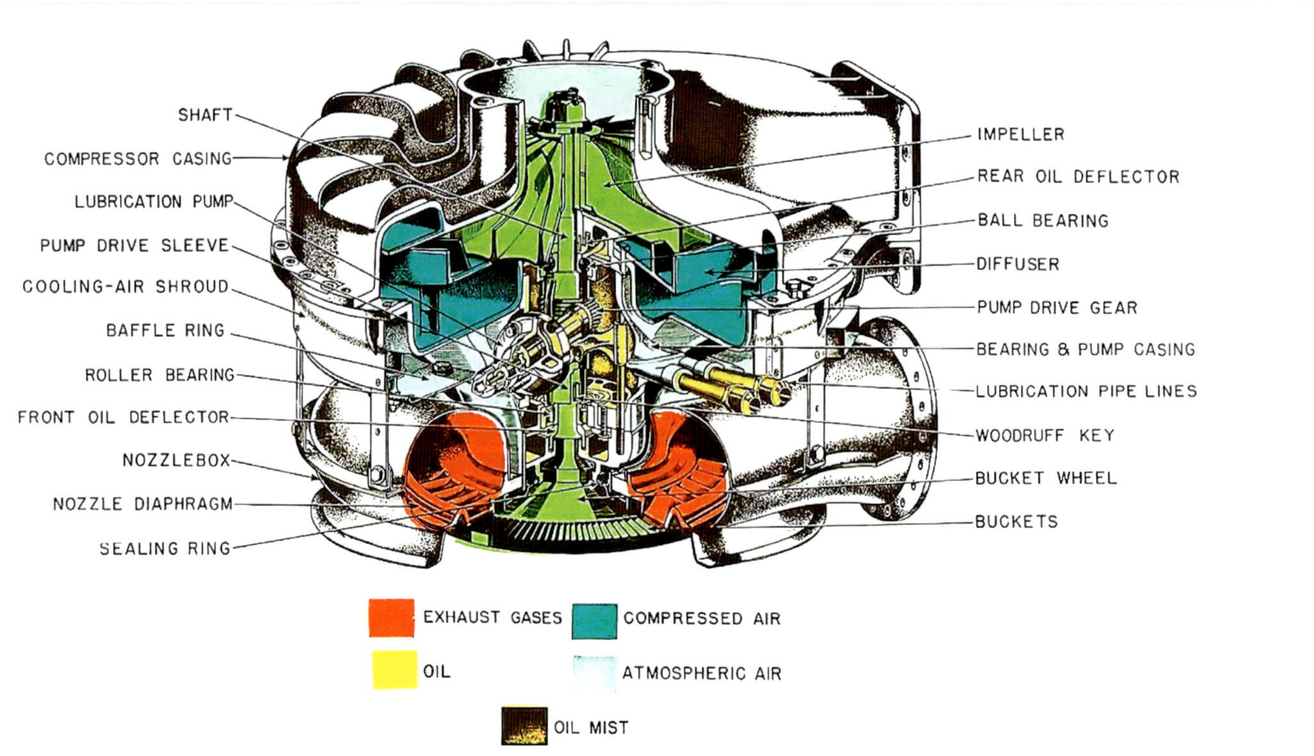

General Electric C-Type-Turbolader für die P-47.

10 % über der des DB 601 E liegt. Es ist möglich, dass der Bau dieses Motors nicht in Angriff genommen wird, da der DB 603 schon weiter fortgeschritten ist.« [65]

Am 12. September 1940 telegrafierte die Holley Carburettor Company an Wright Field, in der Hoffnung, einen Vorteil aus den geborgenen Motoren zu ziehen:

»Wir bitten um die Erlaubnis für unsere Ingenieure, die Junkers- und Daimler-Motoren, die Sie jetzt haben, zu überprüfen.« [66]

Letztere antwortete, dass Holley die Motoren gerne besichtigen könne, aber vielleicht warten wolle, bis sie demontiert seien. [67]

Die USA waren nicht weit davon entfernt, das weltweit erste einmotorige Kampfflugzeug mit Turbolader einzusetzen, und am 13. September 1940 unterzeichnete der Chef des US Air Corps, General H. H. Arnold, einen Vertrag über die Produktion des Kampfflugzeugs Republic XP-47B. [68] Der Prototyp war im Juni vom Militärpersonal besichtigt worden.

Der C23-Turbolader wog 110 kg und hatte eine bauartbedingte Wellendrehzahl von 20.000 U/min. An seiner längsten Seite maß er fast 0,76 m. Die Konstruktionsspezifikation besagte, dass er die Nennleistung eines 2000 PS-Motors bis zu einer Höhe von 27.000 Fuß [8230 m] aufrechterhalten würde. [69]

Einzigartig bei der P-47 war, dass sie von Anfang an als Jagdflugzeug mit einem einzigen luftgekühlten Turbotriebwerk konstruiert wurde. Dies war die einzige Möglichkeit, die komplexen Unterstützungssysteme, die in einem turboaufgeladenen Flugzeug benötigt wurden, unterzubringen. Die begrenzte Geschwindigkeit der Turboladerwellen bedeutete, dass die Turboladereinheiten selbst beträchtlich groß waren. Außerdem musste der Turbolader aus Gewichts- und Einbaugründen am Heck des Flugzeugs angebracht werden.

Obwohl die Entwicklung von Hochtemperaturlegierungen in den USA und Europa aufgrund der guten Nickelversorgung viel einfacher war als in Deutschland, waren die Legierungen noch nicht so weit fortgeschritten wie heute, und die Temperatur der Abgase war noch zu hoch, um den Turbolader direkt hinter dem Motor anzubringen. Nachdem die Abgase durch lange Rohre zum Heck des Flugzeugs geleitet worden waren, hatten sie sich soweit abgekühlt, dass sie keine Gefahr mehr für die Turbinenschaufeln darstellten. Dies erforderte jedoch ein sehr aufwändiges System von Kanälen und Rohren. Darüber hinaus war ein Zwischenkühler wünschenswert, um die Ansaugladung zu kühlen und die Möglichkeit eines Klopfens zu verringern.

Das Klopfen war bereits ein ernstes Problem bei einem luftgekühlten Motor, der heißer lief als ein flüssigkeitsgekühlter Motor. Die Kanäle und Rohre beanspruchten von der Flugzeugzelle der P-47 viel Gewicht und Platz, deren schiere Größe brachte ihr den Spitznamen »The Jug« [»Der Krug«] ein. Doch

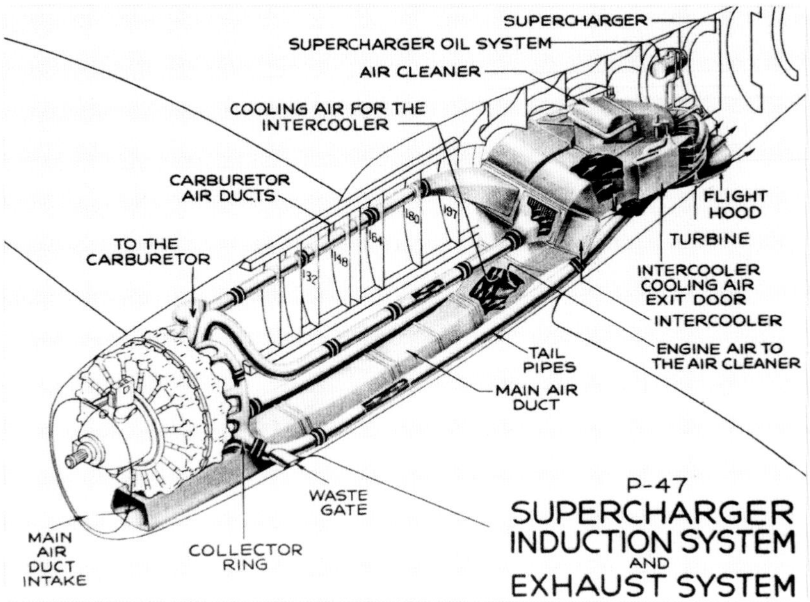

P-47 Thunderbolt XP-47B Prototyp eines Jagdflugzeugs mit Turbolader: Schnittdarstellung der Turboladerinstallation.

mit einem sehr robusten Motor, der nicht durch Kühlleitungen verwundbar war, einer hervorragenden Höhenleistung und einer schweren Bewaffnung mit acht schweren Maschinengewehren war das Flugzeug eine Macht, mit der man rechnen musste. In vielerlei Hinsicht war es 1940 das fortschrittlichste Flugzeug der Welt, was das System der Triebwerksverstärkung anging. Leider ging die Robustheit des Triebwerks auf Kosten einer geringeren maximalen Leistung, da die Zylinderköpfe nur zwei Ventile pro Zylinder besaßen und das luftgekühlte System die Klopfgrenze für einen bestimmten Kraftstoff herabsetzte.

Pratt & Whitney war (im Gegensatz zu Fedden) bei der Entwicklung luftgekühlter Radialmotoren mit Tellerventilen geblieben. Der R-2800 Double Wasp war eine leichte Abweichung, denn er hatte neun Zylinder pro Zylinderbank anstelle der sieben, die sie zuletzt in der Twin Wasp-Serie verwendet hatten, aber ansonsten war er eine Entwicklung, die auf dem aufbaute, was die Firma kannte. Sie war seit 1937 in Betrieb und wurde im Mai 1940 zum ersten Mal geflogen. Vier Monate später war Pratt & Whitney mit dem R-2800 an dem Punkt, an dem Bristol und Fedden mit der Centaurus zur gleichen Zeit hätten sein sollen.

Doch anstatt die Hälfte der 1930er Jahre damit zu verbringen, ein neues Ventilsystem zum Laufen zu bringen, hatte Pratt & Whitney alle Kinderkrankheiten einer vertrauten Grundkonstruktion beseitigt. Der R-2800 brachte auch ohne ein neues Ventilsystem genug solcher Anfangsschwierigkeiten, und die Entwicklung der Salomon-Pendeldämpfer im hinteren Kurbelwellenbereich war an sich schon ein gewaltiges Unterfangen gewesen. [70, 71]

Bei der Entwicklung des R-2800 kamen mindestens fünf verschiedene Pleuelstangenkonstruktionen zum Einsatz, deren

Entwicklung (wie bei Jumo mit dem 222) vor allem durch die Anwendung der Sprödlacktechnik zur Visualisierung von Belastungslinien bestimmt wurde.[72]

Bei früheren Pratt & Whitney-Radialtriebwerken wurde in der Regel ein geteiltes Hauptpleuel verwendet, was zwar bedeutete, dass die Kurbelwelle aus einem Stück gefertigt werden konnte, es aber schwierig machte, eine starke und starre Verbindung mit allen Sekundärpleueln der anderen Zylinder zu erzielen, die daran anschließen. Daher wurde beim R-2800 die zusätzliche Fertigungskomplexität einer geteilten Kurbelwelle genutzt, um die Hauptstange in einem Stück fertigen zu können.

Die deutsche Wertarbeit wird seit jeher gelobt, aber im Zweiten Weltkrieg wurde dieses Klischee oft falsch angewandt. In Deutschland wurden die Motoren schon früh von Zwangsarbeitern zusammengebaut, worunter die Qualität litt. In den USA wird der erstaunliche fertigungstechnische Aufwand und die damit verbundene Präzision und Strenge, die Voraussetzung für die Produktion großer Stückzahlen zuverlässiger Motoren waren, nicht genügend gewürdigt.

Der R-2800 repräsentierte – wie die meisten großen Sternmotoren – keineswegs eine effiziente Nutzung des Hubraums. Er hatte ein ziemlich veraltetes Ventiltriebwerk, war viel zu groß, um mit hohen Kurbelwellendrehzahlen betrieben zu werden, und benötigte einen zweiten Turbolader, der den integrierten mechanischen Lader ergänzte, um gute Leistungen in der Höhe zu erzielen. Dennoch war er ein Meisterwerk der Fertigungstechnik und erwies sich als äußerst zuverlässig. Er war vielleicht kein effizienter Motor an sich, aber dafür eine wirklich großartige Kriegsmaschine.

Trotz der erforderlichen Geheimhaltung während des Krieges konnten die immensen Anstrengungen, deutsche Kolbenflugmotoren von England nach Amerika zu liefern, nicht lange der Aufmerksamkeit der unglaublich allgegenwärtigen und hemmungslosen amerikanischen Presse entgehen, und am

Kurbelgehäuse des Sternmotors R-2800 von Pratt & Whitney bei der Montage.[73]

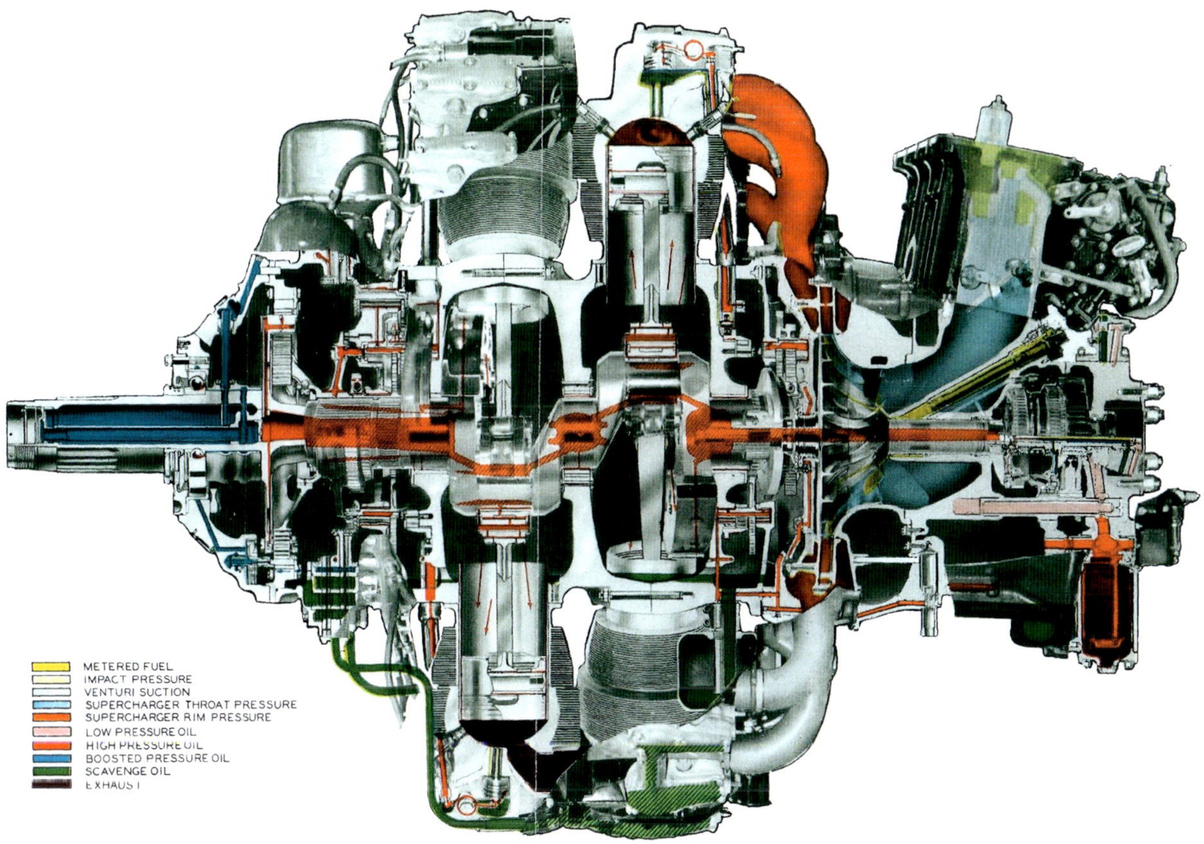

Sectional View of Fuel/Air, and Oil System

Pratt & Whitney R-2800 Sternmotor: Schnittdarstellung.

20. September 1940 sahen sich die Ingenieure von Wright Field gezwungen, eine offizielle Presseerklärung zu diesem Thema abzugeben. Echols schickte ein Eiltelegramm an General George Howard Brett:

> »General Brett – Priorität
> Lokale Zeitungen haben angerufen und behauptet, dass sie eine Meldung der Associated Press haben … die besagt, dass Wright Field zwei deutsche Motoren hat, die uns von Großbritannien zu Testzwecken zur Verfügung gestellt wurden. Zeitungsvertreter baten uns, diese Tatsache zu bestätigen oder zu dementieren. Die Triebwerke sind hier und werden für die Kalibrierung und den Test vorbereitet, und wir bitten um eine schnelle Antwort.«[4]

Man war sich einig, dass es im Grunde sinnlos war, den Besitz der Motoren zu leugnen, und so wurde die Art einiger Testprogramme, die in Wright Field mit geborgenen, von Großbritannien gelieferten deutschen Militärkolbenflugmotoren durchgeführt wurden, allgemein bekannt.

Als die Amerikaner die Briten immer häufiger baten, Rolls-Royce-Triebwerke benutzen zu dürfen, konnten die Unterschiede zwischen den Triebwerks- und Flugzeugsystemen der beiden Nationen nicht länger ignoriert werden, und am 1. Oktober 1940 wurde eine scheinbar unbedeutende Angelegenheit, nämlich das Kühlmittelgemisch für das Merlin-Triebwerk im Vergleich zu dem von den Amerikanern verwendeten flüssigkeitsgekühlten Triebwerk, einer genauen Prüfung unterzogen.

> »Der Rolls-Royce-Motor wird mit dem Glykolsystem, das in den Motoren des Air Corps verwendet wird, nicht richtig funktionieren, und die Installation eines Systems mit 70 % Wasser und 30 % Glykol bei Betrieb unter Druck wird notwendig sein, um einen zufriedenstellenden Motorbetrieb zu gewährleisten.
> Die Abteilung hat keine Erfahrung mit dieser Art von Installation.
> Aufgrund der höheren Wärmeübertragungskoeffizienten, die mit 30 % Glykol und 70 % Wasser-Kühlflüssigkeit erzielt werden, konnte ein wesentlich zufriedenstellenderer Betrieb des Rolls-Royce-Motors erreicht werden, und es wird daher als notwendig erachtet, diese Kühlflüssigkeit mit einem Drucksystem zu verwenden, um ein Sieden bei Betriebstemperaturen von 120 °C in der Höhe zu vermeiden. Herr Ellor erklärte, dass ihre normale Installation für die Kühlung unter englischen Sommerbedin-

Fertiggestellte Pleuelstangen des Sternmotors R-2800 von Pratt & Whitney bei der Inspektion.[75]

gungen mit 23 °C Bodentemperatur und einem Kopfdruck von 14 bis 16 lb. [0,97 – 1,1 bar] sorgt. Beim Betrieb dieser Flugzeuge unter tropischen Bedingungen mit einer Bodentemperatur von 41 °C wird ein Kopfdruck von 30 psi [2,1 bar] erwartet. Dies ist der Druck, bei dem das Überdruckventil des Ausdehnungsgefäßes den Druck entlastet. Bei dieser Art von System beträgt der Prüfdruck des Kühlers und der Öltanks 50 lb./sq.in. [3,45 bar].

Beim Drucksystem gibt es einen Teil des Systems, der sich immer am Siedepunkt befindet, und um den richtigen Durchfluss aufrechtzuerhalten, ist es notwendig, dass sich dieser Siedepunkt des Systems im Ausdehnungsgefäß und nicht im Einlass der Pumpe befindet. Das Air Corps System kann mit jedem vernünftigen Druckabfall durch den Kühler betrieben werden, die P-40 hat etwa 8,5 lb [0,59 bar] bei maximalem Kühlmittel-Fluss.

Beim Drucksystem müssen jedoch der Druckabfall durch den Kühler und der Temperaturabfall durch den Kühler so aufeinander abgestimmt sein, dass die Flüssigkeit am Einlass des Kühlers viel stärker zum Sieden neigt als am Auslass. Es ist daher notwendig, einen Druckabfall im Heizkörper vorzusehen, der 2,5 psi [0,17 bar] nicht überschreitet. In den britischen Anlagen wurde dies normalerweise mit einem Durchfluss von 90 Gallonen pro Minute bei 120 °C erreicht. Dasselbe System hat bei 60 °C einen Durchfluss von etwa 140 Gal/min.

Herr Ellor stellte fest, dass der Luftwiderstand des Kühlers in der Spitfire insgesamt 5 % zum Gesamtwiderstand des Flugzeugs beiträgt.«[76]

Bei der Heißkühlung würde das heiße Kühlmittel einen geringeren Temperaturunterschied zum Motorgehäuse aufweisen und somit weniger Wärme aufnehmen, während es gleichzeitig einen höheren Temperaturunterschied zur Außenluft aufweisen und somit der Außenluft mehr Wärme abgeben könnte. Dies war ein Kompromiss, da dies bedeutete, dass die Motorgehäuse heißer liefen als zuvor, wodurch Öl und Lager belastet wurden. Bei den immer höheren Geschwindigkeiten der Jagdflugzeuge wurde der Luftwiderstand jedoch immer kritischer. Daher konnte eine geringfügig höhere Belastung des Motors, die zu einer wesentlich geringeren erforderlichen Größe der Wasserkühler führte, die bei einer Geschwindigkeit von vielleicht 400 Meilen pro Stunde [644 km/h] dem Außenluftstrom ausgesetzt waren, dem Flugzeug insgesamt einen erheblichen Leistungsvorteil verschaffen.

Am 5. Oktober 1940 erhielt der Flugzeugkonstrukteur Don R. Berlin von der Curtiss-Wright Corporation einen Überblick über die neuesten Entwicklungen:

»Herr Berlin besichtigte die beiden deutschen Triebwerke im Triebwerkslabor und beobachtete auch das Rolls-Royce-Triebwerk auf dem Prüfstand in Betrieb. Es gab eine allgemeine Diskussion über die Probleme, die mit dem Einbau der Rolls-Royce-Motoren in die P-40-Flugzeuge verbunden sind, und Herr Berlin bat darum, sich mit Herrn J. E. Ellor zu diesem Thema in Verbindung zu setzen.«[77]

Ellor meldete zurück, dass die Ingenieure in Wright Field den Merlin mit reinem Glykol betreiben konnten, sofern die Auslasstemperatur unter 94 °C gehalten wurde (120 °C war das Maximum, das normalerweise beim Merlin X, der getesteten Version, für den Start zugelassen war).[78]

Weitere Antworten von Ellor an Wright Field folgten. Ellor erklärte, dass die damals verwendeten glimmerisolierten Zündkerzen beim Merlin X gut genug funktionieren würden, aber beim Merlin XX nicht akzeptabel seien. Der Merlin XX war für die Verwendung von 100 Oktan-Kraftstoff ausgelegt und hatte daher einen höheren Ladedruck und höhere Zylindertemperaturen. Glimmerkerzen würden nicht funktionieren und stattdessen benötigte der Merlin XX Zündkerzen mit Keramikisolatoren.

Die amerikanischen Ingenieure setzten ihre Analyse der deutschen Flugmotoren fort, und am 8. Oktober 1940 wurden in Wright Field die Motoren Jumo 211 und DB 601 A einer metallurgischen Untersuchung unterzogen.

> »Der Zweck dieser Untersuchung war die spektrographische Bestimmung der Zusammensetzung von Metallproben, die aus den Daimler-Benz (601) und Junkers-Jumo (211 B) Motoren entnommen wurden ... Kurbelgehäuseguss ... Zylinderguss.« [79]
>
> »Die Aluminiumlegierungsproben ... sind im Wesentlichen Aluminium-Kobalt-Silizium-Legierungen. Beryllium wurde in keiner der untersuchten Proben nachgewiesen.« [80]

Die amerikanischen Ingenieure kamen zu dem Schluss, dass die Gussteile keine neuen metallurgischen Entwicklungen enthielten. Die verwendeten hochsiliziumhaltigen Legierungen waren jedem professionellen Gießerei-Ingenieur gut bekannt.

Mit den in der Entwicklung befindlichen Super-Fighting Grade-Treibstoffen und den in der Erprobung befindlichen Flugzeugen mit Turbolader befand sich die amerikanische Kampfflugzeugindustrie in einer außergewöhnlich guten Verfassung. Wie sich jedoch bald herausstellen sollte, stellten turbogeladene Flugzeuge den Piloten vor komplexe Steuerungsprobleme. Wie schnell die amerikanischen Ingenieure diese Probleme lösen konnten, würde darüber entscheiden, wie effektiv diese neuen Flugzeuge im Kampf sein würden.

Am 26. Oktober 1940, nur 198 Tage nach Vertragsunterzeichnung, flog der Mustang-Prototyp NA-73X erstmals. Es ist wahrscheinlich, dass bereits vor der Vertragsunterzeichnung umfangreiche Vorarbeiten geleistet worden waren, aber dennoch bleibt es eine erstaunliche Leistung der Firma North American Aviation und ihres Präsidenten »Dutch« Kindelberger.[81] Es sollte noch wesentlich länger dauern, bis die Mustang in Serie produziert wurde, aber vielen war es schon klar, dass eine außergewöhnliche Flugzeugzelle in der Entstehung begriffen war.

Achtzehn Monate später, als die Serien-Mustangs mit dem Allison-Motor zur Erprobung in Großbritannien eintrafen, notierte der britische Testpilot:

> »Die Mustang gilt als ausgezeichnetes Jagdflugzeug für niedrige und mittlere Höhen und ist sicherlich das beste amerikanische Jagdflugzeug, das dieses Land bisher erreicht hat. Sie ist in allen Höhen bis zu 25.000 Fuß [7620 m] schneller als die Spitfire, und ihre Manövrierfähigkeit ist vergleichsweise gut. Sie kann die Spitfire mit Leichtigkeit im Sturzflug übertreffen, hat aber eine geringere Steigrate.« [82]

Frühes Mustang-Flugzeug mit V-1710-Motor auf dem Fließband im Werk von North American Aviation.

Die Briten merkten an, dass die Flugleistung unterhalb von 15.000 Fuß [4572 m] darunter litt, dass die Allison nicht mit einer automatischen Ladedruckregelung ausgestattet war. Insgesamt war 1940 jedoch ein Jahr mit enormen Fortschritten und Erfolgen in der Entwicklung amerikanischer Kampfflugzeugmotoren und Flugwerke.

Deutschland

Die militärischen Hauptanstrengungen Deutschlands konzentrierten sich weiterhin auf das Kampfflugzeug Bf 109 und seinen DB 601-Motor, aber es wurden auch massive Anstrengungen für verschiedene Projekte für neue Kompressoren unternommen, die jedoch nur wenige praktische Kriegsanwendungen vorsahen. Am 1. Februar 1940 wurde von Dr. Bruno Eckert am Forschungsinstitut für Kraftfahrwesen und Fahrzeugmotoren (FKFS) in Stuttgart eine Konstruktionsstudie für einen Axiallader abgeschlossen.

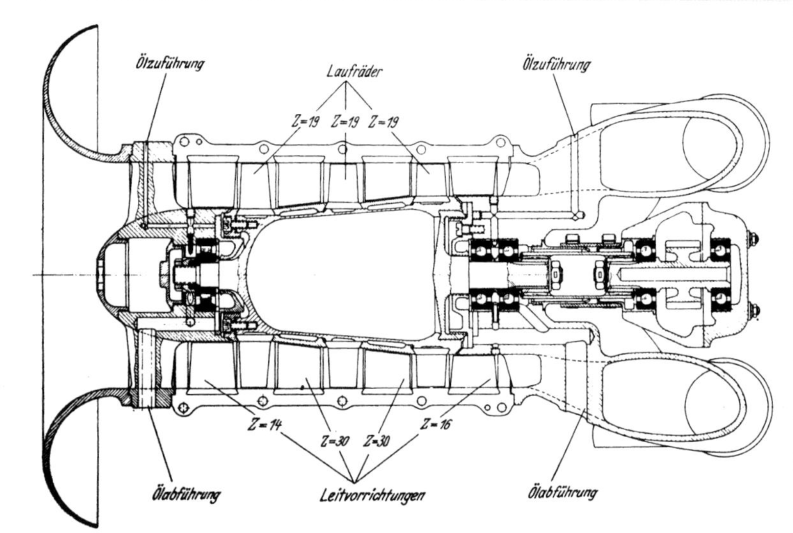

Abb. 2. Dreistufiges *Axialgebläse mit Leitvorrichtungen* ($G = 0{,}85$ kg/s; $H_{ad} = 6600$ m)

Deutscher Axialkompressor.

Sein Entwurf sah ein Trio von dreistufigen Axialverdichtern mit einem Durchsatz von 1,1 kg/sec bei einer Schaufelspitzengeschwindigkeit von 280 m/sec vor.

»Die Entwicklung der Rotoren mit dem Ziel einer größeren Druckzunahme pro Stufe führt zu einer vorteilhaften Reduzierung der Gebläselänge. Die Möglichkeiten, die Druckerhöhung pro Rotor durch entsprechende Schaufelauslegung und Präzisionsfertigung der Schaufeln auf Spezialmaschinen zu erhöhen, sind erfolgreich umgesetzt worden. Eine Druckerhöhung durch Erhöhung der Rotordrehzahl ist bisher nur dann ohne Wirkungsgradabfall möglich, wenn die Relativgeschwindigkeiten unterhalb der Schallgeschwindigkeit gehalten werden.«[83]

Eckert merkte an, dass die ideale Lösung darin bestünde, gegenläufige Stufen zu haben, wobei jede Stufe nicht aus einem Satz rotierender Schaufeln und einem stationären Satz Leitbleche besteht, die den Strom im richtigen Winkel in den zweiten Satz Schaufeln leiten, sondern aus zwei Sätzen gegenläufiger Schaufeln gebildet werden könnte. Eine solche Lösung würde die Relativgeschwindigkeit zwischen den Schaufeln und dem Luftstrom verdoppeln. Der Gruppenmotor war als Bombermotor konzipiert, aber die Verwendung von Axialladern zur Leistungssteigerung war eine radikale Abkehr von den üblichen Zentrifugalkonstruktionen und hätte die Türen für den Einsatz von Axialladern in Jagdtriebwerken öffnen können. Am selben Tag kam der Chefchemiker der IG Farben für Kraftstoffe, Dr. F. Penzig, zum RLM nach Berlin, um einen Vortrag über ein neues Motorenzündsystem zu halten, das er »Ringverfahren« nannte.

»Es wird ein neues Arbeitsverfahren für Verbrennungsmotoren beschrieben, das folgende Merkmale aufweist:

- Gemischbildung nach dem Ottomotorverfahren durch Einspritzen des Kraftstoffs in das Gemisch im Ansaug- oder Verdichtungstakt.
- Zündung nach dem Dieselmotorverfahren durch Einspritzen eines leicht zündfähigen Öls in das Benzingemisch.

Dies wird als Otto-Diesel-Verfahren bezeichnet. Es wird bei niedrigen Verdichtungsverhältnissen des Ottomotors eingesetzt und erfordert daher Zündbrennstoffe, die wesentlich zündfähiger sind als die üblichen Dieselbrennstoffe. Das neue Verfahren hat die folgenden Vorteile:

- Die Leistung wird nicht durch Drosselung, sondern durch Veränderung des Luftüberschusskoeffizienten gesteuert. Dies führt zu einem niedrigen Kraftstoffverbrauch bei Teillast.
- Die Zündanlage wird nicht durch Ablagerungen von Antiklopfmitteln beeinträchtigt, und es kommt nicht zu Störungen des Funkverkehrs.
- Die Anforderungen an die Klopffestigkeit der Kraftstoffe sind geringer als beim Ottomotor mit dem gleichen Verdichtungsverhältnis von 8:1.
- Die Klopfgrenze von Kraftstoffen hängt nicht so sehr von der Gemischstärke ab. Diese Tatsache ist besonders auffällig bei aromatischen Kraftstoffen.
- Dieser neue Prozess ist nicht sehr empfindlich gegenüber der Qualität des Gemischs. Daher können Sicherheitskraftstoffe mit hohem Siedepunkt wie TZ900 verwendet werden.«[84]

Er hatte einen Motor geschaffen, der vom Funktionsprinzip her auf halbem Weg zwischen Diesel- und Benzinmotor lag. Der Dieselmotor konnte mit einem breiten Spektrum von Luft-

Kraftstoff-Verhältnissen betrieben werden und benötigte daher keine mechanische Drosselklappe, um die Drehzahl zu regulieren, da diese Drehzahl einfach durch Veränderung des Kraftstoffdurchflusses gesteuert werden konnte. Dies stellte einen großen Effizienzvorteil dar, da der Durchfluss in den Zylinder nicht durch eine Vorrichtung wie eine Drosselklappe gedrosselt werden musste und somit eine große Einsparung bei den Pumpverlusten gegenüber einem Benzinmotor ähnlicher Größe erzielt wurde.

Der Benzinmotor litt unter der Schwierigkeit, dass das Gemisch im Zylinder nicht mehr richtig verbrannte, sobald das Verhältnis von Benzin zu Luft zu niedrig wurde. Der Zündfunke der Kerze schaffte es nicht, eine kontinuierliche Welle brennenden Kraftstoffs über den Durchmesser des Motorzylinders zu erzeugen, da die Kraftstoffpartikel zu dünn und ungleichmäßig im Zylindervolumen verteilt waren, um vorhersehbar zu verbrennen. Der Motor lief daher immer mit einem hohen Benzinpegel im Zylinder und senkte stattdessen die Motordrehzahl, indem er eine Drosselklappe betätigte, um die Luftmenge zu drosseln, die die Kolben ansaugen konnten. Dadurch konnte zwar die Motordrehzahl effektiv verändert werden, aber die Leistung bei gleichem Kraftstoffdurchsatz war geringer, da ein Teil der Leistung dadurch verloren ging, weil gegen diese enge Passage am Einlass gearbeitet werden musste, wodurch ein Teilvakuum über den Kolben entstand, das effektiv gegen die Kurbelwelle arbeitete.

Penzig hatte einen Benzinmotor mit zwei verschiedenen Kraftstoffen und zwei Einspritzdüsen entwickelt. Die erste Einspritzdüse funktionierte wie üblich, während die zweite Kraftstoff aus einem etwa zehnmal kleineren Sekundärkraftstofftank einspritzte, der einen Zündkraftstoff, Diglykol-Diethyl-Ether, enthielt, den Penzig als »R-300« bezeichnete. Dieser Zündkraftstoff würde in jedem Motorzylinder mit einem Verdichtungsverhältnis von mindestens 8 : 1 spontan in Flammen aufgehen und die Zündkerzen als Mittel zur Zündung der Hauptkraftstoffladung ersetzen. Indem er die Hauptkraftstoffladung mit einem Flammenstrahl zündete, stellte Penzig mit Erstaunen fest, dass der Benzinmotor ganz ohne Drosselklappe betrieben werden konnte, bis hin zu erstaunlich mageren Luft-Kraftstoff-Verhältnissen, von denen man bei einem Ottomotor mit Funkenzündung nie zu träumen gewagt hatte. Außerdem konnte dieser Flammenstrahl die sehr schwer zu verbrennenden Kraftstoffe, die so genannten »Sicherheitskraftstoffe«, entzünden.

Die Möglichkeiten lagen auf der Hand: Es konnte ein neuer Motor hergestellt werden, der unter Reisebedingungen einen weitaus geringeren Kraftstoffverbrauch aufwies als ein herkömmlicher Motor, da er mit einer weitaus geringeren Konzentration von Benzindampf in seinem Zylinder in so großen Höhen betrieben werden konnte, dass ein normales Magnetzündungssystem versagen würde. Außerdem konnte er Kraftstoffe verwenden, die beim Durchschießen der Kraftstofftanks

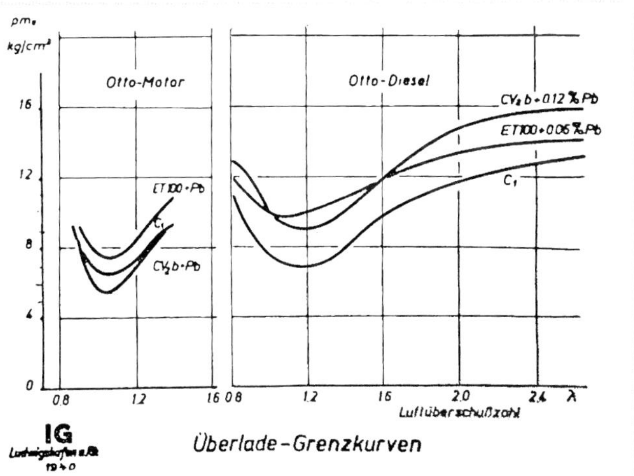

Ringverfahren-Zündung im Vergleich zum normalen Benzinmotor.

nicht verbrannten. Penzig hoffte, dass das RLM von den Vorzügen dieser Neuentwicklung überzeugt werden würde und schloss seinen Vortrag:

> »Was gemacht wurde, war ein Ergebnis der Zusammenarbeit zwischen Motorenbauern und Chemikern. Ich zweifle nicht daran, dass ähnliche Ideen auch an anderen Stellen verfolgt wurden, aber sie sind erst durch das Zusammenwirken dieser beiden Wissenschaftszweige praktikabel geworden.«[85]

Penzig hatte ein brillantes futuristisches Motorenkonzept entwickelt und gezeigt, was möglich war, wenn der Wissenschaft ein klarer Entwicklungspfad und uneingeschränkte Mittel zur Verfügung standen. Konnte es jedoch rechtzeitig für den operationellen Einsatz entwickelt werden?

Die USA hatten einen klaren Vorsprung bei der Aufladung, und die deutschen Ingenieure strebten in ihrer Aufholjagd auch die schnelle Entwicklung des Turboladers an. Ein großes Problem war die Befestigung der Schaufeln an der Nabe, denn auch bei festem Zusammenbau flogen diese bei hohen Wellendrehzahlen oft einfach davon. Am 23. Februar 1940 trieb die DVL ihre Pläne zur Entwicklung eines effektiven Turboladers für Flugmotoren voran. Es wurden daher fotoelastische Untersuchungen durchgeführt, die zu der noch heute verwendeten Tannenbaumform führten, die von den deutschen Ingenieuren allerdings als »Tannenzapfenform« bezeichnet wurde. Die Standardbefestigung der Schaufeln ist zum Vergleich dargestellt. Die Strategie hinter der Tannenzapfenform bestand darin, die Belastung zwischen der Schaufel und der Turbinennabe gleichmäßiger zu verteilen.

Am 1. März 1940 begannen die deutschen Ingenieure mit dem Einbau des neuesten DB 601 E-Motors in das neue Jagdflugzeug Bf 109 F. Die 109 F stellte aerodynamisch einen großen Fortschritt gegenüber der 109 E dar, mit einer stark stromlinienförmigen Nase, dem Wegfall der Leitwerksstützen,

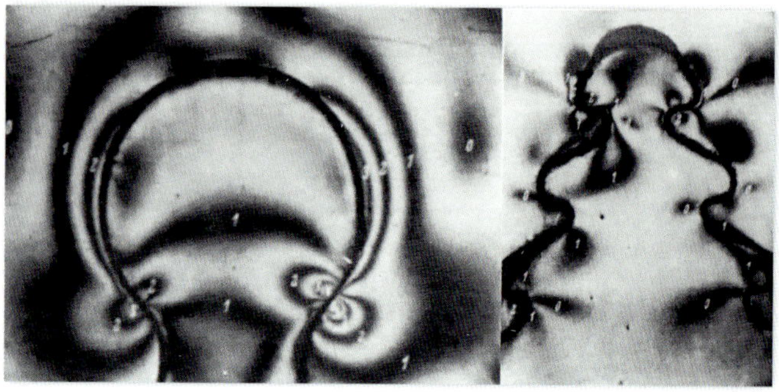

Photoelastische-Studie der DVL zur Befestigung von Turboladerschaufeln.

Grenzschichtkanälen in den Kühlern und einer vergrößerten Flügelfläche.

Fritz Nallinger übergab dem RLM eine Liste der in der Entwicklung befindlichen Motoren, und der DB 601 E hatte die Werknummer 176. Dieses Exemplar war am 9. Februar an das Messerschmitt-Werk in Augsburg geschickt worden, wo es für die Erprobung in der 109 bestimmt war. Vier 601 E-Motoren waren ebenfalls zu Tests nach Rechlin geschickt worden.

Der DB 601 F wurde ebenfalls für den Einbau in das zweimotorige Jagdflugzeug Me 210 in Augsburg vorbereitet, wohin die Motoren 233 bis 247 Ende des Monats geschickt werden sollten.

Die Produktion dieser Motoren wurde jedoch zunächst durch die Nachfrage nach DB 606 für das Heinkel-Bomberprojekt He 177 behindert. Der DB 606 bestand praktisch aus zwei miteinander verbundenen DB 601, und bis März 1940 hatte die DB 606-Serie die W.Nr. 15 erreicht, was bedeutete, dass 30 DB 601 gebraucht waren.[86]

August Lichte, Konstrukteur des Jumo 213.

Dr.-Ing. August Lichte

17. März 1902 – 4. Juni 1978

August Lichte begann 1932 sein Promotionsstudium in Dresden und erhielt 1934 von Professor Nägel den Doktortitel. Am 1. April 1934 trat Lichte bei Junkers unter Otto Mader ein und begann sofort mit der Arbeit an Benzindirekteinspritzsystemen für Kolbenflugmotoren.[91] 1938 begann Lichte mit der Konstruktion des Motors Jumo 213, der in den letzten und fortschrittlichsten deutschen Kolbenflugzeugen eingesetzt werden sollte. Dieser Motor ging unter seiner Leitung im Oktober 1943 in Serie.

Lichte entwickelte auch die Vierventilkopfversion des 213 – den 213 J –, von dem bis Kriegsende etwa zehn Stück gebaut wurden.

Angesichts der Ungewissheit über die Verfügbarkeit des deutschen Hochleistungskraftstoffs C3 wurde beschlossen, die Bohrung des DB 601 E noch etwas zu vergrößern und den Motor mit dem Basiskraftstoff B4 zu betreiben. Dieser Motor wurde als DB 605 bezeichnet und war im Wesentlichen ein leicht vergrößerter DB 601 E. Der DB 605 V1 sollte ebenfalls am 1. März in Stuttgart-Untertürkheim fertiggestellt werden, aber er verspätete sich – die Datenkarte blieb unvollständig.[87] Die eindrucksvollsten Bemühungen um eine größere Motorenmodernisierung unternahm das Team von Dr. August Lichte im Dessauer Werk von Junkers-Jumo. Am 11. März 1940 wurde die erste Kurbelwelle des Jumo 213 fertiggestellt.[88] Zwei Wochen später, am 27. März, war der erste stark überarbeitete Jumo 213-Motor fertig – der 213 A-0 mit der Motornummer V1-57001, die erste Version, die als serientauglich galt.[89]

Lichtes Gruppe begann mit dem Betrieb des Motors, der sich fast völlig vom V1-Motor unterschied, da er vom ersten bis zum letzten Zylinder 20 mm länger war. In den nächsten vier Monaten kamen 1277 Betriebsstunden auf dem Prüfstand zustande.[90]

Unmittelbarere Probleme traten am 21. Mai 1940 auf, als sich herausstellte, dass der hochverdichtete DB 601 N von Daimler-Benz eine Katastrophe großen Ausmaßes war. Dieser Motor war für die Verwendung der geringen Mengen des deutschen hochoktanigen Kraftstoffs Cv2b ausgelegt, aber Daimler-Benz wurde stattdessen mit dem etwas anderen Kraftstoff C3 beliefert, da Cv2b nicht in großen Mengen produziert wurde.

Die Piloten berichteten von einer Reihe von Totalausfällen der Triebwerke. Es wurde eine Notfallstudie durchgeführt und ein Bericht erstellt:

»Schmierstoffverdünnung durch Kraftstoff im DB 601 N.
Ergebnis des Versuchs: Nach Beschwerden, die ursprünglich von der Front kamen, wurden Versuche mit DB 601 N durchgeführt. Diese zeigen, dass Kraftstoff aus dem Brennraum in den Schmierstoff gelangen kann, also nicht über Vorrats- oder Einspritzpumpen. Maßnahmen, um den Übergang des Kraftstoffs in den Schmierstoff weitgehend zu verhindern, wurden beschrieben.

Weiterführung des Versuchs: In einer Bf 109 sollte untersucht werden, wie hoch die Kühlmitteltemperaturen in großer Höhe gehalten werden können.

Außerdem soll GL klären, ob die Siedekurve des C-Kraftstoffs etwas abgesenkt werden kann. In unserer Arbeitsgruppe untersuchen wir, aus welchem Teil der Kurve die im verdünnten Schmierstoff enthaltenen Kraftstoffe stammen.

Grund für die Experimente:

- Beschwerden aus der Truppe (vgl. Aktennotiz W 60 Nr. 2006 vom 15. Mai 1940)
- Schon nach wenigen Flugstunden wurde ein Treibstoffgehalt von bis zu 20 % im Schmierstoff festgestellt.

Zielsetzung der Versuche:

- Es soll untersucht werden, unter welchen Betriebsbedingungen der Treibstoff in den Schmierstoff gelangt und wie dieser Zustand verhindert werden kann.«[92]

Die neuen Hochleistungskraftstoffe der Luftwaffe hatten eine völlig andere Zusammensetzung als die, mit denen die Triebwerkskonstrukteure experimentiert hatten, und die neuen Kraftstoffe zerstörten die Lager des DB 601 N.

> »Ist der C3-Kraftstoff einmal im Schmierstoff vorhanden, verdampft er auch bei relativ hoher Belastung und normalen Temperaturen in Schmier- und Kühlflüssigkeit praktisch nicht mehr heraus. Dies hängt vermutlich mit der deutlich höheren Verdampfungskurve des C3-Kraftstoffs im Vergleich zum B4-Kraftstoff zusammen.«[93]

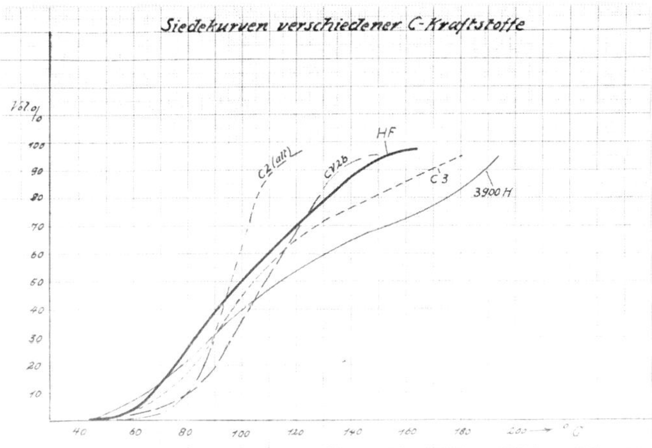

Kraftstoffverdampfungskurven aus Tests an einem DB 601 N-Motor.

Der Bericht zeigte, dass die erste C-Kraftstoffvariante, mit der der Motor DB 601 N entwickelt worden war, bei Verdünnungstests einwandfrei war.

> »Der Kraftstoff 3900 H ist in Bezug auf das Verdampfungsverhalten am schlechtesten, C3 ist besser, ergibt aber immer noch eine inakzeptable Schmierstoffverdünnung. Der Kraftstoff der alten Version C2 mit einer sehr niedrigen Verdampfungskurve und einem Verdampfungsendpunkt von etwa 125° ist absolut einwandfrei. Wegen der schlechten Klopffestigkeit dieses Kraftstoffs, die wohl auf eine sehr lange Lagerzeit zurückzuführen ist, kommt er für den DB 601 N Motor allerdings nicht mehr in Frage; außerdem wird er nicht mehr hergestellt … Fazit: Die Kraftstoffe 3900 H und C3 sind für den Einsatz im DB 601 N-Motor ungeeignet.«[94]

Der DB 601 N war für den Betrieb mit einem nicht mehr erhältlichen Kraftstoff konzipiert worden, wurde aber vorschnell mit dem in den offiziellen Handbüchern angegebenen neueren Kraftstoff C3 in Betrieb genommen. Ein Teil des alten Cv2B-Kraftstoffs war noch vorhanden, wurde aber zu lange gelagert, so dass viele seiner Bestandteile entweder verdampft waren oder mit der Tankauskleidung reagiert hatten, wodurch die Klopffestigkeit des Kraftstoffs nicht mehr gegeben war. Später im Krieg änderten die Deutschen das Auskleidungsmaterial ihrer Treibstofftanks, um dies zu verhindern. Dieses Problem gab es nur in Deutschland, das gezwungen war, die Treibstoffe im Voraus in riesigen unterirdischen Silos zu lagern. Im Gegensatz dazu konnten die Alliierten mit einem kontinuierlichen Strom an frischem Treibstoff arbeiten und hatten einen Puffer von nur zwei oder drei Monaten im Lager.

Der als C3 bezeichnete Treibstoff, der einzige Hochleistungstreibstoff, den man in Deutschland herstellen konnte, hatte einen hohen Siedepunkt. Das bedeutete, dass er, sobald er während des Fluges in das Öl aufgenommen wurde, dort blieb, da das Öl nie heiß genug wurde, um den leichteren Treibstoff zu verdampfen. Das Problem, dass sich der Kraftstoff im Öl auflöst, war (und ist auch heute noch) ein spezielles Problem bei Motoren mit Direkteinspritzung, bei denen der Kraftstoff direkt in den Zylinder gespritzt wird. Wenn dieser Sprühstrahl nicht richtig gerichtet und zerstäubt ist, kann er nicht richtig verdampfen und die Zylinderwand mit Kraftstoff bedecken. Wenn sich der Kolben nach oben bewegt, wird dieser Kraftstoff durch die Kolbenringe in den Motor geschleudert, wo er sich mit dem im Kurbelgehäuse zirkulierenden Öl vermischt. Sobald der Kraftstoffanteil im Öl ein bestimmtes Niveau erreicht, funktioniert das Öl nicht mehr als wirksames Schmiermittel, da es durch den sehr »dünnen« Kraftstoff zu sehr verdünnt wird, und die Lager beginnen schnell zu versagen. Dies war ein weiterer schwerwiegender Nachteil, wenn man auf eine Heiß-Hochdruck-Kühlung verzichtete, wie sie von Rolls-Royce für den Merlin entwickelt wurde; der deutsche Motor lief kühler – traditionell besser für die Gesamtleistung, aber eine Katastrophe, wenn der Kraftstoff nicht aus dem Öl verdampfen konnte.

Während in Dessau beeindruckende Entwicklungen stattfanden, traten in Stuttgart bei Daimler-Benz am 31. Mai 1940 ernsthaftere Probleme mit den Lagern des DB 601-Motors

Porosität in der Oberfläche einer Kurbelwellenlagerschale DB 601.

auf, als die Folgen der Ölverdünnung und anderer technischer Kompromisse offensichtlich wurden.

Die Lageroberflächen lösten sich nach 200 bis 300 Stunden ab, und die einzige Lösung bestand darin, die Lager neu zu metallisieren und wieder einzusetzen. Die Herstellung eines völlig neuen Kraftstoffs kam nicht in Frage, und die einzige andere Alternative wäre eine komplette Überarbeitung der Einspritz- und Kühlsysteme des DB 601 N gewesen, um heißer zu laufen und den Kraftstoff aus dem Öl zu kochen.

Während die Daimler-Benz-Ingenieure sich abmühten, gab es bei BMW wichtige Entwicklungen, als Dr. Sachse am 12. Juni 1940 die Entwicklung des BMW 801 Kommandogerätes oder »Steuermoduls« fortsetzte – ein vollautomatisches Steuergerät für Flugmotoren. Daimler-Benz verfügte ebenfalls über ein automatisches Steuerungssystem, das jedoch auf verschiedene Systeme verteilt war, die am Motor und an der Einspritzpumpe angebracht waren. Das BMW-Steuergerät hatte zum Ziel, alle für die Steuerung der Triebwerksfunktionen erforderlichen Geräte in einem einzigen Gehäuse unterzubringen.

> »BMW Kommandogerät
> Mit dem BMW 801 wird angestrebt, alle Einzelaktionen, die zur Befehlsübermittlung an den Motor notwendig sind, zu bündeln und weitgehend zu automatisieren. Aufgrund der hohen Anforderungen an das Flugtriebwerk hinsichtlich Leistung und Treibstoffverbrauch sind eine Reihe zusätzlicher Mechanismen notwendig geworden, deren gegenseitiges Zusammenwirken und Ansteuerung zur Erreichung der Leistungsziele erforderlich ist. Eine unsachgemäße Steuerung kann das Triebwerk gefährden oder zu schlechter Leistung und Kraftstoffverbrauch führen. Aus diesen Gründen und zur Entlastung des Piloten wurden alle einzelnen Motorsteuerungsgrößen in einem Befehlsgerät zusammengefasst und weitgehend automatisiert.
>
> Alle anderen Betätigungen werden direkt oder indirekt über den Steuerknüppel des Piloten abgeleitet. Um die Kräfte auf den Steuerknüppel zu reduzieren und das Gestänge zu entlasten, wurde das Gerät mit hydraulischen Leistungsverstärkern und einer eigenen Ölpumpe ausgestattet.«[95]

Sachses Kommandomodul war das erste integrierte automatische Triebwerkskontrollsystem und läutete eine neue Ära ein, in der sich der Pilot mehr auf den Flug und weniger auf den ordnungsgemäßen Betrieb des Triebwerks konzentrieren konnte. Es war ein bedeutender Fortschritt in der Triebwerkssteuerung und verschaffte den deutschen Piloten, die es benutzten, einen eindeutigen Kampfvorteil. Eine Entwicklung, die auch von den amerikanischen Triebwerkskonstrukteuren für ihre komplexen Turbomotoren dringend benötigt wurde.

Mit dem Einzug von Sparmetall in die deutsche Triebwerksproduktion, um Nickel und andere Edelmetalle einzusparen, und da den deutschen Triebwerkskonstrukteuren die traditionellen Wege zur Leistungssteigerung versperrt waren, wurde der Einsatz von Mitteln wie Distickstoffoxid (in »Göring-Mischung 1« oder »GM1«), das eine Kühlfunktion für die Brennkammer übernehmen konnte, immer wichtiger. Auch wenn es in erster Linie als Sauerstoffträger diente, um die Leistung in großen Höhen zu steigern. Wenn es als Flüssigkeit mit niedriger Temperatur transportiert wird, kühlt Distickstoffoxid auch die in den Motor einströmende Luft erheblich. An solche Dinge dachte der Focke-Wulf Chefkonstrukteur Kurt Tank. Die Luftschlacht um England hatte noch nicht offiziell begonnen, aber Tank war besorgt über die Berichte über die unerwartet beeindruckenden Höhenleistungen der RAF-Jäger bei den jüngsten Begegnungen mit deutschen Jägern. Er wandte sich an das RLM, um auf die Entwicklung von Höhenflugtriebwerken zu drängen, wurde aber entschieden abgewiesen und:

> »… man sagte ihm, er solle die Angelegenheit vergessen, da der Krieg am Boden gewonnen werde.«[96]

Da die langfristige Politik für die Höhenleistung vernachlässigt worden war, beruhte die kurzfristige Verbesserung der Höhenleistung von Triebwerken auf Schnellschusslösungen wie dem Einsatz von GM1 für das Triebwerk DB 601. Dies wurde am 31. Juli 1940 diskutiert:

> »Die Leistungssteigerung von Flugmotoren durch Zugabe von reinem, gasförmigem oder flüssigem Sauerstoff ist thermisch instabil und schwierig zu handhaben. Deshalb wurden Versuche mit Mona-Injektion, einer Sauerstoff-Stickstoff-Verbindung, durchgeführt.«[97]

Das Codewort Mona war der erste Name, den die deutschen Militärs im Zweiten Weltkrieg für Distickstoffmonoxid verwendeten:

> »Die Einspritzung von flüssigem Mona nach dem Lader in den Ansaugkrümmer eines DB 601 A-Motors erzielte einen Leistungszuwachs von 200 PS in Höhen zwischen 6 und 10 km. Das Verhältnis der Leistungssteigerung wurde mit 2,51 PS.sec/Gramm Mona ermittelt. Durch die Einspritzung vor dem Lader wurde ein höheres Leistungsniveau erreicht. Mit einer größeren Düse wurde ein Leistungszuwachs von über 400 PS beobachtet … Die Prüfstandstests sind vorläufig abgeschlossen. Die Versuche werden in der Flugerprobung in einer Bf 109 fortgesetzt.«[99]

Da Distickstoffoxid als Sauerstoffträger seinen wertvollsten Dienst leistete, wurde es nur in großen Höhen eingesetzt. Es konnte zwar auch auf Meereshöhe zur Leistungssteigerung eingesetzt werden, da sein Sauerstoffgehalt höher war als der von Luft, aber da die deutschen Triebwerke an ernsthafte mechanische Grenzen stießen, war es sinnlos, GM1 in geringer Höhe

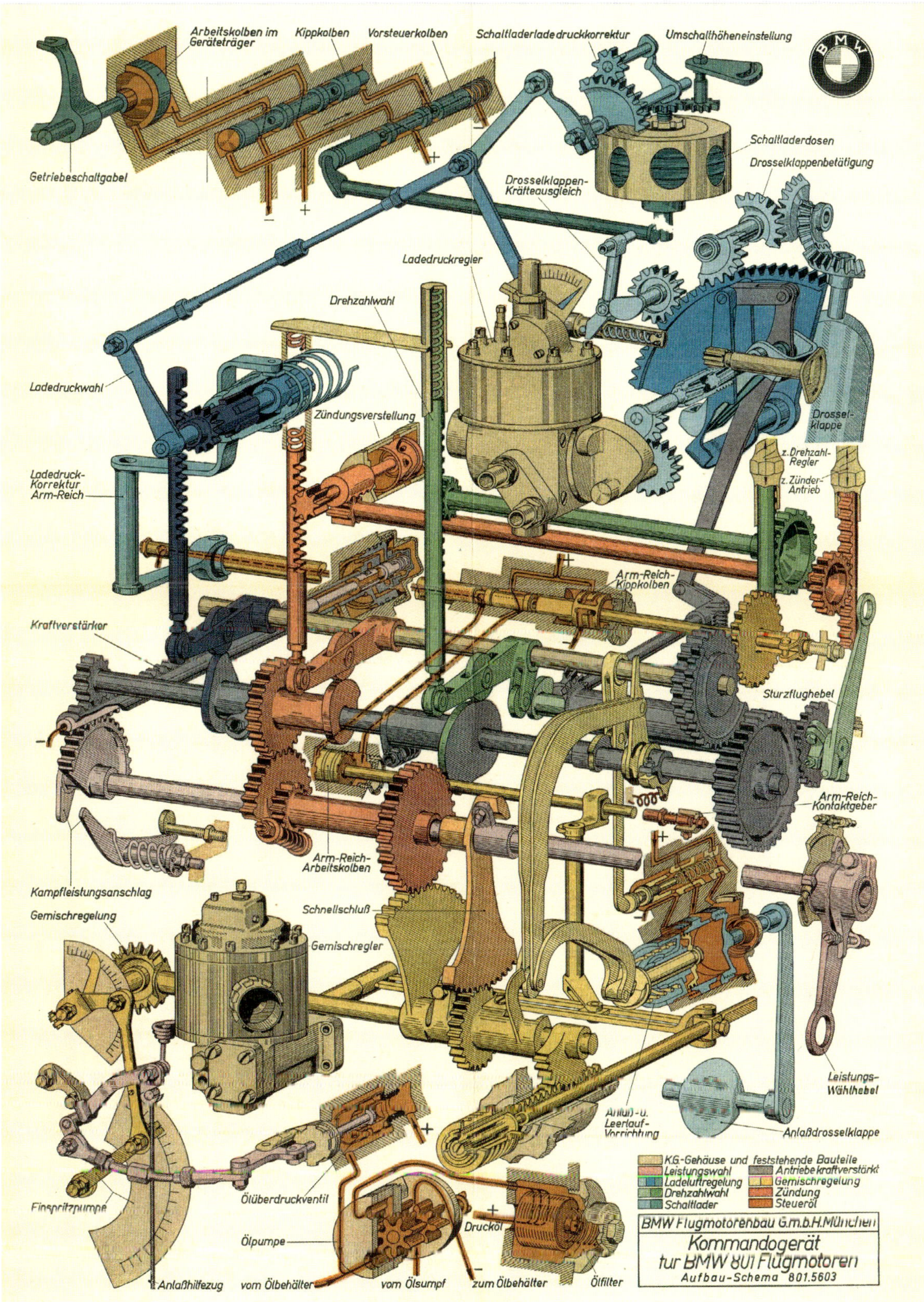

Schema der BMW 801 ›Kommandogerät‹-Motorsteuerung.

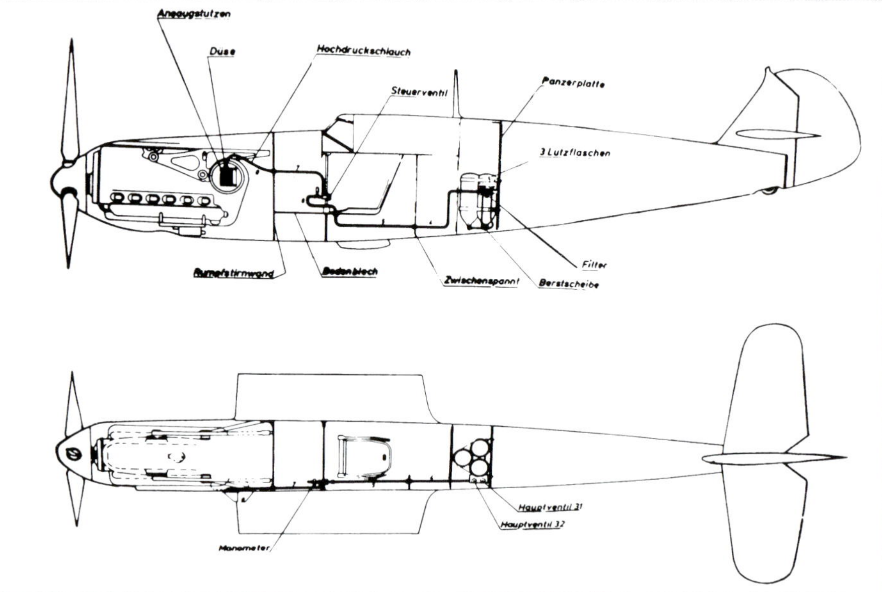

Position der Lachgasflasche der Bf 109.

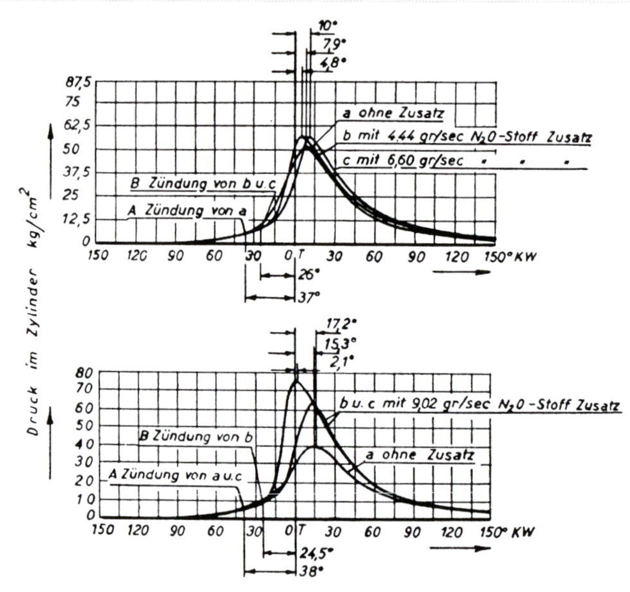

DB 601 Zylinderdrücke bei Verwendung von GM1 zur Leistungssteigerung über das Startniveau hinaus.

einzusetzen. Die Verwendung oberhalb der Nennhöhe bedeutete lediglich, so viel wie möglich von der Leistung in niedriger Höhe zurückzugewinnen und die mechanische Gesamtbelastung des Motors nicht zu erhöhen. Dennoch wollten die deutschen Ingenieure grundsätzlich wissen, um wie viel die Leistung beim Start erhöht werden konnte.

Ein besonderes Problem war die Speicherung des Distickstoffoxids in den Tanks. Entweder man komprimiert das Gas, bis es sich verflüssigt, oder man hält es bei normalem Druck flüssig, indem man es vor dem Befüllen der Tanks abkühlt. Leider neigten unter Druck stehende Tanks, die von feindlichem Geschützfeuer getroffen wurden, zur Explosion. Die genaue

Flussdiagramm der deutschen Flugkraftstoffproduktion.[98]

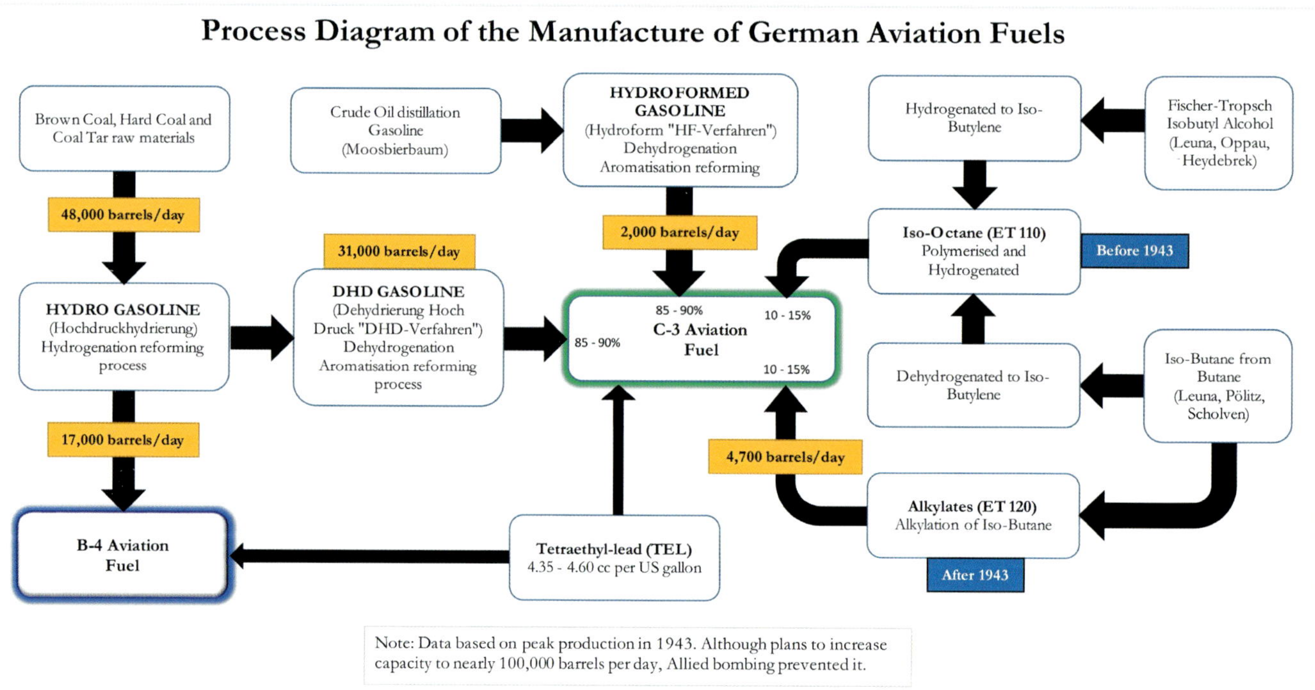

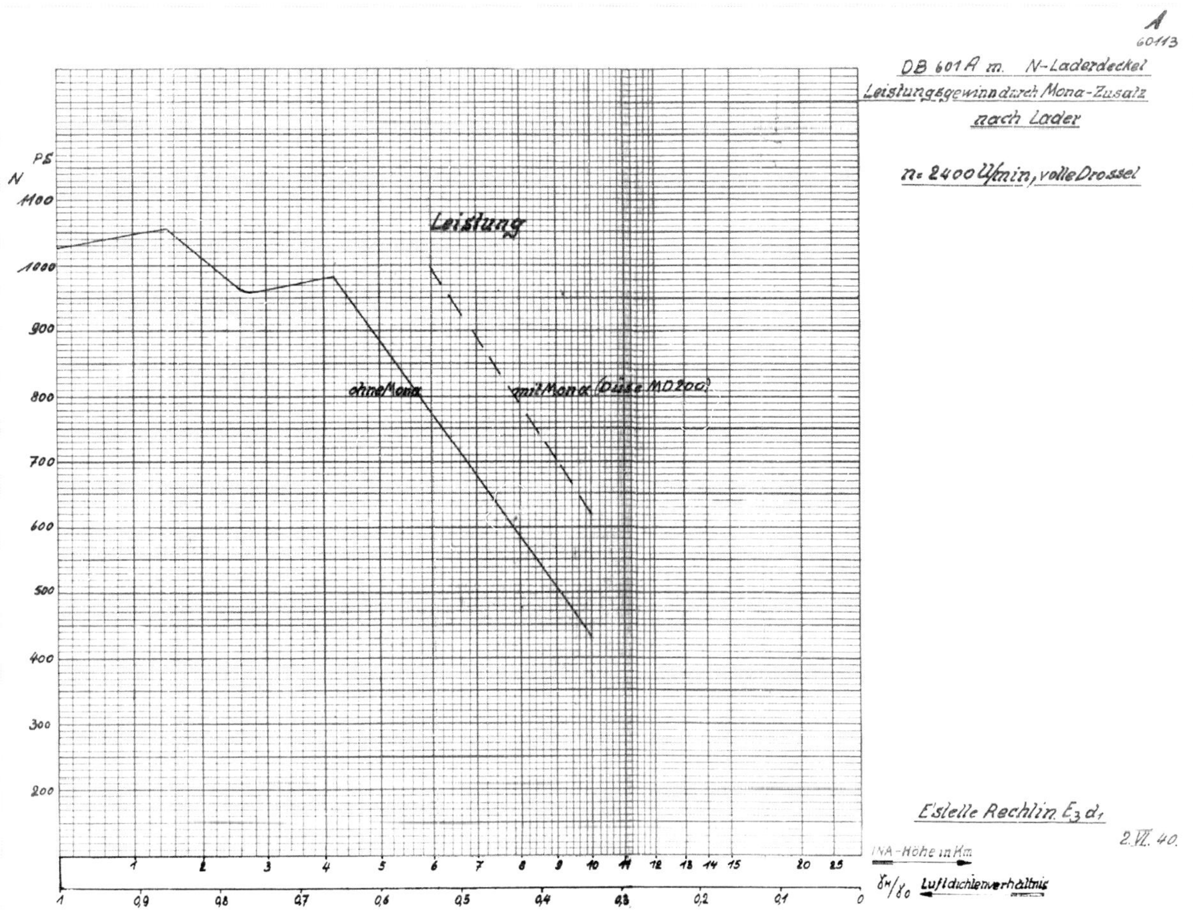

Leistungssteigerung eines DB 601-Motors bei Verwendung von Lachgaseinspritzung.

Wirkung wurde auf einem Schießplatz mit Munition des Kalibers 7,9 mm gegen Tanks getestet, die bei Raumtemperatur unter einem Druck von 60 bar standen:

> »Die Mona-Stahlflasche (N20), die im Inneren getroffen wurde, zerbrach.«[100]
>
> »Um dies zu verbessern, vor allem bei Leichtmetallflaschen, die beim Durchschlagen von Munition ungünstig sind, sind leichte Stahlflaschen in der Entwicklung, deren Erprobung unter Beschuss noch aussteht.«[101]
>
> »Da eine Erhöhung der Startleistung mit Mona-Zusatz in Erwägung gezogen wird, war zu klären, wie sich die Verbrennungsspitzendrücke verändern. Zu diesem Zweck wurden Oszillogramme per Fernübertragung auf einem Schleifenoszilloskop aufgezeichnet, bei gleicher Leistung mit und ohne Mona-Zusatz.
>
> Da für den Einbau des Quarzdruckaufnehmers eine der beiden Zündkerzen im Zylinder entfernt werden muss, wodurch der normale Verbrennungszyklus gestört wird, ergibt sich kein absolut korrektes Bild, aber im Allgemeinen zeigt ein Vergleich bei konstanter Last (z. B. 1000 PS am Boden), dass sich die Spitzendrücke nicht wesentlich unterscheiden.«[102]

Wenn GM1 verwendet wurde, um die Gesamtleistung zu erhöhen, waren die Drücke natürlich höher – aber die erste Reihe von Drücken sollte lediglich bestätigen, dass in einem Motor, in dem GM1 verwendet wurde, um die gleiche Leistung wie normal zu erzeugen, aber in einer sauerstoffarmen Umgebung, die Spitzendrücke ähnlich waren. Dies wäre z. B. für die Lebensdauer der Lager wichtig.

Ein Grund für das Interesse an Wirkungsverstärkern war das Problem, in Deutschland genügend Hochleistungs-Kraftstoffe herzustellen. Das Diagramm (s. Seite 158) zeigt den grundlegenden Prozessablauf, mit dem das deutsche Pendant zu den alliierten 87- und 100 Oktan-Kraftstoffen hergestellt wurde. Zur Herstellung der B4-Basismischung mit 87 Oktan musste lediglich Kohle hydriert und Tetraethylblei hinzugefügt werden.[103] Für die Herstellung des hochoktanigen C3 Kraftstoffs waren jedoch zwei zusätzliche Schritte erforderlich.[104] Erstens musste ein Teil der Kapazität der Anlagen für synthetische Kraftstoffe für die Herstellung von Iso-Oktan verwendet werden, und zweitens wurde ein großer Teil des für B4 bestimmten Hydrierungsbenzins zu einer von mehreren Spezialraffinerien wie Pölitz, Leuna und Scholven umgeleitet, die eine Dehydrierungsanlage zur Herstellung von Kraftstoffen mit hohem Aromatenanteil betrieben.[105, 106] Dieses dehydrierte Basisbenzin wurde schließlich mit Iso-Oktan gemischt und dann – wie B4 – mit Tetraethylblei versetzt[107]

Je nach den damaligen Kriegsbedingungen wurde auch eine geringe Menge an aus Erdöl gewonnenem Brennstoff zugesetzt. Vor 1943 wurde Kraftstoff aus den Fischer-Tropsch-Anlagen (die nach einem anderen Verfahren als das Bergius-Verfahren in den Haupthydrierwerken arbeiteten) als Zutat verwendet, aus der das für den C3-Kraftstoff benötigte Iso-Oktan gewonnen wurde. Um 1943 wurde dieses vollständig durch die Produktion der Hydrierwerke Pölitz, Leuna und Scholven nach dem Bergius-Verfahren ersetzt. Die Herstellung des C3-Kraftstoffs war wesentlich aufwendiger als die des B4-Kraftstoffs.

Die Herstellung des Oktanzahlverbesserers Iso-Oktan erforderte einen erheblichen Zeit- und Kostenaufwand, so dass die deutschen Kraftstoffchemiker davon ausgingen, dass nicht mehr als 10 % ihrer Kapazität für die Herstellung von Iso-Oktan verwendet werden könnten, gemessen an der Gesamtmenge des zu liefernden Kraftstoffs. Die angegebene Zahl von 50.000 Barrel Flugbenzin pro Tag stellt den absoluten Spitzenwert dar, der in Deutschland während des Krieges erreicht wurde.

Der Rest des in einer einzigen Hydrierungsstufe hergestellten Kraftstoffs reichte nur für den Betrieb eines Straßenfahrzeugs aus, hatte aber nicht genug Oktan für die Verwendung in Flugzeugtriebwerken. Daher wurde diesem »Hydrierbenzin« Tetraethylblei beigemischt, um den Grundkraftstoff der Luftwaffe herzustellen, der blau eingefärbt und B4 genannt wurde.

Der dafür erforderliche Aufwand bedeutete, dass die deutschen Anlagen für synthetische Kraftstoffe zwar alle benötigten Kraftstoffe herstellen konnten, dies aber zu einem hohen Preis, nämlich einem geringeren Volumen.[109] Die Luftwaffe bewegte sich daher stets auf einem schmalen Grat zwischen dem Einsatz von Kampfflugzeugen mit verminderter Leistung und dem Vorhandensein von hochwertigem Treibstoff in unzureichender Menge, um ihre Luftwaffe effektiv zu betreiben.

Fernab solcher Probleme wurde am 15. September 1940 bei der DVL in Berlin eine rein mechanische Möglichkeit zur Erzeugung höherer Motorleistungen in Form einer neuen Drosselkonstruktion, der so genannten Dralldrossel, für das Triebwerk DB 600 untersucht. Werner von der Nüll und Hans Pfeil von der DVL hatten sich für den in Frankreich entwickelten Szydlowski-Planiol-Lader interessiert.

Die am Ladereinlass verwendeten variablen Winkelschieber wurden als hervorragende Regelungsmethode für den Ladedruck des Kompressors angesehen.

Die Dralldrossel mit Regler am DB 600 Motor. Sie benötigt kaum mehr Platz als der normale Lufteinlass. Das Stellglied zum Drehen der Schaufeln und damit zur Modulation des Ladedrucks ist an der Seite des Gehäuses sichtbar.[111, 112]

Otto Lutz

Dr. Otto Lutz

8. April 1906 – 2. Mai 1974

Der deutsche Motorenspezialist Otto Lutz konzentrierte sich auf die Gasaustauschdynamik und Strömungsthermodynamik.[108] Er führte die wichtigsten frühen Arbeiten zur Leistungssteigerung von Flugmotoren im Zweiten Weltkrieg durch und war der erste, der Distickstoffoxid zur Leistungssteigerung von Kolbenflugmotoren einsetzte, nachdem er in der Luftfahrtforschungsanstalt (LFA) in Völkenrode gründliche wissenschaftliche Forschungen über Oxidationsmittel durchgeführt hatte.

»Die normalen Methoden der gedrosselten Ladedruckregelung von aufgeladenen und turboaufgeladenen Motoren sind dafür bekannt, dass die Leistung in Bodennähe beeinträchtigt wird. Um diesen Nachteil zu beseitigen, muss die unwirtschaftliche Drosselregelung durch eine andere, effizientere Methode der Ladedruckregelung ersetzt werden. In der folgenden Studie wird ein neues, in der DVL entwickeltes Verfahren zur Ladedruckregelung und dessen Auswirkung auf die Motorleistung beschrieben.« [110]

Die französischen Ingenieure hatten die radialen Schaufeln so konstruiert, dass sie einen Drosselmechanismus auf engstem Raum unterbringen konnten. Das bedeutete jedoch, dass die Luft vor dem Eintritt in das Laderauge eine 90°-Kurve durchlaufen musste, was sich nachteilig auf den Spitzenluftstrom durch den Lader bei Vollgas auswirkte. Die Deutschen erkannten jedoch die Genialität des Einsatzes von Schaufeln zur Verwirbelung der Luft in den Lader, um den Ladedruck zu senken, und beschlossen daher, eine axiale Dralldrossel zu entwickeln. Diese baute auf dem französischen Konzept auf und verbesserte es, indem sie den verwirbelten Luftstrom direkt in das Auge des Kompressors leitete, wodurch die Spitzenleistung verbessert und die erste Axialdrossel überhaupt geschaffen wurde.

Unter Berücksichtigung des DVL-Dralldrosseldiagramms (s. Seite 164) verbanden von der Nüll und Pfeil 12 schwenkbare Schaufeln mit einem rotierenden Zylinder [10] mit gekrümmten »Bahnen« [11], der die Schaufeln über ein Schneckengetriebe [13] drehte.

Um ihre Konstruktion zu testen, montierten sie sie an einen der fortschrittlichsten Flugmotoren, die ihnen auf dem Prüfstand zur Verfügung standen – den DB 600.

Am 17. September 1940 hatte Ferdinand Brandner bei Jumo Lagerprobleme mit dem Motor Jumo 222, der für die Klasse über 2000 PS entwickelt worden war. Der 222 war eine Mischung aus einem Stern- und einem flüssigkeitsgekühlten Reihenmotor mit mehreren radial angeordneten Zylinderbänken, die sich in Reihen nach hinten erstreckten. Brandners Team versuchte, durch eine detaillierte metallurgische Studie der Pleuelstange und der Kurbelwellenlager des Merlin-X-Motors voranzukommen, stellte aber fest, dass es nicht in der Lage war, die Konstruktion zu duplizieren.

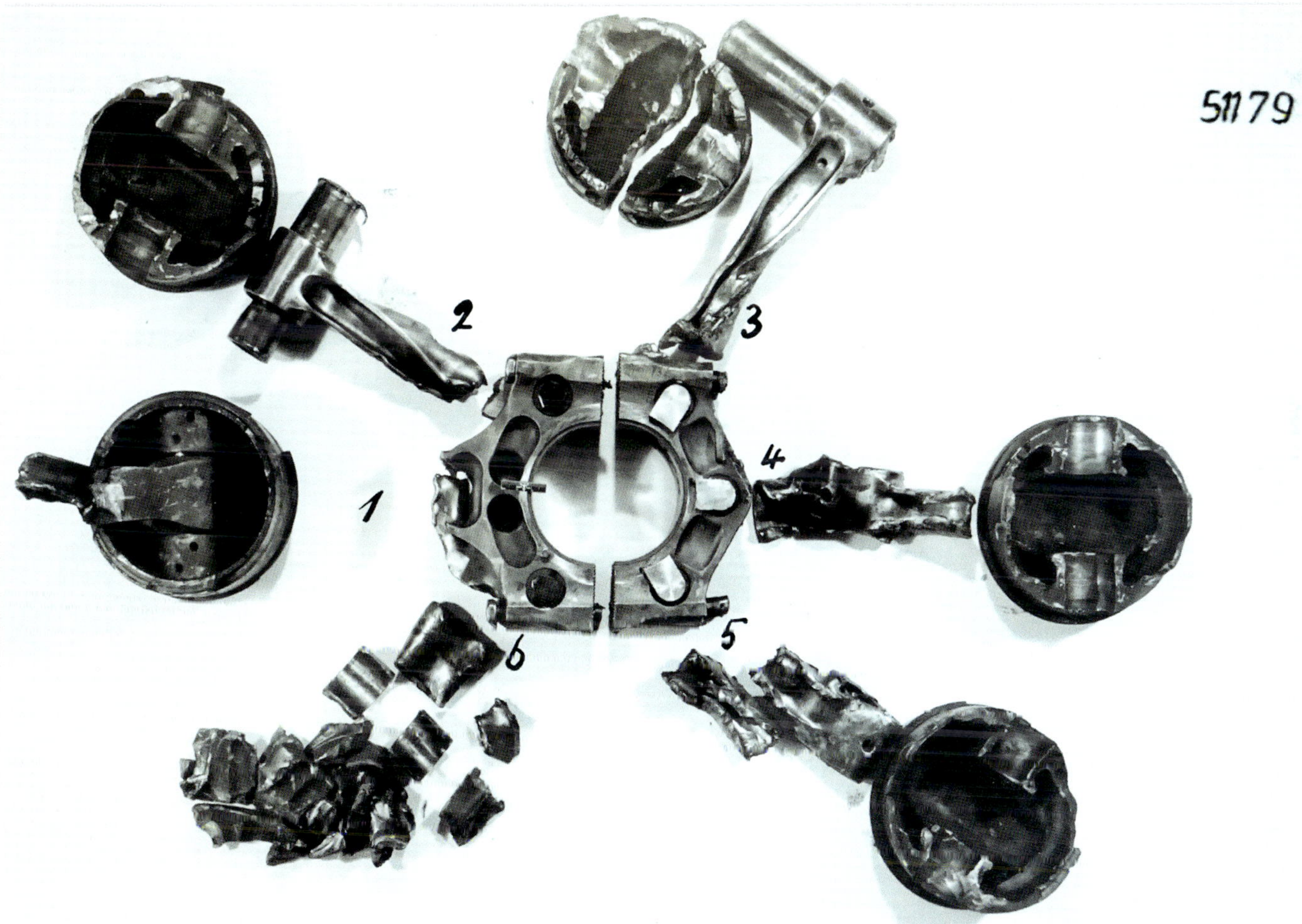

Jumo 222 Hauptpleuelstange und Versagen der frühen Konstruktion.

Bodenpersonal bedient GM1-Tankwagen.

Oberes Kurbelgehäuse des Jumo 222, das vier der sechs Zylindersätze trägt.

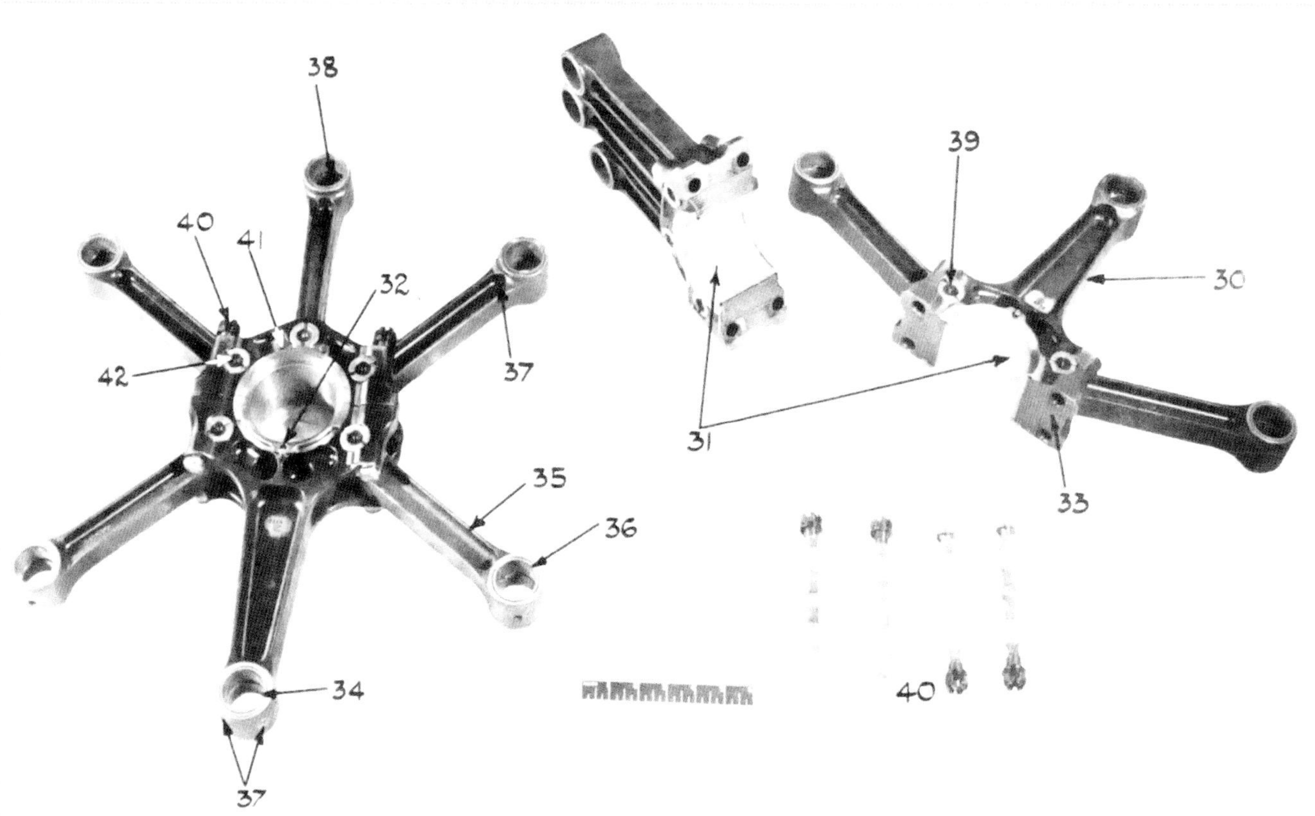

Jumo 222: endgültiger Auslegung der-Pleuelstangen.

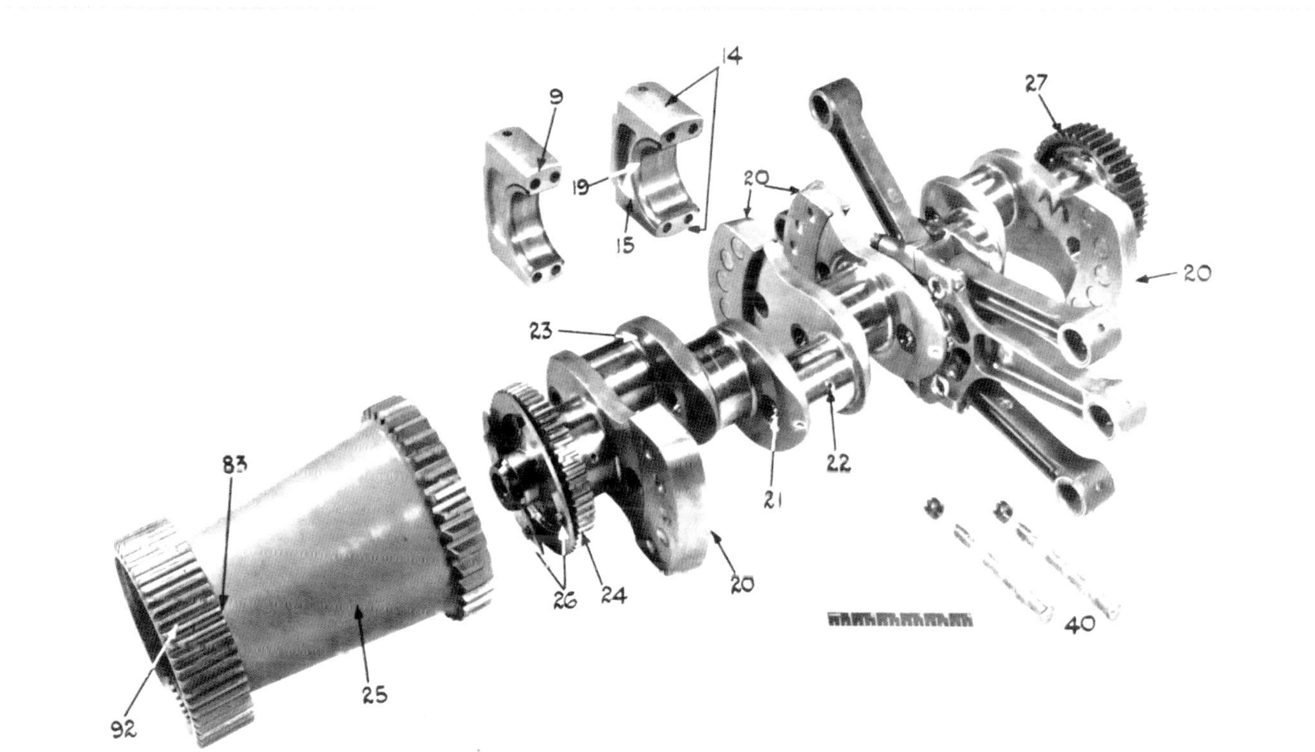

Jumo 222: Kurbelwelle, Pleuel und Propeller-antrieb.

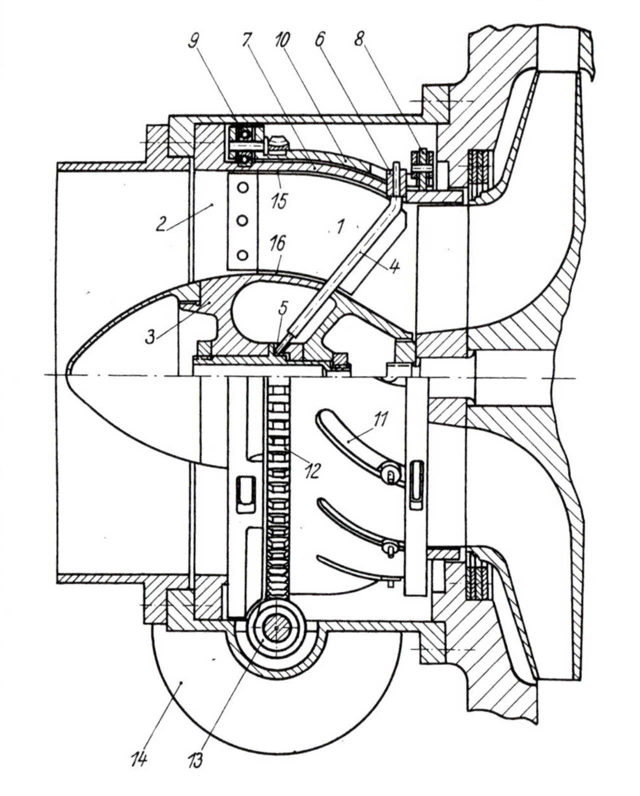

Zeichnung der Dralldrosselstrecke am DB 600.

»Bei der fraglichen Stahlpleuelstange, die als Trägerschale für das Lager dient, wird ein Stahl mit 5 % Nickelanteil verwendet, während in unserem Fall die Bleibronze auf den unlegierten Kohlenstoffstahl gegossen wird.

Tatsächlich entspricht das Material der Pleuelstange von Rolls-Royce unserem Luftfahrtmaterial 1415, das bei uns heute wegen des Nickelmangels nicht mehr verwendet wird.«[113]

Die Hauptpleuelstange hatte ein ähnliches Design wie das Rolls-Royce Vulture-Triebwerk, das seinerseits unter Lagerproblemen im Betrieb litt.

Der 222 war in seiner Auslegung nicht einzigartig, aber das Inline-Radial-System war in vielerlei Hinsicht die ultimative Inkarnation des Kolbenflugmotors. Die Radialform eignete sich aufgrund des notwendigerweise runden Frontprofils, das gut in die Nase der Flugzeugzelle passte, für den Einbau in Flugzeuge. Außerdem bedeutete die Reihenanordnung der einzelnen Zylinderbänke, dass es möglich war, mehr als zwei Ventile pro Zylinder zu haben, ohne einen übermäßig komplizierten Ventiltrieb zu benötigen, und ermöglichte eine Wasserkühlung ohne ein Gewirr von Rohren. Eine solche Konstruktion hätte die höchstmögliche Leistungsdichte ergeben müssen, da der wassergekühlte Motor eine höhere Klopfgrenze hat als der luftgekühlte Sternmotor.

Die Entwicklung des 222 wurde durch die Tatsache behindert, dass Jumo die Gelegenheit nicht genutzt hatte, von drei auf vier Ventile pro Zylinder umzustellen. Dies war eine verpasste Chance, da der Jumo 222 mit seiner neuartigen Architektur zwangsläufig einen neuen Zylinderkopf erfordern würde, unabhängig davon, wie viele Ventile gewählt würden. Außerdem bedeutete die Unterbringung von sechs Zylindern auf einem Kurbelwellenzapfen, dass ein komplexes Konzept für die Pleuelstange und ein hochbelastetes Lager erforderlich waren.[115] Jumo lernte, was Pratt & Whitney mit dem R-2800 entdeckt hatte: Hohe Leistung durch eine Pleuelstange mit mehreren Zapfen zu übertragen, erfordert eine Menge Strukturanalyse und Entwicklung.

Deutschland war auf dem Gebiet der Gleitlager-Metallurgie gegenüber den Alliierten im Rückstand, und derartige Konstruktionen, die hochbelastete Lager benötigten, waren äußerst schwierig zuverlässig zu entwickeln. Außerdem gab es Probleme mit der Ölqualität, und der Kompressor des 222 verwendete einen einstufigen Verdichter, der für die bevorstehenden Luftkämpfe in großen Höhen über dem europäischen Schauplatz unzureichend sein würde. Die Umwandlung des 222 von einem interessanten Konzept in ein zuverlässiges Serientriebwerk sollte eine Herausforderung sein. Dennoch hatte es Potenzial, wenn es rechtzeitig entwickelt werden konnte.

Außerdem war Jumo mit dem 222 überfordert, da der wichtigere 213, der sich schon länger in der Entwicklung befand, noch viele Änderungen benötigte. Um die Anfälligkeit des Ven-

Ferdinand Brandner, Junkers-Jumo-Motorenkonstrukteur.

Dipl.-Ing. Ferdinand Brandner

27. November 1903 – 20. Dezember 1986

Ferdinand Brandner studierte Ingenieurwesen an der Universität Wien und begann seine Karriere als Motorenentwicklungsingenieur bei Austro-Daimler und arbeitete auch für Humboldt-Deutz in Köln. 1937 wechselte er zu Junkers in Dessau, wo er unter Otto Mader an der Entwicklung eines Motors der 2000-PS-Klasse und darüber arbeitete. Das Ergebnis war der »Reihen-Sternmotor« Jumo 222, der am 24. April 1939 erstmals lief.[114]

tilgetriebes des 213 zu beheben, wurde die übliche Lösung mit komplexen Dämpfern aufgegeben und stattdessen eine einfache massive Stahlscheibe am Ende jeder Nockenwelle auf der dem Antriebsrad gegenüberliegenden Seite angebracht. In der Folge gelang es dem Unternehmen, die Bestzeit von drei Stunden bei 1500 PS auf 150 Stunden zu verbessern, aber es waren noch unzählige kleine Änderungen erforderlich, und der Motor war immer noch nicht für den Einsatz in einem Flugzeug bereit. Die Entwicklungsakte 213 enthielt erst am 20. Januar 1942 das Prädikat »Leistung zufriedenstellend«.[116]

Am 26. Oktober 1940 wendete BMW die Forschungen von Otto Lutz an und setzte Lachgas bei der BMW 800er Reihe ein. Die Spitzenleistung sollte die Leistung in Meereshöhe von 1340 auf 1875 PS steigern.

> »Für diesen Test wurde ein BMW 800 mit einem zweistufigen Kompressor (1:7,3 und 1:10) verwendet. Bei der Startleistung wurde mit Lachgas ein Leistungszuwachs von 40 % erreicht. Der Gesamtverbrauch für 1 Minute bei Startleistung und 20 Minuten bei Steigleistung erfordert 224 kg N_2O, und der Gaszylinder wiegt 110 kg, so dass das Gesamtgewicht der Anlage pro Motor 330 kg beträgt.«[117]

Trotz dieses erfolgreichen Tests von BMW war alles an deutschen Flugmotoren rationiert – auch die Triebwerksnachrüstungen – und am 25. November 1940 wurde auf der Generalluftzeugmeisterkonferenz des RLM in Berlin über die Verteilung von Distickstoffoxid diskutiert.

> »Bf 109 Mona, der Einbau von Mona ist für drei Staffeln vorgesehen, die von Mölders, Galland und Wick.«[119]

Werner Mölders, Adolf Galland und Helmut Wick waren drei der berühmtesten deutschen Jagdflieger-Asse, und die Piloten, die nicht das Glück hatten, in einer ihrer Einheiten zu sein, mussten mit dem Nötigsten auskommen.

Lachgas wurde schon seit einiger Zeit von Professor Dr. Otto Lutz am Hermann-Göring-Forschungsinstitut entwickelt, aber nun, da die Verbindung in den allgemeinen Gebrauch kam, wurde ein Werbefilm auf 35 mm-Film gedreht, um denjenigen, die für die Forschung bezahlten, zu erklären, wie ihre Kreation funktionierte.[120]

Ein Verfolgungsflugzeug in Form einer zweimotorigen Bf 110 mit Filmkamera wurde neben zwei Bf 109 geflogen, wobei die am weitesten entfernte Maschine mit dem GM1-System ausgestattet war. Zwei Bf 109 werden im Tandemflug gefilmt, dann öffnet die am weitesten entfernte Bf 109 das GM1-Ventil im Cockpit.

Wenn der Pilot ein Aluminiumventil in seinem Cockpit aufdreht und damit Distickstoffoxid in den Einlass des Kompressors freisetzt, teilt sich das Gas im Zylinder während der

Jumo 222-Motor.

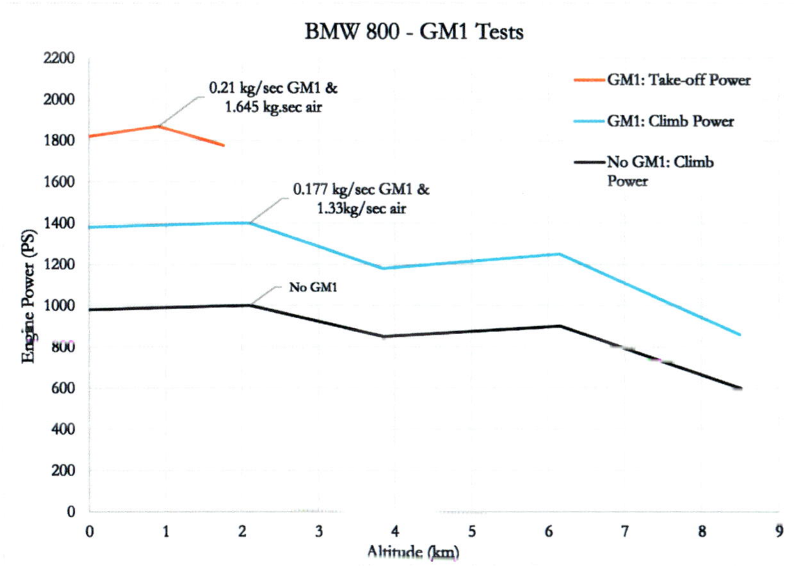

BMW 800 mit GM1: Leistungskurven.[118]

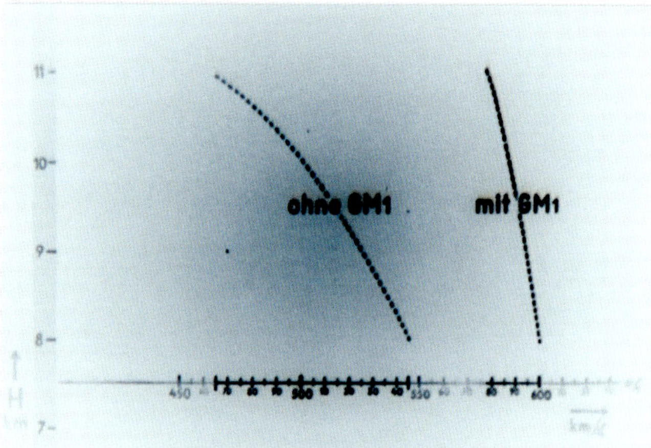

Horizontale Geschwindigkeitserhöhung mit GM1.

Verbrennung in Stickstoff und Sauerstoff auf. Durch den erhöhten Sauerstoffgehalt kann mehr Kraftstoff verbrannt werden, was die Motorleistung deutlich erhöht. Seine Bf 109 rast der Bf 110 davon, die sein Flugzeug filmt. Innerhalb von fünf Sekunden ist sein Flugzeug aus dem Blickfeld des Verfolgungsflugzeugs verschwunden.

Die Studie zeigte, dass die Fluggeschwindigkeit bei einer Höhe von 25.000 Fuß [7620 m] mit Lachgas von 340 auf 370 mph [547 auf 595 km/h] anstieg. Dieser Unterschied vergrößerte sich auf über 60 mph [97 km/h] in 33.000 Fuß [10.058 m] Höhe.

Die Füllvorrichtung für das GM1-System der Bf 109 war jedoch recht komplex und erforderte, dass ein Füllwagen vor dem Einsatz auf dem Flugplatz eintraf.

Bei BMW München begannen die Ingenieure, Motoren mit dem neuartigen Zweistoffzündsystem zu betreiben, das Penzig zuvor bei der IG Farben entwickelt hatte.[121]

Italien

Carlo Felice Bonas Team bei Fiat hatte in der Zwischenzeit ein weiteres mögliches Layout für den A38-Motor entwickelt. Am 9. März 1940 wurden Zeichnungen angefertigt, die einen hängenden 90°-V16-Motor zeigten, bei dem der Kompressor in der horizontalen Ebene unter dem Motor rotierte. Dieser wurde als A38-RC15 bezeichnet.

Der große und komplexe Motor, der für das Jagdflugzeug Fiat G.55 vorgesehen war, stellte zu diesem späten Zeitpunkt ein ehrgeiziges Unterfangen dar (siehe unten).

Mit einer Option für gegenläufige Propeller schien es eine furchterregende Maschine zu sein. Es blieb jedoch abzuwarten, ob Fiat es schaffen würde, ihn rechtzeitig für die Teilnahme am Krieg zu entwickeln. Auf den ersten Blick war der Motor A38-RC15-45 eine seltsame Kreation; der Brennraum schien vom Merlin kopiert zu sein, eine flache Vierventil-Konstruktion mit einer Nockenwelle, die Nockenstößel mit dem gleichen Layout wie beim Merlin antreibt, der bekanntlich auf die von Daimler verwendeten Rollenlager verzichtete.[122]

Die Zylinderlaufbuchsen waren jedoch wie beim DB 600 in den Boden des Zylinderblocks geschraubt, hatten aber separate Zylinderköpfe, und der Buchsenboden wurde nicht wie beim DB 600 zur Befestigung des Zylinderkopfs am Block verwendet.

Fiat stand unter Zeitdruck und war nicht in der Lage, etwas komplett Neues zu entwickeln, also liehen sich die Ingenieure des Unternehmens scheinbar funktionierende Konzepte von so vielen anderen Herstellern wie möglich. Wenn auch nur einer dieser Motoren gebaut werden könnte, hätten die Italiener ein beeindruckendes Kampfflugzeug produzieren können.

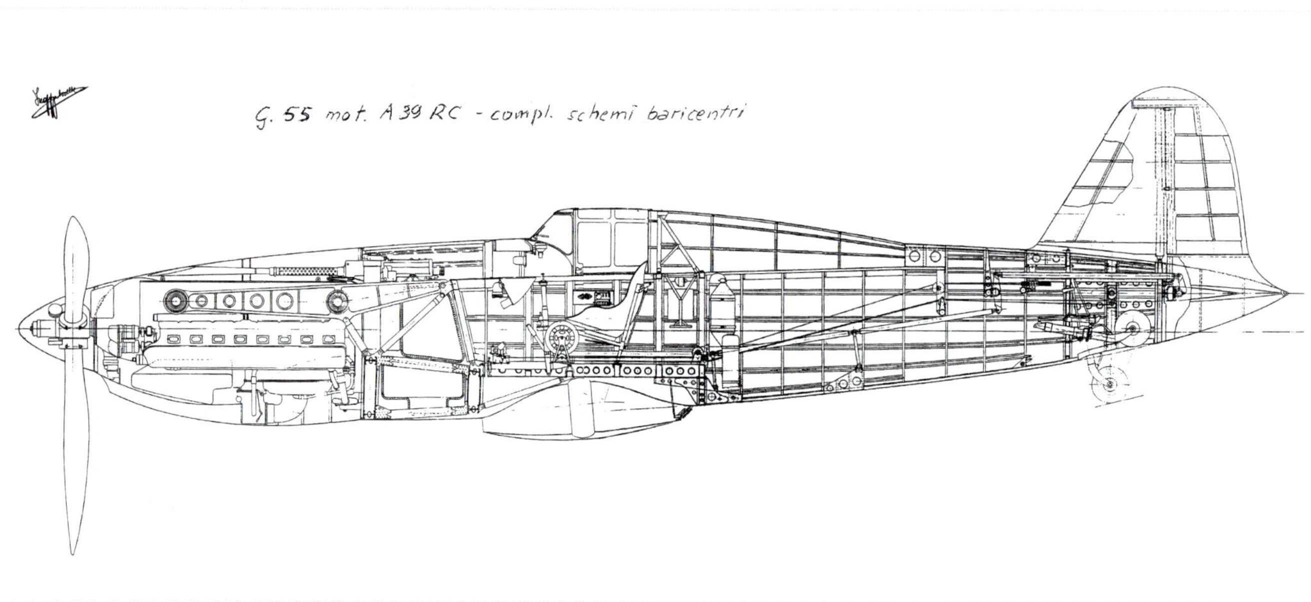

G.55-Jagdflugzeug mit dem hängenden V16-Motor A38-RC15-45.

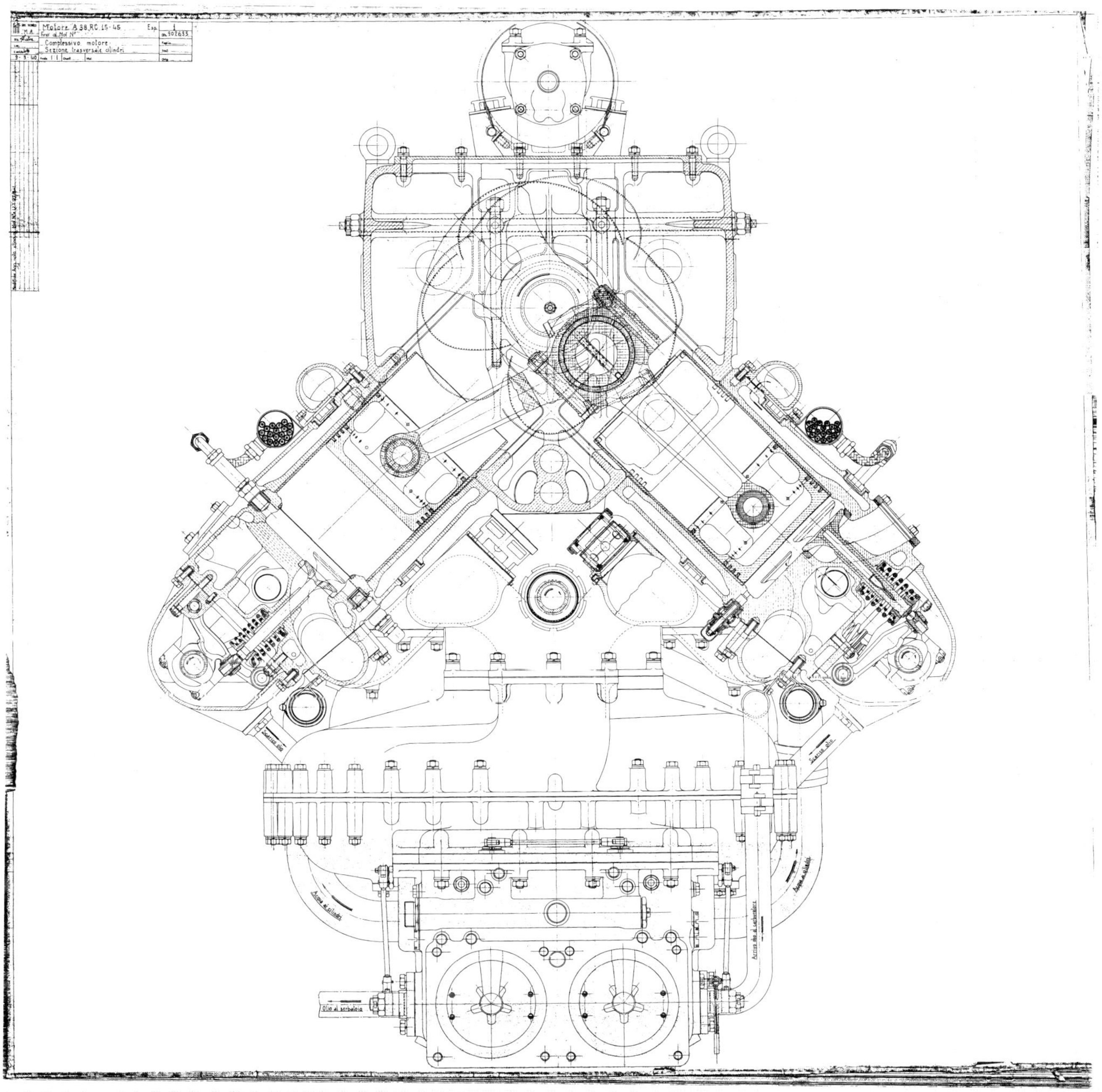

Schnittzeichnung des Fiat A38-RC15-45.

Doch leider schien der Kampf gegen die Zeit immer unmöglicher zu werden. Daher führte das italienische Luftfahrtministerium sowohl mit Daimler-Benz als auch mit Jumo Gespräche über den Lizenzbau deutscher Motoren in Italien. Für Deutschland war dies zunächst eine attraktive Idee, da es Ersatzteile, wenn nicht gar komplette Motoren aus Italien beziehen konnte. Die Vereinbarung sollte sich jedoch bald dahingehend ändern, dass die Italiener Unterstützung von Deutschland suchten und nicht umgekehrt.

Zusammenfassung – 1940

Großbritannien hatte seine Flugzeug- und Triebwerksprogramme konsolidiert – ein Schritt, der vielleicht für den unmittelbaren Konflikt der Luftschlacht um Großbritannien notwendig war, aber um den Preis, dass die Unterstützung für Alternativen wie die Sabre und die Centaurus reduziert wurde. Dadurch wurde sich die Einführung der nächsten Generation von britischen Hochleistungsjägern erheblich verzögern.

Die Erforschung des Zweitaktmotors wurde fortgesetzt, allerdings nicht in dem Ausmaß, wie es bei der Entwicklung des Merlin der Fall war. Der Merlin wurde stetig, wenn auch vielleicht nicht radikal, weiterentwickelt. Der Merlin III wurde durch den Merlin XX mit einem verbesserten Zweigang-Kompressor ersetzt, doch kam dies zu spät, um noch Auswirkungen auf die Schlacht um Großbritannien zu haben.

Das Jagdflugzeug Hurricane war auf dem Weg, mit dem Merlin XX aufgerüstet zu werden, aber die Spitfire Mk.III hinkte mit dem Einbau des Merlin XX hinterher, was die Entwicklung des Merlin 45 mit eingängiger Einstufenaufladung als Notlösung erzwungen hatte, um die Schwierigkeiten beim Einbau in die Spitfire zu verringern. Der Merlin 45 stellte wahrscheinlich die Grenze für die Leistung dar, die zu dieser Zeit aus einem einstufigen aufgeladenen Motor herausgeholt werden konnte, und die zentrale Einlasskonstruktion am Laufradauge stellte das Beste dar, was in Bezug auf eine effiziente Laderführung möglich war.

Die Tatsache, dass der Merlin 45 nur eine Aufladegeschwindigkeit hatte, bedeutete, dass er entweder für die beste Leistung in niedriger, mittlerer oder hoher Höhe eingestellt werden musste, während die Leistung in den anderen Höhenlagen darunter leiden würde. Dies war eine ideale Gelegenheit, eine Dralldrossel einzubauen; ein so ausgestatteter Merlin 45 wäre ein hervorragender Jagdmotor gewesen. Der Kompressor könnte dann auf eine maximale Höhe eingestellt werden, die normalerweise aufgrund von Drosselverlusten zu einer schlechten Leistung beim Start führen würde. Eine solche Konstruktion hätte den kommenden Leistungsunterschied zur nächsten Generation deutscher Jagdflugzeuge, der Bf 109 F und der Fw 190 A, minimieren können.

Die Briten taten immer noch ihr Bestes, um den Rückstand bei der Turboaufladung aufzuholen, obwohl die USA ihre Forschungsergebnisse auf diesem Gebiet nicht mit Begeisterung teilten. Dieser Mangel an Zusammenarbeit bremste die britische Entwicklung von Höhenflugmotoren. Andererseits, da es fast unmöglich war, ein Turbolader-System in ein ursprünglich nicht dafür vorgesehenes Kampfflugzeug einzubauen, führte dieser Mangel an Fortschritten nicht zu besonderen Problemen bei der Entwicklung aktiver Flugzeugzellen; zu dieser Zeit befand sich kein turboaufgeladenes Kampfflugzeug in der ernsthaften Entwicklung des Luftfahrtministeriums.

Amerika machte derweil große Fortschritte bei der Entwicklung von Hochleistungstreibstoffen, machte aber immer noch Fehler bei den Treibstoffprüfverfahren. Deutschland war mit der DVL-Auflademethode noch immer allen anderen Nationen voraus, da man erkannt hatte, dass es zunehmend irrelevant war, Treibstoffe an einem Testmotor zu testen, der nicht den in realen Flugzeugen im Einsatz befindlichen Motoren nahe kam.

Dies hatte zu Problemen bei der Lieferung von 100 Oktan aus den USA nach Großbritannien während der Luftschlacht um Großbritannien geführt. Die von den Amerikanern gelieferten Kraftstoffe mussten nachgebessert werden, da sie bei fetten Gemischen nicht den britischen Anforderungen entsprachen. Dies sollte später korrigiert werden.

Auch die USA machten erstaunliche Fortschritte bei den turboaufgeladenen Kampfflugzeugen, und die Entwicklung und Herstellung der P-38 Lightning und der P-47 Thunderbolt waren in vollem Gange. Die P-47 war zu diesem Zeitpunkt das einzige speziell für diesen Zweck gebaute Jagdflugzeug der Welt mit Turbolader, und es war für die amerikanischen Konstrukteure eine monumentale technische Leistung, dieses Flugzeug in die Entwicklungsphase zu bringen. Auch der Erstflug des P-51-Prototyps war ein großer Meilenstein für den Erfolg der amerikanischen Luftfahrt im Jahr 1940.

Auch in Deutschland wurden große technische Fortschritte erzielt: An der DVL in Berlin wurde die Wirbeldrossel für den DB 600 entwickelt, und Dr. Lutz gelang es, Lachgas in deutschen Kampfflugzeugen zum Einsatz zu bringen, wenn auch nur in sehr geringen Stückzahlen für einige wenige Eliteeinheiten. Darüber hinaus wurden sehr fortschrittliche Kompressorkonzepte entwickelt, wie z. B. das mehrstufige Axialgebläse am FKFS in Stuttgart. Schließlich hatte der Chefingenieur der IG Farben in Ludwigshafen, Penzig, mit dem Ringverfahren für den Betrieb des Ottomotors nach dem Dieselprinzip einen der größten Fortschritte in der Ottomotorentwicklung des Jahrhunderts erzielt. Dies war in der Theorie absolut revolutionär und bot einem Militärflugzeug viele greifbare Vorteile in Bezug auf Leistung und Wirtschaftlichkeit. Es ermöglichte den Betrieb des Benzinmotors mit extrem mageren Kraftstoffgemischen und erlaubte gleichzeitig die Verwendung von Sicherheitskraftstoffen. Es hatte sogar eine höhere Gesamtleistung als die herkömmliche Direkteinspritzung mit Funkenzündung in echten Flugmotoren in Originalgröße.

In den Dienststaffeln der Luftwaffe ist die Lage jedoch weniger optimistisch: Die Motorausfälle nehmen zu, und der neueste Daimler-Benz-Motor, der DB 601 N mit hohem Verdichtungsverhältnis, läuft mit dem neuen synthetischen Hochleistungskraftstoff C3 nicht gut. Das Versäumnis von Daimler-Benz, die geniale Ölstrategie des Jumo 211 zu kopieren, verschärfte die Situation zunehmend.

Der Luftwaffe stand nicht genügend hochoktaniger Kraftstoff zur Verfügung, und dem RLM wurde klar, dass es am besten dafür sorgen sollte, dass künftige Motoren mit dem einfachsten Betriebskraftstoff betrieben werden konnten, den es gab, nämlich dem 87 Oktan-Kraftstoff namens B4, der blau eingefärbt war. Der grün eingefärbte 100 Oktan-Kraftstoff C3 war Mangelware und hatte sich für den DB 601 N als völlig ungeeignet erwiesen.

Der nächste in der Reihe von Daimler-Benz war der DB 601 E, der gegenüber dem 601 A stark überarbeitet worden war. Er stellte einen exzellenten Fortschritt dar, mit einem deutlich verbesserten Laderrad, einem Zylinderkopf mit deutlich verbesserten Einlasskanälen und einer Strategie mit hoher Ventilüberschneidung. Es hatte sich in Tests gezeigt, dass diese eine Leistungssteigerung ermöglichte und außerdem den Brennraum des Zylinderkopfs kühlte, ein wesentlicher Vorteil bei den neuen Sparmetall-Legierungen, die sich immer mehr in deutsche Motoren einschlichen, vor allem bei den Auslassventilen.

BMW hatte sich mit dem neuen luftgekühlten BMW 801 Sternmotor in eine Ecke manövriert, da die heißer laufenden luftgekühlten Motoren empfindlicher auf Detonationen reagierten und man daher dringend C3-Kraftstoff für den 801 D (ab Fw 190 A-3) benötigte, um konkurrenzfähig zu bleiben. Aus diesem Grund blieb dem RLM nichts anderes übrig, als fast das gesamte künftige C3-Kraftstoffkontingent für 1941 für das Jagdflugzeug Fw 190 bereitzustellen.

Der Einsatz von Direkteinspritzung und hoher Überlappung beim DB 601 E hatte aber auch ein schwerwiegendes Verbrennungsproblem zur Folge; es sollte noch einige Zeit dauern, bis es vollständig diagnostiziert war, da die Verbrennungsprüfgeräte zur Untersuchung der Verbrennung im Zylinder noch nicht so weit entwickelt waren wie heute (wir werden die Ergebnisse im Juni 1942 erfahren, Kapitel 6).

Beide deutsche Frontjäger der nächsten Generation waren durch ernsthafte Motorprobleme behindert: die Bf 109 F mit dem DB 601 und die Fw 190 mit dem BMW 801. Daimler-Benz kämpfte mit Kraftstoffproblemen im 601 N, und der stark überarbeitete 601 E, der noch stärker belastet war, litt unter durch Ventilkorrosion verursachten Detonationen und Verbrennungsproblemen. BMW entwickelte eine Lösung für die Verwendung von nickelarmen Stählen in den eigenen Auslassventilen, hatte diese Daten aber unerklärlicherweise nicht an Daimler-Benz weitergegeben. Dass dies geschah, war ein katastrophales Versäumnis des Leiters der Flugmotorenentwicklung im deutschen Luftfahrtministerium, Wolfram Eisenlohr, obwohl sich das ganze Ausmaß dieser Katastrophe erst 1942 bemerkbar machen sollte.

In Italien kamen die vielen avantgardistischen Triebwerke, die in den Konstruktionsbüros von Fiat entworfen wurden, zu spät und waren zu zahlreich, als dass irgendein Entwurf erfolgreich entwickelt und in Serie produziert werden konnte. Die Mitte der 1930er Jahre vom italienischen Luftfahrtministerium eingeleitete Entwicklungspause für flüssigkeitsgekühlte Triebwerke hatte ihren Preis gefordert.

Kapitel 5
1941 – Der Luftkrieg über Europa

Großbritannien

In England wurde es als zunehmend wichtig angesehen, die neue Spitfire mit dem Merlin 45-Motor (im Wesentlichen ein verkürzter Merlin XX ohne das zweite Aufladegetriebe) in Produktion zu bringen. Außerdem wurde für die Spitfire Mk.I vereinbart, dass in allen Flugzeugen, die mit Gefechtsschäden zur Reparatur zurückkamen, die Motoren gegen den neuen Merlin ausgetauscht werden sollten, sofern welche verfügbar waren. Doch wie sollte die Zwischenlösung heißen? Es war ein Rückschritt gegenüber der Mk.III, aber die Mk.I und II waren bereits in Produktion, und der Name Mk.IV war für den künftigen Einbau des größeren Rolls-Royce Griffon vorgesehen. Die Antwort war einfach:

> »Die Spitfire mit Merlin 45 wird wahrscheinlich Mk.V heißen, und wir warten nur auf die Zustimmung der Firma dazu.
> Ministry of Aircraft Production 07-02-1941." [1]

Am 8. Februar wurde das folgende dringende Kabel gesendet:

> »SECRET – CYPHER MESSAGE - 14:45 Uhr
> SIGNALISIERUNG DES VORAUSSICHTLICHEN AUSLIEFERUNGSTERMINS DER SPITFIRE V.« [2]

Nur zwei Tage später kam die Nachricht zurück – drei Spitfire V standen in den Rolls-Royce-Werken bereit und weitere fünf wurden bis Ende Februar erwartet. Diese Zahlen reichten nur aus, um mit ernsthaften Tests zu beginnen, und die große Eile, den neuen Motor in den Rahmen der Mk.I Spitfire einzubauen, sollte in den nächsten Monaten zu einigen Problemen führen.

Sir Henry Tizard war ein Chemiker und Mathematiker vom Imperial College London, vom Luftfahrtministerium als wissenschaftlicher Chefberater eingestellt. Tizard hatte bereits am 17. Dezember 1940 an Hives geschrieben und ihn um Informationen über den Stand seiner Motorenentwicklung gebeten. Es mutet fast bizarr an, dass in einem Brief, in dem sowohl der zweistufige Lader als auch die mangelnde Höhenleistung der Spitfire erörtert wurden, der naheliegende Schritt, eine Spitfire mit zweistufigem Lader zu entwickeln, nicht erwähnt wurde.

> »Sehr geehrter Herr Hives ... Wir möchten die Spitfire mit dem Merlin 45-Triebwerk so bald wie möglich in Boscombe Down haben. Die Maschine wird dann mit dem Ziel getestet werden, sich eine Meinung darüber zu bilden, ob sie als Höhenjäger im Jahre 1941 geeignet ist, und insbesondere, ob sie gut genug sein wird, um die Schwierigkeiten bei der Herstellung der Spitfire III mit dem Merlin XX-Motor zu umgehen ... Dr. Hooker sollte jede Gelegenheit erhalten, die Station (Boscombe Down) zu besuchen und die Ergebnisse zu erörtern. Was die Wellington V betrifft, können Sie bestätigen, dass Ihr zweistufiges Gebläse bis März 1941 für Versuche bereit sein wird?« [3]

Am 29. Dezember 1940 schrieb Hives an Tizard zurück, um den nächsten Entwicklungsschritt für den Merlin XX vorzuschlagen, und nannte Termine für die Auslieferung des zweistufigen, aufgeladenen Merlin XX für den Einsatz in Bombern.

> »Die Konzentration auf die Jagdflugzeuge würde die Einführung des Merlin XX in Bombern verzögern. Was den zweistufigen Kompressor für das Merlin XX betrifft, so erwarten wir, dass die ersten dieser Triebwerke im März auf dem Prüfstand stehen, und wenn wir nicht auf ernsthafte Schwierigkeiten stoßen, sollten

wir in der Lage sein, im Juli mit den Lieferungen zu beginnen. Ich möchte Sie an Ihr Versprechen erinnern, Derby zu besuchen. Es gibt eine ganze Reihe von Punkten, die wir sinnvollerweise besprechen können.«[4]

Am selben Tag schrieb Hives an Hennessey von MAP:

»Wir benötigen dringend einen Vertrag für die Umrüstung von 500 Merlin III auf Merlin 45 … Trotz der Tatsache, dass die Vulture-Triebwerke in den Dienststaffeln ausgezeichnete Ergebnisse liefern, sind wir zuversichtlich, dass die Lancaster, wenn sie mit vier Merlins geflogen ist, als die bessere Maschine angesehen wird. Das einzige andere Flugzeug für den Vulture ist der Tornado … Es ist sicher, dass der Tornado mit dem neuesten Vulture-Triebwerk schneller fliegen, eine größere Höhe erreichen und länger in der Luft bleiben wird als der Typhoon mit dem Sabre-Triebwerk.

Wir streben keine weiteren Aufträge für den Vulture an – unsere Sorge ist, dass das Ministerium für Flugzeugbau eine Katastrophe heraufbeschwört, wenn die Kampfflugzeuge für 1942 von einem neuen Triebwerkstyp abhängig sein sollen.«[5]

Hennessey schrieb am 5. Januar zurück und bat um die neuesten Leistungsdaten des Vulture, damit er die voraussichtliche Leistung des Tornado überprüfen könne. Der Hawker Tornado, der die Spitfire und die Hurricane vollständig ersetzen sollte, hatte sich verzögert, weil Napier nicht in der Lage war, einen hinreichend zuverlässigen Sabre zu produzieren, und weil es Rolls-Royce nicht gelungen war, die Lagerprobleme des Vulture-Motors vollständig zu beheben. Beide Motoren litten unter der hohen Priorität, die dem Merlin-Motor eingeräumt wurde.

Anscheinend hatten alle Reihenmotoren, die von der Standardanordnung mit zwei an einem Kurbelwellenzapfen befestigten Kolben abwichen, schreckliche Lagerprobleme. Dies war auch in Deutschland beim Jumo 222 der Fall, bei dem sechs Kolben mit je einem Lager verbunden waren. Dieser Fluch scheint den Sternmotor nicht in gleichem Maße betroffen zu haben, bei dem oft sieben oder neun Kolben mit einem Kurbelwellenlager verbunden waren. Es scheint plausibel, dass die Zündfolge und das Gleichgewicht des Sternmotors eine weitaus geringere Belastung für die Lager darstellten.

Obwohl die Entwicklungsbemühungen zur Steigerung der Motorleistung von Kampfflugzeugen in England bisher eher konventioneller Natur waren, wurde die Lage immer verzweifelter, da die RAF-Jäger bei Einsätzen über dem französischen Festland schlecht abschnitten. Die Verluste waren hoch, und wie bei der Luftwaffe über Großbritannien im Jahr 1940 kehrten die RAF-Piloten, die über Frankreich mit dem Fallschirm absprangen, nicht zu ihren Staffeln zurück.

Als Reaktion auf diese Situation schrieb Andrew A. Ross, der Stellvertreter von Bulman bei MAP, an Ernest Hives bei Rolls-Royce, um sich über neuartige Methoden zur Leistungssteigerung von Motoren zu informieren.

»Sehr geehrter Herr Hives,
Leistung in großer Höhe.
Ich schlage vor, nächsten Mittwoch, den 29., nach Derby zu reisen, um zu erörtern, welche Modifikationen an den Merlin-Triebwerken der Hurricanes, Spitfires und Beaufighters durchführbar seien, um die Flughöhe dieser Flugzeuge für den Einsatz zwischen Juni und September dieses Jahres zu erhöhen.

Wir denken dabei an Hilfsmittel wie die Verwendung von Methanol, flüssigem Sauerstoff, flüssigem Ammoniak, Zwischenkühlern usw., die in einer kleinen Anzahl von Flugzeugen (etwa 100 bis 200) eingesetzt werden können, sowie an andere fruchtbare Quellen zusätzlicher Leistung oberhalb von 30.000 Fuß [9144 m], die in einer begrenzten Anzahl von Serienflugzeugen als besondere Dringlichkeitsmaßnahme mit hoher Priorität eingeführt werden können.

Andrew A. Ross.«[10]

Major Andrew Alexander Ross

14. Juni 1884 – 1994

Andrew Alexander Ross war Bulmans Stellvertreter während seiner Zeit als Leiter der Motorenentwicklung beim MAP. Ross verließ eine Stelle als Hauptdozent an der heutigen City University London, um 1914 dem Air Inspection Department (A.I.D.) des Royal Flying Corps beizutreten, wo er Bulman kennenlernte. Nach dem Waffenstillstand kehrte Ross an die City University zurück, wo er bis 1925 als Dozent für Flugzeugtriebwerke tätig war.[7]

Später, als das MAP kurz vor Kriegsausbruch gegründet wurde, war er technischer Chefberater des Direktors für Triebwerksforschung und -entwicklung (D.E.D.).

Ross spielte in seiner technischen Rolle für Bulman eine entscheidende Rolle. Er war ein nüchterner Schotte und nach dem Krieg beschrieb Bulman seinen Stellvertreter als:

»… ein schmuddelig aussehender kleiner Mann, dem jede Art von sozialem Anstand fehlte. Er hatte keine Qualifikationen auf dem Papier, er erschreckte mich mit seinem scheinbar grenzenlosen und vertrauten technischen Wissen! Aber nach ein paar Wochen fanden wir zueinander, und in den nächsten 30 Jahren sollte er mein Freund, Philosoph und Ratgeber sein, ein Mann von absoluter Loyalität und Unbestechlichkeit. Ich betrachte den kleingeratenen Andrew Ross in gewisser Weise als den Mann, der durch seinen eigenen Charakter am meisten zur britischen Flugmotorenentwicklung während des Kolbenzeitalters beigetragen hat.«[8]

Ross wurde in der New Year Honours List 1948 für seine Verdienste während des Krieges mit dem OBE ausgezeichnet.[9]

Die Angriffe der Luftwaffe in großer Höhe waren zu dieser Zeit ein ständiges Problem, so dass diese Maßnahmen zusätzlich zu den Problemen der Verlustminimierung über Frankreich als unerlässlich angesehen wurden. Das Kommuniqué von Ross löste einen regen wissenschaftlichen Dialog aus, und am 3. Februar 1941 schrieb Stanley Hooker an Tizard über die Möglichkeiten der Verstärkung:

»Was die Verwendung von Methanol oder anderen Gemischen angeht, so haben Sie recht, wenn Sie sagen, dass deren einziger Nutzen darin besteht, die Temperatur der Ladung zum Motor zu senken und als verbrauchbarer Zwischenkühler zu fungieren. So gesehen sollte Wasser am besten geeignet sein, da es die höchste latente Wärme hat, aber leider ist es uns nicht gelungen, es in der zur Verfügung stehenden Zeit verdampfen zu lassen. Wir haben es unter Druck in den Motor gesprüht, aber keine Leistung gewonnen, weil es als nasses Spray in den Zylinder gelangte und erst verdampfen konnte, nachdem das Einlassventil geschlossen war. Tatsächlich verlangsamte das nasse Gemisch die Verbrennungsgeschwindigkeit im Zylinder und verringerte die Leistung leicht. Es lässt sich leicht nachweisen, dass die entstehende Dampfsäule (die natürlich die Ladung verdrängt) die Antwort nicht nennenswert beeinflusst hätte.

Andererseits haben wir an einem Motor bewiesen, dass Methanol verdampft und die theoretische Leistungssteigerung auch bei Ansaugrohrtemperaturen von nur 60 °C erreicht wird. Bei einem Merlin XX-Motor haben wir auf diese Weise 150 PS gewonnen, ohne den Ladedruck zu erhöhen.

Die Schwierigkeit bei der Anwendung liegt auch hier in der Verabreichung des Methanols an den Motor. Erstens mischt sich Methanol nicht mit 100 Oktan, zweitens sind Metallschwimmer im Vergaser erforderlich, da Methanol alle bekannten Lacke angreift ... drittens muss der Kraftstoffverbrauch pro PS verdoppelt werden, um dem niedrigeren Heizwert des Methanols Rechnung zu tragen. Wir sind der Meinung, dass ein separates Einspritzsystem verwendet werden muss ... wir wollen diese Entwicklung weiter vorantreiben, sind aber skeptisch, was eine schnelle praktische Lösung für bestehende Flugzeuge angeht.

Was die Leistung in Bodennähe betrifft, so ist es nicht notwendig, ein Kühlmittel hinzuzufügen, da die gesamte Leistung, die ein Merlin XLV mechanisch verträgt, durch bloßes Öffnen der Drosselklappe erreicht werden kann. Es gibt keine Schwierigkeiten mit Klopfen bei Kraftstoff mit 100 Oktan.«[11]

Zwei Tage später antwortete Tizard:

»Lieber Hooker,
Wir sind uns einig, dass der Vorteil von Methanol darin besteht, dass es verdampft. Aus Ihren Ergebnissen geht hervor, dass es einen merkwürdigen praktischen Nachteil hat, nämlich dass es ein Kraftstoff ist, was bedeutet, dass man die Hauptkraftstoffversorgung entsprechend anpassen muss. Es wäre von praktischem Vorteil, etwas zu verwenden, das mit der Zeit verdampft, aber gleichzeitig kein Kraftstoff ist. Es wurde flüssiges Ammoniak oder eine starke Ammoniaklösung vorgeschlagen. Es hat einen Brennstoffwert, der aber nicht sehr hoch ist, was sagen Sie dazu?

Was die Leistung in Bodennähe betrifft, so interpretiere ich Ihre Bemerkung so, dass die Begrenzung der Leistung nicht das Klopfen, sondern die mechanische Festigkeit ist. Es kann sein, dass wir in Bodennähe so viel Leistung wie möglich haben wollen, auch auf die Gefahr hin, dass die Lebensdauer des Motors verkürzt wird. Ich gehe davon aus, dass Rolls-Royce dies gut im Griff hat – ich hoffe es.

Mit freundlichen Grüßen
H. T. Tizard.«[12]

Tizard und Hooker waren auf eines der Hauptprobleme bei der Leistungssteigerung eines Motors gestoßen, der nur mit einem Vergaser ausgestattet war. Sowohl für die Wassereinspritzung als auch für die Methanoleinspritzung musste ein völlig separates System installiert werden, und die Wassereinspritzung konnte nur dann angemessen erfolgen, wenn das Wasser zumindest mit einem angemessenen Druck in den Lader eingespritzt wurde. Wären die Wassertröpfchen zu groß, würden sie nicht ausreichend verdampfen. Da sich die deutschen Motorenkonstrukteure bereits Anfang der 1930er Jahre für Kraftstoffeinspritzsysteme entschieden hatten, verfügten sie über fast ein Jahrzehnt Erfahrung mit Einspritzdüsen und den dazugehörigen Steuerungssystemen. Folglich war es für sie einfacher, solche sekundären Flüssigkeitsunterstützungssysteme auf Flugmotoren anzuwenden.

Das Fehlen der Kraftstoffeinspritzung verursachte ein weiteres Problem, nämlich das Abschalten des Vergasers bei Negativ-g. Die Schwimmer in den Kraftstoffbehältern des Vergasers wurden mechanisch angehoben, wenn die Nase des Flugzeugs beispielsweise im Luftkampf schnell nach unten gedrückt wurde. Dieses Problem war zwar schon lange bekannt, aber bei Vergasermotoren so grundlegend, dass die britischen Ingenieure enorme Probleme hatten, es zu beheben.

Am 5. Februar 1941 schrieb Hives an Sholto Douglas die folgenden Zeilen, um der Sache Herr zu werden:

»Es gibt noch eine andere Aufgabe, auf die wir viel Zeit verwenden und für die wir jetzt glauben, eine Lösung zu haben. Wir wissen, dass mit dem derzeitigen Standardvergaser des Merlin bei negativer g-Kraft der Motor ausfällt. Die Ursache dafür ist ein plötzlicher Sturzflug des Flugzeugs. Die Deutschen mit ihrer Kraftstoffeinspritzung leiden nicht unter diesem Fehler, und wenn sie dies ausnutzen, können sie unseren Jägern vielleicht entkommen. Wir hoffen, dass wir dies in etwa zwei Wochen demonstrieren können.

... Es wird eine Menge zusätzlicher Arbeit für uns bedeuten, die Modifikation einzuführen, aber wie ich bereits gesagt habe, sind wir hier, um die besten Motoren für Kampfflugzeuge zu produzieren, und nicht, um Sie mit unseren Sorgen in Verlegenheit zu bringen.«[13]

Am selben Tag hieß es in der Zusammenfassung des Fighter Command Intelligence:

»12 Bf 109 tauchten hinter und über den Spitfires auf, als sie sich über St. Omer befanden, und in dem darauf folgenden Gefecht wurde eine Bf 109 zerstört, aber zwei Piloten der 68 Squadron und ein Pilot der 610 Squadron werden vermisst und ein weiterer Pilot der 61 Squadron wurde verwundet.«[14]

Ein paar Tage später schrieb Douglas zurück und stimmte zu:

»Der Defekt des Motors, der zu Beginn eines Sturzfluges ausfällt, ist seit einigen Monaten ein wunder Punkt und hat wahrscheinlich vielen feindlichen Piloten das Leben gerettet, die sich darauf verlassen haben. Wenn wir Ihre Modifikation schnell in unsere Geschwader einführen können, werden wir zweifellos eine böse Überraschung erleben.«[15]

Am 10. Februar 1941 war endlich die erste Spitfire Mk.V mit dem Merlin 45-Motor fertig. W. Barr bei RDL Millbank, informierte MAP per Kabel über die Fortschritte bei der Spitfire V, dass

»Ihre drei Spitfire V sind bereits bei Rolls-Royce fertiggestellt und warten auf die Abholung – STOP – schätze fünf von Supermarines vor Ende Februar – STOP.«[16]

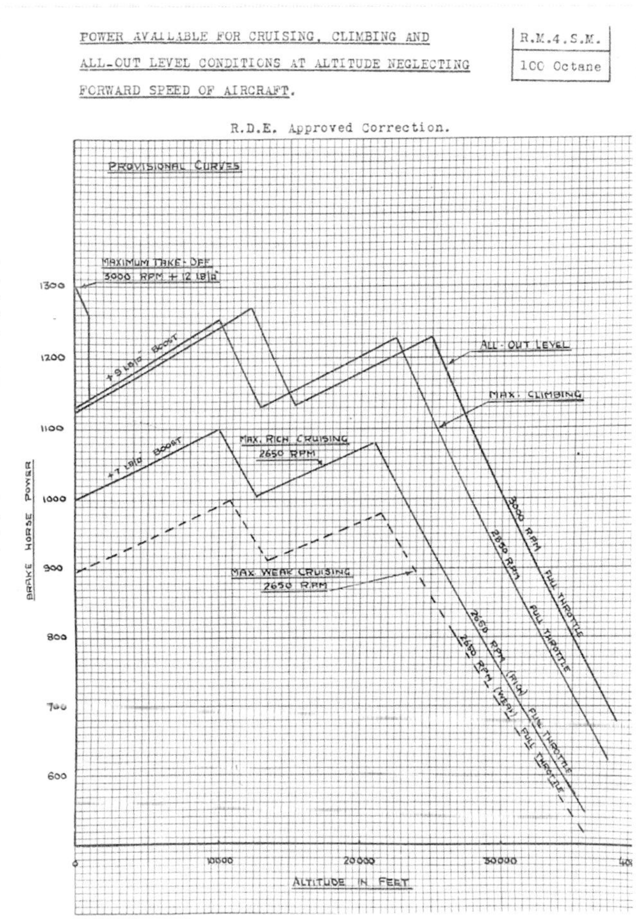

Rolls-Royce Merlin RM4.S.M: Leistungskurven, Februar 1941.

Die Spitfire V wurde dringend benötigt, da mehr Bf 109 F mit dem hochverdichteten DB 601 N-Motor und dem noch neueren DB 601 E mit überarbeitetem Kompressor, besseren Zylinderkopföffnungen und hoher Ventilüberschneidung in Dienst gestellt wurden. Die Variante der Bf 109 F-4Z verfügte über Distickstoffoxid zur Leistungssteigerung in großen Höhen. Rolls-Royce hatte auch einen weiteren Merlin-Prototyp gebaut – den R.M.4. S.M. – und im Februar 1941 die vorläufigen Spezifikationen veröffentlicht. Er verfügte nicht über einen zweistufigen Kompressor, sondern war ein Merlin XX mit einem Ladeluftkühler.

»Dieser Motor wurde in erster Linie für Höhenjagdflugzeuge entwickelt und ist praktisch ein Merlin XX, mit der Ausnahme, dass das Aufladegetriebe modifiziert wurde, um die Vollgashöhe um weitere 4000 ft [1219 m] zu erhöhen. Das Triebwerk unterscheidet sich vom Merlin XX jedoch in der Hinsicht, dass ein Ladeluftkühler eingebaut ist, um das Benzin-Luft-Gemisch nach dem Durchgang durch den Lader abzukühlen. Die Erwärmung der Ladung während des Durchgangs durch den Lader hängt vom Verdichtungsverhältnis des Laders ab, so dass bei einem Motor wie diesem eine beträchtliche Leistungssteigerung erzielt werden kann, indem die Temperatur (und damit die Dichte) der in die Zylinder eintretenden Ladung verringert wird.«[17]

Während die deutschen Flugzeuge durch die Materialknappheit behindert wurden, stellten sie für die RAF immer auch noch eine Gefahr dar, obwohl die Probleme bei der Materialversorgung in Großbritannien für die britischen Motorkonstrukteure weit weniger gravierend waren. Die Materialknappheit in Großbritannien wurde von Hives und Bulman am 12. Februar 1941 erörtert:

»Lieber Major Bulman,
Wir versichern Ihnen, dass ein beträchtliches Maß an Arbeit geleistet wurde, um alternative Werkstoffe für alle Merlin-Motoren bereitzustellen, und wir sind der Meinung, dass wir so weit gegangen sind, wie es mit der maximalen Leistung und der Sicherheit des Motors vereinbar ist ... wir möchten darauf hinweisen, dass, was die Stähle betrifft ... die Bereitstellung von Alternativen nicht besonders hilfreich war, da alle unsere zugelassenen Stahlhersteller mit der maximalen Kapazität arbeiten und es in der Praxis sehr wenig ausmacht, welche Art von Stahl angegeben

wird. Der Hauptvorteil, den wir bei alternativen Materialien festgestellt haben, besteht darin, dass wir gelegentlich kleine Stücke bei einem Gesenkschmied abholen können, was hilfreich ist, wenn wir knapp bei Kasse sind.«[18]

In Großbritannien wirkten sich die Engpässe vor allem auf kleinere Überlegungen aus, z. B. welche Stahlmarke von einem alternativen Stahlwerk oder einer Gießerei verwendet werden sollte, und hatten keinen Einfluss auf die Gesamtqualität der benötigten Stähle. Es gibt keine Belege dafür, dass die von Rolls-Royce verwendeten Ersatzmaterialien zu Leistungseinbußen bei den Motoren führten.[19] Geoffrey Wilde berichtete nach dem Krieg dass:

»Uns fehlte es nicht an Rohstoffen, eigentlich an gar nichts.«[20]

Das konnte man in Deutschland nicht behaupten.

Am 16. Februar 1941 verfasste Hives einen Merlin-Entwicklungsbericht für Tizard, um die neuesten Entwicklungspläne zu erläutern:

»Lieber Sir Henry,
Im Folgenden finden Sie eine Liste der Entwicklungsarbeiten, die wir in Arbeit haben …
Merlin
1) Entwicklung eines Laderzwischenkühlers
2) 2-stufiges Gebläse
3) Spezieller Merlin XLV geplant, um in bestehende Spitfires zu passen
4) Entwicklung eines Vergasers zur Überwindung negativer g-Effekte
5) Entwürfe zur Vereinfachung der Pilotensteuerung …«[21]

Der Ladeluftkühler war eine grundlegende Notwendigkeit für den zweistufigen Kompressor. Das jetzt erheblich erhöhte maximale Druckverhältnis im Lader würde die Ladeluft so stark erwärmen, dass der potenzielle Leistungsvorteil des Motors stark eingeschränkt würde, wenn sie anschließend nicht wieder abgekühlt würde. Zu diesem Zweck hatte sich Hives ans RAE gewandt, um Unterstützung bei der Konstruktion des Ladeluftkühlers zu erhalten.

Wie BMW mit seinem Kommandomodul für den BMW 801 in der Fw 190 wollte auch Rolls-Royce den Piloten das Leben leichter machen. Das war auch gut so, denn am 17. Februar 1941 erreichten Großbritannien weitere Geheimdienstinformationen über die Fw 190.

Der britische technische Nachrichtendienst A.I.1.(k) meldete die ersten Informationen eines Kriegsgefangenen über ein neues Flugzeug, das in Deutschland entwickelt wurde. Es sollte ein neues, sehr leistungsfähiges und schwer bewaffnetes Jagdflugzeug sein, das von einem BMW-Sternmotor mit mechanisch angetriebenem Zweigang-Kompressor und direkter Kraftstoffeinspritzung angetrieben wurde. Diese Berichte wurden zunächst von hochrangigen britischen Geheimdienstmitarbeitern belächelt, die sich weigerten zu glauben, dass ein Hochleistungsjagdflugzeug überhaupt von einem Sternmotor angetrieben werden könnte. Sie führten an, dass die große Stirnfläche und der daraus resultierende hohe Luftwiderstand eines solchen Motors die ganze Idee unplausibel machten.

Dennoch ging die Entwicklung der Fw 190 stetig voran, obwohl es immer wieder Probleme mit der Überhitzung des Motors gab. Diese wurden durch eine Neukonstruktion des neuartigen Bugpropellers verursacht, der in seiner ersten Ausführung zu klein war, sowie durch Probleme, die sich aus der Verwendung von Sparmetall in kritischen Motorkomponenten ergaben. Das letztgenannte Problem wirkte sich immer stärker auf die Leistung der deutschen Triebwerke aus; es kam häufig zum Klopfen und daraus resultierender Überhitzung. In Unkenntnis dieser Probleme in den deutschen Triebwerkskonstruktionsbüros sahen die Briten die Notwendigkeit, die RAF-Jagdflugzeuge zu verbessern, als immer dringlicher an. Am 18. Februar 1941 schrieb Außenminister Ronald Melville an den Direktor für operative Forschung und fragte nach dem Stand der Nachrüstung der Spitfire-Triebwerke und nach einer Lieferprognose für den Typhoon (der nun mit dem Sabre-Triebwerk so genannt wurde, im Gegensatz zur Version mit dem Rolls-Royce-Vulture, die den Namen Tornado erhielt).[22] Winston Churchill war stets bestrebt, sich in technische Angelegenheiten einzumischen, und schrieb am 28. Februar 1941 an C. Portal über Maßnahmen, um das Triebwerk Merlin 45 vor den Deutschen geheim zu halten:

»Persönliches Protokoll des Premierministers
Seriennummer M.246/1
GEHEIM
CAS
Ich denke, es wäre ein Fehler, die Merlin 45 oder die Merlin 45 Plus dem Feind vorzuführen, bevor nicht mindestens ein halbes Dutzend Geschwader in der Lage sind, sie zu benutzen. Sicherlich sollten sie nicht ohne weitere Anweisungen drüben eingesetzt werden.
W.S.C.
28.2.41.«[23]

Sir Charles Portal, Chef des Luftwaffenstabs, war von Churchills Ansichten unbeeindruckt:

»In Ermangelung eines guten Grundes wird dies nicht unkommentiert bleiben und wahrscheinlich das Vertrauen der Piloten in die Weisheit ihrer Kommandeure erschüttern. Die Entscheidung wird die Spitfire mit Merlin XLV von fotografischen Langstreckeneinsätzen ausschließen, für die sie das beste verfügbare Flugzeug ist. Wie Sie wissen, trägt sie eine zusätzliche Ladung Treibstoff anstelle von Waffen und Munition.

Ich lehne es sehr ab, den Piloten, die unbewaffnet weit nach Deutschland hineinfliegen müssen und deren Sicherheit ausschließlich von der Geschwindigkeit abhängt, den Einsatz dieses Flugzeugs zu verweigern. Ich wäre Ihnen sehr dankbar, wenn Sie im Lichte der obigen Informationen Ihre Entscheidung noch einmal überdenken würden.
C. Portal.«[24]

Churchill respektierte Portals überzeugenden Brief und willigte ein; die RAF-Piloten konnten die neueste Merlin 45 haben, sobald sie verfügbar war.

Felkins Nachrichtendienstgruppe war fleißig und effizient wie immer und hatte im Februar 1941 damit begonnen, Informationen über den deutschen Einsatz von Distickstoffoxid zu sammeln. Die deutschen Piloten bestanden darauf, es als »Haha«-Verfahren zu bezeichnen:

»Mehrere Kriegsgefangene haben ein Verfahren beschrieben, mit dem im Notfall zusätzliche Geschwindigkeit erreicht werden kann, und das unter dem Namen ›Ha-ha‹-Verfahren bekannt ist. Es besteht aus Zylindern mit komprimiertem Gas, das in den Kompressor eingespeist werden kann ... die meisten denken, dass das Gas Sauerstoff ist, aber einer erwähnte ›Propogengas‹ [›Propangas‹?] ... er behauptet, dass dies dem Flugzeug für 5 – 10 Minuten eine zusätzliche Geschwindigkeit von 100km/h verleiht.«[25]

Die sichergestellten Gasflaschen erwiesen sich als leer, da sie entweder nicht gefüllt waren oder während des Absturzes durchbohrt worden waren und ihr Inhalt ausgestoßen wurde. Ihr Inhalt war immer noch ein Rätsel, obwohl Felkin vielleicht das Versäumnis, die inzwischen offensichtliche Verbindung zwischen Lachgas und Distickstoffoxid herzustellen, zu den wenigen eklatanten Fehlern der britischen Luftaufklärung zählen würde. Obwohl die Entwicklung der neuen Spitfire Mk.III voranschritt, war die Ungeduld auf eine Verbesserung so groß, dass am 1. März 1941 offiziell beschlossen wurde, sich nur noch auf die Spitfire V mit Merlin 45 statt auf die Mk.III mit Merlin XX-Motor zu konzentrieren.

»1. März 1941
ACAS
Mein sehr geehrter Herr,
Ich beziehe mich auf Ihr Schreiben vom 31. Januar 1941 und bestätige die mündliche Information, die dem AOC-in-C bereits gegeben wurde, dass beschlossen wurde, die Spitfire mit dem Merlin 45-Motor für die sofortige Einführung anstelle der Spitfire III zu verwenden.

Die Spitfire mit dem Merlin 45-Motor wird als Spitfire V bezeichnet und wird sofort in Produktion gehen.

Ihr gehorsamer Diener F. J. Linnell
Air Vice Marshall Assistant Chief of Air Staff."[26]

Obwohl viel über die Verbesserung der Fähigkeit von Jagdflugzeugen, in großen Höhen zu fliegen, gesprochen wurde, erkannte man auch, dass die physiologischen Auswirkungen auf den Körper die meisten Piloten daran hindern würden, dies über einen längeren Zeitraum zu tun, ohne eine Druckkabine zu haben. Hives schrieb am 2. März 1941 an Hennessey bei MAP über Methoden zur Leistungssteigerung, um die Leistung von RAF-Jägern in großen Höhen zu verbessern:

» ... vor einigen Wochen kam Major Ross R.D.E. nach Derby, um uns das Problem zu unterbreiten, was getan werden könnte, um die Flughöhe von Jagdflugzeugen zu erhöhen. Die Notwendigkeit hierfür wurde als äußerst dringlich bezeichnet, da der Luftwaffenstab der Ansicht war, dass eine reale Gefahr bestand, dass die Deutschen dieses Land mit Bombern angreifen würden, die speziell für den Einsatz in großen Höhen und mit Druckkabinen konstruiert waren.

Die Mediziner des Luftfahrtministeriums waren überzeugt, dass sie mit speziell ausgewählten und ausgebildeten Piloten in einer Höhe von 40.000 Fuß [12.192 m] operieren könnten, ohne dass Druckkabinen erforderlich wären. Unser Problem bestand also darin, ein vorhandenes Kampfflugzeug so zu verbessern, dass es in 40.000 Fuß Höhe operieren und kämpfen konnte. Es gab mehrere Alternativvorschläge:

- Die Verwendung von Sauerstoff
- die Verwendung von Methanol
- Ladeluftkühler

Als wir sie analysierten, waren wir davon überzeugt, dass diese Vorschläge zwar nützliche Entwicklungsfelder eröffneten, aber nicht in einem vernünftigen Zeitraum verfügbar sein konnten. Wir haben uns daher mit der Frage beschäftigt, wie wir das Triebwerk so verbessern können, dass es in die vorhandenen Maschinen eingebaut werden kann ... Die Testergebnisse in Hucknall zeigen, dass die Spitfire mit dem Merlin XLV Plus ein Kampfflugzeug hervorbringen wird, das in einer Höhe von 40.000 Fuß operieren kann, mit einer Gipfelhöhe von 42.000 Fuß [12.802 m]. Die Maschine befindet sich jetzt in Boscombe Down, so dass diese Ergebnisse bald bestätigt werden dürften.

Wir möchten klarstellen, dass dieser Motor keine Vorrichtung für den Antrieb eines Kabinengebläses hat, und nach Gesprächen mit der Firma Supermarine haben wir festgestellt, dass es fast unmöglich ist, eine Standard-Spitfire mit einer Druckkabine auszustatten.«[27]

Die Nachrüstung eines Flugzeugs mit einer Druckkabine war äußerst schwierig, da jeder noch so kleine Spalt im Rumpf undicht werden würde, wenn eine Luftpumpe angeschlossen und eingeschaltet würde. Nur ein Elitekader von Piloten mit außergewöhnlichen physiologischen Fähigkeiten wäre in der Lage, in solchen Höhen zu fliegen, aber man war der Meinung, dass die Fähigkeit des Flugzeugs, auf 40.000 Fuß aufzusteigen, wenn auch nur kurz, für künftige operationelle Bedürfnisse absolut notwendig war.

Der britische Luftnachrichtendienst hatte Schwierigkeiten, die Bedrohung durch den neuen Daimler-Benz-Motor DB 601 N zu quantifizieren, wenn er in die Bf 109 eingebaut war, wie am 6. März 1941 festgestellt wurde:

> »A.I.1(g) GEHEIM
> Wir haben die Geschwindigkeiten und die Flughöhe der Hurricane I und der Hurricane II, beide Rotol, mit der Bf 109 verglichen, die mit dem DB 601 A bzw. dem 601 N Motor ausgerüstet ist … Ein allgemeiner Vergleich zwischen der Hurricane und der Bf 109 zeigt, dass die Hurricane im Wettlauf mit der Bf 109 einen sehr großen Nachteil hat, sicherlich in Bezug auf die Geschwindigkeit und möglicherweise auch in Bezug auf die Flughöhe.«[28]

Um den neuen Merlin in möglichst großen Höhen einsetzen zu können, wurde eine spezielle Version mit der Bezeichnung Merlin 46 entwickelt, die über einen Kompressor verfügte, der auf eine bessere Leistung in sehr großen Höhen ausgerichtet war, was allerdings ein großes Leistungsdefizit auf Meereshöhe bedeutete. So schrieb Andrew A. Ross auch am 6. März 1941 an Hives zum Thema Spitfire mit dem Merlin 46 (»XLV Plus«):

> »Bei der Besprechung heute Morgen mit dem Luftwaffenstab wurde vereinbart, dass wir 100 Merlin XLV Plus-Motoren … für den Einbau in Spitfire V-Flugzeuge beschaffen sollten. Diese Triebwerke und Flugzeuge werden nicht für den Druckkabinenbetrieb modifiziert, sondern sind ein Versuch, ohne radikale Änderungen die größte Flughöhe zu erreichen.
>
> Eine Überprüfung der operationellen Aspekte hat definitiv ergeben, dass bei der nun möglichen Flughöhe von 42.000 Fuß nur sehr wenige ausgewählte Piloten in der Lage sein werden, die Vorteile der verbesserten Höhenleistung zu nutzen. Dennoch bedeutet die höhere Flughöhe eine größere Leistungsreserve für Kampfmanöver zwischen 25.000 und 35.000 Fuß [7620 – 10.668 m], was ein eindeutiger taktischer Vorteil sein wird.«[29]

Ross erklärte, dass bis Ende des Jahres 250 Flugzeuge mit einer »Zwischendruckkabine« vorbereitet werden sollten. Außerdem fragte Ross Hives, ob er davon überzeugt sei, dass der Merlin 46 bei einer geschätzten Lebensdauer von 75 Stunden eine ausreichende Zuverlässigkeit bieten würde. Rolls-Royce-Entwicklungschef Cyril Lovesey antwortete Ross am 13. März und erläuterte die neuesten Überlegungen zu dem, was die Deutschen mit der speziellen Triebwerksverstärkungstechnologie vorhatten:

> »Vielen Dank für Ihren Brief vom 10. mit der Information, dass die deutschen Flugzeuge wahrscheinlich eine Form von komprimiertem Gas verwenden, um ihre Leistung zu verbessern. Die Aussage, dass die Bomber Vorräte mitführen, die für 1,5 Stunden für zwei Motoren ausreichen, würde die Möglichkeit von komprimiertem Sauerstoff oder sogar flüssigem Sauerstoff fast ausschließen … es ist uns in den Sinn gekommen, dass die Substanz, die sie verwenden, die Form eines Antiklopfmittels haben könnte, um höhere Ladedrücke in niedrigeren Höhen zu ermöglichen, insbesondere in Anbetracht der ziemlich überraschenden Behauptungen über die Verbesserung der Geschwindigkeit der Ju 88 … Es sollte möglich sein, die in diesem Land abgeschossenen Maschinen zu untersuchen, um festzustellen, ob es irgendwelche Hinweise auf spezielle Ausrüstungen dieser Art gibt … wir setzen unsere Untersuchungen über die Verwendung von flüssigem Sauerstoff am Merlin-Motor fort.«[30]

Bemerkenswerterweise war in Großbritannien noch niemand in der Lage gewesen, korrekt festzustellen, welche Verbindung die Deutschen zur Verbesserung der Leistung ihrer Flugzeugmotoren verwendeten.

Unterdessen besaß keiner der englischen Triebwerkshersteller einen speziellen Höhenprüfstand für Triebwerke. Der einzige, der existierte, befand sich beim RAE, wo die Ingenieure mit der Leistung unzufrieden waren, weil die elektrischen Antriebe nicht mehr ausreichten, um die immer größeren Höhen und Motorleistungen zu simulieren, die in militärischen Motoren verwendet wurden. Daher musste Rolls-Royce eine rein theoretische Vorstellung davon entwickeln, welche Leistung seine Triebwerke in großen Höhen erbringen würden. Dies war nicht einfach, und die Ergebnisse stimmten nicht mit der Theorie überein, die für den gleichen Zweck vom RAE entwickelt worden war. Am 27. März kam es zu einem Streit über die Leistung der neuen Flugzeugmotoren. Die Leistung der neuen Spitfire mit dem Merlin 46-Triebwerk auf dem Testgelände in Boscombe Down entsprach nicht den Vorhersagen, und RAE-Direktor Farren schrieb an Hives, um dies zu besprechen:

> »Ich wollte zuerst mit Boscombe Down über die Situation der Spitfire mit dem Merlin XLV+ sprechen.
>
> In erster Linie habe ich Ihnen gesagt, dass Sie sich mit Hooker über die Frage der Methoden des Leistungsabzugs unterhalten sollen, damit es zwischen uns keine offenen Differenzen in der Praxis gibt … Ich glaube, Garner war zu dem Schluss gekommen, dass Hookers Schema zur Korrektur des Ladedrucks das beste ist. Wenn Jones zustimmt, werden wir es übernehmen.
>
> Aber das ist nicht die ganze Geschichte. Es macht einen kleinen Unterschied zu den endgültigen Schlussfolgerungen, aber es bringt Ihre Ergebnisse und die Ergebnisse der ersten Spitfire V mit dem Merlin XLV+ nicht in Einklang. Wir werden eine andere Maschine (R6889) testen; ich hoffe, dass sie Ihren Erwartungen näher kommt … wir wollen sicher sein, dass sie repräsentativ ist für das, was wir in der Produktion bekommen werden.«

Jedes deutsche Flugzeug, das seit Kriegsbeginn auf britischem Boden abgeschossen worden oder abgestürzt war, wurde einer strengen und umfassenden wissenschaftlichen Analyse unterzogen – Treibstoffe bildeten da keine Ausnahme. Jeder Treibstofftank und jeder Öltank wurde geleert und zur chemischen Analyse an die besten Köpfe der Treibstoffchemie geschickt. Die letzte Sitzung zur Besprechung der Ergebnisse fand am 27. März 1941 statt.

Die britische Abteilung 9 des Luftnachrichtendienstes, A.I.9, war daran interessiert, die möglichen Auswirkungen der in England analysierten deutschen Treibstoffproben aus geborgenen deutschen Flugzeugen zu erörtern.

»GEHEIM AI9 - 27. März 1941
FEINDLICHER FLUGTREIBSTOFF

Sie waren daran interessiert, ein allgemeines Bild der deutschen Flugkraftstofflage zu erhalten, wie sie sich aus den Ergebnissen der Analyse von Proben aus über diesem Land abgeschossenen Flugzeugen ergibt, und zwar unter besonderer Berücksichtigung der Anzeichen eines Mangels und der Aussichten auf eine radikale Verbesserung der deutschen Flugleistungen im Frühjahr.

Ich habe die Frage mit den Herren Oriel und Bass (Shell und MAP) und den Herren Dr. Holroyd und Howes (ICI und Anglo Iranian) erörtert, die sehr wohl in der Lage sind, aus dieser analytischen Arbeit Schlüsse zu ziehen. Die von ihnen geäußerten Ansichten sind rein persönlich und müssen mit Vorsicht verwendet werden. Außerdem ist es nicht sehr sicher, auf der Grundlage der vorliegenden Daten Rückschlüsse auf die Gesamtlage bei der Versorgung mit Flugkraftstoff zu ziehen. Die analysierten Proben sind relativ wenige und stammen nur von einsatzbereiten Flugzeugen, d. h. von weniger als der Hälfte der gesamten deutschen Luftwaffe. So könnte ein Deutscher, der unsere Kraftstoffe analysiert, vernünftigerweise annehmen, dass der allgemeine Rückgang der Oktanzahl von 100 auf 90, den unsere Flugzeuge im ersten Kriegsjahr verzeichneten, ein schlüssiger Beweis für einen größeren Kraftstoffmangel ist, wenn man bedenkt, dass ein Großteil unseres Kraftstoffs seit kurzem 5 % Alkohol enthält. Es war kaum zu erwarten, dass er die wahren Tatsachen daraus ableiten würde, dass erstere Erscheinung auf die Bequemlichkeit der Verteilung und die zweite ausschließlich auf Vergaservereisungsprobleme zurückzuführen war. Es ist daher ratsam, nicht zu versuchen, aus den vorliegenden Beweisen ein allzu eindeutiges Bild zu erstellen.

Ein kurzer Überblick über die bisher verwendeten Kraftstoffarten lautet wie folgt –

Bis August 1940 verwendeten die Deutschen für alle Flugzeugtypen 89 – 91 ON-Kraftstoff, der bis zu 5,5 ml T.E.L. pro Gallone enthielt und aus 30 – 60 % Hydrobenzin aus Steinkohle oder Teer bestand, gemischt mit 40 – 70 % eines Petroleumbenzins, der entweder aus Rumänien oder Venezuela stammen konnte. Etwa im August-September experimentierten die Deutschen mit einer Vielzahl von Kraftstoffsorten, wobei sie Aromaten und Iso-Oktane verschiedener Art sowie Hydropetrol als Mischungsbestandteile einführten. Diese Versuche führten zur Annahme von Kraftstoffen mit zwei Spezifikationen.

1) Kraftstoff der Spezifikation 93 – 94 ON, bestehend aus 10 – 15 % Iso-Oktan des Typs Kaltsäure, 30 – 40 % Aromaten, die reich an Bestandteilen mit höherem Siedepunkt sind, und Basisbenzin unbestimmter Herkunft. Benzine dieser Spezifikation sind grün gefärbt und scheinen den Flugzeugen der Bf 110 vorbehalten zu sein.
2) 89-91 ON Spiritus. Für einige Monate nach September 1940 wurde diese Art von Kraftstoff hauptsächlich durch Mischung von etwa 5 % eines Iso-Oktan-Kreuzpolymers und in einigen Fällen von etwa 5 % zugesetzten Aromaten mit einem reinen Petroleumbenzin gewonnen. In jüngster Zeit gibt es Anzeichen dafür, dass man bei den 89 – 91 ON-Kraftstoffen wieder zur ursprünglichen Hydrobenzinmischung zurückkehrt.

Mir ist der Gedanke gekommen, dass die »experimentelle« Periode von August und September 1940 in der Tat auf Vertriebsschwierigkeiten zurückzuführen sein könnte. Die Deutschen versuchten damals vermutlich, ihre maximale Leistung von eher improvisierten Stützpunkten aus zu entwickeln, und mussten ihre Treibstoffvorräte möglicherweise nach und nach aufstocken.[31]

Abgesehen von den oben erwähnten allgemeinen Vorbehalten gegenüber Ableitungen sind alle befragten Personen der Ansicht, dass die Brennstoffe keinen Hinweis auf eine Knappheit geben, es sei denn, das Vorhandensein hoher Konzentrationen von Aromaten wird in diesem Sinne verstanden. Hierauf wird später eingegangen.

Ebenso sind alle verwundert über das relativ bescheidene Auftreten von hydriertem Benzin, da sie alle der Meinung sind, dass die Hydrierungswerke die weitaus größte potentielle Quelle für Flugkraftstoff in Europa sind und die einzigen Hersteller von wirklich hochwertigem Grundstoff für die Luftfahrt. Der einzige Grund, warum die Deutschen nicht den bestmöglichen Grundtreibstoff verwenden, nämlich 100 % hydriertes Benzin aus Steinkohle, wird von Dr. Holroyd angeführt, dass die Deutschen die Anlagen so betreiben wollen, dass sie die maximale Leistung erbringen, und sich daher auf die Herstellung von Motorkraftstoff konzentrieren. Der so gewonnene Ertragsvorteil ist etwa doppelt so hoch.

Das auffälligste Merkmal der deutschen Brennstoffe ist der hohe Gehalt an Aromaten in vielen von ihnen. Hierfür gibt es drei vernünftige Erklärungen: -

a) Bessere Motorleistung
b) Um die Vorräte zu schonen
c) Aus Gründen der Bequemlichkeit

Punkt a) ist eine Ableitung aus den Erfahrungen hierzulande, kann aber nur durch Testarbeiten an einem deutschen Motor bestätigt werden. Die vermuteten Reserven für die Bf 110 sprechen jedoch dafür.

Punkt b) ist ein offensichtlicher Grund, da Aromaten ein wertvolles Mittel zur Mischung von Flugkraftstoff sind und den Deutschen in großen Mengen zur Verfügung stehen.

Punkt c) ist die Erklärung der Herren Bass und Oriel, die darauf hinweisen, dass eine große Quelle von Aromaten – die Koksöfen an der Ruhr – zwischen den Herstellungsorten von Flugkraftstoff in Deutschland oder Rumänien und den Verbrauchsorten im besetzten Frankreich liegt. Die Aromaten kommen jedoch nicht unbedingt aus den Koksöfen.

Die Meinung ist weit verbreitet, dass die deutschen Motoren die Kraftstoffqualität, die sich aus den erhaltenen Proben ergibt, nicht voll ausnutzen. Das heißt, ein englischer Motor gleicher Größe würde mit einem deutschen Kraftstoff eine höhere Leistung erbringen als ein deutscher Motor. Es wäre daher vernünftig, von den Deutschen zu erwarten, dass sie ihre Motoren zuerst so entwickeln, dass sie ihre derzeitigen Kraftstoffe optimal nutzen können, und dafür sollte es inzwischen Anzeichen geben.

Würden andererseits die Hydrierungsanlagen zur Herstellung von Flugkraftstoff genutzt und dieser Stoff ausschließlich als Grundstoff verwendet, ohne dass, wie gegenwärtig, Petroleumbenzin zugesetzt würde, könnten sich die Deutschen durch die Verwendung von Aromaten, wie jetzt, einen Kraftstoff beschaffen, der in seiner Leistung unserem 100 Oktan-Kraftstoff entspricht.

Der entsprechende Gewinn an Motorleistung würde nach unseren Erfahrungen etwa 20 % betragen. Dr. Howes ist der festen Überzeugung, dass diese Verbesserung der Kraftstoffqualität sehr bald in der gesamten deutschen Luftwaffe zum Tragen kommen wird, und Dr. Oriel sieht keinen Grund, dem zu widersprechen. Dr. Holroyd ist jedoch der Ansicht, dass die derzeitigen Proben kein großes Interesse der Deutschen an der Herstellung stark verbesserter Treibstoffe erkennen lassen.

In diesem Zusammenhang wies Herr Bass darauf hin, dass ein verbesserter Treibstoff nur dann von echtem Nutzen ist, wenn die vorhandenen Triebwerke schnell so umgerüstet werden können, dass sie ihn in vollem Umfang nutzen können, so dass die gesamte Luftwaffe davon profitiert.

Alle deutschen Motoren verfügen über eine Kraftstoffeinspritzung anstelle der Vergasung, und es besteht Grund zu der Annahme, dass sie äußerst empfindlich auf Zylinderturbulenzen reagieren. Jeder Versuch, die Leistung eines bestimmten Motors mit einem besseren Treibstoff zu steigern, dürfte nach vergleichbaren Erfahrungen hier die Turbulenzbedingungen im Zylinder radikal verändern. Herr Bass zieht die Schlussfolgerung, dass dieser Faktor die Deutschen derzeit einschränkt und erklärt, warum ihre derzeitigen Motoren die Vorteile ihrer derzeitigen Kraftstoffe nicht voll auszunutzen scheinen. Wenn dies zutrifft, ist dies ein sehr guter Grund für die Annahme, dass sie keine Überraschung in Form einer plötzlichen Verbesserung der Kraftstoffqualität in Verbindung mit einer allgemeinen Leistungssteigerung ihrer bestehenden Typen erleben werden.

Dr. Howes war von diesem Argument sehr beeindruckt, und ich bin der Meinung, dass man ihm ein erhebliches Gewicht beimessen sollte.

Um es kurz zusammenzufassen:

a) Die Stichproben sind keine guten Anhaltspunkte für die Frage der Ölknappheit, aber die Beweise, die es gibt, scheinen negativ zu sein.

b) Die Beweise deuten eher darauf hin, dass die Deutschen uns in Bezug auf die Motorleistung nicht überraschen, aber diese Schlussfolgerung sollte durch Motorentests untermauert und nicht ohne weiteres akzeptiert werden.

A.I.9. (Luft-Liaison) Sgd. D. A.C Dewdney 17/03/1941.«[32]

Diese technische Geheimdienstinformation war in vielen wichtigen Punkten erstaunlich genau und zeigte, welch hervorragende Ergebnisse ein gut organisiertes System zur Sammlung von Geheimdienstdaten und deren schnelle Weitergabe an die besten Köpfe in der Industrie erzielen konnte. Die Chemiker hatten richtig festgestellt, dass Deutschland 1940 von den vor dem Krieg verwendeten konventionell raffinierten Kraftstoffen (auf Rohölbasis) auf Kraftstoffe umgestiegen war, die in Hydrierwerken auf Kohlebasis hergestellt wurden. Sie hatten auch richtig vermutet, dass der Grund dafür, dass die deutschen Hydrierwerke nicht zur Herstellung von Kraftstoffen höchster Qualität eingesetzt wurden, nur darin liegen konnte, das Produktionsvolumen zu erhöhen. Außerdem hatte man vorausgesagt, dass die Direkteinspritzungsmotoren extrem empfindlich auf die Kraftstoffmischung im Zylinderkopf reagieren und dass dies der deutschen Motorenentwicklung durchaus Probleme bereiten könnte. Das war völlig richtig und genau das geschah in Deutschland mit dem Motor DB 601 E. Viel später veröffentlichte ein Kraftstoffspezialist, K. Franke von der DVL in Deutschland, seine Diagnose der DB 601 E-Probleme, die genau dies bestätigte.[33]

Und das war noch nicht alles. Die britischen Experten hatten auch vermutet, dass der deutsche »grüne« Kraftstoff mit hoher Oktanzahl einen hohen Anteil an Aromaten enthielt, da diese Verbindungen in Deutschland über die Hydrierungsanlagen leicht herzustellen waren und gute Klopffestigkeitswerte für fette Gemische boten. Schließlich hatten sie vermutet, dass einige Schwierigkeiten die deutschen Motoren daran hinderten, das volle Potenzial dieses hocharomatischen C3-Kraftstoffs für eine hohe Leistung bei fetten Gemischen zu nutzen. Sie hatten festgestellt, dass dieser Kraftstoff anscheinend für das Jagdflugzeug Bf 110 reserviert war. Dies lag daran, dass, wie bereits erwähnt, die DB 601 N-Motoren während der Luftschlacht um Großbritannien vorrangig für die Bf 110 eingesetzt werden sollten. Das zweimotorige schwere Kampfflugzeug hatte unter den britischen einmotorigen Jägern besonders gelitten und wurde daher für eine dringend benötigte Leistungssteigerung ausgewählt, um seinen angeschlagenen und demoralisierten Piloten zu helfen. Es handelte sich um eine der aufschlussreichsten technischen Geheimdienstinformationen im Bereich der Triebwerkskonstruktion während des Zweiten Weltkriegs. Die Arbeit der britischen Air Technical Intelligence im Bereich der Treibstoffe war unübertroffen. Die amerikanischen Chemiker waren ebenso fähig, aber Hochleistungstreibstoffe haben oft eine begrenzte Haltbarkeit und können auf die Behälter reagieren, in denen sie gelagert werden. Es war außerordentlich schwierig, ihnen Proben in gutem Zustand zukommen zu lassen, während die Briten den Vorteil der räumlichen Nähe hatten.

Die Verfasser des Berichts wussten nichts von der Vielzahl der Probleme, mit denen die deutschen Ingenieure konfrontiert waren – Einspritzsysteme, Entwicklung von Zündkerzen, Ölverdünnung und die katastrophale Verwendung von Sparstählen –, die alle zusammen dafür sorgten, dass »ihre derzeitigen Motoren nicht den vollen Nutzen aus ihren derzeitigen Kraftstoffen zu ziehen scheinen«.[34] In der Edgeware-Anlage der de Havilland-Flugzeugwerke wurde ein DB 601-Motor sorgfältig zerlegt und von Frank Halford und seinen Mitarbeitern der Motorenentwicklung untersucht, die ihren Bericht im März 1941 fertigstellten. Es war ein kolossales Werk, fast 80 Seiten mit Detailzeichnungen, Analysen und Diskussionen, mit 51 Diagrammen.[35]

»Dieser Bericht besteht in erster Linie aus einer Beschreibung der mechanischen Details des Daimler-Benz-Flugzeugmotors DB 601 und erörtert eine Reihe interessanter und unkonventioneller Konstruktionsmerkmale.

Es werden einige Vergleiche mit der britischen Praxis angestellt ... es wird jedoch davon ausgegangen, dass viele nützliche Informationen aus umfassenderen Untersuchungen bestimmter charakteristischer Merkmale aller verfügbaren feindlichen Motoren gewonnen werden könnten, und die folgende Gruppierung wird als Grundlage für diese Arbeit vorgeschlagen.

- Leistungsdaten
- Kraftstoffeinspritzausrüstung
- Motorsteuerungssysteme
- Aufladevorrichtungen
- Werkstoffe
- Motorbefestigungssysteme
- Unkonventionelle mechanische Konstruktionsmerkmale
- Spannungen und Lagerbelastungen
- Zusatzausrüstung

FRANK B. HALFORD.«[36]

Die Studie begann mit der Untersuchung der ausgefallenen Kurbelwelle, deren Lagerzapfen sich alle überhitzt und blau verfärbt hatten, was darauf hindeutete, dass der Stahl eine Temperatur von etwa 200 °C deutlich überschritten und die Härte verloren hatte, so dass sich die Haut des Metalls blau verfärbte und oxidierte.

»Die Kolbenreihe folgt der Drehrichtung der Kurbelwelle, und von den fünf Kolben konnten nur die Nr. 2 und 6 aus ihren Zylindern entfernt werden. Diese beiden Kolben waren auf beiden Seiten der Kolbenbolzenbohrungen stark verkratzt. Alle Kolben und Zylinder der Backbordbank, d.h. der Bank, die in die Drehrichtung der Kurbelwelle führt, waren in ausgezeichnetem Zustand. Die Tatsache, dass sich die beschädigten Kolben alle in der Steuerbordbank befanden, scheint darauf hinzuweisen, dass diese Seite des Motors deutlich heißer läuft als die Backbordseite und/oder dass die Zylinder auf der Backbordbank nicht so gut geschmiert werden.«[37]

Bei einem geborgenen Motor aus einem abgestürzten Flugzeug war die Diagnose immer schwierig, da der Öltank im Kampf von Kugeln durchschlagen worden sein könnte. Dennoch kam man zu dem Schluss, dass bei einem umgedrehten Motor das von der Kurbelwelle ablaufende Öl so in die Zylinderbohrungen geschleudert wurde, dass die Zylinder auf der linken Seite weniger Öl erhielten als die auf der rechten Seite – das Öl wurde von der rotierenden Kurbelwelle abgeschleudert und gelangte leichter in die rechte Seite. Bei einem stehenden Motor würde dies auch geschehen, aber da die Schwerkraft dagegen ankämpfen würde, wäre der Effekt höchstwahrscheinlich so stark gedämpft, dass er kein so großes Problem darstellte. Schon bald begann Daimler-Benz, die Verdichtungsverhältnisse seiner Motoren so zu verändern, dass die weniger gut geölte linke Bank ein etwas höheres Verdichtungsverhältnis erhielt als die rechte Bank. Ein Überschuss an Öl im Brennraum kann – bei normalen Ölsorten – die Klopfgrenze dieses Zylinders deutlich herabsetzen, da sich das Öl dann vor der Zündung mit dem Kraftstoff vermischt und die Verbrennungseigenschaften des Luft-Kraftstoff-Gemisches verändert.

»Das Finish und die Verarbeitung des gesamten Motors sind von hohem Standard. Es gibt keine Anzeichen dafür, dass Qualität oder wünschenswerte technische Raffinessen auf dem Altar der Produktion geopfert wurden. Die Lehren aus den heutigen Forschungsarbeiten zur Ermüdungsfestigkeit und zur Vermeidung von Problemen, die z. B. durch Passungsrost verursacht werden, scheinen gut beachtet worden zu sein, wie z. B. die glatten Konturen des Kurbelgehäuses und der Pleuelstangen sowie die Verkupferung der Torsionswelle des Untersetzungsgetriebes zeigen.«[38]

»Das Öl wird aus dem Kurbelgehäuse durch eine ausgeklügelte Anordnung von Kernkanälen um jede Zylinderlaufbuchse herum in einen ringförmigen Raum zwischen einem Stahlrohr mit großem Durchmesser, das über die gesamte Länge des Gussteils verläuft (durch das bei Bedarf eine Kanone abgefeuert werden kann), und die Wände einer im Boden des Kurbelgehäuses eingegossenen Wanne. Die Aluminium-Lagerdeckel sind durch vier lange Bolzen am Kurbelgehäuse befestigt, wobei ein interessantes Merkmal

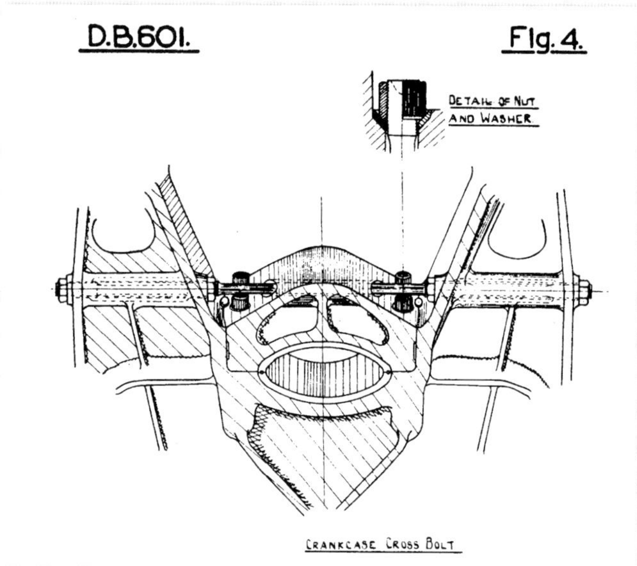

DB 601: Hauptlagerdeckel der Kurbelwelle.

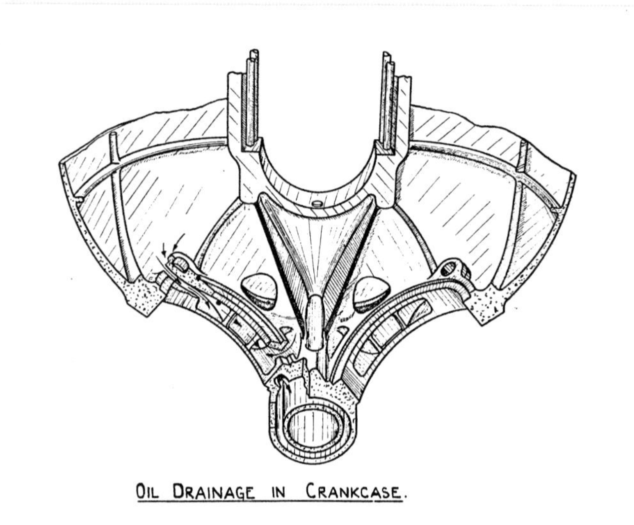

DB 601: Ölablass am Kurbelgehäuse – Feine Gießarbeit.

die Verwendung von gezahnten Muttern mit konischen Anschlagflächen ist, die in eine Stahlscheibe eingreifen, die wiederum auf einem konischen Sitz im Deckel sitzt.«[39]

Das Team von Halford analysierte auch die Zusammensetzung der Lagerschalen.

»Die Grundplatte besteht aus kohlenstoffarmem Stahl mit 0,12 % C, 0,21 Si, 0,43 Mn und 0,22 Cu mit einer Oberflächenhärte von 157 Brinell (12 kg, 2 mm Kugel) ... die Lageroberflächen sind mit Bleibronze beschichtet, die folgende Zusammensetzung aufweist. 78,58 Cu, 0,043 P, 21,1 Pb, 0,07 Zn, 0,26 Fe. Die Verbindung zwischen Stahl und Bronze ist gut, ohne Anzeichen einer Zinnschicht an der Grenzfläche.«[40]

Ohne Zinn und ohne eine Silber- oder Indiumbeschichtung, die die Korrosion verzögert, hatten die deutschen Lager einen großen Nachteil. Halfords Team, das auch das Jumo 211 eingehend untersucht hatte, beurteilte es günstiger als das Ölsystem des DB 601.

»Es gibt keine besonderen Vorkehrungen für das Auffangen von Schlamm oder für die Entlüftung des Öls, Dinge, die, wie man sich erinnern wird, bei der Konstruktion der Kurbelwelle des Junkers Jumo 211 A-Motors besonders berücksichtigt wurden.«[41]

Dies bezog sich auf das Jumo-System, bei dem das Öl in den Kurbelwellenkopf geleitet wurde, und auf den Einbau eines winzigen Zentrifugal-Luft-Ölabscheiders in den Kurbelwellenkopf. Dieses kleine Bauteil konnte zum einen den Schlamm abscheiden, da dieser dazu neigte, an der Außenwand der rotierenden Zentrifuge zu haften, und zum anderen die im Öl enthaltene Luft dazu zwingen, durch eine winzige Bohrung von weniger als 1 mm Durchmesser in der Mitte der Zentrifuge in das Kurbelgehäuse zu entweichen.

Halfords Team berechnete auch, dass der DB 601 ungewöhnlich schwere Kurbelwellengegengewichte benötigte. Dies lag daran, dass das Gewicht der auf jedem Pleuel rotierenden Rollenlagereinheiten doppelt so hoch war wie bei einem Motor mit normalen Gleitlagern. Um dies auszugleichen, musste das gleiche effektive Gewicht zu den Gegengewichten hinzugefügt werden, die auf der gegenüberliegenden Seite der Kurbelwangen vernietet waren. Halfords Team berechnete, dass diese Zentrifugallast 2,25 Tonnen für den DB 601 und 2,5 Tonnen für den Merlin betrug, der zwar nicht das Gewicht der Rollenlager auszugleichen hatte, dafür aber eine höhere Betriebsgeschwindigkeit aufwies. Die Motorkonstrukteure geben auch den Ausgleichsbetrag an, der jedem Zylinder hinzugefügt wird, um die Kräfte zu kompensieren, die durch die Auf- und Abwärtsbewegung des Kolbens entstehen, und zwar als Prozentsatz der Kolbenbaugruppe und des oberen Teils der Pleuelstange. Beim DB 601 waren dies 42 %, beim Jumo 211 26 %. Dies bedeutete, dass das Kurbelwellenlagersystem des DB 601 durch das schwere Wälzlagersystem der rotierenden Pleuelköpfe stärker belastet wurde, was es auszugleichen galt.

Die sehr steife Kurbelwelle und die niedrigere Drehzahl hatten jedoch einen großen Vorteil gegenüber der britischen Konstruktion – weniger Vibrationen.

»Es besteht kein Zweifel, dass der DB 601 mit seiner steifen Kurbelwelle, der höheren Getriebeübersetzung und der niedrigeren Betriebsdrehzahl eine günstigere Lösung für das Drehschwingungsproblem bietet als die derzeitigen britischen Motoren desselben Typs und derselben Leistung. Insbesondere die niedrigeren Eigenfrequenzen der britischen Motoren in Verbindung mit ihren etwas höheren Betriebsdrehzahlen machen es erforderlich, der Möglichkeit schwerer Schwingungen aufgrund der starken 1/5-ter Ordnung-Frequenzkomponente, die mit der Ein-Knoten-Mode der Torsionsschwingung im oder in der Nähe des Betriebsdrehzahlbereichs in Resonanz treten könnte, besondere Aufmerksamkeit zu widmen.«[42]

Halford meinte, dass die weniger flexiblen Kurbelwellen der deutschen Motoren und ihr langsamerer Lauf in einer Frequenz außerhalb ihres Betriebsbereichs schwangen. Wenn Vibrationen auftraten, konnten sie einen Motor in Sekunden zerstören, was bedeutete, dass komplexe, schwere und teure Mechanismen erforderlich waren, um sie zu dämpfen. Der amerikanische Allison-Motor V-1710 beispielsweise verfügt über eine Reihe von Dämpfern, um diese Probleme in den Griff zu bekommen.

Die Frequenz, bei der ein Objekt in Resonanz gerät, ergibt sich aus der Quadratwurzel seiner Steifigkeit geteilt durch seine Masse. Das heißt, wenn die Steifigkeit sinkt, sinkt auch die Frequenz, und wenn die Masse sinkt, steigt die Frequenz. Halford stellte auch fest, dass die Kurbelwellenzapfen durch Aufkohlung gehärtet worden waren. Die Ingenieure der Alliierten wussten, dass dieses Verfahren eine ungünstige Reibungskopplung mit den Lagern aus Bleibronze hervorruft, und hatten sich daher für eine Härtungsmethode namens Nitrieren entschieden. Beim Nitrieren entsteht eine dünnere, aber härtere Schicht mit einer ganz anderen chemischen Zusammensetzung als beim Aufkohlen, die eine viel bessere Verbindung mit Bleibronze-Lagern zu bilden schien. Halfords Team stellte fest, dass die Ventilfedern offenbar stark beansprucht waren, dass sie aber kugelgestrahlt worden waren, was die Ermüdungsfestigkeit um 33 % erhöhen konnte. Ein großer Teil des Berichts betraf das Kraftstoffeinspritzsystem.

»Die Einspritzdüse ist ein offener Typ, für den kein Vordruck erforderlich ist, obwohl es ein sehr leicht beladenes Rückschlagventil gibt, das vermutlich als Schutz gegen das Zurückblasen von Gasen dient. Es gibt vier Öffnungen, zwei mit 0,48 mm Durchmesser und zwei mit 0,42 mm Durchmesser.«[43]

»Die Gesamtfläche der Düse beträgt 0,64 mm^2, was einem konstanten Kraftstoffdruck von 2400 psi [165,5 bar] entspricht ... der tatsächliche Arbeitsdruck wird in dieser Größenordnung liegen ... es ist interessant festzustellen, dass der BMW-Motor eine Zapfendüse hat und mit einem Kraftstoffeinspritzdruck von 700 bis 1100 psi [48,27 – 75,84 bar] arbeitet, während der Jumo-Motor eine Einzelaustrittsdüse hat, die von zwei tangentialen Löchern gespeist wird und mit einem Einspritzdruck von maximal 4500 psi [310,3 bar] arbeitet.«[44]

Das Jumo-Einspritzsystem hatte einen doppelt so hohen Kraftstoffdruck wie jedes andere deutsche Einspritzsystem; je höher

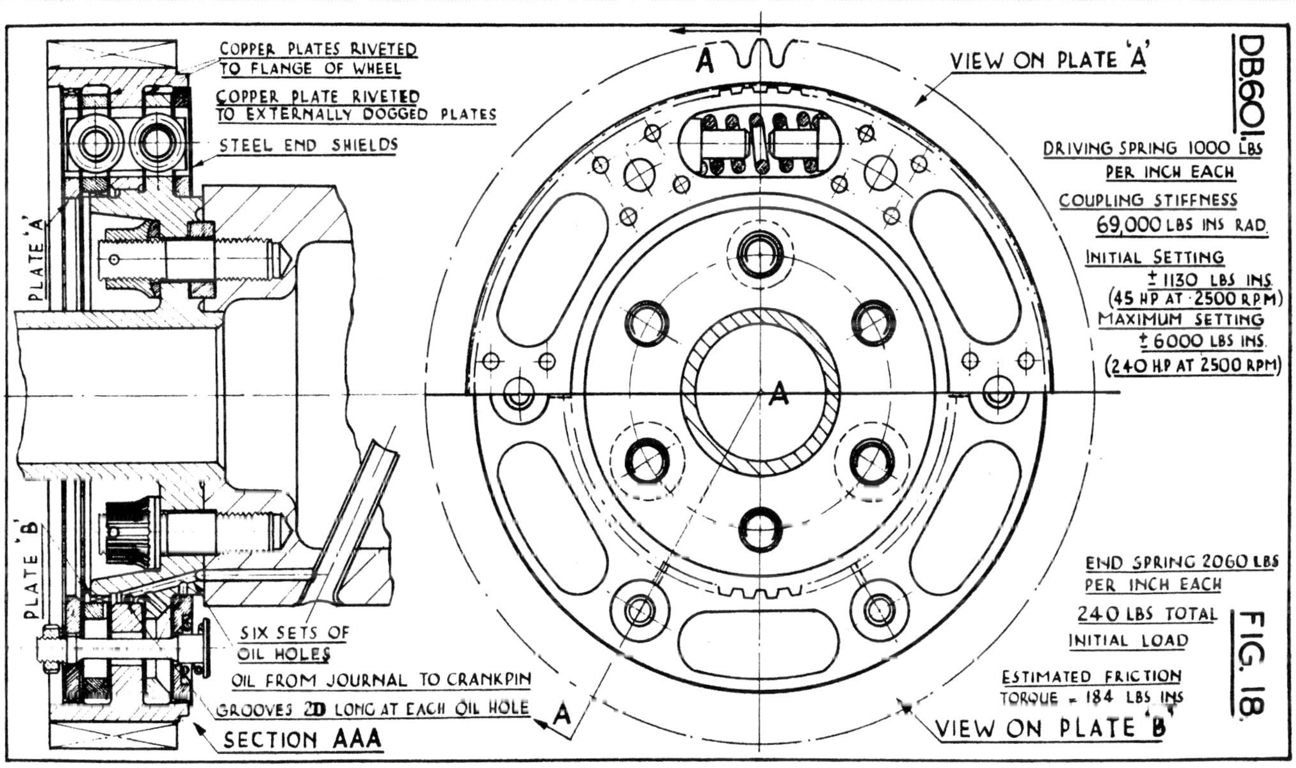

DB 601: Ladeluftfederantrieb.

DB 601: Kraftstoffeinspritzsystem.

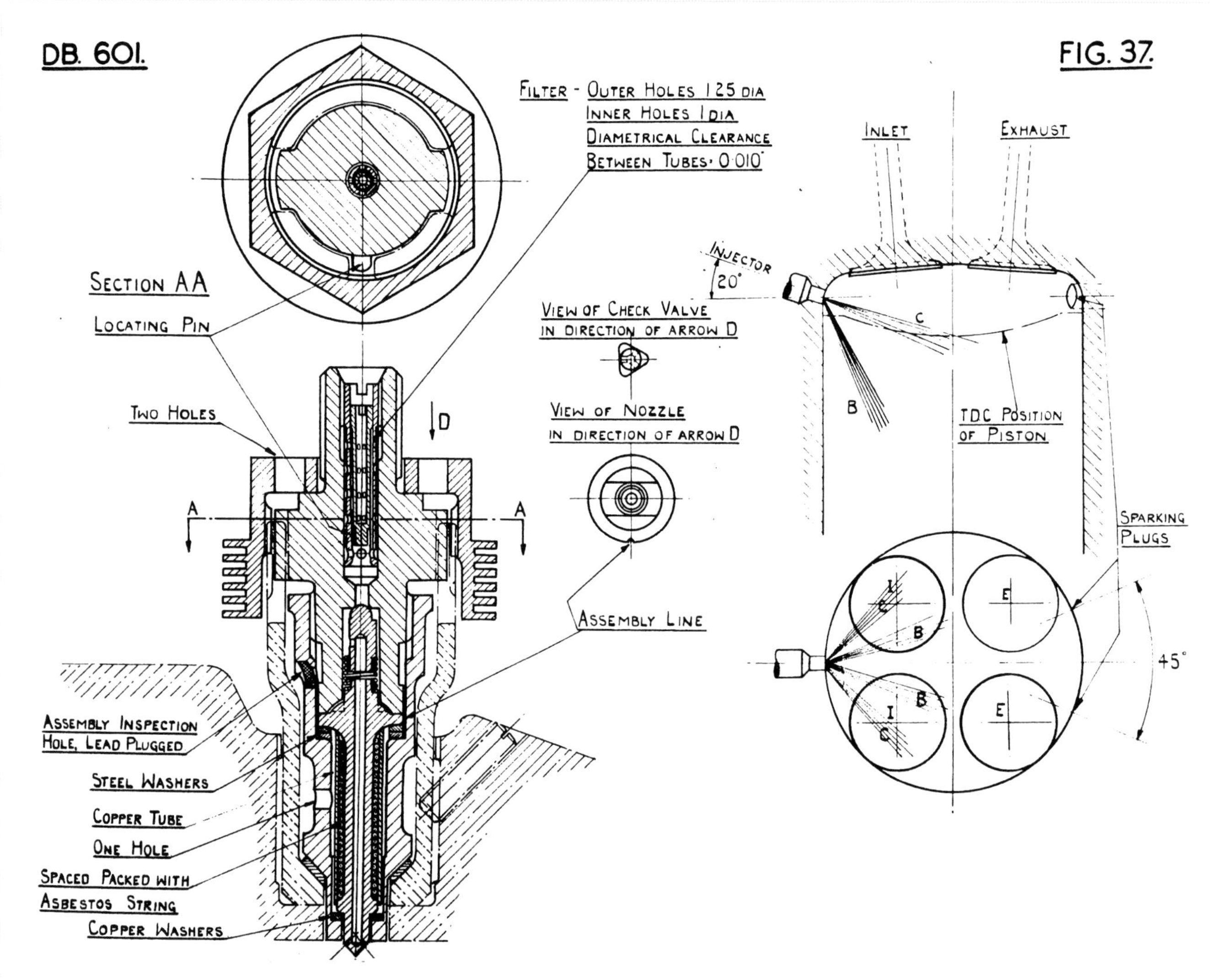

der Druck, desto feiner der Nebel, der im Brennraum erzeugt wird. Dies sollte einen tiefgreifenden Einfluss auf die Entwicklung der Einspritzanlage für die deutschen Kampfflugzeuge von Daimler-Benz haben. Das Ölsystem schien hinsichtlich der Pumpen gut konzipiert zu sein: Die Druckpumpe lieferte 600 Gallonen pro Stunde, und die Spülpumpen saugten insgesamt 1250 Gallonen pro Stunde an.

Das Öl strömt als dichter Strom in den Motor, wird aber oft in Form von Nebel aus dem Motor entfernt. Dies ist darauf zurückzuführen, dass das Öl durch die beweglichen Teile des Motors aufgewirbelt und mit den Abgasen der Kolbenringe vermischt wird. Um das Öl mit der gleichen Geschwindigkeit abzusaugen, mit der es in den Motor gelangt, und somit eine Ölansammlung zu verhindern, müssen die Spülpumpen (idealerweise) einen mehrfachen Durchsatz der Druckpumpe haben. (Ellor von Rolls-Royce würde später bei seinem Besuch in Wright Field den amerikanischen Konstrukteuren genau dasselbe sagen). Halford fuhr fort:

> »Die Kühlflüssigkeit, die zu gleichen Teilen aus Glykol und Wasser besteht, wird von einer Zentrifugalpumpe mit 250 Gallonen pro Minute umgewälzt ... maximale Wassertemperatur 100 °C am Boden, 75 °C in 33.000 ft [10.058 m].«[45]

Die niedrigen Kühlmitteltemperaturen, die Daimler-Benz benötigte, und der enorme Abfall der zulässigen Temperaturen mit zunehmender Höhe waren darauf zurückzuführen, dass das System im Gegensatz zu den neuesten Merlin-Motoren nicht mit einem unter hohem Druck stehenden Wassersystem arbeitete. Selbst wenn die Hälfte des Kühlmittels aus Glykol bestünde, würde es daher immer noch bei niedrigen Temperaturen sieden; und beim Steigen des Flugzeugs würde der niedrige

Außendruck den Siedepunkt des Kühlmittelgemischs noch weiter absenken, so dass die Höchsttemperatur von 75 °C für das Kühlmittel in 33.000 Fuß Höhe erforderlich war.

Das Problem bei der Druckbeaufschlagung des Systems bestand darin, dass die empfindlichen Kühler, Kühlleitungen und Dichtungen mechanisch stark belastet wurden. Ein unter hohem Druck stehendes System entleert sich schnell, wenn es durch einen Geschosseinschlag beschädigt wird, und beginnt, sobald der Druck abgebaut ist, in großer Höhe extrem schnell zu kochen. Das deutsche System wurde auf Kosten einer geringeren Kühlleistung so robust wie möglich konstruiert, eine Tatsache, die Professor Messerschmitt zu verärgern begann, der seine Kühlersysteme verkleinern wollte, dies aber nicht konnte.

In seinen abschließenden Bemerkungen machte sich Halford über die deutschen Zündkerzen lustig:

»Bosch 225-ET3 und ET8, wie sie in DB 601-Motoren verwendet werden, die Isolatoren (aus gesintertem Aluminiumoxid) scheinen vom zementierten Typ zu sein, mit einer Gasdichtung aus gedrehtem Aluminium an der Oberseite des Isolators. Dieser Typ wurde von Bosch eingeführt und hier übernommen, wird aber von den britischen Zündkerzenherstellern aufgrund von Problemen mit Gasleckagen, die durch Variationen im Zement um die Mittelelektrode herum verursacht werden, derzeit aufgegeben.
Allgemeines:
Alle Zündkerzen haben schwere Zündspitzen, wie sie früher hierzulande üblich waren, aber zugunsten der feindrahtigen Platinlegierung aufgegeben wurden.

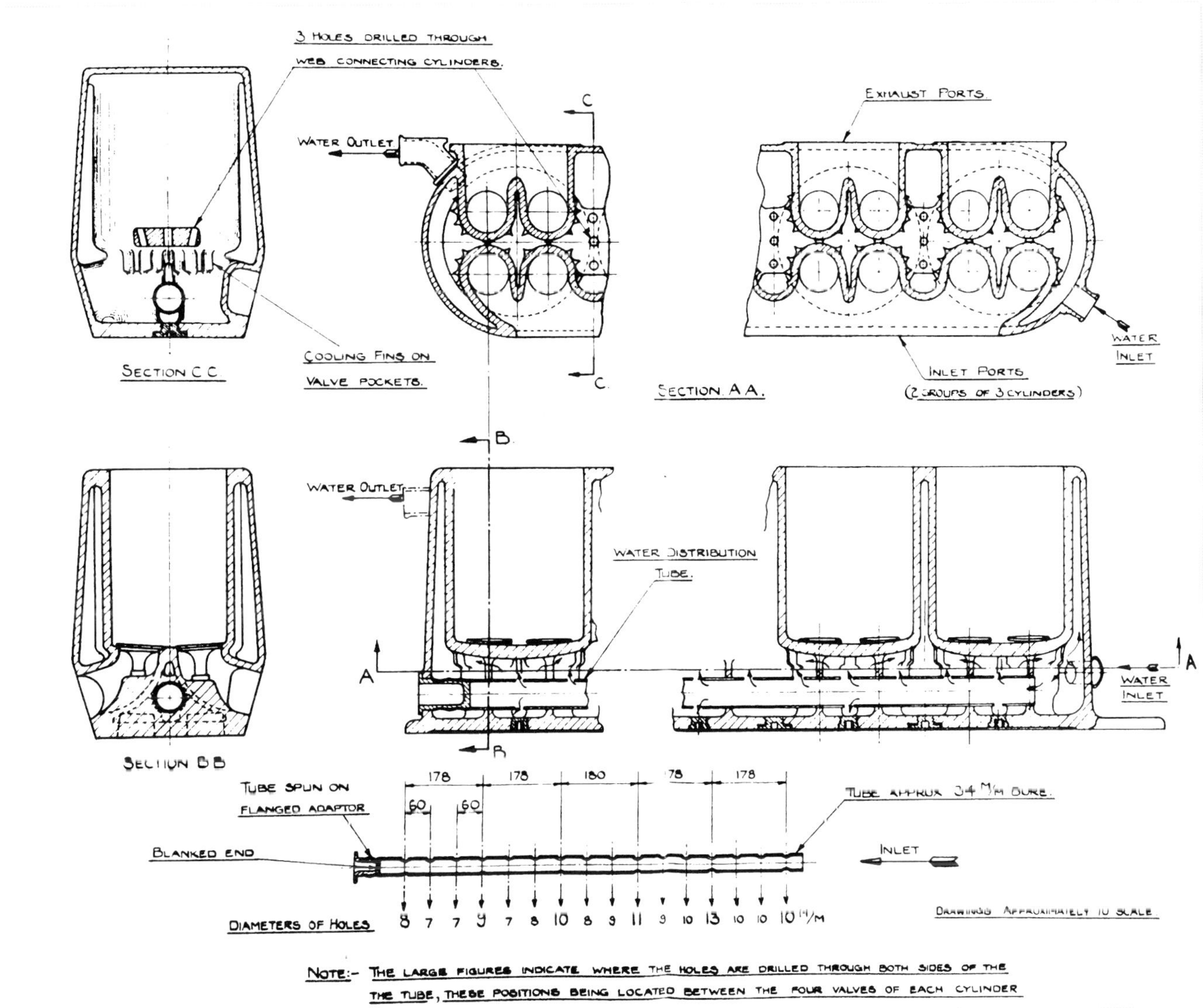

DB 601: Kälteströmungsschema.

Der endgültige zweistufige, zweigängige Rolls-Royce Merlin mit Ladeluftkühlung.[46]

Insgesamt betrachtet, würde man sagen, dass diese Kerzen in der Entwicklung hinter unseren Typen zurückbleiben und ein Stadium repräsentieren, das hier vor etwa zwei Jahren erreicht und überschritten wurde.«[47]

Die deutschen Konstrukteure hatten Mitte der 1930er Jahre die besten Zündkerzen der Welt hergestellt, waren Pioniere des keramischen Isolators und wussten, dass die Platinelektroden überlegen waren – aber sie hatten einfach nicht genug von dem Edelmetall, um es zu verwenden.

Schwierigkeiten mit Motorleistungen gab es jedoch nicht nur in Deutschland, und am 23. April 1941 traten auch bei der Spitfire Mk.V Probleme auf. Am 23. April verfügte immer noch nur eine Staffel über das neue Flugzeug und seine Leistung entsprach nicht den Erwartungen. Sholto Douglas schrieb eine Beschwerde an Supermarine.

»Ich bin besorgt über die Situation der Spitfire V und des Merlin 45 Motors. Obwohl eine beträchtliche Anzahl von Spitfire Vs produziert wurde, habe ich bisher nur eine Staffel mit Spitfire V ausgerüstet, und diese Flugzeuge liefern keine zufriedenstellenden Ergebnisse, die folgenden Punkte bereiten mir Sorgen:

Das Triebwerk Merlin 45 verliert an Leistung. Soweit ich weiß, tut Rolls sein Bestes, um Abhilfe zu schaffen, ist aber derzeit nicht in der Lage, die Ursache für diesen Leistungsverlust zu ermitteln.

Es werden keine Rotol-Propeller eingebaut, sondern ein veralteter de Havilland-Typ, der Berichten zufolge in großen Höhen einfriert.«[48]

Im Mai 1941 wurde ein weiterer Meilenstein erreicht, als die vorläufige Spezifikation für den zweistufig aufgeladenen Merlin R.M.8.S.M. veröffentlicht wurde. Es handelte sich um den Merlin 61, die Jagdversion des Merlin 60 (R.M.6.S.M), der ursprünglich für den Einsatz im Wellington-Bomber vorgesehen war.

»Vertraulich – Spezifikation für Merlin R.M.8.S.M, Ausgabe Nr. 1, Mai 1941.

Dieses Triebwerk wurde für Höhenjagdflugzeuge entwickelt und ähnelt im Allgemeinen dem Merlin LX, einer Höhenbomberkonstruktion.«[49]

Nachdem das Schlimmste abgewendet worden war, indem der Merlin 45-Motor für große Flughöhen in die Standardzelle der Spitfire gequetscht wurde, war klar, dass eine langfristige Lösung erforderlich war, die den alliierten Flugzeugen in allen Höhen einen größeren Leistungsvorteil verschaffen würde. Der Merlin XX hatte bei Rolls-Royce den zweistufigen Kompressor eingeführt, und der Merlin 45 hatte sein verbessertes Design für den Lufteintritt in einen Motor übernommen, der zwar in die Spitfire passte, aber nur in einer unflexiblen einstufigen Kompressorkonstruktion. Es wurde ein neuer Merlin-Kompressor benötigt, der die neuesten Erkenntnisse berücksichtigte. Die Einführung des Merlin 61 war eine der wenigen Entscheidungen beider Seiten, die eindeutig als kriegswichtig bezeichnet werden können, sowohl auf technischer als auch auf strategischer Ebene. Das neue Triebwerk verfügte über eine zweite Aufladestufe und einen Ladeluftkühler, der mit Hilfe eines Wasserkühlsystems die Temperatur der in den Motor eintretenden Luft senkte.

In die Spitfire eingebaut, steigerte der Merlin 61 die Leistung des Flugzeugs um ein Vielfaches. Die neue Spitfire – die Mk.IX – erhielt die gesamte Flexibilität des zweistufigen Kompressors des Merlin XX zusammen mit den Verbesserungen in der Kompressortheorie und -versuchsmethodik des Merlin 45 in einem Paket. Sie veränderte die Leistung der Spitfire mit einem Schlag, und das in einem Rumpf, der seit der Spitfire Mk.I fast unverändert geblieben war (abgesehen von einer erheblich längeren Nase, um das Zweiganggetriebe und den zweiten Impeller des Merlin 61 unterzubringen).

Die Hawker Hurricane war leicht zu modifizieren; ihre Grundkonstruktion ermöglichte den problemlosen Einbau des neuen Merlin XX, der für Höhenbomber konzipiert worden war. Ihre inzwischen veraltete Konstruktion führte jedoch dazu, dass ihre Geschwindigkeit in großen Höhen nicht im gleichen Maße zunahm wie die höhere Leistung des Merlin XX mit seinem zweistufigen Kompressor und dem verbesserten Kompressoreinlass.

Schnitt durch den Wasser-Luft-Ladeluftkühler des Rolls-Royce Merlin. 50

Die Bemühungen, die Spitfire Mk.I mit einem Merlin-XX-Motor auszustatten und daraus die Spitfire III zu machen, zogen sich weiter hin. Supermarine wurde schließlich angewiesen, die Arbeiten daran einzustellen, da man davon ausging, dass die Hawker Typhoon in Kürze erscheinen würde. Die Hawker Typhoon versprach, extrem schnell zu sein und die Spitfire III obsolet zu machen. Doch Produktionsprobleme mit dem großen und sehr komplexen 24-Zylinder-Napier-Sabre-Motor verzögerten ihre Einführung erheblich. Irritiert von der Kritik des Luftfahrtministeriums an den Problemen beim Einbau des Merlin XX in die Spitfire, wandte sich Ernest Hives von Rolls-Royce etwas unvermittelt an das Luftfahrtministerium:

> »Jeder, der glaubt, dass die Typhoon im nächsten Jahr (1941) irgendetwas beitragen wird, weiß nicht, wovon er spricht.«

Hives, der neben seinen anderen Qualitäten auch ein hervorragender Verkäufer war, war vielleicht unfair gegenüber Napier, das weniger Mittel als Rolls-Royce zur Verfügung standen, eine erstaunliche Leistung bei der Entwicklung des neuartigen Sabre erbracht hatte. Aber er bekam recht: Der Typhoon war 1941 noch nicht ausreichend entwickelt, um einen Beitrag zu den britischen Militäraktivitäten in der Luft zu leisten.

Während die Entwicklung des Sabre und des Typhoon in vollem Gange war, waren die Ingenieure des RAE im Mai 1941 damit beschäftigt, DB 601 A-Motoren aus abgeschossenen Bf 109 zu untersuchen. Die Kurbelwelle des DB 601 A wies die gleichen Leichtbaueigenschaften auf wie die Kurbelwellen der meisten anderen Flugzeugtriebwerke jener Zeit, war aber wesentlich raffinierter. Obwohl Halford diesen Typ von Daimler-Benz-Motoren bereits untersucht hatte, war es für die Briten unmöglich zu wissen, ob jedes gefundene Exemplar innen und außen mit dem letzten identisch sein würde, und so wurde jedes Exemplar dieses Typs, das auch nur ein oder zwei Monate auseinander lag, zerlegt und untersucht, falls etwas Neues gefunden werden sollte.

Beim DB 601 A wurde versucht, das Gewicht des Motors mithilfe fassförmiger Taschen noch mehr zu reduzieren: die Löcher in den Kurbelzapfen wurden mit dünnen Stahlrohren verschlossen, die dann fest eingepresst wurden. Das Öl konnte zu den Pleuellagern fließen, indem es um den Umfang der Stahlrohre herum floss. Diese Methode zur Gewichtsreduzierung ist auch heute noch beeindruckend und ähnelt dem, was man in einem V8-Motor aus der Formel 1 im Jahr 2008 findet. Der Aufwand für solche Bearbeitungen ist nach wie vor außergewöhnlich hoch.

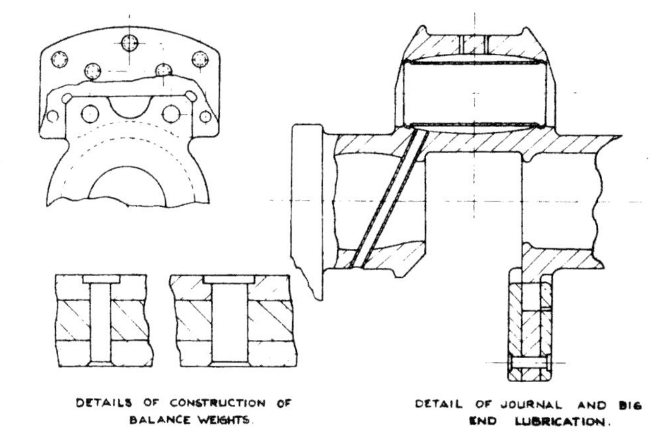

Daimler-Benz 605: Kurbelwellenzeichnung.

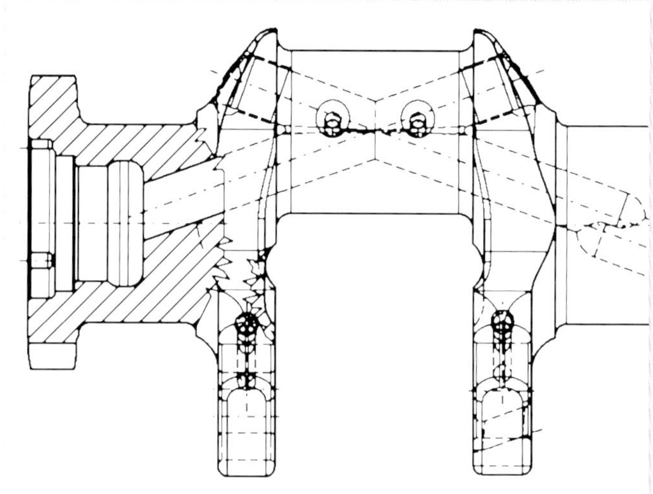

Toyota RVX-08 Formel-Eins-Kurbelwelle.

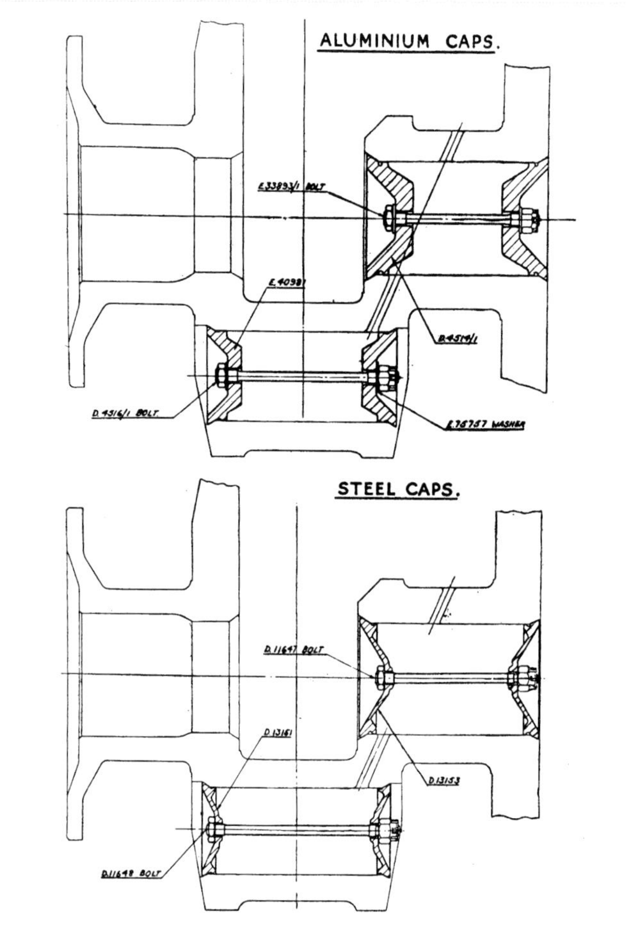

CRANKSHAFT SEALING CAPS IN ALTERNATIVE MATERIALS

Zeichnung der Merlin-Kurbelwelle.

RAE-Techniker bemerkten Veränderungen am Daimler-Benz-Lader. Frühere Lader hatten keine Diffusor-Leitschaufeln, doch dies wurde nun geändert. Der Diffusorbereich ist der Luftdurchlassring außerhalb der Peripherie des Verdichterrads und bildet einen kritischen Bereich, in dem der Druck im Lader ansteigt. Die Diffusorschaufeln leiten den Luftstrom vom Laufradausgang in die Spirale (das spiralförmige Hauptgehäuse, aus dem die Druckluft aus dem Lader austritt). Ohne die Leitschaufeln kann sich die Luft nach Belieben bewegen, was zu Ineffizienz führen kann. Wenn man sie sich selbst überlässt, bewegt sich die Luft in einer logarithmischen Spirale von der Laufradspitze aus, was zu einem sehr langen Weg vom Laufrad zum Spiralgehäuse führt. Dies verursacht Reibungsverluste. Diffusorschaufeln erhöhen daher den Wirkungsgrad des Kompressors, allerdings mit einem Nachteil: Die Schaufeln bewegen sich nicht, aber die Geschwindigkeit des Kompressorlaufrads ändert sich. Daher müssen die Schaufeln so angewinkelt werden, dass sie bei einer bestimmten Laufraddrehzahl am besten funktionieren. Dies führt zu einer besseren Leistung in einem schmalen Bereich um diese Drehzahl herum, verringert aber die Leistung des Kompressors außerhalb dieses Bereichs erheblich.

Am 23. Juni 1941 wurde ein fortschrittlicheres Triebwerk aus einer Bf 109 E-7Z geborgen, komplett mit seinem Lachgas-System. Das mysteriöse Treibgas wurde schließlich einige Monate nach den ersten Verhören im Februar untersucht. Das RAE untersuchte eine im Juni 1941 in Dorset abgestürzte Bf 109 E-7, bei der sich herausstellte, dass ein behelfsmäßiges System mit einer an den Lufteinlass des DB 601 N-Motors angeschlossenen Flasche installiert war, die über ein einfaches handbetriebenes Ventil im Cockpit gesteuert wurde. Wie üblich wurde Flugleutnant Golovine sofort benachrichtigt:

»E/2140-2/RRP/66 23. Juni 1941
Der Unterstaatssekretär des Luftfahrtministeriums
Direktion des Nachrichtendienstes, Abteilung A.I.1(g)
Fisher Road School, Wealdstone

Zu Händen von F.Lt. Golovine
Wie in Ihrem Telefongespräch am 21. d.l.M. erbeten. Wir fügen Zchng.Nr.M.9455 und Rohdrucke Nr.35901/2/3 in zweifacher Ausfertigung bei, die das Layout des Containersystems für zusätzliche Leistung zeigen, wie es in der Bf 109 E, Nr.15 mit Mercedes DB 601 N Motor Nr.21705 gefunden wurde. Ein Druck zeigt den Flachkopfkolben eines anderen DB 601 N Motors mit einem DB 601 A Kolben zum Vergleich.

Jeder der drei Flaschenbehälter hat ein Gesamtvolumen von 15,4 Litern (10,05 Liter Innenraum, 5,35 Liter Außenraum).«[51]

Über die Art des Systems wurde das RAE im Unklaren gelassen – der Pilot war entweder nicht in der Lage oder nicht gewillt, die Details preiszugeben. Das System, das das RAE tatsächlich entdeckt hatte, war Distickstoffoxid.

»Das Fehlen jeglicher Angaben über die verwendete Substanz und die spärlichen Informationen über ihre Art und ihren Zweck machen es schwierig und von zweifelhaftem Wert, ihre Wirkung auf die Flugleistung abzuschätzen. Die nützlichen Details, die aus den Quellen des Luftnachrichtendienstes stammen, sind folgende:

(a) Das System kann nur oberhalb von 6 km sicher verwendet werden.
(b) Der Inhalt ist als »Beschleunigungsgas« bekannt.
(c) Die maximale Einsatzdauer beträgt etwa 10 Minuten.

Andere Informationen besagen Folgendes:

(d) In einer Höhe von 30.000 ft [9144 m] wird die Geschwindigkeit um 60 mph [96,6 km/h] erhöht.
(e) Das System kann nicht zweimal verwendet werden, d. h. nach dem Öffnen des Ventils ist eine zweite Verwendung nicht möglich.
(f) Die Farbe des Gases (ob Einlass oder Auspuff ist nicht angegeben) ist weißlich-grau ›wie Zigarettenasche‹.
(g) Wenn das Flugzeug zum Ausweichen nach einem Angriff auf einen Schiffsverband verwendet wird, kann es in einem Winkel von 70 [Grad] aufsteigen.«[52]

Die RAE-Ingenieure waren der Meinung, dass es sich wahrscheinlich um ein Gemisch aus Methanol und Sauerstoff handelte, was zwar falsch, aber eine vernünftige Schlussfolgerung war.

Obwohl die RAE-Ingenieure die in der Bf 109 E 7 verwendeten Gase falsch eingeschätzt hatten, hatten sie eine fundierte Schätzung darüber abgegeben, wie lange ein Ladedruck im Bezug auf die verfügbare Höchstleistung aufrechterhalten werden konnte. In Wirklichkeit stand fünf Minuten lang eine Erhöhung von etwa +300 PS zur Verfügung.

Um den erhöhten Zylinderdruck, der sich aus dem erhöhten Verdichtungsverhältnis und der GM1-Ladung ergab, in den Griff zu bekommen, wurden beim DB 601 N einige Änderungen am Kurbelwellenschmiersystem vorgenommen, um den Lagern das Überleben zu erleichtern. Beim Außenring des DB 601 N-Pleuelrollenlagers wurden die dünnen Aussparungen zwischen den einzelnen Innenbohrungen entfernt, um die Lagerfläche zu vergrößern. Auch die seitlichen Aussparungen für die Pleuelstangenbolzen wurden geändert, da sie nun nicht mehr an der Trennebene des Pleuelstangenkopfes zu öffnen waren. Dies trug dazu bei, das große Ende der Pleuelstangen zu versteifen, so dass die Bolzen neben dem Zug nun weniger Biegung ertragen mussten.

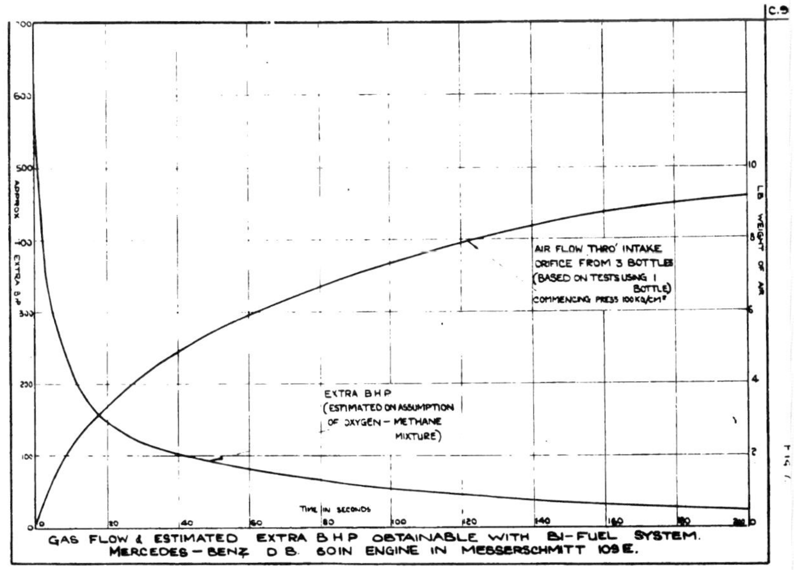

RAE-Schätzung der Vorteile des (vermeintlichen Sauerstoff-Methan-) Zusatzes im DB 601 N.

Auch an der Kurbelwelle wurden einige kleine Änderungen vorgenommen, um den Öltransport zu den Pleuellagerschalen zu verbessern. Beim DB 601 A war der Ölkanal über ein Rohr mit dem Pleuelkopf verbunden.

Der DB 601 N verzichtete auf diesen Schlauch: jetzt füllte sich der gesamte Innenraum jedes Hauptlagers mit Öl, was möglicherweise eine etwas kontinuierlichere Ölversorgung ermöglichte, indem es als Ölreservoir fungierte.

DB 601 N: Pleuellager im Vergleich zum Standard.

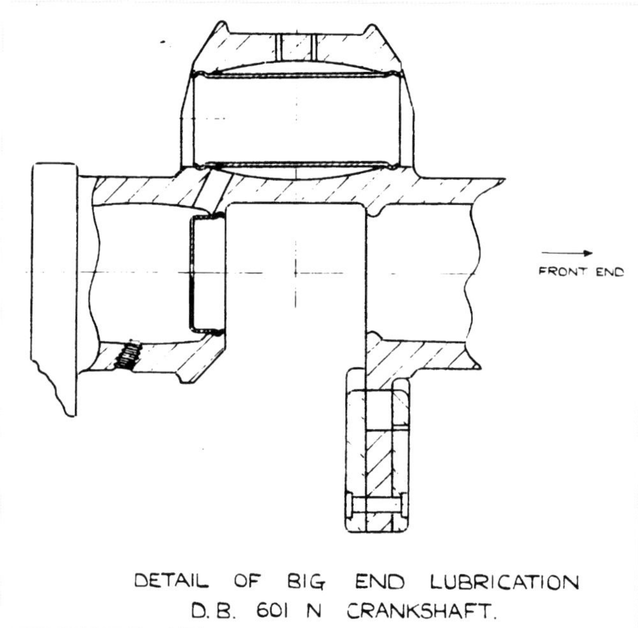

Kurbelwellenabschnitt des DB 601 N als Gegenentwurf zum 601 A, der den veränderten Ölweg zu den Lagern zeigt.

DB 601 N-Kolben mit flachem Boden im Vergleich zum DB 601 A-Kolben.

Trotz aller Optimierungen, die vorgenommen wurden, um die Lagerleistung des DB 601 N-Motors zu verbessern, hatten die Probleme mit der Treibstoffsubstitution seine Zuverlässigkeit im Betrieb ruiniert, so dass er langsam aus dem aktiven Dienst genommen wurde. Obwohl diese Tatsache den britischen Ingenieuren nicht bekannt war, konnten sie sehen, dass mit diesem Motor im Flugbetrieb Probleme aufgetreten waren.

Brennkammer des DB 601 N: Man sieht, wo die Zündkerzen locker geworden sind.

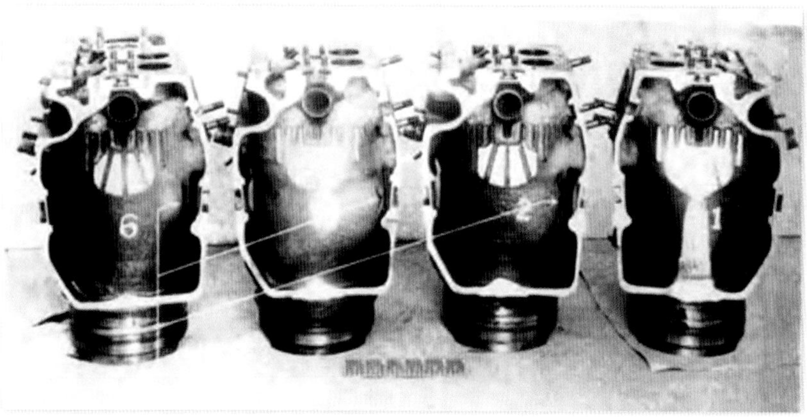

Vom RAE geschnittene DB 601 N-Zylinder, die Wasserdurchflusskanäle zeigen.

Am 29. April schrieb Tizard an Hives über amerikanische Turbolader. Er äußerte sich positiv über die amerikanischen Entwicklungen und war der Meinung, dass man sie weiter erforschen sollte. Er hatte Recht, dass die Kontrollsysteme nicht weit genug entwickelt waren, um dem Konzept gerecht zu werden. Amerikanische Flugzeuge verfügten damals noch nicht über aktive Ladedruckregelsysteme, was bedeutete, dass der Pilot bei der Regelung des Turboladers äußerst vorsichtig sein musste, um ein Überladen des Motors zu vermeiden. Ein unerfahrener Pilot konnte leicht seinen Motor ruinieren, wenn er vergaß, den Ladedruck richtig einzustellen.

»Mein lieber Hives,
Ich habe den Turbolader am Sonntag in der amerikanischen Boeing-Maschine gesehen. Ich bin mit dem Gefühl gegangen, dass Sie vielleicht seinen Wert für große Maschinen unterschätzt haben, obwohl ich zugeben muss, dass er mit der derzeitigen Form der Steuerung nicht für ein Jagdflugzeug geeignet wäre. Sollten Sie nicht besser jemanden nach Boscombe Down schicken, um die Anlage zu studieren, solange Sie die Gelegenheit dazu haben? Es gibt dort einen amerikanischen Ingenieur, der mit allen Details vertraut ist.

Ein weiterer Punkt: Ist der Turbolader nicht ein idealer Lader für den Zweitaktmotor, bei dem man ohnehin einen Gegendruck benötigt und bei dem die Benzineinspritzung einige der Probleme der Steuerung beseitigt?

Wie kommt der Zweitaktmotor voran? Ich habe gehört, dass er auf dem Prüfstand getestet wurde, aber nicht mit voller Leistung. Sollte sich dieser Motor als zufriedenstellend erweisen und in Produktion gehen können, würde er uns eine Menge Kopfzerbrechen bei der Modifizierung bestehender Jagdflugzeuge ersparen.« [53]

Fünf Tage später, am 4. Mai, schrieb Hives über den Turbolader und die Zweitaktmotoren zurück:

»Wir organisieren einen Besuch von Lovesey und Hooker … Ich werde Ihnen eine Kopie des Berichts von Hooker zukommen lassen, nachdem er ihn untersucht hat.

Der komplette 12-Zylinder-Zweitaktmotor ist in Betrieb gewesen. Bisher ist er mit einer bescheidenen Leistung gefahren, um ihn einlaufen zu lassen … Selbst wenn die Entwicklung des Zweitakters mit einem Minimum an Schwierigkeiten vonstatten ginge, wäre es töricht zu glauben, dass wir in weniger als zwei Jahren in Produktion gehen könnten.« [54]

Am selben Tag schrieb Hives auch an Tizard über den Bedarf an Kampfflugzeugen:

»Mein lieber Tizard,
Wir finden es sehr schwierig zu verstehen, warum wir zu immer mehr Leistung in der Höhe gedrängt werden, während die neuen Jagdflugzeuge – der Typhoon und der Tornado – nicht viel bessere Gipfelhöhen haben worden als der Hurricane Mk. I … wir denken, dass in der Werbung für diese neuen Jagdflugzeuge eine sehr reale Gefahr liegt, weil sie weit von der Wahrheit entfernt ist.

Seit Monaten dränge ich auf einen Bericht von einem Kampf, der in verschiedenen Höhen zwischen unserer besten Spitfire und einer Typhoon durchgeführt wird.

Vielleicht wäre es noch besser, wenn wir eine Messerschmitt 109 einsetzen würden. Wir haben das Gefühl, dass die Bf 109 immer in der Lage wäre, die Typhoon zu besiegen. Wenn andererseits gezeigt werden kann, dass der Typhoon oder der Tornado das beste Kampfflugzeug ist, dann können wir mit Enthusiasmus vorwärts gehen und der RAF geben, was sie braucht.« [55]

Obwohl Hives zweifellos alles andere als unvoreingenommen war, hatte er Recht mit seinen Bedenken hinsichtlich der Höhenleistung des Typhoon. Das Problem für Napier bestand darin, dass sie so viel Zeit in die Entwicklung des Sleeve-Ventils gesteckt hatten, dass sie, wie Fedden in Bristol, versäumt hatten, das wichtigste Triebwerkssystem für den Luftkampf im Zweiten Weltkrieg zu entwickeln – den Kompressor. Egal wie beeindruckend die Leistung eines neuen Triebwerks in Meereshöhe auch sein mochte, wenn der Kompressor nicht ausreichend entwickelt war, konnte diese Leistung nicht bis zu einer Höhe aufrechterhalten werden, die ausreichte, um das Flugzeug zu einem glaubwürdigen Ersatz für die Spitfire zu machen. Die Spitfire, die fast ein halbes Jahrzehnt zuvor geflogen war, war nach manchen Maßstäben vielleicht in bestimmten Bereichen veraltet. Was die Spitfire jedoch besaß, war ein hervorragender Kompressor, der ihre Lebensdauer weiter verlängerte.

Rolls-Royce hatte wie alle Triebwerkshersteller mit Lagerausfällen zu kämpfen und wandte sich an Tony Vandervell, der von der amerikanischen Firma Cleveland Graphite eine Lizenz für die Herstellung dünnwandiger Lager erhalten hatte. Die Firma Vandervell hatte das amerikanische System übernommen und weiterentwickelt. Nach einem langwierigen Rechtsstreit hatte das Unternehmen schließlich erfolgreich argumentiert, dass sich sein neues Verfahren ausreichend von dem amerikanischen Verfahren unterscheide, um keine Patentgebühren zahlen zu müssen. [56,57]

Eine wichtige Neuerung war die galvanische Beschichtung der Lageroberfläche mit dem Element Indium. Das traditionelle Bleibronzelager hatte mehrere Probleme, von denen das schwerwiegendste darin bestand, dass sich mit zunehmendem Alter des Öls im Motor Säuren aus Verbrennungsnebenprodukten bildeten, die das Blei im Lager stark angriffen. Dies war so gravierend, dass es das Lager leicht zerstören konnte. Das Mittel dagegen war die Beschichtung der Bleibronzeschicht mit einem Schutzüberzug. In Verbindung mit der Stahlunterlage unter der Bleibronzeschicht bildete dies eine Lagerschale, die heute als »Tri-Metall« bezeichnet wird. Der Name kommt daher, dass das Lager aus drei verschiedenen Metallschichten besteht: einer Stahlschale, einer Bleibronzeschicht als Lagermaterial und einer dünnen Schutzschicht, die vor Korrosion schützt. Die Bleibronze und das Indium diffundierten ineinander und das Ergebnis war ein zuverlässiges und widerstandsfähiges Lager mit einer außergewöhnlich hohen Belastungs- und Korrosionsbeständigkeit. Dieses von Vandervell entwickelte Material ist auch ein Dreivierteljahrhundert später noch immer das beste Material für Kurbelwellenlager in Kolbenmotoren. Erst in jüngster Zeit wurde es in einigen Fällen aufgrund der Gesetzgebung über die Verwendung von Blei in modernen Autos geändert.

Rolls-Royce veröffentlichte am 5. Juni einen Bericht über den versuchten Einsatz von Vandervell-Lagern im Merlin:

»Nachdem die Rolls-Royce-Hauptlager bei einem Test auf dem Prüfstand durch Bleischwitzen versagt hatten, wurde entschieden, dass der Merlin für den Einbau von dünnwandigen Hauptlagern nicht geeignet ist, da die langen Zugbolzen das Gehäuse stark aus der Form ziehen.« [58]

Die Vandervell-Lager waren dünner als die normalen Rolls-Royce-Lager, und während die Metallurgie der Vandervell-Lager perfekt war, war der Merlin für die Verwendung eines älteren Lagertyps entwickelt worden, der nicht ohne weiteres ausgetauscht werden konnte, ohne andere Probleme zu verursachen. Rolls-Royce verfügte über ein eigenes Lagerentwicklungswerk und begann mit der Herstellung von Blei-Indium-Lagern,

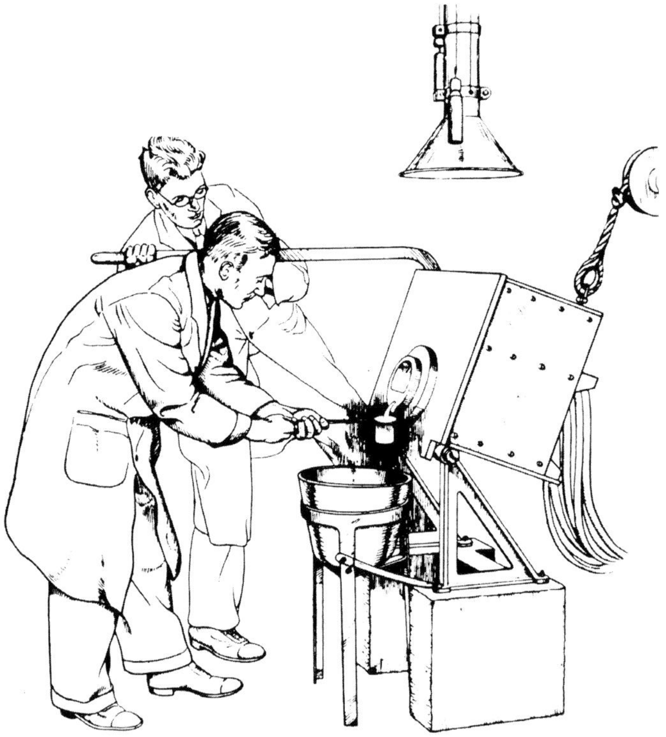

Rolls-Royce Lagerschalenguss.

die besser zu den Vorfahren des Merlins passten. Die Herstellung dieser dickwandigen Lager erforderte eine Reihe äußerst intensiver manueller Arbeitsschritte, um ein zuverlässiges Lager herzustellen, da die Lagerbeschichtung bei jedem Lager von Hand aufgegossen werden musste.

Selbst diese scheinbar unbedeutenden Entwicklungen waren von entscheidender Bedeutung, da sie eine Verbesserung der Aufladesysteme ermöglichten, ohne dass man befürchten musste, die mechanischen Teile des Motors könnten ausfallen.

Rolls-Royce hatte den Griffon-Motor weiterentwickelt, doch während die Entwicklung des Merlin-Motors weit vorangeschritten war, hatte der größere Griffon noch einen weiten Weg vor sich, um seine Höhenleistung zu erreichen.

> »Im Mai 1941 wurde dem Griffon ein schwerer Schlag versetzt. Zu dieser Zeit verlangte der Luftwaffenstab Höhe und noch mehr Höhe, und es bestand die dringende Notwendigkeit, so schnell wie möglich ein Flugzeug in Produktion zu bringen, das dem Tornado/Typhoon an Geschwindigkeit und Steigfähigkeit überlegen war. Dies konnte die Spitfire Griffon innerhalb der folgenden zwei Jahre unmöglich erreichen, und die einzige Hoffnung lag im Merlin-61. Die Arbeiten an diesem Triebwerk wurden daher intensiviert, die Merlin-Serie länger als erwartet fortgesetzt und die Entwicklung der Griffon verzögert.« [60]

Am 8. Juni 1941 wird in den Typenbüchern des britischen Luftfahrtministeriums für die Spitfire erstmals offiziell die Möglichkeit des Einbaus des Merlin 60 mit seinem zweistufigen Lader erwähnt:

> »Der Merlin 60 würde die Leistung der druckbeaufschlagten Spitfires über 35.000 Fuß [10.668 m] verbessern, und seine Einführung ist sehr wichtig. Aber die größere Länge des Motors verursacht Produktionsschwierigkeiten.« [61]

Der erste aktive Einsatz der de Havilland Mosquito fand im September 1941 statt. Es war vielleicht eine von nur zwei Gelegenheiten während des gesamten Zweiten Weltkriegs, bei denen ein Flugzeug entwickelt wurde, das so überragende Leistungen erbrachte, dass es vom ersten bis zum letzten Moment seines Einsatzes alle seine Konkurrenten in den Schatten stellte. Ihre Brillanz verdankte sie zwar einer fantastischen Zelle,

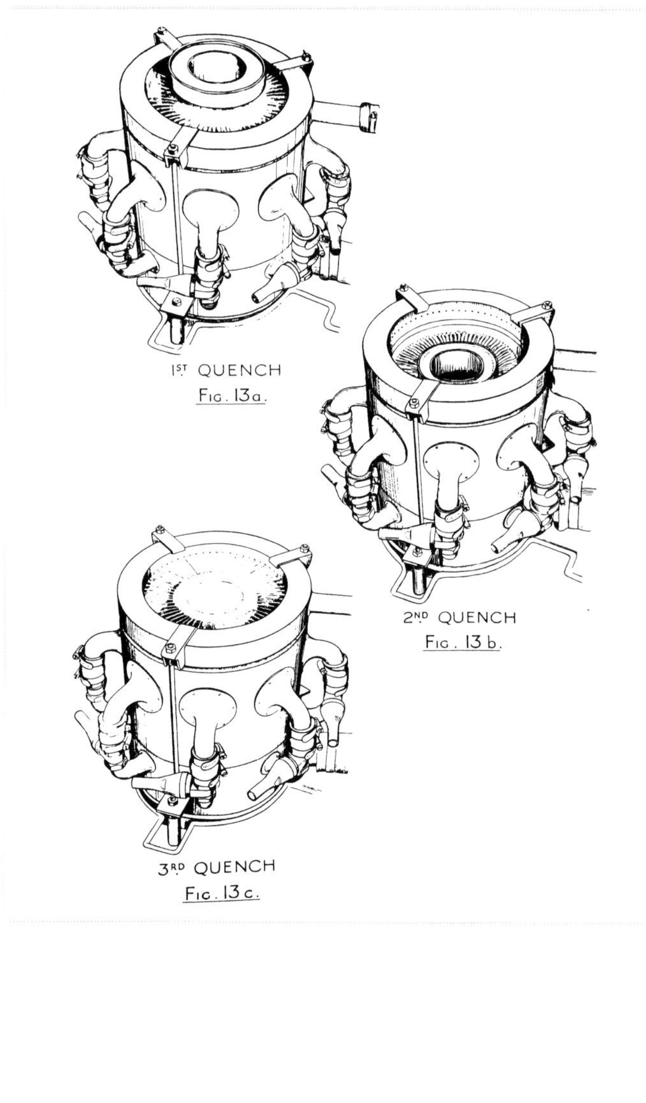

Rolls-Royce Lagerabschreckkammer für den Guss. Dieser Abschrecktopf war so konstruiert, dass er das frisch gegossene Lager kontrolliert mit Wasser umspülte, um ein zuverlässiges Lager zu erzeugen, nachdem die Bleibronze von Hand auf die stählerne Lagerschale gegossen worden war; eine identische wurde in Deutschland entwickelt, etwa zwei Jahre nach den Briten. [59]

aber sie war auch, wie die P-51 Mustang, ein Beispiel dafür, was passieren kann, wenn ein Triebwerk von Anfang an in perfekter Harmonie mit dem Gesamtkonzept der Zelle eingebaut wird.

Die zweimotorige de Havilland Mosquito wurde in völliger Opposition zu allen anerkannten Dogmen der damaligen Zeit konzipiert. Sie sollte über keinerlei Bewaffnung verfügen, fast vollständig aus Holz bestehen und sich allein auf ihre Geschwindigkeit verlassen, um erfolgreich zu sein. Die ersten Vorschläge stießen beim Luftfahrtministerium auf wenig Gegenliebe, das wie der Rest der damaligen Luftfahrtwelt der Meinung war, dass Metallkonstruktionen mit gespannter Außenhaut, wie die der Spitfire und der Messerschmitt 109, der einzige Weg in die Zukunft seien. Dennoch sollte die Mosquito das wichtigste britische zweimotorige Flugzeug des Zweiten Weltkriegs werden. Als sie zum ersten Mal flog, beschrieb RAE-Testpilot Eric Brown seine Gefühle:

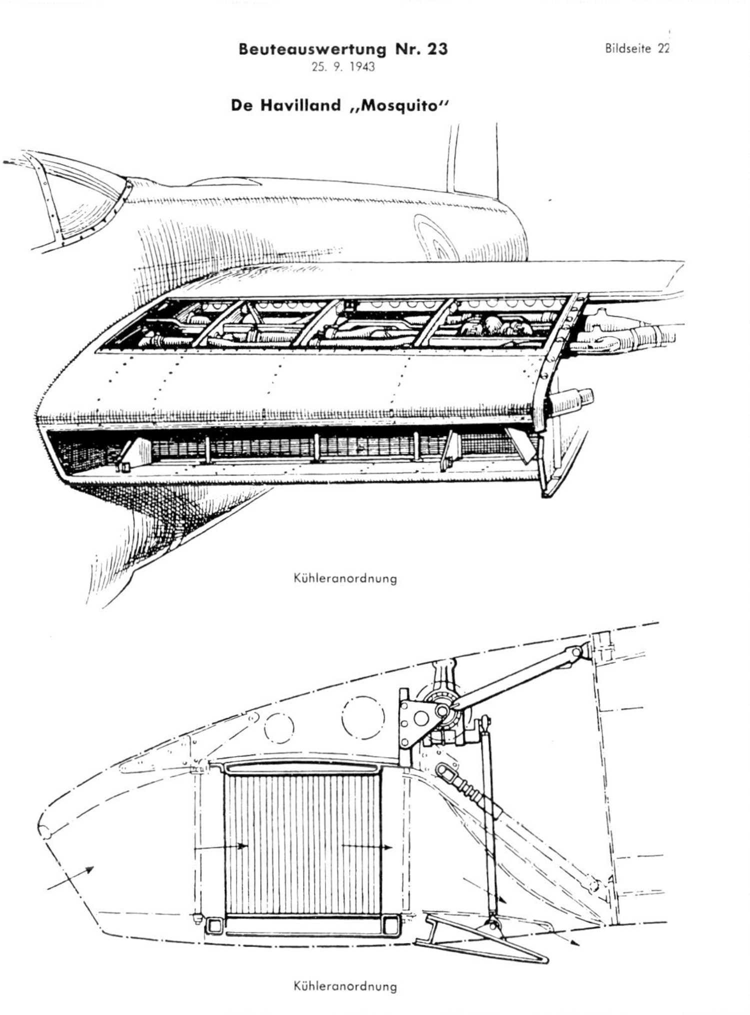

Deutsche Zeichnung des Mosquito-Kühlersystems.

> »Als ich sie das erste Mal sah, erkannte ich, dass sie das Aussehen eines potenziellen Siegers hatte, für ihre Zeit war sie unglaublich stromlinienförmig – sie strotzte nur so vor Kraft. Wenn sie so aussieht wie eine gute Maschine, erwartet man natürlich, dass sie auch so fliegt – doch sie hat alle Erwartungen übertroffen. Sie war eines der drei großen britischen Flugzeuge des Zweiten Weltkriegs ... Jäger, Nachtjäger, Bomber, sie konnte alles.«[62]

Zu diesem Zeitpunkt wurde deutlich, dass das Düsentriebwerk mehr als nur eine technische Kuriosität sein würde. Das Luftfahrtministerium wies Gloster daraufhin an, die Arbeit an seinem Mosquito-Konkurrenten einzustellen und sich stattdessen auf sein geheimes Düsenflugzeugprogramm zu konzentrieren. Die Mosquito enttäuschte nicht, wie RAF-Luftmarschall Ludlow-Hewitt am 30. Juni 1941 in einem Brief an das Bomber Command HQ festhielt:

> »Soweit ich weiß, hat die Mosquito bis jetzt alle Tests zufriedenstellend abgeschlossen und sich als außergewöhnlich schnelles zweimotoriges Flugzeug erwiesen, dessen Kombination von hoher Geschwindigkeit und Ausdauer die aller anderen derzeit verfügbaren Flugzeuge weit übertrifft ... Sobald seine außergewöhnlichen Eigenschaften bekannt sind, scheint es sicher, dass es einen Ansturm von Nachfragen nach ihm für alle möglichen Zwecke geben wird ... Ich behaupte, dass wir bei der Entwicklung der Produktion dieses Flugzeugs nicht weit genug gehen. Da es das beste seiner Art ist, das in Sicht ist, ist es da nicht schon mehr als gerechtfertigt, seine Produktion in großen Stückzahlen in Angriff zu nehmen?«[63]

Die Mosquito verdankte ihre Schnelligkeit der hervorragenden Gesamtkonstruktion, dem geringen Gewicht, dem Verzicht auf Verteidigungsbewaffnung, der hervorragenden Oberflächenbeschaffenheit, die durch das Gießen der Außenhaut in einer Betonform statt durch Nieten erreicht wurde, und – wie bei der P-51 – der genialen Anordnung der Motorkühler. Durch die Platzierung der Einlässe an den Vorderkanten der Tragflächen – der Luftdruck war hier am höchsten – vergrößerte die Kühlerfrontfläche die Gesamtfrontfläche des Flugzeugs nicht mehr, sondern auch die Größe der Kühler konnte minimiert werden, da das Volumen des durch sie gepressten Luftstroms so hoch war. Die Leistung der Mosquito stellte bald fast alle anderen Flugzeuge in den Schatten – sowohl die alliierten als auch die deutschen. Offiziellen Angaben zufolge konnte sie später im Krieg eine einzige 4000-Pfund-Bombe mit einem Gewicht von fast zwei Tonnen nach Berlin befördern; war diese einmal abgeworfen, war sie genauso schnell wie jede Spitfire mit demselben Merlin-Motor.

Im September 1941 erreichten Versuchsversionen mit dem Merlin 60 in 32.000 Fuß [9765 m] Höhe fast 410 Meilen pro Stunde [660 km/h] – etwa 30 Meilen pro Stunde [48,3 km/h] schneller als die Spitfire Mk. V. Sogar einsatzbereite Mosquitos, die mit dem Merlin XX ausgerüstet waren (die Konstruktion der Mosquito erlaubte die Verwendung eines solch langen Motors), erreichten die Höchstgeschwindigkeit der Spitfire V mit ihrem Merlin 45 in optimaler Höhe und übertrafen sie dann in 22.000 Fuß [6706 m] um 10 Meilen pro Stunde [16,1 km/h].[64]

Die Leistung der Mosquito im August 1941.

1/8/41.

MOSQUITO BOMBER

COMPARISON MERLIN 20 - MERLIN 60

		MERLIN 20	MERLIN 60
Max. speed at 22,000'	mph	379	353
" " " 32,000'	mph	32[illegible]	410
Mean cruising speed at max. weak mixture power at 25,000'	mph	316	337
Range at this speed	miles	1330	
Time to 25,000'	mins.	16½	16½
Mean cruising speed at max. weak mixture power at 35,000'	mph		385
Range at this speed	miles		1200
Time to 35,000'	mins.		25
Maximum range/speed/height		1570 miles/ 242 m.p.h./ 25,000'	1440 miles/ 290 m.p.h./ 35,000'
Service ceiling	ft.	33,400	39,000

All ranges are quoted with the usual 50 mins. allowance. The above figures are all at mean weight, except the time to height, which is at maximum weight.

Die Leistung der Mosquito wurde für die Luftwaffe zu einem ernsten Problem, wie man es nur von wenigen anderen Flugzeugen behaupten kann. Göring verfluchte sie später offen auf Luftwaffenkonferenzen, obwohl er schwer als Kritiker auftreten konnte, da er nicht verhindert hatte, dass Hunderte von wichtigen Ingenieuren eingezogen und als Infanteristen an die Front geschickt wurden. Als währenddessen in England der Druck des Krieges auf Rolls-Royce lastete und Hives gebeten wurde, einige seiner Mitarbeiter für andere Aufgaben freizustellen, war seine Reaktion explosiv. In einem Brief an Bulman vom 2. September 1941 schrieb er:

»Lieber Bulman,
in Beantwortung Ihres Schreibens vom 30. August möchte ich Ihnen sagen, dass Ihr Vorschlag, Ford solle qualifizierte Arbeitskräfte von Rolls-Royce erhalten, die kolossalste Unverschämtheit ist, die ich je gehört habe. Ford ist ein weitaus größeres Unternehmen als Rolls-Royce – warum zum Teufel kümmern sie sich nicht um sich selbst? Ihr Vorschlag, qualifizierte Arbeitskräfte für Glasgow zu finden, bringt mich zum Lachen! Sie können Glasgow sich um sich selbst kümmern lassen, wir sind nie zum MAP gekommen, um zu jammern und zu wimmern, das Einzige, worum wir bitten, ist, dass man uns in Ruhe lässt, damit wir mit der Arbeit weitermachen können.
Mit freundlichen Grüßen,
Hives.«[65]

Es ist fraglich, ob ein deutscher Motorenhersteller dem RLM in ähnlicher Weise hätte antworten können, aber Hives stellte die Bedürfnisse seiner Firma über alle anderen Faktoren. Die Ausdünnung des qualifizierten Personals für die Konstruktion und Entwicklung von Triebwerken sollte sich während des Zweiten Weltkriegs sowohl für die USA als auch für Deutschland als ernsthaftes Hindernis erweisen.

Hives sorgte auch dafür, dass seine Mitarbeiter vor der Einberufung geschützt wurden, und schrieb eine Erinnerung an ein bevorstehendes Treffen mit Bulman, um sicherzustellen, dass keine Mitarbeiter des Glasgower Merlin-Werks eingezogen wurden:

»Hs 29.9.1941
Mit Major Bulman zu besprechende Punkte,
Major Bulman soll dafür sorgen, dass qualifizierte Leute in Glasgow nicht zum Militärdienst einberufen werden.«[66]

Nicht alle Aktivitäten von Rolls-Royce waren jedoch von Erfolg gekrönt, und Ende 1941 war klar, dass das Vulture-Programm ein Fehlschlag war. Am 5. Oktober 1941 wurde die Hawker Tornado mit dem Vulture-Motor offiziell verschrottet.

»Lieber Bulman,
am Mittwoch nahm ich an einem von Herrn Armstrong einberufenen Treffen mit Hawker teil, bei dem auch Herr Sopwith und Herr Camm anwesend waren ... Das Ergebnis dieses Treffens war, dass Hawkers und Rolls-Royce sich einig waren, dass sie dem MAP empfehlen sollten, den Tornado zu verschrotten und es Hawkers zu überlassen, sich auf den Typhoon zu konzentrieren. Der Typhoon und der Tornado können bestenfalls gleichwertige Ergebnisse liefern, doch hat jeder von ihnen seine eigenen speziellen Probleme, die hochkonzentrierte technische Fähigkeiten erfordern, bevor sie als zufriedenstellend angesehen werden können. Nach all diesen Anstrengungen wird die Erfahrung zeigen, dass nur sehr wenige dieser Maschinen im nächsten Jahr in Operationen gegen den Feind eingesetzt werden können. Die Verschrottung des Tornado ... sollte zu einer stärkeren Konzentration auf den Typhoon führen.

Im nationalen Interesse ist Rolls-Royce bereit, die Vulture V zu verschrotten, was uns in die Lage versetzen würde, unsere Anstrengungen auf die weitere Entwicklung des Merlin und des Griffon zu konzentrieren. Wir werden zeigen, dass die Spitfire, die mit dem neuesten Merlin ausgerüstet ist, ganz erheblich verbessert werden kann. Dies ist natürlich ein besserer Beitrag zu den nationalen Bemühungen, als unsere technische Energie darauf zu ver-

Ein späteres Modell der Spitfire Mk.VI mit von Heston installierten LOX-Einspritzrohren.

Späteres Modell der Spitfire VI wird mit LOX aufgefüllt – die Aufschrift auf dem Tank lautet »Immer mit Vorsicht«.

wenden, zu beweisen, dass der Vulture ein besseres Triebwerk ist als der Sabre, denn wenn der Tornado und der Typhoon parallel laufen, würde dies unweigerlich geschehen.

Mit freundlichen Grüßen

Hs.«[67]

Hives konnte es sich leisten, bezüglich der Schwierigkeiten mit dem Vulture eine tapfere Miene aufzusetzen, denn der Merlin bewies weiterhin, dass die konzentrierte Entwicklung eines grundsätzlich soliden, aber konventionellen Konzepts zu unkonventionell beeindruckenden Ergebnissen führen konnte.

Für den Merlin wurde auch eine Flüssigsauerstoffeinspritzung für den Einsatz in großen Höhen entwickelt. Die britischen Ingenieure hatten die Vorteile von Lachgas noch immer nicht erkannt und sich für Sauerstoff als besten Weg zur Verbesserung der Leistung über 40.000 Fuß [12.192 m] entschieden. Am 22. Oktober 1941 legte die Firma Heston Aeroplane, die den Auftrag erhalten hatte, einen Weg zu finden, den Sauerstoff in den Lufteinlass des Motors zu leiten, ihren Bericht über die Flüssigsauerstoffverstärkung der Spitfire vor.[68]

»Zusammenfassung der Vor- und Nachteile von Sauerstoff.

Er kann zur Leistungssteigerung eines jeden Motors eingesetzt werden, unabhängig von der Bauart.

Eine feste Sauerstoffmenge führt in allen Höhen und bei allen Motoren zur gleichen Leistungssteigerung, vorausgesetzt, es ist genügend Kraftstoff vorhanden.

Eine Möglichkeit, die Leistung in großen Höhen zu steigern, ist natürlich ein leistungsstärkerer Motor, aber wenn es nur darum geht, die Leistung in großen Höhen zu steigern, ist Sauerstoff gegenüber Ladeluftkühlern oder zweistufigen Ladern im Vorteil, da er nur eine geringe Gewichtszunahme mit sich bringt.

Er kann schnell und einfach in bestehende Flugzeuge eingebaut werden.

Der psychologische Wert einer Vorrichtung, die es dem Piloten ermöglicht, in dem Moment, in dem er sie am meisten braucht, zusätzliche Leistung zu erhalten, sollte nicht außer Acht gelassen werden. Zu einem späteren Zeitpunkt könnte der Feind ähnlich ausgerüstet sein, aber selbst ein vorübergehender Vorteil könnte wertvoll sein.

Die Hauptnachteile von Sauerstoff sind:

Bei einer gegebenen Gesamtleistung wird beim Einspritzen von Sauerstoff mehr Wärme entwickelt, sowohl im Glykol als auch in den Abgasen, die merklich heißer sind. Gegen Sauerstoff wurde eingewandt, dass er nur etwa 15 Minuten pro Flug verwendet werden kann, aber in einer Spitfire kann dies ein ziemlich großer Teil der in großen Höhen verbrachten Zeit sein, und die Dauer eines tatsächlichen Einsatzes übersteigt normalerweise nicht fünf Minuten.

Es wurde behauptet, dass Sauerstoff die Brandgefahr erhöhen könnte. Es ist möglich, dass die Menge an Sauerstoff, die verwendet werden kann, durch den überschüssigen Treibstoff begrenzt wird, es sei denn, eine Modifikation des Vergasers wird in Betracht gezogen.«[69]

Das deutsche System der Verwendung von Distickstoffoxid hatte den Vorteil, dass das Gas in der Metallgasflasche ziemlich inert war und daher viel einfacher und sicherer zu handhaben war; die Liste der sechs Dinge, die unbedingt vermieden werden sollten, begann:

»1) Lassen Sie keinen flüssigen Sauerstoff auf Lumpen oder Sägemehl fallen, da dies zu einem schweren Brand führen kann.
2) Lassen Sie LOX nicht mit der Haut in Berührung kommen, da dies zu schweren Verbrennungen führen kann, und berühren Sie keinen Teil des Systems ohne Gummihandschuhe.«[70]

»Anweisungen für den Piloten:

2. Das System darf nicht in Höhen unter 32.000 ft [9754 m] betrieben werden, da sonst die maximal zulässige Motorleistung überschritten wird.
3. Die Dauer der Leistungserhöhung beträgt ca. 10 Minuten, bei einem Tankdruck von 6 psi kann das System intermittierend betrieben werden.

Die Tests wurden auf einem Prüfstand der Firma Rolls-Royce in Derby in Zusammenarbeit mit Dr. O. A. Saunders vom Imperial College of Science mit einem Merlin XX durchgeführt, der mit 3000 Umdrehungen pro Minute lief ... durch Einspritzen von 3,9 lb Sauerstoff pro Minute wurde die PS-Leistung von 600 auf 706 (17,7 %) erhöht ... es gab keine Anzeichen von Klopfen ... die Ergebnisse wurden als ausreichend gut angesehen, um den Einbau der erforderlichen Vorrichtung in ein Flugzeug zu rechtfertigen.«[71]

Die Flugversuche wurden ebenfalls vor der Veröffentlichung des Papiers durchgeführt, in dem der Einbau in eine Spitfire Mk.II beschrieben wurde.

»Die Höchstgeschwindigkeit wurde bei 32.000 Fuß [9754 m] um 30 Meilen pro Stunde [48,3 km/h]erhöht ... und die Steigzeit von 30.000 auf 35.000 Fuß wurde von 7,5 Minuten auf weniger als 5,5 Minuten reduziert ... es scheint, dass, was den Motor betrifft, eine größere Sauerstoffeinspritzung verwendet werden könnte, aber die Kapazität des Kühlers, die erhöhte Wärmeleistung abzuführen, ist der Faktor, der derzeit das eingespritzte Gewicht begrenzt. ... die Gemischstärke muss angereichert werden, wenn der Sauerstoff eingespritzt wird ... das Gerät, wie es in einer Spitfire installiert ist, wiegt etwa 110 Pfund, wenn es mit 60 Pfund Sauerstoff gefüllt ist, und besitzt eine maximale Leistungskapazität von etwa 1200 PS-min ... Auf dem Prüfstand betrug die Zeit, die benötigt wurde, um einen vollen Sauerstoffstrom zu erhalten, 2 – 3 Minuten; mit dem Steuersystem, wie es derzeit eingerichtet ist, wurde diese Zeit auf eine halbe Minute reduziert ... es ist wahrscheinlich, dass mehrere Staffeln ausgerüstet und für spezielle Aufgaben in großer Höhe bereitgehalten werden könnten. Das am besten geeignete Flugzeug für Sauerstoffinjektionsgeräte wäre eines mit einer Druckkabine, insbesondere die Spitfire mit dem Merlin 47.«[72]

»Die Verwendung eines Flüssigsauerstoffs ist nur dann gerechtfertigt, wenn für einen kurzen Zeitraum eine beträchtliche Leistungserhöhung erforderlich ist. Wenn eine geringfügige Leistungssteigerung über einen längeren Zeitraum, z. B. eine halbe Stunde oder länger, erforderlich wäre, wäre es besser, diese Steigerung durch einen größeren Motor oder eine Erhöhung des Druckverhältnisses des Kompressors zu erreichen.«[73]

Wahrscheinlich war Distickstoffmonoxid zu diesem Zeitpunkt den britischen Triebwerkskonstrukteuren als geeignetes sauerstoffhaltiges Treibmittel noch völlig unbekannt.

Anfang 1941 begannen RAF-Piloten von Begegnungen mit einer neuen Bf 109-Variante mit abgerundeten Flügelspitzen zu berichten. Es handelte sich dabei um die 109 F-1, die im Januar 1941 mit dem DB 601 N-Motor in begrenztem Umfang in den aktiven Dienst gestellt wurde. Ein gefangener deutscher Pilot berichtete am 19. Februar dass:

»Mölders fliegt schon seit einiger Zeit eine.«[74]

Das RAE konnte im Juli 1941 ein relativ unbeschädigtes Exemplar finden. Es wurde umgebaut, geflogen und ausgewertet, und der Abschlussbericht wurde im Oktober 1941 veröffentlicht.[75]

»(v) Der in der Bf 109 E eingebaute Motor DB 601 A wurde durch einen DB 601 N ersetzt. Der Hauptunterschied zwischen den beiden Motoren besteht darin, dass die Kolbenböden nun flach statt konkav sind; das Verdichtungsverhältnis wurde dadurch von 6,9 auf 7,9 erhöht. Prüfstandsversuche beim RAE zeigen, dass die Leistung des DB 601 N in Meereshöhe 1085 PS beträgt, verglichen mit 985 PS beim DB 601 A.

(vi) Der Lufteinlass für den Kompressor wurde neu gestaltet. Der Eingang befindet sich weiter außen am Rumpf als bei der Bf 109 E, wahrscheinlich um einen größeren Staudruckeffekt zu erzielen.«[76]

Alle Seiten litten unter den gleichen unvermeidlichen Problemen, die sich beim Einsatz feindlicher Ausrüstung ergaben, und das RAE bildete da keine Ausnahme. Die Flugzeuge waren immer komplexer geworden und wurden manchmal beschadigt und ohne angemessene Anleitung durch die Konstrukteure und Erbauer betrieben. Sie waren nicht in der Lage, den DB 601 N-Motor befriedigend zum Laufen zu bringen und gaben dies schließlich zu:

»Es sollte jedoch bedacht werden, dass der Motor Probleme bereitete und dass die in dieser Mitteilung enthaltenen Ergebnisse lediglich die besten unter Testbedingungen erzielten Ergebnisse darstellen. Sie geben jedoch einen nützlichen Hinweis auf die Mindestleistung des Flugzeugs.«[77]

Es zeigte sich, dass die Bf 109 F im Großen und Ganzen der Spitfire V ebenbürtig war. Die Bf 109 F schien schneller zu steigen, aber die Spitfire hatte in den meisten Höhen einen Geschwindigkeitsvorteil. Es ist wahrscheinlich, dass die 109 F in Anbetracht des engen Vergleichs insgesamt einen leichten Vorteil hatte, obwohl sie mit erheblichen Motorproblemen geflogen wurde. Die Probleme mit dem Daimler-Benz-Motor der geborgenen Bf 109 F hatten die Fähigkeit der RAF, sich ein genaues Bild von der tatsächlichen Leistung der Maschine zu machen, stark beeinträchtigt, und es wurden auf hoher Ebene Fragen gestellt.[78]

»Wie Sie wissen, gelang es uns nach langer Verzögerung, die Bf 109 F am 11. Oktober vom RAE zur AFDU zu bringen. Wir waren uns bewusst, dass der Motor alles andere als gesund war … die AFDU hatte so viele Probleme mit dem fallenden Öldruck …, dass sie bisher nicht in der Lage waren, irgendwelche nützlichen Versuche durchzuführen … AFDU ist jetzt ziemlich nervös, die 109 F auslaufen zu lassen, falls es zu einer Notlandung und damit zur Zerstörung kommt.

Es scheint, dass der Motor, von dem berichtet wird, dass er alt ist, eine gründliche Überholung durch einen Experten benötigt … vielleicht wäre der C-in-C jetzt bereit, die Übergabe an Rolls-Royce zu empfehlen, wie in meinem Brief vorgeschlagen.«

Die AFDU war die Air Fighting Development Unit, die für die Entwicklung neuer Taktiken in der Luftkriegsführung nach der Erprobung feindlicher Flugzeuge und Ausrüstung zuständig war. Die Piloten waren Mitglieder der »1246 Flight«, die innerhalb des britischen Geheimdienstes auch scherzhaft als »Raf-

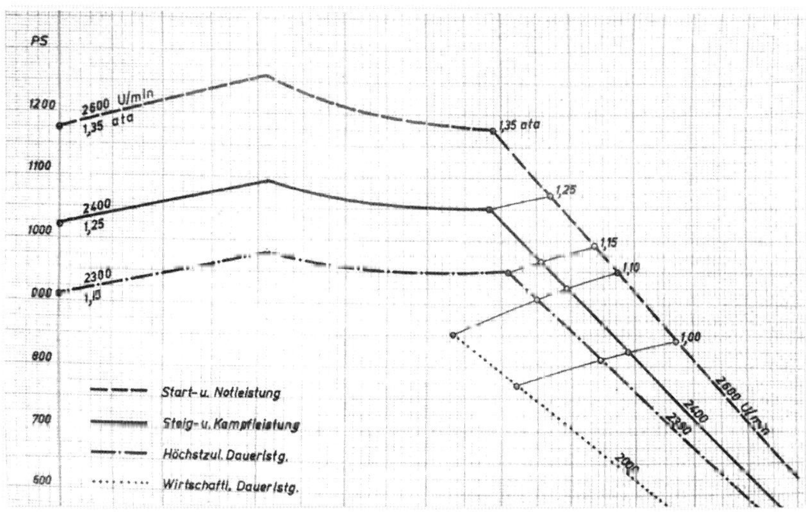

DB 601 N-Motor: original deutsche Leistungskurven.

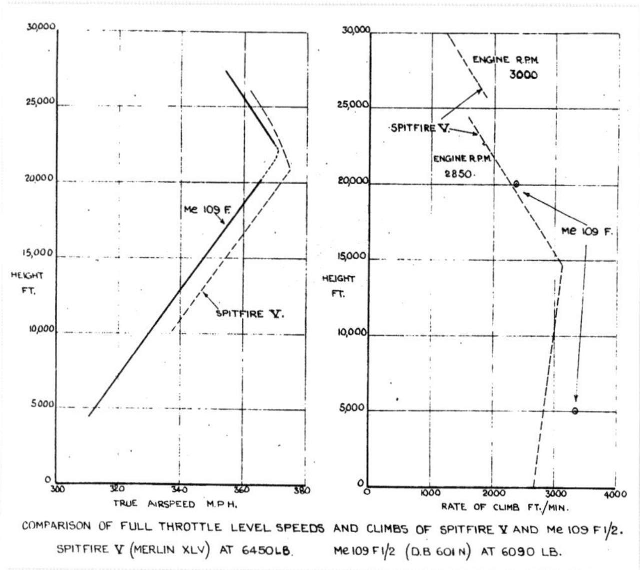

RAE-Bewertung von Spitfire V gegen Bf 109 F (Merlin 45 gegen DB 601 N).

waffe« bezeichnet wurde (der Leiter der 1246 Flight war Eric »Winkle« Brown).

Leider kamen die Warnungen über die Lufttüchtigkeit des Flugzeugs zu spät, und die Schwierigkeiten bei der Wartung einer so komplexen feindlichen Maschine erwiesen sich als zu groß. Großbritanniens einzige geborgene Bf 109 F stürzte nur wenige Tage später ab und wurde abgeschrieben.[79] Eine grobe allgemeine Erklärung wurde am 17. November 1941 an alle Gruppenkommandeure herausgegeben:

> »Die Bf 109 F, obwohl sie der Bf 109 E äußerlich sehr ähnlich ist, ist in ihrer Gesamtleistung weit überlegen. Die Tatsache, dass die Luftschraube vollautomatisch ist und die Öl- und Kühlmitteltemperaturen thermostatisch geregelt werden, trägt dazu bei, das Flugzeug zu einer einfachen Kampfmaschine zu machen … das Flugzeug hat eine bessere Steig- und Sturzflugleistung als die Spitfire, aber es wird angenommen, dass die Spitfire leicht eine engere Kurve als die Bf 109 F fliegen könnte.«[80]

Einige der Aussagen in diesen Berichten sind überraschend – an anderer Stelle im selben Dokument wurde zugegeben, dass keine Vergleichsversuche mit anderen Flugzeugen durchgeführt worden waren. Die Aussage, dass die Bf 109 F einer Spitfire im Kurvenkampf unterlegen wäre, beruhte also eher auf dem Bauchgefühl des Testpiloten als auf Testdaten oder praktischen Vergleichen. In dem Bericht des Luftfahrtministeriums heißt es, dass der in diesem Flugzeug eingebaute DB 601 N-Motor etwa 1150 PS leistete – etwa 100 PS weniger als ein unbeschädigtes Exemplar des Motors laut der deutschen Originaldokumentation für diesen Typ. Heute wissen wir, warum dies der Fall war: die Probleme mit der Kraftstoff-Öl-Verdünnung mit C3-Kraftstoff, die die Lager des DB 601 N schnell ruinierten. Ein gefangener Pilot verriet im Verhör, dass die Lebensdauer des DB 601 N in der Bf 109 F seiner Erfahrung nach etwa 50 Stunden zwischen den Hauptüberholungen betrug – weitaus kürzer als die Zahlen von Daimler-Benz aus der Vorkriegszeit oder die aktuellen Überholungsintervalle von Rolls-Royce.[81]

In der Zwischenzeit wurde eine Reihe von Hurricanes zum Schutz der Schifffahrt als Geleitschutz für Konvois bereitgestellt. Bei diesem Einsatz erwies sich jedoch ihre Lebensdauer als extrem kurz. Am 6. November 1941 wurde Methanol/Wasser als Mittel vorgeschlagen, um in dieser Zeit das Maximum aus dem Triebwerk des Flugzeugs herauszuholen.

> »Lieber Hives,
> Die Admiralität ist bestrebt, die unmittelbare Leistung der Sea Hurricane im Tiefflug zu erhöhen, um die Focke-Wulf besser abfangen zu können, und hat vorgeschlagen, die für den Merlin III zugelassene Ladedruckerhöhung über den derzeitigen Notwert von 12 lb hinaus zu erhöhen. Wir haben klargestellt, dass sich unser Vorschuss von 15 lb dank des Gemischnachkühlers ausschließlich auf die Merlin 60/61-Typen bezog und dass jede Erhöhung des Ladedrucks beim derzeitigen Triebwerk die Gefahr eines Triebwerksausfalls über dem Meer aufgrund einer Detonation birgt … Ich habe Ross gebeten, die mögliche Verwendung von Methanol-Wasser für Sprintzwecke in Betracht zu ziehen, wobei eine Regelung vorgesehen ist, die sicherstellt, dass der Pilot, nachdem er seine Notkraftstoffration aufgebraucht hat, auf maximal 12 lb Ladedruck zurückgeht.
> Mit freundlichen Grüßen
> Bulman.«[82]

Hives schrieb zurück, dass er der Meinung war, der Merlin III könne mit 16 lb Ladedruck bei 100 Oktan Kraftstoff ohne Risiko betrieben werden und dass er ein Testprogramm aufstellen würde, um seine Behauptung zu beweisen.

Am 12. November 1941 wurde mit den Testergebnissen des zweistufig aufgeladenen Merlin 61 in der Spitfire eine noch eindrucksvollere Demonstration der zukünftigen Motorenentwicklung gezeigt. Die Verluste der Spitfire V über Europa waren im November so gravierend, dass die Einsätze erheblich eingeschränkt werden mussten, um zu verhindern, dass die Verluste an Piloten noch größer wurden. Der vorgesehene Ersatz für die Spitfire V, die Mk.XIII, war eine bedeutende Verbesserung und wies wesentliche Änderungen an der Struktur der Hauptzelle auf. Leider bedeutete dies, dass man Zeit brauchte, um die Vorrichtungen zu ändern und die Produktionslinie umzustellen – Zeit, die die RAF angesichts der Einführung der Fw 190 nicht hatte. Es musste also schneller etwas geschehen, als es mit der Mk.XIII möglich war.

Die Ergebnisse des Testeinbaus des Merlin 61 in die Spitfire waren ermutigend, und Hives schrieb am 2. November an Freeman:

»Lieber Sir Wilfrid,
Falls Sie es noch nicht gehört haben, sollten Sie die Ergebnisse der Boscombe Down Tests des Merlin 61 in der Spitfire interessieren. Sie werden zeigen, warum wir bereit waren, den Vulture zu opfern.

Der 61er stellt keineswegs die Leistungsgrenze dar, von dem, was wir mit dem Merlin-Motor erreichen können. Wir haben Merlin-Entwicklungsmotoren im Einsatz, die den 61er veraltet aussehen lassen.

Wenn Sie sich jemals deprimiert fühlen, kommen Sie für einen Tag nach Derby: Sie werden feststellen, dass es ein ausgezeichnetes Stärkungsmittel ist!
Hs.« [83]

Andrew A. Ross (D.D./R.D.E) schrieb an Hives und war weniger begeistert. Er war sich bewusst, dass die Kluft, die es zu überbrücken galt, immer größer wurde.

»GEHEIM 12. November 1941
Lieber Hs,
Merlin 61 Spitfire
Die Leistung der Spitfire mit dem Merlin 61 ist überprüft und mit dem Führungsstab besprochen worden.

Bei dem vorgeschlagenen Gesamtgewicht, der Bewaffnung und dem Treibstofftank ist eine Verbesserung der Steigleistung zwischen 15.000 und 25.000 Fuß [4572 - 7620 m] und eine Erhöhung der Startleistung erforderlich. Ich habe zugestimmt, dass die Steig- und Startleistung von +9 lb/qm auf +12 lb/qm erhöht werden kann ... aber dies führt immer noch zu einer schlechteren Steigleistung zwischen 17.000 und 23.000 Fuß [5181 – 7010 m] als die des Merlin 46 in der Spitfire V.

Um diesem Bedarf gerecht zu werden, habe ich vorgeschlagen, dass ein Kampfzugeständnis gemacht wird, 3000 U/min für den Steigflug mit Vollgas zu verwenden ... und in jedem Fall ist man der Meinung, dass, unabhängig von den veröffentlichten Beschränkungen, der Pilot für die notwendigen paar Minuten die maximale Drehzahl und den maximalen Schub verwenden wird, um eine vorteilhafte Position im Kampf zu erreichen oder zu halten.« [84]

Noch am selben Tag schrieb Ross an Lovesey bei Rolls-Royce:

» ...eine Überprüfung der Leistung dieses Triebwerks in der Spitfire zeigt, dass eine Verbesserung zwischen 15.000 und 25.000 Fuß notwendig ist, sowohl im Steigflug als auch im reinen Horizontalflug ... die vom Führungsstab geforderten Entwicklungen scheinen darauf hinzuweisen, dass ein noch höherer Ladedruck als +15 lb/sq.in als Notfallwert für den Kampf wünschenswert ist ... Sie werden zweifellos zu gegebener Zeit die Möglichkeit von +18lb mit der durch die Ladeluftkühlung möglichen Verbesserung untersuchen.

Ich bin, meine Herren,
Ihr gehorsamer Diener
A.A.R.
Stellvertretender Direktor, Direktion für Forschung und Entwicklung (Triebwerke).« [85]

Hives antwortete Ross am 13. November 1941:

»Lieber Major Ross,
Merlin 61.
Bezug nehmend auf Ihr Telefongespräch mit Herrn Morris stimmen wir voll und ganz zu, dass die Start- und Steigleistung des Merlin 61 erhöht werden sollte, und wir haben bereits Vorkehrungen getroffen, dass der Startteil des Merlin 61-Typentests mit 12 lb Ladedruck durchgeführt wird.

Wir hatten uns darauf konzentriert, die Steigleistung des Typtestmotors auf 12 lb Ladedruck zu erhöhen, aber angesichts der Probleme mit den verklebten Kolbenringen, die wir auch bei den Merlin XX haben, hielten wir es für ratsam, mit 9 lb Ladedruck im Steigflug fortzufahren.

Wir haben viele Beweise dafür, dass die heutigen Bestände des DTD109-Öls anfälliger für Verklebung der Ringe sind als die Vorkriegslieferungen, obwohl es keine Anzeichen dafür gibt, dass sich die Schmiereigenschaften des Öls verschlechtert haben.

Wir haben das Problem der Ringverschleimung auch unter dem Gesichtspunkt der Kolbenkonstruktion untersucht und einen Kolben für den Griffon-Motor entwickelt, der auch mit dem derzeitigen DTD109-Öl besonders frei von diesem Problem ist, obwohl dieser Motor in seinen Anfängen der schlimmste Übeltäter in dieser Hin-

Jumo 211 F Kompressor bei der Bewertung in Farnborough, Dezember 1941.

sicht war. Der Kolben, wie er jetzt im Merlin 61 verwendet wird, wurde für den Betrieb in den einteiligen Blöcken entwickelt, in denen es zu einer erheblichen Verformung der Laufbuchsen kommt, und bis jetzt wurde derselbe Kolben in Verbindung mit der zweiteiligen Zylinderkonstruktion verwendet, von der wir wissen, dass sie eine viel größere Freiheit von Laufbuchsenverformung bietet. Daher sind wir der Meinung, dass wir die Vorteile der zweiteiligen Zylinderkonstruktion nicht voll ausgenutzt haben.« [86]

Hives fuhr fort, die Feinheiten des Versuchs, einen besseren Kolben zu entwickeln, zu erörtern.

»Die metallurgische Untersuchung von Kolben, bei denen es in zweiteiligen Zylindern zu verklebten Ringen gekommen ist, zeigt, dass der maximale Wärmefluss vom Kolbenboden zu den Zylinderlaufbuchsen durch die Ringe und nicht durch die Ringstege stattgefunden hat. Wir entwickeln daher Kolben für den Einsatz in den zweiteiligen Merlin-Zylindern, die den Kontakt zwischen der Laufbuchse und den Ringstegen aufrechterhalten, ähnlich wie die Kolben, die erfolgreich für den Griffon entwickelt wurden, dessen Zylinderblöcke zweiteilig sind.

Ein Satz modifizierter Merlin-Kolben wird in einer Woche verfügbar sein ... Wir fügen zu Ihrer Information eine Mappe bei, in der wir die für den Merlin 61 geplante Entwicklung skizzieren, und haben die Entwicklungstermine für die Typenzulassung für jede Stufe dieser Entwicklung angegeben.« [87]

Die Leistung der Sea Hurricane war immer noch unzureichend, und so schrieb Ross am 15. November 1941 an Hives, um für Notmaßnahmen zur Steigerung der Leistung zu plädieren:

»Dear Hs.

Der Vorschlag, den Ladedruck eines Merlin III auf 16 lb bei 100 Oktan Treibstoff zu erhöhen ... ergibt eine Steigerung von ungefähr 14 mph [22,5 km/h] ... immer noch nicht ganz die Verbesserung, nach der gesucht wird. In bestimmten Fällen beträgt die Lebensdauer des Flugzeugs nicht mehr als eine Stunde, da es nach dem Start von einem Konvoischiff nicht zurückkehren kann. Unter diesen Umständen braucht man sich über die Lebensdauer des Motors keine ernsthaften Gedanken zu machen, und es kann die absolute Höchstleistung ohne das Risiko eines Ausfalls gegeben werden. Leider trifft dies nicht auf alle Fälle zu, da einige Flugzeuge von Flugzeugträgern aus starten, zu denen sie zurückkehren, und wenn es zwei Lader-Einstellungen gibt, werden sie zwangsläufig verwechselt. Vorläufige Untersuchungen deuten darauf hin, dass die Marine hofft, weitere 20mph [32,2 km/h] zu erhalten, wenn dies überhaupt möglich ist, und wir wollen, dass innerhalb einer Woche eine Entscheidung getroffen und Maßnahmen ergriffen werden, um die Lader-Steuerung anzupassen.« [88]

Hives schrieb fast sofort zurück:

»Wir klären erst einmal die Zulassungsprüfung für die 16 lb Lader-Notleistung, und der Motor ist heute tatsächlich auf dem Prüfstand. Wir untersuchen die Frage, welche Höchstleistung wir mit dem Motor auf der Grundlage einer einstündigen Lebensdauer ohne Ausfallrisiko erreichen können. Es sieht so aus, als ob die Zündkerzen und der Kraftstoff die Begrenzung darstellen, aber mit der Verwendung geeigneter Zündkerzen und Kraftstoff mit 100 Oktan können wir schätzungsweise bis zu 19 Pfund Ladedruck bei 3000 Umdrehungen pro Minute erreichen, was ungefähr 1550 PS ergibt. Dies würde bestimmte Modifikationen an den Vergaserdüsen erfordern, um den erforderlichen Kraftstofffluss zu erreichen, sowie eine Modifikation der Ladedruckregelung« [89].

Zu dieser Zeit stellte Jumo in Deutschland noch keine Motoren für einsitzige Jäger her, aber die Entwicklung des Jumo 211 wurde fortgesetzt, und am 9. Dezember 1941 wurde ein Jumo 211 F aus einer abgestürzten Ju 88 geborgen, der sich in einem für eine Untersuchung beim RAE ausreichenden Zustand befand (obwohl er aufgrund seiner erheblichen Beschädigung nicht betrieben werden konnte).

«Eng/2140-8-4.D/RRP/21
Staatssekretär im Luftfahrtministerium London
Zu Händen von F/Lt. Golovine
Deutsche Triebwerke

Bezug nehmend auf Ihr Schreiben vom 6. Juli machen wir aktuelle Schätzungen über die Leistung der deutschen Motoren und werden die Ergebnisse für jeden Typ weiterleiten und die Zahlen, die F/Lt. Gough mündlich mitgeteilt wurden, bestätigen und ergänzen.

Jumo 211 F-1: Der beschädigte Kühler, der mit dem Motor Nr. 224 ex. Ju 88 aus Mablethorpe erhaltene beschädigte Kühler wird als Zwischenkühler zwischen dem Kompressor und dem Ansaugkrümmer des Motors identifiziert. Die geschätzten Leistungsangaben (1215 PS beim Start, Nennleistung im niedrigen Gang 1070 PS, 3600 ft [10.973 m], im hohen Gang 920 PS, 15.800 ft [4816 m]) werden unter Berücksichtigung des Ladeluftkühlers überarbeitet und in Kürze übermittelt.

Die wichtigsten Änderungen gegenüber den früheren 211er-Typen, über die ausführlich berichtet werden soll:

Das Laufrad des zweigängigen, einstufigen Kompressors ist ein doppelt ummantelter DVL-Typ mit einem Durchmesser von 8,9 Zoll [226 mm] und einem schaufellosen Diffusor.

Die Übersetzungsverhältnisse wurden durch Änderung der Ritzel und Zwischenräder auf 12,4/1 und 8,8/1 erhöht. Die Laufradwelle läuft auf einem Kugel- und einem Rollenlager, und ein am Außendeckel angegossener Vorsprung mit einem Durchmesser von 1/8 Zoll beherbergt ein Öldosierventil für das äußere Kugellager.« [90]

Obwohl es offensichtlich war, dass er nie auf den Prüfständen laufen würde, war der 211 F intakt genug, um eine metallurgische Bewertung der Hauptkomponenten durchzuführen und

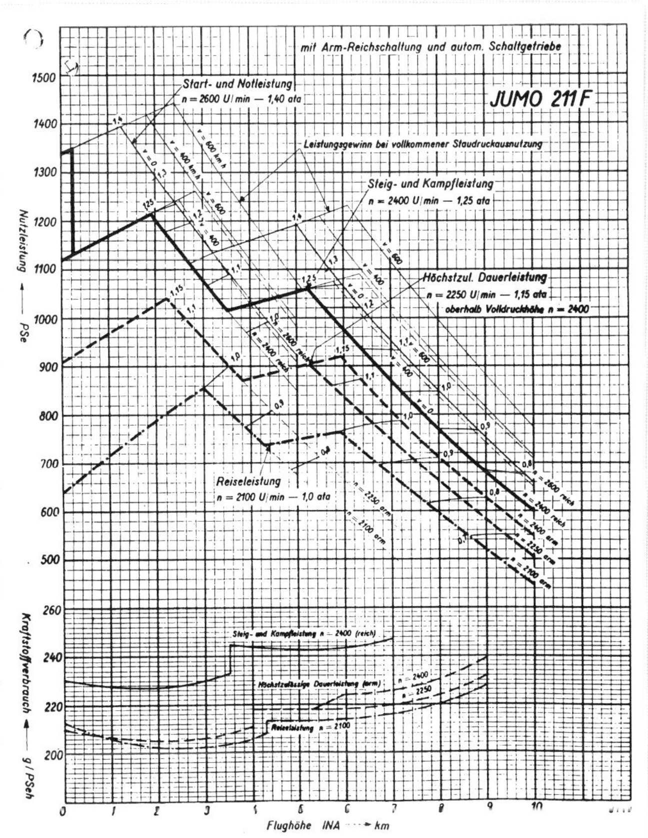

Jumo 211 F: original deutsche Leistungstabelle.

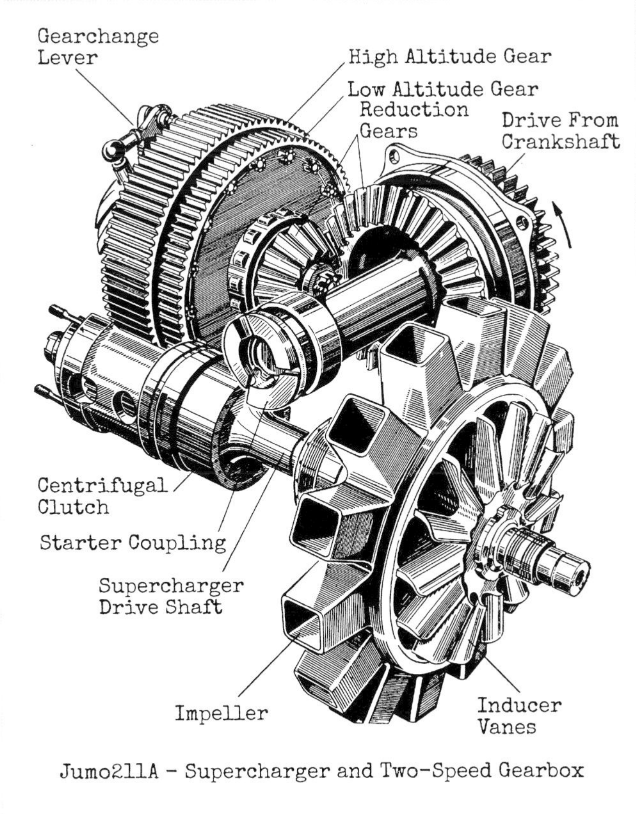

Jumo 211 A: Aufladesystem. Werner von der Nüll war bei der DVL für die Konstruktion des Nachfolgers verantwortlich, der ab dem Jumo 211 F eingesetzt wurde.

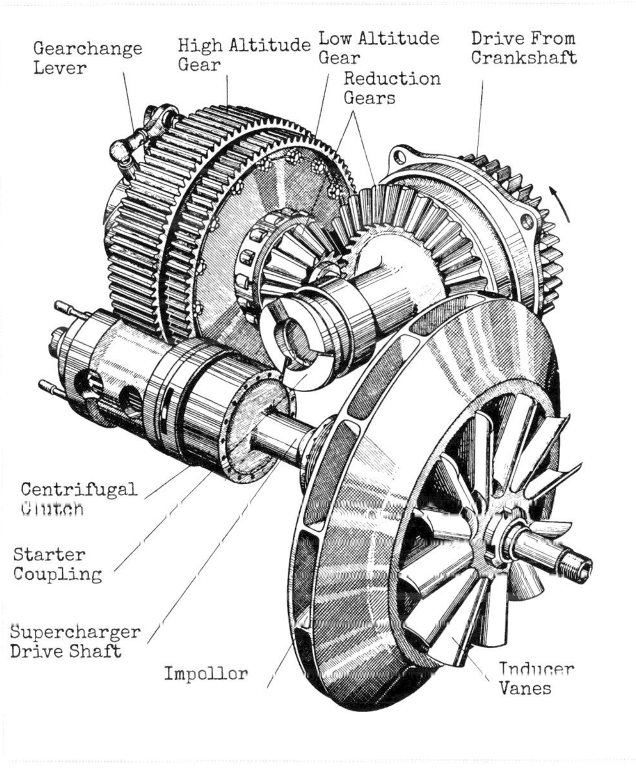

Jumo 211 F: Kompressorsystem.

die Konstruktion des Kompressors zu untersuchen. Der Kompressor war seit den früheren 211-Versionen verbessert worden, da er sowohl mit einem Zwischenkühler als auch mit einem von der DVL in Berlin entwickelten, vollständig ummantelten Laufrad ausgestattet worden war.

Das Diagramm (oben) zeigt, dass der 211 F bis zu 2600 Umdrehungen pro Minute bei 1,4 Atmosphären Ladedruck ausgelegt war, allerdings nur bei Start- und Notleistung. Außerdem wird deutlich, dass er wie der Merlin XX mit einem zweistufigen, mechanisch angetriebenen Lader ausgestattet ist – dies wird durch den zweispitzigen Sägezahnverlauf der Leistungskurve bestätigt. Die Entwicklung des Jumo 211-Kompressors von der 211 A zur neuen 211 F Version wurde durch die bebilderte Anleitung deutlich.

Die Entwicklung des Sabre bei Napier and Sons verzögerte sich weiter, und die Lager waren weiterhin ein großes Problem. Der Napier Sabre funktionierte nur mit dem dünnwandigen Design der Vandervell-Lager. Am 14. November 1941 wurde vermerkt dass:

»14.11.41 – Dr. Ken Wilsons Bericht, der Major Halford übergeben wurde, beweist, dass dünnwandige Lager der einzige Weg sind, um Passungsverschleiß zu verhindern. Die Streckgrenze des Stahlrückens ist überhaupt nicht kritisch.« [91]

Da sich das Lagerproblem einer Lösung näherte, stellte sich die Frage, ob die Hülsen zuverlässig gemacht und die Laderentwicklung mit dem von Rolls-Royce vorgemachten Tempo mithalten konnte. Die von Wilson angesprochene Reibung war eine leichte Bewegung der Lagerschale, die zwischen dem Motorblock und dem Kurbelwellenzapfen eingespannt ist. [92] Da beide nicht perfekt aufeinander abgestimmt werden können, ist der Kontakt zwischen beiden zwangsläufig immer ungleichmäßig, was angesichts der gigantischen Belastungen durch die Verbrennungsgase, die auf den Kolben wirken, ausreicht, um das Lager zu »fressen« zu lassen, wodurch es allmählich abgenutzt wird, bis es zu einem schweren Ausfall kommt.

Trotz all dieser vielversprechenden Entwicklungen war Großbritannien 1941 immer noch im Rückstand. Selbst als die neuen deutschen Jagdflugzeuge durch Triebwerksprobleme gelähmt waren, steckte die RAF immer noch in ernsten Schwierigkeiten. Die Hurricane war so gut wie veraltet, und die nächste Generation der Spitfire steckte noch in der Entwicklung. Die RAF flog mit einem veralteten Jagdflugzeug und einem Behelfsflugzeug.

USA

Obwohl die amerikanischen Triebwerkskonstrukteure 1941 bei der Entwicklung von Turboladern allen anderen Nationen weit voraus waren, war der Luftverdichterteil des Turboladers noch nicht ganz so weit fortgeschritten. Daher wurde eine Studie über die Bemühungen der Konkurrenten nach wie vor für unerlässlich gehalten. General Electric schrieb am 4. Januar 1941 an Wright Field, um zu versuchen, Beispiele von Turboladern aus England und Deutschland zu erhalten:

»Der stellvertretende Chef und der Vertreter der Materialabteilung der General Electric Corporation sind sehr darauf erpicht, im Ausland gebaute Kompressoren zu Testzwecken und zur Beschaffung von Daten im Zusammenhang mit ihrer Kompressor-Konstruktionsarbeit zu erhalten. Sie haben speziell darum gebeten, dass Schritte unternommen werden, damit sie einen Rolls-Royce-Lader und die deutschen Lader, wie sie im Daimler-Benz-Motor installiert sind, zu Testzwecken erhalten können. Wie stehen die Chancen, dass sie die Lader für die deutschen Motoren erhalten, und wann?

Wie sieht es mit dem Kompressor für den Rolls-Royce-Motor im Packard-Werk aus? Wann glauben Sie, dass Packard weit genug ist, um diesen Lader freizugeben, wenn überhaupt?

Ich habe es so verstanden, dass unser Plan in Bezug auf den deutschen Motor darin bestand, nach Abschluss der von uns gewünschten Kalibrierungen und Tests diese Motoren zu zerlegen und die Teile an die interessierten Hersteller zur Untersuchung und zum Testen auszuleihen, damit diese Konstruktionsdaten erhalten können. Bitte geben Sie mir einen Bericht über die oben genannten Punkte.

Echols.« [96]

Ein weiteres Telegramm wurde gesendet:

»Daimler-Benz jetzt auf dem Prüfstand, Tests werden am Lader durchgeführt und das gleiche Verfahren ist für die Junkers in Betracht gezogen. Alle erhaltenen Kompressordaten werden General Electric durch ihren NACA-Vertreter zur Verfügung gestellt ... empfehle dringend, nach den Kompressor- und Motortests die gesamte Industrie einzuladen, die vollständig demontierten Motoren zu inspizieren ... erwarte, dass die Industrie genügend qualifizierte Techniker schickt, um detaillierte Konstruktionsdaten zu erhalten.« [97]

Mit der vereinten Kraft von NACA und Wright Field, ausgestattet mit den erfassten Daten, würden die amerikanischen Inge-

General Oliver Echols

4. März 1892 – 15. Mai 1954

General Oliver Echols war als Leiter der Materialabteilung in Wright Field für die Beschaffung von Flugzeugen und Motoren in den USA verantwortlich. Er war Absolvent der Virginia Technical University, wo es auf seiner Alumni-Seite heißt:

»Der Offizier für Kampfflugzeugprojekte Benjamin S. Kelsey, der Echols von 1934 bis 1945 direkt unterstellt war, nannte ihn ›The Man Who Won World War II‹. [93]

Echols war während des Zweiten Weltkriegs an den meisten wichtigen Diskussionen über Flugzeugtriebwerke in Wright Field beteiligt. Trotz des hohen Lobes, das ihm zuteil wurde, wurde er wegen seiner anfänglichen Skepsis gegenüber der P-51 Mustang auch stark kritisiert. [94,95]

Oliver Echols

nieure, die für die Konstruktion von Kompressoren zuständig waren, bald zu den Europäern aufschließen.

Trotz der jüngsten Studien über die Konstruktion von Kompressoren in Amerika war im Februar 1941, als Pratt & Whitney die zweistufige Aufladung in den USA diskutierte, die Kluft zwischen der amerikanischen und der europäischen Praxis sehr groß. Pratt & Whitney war ein großer Luftfahrtkonzern in den USA, der einige der wichtigsten amerikanischen Motoren wie den Sternmotor Double Wasp herstellte. Richard Buck erstellte einen Bericht über den derzeitigen Kenntnisstand und künftige Trends bei der zweistufigen Aufladung bei Pratt & Whitney. Er begann mit einem überraschenden Eingeständnis:

> »Da so wenige grundlegende Fakten über den Verdichter bekannt sind, kann die zukünftige Begrenzung eines einstufigen Verdichters nicht vorhergesagt werden. Es ist bekannt, dass der Wirkungsgrad des Verdichters bei Spitzengeschwindigkeiten von mehr als 1300 Fuß/Sekunde deutlich abnimmt.« [98]

Diese Aussage zeigt zwei Tatsachen: dass zu diesem Zeitpunkt (zumindest bei Pratt & Whitney) die Wissenschaft der Kompressoren in Amerika weit hinter der Deutschlands zurücklag, und dass Pratt & Whitney trotz der besten Bemühungen der aufmerksamen Wissenschaftler des NACA Aircraft Engine Research Laboratory in Ohio, die versuchten, das zu übersetzen und zu verbreiten, was sie als die Creme de la Creme der deutschen Forschung ansahen, nicht mit den zeitgenössischen deutschen Veröffentlichungen zu diesem Thema Schritt gehalten hatte.

Nur ein Jahr zuvor hatten der Leiter der Aufladung sowohl der deutschen DVL als auch der Daimler-Benz AG, Professor von der Nüll und Dr. Karl Kollmann, Berichte veröffentlicht, die genau das technisch beherrschten, wovon Pratt & Whitney nach eigenen Angaben wenig verstand. Von der Nülls Bericht vom Mai 1940 trug den Titel ›Überlegungen zur Frage der größtmöglichen Förderhöhe einstufiger Radiallader an Flugmotoren‹ (Luftwissen Bd. 7, Nr. 5) und Kollmanns Bericht vom März 1940 lautete ›Grenzen der einstufigen Verdichtung in Schleuderladern für Flugmotoren‹ (Luftwissen, Bd. 7, Nr. 3). Letzteres wurde von den Amerikanern eifrig verdaut, übersetzt und von der NACA bis September 1940 verteilt – ganze vier Monate vor Bucks Behauptung, dass »die Begrenzung eines einstufigen Kompressors nicht vorhergesagt werden kann«. Kollmann hatte das rechts gezeigte Diagramm veröffentlicht, mit dem es tatsächlich vorhergesagt werden konnte. [99]

Kollmanns Nomogramm zeigte die Beziehung zwischen der Nennleistungsgrenze (Quadrat unten rechts), dem Ladedruck (vertikale Achse unten rechts), der Spitzengeschwindigkeit (horizontale Achse links), dem Außendurchmesser des Laufrads (vertikale Achse, untere Hälfte) und der Rotordrehzahl pro Minute (Quadrat unten links) für verschiedene Kompressorwirkungsgrade (Quadrat oben rechts). Anhand dieses Diagramms lässt sich genau feststellen, was Pratt & Whitney damals nicht vorhersagen konnte. Kollmann interessierte sich auch für die Arbeit im Ausland, und in seinem Bericht werden die Rolls-Royce Merlin-, Buzzard- und Bristol Pegasus-Lader erwähnt.

Ironischerweise war ein Triebwerk, das dringend der Entwicklung eines Kompressors bedurfte, zu dieser Zeit in Amerika äußerst beliebt – Napiers Sabre wurde am 20. Februar 1941 in Wright Field diskutiert.

> »Der Zweck dieses Berichts ist es, auf der Grundlage der Leistungsmerkmale britische Flugzeuge im Bereich von 1500 bis 2500 PS

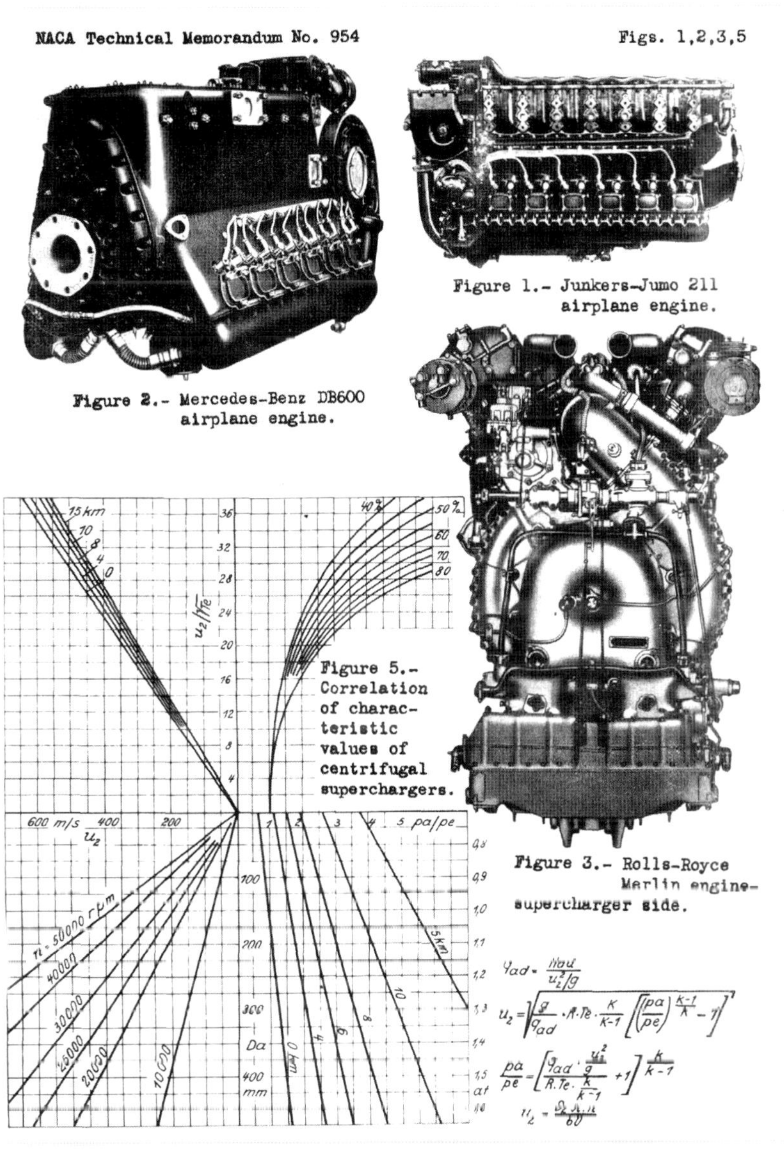

Prognose der Leistung eines einstufigen Laders, März 1940.

zu vergleichen und einige Daten über amerikanische Motoren der gleichen Klasse einzubeziehen.

Aus verschiedenen Gesprächen geht hervor, dass das britische Luftfahrtministerium bestrebt ist, die Produktion des Napier-Sabre-Motors zu beschleunigen, und dass dieser Wunsch möglicherweise darin besteht, neben dem Rolls-Royce eine weitere Quelle zu erhalten.

Aus rein technischer Sicht scheint der Vulture-Motor von Rolls-Royce mit einem um 350 Kubikzoll größeren Hubraum als der Sabre und gut entwickelten Zylinderblöcken, wie sie hier eingebaut sind, ein attraktiverer Motor für die künftige Entwicklung zu sein. Der Sabre-Motor würde jedoch wahrscheinlich in ein Flugzeug mit geringerem Luftwiderstand als der Vulture eingebaut werden und ist offenbar der Motor, den das britische Luftfahrtministerium in diesem Land produzieren lassen möchte.

Die Hülsenventilanordnung des Sabre-Motors lässt erhebliche Zweifel an seinem Erfolg im Betrieb aufkommen, aber zum Ausgleich könnte der Vulture-Motor noch Probleme mit den Lagern haben. Die jahrelange Erfahrung der Firma Rolls-Royce im Bau von flüssigkeitsgekühlten Motoren dürfte wesentlich besser sein als die der Firma Napier, die seit dem Napier Lion vor 15 Jahren keinen flüssigkeitsgekühlten Motor mehr hergestellt hat.

Es wird empfohlen, alle einschlägigen Daten über den Rolls-Royce Vulture-Motor vom britischen Luftfahrtministerium einzuholen, bevor eine endgültige Entscheidung über die Herstellung des Napier Sabre-Motors getroffen wird.«[100]

Es wurde eine große Tabelle mit vergleichenden Daten verschiedener amerikanischer und britischer Motoren erstellt, zusammen mit einer Beschreibung der relativen Vorzüge und Probleme:

»Napier Sabre: Dieser Motor ist zweifelsohne eine Weiterentwicklung der luftgekühlten Rapier- und Dagger-H-Motoren … Diese Motoren waren jedoch mit Tellerventilen ausgestattet, während der Sabre über Hülsenventile verfügt und flüssigkeitsgekühlt ist. Dieser Motor … arbeitet je nach Modell mit Drehzahlen von bis zu 4000 U/min beim Start.

Es gibt auch einen Vorschlag für einen zweistufig aufgeladenen Motor ohne Ladeluftkühler, aber den Mitarbeitern der Abteilung wurde erklärt, dass es sich hierbei nur um einen Vorschlag handelt und dass, soweit bekannt, noch keine Tests mit einem Motor dieses Modells durchgeführt wurden.

Dieser Motor könnte einige der Schwierigkeiten aufweisen, die bei den britischen Bristol-Motoren aufgetreten sind … und es wird berichtet, dass es in einigen Fällen notwendig war, die Rolls-Royce Merlin-Motoren in Flugzeuge einzubauen, die für den Einbau des luftgekühlten Triebwerks mit Hülsenventilen vorgesehen waren. Dieses Triebwerk ist in der Hawker Typhoon eingebaut und wird Berichten zufolge vom britischen Luftfahrtministerium als Entwicklung einer anderen Quelle neben Rolls-Royce gefördert.

Griffon III: Dieses Triebwerk ist eine Weiterentwicklung des alten Rolls-Royce Buzzard. Es ist anzumerken, dass dieser Motor im Wesentlichen den gleichen Hubraum wie der Sabre-Motor hat, aber wegen der größeren Bohrung und des größeren Hubs ist die Motordrehzahl nicht so hoch … aber die Tatsache, dass der Motor 12 statt 24 Zylinder hat, ermöglicht eine Gewichtsreduzierung von etwa 500 Pfund, jedoch die Startleistung beträgt nur 1750 PS bei 2700 U/min.

Vulture III: Dieser ist ein X-Motor, der aus vier Kestrel-Zylinderblöcken besteht, die eine Startleistung von 2500 PS bei 3300 U/min ermöglichen. Dieser Motor hat ein Gewicht von 2200 bis 2300 Pfund, so dass das spezifische Gewicht niedriger ist als bei allen Modellen des Sabre oder Rolls-Royce Griffon. In einem Gespräch mit Herrn Ellor von Rolls-Royce erklärte er, dass etwa 400 dieser Motoren bestellt wurden und im Januar 1940 in Produktion gingen. Allerdings traten Schwierigkeiten mit den Lagern auf, die jetzt überwunden sein sollen.

Mr. Ellor erklärte, dass eines der früheren Modelle dieses Triebwerks in einen Hawker Tornado eingebaut wurde und im Wettbewerb mit dem in einen Hawker Typhoon eingebauten Sabre geflogen wurde, dass aber nach Ansicht von Rolls-Royce im Falle des Vulture ein minderwertiger Einbau vorgenommen wurde, so dass seine Leistung nicht so gut wie die des Sabre zu Tage trat. Mr. Ellor erklärte, dass die meisten dieser Triebwerke in die Avro Manchester eingebaut werden und dass Rolls-Royce nur einen gewissen Teil der Arbeit übernimmt, wobei sich die Bemühungen bisher mehr auf die Merlin-Serie konzentriert haben. Mr. Ellor erklärte auch, dass das Problem der gelenkigen Pleuelstange im Zusammenhang mit diesem Motor schwieriger war als erwartet, dass aber eine zufriedenstellende Lösung entwickelt worden sei."[101]

Die V-1710 verfügte noch immer nicht über einen Kompressor, der ausgereift genug war, um ein Hochleistungsjagdflugzeug ohne den Einsatz eines Turboladers zur Steigerung der Leistung in großer Höhe zu schaffen. Daher waren die neuesten britischen wassergekühlten Triebwerke, einschließlich des Sabre, von Interesse, obwohl, wie die Ingenieure von Wright Field feststellten, die Sabre-Version mit zweistufigem Kompressor zu diesem Zeitpunkt nicht mehr als eine Skizze auf dem Reißbrett war. Vielleicht hatten sie auch den Eindruck, möglicherweise zu Recht, dass Hives' Behauptung, dass der Vulture im Tornado versagt hatte, weil er nicht genau richtig in die Zelle eingebaut wäre, zu einfach war.

Nur zehn Tage später, am 1. März 1941, versuchten die Ingenieure von Wright Field, Informationen über die in der erbeuteten DB 601 verwendeten Kugellager zu erhalten, die ihnen aus England geschickt worden waren.

Sie erhielten ein Schreiben des großen Kugellagerherstellers SKF (USA), der mehr über die Wälzlager wissen wollte, die in den DB 601-Motoren in Wright Field verwendet wurden. Dies führte zu einer etwas knappen Antwort von Major Fite in

Wright Field, der wahrscheinlich nicht beeindruckt war, dass eine Tochtergesellschaft des Unternehmens, das in Deutschland Teile für den DB 601 herstellte, Wright Field um eine Bestätigung von Informationen über denselben Motor bat.

> »Mein sehr geehrter Herr,
> Bezug nehmend auf Ihre Anfrage vom 6. Mai nach Fotos und Kopien von Kalibrierungsdaten des Daimler-Benz-Motors DB 601 A bedauern wir, dass wir dieser Bitte nicht nachkommen können.
> Wir möchten Sie auch darauf hinweisen, dass viele der im Daimler-Benz-Motor verwendeten Lager mit dem SKF-Markenzeichen versehen sind, und der SKF-Vertreter erklärte, dass diese Lager offensichtlich von Ihrer deutschen Tochtergesellschaft hergestellt wurden.
> Mit freundlichen Grüßen
> Major John H. Fite
> US Air Corps, Leiter der Abteilung für technische Daten«. [102]

Zehn Tage später schrieb Herreshoff, Chefingenieur für Triebwerke bei Chrysler, nach Wright Field und teilte mit, er erwarte, dass die Demontage des DB 601 am 13. März 1941 auf seinem Gelände beginnen würde.

Chrysler verfügte über ein außerordentlich modernes Labor und großzügige Testeinrichtungen und wurde daher vom US-Militär häufig für die Untersuchung erbeuteter Flugzeugtriebwerke ausgewählt. Es gab Vorschläge, verschiedene britische Triebwerke in Amerika zu produzieren, um die immensen Fertigungsmöglichkeiten zu nutzen, die dort bestanden. Am 4. März 1941 sahen sich amerikanische Firmen einen zerlegten Sabre an, angeblich um zu prüfen, ob er hergestellt werden könnte, obwohl sie die Gelegenheit begrüßt hätten, das neuartige Layout selbst zu studieren.

> »Mr. Hunt wurde kontaktiert und wird am Donnerstag in Wright Field eintreffen, um die Herstellung zu besprechen. Der Motor wurde von Vertretern von Chrysler, Pratt & Whitney, Wright, Continental, Allison und Packard untersucht, von denen sich keiner zum Bau dieses Motors geäußert hat. Werde am Donnerstag über das Ergebnis des Besuchs von Mr. Hunt teletypen.« [103]

Es schien, dass noch niemand die Chance ergriffen hatte, mit der Herstellung des Sabre zu beginnen. Unterdessen hatte die Ford Motor Company zwei Wochen später, am 21. März 1941, einen Zündmagneten des DB 601 von den Briten erhalten und war von dessen Konstruktion beeindruckt.

> »Als der Vertreter von Ford Motors in W.F. war, bekundete er sein Interesse an dem Zündmagneten, der in dem deutschen Daimler-Benz 12-Zylinder-V-Motor verwendet wurde. Die Abteilung ist sehr an halbdrehenden Magneten interessiert, wie sie im Daimler Benz verwendet werden, und verhandelt jetzt mit der amerikanischen

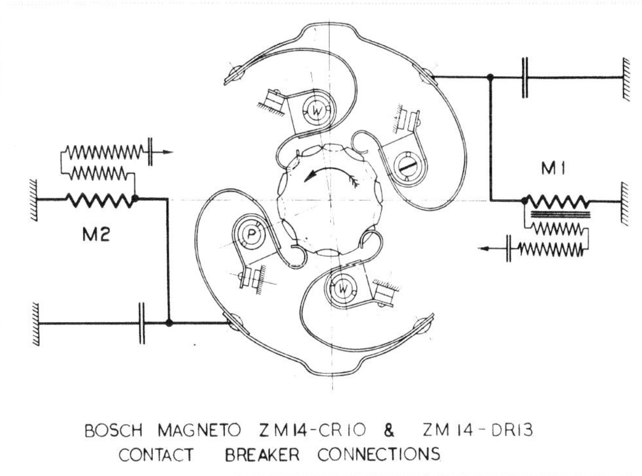

Bosch Magneto: Zeichnung des Doppelrotors.

> Bosch Corporation über ein Versuchsmodell ihres Magneten vom Typ MDA 12A 301/ EA 656.« [104]

Durch den Einsatz eines Doppelrotormagneten, der mit der Hälfte der normalen Drehzahl betrieben wird, hat die Funkenenergie mehr Zeit, um sich zu entfalten, und liefert somit einen viel stärkeren Funken als ein herkömmlicher Magneto, was für den Betrieb in großen Höhen von entscheidender Bedeutung ist und auch erforderlich ist, wenn der Ladedruck ansteigt, da dies die Anforderung an die Zündkerze erhöht, den Elektrodenabstand zu überspringen.

Wright Field vervollständigte am 25. März 1941 seinen eigenen Bericht über den demontierten Napier Sabre.

> »Der Motor besteht im Wesentlichen aus zwei 12-Zylinder-Motoren, die horizontal gegenüberliegend angeordnet sind und einen H-Motor bilden. Es gibt also zwei Kurbelwellen, die über das Untersetzungsgetriebe mit der Propellerwelle verbunden sind. Die Zündfolge ist so gewählt, dass zwei Zylinder, ein oberer und ein unterer der gleichen Reihe, gleichzeitig zünden. Das am Untersetzungsgetriebe entwickelte Drehmoment entspricht daher dem eines 12-Zylinder-Motors und nicht der gleichmäßigeren Drehmomentkurve eines 24-Zylinder-Motors, bei dem jeweils nur ein Zylinder zündet. Es wurde erklärt, dass diese Zündfolge verwendet wurde, um ein zufriedenstellendes Drehschwingungsverhalten zu erreichen.
> Es sind viele Modelle des Sabre-Motors im Gespräch, aber die maximale Leistung, die nach den Gesprächen mit Herrn Taub für eine sofortige Produktion erreicht werden könnte, ist eine Startleistung von 2100 PS bei 4200 U/min, 2180 PS mit einer niedrigen Gebläseleistung bei 8500 ft [2591 m] und 1900 PS mit einer hohen Gebläseleistung bei 22.000 ft [6706 m] mit 100 Oktan-Kraftstoff.
> Die allgemeine Verarbeitung des Motors ist ausgezeichnet, aber einige der Gussteile wiesen Löcher auf, die in Amerika zur Ablehnung geführt hätten.

Die beiden Gussteile des Kurbelgehäuses und des Zylinderblocks sind recht kompliziert und würden eine gute Aluminiumgießerei für den Guss erfordern.

Das Problem, ob ein zufriedenstellendes Hülsenventil für den Einsatz in Flugzeugen für diesen Motor entwickelt wurde, ist sicherlich eine der schwerwiegendsten Überlegungen für den gesamten Motor. Bereits 1938 hat Herr Fedden, Chefingenieur der Bristol Company in England, in diesem Land vor der Society of Automotive Engineers einen Vortrag gehalten, in dem er die feste Überzeugung der Bristol Company darlegte, dass der luftgekühlte Motor mit Hülsenventil eine vollendete Tatsache sei ... Aus Gesprächen mit verschiedenen Personen geht hervor, dass der Betrieb der Bristol-Motoren auf dem Prüfstand die Behauptung von Herrn Fedden zwar durchaus rechtfertigte, dass aber bei der Inbetriebnahme dieser Motoren sehr ernste Probleme mit den Hülsenventilen und den Lagern auftraten. Zugegebenermaßen war dieses Problem im Falle des luftgekühlten Zylinders schwerwiegender, aber es bleibt die Tatsache, dass bis heute kein bekannter erfolgreicher Hülsenventil-Flugmotor, weder des luft- noch des flüssigkeitsgekühlten Typs, in Betrieb genommen worden ist.

Die begrenzten Erfahrungen der Werkstoffabteilung mit einem flüssigkeitsgekühlten Motor mit einfachem Hülsenventil deuten darauf hin, dass bei Auftreten eines Abgasgegendrucks das Öl von der Hülse weggeblasen wird und es sehr wahrscheinlich zu einem Festkleben kommt. Daher sollte der Einsatz eines abgasbetriebenen Aufladers bei diesem Motor nicht in Erwägung gezogen werden, solange keine Tests unter Gegendruckbedingungen durchgeführt wurden.

Als Kühlmittel wird eine Mischung aus 70 % Wasser und 30 % Ethylenglykol unter Druck verwendet, um die angegebene Kühlmitteltemperatur von 110 zu erreichen. Die Wärmeabgabe an das Kühlmittel ist bei diesem Motor etwas größer als bei dem Allison-Motor mit vergleichbarer Leistung, was wahrscheinlich auf die stärkere Ummantelung der Auslassöffnungen beim Sabre-Motor zurückzuführen ist.

Man muss zugeben, dass der Sabre ein sehr kompakter Motor ist, und die Tatsache, dass die ›trockenen‹ Anbaugeräte oben am Motor und die ›nassen‹ Anbaugeräte unten angebracht sind, ist sehr lobenswert.

Die Kraftstoffverbrauchsdaten machen diesen Motor unter dem Gesichtspunkt der Wirtschaftlichkeit nicht attraktiv, da der Verbrauch bei den höheren Leistungen praktisch derselbe ist wie bei luftgekühlten Motoren mit gleicher Leistung.

Der Laderantrieb besteht aus zwei langen, flexiblen Antriebswellen zu einem Zweigang-Getriebe im Laderantriebsgehäuse, zusätzliche Flexibilität bieten die Teleskopwellen von den Antriebsgetrieben zu den Konuskupplungen. Die hohe Flexibilität des Kompressorantriebs wird als sehr wünschenswertes Merkmal angesehen.

Mit einem Hubraum von nur 2238 Kubikzoll [36,67 l] und einer Drehzahl von 4200 Umdrehungen pro Minute scheint es, als ob dieser Motor bei den besprochenen Leistungen bereits an seiner Leistungsgrenze angelangt ist und nicht viel Verbesserung erwartet werden kann, außer einer zweistufigen Aufladung und einer Ladeluftkühlung zur Erhöhung der kritischen Höhe.« [105]

Die Amerikaner waren zwar von der Leistung und der neuartigen Konstruktion des Sabre tief beeindruckt, erkannten aber richtig, dass in Großbritannien bereits große Anstrengungen unternommen worden waren, um die Hülsen zuverlässig zu machen, und dass die Übernahme der Herstellung dieser Hülsen eindeutig ein Risiko darstellte. Die Amerikaner hatten auch Recht, dass die Leistung des Sabre in seiner jetzigen Form auf Meereshöhe in absehbarer Zeit nicht wesentlich steigen würde und dass die offensichtlichen Entwicklungsschritte erforderlich für eine wirkliche Verbesserung waren ein zweistufiger Kompressor und ein Ladeluftkühler. Um das Beste aus dem Motor herauszuholen und das Konzept wettbewerbsfähig zu halten, musste Napier mit der Entwicklung des Kompressors beginnen – aber da bereits so viele Anstrengungen unternommen worden waren, war es vielleicht zu spät, sich mit größeren Leistungsverbesserungen zu befassen.

Ein weiteres Unternehmen, das bei der Untersuchung der geborgenen deutschen Triebwerke eine zentrale Rolle spielte, war die Wright Aeronautical Corporation, deren Chefingenieur Raymond Young eifrig alles studierte, was er in die Finger bekam. Am 31. März 1941 schrieb Young an Wright Field über den DB 601.

»Der Unterzeichner wurde mit der Vorbereitung eines Vortrags über den DB 601 Flugmotor beauftragt, der auf der Tagung der Society of Automotive Engineers im Juni 1941 vorgestellt werden soll. Das Material für diesen Vortrag wird auf dem Studium und der Untersuchung des DB 601 Flugmotors basieren, der im Werk des Auftragnehmers in Paterson, New Jersey, zerlegt wurde.

Es wäre von besonderem Nutzen und Interesse, zu diesem Zeitpunkt die in Wright Field ermittelten tatsächlichen Leistungsdaten zur Verfügung zu haben, da der Auftragnehmer keine Testeinrichtungen besitzt.« [106]

Das umfassende Papier wurde später von der SAE veröffentlicht. Obwohl das Triebwerk inzwischen etwa zwei Jahre veraltet war, erscheint es erstaunlich, dass diese Informationen öffentlich zugänglich gemacht wurden. Wahrscheinlich war die Tatsache, dass die USA noch nicht offiziell in den Krieg eingetreten waren, für diese offene und freie Haltung verantwortlich.

Der Merlin-Motor und insbesondere seine Lader standen in den USA schon seit einiger Zeit auf dem Prüfstand. Der neueste XX-Kompressor mit seinem Zweigang-Getriebe wurde von Young auf seine Leistungsfähigkeit getestet, und er berichtete am 1. April 1941 in Wright Field über seine Ergebnisse:

»Die Kompressorleistung unter Verwendung dieser neuesten Daten zeigt nur sehr geringe weitere Veränderungen in den Leistungskurven für 1100 und 1300 ft/sec; es kommt aber heraus, dass die maximalen Werte des Druckkoeffizienten und des Temperaturanstiegsverhältnisses bei den 800ft/sec-Werten um 2 bzw. 1,5 Punkte niedriger waren.

Eine Darstellung dieser Unterschiede wird auf der nächsten Sitzung des NACA-Unterausschusses für Verdichterforschung am 4. April vorgelegt.«[107]

Das amerikanische Wissen über die Konstruktion von Verdichtern holte gegenüber Großbritannien auf, und die Einrichtung einer speziellen NACA-Arbeitsgruppe für die Verdichterforschung deutete darauf hin, dass die Bemühungen schnell voranschritten. Am selben Tag schrieb A. G. Herreshoff, Chefingenieur für Forschung bei der Chrysler Corporation in Detroit, an Wright Field über den DB 601:

»Wir erwarten, dass wir in naher Zukunft einen deutschen Motor bekommen werden. Um diesen Motor zu zerlegen, ist es notwendig, spezielle Werkzeuge zu haben ... liefern Sie uns Skizzen der Werkzeuge, die für die Demontage des DB 601-Motors in Ihrem Besitz erforderlich sind.«[108]

Im DB 601 machte man aus Gewichts- und Platzgründen ausgiebig Gebrauch von Spezialbefestigungselementen, die jedoch nur mit Keilnüssen zu entfernen waren. Die verzahnten Muttern brachten eine Gewichtseinsparung von etwa 50 % gegenüber einer herkömmlichen Mutter und waren kompakter. Echols war sich immer noch nicht sicher, wie es mit der Herstellung des Sabre weitergehen sollte, wie er in einem Brief vom 2. April 1941, an General Arnold berichtete:

»GM ... bevorzugt den Allison 3420 und schätzt die Produktion von 20 pro Monat bis April 1942, die bis September 1942 auf 200 pro Monat ansteigt.

Mit der Sabre-Produktion konnte erst einige Monate später gerechnet werden. GM wird den Sabre in Erwägung ziehen, wenn die Regierung ihn nach Prüfung des Allison 3420 für unverzichtbar hält.

Der Allison 3420 eignet sich am besten für Bomber, der Sabre-Motor eignet sich am besten für den Einbau in die Nase von Verfolgern oder anderen einmotorigen Flugzeugen.

Nur zwei Hersteller sind bereit, die Sabre-Produktion zu übernehmen ... das könnte ein weiterer Fall für Rolls-Royce sein: Wir bringen sie in Produktion, und dann bestellen die Engländer 600 P-51 mit Allisons. Warum drängen wir nicht Ford? Es sieht so aus, als ob wir vielleicht sowohl Allison als auch Sabre in die Produktion aufnehmen müssen.«[109]

Packard war über den Packard Merlin auch stark in die britischen Motorenbemühungen eingebunden, drängte aber auch darauf, dass der Packard alle neuesten Entwicklungen enthielt, die Rolls-Royce selbst in England entwickelte. Am 18. April 1941 schrieb Volandt in Wright Field an Echols über den Merlin XX:

»General Echols,
Ich habe ein Telegramm aus England erhalten, aus dem hervorgeht, dass der Merlin XX, der dem Packard ähnelt, abgesehen von geringfügigen Modifizierungen unverändert in Produktion ist ... die Entwicklung geht weiter, um eine höhere Höhenleistung zu erzielen, die einen Zwischenkühler und ... einen zweistufigen Kompressor beinhaltet, aber beides wird nicht vor Herbst 1941 in kleiner Stückzahl produziert.«[110]

Der zweistufig aufgeladene Merlin war nun auch in Amerika auf dem Radar – und Großbritannien würde amerikanische Hilfe benötigen, um sicherzustellen, dass er sein volles Potenzial ausschöpfen konnte. Die Untersuchung geborgener Flugzeugtriebwerke war immer schwierig, und in der Regel war viel Arbeit nötig, um sie zum Laufen zu bringen. Wright Field schloss seinen Bericht über den Testlauf des DB 601 A-Motors am 24. April 1941 ab:

»Testergebnisse der Meeresspiegel- und Höhenkalibrierung am Daimler-Benz DB 601 A Motor, Werknummer 21176. Der Motor war insgesamt 71 Stunden auf dem Prüfstand, das Antriebskegelrad

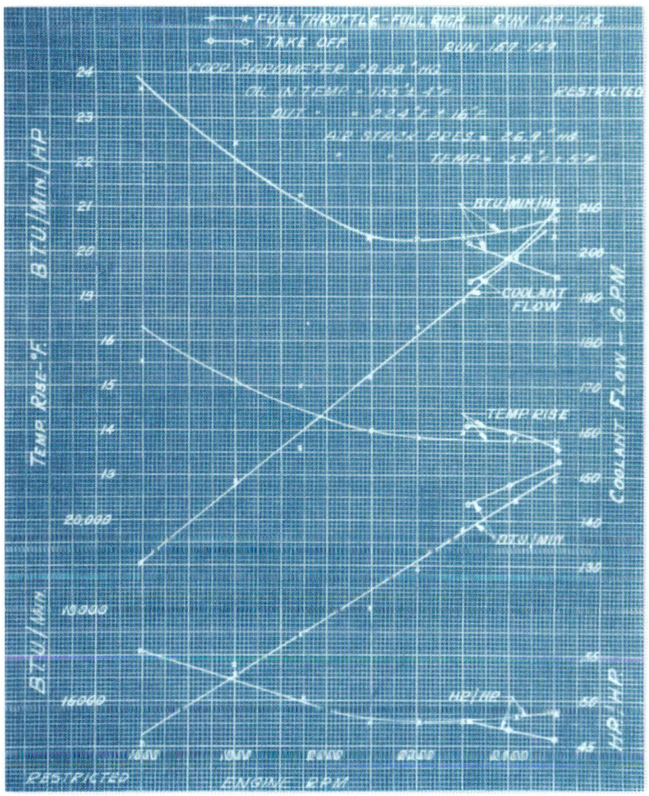

DB 601 A: Wärmeabfuhrdaten von Wright Field.

des Kompressors fiel nach 29 Stunden aus und der Spülölablassstutzen fiel nach ca. 40 Stunden aus.« [111]

»Der Motor verfügt über einen geregelten Krümmer, wobei jede Gruppe von drei Zylindern von einer gemeinsamen Öffnung im Krümmer versorgt wird. Die Druckverteilung innerhalb des Krümmers ist in den Anlagen T, U und V, Blatt 15, 19 bzw. 20, dargestellt. Die maximale Differenz zwischen zwei beliebigen Punkten beträgt weniger als 0,7 Zoll Quecksilber.« [112]

Zwei mechanische Defekte unterbrachen den Betrieb, aber nicht bevor eine große Anzahl von Testdaten gesammelt worden war. Die von Wright Field durchgeführten Tests der Drücke am Ansaugkrümmer waren wichtig, da oft spekuliert worden war, dass die Einführung abwechselnder Verdichtungsverhältnisse auf der linken und rechten Zylinderbank der Daimler-Benz-Motoren dazu diente, Druckungleichgewichte beim Ansaugdruck auszugleichen. Die Wright-Field-Studie zeigte, dass dies keineswegs der Fall war, obwohl die Alliierten zu diesem Zeitpunkt noch keine Motoren mit dieser Änderung geborgen hatten (oder es möglicherweise einfach noch nicht bemerkt hatten).

Die in dem Bericht erwähnten 0,7 Zoll [17,78 mm] Quecksilber entsprachen etwa 0,02 bar, was bei dem Kurzzeitladungsniveau des DB 601 bedeutete, dass die höchste gemessene Differenz des absoluten Ladedrucks von 1,7 % am Ansaugkrümmerring des DB 601-Motors bestand. Im typischen Drehzahlbereich des Motors waren die Unterschiede noch geringer. Die Druckverteilung war für den Daimler-Benz-Motor kein Problem.

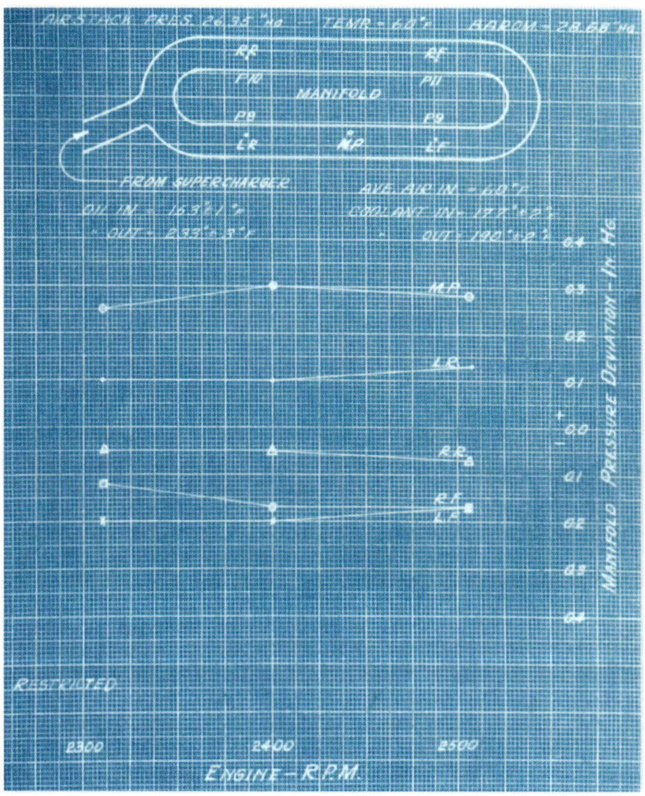

DB 601 A: Krümmerdruckverteilung.

Die Erhöhung des Ladedrucks brachte neue und schwierige Probleme für alle Teile des Motors mit sich, insbesondere für die Zündkerzen. Mit steigendem Ladedruck stieg auch die Energie, die erforderlich war, um einen Funken zu erzeugen, der den Abstand zwischen Elektrode und Masse erfolgreich übersprang. Dadurch wurde der Isolator stark belastet, um die erhöhte Energie zu bewältigen. Außerdem bedeutete ein höherer Ladedruck höhere Temperaturen im Zylinder, was dazu führte, dass ohne eine Anpassung des Wärmebereichs der Kerze die Blei- und Kohlenstoffablagerungen nicht mehr abbrannten. Dies führte schließlich zu einem Kurzschluss der Kerze und zum Abstellen des Motors.

Am 6. Mai 1941 zahlten sich die Bemühungen der Amerikaner aus, und das erste einmotorige Kampfflugzeug mit Turbolader, das in Europa zum Einsatz kam, startete zu seinem ersten Testflug – die XP-47B, der Vorläufer der berühmten P-47 Thunderbolt. Das Ausmaß der Schwierigkeiten bei der Konstruktion der vielen Kanäle und Rohrleitungen, die für die Konstruktion des P-47-Turboladers in Kapitel 4 gezeigt wurden, wird auf den Fotos der echten Rümpfe beim Zusammenbau deutlich.

Trotz des großen Erfolges, das Jagdflugzeug P-47 bis zu diesem Stadium der Produktion zu bringen, waren die amerikanischen Ingenieure etwas empfindlich, was die Qualität einiger ihrer Motorkomponenten betraf, wie dieses Telegramm vom 3. Juni 1941 zeigt:

»Höchste Priorität: Entfernen Sie alle Kopien aus den Fernschreibunterlagen: Dieses Büro hat keine Informationen, die die Aussage bestätigen, dass amerikanische Firmen keine zufriedenstellenden Zündkerzen für Rolls-Royce-Motoren herstellen können oder wollen. Im Gegenteil, Tests hier haben gezeigt, dass vorläufige Modelle gleichwertig waren oder potentielle Lieferquellen sind. Alle werden derzeit getestet, 113 Stunden an 14-mm-Zündkerzen in Allison V-1710-Motoren und 181 Stunden in Wright R-1820 Cyclone.

Darüber hinaus hat die Arbeit mit Einzylindermotoren gezeigt, dass die amerikanischen 14-mm-AC-Kegel zufriedenstellend sind, mit Ausnahme der Zylinderauskleidung, die jetzt verbessert wurde.« [113]

In einem weiteren Telegramm wurden einige der erforderlichen Änderungen dargelegt:

»Die Tests umfassen deutsche, britische, amerikanische Keramik- und amerikanische Glimmer-Isolatoren ... es sollte angemerkt werden, dass die amerikanische A.C.-Gesellschaft die aktuelle Formel für Keramik-Isolatoren an A.C. Sphinx in England

Der Prototyp des Kampfflugzeugs XP-47B mit Turbolader.

P-47-Motor freigelegt; großer Durchmesser des Propellers deutlich erkennenbar.

geliefert hat, wobei die Keramik-Isolatoren das Herzstück der Kerze sind und die Technik der Herstellung hier seit Jahren bekannt ist. Der aktuelle Bericht zeigt, dass die neuesten amerikanischen A.C.-Kerzen bei Packard zufriedenstellende Leistungen erbringen.

Heron von der Ethyl Gasoline Corporation hat bei seinen Keramiktests sowohl von American A.C. als auch von Champion zufriedenstellende Keramikisolatoren erhalten ... Packard-Merlin-Motoren, die für England bestimmt sind, können durchaus britische Kerzen verwenden, wenn Großbritannien dies wünscht, aber dieses Büro sieht keinen Grund für amerikanische Rolls-Royce-Motoren, britische Kerzen zu verwenden, die teures und strategisches Platin enthalten ... zu etwa $5,00 pro Kerze, während amerikanische Hersteller einen gleichwertigen oder besseren Kerze für $2,00 oder weniger herstellen können.

Um einen scheinbaren Zusammenbruch des Rolls-Royce-Zündsystems zu vermeiden, insbesondere wenn es jemals mit dem Turbo in großen Höhen eingesetzt wird, wird seit sechs Monaten ein komplettes amerikanisches Zündsystem entwickelt, das eine Magnetabschirmung und Kerze enthält, um die inhärente Höhenschwäche zu überwinden.«[114]

Alle Anbieter von Zündkerzen hatten ähnliche Entwicklungsprobleme, es ging nur darum, wer sie zuerst lösen würde. Die Entwicklungszeit von sechs Monaten für ein komplettes Zündsystem für große Höhen zeigte, welche Schwierigkeiten damit verbunden sein konnten. Der amerikanische Ingenieur war jedoch optimistisch, dass man ohne Platin Zündkerzen herstellen konnte, die den Krieg überstehen würden.

In Wright Field wurde am 16. Juli 1941 der Merlin XX getestet und auch der Kompressor erprobt. Der Lader wurde mit

Freigelegter P-47-Rumpf, Ladeluftrohre und die Passage durch den hinteren Ladeluftkühler sind sichtbar. Die Kühlluft für den Ladeluftkühler tritt aus verstellbaren Lamellen aus, die in der Mitte des Rumpfes zu zwei Dritteln von der linken Seite aus sichtbar sind.

Ein Techniker arbeitet an einem scheinbar frühen Modell der Ladeluftkühlerrohre der P-47.

Systeme der P-47 unter Test; der außergewöhnlich große Durchmesser des Rumpfes wird durch den im Cockpit sitzenden Techniker deutlich.

und ohne Vergaser getestet, was zu interessanten Ergebnissen führte.

Sie gaben versehentlich einen Hinweis darauf, welche Art von Leistungsunterschied durch den Einsatz eines Kraftstoffeinspritzsystems hätte erzielt werden können, da die Tests mit und ohne Vergaserdrossel durchgeführt wurden. Der Luftdurchsatz des Kompressors erhöhte sich ohne den angeschlossenen Vergaser um etwa 10 %. Obwohl die Einspeisung eines Kraftstoff-Luft-Gemischs in das Laderauge Vorteile bei der Kühlung der Ansaugung und der Verringerung der Kompressorarbeit brachte, war die nachteilige Auswirkung eines 10 %igen Rückgangs des Luftstroms beträchtlich. Rolls-Royce begann später mit der Arbeit an einem eigenen Einspritzsystem.

Nachdem die Möglichkeit, den Sabre in den USA herzustellen, zumindest stillschweigend vereinbart worden war, meldete Wright Field am 17. Juli 1941, welche amerikanischen

Merlin XX bei Tests in Wright Field in den USA.

Flugzeuge möglicherweise mit dem Sabre ausgerüstet werden könnten.

»Bericht über die Ergebnisse einer Studie zum Einbau des Napier Sabre-Motors in die folgenden Flugzeuge:

P-39
XP-49
XP-58
XP-60

Ermittlung der Durchführbarkeit des Einbaus des betreffenden Motors in Verfolgungsflugzeugen des Air Corps.

Die P-39, XP-49 und XP-60 sind aufgrund der Größe und des Gewichts des Triebwerks nicht für den Einbau des Sabre-Motors geeignet.

Das Sabre-Triebwerk ragt aufgrund seiner Gesamtgröße über die Konturen der P-39- und XP-60-Rümpfe sowie über die Konturen der XP-49-Triebwerksgondeln hinaus ... das Sabre-Triebwerk hat eine geeignete Größe und ein geeignetes Gewicht für den Einbau als Alternative zum Wright-Tornado-Triebwerk in der XP-58.

Empfehlungen:

Es wird empfohlen, den Einbau des Sabre-Triebwerks in Flugzeuge des Air Corps nicht weiter in Betracht zu ziehen, es sei denn, spätere und vollständigere Daten weisen auf erhebliche Verbesserungen hin.«[115]

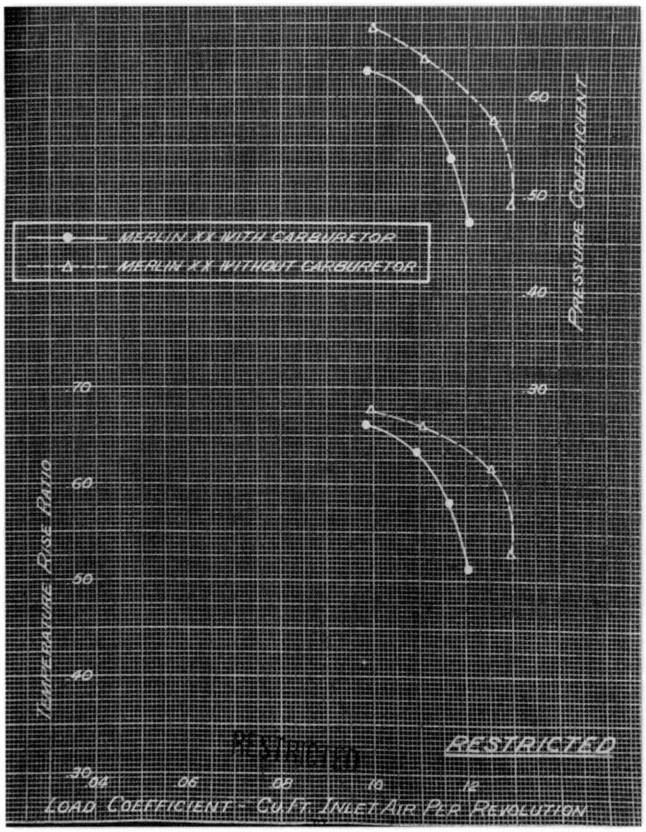

Merlin XX Kompressor-Kurven von Wright Field.

Die Verbesserung, auf die sich der Brief bezog, bestand darin, dass der Wright-Tornado-Motor eine Leistung von 2350 PS im Vergleich zu den 2000 PS des Sabre-Motors haben sollte. Der Tornado wog 500 Pfund mehr als der Sabre, die 2235 Pfund wog, und war etwa 10 % länger, aber der Tornado hatte eine geringere Stirnfläche von 7,27 Quadratfuß [0,675 m^2] gegenüber 9,33 der Sabre. Der Tornado war mit seinen 42 Zylindern, die in sieben Reihen mit je sechs Zylindern angeordnet waren, sehr komplex und wurde nur vier Monate später wieder eingestellt, womit ein weiterer Name in die Liste der gescheiterten Reihenmotor-Konzepte verschiedener Hersteller aufgenommen wurde. Auch das Hyper-Engine-Programm des United States Army Air Corps, das ursprünglich einen Motor hervorbringen sollte, der die besten europäischen Triebwerke übertraf, scheiterte.

Ingenieure in Farnborough arbeiteten an einem Bericht, in dem ein »deutsches System zur Leistungssteigerung durch Sauerstoffeinspritzung« analysiert wurde. Dieses erfasste System wurde dem Chefingenieur der Allison-Motoren, Herrn Hazen, gezeigt, der zu Besuch in England war. Hazen meldete dies am 2. August 1941 an Wright Field zurück. Frustriert darüber, dass er sich von den Entwicklungen ausgeschlossen fühlte, telegrafierte er zurück, um die Briten zu bitten, schnell einen Zwischenbericht für ihn zu erstellen, auch wenn dieser weit vor der Fertigstellung des fertigen Berichts lag:

»Mr. Hazen, Chefingenieur der Allison Division ... berichtet, dass während seines Besuchs in England ein Messerschmitt-Flugzeug mit einem sehr ungewöhnlichen Ansaugsystem abgeschossen wurde und dass die Briten den Mechanismus zur Vermischung von Treibstoff und Sauerstoff sehr genau untersuchten und einen Bericht über das gesamte System und seine Funktionsweise erstellten. Es wird empfohlen, die Briten zu bitten, diesen Bericht zu beschleunigen und ihn an die Abteilung weiterzuleiten, um sie zu Experimenten in dieser Richtung anzuleiten.«[116]

Bei dem System handelte es sich natürlich um eine frühe Lachgasanlage in der Bf 109. Obwohl die frühen Versionen seines AllisonV-1710-Motors in Bezug auf die Höhenleistung hinter dem Merlin zurückblieben, wurden mehr als 70.000 Exemplare hergestellt, und Hazen führte während des gesamten Zweiten Weltkriegs im Durchschnitt alle 45 Tage ein bedeutendes Motor-Update durch.[117]

Zurück auf dem amerikanischen Festland kam es zu einem bizarren Widerspruch in der Politik. Während die Society of Automotive Engineers am 7. August 1941 einen Bericht über den DB 601 veröffentlichen sollte, wurden die Ergebnisse der DB 601 A-Tests in Wright Field unter Verschluss gehalten, sehr zum Ärger der amerikanischen Ingenieure außerhalb von Wright Field in der Industrie – die die Ergebnisse benötigten. Nicht weniger als drei deutsche Triebwerke warteten bereits auf ihre Erprobung in Wright Field, doch eine offizielle Anordnung, sie aus dem Geheimhaltungsstatus zu entlassen, erwies sich als erstaunlich aufwändig in Bezug auf den Papierkram. In jedem Fall war es sinnlos, geborgenes Kriegsmaterial zu klassifizieren; die Deutschen wussten bereits alles darüber – sie hatten es ja überhaupt erst hergestellt! Amerika und Deutschland befanden sich zwar noch nicht im Krieg, aber Deutschland war sich des Ausmaßes der anglo-amerikanischen Zusammenarbeit durchaus bewusst.

Die Hauptlager der Kurbelwelle des DB 601 A fielen bald aus, und es wurde eine umfassende Röntgen- und Spektralanalyse durchgeführt, um die Ursache zu ermitteln.

> »Die chemische Analyse des Lagermetalls ergab folgende Ergebnisse: Kupfer 77,76 %, Blei 22,14 %. Die spektrografische Untersuchung ergab, dass die restlichen 0,1 % aus Eisen, Silizium und Antimon bestehen.
>
> Unter Belastung haben sich die schwachen, bleihaltigen Bereiche wahrscheinlich von der Stahlunterlage gelöst, so dass nur eine dünne Schicht kupferhaltigen Materials zurückblieb. Obwohl es sich um ein Kupfer-Blei-Lager handelt, ist der Kupferanteil zu hoch und der Bleianteil zu niedrig, um den amerikanischen Normen zu entsprechen. Außerdem fehlt ein drittes Element wie Silber oder Zinn, das manchmal hinzugefügt wird, um die Flüssigkeitslöslichkeit zu verbessern und so die Entmischung von Blei zu verhindern. Was die Herstellung anbelangt, so ist dieses Lager wahrscheinlich auf einen Stahlträger gegossen, wie es in Amerika üblich ist … Das Fehlen von Porosität und Schrumpfungsbereichen zeugt von einer guten Gießtechnik.
>
> Seymour M. Joseph Materials Laboratory.«[118]

Der Mangel an Schlüsselmetallen für Lager sollte die deutsche Flugmotorenindustrie für den Rest des Krieges plagen und spielte eine Schlüsselrolle für die Langlebigkeit des Rollenlagers. Der völlige Mangel an einheimischem Zinn in Europa hinderte Deutschland daran, Zinn/Blei/Kupfer-Lager herzustellen. Ohne dieses dritte Element war es außerordentlich schwierig, leistungsfähige Bleibronzelager zu konstruieren.

Damals wurden die Merlin-Lager aus Legierungen mit den Bezeichnungen LT1, LT2, LT4, LT8 und LT10 hergestellt (diese Legierungen wurden auf jede Kurbelwellenlagerzapfennummer abgestimmt, je nach den Besonderheiten der Belastungs- und Schmierungsbedingungen, die sich über die Länge der Kurbelwelle geringfügig unterscheiden).[119]

LT10 bestand aus 11,02 % Zinn, 14,1 % Blei und 77,38 % Kupfer und wurde anschließend galvanisch mit Silber oder Indium beschichtet. Silber hat eine außergewöhnliche Wärmeleitfähigkeit und Indium ist hervorragend geeignet, um die Korrosion des Bleis durch die Säuren in heißen Motorölen aus Verbrennungsnebenprodukten zu verhindern (Silber war für Deutschland etwas einfacher erhältlich, da Polen über große Vorkommen verfügte, aber die meisten indiumreichen Vor-

Figure 1, Appendix 1

Split Halves of Bearing, Lower Half Showing Spalled Area

DB 601 A: Lager-Analyse in den USA.

kommen der Welt befanden sich in Kanada, und Silber war für die Deutschen noch lange nicht üppig vorhanden).

Das Tri-Metall-Lager war von den deutschen Lagerherstellern immer noch nicht entwickelt worden, was zusätzlich zu den anderen Problemen bei der Ölqualität und der Konstruktion des Ölsystems zu einem scheinbar endlosen Kampf mit beschädigten Lagern in deutschen Jagdflugzeugen führte.

Das automatische radiale Wasserabschrecksystem (siehe Seite 190), das Rolls-Royce für Lager entwickelt hatte, sorgte für eine radial ausgerichtete dendritische Kupferstruktur, die für die Ermüdungslebensdauer entscheidend ist. In dem untersuchten DB 601-Lager gab es keine solche Struktur. Die Deut-

DB 601 A: Lagerquerschnitt unterm Mikroskop.

schen waren noch dabei, ihr eigenes Abschreckverfahren zu entwickeln.

Rolls-Royce hatte die Bitte der Amerikaner um mehr Informationen über den zweistufigen Merlin erhalten und stimmte zu, dass Packard und Wright Field natürlich über die neuesten Informationen verfügen sollten. Am 16. August 1941 traf daher James Ellor von Rolls-Royce in Ohio ein, um die Triebwerksabteilung in Wright Field zu besuchen. Er hatte Daten über den neuen zweistufigen Merlin-Motor mit Aufladung mitgebracht. Echols schrieb an den stellvertretenden Leiter in Wright Field:

> »Herr Ellor hat mich heute Morgen mit umfangreichen Daten über den zweistufigen Lader aufgesucht. Dieser Lader ist an die von Packard gebauten Motoren anpassbar. Die Leistungsdaten, die er mir gezeigt hat, sind höchst beeindruckend … wenn diese Daten korrekt sind, deuten sie auf zwei Dinge hin: Erstens, dass wir dafür sorgen müssen, dass dieser Lader so schnell wie möglich an die Merlin-Motoren, die wir bauen, angepasst wird, und zweitens, dass wir die Verbesserung der Höhenleistung der Allison-Motoren mit größtem Nachdruck vorantreiben müssen, da er sonst mit Sicherheit schon sehr bald veraltet sein wird … Analysieren Sie diese Daten und vergleichen Sie sie mit dem, was wir mit den Allison-Motoren machen, und geben Sie mir einen Bericht über die vergleichenden Vorzüge des Merlin und des Allison, wenn die erhöhten Höhenleistungen, die wir jetzt für den Allison planen, wirksam werden.« [120]

Die Allison-Motoren, in der P-38 zum Beispiel, konnten ohne einen Turbolader zur weiteren Leistungssteigerung in großen Höhen nicht mit dem zweistufigen Merlin konkurrieren, und es ist bemerkenswert, dass Echols dies schon damals zugab. Das Hauptproblem bestand nicht darin, dass die amerikanischen Ingenieure nicht in der Lage waren, ein Triebwerk mit Turboaufladung und hervorragender Höhenleistung zu bauen, sondern darin, dass die Turbolader mit den dazugehörigen Leitungen so groß und schwer waren, dass sie nur in wenigen Flugzeugen eingesetzt werden konnten, es sei denn, das Flugzeug wurde für die Installation eines Turboladers konzipiert. Die Daten wurden später von der British Air Commission am 4. September 1941 über Wright Field an Packard weitergeleitet:

> »Das Ziel der Merlin 60- und 61-Motoren ist es, größere Leistungen in größerer Höhe zu erzeugen und gleichzeitig die Einfachheit der Steuerung und des Betriebs beizubehalten, die mit dem mechanisch angetriebenen Lader verbunden ist. Der Motor ist im Grunde derselbe wie der Merlin XX und die Packard-Merlin-Modelle. Die wichtigsten Bestandteile sind:
>
> - Kompressor:
>
> Ersatz des vorhandenen zweistufigen Kompressors durch einen zweistufigen Kompressor mit zwei Geschwindigkeitsstufen unter Verwendung des vorhandenen Bendix-Vergasers und eines Einlasskrümmers, der an den größeren Durchmesser des Flügelrads angepasst ist.
>
> - Steuerungen:
>
> Ein neues Design der Ladedruckregelung, das der neuen Anordnung der Motorsteuerung entspricht.
>
> - Zündung:
>
> BTH C6-Magnetzünder, um eine zufriedenstellende Zündung in der größeren Höhe zu gewährleisten … Beachten Sie, dass die Entwicklung der Druckbeaufschlagung dieses Magnetzünders noch nicht abgeschlossen ist.
>
> - Ladeluftkühlung:
>
> Einbau eines wassergekühlten Ladeluftkühlers als Teil des Motors, der sich zwischen dem Auslass des Laders und dem bestehenden Ansaugrohr des Motors befindet.
>
> Vorgesehen ist eine zusätzliche kleine Wasserumwälzpumpe für den Ladeluftkühler.
>
> Separater Kühler für den Ladeluftkühler, der im Kühlerkanal des Kotflügels untergebracht ist.
>
> Die Modelle 60 und 61 sind in jeder Hinsicht identisch, mit der Ausnahme, dass die Getriebeübersetzung des zweistufigen Kompressors beim 60er um 5 % höher ist, da er für den Betrieb in Bomberflugzeugen vorgesehen ist und seine Höchstdrehzahl auf 2850 begrenzt ist. Der 61er ist für Kampfflugzeuge vorgesehen und die maximal zulässige Motordrehzahl beträgt 3000 U/min.« [121]

Das Schreiben enthielt weitere Informationen über den Entwicklungsprozess dieser neuen Merlin-Motoren:

> »Merlin 61: Startleistung 1225 PS bei 3000 U/min … Volle Pulle, flach, niedriger Gang 1520 PS, 3000 U/min, 13.000 ft [3962 m]; Hoher Gang 1300 PS, 3000 U/min, 24.000 ft [7315 m].

Diese Leistungen sind ohne die Vorteile der Ram- und Ejektor-Auspuffanlage.

> »Der Merlin 60 wurde in der Wellington installiert und geflogen … Der Merlin 61 in der Spitfire sollte etwa zu der Zeit fliegen, als ich England verließ, und die geschätzte Leistung unter Steig- und Horizontalflugbedingungen ist auf den Kurvenblättern 2 und 3 angegeben. [z. B. Seiten 236 und 240]
>
> Die geschätzten Leistungswerte des Merlin 61 in der Spitfire VI spiegeln das viel größere Gewicht und die vergrößerte Flügelfläche wider, die durch die Bereitstellung einer Druckkabine, die Gewichtszunahme der vierblättrigen Luftschraube und den zusätzlich mitgeführten Treibstoff notwendig wurden … Ich habe aus England Blaupausen aller Details mitgebracht, so dass Packard mit der Herstellung der Umbausätze beginnen kann … der voraussichtliche Termin für die Lieferung dieser Teile ist etwa Mitte September.« [122]

Damit begann Packard mit der Einführung des zweistufigen Kompressors in die Merlin-Produktionslinie. Die Tatsache, dass es möglich war, mit einem einfachen Umbausatz mit den Tests zu beginnen, zeigte, dass das System ohne eine radikale Überarbeitung des Merlin-Motors als Ganzes erreicht werden konnte. Tatsächlich waren zweistufige Kompressoren für die Amerikaner keineswegs neu, denn ihre Begeisterung, einen entfernt liegenden Turbolader an ein bestehendes mechanisch aufgeladenes Triebwerk anzuschließen, hatten sie bereits 1937 mit dem Lockheed XC-35-Zivilflugzeug mit Druckkabine zum Ausdruck gebracht. Auch die Jagdflugzeuge P-38 und P-47 waren im Grunde zweistufig aufgeladen, da die Turbolader Luft in den ursprünglichen mechanischen Zentrifugalkompressor ihrer amerikanischen Triebwerke weiterleiteten.

Der eigentliche Clou bei der Entwicklung des zweistufigen Kompressors des Merlin 60 bestand darin, dass er auf kleinstem Raum mit einem hocheffizienten Wasser-Ladeluftkühler realisiert wurde. Dies war der Hauptaspekt, in dem er eine einzigartige Lösung für den Höhenflug darstellte; die Tatsache, dass er in ein bestehendes kleines Kampfflugzeug nachgerüstet werden konnte, machte ihn ungemein wertvoll. Andere zweistufige Kompressoren waren in den 1930er Jahren und sogar schon früher gebaut worden, hatten aber gezeigt, wie einfach es war, einen zweistufigen Kompressor mit enttäuschender Leistung und Effizienz herzustellen.

Zwei Kompressoren allein sind noch keine Erfolgsgarantie, wie Werner von der Nüll in seiner Studie über solche Kompressoren bei der DVL bereits festgestellt hatte. Nach einigem politischen Gerangel schien es schließlich am 2. September 1941 in Wright Field Fortschritte bei der Freigabe der Daten von geborgenen deutschen Motoren für amerikanische Ingenieure zu geben.

> »Deklassierung deutscher Motoren.
> Die folgenden deutschen Motoren werden als eingeschränkte Projekte eingestuft: Daimler-Benz 601, Nr. 10733 und Nr. 21178 … Junkers-Jumo Modell 211 B, Nr. 36990.
>
> Eines der Ziele bei der Sicherung dieser Motoren war es, interessierten Motoren- und Zubehörherstellern alle Daten zur Verfügung zu stellen. Es wird diese Aufgabe vereinfachen, wenn diese Projekte freigegeben werden … das Hüten von Informationen über diese Motoren, in Anbetracht ihrer Herkunft, dient keinem nützlichen Zweck.«[123]

Carroll, Leiter der Experimental Engineering Section von Wright Field, schickte am 9. Oktober 1941 ein Telegramm an die Vertreter von Napier, die für die Lieferung eines Sabre nach Amerika gesorgt hatten:

> »… ein Napier Sabre-Motor stand in Wright Field zur Erprobung zur Verfügung, und auf Ersuchen von General Echols wurde das Projekt in Angriff genommen. Dieser Motor war der leistungsstärkste bekannte flüssigkeitsgekühlte Kolbenmotor, der in England in Produktion ging, und als solcher war er von technischem Interesse.«[124]

Trotz Carrolls Begeisterung für die Leistung des Motors war es unklar, ob das Projekt in die Produktion des Sabre einfließen oder in irgendein amerikanisches Flugzeug in Wright Field eingebaut werden würde.

In der Zwischenzeit machte der zweistufige Kompressor für den Packard-Merlin Fortschritte, und am 15. Oktober 1941 schickte Rolls-Royce einen Kompressorsatz für den Merlin 60 nach Wright Field.

> »Leiter, Triebwerk-Abteilung
> Packard hat zugestimmt, den zweistufigen Kompressor, der aus England geliefert wird, in den handgefertigten Packard-Motor Nr. 9 V-1650-1 einzubauen. Ellor hat die Information erhalten, dass dieser Lader aus England verschifft worden ist … der Motor wird dann nach Wright Field zur Höhenkalibrierung geschickt, um die Lader zu testen.«[125]

Colonel E. R. Page, Leiter des Triebwerkslabors in Wright Field, empfahl, alle handgefertigten Motoren mit dem neuen zweistufigen Lader vertraulich zu behandeln.

> »Es wird empfohlen, die von der Packard Motor Car Company gebauten Rolls-Royce-Motoren mit zweistufigen, zweigängigen Zentrifugalkompressoren einer eingeschränkten Klassifizierung zu unterziehen.«[126]

Bei General Electric wurde an Stahllegierungen für Turboladerturbinen geforscht, die möglicherweise ebenfalls einen vertraulichen Status verdienten. Am 31. Oktober 1941 veröffentlichte General Electric einen Bericht über eine neue Legierung namens Gamma-Columbium für diesen Zweck. Da sie zu fast einem Drittel aus Nickel besteht, wäre ihre Verwendung in Deutschland zu diesem Zeitpunkt nicht in Frage gekommen; deutsche Ingenieure waren bereits gezwungen, einige phantasievolle Lösungen zur Kühlung von Schaufeln mit minderer Hochtemperaturfestigkeit zu entwickeln.

> »Dieser Bericht fasst die verfügbaren Daten über die als Gamma-Columbium bekannte Legierung zusammen, die für Kompressoranwendungen vorgeschlagen wurde.
>
> Die Legierung wurde zunächst als Ersatz für … unsere derzeitige Praxis mit 17-W vorgeschlagen, sie entwickelt Eigenschaften, die auf eine eindeutige Überlegenheit gegenüber 17-W für Radrohlinge hinweisen … ein Schaufelrad aus Gamma-Columbium hat den 100-Stunden-Heißgastest erfolgreich bestanden.«[127]

Compositions				
Element	Alloy Designations			
	Alloy-1374	Alloy-50593	Alloy-50611	Alloy-50651
Cr	14.8	15.0	12.5	14.5
Ni	29.6	24.3	25.2	24.0
Mo	4.95	3.87	4.59	4.54
Cb	1.90	2.00	1.97	2.27
Si	0.74	0.50	0.47	0.65
S	-	0.004	0.012	0.012
P	-	0.015	0.016	0.014
C	0.32	0.38	0.33	0.36

Tabelle der Zusammensetzung der Turbinenlegierungen von General Electric Co.

Es war klar, dass jedes Land, das einen Turbolader für einen Benzinmotor mit viel höheren Abgastemperaturen als einen Dieselmotor bauen wollte, auf immense Schwierigkeiten stoßen würde, wenn es nicht über große Mengen an Chrom und Nickel verfügte – wobei sich auch Molybdän und Columbium als nützliche Bestandteile erwiesen.

Am 14. November 1941 dachte Echols über die Aufladung des Napier Sabre als Lösung für den unterentwickelten Turbolader nach und schrieb an Wright Field, wo die Ingenieure bereits fleißig testeten:

»Projekt MX-80: vertraulich.
Querverweis von Nr.: 336/360.02
Sabre-Triebwerk: Wenn es ihnen gelingt, das Typhoon-Flugzeug mit den Sabre-Triebwerken erfolgreich mit einem Turbolader auszustatten, werden sie wahrscheinlich etwas haben, das nur schwer zu übertreffen sein wird.
Echols
4. November 1941.«[128]

Napier Sabre beim Test in Wright Field.

Das war ein fundierter Gedanke, denn die amerikanischen Ingenieure wussten mehr als jeder andere über die Massenproduktion von Turboladern für Flugzeugtriebwerke. Wenn der Sabre in größeren Höhen aufgeladen werden könnte, wäre sie in der Tat an Leistung kaum zu überbieten. Der Plan wurde bald in England in Betracht gezogen.

Währenddessen befand sich der Sabre selbst am 28. November 1941 zur Kalibrierung auf den Prüfständen in Wright Field.

»Der Napier Sabre Series 1-Motor mit der Herstellernummer 858 wurde am 8. Mai 1941 von der British Air Commission zur Prüfung erhalten ... Die Kalibrierungsprüfung wurde vom 23. September 1941 bis zum 22. Oktober 1941 auf einem Prüfstand im Triebwerk-Labor durchgeführt. Die Gesamtzeit für den Probelauf und die Kalibrierung des Motors betrug 37 Stunden und 15 Minuten.«[129]

Die amerikanischen Ingenieure bemerkten den Unterschied zwischen den offiziellen Leistungsangaben und den tatsächlich gemessenen Werten. Bei 3700 Umdrehungen pro Minute auf Meereshöhe wurde der Sabre mit 2000 PS angegeben, erreichte aber im Test 2090 PS. Beim Test in 15.000 Fuß [4572 m] Höhe wurden 1819 PS gemessen, etwa 30 weniger als angegeben, aber es war eine gute Leistung des Motors. Aufgezeichnet wurde auch die an Wasser und Öl abgegebene Wärme, wobei 44 % an Wasser abgegeben wurden, was 850 PS entspricht, und 10 % an Öl, was 185 PS entspricht. Der maximale Ladedruck betrug 44,2 Zoll [1123 mm] Quecksilber.

Die Entwicklung amerikanischer Flugzeugtriebwerke und die militärischen Bemühungen wurden am 7. Dezember 1941 durch den Angriff auf Pearl Harbor scheinbar ins Chaos gestürzt. Die enormen Entwicklungsanstrengungen der Amerikaner hatten angefangen, aber erst etwa zwei Jahre nach Beginn des Zweiten Weltkriegs kam die militärische Mobilisierung. Ein völlig neues Triebwerk würde im Durchschnitt fünf Jahre vom ersten Konzept bis zur Massenproduktion benötigen; dies würde die USAAF unter erheblichen Druck setzen, das Beste aus dem Vorhandenen zu machen. Trotz des scheinbar klar definierten Eintrittszeitpunkts der USA in den Krieg Ende 1941 stiegen die Verteidigungsausgaben in den USA bereits seit 1940 an. Die Verteidigungsausgaben der USA nach ihrem Kriegseintritt änderten sich nicht, da sie bereits 1941 robust nach oben korrigiert worden waren. Erst 1943 erreichte der Anteil des Verteidigungshaushalts der USA am BIP mit 35,5 % fast den Großbritanniens.

Selbst bei den erfolgreichsten und zuverlässigsten amerikanischen Kolbenflugzeugprogrammen kam es immer wieder zu Ausfällen von Komponenten, insbesondere wenn neue Produk-

Napier-Sabre-Motor ausgestellt in Wright Field.

tionsmethoden und -programme eingeführt wurden. Ein typisches Beispiel war der 9. Dezember 1941, als bei den Packard-Merlin-Kolben eine Reihe von Ausfällen auftrat.

»Die eingereichten Kolben bestanden aus einer geschmiedeten 18S-Aluminiumlegierung… Ein Kolben aus dem Lagerbestand wies, wie angegeben, einen Schmiedefalt auf. Der Kolben wurde so umgestaltet, dass er in den Abschnitten in der Nähe der Kolbennabe einer höheren Belastung standhält; es sollten Maßnahmen ergriffen werden, um das Auftreten von Schmiedefalten zu verhindern.« [130]

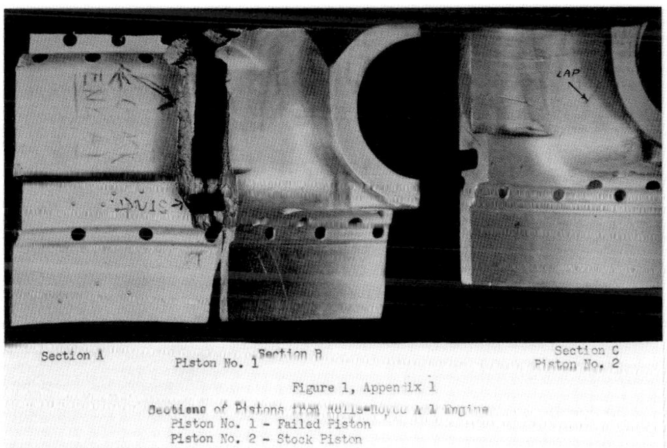

Kollabierter Packard-Merlin-Kolben.

Ein winziger Fehler im Schmiedeprozess hatte einen Schlitz im Kolben hinterlassen, der eine Spannungskonzentration in einem anfälligen Bereich verursachte. Das Problem wurde schnell behoben, aber es zeigte, wie viel Aufmerksamkeit auch den kleinsten Details gewidmet werden musste. Die Herausforderung blieb auf einem konstant hohen Niveau, da die Anzahl der produzierten Triebwerke und die von ihnen erzeugte Leistung immer weiter gesteigert wurden.

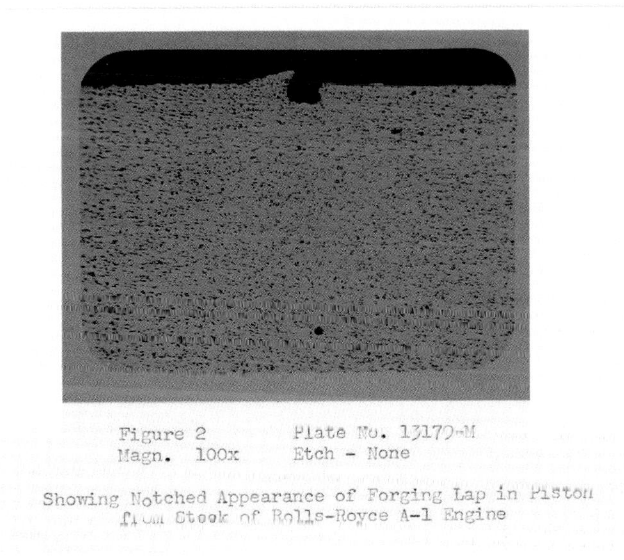

Auslösepunkt eines Kolbenversagens am Packard-Kolben.

Kurz darauf trafen die Merlin 61-Umrüstsätze für Packard aus England ein, und am 18. Dezember 1941 waren die Ingenieure von Wright Field damit beschäftigt, ihren Merlin-Motor auf die neuesten Spezifikationen umzurüsten.

»An:
Stellvertretender Leiter, Materialabteilung, Wright Field
Betreff: Zweistufiger, zweistufiger Turbolader:
... Ich habe das folgende Telegramm nach Derby geschickt: ›Werde in vier Tagen bereit sein, Merlin 61 in Betrieb zu nehmen, können Sie mir einen Rat geben, wie lange der Betrieb mit den vorhandenen Lagerkomponenten des Kompressors sicher ist, oder empfehlen Sie, auf die modifizierten Teile zu warten, die Sie per Luftpost schicken – STOP‹ ... erhielt die unten zitierte Antwort: ›Lovesey sagt, dass die derzeitigen Teile eine Lebensdauer von 50 Stunden haben – STOP – die Ersatzteile haben gestern Derby verlassen und werden per Luftpost verschickt‹.«[131]

Für die Umrüstung mussten viele Teile geändert werden, und ohne die britischen Ingenieure vor Ort, die die Änderungen überwachten, war dies ein Prozess voller Schwierigkeiten. Einige Tage später, am 22. Dezember 1941, schrieb die Firma Packard an Wright Field, um die Fortschritte des Projekts zusammenzufassen:

»Während einer Konferenz mit Colonel Page und Mr. Chenoweth in Wright Field ... übergab der Verfasser eine Mappe, die er kürzlich von Rolls-Royce erhalten hatte. Diese Mappe enthielt ein Memorandum mit Anweisungen sowie Blaupausen für den Rolls-Royce Merlin 61 zweistufigen Zweigang-Kompressor ... Der Motor Nr. A9 wurde für den Umbau eines Merlin 28 in einen Merlin 61 Motor ausgewählt. Die Montage des Kompressors und die dazugehörigen Teile wurden aus Großbritannien geliefert. Die Montagearbeiten begannen am 3. Dezember 1941 und wurden am 17. Dezember 1941 abgeschlossen ... die Zylinderblöcke wurden entfernt und der Motor mit Kolben des neuesten Typs, Nr. 600058, ausgestattet ... beim Zusammenbau traten einige Schwierigkeiten auf ... nach dem Zusammenbau wog der Motor 1679,5 lb trocken. Der Motor wurde an den 2700-PS-Leistungsprüfstand montiert und am 17. Dezember 1941 eingefahren. Das Einfahren wurde am 18. Dezember 1941 abgeschlossen. Der Motor mit Merlin 61-Kompressor lief insgesamt drei Stunden und 14 Minuten.«[132]

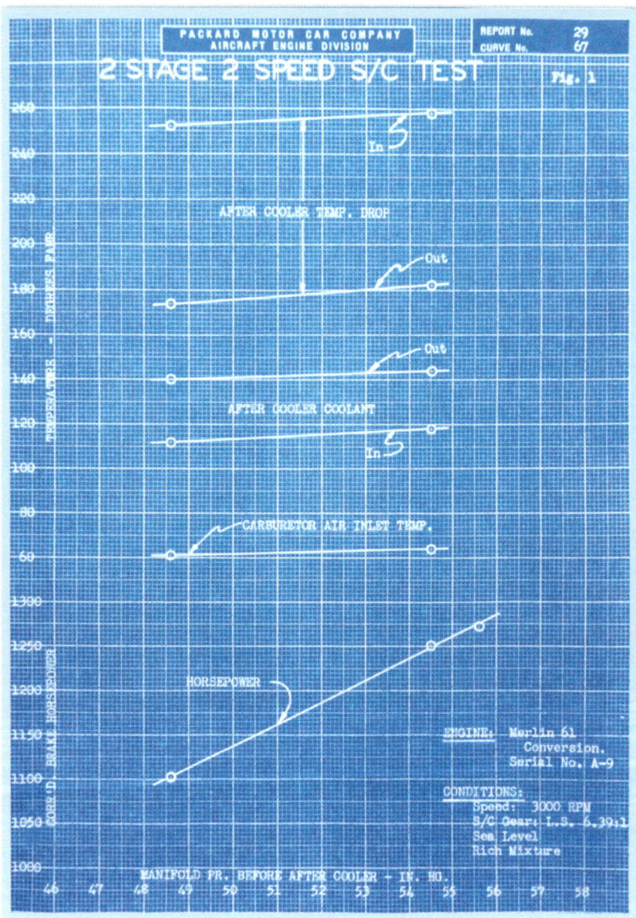

Packard Test des Merlin 61-Ladeluftkühlers.

Der Test von Packard zeigte den beeindruckenden Rückgang der Ansaugtemperatur, der durch den Luft/Wasser-Wärmetauscher des neuen Merlin verursacht wurde (siehe Grafik links, die den »Nach-Kühler-Temperaturabfall« zeigt). Der Wärmetauscher, der vom RAE im Auftrag von Rolls-Royce entworfen und entwickelt worden war, funktionierte wie vorgesehen. Die durch die zweistufige Verdichtung entstehende Wärme bedeutete, dass die Leistung des Ladeluftkühlers von grundlegender Bedeutung für den Erfolg des Merlin 61 war.

Deutschland

Die beiden Hauptprioritäten Deutschlands zu Beginn des Jahres 1941 waren die Inbetriebnahme der neuen Fw 190 und die Aufrechterhaltung auf einem hohen Niveau der Leistung der Bf 109 F durch die Verbesserung der Triebwerke.

Beide Ziele wurden durch Verzögerungen und Schwierigkeiten beeinträchtigt. Die Treibstoffqualität beeinträchtigte die Messerschmitt-Jagdflugzeuge, und in der Fw 190 traten Probleme mit dem BMW 801 D-Motor auf. Die Fw 190 verwendete den BMW 801 C, der nur mit B4-Kraftstoff mit 87 Oktan betrieben werden konnte und selbst bei Notleistung auf einen sehr konservativen absoluten Ladedruck von 1,32 Atmosphären oder nach britischer Konvention weniger als +5 Pfund pro Quadratzoll Ladedruck begrenzt war – genug für 1600 PS in 3000 Fuß [914 m] Höhe.

Dies stand in deutlichem Gegensatz zu den Leistungen, die auf dem Prüfstand mit Entwicklungskraftstoffen erreicht wur-

BMW 801 Motor.

den. Am 16. Januar 1941 erreichte der BMW 801 D mit einem Gemisch aus 75 % C2-Kraftstoff und 25 % B4 bei einem Ladedruck von 1,45 Atmosphären 1800 PS.[133] Die Verwendung dieses seltsamen Kraftstoffgemischs deutet darauf hin, dass die deutschen Ingenieure noch über die am besten geeignete Formel debattierten.

Diese Leistung hätte 500 PS mehr erbracht, als der kleinere Merlin zu dieser Zeit erreichen konnte – doch der BMW 801 war immer noch nicht in der Luft (oben).

Dr. Ammann, der bei BMW für die Flugmotoren zuständig war, zeigte auch die geplante Leistung des riesigen BMW 803 Motors, der für den Einsatz in Jagdflugzeugen zu groß war, aber bereits viele Konstruktionsressourcen davon ablenkte, den BMW 801 D zuverlässig in Betrieb zu nehmen. Der 803 sollte mit Hilfe eines Turboladers eine Leistung von 4000 PS bei 1,5 at Ladedruck erreichen.[134] Obwohl der BMW 801 auf einem alten Layout basierte, verfügte er über fortschrittliche Merkmale wie die mehrstufige Ölpumpe mit mehreren Zahnradpaaren, die von einer gemeinsamen Welle in einem sauberen Stapel angetrieben wurden. Eine solche Anordnung wird auch heute noch in Hochleistungsmotoren für den Motorsport verwendet. Details wie diese erforderten jedoch umfangreiche

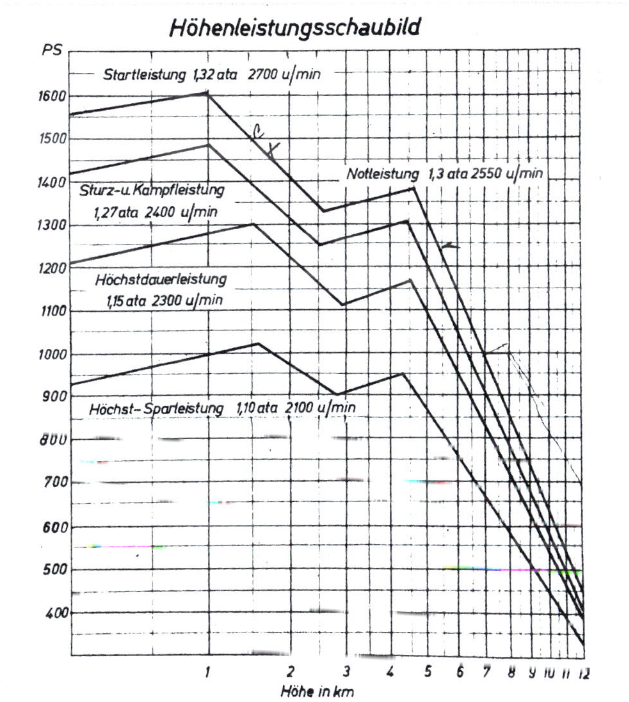

Leistungskurven des BMW 801 Motors bei Maximum 1.32 ata.

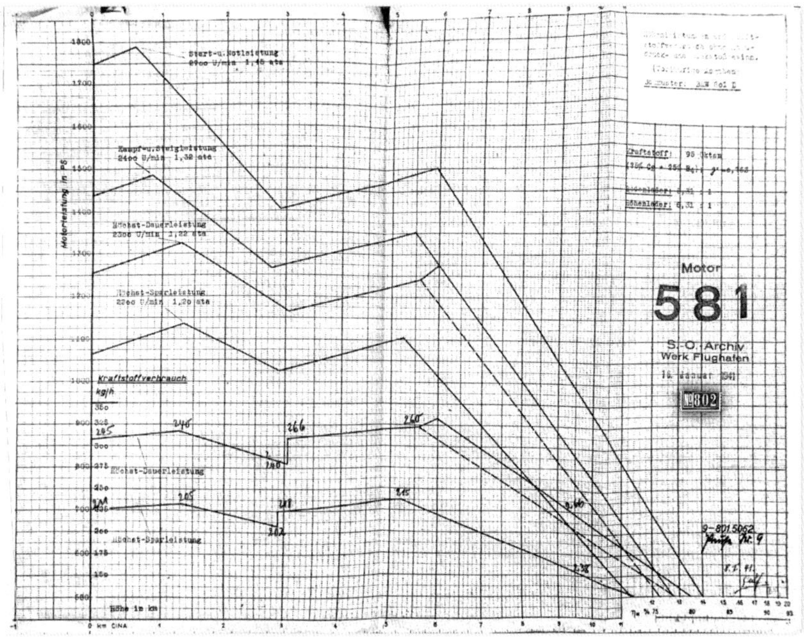

Leistungskurven des BMW 801 Motors bei Höchstdruck 1.45 ata.

Forschungs- und Entwicklungsarbeiten, und BMW hatte damit zu kämpfen.

Der deutsche Nachrichtendienst für Kraftstoffe war recht gut in der Lage, die neuesten Entwicklungstrends in Amerika aufzuspüren, und am 27. Januar 1941 wurde ein kurzer Bericht erstellt, in dem die zu erwartenden Entwicklungstrends skizziert wurden:

> »Die normalen Flugkraftstoffe der Feindesländer haben bisher keine besonderen Entwicklungen erfahren. Vom Detonationsverhalten her entsprechen sie den deutschen 87 Oktan-Kraftstoffen ... der englische ›100 Oktan‹-Kraftstoff entspricht den normalen Qualitäten. Es gibt bereits erste Hinweise darauf, dass die Bedeutung der Aromaten in Amerika und den anderen Feindesländern bekannt ist. Die Entwicklung in den Vereinigten Staaten wird weiter vorangetrieben bis hin zur Herstellung von ›130 Oktan‹-Kraftstoff (die kommerzielle Produktion von 110-115 Oktan steht unmittelbar bevor). Die Entwicklungsmöglichkeiten sind nahezu unbegrenzt.« [135]

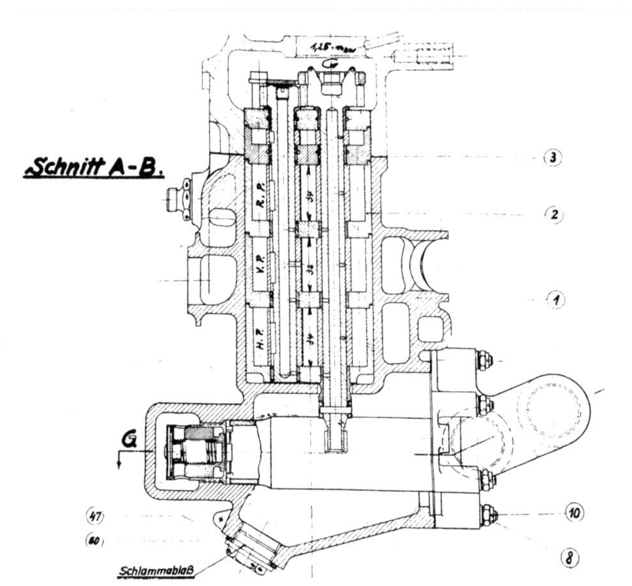

Schnittzeichnung der BMW 801-Ölpumpe.

Der erwähnte 130 Oktan-Kraftstoff war nicht wirklich 130, sondern das Ergebnis eines neuen Kraftstoffnummerierungssystems, das sich in Amerika und England langsam durchsetzte. Um die Schwierigkeiten zu vermeiden, die bei der Versorgung mit 100 Oktan-Kraftstoff während der Luftschlacht um Großbritannien aufgetreten waren, wurden die Kraftstoffe mit zwei Einstellungen getestet: fett und mager. Das neue System bedeutete einfach, dass das, was bisher 100 Oktan genannt wurde, nun als 100/130 bezeichnet wurde. Unter mageren Bedingungen hatte er eine Oktanzahl von 100, und bei fetten Gemischen ergab derselbe Kraftstoff, der erneut getestet wurde, eine Leistung von 130.

Eine Mk.II Spitfire war relativ unversehrt geborgen worden, und im März 1941 vollendete der deutsche Geheimdienst einen ausführlichen Bericht, in dem jeder Aspekt der Maschine beschrieben wurde. Fritz Seeber und Alexander von Philippovich von der DVL-Abteilung Kraftstoffe berichteten über die Analyse des Inhalts des Kraftstofftanks der Spitfire:

> »Nach dieser Untersuchung entspricht der englische Treibstoff in seiner Detonationssicherheit ungefähr der deutschen 100 Oktan-Klasse von Referenztreibstoffen, die in Deutschland in der Vorkriegszeit 1939 entwickelt wurden ... der Treibstoff wurde in einem BMW 132-Versuchsmotor nach der DVL-Auflademethode mit einer Aufladelufttemperatur von 80 °C getestet, und der Bleigehalt des Treibstoffs wurde mit 0,088 Volumenprozent festgestellt.« [137]

Nachrichtendienstliche Erkenntnisse über Kraftstoffe waren in Deutschland vielleicht von geringerem praktischen Nutzen, da man dort weniger Möglichkeiten hatte, verschiedene Verbindungen in militärisch bedeutsamen Mengen herzustellen. Dennoch wurden die Entwicklungen der Alliierten stets aufmerksam verfolgt.

In Dessau zeigte die 213er-Konstruktionsgruppe von Dr. Lichte endlich herausragende Ergebnisse, die fast unzweifelhaft bewiesen, dass sie über den leistungsstärksten Flugmotor in Deutschland verfügten, der eine ernsthafte Chance hatte, in den Krieg einzutreten. Am 14. März 1941 erreichte der Jumo 213 A-0, Nr. 13, eine Leistung von 2110 PS bei 3200 Umdrehungen pro Minute und 1,74 Atmosphären Ladedruck. Seit den letzten Tests im Jahr 1940 waren das Ansaug- und Auspuffsystem völlig neu gestaltet, das Auslassventil im Durchmesser vergrößert und ein neues Ladedruckregelungsmodul eingebaut worden. Im unteren Leistungsbereich von 1150 PS erreichte er einen erstaunlich niedrigen Kraftstoffverbrauch von 187 g/PS/h.[138] Der 213er begann, sein Potenzial zu entfalten.

Trotz der Schwierigkeiten mit dem neuesten im Fronteinsatz befindlichen Hochleistungstriebwerk, dem DB 601 N, schlossen Daimler-Benz und das RLM am 20. März 1941 einen Entwicklungsvertrag über die Konstruktion und Fertigung eines völlig neuen 16-Zylinder-Triebwerks für Jagdflugzeuge ab – dies war der Beginn der Entwicklung des DB 609.

Der Brief, den Daimler-Benz an das RLM geschrieben hatte, war ein Vorschlag, einen Motor zu konstruieren und zu bauen, der eine frühere Forderung des RLM nach einem Motor mit wesentlich höherer Leistung als alle bisherigen V12-Motoren erfüllte. Es stellte sich heraus, dass zum Erreichen der Anforderungen mit den verfügbaren Kraftstoffen ein größerer Hubraum, stark überarbeitete Motorstrukturen und höhere Kurbelwellendrehzahlen erforderlich sein würden.[139] Um einen höheren Hubraum zu erreichen, ohne die Stirnfläche des Motors zu vergrößern, entschied man sich für ein V16-Layout, bei dem im Vergleich zu den anderen V12-Motoren von Daimler einfach vier weitere Zylinder an der Stirnseite hinzugefügt wurden.

»VORSCHLAG: Entwicklung des 16-Zylinder DB 609 mit Kraftstoffeinspritzung und Vorversuche im Geschäftsjahr 1941/1942.

Am 6. Februar fand hier eine Besprechung mit Ihrem Herrn Dipl.-Ing. Jellinghaus und Flugstabsingenieur Mann statt, in der beschlossen wurde, dass wir mit aller Dringlichkeit unseren Prototyp auf der Basis der bereits vorhandenen Motortypen DB 601, DB 603 und DB 605, den 16-Zylinder 2700 PS – Fremdzündung DB 609 mit Kraftstoffeinspritzung und einem Gesamthubraum von 62 Litern, zur Serienreife bringen sollen.

Wir verweisen hierzu auf unser DB-Memorandum Nr. 2431 vom 8. Februar 1941 ... wir erlauben uns, den folgenden Vorschlag zu unterbreiten:

1) Der 16-Zylinder-Motor DB 609 war das Ergebnis der Überlegung, dass eine weitere Leistungssteigerung der bereits vorhandenen 12-Zylinder-Motoren DB 601, DB 603 und DB 605 nicht ohne weiteres möglich wäre, da jede Leistungserhöhung eine wesentlich höhere Belastung des gesamten Motors, insbesondere der Kurbelwelle, der Hauptlager, der Pleuel und der Kolben mit sich bringt, was allmählich dazu führen würde, dass eine Erhöhung der Belastung dieser Bauteile nicht mehr zulässig wäre.

Der 16-Zylinder-Motor DB 609 hingegen erfüllt mit seinem inhärent viel größeren Gesamthubraum von 62 Litern – gegenüber 44,5 Litern beim DB 603 – bereits die geforderte Leistungssteigerung und hat durch die Beibehaltung der umgekehrten V-Anordnung auch die gleichen Einbauvorteile und Fertigungsmöglichkeiten wie die bisherigen Motorkonstruktionen. Der DB 609 hat im Vergleich zum zweimotorigen DB 606 der gleichen Leistungsstufe günstigere Gewichtseigenschaften und ermöglicht darüber hinaus durch die Beibehaltung der umgekehrten Anordnung die Möglichkeit einer zweimotorigen Anordnung ähnlich unserem DB 606

Erhard Milch

30. März 1892 – 25. Januar 1972

Erhard Milch war mehr als jeder andere Mann für die Geburt der verjüngten Luftwaffe in den 1930er Jahren. Milch, der von Göring entdeckt und dann Hitler vorgestellt wurde, nahm den Kern seiner erfolgreichen Fluggesellschaft Lufthansa und formte ihn zu einer modernen militärischen Organisation.

Milch war ein energiegeladener Mann, der sowohl gesunden Menschenverstand als auch ein gutes Gespür für die Luftfahrt besaß und dennoch einen Großteil des Zweiten Weltkriegs von persönlichen und politischen Feinden umgeben verbrachte. Trotz seiner enormen Erfolge bei der Steigerung der Flugzeugproduktion – die in der Regel fälschlicherweise allein Albert Speer zugeschrieben werden – wurde er schließlich von Göring aus seinem Amt als Minister des RLM gedrängt. Obwohl Milch zu den angenehmeren Gestalten in der Hierarchie des Dritten Reiches gehört, fand er in Heinrich Himmler einen unerwarteten Verbündeten, dessen Elite-SS-Sturmtruppen von Milch zur Niederschlagung von Aufständen ausländischer Zwangsarbeiter in den Flugzeug- und Flugzeugmotorenwerken eingesetzt wurden. Milchs erhaltenen persönlichen Tagebücher und Büropapiere bleiben eine der aufschlussreichsten historischen Quellen über die Luftwaffe unter der Nazi-Partei.[136]

Feldmarschall Erhard Milch, Sekretär des RLM.

> Gesamtkosten: RM 700.000
> Abmessungen: Bohrung 165 mm, Hub 180 mm
> Gesamthubraum: 62 Liter
> Verdichtungsverhältnis 1 : 8,5
> Untersetzungsverhältnis 1 : 1,93 bis 1 : 3,3
> Das endgültige Untersetzungsverhältnis ist noch nicht festgelegt; die Untersetzungsgetriebe sind so angebracht, dass entweder ein Stirnrad oder ein Planetengetriebe – sowohl für die Links- als auch für die Rechtsdrehung des Propellers – eingebaut werden kann.
> Leistung: Die Start- und Notleistung des DB 609 beträgt rund 2700 PS bei 2800 Umdrehungen pro Minute mit C3-Kraftstoff. Nallinger.«[140]

Der DB 609 wies viele interessante Konstruktionsmerkmale auf. Dennoch war die Entscheidung von Nallinger und dem RLM, zu diesem Zeitpunkt ein so ehrgeiziges und völlig neues Motorenprogramm in Angriff zu nehmen, angesichts der anderen Konstruktions- und Entwicklungsaufgaben bei Daimler-Benz seltsam.

Eine praktischere Anwendung der Motorenentwicklung war der Einsatz von Lachgas an der Bf 109 F und Fw 190 am 24. April 1941. Das GM1-System stand nun kurz vor dem allgemeinen Einsatz in Deutschland.

> »Die Bf 109 F-1 und F-2 werden ohne GM1-System ausgeliefert, aber es wird erwartet, dass die F-4 serienmäßig damit ausgestattet wird. Es wird erwartet, dass die Fragen zu den Lagertanks nächste Woche beantwortet werden.«[141]

Das Jagdflugzeug Fw 190 sollte im Mai und Juni in kleinen Stückzahlen vom Band laufen. Zum Glück für die Alliierten verzögerte sich jedoch die Hauptproduktion, die erst im Dezember anlaufen sollte. Die schlechte Entscheidung, ein brandneues Motorenprogramm bei Daimler-Benz zu beginnen, wurde am 2. Mai 1941 in Berlin getroffen. Die Generalluftzeugmeisterkonferenzen wurden oft von einem Stenographen aufgezeichnet, so dass es möglich ist, das genaue Wortprotokoll zu sehen, hier von der GL-Besprechung Nr. 15/41 der Luftwaffe. Dr. Kübler, Holweck, Fisher und Schmidler trafen sich, um die neuesten operativen Entwicklungen zu besprechen. Treibstoffprobleme dominierten weiterhin die Beratungen:

> »Die zur Auslieferung kommenden Bf 109 F-4 werden mit 87 Oktan betrieben, anders die F-1 und F-2 in den Jagdgruppen, die 100 Oktan verwenden … aufgrund der Treibstoffsituation würden wir es vorziehen, noch ein wenig zu warten, bis der DB 601 Q für die 109 verfügbar ist, anstatt die Übergangsmaßnahme des DB 601 E-Motors zu akzeptieren … wir sollten die Nachrüstung der 109 auf EZ4-Spezifikation stoppen«.[142]

Es gab besorgniserregende Anzeichen für ernsthafte Probleme bei den deutschen Motoren:

> »Bei der Bf 109 F sind aufgrund von Motorvibrationen Störungen aufgetreten – die erste Überholungsfrist ist inzwischen auf 50 Stunden gesunken. Dies wirft ein kritisches Licht auf die Frage der Ersatzmotoren.«[143]

Viele der Ingenieure untersuchten zunächst die Triebwerksaufhängungen und vermuteten, dass die Qualität der Triebwerksgummis für die schlechte Leistung verantwortlich war. Tatsächlich aber gab es ein viel heimtückischeres Problem: die Motordetonation. Dies führte zu Zündaussetzern und war in Wirklichkeit für die Berichte über schlechte Motorvibrationen verantwortlich. Die meisten Ursachen wurden nach Tests in Rechlin durch Peterson bald richtig verstanden. Am 15. Mai 1941 wurde für die wichtigsten im Einsatz befindlichen Jagdflugzeugmotoren, die der Bf 109, eine Deklassierung angeordnet.

Das bedeutete, dass der maximale Ladedruck des Kompressors verboten wurde, was sich negativ auf die Leistung des Flugzeugs auswirkte. Für die Kampfpiloten der Luftwaffe, die ohnehin schon um die Zuverlässigkeit ihrer Triebwerke besorgt waren, muss dies auch einen großen psychologischen Einschnitt bedeutet haben. Nun wurde ihnen offiziell mitgeteilt, dass sie ihre Nottriebwerkseinstellungen nicht mehr verwenden durften. In Berlin wurden die ersten Anzeichen dieser ominösen Triebwerksprobleme von Milch im RLM diskutiert. Es wurde berichtet, dass die Motoren der Bf 109 stark vibrierten:

> »Motorvibrationen werden verursacht durch:
> a) Überlastung des Motors durch die Piloten an der Front.
> b) Zu niedrige Position des Ansaugrohrs (Abgase gelangen in die Ansaugluft).
> c) Ungeeignetes Gummi in den Motorlagern. Abhilfe wird auf folgende Weise geschaffen:
> a) Der Ladedruck des Kompressors wurde von 1,42 auf 1,35 Atmosphären bei 2600 U/min reduziert.
> b) Durch Änderung der Drehrichtung wird der Ansaugtrakt um 8° nach oben gedreht (als Sofortlösung).
> c) Einbau eines härteren Gummis in den Motorlagern.
> Untersuchungen über endgültige Verbesserungen sind derzeit im Gange.«[144]

Jeder Bf 109-Pilot flog nun gehandicapt und die Probleme mit dem BMW 801 der Fw 190 hielten an. Bereits am 7. Juli 1941 gingen Berichte über schwere Motorschäden beim RLM ein.

> »Mahnke: Das Umrüstungsprogramm auf den BMW 801 im Westen läuft jetzt in kleinen Stückzahlen. Der technische Stand ist wie folgt. Vertreter der Firma BMW, von Rechlin und der Luftflot-

te haben die einzelnen Einheiten an der Front besucht. Es wurde festgestellt, dass die vorgeschriebenen Änderungen eine deutliche Verbesserung gebracht haben.

Reidenbach: Wir hatten bei den Versuchen kolossale Schwierigkeiten mit den Ölanlagen des BMW 801.

Mahnke: Die erste Lösung war, die Ölentlüftung extern zu machen. Dann wurde auch die Ölentlüftung im Öltank umgestaltet. Dieser letzte Aspekt ist noch nicht abgeschlossen, aber das Öl wurde in die beiden Ölrücklaufleitungen geleitet, da der Gegendruck, der gegen den ursprünglichen Ölleitungsanschluss am Tank wirkt, zu groß war, um einen ordentlichen Durchfluss zu ermöglichen. Der Ölstrom muss direkt in den Luftbereich des Tanks geleitet werden. Es wird davon ausgegangen, dass die Schwierigkeiten ansonsten bei der Installation des Jagdflugzeugs bestehen bleiben.«[145]

Obwohl die Ölprobleme anscheinend nur geringfügig waren, führten sie dennoch zu Motorausfällen, und viele weitere Schwierigkeiten sollten der frühen Fw 190 noch bevorstehen.

Im August 1941 war im Daimler-Benz-Werk Stuttgart-Untertürkheim ein wichtiger Durchbruch bei der Diagnose einer Reihe von Motorausfällen im Einsatz erzielt worden. Diese Triebwerksausfälle betrafen einen hohen Anteil von Jagdflugzeugen, was bereits von Rechlin erwähnt worden war, und wurden auf verschiedene Weise auf defekte Triebwerksaufhängungen, eine zu niedrige Position des Triebwerkslufteinlasses (was zutraf) und Pilotenfehler zurückgeführt. Die tatsächliche Ursache war noch undurchsichtiger, und die daraus resultierenden Fehlzündungen hatten dazu geführt, dass Rechlin die Triebwerksaufhängungen als Fehler diagnostizierte, da die fehlzündenden Triebwerke auf ihren Aufhängungen heftig herumsprangen.

»Prüfbericht für den Monat August 1941
Überprüfung des gesamten Triebwerksantriebs auf seinen Einfluss auf das Schüttelphänomen im Triebwerk.

Bei der Flugerprobung der 109er-Serie in Regensburg im Frühjahr dieses Jahres traten bei den meisten Triebwerken nach kurzer Zeit unter einer Belastung von 2600 U/min und 1,42 atm Kompressordruck starke Vibrationen sowie Abbrüche der Zündkerzenerde auf. Dies betraf jeweils besonders die rechte Zylinderreihe.«[146]

Daimler-Benz untersuchte auch das Kühlmittelsystem, das Ölsystem, die Zündkerzen und den Zündkabelbaum, den Kraftstoff und die Kraftstofftanks. Das Kühlsystem und das Ölsystem waren nicht perfekt, hatten aber keinen Einfluss auf die starken Vibrationen. Der Zündkabelbaum wies eine schlechte Materialqualität auf, und es wurde bei Bosch ein leistungsfähigerer Ersatz angefordert. Das Kraftstoffsystem zeigte ebenfalls, dass die starke Verdampfung des Kraftstoffs bei Wärme ein ernsthaftes Problem darstellte, aber ebenfalls nicht die Ursache für die Vibrationen war. Die Ursache wurde schließlich gefunden:

»Die Ursache der Verbrennungsdetonation und der anschließenden starken Motorvibrationen sowie des Elektrodenbruchs bei den 601 N-Motoren ist bei der Bf 109 F auf eine Verschlechterung der Klopffestigkeit des in den Kraftstofftanks der 109 F über längere Zeit gelagerten C3-Kraftstoffs zurückzuführen.

Die Baureihe Bf 109 F verfügt anstelle des bisher üblichen Leichtmetall-Kraftstofftanks über einen sogenannten Sack-Tank, der aus einem gummi- und leinwandähnlichen Arbeitsmaterial besteht. Der in diesem Behälter für etwa vier Wochen gelagerte Treibstoff hat statt der hellgrünen Farbe ein gelblich-trübes Aussehen, was auf eine Auflösung des Tankauskleidungsmaterials schließen lässt. Beim Öffnen des Behälters ist am Boden ein grauer, schlammiger Rückstand zu sehen.

Nach gründlichem Auswaschen des Kraftstofftanks und nach dem Auffüllen mit frischem C3 funktionierte der Motor des 109 F einwandfrei. Bei Rückwärtsversuchen mit dem abgelassenen schlechten Kraftstoff konnte jedes Mal eine Verbrennungsdetonation im Motor verursacht werden. Die Verbrennungsdetonationen traten in einigen Fällen, je nach Verschlechterung des Kraftstoffs, schon bei niedrigen Ladedrücken von 1,30 atm und 2600 U/min auf.

Bei unserem Bf 109 E Versuchsflugzeug, das einen Leichtmetall-Kraftstoffbehälter hat, wurden auch nach über vierwöchiger Lagerung des Kraftstoffs im eingebauten 601 N-Motor keine Motorvibrationen beobachtet, so dass die normale Alterung des Kraftstoffs die Degradation des Kraftstoffs in der 109 F nicht erklärt, die Auflösung des Behältermaterials muss wohl die Hauptursache für die Verbrennungsdetonation beim C3 in der 109 F sein.

Zusammenfassend muss gesagt werden, dass der 601 N in der 109 F unter ungünstigen Betriebsbedingungen arbeiten muss, die aber angesichts des fortgeschrittenen Standes der Serienfertigung nur teilweise modifiziert werden können.«[147]

Die rasante Entwicklung des C3-Kraftstoffs, der von den früheren C2-Hochleistungstreibstoffen, die die Luftwaffe Ende der 1930er Jahre erprobte, abgewandelt worden war, hatte eine unvorhergesehene und katastrophale Serie von Ausfällen der wichtigsten deutschen Kampfflugzeuge über Monate hinweg verursacht, und die neuen Treibstofftanks waren nicht ordnungsgemäß mit dem neuen Treibstoff getestet worden, der unerwartet mit der flexiblen Treibstofftankauskleidung chemisch reagiert hatte. Die Auskleidung bestand aus verschiedenen Schichten, aber hauptsächlich aus zwei Arten von synthetischem Gummi: Perduren und Perbunan. Sie war leicht porös, so dass es zwar möglich ist, dass die innere Schicht nicht reagierte, der Kraftstoff aber dennoch langsam durchdringen und

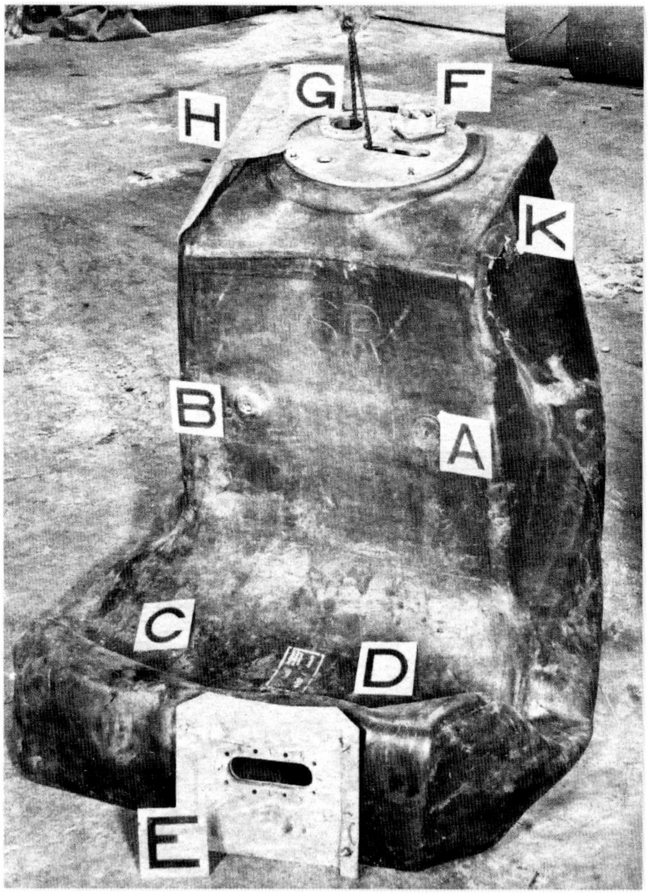

Bf 109 F: »Sack«-Kraftstofftank.

eventuell mit den anderen Schichten und den darunter liegenden selbstdichtenden Materialien reagieren konnte.[148]

Am 15. August 1941 wurden die Versuche mit GM1 in Rechlin fortgesetzt, und zwar mit einer Motorvariante, die von Daimler-Benz speziell für die optimale Nutzung von Distickstoffoxid entwickelt worden war – dem DB 601 Q.

Fast parallel zu den Versuchen bei der Firma Heston in England erprobten die Ingenieure in Rechlin die beste Methode zur Lagerung von Lachgas für den Motor DB 601 Q, der für die Version Bf 109 F-4/U2 bestimmt war.

> »Die erzielte Leistungsausbeute ist bei der Zugabe von unterkühltem, drucklosem GM1-Material deutlich größer als wenn das Material unter Druck verflüssigt wird.«[149]

Der Grund dafür, dass mit Distickstoffoxid, das unter seiner Verdampfungstemperatur von – 88 °C gelagert wurde, mehr Leistung erzielt wurde, war, dass es beim Verdampfen viel mehr Wärme aufnahm. Die Einspeisung in den Motor kurz vor dem Ladereinlass bedeutete, dass die Verdampfung durch den Lader hindurch stattfand, was die Verdichtung erhöhte und somit die Leistung verringerte, die für den mechanischen Antrieb des Kompressors benötigt wurde, um ein bestimmtes Ladungsniveau zu erreichen. Dies bedeutete auch, dass das Distickstoffoxid in leichten Aluminiumflaschen gelagert werden konnte, anstatt in viel schwereren Tanks, die den 70 atm standhalten konnten, die notwendig waren, um es als Flüssigkeit bei Raumtemperatur zu speichern. Natürlich wurde der Bericht an Dr. Otto Lutz von der Universität Braunschweig weitergeleitet, der Lachgas erstmals als Sauerstoffträger in Motoren eingesetzt hatte.

Der Jumo 213 machte in Dessau stetige Fortschritte. Nach einem 50-Stunden-Lauf bei 1750 PS mit dem Motor 213 A-05 ordnete das RLM den Übergang zur Serienfertigung des Jumo 213 an. Eine verfrühte Entscheidung – und mit den Kürzungen bei den Legierungen wurde die Zuverlässigkeit immer schwieriger zu erreichen. Der Jumo 213 hatte nur 50 Stunden bei Nennleistung ohne Ausfall erreicht, und als längere Tests bis zu 300 Stunden durchgeführt wurden, traten mehr Ausfälle auf. Der Prozess, den modernsten und vielversprechendsten flüssigkeitsgekühlten V12 in Deutschland in die Luft zu bekommen, wurde erneut vereitelt.

> »Die Dauertests wurden durch folgende Probleme erheblich verzögert: Risse im Kurbelgehäuse, Risse im Zylinderkopf, Lager- und Getriebeschwierigkeiten.
>
> Lager-Probleme: Abhilfe durch Erhöhung des Ölumlaufs zur Kurbelwelle von 2700 auf 3800 Liter pro Stunde … Getriebeschäden: Umstellung der Gehäuse von Magnesium auf Aluminium und Einführung von elastischen Zahnrädern.«[150]

Während Daimler-Benz mit dem DB 601 N-Motor und dem hochoktanigen Kraftstoff C3 mit Kraftstoffproblemen kämpfte, untersuchte BMW die gleichen Probleme, die bei der Verwendung des hochoktanigen Kraftstoffs C3 auftraten, der der Luftwaffe zur Verfügung gestellt wurde.

> »Zweck des Berichts: Klärung des Gewichts des Kraftstoffs, der in das Motorschmieröl aufgenommen wird, durch Versuche an der Motortype BMW 801 D bei Verwendung des Flugkraftstoffs C3.«[151]

Erfreulicherweise stellte sich für BMW heraus, dass im Gegensatz zu den flüssigkeitsgekühlten Daimler-Benz-Motoren beim BMW 801 der Kraftstoff während des Betriebs erfolgreich aus dem Öl verdampft wurde.

> »Eine Verdünnung des Schmieröls durch Flugbenzin C3 findet nicht statt. Nach den längsten Laufzeiten (100 Stunden), bis hinunter zu Drehzahlen von 1800 U/min, konnte nur ein Anteil von 1 – 2 % Kraftstoff im Schmieröl festgestellt werden. Dies sind die Werte, die beim Kaltstart des Schmieröls immer zurückbleiben und die keine schädliche Wirkung auf den Motor haben.«[152]

Beim Kaltstart wird das Öl absichtlich mit Kraftstoff verdünnt, um es flüssiger zu machen und das Durchdrehen des Motors zu erleichtern. Dabei wird das Öl mit ca. 3,5 % Kraftstoff verdünnt, der dann im Idealfall nach dem Aufheizen des Motors wieder verdampft. Beim DB 601 N war letzteres nicht wie vorgesehen geschehen, beim BMW 801 schon. Die Erklärung dafür war, dass laut Testbericht die durchschnittlichen Zylinderkopftemperaturen im BMW 801 D zwischen 150 und 200 °C lagen. Das war viel heißer als bei jedem flüssigkeitsgekühlten Motor, was ausschließlich darauf zurückzuführen ist, dass der luftgekühlte Motor viel weniger effektiv gekühlt wird als der wassergekühlte und daher zwangsläufig immer heißer laufen muss. Dies bewahrte BMW vor den Kraftstoffproblemen, die bei Daimler-Benz durch Ölverdünnung entstanden.

Edgar Petersen wurde am 4. Oktober 1941 zum Kommandeur der Luftwaffenversuchsanstalt Rechlin ernannt, nachdem er zuvor das KG 51 und dann das KG 40 geleitet hatte.[153] Neun Tage nach seinem Amtsantritt in Rechlin, am 15. Oktober 1941, berichtete seine Gruppe über die Leistung der Fw 190 mit dem BMW 801 C Motor im Vergleich zur Bf 109 F mit dem DB 601 E Motor:

»Der DB 601 E ist für seine Notleistung noch nicht freigegeben, während sie beim BMW 801 C zur Zeit noch verwendet werden darf ... Der Verbesserung der Fw 190 mit dem BMW 801 D, die sich zur Zeit in Schwierigkeiten befindet, steht die Weiterentwicklung der Bf 109 durch den Einbau des DB 605 in die Bf 109 F gegenüber. Die nächste Entwicklungsstufe mit dem DB 603 ist bei der Fw 190 unter Ausnutzung des gesamten vorhandenen Raumes im Rumpf möglich, während bei der Messerschmitt AG ein neues Flugzeug für diesen Motor konstruiert wird.«[154]

Der Leistungsunterschied zwischen den Flugzeugen wurde in einem Leistungsdiagramm dargestellt; die frühe Fw 190 mit dem BMW 801 C-Motor war mit B4-Kraftstoff von 87 Oktan der Bf 109 F mit dem DB 601 E-Motor deutlich überlegen, besonders in größeren Höhen. Allerdings war der DB 601 E verkrüppelt, weil der Motor nicht in der Lage war, die Notkampfleistung zuverlässig zu erbringen.

In Rechlin wurde am 5. November 1941 ein detaillierter und langwieriger Vergleich der relativen Vorzüge des Jumo 213 und des DB 603 durchgeführt. Die beiden Motoren stellten die besten Optionen für die Entwicklung flüssigkeitsgekühlter Motoren dar, die die Luftwaffe in naher Zukunft zur Verfügung hatte. Der DB 603 hatte einen wesentlich größeren Hubraum als die Motoren DB 601 oder DB 605, während der Jumo 213 ein Motor der nächsten Generation war, der viel später als alle anderen Daimler-Benz-Motoren entwickelt wurde und damit der modernste unter den Motoren war, die derzeit unter der Leitung von Dr. August Lichte in Dessau entwickelt wurden.[155]

Die Ingenieure in Rechlin berichten:

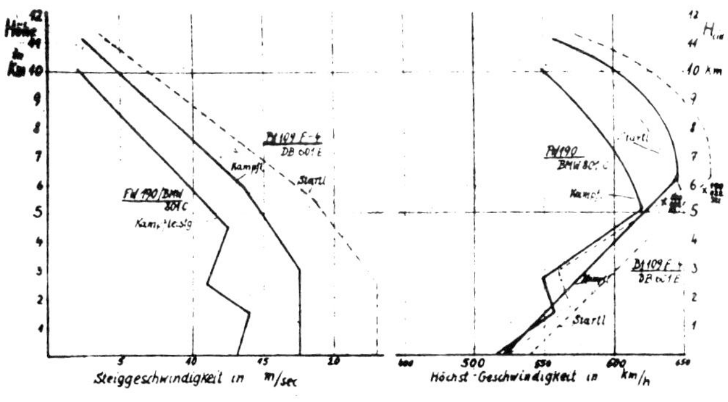

Flugleistungsdiagramm der Jagdflugzeuge Bf 109 F und Fw 190.

»Die Startleistung des 603 ist das einzige Leistungsmanko gegenüber dem 213; in großen Höhen ist die Leistung sehr ähnlich. Der von der 213 benötigte Wasserkühler ist um 18 % kleiner als der von der 603 bei gleicher Leistung. Der 213 hat keinen separaten externen Ölkühler, das Öl wird im Motor selbst durch Wärmeaustausch mit dem Hauptkühlmittel gekühlt. Der Ölkühler, den der 603 benötigt, ist ein Siebtel so groß wie der Haupt-Wasserkühler.«[156]

Der Jumo-213 hatte 100 PS mehr als der 603, obwohl er nur drei Ventile pro Zylinder hatte und der Hubraum des 603 um 27 % geringer war. Außerdem wog er 25 kg weniger und war in axialer Richtung 36 cm kürzer. Die Rechlin-Ingenieure setzten ihre Bewertung fort und versuchten, die Gründe für dieses Missverhältnis zu ergründen:

Edgar Petersen

Edgar Petersen

26. April 1904 – 10. Juni 1986

Edgar Petersen wurde in Rechlin zum Kommandeur der Erprobungsstellen ernannt, nachdem er zu Beginn des Krieges als Bomberpilot mit Auszeichnung gedient hatte. Neben dem Kommando über Rechlin befehligte er alle fünf speziellen Erprobungsstellen der Luftwaffe.[157] Petersen war auch an den geheimen Operationen der deutschen Luftwaffe in Russland beteiligt, die in den 1930er Jahren unter Missachtung des Vertrags von Versailles stattfanden. Er war ein hervorragender Pilot und verbrachte viele Jahre als Ausbilder.

Jumo 213 und DB 603 im Vergleich, 12. November 1941.

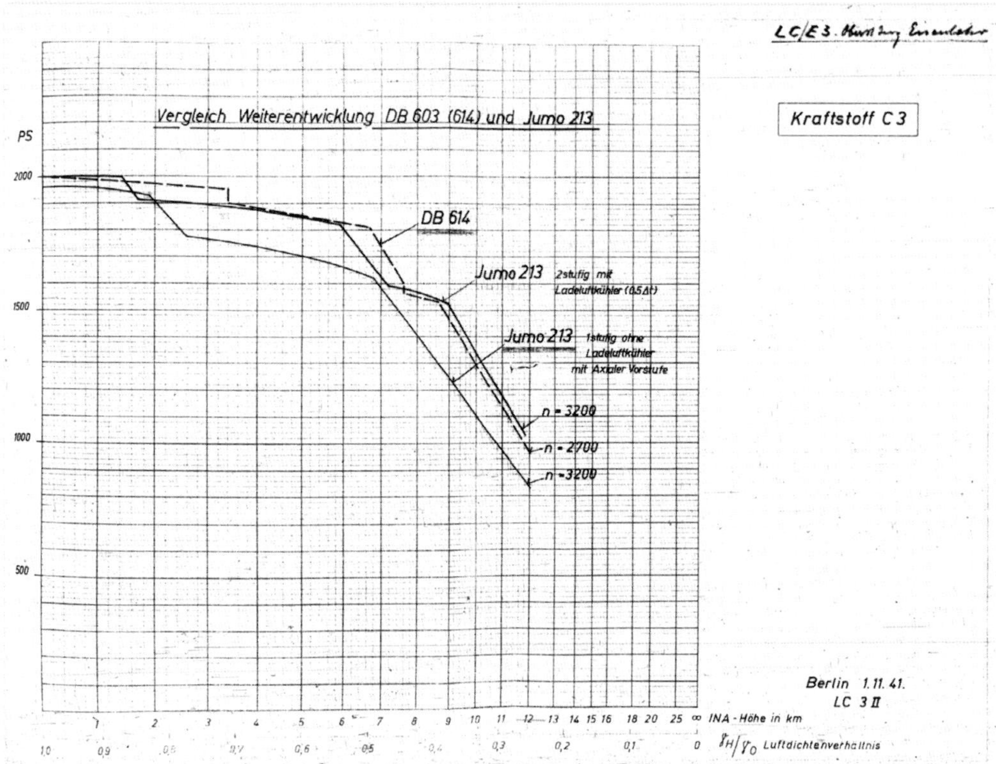

»Der Jumo 213 ist der erste deutsche Motor mit hoher Kurbelwellendrehzahl (ähnliches Konzept wie der Merlin mit 27 Litern, 3000 U/min und 1000 PS in 5 km Höhe oder der DB 601 N mit 36 Litern und 2600 U/min). Die Startleistung des Jumo 213 wird bei 3200 U/min erreicht. Der Jumo 213 ist so konstruiert, dass er über den mechanischen Spielraum verfügt, noch schneller zu laufen, bis zu 3600 U/min, bei denen eine Leistung von 2200 bis 2400 PS vorgesehen ist.«[158]

Die Verbesserung des 603 scheint weniger einfach zu sein:

»Die Steigerung der Leistung des 603 auf 2000 PS scheint mit speziellem Kraftstoff möglich zu sein, die weitere Entwicklung wird erhebliche konstruktive Änderungen erfordern.«[159]

Die Rechlin-Ingenieure waren laut in ihrem Lob des Jumo 213, was in deutschen technischen Berichten eher ungewöhnlich ist:

»Diese Entwicklung stellt einen gewaltigen Fortschritt in der Schaffung eines kompakten, kleinen Motors mit höchster Leistung dar und ist daher für die Weiterentwicklung des Jagdflugzeugs und des leichten Bombers von entscheidender Bedeutung.«[160]

Der Jumo 213 wurde erstmals im Herbst 1940 von Rechlin im Bug einer Ju 52 und auch in einer Ju 88 getestet. Der 213 verwendete die Direkteinspritzpumpe des Jumo 211 F/J, während der 603 eine Bosch-Pumpe verwendete, die im Wesentlichen mit der des DB 605 identisch war, aber einen größeren Kolbendurchmesser besaß.[161] Darüber hinaus wurde der Jumo 213 am 23. Oktober 1941 mit 100 Oktan-Kraftstoff getestet und erzielte hervorragende Ergebnisse: 2000 PS bei 3250 U/min, was einer Steigerung von 10 % gegenüber der Leistung mit B4-Kraftstoff entsprach.[162]

Für das RLM war es wahrscheinlich die richtige Entscheidung, die Entwicklung des Jumo 213 voranzutreiben und eine Massenproduktion auf Kosten aller anderen spekulativen Motorentwicklungen anzustreben.

Nicht ohne Bezug zu diesen Schwierigkeiten beging Ernst Udet am 17. November 1941 Selbstmord. Er war in einen persönlichen Abgrund gestürzt, da sich sein Verhältnis zu seinen beiden Vorgesetzten Göring und Milch verschlechterte.

Die Tragik des Tages wurde noch verstärkt, als am 22. November das große Fliegerass und Inspekteur des Jägerkorps Werner Mölders auf dem Weg zu Udets Beerdigung bei einem Flugunfall ums Leben kam. Die Beerdigung von Mölders fand am 28. November 1941 statt.

Wolfram Eisenlohr – seit der politisch motivierten Absetzung von Helmuth Sachse Leiter der Triebwerksentwicklung im RLM – nutzte die Situation sofort aus. Am Tag nach Udets Tod schrieb er einen Brief an Milch, in dem er sich initiativ um die frei gewordene Stelle von Udet bemühte.[163]

Es ist nicht bekannt, wie weit und wie schnell sich die Nachricht von Udets wahrem Schicksal zu diesem Zeitpunkt verbreitete; die offizielle Mitteilung lautete, er sei »bei der Erprobung einer neuen Waffe« gestorben.[164] Dass er sich das Leben genommen hatte, wäre angesichts seiner hohen Position in der deutschen Regierung politisch äußerst peinlich gewesen. Es ist unmöglich zu wissen, ob Eisenlohr wirklich wusste, was geschehen war, obwohl er ebenfalls eine sehr hohe Position im selben Ministerium innehatte und es daher durchaus denkbar ist, dass die wahre Geschichte ihn durch Mundpropaganda erreicht hatte. In jedem Fall war Eisenlohr nicht erfolgreich. Seine Leitung der Triebwerksprogramme in Deutschland kam in der Öffentlichkeit nicht gut an. Viel zu viele Triebwerks- und Flugwerksprogramme liefen parallel und ohne große Überlegungen zur Integration von Flugwerk und Triebwerk. Dieses Memo wurde im November 1941 an das Oberkommando in Berlin gesandt:

»Die besonderen Anforderungen der Kriegssituation machen eine Konzentration der Entwicklung auf eine rasche Leistungssteigerung zwingend erforderlich ... es besteht die Gefahr, dass die Überlegenheit gegenüber dem Feind gänzlich verschwindet ... die Entwicklung der ersten beiden Jahre zeigt die Tendenz, die Leistung zu steigern, indem man versucht, das letzte Quäntchen Leistung aus älteren Modellen herauszuholen ... dies und die Überschätzung des Entwicklungspotentials des BMW 801-Motors haben jetzt zu einer großen Unsicherheit hinsichtlich der richtigen Integration von Motoren und Flugzeugzellen geführt.«[165]

Schon zu diesem frühen Zeitpunkt des Krieges war das völlige Fehlen einer Planung der Triebwerksintegration spürbar. Trotz der Schwierigkeiten mit dem Treibstoff in deutschen Jagdflugzeugen verfasste Alexander von Philippovich, Leiter der Treibstoffforschung bei der DVL, am 21. November 1941 einen langen Bericht über die Treibstoffentwicklung:

»Erhöhte Verfügbarkeit und Gleichmäßigkeit betreffen die Hochleistungstreibstoffe wesentlich mehr als Treibstoffe der 87 Oktan-Klasse. Anforderungen an einen Flugkraftstoff:

- Freiheit von Dampfbildung
- Keine Ölverdünnung
- Hohe Leistung
- Gute Stabilität bei der Lagerung

Isoparaffine und Aromaten befinden sich derzeit an den Extremen der Empfindlichkeit gegenüber fetten Gemischen und Temperaturbedingungen in Hochleistungskraftstoffen. Diagramm 2 zeigt, dass das aromatische C3 (deutsch) dem isoparaffinischen C1 (ausländisch) im fetten Gemischbereich überlegen ist, aber bei

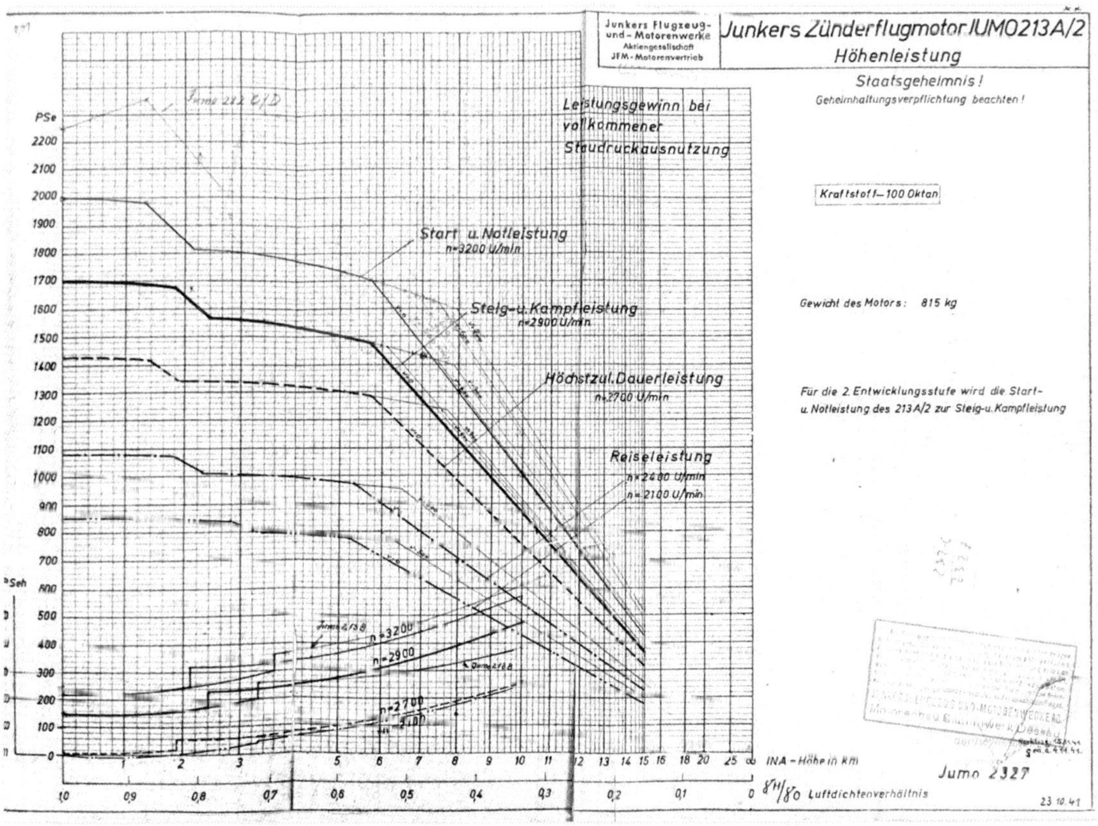

Leistungskurven des Jumo 213 mit C3-Kraftstoff.

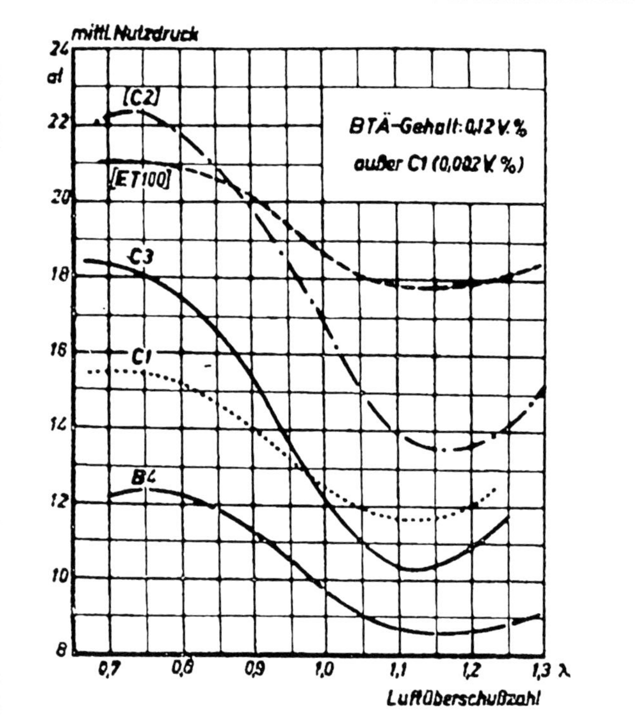

Leistung der verschiedenen Kraftstoffe.

Abschwächung stark in der Leistung abfällt. Dieser Kraftstoff (C3) enthält etwa 50 % Aromaten … die Leistungsbegrenzung wird heute vom Motor und nicht vom Kraftstoff bestimmt.

Was die Lagerstabilität anbelangt, so zeigen aromatische Kraftstoffe wie Benzol und synthetisches Benzin, wie sie derzeit gemischt werden, eine größere Tendenz zu Abnutzungserscheinungen bei langfristiger Lagerung. Künftige Änderungen werden hier wahrscheinlich Verbesserungen bringen … verbleites Benzin zeigt eine starke Zunahme des Gummigehalts und der Bleizersetzung … während paraffinische Benzine auch bei Verbleiung stabil bleiben … die Mischung von unverträglichen Additiven kann einen Kraftstoff ergeben, der schlechter ist als jeder einzelne Bestandteil.

Die Bildung von Ablagerungen führt zunächst zu Kolbenringverstopfungen und zur Verunreinigung des Schmieröls mit Kohlenstoff- und Asphaltverbindungen. Störungen des Ölkreislaufs und weiteres Verkleben der Ringe können die Folge sein.

Korrosion an den Ventilen wird durch zu hohe Betriebstemperaturen und zu hohe Bleianteile verursacht. Abhilfe schaffen die Verwendung von Kraftstoffen mit hoher Klopffestigkeit und weniger Blei sowie die Begrenzung des Aromatengehalts. Es sind mehr Daten über die Anforderungen der Kraftstoffe an die Wärmebeständigkeit der verwendeten Motorwerkstoffe erforderlich.

Die Verunreinigung des Schmieröls muss durch die Verwendung eines möglichst schwachen Gemischs und durch die Vermeidung oder Begrenzung des Kaltstarts verhindert werden.

Vergleicht man die Kosten für die Herstellung von Aromaten und Isoparaffinen aus Kohle, so liegen die Aromaten im Vorteil.«[166]

Philippovich hatte den deutschen Motorenkonstrukteuren einige dringende Problembereiche aufgezeigt. Die Ölverdünnung hatte sich bereits beim DB 601 N als katastrophal erwiesen, und die Hochleistungs- und C3-Kraftstoffe machten den modernisierten Daimler-Benz so unzuverlässig, dass er aus dem Verkehr gezogen wurde.

Er hatte zwar gute Argumente, aber seine Vorschläge wären damals nur schwer umsetzbar gewesen. Seine Vorhersage, dass die Stähle der Ventile problematisch sein würden, war sicherlich absolut zutreffend, auch wenn sich dieses Problem erst allmählich entwickelte, da der Nickelgehalt in den Ventilen alle paar Monate langsam reduziert wurde. Philippovich wies auch darauf hin, dass Kraftstoffe mit einem hohen Anteil an aromatischen Verbindungen wie Benzol für die Deutschen die einzige Möglichkeit darstellten, Kraftstoffe mit hoher Klopffestigkeit in großen Mengen herzustellen, dass sie aber auch die schlechtesten aller Kraftstoffarten für eine stabile Langzeitlagerung waren.[167] Diese Situation wurde durch die Strategie der deutschen Raffinerien und ihre Politik der Kraftstoffmischung noch verschärft, die darin bestand, die einzelnen Kraftstoffkomponenten in unterirdischen Betonbunkern zu lagern, um sie erst bei Bedarf dem Flugbenzin beizumischen. Wenn sie zu lange gelagert wurden, verloren sie ihre Klopffestigkeit, was dazu führen konnte, dass die hoch aufgeladenen Jagdtriebwerke, in denen sie verwendet werden sollten, zerstört wurden.

Am 27. November 1941 traf ein Brief auf Eisenlohrs Schreibtisch ein, in dem es um die Entwicklung von V12-Motoren der 2000 PS-Klasse ging:

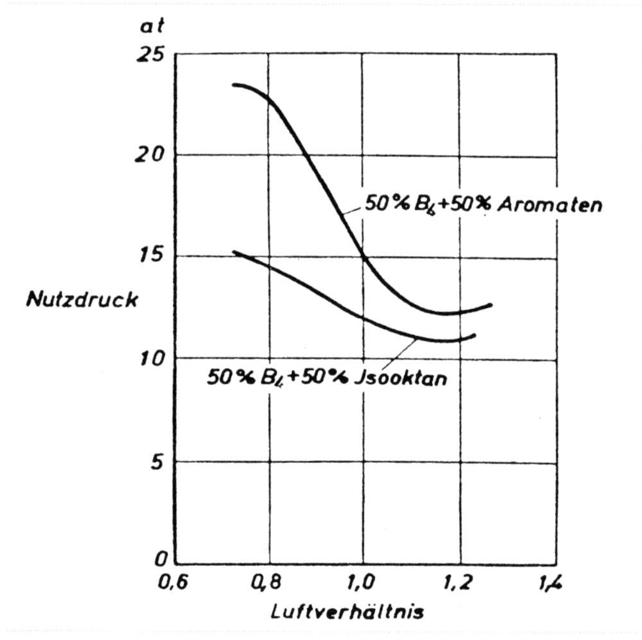

Reiche Mischungsempfindlichkeit von aromatischen oder paraffinitischen Mischungen.

»Überlegungen zur Serienfertigung des DB 603/ Jumo 213
Die Serienreife des Jumo 213-Motors hat begonnen, den Stand des DB 603, dessen Entwicklung ein bis eineinhalb Jahre vor der des 213 begann, einzuholen. Die serienreife Version des DB 603 ist bereits im Einsatz. Die endgültige Version des 213 wird – laut Cambeis – im Januar 1942 in Betrieb gehen.

Das Risiko für die Serienfertigung des DB 603 dürfte beim derzeitigen Entwicklungsstand geringer sein als beim 213, zumal die Zahl der Neuerungen im Vergleich zum bisherigen DB-Motor geringer ist. Beide Unternehmen verfügen heute über einen großen Erfahrungsschatz im Vergleich zum Baubeginn des DB 601 bzw. 211, so dass das Risiko bei beiden neuen Triebwerksprogrammen generell geringer ist als bei früheren Triebwerksprogrammen.«

Am 16. Dezember 1941 traf sich Milch mit Cuno, Eisenlohr, Petersen, Sachse und Vorwald in Berlin, um die inzwischen erheblichen Entwicklungsprobleme des BMW 801 zu besprechen. Berichte von Körber von der Luftflotte 3 beklagten eine Reihe von schwerwiegenden Problemen mit den BMW 801-Motoren:

»Berichtet wurde über Folgendes:
- Festgefressene Kolben
- Verbrannte Kolben durch Detonationsschäden
- Defekte Auslassventile
- Kipphebelschäden
- Brüche von Teilen der Auspuffanlage
- Ausfälle des Aufladers
- Probleme mit dem Kommandogerät

Die Kampfkräfte der Luftflotte 3 haben kein Vertrauen in die Betriebssicherheit des BMW 801-Motors. Für Aufklärungseinsätze ist das Triebwerk noch brauchbar, aber dort wird der Motor unter wesentlich günstigeren Bedingungen (50 % der vollen Leistung) eingesetzt.

Major Petersen schätzt den Motor bei den derzeitigen Ausfällen als sehr schlecht ein und fordert eine Erhöhung der Zuverlässigkeit für die Piloten durch Änderungen am Einspritzsystem, um ein schnelleres Aufwärmen zu ermöglichen, und die Anweisung, bei Annäherung an den Feind mit 50 % Ladedruck und 1800 U/min zu laufen.
- Einbau einer Leitung für die Einspritzung von Startkraftstoff
- Modifizierung des Kommandomoduls, um bei Kaltstart mehr Kraftstoff zuzuführen
- Ersetzen des untersten Kolbenrings durch einen neuen, der das Öl nicht vollständig von der Zylinderwand abkratzt.

Alle diese Änderungen wurden bereits entwickelt und sind bereits in Produktion.

Die Erosion des Kolbenbodens ist auf die hohen Temperaturen in den Zündkerzen und Auslassventilen zurückzuführen (Vorzündung). Die Zündkerzen sind nicht ausreichend gasdicht. Mit der Einführung einer neuen Zündkerze von Siemens ist nicht vor Februar in den erforderlichen Mengen zu rechnen …

Die massenhaft auftretenden Ventilschäden sind nach Angaben von BMW auf unzureichende Materialqualität zurückzuführen. BMW schlägt vor, Chrom-Nickel für Auslassventilköpfe zu verwenden; auch wenn anfangs mehr Nickel verbraucht wird, soll die längere Lebensdauer dieser Ventile zu einer Restmaterialeinsparung bei höherer Betriebssicherheit führen. Die Einführung dieses neuen Werkstoffs für die Ventile hängt von der Nickelversorgungslage ab.«[168]

Der Nickelmangel war für die schlimmsten Probleme des BMW verantwortlich; ohne einen hohen Nickelgehalt waren die Auslassventile nicht resistent gegen chemische Angriffe, ein unvermeidliches Problem bei den hohen Zylinderdrücken, die in einem Jagdflugzeugmotor entstehen. Hinzu kamen die aggressiven korrosiven Angriffe, die aus der zunehmenden Verwendung von Tetraethylblei in den Kraftstoffen, sowohl auf alliierter als auch auf Seite der Achsenmächte resultierten. Das gesamte deutsche Hochleistungsmotoren-Programm stand wegen des Mangels anm metallischen Schlüsselelement Nickel auf der Kippe, und fast alle deutschen Frontjäger flogen mit einem Defizit von mehreren hundert Pferdestärken in den Kampf.

Die hohen Verluste, die die RAF bei ihren Einsätzen über Europa erlitt, waren tatsächlich in Kämpfen mit den behinderten deutschen Jägern entstanden. Die für die Alliierten ohnehin schon schwierige Situation hätte noch viel schlimmer sein können, wenn nicht alle deutschen Triebwerke unter Detonationsschäden gelitten hätten, die durch nickelarme Auslassventile verursacht wurden.

Zusammenfassung – 1941

Die in Großbritannien in der Entwicklung befindlichen neuen Triebwerke wie Sabre, Centaurus und Crecy hatten darunter gelitten, dass die Ressourcen auf die Entwicklung des Merlin konzentriert wurden. Die Spitfire III wurde gestrichen, weil kleinere, aber unmittelbare Verbesserungen Vorrang vor späteren größeren Verbesserungen hatten. Das bedeutete, dass die meisten Spitfires, die 1941 geflogen wurden, immer noch mit einem einstufigen Kompressor ausgestattet waren, der nur deshalb eine angemessene Leistung erbrachte, weil Rolls-Royce die Form des Kompressoreinlasses sorgfältig optimiert und die Geometrie des Laufrads verbessert hatte. Der Merlin 45-Kompressor stellte wahrscheinlich den Stand der Technik dar, der für die in Dienst gestellte Grundkonstruktion möglich war. Eine Dralldrossel wäre die ideale Ergänzung für den einstufigen, eingängigen Lader des Merlin-45 gewesen. Das Triebwerk hätte dann für die größte Höhe ausgelegt werden können, wobei die Dralldrossel zur Verringerung des Ladedrucks auf Meereshöhe eingesetzt worden wäre, ohne die Ansaugluft übermäßig zu erhitzen oder die Startleistung drastisch zu verringern.

Italienischer Lizenzbau-Motor DB 605. Diese Zeichnung vom April 1941 zeigt die sehr frühe gewölbte Kolbenform, die schnell geändert wurde, um das Verdichtungsverhältnis zu erhöhen.

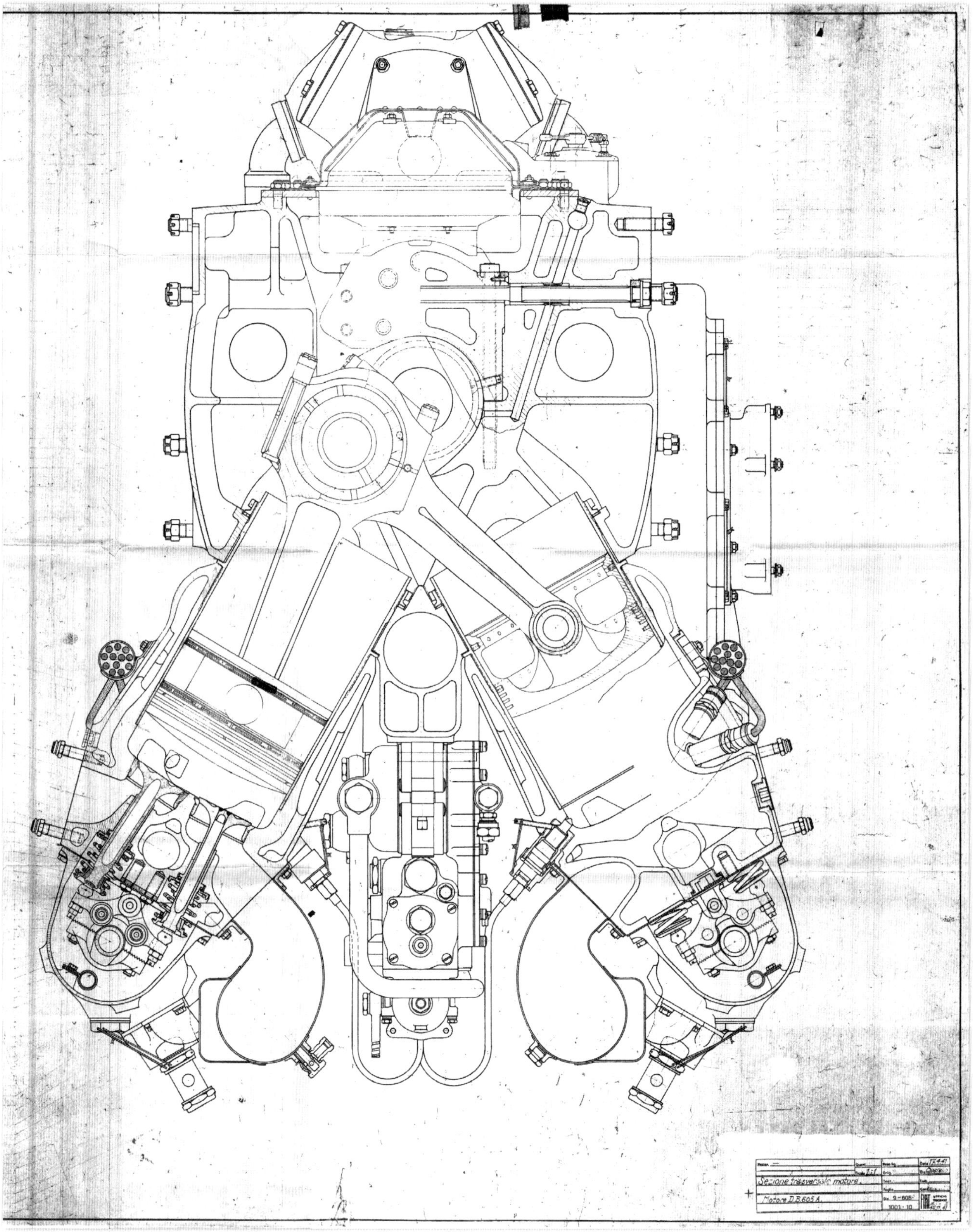

Die Briten hatten auch damit begonnen, sich ernsthaft mit dem Einsatz von Aufladungsmitteln zur Steigerung der Motorleistung zu befassen, und hatten erfolgreich Wasser-Methanol als mögliche Lösung zur Erhöhung des Ladedrucks identifiziert. Die britischen Ingenieure hatten jedoch nicht erkannt, dass Distickstoffoxid als Sauerstoffträger für den Einsatz in großen Höhen verwendet werden konnte, und hatten sich stattdessen auf Sauerstoff konzentriert. Sauerstoff war sehr schwierig zu handhaben und gefährlich für das Triebwerk und das Bodenpersonal – aus diesen Gründen war er im Vergleich zu Distickstoffmonoxid eine schlechtere Wahl.

Positiv ist zu vermerken, dass die Briten große Anstrengungen unternommen hatten, um einen zweistufigen Kompressor mit Ladeluftkühler zu entwickeln, der kompakt genug war, um ihn in ein kleines Kampfflugzeug einzubauen, und dies in einer erstaunlich kurzen Zeitspanne. Außerdem war die Herstellung von Rolls-Royce-Triebwerken in den USA inzwischen in vollem Gange, so dass das immense industrielle Potenzial Amerikas genutzt werden konnte, und es wurden Schritte unternommen, um sicherzustellen, dass die amerikanischen Ingenieure auch Zugang zu dem neuen zweistufigen Merlin hatten.

Obwohl der RAE-Ingenieurin Tilly Shilling die schlimmsten Probleme mit der Abschaltung bei negativem g schnell behoben hatte, war die volle Leistung des Motors bei negativem g noch immer nicht vollständig erreicht worden. Das Versäumnis, dieses Problem abschließend zu lösen, war ein Fehler – und angesichts des amerikanischen Wissens über Druckvergaser und der frühen britischen Forschungen über Kraftstoffeinspritzungen aller Art ein inakzeptabler Entwicklungsmangel, der unmittelbare Folgen für die Einsatzpiloten hatte.

Der Sabre befand sich in der Entwicklung, lief aber ernsthaft Gefahr, in großen Höhen ins Hintertreffen zu geraten, nachdem er vom Merlin 60 und 61 überholt worden war. Die Einführung der Mosquito war ein enormer Erfolg und belastete die Spitfire-Produktion nur wenig, da sie aerodynamisch so sauber war, dass sie ungestraft über dem besetzten Frankreich und Deutschland eingesetzt werden konnte, ohne dass die neuesten Merlin-Triebwerke nachgerüstet werden mussten.

Die Amerikaner machten erstaunliche Fortschritte bei der Konstruktion von Flugzeugen und der Turboaufladung, und die ersten beiden Jäger mit Turbolader waren in der Entwicklung weit fortgeschritten. In dieser Hinsicht waren sie den Bemühungen aller anderen Nationen weit voraus, hinkten aber bei der automatischen Steuerung der Triebwerksaufladung hinterher, was die Einsatzfähigkeit amerikanischer Kampfflugzeuge stark beeinträchtigen wurde. Auch die Amerikaner hatten die deutschen Triebwerke gründlich untersucht. Die britischen Firmen hatten ebenfalls Studien über deutsche Triebwerke durchgeführt, die jedoch nicht so umfassend waren wie die der Wright Aeronautical Corporation und von Chrysler. Möglicherweise war dies zum Teil auf die aufgeschlossenere Haltung der Amerikaner gegenüber der Kraftstoffeinspritzung zurückzuführen, und die Tatsache, dass sie nicht in einen aktiven Krieg mit Deutschland verwickelt waren, minderte vielleicht die Tendenz, deutsche Innovationen standardmäßig zu kritisieren.

Deutschland hatte 1941 mehrere entscheidende Gelegenheiten verpasst; es war nun mit zwei der besten Flugzeuge des Krieges gesegnet, der Fw 190 und der Bf 109 F, aber keines von beiden war voll genutzt worden.

Die Fw 190 kam zu spät und wurde mit einem leistungsschwachen BMW 801 C-Motor eingeführt, der mit 87 Oktan-Kraftstoff betrieben wurde. Die Bf 109 F wurde dadurch beeinträchtigt, dass ihr DB 601 N-Motor einen fortschrittlicheren Kraftstoff benötigte als zuvor. Diese Kraftstoffspezifikation war von der Entwicklung des Motors bis zum Einsatz nicht eingehalten worden, was zu Lagerschäden führte, weil der Kraftstoff das Schmieröl mit C3-Kraftstoff verdünnte, was bei dem C2-Kraftstoff, mit dem er ursprünglich getestet worden war, nicht der Fall gewesen war. Das Desaster wurde noch dadurch verschlimmert, dass der neue Beuteltank der Bf 109 F chemisch auf den C3-Kraftstoff reagierte und die Triebwerke des Jägers innerhalb weniger Wochen durch die daraufhin auftretende Detonation ruinierte. Die Lebensdauer der deutschen Motoren an der Front war erbärmlich kurz. Wenn es den deutschen Ingenieuren gelänge, die durch hocharomatische Kraftstoffe verursachten Kraftstoffprobleme zu lösen und den neuen BMW 801 D-Motor mit C3-Kraftstoff voll zum Laufen zu bringen, hätten sie ein hervorragendes Abfangjägerpaar zur Verfügung. Trotz der schrecklichen Probleme mit den beiden neuen deutschen Jägern war die Spitfire V mit diesen behinderten Flugzeugen bestenfalls noch ausreichend. Großbritannien musste den zweistufig aufgeladenen Merlin so schnell wie möglich in Dienst stellen, um unannehmbare Verluste bei den Jagdfliegern zu vermeiden.

Italien war mit seinen Programmen völlig gescheitert, da Bona bei Fiat nicht in der Lage war, die neue Serie italienischer flüssigkeitsgekühlter Motoren herzustellen, die im letzten Kapitel vorgestellt wurden. Infolgedessen war die italienische Industrie im Begriff, die Produktion des DB 605 im Rahmen eines Lizenzabkommens mit Daimler aufzunehmen.

Italien verfügte jedoch mit der Fiat G.55 über eine hervorragende Flugzeugkonstruktion und konnte so noch einen gefährlichen Beitrag zum Luftkrieg leisten, wenn es das Jagdflugzeug in Serie und mit einem leistungsstarken Motor produzieren konnte. Es schien immer unwahrscheinlicher, dass dies ein italienischer Motor sein würde.

Kapitel 6
1942 – Der Wendepunkt

Großbritannien

Der Napier Sabre machte Anfang 1942 große Fortschritte dank der Blei-Indium-Tri-Metall-Lager von Vandervell. Laut David Green von der Firma Vandervell am 2. Januar:

> »Wir haben unser erstes Paar Blei-Indium-Lager beschichtet, außerdem zwei Paar Napier-Haupttriebwerke für Major Bulman.«[1]

Das Vandervell-Lager unterschied sich von den Lagern, die von Rolls-Royce und Daimler-Benz verwendet wurden, weil es eine neue, dünnwandige Lagertechnologie verwendete. Zusätzlich zur Verwendung von Indium als oberste Schicht zum Schutz des Bleis vor Korrosion durch saure Verbrennungsnebenprodukte im Öl waren die Lager viel dünner als üblich. Dies bedeutete, dass die Wärme des Öls schneller durch das Lager und in das Kurbelgehäuse geleitet wurde als bei den dicken Lagern, die traditionell in Flugmotoren verwendet werden.

Der dünne Querschnitt verhinderte auch, dass die Lager in ihren Gehäusen an »Passungsverschleiß« leiden, da sie sich besser an die Form des Lagergehäuses anpassen konnten; wenn sie von den Kräften der Kurbelwelle beansprucht wurden, folgten sie einfach den Bewegungen des Gehäuses, anstatt gezwungen zu sein, sich relativ zu den Gehäusen zu bewegen. Dicke Lager scheuerten unweigerlich an ihren Gehäusen, da die Lagerschalen mit Stahl hinterlegt waren, und wenn sie sehr dick waren, waren sie viel steifer als das Aluminium, in das sie eingespannt waren.

Außerdem wurden die dünnwandigen Lager in großen flachen Platten hergestellt, die bereits mit den verschiedenen Metallen und Überzügen beschichtet waren, anstatt die Bleibronze von Hand auf die Stahlunterlage jedes einzelnen Lagers zu gießen. Später wurden sie in Halbmondform gestanzt. Die Herstellung der Schalen aus großen flachen Blechen, die bereits mit einer Blei-Kupfer-Legierung beschichtet waren, ermöglichte es, streng kontrollierte und gleichmäßige Dicken und Zusammensetzungen zu gewährleisten. Die dünnwandige Lagerschale war eine entscheidende Innovation in der Motorkonstruktion, aber es war schwierig, die Idee auf einen Motor anzuwenden, der nicht dafür ausgelegt war, da alle Durchmesser der Pleuelstangen- und Kurbelwellenlagergehäuse geändert werden mussten, was ihr gesamtes Verhalten grundlegend veränderte.

Rolls-Royce versuchte es mit Vandervells Schalen, stellte aber fest, dass sie sich nicht gut an kleine, dünne Lagerschalen anpassen ließen, und gab sie daher auf. Rolls-Royce stellte jedoch weiterhin Lager mit der Indiumbeschichtung her. Am 19. Februar 1942 hielt Rolls-Royce eine Entwicklungssitzung ab, um die Fortschritte beim zweistufigen Merlin zu beurteilen. Obwohl der Einbau des zweistufigen Merlin in die Spitfire gut vorankam, wurde deutlich, dass die derzeitige Motorarchitektur für die angestrebten Leistungssteigerungen nicht ausreichte. Schwachstellen in den Kurbelwellenlagern und in der Abdichtung der hohen Drücke in den Zylindern – die sich mit jedem Anstieg des Ladedrucks verschlimmerten – wurden offensichtlich.

> »Die Zweckmäßigkeit der Einführung von zweiteiligen Zylinderblöcken bei der Merlin 60-Produktion wurde diskutiert ... die ersten 75 Merlin 60-Produktionsmotoren werden einteilige Zylinderblöcke sein ... der 76. Motor wird mit zweiteiligen Blöcken ausgestattet sein ... ein Zeitplan soll dem DED vorgelegt werden, der angibt, wann zweiteilige Blöcke in die Produktionslinien der verschiedenen Merlin-Motoren eingeführt werden können.«[2]

Mit steigendem Ladedruck erwies sich das in den frühen Merlins verwendete System zur Abdichtung der Verbindung zwischen der Oberseite der nassen Laufbuchse und dem Zylinderkopf als unhaltbar. Dies lag daran, dass die lokal an der Oberseite der Laufbuchse wirkende Bolzenlast keine konstante Dichtkraft über den gesamten Umfang der Laufbuchse erzeugte.

Der zweiteilige Block schaffte hier Abhilfe, indem er oben auf die Buchse einen »Hut« aufsetzte und diesen Ring zwischen dem oberen und unteren Zylinderkopf einklemmte. Diese beiden Teile wurden durch die extrem langen Stehbolzen zusammengeklemmt, die durch den Kopf bis in das Kurbelgehäuse reichten. Dies bedeutete, dass die Klemmkräfte gleichmäßig von oben und unten nach außen verteilt wurden, so dass sie beim Zusammentreffen an der Dichtungsfläche der Buchse gut über den Umfang der Buchsendichtung verteilt waren. Auf diese Weise entstand eine extrem gasdichte Verbindung, die auch hohen Ladedrücken standhalten konnte.

Lovesey berichtete, dass der Negativ-g-Vergaser für den Merlin 61, der wegen der größeren Lufteinlassbohrungen gegenüber dem Merlin 45 geändert werden musste, gute Fortschritte machte, obwohl eine vollständige Lösung die Einführung der Kraftstoffeinspritzung erforderte.

> »Wir haben jetzt die S.U.-Einspritzpumpe in einer Mark V Spitfire geflogen. Die ersten Ergebnisse zeigen eine Erhöhung der Vollgashöhe um 1500 ft [457 m].
>
> Wir verwenden die Bendix-Einspritzdüse und -Krümmer, wobei Drosselklappen und Venturidüsen entfernt wurden ... Wir hoffen, eine Sprühdüse nach dem ›Power-Jet‹-Prinzip zu entwickeln, die die Verteilung deutlich verbessern dürfte.«[3]

Die Verbesserung der Vollgashöhe war darauf zurückzuführen, dass das Kraftstoffeinspritzsystem die zwei Drosselklappen im Vergaser nicht mehr benötigte, um einen Unterdruck zu erzeugen, der den Kraftstoff aus den Vergaserrohren in den Motor saugt. Dadurch wurde die Leistung des Laders verbessert, da die Strömungsbeschränkung am Eingang des Laders beseitigt wurde. Im Gegensatz zur deutschen Direkteinspritzung sprühte dieses relativ einfache System den Kraftstoff von einem einzigen Punkt aus in den Lader, anstatt ihn über 12 verschiedene Kraftstoffleitungen und Einspritzdüsen in jeden Zylinder zu leiten. Dieses System konnte das Problem der Fehlzündungen nicht lösen, da die Ansaugrohre immer noch mit Kraftstoff und Luft gefüllt waren, hatte aber den Vorteil, dass es das Laderdruckverhältnis erhöhte, das der Vergaser erreichte. Allerdings ging dies zu Lasten des Kraftstoffverbrauchs, da der Motor im Gegensatz zum deutschen System immer noch auf den schwächsten Zylinder abgestimmt werden musste, was bedeutete, dass etwas mehr Kraftstoff als unbedingt nötig zugeführt werden musste.

Eine Spitfire VII flog in Boscombe Down mit dem Merlin 61 bei +12 lb Ladedruck, und Lovesey berichtete, dass sie bald

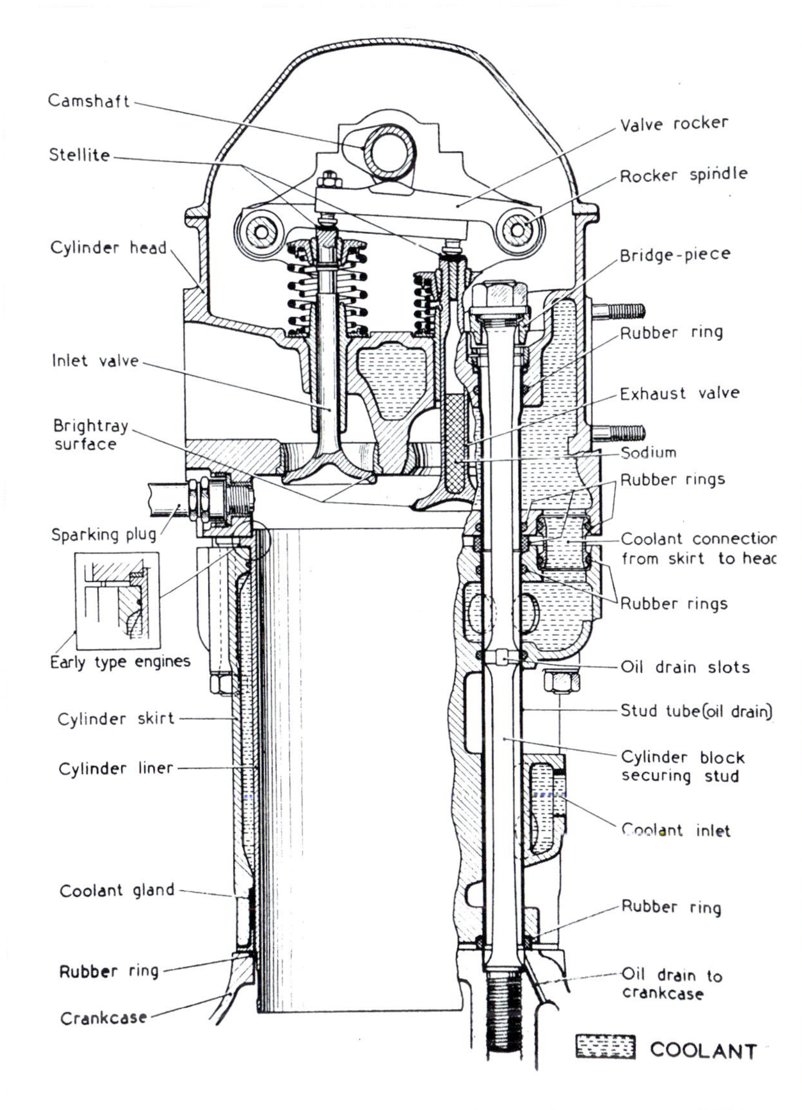

Merlin 60: zweiteilige Blockverbindung.

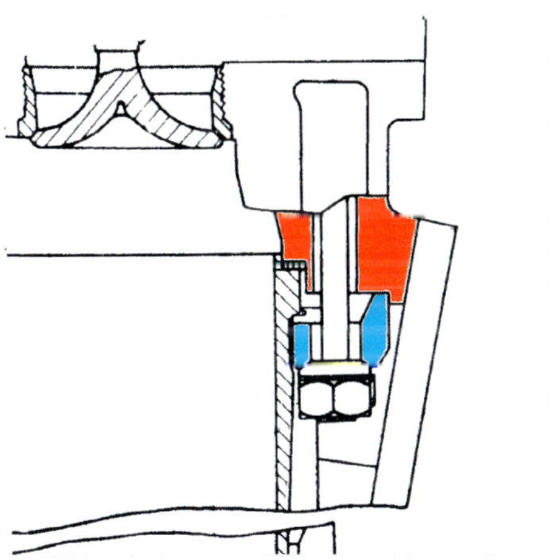

Merlin XX: Zylinderbüchse-Klemmverbindung.

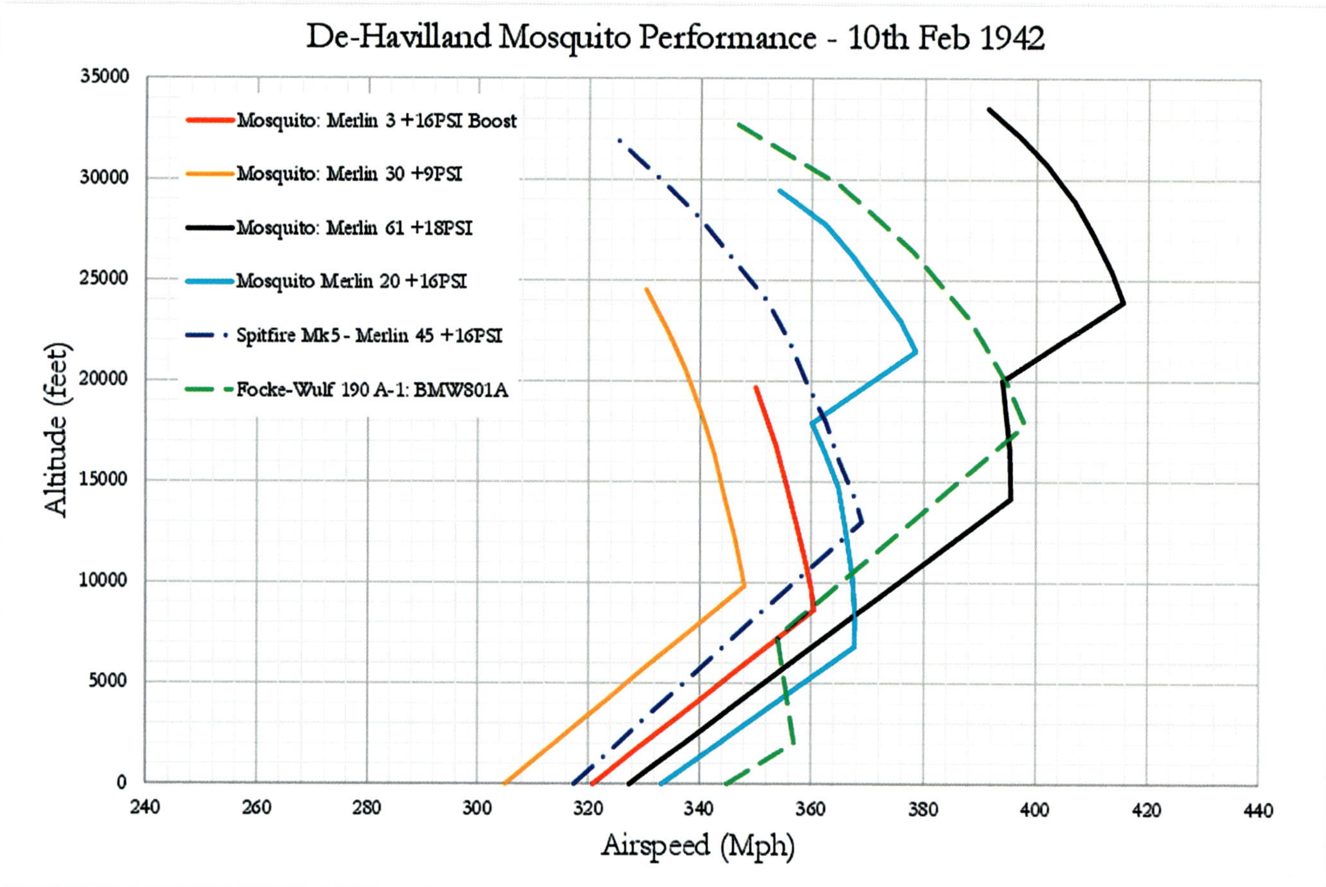

Mosquito: Leistungsdiagramm mit verschiedenen Motoren.

mit +18 lb Ladedruck getestet werden sollte. Mit zunehmender Leistung begannen die Lager des Merlin Probleme zu verursachen. Daher wurde die Beschichtung der Lager mit Indium eingehend erprobt.

»Motor- und Prüfstandstests haben gezeigt, dass die amerikanischen Silber-Blei-Indium-Lager außergewöhnlich gut sind, sowohl was die Bruchfreiheit als auch den hohen Fresswert betrifft.«[4]

Es gab Pläne, den zweistufig aufgeladenen Merlin 61 in die Spitfire einzubauen, die im Juli 1942 in Dienst gestellt werden sollte, aber den Mitarbeitern des Ministeriums war auch klar, dass der neue Merlin 61 auch die Leistung der Mosquito auf ein neues Niveau heben könnte. Im Februar 1942 wurden Leistungsdiagramme erstellt, die zeigen sollten, wie sich die Geschwindigkeit der Mosquito mit diesem neuen Triebwerk im Vergleich zu den bisherigen Merlins mit einstufigen Kompressoren verändern könnte.[5]

Mit dem zweistufigen Merlin sollte die Mosquito sogar schneller sein als die neuesten deutschen einmotorigen Jagdflugzeuge, insbesondere in großen Höhen. Das Versäumnis der Deutschen, einen zweistufigen Kompressormotor in den aktiven Dienst zu stellen, wurde zu einem ernsthaften Leistungsproblem für die Luftwaffe.

Im März 1942 erschien ein unheilvolles Vorzeichen, als die Fotoeinheit der RAF in Medmenham ein von einem Bomber in 10.000 Fuß [3048 m] Höhe aufgenommenes Bild untersuchte, der auf dem Weg war, die französischen Rangierbahnhöfe bei Abbeville anzugreifen. Auf dem Foto war ein einsitziges Jagdflugzeug zu sehen, das weit unten manövrierte. Die Fotointerpreten bemerkten, dass die Beschreibung darauf hinzudeuten schien, dass es sich um das neue Sternmotor-Jagdflugzeug der Luftwaffe, die Fw 190, handelte. Eine Zeit lang war dieses einzige Foto die beste Information, die Großbritannien über diesen Typ hatte.

Frühe Berichte über die Bewaffnung erwiesen sich als ungenau, da frühe Versionen aufgrund eines Mangels an 20-mm-Maschinenkanonen nicht mit der vollen Bewaffnung ausgestattet worden waren.

»... vier deutliche Leuchtspuren wurden an den Flügelwurzeln einer Fw 190 gesehen, zwei auf jeder Seite. Alle schienen durch den Propellerbogen zu verlaufen. Dies untermauert die Vermutung, dass die Fw 190 mit vier Maschinengewehren bewaffnet ist, wobei das Kaliber nicht bekannt ist.«[6]

Bis 1942 war die Fw 190 mit vier 20 mm-Kanonen und zwei schweren Maschinengewehren ausgerüstet, was eine enorme Feuerkraft bedeutete. Das war fast doppelt so stark wie die der Spitfire Mk.V oder der Bf 109 F und sogar stärker als die des neuesten britischen schweren Jagdflugzeugs, der Typhoon. Der einzige Grund, warum die Fw 190 eine so schwere Bewaffnung tragen und trotzdem so gut fliegen konnte, war natürlich die Leistung ihres BMW 801-Motors. Die BMW-Ingenieure in München unter der Leitung von Dr. Helmuth Sachse, Dr. Rudolf Ammann und Dr. Norman Willich hatten etwas konstruiert, das nach Meinung mehrerer alliierter Geheimdienstler unmöglich war: einen luftgekühlten Sternmotor, der in ein kleines einmotoriges Jagdflugzeug eingebaut werden und mit den besten flüssigkeitsgekühlten Reihenmotoren konkurrieren konnte. Der 801 wurde als »Kraft-Ei« geliefert, komplett mit einbaufertigen Verkleidungen und Aufhängungen, und die clevere Konstruktion seines Kühlsystems sorgte für einen viel geringeren Luftwiderstand, als es angesichts seiner schieren Größe hätte der Fall sein müssen. Es war auch das erste Triebwerk, das mit einem mechanischen Kommandogerät ausgestattet war, wodurch die Fw 190 in der Luft zu einem Flugzeug mit tatsächlicher 1-Knüppel-Steuerung wurde.[7] Die Daimler-Benz-Motoren verfügten über ein ähnliches Automatisierungsniveau, wenn auch nicht ganz so raffiniert umgesetzt, da die automatischen Steuerungen rund um den Motor in separaten Steuergruppen für die Einspritzpumpe und den Lader verteilt waren. Auch hier handelte es sich im Grunde um einen 1-Hebel-Jäger, aber das Kommandogerät war das erste, das alle erforderlichen Systeme in einem einzigen Modul integrierte.

Selbst in seiner frühen, leistungsreduzierten Form war es noch ein beachtliches Jagdflugzeug. Wäre es mit voller Laderleistung eingeführt worden, ließen sich die Folgen für die Alliierten nur erahnen. Das deutsche Luftfahrtmagazin Flugsport schrieb einen langen Artikel über die 801, der später vom britischen Geheimdienst aufgegriffen und von L. J. Goodlet ins Englische übersetzt wurde.

»Der Typ BMW 801 ist ein luftgekühlter 14-Zylinder-Viertakt-Doppelsternmotor mit Kraftstoffeinspritzung, Untersetzungsgetriebe und motorgetriebenem Kühlgebläse. Die Aufladung erfolgt durch ein einstufiges Zentrifugalgebläse mit zwei automatischen Drehzahländerungen. Um die Steuerung während des Fluges zu vereinfachen, ist der Motor mit einer zentralen Steuereinheit ausgestattet, die mit einem einzigen Bedienhebel den Ladedruck oder die Motordrehzahl voreinstellt. Ladedruck, Drehzahl, Gemisch, Zündzeitpunkt und Gebläsedrehzahl werden dann automatisch geregelt. Das dreiteilige Kurbelgehäuse besteht aus Stahl und hat Passflächen in der Mittelebene der Zylinderreihen, die durch

Fw 190 bei den Startvorbereitungen.

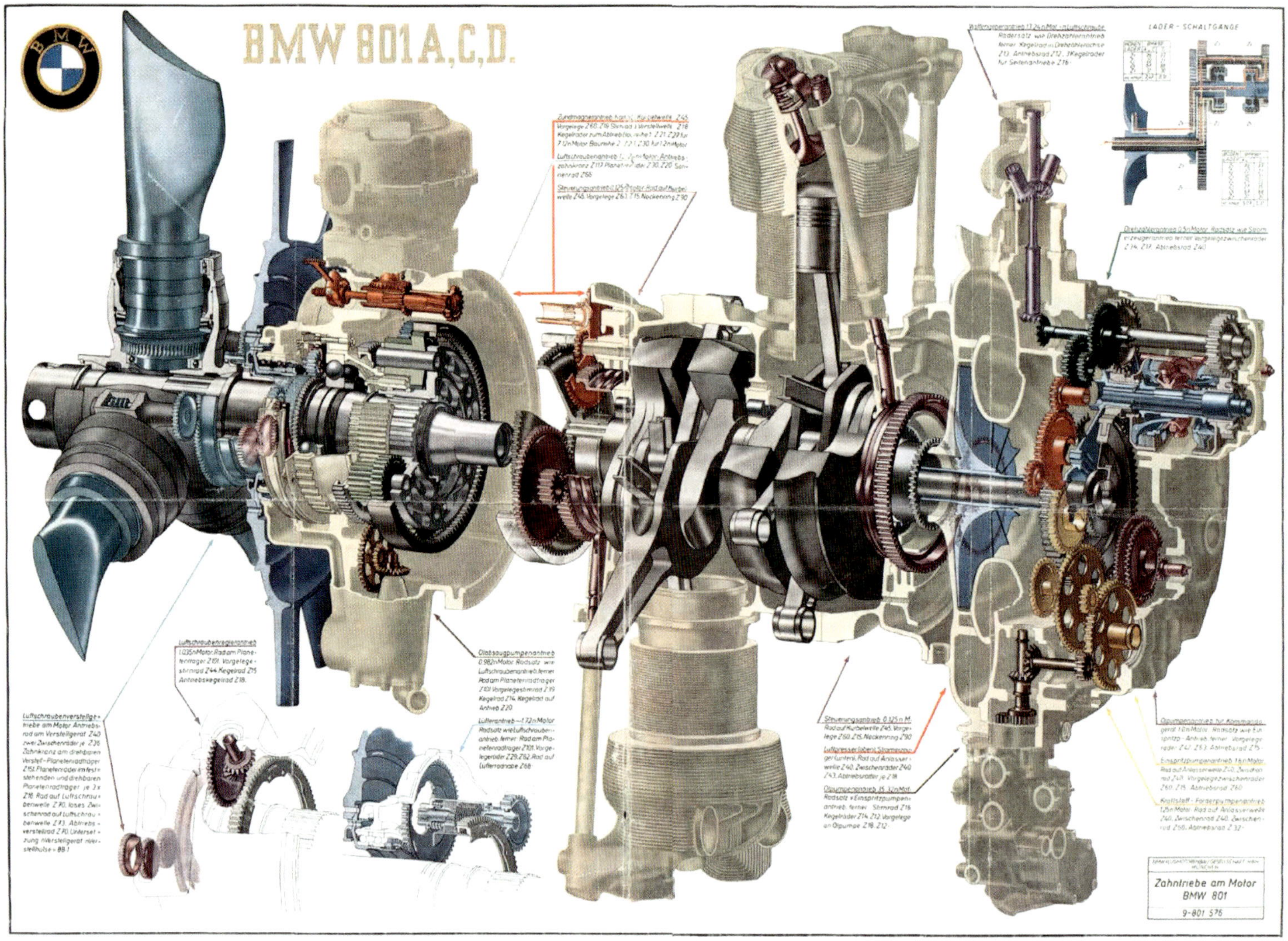

Zahntriebe am Motor BMW 801.

Stehbolzen zwischen den einzelnen Zylindern verbunden sind. Die Kurbelwelle läuft in Kugellagern in der Kurbelgehäusemitte und in Zylinderrollenlagern in den vorderen und hinteren Kurbelgehäusedeckeln.«[8]

Mit dem Erscheinen der Fw 190 schaute die Lage für britische Jagdflugzeuge düster aus, und am 17. März 1942 schrieb Dunbar an Hives, um seine Ansichten über die zukünftige Jagdflugzeugpolitik zum Ausdruck zu bringen:

»Mein lieber Hives,

Alles deutet darauf hin, dass ... der Luftwaffenstab mit der Hurricane als Jagdflugzeug in Großserie nicht zufrieden sein wird. Sie denken natürlich an Flugzeuge, die mit stärkeren Triebwerken als dem Merlin ausgerüstet sind. Die konkreten Vorschläge, die uns bisher zur Prüfung vorgelegt wurden, gehen davon aus, dass Sabre-Motoren in den Mengen, wie sie bei Verwirklichung der verschiedenen Vorschläge erforderlich wären, sicher nicht zur Verfügung stehen werden.

Außer für die Spitfire XX wurden uns keine Vorschläge für einen breiteren zukünftigen Einsatz von Griffon-Motoren gemacht.

Wären Sie so freundlich, diese allgemeine Frage zu prüfen.«[9]

Großbritannien hatte viele fortschrittliche Triebwerksprogramme, aber nichts vorzuweisen, da weder der Sabre noch der Centaurus, die für Jagdflugzeuge vorgesehen waren, einsatzbereit waren. Die Spitfire verfügte immer noch über einen einstufigen, eintourigen Kompressor, und die Hurricane war veraltet, unabhängig davon, welches Triebwerk in sie eingebaut wurde. Die einzige Hoffnung auf eine schnelle Lösung war immer noch der Merlin 61 in der Spitfire, und am 7. April 1942 schrieb Hives an Sholto Douglas (jetzt Air Officer Commanding of Fighter Command), um die Fortschritte zu besprechen:

»Dies ist ein persönliches Schreiben an Sie, um Sie um Ihre Hilfe zu bitten, die Spitfire mit dem Merlin 61 in Dienst zu stellen. Die Aufzeichnungen werden beweisen, dass die Art und Weise, in der die Einführung der Spitfire mit dem 45er von Ihnen gehandhabt wurde, dazu führte, dass diese Maschinen in einem Bruchteil der Zeit in Dienst gestellt werden konnten, die mit den üblichen Methoden nötig wäre.

Mit unserer Erfahrung behaupten wir, dass der Merlin 61 ein hervorragender Höhenjagdmotor ist und dass es keinen Grund gibt, ihn nicht in vergleichsweise kurzer Zeit in großen Mengen zu produzieren.

Wir haben dieser Maschine in Hucknall sorgsam zur Geburt verholfen und bereits vier Maschinen umgerüstet … wir haben jetzt eine Maschine in Hucknall, die wir gerne einigen Ihrer Kampfpiloten übergeben würden, um ihre Meinung zu erfahren.

Die Maschine in Boscombe Down ist bereits über 100 Stunden geflogen, der Motor ist vollständig typgeprüft.«[10]

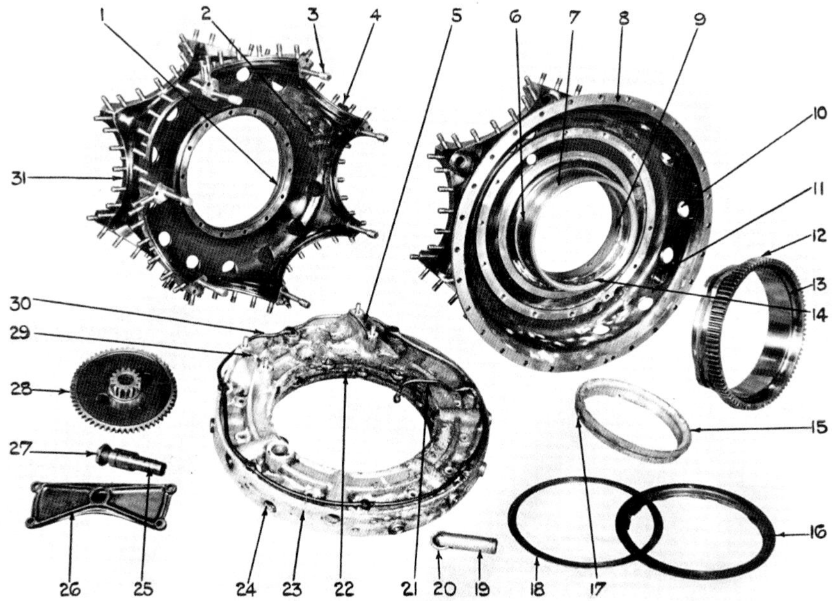

FIG 17

BMW 801: Kurbelgehäuse.

Fünf Tage später kam die Antwort von Douglas:

»Mein lieber Hives,
Vielen Dank für Ihren Brief vom 7. April 1942 über die mit dem Merlin 61 ausgestattete Spitfire.

Es besteht kein Zweifel daran, dass eine verbesserte Spitfire dringend erforderlich ist, damit wir dem feindlichen Jäger oberhalb von 20.000 Fuß [6906 m] auf gleicher Augenhöhe begegnen können. Ich habe bereits offiziell um die rasche Ausrüstung von 100 Spitfire Vc mit dem Motor Merlin 61 gebeten. Ich möchte Sie bitten, mir genau zu sagen, wie Sie helfen können, diese Forderung zu erfüllen.«[11]

Rolls-Royce hatte viel zu tun, und am 10. April 1942 fand die monatliche Rolls-Royce-Entwicklungssitzung in Derby statt, bei der die Kraftstoffeinspritzung und Zweitaktmotoren auf der Tagesordnung standen.

»Ellor erklärte, dass die Kraftstoffeinspritzung für eine mögliche Produktion Ende 1943 ins Auge gefasst werden könnte. Lovesey erklärte, dass mit dem alternativen Blei-Indium-auf Bleibronze-Lager von R.R. ebenso gute Ergebnisse erzielt worden seien und dass man Erfahrungen mit 30 Motoren gesammelt habe.«[12]

Lovesey unterrichtete Bulman auch über die Fortschritte mit dem Crecy-Zweitaktmotor, der für den Einbau in die Spitfire vorgesehen war. Die Nachrichten waren nicht erfreulich; Probleme mit der Kolben- und Hülsenschmierung hatten den Betrieb des V12-Motors in Originalgröße um sechs Monate verzögert, und die Erprobung war auf ein Zweizylinder-V-Testgerät beschränkt worden. Ein weiteres Problem war, dass der Dehnungsunterschied zwischen den Laufbuchsen und dem Block zu groß war. Eine ideale Lösung bestand darin, sie aus der gleichen Legierung zu gießen, die die Deutschen unter dem Namen Lo-Ex für ihre Kolben verwendeten. Es handelte sich dabei um eine Aluminiumlegierung mit einem hohen Siliziumanteil anstelle von Kupfer, um die Festigkeit bei hohen Temperaturen zu erhalten. Dieses Silizium bedeutete, dass sich Lo-Ex bei Erwärmung nur geringfügig ausdehnte (daher der Name) – was für einen Kolben ebenfalls von Vorteil war, da es das Laufspiel im kalten Zustand verringerte und somit den Ölverbrauch reduzierte. Bulman fragte Lovesey, warum sie nicht die deutsche Legierung verwenden konnten, die auch Ricardo bei seinen Prototypen für Zweitaktmotoren einsetzte. Der Grund dafür war, dass die britischen Gießereien nicht auf die Verwendung dieser Legierung eingestellt waren und sich geweigert hatten, sie für andere Zwecke als kleine Prototypenserien zu verwenden. Der Merlin 61 war nun in der Lage, in so großen Höhen zu wirken, dass es zu ernsthaften Problemen mit dem Zündsystem kommen konnte. Um dem entgegenzuwirken, hatte Rolls-Royce zusammen mit der Firma Rotax einen »luftunterstützten« Zündmagneten für den zuverlässigen Betrieb in Höhen von 45.000 Fuß [13.716 m] und mehr entwickelt. Dies war ein Grund dafür, dass sich Penzigs innovatives Treibstoffzündsystem für den funkenlosen Flug nicht in großem Umfang durchsetzte; als es in Betracht gezogen wurde, gab es noch keine Überdruckmagnetzünder, und nach deren Einführung wurde der Höhenflug mit einem normalen Funkenzündsystem wieder möglich.

Am 17. April 1942 schrieb Lovesey an Bulman, um die Hauptunterschiede zwischen dem neuen Merlin 61 und den bestehenden Merlins zu erklären:

»... beim Merlin 61 werden zweiteilige Zylinder verwendet, die mit flashverchromten Laufbuchsen ausgestattet sind, um die Abnutzung der Zylinderbohrungen zu verringern und das Verkleben der Ringe zu verhindern. Der Einbau von zweiteiligen Zylindern erfordert den Austausch der Zylinderbolzen von Nickelstahl gegen Bolzen mit reduziertem Querschnitt aus Chrom-Vanadium-Material, um die Ausdehnung der Aluminiumblöcke zu ermöglichen. Alle diese Merkmale sind beim Merlin 61 Standard.

Kolben: Die Kolben des Typs Merlin 61 weisen erhöhte Kronen auf, um Rissbildung über den Kolbenbolzenansätzen bei hohen Drehzahlen zu vermeiden, und zwei Gasringe, um die Verformung der Ringnuten zu verringern.

Pleuelstangen: Typ Merlin 61, die einen steiferen Querschnitt haben.«[13]

Dunbar schrieb am 23. April 1942 an Hives bei Rolls-Royce, um über den Merlin 61, den Verzicht auf die Spitfire Mk.Vc und die schnellstmögliche Einführung des neuen Merlin in andere RAF-Flugzeuge zu sprechen:

»Liebe Hives,
Ich habe soeben mit dem Vize-C.A.S. und dem C.in.C ... gesprochen; wir wollen so viele Merlin 61 haben, wie Sie uns zur Verfügung stellen können, wobei natürlich klar ist, dass dies auf Kosten anderer Varianten gehen wird. Zum Beispiel würde das Jägerhauptquartier die Spitfire Vc gerne ganz aufgeben, wenn es die gleiche Anzahl von Spitfire IX bekommen könnte, und auch der Luftwaffenstab ist bestrebt, dass die Mosquito-Bomber und Nachtjäger so bald wie möglich mit Merlin 61 ausgerüstet werden.«[14]

Eine Spitfire IX wurde von der AFDU am 4. Mai 1942 mit einer Mk.V verglichen, und der Geschwaderkommandant, der den Vergleich durchführte, kam zu einem eindeutigen Ergebnis:

»Die Leistung der Spitfire IX ist sehr deutlich besser als die der Spitfire V, insbesondere in Höhen über 20.000 Fuß [6096 m]. In der Ebene ist die Spitfire IX erheblich schneller und ihr Steigvermögen ist außergewöhnlich gut. Sie steigt mühelos bis auf 38.000 Fuß [11.583 m] und kann, wenn sie sich dort eingependelt hat, stufenweise auf über 40.000 Fuß steigen, indem sie in der Ebene Geschwindigkeit aufbaut und leicht zoomt. Ihre Manövrierfähigkeit ist bis zu einer Höhe von 30.000 Fuß [9144 m] so gut wie die einer Spitfire V, und darüber ist sie sehr viel besser. Bei einer Höhe von 38.000 Fuß erreicht sie eine tatsächliche Geschwindigkeit von 368 Meilen pro Stunde [592 km/h] und ist immer noch in der Lage, gut für den Kampf zu manövrieren.«[15]

Das Diagramm der AFDU, das die Spitfire V mit der Spitfire IX vergleicht, ist wichtig, da die beiden Flugzeuge aerodynamisch fast identisch waren. Der einzige Unterschied war der größere Wasserkühler an einer Tragfläche der Spitfire IX, um der höheren Leistung und dem neuen wassergekühlten Ladeluftkühlsystem und dem gekühlten Kompressorgehäuse gerecht zu werden. Anhand dieses Diagramms wird deutlich, welch dramatische Auswirkungen die Hinzufügung einer zweiten Stufe und einer zweiten Drehzahl zu einem Kompressor auf einen ansonsten nahezu identischen Motor und eine identische Zelle haben kann. Bei einer Flughöhe von 20.500 Fuß [6248 m] konnte der Pilot der Mk.IX seinen Lader auf volle Geschwindigkeit schalten. In 28.000 Fuß [8534 m] drehte der Merlin 61-Kompressor bei voll geöffneten Drosselklappen mit maximaler Geschwindigkeit. Nicht nur war die Geschwindigkeit in geringer Höhe aufgrund des erhöhten Ladedrucks besser (was durch die mechanische Entwicklung des Motors in Verbindung mit dem Wasser-Ladeluftkühler, der die Ansaugtemperaturen senkte und damit die Detonationsgrenze anhob, möglich wurde), sondern der zweite Gang des Kompressors eröffnete einen völlig neuen Leistungsbereich oberhalb von etwa 22.000 Fuß [6706 m]. Dank des neuen Aufladesystems war es unter der Oberfläche praktisch ein anderes Flugzeug.

Bald darauf, am 22. Mai 1942, wurde die Typhoon mit Sabre-Antrieb offiziell für den Flugbetrieb zugelassen, was nicht zuletzt auf die von Vandervell hergestellten Blei-Indium-La-

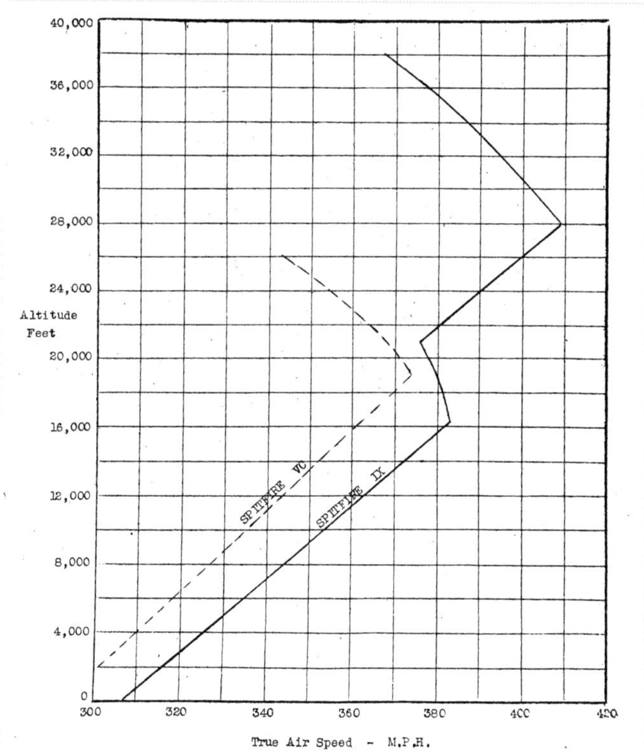

AFDU [Luftwaffe-Entwicklungseinheit]: Vergleich der Spitfire IX und V.

ger zurückzuführen war. In Wirklichkeit war der Sabre jedoch nicht annähernd so bereit, wie er hätte sein sollen.

»GEHEIM – 22. Mai 1942
Lieber C.A.S.,
All dies hat erneut Zweifel an der Solidität des Sabre-Motors aufkommen lassen, und ich möchte Ihnen versichern, dass bei all den Problemen, auf die wir gestoßen sind – und davon gab es viele – keines auf einen grundlegenden Konstruktionsfehler des Motors zurückzuführen ist. Sie waren auf eine Vielzahl kleinerer Fehler zurückzuführen, von denen viele eher mit dem Einbau als mit der Konstruktion des Motors zusammenhingen.
Mit freundlichen Grüßen,
F.J. Linnell.«[16]

Einen Tag später schrieb Vandervell-Lageringenieur David Green in sein Entwicklungstagebuch:

»Blei-Indium ein voller Erfolg für den Sabre 06-Motor. Insgesamt 300 Betriebsstunden mit den Hauptlagern, 140 Stunden unter Last und fünf Stunden bei 3700 U/min. Die Lager sehen auf der Vorderseite fast perfekt aus.«[17]

Die Indium-Beschichtungstechnik schien nun kurz davor, den »Sabre zu retten«.[18] Zum Unglück für die RAF kam der zunehmend zuverlässige Sabre trotz der Arbeit von Vandervell zu spät, um noch in den Kampf gegen die Fw 190 einzugreifen. Die Schwierigkeiten, denen sich die RAF mit der Fw 190 gegenübersah, wurden am 10. Juni 1942 in einem Brief des Chefs des Luftwaffenstabs, Sir Charles Portal, an Churchill mit dem Vermerk »GEHEIM« formell bestätigt:

»HERR PREMIERMINISTER
... in Anbetracht der zunehmend ungünstigen Bilanz von Verlusten bei Tagesjagdeinsätzen, die durch die überlegene Leistung der deutschen Fw 190 verursacht wird ... besteht die einzige wirkliche Lösung natürlich in der Wiederherstellung der technischen Überlegenheit unserer eigenen Jagdflugzeugflotte. Die Typhoon und Spitfire Mark VIII und IX sollten dies zumindest eine Zeit lang leisten. Wir haben drei Typhoon-Staffeln, von denen zwei einsatzbereit sind ... Wir haben im Moment nur drei Spitfire IX im Fighter Command. Bis wir einige Staffeln der neuen Spitfires erhalten, halte ich es für ratsam, unsere Tagesoffensive zu mäßigen.«[19]

In den Entwürfen der Briefe hatte Portal die Formulierung von »Kampfhandlungen sollten vermieden werden« zu »wenn möglich, sollten sie vermieden werden« und schließlich zu »vorsichtiges Abwägen der Tagesoffensive« abgemildert. Portal versuchte, den Ernst der Lage herunterzuspielen, um Churchill nicht in Panik zu versetzen. Zum Leidwesen Portals stellte sich am 15. Juni 1942 heraus, dass die Spitfire mit zweistufigem Merlin verspätet herauskommen würde. Sie war das einzige Flugzeug, das es mit der Fw 190 unter relativ gleichen Bedingungen aufnehmen konnte. Freeman schrieb an Hives:

»Mein lieber Hives,
Ich habe mir große Sorgen um die Spitfire IX gemacht, die immer weiter zurückzufallen scheint. Vor nicht allzu langer Zeit war das MAP bereit, 100 Stück bis Ende Juni zu versprechen, aber dies hat sich auf 50 reduziert, mit dem Vorbehalt, dass nur 30 tatsächlich eintreffen könnten ... Ich wäre Ihnen dankbar, wenn Sie sich persönlich um diese Frage kümmern würden, denn es ist von entscheidender Bedeutung, die Spitfire IX zum frühestmöglichen Zeitpunkt in Dienst zu stellen.
Ich bin sicher, dass ich mich nicht vergeblich an Sie wenden werde.«[20]

Am 17. Juni schrieb Hives an Freeman, um weitere Informationen über die Spitfire IX zu geben, und erwähnte auch die neue Mustang aus Amerika.

»Lieber Sir Wilfrid,
... die Gesamtheit der im Einsatz befindlichen Spitfires hat den Standardvergaser, der unter dem Negativ-g-Effekt leidet. Wir haben uns die Aufgabe gestellt, im 61 den neuen Vergaser einzubauen, um diese Schwierigkeit zu überwinden. Leider muss es sich um einen anderen Typ handeln als den, den wir für den Merlin 45 entwickelt haben. Die gegenwärtig im Einsatz befindlichen Spitfire V neigen bei Betrieb in großer Höhe, insbesondere bei heißem Wetter, zu Störungen, da das Benzin kocht. Wir haben uns für den 61 die Aufgabe gestellt, diesen Fehler durch den Einbau von Benzinkühlern zu beseitigen.
Ich kann Ihnen versichern, dass wir die Spitfire IX als unsere vordringlichste Aufgabe behandeln, und ich verfolge sie persönlich jeden Tag. Ich sehe die Lage der Jagdflugzeuge für das nächste Jahr mit Sorge. Ich glaube nicht, dass es eine Hoffnung gibt, dass Supermarine ihr Versprechen für die Griffon-Spitfire einhält.
Die beste Chance ist im Augenblick die Mustang. Wir haben uns jetzt darauf geeinigt, dass wir drei Maschinen statt nur einer umrüsten werden. Wir sind uns über die Belastung und den Schwerpunkt der Maschine einig, die Pläne sind fertig, und die Zeichnungen werden an die Werkstätten ausgegeben.
Jemand muss dafür sorgen, dass es einen guten Vorrat an Mustang-Zellen gibt.«[21]

Inmitten der Panik, der Verzögerungen bei der Produktion der Spitfire IX und der noch nicht fertiggestellten Mustang erhielt die RAF ein Geschenk von oben, als Armin Faber am 23. Juni 1942 versehentlich auf der RAF Pembrey in Wales landete, nachdem er sich nach einem Luftkampf im Nebel verirrt hatte. Die Briten hatten nun die perfekte Gelegenheit, dieses Flugzeug und seinen Motor genau zu analysieren.

Die ›Pembrey-Fw 190‹ mit abgenommener Motorhaube.

Innerhalb von fünf Tagen wurde die Fw 190 von Piloten von Rolls-Royce untersucht, und am 28. Juni schrieb Hives an Freeman:

> »Lieber Sir Wilfrid,
> ... Wir sind sehr deprimiert über die Lage der Jagdflugzeuge, sowohl in diesem Land als auch in den USA, und dies hat sich nicht verbessert, seit einer unserer eigenen Piloten die Fw 190 untersucht hat. Die Spitfire VIII und IX werden eine große Verbesserung bringen, und wir entwickeln auch eine andere Version des ›61‹, der seine maximale Leistung in einer niedrigeren Höhe erbringen wird.
> Die Zellenhersteller müssen jedoch auch einen Beitrag leisten. Bisher sind seit Kriegsbeginn die gesamten Leistungsverbesserungen bei den Jagdflugzeugen auf die Motoren und Luftschrauben zurückzuführen.«[22]

Hooker von Rolls-Royce betrachtete die Fw 190 mit ihrem riesigen Sternmotor, der nicht weniger als 17 Liter mehr Hubraum als der Merlin hatte, fast als eine Art Mogelei: »Brachiale Kraft und grobe Ahnungslosigkeit nannte ich sie«, sagte Hooker. Unabhängig davon, wie genau der BMW ihre hohe Leistung erreicht hatte, war die Fw 190 der Spitfire Mk.V in jeder Hinsicht überlegen und es musste etwas unternommen werden.[23]

Das Diagramm (folgende Seite) zeigt die Leistungsprobleme, die mit dem BMW 801 auftraten. Die Fw 190, die mit C3-Kraftstoff und einem Ladedruck von 1,45 ata betrieben wurde, erreichte bei Focke-Wulfs eigenen Testflügen eine Geschwindigkeit von 395 Meilen pro Stunde [636 km/h], aber schwerwiegende Probleme führten dazu, dass die meisten 190er im realen Betrieb auf 1,35 ata heruntergestuft wurden, selbst mit C3-Kraftstoff. Die »Pembrey« Fw 190 war in ihrem vom RAE gemessenen Zustand sogar noch langsamer.[24] Die leistungsreduzierte Fw 190 von Faber ist kräftemäßig der Spitfire V nicht unähnlich. Bei realen Tests von gebrauchten Spitfire V-Flugzeugen führten jedoch Probleme mit der Oberflächenbeschaffenheit, dem Schneefang und anderen Problemen dazu, dass einige besonders schlechte Exemplare eine Höchstgeschwindigkeit von 355 mph [571 km/h] erreichten.[25]

Verschiedene Versionen des Merlin 45 wurden in die Spitfire V eingebaut, um ihr die beste Leistung in bestimmten Höhen zu verleihen: Der Merlin 46 wurde entwickelt, um eine etwas bessere Leistung in großen Höhen zu erzielen, und spätere Versionen verwendeten einen beschnittenen Lader-Impeller und beschnittene Flügel, um eine bessere Leistung in niedrigen Höhen zu erzielen. All diese Maßnahmen waren Kompromisse und machten die Leistung der SpitfireV in anderen Höhen einfach unzureichend. Dieses Problem sollte erst einige Monate später mit der Einführung des Merlin 61 gelöst werden, wie Vic Cunnings, ein Monteur, der im Supermarine-Werk in Southampton an Spitfires arbeitete, berichtet:

»Die Messerschmitt war ein ganz anderes Flugzeug als die Spitfire, ganz anders – sie war nicht ganz so robust, aber sie war ein sehr gutes Flugzeug. Natürlich wurden die Messerschmitts ständig verbessert; also wurde auch die Spitfire weiterentwickelt, um sie einzuholen, und natürlich wurde sie schließlich von der Focke-Wulf 190 überholt, die ein besseres Flugzeug war als die Spitfire.«[26]

Die Fortschritte in Deutschland beschränkten sich nicht nur auf den BMW und die Focke-Wulf, und am 27. Juni 1942 stürzte in England eine Bf 109 F-4 mit einem noch gut erhaltenen DB 601 E-Motor ab. Bulman schrieb:

»Die DREA wurde gebeten, den oben genannten Motor aus der Bf 109 F-4, die kürzlich in diesem Land gelandet ist, zur Untersuchung an Ihr Werk zu senden.

Die Nockenwellen dieses Motors werden in den DB-Motor 601 A eingebaut, der sich derzeit auf dem Prüfstand beim RAE befindet, um ihre Auswirkungen auf die Motorleistung zu ermitteln, und es wird vorgeschlagen, das Laufrad des 601 E-Motors als nächsten Schritt auch in den 601 A einzubauen.

Das Triebwerk 601 E wurde durch Kühlmittelverlust beschädigt und kann daher nicht betrieben werden. Es wird versucht, die notwendigen Ersatzteile für die Überholung des Motors aus dem Nahen Osten zu beschaffen, aber es ist sehr unwahrscheinlich, dass diese in den nächsten Wochen eintreffen werden. In der Zwischenzeit möchte man durch eine enge Zusammenarbeit zwischen Ihnen und dem RAE alle möglichen nützlichen Daten über den Motor erhalten, ohne ihn tatsächlich zu betreiben.«[27]

Der Grund dafür, dass Bulman nur die Nockenwelle und den Lader des DB 601 E testen wollte, war, dass dies zwei der wichtigsten Verfeinerungen der Konstruktion des früheren DB 601 A waren, obwohl die Zylinderköpfe viel bessere Einlasskanäle hatten als die des DB 601 A, so dass der Vergleich nicht vollständig sein würde. Der DB 601 E war der erste deutsche Motor mit extremer Ventilüberschneidung, eine Besonderheit bei Motoren mit Direkteinspritzung. Britische und amerikanische Ingenieure wussten zwar im Prinzip, welchen Unterschied dies für die Leistung eines Flugmotors bedeuten konnte, hatten aber noch nie einen Motor gebaut, um dies zu testen, da dies mit einem Vergaser nicht möglich war.

Am 7. Juli 1942 war der Jubel groß, als die Spitfire IX endlich bei der 64 Squadron eintrafen. Squadron Leader Smith auf seinem Stützpunkt in Hornchurch schrieb in sein Geschwaderlogbuch:

»Mengenweise Übungsflüge und Vollflüge der neuen Spitfire IX ... die IX kommen schnell durch, und bis morgen Abend sollten wir 13 haben.«[28]

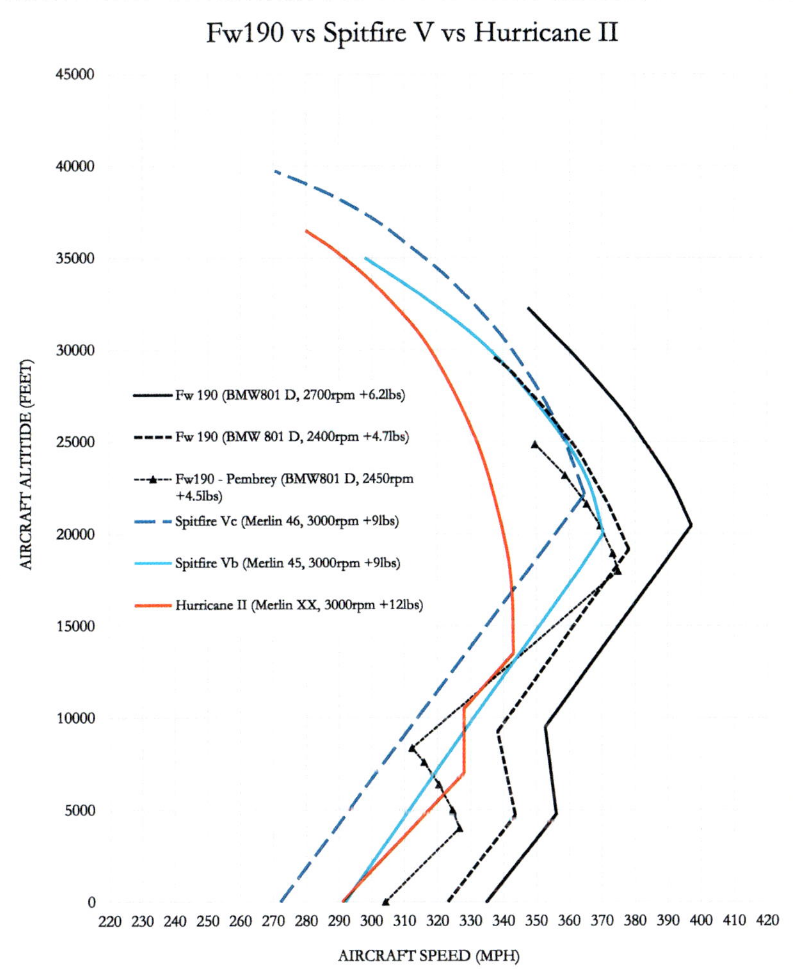

Leistungsvergleich 1942: Spitfire V, Hurricane II, und Fw 190 A-3.

Dies markierte vielleicht einen Wendepunkt im Luftkrieg, da die Spitfire IX endlich an die Geschwader ausgeliefert wurde. Am 13. Juli 1942 kamen die neuen Merlin 61 Mustang hinzu. Hives schrieb am 13. Juli an Norbert Edward Rowe, den Direktor für technische Entwicklung (DTD) beim MAP, und bat um einen aktuellen Stand des Mustang/Merlin-Projekts, und wartete ungeduldig auf eine Antwort:

»Wir haben zwei zusätzliche Mustang-Merlin 61-Umbauten in Hucknall in Auftrag gegeben. Diese Arbeit wird die Umrüstung der Spitfire IX nicht ernsthaft beeinträchtigen.«[29]

Im Juli wurden Hawker-Typhoon-Leistungsprognosen herausgegeben, die zeigten, dass die Typhoon mit dem Sabre IV dramatisch schneller war als die Spitfire IX, und die auch zeigten, wie die schleppende Entwicklung der Aufladung in Bristol dem Centaurus geschadet hatte, der trotz seiner enormen Leistung beim Start in Höhen über 20.000 Fuß [6096 m] erbärmlich abschnitt.

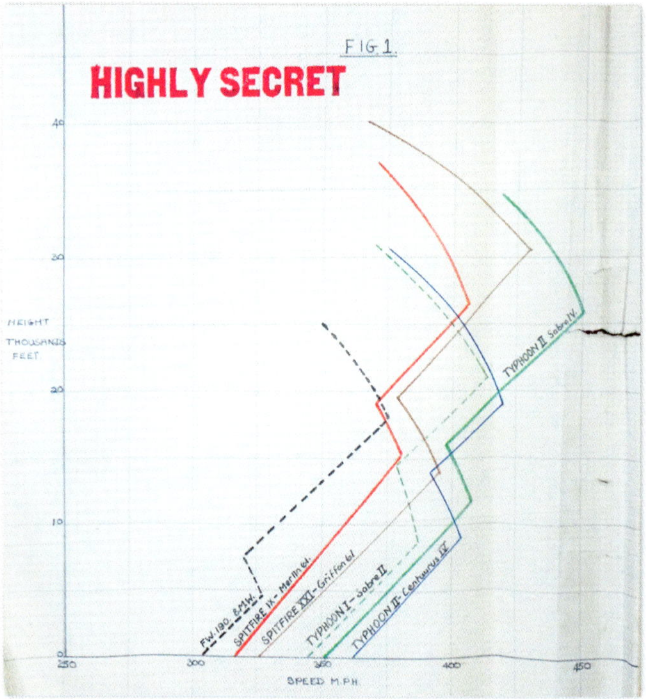

Flugzeugleistungsdiagramm, übermittelt an Churchill Juli 1942.

Bemerkenswert war auch der große Sprung in der prognostizierten Aufladeleistung des Typhoon zwischen dem Typhoon Mk. I und II. Wenn diese Leistung in der Realität beibehalten werden könnte, wäre es ein Jagdflugzeug der Superlative. Trotz der Fortschritte dauerte es eine Weile, bis das Flugzeug die Staffeln erreichte, und die unvermeidlichen Kinderkrankheiten führten dazu, dass die meisten Piloten der RAF noch bis Mitte 1942 mit fast veralteten Flugzeugen kämpften.

Deutschland behielt mit seinen Fw 190 und nun auch mit der Bf 109 G im Einsatz die Oberhand. Dem Parlament war mitgeteilt worden, dass Großbritannien im Luftkrieg die Nase vorn habe, aber der Leiter des MAP wies vorsichtig darauf hin, dass diese Aussage derzeit nicht den Tatsachen entsprach.

Die Verzögerung beim Einsatz der neuesten Kampfflugzeuge wurde am 30. Juli 1942 deutlich, als der Staatssekretär für Luftverkehr, Sir Archibald Sinclair, ein Treffen mit Freeman, Douglas und Portal abhielt, um die Fortschritte bei den Flugzeugen zu besprechen.

> »Dieses Treffen wurde abgehalten, um die kurzfristige Politik zur Verbesserung der bestehenden Jagdflugzeugtypen im Lichte der deutschen Leistungen zu erörtern, mit besonderem Bezug auf die Fw 190 … Der CRD wurde gebeten, Einzelheiten über die Maßnahmen zur Verbesserung der Leistung der wichtigsten vorhandenen Kampfflugzeuge zu erläutern.
>
> Spitfire V. Man war sich einig, dass diese Variante im Grunde genommen überholt war. Mit einer 16 lb-Ladesteigerung war sie etwa gleichauf mit der Fw 190, wie sie derzeit ist, aber schlechter als die Fw 190 bei Sollleistung. Der zusätzliche Ladedruck belastete den Motor sehr stark, und es war klar, dass an dieser Variante nichts mehr zu machen war.
>
> Spitfire IX. Die 15-lb-Ladesteigerung wurde nun eingeführt, obwohl vom Fighter Command noch nicht genehmigt worden war. Damit war die Spitfire IX der Fw 190 bis zu einer Höhe von 15.000 Fuß [4572 m] überlegen, von 15.000 – 23.000 Fuß [7010 m] unterlegen und danach überlegen. Für Anfang 1943 erhoffte man sich eine 18-lb-Steigerung, ein verbesserter Kompressor sollte 1943 eingeführt werden, die Direkteinspritzung von Benzin in den Hals des Gebläses sollte Anfang 1944 eingeführt werden.
>
> Es gab also eine ganze Reihe von Verbesserungen, von denen man erwarten konnte, dass sie uns einigermaßen auf Augenhöhe mit der Fw 190 halten würden; dennoch strapazierten wir einen bestehenden Typ, um dies zu erreichen.«[30]

Das Gespräch drehte sich dann um die kommenden Flugzeuge wie die Mustang und die Typhoon.

> »Mustang. Es wurde berichtet, dass die erste Mustang mit dem Merlin 61-Motor bis September 1942 ausgeliefert werden sollte. Der CRD sagte, dass sie um 20 – 25 mph [32 – 40 km/h] schneller als die Spitfire IX sein würde, aber im Steigflug unterlegen.
>
> Typhoon I & II. Der AOC-in-C Fighter Command [Douglas] vertrat die Ansicht, dass die Typhoon in einer defensiven Rolle nützlich sein würde, ein guter Zerstörer wäre und sich wahrscheinlich zu einem guten Nachtjäger entwickeln würde. Sie würde jedoch niemals ein gutes Jagdflugzeug werden.[31]

In Hornchurch war die 64 Squadron nun bereit, ihre IXer im Kampfeinsatz zu fliegen – der erste Einsatz des Typs fand am 28. Juli 1942 statt:

> » … bei Le Havre auf 31.500 Fuß [9600 m] gestiegen, nichts zu sehen außer vier Fw 190, die bei Fecamp auf 11.000 Fuß [3353 m] nach Frankreich zurückkamen, und wir waren zu hoch, um etwas dagegen zu tun, so endet unser erster Einsatz mit Spitfire IX.«[32]

Drei Tage später machte die 64 Squadron eine aussagekräftigere Angabe über die Leistung der IX:

> » … 3000 Fuß pro Minute [914 m/s] in Spit IX: ein gutes Steigen! Wir sahen etwa 15 Fw 190 unter uns und ›Smithy‹ führte das Geschwader zum Angriff. Infolge der überlegenen Leistung der Spit IX (und der Piloten!!) war der Hunne richtig überrumpelt … Bordkameras, mit denen wir noch nicht ausgerüstet sind, hätten leicht einen Abschuss bestätigt.«[33]

Zwei Tage zuvor hatte sich in Berlin auf der RLM-Konferenz die Diskussion darum gedreht, ob die Fw 190 mit 87 Oktan-Kraftstoff betrieben werden könne[34], während bei den Spitfire-

Piloten seit Mitte 1940 keiner gebeten worden war, mit weniger als 100 Oktan-Kraftstoff zu fliegen. Erstaunlicherweise wurde am 30. Juli 1942 eine zweite Schlacht um Großbritannien erwartet. Arthur Sidgreaves, geschäftsführender Direktor von Rolls-Royce, schrieb an Sir Archibald Sinclair, Staatssekretär für Luftverkehr:

»Sehr geehrter Sir Archibald Sinclair,
ich füge die Kopie eines Briefes bei, den wir kürzlich vom Luftfahrtministerium erhalten haben ... wir sind der Meinung, dass diese Angelegenheit von solcher Wichtigkeit ist, dass sie Ihrer persönlichen Aufmerksamkeit zugeführt werden sollte ... wie wir von Colonel Llewellin erfahren haben, erwartet die Regierung eine zweite ›Luftschlacht um England‹ in einigen Wochen. Es scheint uns ein sehr ungünstiger Zeitpunkt zu sein, Maßnahmen zu ergreifen, von denen wir überzeugt sind, dass sie die maximale Effizienz der Royal Air Force und insbesondere der Jagdflugzeuge, die, wie Sie wissen, praktisch alle mit Rolls-Royce-Motoren ausgestattet sind, beeinträchtigen würden.«[35]

Aufbauend auf den Diskussionen vom 21. Juli 1942 wurde die Lage in der Luft für die RAF als prekär angesehen. Am selben Tag besprach die Bristol Aeroplane Company mit Bulman beim MAP das Konzept der Motorverkleidung der Fw 190:

»Ich würde auch gerne wissen, ob es irgendwelche Besonderheiten für den kompletten Motor gibt, wenn er gebaut wird, die von Anfang an berücksichtigt werden sollten, z. B. die Möglichkeit, auf den vorderen Abgassammelring zu verzichten, oder ob es möglich ist, den Sammelring wie bei der Fw 190 ganz zu eliminieren.«[36]

Der Centaurus wurde, wie auch andere Konzepte, weiterentwickelt und hatte Potenzial als Kampfflugzeugmotor. Bulman schrieb am 31. Juli in einem Brief an den Direktor für wissenschaftliche Forschung, David Pye:

»Sir Roy Fedden zeigte mir am 18. Juli Skizzen von etwa einem halben Dutzend Motorenprojekten, darunter ein Centaurus mit größerer Bohrung und größerem Hub. Zur Zeit scheint man einen aufgeblasenen Centaurus zu bevorzugen, der in etwa die gleiche Leistung hat wie der Motor, den wir Rolls-Royce vorgeschlagen haben ... Angesichts der Änderungen in der Organisation der Bristol Co. (ab 1. August übernimmt Mr. Rowbotham vom Chefingenieur die Gesamtverantwortung für die Herstellung und für das Voranbringen der Entwicklungsmotoren) hielt ich es für verfrüht, mir eine endgültige Meinung darüber zu bilden, wie das nächste Bristol-Motorenprojekt aussehen sollte.

Die Fortschritte der Bristol-Motoren in den letzten rund 20 Jahren, die zumindest bis zum Ausbruch des Krieges bemerkenswert waren, sind meines Erachtens zu einem großen Teil auf die Kontinuität der Entwicklung von Motoren mit nur einer Zylinderbohrung und geringfügig unterschiedlichem Hub zurückzuführen, die sich durch den Jupiter, den Merkur, den Pegasus, den Perseus, den Herkules und den Centaurus ziehen ...

Die Auspufföffnungen sollten sich meiner Meinung nach definitiv hinten am Zylinder befinden, ungeachtet Sir Roys jüngstem Ausbruch von Vertrauen in seine Fähigkeit, die aktuellen Hercules/Centaurus-Typen mit nach hinten gebogenen Auspuffrohren zu versehen, um die Fw 190 nachzuahmen.«[37]

Am 1. Oktober 1942 wurde Fedden vom Vorstand in Bristol formell von seinen Aufgaben entbunden. Seine Haltung stand im völligen Gegensatz zu der von Lovesey bei Rolls-Royce. Loveseys Gutmütigkeit und sein fairer Ansatz trugen wesentlich zur Festigung der guten Beziehungen zwischen Rolls-Royce, den Zulieferern und dem Luftfahrtministerium bei. In einem Nachkriegsprofil über Lovesey heißt es:

»Niemand hat ihn jemals verärgert gesehen. In der gesamten Triebwerksindustrie gibt es keinen weniger reizbaren Problemlöser und keinen von einem so ausgeglichenen Charakter.«[38]

In der Zwischenzeit experimentierte das RAE mit neuen Möglichkeiten zur Steigerung der Höhenleistung des Merlin-46-Motors in der Spitfire V. Obwohl die neue Spitfire IX mit dem Merlin 61 im Einsatz war, blieb sie weit weniger zahlreich als die Spitfire V mit dem Merlin 46. Da diese älteren Triebwerke in ihrer Leistung immer weiter hinter die Konkurrenz zurückfielen, wurde es immer wichtiger zu versuchen, das letzte Quäntchen Leistung aus ihnen herauszukitzeln, während mehr Spitfires auf die IX-Spezifikation umgerüstet wurden. Daher montierten die Farnborough-Ingenieure Marlow und Shaw im Oktober 1941 einen Merlin 46-Kompressor auf ihren Prüfstand und begannen mit dem Einbau einfacher Kraftstoffeinspritzdüsen in das Standard-Kompressorgehäuse.

Die Ergebnisse waren interessant, auch wenn sich die Ingenieure über die Grenzen ihrer Prüfstandsausrüstung beklagten. Es wurden zwei Sätze von Einspritzdüsen angebracht, von denen die erste den Kraftstoff in den Luftstrom in der typischen Position des originalen SU-Vergasers und die zweite direkt in das Kompressorauge sprühen sollte.

»Die Nennhöhe des Merlin-46-Motors beträgt 16.000 Fuß [4877 m] mit einem normalen Choke-Vergaser und 17.250 Fuß [5258 m] mit am Kompressorauge angebrachten Sprühdüsen ... Die Entfernung der Vergaserchokes und die Verwendung von Sprühdüsen zur Einspritzung des Kraftstoffs anstelle des Standardvergasers erzeugt eine Leistungssteigerung von etwa 50 PS in Nennhöhe.«[39]

Standardvergaser haben keine eigene Druckzufuhr und sind stattdessen darauf angewiesen, dass man die Luftzufuhrleitung

Merlin 46: Kraftstoffeinspritzungstest in Farnborough, Oktober 1942.

zum Lader buchstäblich drosselt, um einen Luftdruckabfall zu erzeugen, der den Kraftstoff aus den Vergaserdüsen ansaugt.

> »Das Entfernen der Vergaserdrosselrohre führt zu einer erheblichen Verbesserung des Wirkungsgrads des Laders. Die Ergebnisse deuten auch darauf hin, dass ohne eine Umgestaltung des Laders, um die Vorteile der verbesserten Form der Charakteristiken zu nutzen, und ohne die wahrscheinliche Verbesserung der Kraftstoffverteilung zu berücksichtigen, die Verwendung eines Vergasers mit drosselloser Einspritzung bei einem Merlin 46-Motor die Nennhöhe um 1250ft [381 m] und die Leistung um 50 PS in Nennhöhe erhöhen würde.«[40]

Die Empfehlungen aus Farnborough wurden nicht sofort umgesetzt; vielmehr sollten sie erst erheblich später im Krieg in der Merlin 100-Serie Gestalt annehmen. Es konnte kein Zweifel mehr daran bestehen, dass die Zukunft in der Einspritzung von Kraftstoff unter Druck lag, selbst wenn man eine einfache Versuchsinstallation wie in Farnborough verwendete. Beim RAE hatten die Ingenieure einfach Kraftstoff mit 40 bis 90 psi [2,76 – 6,20 bar] in ein Ventil eingespritzt und den Förderdruck zwischen diesen beiden Werten durch Drehen des Ventils von Hand variiert, bis das richtige Luft-Kraftstoff-Verhältnis erreicht war. Dadurch, dass der Kraftstoff vor dem Lader und nicht direkt eingespritzt wurde, blieben alle Vorteile eines Vergasers erhalten, aber ohne die typischen Probleme, wie Dr. Marlow vom RAE bereits 1936 aufgezeigt hatte.

Hives, der sich von seinem Brief vom 28. Juni an Freeman erholt hatte, schrieb am 11. Oktober 1942 einen Brief an Bulman, in dem er seine Ansichten über den Merlin darlegte:

> »Wir sind der Meinung, dass der größte Beitrag, den Rolls-Royce im Krieg geleistet hat, die Tatsache ist, dass der Merlin-Motor, der vor dem Krieg in großen Mengen produziert wurde, jetzt aufgrund der kontinuierlichen Entwicklung gefragter denn je ist ... der Wert dieses Motors für die Nation ist leicht zu verstehen. Die fünf großen produzierenden Fabriken – Derby, Crewe, Glasgow, Ford und Packard – waren ununterbrochen beschäftigt ... zu Beginn des Krieges haben wir den besten luftgekühlten Motor, der je gebaut wurde, verschrottet – den EXE-Motor ... letztes Jahr haben wir beschlossen, den Vulture zu verschrotten.
>
> Der Grund, warum ich diese Dinge erwähne, ist, dass es uns nicht an Ideen für neue Motoren mangelt. Wir sind davon überzeugt, dass die von uns verfolgte Politik, den Merlin bis zum Maximum weiterzuentwickeln, richtig ist. Wir stellen jedoch fest, dass es in einigen Kreisen ein Verlangen nach den neuen Motoren gibt, unabhängig davon, ob es einen technischen Vorteil gibt. Wir haben nie an das 2000 PS-Jagdflugzeug geglaubt, sondern sind mehr und mehr davon überzeugt, dass das Merlin-Triebwerk mit seiner zukünftigen Entwicklung das ideale Triebwerk für ein Jagdflugzeug ist und nicht verbessert werden kann. Wir sind davon überzeugt, dass jeder größere Motor mit der notwendigen Gewichtszunahme zu abnehmenden Erträgen führen wird ... wir werden nächstes Jahr eine Spitfire fliegen lassen, die die in der neuesten Jägerspezifikation geforderten Leistungen erfüllt.
>
> Eine weitere Rechtfertigung für unsere Politik ist die derzeitige Haltung der USA gegenüber dem Merlin. Als beschlossen wurde, den Merlin in den USA zu produzieren, war das Interesse sehr gering, aber heute ist die Lage ganz anders. Wir sind davon überzeugt, dass die USA den Merlin als idealen Motor für ein Jagdflugzeug ansehen werden. Diese Entscheidung wurde gegen viele Widerstände aus rein technischen Gründen getroffen.«[41]

Trotz Hives' selbstbewusster, ja arroganter Einstellung zum Triebwerk seiner Firma ist es schwierig, seine Logik zu widerlegen. Die Verschrottung des Vulture, wenn auch aus gutem Grund, hatte eine Menge Entwicklungsarbeit freigesetzt, die stattdessen in die Verbesserung des Merlin floss. Es schien unwahrscheinlich, dass das luftgekühlte EXE-Triebwerk eine ernsthafte Anwendung in einem Verkehrsflugzeug finden würde. Außerdem war seine Aussage, er sei überzeugt, dass die USA das Merlin als ideales Jagdflugzeug betrachten würden, prophetisch.

Hives war eine hervorragende Führungskraft für ein Triebwerksunternehmen in einer unsicheren und gefährlichen Zeit.

Seine Firma hatte im Gegensatz zu einigen anderen die volle Unterstützung der britischen Regierung, doch durch eine Fehlleitung hätte auch diese verspielt werden können. Am 19. Oktober 1942 schrieb Hives an Bulman über den Crecy-Zweitaktmotor:

> »Lieber Bulman,
> in Beantwortung Ihres Schreibens vom 5. Mai: es fehlt uns nicht an Anweisungen und Aufträgen zum Bau von Zweitaktmotoren.
> Wir haben nur ein kleines Problem, und das ist, sie zum Laufen zu bringen, und zwar dauerhaft!
> Mit freundlichen Grüßen,
> Hives.«[42]

Hives hatte den Nagel auf den Kopf getroffen, was den leistungsstarken Zweitakt-Benzinmotor für den Einsatz in Flugzeugen betraf. Die Anforderungen an den Arbeitszyklus dieses Flugzeugmotors waren grundsätzlich ungeeignet für den für Militärflugzeuge erforderlichen Volleistungseinsatz.

Am 1. November 1942 verfasste Hooker einen ausführlichen Bericht über die Fortschritte des Crecy-Zweitaktmotors und schickte ihn an Hives und andere führende Rolls-Royce-Ingenieure. Er bestätigte Hives' Kommentare:

> »... der mit einem einstufigen Kompressor ausgerüstete Zweitaktmotor kann weder mit dem Merlin 61 noch mit dem Griffon 61 konkurrieren, und der Zweitaktmotor muss mit einem zweistufigen Kompressor und einem Ladeluftkühler ausgerüstet werden, bevor seine potenziell höhere Leistung in der Höhe realisiert werden kann.«[43]

Die Auslegung des Crecy hatte begonnen, bevor der zweistufige Kompressor der Merlin 60-Serie zum Einsatz kam. Und in der hektischen Entwicklung bei Rolls-Royce, um die 60er Serie gegen die Fw 190 in Dienst zu stellen, war der Lader des Crecy zurückgeblieben.

> »Bei 200 Meilen pro Stunde [322 km/h] ist der Schub des Zweitakters etwa 29 % größer als der des Merlin, während der Unterschied bei 400 Meilen pro Stunde [644 km/h] 35 % beträgt [*Anm. des Autors: Alle Zahlen basieren auf Prüfstandergebnissen.*] ... Kurz gesagt, unsere Schlussfolgerungen sind, dass ein 12 Zylinder-Zweitaktmotor, basierend auf der Leistung der Zweizylinder-P.I.-Nr.5-Einheit, 5 – 10 % mehr Schub liefert als ein Griffon Motor, wenn beide Motoren gleichwertige Lader und Kolbengeschwindigkeiten haben.
> Es ist klar, dass der Merlin 61 den mit einem nur einstufigen Lader ausgestatteten Zweitaktmotor völlig in den Schatten stellt; damit der Zweitaktmotor mit den bestehenden Merlin- und Griffon-Motoren konkurrieren kann, muss er mit einem zweistufigen Lader und Ladeluftkühler ausgestattet werden. Wir empfehlen, dass die Konstruktionsarbeiten dafür sofort in Angriff genommen werden. Wenn dies geschehen ist, wird der Zweitakter etwa 5 – 10 % mehr Netto-Schub liefern als der Griffon 61-Motor.«[44]

Hookers Ansichten stießen bei Farren am RAE, wo man viel Zeit mit der Erprobung des Crecy verbracht hatte, nicht unbedingt auf Zustimmung. Farren kritzelte reichliche Notizen über Hookers maschinengeschriebenen Bericht, darunter die folgenden am oberen Rand der ersten Seite:

> »Anmerkung: Die Analyse in diesem Bericht ist falsch. Sie hält einer logischen Prüfung nicht stand, und spätere R.R.-Ergebnisse zeigen, dass sie auch nicht zu den experimentellen Fakten passt. Folglich sind alle Schlussfolgerungen, die daraus gezogen werden, mit äußerster Vorsicht zu genießen.«[45]

Farren betrachtete die Idee des Crecy mit weniger Zynismus; Hooker hielt die Aufladung des Crecy für unbefriedigend, weil die im Abgas enthaltene Energie weitaus größer war als die für die Aufladung benötigte, so dass auch nach Abzug der Kompressionsarbeit des Laders noch ein großer Verlust übrig blieb. Farren schrieb:

> »Warum nicht die Turbine mit der Kurbelwelle koppeln?«

Farren hatte Recht, aber es sollte noch Jahre dauern, bis jemand – insbesondere Allison in Amerika – tatsächlich einen solchen Motor herstellte. Die Geschichte des Crecy entsprach der des Sabre und des Centaurus. Es dauerte so lange, bis das Grundtriebwerk funktionierte, dass das, was als fortschrittlicher Entwurf begonnen hatte, schließlich hinter dem angeblich weniger phantasievollen konkurrierenden Entwurf – dem Merlin – zurückblieb.

Douglas schrieb am 6. November 1942 an Bulman und beklagte die Probleme mit dem Hülsenverschleiß, die den Sabre weiterhin plagten:

> »Der Hülsenverschleiß tritt bei den Sabre-Motoren immer noch auf und macht etwa 90 % der aufgetretenen größeren Defekte aus ... die durchschnittliche Lebensdauer eines Motors beträgt 67 Stunden. Um sicherzustellen, dass die Triebwerke im Flug nicht ausfallen, muss alle 30 Stunden eine Inspektion durchgeführt werden. Es wurde keine eindeutige Ursache für den Hülsenverschleiß gefunden ... Es kann keine Garantie für den Zeitpunkt einer Lösung gegeben werden.«[46]

Lovesey von Rolls-Royce schrieb am 18. November an Ross vom MAP, um ihn über die laufenden Arbeiten zur Verbesserung der Leistung der Merlin 45-Serie in niedriger Höhe zu informieren:

»Wir haben jetzt eine beträchtliche Anzahl von Untersuchungen über die einfachsten Mittel zur Modifizierung von den Merlin 46-Kompressoren abgeschlossen, um die Leistung des Merlin 45 so gut wie möglich zu reproduzieren ... die Ergebnisse der an drei Motoren durchgeführten Tests sind jedoch enttäuschend und zeigen, dass wir bei Vollgas mindestens 100 PS weniger als die 45er haben.«[47]

Vier Tage später, am 22. November, wurde die Diskussion wieder aufgenommen:

»Spitfires für Spezialmotoren:
Wir haben gestern über das Los von vier Flugzeugen gesprochen, die mit Merlin 61-Motoren mit gekürztenn Gebläseblättern ausgerüstet werden sollen ... wir haben auch über das Abschneiden der Flügelspitzen von einer Ihrer Spitfires gesprochen.«[48]

Lovesey berichtete, dass das Einzige, was man tun konnte, darin bestand, die im Einsatz befindlichen Merlin 46-Kompressoren durch Merlin 45-Teile zu ersetzen, um die Motorleistung unterhalb der Nennhöhe zu verbessern. Die Verkleinerung des Impellers würde die Spitzenleistung in großer Höhe verringern, aber auch die Pumpverluste unterhalb der Nennhöhe reduzieren, um damit die Chancen der Spitfire gegen die Fw 190 zu verbessern.

Ein weiterer Plan zur Bekämpfung der neuesten deutschen Jäger wurde am 16. November 1942 erörtert – ein Turbolader für die Hawker Typhoon. Trotz der Einbauschwierigkeiten wurde das RAE beauftragt, zwei Turbolader in das Flugzeug einzubauen. Wie bei den amerikanischen P-38- und P-47-Flugzeugen sollten diese zusätzlich – und nicht anstelle – des mechanisch angetriebenen Laders eingebaut werden, mit dem der Napier Sabre-Motor bereits ausgestattet war, wodurch er zu einem zweistufig aufgeladenen Motor wurde. Um ein genaues Bild von den aerodynamischen Auswirkungen des Einbaus der Abgasturbinen in das Flugzeug zu erhalten, führte das RAE Windkanalversuche mit Holzmodellen im Maßstab 1 : 5 durch, um den Widerstandseffekt zu ermitteln. Man hoffte, dass durch die Verlegung der Kühlung und der Lufteinlässe in die Vorderkanten der Tragflächen die negativen Auswirkungen des zusätzlichen Geräts auf ein Minimum reduziert würden – eine Vorgehensweise, die sich bereits bei der Mosquito als sehr erfolgreich erwiesen hatte.

Die Testergebnisse zeigten, dass die Geschwindigkeit der turboaufgeladenen Typhoon unterhalb einer Flughöhe von 12.000 Fuß [3658 m] tatsächlich geringer war als die des mechanisch aufgeladenen Typhoon mit zwei Gängen und Werks-Sabre-Motor. Dies lässt sich auf den Verlust an Abgasschub (verursacht durch die teilweise Blockierung der Abgasrohre mit den zusätzlichen Rohren und den Abgasturbinenrädern selbst) sowie auf den erhöhten Gegendruck auf die Verbrennungsleistung und den Gasfluss im Motor selbst zurückführen. Außerdem sollte das Gewicht des Flugzeugs um etwa 1000 lb steigen, wovon etwa die Hälfte auf den Turbolader und die Systeme ent-

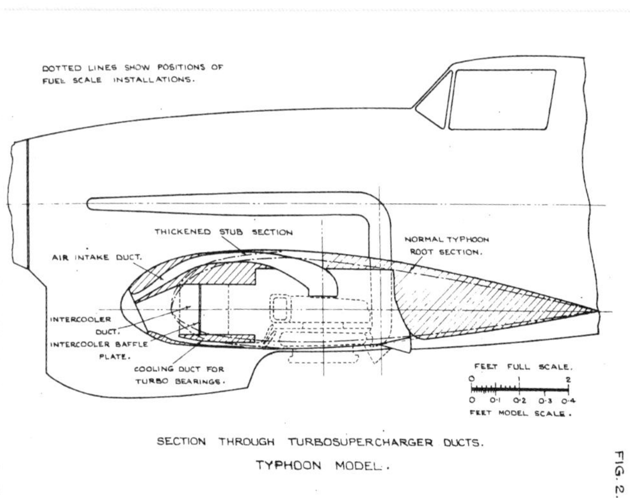

RAE: Typhoon-Turbolader-Einbauzeichnung, November 1942.

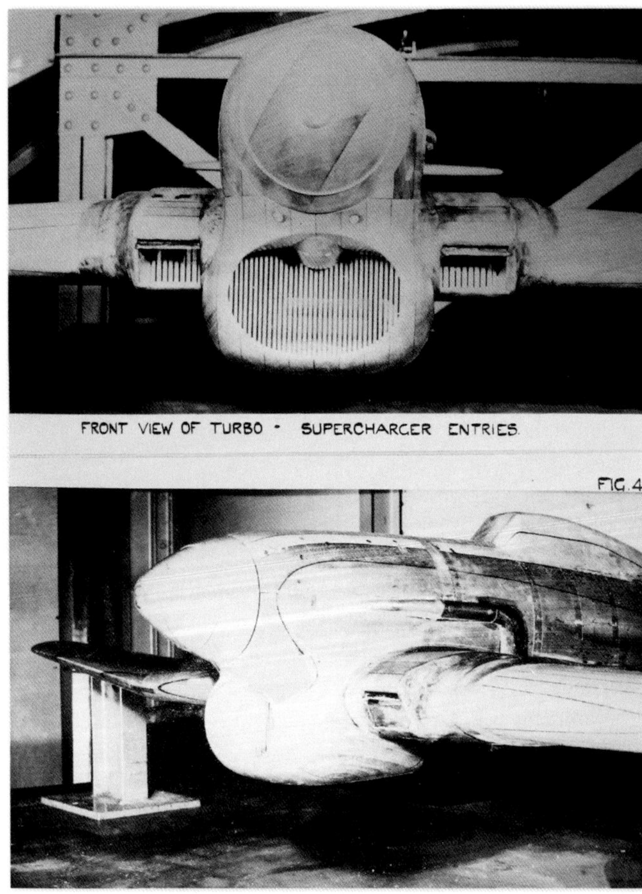

RAE Typhoon-Holzmodell mit Turbolader.

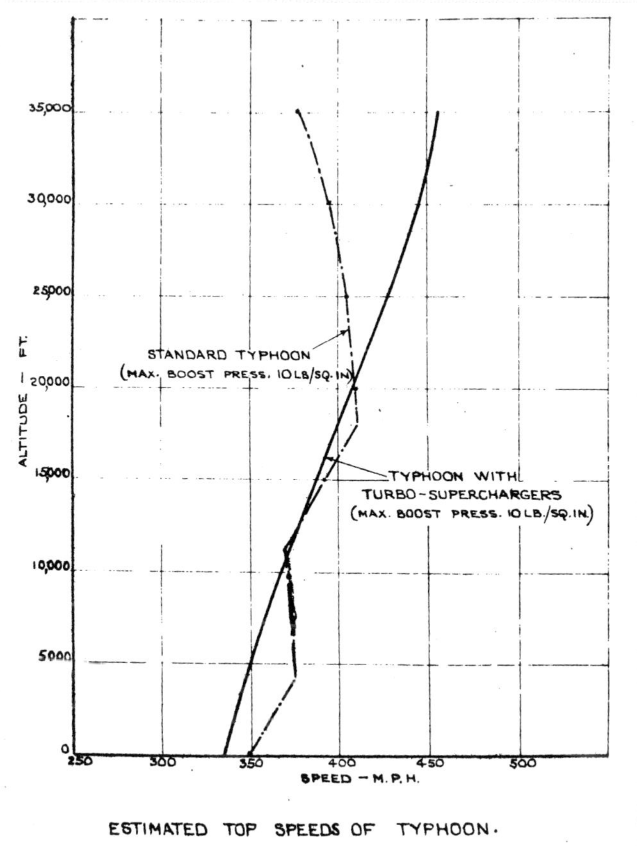

Leistungsdiagramm der Typhoon mit Turbolader.

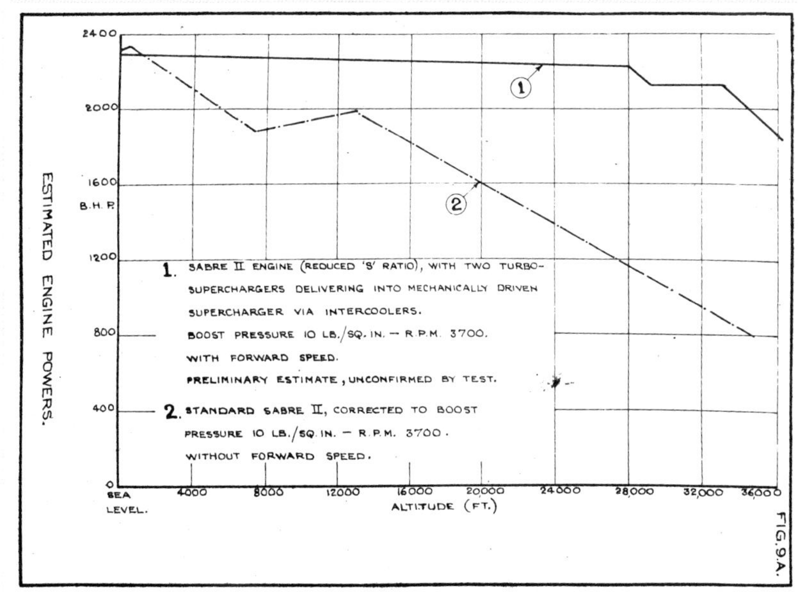

RAE: Typhoon mit Turbolader – Projizierte Motorleistung.

fiel und der Rest auf Änderungen an der Flugzeugzelle. All diese Nachteile wurden oberhalb einer Höhe von etwa 20.000 Fuß [6096 m] ausgeglichen – in dieser Höhe ging dem mechanischen Lader, der bereits auf Hochtouren lief, endgültig die Puste aus.

Die Turbolader, die nur durch den Abgasstrom angetrieben werden, hatten keine solche Leistungsbeschränkung und konnten daher das Triebwerk auch in viel größeren Höhen noch erfolgreich aufladen. In diesem Fall sollten die Turbolader in der Lage sein, eine Geschwindigkeit von über 400 Meilen pro Stunde [644 km/h] aufrechtzuerhalten bis zur Reiseflughöhe eines modernen Verkehrsflugzeugs. Für die damalige Zeit waren dies beeindruckende Leistungsmerkmale in großen Höhen. Allerdings sollte die Turbo-Typhoon in 4000 Fuß [1219 m] Höhe bis zu 30 Meilen langsamer sein als das Standardflugzeug.

Da der Typhoon mit seiner schweren Bewaffnung und seiner Kapazität für die Beförderung von Raketen und Bomben ideal für die Bodenangriffsrolle war, würde sich dieser Nachteil bei der geringen Flughöhe bei der Diskussion über seine Weiterentwicklung über eine bloße Holzattrappe hinaus als ernsthaftes Hindernis erweisen. Eine ideale Lösung wäre gewesen, den Ladedruck bei der turbogeladenen Version zu erhöhen und so die gesamte Kurve nach rechts zu verschieben. Allerdings war der Sabre zu dieser Zeit mit 9 lb Ladedruck am Limit, so dass dieser Weg nicht gangbar war. Abgesehen von der unzureichenden Höhenleistung des Sabre blieb auch der Basismotor selbst ohne zusätzliche Turbolader unzuverlässig:

»GEHEIM 16. November 1942.

Mein lieber Oberbefehlshaber,

ich habe Ihren Brief vom 9. November mit dem Chef Forschung und Entwicklung besprochen. Sorely ist, wie Sie wissen, in Washington.

Er ist sich zutiefst der Last bewusst, die Sie und Ihre Geschwader dadurch tragen, dass Sie Ihren Typhoons ›Amme spielen‹ müssen. Er tut sein Möglichstes, um eine Lösung für die Probleme zu finden, unter denen der Sabre immer noch leidet. Bei der Rekrutierung von Männern, die an diesem Problem arbeiten, beschränkt er sich nicht auf die Napier-Organisation; er hat nicht weniger als 11 Experten außerhalb dieser Organisation, die an diesem Problem arbeiten. Er hält eine wöchentliche Sitzung ab, die sich ganz auf das Problem des Hülsenverschleißes beim Sabre-Motor konzentriert. Mit freundlichen Grüßen

Archibald Sinclair.«[49]

Sholto Douglas hatte zuvor an Sinclair geschrieben und sich Gedanken gemacht:

»Sir Roy Fedden, der jetzt arbeitslos ist, weiß eine Menge über Hülsenventilmotoren. Ich frage mich, ob es eine gute Idee wäre, ihn zu bitten, das Problem genau zu untersuchen und uns seine Meinung zu sagen. Zweifellos wäre dies bei Napier sehr unpopulär, aber in einer solchen Situation dürfen wir keine Angst davor haben, die Gefühle der Leute zu verletzen.«[50]

Fedden war von der Bristol Aircraft Company entlassen worden, kurz nachdem er zum Ritter geschlagen worden war. Auch wenn seine Entlassung im Nachhinein ungerecht erscheint, kann man die Haltung von Bristol verstehen, da Fedden nach allem, was man hört, äußerst schwierig bezüglich der Zusammenarbeit sein konnte.[51] Es war jedoch ein fragwürdiger Schritt, da Bristols Triebwerksabteilung nun ohne den Erfinder der Hercules- und Centaurus-Motoren dastand, die ihr Lebenselixier bzw. ihre Zukunft waren.

Bei Napier erreichten die Schwierigkeiten der Sabre selbst ein kritisches Niveau. Erst wenige Tage zuvor hatte Wing Commander Disbrey – der Vertreter des Jägerhauptquartiers – bestätigt, dass jeder Sabre im Durchschnitt nur 67 Stunden durchhielt, bevor er für eine Überholung ausgebaut werden musste, und nur 205 Stunden zwischen größeren strukturellen Ausfällen schaffte. Der RAF-Abnahmetest für ein neues Triebwerk betrug damals 100 Stunden bei voller Leistung; es wurde gefragt, wie das Triebwerk überhaupt zugelassen worden war. Während die anderen Unternehmen zu kämpfen hatten, schrieb Hives am 17. November 1942 an Freeman und betonte das Engagement von Rolls-Royce für die Kriegsanstrengungen:

> »Wir haben kein Nachkriegsprogramm. Wir haben akzeptiert, dass alle unsere Ressourcen und technischen Fähigkeiten eingesetzt werden sollten, um den Krieg zu gewinnen. Die wichtigste Entscheidung, die Rolls-Royce während des Krieges getroffen hat, war die Verschrottung des 2000 PS-Vulture-Motors nach vier Jahren Arbeit. Der Grund, warum wir den Vulture verschrottet haben, war, dass wir nach reiflicher Überlegung zu dem Schluss gekommen sind, dass er nicht der Motor ist, der benötigt wird, um diesen Krieg zu gewinnen. Hätten wir mit dem Vulture weitergemacht, hätte die Entwicklung des Merlin unweigerlich gelitten; wir würden sogar sagen, dass dies zu einer schweren nationalen Katastrophe geführt hätte.
>
> Niemand kann die Typhoon als erfolgreiches Jagdflugzeug loben; wir haben den Krieg mit zwei sehr guten Jagdflugzeugen begonnen, der Spitfire und der Hurricane – und die bisherigen Fortschritte bedeuten, dass wir jetzt nur noch ein einziges haben, die Spitfire; wir glauben nicht, dass ein besseres Jagdflugzeug vor 1944 produziert und in großen Mengen in Dienst gestellt werden kann.
>
> Die Verarbeitung der Spitfire ist schlecht ... die Steuerung der Spitfire ist im Vergleich zur Fw 190 sehr ungünstig, und je mehr wir die Leistung dieser Maschine verbessern, desto deutlicher treten diese Mängel zutage ... wir schätzten die inhärenten Qualitäten der Mustang-Maschine, sobald einer unserer Testpiloten im Mai letzten Jahres in Duxford eine flog und ihre Möglichkeiten erkannte ... wir können vorhersehen, dass das Fighter Command die Mustang der Spitfire vorziehen wird, wenn nicht etwas getan wird, um die offensichtlichen Mängel zu beseitigen, die wir erwähnt haben.«[52]

Hives beschönigte den Misserfolg des Vulture ein wenig, aber zumindest hatte Rolls-Royce den gesunden Menschenverstand, die Niederlage einzugestehen, wenn auch nur intern. Hives hatte auch Recht, dass von den glaubwürdigen britischen einmotorigen Jagdflugzeugen nur die Spitfire übrig blieb. Die Mustang war jedoch vielversprechend, und am 22. November 1942 schrieb Hives an Freeman, um ihm einen Überblick über die Fortschritte bei der Mustang zu geben:

> »Wir haben zwei dieser Maschinen fliegen lassen, und eine dritte sollte in Kürze fliegen. Die Leistung zeigt, dass sie bei gleicher Leistung etwa 20 mph schneller ist als die Spitfire, aber mit einer geringeren Steigrate, obwohl die Steigrate höher ist als für diesen Maschinentyp vorhergesagt, wir machen immer noch mit 500 Sätzen von Umbauteilen weiter.«[53]

Der Leistungsunterschied war real und sollte sich trotz der Bemühungen einiger Briten schließlich als unüberwindbar erweisen.

In Großbritannien hatte sich Churchill bereits zuvor für den Einsatz des Merlin 45 in der Triebwerksfrage eingesetzt, und am 4. Dezember 1942 zog Präsident Roosevelt nach und sprach vom Super-Fighting-Grade-Treibstoff.

> »GEHEIM
> PREMIERMINISTER
> Ihr Telegramm hat seine Wirkung getan ... das US Air Corps ist bestrebt, auf den neuen ›Super-Kraftstoff‹ umzusteigen, und aus technischen Gründen wäre die Produktionsrate des ›Super-Kraftstoffs‹ etwa 20 % geringer als die des gewöhnlichen 100 Oktan-Kraftstoffs.«[54]

Großbritannien war weit davon entfernt, sich über einen Mangel an Kraftstoff Sorgen zu machen, und ein Defizit von 20 % war nicht von Bedeutung. Es existieren zahlreiche Dokumente, die den Briefwechsel über ernsthafte Engpässe bei 100 Oktan während des gesamten Krieges belegen, was jedoch größtenteils darauf zurückzuführen ist, dass die britische Politik darauf abzielte, einen Vorrat an Treibstoff für einen sechsmonatigen Einsatz zu gewährleisten. Das war eine riesige Menge Treibstoff – mehr als eine Million Tonnen –, doch alles, was unter diese außergewöhnlich hohe Messlatte fiel, wurde als »Mangel« bezeichnet.[55] Was die alliierten Nationen und Deutschland als Treibstoffmangel während des Krieges betrachteten, waren zwei Paare Schuhe.

Zu dieser Zeit stand in Deutschland der Jumo 213 – der wohl beste deutsche Kolbenflugmotor – kurz vor der Einsatzreife. Im Dezember 1942 trafen die ersten ernsthaften Geheimdienstberichte über dieses neue Triebwerk in Großbritannien ein. Die ersten Berichte waren nicht immer genau, aber durch Aussagen von Kriegsgefangenen konnte der britische technische Geheimdienst A.I.1.(k) einige nützliche Hinweise zusammenstellen.

»Interview mit Gefangenen Dez. 1942. Er bezog sich auf den Jumo 213 (24 Zylinder?), der nach Aussage des Junkers-Direktors bei Tests 2100 PS leistete; schließlich würde fast 3500 PS erreicht. (2500 bhp?). Der Jumo 213 war eine völlig neue Konstruktion.«[56]

Diese anfänglichen Berichte enthalten eine Mischung aus Wahrheit und Ungenauigkeit; die Kommentare in Klammern wurden vom britischen Geheimdienst hinzugefügt, der fälschlicherweise annahm, dass der 213 ein 24 Zylinder-Motor war (wahrscheinlich wegen der hohen Leistungsangaben, die der Gefangene machte). Der Jumo 213 sollte sich später als die vielleicht ultimative Umsetzung der deutschen Kolbenmotorentechnik erweisen.

In der Zwischenzeit, am 22. Dezember 1942, trauerte Hives weiter um den Vulture und schrieb an das Arbeitsministerium, um seine Gründe für die Einstellung des Projekts näher zu erläutern.

Hives erklärte, dass er nicht mehr an das Konzept des zweimotorigen Bombers glaube und dass sich die dadurch ermöglichte Konzentration auf den Merlin bemerkbar mache.

»Es ist interessant, dass das Merlin-Triebwerk, das seit vier oder fünf Jahren bei der RAF im Einsatz ist, heute gefragter ist denn je. Der Grund dafür ist die kontinuierliche Entwicklung, die wir bewirken konnten.«[57]

Hives hatte Recht, wenn er der Idee eines zweimotorigen schweren Bombers skeptisch gegenüberstand, aber die Deutschen arbeiteten immer noch an der katastrophalen He 177. Er hatte auch Recht, dass der Erfolg von Rolls-Royce mit dem Merlin auf die Tatsache zurückzuführen war, dass das Unternehmen in der Lage war, das Triebwerk konsequent und schrittweise weiterzuentwickeln, ohne sich durch zu viele andere Triebwerkstypen ablenken zu lassen. Die drei Jahre andauernden Probleme mit dem Vulture zeigten jedoch, dass der Grat zwischen Erfolg und Misserfolg schmal war.

USA

Zu Beginn des Zweiten Weltkriegs befanden sich in den USA einige äußerst fortschrittliche Flugzeuge in der Entwicklung, darunter auch die P-39 Airacobra. Das Besondere an diesem Flugzeug war, dass es über einen Mittelmotor verfügte, der den Einbau einer furchterregenden 37-mm-Kanone ermöglichte, die durch die Propellernabe feuerte. Mit nur 30 Geschossen hatte der Pilot allerdings nur wenige Möglichkeiten, einen Treffer zu landen. Am 5. Januar 1942 wurde ein Vorschlag für eine

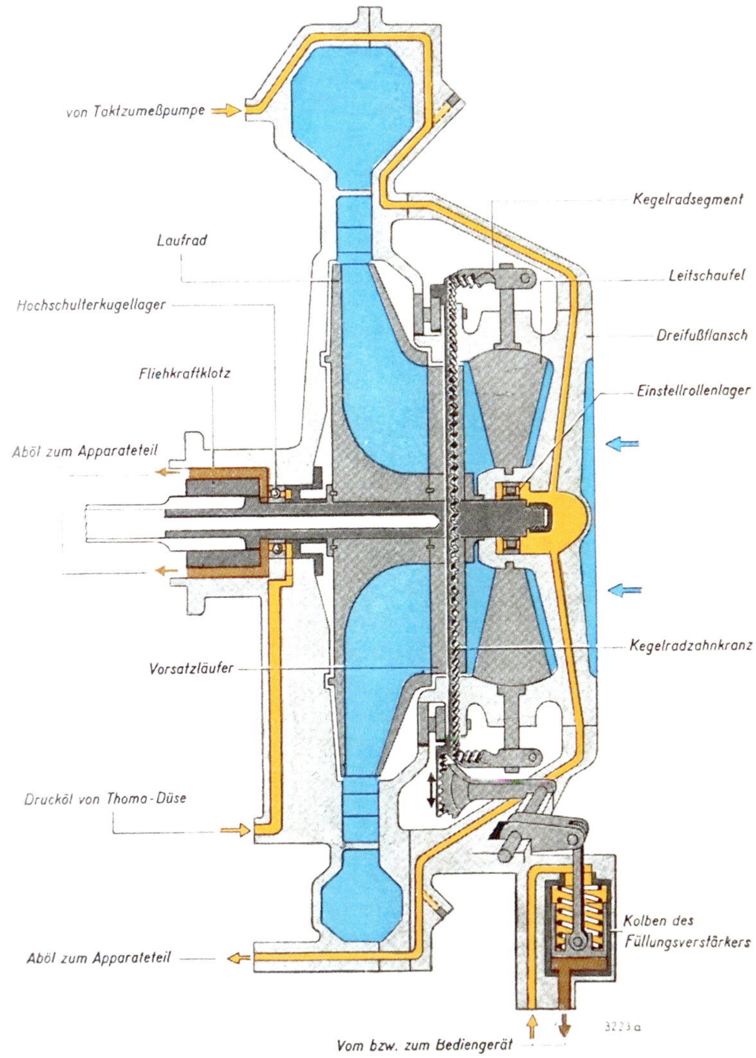

Abb. 20. Schmierstoffversorgung des Laders

Jumo 213: Wirbeldrossel und Kompressor-Ölversorgung – schematisch.

P-39 mit Merlin-Antrieb diskutiert, obwohl die ursprünglichen Pläne den Einsatz der amerikanischen V-1710 vorsahen.

»Mr. Vincent: Wir haben gerade ein Telegramm von der britischen Kommission erhalten, in dem sie die Idee mit dem Verlängerungsschacht befürwortet.

Colonel Page: Oh, das heißt, wir können …

Mr. Vincent: …fortfahren.

Colonel Page: Ja, nun, da steht: Wir sind damit einverstanden, dass Sie von Packard und Rolls-Royce Merlin-Motoren mit dem Propellerantrieb bei Kurbelwellendrehzahl erhalten, welche Motoren Sie benötigen, um einen intelligenten Vibrationstest des Motors in Kombination mit der Verlängerungswelle und dem Getriebe, wie es im P-39-Flugzeug verwendet wird, herauszubekommen.

Mr. Vincent: Das ist nur langes Geschwätz: Es geht also.

Colonel Page: Ich glaube schon.«[58]

Letztendlich wurde der Allison-Motor beibehalten, aber dieses Gespräch zeigt, dass der Merlin für fast alle in den USA gebauten Flugzeuge, die einen flüssigkeitsgekühlten Motor benötigten, in Betracht gezogen wurde. Da die P-51 jedoch bald die meisten der von Packard gebauten Merlin-Motoren beanspruchen sollte, war es nicht möglich, den Merlin in allen Fällen einzusetzen. Um den Merlin durch seine stark gesteigerte Leistung an der Spitze zu halten, würde der Treibstoff immer die Priorität sein, um sein Potenzial zu sichern, und so traf sich am 10. Februar 1942 in Washington DC das Erdöl-Koordinierungsamt. Der Bericht wurde mit dem Vermerk »STRENG GEHEIM« versehen:

»Ziel des Besuchs der britischen Vertreter ist es, ... Maßnahmen zu erörtern, die ergriffen werden können, damit die Kriegsanstrengungen nicht durch den Mangel an hochwertigen Luftfahrtprodukten für den dringenden Bedarf behindert werden ...

Zusammensetzung von 100 Oktan-Benzin:
Hundertoktaniges Flugbenzin ist kein einzelnes Produkt. Es ist vielmehr ein Gemisch aus einer Reihe von Grundbestandteilen, von denen einige in Verbindung mit ... einer kompletten Erdölraffinerie hergestellt werden, andere selektiv in Benzingewinnungsanlagen auf den Erdölfeldern gewonnen werden, während wieder andere aus anderen Erdölprodukten synthetisiert werden. Die Grundbestandteile sind wie folgt.

- Grundstoff
- Hochoktaniges Mischungsmaterial
- Leichtes Mischungsmaterial
- Tetraethylblei-Flüssigkeit (erhöht auf 4 cm^3 pro US-Gallone)

Die Herstellung von 100 Oktan-Flugbenzin ist eine äußerst neue technologische Entwicklung. In diesem Land ist die kommerzielle Kapazität für die Herstellung in den letzten drei Jahren von praktisch nichts auf etwa 40.000 Barrel pro Tag gestiegen. Die Herstellung dieses Superbenzins erfordert hochspezialisierte Raffinerieausrüstungen ... jede einzelne Anlage muss so konzipiert und konstruiert werden, dass sie in die jeweilige Raffinerie passt, in der sie sich befindet.

100 Oktan-Flugbenzin ist von größter Bedeutung für die Steigerung der Leistung unserer Flugzeugtriebwerke ... man schätzt, dass durch die Verwendung von 100 Oktan im Vergleich zu 91 Oktan eine Leistungssteigerung von etwa 25 % erreicht werden kann ... die Streitkräfte ... planen bereits für die Zukunft Kraftstoffe mit noch höheren Oktanwerten. Diese Kraftstoffe mit höherer Oktanzahl werden aus denselben Komponenten wie der 100 Oktan-Kraftstoff gemischt, erfordern aber einen noch höheren Prozentsatz an synthetisch hergestellten hochoktanigen Mischungsbestandteilen.«[59]

Später wurden die Lagerbestände aufgelistet. Am 15. Januar 1942 beliefen sich die Gesamtbestände an 100 Oktan in den USA auf 5.695.000 Barrel (647.000 Tonnen) und in allen anderen alliierten Ländern zusammen auf 6.000.000 Barrel (682.000 Tonnen).[60] Dies entsprach etwa dem Fünffachen des gesamten deutschen Flugbenzinbestands zum selben Zeitpunkt, wobei letztere Zahl sogar die Bestände an veraltetem 87 Oktan einschließt. Die Kraftstoffvorräte im deutsch besetzten Holland zeigten beispielsweise einige Monate später, dass weniger als 8 % der deutschen Flugzeugvorräte aus C3-Kraftstoff bestanden, was in etwa dem alliierten 100 Oktan-Kraftstoff entsprach. Wenn man dies hochrechnet, bedeutet dies, dass die Alliierten etwa die 50-fache Menge an Hochleistungsflugbenzin besaßen, die Deutschland 1942 bereithielt.

Ein geborgener Jumo 211 B-Motor wurde von Chrysler am 22. März 1942 in typisch umfassender Weise ausgewertet. Chrysler interessierte sich besonders für die deutsche Technik. Chrysler stellte keine eigenen serienmäßigen Flugmotoren her und war angesichts der Möglichkeit, sich um Regierungsaufträge zu bewerben, hoch motiviert, alle Informationen zu erhalten, um die eigenen Fähigkeiten zur Entwicklung von Kolbenflugmotoren zu verbessern.

»Obwohl das äußere Erscheinungsbild und der Hubraum der Daimler-Benz 601er Serie ähneln, sind die grundlegende Konstruktion, die Detailkonstruktion und die Metallurgie des Junkers 211 B überraschend anders.

Die allgemeine Anordnung ist logisch und einfach, obwohl die Komplikationen bei der Herstellung einiger Teile auf eine beneidenswerte Vormachtstellung des Konstrukteurs gegenüber der Produktionsabteilung hinweisen. Die Lösung typischer Konstruktionsprobleme für eine optimale Belastungsverteilung wurde bis ins kleinste Detail umgesetzt.

Die vollautomatischen Vorrichtungen zur Steuerung von Propellerdrehzahl, Ladedruck, Gemischverhältnis, Zündverstellung und Übersetzungsverhältnis des Kompressors folgten dem deutschen Leitprinzip, dem Piloten alle möglichen Ablenkungen zu ersparen.

Der Schmierstoff für alle Haupt- und Pleuellager wird an der Vorderseite der Kurbelwelle zugeführt, die das Öl durch bearbeitete Kanäle leitet und verteilt.

Die gewichtssparenden Bohrungen in den Hauptzapfen sind tonnenförmig, um das Verhältnis zwischen Festigkeit und Gewicht der Welle zu verbessern. Der Verschleiß an den Kurbelzapfen war recht hoch. Dies könnte zum Teil auf die verwendeten Kupfer/Blei-Lagerwerkstoffe zurückzuführen sein.

Die Einlassventilführung ist recht konventionell, doch die Auslassstangenführung hat an beiden Enden des Abschnitts, der in den Zylinderkopf passt, eine Schulter als Dichtfläche. Bei dieser Anordnung kommt das Kühlmittel direkt mit der Führung in Berührung, wodurch die Kühlung des Auslassventils verbessert wird.«[61]

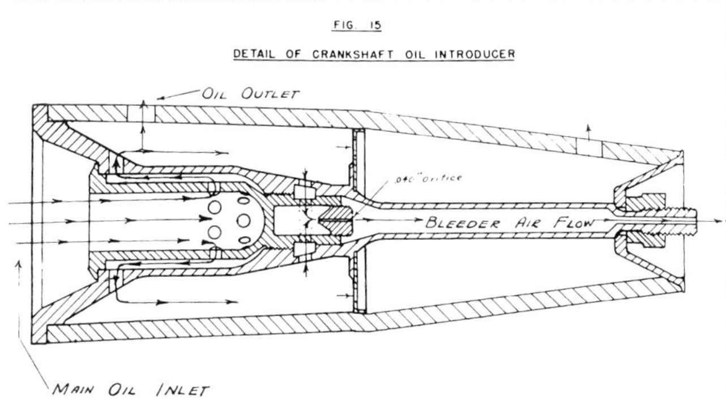

Chrysler-Studie zur Ölzufuhr an der Kurbelwellennase vom Jumo 211 B.

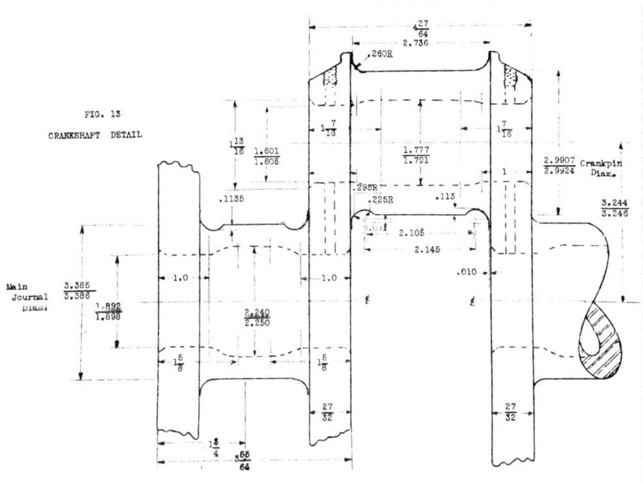

Chrysler-Studie der Kurbelwelle des Jumo 211 B.

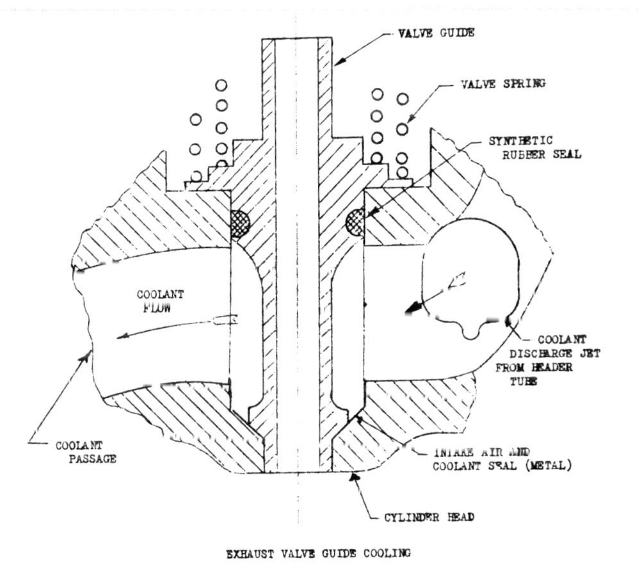

Chrysler-Studie zur Kühlung der Auslassventilführung Jumo 211 B.

Der Jumo wies mehrere interessante Merkmale auf: Drei davon waren die Ölzufuhr in die Kurbelwelle, die hinterschnittenen Verrundungen an der Unterseite der Kurbelzapfen und die wassergekühlten Auslassventilführungen. Die gekühlten Ventilführungen und die Öleinspeisung in die Kurbelwelle werden auch heute noch in einigen Hochleistungs-Kolbenmotoren verwendet. Die Zuführung von Öl in den Kurbelwellenkopf hatte zwei grundlegende Vorteile. Erstens musste das Öl nicht mehr gegen die Zentrifugalkräfte der sich drehenden Kurbelwelle ankämpfen, um von außen nach innen zu gelangen, wodurch der Durchfluss in die Kurbelwelle erhöht wurde. Dies konnte entweder dazu genutzt werden, die Belastung der Lager zu erhöhen (die durch den erhöhten Ölfluss besser gekühlt wurden), oder aber, wenn keine Leistungssteigerung erforderlich war, konnte die Ölpumpe verkleinert werden, was Gewicht und die überschüssige Antriebsleistung einsparte.

Darüber hinaus verfügte die von Jumo entworfene, raffinierte Vorrichtung, die in das Ende der Kurbelwelle eingesetzt wurde, wo das Öl nun eintrat, über Funktionen, die wie eine kleine Zentrifuge wirkten, wobei das schwere Öl nach außen geschleudert wurde und die leichte Luft in der Mitte verblieb, wo sie durch eine Entlüftungsöffnung in der Mitte abgeführt wurde. Durch diese Konstruktion wurde der Lufteintrag in das Öl auf dem Weg zu den Kurbelwellenlagern drastisch reduziert, was die Lebensdauer der Lager erheblich verbesserte. Die Kurbelwelle war mit Hinterschneidungen versehen, da sich der am stärksten beanspruchte Abschnitt einer Kurbelwelle in der Regel im Radius unterhalb der Stelle befindet, an der der Kurbelzapfen auf die Kurbelwangen trifft. Der große Radius des Einschnitts verringerte die Konzentration dieser Beanspruchung auf der Unterseite des Kurbelzapfens mit dem Kompromiss, die Lagerfläche zu verkleinern. Es war jedoch eine saubere Lösung, um die Kurbelwelle ohne eine völlige Neukonstruktion zu verstärken.

Bei der wassergekühlten Auslassventilführung wurde das Wasser viel näher an das Ventil herangeführt, indem eine ganze Metallschicht aus dem Spalt zwischen dem Ventil und dem Kühlmittel entfernt wurde. Daraus ergab sich ein kniffliges Dichtungsproblem, das jedoch mit einem einfachen O-Ring und einer Kompressionsdichtung gelöst werden konnte. Dies war für den Jumo besonders wichtig, da er ein sehr großes Auslassventil hatte, durch das das gesamte heiße Gas strömte. Daher war es thermisch stärker belastet als die Ventile der Daimler-Benz-Motoren der DB 600-Serie, aber das Konzept war klug und senkte, wenn es auf einen Vierventil-Zylinderkopf übertragen wurde, auch die Temperatur der Auslassventile, was zu einer höheren Klopfgrenze und einer längeren Lebensdauer der Auslassventile führte.

Zum Thema Klopfgrenzen startete Biermann in den NACA-Motorenlaboratorien im Mai 1942 eine Untersuchung der Klopfgrenzen bei Verwendung verschiedener 100 Oktan-Kraftstoffe. Diese wurden eigens ausgewählt, um den Unterschied zwischen den in den USA üblichen Kraftstoffen, die einen sehr hohen Parrafingehalt aufwiesen, und den Kraftstoffen mit einem höheren Aromatenanteil aufzuzeigen.

»Die Daten deuten darauf hin, dass aromatische Zusätze in kleinen Mengen eine erhebliche Leistungssteigerung bei fetten Gemischen bewirken, während sie sich bei den magereren Gemischen kaum oder gar nicht nachteilig auswirken. Große Anteile von Aromaten führen zu einem starken Anstieg der Leistung bei fetten Gemischen, aber tendenziell zu einer geringeren Leistung bei magereren Gemischen und können Nachzündung verursachen.«[62]

Die von Biermann verwendeten Aromatenanteile reichten von den Werten, die typischerweise im deutschen Basiskraftstoff B4 mit 87 Oktan verwendet werden, bis zu einer etwa dreimal höheren Obergrenze, wie sie in den deutschen Hochleistungskraftstoffen C3 mit einem Aromatenanteil von etwa 40 Volumenprozent verwendet wird. Dabei zeigte sich, dass ein Flugmotor mit sehr fetten Gemischen betrieben werden muss, um das volle Leistungspotenzial hocharomatischer Kraftstoffe, die Verbindungen wie Benzol, Xylol und Toluol enthalten, auszuschöpfen. Dies bedeutete, dass der Motor mit hoher Leistung (da die Leistungsspitze bei fetten Gemischen 50 % höher sein konnte als bei mageren Gemischen mit solchen Kraftstoffen) und mit hohem Kraftstoffdurchsatz betrieben werden musste.

Biermann wusste es nicht, aber diese beiden Aspekte erwiesen sich für die deutschen Triebwerkskonstrukteure als sehr schwierig, als er seinen Bericht veröffentlichte. Ein nahezu perfektes Kampfflugzeug könnte entstehen, wenn die Klopfgrenzen des Treibstoffs in Verbindung mit einer aerodynamischen Zelle und einem widerstandsarmen Kühlsystem maximal ausgenutzt werden könnten. Im Juni 1942 zeichnete sich ab, dass mit der P-51 Mustang ein solches Flugzeug entstehen würde. Der deutsche Ingenieur Edgar Schmued, der in den 1920er Jahren von Bayern nach Brasilien auswanderte, um der durch den Vertrag von Versailles erzwungenen Armut zu entkommen, lebte nun in Los Angeles, Kalifornien. Schmued hatte sich an seinem neuen Arbeitsplatz, der North American Aviation, prächtig entwickelt und war im Begriff, eine führende Rolle bei der Entwicklung eines neuen Flugzeugs zu übernehmen.

Die RAF, die dringend mehr Flugzeuge benötigte, war an die Firma Curtiss-Wright herangetreten und hatte 300 P-40 Warhawk-Jagdflugzeuge in Auftrag gegeben. Die P-40 war ein relativ solides und brauchbares Flugzeug, aber Curtiss lehnte den Auftrag ab, da es keine freien Produktionskapazitäten hatte. In ihrer Verzweiflung wandte sich die RAF an North American, um den Bau der P-40 in Lizenz zu besprechen. Der Präsident des Unternehmens, James H. Kindelberger, sah sich die Pläne für die P-40 an und unterbreitete stattdessen ein Gegenangebot. Er sah eine Chance für das junge Unternehmen, sich einen Namen zu machen, und bot an, für die Briten ein brandneues Flugzeug zu entwerfen und zu bauen, das die neueste Luftfahrttechnologie nutzte. Es gab jedoch zwei große Hindernisse zu überwinden: Erstens hatte North American noch nie ein Kampfflugzeug entwickelt oder gebaut, sondern nur Trainer, und zweitens benötigten die Briten bis zum 30. September 1941 320 Flugzeuge. Unglaublich, aber der Vertrag wurde angenommen.

Schmued erhielt von Curtiss Daten über einen ähnlichen Typ und fügte auch die neueste Theorie hinzu. Fast ein halbes Jahrzehnt war vergangen, seit der Spitfire-Prototyp K5054 in die Luft gegangen war, und in der Zwischenzeit waren große Fortschritte gemacht worden. Schmued hatte verstanden,

Erste Mustang I mit einem Merlin 61-Motor.

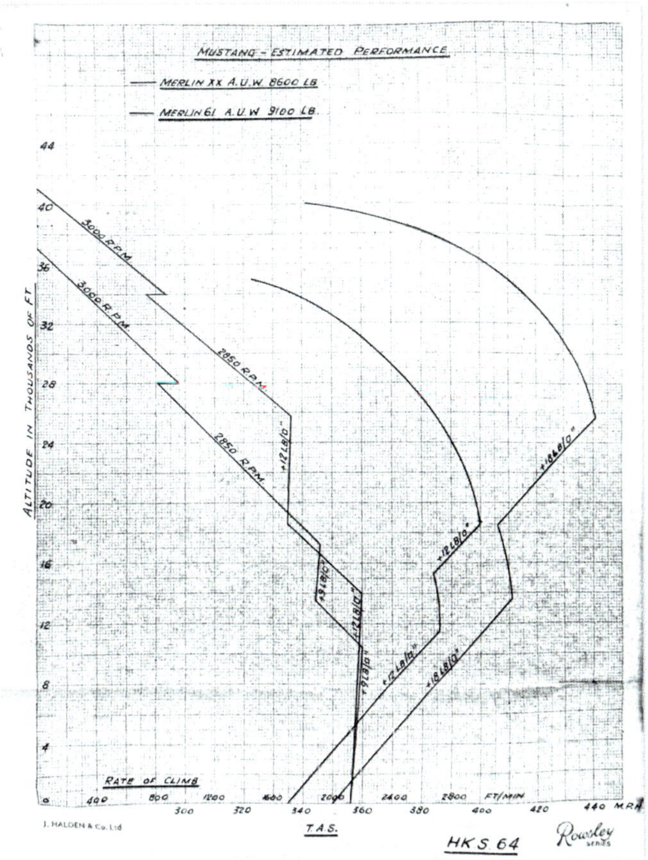

Geschätzte Mustang-Geschwindigkeit mit Merlin XX (+12 lb) und 61 (+18 lb).

was viele Hochleistungs-Ingenieurbüros auch heute als wichtige Erkenntnis ansehen: Dass die besten Entwürfe nicht durch die Suche nach einer »Silberkugel« entstehen, um die Konkurrenz auf magische Weise zu schlagen, sondern einfach deshalb überlegen sind, weil sie eine Anhäufung von Detailänderungen darstellen, die auf eine gut ausgearbeitete, aber völlig konventionelle konzeptionelle Form abgestimmt sind. Schmued packte einen großen internen Kraftstofftank ein und entwarf, nachdem er einen britischen wissenschaftlichen Aufsatz von Dr. Meredith von Farnborough gelesen hatte, einen hervorragenden divergent-konvergenten Kanal. Dieser nutzte die aus dem Motorkühler austretende Wärme, um als eine Art primitiver Antriebsstrahl zu fungieren, wodurch der Luftwiderstand des Flugzeugs erheblich verringert wurde.

Diese Ideen waren den europäischen Konstrukteuren jener Zeit nicht fremd, aber Amerika befand sich in einer einzigartigen Lage. Da es gegen ernsthafte Bombardierungen seiner Städte und Industriezentren nahezu immun war, konnten alle seine Fabriken auf die effizienteste Weise für die Massenproduktion ausgelegt werden. Es war nicht notig, jedes Flugzeug auf eine Reihe von über das ganze Land verstreuten Werkstätten zu verteilen, um das Risiko zu vermeiden, dass ein einziger Angriff eine ganze Produktionslinie auslöscht. Man konnte riesige Fabriken mit mechanisierten Fertigungsstraßen nutzen und alles vor Ort vorrätig haben, was in ganz Europa einfach unmöglich war.

Dies ermöglichte es Schmued, Ideen von Messerschmitt zu übernehmen, sie aber zu einem logischen Ende zu führen. Wie Messerschmitt ließ Schmued die Mustang zu 100 % bündig vernieten, um eine perfekt glatte Außenhaut zu erhalten. Im Chaos der deutschen Industrie, die fast täglich mit Bombenangriffen konfrontiert war, sank die Qualität der Verarbeitung weit unter das Niveau, das in den Konstruktionsbüros vorgesehen war. Die Mustang hatte mit solchen Problemen nicht zu kämpfen. Ihre Paneele würden nicht von Fachleuten von Hand in jedes Flugzeug eingepasst, sondern maschinell ausgestanzt und von angelernten Arbeitern in riesigen Fließbändern montiert – und sie würde erfolgreich sein, indem sie den Luftwiderstand auf neue Standards reduzierte.

Eine Handvoll Spitfires wurde aus der Produktion genommen und in mühevoller Handarbeit nachgearbeitet: Lücken in der Verkleidung wurden geschlossen, Fugen mit Spachtelmasse geglättet und das gesamte Flugzeug glatt geschliffen. Diese Spitfires waren messbar schneller als die an die Geschwader ausgegebenen, aber es war einfach unmöglich, diese Änderungen an den bestehenden Produktionslinien unter dem Druck der ständigen Bombenangriffe und Invasionsdrohungen durchzufüh-

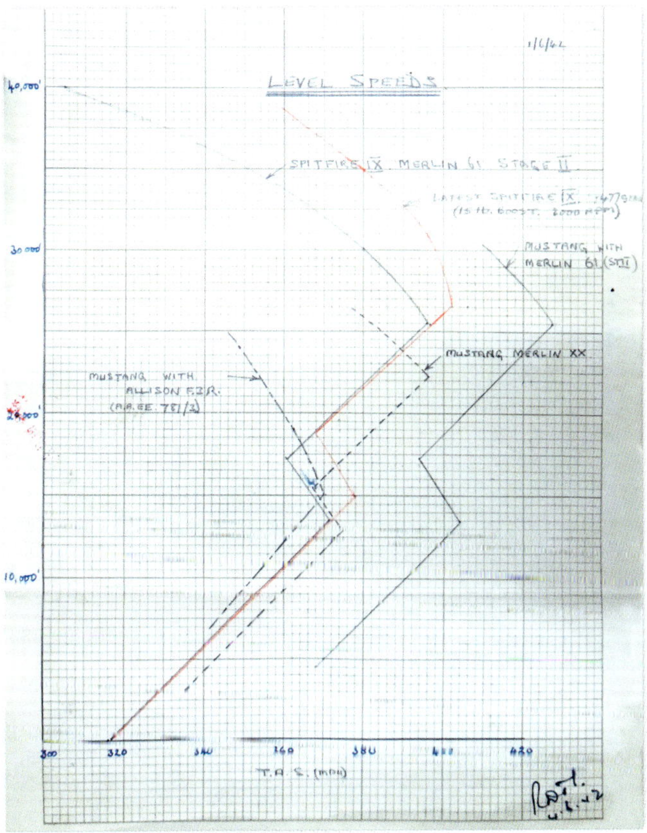

P-51 Mustang und Spitfire IX: tatsächliche Leistung mit einem Merlin-Motor.

ren.[63,64,65] Jede Änderung brachte nur ein paar km/h, und die notwendigen Änderungen an den Produktionslinien wurden als nicht lohnend erachtet.

Die Oberfläche der Mustang war mit der einer Spitfire aus dem Krieg, die aus Teilen zusammengebaut wurde, die von einem halben Dutzend verschiedener Werkstätten in ganz England geliefert wurden, nicht zu vergleichen.

Der V12-Allison-Motor V-1710 der Mustang war jedoch nur mit einem einstufigen Zentrifugalkompressor mit nur einem Gang ausgestattet, obwohl seine Leistung in niedrigen Höhen beeindruckend war. Der V-1710 war als Luftschiffmotor gedacht, bevor die große Depression die Entwicklung stoppte; der Allison-Motor war daher nur für den Betrieb in geringer Höhe ausgelegt. Die effektiven amerikanischen Turbolader mit Abgasantrieb würden einfach nicht in ein so kleines Flugzeug wie die Mustang passen. Die RAF und die Testpiloten in Farnborough waren von der Leistung im Tiefflug und dem Langstreckenpotenzial begeistert – aber was sollten sie mit der Mustang machen? In großen Höhen war sie nicht leistungsfähig genug, um es mit den deutschen Jägern aufzunehmen, und ihre Feuerkraft war nicht so stark wie die der Typhoon, die die Mustang auch im Tiefflug übertraf.

Zum Glück wurde die naheliegende Frage gestellt: Was wäre, wenn wir einen Merlin in die Mustang einbauen würden? Das MAP bat Rolls-Royce, Leistungsdiagramme für den Mustang mit einem Merlin XX oder dem neuesten zweistufig aufgeladenen und zwischengekühlten Merlin 61 zu erstellen, und die ersten Vorhersagen waren eindeutig: Auf der Grundlage der mit dem Allison erreichten Geschwindigkeit sagte Rolls-Royce einen riesigen Leistungssprung mit dem Merlin 61 voraus (siehe vorige Seite rechts unten). Die theoretischen Ergebnisse waren verblüffend, und als die Diagramme mit den Geschwindigkeiten der beiden Flugzeuge vorgelegt wurden, stießen sie auf Unverständnis.

»Es ist noch lange nicht klar, warum die Leistung der Mustang so hoch ist. Ich nutzte die Gelegenheit, sie zusammen mit der Spitfire zu untersuchen, als ich sie gestern beim RAE sah, und es ist alles andere als offensichtlich, warum sie einen Luftwiderstand von nur 50 Pfund bei 100 Fuß pro Sekunde [30,48 m/s] haben sollte, wie die Versuche in Boscombe Down zeigen, verglichen mit 65,5 Pfund, dem Durchschnitt für die späteren Spitfires … was die Rolls-Royce-Schätzungen in dieser Mappe betrifft, kann ich den absoluten Werten, die sie zeigen, nicht zustimmen.
A.D./R.D. T.1
R. N. Liptrot
04.06.42.«[66]

Hauptmann R. N. Liptrot, stellvertretender Direktor für Forschung und Entwicklung (Flugzeuge), und andere betrachteten es fast als Affront, dass die Spitfire von einem brandneuen Flugzeug aus Amerika geschlagen werden konnte. Die Ergebnisse seien eindeutig ein Fehler, vermutete man, und man müsse sich ein Urteil vorbehalten, bis eine Mustang mit eingebautem Merlin geflogen werden könne.

»Rolls arbeitet mit Hochdruck an dieser Aufgabe, und der Beweis für ihre Behauptungen wird erbracht werden, sobald das Flugzeug fliegt. Bis dahin brauchen wir wohl nicht mehr viel Zeit mit Diskussionen über das Warum und Wieso zu verbringen.
C.R.D.
15.6.42.«[67]

Nach einigem politischen Gerangel wurde das Projekt genehmigt und eine RAF Mustang umgerüstet. Der Austausch eines Motortyps ist nie ein einfaches Unterfangen, und das Projekt erforderte beträchtliche Ressourcen, um schnell abgeschlossen zu werden. Am 13. Oktober 1942 flog die Mustang erstmals mit dem Merlin 61.[68]

Eine Spitfire IX und eine Mustang, beide mit dem Merlin 61 ausgerüstet, wurden in große Höhe geflogen und beide Drosseln voll geöffnet. Die Mustang »spazierte weg«, berichtete der Spitfire-Pilot. Ihm wurde gesagt, er solle die Drosselklappe ganz durchdrücken, um mit +15lb/sq in [0,83 bar] Ladedruck Notleistung zu erzeugen, aber selbst das reichte nicht aus und die Mustang verschwand einfach in der Ferne.

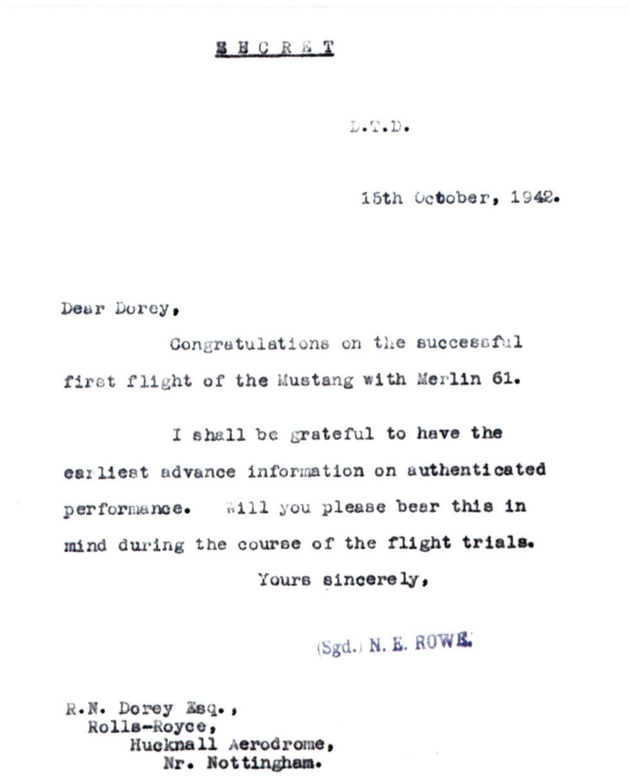
SECRET

L.T.D.

15th October, 1942.

Dear Dorey,

Congratulations on the successful first flight of the Mustang with Merlin 61.

I shall be grateful to have the earliest advance information on authenticated performance. Will you please bear this in mind during the course of the flight trials.

Yours sincerely,

(Sgd.) N. E. ROWE.

R.N. Dorey Esq.,
Rolls-Royce,
Hucknall Aerodrome,
Nr. Nottingham.

Glückwunschschreiben zum Erstflug der Mustang mit dem Merlin 61.

Bereits am 1. Juni 1942 hatten die Briten korrekt prognostiziert, dass die Höchstgeschwindigkeit der Mustang von 370 mph auf fast 430 mph [595–692 km/h] ansteigen würde, wenn man den Allison V-1710-Motor durch den Merlin 61 ersetzte. In der Tat war es noch erstaunlicher: die Mustang mit einem Merlin 61 war in 25.000 Fuß [7620 m] Höhe fast 100 mph [161 km/h] schneller als mit dem Allison-Motor.[69]

Die Konzeption der Mustang und die daraus resultierende Leistung erwiesen sich als so herausragend, dass die Geschichte der Mustang in Jahre 2010 vom US-Militär als offizielle Fallstudie zur Demonstration erfolgreicher Lektionen bei der Beschaffung zukünftiger Kampfflugzeuge verwendet wurde.[70]

Wenn es Allison etwas peinlich war, so war es auch Supermarine; bis zu einer Höhe von 30.000 Fuß [9144 m] war die Mustang konstant 25 mph [40 km/h] schneller als die neue Mk.IX Spitfire, (siehe Seite 251 rechts unten).

»D.T.D.
Die Erreichung der Geschwindigkeit ist sehr ermutigend. Bald werden wir einen Schrei nach Mustangs anstelle von Spitfire IXs haben!
C.H.D.
October 17, 1942.«[71]

Der Ruf von Rolls-Royce und des Merlin 61 war auf einem Allzeithoch. Das Triebwerk hatte die Leistung von zwei der wichtigsten Jagdflugzeuge der Alliierten innerhalb eines Jahres völlig verändert. Zwischen dem MAP, der RAF, Farnborough und North American gab es eine Flut von Briefen und chiffrierten Nachrichten: Gab es einen Fehler oder einen Messfehler? Es konnte nicht sein, dass die Spitfire IX rundum geschlagen worden war. Aber es lag kein Fehler vor, und für den Rest des Krieges war die P-51 in Bezug auf Reichweite und Geschwindigkeit das beste alliierte Höhenjagdflugzeug.

Einen Prototyp zu haben, war eine Sache, aber die Einrichtung einer Massenproduktion von Mustang III würde ein weiteres Jahr dauern. Erst am 28. Dezember 1943 war die AFDU in der Lage, eine Mustang III mit ihrem Merlin 61 ab Werk zu testen.[72]

In dieser Zeit wurde die Anlage festgelegt und die bereits sehr gute Kühleranlage an den Packard-Merlin angepasst. North American Aviation hatte sich für einen sehr großen Kühler entschieden, der jedoch weit oben im Rumpf untergebracht werden sollte und ein sehr hohes Expansionsverhältnis hatte. Mit anderen Worten: Der Einlass zum Kühler war viel kleiner als dessen Vorderseite. Folglich konnte die Luft sehr langsam hindurchströmen, was, da der Luftwiderstand mit dem Quadrat der Geschwindigkeit zunimmt, zu einer starken Verringerung des Luftwiderstands führte. Der anschließende schmale Ausgang bewirkte das, was Meredith zuvor bei der Spitfire versucht hatte – die Kühlerwärme in eine Art primitiven Strahl umzuwandeln. Die Mustang ging noch einen Schritt weiter, als es bei der Spitfire möglich war, da diese keinen Platz mehr in den Tragflächen hatte, um einen größeren Kühler einzubauen und ein größeres Expansions- und Kontraktionsverhältnis zu ermöglichen. Außerdem konnte der Kanal in der Spitfire nicht weiter nach vorne verlegt werden, ohne in die Radkästen einzudringen.

Trotz des großen Versprechens der Mustang zeigte eine Reihe von Ausfällen des Packard Merlin 61 am 10. September 1942, dass das herausragende Projekt, den Merlin in Amerika in Serie zu produzieren, nicht ohne Probleme war.

Die AllisonV1650-3-Motoren wurden vor dem Versand nach Wright Field getestet, doch die strengen Tests forderten ihren Tribut und es kam zu zahlreichen Ausfällen.

»Pleuelstangen: Während des Betriebs bei 2850 U/min im HG-Gang in der Höhe versagten die Pleuelstangen im Zylinder Nr. 5 und zerstörten das Kurbelgehäuse und die Zylinderblöcke.«[73]

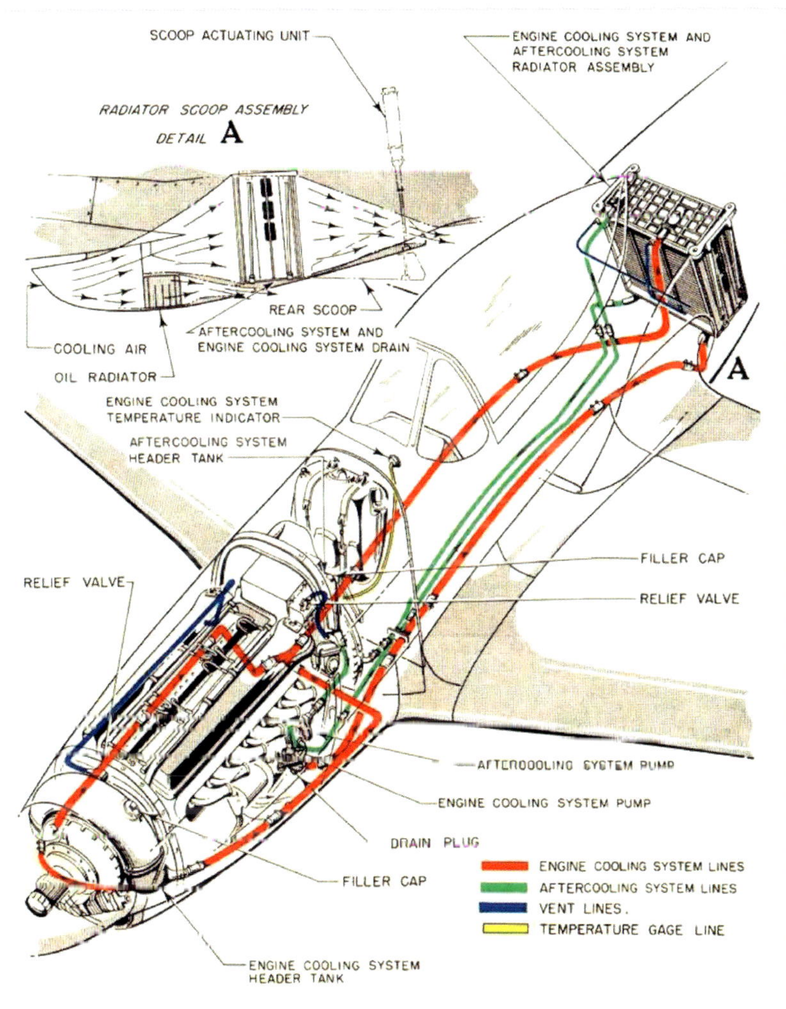

Mustang-Kühlsystem für die endgültige Merlin-Produktionsversion.

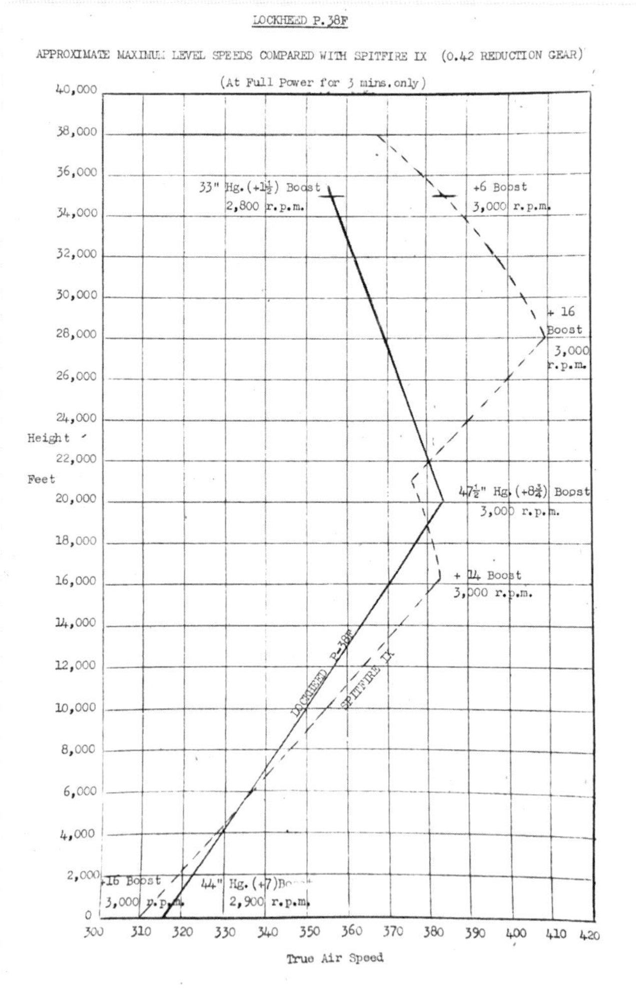

AFDU-Test der Standard-Spitfire IX und der P-38 F, beide mit voller Kriegsausrüstung und maximaler Motorverstärkung.[76]

Alle diese Fehler wurden systematisch untersucht und behoben. Im Gegensatz zu den deutschen Konstrukteuren mussten sich die Amerikaner nur mit der Behebung von Prozessproblemen befassen und sich nicht um die Erfindung neuer Legierungen kümmern, um ohne kritische Elemente zu überleben. Trotz des Erfolgs des Merlin bei der Durchsetzung der Produktion in Amerika trieb der amerikanische flüssigkeitsgekühlte V12 Allison V-1710 immer noch 60 % der gesamten Kampfflugzeugflotte der US Army während des Zweiten Weltkriegs an, und am 28. September 1942 wurde ein zweimotoriges P-38-Jagdflugzeug mit V-1710-Antrieb zur Erprobung nach England geschickt. Die P-38F kam zur Bewertung und zum Vergleich mit der Spitfire IX und ihrem Merlin 61 auf der RAF Duxford an. Die V-1710-Triebwerke der P-38F waren mit Turboladern ausgestattet, die eine sichere Wellendrehzahl von 22.600 U/min zuließen. Diese Wellendrehzahl stellt die wichtigste mechanische Begrenzung eines jeden Turbomotors dar, aber die P-38F hatte eine Reihe bewundernswerter Eigenschaften, und die RAF-Bewertungseinheit war beeindruckt.

»Die Lockheed P-38F ist für ein zweimotoriges Jagdflugzeug ihres Gewichts extrem wendig. Sie ist gut bewaffnet … sie hat eine schnelle Rollrate und einen kleinen Wendekreis bei geringer Geschwindigkeit.«[74]

Trotz der beeindruckenden Geschwindigkeit und der allgemeinen Leistung verhinderten kritische aerodynamische Mängel, dass das wahre konzeptionelle Potenzial erreicht wurde.

»Die der P-38F auferlegten Geschwindigkeitsbegrenzungen verhindern, dass das Flugzeug mit hoher Geschwindigkeit stürzen kann, und dies wird im Kampf ein großer Nachteil sein, da diese Begrenzungen immer im Kopf des Piloten sein werden.

Die Kampfeigenschaften der Lockheed P-38F werden als gut angesehen, und, vorausgesetzt, dass sie nicht auf Taktiken zurückgreifen muss, die Sturzflüge mit hoher Geschwindigkeit beinhalten, sie sollte eine gute Chance haben, im Kampf mit der Fw 190 zu bestehen.«[75]

Diese P-38 wurde später von Lockheed mit verbesserten Ladeluftkühlern ausgestattet. Nachdem sie modifiziert und im November zurückgegeben worden war, erwies sie sich auf Meereshöhe als 37 mph [59,5 km/h] schneller als die Spitfire IX.[77] Die modifizierte P-38 erreichte die Geschwindigkeit der Spit-

Kaputte Packard-Merlin-Pleuel; die dazugehörige Steckgabel ist ebenfalls ausgefallen.

Jumo 211-Triebwerk auf dem Prüfstand in Wright Field.

fire IX bis zu einer Höhe von etwa 20.000 Fuß [6096 m], hatte aber danach immer noch einen erheblichen Nachteil. Trotz eines Turboladers, der den Haupttriebwerkskompressor des Allison V-1710 speiste, bot der zweistufige, mechanisch angetriebene Zweigang-Kompressor des Rolls-Royce eine deutlich bessere Höhenleistung. Das überraschende Ergebnis, das zeigt, dass der Vorteil der P-38 tatsächlich auf Meereshöhe lag, war mit ziemlicher Sicherheit größtenteils auf die geringeren Pumpverluste des turbogeladenen V-1710 zurückzuführen. Sie konnte ihren Ladedruck durch Änderung der Turbinendrehzahl modulieren und musste nicht wie die Spitfire den Motor mit einer Drosselklappe drosseln.

Nach simulierten Luftkämpfen schätzte die britische AFDU die Chancen der P-38 im Kampf gegen die erbeutete Fw 190 optimistisch ein, wobei sie allerdings die leistungsreduzierte Fw 190 zum Vergleich heranzog. Die Testpiloten stellten auch fest, dass die P-38 als Nachtjäger nicht ideal war:

»In seinem jetzigen Zustand ist das Flugzeug wegen des sehr hellen Glühens der Turbogebläse und der leuchtenden Flamme aus den Auspuffen für den Nachtbetrieb ungeeignet.«[78]

Die amerikanischen Ingenieure sollten bald die Möglichkeiten der Fw 190 besser einschätzen können, als am 3. Oktober 1942 ein erbeuteter BMW 801 in die USA verschifft wurde.

»Betreff: Verschiffung des Motors BMW 801 A
Der Unterzeichnete fuhr am 23. September 1942 mit der Bahn vom Hauptquartier des Eighth Bomber Command ab, um die Verschiffung und Auslieferung eines BMW 801 A Flugmotors zu überwachen, der vom Ministerium für Flugzeugbau an die US-Armee geliefert worden war. Der Motor war zuvor teilweise zerlegt und für den Versand in 17 Paketen per Luftfracht vorbereitet worden … er wurde am 25. September mit einem Flugzeug von Prestwick nach Reykjavik, Island, versandt … der Verfasser begleitete die

zweite Ladung, um sicherzustellen, dass alle Teile verladen wurden … trotz der Bemühungen, die Demontage des Motors durch Souvenirjäger zu verhindern, wird angenommen, dass einige Teile auf dem Weg nach Wright Field entfernt wurden … die Anwesenheit des Motors erregte beträchtliche Neugier, und nur einen Teil konnte vom Verfasser begleitet werden.
Bruce Buttles
Major, Air Corps
Offizieller Kurier.«[79]

Die USA besaßen nun ihren ersten nahezu vollständigen BMW 801-Motor, obwohl aufgrund der Diebstähle während der Reise einige Teile zum Betrieb des Motors benötigt wurden. Da die USA stark in luftgekühlte Sternmotoren investiert hatten, war der BMW ein besonders wertvoller Motor, der untersucht werden sollte. Das Kommandogerät, die Gesamtkonstruktion und das Kraftstoffeinspritzsystem wurden von den amerikanischen Ingenieuren besonders genau unter die Lupe genommen.

Am 18. November 1942 hatte Fedden einen Bericht über seine Erkenntnisse in den USA geschickt, der jedoch nicht überall auf Gegenliebe stieß. Fedden war angeblich zu einer Erkundungsmission in die USA geschickt worden, aber es steht außer Zweifel, dass viele Menschen froh waren, dass er das Land verlassen hatte und sie in Frieden ließ. Es schien jedoch, dass Fedden aus der Ferne genauso leicht für Unruhe sorgen konnte wie vor Ort. Das Luftfahrtministerium erhielt seinen Bericht und fügte in einem Begleitschreiben hinzu:

»Sir Roy Feddens Bericht deckt so viele umstrittene Punkte ab, dass ein vollständiger Kommentar dazu ein sehr umfangreiches Papier ergeben würde.«[80]

Der Inhalt von Feddens Bericht machte deutlich, warum er zu Hause für Unruhe gesorgt hatte. Er begann:

»Es wird als bedauerlich angesehen, dass in diesem Land [Großbritannien] derzeit keine Entwicklung des Abgasturbos stattfindet, und es wird die Ansicht vertreten, dass die mögliche zukünftige Anwendung dieses Systems nicht übersehen werden sollte … die Entwicklungsarbeit zur Direkteinspritzung sollte in diesem Land beschleunigt werden.

In Amerika ist viel nützliche Arbeit geleistet worden, und mehr Informationen darüber wären wertvoll.«[81]

Fedden hatte zwei Bereiche angesprochen, in denen Großbritannien hinter den USA zurückgeblieben war. Das sture Festhalten am Vergaser in Großbritannien war für viele RAF-Piloten immer noch ein Dorn im Auge. Vergaservereisung und Motorabschaltungen im Kunstflug setzten sich hartnäckig fort, obwohl die Labors von Ricardo an der Südküste Englands ein funktionierendes Direkteinspritzsystem noch früher entwickelt hatten als Deutschland. Fedden kritisierte auch die Wahl der Lagermaterialien durch die britischen Firmen:

»… Silberbleilager … werden in Amerika schon seit geraumer Zeit hergestellt, und es wurde empfohlen, die Produktion in diesem Land zu beschleunigen, indem man die amerikanische Technik einsetzt … der Fortschritt scheint sehr langsam gewesen zu sein.«[82]

Stafford Cripps schrieb später an Fedden über seine Empfehlungen:

»Mein lieber Fedden,
… Die Lage ist die, dass der Bericht von meinen Offizieren sehr gründlich studiert wurde und viel getan wurde – in einer ruhigen und unauffälligen Art und Weise – um eine Reihe von Empfehlungen zu behandeln.

Einige von ihnen sind, wie Sie wissen, etwas umstritten, und es wäre nicht klug, sie überzustrapazieren.

Meiner Meinung nach ist es am klügsten, wenn Sie und die Mission die Angelegenheit jetzt in unseren Händen lassen, damit wir unser Bestes für die Empfehlungen tun können. Jeder unangemessene Druck wird nur Feindseligkeit gegenüber den Empfehlungen hervorrufen und uns nicht dabei helfen, ihre Verabschiedung zu erreichen, wie wir es uns wünschen.
Mit freundlichen Grüßen,
Stafford Cripps.«[83]

Trotz aller Bedenken bezüglich Feddens Gedanken zum technologischen Fortschritt der USA war er nicht der einzige, der meinte, dass Großbritannien viel von der amerikanischen Praxis lernen könne. Der unbeugsame und hoch angesehene Devereux von High-Duty Alloys Ltd. war ebenfalls in den USA auf einer ähnlichen Erkundungsmission gewesen. In der Besprechung von Feddens Bericht wurde eingeräumt:

»… es muss daran erinnert werden, dass der Fedden-Bericht immer noch eine Stichpunkt-Fassung ist. Im Großen und Ganzen gibt es jedoch keine Unstimmigkeiten zwischen den Meinungen und Empfehlungen der Fedden-Mission und denen des Berichts von Herrn Devereux. Es gibt eine Reihe von Punkten, die in beiden Berichten mit gleichem Interesse erwähnt werden.«[84]

Freeman war von einem Großteil von Feddens Bericht wenig beeindruckt und schrieb ihm einen knappen Brief:

»Ich bin mir nicht ganz sicher, was Sie mit Ihrer Aussage meinen, dass die Mission ›einer Reihe von Modifikationen und Gewichtsreduzierungen‹ an der Mustang zustimmte. Sie hatten natürlich keine Befugnis, irgendetwas in unserem Namen zu vereinbaren … sobald die B-29 in der Lage ist zu fliegen, ohne in Flammen auf-

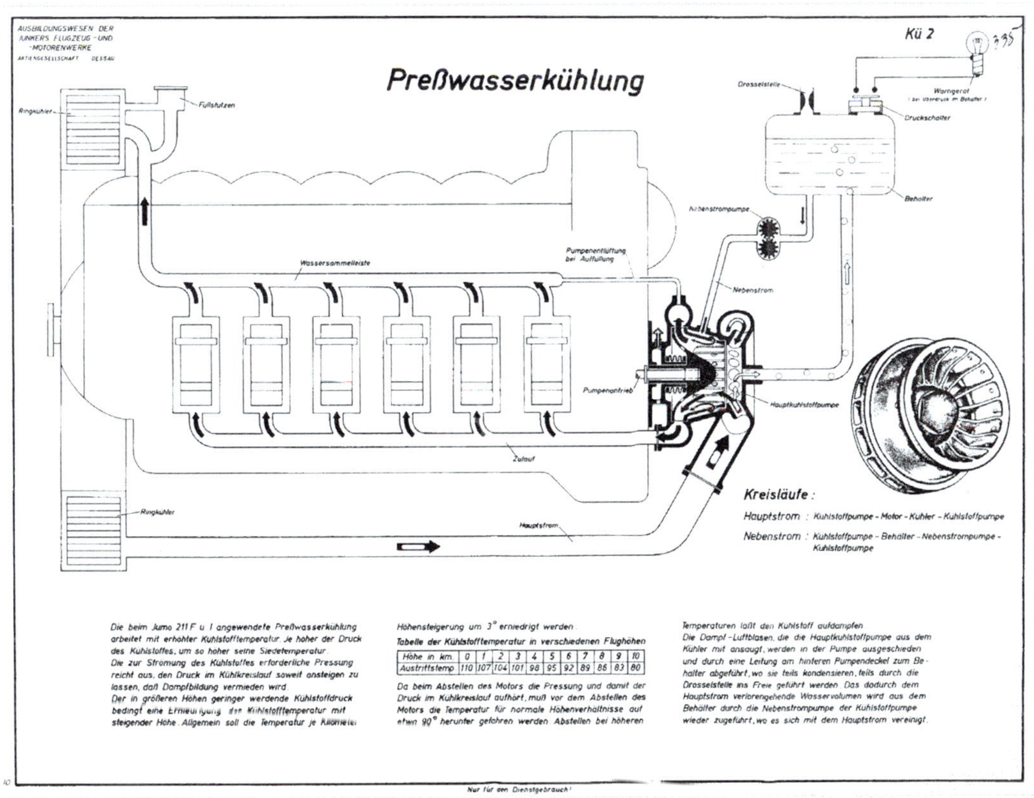

Wasserkreislaufdiagramm der späteren Jumo 211 F-J Motoren mit Hochdruckkühlung.

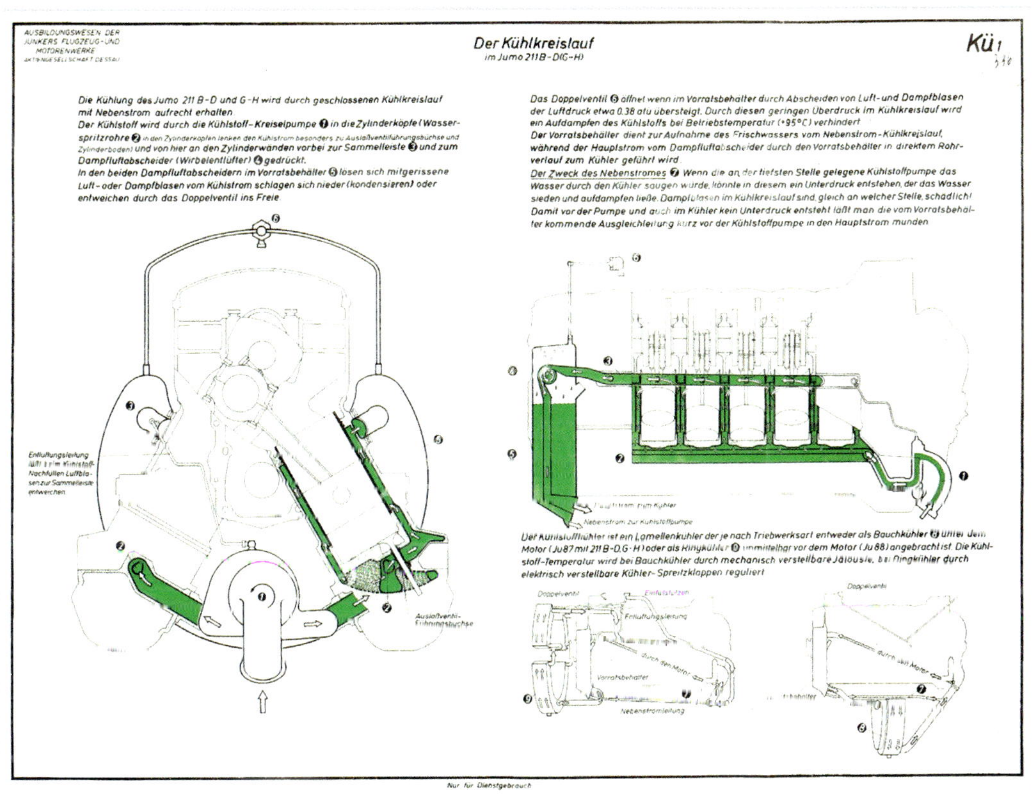

Wasserkreislaufdiagramm der frühen Jumo 211 B-D Motoren ohne Hochdruckkühlung.

zugehen, ist beabsichtigt, Besatzungen zu schicken, um dieses Flugzeug in den USA zu testen.

Wir sollten es vorziehen, wenn möglich, die B-29 mit amerikanischen Motoren zu nehmen.

W. R. Freeman.«[85]

Freeman schrieb später noch unverblümter an den CRD:

»Im Allgemeinen kann man sagen, dass für Fedden alles in den USA glitzerndes Gold ist. Nicht so bei Devereux und anderen, die mit Dunbar unterwegs waren. Würden Sie jemanden damit beauftragen, Feddens Bericht mit denen anderer Leute zu überprüfen, um zu sehen, ob es irgendwelche Unstimmigkeiten gibt, und mich wissen lassen, was sie finden.«[86]

Fedden war von den amerikanischen Methoden beeindruckt und hielt sie für nachahmenswert. Am 24. November 1942 demonstrierten die amerikanischen Ingenieure in Wright Field mit der Untersuchung des deutschen Jumo 211 ihre Bereitschaft, alle nützlichen Informationen aus dem Ausland aufzunehmen.[87]

Zum Leidwesen der Amerikaner war der untersuchte Jumo 211 A inzwischen etwa zwei Jahre alt und veraltet, insbesondere der Kompressor. Es war jedoch äußerst schwierig und langwierig, erbeutete Triebwerke nach Amerika zu bringen, und so wurden die Ingenieure von Wright Field durch ihre Entfernung zum Konflikt etwas behindert. Ein weiteres Beispiel dafür, wie der Journalismus den Krieg technisch beeinflusste, war die Veröffentlichung von detaillierten Diagrammen des BMW 801-Motors der Fw 190 in populären Zeitschriften am 17. Dezember 1942. Die Informationen waren auf höchster Ebene zur Kenntnis genommen worden.

»Betreff: BMW 801-Flugzeugmotor
An den Kommandierenden General,
Army Air Forces, Wright Field, Ohio.

In der Ausgabe von Flight vom 13. August 1942 und in der Ausgabe von Automotive and Aviation Industries vom 15. Oktober 1942 erschienen Abbildungen und Beschreibungen des betreffenden Motors. Dieser Motor soll im Jagdflugzeug Focke-Wulf Fw 190 verwendet werden. Es wird darauf hingewiesen, dass das Kurbelgehäuse aus drei Stahlgussteilen in etwa der gleichen Anordnung wie bei den zweireihigen Sternmotoren von Pratt & Whitney zusammengesetzt ist.

In Anbetracht der Tatsache, dass die Ford Motor Company versucht, ein dreiteiliges Stahlguss-Kurbelgehäuse für den Pratt & Whitney R-2800-Motor zu entwickeln, würde ihre metallurgische Entwicklung beschleunigt werden, wenn sie die Analyse des Stahls, der in den BMW 801 A-Kurbelgehäuse-Gussteilen verwendet wird, kennenlernen könnte.

H. A. Huebotter,
Major, Air Corps.«[88]

Deutschland

Die deutschen Ingenieure machten endlich Fortschritte bei der Entwicklung von Hochdruckkühlsystemen, wie Jumo am 4. Januar 1942 dokumentierte.

»Die höheren Leistungen der Jumo 211 F und J haben zu einer größeren thermischen Belastung dieser Motoren geführt. Deshalb wurde ein Hochdruck-Wasserkühlsystem (höhere Drücke – höhere Temperatur) entwickelt.

Der Kühlmittelkreislauf besteht aus einem Hauptdurchflusskreis (Motor, Kühler, Kühlmittelpumpe) und einem Nebendurchflusskreis (Nebenstrompumpe, Kühlmittelpumpe, Behälter). Beide Kreisläufe sind in der Pumpe verbunden.«[89]

Die Jumo-Ingenieure legten fest, dass reines Wasser mit einem Korrosionsschutzmittel verwendet werden sollte, dass aber im Winter 50 % Glykol dem Kühlmittel beigemischt werden musste. Dieses System ließ am Boden eine Höchsttemperatur von 115 °C zu, doch da der Sekundärkreislauf (bestehend aus Sammelbehälter und Sekundärpumpe) nicht unter hohem Druck stand, fiel diese Temperatur in 33.000 m Höhe schnell auf 85 °C ab.

Die Jumo-Ingenieure hatten das System so konzipiert, dass zwischen der Pumpe und dem Ausgang vom Motor ein hoher Druck herrschte, danach aber ein niedrigerer Druck im Kühler.

Die Briten, die über hochwertigere Kühler verfügten, konnten es sich leisten, einfach ein Hochdruckablassventil am Sammelbehälter anzubringen und das gesamte System unter Druck zu setzen, wodurch auch die Bildung von Blasen verhindert wurde. Das Jumo-System musste also über ein ausgeklügeltes System verfügen, um Luftblasen aus dem Wasserkreislauf zu entfernen, nachdem das Wasser durch den Motor geflossen war, wo es mit niedrigem Druck in den Kühlerbereich gelangte und danach zum Sieden neigte. Dieses System bewahrte die Kühler vor dem schlimmsten Druck, erforderte aber ein komplexeres Luftblasenabscheidesystem für die Pumpe.

Das Laufrad hatte auf der Innenseite Rippen, mit denen es das Kühlmittel zentrifugierte. Die weniger dichte Luft wurde dadurch in die Mitte befördert, wo die Blasen dann in den Sammelbehälter aufwärts strömten. Hier konnten die Blasen aufsteigen, sich trennen und in die Atmosphäre entweichen, wenn der Druck zu hoch wurde. Ein ständiger Fluss von blasenfreiem Kühlmittel wurde mit einer Nebenstrompumpe mit Zahnradgetriebe (notwendig, um eine Rückströmung zu verhindern) in das Laufrad an dessen Umfang geleitet. Die Funktion dieser Rückführung des Nebenstroms in den Wasserkreislauf bestand möglicherweise darin, eine Strömung innerhalb der Pumpe zu erzeugen, die dazu beitrug, das Wasser in einer Rezirkulationszone am Pumpeneingang blasenfrei zu halten. Dieselbe Pumpe wurde später in allen Jumo 213-Motorvarianten verwendet.

TK9 Turbolader: Turbinenlaufrad für DB 601 F.

Russische Mikulin AM-35: Wirbeldrossel.

Am 6. Januar 1942 waren die Deutschen noch dabei, Turbolader für den Daimler-Benz-Motor DB 601 F zu entwickeln, bauen und zu testen.[90] Die Turbinenschaufeln waren hohl und wurden durch die Nabenmitte mit Luft gekühlt, um den Betrieb ohne hochnickelhaltige Legierungen zu ermöglichen. Aus späteren Berichten geht hervor, dass beabsichtigt war, den TK9-Turbolader in der Bf 109 G mit dem DB 605-Motor und den Turbolader hinter dem Pilotensitz unterzubringen.[91] Angesichts der Größe des Turboladers schien dieser Vorschlag wenig erfolgversprechend, obwohl auf der GL-Konferenz bekannt wurde, dass es zwischen dem Turbolader und dem mechanisch aufgeladenen DB 628 effektiv kaum einen Unterschied gab.

»Die Leistung und das Gewicht des DB 628 oder des TK9 sind identisch.«[92]

Am 15. Januar 1942 schrieb Dipl.-Ing. Robert Lusser, einer der renommiertesten deutschen Flugzeugkonstrukteure, der für Messerschmitt und Heinkel gearbeitet hatte, einen persönlichen Brief an Milch.[93] Lusser prangerte den gesamten Vorgang der luftfahrttechnischen Entwicklung an, der nach 1936 eingesetzt hatte. Er fügte mehrere Diagramme bei, aus denen hervorging, dass die Luftfahrtprogramme vor 1936 kontinuierlich fünf klare Phasen durchliefen: Entwurf, Erprobung, Produktionsvereinfachung, Prototypenserie und Massenproduktion. Die mittleren drei Phasen überschnitten sich geringfügig, aber Entwurf und Massenproduktion erfolgten allein. Lusser zeigte dann auf, wie der Vorgang auf Anweisung des RLM komprimiert wurde, so dass die Massenproduktion nicht mehr nach drei, sondern nach zwei Jahren beginnen würde. Das bedeutete eine überarbeitete Tabelle, aus der hervorging, dass nun Erprobung, Produktionsvereinfachung und Prototypenserie parallel liefen. Lusser sagte mit kaum verhohlener Verachtung zu Milch:

»Dieser Glaube hat sich als eine schwere Illusion herausgestellt!«

Viele der Kompromisse bei den Planungsmethoden waren fast identisch mit denen, die Professor Messerschmitt vom RLM bei der Entwicklung des Jagdflugzeugs Me 210 aufgezwungen wurden, dessen Konzept dem der Mosquito am nächsten kam, sich aber als aerodynamisch instabiles Desaster erwies.[94]

Ein noch beeindruckenderes Beispiel für fortschrittliche Technik wurde am 21. Januar 1942 in der DVL in Form einer erbeuteten russischen Dralldrossel aus dem Mikulin AM-35-Triebwerk (wahrscheinlich aus einem abgeschossenen MiG-3-Jäger) besichtigt.[95]

Der DVL-Bericht kam auf den Schreibtisch von Dr. Kollmann und er stellte fest:

»Der Strömungswiderstand ist bei dieser Drosselklappe in der offenen Stellung sehr gering. Vergleicht man dies mit einem Drahtgeflecht, wie es standardmäßig für Kompressorfilter an DB-Motoren verwendet wird, so sind beide Widerstandswerte etwa gleich groß.«[96]

Daimler-Benz hatte bereits im September 1940 eine eigene Version am DB 600 erprobt, aber noch keinen Versuch unternommen, einen solchen Filter an den Motoren DB 601 oder DB 605 anzubringen. Dies lag zum Teil daran, dass der drehzahlvariable Antrieb ab dem DB 601 viele der Vorteile der Dralldrossel zur Verringerung der Pumpverluste in geringer Höhe bot. Durch die drehzahlvariable Kupplung wurde jedoch mehr Wärme in den Ölkühler geleitet, was dessen Größe und Gewicht erhöhte.

Es wurde eine Gelegenheit verpasst, beide Technologien zu integrieren. Dabei hätte der Lader höher übersetzt werden können und die Dralldrossel zur Überbrückung der Lücke in geringer Höhe genutzt werden können, da der Schlupf im Regelantrieb eine Geschwindigkeitsänderung von nur 30 % erlaubte.

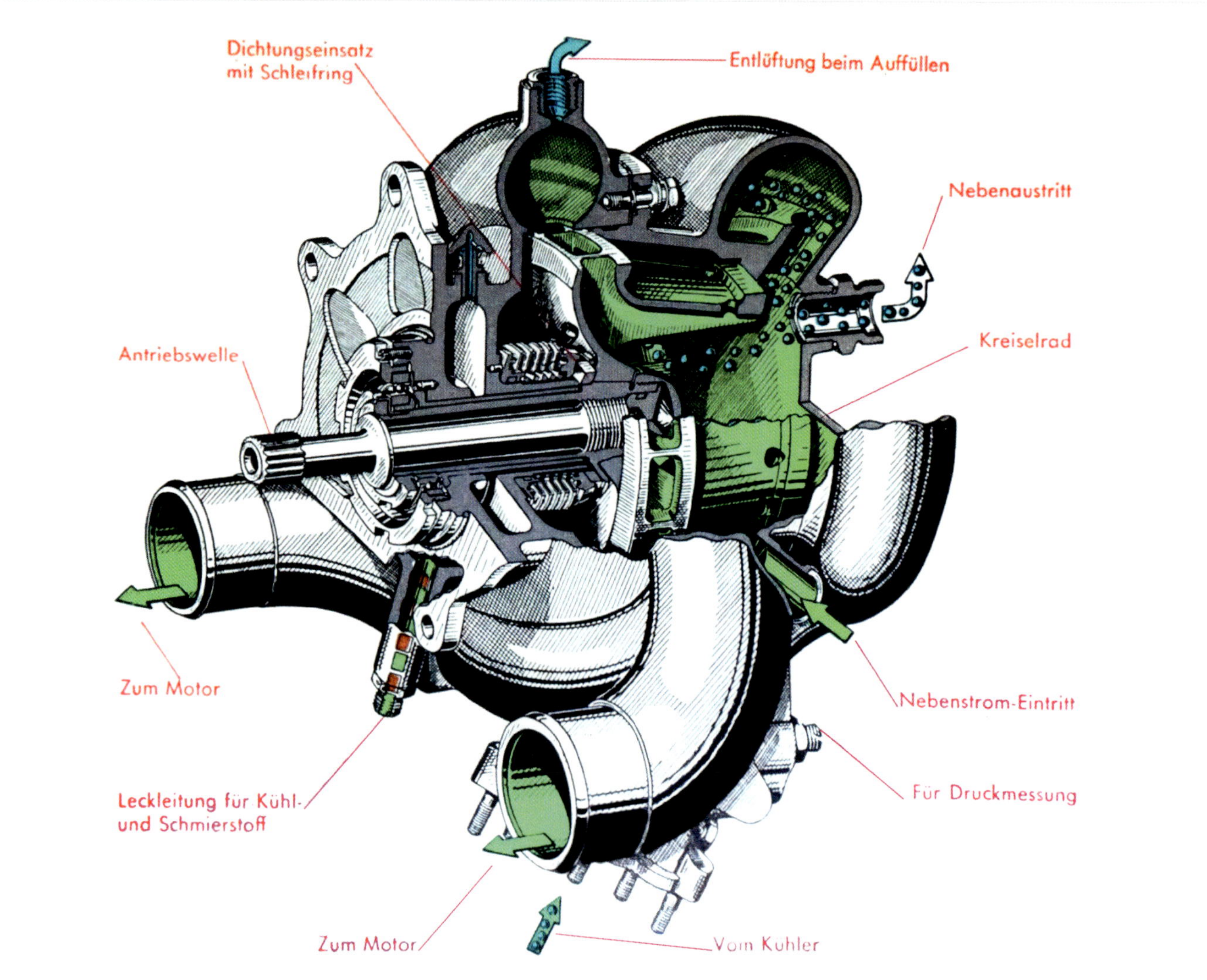

Wasserpumpe Jumo 211 F-J.

Zu diesem Zweck wäre die Dralldrossel in geringer Höhe einzuschalten und bei vielleicht 15.000 ft [4572 m] bei maximalem Schlupf der Regelkupplung voll zu öffnen. Bei 15.000 ft könnte dann die Kupplung aktiviert und allmählich mit Öl gefüllt werden, um den Lader zu beschleunigen, was eine realistische Nennhöhe von vielleicht 25.000 ft [7620 m] ergeben hätte. Eine vollständige Bewertung des AM-35-Motors würde erst in einigen Monaten abgeschlossen sein, aber die deutschen Ingenieure kannten bereits die potenziellen Vorteile und die Funktionalität des Systems.

Während der BMW 801 nun die schlimmsten Entwicklungsprobleme hinter sich hatte, wurde am 14. Februar 1942 ein Bericht über die Arbeitsstunden für den 801 veröffentlicht. In dieser umfangreichen Studie wurden die für die Herstellung eines BMW 801 benötigten Stunden mit denen der luftgekühlten Wright-Cyclone- und Bristol Hercules-Motoren verglichen. Die Ergebnisse waren entmutigend. So dauerte die Herstellung des Kurbelgehäuses des BMW 801 weit mehr als doppelt so lange wie die des Cyclone und etwa 40 % länger als die des Hercules. Die deutschen Ingenieure konnten sich jedoch mit der Tatsache trösten, dass ihr Kurbelgehäuse fast 30 % leichter war als das des Cyclone.

Am auffälligsten war der Unterschied bei der Herstellung der Kraftstoffsysteme. Die Herstellung des komplexen Direkteinspritzsystems des 801 dauerte fast zehnmal länger als die der alliierten Motoren. Die Herstellung des Ölsystems war nicht viel besser und dauerte viermal so lange wie die des Hercules.

Der Gesamtvergleich ergab, dass die Herstellung des BMW 801 etwa doppelt so lange dauerte wie die eines vergleichbaren alliierten Motors und er war auch etwa 10 % schwerer. Der 801 hatte jedoch eine wesentlich höhere Leistung als der Hercules, und der insgesamt kleinere Durchmesser und die ausgefeilte

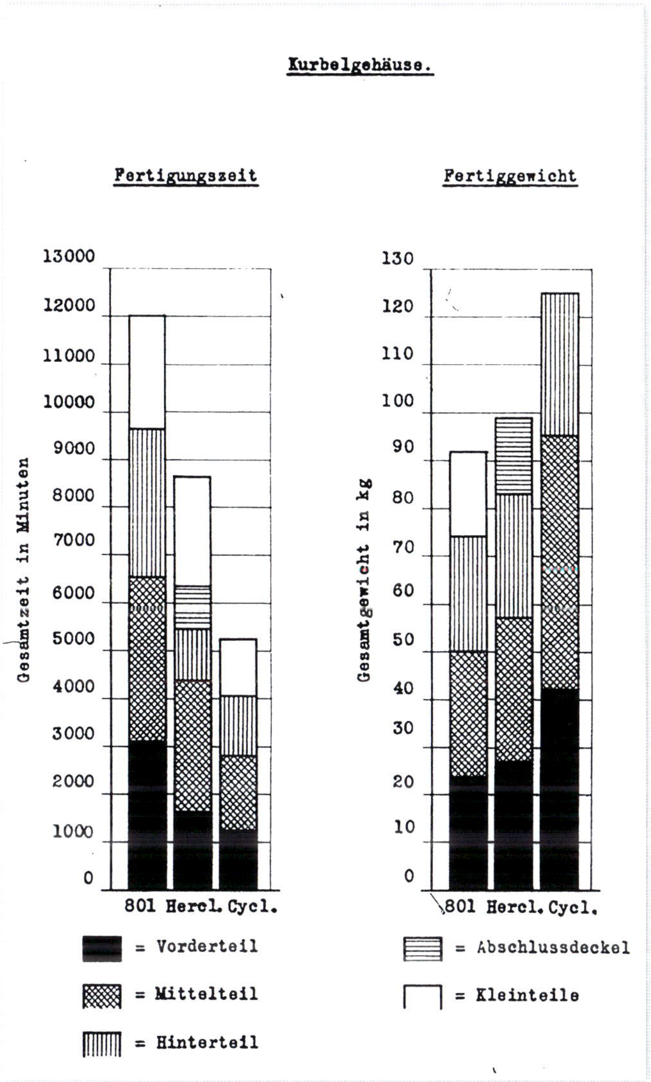

BMW 801: Kurbelgehäuse-Herstellungsstunden: Vergleich mit Hercules- und Cyclone-Motoren.

Motorsteuerung bedeuteten, dass der Pilot der Fw 190 über ein effektiveres Flugzeug verfügte. Er konnte seine Aufmerksamkeit stärker auf das Ziel richten und musste nicht während des Kampfes an der Steuerung im Cockpit herumfummeln.

Die Aufschlüsselung der gesamten Fertigungsprozesse zeigte, dass der BMW 801 vor allem im Hinblick auf die Kraftstoff- und Nebenaggregate wesentlich mehr Zeit für die Herstellung benötigte. Darüber hinaus dauerte die Montage der fertigen Komponenten mehr als doppelt so lange wie bei den beiden alliierten Motoren. BMW leitete sofort ein erfolgreiches Programm ein, um diese Fertigungszeiten erheblich zu verkürzen.

Unterdessen vereinbarte Vorwald am 27. Februar mit Daimler-Benz in Stuttgart die Herstellung von sechs Prototyp-Motoren des Typs DB 605 mit zweistufiger Aufladung (DB 628). Es handelte sich um ein ehrgeiziges Projekt, bei dem die erste Verdichterstufe von einem Planetengetriebe um die Kardanwelle herum angetrieben wird und die Lufteinlässe nach vorne gerichtet sind.[98]

Es war jedoch fraglich, ob es sich überhaupt lohnte, ein wirklich neues Triebwerk zu entwickeln, als Albert Speer am 6. März 1942 einen Bericht über die Verringerung des Edelmetallverbrauchs veröffentlichte, die von den deutschen Flugzeugherstellern verlangt werden würde. Speers Diagramme gaben den deutschen Triebwerkskonstrukteuren wenig Anlass zur Freude.

Speers Ministerium informierte Milch schriftlich über die neuesten Zahlen zu Einsparungen bei der Verwendung von Schlüsselmetallen. Milch gehörte zu den wenigen deutschen Führungskräften, die die technologischen Anforderungen der Luftfahrt verstanden und erkannten, welch verheerenden Schlag diese geforderten Einsparungen darstellten.

»Lieber Generalfeldmarschall Milch!
Am 5. 3. hat Reichsminister Speer mit Vertretern des Waffenamtes beim Führer über die Geschützfertigung vorgetragen. Dabei wurde der Versuch gemacht, das vom Führer befohlene Flakprogramm im Interesse der übrigen Heeres-Geschützfertigung etwas

Alexander Alexandrovich Mikulin

Alexander Alexandrovich Mikulin

14. Februar 1895 – 13. Mai 1985

Alexander Alexandrowitsch Mikulin war einer der größten Luftfahrtingenieure der Sowjetunion. Er war ein Schulfreund des heute berühmten Hubschrauberkonstrukteurs Igor Sikorsky und erhielt seine Ausbildung in der heutigen Ukraine in deutscher Sprache, wo er schon früh eine Begabung für Physik zeigte.[97] Später gründete er sein eigenes Unternehmen, und das Mikulin-Konstruktionsbüro stellte während des Krieges einige der besten russischen Flugmotoren her. Während dieser Zeit erhielt Mikulin selbst viermal den Stalinpreis und wurde zum Helden der Partei ernannt. Mikulins Motoren trieben das Bodenangriffsflugzeug Iljuschin Il-2 an, das sich als entscheidend für den militärischen Fortschritt Russlands erwies und bis heute das meistproduzierte Militärflugzeug der Geschichte ist. Seine Triebwerke weckten bei den deutschen Triebwerksentwicklern im Westen großes Interesse an der Konstruktion.

Diagramm der Reduzierung kritischer Metalle im Motor Jumo 211.

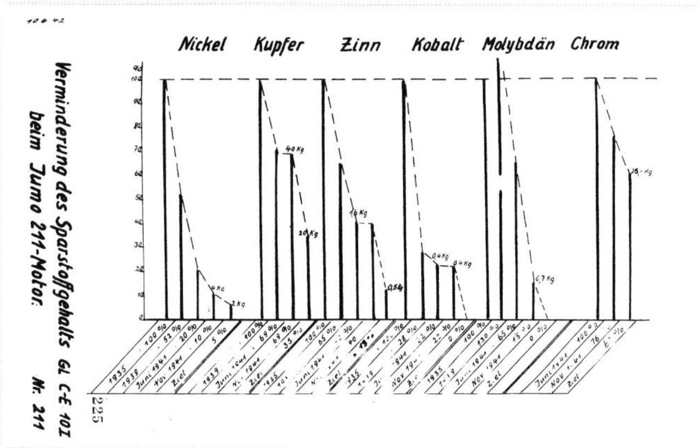

Diagramm der Reduzierung kritischer Metalle in den Motoren DB 601/605.

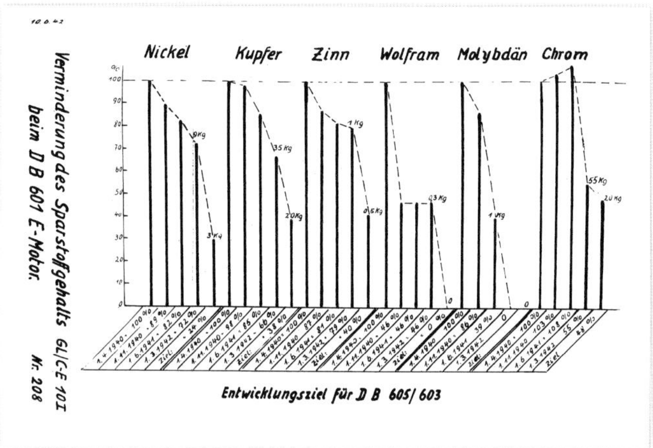

zu drosseln. Der Führer hat erneut befohlen und alle beteiligten Stellen verpflichtet, das von ihm befohlene Flak-Fertigungsprogramm unter allen Umständen zu halten. Auf den Einwand des Referenten des Waffenamtes, dass seitens des Ob.d.L. für das kommende Quartal nicht genügend Rohstoffe zugewiesen seien, um das Flakprogramm ungekürzt durchzuführen, ordnete der Führer an, dass die Rohstoffe zur Verfügung zu stellen seien. Da die Versorgung des Flakprogramms durch die Globalzuweisung an Rohstoffen an das Ob.d.L. erfolgt, bitte ich Sie, der Weisung des Führers nachzukommen und dem Waffenamt die notwendigen Rohstoffe zur Verfügung zu stellen. Eine Erhöhung der Rohstoffzuteilung seitens des OKW kann nicht stattfinden, da der Führer auf verschiedensten Gebieten, in Sonderheit bei dem Transportmittelprogramm erneute Steigerung der Fertigung und damit erneute Rohstoffzuweisung gefordert hat.

Mit Heil Hitler!«[99]

Milch, der mit detaillierten Diagrammen aus dem Bericht versorgt wurde, konnte mutlos die fast völlige Unmöglichkeit der Situation vor ihm betrachten. Es war unvorstellbar, mit solchen Einschränkungen Fortschritte bei den Triebwerken zu erzielen. Wolfram und Molybdän waren bei den Baureihen DB 603 und DB 605 komplett gestrichen worden, und Nickel, Chrom und Kupfer waren weniger als die Hälfte dessen, was die Konstrukteure ursprünglich angegeben hatten. Diese Elemente spielen eine entscheidende Rolle für die Zähigkeit, Verschleißfestigkeit und Beständigkeit gegen hohe Temperaturen. Die alliierten Piloten wussten es nicht, aber sie kämpften gegen eine deutsche Luftwaffe, deren Triebwerke aus völlig unzureichenden Metalllegierungen hergestellt waren. Ihre Leistung und Lebensdauer wurden buchstäblich zunichte gemacht, und der Mann, der dafür verantwortlich war, war der einzige Mann in Deutschland, dessen Wort nicht angezweifelt werden konnte. Trotz des Wahnsinns der Situation machten sich die deutschen Produktionsingenieure an die scheinbar unmögliche Aufgabe, einen Gegner zu schlagen, der im Vergleich zu Deutschland über praktisch unbegrenzte materielle Ressourcen verfügte. Eine Tatsache, an der wahrscheinlich nur Admiral Dönitz, der Befehlshaber der deutschen U-Boot-Wolfsrudel, etwas ändern

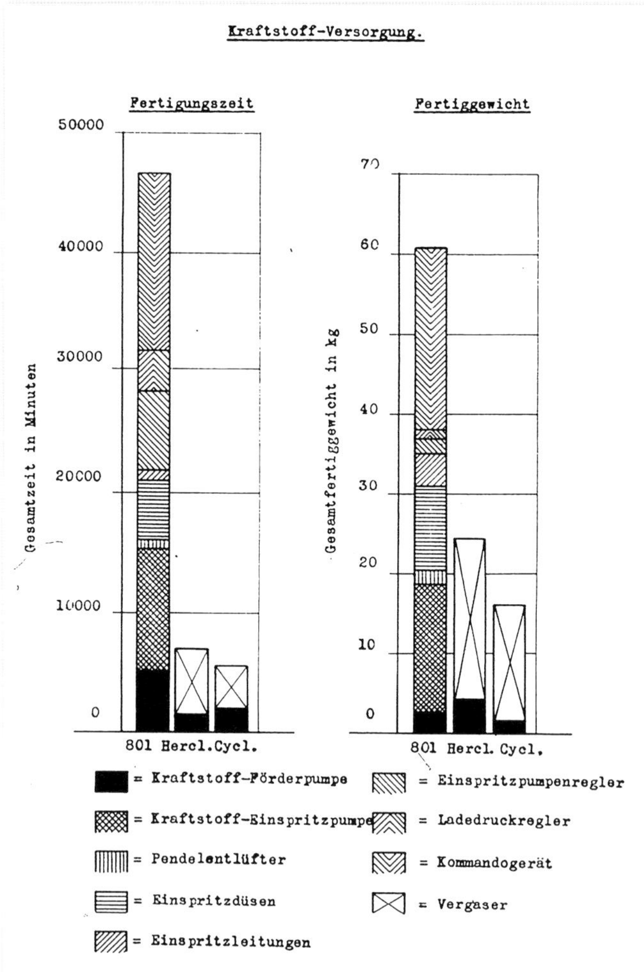

Fertigungsstunden des BMW 801-Einspritzsystems im Vergleich zu Hercules und Cyclone Motoren.

konnte, indem er mehr Geleitzüge aus Amerika und dem Commonwealth versenkte.

Trotz der Tatsache, dass feindliche Motoren in der Regel seltene Metalle enthielten, die nicht in großen Mengen erhältlich waren und daher nicht kopiert werden konnten, untersuchten die Deutschen sie weiter. Im März 1942 veröffentlichte die DVL ihre Analyse eines AllisonV-1710-Motors, der nach Angaben des deutschen Ingenieurs aus einem Curtiss P-40-Jagdflugzeug geborgen wurde.

»Der Allison-Motor ist der erste in Serie gefertigte Flugmotor in flüssigkeitsgekühlter Ausführung, den die amerikanische Luftwaffe verwendet hat. Aus diesem Grund ist er besonders interessant. Der Motor weist viele Merkmale auf, die den französischen und russischen Triebwerken verblüffend ähnlich sind.

Die Propellerwelle, die Torsionsschwingungsregelung und die Lager weisen etwas ungewöhnliche Merkmale auf, die auf spezielle Entwicklungen der Allison Engineering Co. zurückgehen.

Im Jahr 1929 erfolgte die Entwicklung und Herstellung von Lagern aus Bleibronze mit Stahlrücken sowie von speziellen Getrieben und Motoren für Luftschiffe. Kurz nach 1929 begann die Entwicklung des V-1710, laut einem amerikanischen Bericht, The Development of the Allison Aero Engine, von R. M. Hazen, im SAE Journal vom November 1941.

Dieses V-1710-C15-Triebwerk wurde in das Curtiss P-40-Jagdflugzeug eingebaut und wird in anderen Formen in der Airacobra, der Airacuda und der Lockheed XP-38 verwendet.«[100]

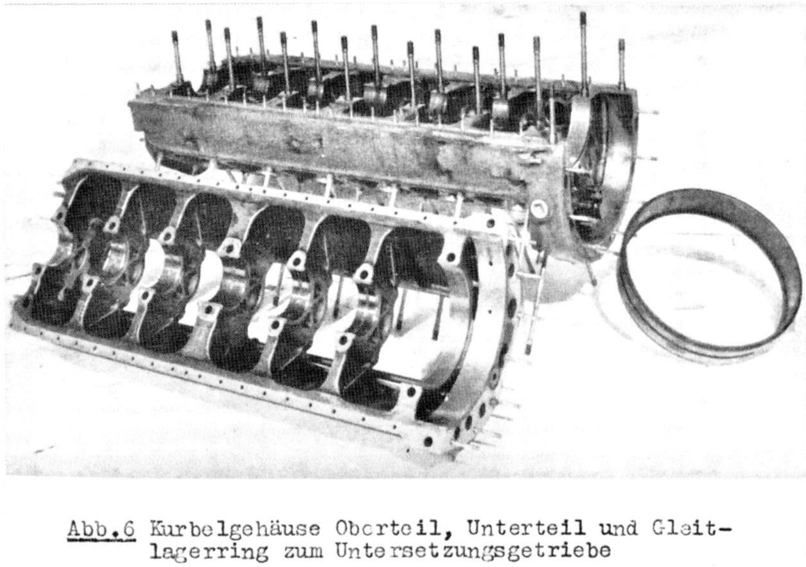

Obere und untere Hälften des Kurbelgehäuses des V-1710-Motors.

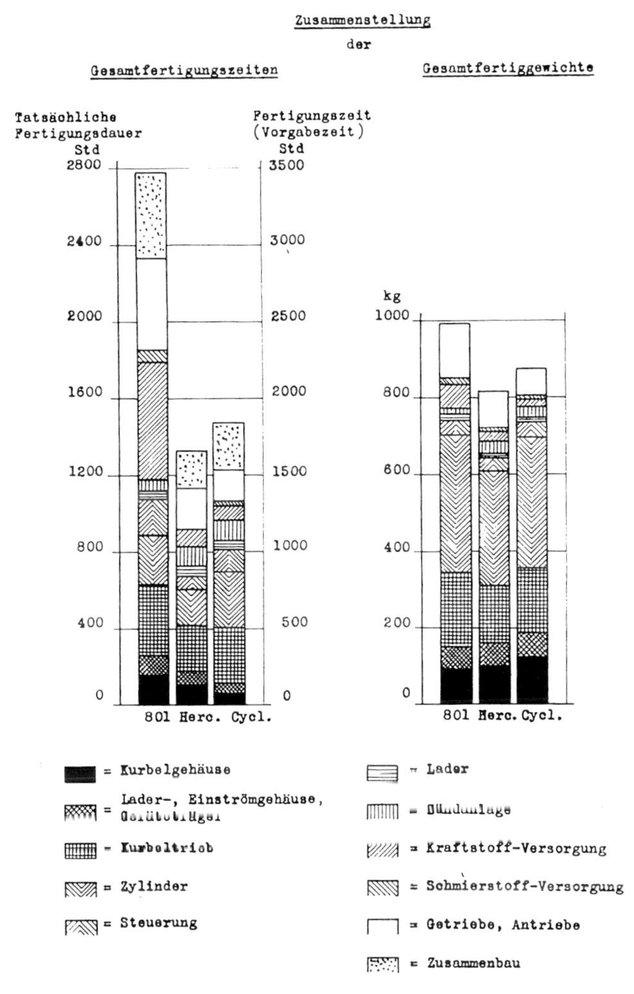

BMW 801: Gesamtfertigungszeit.

Am 1. April 1942 gab es bei Daimler-Benz keine guten Nachrichten: Neue Ventilbeschichtungen, die das Korrodieren der nickelarmen Sparventile verhindern sollen, bringen nur eine teilweise Verbesserung. Daimler teilte Eisenlohr mit, dass eine Charge Auslassventile des Herstellers Teves bei Krupp mit dem Hartstoff NCT-3 (19 % Nickel und 28 % Chrom) beschichtet werden soll. Damit hoffte man, die katastrophale Ventilkorrosion, die beim DB 605-Motor aufgetreten war, zu beseitigen. Selbst bei dieser dünnen Beschichtung wurde gespart; die in Großbritannien verwendeten Brightray-Beschichtungen bestanden zu 80 % aus Nickel und zu 20 % aus Chrom.

Die Beschichtung verringerte zwar die Korrosion der Ventile, aber die Ventilteller verzunderten immer noch, da nur der mittlere Teil beschichtet war. Dies war immer noch besser als das Standard-Sparventilmaterial mit nur 8 % Nickel.

»Wie die Tests zeigen, muss der gesamte Ventilteller mit einer 0,5 mm dicken Beschichtung aus NCT versehen werden, um die Kesselsteinbildung vollständig zu beseitigen ...

Es wird gebeten, den Test zu wiederholen, wobei die Ventilteller vollständig mit NCT 36 beschichtet werden.«[101]

V-1710: Motorkompressor-Baugruppe.

Teves DB 605 nickelarme »Sparmetall«-Ventile mit und ohne Beschichtung.

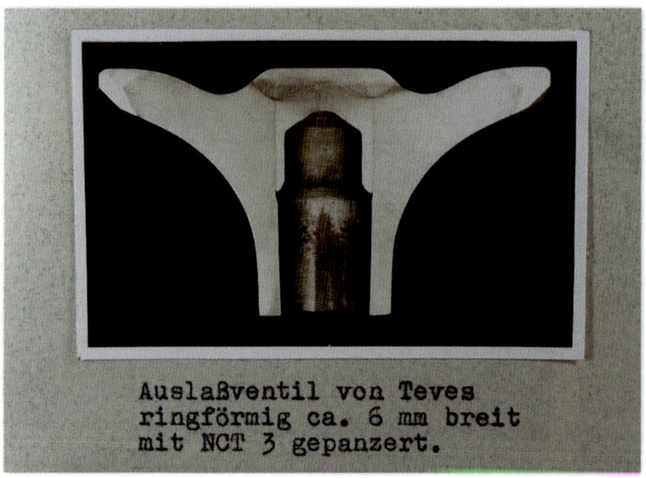

DB 605 EXH: Versuche zur Ventilbeschichtung.

Diese Probleme mit den Werkstoffen gaben den Anstoß zur Entwicklung einer Technologie, die viele Jahrzehnte lang nicht mehr in Motoren zum Einsatz kommen sollte – keramische Motorventile. Die spröden und schwierigen Werkstoffe der keramischen Familie hatten vier große Vorzüge: außergewöhnlich hohe Hitzebeständigkeit, hervorragende Korrosionsbeständigkeit, geringe Dichte und hohe Härte für eine lange Lebensdauer. Wenn es gelänge, die Schwierigkeiten bei der Herstellung und der Verhinderung von Brüchen zu überwinden, würden sie erstaunliche Bauteile darstellen.

> »Dem Institut wurden vier Ventile mit keramischem Ventilteller zur Begutachtung, vom Erfinder Herrn Woithe, Berlin-Schönberg, Eisackstr. 1, übergeben … die in den Maßen und der Form dem Ventil von DB 600 entsprechen … Am unteren Teil des glatten Ventilschachtes … ist ein keramischer Teil von der Form des Ventiltellers aufgesetzt. Als Gegenlage ist … eine schwachgewölbte Scheibe aufgepasst und verschweißt.«[102]

Tests ergaben, dass sie bei einer Motordrehzahl von 2600 Umdrehungen pro Minute ein bestes Ergebnis von 160 Minuten erzielten, bevor sie versagten.

> »Der Erfinder beabsichtigt mit den keramischen Ventilen ein Verbrennen der Ventilsitze bei Betrieb mit verbleiten Kraftstoffen zu

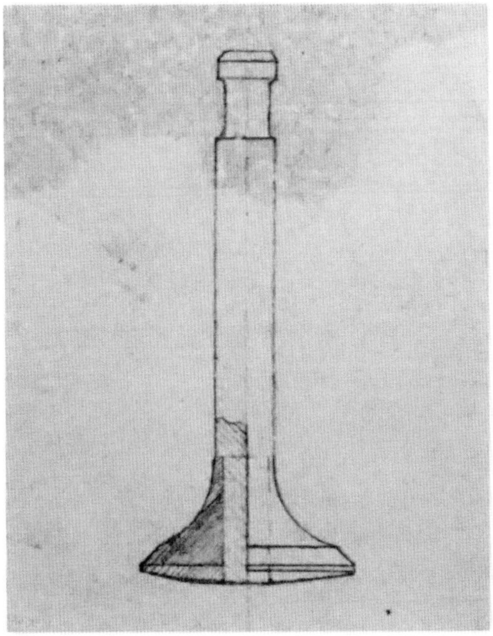

Keramikventil für den DB 600 Motor.

Dr.-Ing. Bruno Eckert am FKFS-Institut in Stuttgart hatte die Entwicklung des Axialkompressors weiter vorangetrieben. Die Prototypen waren nun fertig.

In Anbetracht des Aufwands, der für die Entwicklung des Axialkompressors erforderlich war, war es erstaunlich, dass dieser nie in einem experimentellen Jagdflugzeug erprobt wurde. Ein Axialkompressor mit fast identischem Aufbau war bereits zur gleichen Zeit in England vom RAE entwickelt worden, aber auch er blieb im Labor liegen. Man hatte so viel in die Entwicklung von Zentrifugalkompressoren investiert, dass die Begeisterung für eine ganz andere Art von Kompressor gering blieb.

Auf einer Generalluftzeugmeisterkonferenz am 24. April 1942 waren die grundsätzlichen Probleme der Hochtemperaturlegierungen in aller Munde und die Aufmerksamkeit richtete sich immer mehr auf Methoden zur Steigerung der Motorleistung, die nicht zu viel Wärme in den Brennraum des Motors einbringen.

verhüten. Die Ventilbauart wurde wärmetechnisch und mechanisch untersucht... Aus den Temperaturkurven ist zu ersehen, dass im Ventilboden des keramischen Ventils eine erhebliche Wärmestrahlung auftritt.

Bei dem Versuchslauf wurde mit folgenden Drehzahlen der Nockenwellen gefahren: 750 über 105 Minuten... 1300 über 160 Minuten... nach 8 Stunden und 55 Minuten war der keramische Teil von einem Ventil lose und von dem zweiten war der Ventilsitz zertrümmert.

Die Experimente ergaben, dass die Ventile mit keramischem Sitz nicht die Schlagfestigkeit besitzen, wie sie für motorische Beanspruchung erforderlich ist. Weiterhin bedingt die Keramik am Sitz einen derartigen Wärmestau, dass ein sonst gerade am Sitz erfolgender Wärmeabfluss nicht erfolgen kann. Es scheint wenig aussichtsreich, weitere Arbeiten zur Schaffung eines Ventils mit keramischer Außenhaut... zwecks Verhinderung der Bleikorrosion durchzuführen.«[103]

Die Entwicklung eines keramischen Motorventils im Jahr 1942 war eine unglaubliche technische Errungenschaft, auch wenn das Ergebnis der Tests ein Fehlschlag war. Der Widerstand gegen die Wärmeübertragung führte ironischerweise zu einem Problem, da der Ventilteller zwar länger brauchte, um sich zu erwärmen als ein Metallventil, seine Wärme aber nicht so leicht an den Auslassventilsitz zurückgab, sobald er erwärmt war. Stattdessen verformte er sich, wodurch sich der Kontakt zwischen Ventil und Sitz verschlechterte. Diese Episode zeigt, dass eine außergewöhnlich fortschrittliche Entwicklung durch schwierige Umstände und Engpässe ebenso inspiriert werden kann wie durch den angeborenen Trieb, Alternativen zu erforschen.

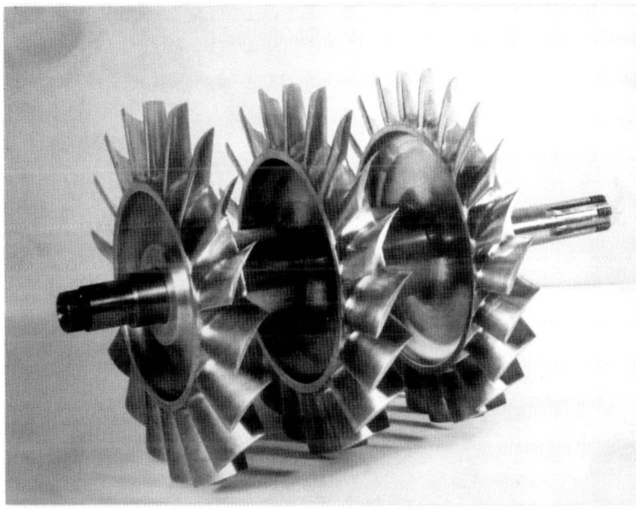

FKFS 48-Zylinder luftgekühlter Motor: Kompressorwelle.

FKFS 48-Zylinder luftgekühlter Motor: Kompressoreinheit.

»Es ist selbstverständlich, dass augenblicklich im Krieg der Ottomotor noch als Schwerpunkt anzusehen ist, und die Entwicklung dieses Triebwerks ja noch nicht beendet ist. Es ist auch nicht so, dass der Übergang zu neuartigen Triebwerken schlagartig einsetzt…

Auf die Frage des Herrn Generalfeldmarschall, wie sich die Leistungssteigerung bei Ottomotoren durch Wassereinspritzung auswirkt, wird von Generaling. Eisenlohr im einzelnen Auskunft gegeben. Dabei wird ebenfalls das Kraftstoffproblem gestreift und von Generaling. Eisenlohr auf die Sicherheitskraftstoffe hingewiesen, bei denen neuartige Wege hinsichtlich der Zündung gegangen werden. Es ist das sog. Ringverfahren in Entwicklung, das von der I.G. sehr gut weiterverfolgt wird…

… Es wird mitgeteilt, dass sich besondere Verdienste um das Wissen von Kraftstoffen erworben haben: Generaling. Eisenlohr, Oberstabsing. Mücklich, Dr. von Philippowich und Dir. Sachse.«[104]

Eisenlohr, der zusammen mit Penzig kurz vor Kriegsausbruch auch Vorschläge für ein Dual-Brennstoff-Einspritzsystem ohne Zündkerze gemacht hatte, war sehr daran interessiert, diese neuen Kraftstoffentwicklungen hervorzuheben. Die Empfehlung neuer Projekte zu diesem Zeitpunkt erscheint im Nachhinein ehrgeizig, wenn man bedenkt, wie wenig erfolgreich er mit der gefährlichen deutschen Legierungssituation umging.

Die Verwendung der Methanol-Wasser-Einspritzung war eine gute Idee, da die Verdampfung des Wassers und des Methanols die angesaugte Luft dramatisch abkühlte und so dazu beitrug, die Leistung des Flugmotors effektiv zu erhalten, insbesondere angesichts der zunehmend katastrophalen Situation mit den nickelarmen »Sparmetall«-Ventilen. Der Einsatz des Ringverfahrens, bei dem ein Strahl selbstzündenden Kraftstoffs in den Brennraum geschossen wird, um die Hauptkraftstoffladung zu zünden, war genial. Es ermöglichte den Motoren, die schwer zu zündenden Sicherheitskraftstoffe zu verwenden, die von ihrer Beschaffenheit her dem Diesel näher waren als dem Benzin. Allerdings handelte es sich dabei eher um ein Forschungsprogramm als um eine aktuelle Möglichkeit der Massenproduktion, worauf keiner der Anwesenden Milch hinwei-

Fw 190 in der Montage im Focke-Wulf-Werk.

sen wollte. Es ist schwer vorstellbar, dass Bulman so bereitwillig große Pläne angehört hätte, ohne Einwände zu erheben, aber Bulman war ein Motorenspezialist und hätte es nicht gewagt, Sir Charles Portal – Milchs Gegenüber – zu suggerieren, dass er ein solches Projekt als eine potenzielle unmittelbar nützliche militärische Lösung in der Hand hatte.

In der Zwischenzeit meldeten die Besatzungen des Jagdgeschwaders JG 26, das von Abbeville, Le Bourget und St. Omer aus operierte, eine Reihe von Triebwerksausfällen des BMW 801 in den Fw 190 der Einheit. Diese wurden als schwerwiegend eingestuft und ein Bericht wurde an Kurt Tank bei Focke-Wulf und Sachse bei BMW geschickt:

> »Punkt 7 – Kolbenerosion, verursacht durch die Anordnung der Einspritzdüsen, und Vorzündung entweder durch die Zündkerze oder die Ventile. Vorgeschlagene Lösungen sind: Änderungen der Einspritzdüse durch Bosch, bessere Zündkerzen und die Verwendung verchromter Auslassventile.«[105]

Bei den meisten anderen Schwierigkeiten handelte es sich um die üblichen Kinderkrankheiten, die bei jedem neuen Flugzeug zu erwarten sind. Vorzündungen und die anschließende Erosion der Kolben konnten jedoch im schlimmsten Fall zu einem Totalausfall des Motors innerhalb von Sekunden führen. Dies wirkte sich eindeutig nachteilig auf die Einsatzfähigkeit der neuen Fw 190 aus. Das JG 26 verlor 1942 mehrere Piloten als Folge von Motorschäden.[106]

Dies muss sehr enttäuschend für Tank gewesen sein, der zweifellos mit Stolz die Fortschritte des neuesten Jagdflugzeugs seiner Firma verfolgte.

Am 30. April 1942 wurde der DB 605 mit Doppelturboaufladung, als DB 625 bezeichnet, getestet. Daimler-Benz forschte nicht nur mit Abgasturboladern, die von von der Nülls Team bei der DVL entwickelt worden waren, sondern konstruierte und baute auch eigene Turbolader, die im DB 625 eingesetzt wurden.

Zur Kühlung der Turbinenschaufeln, die den Abgastemperaturen nicht lange standhalten konnten, hatte die Turbine drei Eintrittsöffnungen (siehe rechts). Zwei dieser Öffnungen nahmen die Abgase auf, und der Eingang war auf zwei Rohre pro Bank der V12 aufgeteilt, die wie die heutigen »Twin-Scroll«-Turbolader so konstruiert war, dass ein gleichmäßigerer Gesamtgasfluss durch die Schaufeln unter Berücksichtigung der Zündfolge des Motors gewährleistet war.

Ohne diese Vorkehrung würde die Turbine nicht an ihrem eigentlichen Auslegungspunkt arbeiten, da der augenblickliche Durchfluss erheblich schwanken könnte (je nachdem, welche Zylinder miteinander verbunden waren) und die Schaufeln in Form von starken Impulsen statt eines gleichmäßigen Flusses erreichen würde. Das führte zu einer Beeinträchtigung des Wirkungsgrads der Schaufeln, da das Gas sie nicht mit der

Kurt Tank vor dem Start zum Testflug der Fw 190.

DB 625: Turbolader-Einheit.

Auslegungsgeschwindigkeit erreicht, sondern die Hälfte der Zeit damit verbringt, entweder zu schnell oder zu langsam anzukommen, was zu einem Zyklus des aerodynamischen Strömungsabrisses führt.

Der dritte Anschluss war mit einem Kühlluftkanal verbunden, der kalte Luft über etwa ein Drittel des Turbinenumfangs blies. Dies verringerte natürlich die Leistung der Turbine, da nur zwei Drittel des Umfangs für die Übertragung von Energie auf die Schaufeln genutzt wurden. Es handelte sich jedoch um eine einfache und wirksame Methode, um die deut-

Me 409 mit DB 628-Triebwerk.

sche Sparstahllegierung unter ihrer kritischen Temperatur von etwa 600 °C zu halten.

Der Bericht ging sowohl an Nallinger als auch an Kollmann und kam zu dem Schluss, dass der Motor bei 2800 U/min und einem Ladedruck von 1,42 ata eine maximale Leistung von 1625 PS und im Reiseflug einen niedrigen Kraftstoffverbrauch von 175 g pro PS und Stunde entwickelte.

Doch die Entwicklung war noch nicht ganz abgeschlossen, denn nicht nur die Schaufeln wurden nun aus Sparlegierungen hergestellt.

> »Nach 25 Betriebsstunden weist die rechte Turbine radiale Risse an den Schweißnähten auf; und das Gehäuse hat nach 10 Betriebsstunden einen Riss zwischen den beiden Auslassöffnungen entwickelt; diese Bereiche müssen überwacht werden.«[107]

Ein Teil des Problems der Rissbildung war der Temperaturunterschied im Turbinengehäuse. Um ein Flugzeug zu simulieren, das in großer Höhe fliegt, müsste die Kühlluft bei zwischen – 10 und – 15 °C in den Turbinenkühlkanal geleitet werden, nur wenige Zentimeter von den beiden anderen Kanälen entfernt, die die 600 °C heißen Gase der Zylinder enthalten. Als der aufgeladene DB 605 auf die gleiche Kurbelwellenleistung eingestellt wurde wie der normal aufgeladene DB 605, fiel der Kraftstoffverbrauch um 19 %. Dieser Unterschied war fast ausschließlich auf den Wegfall der großen Leistung zurückzuführen, die für den Antrieb des normalen mechanischen Laders benötigt wurde. Dieses offizielle Motorenfoto von Dr.-Ing. Kollmann zeigt noch deutlicher, wie die beiden hinteren Turbolader angeordnet waren. Das Triebwerk hatte ein enormes Potenzial, aber die Frage war: In welches Flugzeug konnte es tatsächlich eingebaut werden? Am 5. Mai 1942 kam der Beweis für das größte Desaster im deutschen Motorenbau des Zweiten Weltkriegs. Eisenlohr malte das Bild für Milch:

> »Eisenlohr: Bei 605, der im Entwicklungsbetrieb eine Reihe von Prüfungen absolviert hat, sind nach Eingang in die Serie Schwierigkeiten aufgetreten. Die Schwierigkeiten sind einmal das Durch-

brennen von Kolben und Lagerschwierigkeiten, die reine Fertigungsangelegenheit sind, und ferner am Laderantrieb eine von der 601 E bekannte Erscheinung, dass die Einsätze in der hydraulischen Kupplung durch die hohe Temperatur wachsen und aus dem Stahlgehäuse, in das sie eingepresst werden, herauswandern, weil die beiden Kupplungshälften aneinander scheuern.

Wenn ich auf den Kolbenschaden zurückkommen darf, so sind das sekundäre Erscheinungen, die auf Glühzündungen zurückzuführen sind. Diese Glühzündungen entstehen dadurch, dass von dem Kraftstoff an den heißen Ventilen eine heiße Korrosion entsteht. Von dieser brennen die Kolben durch. Das war aus bisher noch nicht eindeutig geklärten Gründen bei den Versuchsmotoren nie der Fall und ist erst eingetreten, nachdem die Serie begonnen hat.

Wir haben für Abhilfe auf der Ventilseite gesorgt: einmal durch den Versuch, den Daimler-Benz gemacht hat, durch das Panzern des Ventilbodens, dann durch Übernahme der Verchromung der Ventile, wie es bei BMW eingeführt ist. Da das Material für die Panzerung so schwer zu beschaffen ist, haben wir erst die Verchromung eingeführt. Die Versuche sind, soweit die gemacht werden konnten, bisher zufriedenstellend abgelaufen. Wenn also die Ventilsitzringe gut eingeschraubt, wenn die Ventile entweder gepanzert oder mit einem Chromüberzug versehen sind, dürften die Kolbenschäden, die nur eine sekundäre Folge dieser Erscheinungen waren, genau wie bei der 801 zurückgehen.

GenFeldm. Milch: Ist an der Front bekannt, dass der Motor vorläufig nicht höher eingestuft werden kann als der DB 601 E?

Eisenlohr: Das wurde gestern mit Rechlin und Daimler-Benz besprochen ... Wir können sie bei der Überholung mit neuen Teilen ausstatten, so dass sie danach mit voller Leistung geflogen werden können.

GenFeldm. Milch: Ist der DB 605 mit reduzierter Leistung besser als der DB 601 E?

Eisenlohr: Das ist schwer zu sagen, es ist noch nicht klar, ob die Vorzündungen ganz verschwinden werden.

GenFeldm. Milch: Warum tritt das beim DB 601 E auf?

Eisenlohr: Weil der Motor durch die höhere Leistung eine höhere Temperatur hat, was die Empfindlichkeit erhöht.

GenFeldm. Milch: Wie können wir das schnell beheben?

Eisenlohr: Am Mittwoch stehen 1000 Ventile bereit, um die Testmotoren zum Laufen zu bringen, und die Serienmotoren werden sofort auf die verchromten Ventile umgestellt. Allerdings weiß ich nicht, wie es möglich ist, die Verchromung aller benötigten Ventile sicherzustellen, denn es gibt nur eine Firma in Deutschland, die die Verchromung so gut machen kann, dass sie nicht abplatzt, deshalb hat die DB eine kleine Anzahl selbst hergestellt, indem sie das Verchromungsverfahren kopiert hat. Wenn die Chromschicht abblättert, ist das noch schlimmer als bei unbeschichteten Ventilen ...«[108]

DB 625-Triebwerk – offizielles Foto.

Obwohl alle deutschen Jagdtriebwerke mit chronischer Frühzündung zu kämpfen hatten, wurde am 8. Mai 1942 mit dem zweistufig aufgeladenen Motor DB 628, der in eine modifizierte Bf 109 mit der Bezeichnung Me 409 eingebaut wurde, ein großer Schritt nach vorn gemacht. Die Motorengruppe des RLM erstellte für Milch einen Bericht über die Höhenjägerentwicklung.

Die Bf 109 G diente als Prüfstand für die schnelle Entwicklung eines Höhenjägers mit der Bezeichnung Me 409. Der Prototyp, ausgestattet mit dem DB 628, ist auf S. 268 abgebildet.

»Höhenflugmotoren: Eine Leistungssteigerung in großen Höhen wurde mit Hochverdichtern und Ladeluftkühlung bei folgenden Motoren erreicht:

DB 614, DB 628 und BMW 8028 – diese sind derzeit noch nicht einsatzfähig. Leider werden die maximal möglichen prognostizierten Vorteile nicht realisiert, da der Nachteil in einem erheblich höheren Gewicht und auch einem größeren Luftwiderstand be-

Me 409 mit DB 628-Motor: Nasenkonus.

DB 628 Motor: Lader.

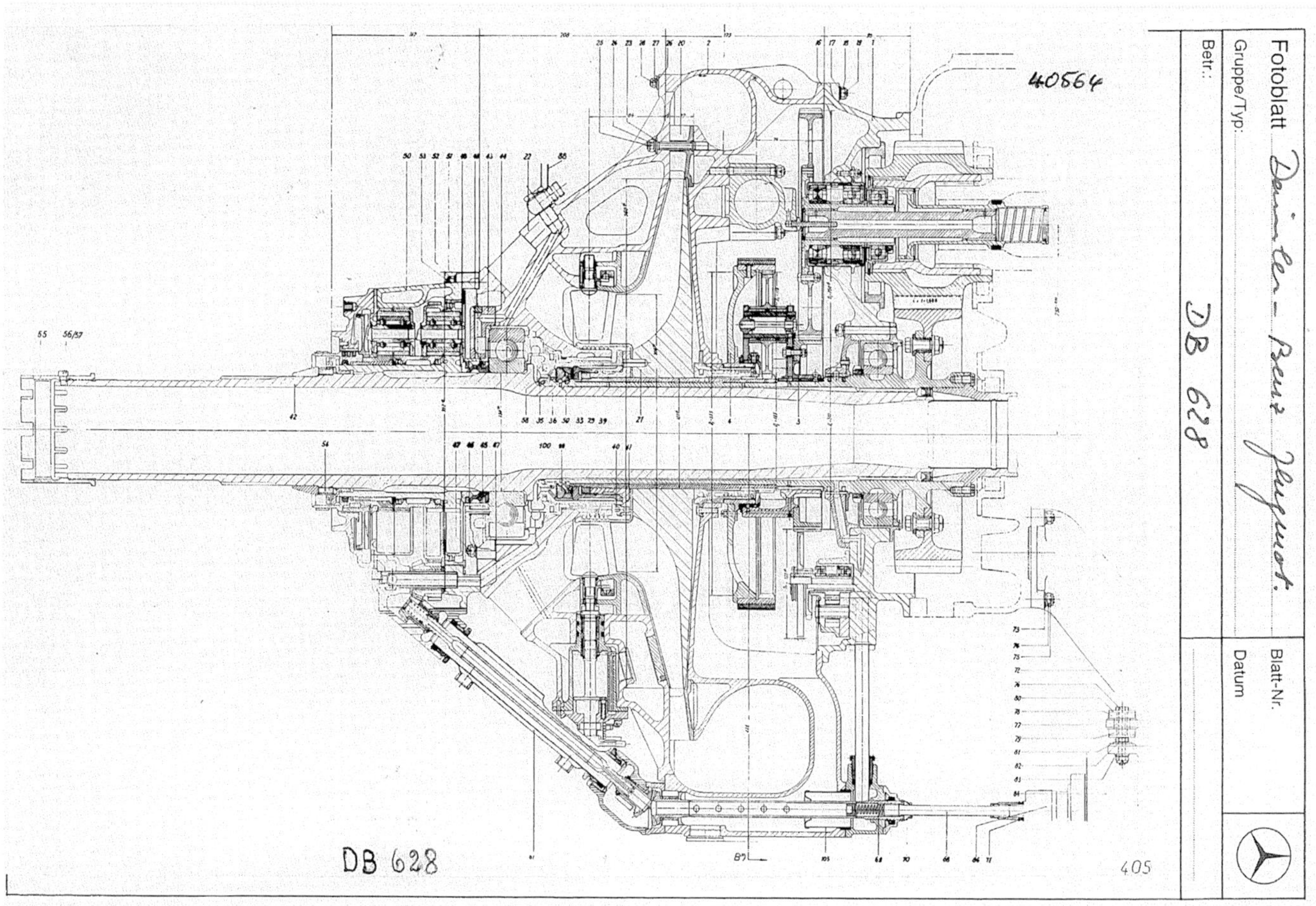

steht ... Von den genannten Höhenflugmotoren dürfte der Einbau des DB 628 in die Bf 109 G die größten Aussichten auf die Entwicklung eines guten Höhenjägers haben. Auf die Beschleunigung der Produktion solcher Triebwerke, wenn auch in geringer Stückzahl, sollte mit größter Dringlichkeit hingearbeitet werden. Messerschmitt und DB arbeiten derzeit gemeinsam an einem solchen Flugzeug mit einem DB 605 mit Zwischenkühler [dem Vorläufer des DB 628]. Die hier gesammelten Erfahrungen sollten bei künftigen Arbeiten in dieser Richtung hilfreich sein.«[109]

Kurz darauf, am 11. Mai 1942, flog ein DB 605 mit zweistufigem Turbolader, zwei Monate bevor die Spitfire Mk.IX in den aktiven Dienst trat. Diese Forschungs- und Entwicklungsarbeit wurde von Professor Werner von der Nüll bei der DVL durchgeführt. Die Zusammenfassung des Versuchsberichts mit dem DB 605-Motor, der mit diesem Lader kombiniert wurde, lautet wie folgt:

»Der für den DVL-Turbolader vom Typ TK9 gebaute DB 601-Motor wurde kürzlich mit großem Erfolg getestet, und zwar auch in Kombination mit dem DB 605-Motor.

Identische Startleistung, Leistungsüberlegenheit in der Höhe und ein recht geringer spezifischer Kraftstoffverbrauch zeichnen diesen Abgasturbo im Betrieb aus.«[110]

Es gab keine grundsätzlichen Schwierigkeiten mit dem Konzept von Turboladern im Deutschland der Kriegsjahre.

Am 13. Mai 1942 fand in Carinhall erneut eine Besprechung zum DB 605 statt, die die Kluft zwischen der Entwicklungsarbeit in deutschen Firmen wie Daimler-Benz und dem tatsächlichen Geschehen auf den Flugplätzen an der Front deutlich machte.

Milch begann mit seinem Bericht über die Gespräche mit Nallinger von Daimler-Benz:

»Entscheidend für die Besprechung mit Direktor Nallinger ist, dass der DB 605 unter allen Umständen in Ordnung gebracht werden muss, da er für die Me 109 G vorgesehen ist und das ganze Jägerprogramm davon abhängt. Schwierigkeiten beim Motor sind bei den Ventilen aufgetreten, deren Nickelgehalt von früher 15 % auf 8 % plus etwas Verchromung herabgesetzt worden ist. Außerdem sind Schwierigkeiten im Ölumlauf.«[111]

Göring hatte bereits mit Hitler gesprochen und die Führernotiz verlesen:

»Der Führer hat Folgendes gesagt: Sämtliche auf der Erde fahrenden Motore, Pkw. und Lkw. können in den Sparmetallen weitgehend herabgesetzt werden, da es im wesentlichen gleichgültig ist, wenn so ein Motor auf der Erde stehen bleibt. Dagegen ist es völlig unmöglich, den Flugzeugmotor bis auf die äußerste Grenze von Sparmetallen herunter zu drücken, da die Betriebssicherung des Flugzeugmotors entscheidend für die Durchführung der Angriffe und der Sicherheit der Besatzung ist.«[112]

Die »äußerste Grenze der Sparsamkeit« schien bei hochaufgeladenen Flugmotoren schon längst erreicht und gar überschritten zu sein.

Am nächsten Tag wurden die Daimler-Benz-Ausfälle erneut diskutiert:

»Durchführung von zwei 10-Stunden-Startleistungsläufen mit Kraftstoff C 3 und B 4 unter Verwendung von zurzeit serienmäßigen Kolben mit 12 mm Bodenstärke ...

Um den Nachteilen, die in Form von Verzunderung am Ventiltellerboden und dadurch Mitgliedswindungen und allgemeiner Überhitzungserscheinungen durch den Übergang von dem normalen nickelhaltigen Auslassventilmaterial 1440 auf das nickelarme Material 1441 an den Kolben entstanden sind, zu begegnen, wurden in die Serie Kolben mit 12 mm Bodenstärke zwecks noch besserer Wärmeableitung aus dem Brennraum eingebaut. Mit derartigen Kolben wurden zwei 10 Stunden-Startleistungsläufe, der eine mit C 3, der andere mit B 4 in zwei Motoren mit gutem Ergebnis durchgeführt.

Bei den früher verwendeten Kolben mit schwächerem Boden (10 mm) traten öfters weiße Flammen, damit zusammenhängend ein Weichwerden der Kolbenbodenmitte mit nachfolgendem Durchbrennen des Kolbens, ein. Nach dem vorliegenden positiven Versuch mit 12 mm starken Kolben ist also zu schließen, dass dieser Kolben im Stande ist, trotz der Nachteile, die bei Verwendung von sparstoffarmem Ventilmaterial entstehen, den praktischen Betrieb sicherzustellen.

Es wäre jedoch nach wie vor erwünscht, wenn trotz alledem das international übliche Material mit ca. 15 % Nickel (1440) Verwendung finden könnte. Ist dies nicht möglich, so muss durch Verchromung der Ventile oder Härten der Ventilteller-Oberfläche mit stark nickelhaltigem Material versucht werden, wiederum gleichwertige Ergebnisse zu erzielen wie mit dem früher verfügbaren 50 %igen Nickelmaterial 1440.«[113]

Die Verwendung eines dickeren Kolbenbodens trug dazu bei, mehr Wärme aus der Kammer durch das Kolbenhemd in die Zylinderwände zu leiten, was das Problem etwas entschärfte. Heute wird dies oft fälschlicherweise so interpretiert, dass die von Mahle gebauten DB 605-Kolben schwach waren, während sie in Wirklichkeit verdickt wurden, um das durch nickelarme Ventile verursachte Klopfproblem zu verringern. Die schwere Verchromung wäre die einzig richtige Lösung, wie die RLM-Sitzung am 16. Mai 1942 bestätigte:

»Das Triebwerk hat in der Erprobung mit Serienmotoren DB 605 ungenügende Betriebssicherheit ergeben. Infolge der Herabsetzung des Nickelgehaltes der Ventile von 15 % auf 8 % in der Serie verzundern die Ventile und verursachen Durchbrennen der Kolben. Ein sofortiges Zurückschalten auf den alten Werkstoff ist aus Termingründen nicht möglich. Schnellere Abhilfe wird vom Verchromen der Ventile erwartet, das sich beim BMW 801 gut bewährt hat. Außerdem sind seit April 42 stärkere Kolben in die Serie eingeführt worden. Die Leistung des Motors wird zunächst so weit begrenzt, dass die Me 109 G bis zur Volldruckhöhe die Leistung der Me 109 F 4 hat.«[114]

Diese Katastrophe bedeutete, dass die neue Bf 109 G nur die gleiche Leistung hatte wie das Jagdflugzeug, das sie ersetzen sollte, die 109 F. Die Auswirkungen dieses metallurgischen Versagens auf die operative Leistung waren militärisch dramatisch. Drei Tage später, am 19. Mai 1942, als das enorme Ausmaß des Problems deutlich wurde, begann Milch, Eisenlohr auszufragen, wie es genau zu dieser Situation gekommen war, die die Hoffnungen der Luftwaffe auf Vorteile in der operativen Leistungsfähigkeit zerstört hatte.

»Henzen: Wir haben 251 Motoren erhalten, und davon sind nur 71 einbaufähig. Der Rest muss wieder heraus, das gibt im Moment eine enorme Stockung. Es sollen Änderungen vorgenommen werden ...

Eisenlohr: Am 605 sind bekanntermaßen Schwierigkeiten aufgetreten.

GenFeldm. Milch: Ich meine: was wird jetzt an diesen Motoren gemacht, die jetzt heraus müssen?

Eisenlohr: Wir haben ein bestimmtes Programm aufgestellt. Der erste Punkt war, zu versuchen, durch entsprechende Leistungsherabsetzung die Motoren, die zurückgezogen werden sollten, noch zu erhalten. Das Erprobungsprogramm hat angefangen, und hat zunächst gezeigt, dass die Motoren mit den sogenannten schwachen Kolben offenbar doch nicht den Beanspruchungen gewachsen sind, die an sie zu stellen sind, so dass Dietrich beantragen wird, dass wir diesen Programmpunkt absetzen, da es nicht gelungen ist, die Motoren zu retten.

GenFeldm. Milch: Die Reduzierung der Leistung reicht also nicht aus.

Eisenlohr: Es können nur die Motoren mit den stärkeren Kolben, den 12 mm-Kolbenböden, eingebaut werden. Mit diesen Kolben wurde das Programm bisher auch noch nicht ganz durchgeführt. Es sind aber zwei 10 Stunden Volllastversuche gemacht worden, die vorläufig keine Störungen gebracht haben.

Milch: Es kann keiner mehr die vielen Änderungen übersehen. Mich interessiert, zu hören, ob der Motor[605] früher in Rechlin durch die Muster- oder Typenprüfung oder durch die Erprobung durchgegangen ist. Wie kommt es dazu, dass der Motor gebaut wird, obwohl er nicht in Ordnung ist? War er früher in Ordnung? Ich will wissen, was Sie gemacht haben. Welches Urteil ist in Rechlin gefällt worden? Welches Urteil haben Sie, Eisenlohr, als Chef der Entwicklungen gefällt, und was ist darauf hin passiert? Sagen Sie wirklich alles, keine Schönfärberei!

Eisenlohr: Bei den Vorversuchen mit dem 605 waren Schwierigkeiten im Ventil oder Kolben überhaupt nicht aufgetreten, sondern es waren Kurbelwellen- und Lagerungsschwierigkeiten. Die Schwierigkeiten haben sich lange hingezogen, aber im Herbst v.Js. wurden diese Ölschwierigkeiten am Motor beseitigt. Es sind seinerzeit Läufe mit einer großen Anzahl von Motoren gemacht worden, bei einzelnen Motoren bis zu 370 Stunden. Der erste Motor aus der Serie ist nach Untertürkheim gekommen und hat einen Hundertstundenlauf gemacht mit einer sehr hohen Beanspruchung, die höher als im Flugzeug liegt... Bei allen diesen Läufen, zum Teil mit neuem Material, ist diese Störung am Ventil nicht aufgetreten. Sie war praktisch nicht bekannt... Die Ventilstörungen, die wir früher am Daimler-Benz-Motor hatten, waren ganz anderer Art, nämlich in der Schicht am eigentlichen Sitz. Daraufhin kam der erste Motor nach Rechlin, und es hat dort allerdings nach 30 Stunden ein Kolbenbrenner stattgefunden, der uns bis dahin nicht bekannt war...

Es hat sich aber inzwischen gezeigt, dass der Ausgangspunkt das Ventil ist, und zwar wird das Ventil sehr warm und durch den Kraftstoff angegriffen und führt zu Verzögerungen, und diese führt zu einer Glühzündung im Zylinder, die sich bemerkbar macht in einer weißlichen Auspuffflamme. Dadurch tritt eine Zerstörung des Kolbens ein, ähnlich wie beim 801. Dort wurde die Störung im Winter durch Verchromung des Ventils beseitigt. Dietrich hatte Ventile dabei, wie sie früher waren und wie heute. Wir hatten in dem Fall, dass die Ventile zerfressen waren, das praktisch nicht gehabt (?).

GenFeldm. Milch: Bei BMW doch![115]

Eisenlohr: Das BMW-Ventil ist aber ein anderes, es ist nach amerikanischem Vorbild gebaut. Es ist besser gekühlt am DB-Motor. Als bei BMW die Störungen auftraten, waren sie bei Daimler Benz noch nicht vorhanden. Wir haben sofort die Erfahrungen von BMW auf Daimler-Benz übertragen und die Verchromung der Ventile eingeleitet. Eine Verbesserung konnte zunächst einmal erzielt werden, indem man in den Kolben einen stärkeren Boden in der Mitte machte, so dass die auftretende hohe Wärmebelastung des Kolbens leichter nach der Seite abgeführt werden konnte...[116]

Zunächst wurde versucht, unter Herabsetzung der Leistung, wie wir sie bei anderen Läufen auch ab und zu gemacht haben, die Störanfälligkeit des Kolbens zu beseitigen. Das hat aber nach dem ersten Hundertstundenlauf nicht zum Ziele geführt, und deshalb glauben wir, dass wir diese Versuche aussetzen müssen.

GenFeldm. Milch: War es ein neuer Motor, oder war es ein schon in Betrieb befindlich gewesener Motor, bei dem eine Herabsetzung der Leistung vorgenommen wurde?

Eisenlohr: In Genshagen war es ein neuer Motor, der nicht überlastet sein konnte durch eine vorhergehende Inanspruchnahme, während der Motor in Rechlin ein normal übernommener Motor war. Da ist auch die Störung in kurzer Zeit gekommen.

GenFeldm. Milch: War der Motor inzwischen auseinandergenommen und der Kolben angesehen?

Eisenlohr: Der in Rechlin nicht, der in Genshagen ja.

GenFeldm. Milch: Das halte ich eh nicht für eine einwandfreie Klärung der Frage. Das Material war vorher schon voll belastet?

Eisenlohr: Ja.

GenFeldm. Milch: Also bitte ich, sofort Versuche mit völlig unbelastetem Material zu machen. Sie hatten recht, sie hätten diese Entstörungsquelle abgesetzt, d.h. sie glaubten nicht, dass man durch Herabsetzung der Leistung noch etwas gewinnen könne. Ich sage, Sie können sie noch nicht absetzen, denn die bisherigen Versuche sind gar nicht einwandfrei, weder die in Rechlin noch die in Genshagen.

Eisenlohr: In Genshagen war es ein noch nicht mit höheren Leistungen abgenommener Motor. Er war noch nicht gelaufen, er war speziell dafür montiert und vorbereitet gewesen. Nur der Motor in Rechlin war schon einmal gelaufen.

Die zweite Etappe der Erprobung war: Es sind zwei Zehnstundenläufe mit der vollen Startleistung von Daimler-Benz gemacht worden, die keine Störungen gezeitigt haben. Das Programm läuft weiter.

Der dritte Punkt war: Verchromung der Ventile. Sie werden laufend angeliefert werden, obwohl über die Beschaffung bei BMW keine Unterlagen vorlegen. Aber die Erfolge bei BMW lassen erwarten, dass die Ventile erheblich besser sind. Der chemische Angriff kann nicht in dem Maße wie bei neu verchromten Ventilen sein.

GenFeldm. Milch: Wann kommen die verchromten Ventile?

Vorwald: Anfang Juni stehen sie zur Verfügung, Mitte Juni kommen sie zur Erprobung.

GenFeldm. Milch: Für wieviel Motoren sind die Ventile verchromt bestellt?

Vorwald: Zunächst für 1000 Motoren.

GenFeldm. Milch: Das heißt alle jetzt gefertigten Motoren bekommen planmäßig verchromte Ventile?

Eisenlohr: Jawohl, es wird sofort in der Serie eingeführt, weil es bestimmt eine Verbesserung bringt. Da das Ventil beim Verchromen 32 Operationen durchlaufen muss, dauert es eine Zeit, bis sie herauskommen. Dann geht es stückzahlmäßig pro Tag sehr hoch. Es ist auch möglich, die alten Ventile zu verchromen.

Ich komme nun zu dem geheimnisvollen Faktor, der außerhalb des Motors liegen kann, der aber noch nicht nachgewiesen ist. Wir haben dazu die DVL eingespannt, sowie Daimler-Benz selbst und GL/A, Kraftstoffabteilung. Wir haben im vorigen Jahr aus

Produktionsgründen veranlasst, dass die Komponenten des C3-Kraftstoffs, die in der Produktion liefen, in den B4-Kraftstoff hinein gegeben werden, d.h. wir produzieren also eine bestimmte Quantität C3 und eine bestimmte Quantität B4. Da der Absatz geringer war als die Produktion, wurde der Überschuss von C3 in B4 gekippt.[117] Da C3 einen höherwertiger Kraftstoff ist, war nach Annahme aller zu erwarten, dass damit eher eine Qualitätsverbesserung als seine Qualitätsverschlechterung verbunden sein könnte. Der Hochleistungskraftstoff hat aber einen sehr hohen Anteil von Aromaten, auf der Rohstoffbasis aufbauend, wie sie in Deutschland vorhanden ist.

Die Aromaten haben die Eigentümlichkeit, dass sie bei höheren Lufttemperaturen zwar nicht in der Klopffestigkeit nach den heute vorhandenen Methoden nachlassen, dass aber doch Erscheinungen in Motor auftreten, die einen ungeregelten Verbrennungsverlauf zur Folge haben, und zwar gerade in dem Mischungsverhältnis, bei dem wir fliegen, wenn also das richtige Mischungsverhältnis Luft:Kraftstoff da ist. Würde man übermäßig reich fliegen, so kommt man aus dieser etwas kritischen Zone heraus, und zwar haben wir festgestellt, dass der C3 Kraftstoff die Ventile angreift, mehr als es der F4 tut. Da er aber an sich höherwertig ist, kommt der Kraftstoff noch nicht zu diesem unregelmäßigen Verbrennungsverlauf, der nichts mit Klopfen zu tun hat.

Es könnte nun eingetroten sein, dass der Angriff der Ventile aus der C3 Komponente des Kraftstoffes eingetreten ist, aber die Wertigkeit des B4 Kraftstoffes viel weniger gestiegen ist, so dass aus dieser Beimischung vielleicht die Ereignisse zu erklären sind, die, wie gesagt, bei mehr als 2000 Prüfstandstunden nicht aufgetreten sind. Wir erreichen ja heute auf dem Prüfstand viel länger diesen Zustand als im Flugzeug, weil der Prüfstand lange Zeit konstant diesen hohen Zustand der Ventile aufrechterhält. Wir haben auf dem Prüfstand gesehen, dass, wenn sehr häufig die Leistung wechselt, die Zunderschicht am Ventil abgeblasen wird und dann längere Zeit der Motor besser läuft. Wir haben gesehen, dass die Prüfstanderprobung nicht eine niedrigere Erprobung bedeutet, sondern einer höhere. Das kann noch zu den Einflüssen hinzugekommen sein, die sich aus den Materialumstellungen beim Ventilwerkstoff von 15 auf 7 bis 8 % Nickel eingestellt haben …

GenFeldm. Milch: Wie viel Nickel hat das Ventil von 601?

Dietrich: Genau 14,17 %.

GenFeldm. Milch: Jetzt zuletzt?

Dietrich: 7 bis 8 %. Er zeigte neuerdings die gleichen Schwierigkeiten, die wir jetzt beim 605 haben. Wir haben deshalb einen Prüflauf von 601 E abbrechen müssen, weil wir genau dieselben Schwierigkeiten hatten. Wir sind aufgrund unserer Erfahrungen, die im Einzelnen über zwei Jahre gehen, zu dem eindeutigen Ergebnis gekommen, dass das Ventil die Ursache dieser Kolbenschäden ist …

GenFeldm. Milch: Gablenz, das müssen wir unbedingt machen. Das ist eine conditio sine qua non für mich, sonst kommen wir mit den Jägern in ein großes Schlamassel. Wir wissen nicht, ob die Chromsache allein hilft. Das wird sofort wieder zugeteilt. Wann kann es sich auswirken?

Eisenlohr: Es kommt darauf an, wann Daimler-Benz die Ventile bekommt.

(Zuruf: Das kann noch ab Juni-Zuteilung geschehen.)

GenFeldm. Milch: Wir können es sofort geben, weil wir neulich mehr Nickel bekommen haben. Also das machen wir auf alle Fälle. Wir machen die Verchromung außerdem. Wir lassen außerdem die ganzen Versuche laufen, um festzustellen, ob man bei Nickel wieder herunter gehen kann und zu welchem Prozentsatz. Vielleicht sind 7 bis 8 % zu wenig, vielleicht kann man 9 bis 10 % nehmen. Welchen zusätzlichen Einfluss bringt die Verchromung? Bringt sie überhaupt etwas? Wir müssen also die verschiedensten Motoren mit den verschiedensten Nickelzusätzen unter 15 % laufen lassen, wir müssen zweitens reine Chromsachen laufen lassen, wir müssen drittens Chrom und Nickel verschieden gemischt laufen lassen und es muss da ein genaues Erprobungsprogramm festgelegt werden.

Vorwald: Es ist festgelegt. Ich habe es am Sonnabend vor der Rechlin-Besprechung durchgezogen, und Daimler-Benz hat auch Entsprechendes veranlasst. Es kommen noch die gepanzerten Ventile hinzu, sobald sie fertig sind. Aber es kann noch nicht der Termin ihrer Fertigstellung angegeben werden.

GenFeldm. Milch: Am meisten liegt uns daran, dass die Jäger-Motoren schnellstens in Ordnung kommen, damit sie eingesetzt werden können. 601 geht zu Ende, wir kommen nicht mehr weiter mit ihm. Wir müssen schnellstens auf den 605 kommen. Bei der Frage des Betriebsstoffes, ob die C3 Komponente Einfluss hat oder nicht, bei der Kraftstofffrage, ob die C3-Komponente Einfluss hat oder nicht, bitte ich Seewald, sich doch einzuschalten, ebenso auch in die anderen Materialseiten; denn wenn hier etwas herauskommt, dann muss es Allgemeingut unserer Forschungsstellen werden, wobei die Forschungsstellen mit eingeschaltet werden müssen.

Eisenlohr: Das Ventil mit der Realumstellung wurde seinerzeit gemacht unter dem Zwang der Verhältnisse sowie aufgrund eingehender Versuche mit 600 1A und N, wobei sich auch im Auslauf des Motors die Umstellung ausgewirkt und zu keinen Störungen an A und N geführt hat …[118]

GenFeldm. Milch: … Ich habe keine Lust, dass wir bei jedem neuen Motor dieselben Kinderkrankheiten haben, die schon bei den Vorgängern gewesen sind.

Vorwald: Für den DB 603 ist die ganze Sache bereits gemacht. Ich habe noch eine Frage an Kroneiß. Wann wird der Mustereinbau mit dem 601 F in die 109 G fertig sein, der am Sonnabend vor acht Tagen angeordnet worden ist?

Kroneiß: Ich kann keinen genauen Termin sagen. Der Motoreinbau ist im Gange.

Vorwald: Wir legen großen Wert darauf, weil eventuell die Möglichkeit besteht, aus der 201-Serie die 601 F-Motoren in den ersten Schub, die an die Front müssen, einzubauen. Deshalb sollte das Flugzeug beschleunigt fertig gestellt werden und sofort an das Erprobungskommando Rechlin gehen. Wir müssen die Luftschraube 605 nehmen, weil wir keine andere haben.

Dietrich: Der Stand vor der Erprobung am Werk war im Herbst 1941 so, dass wir von der Erprobungsstelle aus keine Bedenken grundsätzlicher Art gegen den Motor haben konnten. Erst mit dem Einsatz der Flugerprobung, die in den Winter fiel und unter der Witterung litt, zeigte sich, dass der Stand der Kolben nicht voll befriedigte. Nach dem ersten Kolbenbrenner trat anschließend ein zweiter in Genshagen und ein dritter in Rechlin auf und dann laufend mehrere Erscheinungen gleicher Art. Die Nachforschungen führten zu dem Ergebnis, dass die Quelle der Störungen das Material der Ventile ist. Die technischen Störungen dürften damit grundsätzlich erkannt sein, und es ist auch ein Weg gefunden, soweit man in der Technik prophezeien kann, diese Störungen zu beheben.

Die Erprobung, die jetzt einsetzen muss, diente drei Zielen: 1. Klärung der endgültigen technischen Lösung: verstärkte Kolben, verchromte Ventile; 2. Übergangslösung für die Zeit, bis die Motoren mit der endgültigen Ausrüstung geliefert werden können. Das wären die Motoren mit verstärkten Kolben, wie sie jetzt aus der Serie kommen, aber mit herabgesetzter Leistung. Das ist von der Erprobungsstaffel geflogen worden. Bisher sind die Ergebnisse zufriedenstellend. 3. Bald zu untersuchen, ob die 750 vorhandenen Motoren mit schwachen Kolben und alten Ventilen verwendet werden können, um kein Loch in der Auslieferung entstehen zu lassen …

GenFeldm. Milch: Also drei Fälle. Vorhin wurde von zwei Fällen gesprochen. Es wurde gesagt, dabei handele es sich um hochbelastete Kolben. Nachher wurde gesagt: der eine ja und der andere nicht. Nun sagt doch einmal: was ist überhaupt?

Dietrich: Es sind zwei Motoren in Genshagen auf dem Prüfstand gelaufen, zur Erprobung des Motors mit schwachen Kolben und schwachen Ventilen, der auch in der Abnahme nur mit herabgesetzter Leistung lief und auch vorher nicht hoch belastet war …

GenFeldm. Milch: Also haben wir bei drei Versuchen einwandfrei nur einen, bei dem es auf diese Sache zurückzuführen ist. Dann würde ich mich damit noch nicht zufrieden geben, sondern würde noch den einen oder anderen Versuch unbeschadet der anderen Sachen machen, und ich werde noch zwei oder drei weitere Motoren ausprobieren, die noch nicht hoch belastet waren.

Dietrich: Der Versuch ist bereits angelaufen. Es hängt davon ab, ob er weiterlaufen wird oder nicht. Die Motoren sind zur Zeit auf Lastwagen und müssen heute in Rechlin eintreffen. Falls keine Störungen eintreten, wird man in 10 Tagen weitere Ergebnisse haben.

GenFeldm. Milch: Auf dem Prüfstand oder im Flug?

Dietrich: 6 Motoren im Flug und 4 auf dem Prüfstand. Alle Motoren in der alten Ausführung.

GenFeldm. Milch: Wobei nur mit der verminderten Leistung gearbeitet wird. Ich würde es ruhig auslaufen lassen. Das braucht alles andere nicht aufzuhalten, oder wird dadurch etwas anderes verhindert?

Dietrich: Die Kapazität in Rechlin ist etwas beschränkt. Wahrscheinlich wird sich die Erprobung der Motoren mit starken Kolben und neuen Ventilen etwas hinausschieben, die noch nicht zu Ende ist. Die Entscheidung liegt bei Petersen, weil ein Erprobungsstand eingerichtet wird.

GenFeldm. Milch: … Es handelt sich darum, einmal festzustellen: Kann man durch Herabsetzung der Leistung einen für die Front vertretbaren Zustand herstellen oder nicht? Die Frage ist bisher nicht voll geklärt …

Petersen: Ich habe zwölf 109 geflogen, davon sind 6 in alter Ausführung geflogen, mit unverstärkten Kolben, aber hoher Leistung. Ein Kolbenbrenner ist schon nach 1,5 Flugstunden eingetreten. Am Sonntag hat die E-Staffel über 45 Stunden geflogen; es ist nichts aufgetreten. Sie fliegen jetzt, solange es Tag ist, andauernd mit 5 Maschinen hintereinander weg. Ich würde vorschlagen, dieses Ergebnis abzuwarten. Die anderen 6 Flugzeuge haben die Triebwerke auch gewechselt. Wir machen in einer Woche 100 – 200 Betriebsstunden, und ich glaube, dass man in 8 Tagen ein Bild geben kann.

GenFeldm. Milch: Also erster Besprechungspunkt in 8 Tagen: der 605. – Wir wollen das so machen und nicht gleich die Flinte ins Korn werfen.«[119]

Die stenografische Aufzeichnung bietet mit dieser wortwörtlichen Aufzeichnung der hochrangigen technischen Diskussionen ein unschätzbares Fenster in die Vergangenheit. Das Chaos ist spürbar, ebenso wie die Tatsache, dass Milch oft daran verhindert wird, klare technische Antworten zu erhalten; das deutsche Organisationssystem war grundlegend gestört. In der Zusammenfassung wird klargestellt, was aus dem ausführlichen Bericht nicht ersichtlich war: Die Probleme waren entstanden, weil in den Testmotoren, die in den Treibstoffentwicklungszentren (und in den Motorenfirmen selbst) verwendet wurden, wie z. B. in den vom Chemiegiganten IG Farben und anderen betriebenen Firmen, einfach nicht dieselben nickelarmen Ventile verwendet wurden wie in den serienmäßig hergestellten Motoren. Die Testmotoren wurden nicht mit Teilen aus der Serienproduktion zusammengebaut.

Die Sitzung, bei der dies schließlich zugegeben wurde, wurde im GL-Konferenzprotokoll wie folgt zusammengefasst:

»DB 605.

Generaling. Eisenlohr und Dipl. Ing. Dietrich berichten über Ablauf der Entwicklung und Erprobung. Während 2000 Prüfstandsstunden sind keine Beanstandungen an Kolben und Ventilen aufgetreten. Es steht eindeutig fest, dass die Kolben- und Ventilschwierigkeiten begründet sind in der Herabsetzung des Nickelgehaltes der Ventile von 14,7 % bei den Erprobungsmotoren auf

7 bis 8 % bei den Serienmotoren.[120] Die Fertigung ist umgestellt auf stärkere Kolben, in Auftrag gegeben ist die Verchromung der Ventile. Die Erprobung erfolgt z.Zt. auf breiter Basis ... Endgültige Klärung wird bis zum 26.5.1942 durch die Erprobung erbracht.

Der Generalfeldmarschall fordert, dass der DB 605 als wichtigster Jägermotor schnellstens in Ordnung kommt. Nickel ist sofort in der erforderlichen Menge zuzuteilen. Die Materialfrage ist durch eingehende Versuche zu klären. Angestrebt werden muss der geringste mögliche Verbrauch von Engpassmetallen unter Aufrechterhaltung der Betriebssicherheit. Prof. Seewald wird gebeten, die Forschungsinstitute in die Materialuntersuchungen und die Klärung des Einflusses der Kraftstoffe, insbesondere des Einflusses der C3-Komponente im B4-Kraftstoff, einzuschalten.

Oberstlt. Petersen weist auf die starken Vibrationen des Motors in allen Drehzahlbereichen hin. Die Behebung vor dem Fronteinsatz wird für unbedingt notwendig gehalten.«[121]

Niemand hatte die Kontinuität der Spezifikationen zwischen den Testmotoren und den Serienteilen sichergestellt; es handelte sich um einen katastrophalen Lapsus im organisatorischen Ablauf mit kolossalen betrieblichen Auswirkungen auf die Leistung fast aller wichtigen deutschen Kampfflugzeuge im Einsatz. Ein einziges winziges Detail in der Motorenentwicklung hatte eine der größten militärischen Luftfahrtkatastrophen des Zweiten Weltkriegs verursacht. Deutschlands wichtigste Luftüberlegenheitsjäger flogen seit über einem Jahr mit weitaus geringerer Leistung und waren daher nicht schneller als die veralteten Modelle, die sie angeblich ersetzt hatten. Jeder deutsche Jagdflieger der Luftwaffe flog mit einem Handicap. Es war ein erstaunlicher Fehler Eisenlohrs, dass er eine solche Situation so lange unentdeckt ließ, und ein ebenso großer Fehler, dass er nicht dafür sorgte, dass die Kommunikation zwischen den Testmotorgruppen und den Serienmotorgruppen reibungslos funktionierte.

Am 26. Mai, eine Woche später, wurde die Diskussion fortgesetzt:

»Eisenlohr: Der erste Motor ist nach 38 Stunden abgebrochen worden. Ein zweiter Motor ist durch einen Schaden an einem Getrieberad ausgefallen. Es handelt sich um einen Motor alter Ausführung mit den sehr schwachen Kolben mit dem heutigen Ventilmaterial und mit herabgesetzter Leistung. Der erste Motor ist infolge Kolbenschadens ausgefallen, der zweite Durchbruch innerhalb des mechanischen Antriebs des Geräteteils zu Bruch gegangen. Da muss seitens eines Unterlieferanten ein Fertigungsfehler vorgekommen sein.

Für den ersten Motor wurde ein Ersatzmotor aufgebaut, der nach 24 Stunden solche Flammen gezeigt hat. Er ist noch nicht ausgefallen, aber zunächst angehalten, um den Schaden genau festzustellen. Es war zugleich ein Schaden am Kondensator eines Zinnmagneten, wodurch Zündstörungen aufgetreten sind. Ein vierter Motor ist zur Zeit bei 15 Stunden; bisher ist daran kein Schaden aufgetreten. In Marienfelde ist derselbe Motor nach 36 Stunden ebenfalls mit einer solchen weißen Flamme angehalten; es ist noch kein Schaden aufgetreten; das wird kontrolliert.

Ein zweiter Motor hat nach 26 Stunden die gleichen Erscheinungen gezeigt. Parallel dazu wurde ein gleicher Motor aufgebaut, der mit dem Brennstoff vom vorigen Jahr betrieben wird. Dieser kommt heute ohne Störung auf 100 Stunden. In Genshagen ist ein Motor mit den verstärkten Kolben gelaufen; er dürfte zurzeit seine 100 Stunden ohne Schaden erreicht haben. Die Motoren der alten Ausführung sind gefährdet, die der neuen sind offenbar weniger gefährdet. Vergleichsversuche bestätigen das. Auch in der Türkei laufen noch welche. Es zeigt sich, dass der Kraftstoff einen gewissen Einfluss hat. Wir haben nun durch die DVL Genshagen an einem Motor Messungen machen lassen, und es ist dort festgestellt worden, dass der neuere Kraftstoff, der einen niedrigeren Dampfdruck hat, also schlechter verdampft, nicht ganz aufgeschlossen ist, wenn der Kompressionsvorgang zu Ende ist, wenn die Zündung einsetzt. Es tritt dadurch ein, dass in diesem Moment der Motor etwas warm ist. Wenn der Verbrennungsvorgang zu Ende ist, brennt das Gemisch noch im Auspuff nach, und dadurch tritt eine hohe Verbrennungstemperatur ein, und zwar auch im Auspuffteil des Motors.

Die weiße Flamme ist ein Zeichen dafür, dass infolge der Erhitzung der Ventile eine Frühzündung erfolgt. Man hat in der DVL auch Versuche gemacht, diese weiße Flamme künstlich zum Erscheinen und Verschwinden zu bringen. Diese Versuche sind noch im Anfangsstadium. Man legt dabei den Einspritzbeginn des Brennstoffs früher, als es heute der Fall ist. Dadurch wurde erreicht, dass die Verbrennungstemperatur im Zylinder auf einen bestimmten Betrag heruntergegangen ist, schätzungsweise um 50°. Die mittlere Verbrennungstemperatur dürfte bei 1500 bis 1600° liegen. Das kann aber die untere Grenze sein. Außerdem ist durch eine geringe Anreicherung wahrscheinlich erzielt worden, dass auch von dem extra ganz aufgeschlossen Kraftstoff noch ein so großer Anteil aufgenommen worden ist, dass das Gemisch nicht zu arm ist und dadurch eine Temperatursenkung am Auslassventil um 20 bis 30° eingetreten ist. Das Auslassventil dürfte eine Temperatur von 500 bis 600° haben. Als dritter Faktor ist festgestellt worden, dass in den Auspuffstützen, die am Motor angeschraubt sind, ein gewisser Stau auftritt, der von erheblichem Einfluss auf den Motor ist.

Wir haben heute mit Professor Schmidt von der DVL ein Programm durchgesprochen, indem wir den Zustand für verschiedene Versuchsmotoren festgelegt haben, die ab morgen laufen werden und mit denen gezeigt werden soll, ob die Möglichkeit besteht, durch Änderung des Einspritzbeginns oder eine geringe Anreicherung auch die Motoren mit schwachen Kolben wieder einsatzfähig zu machen. Die Flugerprobung in Rechlin geht neben her. Es fliegt noch ein DB 605 in dieser gleichen Ausführung mit den schwachen Kolben in einer Ju 52 in Rechlin. Dieser hat heute

Morgen 72 Stunden gehabt, ohne dass bisher etwas aufgetreten wäre. Aber dieses Flugzeug hat andere Auspuffendrohre als sie im Jagdflugzeug sind, mit endsprechend anderem Gegendruck.

GenFeldm. Milch: Wieviel beträgt die Geschwindigkeitseinbuße durch diesen gesteigerten Gegendruck?

Eisenlohr: Das muss erst ermittelt werden. Ich glaube aber, dass sie 20 bis 30 km/h beträgt, also 5 %.

GenFeldm. Milch: Halten Sie den neuen Kraftstoff gegenüber dem vorjährigen für besser oder schlechter?

Eisenlohr: Wenn man den Motor entsprechend einstellen kann, ist er besser. Bei 601 N haben wir keine Schwierigkeiten mit dem Kraftstoff gehabt.[122] Er ist als solcher eigentlich höherwertig. Es sind auch keine Klopferscheinungen aufgetreten, sondern es ist ein zu träges Verbrennen dadurch, dass das Mischungsverhältnis schlechter wird. Bei dem Motor 605 werden die Verhältnisse noch zu klären sein …

GenFeldm. Milch: Wir wollen zunächst auf alle Fälle den Weg ganz sicher machen, damit uns nicht in diesem Sommer bei dem Jäger etwas passiert. Das wäre eine Katastrophe. Da müssen wir uns also darüber klar werden, ob die Verchromung schon genügt mit dem jetzigen kleinen Nickelgehalt oder ob wir etwas zulegen müssen.

Mahnke: Die Neufabrikation läuft mit den verstärkten Kolben. Die Verchromung ist ebenfalls umgestellt, so dass für die Serienverchromung für den Gesamtbedarf keinerlei Gefahr mehr besteht. Es ist wahrscheinlich zweckmäßig, bei allen anfallenden Motoren, die zur Überholung kommen, die Kolben und Ventile nach Möglichkeit auszutauschen.

GenFeldm. Milch: Aber nicht von vornherein, sonst kommen wir mit der Auslieferung in Schwierigkeiten. Vielleicht kann Petersen einmal über den augenblicklichen Stand der Flugerprobung bei der Erprobungsstaffel berichten.

Petersen: Die Lage ist nicht sehr rosig. Ich bin im Dezember bei Cambeis gewesen und habe das alles durchgesprochen. Eine entsprechende Meldung habe ich an Oberst Vorwald abgegeben. Technisch ist die Situation so, wie sie der Herr Generalingenieur geschildert hat. Ich habe den Sachbearbeiter von Rechlin mitgebracht, der nachher Einzelheiten vortragen kann. Das Ubelste ist, dass für die Baureihe 1 noch kein Motor da ist. Eine Ju 88 kommt in den nächsten Tagen mit zwei Motoren. Das ist aber noch nicht das endgültige Triebwerk, sondern eins mit Bauchkühler, also eine V-Serie. Es ist so, dass wir mit der Auslieferung der Triebwerke von Junkers nicht vor April rechnen können. Wir haben in Staaken 5 Ju 88 zum Umbau und zur Erprobung bereitgestellt. Mit der Erprobung der endgültigen Triebwerke 213 plus dem Motor der Baureihe 1 werden wir erst Anfang Mai auf breiter Basis beginnen können. Bisher sind nur Prüfstandläufe durchgeführt worden, und man kann schon sagen, dass das, was bisher erprobungsseitig gemacht worden ist, als äußerst dünn bezeichnet werden muss.

GenFeldm. Milch: Das ist also besser geworden?

Petersen: Es ist besser geworden, so dass, wenn wir tatsächlich darauf kommen, dass pro Flugzeug jetzt noch 20 bis 25 Stunden geflogen werden, Galland einverstanden ist, die Flugzeuge in der jetzigen Form an die Front zu bekommen, ohne Änderung, nur mit herabgesetzter Leistung und mit der Zündkerzenbelüftung. Ich habe am Sonnabend einen Befehl herausgegeben an Messerschmitt, dass die Zündkerzenbelüftung, der Kanal, einzuführen ist, und ich bitte gehorsamst, dass das vom Amt ausgemacht wird.

GenFeldm. Milch: Ist das nun eine kleine Sache?

Petersen: Ja, es ist nichts weiter als ein Kanal an der Innenseite der Haube.[123]

GenFeldm. Milch: Gut, sagen Sie Cuno, ich lasse ihm danken. Wenn es sich bewährt, bitte ich um eine neue Meldung.

Petersen: Insgesamt habe ich die Hoffnung, dass das Flugzeug mit der jetzigen Änderung durchkommen wird.«[124]

In einem sehr kurzen Themenwechsel von der sich um sie herum entfaltenden Katastrophe wollte Milch auf der GL-Konferenz am 27. Mai 1942 über ausländische Motoren von über 2000 PS sprechen. Was sie sich von solchen Studien versprachen, ist zu diesem Zeitpunkt schwer zu sagen.

»GenFeldm. Milch: Eisenlohr, Sie und Schwenke gemeinsam müssen innerhalb der nächsten 5 Wochen einmal über englische oder amerikanische Motoren von 2000 PS und darüber vortragen.

Lucht: Da gibt es eine Zusammenstellung von Brugmann.

GenFeldm. Milch: Wir wollen nur einmal sehen, wie die Entwicklung läuft. – Wenn Russland Motoren über 2000 PS hat, bitte über die auch.«[125]

Auf der GL-Konferenz am 2. Juni machte Dr. Otto Cuno Daimler-Benz für diese Probleme verantwortlich und kritisierte vor allem die Zylinderkopfkonstruktion. Cuno war bestrebt, seine eigene Position beim RLM zu verteidigen, und die Schuld auf den Hersteller zu schieben, war die einfachste Option, obwohl er wahrscheinlich Recht hatte, dass der Kühlwasserkreislauf von Daimler-Benz nicht so modern war wie der der Jumo-Motoren.

»Cuno: Es liegen auch bei DB 601 Beanstandungen an den [Zündkerzen-]Steckern vor. Das sind Schwierigkeiten bei der Beschaffung. Wir haben zunächst einen Bakelitstecker genommen. Er hat die Aufgabe, das Kerzenkabelende von dem heißen Punkt der Kerze weg zu bringen, also eine größere Entfernung vom Motor bis zum Kabel zu schaffen. Das Kabelmaterial ist in der Qualität etwas gesunken und ist deshalb weniger hitzebeständig. Eine anständige Zündkerzenbelüftung vermindert aber ein Verbrennen des Kabelendes, und ich brauche keinen Kerzenstecker. Das wird zur Zeit untersucht. Es ist möglich, dass man die Kerzenstecker hinaus wirft, wenn die Zündkerzenbelüftung eine genügende Temperaturerniedrigung auf 60 – 80 Grad bringt.

Wir sind auch seit langem der Auffassung, dass die Konstruktion des Zylinderkopfes von Daimler-Benz, die ja im wesentlichen einer Kochkiste ähnelt, daran schuld ist. Das drückt sich auch in immer höheren Verbrauchsziffern aus, die bei Daimler-Benz um 20 g pro PS und Stunde höher liegen. Die Kerzenbelastung ist ja sehr viel höher bei Daimler-Benz, gerade beim Verbrennen von Kabelenden. Ich betrachte aber das Verchromen von Ventilen im Gegensatz zur BVL nicht als homöopathisches Hilfsmittel, sondern als normale Einsparungsmöglichkeit. Wir haben diese Verzunderungsmöglichkeit auch beim [Jumo] 211, wo wir nach 100 Stunden praktisch den ganzen Ventilsatz wegwerfen müssen. Ein verchromtes Ventil kann ich jederzeit wieder einbauen.

GenFeldm. Milch: … Wenn wir vom Verchromen weg kämen, wäre das aus anderen Gründen erwünscht. Wenn es aber nicht ohne Chrom geht, müssen wir das herein tun. Die Kerzenbelüftung wird überall durchgeführt.

Cuno: Jawohl, und zwar von Rechlin aus befohlen … Wir haben auch bei der 603 in Rechlin eine 100-Stunden-Erprobung durchgeführt mit 10 Stunden Startleistung, 50 Stunden Steigkampfleistung und 50 Stunden erhöhter Dauerleistung mit dem normalen alten Motor. Es gab keinen Bruch.

GenFeldm. Milch: Worauf führen Sie das zurück?

Cuno: Es war ein Motor, bei dem gerade das Zusammenwirken mehrerer Momente infrage kam: vergrößerter Auspuffgegendruck oder starke Verzunderung von Ventilen ist nicht aufgetreten. Möglicherweise spielt die Abwärme von den Ventilsitzen eine ausschlaggebende Rolle. Der Ventilsatz überträgt ja die Wärme des Ventils auf den Zylinder selbst.

GenFeldm. Milch: Das war ja auch beim alten BMW 5A die Hauptschuld, dass der nicht funktionierte.

Cuno: Wir haben auch wieder gesehen, dass die Ventile mit gutem Sitz in der Regel wenig verzundert sind. Deshalb die alte Forderung an Daimler-Benz, die Ventilhaltbarkeit zu steigern. Das wurde aber jetzt erst beim 605 durchgeführt, und zwar nach Vorschlägen, die keinesfalls von Daimler-Benz stammen. Es wurde ihnen immer wieder nachgewiesen, dass ihre Ventile Sätze im Gehäuse locker gehen, bei schlechter Wärmeübertragung. Beim 606 wird man mit 40 bis 50 Stunden Betriebszeit rechnen können, nur weil die Ventile schlecht halten.

GenFeldm. Milch: Nun wird allmählich alles verchromt und kommt mit dem nötigen Nickelgehalt herein?

Cuno: Jawohl, aber die Hauptsache gerade bei den alten Motoren ist nicht drin, dass nämlich der Ventilsatz besser ins Gehäuse eingesetzt ist. 601 und 606 rücken jetzt erst mit einem Jahr Verzögerung in die Serie ein.

GenFeldm. Milch: Daimler-Benz ist wohl etwas sehr konservativ?!

(Wird bejaht.)

GenFeldm. Milch: Könnte man die nicht dazu bringen, dass sie in einer Arbeitsgemeinschaft mit anderen Motorenfirmen und unseren Instituten auch mal zu einem vernünftigen Zylinderkopf übergehen, der keine ›Kochkiste‹ ist? Kann man da etwas tun?

Seewald: Man muss gerade bei Daimler-Benz den Eindruck erwecken, dass ein Gedanke von ihnen selbst stammt.

Cuno: Zusammenfassend kann man sagen, dassder 605 an der Front mit den heruntergesetzten Leistungen keine Schwierigkeiten bieten wird. Es ist aber unbedingt erforderlich, dass wir schnell auf die früheren Leistungen kommen. Er ist in der Erprobung angelaufen mit den verstärkten Kolben und verchromten Ventilen. Danach halte ich es für möglich, dass 606 ein guter Motor wird. Die Kurbeltrieblage ist an sich sehr gesund, das haben alle Erprobungen bewiesen.

Cuno: Das einzige, was versucht werden könnte, wäre, ob die Bakelitstecker wieder weggelassen werden können.

GenFeldm. Milch: Mir scheint es wichtig, dass Ihr Kühlungssystem wieder durchgeführt wird. Dass das Kühlsystem verbessert wird. Wenn dann die Maschinen an die Front kommen, müssen wir möglichst sofort Bericht hierher bekommen, was los ist, wo es Schwierigkeiten gibt, und da muss dann sofort Cuno von der Erprobung mit eingeschaltet werden.

Galland: Wir müssen ja die ganzen Maschinen noch umrüsten, motoren- und zellenmäßig. Ich weiß nicht, wie lange der Durchgang eingeschätzt wird. Wahrscheinlich gibt es einen Arbeitsaufwand von 80 Stunden pro Maschine.

Vorwald: Es dauert eine ganze Weile, denn es sind sehr viele Kleinigkeiten dabei, die alle gemacht werden müssen.

(Cuno legt dem GenFeldm. eine Aufstellung vor.)

GenFeldm. Milch: Wie viele Stunden sind das nun im Ganzen?

Cuno: Ich kann es nicht abschätzen.

Galland: Aber befohlen ist das noch nicht?!

GenFeldm. Milch: Wer befiehlt das nun?

Vorwald: Heute Nachmittag ist eine Besprechung zwischen den Abteilungen und dem KdE. Das wird heute klargemacht. Hübner muss muss die Anweisung an die Truppe geben.

Cuno: Ich habe noch einen Vorschlag, dass wir weitere Erprobung mit Dauerleistung fliegen.

GenFeldm. Milch: Unbedingt, aber die Frage ist, ob man nicht erst die Verbesserungen abwartet.

Cuno: Ich meinte das mit dem verstärkten Kolben und mit den verchromten Ventilen.

GenFeldm. Milch: Unbedingt, da wird wohl kein Bedenken sein. Also erst wird umgerüstet, dann kommen die Dinger an die Front

Eisenlohr: … Jetzt sind Versuchs[zylinder]köpfe von Daimler-Benz in Arbeit, die hoffentlich die erwünschte Verbesserung bringen. Leider hat es lange gedauert, bis Daimler-Benz selber erkannt hat, dass es tatsächlich daran hängt. Für den Ausgleich ist insofern gesorgt, als wir zwangsweise jetzt in die Entwicklungsabteilung von Junkers einen Daimler-Benz-Motor und umgekehrt einen Junkers-Motor nach Daimler-Benz geschickt haben. Spätestens jeden zweiten Monat werden sich die leitenden Entwicklungschefs unter unserer Führung darüber aussprechen.

GenFeldm. Milch: Viele Firmen ändern ja grundsätzlich erst dann, wenn das Werk im Brausen liegt. Für uns ist es ja sehr ver-

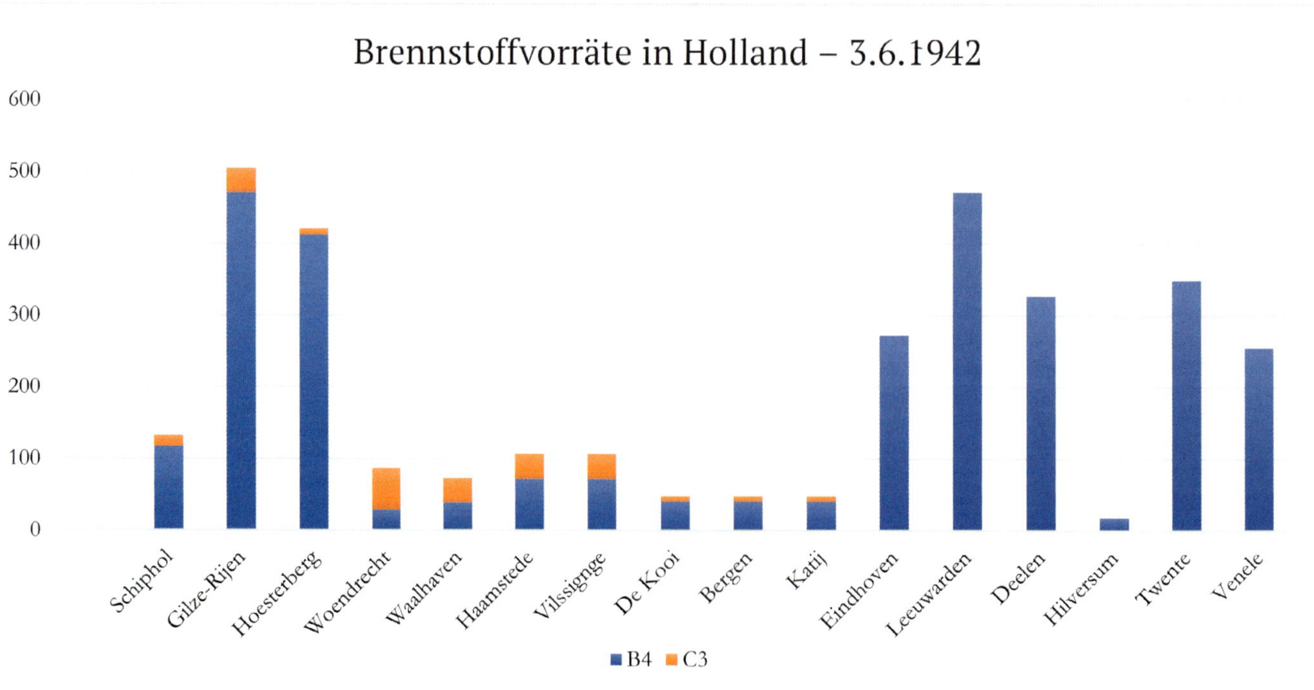

Brennstoffvorräte in Holland mit Mengen von B4 und C3.

antwortlich, etwas zu verlangen, wenn die Leute selbst noch nicht der Meinung sind. Wenn man aber hier zu ganz anderen Ergebnissen gekommen ist, kann man stärker auftreten. Se[e]wald ist in diesem Sinne nicht so Behörde oder RLM, sondern außenstehende reine Forschung und kann da etwas hineinleuchten.«

Die Diskussion wendet sich dann dem DB 603 und seiner Entwicklungsgeschichte zu:

»GenFeldm. Milch: Nächster Punkt DB 603.

Eisenlohr: Der DB 603 war von uns so disponiert, dass wir, nachdem die Entwicklung Anfang 1940 wieder angefangen worden ist, verhältnismäßig frühzeitig in eine Nullserien-Fabrikation einsteigen wollten, einmal um der Entwicklungsbasis eine große Anzahl von Motoren zu verschaffen, die aus dem Entwicklungswerk in Stuttgart nicht herauskommen konnten.

Die Entwicklung des DB 603, die ursprünglich schon 1937 begonnen war, ist im Jahre 1940 noch einmal neu aufgegriffen worden. Daimler-Benz war damals reichlich optimistisch. Nachdem allerdings die Größenordnung sehr schnell starken Anklang fand und man immer wieder versuchte, den Motor sehr früh herein zu bringen, musste das Programm immer wieder revidiert werden, so dass es auf den Herbst 1942 gelegt wird, entgegen den Wünschen von der Flugseite. Der Motor hat an und für sich auf dem Prüfstand über 3000 Stunden gelaufen, hat dabei aber auch noch eine Reihe von Schwierigkeiten gezeigt, einmal im kleinen Getrieberad, aber erst neuerdings aufgetreten und zwar nur auf den Prüfständen: das kleine Getrieberad vorne im Motor bricht aus. Ob und wie weit diese Brüche eine Schwäche des Motors sind oder auf Eigenheiten zurückgehen, die vielleicht in der Werkstofffrage liegen, ist noch nicht geklärt und wird zur Zeit untersucht. Daimler-Benz glaubt augenblicklich – aber das kann ich noch nicht als erwiesen betrachten –, dass diese Angelegenheit von dem Prüfstand selbst herrührt …

Ein zweiter schwieriger Punkt ist der sogenannte Ölfangring. Der 603 ist sowohl im Grunde als auch im Pleuellager rollengelagert. Bei einem rollengelagerten Motor kann man nicht durch ein Lager hindurch das andere schmieren, sondern das Öl läuft heraus aus dem Rollenlager, so dass aus dem Grundlager die Schmierung bewirkt wird. Das Öl wird durch den Ölfangring abgefangen, genau wie es Daimler-Benz bei allen Bootsmotoren macht, und dem Pleuellager zugeführt. Das Schmierungssystem geht durch den Dauerring. Es ist noch nicht gelungen, Ringe herzustellen, die eine lange Betriebszeit aushalten. Man kommt manchmal auf 100 Stunden, manchmal ist er früher gebrochen, dann läuft das Öl vorzeitig aus dem Ring heraus und kann dem zweiten Lager nicht zugeführt werden. Das führt dann zu einer Zerstörung des Pleuellagers.

GenFeldm. Milch: Halten Sie diese Konstruktion für durchaus notwendig? Gibt es keine bessere?

Eisenlohr: Es gäbe natürlich die Möglichkeit, Gleitlager anzuwenden. Aber wir haben mit Rollenlagern gute Erfahrungen gemacht.

GenFeldm. Milch: Warum überleben diese Ringe nicht? Ist das ein Materialproblem?

Eisenlohr: Es hängt wahrscheinlich mit einer Schwingungsfrage des Motors zusammen ... An den äußeren Kerzen treten ungewöhnlich schnelle Verbrauchserscheinungen auf, so dass man sie nach 30 Stunden auswechseln muss, während sie bisher immer sehr viel länger gehalten haben ... Ob das mit der Kraftstoff- oder Werkstoffumstellung in der Kerze zusammenhängt, ist noch nicht geklärt.«[126]

Alle Anwesenden waren bestrebt, die Schuld auf die Motorenhersteller zu schieben, obwohl die eigentliche Ursache der Schwierigkeiten die Einführung von Sparstählen in den kritischsten Motorenteilen war, ganz zu schweigen von der fast nicht vorhandenen Kommunikation zwischen dem RLM, den Firmen und den Prüfeinrichtungen. Es ist bemerkenswert, dass bei den RLM-Sitzungen nur sehr wenige Vertreter der Triebwerksfirmen selbst anwesend waren, so dass die Sitzungen zu einer Echokammer einseitiger Schuldzuweisungen wurden. Ein weiteres ernsthaftes Problem für die deutschen Triebwerkskonstrukteure wurde am 3. Juni 1942 in den Daten über die Flugkraftstoffvorräte in den Luftwaffenstützpunkten in Holland aufgezeigt.[127] Das RLM meldete, dass weniger als 8 % des gesamten gelagerten Treibstoffs aus hochoktanigem C3 bestand, der Rest aus 87-oktanigem B4. Nicht nur produzierten die Alliierten weitaus mehr Treibstoff als Deutschland, sondern auch nur einen kleinen Prozentsatz des von Deutschland produzierten Treibstoffs war mit hoher Oktanzahl. Die tatsächlich verfügbare Menge an hochoktanigem Kraftstoff war im Vergleich zur alliierten Produktion verschwindend gering.

Zur gleichen Zeit wurden in den USA und in England große Fortschritte bei der Entwicklung von Lagern mit dünnwandigen indiumbeschichteten Lagern und solchen mit Silber gemacht. In Amerika hatte man festgestellt, dass ein vernünftiges Kurbelwellenlager mit einem Aluminiumrücken hergestellt werden konnte, aber in Deutschland versuchte man noch zu testen, ob solche Lager eine Lösung für die anhaltenden Schwierigkeiten sein könnten. Daimler-Benz testete am 5. Juni 1942 einen DB 605 mit Kurbelwellenlagern auf Aluminiumbasis, und die Ergebnisse waren nicht ermutigend:

»Bei Startleistung war das Lager Nr. 4 nach 25 Stunden völlig zerstört.«[128]

Die Lager waren mit 43 kg/mm² Brinell-Härte recht weich, und auch die Laufeigenschaften waren nicht gut genug. Sie wurden von der Firma Karl Schmidt geliefert und bestanden aus 0,3 % Silizium, 0 % Kupfer, 0 % Blei, 1,46 % Eisen, 1,5 % Mangan, 0,11 % Magnesium, 0,13 % Nickel, 0 % Zinn, 0,55 % Chrom und der Rest (95 %) Aluminium. Daimler-Benz musste es erneut versuchen.

Etwa zur gleichen Zeit stellte die Firma Packard in den USA Lager für den V-1650-Motor her, der bald im zweistufig aufgeladenen Mustang eingesetzt werden sollte. Dieser hatte einen Stahlträger, der mit einer extrem dicken Schicht aus massivem Silber überzogen war. Diese war wiederum mit einer abschließenden Schicht aus Blei-Indium überzogen. Sie waren allem, was in Deutschland hergestellt wurde, haushoch überlegen.

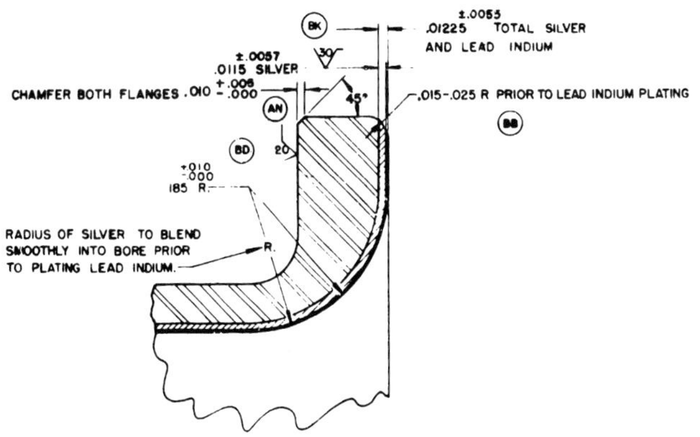

Packard Merlin V-1650: Bauweise der Lager.

Otto Lutz veröffentlichte am 6. Juni eine vielversprechende Arbeit über seinen Beitrag zur deutschen Luftfahrt, Distickstoffoxid:

»... vor dem Ersten Weltkrieg tauchten viele Vorschläge auf, von denen aber keiner technische Bedeutung erlangte ... Salpetersäure, Wasserstoffperoxid, flüssiger Sauerstoff und Tetranitromethan. Stickoxidul [Distickstoffoxid] wurde wegen seines geringen Sauerstoffgehalts als nicht aussichtsreich befunden ...

Für Flugmotoren ... ist es das Verdienst der Erprobungsstelle Rechlin, auf Grund einer taktischen Forderung des Generalstabs erstmalig größere Versuchsreihen über die Steigerung der höheren Leistung durch Zugabe von Sauerstoff durchgeführt zu haben. Die Versuche ergaben, dass wegen des gegenüber Luft fehlenden Stickstoffballastes schon bald eine Überhitzung des Triebwerks eintritt. Nach Kenntnis der Aufgabenstellung habe ich im Frühjahr 1940 Stickoxidul als Sauerstoffträger vorgeschlagen, das sich inzwischen bei vielen in den Forschungsanstalten, der Erprobungsstelle Rechlin und den maßgeblichen Industriefirmen durchgeführten Versuchen an Ottomotoren bewährt hat und zur Einführung bei der Truppe gekommen ist.«[129]

Lutz hatte auch die korrosiven Aspekte der verschiedenen Flüssigkeiten verglichen, die als leistungssteigernde Mittel in Frage kamen, und es scheint, dass er der erste war, der Distickstoffoxid ernsthaft in einem Flugmotor testete:

»Salpetersäure greift Eisen, Magnesiumlegierungen und Bronze an. Aluminiumlegierungen sind jedoch einigermaßen resistent. Sauerstoff ist relativ inert, außer bei einigen Al/Mg-Legierungen.

Tetranitromethan zersetzt sich leicht und verhält sich dann wie Salpetersäure, obwohl es im unzersetzten Zustand erstaunlich inert ist. Bei Wasserstoffperoxid sind die Schwierigkeiten minimal, Salpetersäure ist derzeit für die Verwendung in heutigen Flugzeugtriebwerken gefährlich.«[130]

Distickstoffoxid erhöhte die Verbrennungsgeschwindigkeit im Motor erheblich, was ihm einen bedeutenden Vorteil im Kampf gegen das Einsetzen der Detonation verschaffte und damit die Klopfgrenze effektiv anhob. Lutz stellte fest, dass der Motor mit reinem Sauerstoff nur um 10 % überlastet werden konnte, mit Lachgas jedoch 30 % leicht zu erreichen schienen, was in einzelnen Tests zu einer kurzzeitigen Verdoppelung der Leistung in Nennhöhe geführt hatte.

»Mit Zusatz von Wasserstoffperoxid war der Betrieb eines DB 601 nicht möglich. Schon bei geringen Zugaben wurde der Lauf unruhig, und es zeigten sich ausgesprochene Brennererscheinungen. Auch Salpetersäure steigert die Klopfneigung, wie mir aus Versuchen der BMW-Spandau berichtet wurde. Trinitromethan hat die unangenehme Eigenschaft, dass es den Bleizusatz von geweihten Kraftstoffen durch Oxidation unwirksam macht. Schon geringe Zusatzmengen setzen die Oktanzahl stark herab.«[131]

Lutz schloss seinen Beitrag mit einer Liste von Punkten zur Theorie:

»1. Nicht nur die Sauerstoffkonzentration ist entscheidend, sondern auch die Verdampfungswärme und die Vollständigkeit der Verdampfung im Ansaugtrakt.
2. Wasserstoffperoxid wäre am günstigsten, wenn es gelänge, es im Zulaufsystem verdampfen zu lassen.
3. Thermisch am besten geeignet ist Distickstoffoxid, da es leicht verdampft und die Verdampfungswärme ausreicht, um die Leistung um 100 % zu erhöhen.
4. Aufgrund von Korrosion sind Salpetersäure und Tetranitromethan für eine angemessene Betriebsdauer nicht geeignet.
5. ....
6. Distickstoffoxid ist reinem Sauerstoff überlegen, da es eine Steigerung der Motorleistung ohne Erhöhung der thermischen Belastung ermöglicht.
7. Allerdings hat Distickstoffoxid nur 60 % des spezifischen Vorteils von Sauerstoff, so dass für kurze, große Steigerungen Distickstoffoxid vorzuziehen ist, für längere, aber kleine Steigerungen ist Sauerstoff am besten geeignet.«

Lutz erläuterte auch, wie die Systeme bei den Jägern Bf 109 und Fw 190 angewandt wurden und wie die Substanzen hergestellt und an der Front verteilt wurden.

»Beim Jagdflugzeug Bf 109 sind die Tanks an den Radverkleidungen in den Flügeln angebracht. Der Apparat hat ein Gesamtpotenzial von 2100 PS-Minuten, d. h. er kann sieben Minuten lang einen Leistungsschub von 300 PS liefern. Die Installation der Fw 190 ist ähnlich.«[132]

Das Tanksystem wog vollgefüllt 100 kg, wobei das Lachgas nicht unter Druck, sondern in flüssiger Form bei niedriger Temperatur auf dem Boden installiert wurde. Auf diese Weise lieferte es bis zu 4 PS pro Sekunde pro eingespritztem Gramm GM1, während es in flüssiger Form in einer Druckflasche nur noch 3 PS leistete. Die ersten Tests wurden im FKFS am Motor DB 601 Q durchgeführt, wobei Q für die GM1-Entwicklung steht.

»Die Bedingungen für die Lieferung von GM1 sind sehr günstig ... 60 Tonnen pro Tag können von zwei Produktionsstätten in

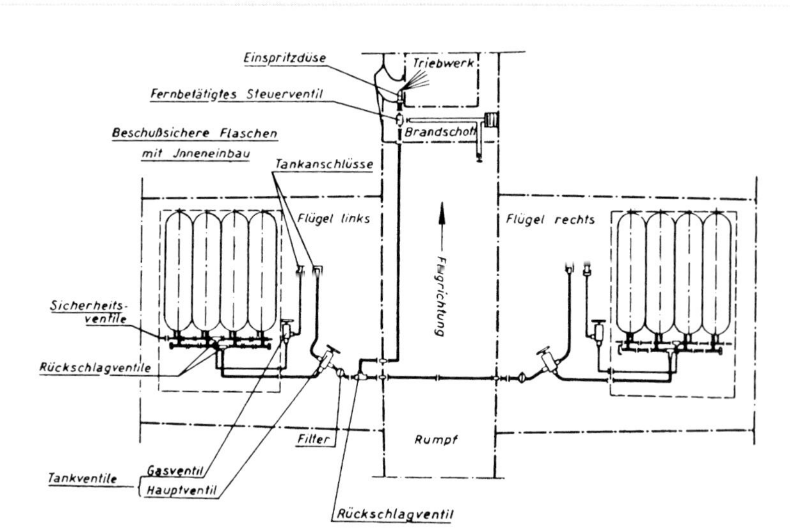

Schema des GM1-Systems in der Bf 109 F.

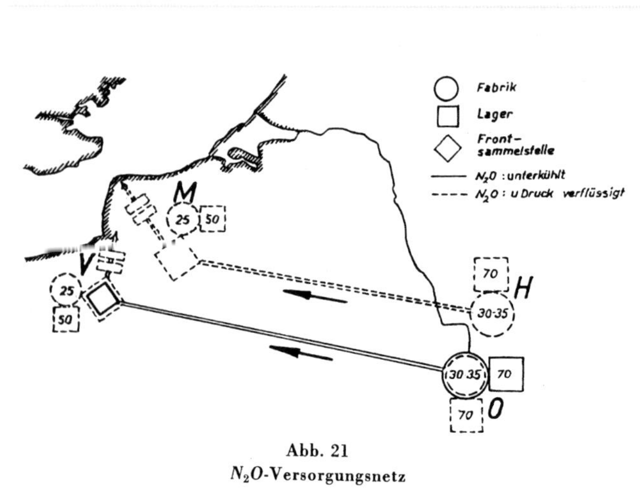

Lachgas-Verteilungsnetz

Deutschland geliefert werden, zwei weitere Werke im besetzten Frankreich können 40 Tonnen pro Tag beisteuern. Die Frontpanzer werden direkt von diesen Standorten aus versorgt, von wo aus es auf der Straße zu den Einsatzflugplätzen transportiert wird.«[133]

Die günstige Logistik für die Lieferung von GM1 mag ein Vorteil gewesen sein, aber ohne zuverlässige Motoren, in denen es eingesetzt werden konnte, war seine Existenz in gewisser Weise fraglich. Auf der GL-Konferenz in Berlin am 8. Juni 1942 wurde deutlich, dass das Problem des DB 601 abgesehen von einigen Maßnahmen zur Schadensbegrenzung noch nicht gelöst war.

»Professor Seewald berichtet, dass bei der DVL ein Motor mit alten Kolben und alten Ventilen z. Zt. mit 80 Stunden mit voller Leistung läuft. Bei diesem Motor wurde die Einspritzung anders eingestellt. Außerdem wurde der Kraftstoffverbrauch von 225 g/PSh auf 240 heraufgesetzt... Die bisherigen Versuche haben ergeben, dass sowohl der DB 601 wie besonders der 605 in der thermischen Belastung hart an der Grenze liegen. Als Übergangslösung muss deshalb nach Ansicht der DVL der erhöhte Ölverbrauch mit 240 g in Kauf genommen werden ... Durch die in Aussicht genommenen Maßnahmen (das Chrom in den Ventilen und stärkere Kolben) kann der Motor voraussichtlich für die augenblicklichen Anforderungen mit voller Leistung in 6 bis 8.000 m Höhe hingebracht werden. In Hinblick auf die Tendenz, in größere Höhen zu gehen, werden grundsätzliche Verbesserungen für erforderlich gehalten. Der Generalfeldmarschall bittet Prof. Seewald, in einer Entwicklungsbesprechung hierüber vorzutragen und einen Spezialisten der DVL für diese Besprechung mitzubringen. Prof. Seewald wird auch beauftragt, bei der Firma Daimler-Benz durchzusetzen, dass die Firma die Verbesserung des Zylinderkopfes von sich aus mit Nachdruck in Arbeit nimmt.

Oberstlt. Petersen berichtet, dass die Erprobungsstaffel auf 5 Flugzeugen mit gedrosselter Leistung 60 Stunden erreicht hat. An Zelle und Triebwerk sind eine Anzahl kleinerer Änderungen vorgenommen worden, die im Einzelnen genau festgelegt wurden. Nach Durchführung der Änderungen bestehen keine Bedenken, die 109 G mit gedrosselter Leistung und einer Begrenzung der Betriebsdauer des Motors auf 50 Stunden für die Front freizugeben.

Oberst Galland weist darauf hin, dass die letzte Erprobung, bei der die Start- und Notleistung weggedrosselt war, in Hinblick auf die Erfordernisse im Osten durchgeführt wurde ... Die eingesetzten Flugzeugführer sind einmütig der Überzeugung, dass der Motor jetzt hält. In der Unzuverlässigkeit der Bakelitstecker für die Zündkerzen wurde bei der Erprobung eine Fehlerquelle gefunden, die für sehr viele Störungen, insbesondere für den rauen Lauf und das Schütteln des Motors, ausschlaggebend gewesen ist. Gefordert werden muss der baldige Ersatz durch neue Bakelitstecker mit längerer Lebensdauer. Bis dahin muss die Truppe angewiesen werden, durch gute Wartung und häufigeres Auswechseln diese Fehlerquelle auszuschalten ...

Oberst Vorwald befürwortet die Freigabe des Motors für die Front unter der Bedingung, dass die von Kdr.E.St. ausgestellten Änderungen durchgeführt werden und die Laufzeit auf 50 Stunden mit verringerter Leistung begrenzt wird. Der derzeitige Stau beträgt 182 Flugzeuge.

Der Generalfeldmarschall betont die Notwendigkeit, in Afrika einen Reparaturbetrieb aufzumachen...

Stabsing. Cuno weist darauf hin, dass der Bakelitstecker, dessen Beschaffung Schwierigkeiten bereitet, möglicherweise durch eine wirksame Belüftung der Zündkerze zur Unterstützung der Kühlung vermieden werden kann. Die Untersuchungen laufen. Die Bakelitstecker und die Zündkerzenbelüftung sollen ein Verbrennen des Kabelendes verhindern. Schuld an diesen Schwierigkeiten ist die Zylinderkopfkonstruktion von Daimler-Benz, die als Kochkiste bezeichnet wird. Das Verchromen der Ventile bietet ganz allgemein große Einsparungsmöglichkeiten.

Auch bei dem thermisch günstig belasteten Jumo 211 muss praktisch nach 100 Stunden der ganze Ventilsatz wegen Verzunderung durch neue Ventile ersetzt werden. Ein verchromtes Ventil kann jederzeit wieder eingebaut werden. Betont wird die Wichtigkeit einer guten Verbindung des Ventilsitzes mit dem Gehäuse, um einen guten Wärmeübergang sicherzustellen. Die bisherige Konstruktion von Daimler-Benz war hierin unbefriedigend. Ein Motor mit guten Ventilsitzen ist in Rechlin mit 10 Stunden Startleistung, 40 Stunden Steigkampfleistung und 50 Stunden erhöhter Dauerleistung ohne Beanstandung geflogen worden. Der DB 605 mit herabgesetzter Leistung wird an der Front keine Schwierigkeiten bieten ...

General Eisenlohr berichtet sehr ausführlich über den Entwicklungsgang des DB 603. Zusammenfassend wird festgestellt, dass der DB 603 z. Zt. in einem Entwicklungsstadium ist, das noch nicht abgeschlossen ist. Der Einsatz ist noch nicht möglich. Die auftretenden Probleme sind:

a) Bruch des Kleingetrieberades vorne im Motor,
b) Bruch des Ölfangringes. Die Folge hiervon ist Zerstörung des Pleuellagers.
c) Das Schwingungsverhalten des Motors ist nicht einwandfrei.
d) Störungen an der Laderkupplung.
e) Ungewöhnlich schneller Verbrauch der äußeren Kerzen.
f) Schwierigkeiten am VDM-Propellergetriebe.«[134]

Die deutsche Motorenentwicklung wurde durch Materialmangel gebremst, es gab sogar Engpässe, z. B. bei Bakelit. Diese scheinbaren Kleinigkeiten konnten die Funktion der Zündanlage zerstören und konnten ebenso wenig ignoriert werden wie die Unmöglichkeit, genügend Nickel für die Herstellung zuverlässiger Ventile zu bekommen. Alles konnte angepasst und weiterentwickelt werden, und es wurden Maßnahmen ergriffen, um diese Schwierigkeiten zu lösen. Die Zeit, die für die Anpassung der Materialien aufgewendet wurde, war jedoch kostspielig; es ging Zeit verloren, die andernfalls für die Steigerung der

Leistung der Motoren hätte aufgewendet werden können – und nicht nur für deren Überleben. Das Triebwerk DB 603, das eine wechselvolle Entwicklungsgeschichte hinter sich hat, wurde von Cuno besprochen:

»Stabsing. Cuno meldet, dass in Rechlin 6 Motoren auf dem Prüfstand gelaufen sind und mit 4 Motoren Flugerprobung gemacht wurde. Die Motoren sind auf 60 bis 100 Stunden gekommen. Die Hauptstörungsursachen waren Ölfangringe, Laderkupplung und Schwingungsverhalten. Die Basis für die Flugerprobung ist viel zu schmal. Von den im Herbst 1940 und Frühjahr 1941 in Auftrag gegebenen 10 Flugzeugen Do 217 sind 7 von GL/C-E 2 gestrichen worden. 5 als Versuchsträger vorgesehene Ju 88 wurden gleichfalls gestrichen. Die Laufzeiten für Versuchsträger bei der Industrie sind viel zu lang.«[135]

Im weiteren Verlauf der Sitzung berichtete Galland, dass die BMW 801 immer noch unter einer großen Anzahl von Triebwerksausfällen litt, von denen die meisten auf Probleme mit der Ölqualität zurückgeführt wurden. Dadurch, so Galland, habe die Luftwaffe immer noch ein Defizit von 216 BMW 801. Milch ordnete an, dass vier Ingenieure für ihr schnelles Handeln bei der Behebung der schlimmsten Probleme des BMW-Motors an der Front mit Medaillen ausgezeichnet werden sollten.

Auch die Bf 109 war in ernsten Schwierigkeiten. Nach monatelangem Unheil erging schließlich am 18. Juni 1942 per Telegramm ein offizieller Befehl, der die Leistung des DB 605-Motors begrenzte:

»Technisches Merkblatt des Generalquartiermeisters für Luftfahrtgerät, Berlin, 18. Juni 1942.
Betreff: Motor DB 605 in der Me 109 G
Beim DB 605-Motor sind eine Reihe von Ausfällen durch Durchbrennen der Kolben aufgetreten. Es ist daher Folgendes zu beachten:
Die Start- und Notleistung mit einem Ladedruck von 1,42 atm. und 2800 Umdrehungen darf zur Zeit nicht verwendet werden. Die Steig- und Gefechtsleistung mit 1,3 atm. und 2600 Umdrehungen kann bei den älteren Motoren (Motornummern siehe unten) verwendet werden, wenn es betriebsnotwendig ist … Bei Motoren mit verstärkten Kolben ist die Gefahr des Durchbrennens der Kolben nicht so groß wie bei der älteren Version des Motors, aber die Start- und Notleistung darf trotzdem nicht verwendet werden.«[136]

Die Anordnung bestätigte, dass die Maßnahme zur Verdickung der Kolben bestenfalls ein Zwischenschritt war. Dass der Motor bei hohen Leistungen nicht zuverlässig war, überraschte zu diesem Zeitpunkt die deutschen Piloten kaum.

Am 16. Juni 1942 hatte BMW die Entwicklung eines hervorragenden Turboladers für den Einsatz in der Fw 190 und dem zweimotorigen mittleren Bomber Junkers Ju 188 abgeschlossen. Durch den Einsatz hohler Turbinenschaufeln, die durch die zentrifugal gepumpte Luft der hohlen Turboladerwelle gekühlt wurden, hatte BMW eine praktikable Lösung für den Mangel an Hochnickel-Legierungen gefunden, die normalerweise für solche Konstruktionen benötigt wurden.[137]

Die BMW-Konstruktion war ein Meisterwerk der Turboladerentwicklung.

Mit einem kunstvoll geformten Turbinenrohr, das den Gasstrom aerodynamisch aus dem hinteren Teil der Axialturbine glättete, und einem relativ geradlinigen Layout mit reiner Formgebung sprach es das Auge des Konstrukteurs sofort als eine hervorragend durchdachte Maschine an. Die Luft für die Kühlung der Turbinenschaufeln wurde durch das vordere Lager der Verdichterwelle zugeführt – siehe den Pfeil mit der Bezeichnung ›Kühlluft-Eintritt‹ in der Abbildung auf Seite 284 oben links.

Im Vergleich zu einigen zeitgenössischen Turbolader-Konstruktionen war die Einheit auch relativ klein, und die ersten Bleistiftskizzen der Focke-Wulf-Konstrukteure zeigten den Turbolader versteckt im Rumpf hinter dem Piloten. Diese Anordnung wurde auch in Stuttgart-Untertürkheim am 27. Juli 1942 besprochen; das RLM ging einige Probleme mit den Daimler-Benz-Programmen durch und wechselte dann zur Fw 190 (die Daimler-Benz-Turbolader wurden mit dem Präfix »DBT« bezeichnet).

»Für die Motoren DB 623, DB 625 mit DBT 506 und DB 601 mit DBT 106 ist die thermodynamische Bodenerprobung praktisch beendet … Herr Boos erwähnte noch das in Zusammenarbeit von Focke-Wulf und BMW geplante Projekt des Einbaus des BMW-Gasturboladers in die FW 190 im Raum hinter dem Führersitz, und betonte, dass eine ähnliche Lösung auch für die Me 109 und auch 309 Interesse haben würde. Als Volldruckhöhe müssten bei diesen Projekten 11 bis 12 km angestrebt werden. Ein ähnlicher Einbau mit unseren Turboladern käme als Versuch scheinbar für die thermodynamischen Erprobung dieser Schaltungsmöglichkeit in der FW 190 in Betracht.«[138]

Dass Boos in der Bf 109 einen Turbolader hinter dem Piloten einbauen wollte, erscheint angesichts der geringen Dimensionen des Flugzeugs außergewöhnlich, doch Messerschmitt unterbreitete unter der Bezeichnung P 1091 Vorschläge für genau diese Lösung. Es handelte sich im Wesentlichen um eine gestreckte Bf 109 mit vergrößerter Spannweite und einem DB 603-Motor, der mit einem von der DVL entwickelten TK15-Turbolader hinter dem Piloten verbunden war. Diese Motor/Turbolader-Kombination wurde als DB 603 U bekannt.

Auch die innere Welle war hervorragend konstruiert, mit einer tiefen und gut gekrümmten Leitschaufel am Verdichterlaufrad, und war eines der ersten Beispiele für ein Verdichterlaufrad mit »Zwischenschaufeln«. Diese Schaufeln begrenzten

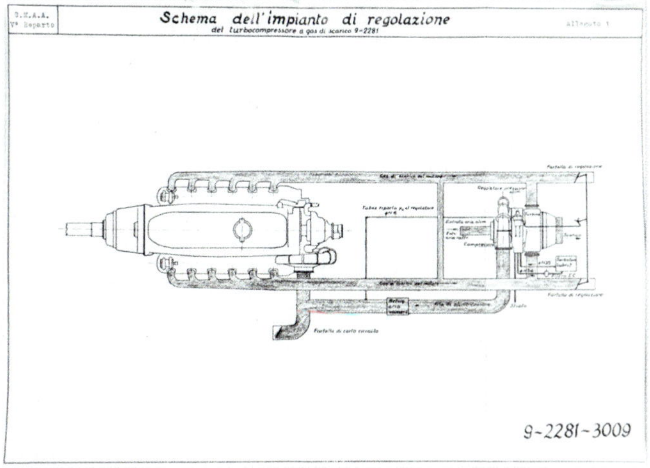

DB 603 U: Platzierung von Motor und Turbolader.

Wellenbaugruppe im BMW 801 TJ-Turbolader.

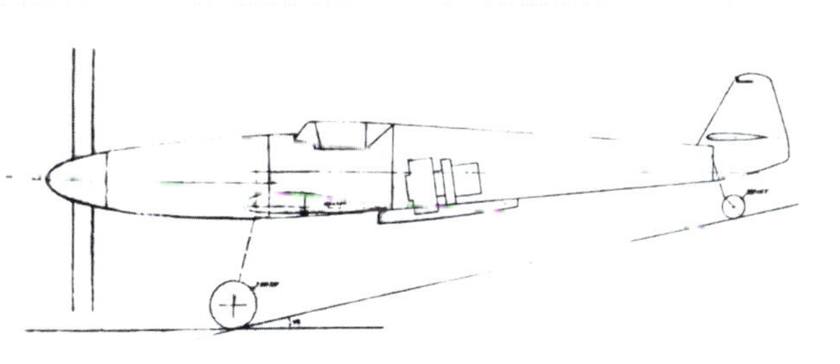

Die von der Bf 109 abgeleitete P 1091 mit Turbolader im hinteren Teil.

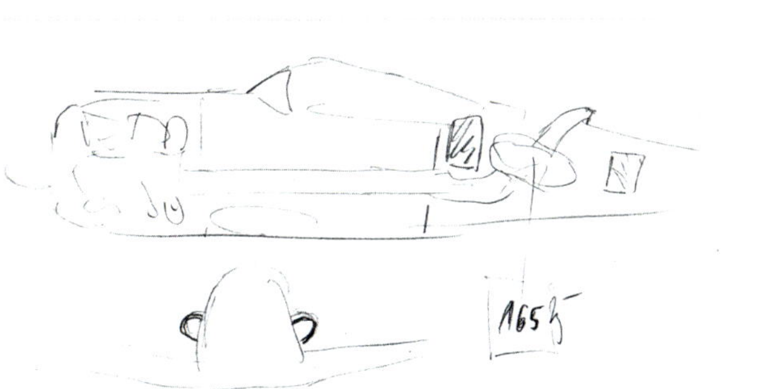

Unterbringung des BMW 801 TJ-Turboladers in der Fw 190

TK 15-Turbolader für DB 603 U-Projekt.

die Tendenz der Luft in den Kanälen zwischen den Schaufeln, aufgrund des hohen Drucks auf der Vorderseite und des niedrigen Drucks hinter den Hinterseiten der Schaufeln zu zirkulieren. Durch die Verkleinerung dieses Spalts mit diesen zusätzlichen Schaufeln wurde die Effizienz des Kompressors verbessert.

Die Konstruktion erschien so vielversprechend, dass sie nicht nur mit dem BMW 801 D, aus dem der BMW 801 TJ entstand, sondern auch mit den Motoren DB 601 E und DB 603 von Daimler-Benz getestet wurde.

Stolz vermerkten die BMW-Ingenieure, dass ihre Konstruktion den Betrieb des Turboladers bei Abgastemperaturen

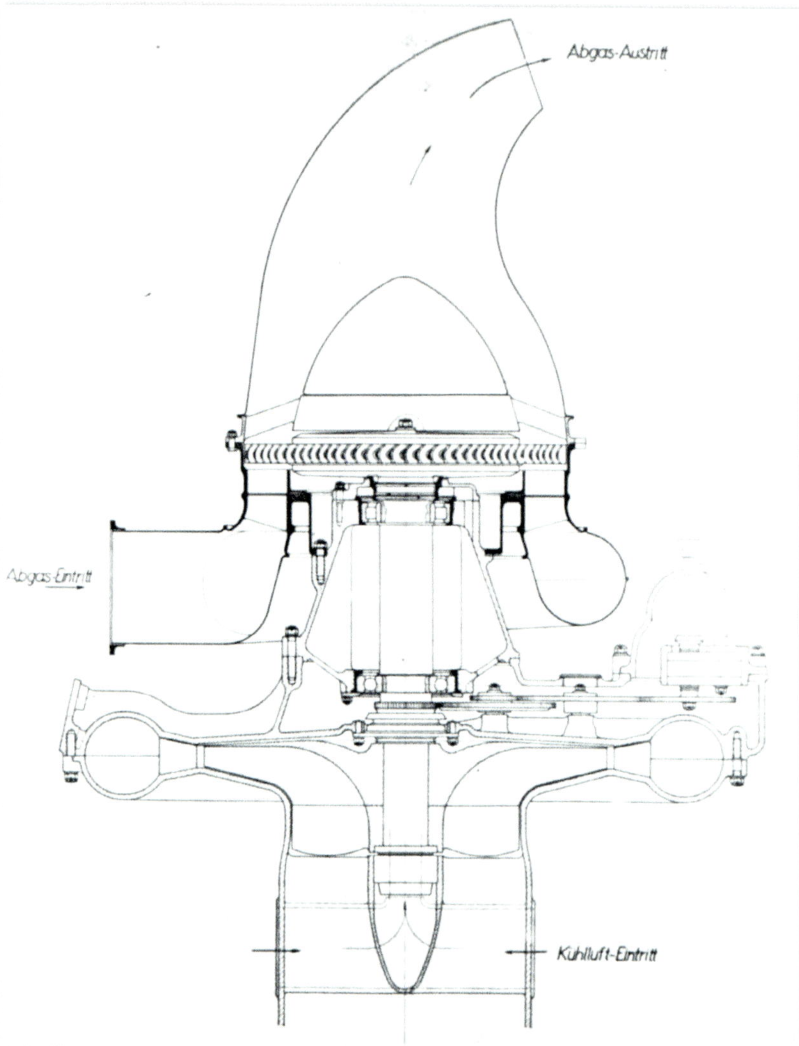

BMW 801 TJ-Turbolader: Querschnittansicht.

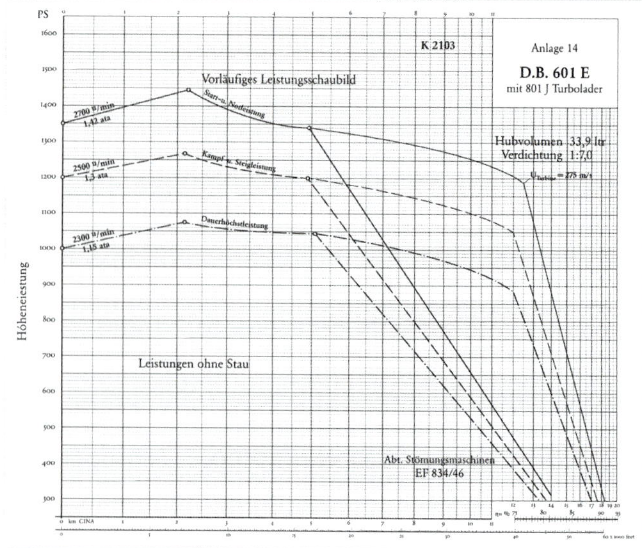

BMW 801 TJ mit DB 601 E: Leistungskurven.

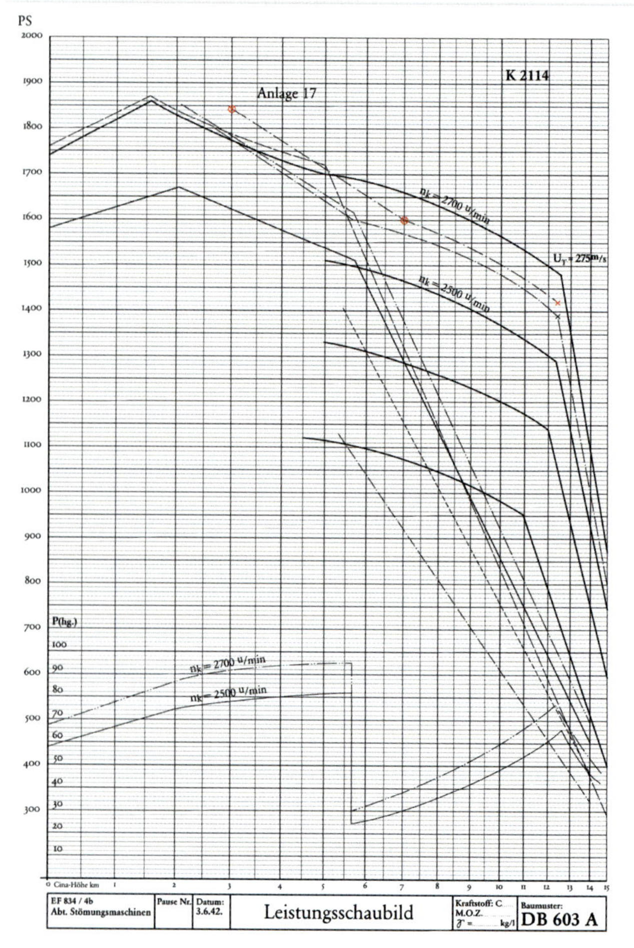

BMW 801 TJ mit DB 603: Leistungskurven.

von bis zu 900 °C erlaubt, wobei 850 °C als konstante Temperatur möglich sind. Der Verdichter selbst erreichte einen Wirkungsgrad von 82 %, während die Turbine einen Wirkungsgrad von 65 % erreichte – sehr beachtliche Werte. Da sie über eine hervorragende Konstruktion verfügten, stellte sich für die deutschen Ingenieure wie so oft die Frage: In welches Flugzeug kann dies eingebaut werden, und wann?

Ein von der DVL am 17. Juni 1942 veröffentlichter Bericht über den DB 601 zeigte, wie akut die Probleme der deutschen Motoren geworden waren. Der Ingenieur Franke kam zu dem Schluss, dass das Verbrennungssystem des DB 601 nicht optimal war, da es seltsamerweise bei fettem Gemisch stärker zur Detonation neigte als bei magerem – entgegen aller anerkannten experimentellen Erfahrungen.[139]

»Bei der größeren Zahl der bisher untersuchten Motoren zeigte sich der Tiefstpunkt der Klopfgrenzkurve bei einem Luftkraftstoffverhältnis von ungefähr λ = 1,05, entsprechend dem in diesem Punkte herrschenden Maximum der Temperatur des unverbrannten Gemischrestes... Betrachtet man hingegen den erstmalig bei 80 ° Überschneidung und einem Ladedruck von 1,3 ata auftretenden Klopfbereich bei DB 601, so zeigt sich, dass erst bei einem λ = 0,87 das Klopfen beginnt und sich über das Gebiet des Luftmangels bis λ = 0,6 hinzieht.«[140]

Mit anderen Worten: Im Gegensatz zu den meisten Motoren, bei denen das Fluten des Motors mit Kraftstoff die Ansaugung abkühlt und die Detonation verhindert, erhöht ein Überschuss an Kraftstoff beim DB 601 sogar die Klopfneigung. Darüber hinaus zeigte der DB 601 die Tendenz, diese Klopfneigung durch Erhöhung der Ansauglufttemperaturen zu verringern – ganz im Gegensatz zu den meisten anderen Motoren. Dies war ein guter Grund, warum der DB 601 nicht mit Ladeluftkühlern ausgestattet wurde, denn sie verschlechterten die Klopfgrenze bei Betrieb mit normalen deutschen Flugkraftstoffen.

»Diese Erscheinung trat beim DB-Motor bei allen Kraftstoffen mit Ausnahme des Bi-/Bo und Bi/Alk-Gemisches auf... Sie kann damit als unabhängig von der Art des verwendeten Kraftstoffes und nur durch den Motor bedingt angesehen werden. Sie verlor sich immer mehr mit zunehmender Temperatur. Unter Berücksichtigung der bei der Besprechung der Leistungsunterschiede an den beiden Motoren gemachten Annahme der schlechteren Gemischaufbereitung in DB 601 kann dafür folgende Erklärung gegeben werden...«[141]

Die Kraftstofftröpfchen im DB 601 wurden bei der Einspritzung nicht vollständig verdampft. Diese großen Tropfen neigen dazu, zu verklumpen und Peroxide zu bilden, die der deutsche Ingenieur für eine mögliche Ursache der Detonation hielt. Da höhere Lufttemperaturen den Kraftstoff leichter verdampfen lassen, förderten höhere Ansauglufttemperaturen beim DB 601 die Verdampfung des Kraftstoffs und verringerten so die Klopfneigung des Motors.

Die deutschen Ingenieure hatten sich für eine hohe Ventilüberschneidung entschieden, um die Leistung zu steigern und den Motorraum zu kühlen. Nun stellten sie fest, dass diese Änderung einen unerwartet großen Einfluss auf das Klopfverhalten bei der Kraftstoff-Direkteinspritzung im DB 601 hatte.

»Die schlechtere Gemischaufbereitung beim DB 601-Motor wirkt sich besonders ... durch unverdampfte Brennstoffteilchen aus. Es ist selbstverständlich, dass sich mit zunehmender Ladelufttemperatur die Gemischaufbereitung verbessert und damit der Anteil an unverdampften Brennstoffteilchen zurückgeht. Dementsprechend würden auch die Vorbedingungen für das Klopfen nachlassen... Daraus ist abzuleiten, dass sich mit steigender Ladelufttemperatur die Gemischaufbereitung verbessert und damit der Anteil unverbrannter Kraftstoffteilchen an und für sich mehr und mehr zurückgeht und sich außerdem gegen das Gebiet größten Luftmangels verschiebt.

Es zeigt sich wieder wie bei der Leistungserbringung durch die Verdampfungswärme ein größerer Leistungszuwachs, als der Luftdurchsatzsteigerung entspricht, bis auf etwa 100 °-KWelle Ventilüberschneidung... Über 100 ° Ventilüberschneidung tritt ein Teil der Ladeluft infolge der großen Zeitquerschnitte als bloße Spülluft durch den Motor... Der Kurvenverlauf lässt übrigens erkennen, dass bei weiterer Erhöhung der Ventilüberschneidung ein merklicher Leistungszuwachs nicht mehr zu erwarten ist, da so ungefähr 100 ° Ventilüberschneidung eine weitere Steigerung bei bereits völliger Totraumspülung nur mehr eine kühlende Wirkung des Zylinderinnern durch strömende Ladeluft erzielt und damit ein geringerer Leistungszuwachs erbracht wird.«[142]

Franke setzte seine Versuche fort, um mehr herauszufinden. Am 23. Juni 1942 wurde die Leistung der Fw 190 mit dem hervorragenden BMW-Turbolader, der auf den BMW-Sternmotor montiert war, hochgerechnet.[143] Ein etwas optimistischer Wert von über 480 Meilen pro Stunde [772 km/h] bei einer Flughöhe von 40.000 Fuß [12.192 m] wurde projiziert, aber unabhängig von der wahren Zahl war klar, dass sie dramatisch schneller sein würde als die bestehende Fw 190 mit der veralteten Kompressorkonstruktion ihres BMW 801 D.

Die BMW-Ingenieure schätzten, dass der zusätzliche Turbolader das Gewicht des Flugzeugs um 185 kg erhöhen würde, so dass das voraussichtliche Bruttogewicht des Flugzeugs 3900 kg betragen würde. Bald darauf wurden die ersten maßstabsgetreuen Zeichnungen für die Fw 190 mit BMW 801 TJ von Focke-Wulf erstellt.[144]

Am 12. Juli 1942 experimentierten die BMW-Ingenieure, um herauszufinden, ob die Einspritzung von C3-Kraftstoff in das Laderauge zu einer Leistungssteigerung führen würde. Ein Teil des Problems bestand darin, dass die vorhandenen Einspritzdüsen sich ihrer maximalen idealen Durchflussmenge näherten, und es wurde als einfacher erachtet, eine zusätzliche »15te Einspritzdüse« hinzuzufügen, als das Einspritzsystem des Motors komplett zu überarbeiten.[145] Die Einspritzung von Kraftstoff in das Auge des Kompressors hatte viele der gleichen Vorteile wie die Methanol-Wasser-Einspritzung an der gleichen Stelle: Der Kraftstoff würde bei den hohen Temperaturen durch den Kompressor effektiv verdampfen, den Leistungsverlust des Kompressors verringern und den Energiewert des Kraftstoffs zur Verbrennung beitragen. Dieser Ansatz wäre mit der gesamten Kraftstoffversorgung des Motors nicht sinnvoll, da der Motor mit Direkteinspritzung eine hohe Ventilüberschneidung aufwies und somit zu viel Kraftstoff verschwendet worden wäre, der direkt durch die Einlassöffnungen und wieder aus dem Auspuff geleitet worden wäre.[146]

Fw 190 mit BMW 801 TJ: Leistungskurven.

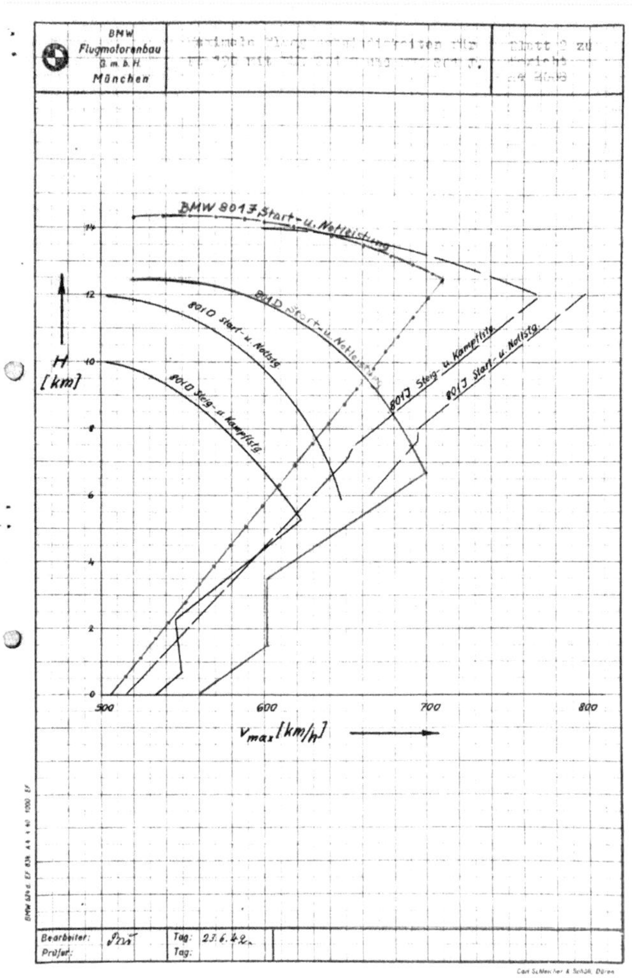

Dieses System ermöglichte eine Erhöhung des Ladedrucks von 1,42 auf 1,65 ata bei 2700 U/min und konnte bis zu 15 Minuten lang ununterbrochen eingesetzt werden. Ungeachtet der Versuche von BMW, die Leistung zu erhöhen, gab Hitler selbst am 21. Juli 1942 in der Führeranweisung Nr. 44 einen ernüchternden Hinweis auf den Ernst der Nickelsituation:

»Es muss noch einmal mit allem Ernst darauf hingewiesen werden, dass Deutschland im Falle der Einstellung der finnischen Nickellieferungen wahrscheinlich keinen hochwertigen Stahl mehr herstellen könnte ... dies kann ernste Folgen für den Ausgang des Krieges haben ... gez. Adolf Hitler.«[147]

In Wahrheit war dieser Nickelmangel Deutschland bereits teuer zu stehen gekommen, und die Versorgung mit Rohstoffen für die Herstellung war nicht die einzige Schwierigkeit, mit der die deutsche Motorenentwicklung konfrontiert war. Am selben Tag diskutierte Milch im RLM über die Katastrophen bei der Motorenerprobung; die deutsche Politik, den Arbeitskräften der Wehrmacht Vorrang vor der wissenschaftlichen Forschung einzuräumen, erwies sich bereits als gefährliche Strategie.

»Werner: Wir werden 900 Ingenieure von der Front zurückbekommen ... für Daimler-Benz habe ich mit Kessel vereinbart, dass wir ihm 100 Mann zur Verfügung stellen, die aber je nach Wunsch der Entwicklung oder der Serienfertigung zugewiesen werden können. Nun gibt es bereits die Anweisung, dass von den ersten 500 Ingenieuren vorerst 410 der Entwicklung zugewiesen werden sollen, und zwar wie folgt: 160 an die DB, 167 an Lippisch und 83 an Messerschmitt. Auf diese Weise würden die Massenproduktionslinien keinen von ihnen erhalten.

Gablenz: ... bei Messerschmitt sind die Entwicklungslücken so groß, dass wir nicht wissen, wie wir mit unseren Programmen weitermachen sollen.

Werner:... Die Ring-Organisation hat in der Tat so große personelle Lücken, dass sie nicht mehr handlungsfähig ist. Überall ist die Massenproduktion in einem erbärmlichen Zustand.

Gablenz: Aber bei der Entwicklung ist das noch mehr der Fall. Wir haben das Geschäft so und so abgewogen, vielleicht kann man 10 bis 15 % umleiten.

GenFeldm. Milch: Haben die Firmen, die keine Entwicklung mehr machen, nicht Konstrukteure, die wir ihnen abnehmen könnten?

Frydag: Verschiedene Motorenwerke haben sich über Staus an den Motorenprüfständen beschwert. Daimler-Benz schreibt zum Beispiel, dass drei Motorenprüfstände seit heute Morgen stillstehen.

Gablenz: ... Der Herr Generalquartiermeister berücksichtigt zunächst bei der Auslieferung immer die Front.

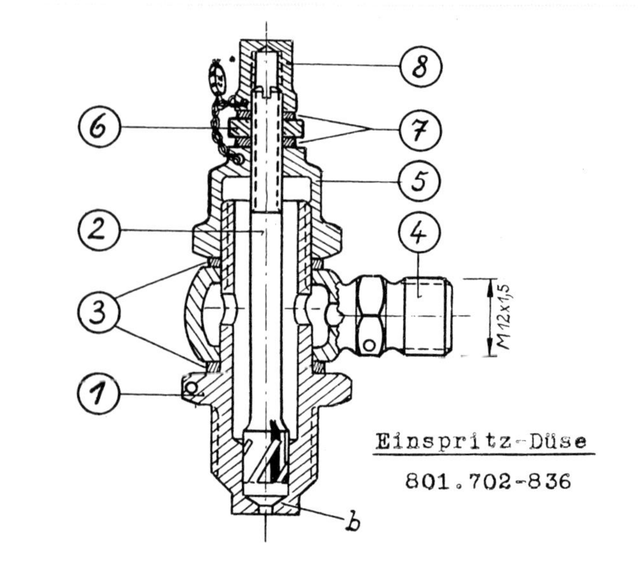

BMW 801: Zusätzliche Einspritzdüse für C3-Kraftstoff – so montiert, dass sie sich in die Einlassöffnung des Kompressors richtet.

GenFeldm. Milch: ... das Schlimmste an der ganzen Sache ist Folgendes. Wir haben eine außerordentliche Not mit den Bremsständen. Wenn wir das Bremsen unterlassen, können wir nie wieder nachholen ... Wir machen jetzt 4000 Motoren; auf den Ständen liegen zur Zeit 2000. Bei der Reparatur laufen wir heute mit rund 5000 Motoren statt 2500 für die dortigen Bauten, die vorgesehen waren.

Wir müssen das alles einfangen. Daher ist tatsächlich der Ausfall auch nur einer Stunde auf den Prüfständen nicht zu ertragen ... wir haben zu viele Triebwerksausfälle, als dass wir auf den Prüfstandsbetrieb verzichten könnten ... 55 bis 60 % unserer ›neuen‹ Triebwerke stammen nicht aus Neuanfertigungen, sondern aus Reparaturen, dasselbe gilt für die Rümpfe, aber das wird wahrscheinlich weniger werden.« [148]

Die Arbeit des deutschen Triebwerkskonstrukteurs war nun fast unmöglich. Er besaß nur wenige der benötigten Metalllegierungen, konnte sich nicht auf die Verfügbarkeit von hochoktanigem Treibstoff verlassen, und es gab sogar Zweifel an der Qualität dieses Treibstoffs. Hinzu kam, dass es immer schwieriger wurde, Motoren zu testen, und die deutschen Konstrukteure mussten feststellen, dass immer mehr ihrer Kollegen verschwanden, oft an die russische Front eingezogen, von wo nur wenige zurückkehrten.[149] Einer der wenigen verbliebenen Wege, auf denen es den deutschen Konstrukteuren gelingen konnte, die Leistung ihrer Motoren zu steigern – GM1 –, war so wertvoll, dass Milch am 28. August 1942 dafür sorgte, dass alle wussten, wie wichtig es war, seine Geheimhaltung zu wahren:

»GenFeldm. Milch: Dem [Dr. Urach] müsste man es in Auftrag geben. Jede solche Sache müsste unbedingt geheim gehalten werden. Es wäre sehr unschön, wenn der Engländer mit der GM-1 Anlage erschiene. Wir wollen Ihren gern die größeren Schwierigkeiten überlassen, dass er nicht so schnell in den Besitz dieser Sache kommt. Diese Frage müsste so geklärt werden, dass die Besatzung kein Misstrauen bekommt, sondern genau weiß, was los ist und wie die Sache funktioniert.«[150]

Trotz Milchs Hoffnungen, die britischen Entwicklungen zu bremsen, spekulierten die Deutschen am 9. September 1942 im RLM über die Mosquito und die neuen Merlin-Triebwerke, die nach dem Überfall von Dieppe gefunden wurden. Diese Konferenz fand weniger als vier Wochen nach dem katastrophalen amphibischen Angriff auf Dieppe in Frankreich statt, bei dem mehr als 50 Staffeln von RAF-Flugzeugen eingesetzt worden waren – darunter die neueste Spitfire IX mit ihrem neuen Merlin 61-Motor.

»GenFeldm. Milch: Am 9.9. ist über Belgien-Holland eine Mosquito in der Höhe von 11.500 m von 2 FW 190 ohne Erfolg gejagt worden. Die Mosquito konnte sich durch weiteres Steigen und etwas größere Geschwindigkeit entziehen. Am 13.9. ist über Mönchengladbach in 9 km Höhe Feindberührung mit einer Mosquito aufgenommen worden, und zwar ebenfalls von einer FW 190. Die Mosquito entzog sich infolge der höheren Geschwindigkeit. Am 12. Juli ist eine Mosquito in Frankreich durch eine FW 190 abgeschossen worden, aber in geringer Höhe, 6 km. Das Flugzeug, das ein Totalbruch war, ist von uns untersucht worden, mit dem Ergebnis, dass es ebenfalls wieder den normalen Merlin 21 hatte.

Unser Kenntnisse über die englischen Motoren sind inzwischen durch die Beute von Dieppe erweitert worden. Die Engländer haben über dem Merlin 21 noch einen Merlin 47 und 61. Davon ist der Merlin 61 ein Spezialhöhenmotor mit Zweiganglader. Es ist unter Umständen anzunehmen, dass später auch der Mosquito mit dem Merlin 61 versehen wird, der an sich einbaumäßig ohne weiteres hineingeht.

(Zuruf: Vielleicht haben ihn die schnellen Maschinen auch schon!)

- Das ist die Frage. Es ist möglich, dass die in der größten Höhe aufgetauchten Maschinen bereits diesen Motor gehabt haben. Das Ergebnis ist jedenfalls, dass in großer Höhe Abschüsse sehr schwierig sind. Mit der BF 109 G würde es noch möglich sein.

Darüber hinaus ist eine Mosquito in der Schweiz notgelandet. Wir sind dabei, über den Luftattaché weitere Erkundigungen über die Maschine einzuholen und eventuell an die Maschine heranzukommen. Weiter ist eine Mosquito in Zivilausführung auf dem Stockholmer Flughafen gelandet.«[151]

Deutschland benötigte dringend die nächste Generation von Kolbenflugmotoren, insbesondere den Jumo, wenn seine Jagdflugzeuge jemals die RAF-Mosquitos konsequent abfangen sollten. Trotz der Erfolge bei der Entwicklung der Jumo 211-Serie mit dem DVL-Lader und dem Ladeluftkühler für die 211 F und J war die Produktion des 213 nun stark verspätet.[152] Die ersten acht Jumo 213 liefen im Juli 1942 in Dessau vom Band, im August waren es nur noch neun. Insgesamt wurden im Jahr 1942 nur 66 Jumo 213 hergestellt.[153]

Am 9. September 1942 wurde der aktuelle Stand der Jumo 211 J und 213 besprochen, wobei Vorwald von Gesprächen mit Walter Cambeis bei Jumo über die Situation des 213 berichtete:

»Kambeis hat Sorgen wegen des Frontreifmachens dieses Motors. Es war seinerzeit hier in der Besprechung mit Prof. Mader und den Jumoleuten gesagt worden, dass der Jumo 213 im April 1943 frontreif großserienmäßig zur Auslieferung für die Zellenwerke kommt. Diese Zusage konnte gemacht werden unter der Voraussetzung, dass der erste großserienmäßige Jumo 213 im April 1943 auf den Prüfstand kommt. Das letztere ist nicht gehalten worden. Es sind so zahlreiche Änderungen gewesen und gerade in letzter Zeit wie der erhebliche Mängel und Schwierigkeiten aufgetreten.

Trotzdem will Kambeis auf jeden Fall seinen Termin halten und macht dazu den Vorschlag, dass er ein Stoßtruppunternehmen

Einzylinder-DB 601-Testmotor der DVL.

Aufgestellter Jumo 211 J-Motor mit Zweigang-Turbolader sichtbar (Deutschland, September 1942).

> 213 aufbaut, das sich zusammensetzt aus den besten Männern und Sachkennern aus allen Jumowerken. Es werden zunächst 100, später etwa 200 Mann sein, angefangen vom Hilfsarbeiter, Elektrokarrenfahrer, Ausgeber, Dreher, Fräser, Kontrolleur, Arbeitsvorbereiter, Versuchsingenieur, Konstrukteur und Chef. Die Idee stammt von Prof. Mader, die betriebliche Exekutive liegt bei Kambeis: in einem Raum schaffen, an einem Tisch essen, unter einem Dach schlafen und erhält die Aufgabe: Jumo 213 muss am 1.12.1942 frontklar und großserienfertig sein.
>
> Der Anlauf der Großserie soll unter Zuhilfenahme dieses Stoßtrupps in den Nachbauwerken erfolgen. Persönliche Zusammensetzung, Unterbringung, Führung und Aufgabe liegen fest, die Aktion ist startbereit, er bittet um Zustimmung, gegebenenfalls um Unterstützung, erstens gegen evtl. Einwände der Behörden. Er will tatsächlich kasernieren, Unterbringung ist sichergestellt.«[154]

Der Jumo 213 war noch wichtiger als vermutet, da sich andere Höhenflugmotoren in einem noch schlechteren Bereitschaftszustand befanden. Der zweistufige aufgeladene DB 628-Motor war ebenfalls verspätet, und Jumo hatte den Auftrag erhalten,

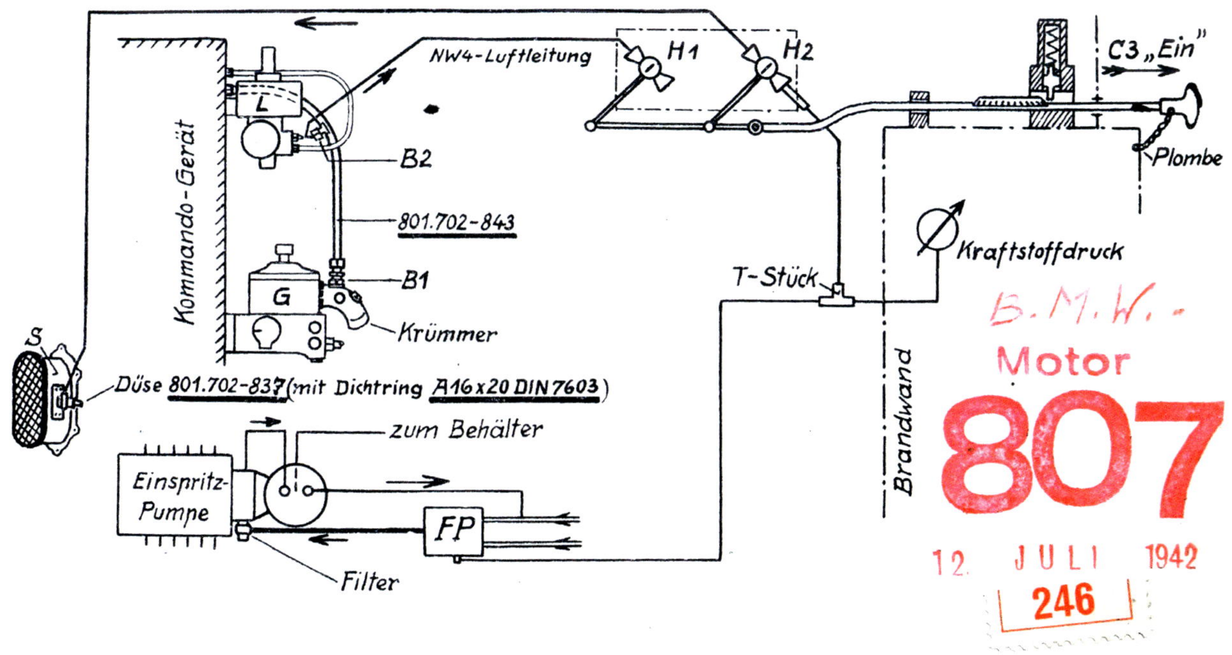

Einspritzschema für den BMW 801 mit C3-Einspritzung in den Turbolader.

50 % der Vorrichtungen für Daimler-Benz herzustellen, was das 213er-Projekt weiter beeinträchtigte.

»Mahnke: Ueber den DB 628 darf ich vielleicht ab nächsten Monat einen Fortschrittsbericht geben. Bisher war nichts mitzuteilen, weil er unter außerordentlichen Schwierigkeiten angelaufen ist.

GenFeldm. Milch: Das ist der Höhenmotor.

Mahnke: Ich habe jetzt Vorrichtungen, Bau und andere Teile untergebracht. Ueber die Hälfte der Vorrichtungen hat Junkers übernommen.

GenFeldm. Milch: Ab Oktober kommen darüber monatliche Fortschrittsberichte.

Wer berichtet über TK 9 und TK 15? Wann läuft der in die Serie ein? – Eisenlohr, Sie berichten zunächst über die Beschaffungslage, bis Sie es nach drüben abgeben können. Solange die sich um den Bericht drücken, bin ich überzeugt, dass die Sache noch nicht richtig läuft.«[155]

Die Turbolader TK9 und TK15 wurden allmählich auch für den Einsatz in Jagdflugzeugen, einschließlich der Fw 190, entwickelt, aber der Fortschritt war langsam.

Am 15. September 1942 veröffentlichte Franke vom Treibstofflabor der DVL einen Folgebericht zu seinem Bericht vom 17. Juni 1942, in dem er erstmals das Phänomen des umgekehrten Klopfens bei der DB 601 festgestellt hatte. Dies brachte mehr Licht in die deutschen Motoren und in die Frage, wie ihre Direkteinspritzer mit den ihnen zur Verfügung stehenden Kraftstoffen funktionierten.

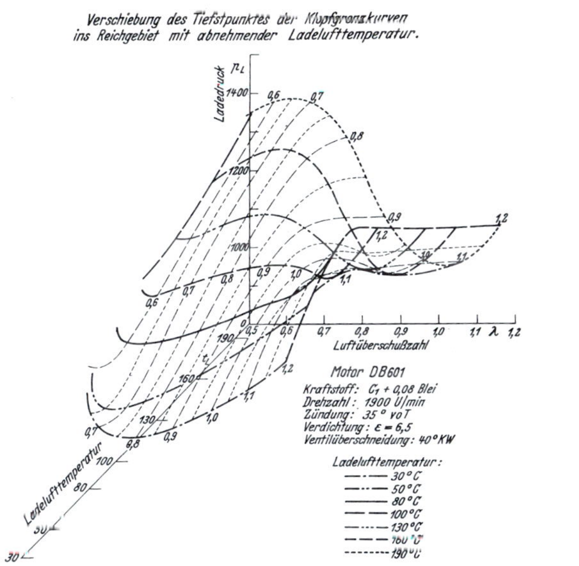

Abb. 24: Klopfgrenzkurven von C_1 + 0,08 Blei bei 40° KW Ventilüberschneidung in Abhängigkeit von Luftüberschußzahl, Ladedruck und Ladelufttemperatur.

DB 601-Test bei der DVL: Klopfgrenzen in 3D-Format.

»Zusammenfassung:
Die Versuche zur Feststellung des Einflusses der Ventilüberschneidung auf das Klopfverhalten von Kraftstoffen verschiedener chemischer Zusammensetzung ergaben folgende Ergebnisse:

Beim Motor DB 601 ergab sich unter gewissen Betriebsbedingungen, z. B. hohe Überschneidung oder niedrige Ladelufttemperatur, und bei wenig temperaturempfindlichen Kraftstoffen ein eigenartiger Klopfbereich. Die Kurven zeigen einen kontinuierlichen Anstieg der Klopfintensität von ihrem Tiefpunkt im kraftstoffreichen Bereich und weichen damit vom sonst bekannten Bild der Klopfgrenzkurven nach dem DVL-Überladeverfahren erheblich ab … Mit zunehmender Ladelufttemperatur bzw. zunehmenden Ventilüberschneidungsgraden trat eine Verbesserung der Gemischaufbereitung ein, was zu einem langsamen Verschwinden des tiefsten Punktes der Klopfkurve führte und die Klopfgrenzen wie bei sonstigen Motoren übliche Gestalt annahmen. Bei temperaturempfindlichen Stoffen, Gemischen aus Benzol und Alkohol, konnte diese Erscheinung nicht beobachtet werden, da die Voraussetzungen für das Klopfen in der kraftstoffreichen Region nicht gegeben sind.

Die Charakteristik der Klopfgrenzkurven, die vom Temperaturzustand des Gemisches und der dadurch bedingten Gemischaufbereitung abhängig ist, und ihre Beeinflussung durch die veränderte Ventilüberschneidung konnte großordnungsmäßig festgestellt werden. Die mit vergrößerter Überschneidung abnehmende thermische Innenbelastung kann in ihrer Wirkung auf die Form der Klopfgrenzkurve durch eine entsprechende Ladetemperaturerhöhung kompensiert werden. Die Steigerung der Ventilüberschneidung von 40 auf 80 Kurbelwellengrad kann durch eine Erhöhung der Ladelufttemperatur von rund 80 °C kompensiert werden. Die weitere Vergrößerung der Überschneidung von 80 bis 120 Kurbelwellengraden entspricht einer Temperaturerhöhung der Ladeluft von ungefähr 30 °C äquivalent. Die Veränderung der Höhenlage der Klopfgrenzkurve blieb hierbei ohne Beachtung.

Der Einfluss auf die Klopffestigkeit von Kraftstoffen ist abhängig von ihrer chemischen Zusammensetzung und der Größe der Überlappungsänderung.

Gemische mit hohem Benzol- oder Alkoholgehalt, die entsprechend temperaturempfindlicher sind, reagieren nicht mehr gleichmäßig. Bei einer Veränderung der Überschneidung von 40 auf 80 Kurbelwellengrad wurde eine deutliche Erhöhung der Klopffestigkeit erreicht.

Weitere Erhöhungen der Ventilüberschneidung auf 120 Kurbelwellengrade bleiben teilweise ohne Einfluss auf die Klopfintensität, teilweise konnte bereits ein Absinken derselben beobachtet werden, je nach dem Gehalt an temperaturempfindlichen Anteilen des Gemisches.

Die Möglichkeiten der Anpassung der DVL-Aufladungsmethode an die in modernen Großmotoren auftretenden Betriebsbedingungen sind begrenzt. Eine wesentliche Modifikation der DVL-Auflademethode in Anlehnung an die geänderten Betriebsverhältnisse neuzeitlicher Motoren, wie große Überschneidung, höhere Verdichtung usw., muss bis zur Klärung aller genannten Einflüsse zurückgestellt werden.«[156]

Franke hatte festgestellt, wie schwierig es war, die Ergebnisse eines Labortestmotors mit den tatsächlich im Einsatz befindlichen Mehrzylindermotoren abzugleichen – selbst mit einem Testzylinder der gleichen Bauart wie der des eigentlichen Mehrzylindermotors. Außerdem ist aus den Fotos ersichtlich, dass die Testmotoren alle aufrecht standen. Da die in Betrieb befindlichen Triebwerke umgedreht waren, hätten die Testtriebwerke die in der Realität auftretenden Schwierigkeiten mit dem Eindringen größerer Ölmengen in den Brennraum nicht erkennen lassen. Es war unmöglich, aus einem Einzylinderversuch jede einzelne zukünftige Schwierigkeit zu ermitteln.

Trotzdem war die nächste Generation von Flugmotoren bei Daimler-Benz konzeptionell ebenso vielversprechend wie der Jumo 213. Der DB 609 war weit fortgeschritten, und am 18. September 1942 berichtete Nallinger über den aktuellen Entwicklungsstand des DB 609 V16-Motors:

»Das Motorenmuster DB 609 wird seitens des Amtes neuerdings mündlich und schriftlich als außerordentlich dringend bezeichnet.

Wir werden nach Erledigung der Konstruktionsarbeiten für den jetzt laufenden DB 628, den DB 605 und DB 603 für C-3-Kraftstoff uns mit aller Macht auf die Durchkonstruktion des DB 609 werfen.

Infolgedessen kommt sehr bald die Frage auf, dass Werk 90 auch eine Null-Reihe DB 609 bauen muss.

Es wäre sehr erwünscht, wenn diese Null-Reihe DB 609 nicht mehr behelfsmäßig hergestellt würde, sondern wenn hier schon ordentliche Vorrichtungen, jedoch vor allem passende Werkzeugmaschinen vorhanden wären.

Der DB 609 wird heute vom Amt als sehr wichtig angesehen, und die Folge wird sein, dass wir, so wie beim DB 628, in Marienfelde nicht nur 20 oder 30 Stück zu bauen haben, sondern wahrscheinlich eine Serie von 200 – 500 Stück.«[157]

Während Nallinger und das RLM über den DB 609 debattierten, ein grundlegend neues Triebwerk, das noch Jahre von der Massenproduktion entfernt war, traten die wirklichen Probleme der deutschen Jagdflugzeuge am 6. Oktober 1942 in Form der Meldung über den Tod von Hans-Joachim Marseille komplett öffentlich zutage. Wenige Tage zuvor, am 30. September, war in Berlin die Nachricht eingetroffen, dass Marseille, eines der größten Fliegerasse der Luftwaffe, in Afrika gefallen war. Marseille hatte in seiner kurzen Karriere 157 Siege errungen und sein Verlust war ein schwerer Schlag für die Moral der im Afrikafeldzug eingesetzten Luftwaffe.

Galland und Milch besprachen die Angelegenheit in Berlin:

»GenFeldm. Milch: In welcher Höhe ist es passiert?

Galland: 3000 m. Jenseits der Front, 30 km drin, hat er es gemerkt. Er [Marseille] hat gesagt: ich muss zurück, mein Motor stinkt und qualmt sehr stark, ich kann nichts mehr sehen … dann hat er gesagt, der Qualm wird immer stärker, ich muss heraus.«[158]

Die Probleme mit dem DB 605 hatten nun auch das Leben eines Piloten vom Rang eines Marseille, der über die besten Mechaniker und die besten Mittel verfügte, gefordert.

»Galland: Der Befund, der rausgegeben ist, kommt auf irgendwelchen Umwegen zu Motorbrand, und zwar über Kühlstoffverlust... Daran glaube ich nicht, sondern ich glaube, dass es so war wie in anderen Fällen auch: Lagerschaden, Pleuel gebrochen oder Kurbelwelle durchschlagen und dann anschließend Flammen.

GenFeldm. Milch: Sie glauben, dass alle drei Brände, von denen ich eine Meldung habe, ohne Feindeinwirkung, ohne Beschuss entstanden sind?

Galland: Ich habe jetzt 6 Fälle. Hoffentlich ist es die Sache mit den schadhaften Lagern; denn dann ist es bald heraus.«[159]

Weniger gravierend, dafür aber umso bizarrer, behauptete Erhard Milch am 9. Oktober 1942, er habe einen an ihn persönlich adressierten Brief aus Hannover erhalten, der nicht unterschrieben war. In dem Brief ging es um Kompressoren für Flugzeugtriebwerke. Milch las den Anwesenden eine Zusammenfassung des Briefes vor:

»GenFeldm. Milch: Der Schreiber sagt: er sei aus der Wirtschaft; er wolle seinen Namen nicht nennen, weil er Angst habe, es würde ihm was passieren. Er hat eine Unterredung mit einem Manne gehabt und hat dabei erfahren, dass die Engländer mit ihren Motoren wegen der entsprechenden Höhenlader – sie hätten zweistufige Lader, schreibt er; der andere muss gut Bescheid wissen – 2 bis 3000 m höher als die Deutschen fliegen könnten, und daran läge es, dass wir sie nicht abschießen könnten.

Tatsächlich liegt es ja anders. Im Osten würde das zutreffen. Dann schreibt er weiter, der andere habe ihm gesagt, das läge an der Bbürokratie, die im Reichswirtschaftsministerium bei GL herrsche; da säßen Leute, die alles besser machen wollten als die Industrie. Darauf habe er gesagt: wenn es der Reichsmarschall wüsste, würde er sich darum kümmern. Antwort: Das wäre im Osten der Fall. Antwort: Nein, der erfährt es nicht. Darauf der Briefschreiber: aber da ist doch noch Milch. Antwort: Ja, der ist ganz tüchtig, er ist eiskalt und greift ein; aber in der Sache kann er sich auch gegen seine eigene Bürokratie nicht durchsetzen. – Ich habe den Brief weggeworfen, weil er leider nicht unterschrieben war.

Ich hätte mich gern mit ihm unterhalten, weil man ja wissen will: wer ist der andere, ist es ein Böswilliger oder ein Harmloser? Dass es sachlich in vielen Punkten nicht stimmt, ist klar. Dass aber in all solchen Sachen ein Korn Wahrheit enthalten ist, ist auch klar Der Apparat hat früher noch und noch bürokratisch gearbeitet, und hier haben Päpste gesessen, die sagten: Motoren können nur wir verstehen, oder Zellen und Instrumente machen wir allein.

Eins ist von dem, was der andere Kerl behauptet hat, in dem Brief richtig: Der Engländer hat heute tatsächlich den doppelstufigen Lader serienmäßig in Betrieb, und wir haben ihn nicht. Er ist uns hier tatsächlich voraus. Das ist ein unerhörtes Manko unserer eigenen Entwicklung.«[160]

Die Wahrheit wird nie bekannt werden, aber es scheint möglich, dass dieser Brief nie existierte und dass Milch die Geschichte als Vehikel benutzte, um einige seiner inneren Gedanken zu äußern, ohne sich in eine direkte Kritik am politischen System der Nazis, an den Ingenieuren und den Entwicklungsfirmen zu verwickeln. Die Materialknappheit wurde immer drängender, und am 10. Oktober 1942 tauchte das Problem mit den Sparstählen wieder auf. Noch vor Daimler-Benz hatte BMW die Verchromung neuer Ventile für den BMW 801 eingeführt, nachdem die extremen Detonationsprobleme mit nickelarmen Auslassventilen aufgetreten waren. Doch selbst das reichte nicht aus, und das ganze Verfahren musste überarbeitet werden, um eine viel dickere Beschichtung zu erhalten, damit sich die Schicht nicht ablöst, und um einen ausreichenden Korrosionsschutz für die in Deutschland inzwischen für Motorventile vorgeschriebenen Sparstähle zu gewährleisten. Die Verchromung ist nämlich relativ porös, so dass eine sehr dicke Beschichtung aufgebracht werden muss, um sie völlig unempfindlich gegen chemische Angriffe zu machen.

»Bei den alten Auslassventilen wurde die Dicke der Chromschicht wie folgt festgelegt: Kopf 0,03 - 0,04 mm, Sitz 0,03 - 0,04 mm, Boden 0,01 - 0,02 mm.

Bei dem neuen Ventil mit dem Änderungsbuchstaben (b) wird die Dicke der Chromschicht wie folgt festgelegt.

Kopf 0,05 - 0,08 mm, Sitz 0,04 - 0,06 mm, Boden 0,015 - 0,02 mm; das Gewicht des Chroms wird später auf 2,5 - 3,5 g festgelegt...

Jedes Ventil muss vor und nach dem Beschichten gewogen werden.«[161]

Für die Verchromung waren nicht weniger als 27 Schritte erforderlich, von denen mehrere wiederholt werden mussten, bis die Schicht ausreichend dick war. Sechs Firmen standen auf der Liste der zugelassenen Unternehmen für die Durchführung der Arbeiten: drei BMW-Werke, Argus in Berlin, Klöcker in Hamburg und Huraus in München.

Es war ein erheblicher industrieller Aufwand, dieses wichtige Verfahren durchzuführen, da es angesichts der Nickelknappheit die einzige Möglichkeit war, ernsthafte Schäden an allen deutschen Einsatzmotoren zu verhindern.

In der Zwischenzeit war das RLM mehr damit beschäftigt, eine der verhassten Mosquitos zu erbeuten, von der man hoffte, dass sie mit einem Merlin 61 erbeutet werden würde. Am 20. Oktober 1942 ergab sich die Gelegenheit, die Schweizer Mosquito zu erbeuten.

Auf der Generalstabssitzung in Berlin diskutierten Milch und Schwenke über eine Mosquito, die in der neutralen

Schweiz notgelandet war. Schwenke wollte versuchen, über Hans Bandi, den Chef der Schweizer Luftwaffe, zu gehen.

> »GenFeldm. Milch: Was wissen wir bisher nun schon über die Schweizer Maschine?
>
> Schwenke: Der einzige, der uns in dieser Hinsicht überhaupt etwas helfen kann, ist auf Schweizer Seite Bandi. Es ist nicht möglich, dort jetzt etwas zu versuchen ... Vom Reichsmarschall [Göring] ist vorgeschlagen worden, auch die 109 im Austausch in dieses Projekt hinein zu werfen ... Sie [die Mosquito-Besatzung] sind dort notgelandet, und nach dem Völkerrecht haben die Schweizer das Recht, die Maschinen bis zum Ende des Krieges zu behalten.«[162]

Bandi wollte oder konnte Göring nicht helfen, und das Flugzeug wurde später von der RAF offiziell an die Schweizer Luftwaffe verkauft.

Die deutsche Luftfahrtindustrie war Teil einer großen Organisation, des Reichsverbandes, an dessen Spitze Rudolf Lahs stand. Lahs schrieb einen 24-seitigen Aufsatz über die Probleme der deutschen Luftfahrt und schickte ihn am 1. November 1942 an Erhard Milch. Lahs preist pflichtmäßig die Tugenden des deutschen Fortschritts seit dem Bruch des Versailler Vertrags, aber der Ton des Briefes war nicht lobend.

> »Die Entwicklung der Höhenflugmotoren ist nach wie vor unbefriedigend ... die Weiterentwicklung des DB 603 ist durch besonderen Befehl des Generalluftzeugmeisters drei Jahre von 1937 bis 1940 gestoppt und genau darüber gewacht worden, dass nicht mehr an ihm gearbeitet wurde. Die Daimler- und Junkersmotoren müssen sonst wohl als gute Fabrikate bezeichnet werden. Stünde uns das hochwertige Legierungsmaterial der Amerikaner und das dort verwandte vorzügliche Öl zur Verfügung, würden auch unsere Motoren gleich Uhrwerken störungsfrei laufen.«[163]

Am nächsten Tag, dem 2. November, keimte trotz des unglücklichen Briefes an Milch im RLM ein Plan auf, der später zu einem Kampfflugzeug der Superlative für Deutschland führen sollte.

> »Erneut wird der Einbau des DB 603-Motors in die Fw 190 gefordert, die Firma [Focke-Wulf] hat die Vorlage eines Zeitplanes verlangt.«[164]

Dennoch beklagte Lahs zu Recht die Verzögerung, die mehrere Jahre verlorene Entwicklungszeit bedeutete. Und so war man in Deutschland nicht wenig erleichtert, als am 4. November 1942 der erste zweistufige mechanisch aufgeladene Daimler-Benz-Motor DB 628 fertiggestellt wurde. Er war klein genug, um in ein einmotoriges Jagdflugzeug eingebaut zu werden, und stellte für Deutschland die beste Chance dar, den Rückstand in der Motorenentwicklung der Alliierten aufzuholen. Nachdem frühe Versionen von Messerschmitt versuchsweise in der Me 409 eingesetzt worden waren, teilte Nallinger Eisenlohr schriftlich mit, dass die Montage der einsatzfähigen DB 628 V1- und V2-Motoren abgeschlossen sei.[165]

Es blieb zwar noch viel Entwicklungsarbeit zu leisten, aber es war ein Fortschritt für die deutschen Jäger, denn keiner der beeindruckenden Daimler-Benz-Turbomotoren konnte in die Bf 109 oder die Fw 190 eingebaut werden. Am 4. November 1942 veröffentlichte BMW eine Studie über die Wärmebilanz des BMW 801 D-Motors, aus der hervorging, wofür die Wärmeenergie des Kraftstoffs verwendet wurde.

Daraus ging hervor, dass 33,9 % der gesamten Brennstoffenergie für die Drehung der Kurbelwelle verwendet wurde, 19,5 % gingen für die Kühlung des Motors verloren und der Rest, 46,6 %, ging durch die Wärme der Abgase verloren. Der thermische Wirkungsgrad von 33,9 % war sehr beachtlich, und die 44,6 %, die durch die Abgase verloren gingen, waren ein typischer Wert für die damalige Zeit. Der Einbau eines Turboladers erwies sich als vorteilhaft, da diese Wärmeenergie teilweise durch den Antrieb einer Turbine zum Drehen des Verdichter-

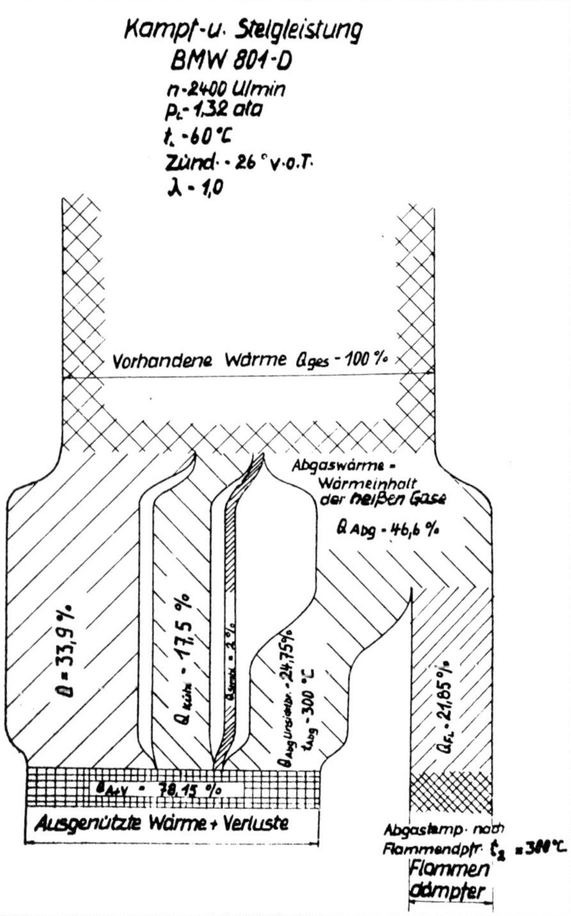

BMW 801: Energieflussdiagramm.

rads zurückgewonnen werden konnte. Ein Kampfflugzeug, das mit einem BMW 801 mit Turbolader ausgestattet war, hatte das Potenzial, herausragend zu sein, denn das größte Manko des Motors war der glanzlose Kompressor, der seine Höhenleistung einschränkte.

Abseits solch attraktiver Zukunftsprojekte traf sich Göring am 6. November 1942 mit Milch und einigen seiner Mitarbeiter, um aktuelle Probleme der Flugzeug- und Motorenentwicklung zu besprechen.

»GenFeldm. Milch: Was meinen Sie dazu? Ist die Spitfire wirklich ein besseres Produkt als unsere 109?

Werner: Ich bin kein Flugzeugbauer, ich bin nur ein Motorenmann, und ich würde mir kein Urteil erlauben.

Friebel: Das hängt von der Art und Weise ab, wie die Anforderungen gestellt werden. Als die 109 entwickelt und konstruiert wurde und später schwerer wurde, bestand die Anforderung darin, ein Flugzeug zu konstruieren, das in der gleichen Höhe Vollgas gibt, in der die feindlichen Jäger in der Regel einfliegen werden. In der Tat ist die 109 in diesen Höhen zwischen 6000 und 10.000 Metern der Spitfire und ihrer Konstruktion mit den niedrigen Flächenbelastungen absolut überlegen.

GenFeldm. Milch: Ist das wirklich so?

Friebel: Es ist wahr ... wird das bestritten?

Werner: Die deutsche Maschine war in den Höhen, die man damals erwartet hatte, überlegen. Die Weiterentwicklung der englischen Maschine führte aber zwangsläufig zu einer Steigerung ihrer Höhenleistung.

Eisenlohr: Wenn die Bf 109 mit dem Daimler-Benz DB 628-Motor auch in der Höhe nicht wesentlich besser ist als die Spitfire, dann muss sie folglich auch in niedrigeren Höhen schlechter sein.

GenFeldm. Milch: Genau!«[166]

Auf der Gegenseite wurde am 8. November 1942 die Operation Torch gestartet, um Nordafrika von Deutschland zurückzuerobern. In einer der gelungeneren Landungen des Krieges gingen die amerikanischen Truppen in Algier an Land und Französisch-Marokko wurde bald der deutschen Kontrolle entzogen. Deutschland war damals in hohem Maße auf Französisch-Marokko angewiesen, um Kobalt – den entscheidenden Bestandteil von Stellite – zu erhalten, das zum Schutz von Motorventilen und Ventilsitzen vor Heißkorrosion benötigt wurde. Die drei reichsten Kobalterzvorkommen der Welt lagen alle in Afrika.[167]

Es dauerte nicht lange, bis sich diese Entwicklung in den Konstruktionsbüros von Junkers, Daimler-Benz und BMW bemerkbar machte. Die deutschen Metallurgen und Motorenkonstrukteure sahen sich nun mit Schwierigkeiten konfrontiert, von denen ihre Kollegen in England und den USA frei waren. Aufgrund des Kobaltmangels konnten die deutschen Konstrukteure ihre Ventile nicht nur nicht mit Nickel beschichten, um zu verhindern, dass sie verkalken und Vorzündungen verursachen, sondern sie konnten auch keine Schutzbeschichtungen aufbringen, wie sie die alliierten Konstrukteure in Form von Brightray (auf Nickelbasis) oder Stellite (auf Kobaltbasis) verwendeten. Diese Engpässe sollten die deutschen Motorenentwickler für den Rest des Krieges behindern. Es wurden sorgfältig Ersatzstoffe entwickelt, die jedoch weniger wirksam waren als die ursprüngliche Zusammensetzung, so dass die Arbeit nur ausreichte, um einen statischen Entwicklungsstand aufrechtzuerhalten, und wenig Spielraum für künftige Verbesserungen der Triebwerksleistung blieb.

Am 13. November 1942 trafen sich Milch und Schwenke zur Besprechung des Mosquito-Nachtjägers, der ihre Stimmung weiter zu trüben versprach:

»Schwenke: Wir haben Nachrichten, dass der Mosquito fast völlig für Nachtjagd eingerichtet wird. Das ist für uns nicht angenehm, im Gegenteil. Es werden schon Verbände von Beaufightern ausgerüstet. Letzthin haben sie vier Mosquitostaffeln aufgestellt. Die Mosquito ist eine andere Klasse. Sie ist nicht mit denen hier in Verbindung zu bringen. Sie hat eine größere Flächenbelastung und ist für Nachtflug geeignet. Sie ist auch zweisitzig.
(GenFeldm. Milch: Die Mosquito ist langsamer als unsere Jäger!)

- Weil sie zweisitzig ist. Sie macht 620 km/h [380 mph], und wenn sie den Merlin 61 noch bekäme, würde sie noch 20 km/h schneller werden.

(GenFeldm. Milch: In welcher Höhe macht sie 620 km/h?)

- In Volldruckhöhe, bei 7500 m. 610 bis 630 sind die Werte. Es ist ein Rolls-Royce Merlin 21 mit 1320 PS. Er hat die Eigenschaft, dass er in Volldruckhöhe etwas mehr leisten kann. - Eine Frage drängt sich auf, nämlich dass dieses Flugzeug doch später aufgrund seiner hohen Geschwindigkeit vielleicht geeignet ist, auch Begleitschutz bzw. Zerstöreraufgaben zu übernehmen.

GenFeldm. Milch: Ich sagte schon: bald wird man die Jäger bauen, und wir werden sie nicht mit Bomben fliegen lassen, sondern mit Kanonen als Begleiter und Aufklärer.
(Zuruf: Diese Möglichkeit muss vorgesehen werden!)

Die Geschwindigkeit wird dazu führen, dass jeder sich überlegt: was kann ich damit auf meinem Gebiet anfangen. Die Jäger werden sagen: gebt mal die Dinger heraus, wir wollen sie als Jäger haben.«[168]

Gerade als es schien, als könne es in Deutschland nicht mehr schlimmer kommen, fand am 27. November 1942 in Berlin eine der außergewöhnlichsten Besprechungen des Krieges statt, bei der Willy Messerschmitt, Eisenlohr und Milch in einen zunehmend angespannten Austausch über die Motorenentwicklung verwickelt waren. Wie üblich wurde jedes Wort von einem Stenografen aufgezeichnet:

»Messerschmitt: Tatsache ist, dass die Kühlerstirnfläche bei uns mehr als doppelt so groß ist als bei den Engländern. Das lässt sich ohne weiteres in den Beuteausstellungen nachweisen. Es ist richtig, dass die Kühler tiefer sind.

GenFeldm. Milch: Ich wundere mich am allermeisten, dass das unsere Herren noch nicht gemerkt haben sollen.

Messerschmitt: Man kann es in den Berichten über die Beuteflugzeuge nachlesen, die Schwenke immer schickt. Da stehen auch die Größen drin.

Schlupp: Der Unterschied in der Kühlergröße ist nach meinen Forschungen nicht 50 %, sondern die Engländer haben einen Kühler, der 55 bis 60 % von unserem Kühler beträgt. Ich führe den Unterschied auf folgende Momente zurück. Erstens ist die Kühlwasserwärme des englischen Motors anscheinend 10 % kleiner als beim Daimler-Benz-Motor. Weiter werden anscheinend die Hochleistungsflugzeuge der Engländer, die in Europa abgeschossen werden, nicht wie bei uns als Universalflugzeuge, für die Tropen und für Europa tauglich, herausgebracht, sondern sie sind nur für Europa bestimmt, und das macht sehr viel aus.

Messerschmitt: Die Vergleiche, die ich gemacht habe, sind auf europäische Temperaturen bezogen, nicht auf die Tropen. Die Tropenkühler sind noch größer.

GenFeldm. Milch: Ich würde es für Wahnsinn halten, wenn wir wegen der paar Maschinen in den Tropen alle anderen Maschinen so bauen, dass sie auch in den Tropen geflogen werden können.

(Messerschmitt: Gefordert wird es!)

- Der Sache müssen wir einmal nachgehen. Wir müssen einmal die Leistungen einander gegenüberstellen und die Frage aufwerfen: Wollt ihr in Europa auf so viel Leistung verzichten, weil ihr vielleicht einmal eine Maschine nach Afrika kriegt?!

Schlupp: Der nächste Punkt ist der, dass die Engländer etwa 10 ° höhere Motortemperaturen haben als wir; während wir eine Temperatur von 115 ° haben, haben die Engländer eine solche von 125 °.

GenFeldm. Milch: Warum haben unsere nicht auch 125 °?

Schlupp: Unsere Motoren sind vorläufig nicht dafür geeignet.

Eisenlohr: Es gibt einen sehr hohen Druck, den man im Motor aufrechterhalten muss. Schon der Druck von 4 Atmosphären im Kühlwasser ist so groß, dass wir Schäden an den Gusswandungen bekommen und Undichtigkeiten der Motoren auftreten.

Seewald: Maßgebend für die Temperatur, die man dem Motor zumuten kann, ist die Temperatur an der heißesten Stelle, die ja im allgemeinen im Zylinderkopf ist. Wenn nun ein Motor konstruktiv so ausgebildet ist, dass diese Spitze besonders gut gekühlt wird, kann ich das gesamte Temperaturniveau heben. Das ist ein Maß für die Güte der Ausbildung des Zylinderkopfes. Hier liegt eine Schwierigkeit, die uns seinerzeit beim 605 Kopfzerbrechen gemacht hat, und da sind die Motoren ja sehr verschieden. Der Junkersmotor ist besser als der Daimler-Benz-Motor, und ich glaube, dass in diesem Punkt die englischen Motoren sehr gut sind, dass sie keine Temperaturspitzen haben, die zum Klopfen Veranlassung geben.

GenFeldm. Milch: Man hat die Zündung jetzt anders eingestellt.

Seewald: Ja, aber die Veränderung des Einspritzzeitpunktes hat eine noch grössere Bedeutung. Das ist auch eine Kühlung. Die Verdampfungswärme wird dem Gas entzogen, und dann hat diese kühle Luft längere Zeit zu wirken. Sie wird etwas früher abgekühlt.

DB 628-Motor: Holzmodell.

GenFeldm. Milch: Außerdem ist aber jedenfalls noch das Zündmoment verstellt worden.

Eisenlohr: Beim DB 603 ist die ganze Zündfolge der Zylinder verändert worden.

GenFeldm. Milch: Beim 605 ist es, glaube ich, auch gemacht worden.

Seewald: Beim 605 glaube ich nicht! Ich halte es für wesentlich, dass die englischen Motoren in diesem Punkt besser durchgearbeitet zu sein scheinen. Insbesondere Daimler-Benz ist hier immer etwas schwach.

GenFeldm. Milch: Ich glaube, Eisenlohr, dass es Ihre Aufgabe ist, festzustellen, was der Gegner hat, worin er uns überlegen ist, und nun unserer Industrie die Forderungen zu stellen: seht es euch an und äußert euch dazu! Sagen Sie nur: kümmert euch jetzt einmal darum; diese Forderung muss ich stellen! Wir müssen auch von 115° auf 125° gehen, – was ist dazu notwendig? – Sie sollen sich nicht im einzelnen darum kümmern, welche Möglichkeiten für die Fabriken infrage kommen, sondern sie müssen sagen, dass die Möglichkeiten, die die Fabriken ihnen vorlegen, genügend sind oder nicht genügend sind. Es geht aber nicht, dass die englischen Flugzeuge gegenüber den unsrigen mit einer erheblich kleineren, fast nur halb so großen Stirnfläche marschieren, und dass Sie es gar nicht wissen!

(Eisenlohr: Das ist mir an sich bekannt!)

- Sie haben doch schon gesagt, dass Sie es nicht wissen!

Eisenlohr: Ich habe nur gesagt, dass ich die einzelnen Gründe nicht weiß. Wir sind zur Zeit dabei, noch einmal die Wärmemengen an den englischen und deutschen Motoren zu vermessen.

GenFeldm. Milch: Dann müssen Sie die Motorenkonstrukteure darauf hinweisen und ihnen sagen: Seht euch das an, das müsst ihr doch herauskriegen! Vielleicht ist es das bessere Material; aber das ist immer die leichteste Ausrede.

Eisenlohr: Mit dem Material stehen wir eigentlich günstiger da.

Messerschmitt: Ich würde vorschlagen, dass Herr Feldmarschall sich bei Leistungsangaben von Flugzeugen nicht nur die Leistungen vorlegen lassen, die allgemein gemacht werden,... Sondern z. B. was der Schub der Abgase bringt. Da ist z. B. auch der Junkersmotor besser als der von Daimler-Benz. Ebenso müsste angegeben werden, wie groß die Verluste durch das Kühlwasser sind. Hier kommt es ja auf die verschiedenen hohen Temperaturen der einzelnen Motoren an. Erst wenn man diese Größen genau mitelnander vergleicht, kann man die Leistung der Motoren in einen richtigen Vergleich setzen. Ausserdem kommt das Kühlergewicht hinzu.

GenFeldm. Milch: Nicht nur gewichtsmäßig, sondern auch stirnwiderstandsmäßig...

Eisenlohr: Die einzuführenden Wärmemengen sind ja jedesmal angegeben. Wie groß aber der Kühler wird, ist bis heute ein Faktor des Flugzeugs gewesen.

GenFeldm. Milch: Es ist nicht so wichtig, dass ich jede Zahl weiß, sondern ich will doch nur das Grundprinzip selbst zu erkennen versuchen. Das ist meine Aufgabe, und Ihre Aufgabe ist es, mit Ihren Herren die einzelnen Werte, Zahlen und Abmessungen zu bringen. Ich muss das innere Gefühl haben, dass die Motorenstelle [des RLM] von sich aus rastlos tätig ist, um Verbesserungen zu erzielen. Jetzt stellt man sich bei den Firmen auf den Standpunkt: Das verstehen wir besser als das Amt. Das darf aber nicht so sein.

Eisenlohr: Gerade in dieser Frage ist von uns ununterbrochen schärfster Druck auf die Industrie ausgeübt worden.

GenFeldm. Milch: Ich würde den Leuten auch nie sagen: Machen Sie den Zylinderkopf so oder so! sondern nur: Ihr ganzer Motor genügt nicht! Wenn sie nicht dahinter kommen, sagen Sie: Vielleicht sehen Sie sich Ihren Zylinderkopf an! Und wenn sie das auch nicht kapieren, müssen Sie sagen: Dann müsst Ihr in Lizenz bauen, dann müssen wir euch den Junkersmotor geben! Euer Konstruktionsbüro lösen wir dann natürlich auf und schicken es zu Junkers, damit man dort konstruieren lernt.«[169]

Es war eine schockierende Drohung an Daimler-Benz, und obwohl man diese Kritik an Nallinger und Berger, die dort für die Flugmotoren zuständig waren, richten konnte, war es eine Tatsache, dass Daimler-Benz nicht unter größeren Schwierigkeiten gelitten hatte als andere deutsche Flugmotorenfirmen, mit den gleichen Engpässen bei wichtigen Legierungen, Treibstoff und ständigen Qualitätsproblemen bei Zündkerzen. Es handelte sich um eine symbolische Drohung von Milch, ohne die fast unmöglichen Schwierigkeiten zu berücksichtigen, unter denen die deutschen Triebwerkskonstrukteure alle arbeiteten.

BMW hatte zwei Jahre gebraucht, um den BMW 801 zuverlässig zum Laufen zu bringen, und der Jumo 213, Deutschlands neueste und fortschrittlichste Konstruktion, war noch nicht einmal serienreif – weitere Indikatoren für einen chronisch schlechten Organisationszustand in der deutschen Forschung und Entwicklung.

»Seewald: Herr Schlupp sprach eben von Arbeiten, die bei der DVL mit der Untersuchung der verschiedenen Motoren im Gange sind. Ich konnte im Aachener Institut, das sich viel mit Kühlerfragen befasst, die inneren Kühlerverhältnisse untersuchen lassen. Das müsste dann eigentlich ein Gesamtbild ergeben.

GenFeldm. Milch: Dafür bin ich sehr dankbar... Wir müssen nur an diese Sache mit einer großen Geschwindigkeit herangehen, damit wir in absehbarer Zeit zu einem Ergebnis kommen.

Schlupp: Die Beutekühler lagen schon länger bei der DVL, und ich glaubte, dass sie von der Forschung untersucht werden würden. Ich habe sie inzwischen an die Industrie gegeben, nachdem sie von der Forschung längere Zeit nicht vermessen worden sind.

Weise: Davon weiß ich gar nichts! Mit mir ist es nicht besprochen worden.«[170]

Schließlich forderte Milch persönlich die DVL auf, einen Prüfplan aufzustellen und Bericht zu erstatten. Es war offensicht-

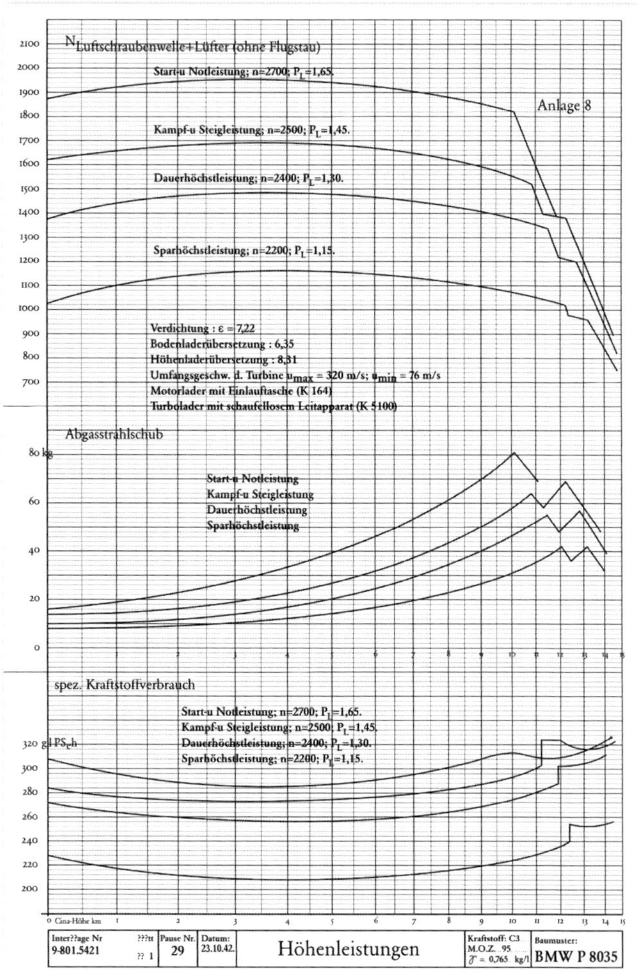

BMW P 8035-Motor: Leistungskurven.

lich, dass niemand die Verantwortung für die Organisation der Forschung übernommen hatte, am wenigsten Eisenlohr, der Leiter der Motorenentwicklung im RLM. Während dieses Durcheinanders untersuchte BMW das Potenzial der Turboaufladung des neuesten 801, des BMW 801 E, der viele kleine Verbesserungen gegenüber dem BMW 801 D aufwies[171].

Der BMW 801 E mit Turbolader und Druckmagneten, die eine zuverlässige Zündung in großen Höhen bei einem Ladedruck von 1,65 bar ermöglichten, zeigte ein enormes Potenzial. Fast 1800 PS konnten bis zu einer Höhe von 33.000 Fuß [9144 m] aufrechterhalten werden, während in niedrigeren Höhen fast 2000 PS zur Verfügung standen. Wenn es in cin Kampfflugzeug eingebaut werden könnte, würde es ein Flugzeug mit hervorragender Kampfleistung ergeben, doch BMW hatte Schwierigkeiten, seine neuesten Modelle schnell in Produktion zu bringen. Am selben Tag untersuchte man auch, ob der BMW 801 in der Rumpfmitte der Me 309 eingebaut werden konnte, um zu sehen, ob er besser oder schlechter als der Jumo 213 oder der DB 603 im gleichen Einbauraum sein würde.[172] Das Chaos in den Motoren- und Rumpfprogrammen war greifbar. Am 2. Dezember 1942 antwortete Fritz Nallinger auf Willy Messerschmitts Kritik mit einem verletzten, aber nicht entschuldigenden Brief, in dem er die Behauptung des Professors widerlegte, Deutschland habe mit der Motorenentwicklung in Übersee nicht Schritt gehalten. Nallinger räumte jedoch ein, dass der Merlin 61 einen großen Fortschritt darstelle und eine sorgfältige Untersuchung erfordere:

»Es ist der einzige Motor, der einen erheblichen Fortschritt darstellt.«[173]

Messerschmitt war jedoch immer noch nicht überzeugt und schrieb am 14. Dezember an Nallinger zurück:

»Sehr geehrter Herr Direktor Nallinger!
Ihren Brief vom 2.12.1942 habe ich mit großem Interesse gelesen … Ich kann mich auch nach Ihren nunmehrigen Darlegungen nicht zu Ihrer Meinung bekehren, dass die deutschen Motoren den englischen überlegen sind und will dies nun noch ausführlicher begründen:

DB 628 und DB 605 D kommen laut Angaben Ihrer Firma erst Anfang, bzw. Mitte nächsten Jahres,

DB 605 A ist wohl vorhanden, jedoch ist die Start-Notleistung derzeit noch immer gesperrt,

Merlin XX und Merlin LXI werden aber bereits seit einigen Monaten in engl. Jägern geflogen.«[174]

Des Weiteren kritisierte Messerschmitt den Kühlungsbedarf (wie alle Flugzeugkonstrukteure, die gezwungen waren, Triebwerksnebenaggregate in ihre Entwürfe einzubauen), doch der Augsburger Professor hatte nicht ganz Unrecht. Bei gleicher Leistung hatte die Spitfire einen Kühler, der nur 55 % so groß war wie die Kühler, die er eigentlich verwenden sollte.

»Bezüglich der Kühler hat Herr Dr. Schlupp bei der obigen Besprechung bestätigt, dass in der engl. Luftwaffe bezogen auf gleiche Motorleistungen um 55 % kleinere Kühler verwendet werden, wobei diese Verringerung der Kühlerabmessungen nicht so sehr durch bessere Kühler und andere Auslegungsbedingungen erzielt wird,sondern in erster Linie, dass eine höhere Kühlflüssigkeitstemperatur erlaubt war. Der Einsatz kleinerer Kühler kann meiner Ansicht nach bei den DB-Motoren noch erreicht werden, da eine Herabsetzung bereits bei anderen deutschen Motoren (siehe Jumo 213 A) erfolgt ist.

Unbedingt notwendig erscheint mir jedoch eine Heraufsetzung der derzeit niederen Kühlstofftemperaturen, da bei den Rolls-Royce-Motoren (Merlin XX) bereits dauernd 120 ° zugelassen werden, während bei den Motoren Ihrer Firma die Höchsttemperatur im Dauerbetrieb nur 102 ° beträgt und 115 ° nur kurzzeitig für 10 Minuten gestattet sind.

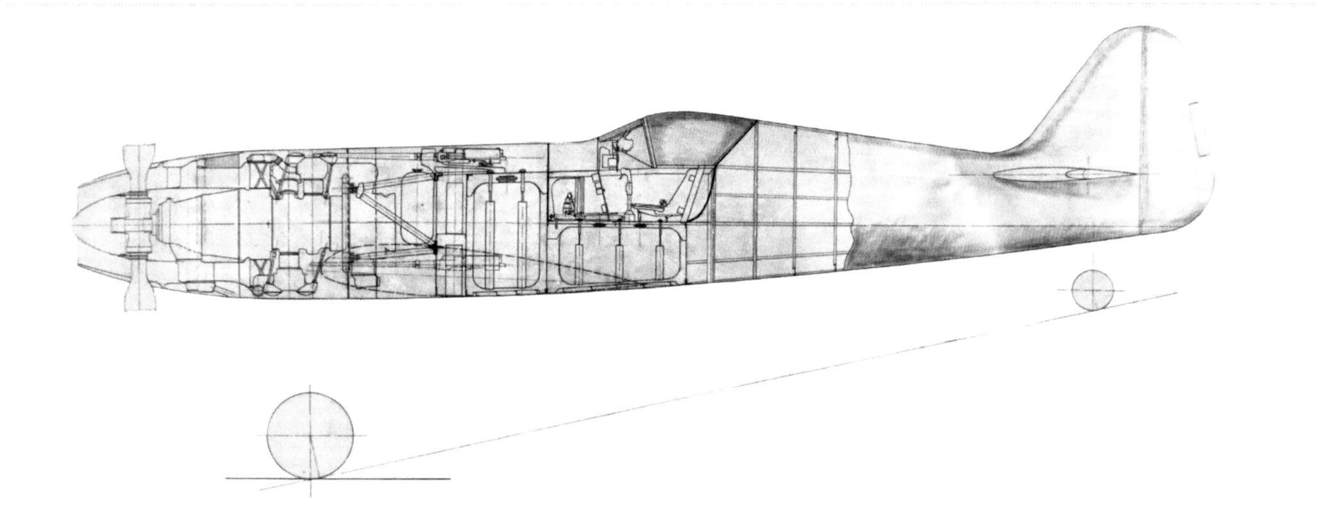

Fw 190-Jagdflugzeug mit BMW 802-Motor – Querschnittansicht.

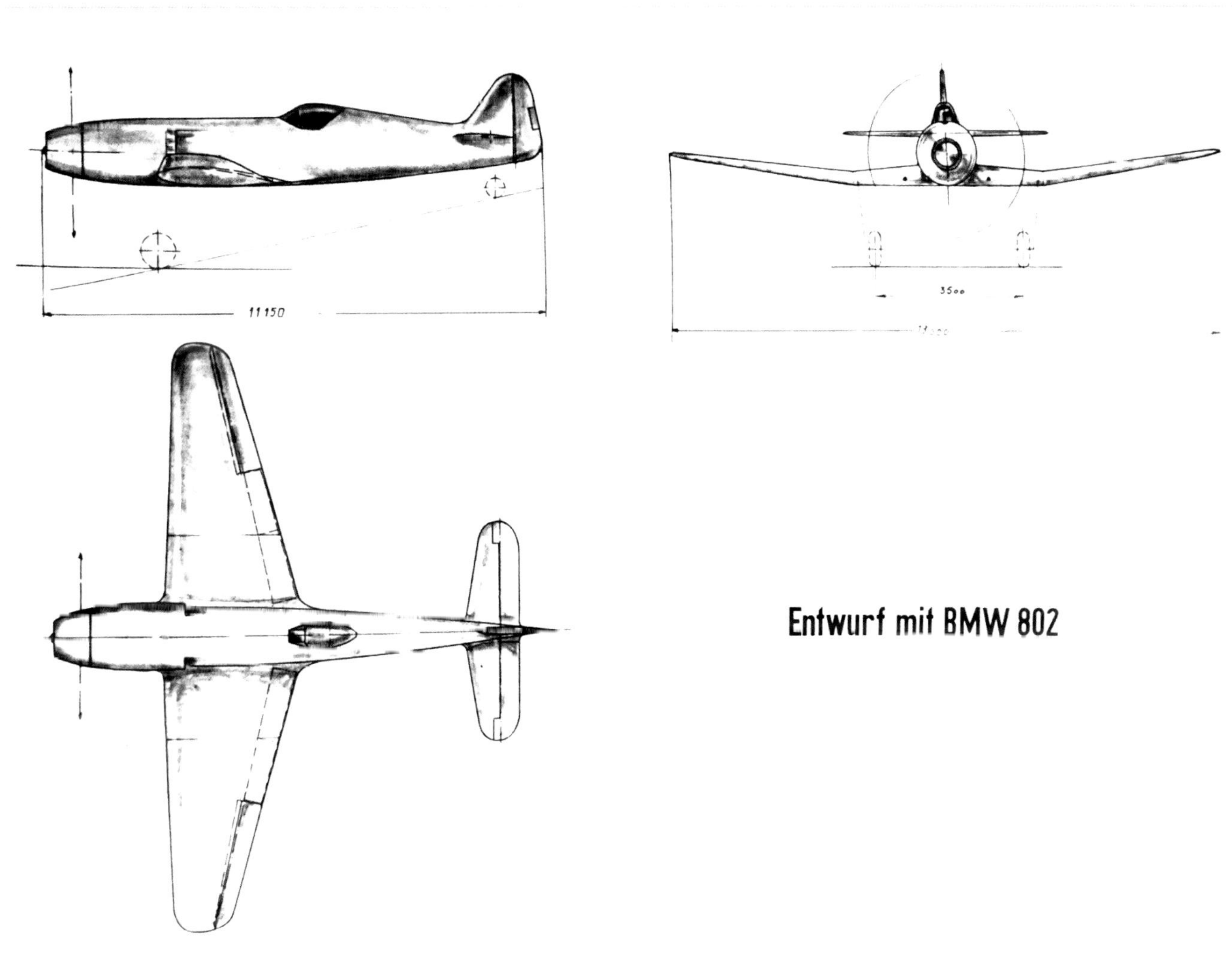

Fw 190-Jagdflugzeug mit BMW 802-Motor – Gesamtdarstellungen.

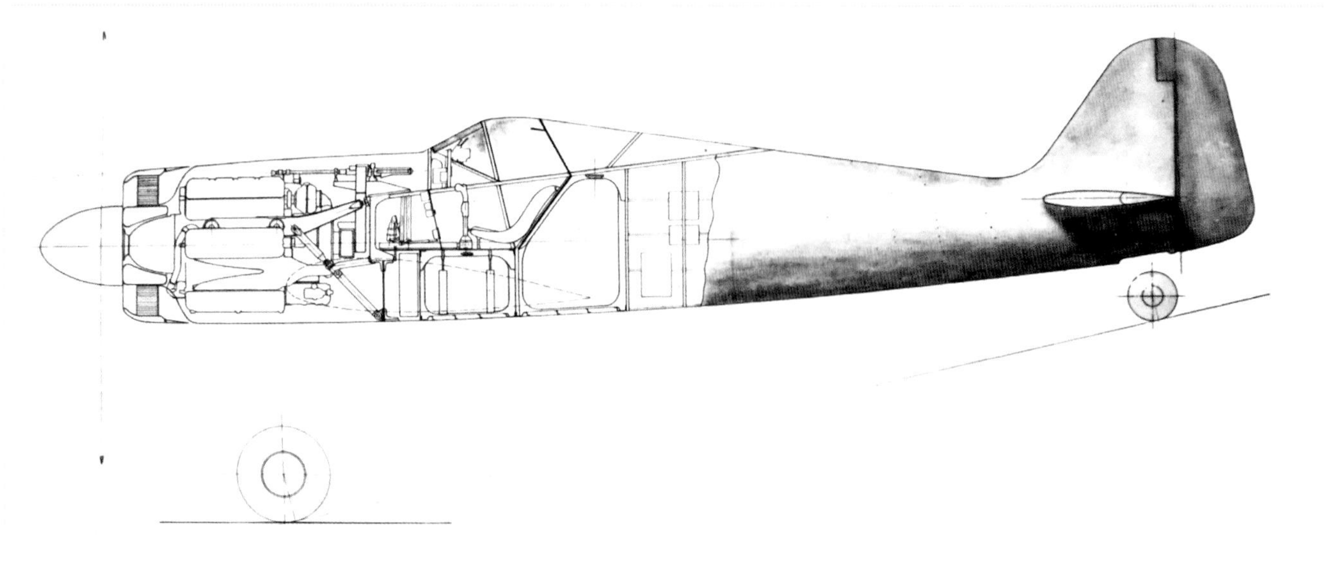

Fw 190-Jagdflugzeug mit Jumo 222-Motor – Querschnittansicht.

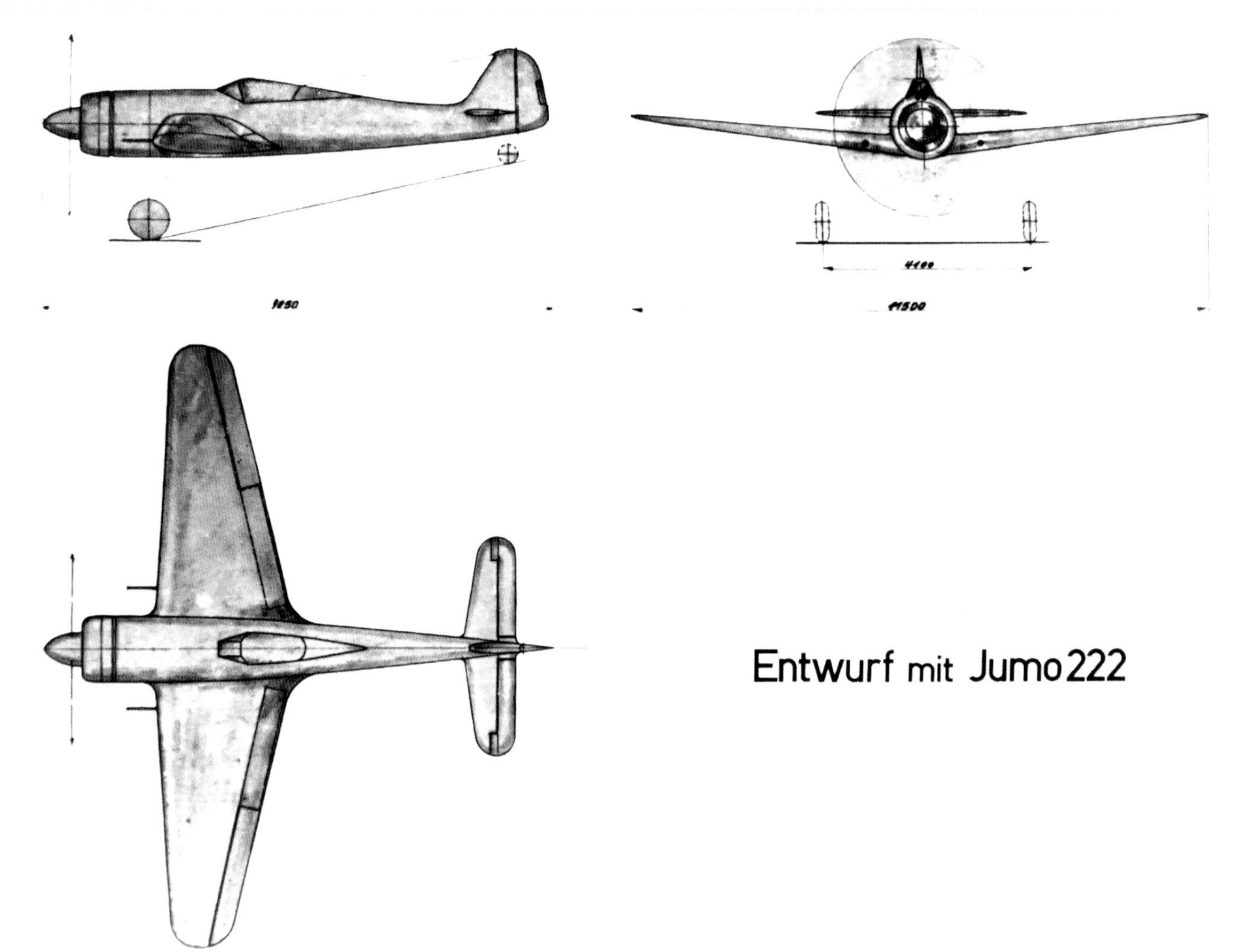

Fw 190-Jagdflugzeug mit-Jumo 222-Motor – Gesamtdarstellungen.

Da gerade bei kleinen Flugzeugen der [Luft-]Widerstand von Kühlern, die mit geringer Temperaturspanne arbeiten, im Vergleich zum übrigen Widerstand der Flugzeuge sehr gross wird (20-25 %), bringt eine Erhöhung der zulässigen Kühlstofftemperaturen und die damit verbundene Verkleinerung der Kühler eine erhebliche Leistungssteigerung.

Berücksichtigt man noch diese Leistungsverluste durch Kühlerwiderstand, so wird die Überlegenheit des Merlin LXI noch deutlicher. Betrachtet man diese Leistungsverluste durch den Luftwiderstand des Kühlers in den Leistungskurven des beigegebenen Schaubildes (~250 PS für DB 605 A-C Steig-Kampfleistung und ~100 PS Merlin 61), wird die Überlegenheit des Merlin 61 noch deutlicher.

Man kann und muss also die Motorleistung auch von zwei Seiten aus betrachten. Es genügt nicht allein, dass sich unsere Motoren auf dem Prüfstand in Bezug auf die Wellenleistung den feindstaatlichen Motoren gleichwertig oder überlegen erweisen, wenn die gesamte Triebwerksleistung im Flugzeug durch übermäßigen Aufwand für die Kühlung schlechter wird.« [175]

Kurz darauf, am 2. Dezember 1942, koordinierte Philippovich in den Treibstofflaboratorien der DVL einen langen Konferenzbeitrag über Treibstoffprobleme. Der Motor DB 601 E wurde mit einer Doppeleinspritzung von C3-Kraftstoff getestet, und zwar mit einer in der DVL entwickelten Methode (s. Grafik unten). Dies brachte eine wesentlich bessere Motorleistung bei magerem Gemisch und zeigte, wie sehr die Abstimmung des Direkteinspritzsystems die Leistung des Motors beeinflussen konnte, wie Karl Dehn in seinem Abschnitt des Berichts schrieb. [176]

»Ventilüberschneidung. Trotz der verhältnismäßig geringen Vergrößerung der Überschneidung konnten mit den untersuchten Kraftstoffen Leistungssteigerungen von über 10 % erreicht werden. Dabei fällt auf, dass der Leistungsgewinn umso größer ist, je höher die Überladekurve an sich schon liegt. Dies ist hauptsächlich darauf zurückzuführen, dass der Zylinder umso stärker gekühlt wird, je höher der Ladedruck ist, mit dem die Durchführung des Verbrennungsraums erfolgt.« [177]

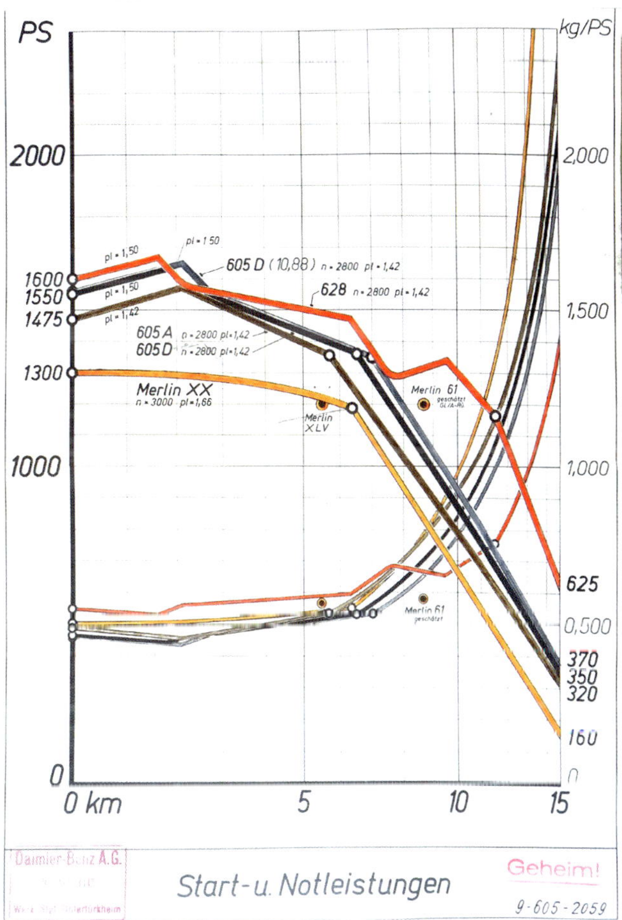

Fritz Nallingers Diagramm der Start- und Notleistungen

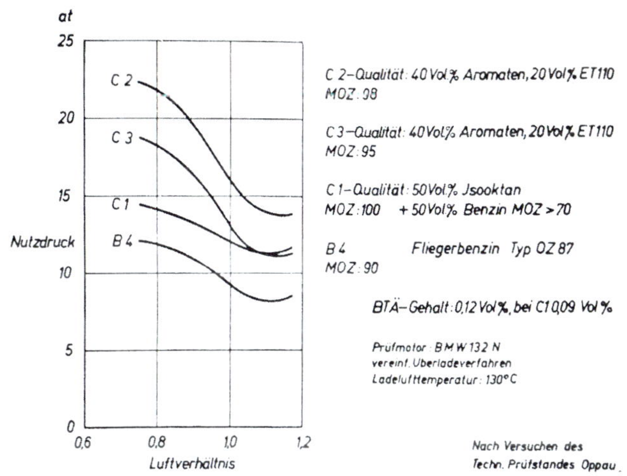

DB 601 E: Vergleich der Einspritzung nach DB- und DVL-Systemen.

»Besonders günstige Ergebnisse dürften sich bei Anwendung des DVL-Einspritzverfahrens ergeben. Bei diesem Verfahren wird der Kraftstoff zu zwei verschiedenen Zeitpunkten in aufeinander abgestimmten Mengen eingespritzt. Das Institut für Thermodynamik und Arbeitsverfahren bei der DVL hat auch mit von uns übersandten Hochleistungskraftstoffen Überladeversuche an einem DB 601 E-Einzylindermotor durchgeführt und unter den verschiedensten Bedingungen die Klopfgrenzen bestimmt.

Durch Anwendung des DVL-Einspritzverfahrens wurde der mit dem Hochleistungskraftstoff C_3 erreichbare mittlere Nutzdruck um mehr als 30 % erhöht … Für die Verwirklichung dieses Arbeitsverfahrens soll nur eine geringe Abänderung der Einspritzpumpe nötig sein …

> Die Frage der Schmierverdünnung stand am Anfang des Krieges schon einmal im Vordergrund des Interesses, als sie sich bei Jagdflugzeugen, die Sperre flogen, unangenehm bemerkbar machte.
> Schmierölverdünnung tritt am Motor dann auf, wenn zuviel hochsiedende Anteile im Kraftstoff enthalten sind oder, wie im angeführten Fall, der Motor längere Zeit zu kühl betrieben wird. Schon die Anwesenheit von wenigen Prozent Kraftstoff im Öl setzt die Viskosität des Schmieröls so weit herab, dass der Verschleiß des Motors gefährliche Formen annehmen kann.
> Umfangreiche Versuche des Technischen Prüfstands Oppau haben jedoch gezeigt, dass die Schmierölverdünnung durch richtige Auswahl der Einspritzdüsen, also durch Verbesserung der Kraftstoffzerstäubung, weitgehend vermieden werden kann.«[178]

Die Ölverdünnung mit Kraftstoff bei der Direkteinspritzung ist bis heute ein häufiges Problem, dessen Vermeidung immer wieder sorgfältige Aufmerksamkeit erfordert. In Deutschland dauerte es bis zur Hälfte des Krieges, bis das Problem und seine Lösung vollständig erkannt wurden.

Der Mangel an vorausschauender Planung bei der Entwicklung von Flugmotoren in Deutschland wurde erneut deutlich, als Milch am 15. Dezember 1942 mit anderen Abteilungsleitern zusammenkam, um die Situation bei den Jagdflugmotoren zu besprechen. Trotz jahrelanger Entwicklung des Jumo 213, eines der modernsten in Deutschland verfügbaren Triebwerke, hatte niemand mit den Flugzeugherstellern richtig geplant, was mit ihm geschehen sollte, sobald es eintraf.

> »GenFeldm. Milch: Die 109 wird den 213 nicht aufnehmen, aber die Möglichkeit, den 213 in die 190 einzubauen, wird jetzt untersucht.«[179]

Milch sprach auch über die Möglichkeit, in der Zukunft die größeren Motoren in die Fw 190 einzubauen.

Zusammenfassung – 1942

Großbritannien hatte das Jahr in einer gefährlichen Lage begonnen: Die Hurricane war unterlegen und die Bf 109 F gut genug, um der Spitfire V mit ihrem Notbehelf-Merlin-45 gefährlich zu werden. Im besten Fall war die Spitfire V ihr nur ebenbürtig. Das Blatt wendete sich jedoch bald, als wichtige technische und organisatorische Entwicklungen vorgenommen wurden. Der zweiteilige Merlin-Zylinderblock war die endgültige Lösung für den Motor mit hohem Ladedruck; durch das Anbringen einer Hut-Scheibe am oberen Ende jeder Zylinderlaufbuchse zwischen Zylinderkopf und Kurbelgehäuse erreichte man eine zukunftssichere Lösung für eines der schwierigsten Probleme aller Motorenkonstrukteure, nämlich die zuverlässige Abdichtung der Hochdruckgase.

Dies war auch das Jahr, in dem die britischen und amerikanischen Motorenkonstrukteure ihre Kenntnisse über die Kurbelwellenlagertechnologie festigten, indem sie das Tri-Metall-Lager mit einer galvanischen Blei-Indium-Beschichtung als oberste Schicht neben der Kurbelwelle einsetzten, während die Amerikaner darunter eine Schicht aus massivem Silber über dem Stahlträger anbrachten. Außerdem hatte man entdeckt, dass nicht nur ein gutes Lager eine Notwendigkeit war, sondern dass die Kombination von Lager und Kurbelwellenmaterial von großer Bedeutung war. Großbritannien entschied sich für eine Kombination aus nitrierter Kurbelwelle/Bleibronze-Indium-Dreimetalllager. Sie war ein erstaunlicher Erfolg und ist auch heute noch die erste Wahl für alle Konstrukteure von Hochleistungsmotoren.[180]

Ideale dendritische Kupferstruktur des modernen »Vandervell VP2«-Lagers.

Die strenge Prozesssteuerung, die wir bei der Rolls-Royce-Lagerabschreckkammer gesehen haben, soll dazu beitragen, dass die Kupferdendriten (sichtbar als hohe, baumartige Elemente) von der Stahlunterlage radial nach oben durch die Bleibronzeschicht wachsen.

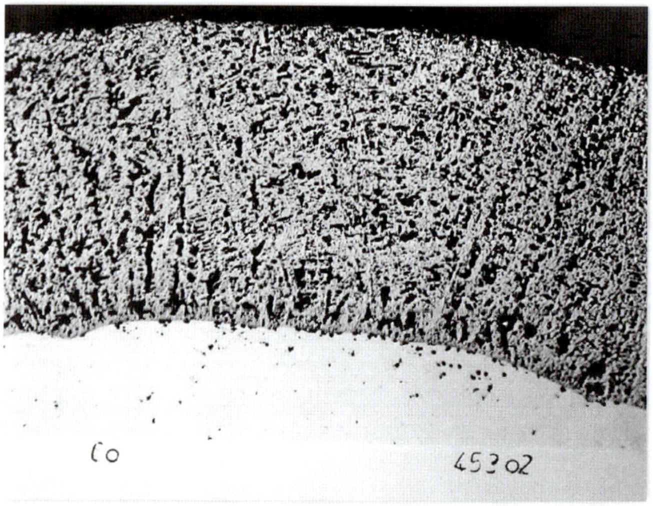

Deutsche Studie zur Mikrostruktur von Merlin-Lagern.

Diese sind so angeordnet, dass sie in der Belastungsrichtung des Lagers ausgerichtet sind; diese Ausrichtung verhindert auch, dass sich die Bleipools zwischen den Kupferbereichen zu sehr vergrößern. Beides ist für eine gute Ermüdungslebensdauer der Lager von grundlegender Bedeutung.

Britische Metallurgen stellten bei ihren Studien über erfasste Motoren fest, dass Deutschland das Nitrieren für seine Kurbelwellen nur langsam einführte. Beim Nitrieren handelt es sich um ein oberflächenhärtendes Wärmebehandlungsverfahren, bei dem Stickstoffgas unter hoher Temperatur in die Oberfläche einer Kurbelwelle diffundiert wird. Wenn die Legierung stimmt, entsteht dadurch eine außergewöhnlich harte Schicht auf der Oberfläche der Kurbelwelle. Diese Schicht schien auch ein kompatibler Partner für das Indiumlager zu sein.

Ebenfalls 1942 entwickelte Rolls-Royce erfolgreich den ersten zweistufigen Kompressor des Krieges mit wassergekühlter Ladeluftkühlung. Die Amerikaner hatten die zweistufige Turboaufladung in der P-38 und der P-47 vorangetrieben, indem sie einen Turbolader zur Verstärkung eines am Motor angebrachten mechanischen Laders einsetzten. Das System von Rolls-Royce war jedoch die erste wirklich erfolgreiche Anwendung der zweistufigen Aufladung, da es außergewöhnlich kompakt und effizient war und auf relativ einfachen Herstellungsmethoden basierte. Zu dieser Zeit gab es weltweit keinen anderen Motor für große Höhen, der in die schmale Nase typischer europäischer Jagdflugzeuge eingebaut werden konnte.

Weniger beruhigend war, dass Großbritannien immer noch nicht in der Lage war, das Problem des Vergasers bei Negativ-g zu lösen, was angesichts all der Forschungsarbeiten, die in Orten wie Farnborough an Kraftstoffeinspritzsystemen durchgeführt wurden, von Tag zu Tag peinlicher wurde. Großbritannien schien ideologisch an den Vergaser gebunden zu sein.

Mit der Typhoon mit Sabre-Antrieb verfügte Großbritannien über ein potenziell schweres Jagdflugzeug. Wenn es mit Turboladern ausgestattet werden könnte, wie es die Amerikaner wünschten und das RAE untersucht hatte, könnte ein Jagdflugzeug von erstaunlicher Leistung und Kampfkraft geschaffen werden. Könnte das perfekte schwere Jagdflugzeug aus einer Kombination von Hawkers Flugzeugzelle, amerikanischen Turboladern und der Napier Sabre geschmiedet werden?

Es schien, dass Großbritannien stattdessen eher daran interessiert war, alle Anstrengungen darauf zu verwenden, die Spitfire IX in Dienst zu stellen. Das war die richtige militärische Entscheidung, denn ohne die Spitfire IX würde die Fw 190 alles andere vom Platz fegen, selbst in abgeschwächter Form. Auch Rolls-Royce hatte Recht, den Vulture zu verschrotten, wenn auch eher aus technischen als aus politischen Gründen, wie Hives eifrig betonte.

Die wichtigste Entwicklung in der alliierten Luftfahrt war eingeleitet worden: die Ausstattung der Mustang mit dem Merlin 61 und die enormen organisatorischen Anstrengungen, die unternommen wurden, um sicherzustellen, dass Packard in Amerika mit der Massenproduktion des 61 beginnen konnte. Diese Entwicklungen sowie die Einführung von Indium-Lagern stellten einen großen amerikanischen Beitrag zum Krieg dar.

Die amerikanischen Ingenieure hatten auch die deutschen Flugmotoren am gründlichsten studiert, und sie verstanden und schätzten die hervorragende Lösung des Problems der Ölzufuhr zur Kurbelwelle, die Jumo mit dem Jumo 211 demonstriert hatte. Der winzige Luft-/Ölabscheider in der Nase der Kurbelwelle des Jumo 211 war eine hervorragende technische Entwicklung.

Die Idee, Öl in die Nase der Kurbelwelle zu leiten, war den amerikanischen Konstrukteuren von luftgekühlten Sternmotoren bereits bekannt – deren Auslegung erforderte oft ein solches System, da die Kurbelwelle gelegentlich mit Rollenlagern versehen war, durch die das Öl nicht wie üblich unter Druck in die Kurbelwelle geleitet werden konnte. Ohne den Luftabscheider und die Zentrifuge, die Jumo gebaut hatte, wäre jedoch ein großer Teil des Nutzens der Kurbelwellen-Ölzufuhr ungenutzt geblieben.

Die amerikanischen Triebwerkskonstrukteure hatten auch große Fortschritte bei der Erprobung des zweimotorigen Jagdflugzeugs P-38 mit Turbolader in England gemacht, das zwar über ein großes Potenzial verfügte, dessen Konstrukteure aber den Fehler gemacht hatten, ein ausgeklügeltes System der Zwischenkühlung auszuprobieren, bei dem die Flügelvorderkanten zur Ableitung der Wärme der aus den Turboladern austretenden komprimierten Luft verwendet werden sollten. Außerdem hatten sie es versäumt, nach dem Vorbild der Deutschen oder der Briten automatische Ladedruckregelsysteme zu entwickeln, was auch ihren sonst so fortschrittlichen Flugzeugen große Schwierigkeiten bereitete, da die Piloten die immer komplexer werdenden Regelsysteme manuell bedienen mussten. Ein einziger Fehler konnte dazu führen, dass das Triebwerk zu stark beschleunigt wurde oder die Abgasturbine überdrehte.

Die vielen Fehlentscheidungen bei der technischen Ausrichtung und das mangelhafte Management in Deutschland schlugen 1942 in dramatischer Weise zu Buche. Alle Kampfflugzeuge der Luftwaffe an der Front flogen mit minderwertigen oder kaum brauchbaren Motoren. Milch berichtete auf einer Konferenz am 2. November 1942 mit einiger Abscheu, dass der BMW 801 von den deutschen Piloten an der Front als »Schwein« und der DB 605 als »Blumentopf« bezeichnet wurde.[181]

»Die Forderungen nach Flugmotoren sind kurzfristig und können beim besten Willen nicht in die Realität umgesetzt werden. Der ehrenwerte Reichsmarschall fordert Motoren zwischen 1000 und 6000 PS. Der 4000 PS-Motor steht bei BMW kurz vor der Verwirklichung, wird aber bis zum Fronteinsatz noch einen langen Entwicklungsweg durchlaufen müssen.

Es ist mehr denn je notwendig, arktische und tropische Bedingungen zu berücksichtigen. Was die Frage der Turbolader und Abgasturbinen angeht, so arbeiten alle Firmen sehr intensiv daran. In diesem Bereich werden wir in diesem Krieg wegen des Mangels an hochwertigen Legierungen schwer zu leiden haben.

Das frühere Anhängen des Namens ›Schwein‹ an den BMW-Motor 801, der zur Freude des Frontpersonals von Tag zu Tag brauchbarer und zuverlässiger wird, und des Namens ›Blumentopf‹ für die Daimler-Motoren hat die Ingenieure, die diese Motoren mit unermüdlichem Einsatz geschaffen haben, tief betrübt. Im Jahr 1938 verfügte die deutsche Motorenindustrie über zwei zweireihige Sternmotoren, die auf dem Prüfstand jeweils eine Leistung von 2000 PS erbrachten.[182] Diese Entwicklung wurde durch behördliche Anordnungen unterbrochen, und in der kurzen Zeit von zwei Jahren wurde ein neuer Motor, der 801, von den Bayerischen Motorenwerken hergestellt. Die Kinderkrankheiten, die jeder neue Motor mit sich bringt, sind nun praktisch überwunden. Der 801 stellt heute unseren robustesten Motor an der Front dar.«[183]

Dies war ein Verrat an den deutschen Motorenkonstrukteuren, die wenig falsch gemacht hatten. Die meisten Probleme der beiden Triebwerke wären nie aufgetreten, wenn sie in Großbritannien oder Amerika gebaut worden wären, wo es reichlich kritische Metalle, hochwertige Kraftstoffe und ausgezeichnete Öle gab. Kein Hochleistungsflugzeugmotor hätte unter den strengen Auflagen, die 1941 und 1942 in Deutschland bestanden, erfolgreich gebaut werden können.

Deutschland hatte es versäumt, die Dralldrossel in einen Frontjagdmotor einzubauen: eine erstaunliche Feststellung, da die erste Axialdralldrossel von Daimler-Benz bereits vor der Luftschlacht um England getestet worden war. Der neue Daimler-Benz DB 628 verfügte zwar über die Dralldrossel, schien aber noch weit von der Frontreife entfernt zu sein. Die geniale, aber komplizierte Konstruktion der zweistufigen Lader war für eine erfolgreiche Fertigung im Kriegsdeutschland nicht geeignet, da die Lager der ersten Laderstufe von besonders hoher Qualität sein mussten. Die Daimler-Benz-Ingenieure sahen sich wieder ihrem alten Feind gegenüber: den Lagerwerkstoffen.

Die Ventilsituation war durch die Einführung der verchromten Ventile, zunächst durch BMW und dann durch Daimler-Benz, teilweise gerettet worden. Es war ein Trauerspiel, dass beide Firmen dieselben Entwicklungsprobleme getrennt durchlaufen mussten, was nur auf ein katastrophal schlechtes Management durch das RLM zurückzuführen war.

Die Diskussionen auf den GL-Konferenzen zeigen, wie schlecht das deutsche Luftfahrtsystem in Nazi-Deutschland organisiert war: die Funktionäre machten die Hersteller für alle Schwierigkeiten verantwortlich, während in Wirklichkeit niemand die Katastrophen hat vermeiden können, die durch die Handhabung des Metallmangels durch das RLM entstanden waren. Das Versäumnis Eisenlohrs, dafür zu sorgen, dass die Testmotoren mit den Serienmotoren übereinstimmten, kam Deutschland teuer zu stehen und trug wahrscheinlich zum Tod von mindestens einem der größten deutschen Flieger, Joachim Marseille, bei. Das zusätzliche Versäumnis Deutschlands, Hochdruck- und Hochtemperaturkühlsysteme zu entwickeln, war ebenfalls ein schwerer Fehler, wie die Briefe zwischen Messerschmitt und Nallinger zeigen.

Deutschland, das das Jahr 1942 mit der ausgezeichneten Bf 109 F und der überragenden Fw 190 im Fronteinsatz in einer Position der potentiellen Dominanz begonnen hatte, befand sich nun in schwacher Lage. Triebwerksprobleme hatten das Potenzial beider Flugzeuge zunichte gemacht: Die DB 601 N wurde wegen Probleme mit der Treibstoffverdünnung ausgemustert; die DB 601 E wurde fallengelassen, weil das Einspritzsystem mit den verfügbaren Treibstoffen unterentwickelt war; die DB 605 war wegen dramatischer Probleme mit den Lagern und den sparsamen Ventillegierungen kaum einsatzfähig.

Der deutsche Luftkampf in den Jahren 1941 – 1942 war durch eine schlechte Strategie bei der Motorenentwicklung zunichte gemacht worden, was umso unerträglicher war, als zwei hervorragende Jagdflugzeuge im Einsatz waren.

Die von Franke und anderen beschriebenen Probleme mit der Verbrennung in den Daimler-Benz-Motoren zeigten, dass Deutschland unterschätzt hatte, wie schwierig die Entwicklung der Benzin-Direkteinspritzung sein würde. Wahrscheinlich hätte man den Rat von Ricardo aus den frühen 1930er Jahren in England befolgen und stattdessen ein viel einfacheres Mehrpunkteinspritzsystem verwenden sollen, das jedoch in die Öffnungen vor dem Ventil geleitet wurde. Damit hätte man nicht nur den Verteilungsvorteil erhalten, sondern sich auch der viel leichteren Entwicklungsaufgabe einer Einspritzung gestellt, die auf den vom raschen Eintritt von Kraftstoff und Luft in die Kammer verursachten hohen Turbulenzen und gute Vermischung basiert – nur der Kraftstoffverbrauch hätte als Kompromiss darunter gelitten.

Kapitel 7

1943 – Deutschland in der Defensive

Großbritannien

Das dritte Kriegsjahr markierte einen Wendepunkt – von der anfänglichen Unterlegenheit der Alliierten in den ersten Kriegsmonaten über ein nervöses Katz-und-Maus-Spiel bis hin zu einer spürbaren Überlegenheit der Alliierten. Allerdings passierte das alles nicht durch technologischen Fortschritt allein und die britischen Motorenkonstrukteure taten sich immer noch schwer mit den Möglichkeiten der Benzindirekteinspritzung.

Das Konzept der Benzindirekteinspritzung war in Großbritannien bereits seit vielen Jahren vor dem Zweiten Weltkrieg bekannt, wobei Ricardo und Bristol Pionierarbeit auf diesem Gebiet leisteten. Einige beim RAE hatten sich jedoch dagegen gesträubt und damit eine Chance verpasst. Rolls-Royce war begeistert von der Beibehaltung der Einführung des Kraftstoffs vor dem Ladereinlass, um die Temperatur der Laderluft zu senken und damit sowohl das Gewicht der angesaugten Luft als auch die Effizienz des Laders zu erhöhen. Das Unternehmen stand auch unter erheblichem Druck – den es wiederum an seine Vergaserlieferanten weitergegeben hatte –, die Probleme mit der Negativ-g-Motorabschaltung zu lösen.

Obwohl diese Probleme von Beatrice Shilling beim RAE entschärft wurden, war das Problem im Januar 1943 immer noch nicht vollständig gelöst. Das RAE versuchte, das Problem von einem anderen Standpunkt aus anzugehen, indem es einen Rolls-Royce-Merlin-Motor mit einem deutschen Direkteinspritzsystem aus einem erbeuteten Jumo 211 betrieb.[1] Unglaublicherweise waren die Arbeiten bereits seit dem 1. Oktober 1940 im Gange, hatten aber offensichtlich eine so geringe Priorität, dass zwei Jahre vergingen, bevor die Arbeiten abgeschlossen und der Bericht verbreitet wurde. Die Zylinderköpfe des Merlin-Motors waren für die zusätzlichen Einspritzdüsen umgebaut worden, und es war eine Vorrichtung eingerichtet worden, um die deutsche Pumpe und das Steuergerät am Motor zu montieren.

> »Ein Merlin-II-Motor wurde mit einem Junkers-Jumo-Einspritzsystem auf Benzindirekteinspritzung umgerüstet und die Gemischstärken der einzelnen Zylinder wurden mit einem Cambridge-Abgasanalysator ermittelt. Es zeigt sich, dass eine gleichmäßigere Verteilung erreicht werden kann als bei Verwendung des normalen Vergasers.
>
> Bemerkenswert ist, dass im Motor, der mit Direkteinspritzung betrieben wurde, das Gemisch so weit abgeschwächt werden konnte, dass er 15 bis 20 % Leistung verlor, bevor er instabil wurde, was auf die gute Verteilung und das Fehlen von Gemisch im Ansaugsystem zurückzuführen ist.
>
> Obwohl es unwahrscheinlich ist, dass der beste Kompromiss aus Einspritzposition, Düsentyp, Zeitsteuerung und anderen Punkten in Bezug auf ein Einspritzsystem für diesen Motor verwendet wurde, beträgt die maximale Leistung 880 PS … was dem Maximum für den Standardmotor entspricht.«[2]

Das System zeigte eindeutig das Potenzial für gewisse Leistungsverbesserungen des Motors, doch wurden die Tests nicht über diesen ersten Versuch hinaus fortgesetzt. Denn 1943 war der Luftkrieg bereits in vollem Gange. Es war höchst unwahrscheinlich, dass man auf offene Ohren stoßen würde, wenn es um umfassende Änderungen an den Produktionslinien ging, die bereits Tausende von Merlins produzierten – es sei denn, es wurde eine wirklich signifikante Verbesserung angeboten. Wären diese Tests, die eine Woche vor dem Ende der Luftschlacht um Großbritannien begonnen wurden, früher abgeschlossen

Merlin II mit der direkten Kraftstoffeinspritzung vom Jumo 211.

worden, hätten sie möglicherweise die Entwicklungsgeschichte des Merlins verändern können.

Am 21. Februar 1943 stellte Hives eine Tagesordnung für ein Treffen mit dem MAP zusammen, bei dem es um die Fortschritte beim Packard Merlin 61 für die Mustang, die Entwicklung des Griffon und die Arbeit am Zweitakt-Crecy ging.

»Wir haben von unserem Ingenieur in den USA, Herrn Ellor, gehört, dass der zweistufige Packard-Motor in der Mustang recht gut läuft. Die vorläufigen Zahlen zeigen, dass er 15 bis 20 mph [24 – 32 km/h] schneller ist als in unseren Aufzeichnungen, aber da sie den Motor für große Höhen verwenden, der seine maximale Leistung bei 28.000 Fuß [8534 m] im Vergleich zu unseren 22.000 Fuß [6706 m] erreicht, würde dies den größten Teil der Verbesserung erklären …

Die Entwicklung des Zweitaktmotors schreitet voran. Wir haben uns mit der Frage des Einbaus dieses Motors in den Mosquito befasst. Es gibt eine große Anzahl von Schwierigkeiten, und es ist offensichtlich, dass es bei dieser Maschine unmöglich sein wird, den Auspuffschub voll auszunutzen.

Wir haben immer noch kein geeignetes Flugzeug für den Einbau des Zweitaktmotors, um die maximale Leistung zu erreichen.«[3]

Die Herstellung des Packard-Motors in Amerika für die Mustang war von entscheidender Bedeutung und scheint von beiden Firmen mit enormen Anstrengungen und Erfolg betrieben worden zu sein. Während es den Italienern und Japanern gelang, die DB 605- bzw. DB 601-Motoren in Lizenz zu bauen, war die hohe Produktionsleistung, die Packard so schnell erreichte, bemerkenswert.

Der Griffon sollte seine Chance bekommen, aber die Schwierigkeiten mit dem Crecy machten nicht nur die grundsätzliche Untauglichkeit des Benzin-Zweitakters für Flugzeuge deutlich, sondern unterstrich auch die Wahrheit, dass es immer ein Hindernis ist, wenn zwei Firmen versuchen, ein Konzept zur gleichen Zeit und weit voneinander entfernt zu entwickeln. Die Tatsache, dass die Entwicklung des Crecy-Motors bei Ricardo begann und bei Rolls-Royce endete, war zweifellos eine Schwierigkeit, da keine der beiden Firmen das Gefühl hatte, dass das Projekt vollständig in ihren Händen lag. Ricardo ärgerte sich zweifellos über die Einmischung und Rolls-Royce empfand das Projekt zeitweise als unerwünschte Belastung für die Merlin-Entwicklung. Es war ein unglücklicher Mittelweg.

Im Februar 1943 wurde der erste Daimler-Benz »Doppel«-V12-Motor der Baureihe DB 606 erbeutet. Obwohl diese Motoren ursprünglich in erster Linie für Bomber gedacht waren, hatte man sie auch für den Einbau in einsitzige schwere Jagdflugzeuge in Betracht gezogen, und bereits am 16. März 1942 hatte Daimler-Benz die Ergebnisse von Modellversuchen über die möglichen Kühlanlagen mit dem doppelten DB 605, dem so genannten DB 610, veröffentlicht.[4]

Das RLM war bereits früher zu dem Schluss gekommen, dass die Kombination von zwei vorhandenen V12-Motoren auf einer gemeinsamen Propellerwelle eine schnelle und einfache Möglichkeit war, die verfügbare Leistung zu verdoppeln, ohne ein neues Entwicklungsprogramm für eine völlig neue Motorarchitektur in Angriff nehmen zu müssen. Die Zusammenlegung von zwei Motoren war auch ein nützlicher Weg, um den Luftwiderstand zu verringern, da nur ein Motorgehäuse benötigt wurde.

Die Motoren erwiesen sich als eine Katastrophe. Die Zündfolge der V12-Motoren musste geändert werden, um unerwartete Torsionsschwingungsprobleme zu beheben, die durch die Kopplung der beiden Motoren verursacht wurden, und das Getriebe erwies sich als ein großes Entwicklungsprojekt. Die einfache Verbindung zweier Motoren war weitaus komplizierter,

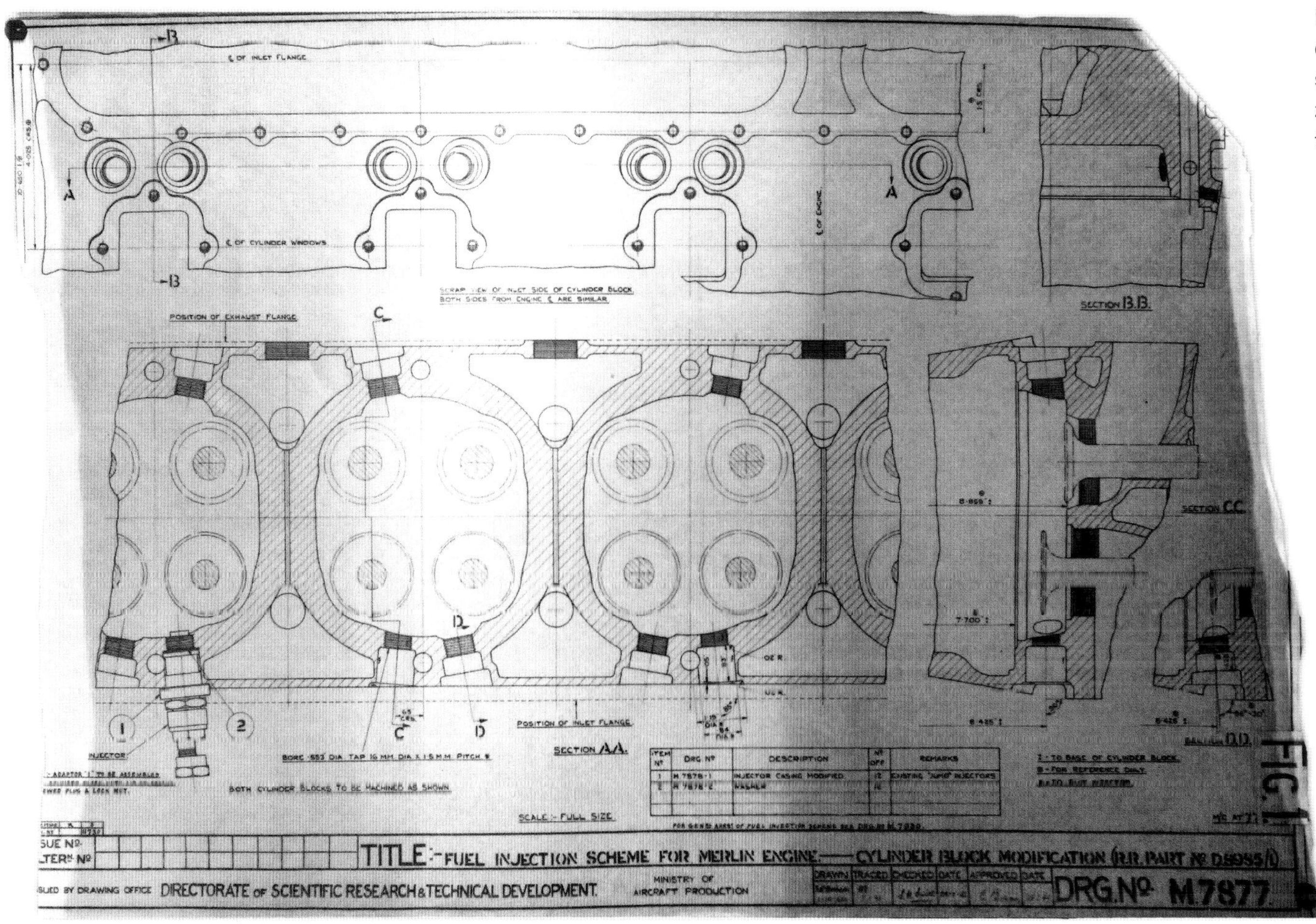

Merlin II mit direkter Kraftstoffeinspritzung – Bearbeitungsdetails.

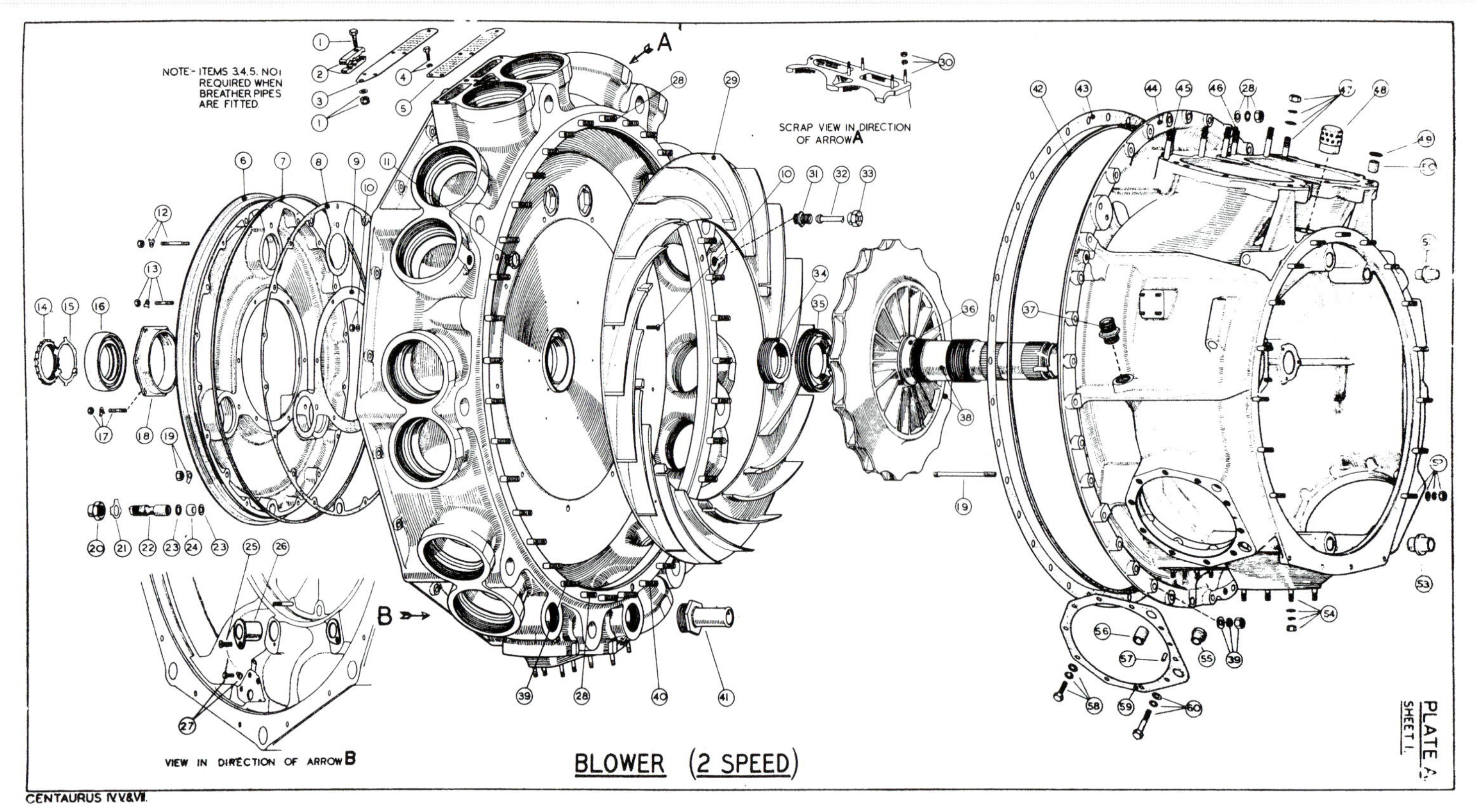

Bristol Centaurus: Kompressor.

als das RLM es sich vorgestellt hatte. Die Bristol-Ingenieure hatten inzwischen das Hülsenventil gemeistert, aber ihren Motoren fehlte es an der immer wichtiger werdenden Leistung in großen Höhen. Diese war bei der Sternmotoranordnung besonders schwierig zu erreichen, weil der Lader keine voll entwickelte Spirale haben konnte, um die Luft zwischen dem Rand der Diffusorschaufeln und dem Verbindungsrohr zu den Zylindern zu expandieren. Zu diesem Zweck wurde am 4. März 1943 in Bristol ein BMW 801-Lader getestet.

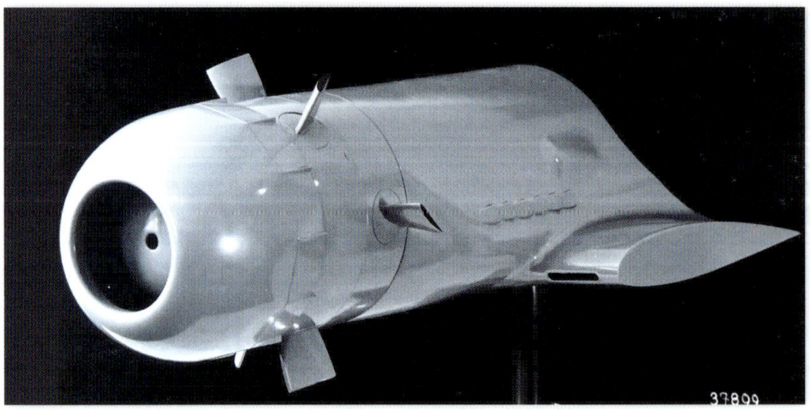

Daimler-Benz-Studie zur Auslegung des Kühlsystems für einen DB 610 Doppel-V12-Motor.

»Sehr geehrte Damen und Herren,
BMW 801 Turbolader
Bezug nehmend auf Ihr Schreiben … in dem Sie uns bitten, Tests mit dem BMW 801 Kompressor durchzuführen … haben wir für diese Arbeit 26,5 Betriebsstunden auf der Gebläseanlage veranschlagt … und Ausgaben von ungefähr £ 530.
Mit freundlichen Grüßen,
Bristol Aeroplane Company.«[5]

Der Centaurus-Lader war relativ schlecht, zum Teil aus den oben genannten Gründen, aber Bristol hatte wenig vom BMW 801-Lader zu lernen, der möglicherweise der am wenigsten gut entwickelte Teil des deutschen Motors war.[6] Am 9. März 1943 erhielt man von Spionen die ersten Informationen über den DB 605-Motor.

Es wurde von »Lagerschwierigkeiten« gesprochen, was zeigte, dass der Informant gut mit der realen Entwicklungssituation bei Daimler-Benz verbunden war. Im Gegensatz zu den Beziehungen zwischen den deutschen Spitzenmanagern pflegten die Briten in der Regel ein herzliches berufliches Verhältnis zueinander, aber Egos und andere zwischenmenschliche Schwierigkeiten blieben stets präsent. Am 3. April 1943 schreibt Bulman an Hives über ihre Freundschaft:

»Mein lieber Hives,
ich würde mich sehr freuen, ein paar Minuten mit Ihnen allein zu sprechen, wenn Sie es bei Ihrem Besuch in London oder bei meiner nächsten Reise nach Derby einrichten können. Ich habe seit einiger Zeit das Gefühl, ich hoffe, ganz zu Unrecht, dass zwischen uns eine Differenz entstanden ist, die, wenn sie denn besteht, ausgeräumt werden muss, ohne dass mir ein Grund bekannt ist.

Es mangelt derzeit nicht an Störern, die Zeit und Gelegenheit finden, Unruhe zu stiften, und fast Freude daran zu haben scheinen.

Kürzlich meinte jemand, es sei verwunderlich, dass ich nicht zurückgetreten sei, und wenn ich meinen Rücktritt einreichen würde, würde man ihn gerne annehmen. Ich habe sofort eine kategorische Frage an die zuständige Stelle gestellt und eine ebenso kategorische Antwort erhalten, die jeden Zweifel ausräumte und mich sehr ermutigte.

Ich kann nicht erwarten, dass ich von Ihnen auch nur ein Zehntel der Bewunderung und des Respekts verdiene, die ich Ihnen für Ihre großartige Leistung über so viele Jahre entgegenbringe, die das Land niemals zurückzahlen kann – aber lassen Sie mich wissen, wenn Sie irgendetwas gegen mich haben, sei es wegen eines Vergehens oder eines Versäumnisses; sagen Sie es mir, um Himmels willen, und lassen Sie es uns aussprechen und hinter uns bringen.

Mit freundlichen Grüßen,
Bulman.«[7]

Hives lehnte jede Einmischung in seine Tätigkeit als Motorenentwickler ab, schaffte es aber trotz aller Schwierigkeiten, eine Beziehung zu Bulman aufzubauen, die von gegenseitigem Respekt geprägt war, und wie die Ereignisse in Deutschland zeigten, waren ernsthafte Schwierigkeiten vorprogrammiert, wenn die Freundschaft zwischen Spitzenbeamten völlig zerbrach.

Bristol war nicht das einzige Unternehmen, das den BMW 801 testete – auch das RAE hatte ihr eigenes Exemplar im Test und berichtete im April 1943 darüber:

»Der Motor hat einen normalen Wirkungsgrad, arbeitet aber mit einem effizienten Lader mit niedrigem Verdichtungsverhältnis und mäßiger Höhenleistung … die Ladereigenschaften zeigen, dass ihr Verdichtungsverhältnis und ihr Wirkungsgrad bei jeder Spitzengeschwindigkeit über einen großen Bereich des Luftstroms erhalten bleiben, was zweifellos zum Teil auf den Wegfall der Vergaserdrosseln zurückzuführen ist.«[8]

Die Schlussfolgerungen das RAE bestärkten die Ablehnung des nun offensichtlich veralteten Vergasers. Der Wegfall des Vergasers bedeutete, dass die Chokes nicht benötigt wurden, wodurch eine Beschränkung des Kompressoreinlasses beseitigt und dessen Leistung verbessert wurde. Ironischerweise war der Kompressor des BMW 801 trotz der fortschrittlichen Merkmale der Kraftstoffeinspritzung und des Kommandogeräts in seiner

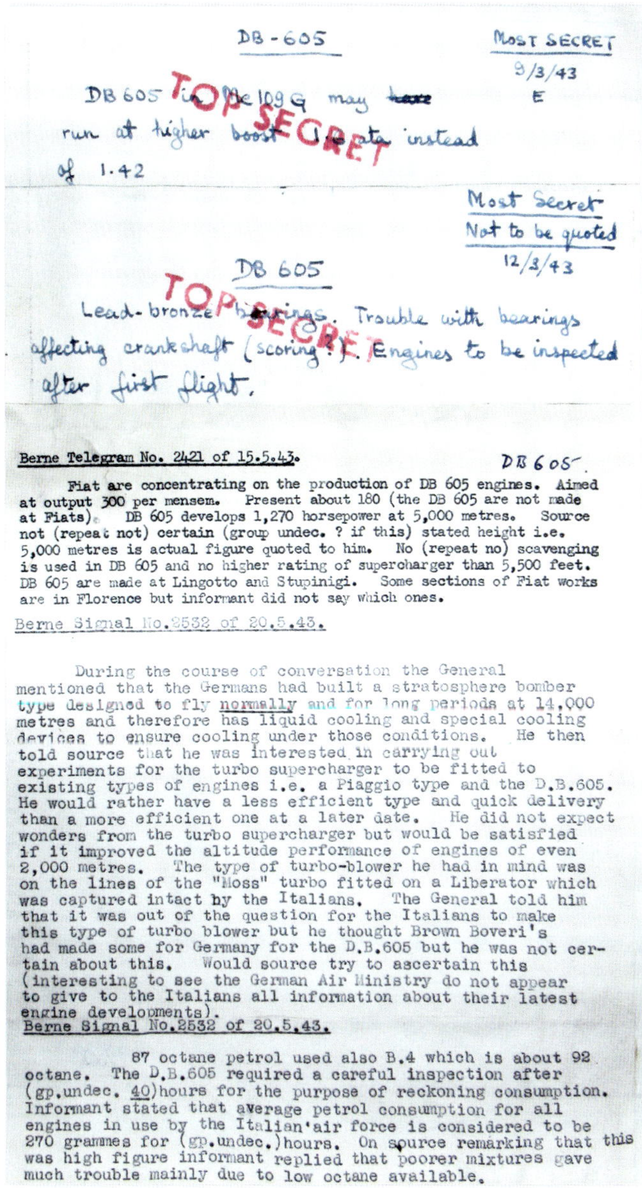

DB-605 | MOST SECRET
9/3/43
E

DB 605 in Me 109 G may ~~have~~ run at higher boost [illegible] ata instead of 1.42

TOP SECRET

Most Secret
Not to be quoted
12/3/43

DB 605

Lead-bronze bearings. Trouble with bearings affecting crankshaft (scoring?). Engines to be inspected after first flight.

TOP SECRET

Berne Telegram No. 2421 of 15.5.43. | DB 605.

Fiat are concentrating on the production of DB 605 engines. Aimed at output 300 per mensem. Present about 180 (the DB 605 are not made at Fiats). DB 605 develops 1,270 horsepower at 5,000 metres. Source not (repeat not) certain (group undec. ? if this) stated height i.e. 5,000 metres is actual figure quoted to him. No (repeat no) scavenging is used in DB 605 and no higher rating of supercharger than 5,500 feet. DB 605 are made at Lingotto and Stupinigi. Some sections of Fiat works are in Florence but informant did not say which ones.

Berne Signal No.2532 of 20.5.43.

During the course of conversation the General mentioned that the Germans had built a stratosphere bomber type designed to fly normally and for long periods at 14,000 metres and therefore has liquid cooling and special cooling devices to ensure cooling under those conditions. He then told source that he was interested in carrying out experiments for the turbo supercharger to be fitted to existing types of engines i.e. a Piaggio type and the D.B.605. He would rather have a less efficient type and quick delivery than a more efficient one at a later date. He did not expect wonders from the turbo supercharger but would be satisfied if it improved the altitude performance of engines of even 2,000 metres. The type of turbo-blower he had in mind was on the lines of the "Moss" turbo fitted on a Liberator which was captured intact by the Italians. The General told him that it was out of the question for the Italians to make this type of turbo blower but he thought Brown Boveri's had made some for Germany for the D.B.605 but he was not certain about this. Would source try to ascertain this (interesting to see the German Air Ministry do not appear to give to the Italians all information about their latest engine developments).

Berne Signal No.2532 of 20.5.43.

87 octane petrol used also B.4 which is about 92 octane. The D.B.605 required a careful inspection after (gp.undec. 40)hours for the purpose of reckoning consumption. Informant stated that average petrol consumption for all engines in use by the Italian air force is considered to be 270 grammes for (gp.undec.)hours. On source remarking that this was high figure informant replied that poorer mixtures gave much trouble mainly due to low octane available.

DB 605: Daten von Informanten im Jahr 1943.

Konstruktion veraltet und besaß nicht einmal gekrümmte Verdichterschaufeln. In dieser Hinsicht war er nicht besser als der Lader des Rolls-Royce Buzzard aus dem Jahrzehnt zuvor.

Einen BMW 801 testeten auch die Mitarbeiter des Thornton Aero Engine Research Laboratory, die einen seiner Zylinder ausbauten und in einen Forschungsmotor mit variabler Verdichtung einbauten.

»Mit dem deutschen ›grünen‹ Kraftstoff arbeitet der BMW 801 D Motor innerhalb der vom Kraftstoff vorgegebenen Detonationsgrenzen. Der deutsche ›blaue‹ Kraftstoff erweist sich als ungeeignet für den Motor, während BAM [British Air Ministry] 100 gerade die Mindestanforderungen an den Kraftstoff erfüllt.«[9]

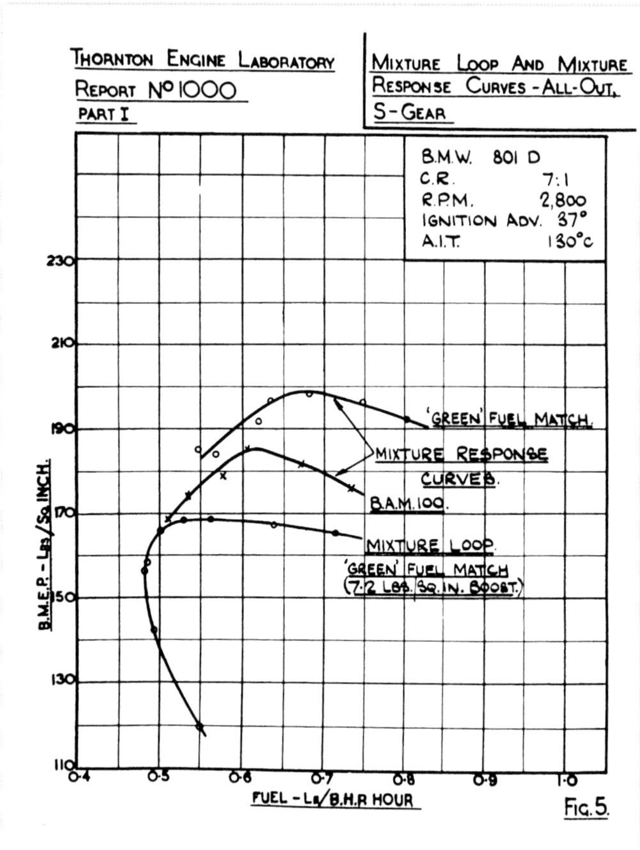

BMW 801 Mischungsverhaltenskurven mit B4, C3 und britischem 100 Oktan-Kraftstoff.

Die Tests bestätigten, dass der deutsche C3-Kraftstoff bei fetten Gemischen eine höhere Klopffestigkeit aufwies als der damalige alliierte 100 Oktan-Kraftstoff. Dies zeigte, dass der von Thornton verwendete Motor die verbesserten verchromten Ventile hatte und nicht die, mit denen der BMW 801 zuerst produziert worden war.

Am 29. April 1943 spitzten sich die Probleme bei Napier zu. Die Aktien des Unternehmens wurden im Dezember 1942 von der English Electric Company aufgekauft – praktisch ein Buy-Out. Halford, der abgeworben worden war, saß nun in der Tinte, wie Bulman festhielt:

»Gegen Major Halford wird eine schwerwiegende Anschuldigung erhoben, die ihm, wie ich meine, persönlich mitgeteilt werden muss. Ich gebe zu Protokoll, dass Major Halford, der zuvor sehr skeptisch gegenüber den Möglichkeiten des Düsenantriebs innerhalb eines vernünftigen, d. h. in diesem Krieg nützlichen Zeitraums gewesen war, erst durch das MAP auf Drängen von Sir Henry Tizard dazu gebracht wurde, sich aktiv an seiner Entwicklung zu beteiligen. Damit wurde ein wesentliches Ziel erreicht, nämlich die Anwendung des Verstandes eines der herausragenden britischen Triebwerkskonstrukteure auf den Strahlantrieb … Major Halford wird beschuldigt, Energie zum angeblichen Nachteil des Sabre bei de Havilland Propellers and Jet Engine vergeudet zu haben. Dennoch wurde er auf ministerieller Ebene aufgefordert, Rolls-Royce Ltd. seine gesamte Erfahrung zur Verfügung zu stellen, um einen leistungsstarken 24-Zylinder-Hülsenventil-Motor als nationales Projekt zu konstruieren, so dass der Motor, praktisch ein größerer Sabre, durch die Anwendung der Sabre-Technik und des Sabre-Wissens beschleunigt werden konnte.[10] Er stellte Rolls-Royce also jedes Teilchen der angeforderten Daten zur Verfügung, und nachdem er dies getan hatte, wurde er von Rolls-Royce, ebenso wie vom MAP, darüber informiert, dass sie seine Hilfe nicht mehr benötigten.«[11]

Halford befand sich in der schwierigen Lage, ein breites Spektrum an Verantwortlichkeiten zu haben, und war bei einem derartig hohen Kompetenzniveau anfällig für skrupellose und unzureichend geplante Inanspruchnahme seiner Dienste. Großbritannien hatte Skandale auf dem Niveau derer in Deutschland vermieden, war aber nicht völlig immun dagegen. In demselben Schreiben äußerte Bulman ernste Bedenken hinsichtlich der vorgeschlagenen Umstrukturierung seiner Motorenabteilung beim MAP:

»Von Anfang an hat der gegenwärtige DDGEP keine Gelegenheit ausgelassen, den Sabre zu verunglimpfen, nachdem er mit seiner Empfehlung an Lord Beaverbrook gescheitert war, das Werk in Liverpool auf die Merlin-Produktion umzustellen und den Sabre für 12 Monate an Rolls-Royce zu geben, ›um zu sehen, was sie daraus machen können‹ – kurz gesagt, um den Konkurrenten vollständig zu töten. Es ist auch allgemein bekannt, dass er danach strebt, die Leitung der Triebwerksentwicklung an meiner Stelle zu übernehmen, ein Ziel, das, wie ich weiß, von allen Triebwerksfirmen aufs Schärfste missbilligt wird.«[12]

DDGEP, der stellvertretende Generaldirektor der Triebwerksproduktion, war kein Geringerer als F. R. Banks.[13] Die beiden Männer legten ihren Standpunkt in getrennten Vermerken dar, wobei Banks feststellte, dass die bisherige Sabre-Entwicklung ein Desaster war, weil keine »zielgerichteten« Anstrengungen unternommen worden waren. Bulman vertrat die Ansicht, dass die meisten Hauptprobleme nun gelöst seien und es nur noch darum ginge, die neuen Teile in die reparierten Motoren einzubauen und die neuen Serienmotoren in Betrieb zu nehmen. Bulman hatte eindeutig das Gefühl, dass Banks in letzter Minute auftauchte, um die Lorbeeren für seine jahrelange harte Entwicklungsarbeit zu ernten, gerade als diese Früchte tragen sollte.

Am 30. Mai kam es zu einem Wendepunkt in der Erforschung der deutschen Triebwerkstechnik, als ein Junkers Ju 88 S-1-Bomber mit Lachgasanlage von britischen Ingenieuren inspiziert wurde. Simon Siegfried, der die Ju 88 mit der Werknummer 140550 steuerte, startete um 00:49 Uhr vom Stützpunkt seiner Einheit in Chartres, 30 Meilen südöstlich von Paris, und

Ju 88 GM1-Systemtank, einer der beiden 150-bar-Druckluft-tanks, mit denen das GM1 durch den Motor gedrückt wurde.

nahm Kurs auf London. Das Glück von Siegfried und seiner Besatzung verließ sie kurz vor 2 Uhr morgens, als sie in 30.000 Fuß [9144 m] Höhe von einer Mosquito abgefangen wurden, die von F/Lt J. Lintott und G. Gilling-Lax von der 85 Squadron geflogen wurde.[14] Die Besatzung sprang ab und das Flugzeug stürzte in Lewes, East Sussex, ab.

> »Die Home Guard [Bürgerwehr] unter dem Kommando von Lt. Puddick von der 16. Zug, ›C‹-Kompanie, 18. Home Guard, Isfield, bewacht die Maschine. Das Flugzeug wird als sehr wertvoll eingestuft und Polizeibeamter Wilkinson und Sonderbeamte aus Barcombe sind vor Ort, um eine unbefugte Annäherung bis zum Eintreffen der RAF zu verhindern.«[15]

Mitarbeiter der A.I.2.(g) untersuchten die Absturzstelle und fanden die ungewöhnlichen Gasflaschen. Das RAE berichtete:

> »Der Rumpf dieses Flugzeugs war schwer zerstört und der GM1-Apparat war stark beschädigt, und es konnte keine Spur der Beschleuniger-›Flüssigkeit‹ gefunden werden.
>
> Das System besteht aus … drei Tanks mit einem Durchmesser von je 17 Zoll [43 cm] und einer Länge von 30 Zoll [76 cm] (24 Gallonen Fassungsvermögen), die im hinteren Bombenschacht montiert sind … jeder Tank besteht aus einer schweren Legierung (etwa 14 swg [2 mm]), ist mit 1,5 Zoll [3,8 cm] Glaswolle überzogen und mit einer Außenhaut aus leichtem Aluminium bedeckt. Eine Füllstelle befindet sich auf der Oberseite des Flugzeugs über dem Bombenschacht. Es gibt zwei Füllöffnungen von je 1 Zoll [2,54 cm] Durchmesser. Ein Fallrohr führt zum Steuerbordtank, das andere verbindet sowohl den oberen als auch den Backbordtank, und die beiden unteren Tanks sind durch ein Rohr mit einem Durchmesser von 1 Zoll miteinander verbunden. Alle diese Rohre sind mit ½ Zoll-Glaswolle isoliert … zwei Zylinder, die Luft mit einem Druck von 150 Atmosphären enthalten, sind in Höhe des oberen Tanks montiert und wiegen jeweils 21 kg … das Herstellungsdatum war Februar 1943. Auf keinem der Geräte sind Herstellermarken zu finden. Ein Nadelventil mit einem Handrad mit der Aufschrift »G.M.1. Auf. Zu« ist links neben dem Pilotensitz angebracht …
>
> Schlussfolgerungen:
> Die ›Beschleunigungsflüssigkeit‹ ist eine Niedrigtemperaturflüssigkeit
>
> Nichts deutet darauf hin, dass es sich bei der ›Beschleunigungsflüssigkeit‹ um flüssigen Sauerstoff handelt, aber andererseits ist die Ausrüstung für flüssigen Sauerstoff geeignet …

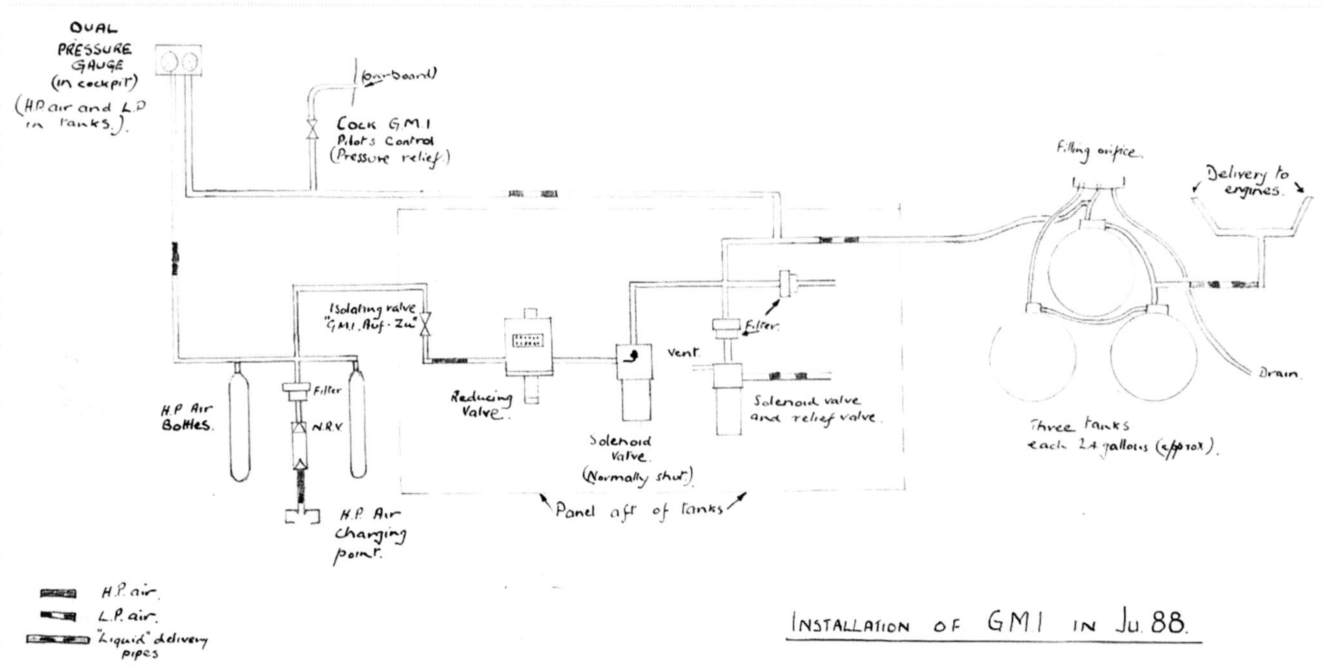

Installation der GM1-Anlage in einer Ju 88.

Mit Hilfe von Hochdruckluft wird die Flüssigkeit in den Tanks unter Druck gesetzt und durch ein Tauchrohr zu den Auslassrohren gepresst …

Das Trockengewicht des gesamten Geräts beträgt mindestens 500 lb [227 kg].«[16]

Die Geheimdienstmitarbeiter von A.D.I.(k) gaben ihren eigenen Bericht über die Ju 88 heraus.

»GM1-Beschleunigungsgas scheint im Wesentlichen dasselbe zu sein wie das Gas, von dem vor zwei Jahren berichtet wurde, dass es in Jägern ausprobiert wurde, um einen zusätzlichen Notfallschub zu geben. Der gefangene Jagdflieger bezeichnete es damals als ›Ha-Ha-Verfahren‹.

Der Gefangene kannte die Formel des Gases nicht und wusste auch nicht, was ›GM1‹ bedeutete, aber er benutzte den alternativen Namen ›Mona-Gas‹, der bereits im Zusammenhang mit dem in Jagdflugzeugen verwendeten Gas aufgetaucht ist (A.I.(k) 169/1942, Absatz 69).

Das GM1-Gas wird den Angaben zufolge in Süddeutschland hergestellt und in Kühlwagen transportiert, aus denen es unter Druck direkt in die Behälter im Flugzeug gepumpt wird. Es ist geruchlos und reizt die Haut …

Wenn möglich, werden die Behälter im Flugzeug im letzten Moment vor dem Abflug eingebaut. Bei Temperaturen am Boden steigt der Druck in den Behältern tendenziell an, und wenn das Flugzeug am Boden bleibt, muss das Gas in regelmäßigen Abständen über ein manuell betätigtes Ventil abgelassen werden, um den Druck zu entlasten …

Die Leitungen von den Zylindern zu den Triebwerken sind bisher nicht sickerdicht, und es hat sich gezeigt, dass, wenn das Gas über Nacht in den Behältern verbleibt, bis zum Morgen etwa die Hälfte des Gases durch Sickern verloren gegangen ist.

Betrieb: Die Gaszufuhr zu den Motoren wird mit einem zweistufigen Schalter links vom Piloten gesteuert, der zwei Einstellungen hat: ›Normal‹ und ›Notfall‹.

Er sollte nicht unterhalb einer Höhe von 8000 m eingeschaltet werden, und nach dem Einschalten tritt eine Verzögerung von etwa fünf Minuten ein, bevor er spürbare Wirkung zeigt. Es ist möglich, direkt auf ›Notfall‹ umzuschalten, aber das ist nicht ratsam.«[17]

Frühe Formen des Systems verwendeten Distickstoffoxid, das unter Druck gelagert wurde, um es in flüssigem Zustand zu halten. Dies hatte jedoch den negativen Effekt, dass der Durchfluss nach dem Öffnen der Ventile aufgrund des hohen Drucks nur schwer zu kontrollieren war und der Durchfluss anschließend nachließ, wenn die Flüssigkeit verbraucht war. Daher ging die Luftwaffe zu einem System über, bei dem das Distickstoffoxid bei niedriger Temperatur, aber unter atmosphärischem Druck gelagert wurde. Alle Tanks und Leitungen mussten isoliert werden, um das flüssige Lachgas so lange wie möglich kühl zu halten und ein Sieden zu verhindern. Die Glaswolle hatte auch den Effekt, die explosive Wirkung von Munitionseinschlägen auf die Tanks zu dämpfen.

Ein Nachteil dieses Konzepts war, dass es mehrere Minuten dauerte, bis das System voll funktionsfähig war, da das Distickstoffoxid nicht unter hohem Druck gelagert wurde und durch lange Rohrleitungen fließen musste. Die Standard-Drucklufttanks wurden verwendet, um das flüssige Lachgas durch die Rohre in den Motor zu drücken. Der Grund für die Aufregung über den Fund dieses Flugzeugs mit GM1 wurde durch einen anderen Bericht der A.I.2.(g), von Staffelführer H. G. Morison, deutlich gemacht. Sein Bericht wurde, wie die meisten britischen Berichte, an A.I.3 verteilt. Das bedeutete, dass er an den amerikanischen technischen Geheimdienst weitergeleitet wurde.

> »Während des Zeitraums vom 18. bis 31. Mai stürzten sieben feindliche Flugzeuge in diesem Land ab. Diese bestehen aus:
> 1 Do 217
> 5 Fw 190
> 1 Ju 88 …
> Am 30. Mai stürzte eine Ju 88 S-1 in Isfield bei Lewes ab. Dieses Flugzeug weist eine Reihe von neuen Merkmalen auf, und es folgt ein vollständiger Bericht …
> Triebwerke: BMW 801 G-2. Diese sind noch verschüttet und weitere Details sind noch nicht verfügbar. Das Flugzeug trug jedoch die GM1-Installation. Dies ist das erste Mal, dass diese Anlage in einem Flugzeug gefunden wurde, ihr Zweck ist es, dem Motor in großen Höhen zusätzliche Leistung zuzuführen.«[18]

Die eigentlichen GM1-Tanks waren im Vergleich zu den Druckgasflaschen sehr schwach:

> »Die Tanks wurden leider beim Absturz aufgesprengt, und der ursprüngliche Inhalt ist daher nicht feststellbar.«[19]

Es war offensichtlich, dass eine Art von Sauerstoffträger verwendet wurde. Dies spornte die britischen Triebwerkskonstrukteure an, ein konkurrierendes System zu konstruieren, das, um effektiv zu sein, ein Flugzeug mit Platz für die Flaschen, eine hervorragende Aerodynamik (um den Geschwindigkeitsvorteil zu nutzen) und ein enormes taktisches Potenzial benötigte, damit sich die Investition lohnte. Es gab nur ein Flugzeug, das diese Anforderungen erfüllen konnte: die Mosquito. Schon bald machten sich britische Ingenieure daran, die Leistung der Fotoaufklärungs-Mosquitos noch weiter zu steigern.

Oxidationsmittel waren nicht die einzige erbeutete deutsche Substanz, die für die britischen Chemiker von Interesse war, und es wurden weiterhin große Anstrengungen unternommen, um die Zusammensetzung von Treibstoffproben aus feindlichen Flugzeugen zu untersuchen. Im Juni 1943 veröffentlichte der Ausschuss für Feindliche Schmier- und Brennstoffe des Petroleum Boards [Mineralölwirtschaftsamt] seine fünfte Zusammenfassung seit Kriegsanfang, die alle seit September 1942 sichergestellten Proben kommentierte.

> »Ein herausragendes Merkmal der 57 untersuchten Proben ist, dass keine einzige aus einem typischen deutschen C3-›grünen‹ Treibstoff besteht. Nachträglich zu den in diesem Bericht tabellarisierten Daten sind jedoch Proben mehrerer ›grüner‹ C3-Flugbenzine festgestellt worden. Auf die Eigenschaften dieser Kraftstoffe wird in einem separaten Bericht eingegangen.«[20]

Der Bericht zeigt, dass über einen Zeitraum von einem Jahr deutscher C3-Treibstoff nur während der endgültigen Abfassung des Berichts in erbeuteten oder beschädigten deutschen Flugzeugen gefunden wurde. Aus anderen Untersuchungen geht jedoch hervor, dass C3-Kraftstoff von den Alliierten erstmals im Sommer 1940 gefunden wurde. Die meisten der Proben waren an der Nahostfront erbeutet worden.

> »Fünf wurden aus feindlichen Flugzeugen entnommen, die im Vereinigten Königreich abgeschossen wurden, während eine aus einem Treibstofftank stammte, der in europäischen Gewässern aufgegriffen wurde. Alle sechs Kraftstoffe können als normale deutsche B4-Blaukraftstoffe mit einem TEL-Gehalt von 5,4 – 5,65 ml/Imp.-Gallone und Oktanzahl 89 – 91 klassifiziert werden.«[21]

Mehrere italienische Kraftstoffproben wurden ebenfalls getestet, erwiesen sich jedoch selbst gegenüber dem deutschen B4-Basistreibstoff als minderwertig. Zu diesem Zeitpunkt, 29. Juni 1943, lief die Kraftstoffentwicklung in Großbritannien weiter, nämlich mit Hilfe der britischen Hydrierwerke für synthetischen Kraftstoff. Es wurde gleichzeitig an einigen der strukturellen Verbesserungen, die für den Merlin erforderlich waren, um diesen in Zukunft nutzen zu können, weiter gearbeitet.

> »Die Sitzung nahm zur Kenntnis, dass Rolls-Royce inzwischen vollständig von der einteiligen auf die zweiteilige Produktion umgestellt hat, während die Ford-Produktion immer noch auf den einteiligen Block beschränkt ist und dies praktisch das ganze Jahr 1943 über bleiben wird, da die erforderlichen US-Werkzeugmaschinen nicht geliefert werden … die Sitzung nahm zur Kenntnis, dass der Merlin noch nicht bereit ist, die Vorteile der Kraftstoffverbesserung zu nutzen … das Werk in Billingham sollte so bald wie möglich auf die Produktion des jetzt vereinbarten verbesserten Kraftstoffs umgestellt werden; ähnlich soll auch das Werk in Heysham umgestellt werden.
> Es wurde auch auf die Frage einer ähnlichen Kraftstoffverbesserung in den USA hingewiesen. Herr Hives sagte, dass eine Probe, die Rolls-Royce von dort erhalten hatte, nicht sehr zufriedenstellend gewesen sei, und der DED schlug vor, dass, sobald unsere eigene Politik hinreichend abgestimmt sei, eine Koordinierung durch Entsendung von Fachpersonal angestrebt werden sollte.«[22]

In den beiden britischen Werken für synthetische Kraftstoffe, in denen die gleichen Verfahren wie in Deutschland zur Herstellung von synthetischem Flugbenzin angewandt wurden, wurde intensiv gearbeitet.

»Die Herstellung von Flugkraftstoff durch Hydrierung:
Als Ergebnis der in den Jahren 1939-41 durchgeführten Arbeiten konnten die meisten Probleme geklärt werden … Dieser Aspekt der Forschung wurde in der zweiten Hälfte des Jahres 1943 im Hinblick auf den Vorschlag, eine spezielle Sorte von Flugkraftstoff mit einem im Vergleich zum derzeitigen 100 Oktan-Flugkraftstoff stark verbesserten fetten Gemisch einzuführen, noch stärker betont.

Die im Jahr 1943 durchgeführten Forschungsarbeiten werden im Folgenden beschrieben:

I. Hydrierung: Herstellung von Kraftstoff der Klasse 150 als Ausgangsmaterial.
II. Iso-Oktan.
III. Synthese von Victan.
IV. Motorenprüfung.
V. Feindliche Kraftstoffe.«[23]

Der enorme Umfang der industriellen Anstrengungen, die die Labors in Billingham unter der Leitung von Ronald Holroyd unternahmen, ist offensichtlich. Im Jahr 1943 wurden dort mehr als 1500 CFR-Motorentests durchgeführt.[24,25] Einzelheiten des chemischen Prozesses zur Herstellung von Kraftstoff der Klasse 150, der die Verwendung von Victan erforderte, wurden diskutiert.[26] Schließlich wurde die Auswertung deutscher Flugkraftstoffe aus erbeuteten Flugzeugen vorgenommen:

»Insgesamt 80 Proben feindlicher Flugkraftstoffe wurden seit Kriegsausbruch untersucht, zusammen mit einer großen Anzahl von Proben von Basisbenzin und Mischungsmitteln aus einer Vielzahl von Quellen, um Daten für die Charakterisierung der feindlichen Kraftstoffe zu liefern … im Laufe des Jahres 1943 wurde die Analysemethode durch die Anwendung der Ultraviolett- und Infrarotspektroskopie erweitert.

Deutschland stellt zwei Arten von Flugzeugtreibstoff für den Einsatz her.
Blau gefärbt – deutsche Nomenklatur B4
Grün gefärbt – deutsche Nomenklatur C3
Blauer Treibstoff … ist für Bomber und allgemeine Zwecke bestimmt … und ist auf 5,5 ml TEL/Gallone verbleit.

Es hat den Anschein, dass die deutschen Hydrierungsanlagen hauptsächlich unter Flüssigphasenbedingungen betrieben werden, entweder um eine höhere Leistung zu erzielen oder um mehr Aromaten zu produzieren.

Grüner Treibstoff wurde während der Luftschlacht um Großbritannien eingeführt und ist ein spezieller Kampftreibstoff von hoher Qualität. Er hat einen Bleigehalt von 5,5 ml TEL/Gallone, aber eine geringe Flüchtigkeit von 45 % und einen hohen Endpunkt von 175 °C. Der Aromatengehalt ist mit 37 Volumenprozent hoch. Bei der ursprünglichen Einführung des Kraftstoffs wurden die Werte für das schwache und das fette Gemisch auf 94 bis 95 bzw. 110 festgelegt. Ende 1942 wurde der Wert für das schwache Gemisch auf 97 und der für das fette Gemisch auf 125 erhöht.

Der hohe Wert des Fettgemisches ist auf den hohen Aromatengehalt zurückzuführen, aber da die deutschen Motoren nicht in der Lage sind, diesen hohen Wert voll auszunutzen, ist es wahrscheinlich, dass der hohe Wert das zufällige Ergebnis des deutschen Bestrebens ist, den Wert des schwachen Gemisches durch den Zusatz von Aromaten zu erhöhen.«[27]

Der Bericht kam im Wesentlichen zu dem Schluss, dass die Erhöhung der Leistung schwacher Gemische zwangsläufig zu einer sehr großen Erhöhung der Detonationsfestigkeit fetter Gemische führen würde, da Aromaten das einzige verfügbare oktansteigernde Mittel sind. Dieser Spielraum für die Detonation in kraftstoffreichen Bereichen wäre mehr, als die Motoren möglicherweise nutzen könnten, vor allem wegen der Einschränkungen bei den Ventilmaterialien und Lagern. Holroyds Gruppe hatte auch die geringe Flüchtigkeit des C3-Kraftstoffs und den hohen »Endpunkt« festgestellt (d. h. vollständige Verdampfung erst bei einer Temperatur von 175 °C). Dies war genau das, was den deutschen Motorenkonstrukteuren so viele Probleme mit der Ölverdünnung im DB 601 N bereitet hatte, und die geringe Flüchtigkeit war ein Schlüsselpunkt bei der »Rückwärtsdetonation«, die Franke im DB 601 E entdeckt hatte.

Einen Einblick in die neuesten deutschen Motoren erhielt man am 13. Juli 1943, als eine Bf 109 G in einem ausreichend guten Zustand für eine gründliche Motoruntersuchung gefunden wurde. A.I.2.g veröffentlichte schnell eine grundlegende Zusammenfassung der gefundenen Änderungen.

»GEHEIM. Bericht Nr. 2161, NEUER DEUTSCHER MOTOR DB 605 A.
Die Untersuchung eines beschädigten DB 605 A-Motors, der aus einer Me 109 G ausgebaut wurde, beim RAE zeigt, dass er in seiner Grundkonstruktion dem DB 601 E ähnlich ist.

1. Die Zylinderblock- und Zylinderkopfgussteile wurden neu konstruiert.
2. Die Bohrung wurde von 150 mm auf 154 mm vergrößert, der Hub blieb bei 160 mm.
3. Der Durchmesser der Pleuellager wurde vergrößert, und sie sind als Gleit- statt als Rollenlager ausgeführt. Es wird angenommen, dass diese Änderung zur Vereinfachung der Produktion vorgenommen wurde.
4. Der Kompressor … ähnlich DB 601 E … leichte Vergrößerung des Durchmessers, Unterschiede bei Laufrad und Diffusor.
5. Der neue Motor hat eine Spülung, dieselbe Nockenwelle wie der DB 601 E und eine Ventilüberschneidung von etwa 105 °.
6. Das Ansaugsystem, das Untersetzungsgetriebe und die Nebenaggregatetriebe sind mit denen des DB 601 E identisch.

7. Federbelastete Hähne, die vom Piloten betätigt werden ..., so dass die Kühler im Falle einer Beschädigung isoliert werden können.
8. Das Trockengewicht des Motors beträgt 1680 lb [762 kg].«[28]

Es stellte sich heraus, dass der DB 605 im Wesentlichen ein DB 601 E mit größerer Bohrung war. Nachdem die deutschen Ingenieure erkannt hatten, dass es aufgrund von Material-, Kraftstoff- und Ölbeschränkungen zu schwierig war, die Leistung des kleineren Motors zu erhöhen, hatten sie die besten Eigenschaften des DB 601 E übernommen und den Motor aufgebohrt, um stattdessen mehr Leistung durch einen größeren Hubraum zu erzielen. Die englischen Ingenieure stellten fest, dass der Motor die beim DB 601 E verwendete, extrem breite Ventilüberschneidung von 105 ° beibehielt.

Im Gegensatz zu solchen praktischen Entdeckungen arbeitete Harry Ricardo am 26. Juli 1943 an der englischen Südküste an einem ehrgeizigen Vorschlag für einen Verbundturbomotor, bei dem ein Turbolader mechanisch mit der Kurbelwelle verbunden war und nicht wie üblich von den Abgasen angetrieben wurde: Während der Standardturbolader seinen Vorteil daraus bezog, dass er nicht mit der Kurbelwelle verbunden war, sondern seine Leistung aus der Expansion der heißen Abgase bezog, war es möglich, ihn auch mit der Kurbelwelle zu verbinden und einen noch größeren Vorteil zu erzielen.

So konnte die Welle des Turboladers mit Hilfe eines Zahnradsatzes und eines Getriebes mit variabler Drehzahl an der Kurbelwelle befestigt und gleichzeitig von der Abgasturbine angetrieben werden. Auf diese Weise konnte der Turbolader von der Kurbelwelle schnell hochgefahren werden, um sofort auf die Drosselklappe zu reagieren, und außerdem die überschüssige Leistung, die nicht für den Antrieb des Verdichters benötigt wurde, wieder auf die Kurbelwelle übertragen. Auf diese Weise wurde nicht nur die Leistung, die normalerweise zum Antrieb des mechanischen Kompressors benötigt wird, wieder auf die Kurbelwelle übertragen, sondern auch die verschwendete Wärmeenergie aus dem Auspuff konnte wieder in den Motor geleitet werden. Durch die Kopplung eines Kompressors und einer Axialturbine mit einem Zweitaktmotor schuf Ricardo in diesem Fall ein so genanntes »Dreifach-Expansionssystem«. Im Wesentlichen beschreibt das Schema einen unglaublich komplexen Nachkriegsmotor, den Napier Nomad.

»Herr Ricardo hat eine Reihe interessanter Ideen vorgelegt ... die Dreifach-Expansionsanordnung würde sich als am wirtschaftlichsten erweisen ... es wird angenommen, dass sie aus einem Zweitaktmotor besteht, der dem flüssigkeitsgekühlten 12-Zylinder-V-Motor von Rolls-Royce ähnelt ... der Motor, der mit einem Axialkompressor gekoppelt ist, arbeitet unter wirtschaftlichen Mischungsbedingungen. In diesem Beispiel sind Motor, Verdichter und Turbine mechanisch miteinander verbunden und es gibt einen Propeller.«[29]

Ricardo hatte die Grundlage für den Verbundturbomotor beschrieben, der erst gegen Ende des Krieges von Allison erfolgreich eingesetzt wurde.

In der Zwischenzeit wurde im Juli 1943, nach quälend langem Warten, das von den deutschen Piloten verwendete Lachgas-Codewort »Ha-Ha« endlich mit seinem wahren Zweck in Verbindung gebracht. Oberstleutnant G. E. F. Proctor von A.I.2.(g) erstattete einen Bericht über die feindlichen Entwicklungen der Lachgas- und Flüssigsauerstoffeinspritzung in großen Höhen, erst lang nach der Einführung der beiden Techniken. Die Verbindung zwischen dem Codenamen und der tatsächlichen Funktion dieses Systems zur Leistungssteigerung war im Nachhinein offensichtlich:

»Die ersten Berichte über die Verwendung von leistungssteigernden Vorrichtungen in deutschen Flugzeugen entstanden nach Verhören von Gefangenen und erwähnten die Existenz eines speziellen Gases, das als ›Ha-Ha‹ bekannt war. Interessant ist der Zusammenhang zwischen der Bezeichnung, bei der es sich um eine Art Codename handeln könnte, und der Tatsache, dass N_2O (Distickstoffoxid) auch als ›Lachgas‹ bekannt ist ... es wurden zwei alternative Füllungen angenommen, nämlich Sauerstoff oder Distickstoffoxid ... die verwendete Flüssigkeit ist wahrscheinlich Distickstoffoxid.«[30]

Die Aufzeichnungen des Junkers-Flugzeugs wurden verwendet, um die geschätzte Wirkung auf das Jagdflugzeug Fw 190 zu berechnen, wenn es mit GM1 ausgerüstet wäre.

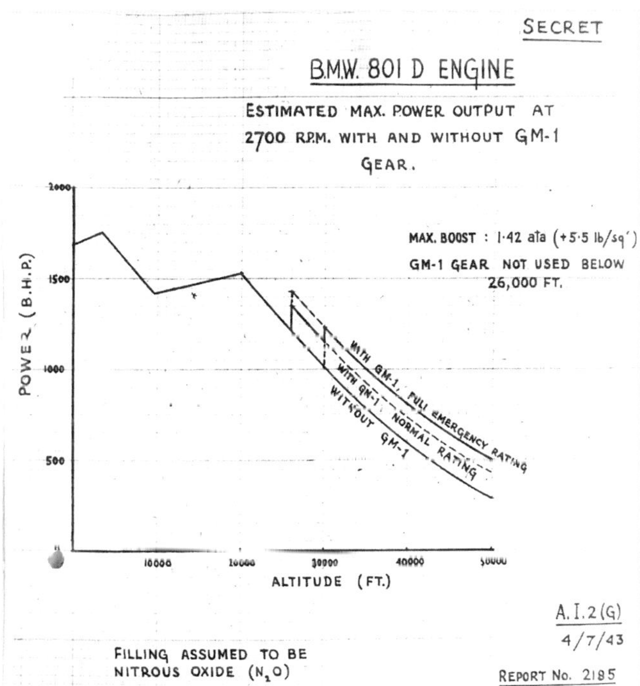

A.I.2.(g) Auswirkung von Distickstoffoxid auf den BMW 801 D-Motor.

Die britische Treibstoffentwicklung machte ebenfalls Fortschritte, und am 28. Juli wurde die Möglichkeit des neuen Treibstoffs der Klasse 150 zementiert, als Bulman an Hives über die so genannten Pursuit Grade Fuels schrieb:

> »Lieber Hives,
> Nach der gestrigen Diskussion auf der CRD-Sitzung bin ich mir umso sicherer, dass wir gemeinsam die fortschreitenden Stufen der Merlin- und Griffon-Produktionsmotoren zeitlich festlegen müssen, um die Vorteile des hochoktanigen Verfolgungskraftstoffs zu nutzen.
> Die bemerkenswerten Leistungen, die Sie mit diesem Kraftstoff bereits erreicht haben, z. B. 2330 PS bei 30 Pfund Ladedruck ... müssen in Produktionswerte umgesetzt werden.
> Ich habe Ross beauftragt, seine Prognose für die Leistungssteigerung von Merlin und Griffon auszuarbeiten, um einen Ausgangspunkt für die Bewertung des entsprechenden Leistungsziels zu schaffen, und seine Kollegen, um die Auswirkungen auf die Flugzeugstrukturen zu ermitteln.
> Diese Untersuchung ist von äußerster Dringlichkeit, wie Sie wissen, wenn wir die Ergebnisse früherer Fortschritte nutzen wollen, die bereits in Ihren Vorversuchen gezeigt wurden.
> Mit freundlichen Grüßen Bulman.«[31]

Trotz ihrer gelegentlichen Differenzen taten Bulman und Hives ihr Bestes, um Großbritanniens Kriegsinteressen zu fördern, was vielleicht etwas weniger erkennbar war, als sich am 20. August 1943 Cripps in Derby an die Belegschaft von Rolls-Royce wandte:

> »Genossen, wie Sie wissen, entwickeln wir heute immer mehr Leistung, um die Geschwindigkeit und Steigfähigkeit von Flugzeugen zu steigern, und bei dieser Entwicklung wird in der Geschichte des Krieges kein Motor einen größeren Rekord für sich beanspruchen als der Merlin.
> Und in dieser Geschichte war es größtenteils die Leistung unserer Motoren, die es uns ermöglicht hat, diese Überlegenheit zu erlangen.
> ... dann können wir den gemeinsamen Kampf aufnehmen, um die Nachkriegszeit zum Jahrhundert des einfachen Menschen zu machen.«[32]

Während Cripps zwar etwas unaufrichtig war, wenn er andeutete, dass Großbritannien von vornherein geplant hatte, einen Krieg mit weniger Flugzeugen als Deutschland zu führen, stand den vielen Kriegsarbeitskräften in Deutschland überhaupt keine Unterrichtung über den Fortgang des Krieges und seine Bedeutung zur Verfügung. In Anbetracht der Schwierigkeiten in anderen britischen Flugzeugmotorenwerken wie Glasgow, wo die Arbeiter kommunistische Sympathien hegten, war es vielleicht interessant, dass Cripps seinen Vortrag mit der Begrüßung »Genossen« begann und ihn mit der Vision einer Welt für den einfachen Mann beendete. Cripps war kurz vor dem Krieg wegen seiner Mitgliedschaft in einer radikalen kommunistischen Gruppe aus der Labour Party ausgeschlossen worden und war lange Zeit Botschafter in der UdSSR. Seine große Popularität als Schlüsselfigur des Bündnisses mit der UdSSR garantierte ihm jedoch einen angesehenen Status in hohen politischen Kreisen.

Im Rahmen der Arbeiten, die ICI in der britischen Anlage für synthetischen Treibstoff in Heysham durchführte, berichtete S. J. Auld vom Petroleum Board im Shell-Mex House in London am 3. September 1943 dem Direktor des Nachrichtendienstes bei A.I.2.(g) über eine neue deutsche Treibstoffprobe. Sie wurde aus einer Fw 190 geborgen, die am 14. Juni 1943 in der Nähe von Eastbourne in England abgestürzt war, und deutete darauf hin, dass Deutschland seinen grünen C3-Treibstoff leicht verbessert hatte.

> »Dieser Treibstoff ähnelt den neueren deutschen grünen Treibstoffen, die eine sehr gute fette Mischung und eine höhere Oktanzahl als die ursprünglichen grünen Treibstoffe aufweisen.«[33]

Deutschland hatte begonnen, seinen synthetischen Treibstoff zu modifizieren, um den Siedepunkt zu senken und das Problem der Ölverdünnung zu verringern.

Nach der Befreiung Siziliens von den deutschen Streitkräften am 17. August 1943 wurden erhebliche Mengen an Ausrüstung und Dokumenten erbeutet. Zu den Beutestücken eines großen Treibstoffdepots der Luftwaffe in Syrakus, südlich der sizilianischen Stadt Catania, gehörten auch Dokumente über das Mischen von Flugtreibstoff – ein Thema, das für die alliierten Treibstoffwissenschaftler seit Beginn des Krieges ein Rätsel war. Major Bell vom General HQ, Abteilung Naher Osten, erstellte einen Bericht über seine Analyse dieser Dokumente:

> »22 erbeutete Dokumente wurden weitergeleitet ... und sind die intakten Aufzeichnungen der Luftwaffe-Flugtreibstoffprüfstation, Syracuse.
> Sie enthalten:
> - Aufzeichnungen über die Analysen von B4, C3 und A3, die über einen langen Zeitraum bei der Station eingegangen sind.
> - Anordnungen des Luftfahrtministeriums über das Mischen verschiedener Sorten von Flugzeugtreibstoff zur Herstellung von B4, C3 und A3.
> - Aus diesen Anordnungen geht hervor, dass es sich bei B4, C3 und A3 jetzt um Mischungen aus mehreren von neun bestimmten Typen handelt, die die Raffinerien herstellen.
> - Major Bell hat diese Dokumente geprüft und einen 23-seitigen Bericht darüber verfasst ... «[34]

Die Kommentare des Luftfahrtministeriums zu Major Bells Bericht zeigen, dass sie mit einigen seiner Ansichten darüber, wie die Luftwaffe ihre Treibstoffe beschaffte, nicht übereinstimmen.

»Major Bell kommt zu dem Schluss, dass die Zusammensetzung jeder dieser Kraftstoffe im Zeitraum von 1941 bis Dezember 1942 durch die Einführung eines hohen Anteils an synthetischem Kraftstoff radikal verändert wurde.

Er weist darauf hin, dass B4, C3 und A3 vor dem Auftauchen synthetischer Kraftstoffe in großem Umfang in Raffinerien hergestellt und als solche per Bahn an die Fronten geliefert wurden, so dass die Tanklager und Feldtanklager der Luftwaffe lediglich groß angelegte Lager für Fertigprodukte waren; soweit sind wir einer Meinung. Aber heute, wo B4, C3 und A3 Mischungen aus mehreren einzelnen Bestandteilen sind, behauptet er, dass die Bestandteile zu den Tanklagern und Feldtanklagern transportiert werden und die Mischung dort erfolgt. Er weist zu Recht darauf hin, dass das praktische Problem der Zusammenstellung der Komponenten nur durch die Einrichtung von Mischstationen gelöst werden kann, wenn viele einzelne Komponenten zur Herstellung einer Mischung erforderlich sind und keine Betriebsstätte mehr als eine oder zwei solcher Komponenten herstellt. Seiner Theorie nach sind die Feldtanklager zu Mischstationen geworden (und haben als solche eine ebenso große Bedeutung als Ziel wie die Raffinerien selbst).

Zu der Frage, ob die Luftgau-Tanklager im Reich jetzt Mischstationen sind, hält das Luftfahrtministerium es für sehr unwahrscheinlich, wahrscheinlicher ist, dass die notwendige Mischung in bestimmten Hauptraffinerien erfolgt und die Luftgau-Depots weiterhin Depots für Fertigprodukte sind.

Die Theorie von der Vermischung in Treibstoffdepots beruht auf einer falschen Interpretation der Verteilungsliste … in den erbeuteten Dokumenten.«[35]

In diesem Punkt hatte Bell in der Tat völlig recht, und es war das Luftfahrtministerium, das sich irrte. Dies war eine bedeutende Gelegenheit für die RAF, eine Reihe von kleinen und wichtigen Treibstoffzielen ins Visier zu nehmen, die die operative Effektivität der Luftwaffe erheblich hätten beeinträchtigen können. Bell wurde jedoch ignoriert und die Gelegenheit wurde verpasst. Der Bericht des Luftfahrtministeriums endete mit weiteren nützlichen Fragen:

»Der Bericht und die Dokumente haben wertvolle Erkenntnisse über das Herstellungsverfahren des Luftwaffe-Kraftstoffs gebracht, haben das deutsche Interesse an aromatischen Mischungsmitteln bestätigt, aber nicht das Problem gelöst, warum der C3-Kraftstoff im fetten Bereich so viel besser ist als die Motoren, in denen er bisher verwendet wurde … es ist höchst wünschenswert, dass alle möglichen Informationen gesichert werden, die Licht auf die genaue Lage der Stellen werfen, an denen der fertige Flugkraftstoff hergestellt wird, und dass die Entwicklung der GAF-Motoren genau beobachtet wird, bis ein Grund für die ›Überqualität‹ des C3-Kraftstoffs gefunden ist.«[36]

Das Luftfahrtministerium war nicht davon überzeugt, dass die Depots in Deutschland und Übersee für Mischoperationen genutzt wurden. In Anbetracht der Stärke von Bells Argumenten kann man sich fragen, ob dem Luftfahrtministerium die Vorstellung nicht gefiel, dass jedes kleinere Treibstoffdepot auch ein wichtiges Luftziel war. Die Schwierigkeit, genau zu bombardieren, war besonders nachts akut, wo das Bomber Command seine Operationen durchführte.

Unmittelbar danach, am 16. September 1943, berichtete A.I.2.(g) über deutsche Treibstoffe.

Nachdem die letzten erbeuteten Treibstoffproben deutscher Kampfflugzeuge analysiert worden waren, schickte Wing Commander Proctor seinen Bericht an eine lange Liste von Empfängern. Vom Fighter Command bis zum MAP wurden alle informiert.

»Während des letzten Jahres gab es vergleichsweise wenige C3-Kraftstoffproben zu untersuchen … aber der Ausschuss für Feindliche Schmier- und Brennstoffe betonte, dass dieser C3-grüne Kraftstoff einen potenziellen effektiven-Druck-Bereich bot, der von den vorhandenen deutschen Motoren nicht voll ausgeschöpft wurde.«[37]

Proctor führte weiter aus, dass der deutsche C3 Kraftstoff, wenn er nach der britischen Klopfmethode getestet wurde, seine Oktanzahl im fetten Gemisch von 110 im Durchschnitt des Jahres 1942 »ganz erheblich« auf 125 im Jahr 1943 erhöht hatte.

»Die Gründe für diesen Anstieg der fetten Gemischwerte sind schwer zu erklären, da die deutschen Flugmotoren selbst mit dem ursprünglichen grünen C3-Kraftstoff nicht in der Lage waren, das Potenzial des Kraftstoffs voll auszuschöpfen.«[38]

Während Deutschland darum kämpfte, einen Hochleistungskraftstoff herzustellen, der das Öl nicht verdünnte – und sogar Motoren zu bauen, die über genügend hochtemperaturbeständige Legierungen verfügten, um die erhöhte Klopffestigkeit solcher Kraftstoffe zu nutzen –, hatten auch die Italiener Probleme. Drei Tage bevor Italien offiziell die Seiten im Zweiten Weltkrieg wechselte, am 10. Oktober 1943, wurde General Rossi zur Situation der italienischen Flugkraftstoffe befragt.

»General Rossi. Stellvertretender Chef des italienischen Generalstabs.

Dieses Interview wurde von Brigadegeneral Taylor von der Alliierten Mission in Brindisi arrangiert …

General Rossi erklärte, dass Italien den Krieg mit Vorräten begann, die für sechs bis acht Monate voller militärischer Operationen ausreichten … Die italienischen Streitkräfte litten im Allgemeinen unter einem anhaltenden Mangel an Ölvorräten. So benötigte die Luftwaffe monatlich 20.000 Tonnen Treibstoff (87

Oktan), während die Deutschen nur 9000 Tonnen und die Raffinerie in Livorno nicht mehr als 5000 – 6000 Tonnen lieferten. Der Mangel war bei der Marine noch größer, die sowohl 1941 als auch 1942 einige Monate lang durch Ölmangel weitgehend lahmgelegt war … Der Überfall auf Ploesti am 1. August beeinträchtigte die rumänische Produktion um 20 %. Der General war der Meinung, dass der Krieg schnell zu Ende sein würde, wenn Ploesti wirklich eingenommen werden könnte.

Admiral Robertelli erklärte, dass … obwohl die operative Tätigkeit der italienischen Luftwaffe an der Front durch einen Mangel eingeschränkt worden war … hatte das Defizit die Ausbildung und die Kommunikation der Luftwaffe stark eingeschränkt. Infolgedessen gingen die Piloten ohne angemessene Vorbereitung in den Einsatz.

Admiral Robertelli erklärte, dass in Rom Sorgen häufig zum Ausdruck kamen, welche Folgen sich für Italien ergeben würden, wenn die Alliierten die Raffinerien von Bari und Livorno bombardierten und ausschalteten. Der Admiral erklärte, er könne nicht verstehen, warum die Alliierten dies nicht getan hätten, da die militärischen Folgen für Italien katastrophal gewesen wären.

Die ständigen Bemühungen von Admiral Robertelli, zusätzliche Erdöllieferungen für Italien zu erhalten, brachten ihn unweigerlich in Kontakt mit deutschen Militärbefehlshabern, und auf diese Weise erhielt er einige Informationen über die Achsenmächte … Ein Gespräch von besonderem Interesse fand Ende 1942 zwischen dem Admiral und Dr. Fischer statt, dem Kontrolleur der gesamten deutschen Erdölsituation.

›Wenn wir diesen blutigen Krieg nicht gewinnen, dann liegt das vor allem daran, dass unsere so genannten rumänischen Verbündeten uns immer wieder nicht die Mengen an Erdöl geliefert haben, die sie liefern könnten und sollten.‹

Der einzige Zweifel des Admirals war, ob Dr. Fischer gesagt hatte, falls wir den Krieg verlieren oder wenn wir den Krieg verlieren.«[39]

Spitfire Mk.XIV mit Griffon-Motor.

Die Achsenmächte hatten ein gemeinsames Problem: Keine von ihnen war in der Lage, die Ressourcenprobleme der eigenen Leute zu lösen. Die Italiener hatten ähnliche Engpässe wie die Deutschen, und die Japaner waren zu weit entfernt, als dass ein nennenswerter Handel möglich gewesen wäre.

Am 13. Oktober konnte der Rolls-Royce Griffon-Motor endlich in die Kriegsanstrengungen einfließen. Die Entwicklung des Griffon hatte sich verzögert, er war aber als Ersatz für den viel leistungsschwächeren Merlin auf dem Tisch geblieben. Als jedoch die ursprünglich für den Merlin gedachten Entwicklungen, wie der zweistufige Kompressor mit Ladeluftkühlung, auf den Griffon übertragen wurden, wurde dieser aufgrund seines größeren Hubraums immer attraktiver.

»Spitfire XIV, es ist gut zu wissen, dass die zweite Versuchsreihe den Wert der Griffon-Spitfire bewiesen hat und dass dies ein gutes Vorzeichen für die Spitfire 21 ist. Es gibt also allen Grund, mit den 400 Umbausätzen fortzufahren.

Die Produktion würde auf einer Eins-zu-Eins-Basis gegen die Spitfire VIII erfolgen … wir sollten diese Produktion mit aller Kraft vorantreiben, bis die Spitfire 21 verfügbar wird.«[40]

Ziel war es, bis zum 1. April 1944 120 Griffon Spitfires Mk.XIV in brauchbarer Größe bereitzustellen, danach schätzungsweise 30 pro Monat. Die Spitfire hatte gegenüber der Bf 109 einen besonderen Vorteil, mit dem diese überhaupt nicht mithalten konnte – ihre Größe. Die Spitfire war nur geringfügig größer als die Messerschmitt, die für den Jumo 210 entwickelt worden war, ein Triebwerk, das sogar noch kleiner war als das des Merlin im Jahrzehnt zuvor: Die winzige Zelle, der anfängliche Vorteil der Bf 109, war nun ihr Nachteil. Der DB 605 war das größte Triebwerk, das eingebaut werden konnte, während die Spitfire den Griffon einbauen konnte, der noch etwas größer war. Angesichts des Unterschieds in der Fähigkeit beider Seiten, die Klopfgrenze des angebotenen Kraftstoffs auszunutzen, erlangte die Spitfire nun einen fast unüberwindbaren Vorteil. Der Treibstoffverbrauch der Spitfire XIV versprach erschreckend zu sein, aber in Bezug auf die reine Leistung würde sie ein brutal wirksamer Kurzstrecken-Luftüberlegenheitsjäger sein, wie das Fighter Command berichtete:

» … man fragte sich, wie sich die Merlin Spitfire VIII mit +25 Pfund Ladedruck im Vergleich zur Spitfire XIV schlagen würde … die Spitfire XIV ist eindeutig das bessere Flugzeug.«[41]

Die XIV würde die Höchstgeschwindigkeit der Spitfire von den 410 Meilen pro Stunde [660 km/h] der Mk.VIII und IX auf fast 450 Meilen pro Stunde [724 mph] erhöhen, ohne Verlust der Flughöhe und mit einer hervorragenden Steigrate von fast 5000 Fuß [1524 mph] pro Minute, doppelt so hoch wie die der Mk.I Spitfire, obwohl sie fast 1½ Tonnen schwerer war.[42]

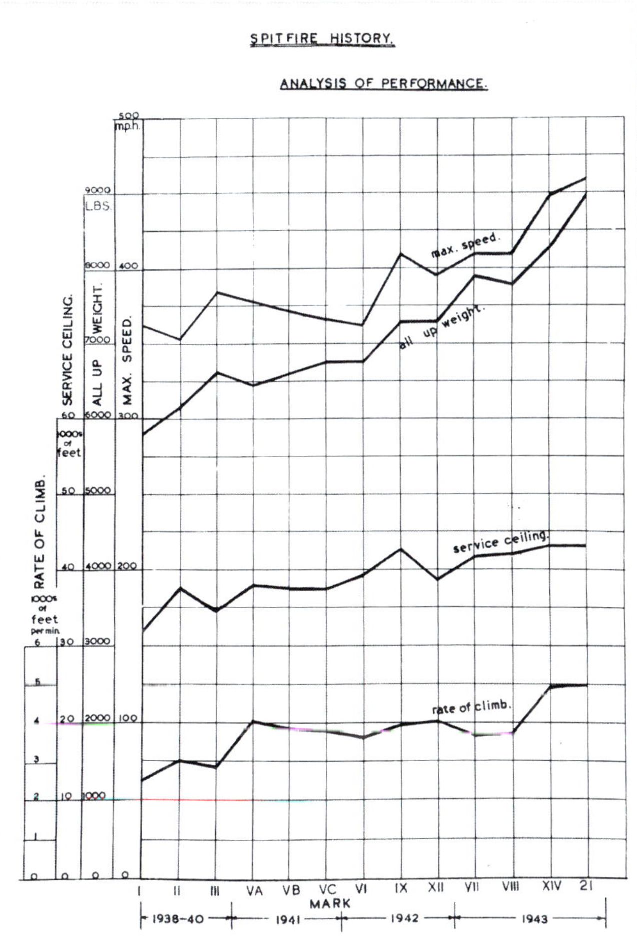

Chronologie der Steigerung der Leistungsmerkmale der Spitfire.

Die XIV sollte im Wesentlichen eine verstärkte Mk.VIII sein, jetzt mit einem größeren Seitenleitwerk und Ruder für die Richtungsstabilität sowie einem zweistufigen, aufgeladenen Griffon-65-Motor. Zum Leidwesen der RAF kam die Produktion erst im Oktober 1944 richtig in Gang, obwohl die XIV im Vergleich zur Mk.VIII weniger als ein Zehntel der Arbeitsstunden für Umrüstung und Konstruktion benötigte.[43] Die frühere Griffon XII war im Oktober 1942 mit der Spitfire XII in Dienst gestellt worden, aber der einstufige Motor begrenzte das Leistungspotenzial in großen Höhen, und das zusätzliche Gewicht des Motors bedeutete, dass sie nur als Sturzflügler in niedrigen Höhen mit einigem Erfolg eingesetzt werden konnte. Sie war der kleineren Mk.IX mit Merlin-Triebwerk nicht völlig überlegen, aber das sollte mit dem zweistufigen Griffon korrigiert werden.[65]

Zur gleichen Zeit hatten sich die Briten endlich dazu durchgerungen, die deutschen Fortschritte bei der Verwendung von Distickstoffoxid zu kopieren, nachdem es den Geheimdiensten lange Zeit nicht gelungen war, den Inhalt der Flaschen zu ermitteln, die in abgestürzten Maschinen der Luftwaffe gefunden wurden. Am 25. Oktober 1943 wurden sowohl Kraftstoffe mit 160 Oktan als auch Distickstoffoxid für die einstufig aufgeladenen Mosquitos diskutiert.

Die Mosquito war von Sorely als das Flugzeug der Alliierten identifiziert worden, das am besten mit den älteren, einstufig aufgeladenen Merlin-Überschussmotoren zurechtkam. Dennoch bedeutete dies einen erheblichen Leistungsverlust im Vergleich zu den zweistufig aufgeladenen Versionen, und Sorely wollte nach Möglichkeiten suchen, die Leistung bis zum Äußersten zu steigern. Schon bald flogen Mosquitos mit ihrem eigenen »GM1«-Gerät über Deutschland.

~~SECRET~~ **LOOSE MINUTE** E 253

Night-Fighter Mosquito - fuel system.

I mentioned this morning that there was a need to improve the high speed capabilities of the night-fighter Mosquito with single stage engine. I want you to see what can be obtained from a bi-fuel system using a part of the tankage ~~fuel~~ with 160 grade fuel and, at the same time, consider whether nitrous oxygen would be a help, either with or without 160 grade fuel.

R. S. SORLEY

25.10.43. C.R.D.

Direktor Forschung und Entwicklung (C.R.D.) zu Stickstoff und 160er Kraftstoff für Mosquitos.

Angesichts der außerordentlich beeindruckenden Fortschritte, die in Amerika bei der Aufladung gemacht wurden, war es überraschend, dass die Amerikaner nicht vor den Briten ein zweistufig aufgeladenes einsitziges flüssigkeitsgekühltes Jagdflugzeug gebaut hatten. Eine Erklärung dafür wurde am 23. November 1943 deutlich, als bekannt wurde, dass Wright Field durch die Wehrpflicht lahmgelegt worden war. Bulman erinnerte sich an sein Treffen mit Hives, nachdem der Generaldirektor von Rolls-Royce von einer Reise in die USA zurückgekehrt war.

»Während meines Besuchs in Derby am 21. und 22. September kam Herr Hives aus Amerika zurück, ein erfrischter Löwe und zuversichtlich, dass die effektive Entwicklung von Flugmotoren in den USA im Großen und Ganzen etwa zwei Jahre hinter der unsrigen zurückliegt, da ihre immensen Ausgaben und Ihr Stolz im Bezug auf ihre neuen Windkanäle, Testanlagen usw. und die Vielzahl von Ingenieursabsolventen tendenziell nicht effektiv genutzt werden, da es an Männern mit echter Erfahrung und klaren Plänen mangelt, auf die all die neuen wissenschaftlichen Werkzeu-

> ge angewendet werden können, die an sich nur Werkzeuge sind ... Wright Field (das durch die Abwanderung von Ingenieuren zu den US-Armeen in Übersee viel an effektiver technischer Stärke eingebüßt hat) ist jetzt bereit, unsere Typenprüfung-Freigaben als gültig zu akzeptieren.
>
> Zwei zweistufige Griffon-Motoren sollen nach Wright Field geschickt werden ... der V-1650/3 (Merlin 63 in der US-Version) macht sich gut in der bisher untersuchten US-Produktion ... großes Interesse in den USA an der Rolls-Royce-Einspritzpumpe (die hier die SU-Pumpe des Merlin 14SM ersetzen soll). Hives hat sich mit Bendix zusammengetan, um diese Pumpe für den amerikanischen Gebrauch zu entwickeln, was die Einführung bei Packard erleichtern dürfte.«[44]

Diese Einberufungspolitik warf ein Schlaglicht auf einen der wenigen gravierenden Managementfehler in der amerikanischen Entwicklungspolitik für Flugmotoren während des Krieges.

Mit dem Merlin 100, der, wie Bulman bereits erwähnt hatte, RM14SM genannt wurde, würde Rolls-Royce endlich die Fesseln des Vergasers abwerfen, der trotz seiner Vorteile zu einer unannehmbaren Belastung geworden war. Die 100er-Serie würde auch die Einführung des Junkers-Jumo-Systems für flüssigkeitsgekühlte Motoren markieren, bei dem das Öl in der Mitte der Kurbelwelle eingeleitet wird. Damit wäre das Schmiersystem der Rolls-Royce-Motoren für die Zukunft gerüstet.

Die 100er Serie erreichte eine Spitzenleistung von knapp 2000 PS bei 3000 Umdrehungen pro Minute, und sie blieb bei etwa 1800 PS bis in eine Höhe von fast 20.000 Fuß [6096 m].

Bei den Lagern des Merlin 100, die nicht von außen mit Öl durchströmt werden mussten, da das Öl in der Mitte der Kur-

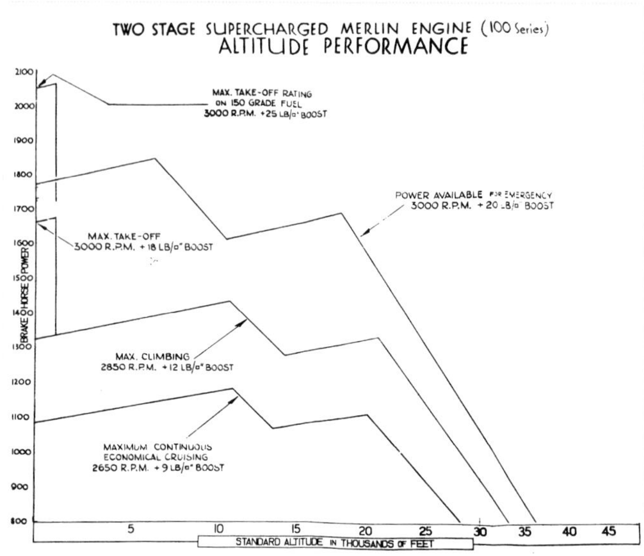

Merlin RM.14SM (Merlin 100-Serie) Leistungsdiagramm.

Kurbelwellenlager der Merlin 100-Serie.

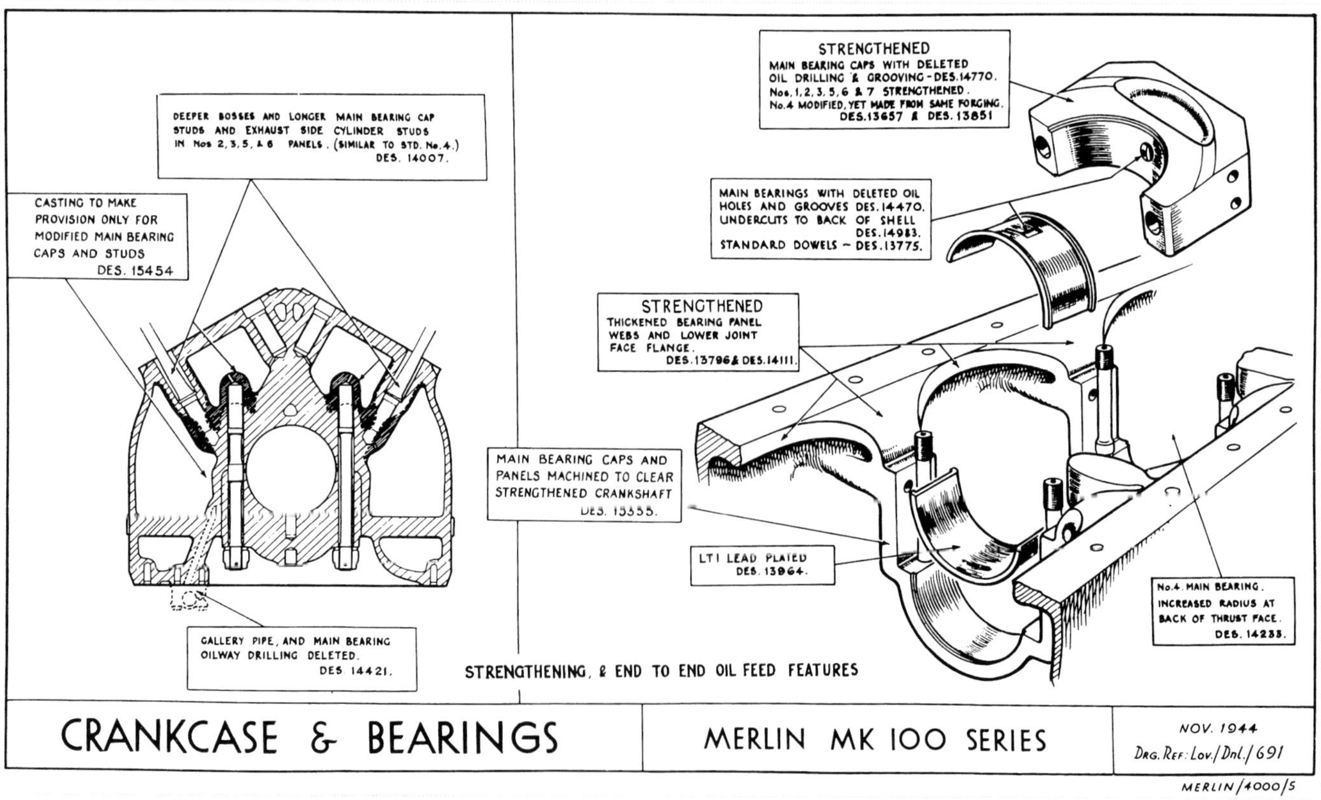

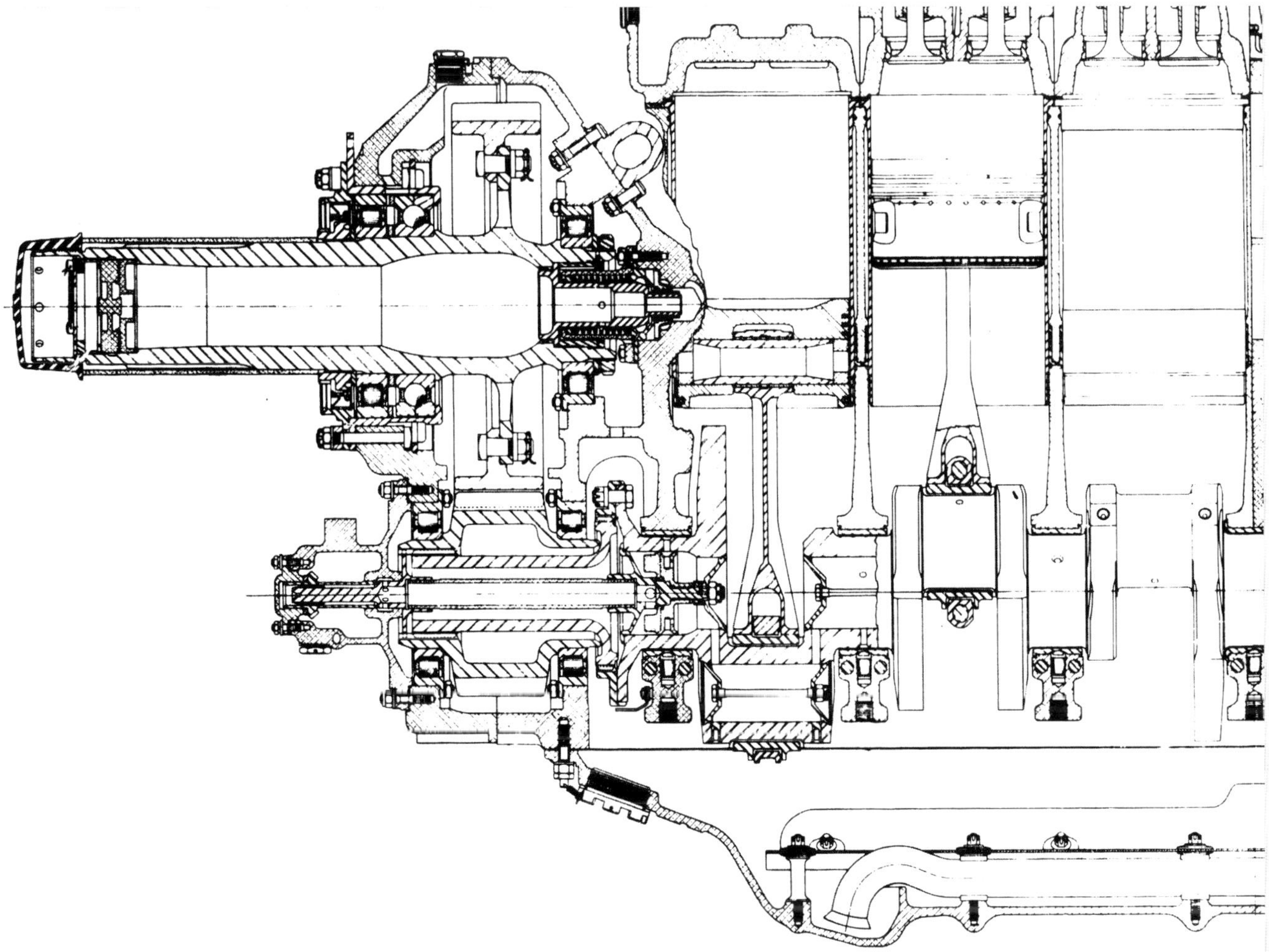

Kurbelwelle der Merlin 100-Serie mit Ölzufuhr am Ende.

belwelle zugeführt wurde und nach außen floss, konnten die Löcher und Rillen entfernt werden. Dadurch wurde ihre Tragfähigkeit erheblich gesteigert.

Die Schmetterlingsdrosselklappen früherer Merlins wurden nun durch eine einzige lange Drosselklappe ersetzt, deren Verwendung durch die Einpunkt-Kraftstoffeinspritzung erleichtert wurde. Dies bedeutete, dass auf die Vergaserdrosseln verzichtet werden konnte, so dass keine einzelnen runden Öffnungen zur Luftzufuhr in den Motor erforderlich waren.

Schließlich konnte durch den Verzicht auf das Nasenlager der Laderwelle der Eintritt in den Lader erheblich gesäubert werden, was das Druckverhältnis des Laders erhöhte, da der Druckabfall aufgrund von Hindernissen in der Nähe vom Eintrittsauge entfiel.

Eine weniger nützliche Ergänzung der britischen Liste erbeuteter Flugzeugmotoren wurde im November hinzugefügt, als ein gealterter DB 601 E aus einer abgestürzten Bf 109 F-4 geborgen und sowohl vom RAE als auch von Rolls-Royce untersucht wurde.

»Ein Mercedes-Benz DB 601-Motor (Nr. 3412), der aus einer Messerschmitt 109 F-4 (Nr. 7232) ausgebaut wurde, wurde auf einem künstlichen Höhenprüfstand beim RAE montiert, um seine Leistung in der Höhe zu bestimmen.

Zuvor wurde dieser Motor am RAE teilweise zerlegt, wieder zusammengebaut und an die Firma Rolls-Royce zur Überprüfung geschickt.

Nach der Rückkehr ins RAE wurden die beim Absturz beschädigten Teile durch Ersatzteile aus anderen Mercedes-Benz-Motoren der Baureihe DB 601 ersetzt … der E-Motor entwickelt etwa 22 % mehr Leistung.«

Es wurde ein umfangreicher Bericht erstellt, und es wurden Gleichungen zur Vorhersage und Erklärung seiner Leistung abgeleitet. Doch zu diesem Zeitpunkt war die Technologie des flüssigkeitsgekoppelten Aufladeantriebs von Daimler-Benz bereits gut bekannt. Und die Forschung in Deutschland war längst zur Turboaufladung übergegangen, obwohl dieser Flüssigkeitsantrieb nicht zum Einsatz kam. Diese Episode veranschaulicht

Merlin-Drosselklappen der Serie 100.

leitung gleichermaßen beschuldigt.[46] Für die Kriegsproduktion bedeutete dies, dass etwa 80 Spitfire IX ohne Motoren blieben. Der Chef des Luftwaffenstabs war nicht nur wegen dieses Mangels besorgt, sondern auch wegen der allgemeinen Situation bei den neuesten Flugzeugen, die geliefert wurden:

> »AMSO (über C.A.S) SECRET
> Kann nichts getan werden, um den schrecklichen Mangel an Merlin 66-Motoren abzuwenden? Ich nehme an, dass der Mangel auf den Streik in Glasgow zurückzuführen ist. Die Deutschen haben sehr oft schwere Rückschläge mit ihren neuen Typen; aber wenn ein neuer Typ ein Erfolg ist, scheinen sie ihn viel schneller in Betrieb zu nehmen als wir. Seit vielen Monaten haben die Deutschen an der Westfront durchgehend nur die neueste Marke von Messerschmitt 109 G und Focke-Wulf 190; aber wir haben immer noch nur zwei Spitfire IX für drei Spitfire V im Jagdkommando und in der taktischen Luftwaffe.
> November 8, 1943.«[47]

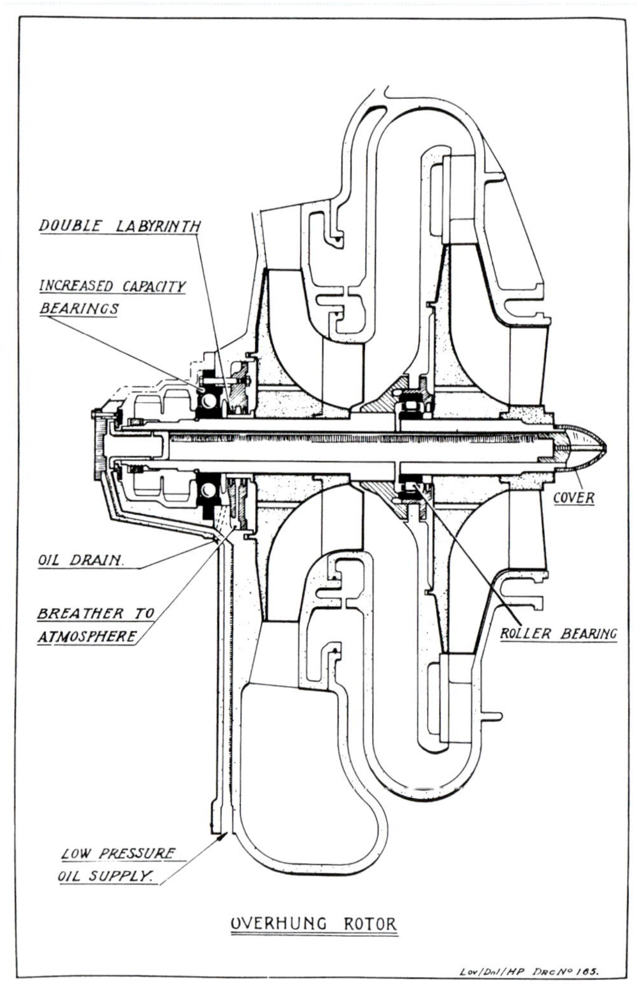

Fliegend gelagerter Lader der Merlin Serie 100.

die unvermeidliche Kluft zwischen der an der Front erbeuteten feindlichen Technologie und den fortgeschrittenen Arbeiten, die der Feind im Geheimen durchführte.[45] Nachdem die Briten sich in den ersten beiden Kriegsjahren intensiv mit den deutschen Flugmotoren beschäftigt hatten, war die Dringlichkeit teilweise verflogen. Die britischen Ingenieure hatten erkannt, dass sich die meisten Entwicklungen in Deutschland auf die Bewältigung von Legierungsmängeln und die direkte Kraftstoffeinspritzung bezogen – Probleme, die speziell die deutsche Position betrafen. Dies war auch ein Zeichen dafür, dass es den deutschen Ingenieuren nicht gelang, dramatische Neuentwicklungen in serienmäßig hergestellte Flugzeugmotoren einzubauen. Die britischen Ingenieure fanden die Ergebnisse der deutschen Forschungsarbeit nur selten in den Flugzeugen wieder, die sie erbeuteten. Diese hektische Aktivität wurde später mit der Einführung des Jumo 213 wiederbelebt.

Am 26. November 1943 kam es zu einer seltenen Produktionskatastrophe für den Merlin, als die Belegschaft des Werks in Glasgow streikte, was zu erheblichen Produktionsausfällen führte. Dieser unglücklich getimte Arbeitskampf führte dazu, dass 400 Frauen, die in dem Werk arbeiteten, auf die gleiche Lohnstufe wie Männer, die die gleiche Arbeit verrichteten, hochgestuft wurden, und es gab keine weiteren Probleme. In der Presse wurden die Frauen, die Gewerkschaften und die Werks-

Sir Christopher Courtney (Ausschussmitglied für Versorgung und Organisation –AMSO) hatte zwar Recht, dass die neuesten deutschen Flugzeuge schnell in Dienst gestellt wurden, doch waren die Triebwerke, die sie antrieben, weit weniger leistungsfähig, als sie hätten sein sollen. Dies schwächte die Wirkung der neuesten deutschen Jagdflugzeuge ab, die trotzdem die Mitarbeiter im Luftfahrtministerium beunruhigen konnten.

USA

Die Beteiligung der USA am Luftkrieg gegen Deutschland wurde 1943 nach dem Abschluss der Casablanca-Konferenz in Afrika drastisch verstärkt. Präsident Roosevelt war der erste amerikanische Staatschef, der in Kriegszeiten den Boden der Vereinigten Staaten verließ, der erste, der mit dem Flugzeug ins Ausland reiste, und der erste seit Lincoln, der eine aktive Schlachtfront besuchte. Churchill und Roosevelt vereinbarten, die Bombardierungen zu verstärken, wobei die amerikanischen und britischen Streitkräfte von britischem Boden aus operieren sollten. Außerdem wurde erklärt, dass man keine Verhandlungen mit Deutschland akzeptieren würde – nur die bedingungslose Kapitulation.

Am 18. Januar 1943 um 17.00 Uhr wurde auf der Konferenz im Hotel Anfa festgestellt:

> »Die maximale kombinierte Luftoffensive wird vom Vereinigten Königreich aus gegen Deutschland geführt werden … der Präsident stimmte mit dem Premierminister überein und schlug außerdem vor, dass wir uns zusammentun, um Kräfte im Vereinigten Königreich aufzubauen.«[48]

Trotz des politischen Willens bleiben jedoch schwerwiegende praktische Probleme bestehen.

> »Die Schlussfolgerung ist, dass die amerikanischen Bomber keine Operationen bei Tageslicht mit einer vernünftigen Hoffnung auf Erfolg durchführen könnten … unsere Bomber sind für Angriffe bei Tageslicht ungeeignet, ihre Bewaffnung von Kanonen des Kalibers 0,303 wäre gegen starke Jagdangriffe bei Tag unzureichend.«[49]

Endlich wurde die Diskussion, die deutschen Hydrierwerke außer Betrieb zu setzen, zur Realität.

> »Die Bomben sollten auf das Werk Pölitz gerichtet werden, um eine 50-prozentige Zerstörung zu erreichen … die Mindestzahl der Bomber, die für ein solches Ergebnis erforderlich wären, würde etwa 250 betragen.«[50]

Der Erfolg der Alliierten hing nun vom Aufbau einer gigantischen Flotte schwerer Bomber ab, obwohl sich bald herausstellen sollte, dass sie auch eine vollständige Eskorte von Jagdflugzeugen benötigen würden. Hierfür würden die Amerikaner die zweimotorige P-38 Lightning, die einmotorige P-47 Thunderbolt und die P-51 Mustang benötigen. Zum Leidwesen der Alliierten verfügten die ansonsten fortschrittlichen P-38 und P-47 noch immer nicht über ein voll integriertes automatisches System zur Steuerung ihrer Turbolader, und die Mustangs, die in Serie produziert wurden, waren in großen Höhen noch immer nicht leistungsfähig genug, um mit den deutschen Jägern konkurrieren zu können.

Die P-38 befand sich derzeit in der »G«-Revision, die immer noch unter Kompressibilitätsproblemen litt, die Sturzflüge mit hoher Geschwindigkeit im Gefecht verhinderten, da sie zum Abreißen des Höhenleitwerks führen konnten. Die Kabinenheizung der P-38 war so schlecht, dass die Piloten in Europa nach langen Einsätzen in großer Höhe manchmal völlig ausgekühlt aus dem Cockpit gezogen wurden. Nun verhinderten unzureichend dimensionierte Ladeluftkühler in den Flügelvorderkanten die Nutzung des vollen Potenzials der Motorleistung. Die J-Variante sollte das Problem der Ladeluftkühlung lösen, indem sie die neuartigen Ladeluftkühler an den Flügelvorderkanten durch eine herkömmliche Kühlermatrix unter dem Triebwerk ersetzte und die Probleme der Kompressibilität in Angriff nahm. Diese Version befand sich jedoch 1943 noch in der Entwicklung.

Wie die P-38 erforderte auch die P-47 erhebliche Eingriffe des Piloten, um die Triebwerks- und Turboladersysteme im Flug zu steuern. Die Ladeluftkühler verfügten über manuell einstellbare Klappen, die zur Steuerung der Ladetemperaturen auf offen, neutral oder geschlossen gestellt werden konnten, und die Turbinendrehzahl erforderte ständige Aufmerksamkeit und Anpassung durch einen separaten Drosselquadranten. Im Handbuch heißt es:

> »Ein Hebel auf dem Drosselquadranten steuert den Turbo. Der Hebel regelt die Waste-Gates … verwenden Sie den Turbo, um den gewünschten Ladedruck aufrechtzuerhalten. Ziehen Sie den Turbolader immer zuerst zurück. Auf keinen Fall darf der Drosselklappenhebel hinter den Turboladerhebel zurückbleiben, da sonst der Turbo durch den Aufbau von Druck, der nicht entweichen kann, beschädigt wird. Der Turbodrehzahlmesser ist bei 18.250 Umdrehungen pro Minute rot markiert. Diese Grenze darf nicht überschritten werden. Die Turbowarnleuchte leuchtet auf, sobald Sie den Motor starten. Sie leuchtet konstant, es sei denn, Sie benutzen den Turbo. In diesem Fall beginnt die Leuchte zu flackern und flackert weiter, bis 18.250 U/min erreicht sind. Dann leuchtet sie wieder konstant. Wenn dies geschieht, verringern Sie die Drehzahl, da der Turbo zu schnell läuft. Beim Einsatz des Turbos gilt die Regel, dass das Licht weiter flackert.«[51]

Die P-38 erforderte eine ähnlich hohe Arbeitsbelastung der Piloten, um die Turbolader zu bedienen, was die Zuverlässigkeit

P-38 Lightning: Farbdarstellung der Turboladerinstallation.

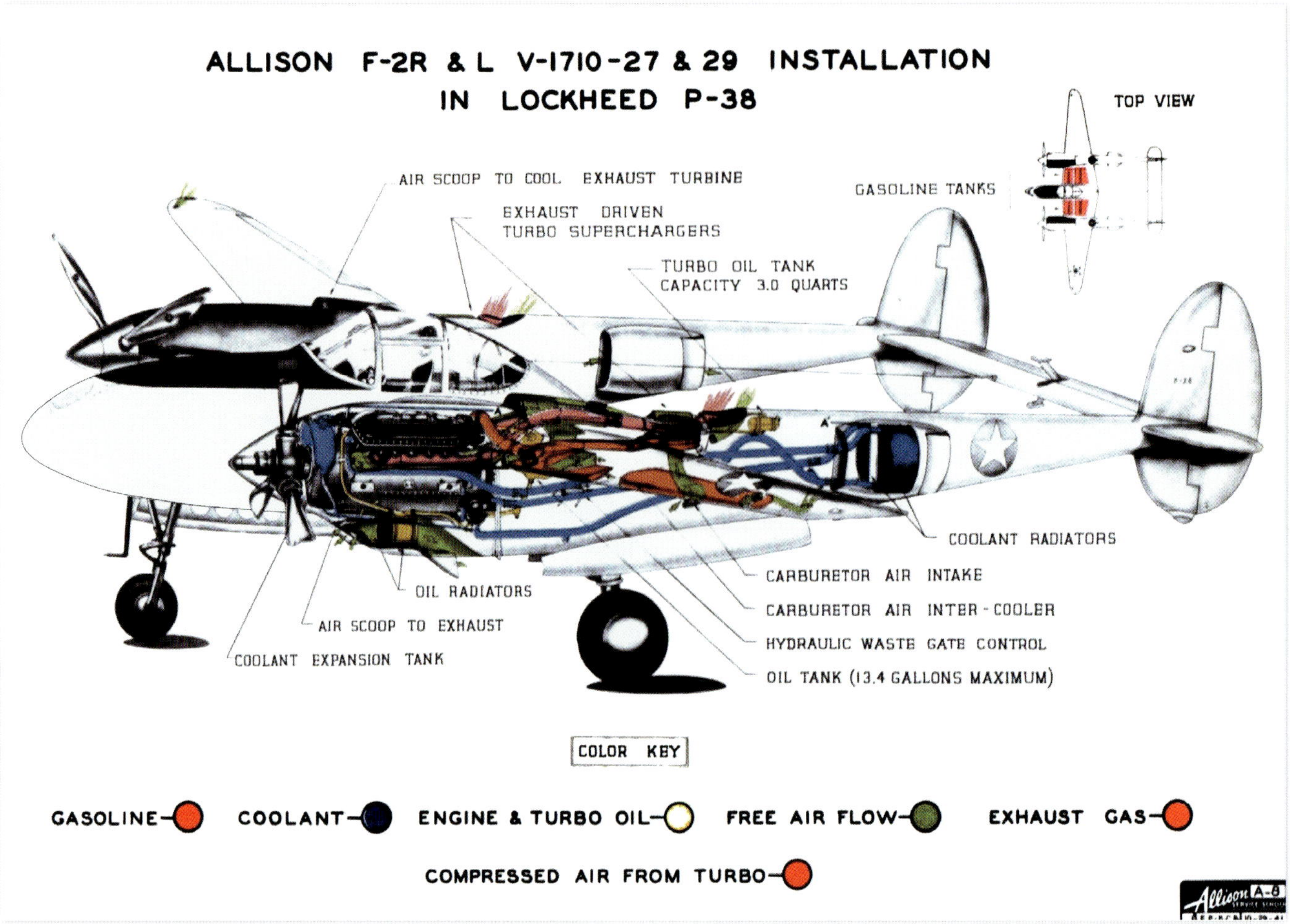

und Kampfkraft beider Flugzeuge erheblich beeinträchtigte. In der Zwischenzeit machten die amerikanischen Triebwerkskonstrukteure trotz dieser Unzulänglichkeiten des Steuersystems zumindest Fortschritte bei der Entwicklung fortschrittlicher mechanischer Analysetechniken, um stärkere und leichtere Haupttriebwerksteile herzustellen.

Dr. Charles Lipson von der Triebwerkskonstruktionsabteilung der Chrysler Corporation kam am 12. Januar 1943 zum jährlichen War Engineering Production Meeting in Detroit, das von der Society of Automotive Engineers veranstaltet wurde. Nicht nur in Deutschland wurden fortschrittliche Konstruktionsverfahren entwickelt; auch amerikanische Ingenieure hatten erkannt, dass neue Wege für die Konstruktion leichterer und kleinerer Triebwerksteile gefunden werden mussten, die für die neuen, kriegswichtigen Hochleistungsmotoren unerlässlich waren.

»In der Vergangenheit wurde der Konflikt zwischen hoher Festigkeit und geringem Gewicht in der Regel zugunsten von Festigkeitserwägungen gelöst … heute kann dieser Prozess nicht mehr toleriert werden. Die Verwendung einer großen Menge empirischer Formeln, verstärkt durch Sicherheitsfaktoren, mag in der Vergangenheit ihre volle Berechtigung gehabt haben. Mit dem Aufkommen von Hochgeschwindigkeits- und Hochlastmaschinen wurde diese Konstruktionsmethode jedoch völlig unzureichend.«[52]

Lipson erläuterte die neuen Techniken, die Chrysler einsetzte, um diese alten Beschränkungen zu überwinden, und nannte Beispiele für die Beanspruchung von Kurbelwellen und Pleuelstangen. Es wurden photoelastische Methoden verwendet, ähnlich denen, die drei Jahre zuvor von der DVL in Deutschland verwendet wurden, um Turbinenschaufeln in Tannenbaumform an einem Turbolader zu befestigen. Hier kam das »Einfrieren« zum Einsatz: Zunächst wurde in einer Vorrichtung der Kunststoff fast zum Verschmelzen gebracht, dann aber noch unter Last abgekühlt. Nach dem Abkühlen des Teils waren die Spannungsverzerrungen im Inneren des Kunststoffs bei Raumtemperatur »gefangen«, selbst wenn die Lasten entfernt wurden, woraufhin die Prüfstücke in Abschnitte mit verschiedenen

Winkeln zerschnitten werden konnten, um sich ein Bild von den Spannungslinien im Inneren in allen drei Dimensionen zu machen.

Bei der zweiten Technik handelte es sich um eine »Stresscoat«, einen spröden Lack, der in einer dünnen Schicht auf das Bauteil aufgetragen wurde und trocknen durfte. Wenn das Bauteil belastet wurde, führten die Verformungen dazu, dass der Lack rissig wurde, was den Ingenieuren zeigte, wie die Spannungen durch das Bauteil flossen. Ergebnisse konnten erst nach 24 Stunden erzielt werden, da es 12 Stunden dauerte, bis der Lack getrocknet war.

Mit Hilfe dieser neuen Techniken führte Chrysler eine eingehende Studie über die Spannungen in der Kurbelwelle durch und kam zu dem Schluss, dass die Spannungen um bis zu 10 % gesenkt werden konnten, indem man ein sehr teures und zeitaufwändiges tonnenförmiges Erleichterungsloch in die Kurbelwelle einbrachte, anstatt wie üblich einen fast geraden Schnitt. Chrysler kam zu dem Schluss, dass die tonnenförmige Form die leichteste Kurbelwelle ergab, allerdings um den Preis eines höheren Fertigungsaufwands.

Andere Nationen übernahmen die von den deutschen Motoren verwendete extreme Überschneidung nur langsam, und am 18. März 1943 diskutierte Chrysler die Ventilhubsteuerung der Nockenwellen DB 601 E und BMW.

»Chrysler Corporation. Attn. Mr. J. B. Macauley, Jr.
Meine Herren,
Die folgenden Übersetzungen deutscher Artikel zum Thema Ventilüberschneidung sind zu Ihrer Information beigefügt:
Maßnahmen zur Verbesserung des Kraftstoffverbrauchs bei Fremdzündungsmotoren, von Fritz A. F. Schmidt.
Untersuchungen zur Steigerung des Wirkungsgrades und der Wirtschaftlichkeit von aufgeladenen Fremdzündungsmotoren mit und ohne Brennkammerspülung.
Was die Ventilüberschneidung bei deutschen Motoren betrifft, so zeigt eine Überprüfung des neuesten DB 601 E-Motors, dass das Einlassventil bei 67° vor OT öffnete und das Auslassventil bei 36° nach OT schloss. Der BMW 801 A-Motor wurde im Materialzentrum mit bis auf zwei ausgebauten Zylindern angeliefert, und eine Überprüfung eines Zylinders ... ergab, dass das Einlassventil bei 53° vor OT öffnete und der Auslass bei 42° nach OT schloss ...
Wir hoffen, dass diese Informationen für Sie im Zusammenhang mit der Arbeit Ihrer Organisation an hohen Ventilüberschneidungen von Nutzen sein werden.
Mit freundlichen Grüßen
E.R. Page - Colonel Air Corps, Chief Power Plant Laboratory, Wright Field.«[53]

Obwohl die amerikanischen Druckvergaser dem in England verwendeten traditionellen Typ, bei dem die Druckdifferenz der durch die Vergaserdrosseln angesaugten Luft zur Kraftstoffzufuhr genutzt wurde, überlegen waren, konnten auch sie nicht mit so extremen Ventilüberschneidungen arbeiten wie die deutschen Motoren.

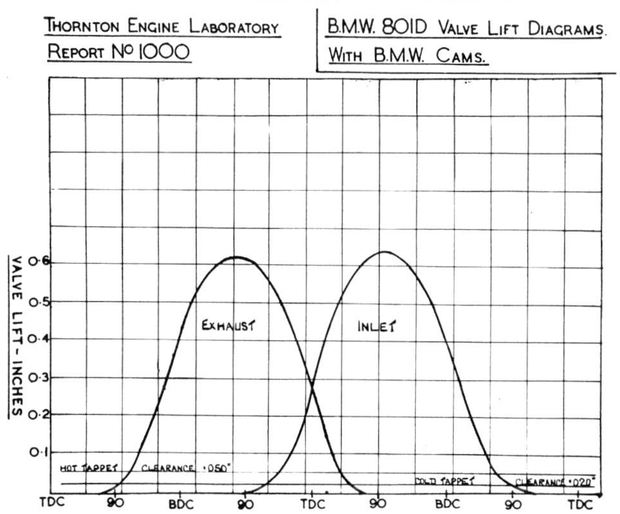

BMW 801: Ventilüberschneidung.

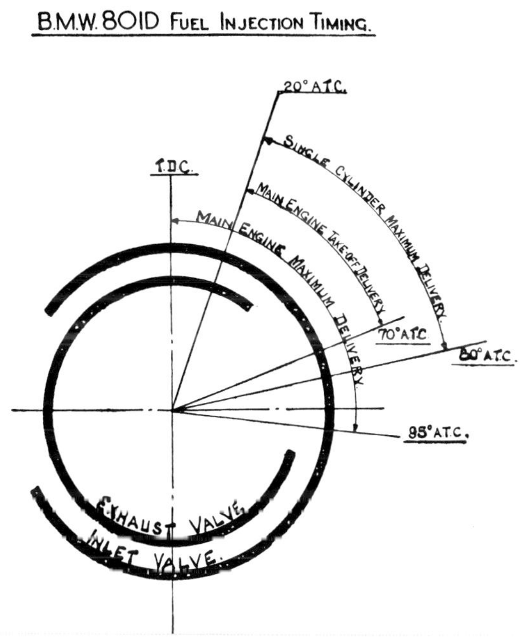

BMW 801: Einspritzzeitpunkt.

Am selben Tag fand im Triebwerkslabor in Wright Field ein Treffen mit Allison-Ingenieuren statt, bei dem versucht wurde, eine Lösung für die Probleme bei der Steuerung der Turbolader der P-38 zu entwickeln. Es wurden vier mögliche Lösungen vorgestellt, die alle das Allison Ladedruckregelsystem mit verschiedenen Typen von Turboladerreglern von Eclipse oder General Electric koppelten. Dabei traten zahlreiche Schwierigkeiten auf. Der erste Regler sollte ein Verhältnis zwischen dem Ladedruck und dem Abgasdruck herstellen. Es stellte sich jedoch heraus, dass ein hoher Druckabfall durch die Ladeluftkühler bei hohen Leistungen bedeutete, dass diese nicht geradlinig war und der Regler »gefälscht« werden musste, um richtig zu funktionieren. Diese grundsätzliche Schwierigkeit resultierte daraus, dass das in der P-38 eingebaute Flügel-Ladeluftkühler-System schon vor so langer Zeit entwickelt worden war.

»Das Ansaugsystem der P-38G war für 1150 PS ausgelegt, so dass bei 1300 und 1600 PS große Druckabfälle auftraten, die das Verhältnis zwischen Abgas- und Gegendruck störten.«[54]

Keines der vier Steuersysteme war in der Lage, völlig zufriedenstellend zu arbeiten – alle führten an verschiedenen Stellen zu Über-, Unter- oder Überschwingen des Turboladers. Das Überschwappen war ein gefährliches Ereignis, bei dem sich der Luftstrom am Einlass des Verdichters umzukehren begann, was zu lauten Geräuschen und schließlich zum Abreißen der Schaufeln vom Laufrad führte.

Die Ingenieure von Allison und Wright Field kamen überein, ein neues System zu entwickeln, das zu etwa 70 % aus Allison-Steuerungsteilen bestand und mit einem Turbolader-Drehzahlregler von General Electric kombiniert wurde. Das System war nicht einfach.

»Die von Herrn Dolza entworfene Steuerung besteht also aus
a) Automatische Ladedruckregelung
b) Automatische Drehzahlregelung
c) Turboregelung
d) Kontrolle der Turbinenüberdrehzahl
e) Temperaturkompensation
Vier Einheiten werden innerhalb eines Monats fertiggestellt, von denen zwei bei Lockheed und die restlichen zwei bei Allison getestet werden sollen.«[55]

Die Gründe für das Interesse der USA an deutschen automatischen Steuerungen wurden deutlich, auch wenn die Amerikaner irritiert waren, dass sie noch keine deutsche Einheit gefunden hatten, die auch einen Turbolader steuerte.

Nur drei Wochen später, am 5. April 1943, fand der erste Testflug der P-51 durch North American Aviation mit einer in Lizenz gebauten Packard-Merlin aus den USA statt. Es handelte sich also um den ersten zu 100 % in Amerika gebauten Merlin-Mustang. Dieser Prototyp erhielt die Bezeichnung XP-51B.

»Die während der Flugerprobung gemessenen Motordaten stimmen sehr gut mit den Erwartungen überein, die auf den Prüfstandstests basieren.«[56]

Eine serienmäßig hergestellte P-51 war alles, was die Alliierten brauchten, und die erstaunlich erfolgreiche Zusammenarbeit zwischen Rolls-Royce und Packard hatte sich ausgezahlt. In der Zwischenzeit veröffentlichte die Abteilung für wirtschaftliche Kriegsführung des Justizministeriums in Washington DC am 26. März einen Bericht über die Motorventilindustrie der Achsenmächte:

»Natriumgefüllte Auslassventile sind eines der wichtigsten Bauteile eines Achsenflugzeugmotors. Es gibt keine Ersatzstoffe. Technologisch gesehen sind sie vielleicht das wichtigste Teil. Die Auslassventile von Flugzeugen müssen unter den härtesten thermischen Bedingungen arbeiten. Man kann fast sagen, dass die Entwicklung von Hochleistungstriebwerken davon abhängt, ob die Metallurgen und Ingenieure in der Lage sind, ein der Aufgabe angemessenes Ventil zu konstruieren.«[57]

In dem Bericht wurden die Fabriken in Deutschland aufgelistet, die in der Lage waren, mit Natrium gefüllte Ventile für Flugzeugtriebwerke herzustellen; nur Teves in Berlin und die Bayerischen Leichtmetallwerke in München waren dazu in der Lage, und der beste Ventilstahl stammte fast ausschließlich von den Poldi-Werken in der Tschechoslowakei. Das Stellit kam fast ausschließlich von der Firma Walter in Tübingen.

»... als eine verwundbare Industrie von kritischer Bedeutung angesehen ... Die Zerstörung oder Beschädigung der Flugzeugventilindustrie der Achsenmächte hätte sofortige und weitreichende Auswirkungen. Sie würde ... die Kampfhandlungen der Luftwaffe aufhalten. Die Qualität der deutschen Ventile ist heute so gut, dass neben jedem produzierten Ventil zwei oder mehr produziert werden müssen, um verschlissene oder gebrochene Ventile in in Betrieb befindlichen Flugzeugen zu ersetzen.«[58]

Die Economic Warfare Division kommentierte weiter, was passieren könnte, wenn sie erfolgreich zerstört würden:

»Die durchschnittliche Lebensdauer eines deutschen Auslassventils beträgt im Vergleich zu amerikanischen Ventilen wahrscheinlich etwa 1/3 bis 1/10, das gleiche gilt für französische und italienische Ventile. In einem deutschen Motor, der kürzlich erbeutet wurde, war ein Drittel der mit Natrium gefüllten Auslassventile undicht und ... [würden] bald durch den Kolben in das Kurbelgehäuse laufen. Es gibt einen Ersatz für das natriumgekühlte Tellerventil, der den Deutschen in diesem Krieg nicht zur Verfügung steht. Es handelt sich dabei um den Hülsentyp, der von den Briten in Motoren wie dem Napier Sabre verwendet wird. Dieser Ventiltyp erfordert jedoch nicht nur eine vollständige und radikale Änderung der Motorkonstruktion, sondern ist auch äußerst schwierig erfolgreich einzusetzen. Man schätzt, dass die Deutschen fünf Jahre brauchen würden, um diesen neuen Motortyp zu

> konstruieren und erfolgreich zu bauen, und zwar nicht nur im Versuchsmaßstab.«[59]

Der amerikanische Geheimdienst wusste, dass die deutschen Ventile eine Schwachstelle darstellten, und war sich auch der enormen Anstrengungen bewusst, die die Briten unternommen hatten, um das Hülsenventil zum Laufen zu bringen. So kleine Ziele wie einzelne Fabriken kamen für die schweren Bomber der RAF bei Nacht nicht in Frage, und die Angriffe der USAAF bei Tageslicht erwiesen sich immer noch als äußerst kostspielig. Erschreckenderweise waren 1943 die meisten US-Bomberbesatzungen nach dem fünften der 25 Einsätze, die sie vor ihrer Heimkehr absolvieren sollten, entweder getötet oder gefangen genommen worden.[60] Die USAAF hatte Mitte 1943 etwa 750 schwere Bomber in England stationiert, von denen allein im September 200 trotz P-47-Begleitung bei Tagesangriffen über Deutschland verloren gingen.[61] Die Beschädigung der deutschen Infrastruktur bei Tageslicht blieb bis weit in das Jahr 1944 hinein ein unglaublich kostspieliges Unterfangen. Auf Anraten der Economic Warfare Division griff die 384th Bombardment Group am 2. und 20. März 1944 das Ventilwerk Teves an.[62]

Die Amerikaner wollten sicherstellen, dass auch alle interessanten Entwicklungen aus Russland untersucht wurden, und am 12. April 1943 schrieb Brigadegeneral Carroll an die Classified Data Branch von Wright Field, um sich nach Daten über russische Triebwerke zu erkundigen und sicherzustellen, dass nichts über neue Entwicklungen in Amerika weitergegeben wurde.

> »Dieser Abteilung stehen praktisch keine Informationen über ähnliche russische Ausrüstung zur Verfügung, es wird dringend empfohlen, den Russen keine Informationen über Versuchs- und Entwicklungsartikel zu geben, sondern nur über Produktionsausrüstung, wenn ähnliche Informationen zur Information dieser Abteilung weitergeleitet werden.
>
> Die russische Regierung verfügt zweifellos über recht vollständige technische Informationen über alle in »Lend-Lease«-Flugzeugen gelieferten Motoren. Wenn gleichwertige Informationen über russische Motoren erhalten werden könnten …
>
> - Methoden zur Erhöhung der Motorleistung, um den größtmöglichen Nutzen aus bereits entwickelten Motortypen zu ziehen …
> - Methoden zur Steigerung des Propellerwirkungsgrads zur Nut zung einer höheren Motorleistung
> - Methoden zur Verringerung des Luftwiderstands luftgekühlter Motoren und zur Verbesserung der Kühlung
> - Methoden zur Verbesserung der Manövrierfähigkeit und zur Vereinfachung der Motorsteuerung
> - Mittel zur Vermeidung von Entdeckung, Flammendämpfung und Anti-Glühfarbe
>
> Vorgeschlagene Liste von Fragen:
> Vollständige Informationen über russische Vergaser … Russische Magnetzünder … Zündkerzen und Zündkabel … Vergleich der physikalischen Eigenschaften und Leistungen von Kraftstoffen aus den Vereinigten Staaten und russischen Kraftstoffen … Russische Ölkühler und Kühler … Liste der Hauptschwierigkeiten, die sie mit amerikanischen Flugzeugmotoren erleben.
>
> Es wäre äußerst vorteilhaft, wenn ein russischer Serienmotor, wie er in Bombenflugzeugen und Kampfflugzeugen verwendet wird, zur Untersuchung zur Verfügung gestellt werden könnte.«[63]

Dies erwies sich als außerordentlich schwierig zu erreichen, und es war einfacher, deutsche Motorenteile zu erhalten als russische, wie am 21. April 1943 in Bezug auf den Motor BMW 801 festgestellt wurde, von dem sogar Fragmente gesucht wurden:

> »An den Kommandierenden General
> Chef der Technischen Abteilung
> Fragmente des Kurbelgehäuses des BMW 801-Motors … Informationen aus London sind eingegangen, dass Fragmente des BMW 801-Motors beschafft und auf dem Luftweg zu Colonel E. R. Page, Wright Field, geschickt werden sollen.«[64]

Die ersten P-47 Thunderbolts trafen im April 1943 in Großbritannien ein, und im Juli waren bereits 200 Maschinen auf britischem Boden im Einsatz. Gleichzeitig kamen 75-Gallonen Abwurftanks zum Einsatz, die den Kampfradius der P-47 um 100 Meilen erweiterten.[65] Bei der Eskortierung schwerer Bomber ermöglichte die größere Reichweite der P-47 gegenüber der Spitfire weitaus effektivere Bombardierungen innerhalb Deutschlands. Wie bei der P-38 beeinträchtigte jedoch auch bei der P-47 das Fehlen eines voll integrierten automatischen Triebwerks-/Turbolader-Steuerungssystems die operative Effektivität, und am 5. Mai 1943 wurde in Wright Field eine Konferenz abgehalten, um diese Probleme zu lösen.

> »THEMA: Triebwerksausfälle bei P-47-Flugzeugen Vertreter von Republic Aviation, Ford Engine Company, Pratt & Whitney und der Army Air Forces über Triebwerksprobleme bei P-47-Flugzeugen, sowohl in Großbritannien als auch in den Vereinigten Staaten von Amerika
> a) Ausschalten des Motors in Höhen von 30.000 Fuß [9144 m] und bei geringer Motorleistung.
> b) Rauhigkeit des Motors in großen Höhen.
> c) Kompressorpumpen in großen Höhen
> Parker, leitender Testpilot bei Republic Aviation, teilte mit, dass einige der Turboprobleme auch während der Flugtests bei Republic Aviation aufgetreten seien. Ihrer Erfahrung nach konnte eine falsche Einstellung der Cockpitsteuerung zu schwerwiegenden Fehlfunktionen des Triebwerks in großer Höhe führen …
>
> Kompressorpumpen ist eine normale Funktion dieser oder jeder anderen aktuellen Turbolader-Installation während des Fluges in Höhen von 30.000 ft oder höher, während der Betrieb bei

Motordrehzahlen unter 2000 rpm und Krümmerdrücken von 30 Zoll Hg oder höher erfolgt.«[66]

Die vernetzte Steuerung, die dem Piloten die Überwachung des Turboladers so weit wie möglich abnehmen sollte, funktionierte nicht unter allen Bedingungen, da sie auf einer relativ einfachen mechanischen Verbindung zwischen der Drosselklappe und der Turboladersteuerung basierte und nicht auf einem Miniaturcomputer wie dem deutschen Kommandogerät. Die Tatsache, dass dieses Pumpen des Kompressors als normales Phänomen angesehen wurde, zeigt, wie unzureichend die Wissenschaft der Turboladersteuerung zu dieser Zeit war.

»Es wird empfohlen, die Anweisungen für die Einstellung der Steuerung in P-47-Flugzeugen zu überarbeiten und zu vereinfachen ... es wird ferner empfohlen, die Verwendung der Steuerung im zusammengeschalteten Zustand auf den Betrieb mit hoher Leistung zu beschränken. Wenn es plötzlich erforderlich ist, in den Kampfstatus zurückzukehren, kann dies durch eine Bewegung des Gashebels geschehen, die automatisch die Turbolader- und Propellersteuerhebel aktiviert.«[67]

Im Grunde genommen waren die automatischen Steuerungen nicht ausgeklügelt genug, um außerhalb eines engen Bereichs von Bedingungen zu funktionieren, so dass der Pilot sie für den Reiseflug in großen Höhen manuell einstellen musste. Die Steuerung bei Teilgas ist immer der schwierigste Zustand, und es war kein vernünftiger Vorschlag, sie dem Piloten mit etwas anderem als einem mechanischen Computer abzunehmen: den hatten die Alliierten aber nicht entwickelt. Drei Monate nach der Nachricht aus London über die BMW 801 Teile, am 17. Juli 1943, befand sich ein BMW 801 Motor auf dem Prüfstand in Wright Field.

»Im Zusammenhang mit den Leistungstests des BMW 801-Motors, die derzeit in Wright Field durchgeführt werden, scheint es einen Mangel an Informationen über die richtigen Zeitpunkteinstellungen dieses Motors zu geben, einschließlich der Einspritz-, Ventil- und Magnetosteuerung.

Es wird darum gebeten, dass die British Air Commission alle verfügbaren Berichte über ihre Tests und Untersuchungen dieses oder nachfolgender 801er Typen an den Kommandierenden General weiterleitet:

F. O. Carroll
Brigadegeneral, Chief, Engineering Division.«[68]

Die ungewöhnlichen Ventilsteuerungen der deutschen Motoren machten es schwierig, sie zu testen, sobald sie repariert und wieder zusammengebaut werden mussten, da die Steuerzeiten ganz anders waren als bei amerikanischen Motoren und die automatischen Steuersysteme allen Ingenieuren außerhalb Deutschlands fremd waren. Abgesehen von der Erforschung deutscher und russischer Triebwerke waren die vielversprechendsten Forschungsberichte zur Verbesserung der Triebwerksleistung immer noch die von Rolls-Royce. Am 31. Juli 1943 wurden in Wright Field die neuesten Merlin-Entwicklungen für die 100er-Serie (RM.14.SM) besprochen. General Arnold schrieb nach Wright Field, um einen Bericht über die voraussichtlichen Leistungsmöglichkeiten zu übermitteln:

»Schwere Überlasttests wurden bereits durchgeführt und ... es ist offensichtlich, dass die Leistung erheblich gesteigert werden kann, ohne dass die mechanische Zuverlässigkeit darunter leidet. Gleichzeitig wird der Lader aufgrund der mit dem ursprünglichen zweistufigen Typ gesammelten Erfahrungen neu konstruiert, und es wird zuversichtlich erwartet, dass dies zu einer Verbesserung der Vollgasladedrücke in großer Höhe führen wird.

Auch bei Kompressoren mit hohem Verdichtungsverhältnis ist es von größter Bedeutung, dass die Luft ungehindert in das Auge des Rotors strömen kann, da jeglicher Druckverlust an diesem Punkt mit dem Verdichtungsverhältnis des Kompressors multipliziert wird und zu einer erheblichen Verringerung des Ladedrucks führen kann. Vor diesem Hintergrund hat Rolls-Royce ein Einpunkt-Kraftstoffeinspritzsystem entwickelt, das Druckverluste am Eintritt in den Lader vollständig eliminiert ... Das Einspritzsystem besteht aus einer kleinen, vom Motor angetriebenen Taumelscheibenpumpe mit fünf Kolben, deren Hub durch Verändern des Winkels der Taumelscheibe variiert werden kann. Der Hub wird durch den Ladedruck, die Ladetemperatur und den atmosphärischen Gegendruck gesteuert ... Es ist vorgesehen, den Ladedruck im Kampf auf + 22 psi [1,52 bar] zu erhöhen.«[69]

Wie Kollmann bei Daimler-Benz verstanden auch Rolls-Royce und die amerikanischen Ingenieure, dass sich die Ineffizienzen eines Kompressors über die Stufen eines mehrstufigen Kompressors vervielfachen (und nicht nur addieren). Daher konzentrierten sich die Änderungen an den Merlin 100-Kompressoren auf die Verbesserung der Bedingungen am Einlass der ersten Verdichterstufe.

Am 13. August 1943 ging das Chrysler-Triebwerksprogramm in das laufende US-Militärprojekt »Hyper-Engine« über.

»Lieber General Branshaw,

Falls Sie es noch nicht wissen, werden Sie eines Tages erfahren, dass wir hier in unserer technischen Abteilung in Highland Park einen ziemlich großen Flugmotor entwickeln. Er trägt die Bezeichnung XI-2220.

Zu Ihrer Information haben wir eine kurze Geschichte dieser Entwicklung zusammengetragen, die ich im Folgenden zitiere.

In Anerkennung des Interesses der Army Air Forces an der Entwicklung eines Hochleistungs-Flugzeugmotors und in dem Wunsch, einen Beitrag zum militärischen Bereitschaftsprogramm der Regierung zu leisten, unternahm die Chrysler Corporation bereits am 23. Mai 1940 aus eigenem Antrieb Konstruktionsstudien und andere technische Vorarbeiten zur Entwicklung eines flüssigkeitsgekühlten Motors mit 2000 PS. Man war allgemein der Ansicht, dass die damals existierenden Flugmotoren mit wesentlich geringerer Leistung durch die steigenden Leistungsanforderungen der Militärflugzeuge schnell veraltet waren.

Die Konstruktionsstudien sahen einen 16-Zylinder-Motor in Form eines hängenden V-Motors mit einem mittig angeordneten Untersetzungsgetriebe vor. Die Frontfläche wurde auf einen Kreis mit 34 Zoll Durchmesser begrenzt. Diese Entwürfe wurden der AAF vorgelegt und erwiesen sich als attraktiv, da sie einen Motortyp darstellten, der für militärische Zwecke dringend benötigt wurde. Als Ergebnis ihrer Überlegungen zu diesen Studien lieh die Army Air Forces der Chrysler Corporation einen Einzylinder-Prüfstand, um die vorbereitenden Arbeiten fortzusetzen und technische Untersuchungen mit dem Zylinder, dem Ventiltrieb, dem Kolben, der Pleuelstange und den dazugehörigen Teilen einzuleiten ... der Motor selbst wurde bis zum 14. Mai zusammengebaut und installiert ... am 14. Februar 1941 begannen die Arbeiten zur Beschaffung von Teilen für den ersten Zweizylindermotor ... am 4. April 1941 wurde der Vertrag über 730.222 Dollar vom Unterkriegsminister genehmigt.

Am 12. August 1941 wurde mit der Erprobung des ersten Zweizylindermotors begonnen, um die Lebensdauer von Pleuelstangen, Lagern, Zylinderköpfen und -zylindern, Ventiltrieben usw. vor dem eigentlichen Betrieb des Mehrzylindermotors zu prüfen ... 25. November 1941, geänderter Vertrag für ... Lieferung von:

- Flüssigkeitskupplung für Turboladerantrieb
- einer axialen Kühlmittelpumpe
- einen Radiallader zusätzlich zum Axiallader.

Durch diese Änderung erhöhte sich der Vertragspreis auf 1.122.421 $ ... der erste Mehrzylindermotor wurde zusammengebaut und die Tests begannen am 30. Juli 1942. Der Motor selbst war vollständig, aber der hintere Teil, einschließlich des Kompressors und des Zusatzgetriebes, war noch nicht fertiggestellt, so dass ein Dummy-Heckteil verwendet wurde.

Die Tests wurden jedoch am 19. September 1942 durch die Zerstörung des Kurbelgehäuses unterbrochen, als ein Stangenlager festsaß und die Stange brach und das Gehäuse seitlich durchschlug. Der Mehrzylindermotor Nr. 1 wurde sofort wieder aufgebaut und die Tests am 22. Oktober 1942 fortgesetzt. Das erste Kurbelgehäuse wurde in der Zwischenzeit im Labor einer Belastungsanalyse unterzogen, wobei viele wertvolle Konstruktionsinformationen gewonnen wurden. Mögliche Schwachstellen wurden entdeckt und bei der Konstruktion des nächsten Kurbelgehäuses korrigiert.

Der erste getestete Zylinderkopf wies eine Lebensdauer von 27 Stunden auf, während der neueste Zylinderkopf mehr als 970 Stunden im ›Typentest‹ gearbeitet hat, wobei die Startleistung bei 300 [PSI] indiziertem Mitteldruck lag.

Es wurden Leistungstests am Kompressor, an der Kühlmittelpumpe, an den elektrischen Systemen, an den Öldruck- und Spülpumpen sowie am Antriebsgetriebesystem des Kompressors durchgeführt.

Am 6. Januar 1943 fand in Detroit, Michigan, eine Sitzung statt, an der General K. B. Wolfe, General F. O. Carroll und Oberst E. R. Page teilnahmen, um die Arbeiten an diesem Vertrag zu überprüfen. Die Chrysler Corporation wurde angewiesen, mit der Entwicklung eines zweistufigen, zweigängigen Kompressors fortzufahren ... und ein Programm zum Bau von 100 Mehrzylindermotoren vorzulegen.

Die für den zweistufigen Lader vorgesehenen Arbeiten erforderten eine erhebliche Überarbeitung der Konstruktionen der 5. und 6. Mehrzylindermotoren. Es wurde eine kritische Höhe von 25.000 Fuß [7620 m] festgelegt, und zusätzlich zu den Arbeiten am Kompressor mussten die Schmierungs-, Kühlmittel- und elektrischen Systeme für den Einsatz in 40.000 Fuß [12.192 m] neu konzipiert und entwickelt werden.«[70]

Chrysler XI-2220 V16-Motor

Bis 1943 beliefen sich die geschätzten Gesamtkosten des Projekts auf 13.359.836 Dollar – umgerechnet in die heutige Währung entsprach dies einer Viertelmilliarde US-Dollar, was dem jährlichen Pro-Kopf-BIP von fast 5000 Menschen entspricht. Das Projekt wuchs und der Umfang und die Komplexität der Änderungen nahmen weiter zu:

»Entwurf und Entwicklung eines Axialladers bis zur Fertigstellung ... Erprobung eines Kraftstoffeinspritzsystems ... Zweistufige Lader.

Der Mehrzylinder Nr. 2 wurde gebaut und der Testbetrieb begann am 2. Februar 1943; nach 13 Stunden entwickelte sich ein Riss im Kurbelgehäuse ... nach 121 Betriebsstunden wurde er auf dem Propellerstand installiert. Erste Tests wurden durchgeführt, um die Belastungs- und Schwingungseigenschaften des Propellers zu ermitteln. Diese Tests wurden jedoch nach 132 Stunden durch einen von den Hauptlagerschotten ausgehenden Riss des Kurbelgehäuses unterbrochen. Der Motor wurde seither für Spannungsanalysen verwendet.

Motor Nr. 3 wurde am 19. Juni 1943 fertig montiert ... der Motor lief mehr als vier Minuten bei 2000 tatsächlichen Brems-PS und erreichte während der Kalibrierung fast 4½ Stunden bei oder über 1850 PS.«[71]

Die immensen Investitionen und Anstrengungen, die für die Durchführung dieses Programms erforderlich waren, wurden von Chrysler dargelegt:

»Die Chrysler Corporation hat einen beträchtlichen Teil ihres Geldes in dieses Projekt investiert. Sie errichtete ein Gebäude für Dynamometer-Prüfstände, Motormontage und -inspektion sowie Arbeitseinrichtungen für das Personal und errichtete auch ein Propellerprüfstandsgebäude ... die Schaffung dieser Einrichtungen – an sich schon ein großes Unterfangen – wurde durchgeführt, während die Konstruktion, Beschaffung und Montage der Motoren im Gange war.

Wie Sie aus diesem Bericht ersehen können, befinden wir uns in dem schmerzhaften Teil des Programms, in dem es darum geht, die Schwierigkeiten mit den Aluminiumgussteilen in den Kurbelgehäusen und die Langsamkeit bei der Beschaffung neuer Gussteile und deren Bearbeitung zu überwinden. Diese Langsamkeit ist natürlich auf den großen Druck der Kriegsarbeit zurückzuführen, die es schwierig macht, sowohl die richtige Art von Arbeiter als auch die verfügbaren Stunden für die Ausrüstung zu bekommen ... Ich persönlich habe mit der Aluminiumfirma zusammengearbeitet, um eine bessere Leistung bei der Lieferung von Versuchsgussteilen zu erreichen.

Natürlich sind wir neu im Flugmotorengeschäft. Ihre Triebwerksentwicklungsabteilung in Wright Field war sehr kooperativ mit uns, und sie hat eine große Erfahrung in der Beurteilung der Entwicklungstendenzen und ist zweifellos besser vorbereitet, um eine fundierte Meinung darüber zu haben, wann diese anderen Dinge begonnen werden sollten ... Ehrlich gesagt, dränge ich nicht auf diese Dinge, weil ich ein eher vorsichtiger Mensch bin und es mag, wenn ein Programm schon ziemlich weit fortgeschritten ist, bevor ich andere in Angriff nehme, die auf demselben Projekt aufbauen.

Mit freundlichen Grüßen
K. T. Keller.«[72]

Die Ähnlichkeiten zwischen dem V16-Hybridmotor von Chrysler und den deutschen V12-Motoren, die die Chrysler-Ingenieure seit Kriegsbeginn so eifrig studiert hatten, waren frappierend. Das Kurbelgehäuse war optisch identisch mit dem Jumo 211, der Lader hatte eine hydraulische Kupplung wie der DB 601, und er war hängend – wie beide. Enttäuschend war jedoch, dass Chrysler sich für die übliche Praxis des luftgekühlten Motors mit nur zwei Ventilen pro Zylinder entschieden hatte. Dies schmälerte die Leistung des flüssigkeitsgekühlten Motors, der aufgrund der niedrigeren Betriebstemperaturen mit drei oder vier Ventilen pro Zylinder eine höhere Leistungsdichte hätte erreichen können. Wie viele andere vielversprechende Motoren war auch dieser ohne zweistufigen Lader konstruiert worden, so dass bei veränderten Anforderungen eine umfangreiche Neukonstruktion erforderlich war.

Die Untersuchung des luftgekühlten BMW 801 hatte immer noch Priorität, und am 18. August 1943 schrieb Colonel H. Bogert in Wright Field an das Technical Data Laboratory der Foreign Equipment Branch, dass die Kraftstoffeinspritzung und die automatischen Steuersysteme die Bereiche seien, in denen der größte Nutzen zu finden sei, um den Auftrag zu rechtfertigen, einen kompletten BMW 801 für Tests zu finden:

»Betreff: Anfrage für BMW 801 Motor

In Zusammenarbeit mit dem Material Command initiiert die NACA ein Forschungsprogramm zur Untersuchung der Kraftstoffeinspritzung. Das Programm wird grundlegende Daten liefern, anhand derer Konstruktionskriterien festgelegt werden können.

Um den anfänglichen Fortschritt zu erleichtern, soll dem NACA Engine Research Laboratory in Cleveland der deutsche BMW 801 Motor zur Verfügung gestellt werden, der viele der neuesten Merkmale der Kraftstoffeinspritzung und der automatischen Steuerung enthält. Die Motoren DB 601 oder Jumo 211 werden für diese Studie nicht als zufriedenstellend angesehen, da sie nicht mit den Merkmalen ausgestattet sind, die für die Army Air Forces und die NACA von größtem Interesse sind.

Es wird davon ausgegangen, dass das Kraftwerk über zwei BMW 801-Motoren verfügt, jedoch wurde ein Motor demontiert, da er nicht betrieben werden konnte, und der andere wird im Rahmen eines sehr umfangreichen Programms getestet und kann für einige Zeit nicht zur Verfügung gestellt werden.

Es wird daher gebeten, alle Anstrengungen zu unternehmen, um der NACA einen betriebsbereiten BMW 801-Motor mit intakter automatischer Steuerung zu beschaffen.«[73]

Am 3. September 1943 wurde eine Zusammenfassung der Ergebnisse veröffentlicht, nachdem eine große Delegation amerikanischer Ingenieure in Wright Field zusammengekommen war, um die deutschen BMW 801-Kraftstoffeinspritzsysteme zu diskutieren.

»Der Besuch in Wright Field wurde eingeleitet, um Hintergrundinformationen über die automatische Steuereinheit des BMW 801 zu erhalten und Probleme mit automatischen Steuerungen, Kraftstoffeinspritzsystemen und Kraftstoffsystemen zu erörtern. Es wurde festgestellt, dass ein 3350-Motor derzeit nicht verfügbar ist und auch in den nächsten sechs Monaten oder vielleicht einem Jahr nicht verfügbar sein wird und dass keine Änderungen in Betracht gezogen werden können, nachdem diese Einheit in Produktion ist.

Drei BMW 801-Motoren befinden sich jetzt in Wright Field. Da jedoch keines der automatischen Steuergeräte innerhalb des nächsten Jahres verfügbar sein wird, werden Ersatzteile eines BMW 801 A-Motors verwendet, um den BMW 801 D-Motor zum Laufen zu bringen.«[74]

Die Erprobung des BMW 801-Motors war schwierig, da ohne das automatische Steuergerät die einzige Möglichkeit, den Motor zu betreiben, darin bestand, jeden Motorparameter bei jeder Motordrehzahl von Hand einzustellen: folglich waren die erzielten Ergebnisse für den realen Betrieb des BMW-Motors nicht repräsentativ. In dem Bericht wurden einige der Serviceprobleme behandelt, die bei den amerikanischen Flugzeugen mit Turbolader aufgetreten waren.

»Die derzeitige automatische Ladedruckregelung ist angemessen, obwohl eine Korrelation zwischen Turbo und Drehzahl mit der Ladedruckregelung definitiv erforderlich ist. Minneapolis-Honeywell, General Electric und Bendix haben derzeit Ladedruckregelungen in der Erprobung ... Turbos sind durch das Schließen des Waste-Gates und die Steuerung der Drehzahl durch die Drosselklappen verbrannt. Die Turboregelung sollte das Waste-Gate kontrollieren ... Das Hunting, das bei den derzeitigen Steuerungen auftritt, scheint mit der Waste-Gate-Position zusammenzuhängen. Wegen der Priorität der Testzellen wurden nur Flugtests durchgeführt. Um die Steuerung und den Betrieb des Turboladers zu überprüfen, muss ein Motoraufbau verwendet werden. Herr Reedmueller schlug vor, dass möglicherweise die Sache so eingerichtet werden könnte, dass die Steuerungen zum AERL [Flugmotor-Forschungslabor] zum Testen und Betreiben geschickt werden könnten. Dort sind sie aber durch fehlende Testeinrichtungen und eine zu geringe Priorität für Steuerungen besonders benachteiligt.

Zur Steuerung des Ladedrucks wurde eine hydraulische Kupplung mit variabler Geschwindigkeit an den Allison-Motor angepasst, die recht erfolgreich ist. Dabei handelt es sich um eine einfache Anordnung, bei der die Ölmenge in der Kupplung variiert wird, um eine Änderung der Drehzahl zu bewirken. Diese Entwicklung ist offensichtlich eine Entwicklung der American Blower Company.«[75]

Trotz der anerkennenswerten, intensiven und gut organisierten Arbeit an den feindlichen Motoren in Wright Field zeigte sich Hives am 22. September 1943 offenbar unbeeindruckt von der amerikanischen Vorgehensweise bei der Motorenentwicklung. Er schrieb:

»Reise in die USA – Allgemeine Eindrücke:
Der Eindruck, mit dem ich aus Amerika kam, war, dass sie eine Menge Hilfe brauchen.

Sie sind Meister der Effekthascherei: Sie sind sogar so gut darin, dass sie sich selbst täuschen. Ausnahmslos überall, wo ich hinkam, versuchten sie, mich mit ihren ausgeklügelten Versuchsanlagen, Höhenversuchsanlagen, Windkanälen usw. zu beeindrucken, bis ich protestieren und sagen musste, dass ich nicht daran interessiert sei, eine Menge statischer Maschinen zu sehen, die schließlich nur die Werkzeuge der Ingenieure seien; ich wollte unbedingt die Ingenieure kennen lernen, die die Anlage betreiben würden, und welche Tests sie durchführen wollten, und wie sie die Ergebnisse analysieren würden, und ob sie ihnen glauben würden, und was sie dagegen tun würden, wenn sie sie bekommen hätten. Wenn man die Probleme in diesem Zusammenhang diskutiert, stellt man einen beklagenswerten Mangel an Verständnis und klarem Denken fest. In Wright Field, dem Hauptzentrum für Motoren und Triebwerke, geben sie offen zu, dass sie weder zahlenmäßig noch qualitativ über das Personal verfügen, um die von ihnen erwartete Arbeit auch nur annähernd auszuführen. Sie haben mich sogar gebeten, meinen Einfluss in Washington geltend zu machen, um auf diese Tatsache hinzuweisen.

Ich sagte General Meiers und General Chidlaw, dass das, was man mir gezeigt hatte, in Bezug auf die technischen Fähigkeiten nicht mit uns vergleichbar war und dass ich der Meinung war, dass sie eine Menge Arbeitskräfte mit dem Bau von Versuchsanlagen verschwendeten, ohne eine Vorstellung davon zu haben, wie sie diese nutzen würden.

Ich wies darauf hin, dass das Merlin-Triebwerk fraglos das beste Höhenflugtriebwerk der Welt sei, und obwohl wir vielleicht alle sechs Monate eine Kalibrierung eines Triebwerks wünschen würden, könnten wir nicht rechtfertigen, dass wir eine Anlage für unseren eigenen Gebrauch monopolisieren.

Ich habe bei der NACA eines ihrer Testflugzeuge gesehen, bei dem sie Hunderte von Messwerten vom Motor abgenommen haben, aber es gab keine klare Vorstellung davon, was sie damit machen wollten, wenn sie die Messwerte hatten. Ich gebe zu, dass dies ein luftgekühlter Sternmotor war, über den wir nichts wissen.

Ich habe den Allison-Leuten gesagt, dass sie meiner Meinung nach eine viel bessere Fabrik haben als jede andere Fabrik, die Merlins herstellt, einschließlich Packards. Sie verfügen über eine viel bessere technische Ausrüstung als wir in Derby, aber natürlich sind sie, was das technische Personal und die Konstrukteure betrifft, nicht an uns herangetreten ... Jeder scheint über den Allison-Motor besorgt zu sein. Das gesamte Wright Field, das NACA in Cleveland, das MIT in Boston und einige andere haben den Auftrag erhalten, zu versuchen, den Allison-Motor so gut wie den Merlin zu machen.

North American war der erfrischendste Besuch, den ich in den USA gemacht habe. Sie haben sehr gute Ingenieure, die sehr kompetent sind. Wir besprachen eine Reihe von Problemen, die sie mit der ersten Serienmaschine P-51 haben. Ich habe die neue, leichtere Maschine gesehen, die meiner Einschätzung nach bis

Ende des Jahres fliegen soll. Es dürfte eine hervorragende Maschine sein.[76]

Die amerikanische Industrie und die technischen Labors wurden zweifellos durch die Methode der Einberufung von Männern für die Armee behindert … sie beklagten sich alle über den Verlust ihres ausgebildeten Personals.

Ich habe in den USA die Frage der verbesserten Brennstoffe erörtert. Dort herrscht ein Mangel an 100 Oktan-Kraftstoff, und sie müssen einige ihrer Ausbildungsmaschinen mit 91 Oktan-Kraftstoff betreiben, weshalb sie mehr 100 Oktan- als verbesserte Kraftstoffe herstellen wollen. Ich habe ihnen gesagt, dass wir mit einem verbesserten Kraftstoff fortfahren werden. Ich glaube, ich habe sie davon überzeugt, dass ihr Vorschlag, bei der nächsten Produktionsumstellung auf 140 Oktan umzusteigen, nicht weit genug geht und dass wir eine höhere Oktanzahl anstreben sollten.[150]

Wir mussten auch darauf hinweisen, dass wir durchaus verstehen konnten, dass es in den USA kein großes Interesse an einem verbesserten Kraftstoff gab, weil sie keine Motoren hatten, die ihn verwenden konnten.

E. W. Hives.«[77]

Hives war gnädig genug, zuzugeben, dass die Unterentwicklung bestimmter Aspekte von Flugmotoren in den USA zu einem nicht geringen Teil darauf zurückzuführen war, dass die amerikanische Forschungseinrichtung viele ihrer wichtigsten Mitarbeiter durch die Einberufung zum Militär verloren hatte, und nicht auf eine angebliche nationale Unterlegenheit auf dem Gebiet der Flugmotorenentwicklung. Hives verteidigte seine Firma und seine Triebwerke oft; selbst in Briefen an das britische Luftfahrtministerium konnte er bissig werden, wenn er sich bedroht fühlte oder die Bemühungen seiner Ingenieure unter Wert verkauft wurden. Doch so sehr seine Kommentare auch stören mochten, Tatsache war, dass der Merlin seit seiner Einführung jedes einzelne militärisch bedeutende alliierte Flugzeug auf dem europäischen Kriegsschauplatz angetrieben und die Leistung der Spitfire und des Lancaster-Bombers völlig verändert hatte. Seiner Behauptung, dass der Merlin das herausragende Triebwerk für den Luftkampf in großen Höhen sei, kann man kaum widersprechen. Es war sicherlich eine Ansicht, die Professor Willy Messerschmitt selbst am 2. Dezember 1942 und am 8. März 1943 gerne mit seinen Zeitgenossen in Deutschland teilte.[78,79]

Positiv für die amerikanischen Konstrukteure in Wright Field war, dass sie nach der negativen Bewertung ihrer Aktivitäten durch Hives am 25. September 1943 ein Memo über die kürzliche Landung in Sizilien erhielten. Viele deutsche Motoren waren erbeutet worden.

»An: Hauptquartier, Air Service Command,
Patterson Field

Auf einem der Flugplätze in Sizilien, der in der Nähe eines Seehafens liegt, wurde ein vielfältiges Sortiment an neuen und gebrauchten Maschinen der deutschen Luftwaffe erbeutet.

In den Rangierbahnhöfen befanden sich sechs gebrauchsfähige luftgekühlte 14-Zylinder-Sternmotoren des Typs BMW 801 D mit Kraftstoffeinspritzung, die in Kisten verpackt waren, komplett mit Zubehör für die Motoraufhängung und der Motorhaube, bereit für den schnellen Einbau in ein Flugzeug des Typs Fw 190.

Ein technischer Offizier der Dienstgruppe ließ diese Motoren zur Einlagerung auf den Flughafen bringen. Wenn die Air Force Research Division, Wright Field, die Erlaubnis erteilt, werden diese Motoren zu Test- und Forschungszwecken in die Vereinigten Staaten transportiert.

Ich glaube, dass wertvolle technische Informationen mit einem Minimum an Kosten für die Luftwaffe gewonnen werden könnten.

Ich bin überzeugt, dass die Flugzeugbauabteilung von Pratt & Whitney daran interessiert sein wird, zwei dieser Motoren für Tests und Materialstudien zu erhalten.

Emil Goric, Technischer Vertreter von P&W.«[80]

Wie der Chrysler V16-Motor gezeigt hatte, entsprachen die Gussteile einiger amerikanischer Firmen nicht den an sie gestellten Anforderungen, und am 30. September 1943 schrieben Werkstoffwissenschaftler des Battelle Memorial Institute an Wright Field, um über den DB 601 E zu sprechen:

»Wir fügen zehn Berichte über die erste Lieferung von Teilen des deutschen Mercedes-Benz DB 601 E bei … von besonderem Interesse war die für diesen Motor verwendete Kurbelwelle aus kohlenstoffarmem Stahlguss. Außerdem das Aluminium-Silizium-Kurbelgehäuse, bei dem eine mit Natrium modifizierte Legierung verwendet wurde, die die physikalische Festigkeit des Gussteils gegenüber der herkömmlichen Legierung erhöhte.«[81]

Die Deutschen, die Aluminiumlegierungen mit hohem Siliziumgehalt und geringer Wärmeausdehnung verwendeten, hatten die besten Massenproduktionsanlagen für das Gießen solcher Materialien entwickelt. In England hatte man bereits festgestellt, dass Prototypen aus dieser Legierung nicht wirtschaftlich hergestellt werden konnten, weil es keine britischen Gießereien gab, die für die Verwendung solcher Legierungen eingerichtet waren; sie waren alle an die von Deveraux bei High Duty Alloys Ltd. in der Nähe von Derby, England, entwickelten Hochkupferlegierungen gewöhnt.[82] Das Interesse der USA an England hielt an, als die US Marine am 18. Oktober 1943 Personal zur Besichtigung der Anlage in Napier schickte, um die dort erzielten Fortschritte zu begutachten.

»Naval Intelligence Section, ALUSNA.

Betreff: Bericht über den Besuch bei D. Napier and Son.

Die Fabrik in Acton dient ausschließlich der Herstellung und Montage von Versuchsflugzeugen. Sie beschäftigt etwa 5000 Ar-

Fließbandmontage für Napier-Motoren und Hawker-Flugzeugzellen.

Napier-Motoren und Hawker-Flugzeugzellen, Nahaufnahme des Motors.

beiter, von denen etwa 40 % Frauen sind. Große Teile wie Kurbelgehäuse und Zylinderblöcke werden in Acton nicht hergestellt. In der Nähe von London, einschließlich der alten Renault-Fabrik, gibt es mehrere andere Napier-Werke, in denen etwa 4000 zusätzliche Arbeitskräfte beschäftigt sind. Das Hauptproduktionswerk befindet sich in der Nähe von Liverpool (Aintree). In Acton und in den anderen Werken im Großraum London werden derzeit etwa 25 Sabre-Motoren pro Monat hergestellt. Im Werk in Liverpool liegt die Produktion jetzt bei 100 pro Monat und wird auf 200 erhöht.

Der wichtigste Motor in der Produktion ist der Sabre II, von dem etwa 1000 Exemplare hergestellt wurden ... etwa 15 Exemplare wurden vom Sabre IV gebaut, mit dem die Tempest I-Jäger ausgerüstet werden sollten. An diesem Motor wurden eine Reihe von Änderungen vorgenommen, die als Sabre V bezeichnet werden. Zu den Änderungen gehören eine Verstärkung des Propelleruntersetzungsgetriebes und des Kompressorantriebs ... Zu den Unterschieden zwischen dem Sabre II und dem V gehören folgende: Doppeleingangimpeller bei der Sabre II mit 19 Blättern auf jeder Seite. SU-Vergaser mit zwei Schwimmern beim Sabre II, Hobson-Einspritzdüsen beim Sabre V, die auf der linken Seite des Kompressors montiert sind ... Weitere Modifikationen sind die Verwendung von nitrierten Hülsen anstelle der gehonten Hülsen, die bei den frühen Mk.II-Modellen verwendet wurden. Die folgenden experimentellen Modelle existieren:

- NS 20SIM – Zweistufiger Dreigang-Lader mit Nachkühler, dieser Motor hat folgende Höchstleistungen: 2250 PS bei 4200 U/min für den Start, 1760 PS bei 4000 U/min in 32.000 ft [9754 m]
- NS44SIM – Zweistufiger Dreigang-Lader mit Ladeluftkühler und Druckkühlung. Maximale Leistung: 2500 PS bei 3900 U/min für den Start, 1985 PS bei 3900 U/min in 27.500 ft [8382 m]
- NS47SIM – Zweistufiger Dreigang-Lader mit Ladeluftkühler und Druckkühlung. Maximale Leistung: 2415 PS bei 3900 U/min beim Start, 2475 PS bei 3900 U/min in 3000 Fuß [914 m], 2000 PS bei 3900 U/min in 27.500 Fuß
  Vorbereitet von J. J. Ide, Commander USNR.«[83]

Napier hatte in den wilden Jahren Mitte der 1930er Jahre gelitten, war jetzt aber ein bedeutender Hersteller.

Zum Leidwesen von Napier hatte die Lösung der Probleme mit dem Hülsenventil – wie schon in Bristol – so viel technischen Aufwand erfordert, dass der Rest des Motors hinter den aktuellen Stand der Technik zurückfiel, vor allem der Kompressor. Die amerikanischen Besucher stellten zwar fest, dass es fortschrittliche Versionen mit verbesserten Kompressoren gab, aber es blieb einfach keine Zeit, diese zu serienreifen Motoren zu entwickeln, um sie vor Kriegsende in Betrieb zu nehmen. Andere avantgardistische Motorenentwicklungen in England wurden in den USA genau beobachtet, und im November 1943 wurde ein RAE-Bericht an Wright Field geschickt, in dem die Arbeiten am neuen Zweitaktmotor von Crecy erörtert wurden:

»Es wurde eine Untersuchung über mögliche Anwendungen des Zweitaktmotors angefordert.

Die Leistung eines typischen zweimotorigen Jagdflugzeugs, eines Langstrecken-Jagdbombers ... mit Rolls-Royce-Zweitaktmotor (Höchstleistung 200 eff. Mitteldruck, 3000 U/min) wurde berechnet und mit der eines Viertaktmotors (Merlin 14SM) verglichen.[84] Es werden auch Überlegungen zur Eignung eines Zweitaktmotors für Abfangjäger angestellt ...

Schlussfolgerungen. Der Zweitaktmotor bringt eine geringe Verbesserung der Höchstgeschwindigkeit, der Reichweite und der Startstrecke gegenüber dem 14SM. Wegen seines günstigen Kraftstoffverbrauchs im Reiseflug würde er am besten in Langstreckenjägern eingesetzt werden.«[85]

Die beiden Motoren unterschieden sich nicht im Gewicht, aber der Zweitaktmotor mit dem geringeren Hubraum erforderte einen größeren Lader, was zum Teil für das höhere Gewicht von 3450 lb gegenüber 3100 lb des Merlin-Viertaktmotors verantwortlich war. Der Geschwindigkeitszuwachs war mit einer Verbesserung von 5 – 10 mph relativ gering.

»Zweimotoriges einsitziges Jagdflugzeug. Die Höchstgeschwindigkeit mit dem Zweitaktmotor beträgt 485 mph [780,5 km/h] in 23.000 ft [7010 m], 5 mph [8 km/h] höher als mit 14SM-Motoren ... der Zweitakt verleiht der Spitfire eine höhere Höchstgeschwindigkeit als der Griffon II. Der Zweitakter verhalf der Spitfire zu einer um 17 mph [27,4 km/h] höheren Höchstgeschwindigkeit als die Griffon 61 in 31.500 ft. [9601 m] Bei 40.000 Fuß [12.912 m] betrug die Steigerung 36 mph [58 km/h] – der zusätzliche Auspuffschub des Zweitakters kam in der größeren Höhe besser zur Geltung.«[86]

Ricardo stellte fest, dass der Zweitakter bei einer Ladetemperatur von 140 °C nach dem Kompressor betrieben werden kann und somit möglicherweise ohne einen Ladeluftkühler auskommt. Die Schlussfolgerungen des Berichts sind jedoch eher ernüchternd, was solche neuen Konzepte angeht:

»Bei einer abschließenden Bewertung der Anwendungen des Rolls-Royce Zweitaktmotors ist zu bedenken, dass die Entwicklung des Zweitaktmotors gegenwärtig viel langsamer verläuft als die des Viertaktmotors. Der derzeitige Leistungsvorsprung des Zweitaktmotors kann durchaus vom Viertaktmotor aufgeholt werden, wenn der Zweitaktmotor das Fertigungsstadium erreicht.«

Die als Vergleich herangezogene Merlin-Version leistete 1960 PS bei 3000 Umdrehungen pro Minute mit 22 lb Ladedruck – die gleiche Leistung wie die bereits erwähnte RM14.S.M oder die Merlin 100-Serie. Trotz der theoretischen Vorteile des Zweitaktmotors in Bezug auf Auspuffschub und Leistungsdichte war er zu diesem Zeitpunkt einfach nicht zuverlässig oder fortschrittlich genug, um in die Massenproduktion zu gehen. Auf einen leistungsstarken Zweitakter aus England würden die amerikanischen Ingenieure nicht zählen können.

Bessere Nachrichten gab es am 27. November 1943, als es so aussah, als könnten mehrere erbeutete BMW 801 aus Sizilien nach Wright Field verschifft werden. Das Forschungszentrum schrieb an Carroll, den Leiter der technischen Abteilung der USAF:

> »Bezug nehmend auf Ihr Schreiben vom 20. November bezüglich der Verfügbarkeit von BMW-Motoren in Sizilien, wäre es äußerst wertvoll, so viele dieser Motoren wie möglich nach Wright Field zu schicken. Sie werden als Ersatzmotoren in mehreren deutschen Flugzeugen hier benötigt und auch als Testmotoren sowohl im Triebwerkslabor als auch in kommerziellen Betrieben ... die Kisten sollten außerdem mit der Aufschrift ›Captured Enemy Equipment‹ versehen werden ... Sobald diese Motoren verfügbar sind, wird der Pratt & Whitney-Vertreter von diesem Büro benachrichtigt werden.«[87]

Betriebliche Verbesserungen wurden im November 1943 vorgenommen, als P-38 mit 165-Gallonen-Flügeltanks von Großbritannien aus in Betrieb genommen wurden, obwohl »mechanische Einschränkungen ihren Nutzen beeinträchtigten.«[88] Das Fehlen automatischer Triebwerkssteuerungen, die schlechte Leistung der Ladeluftkühler und Probleme mit der Kabinenheizung beeinträchtigten weiterhin die operative Effizienz der P-38 in Europa.

Am 30. November 1943 lagen weitere metallurgische Ergebnisse zu den Motoren DB 601 E und BMW 801 aus Sizilien vor. Johnson, Leiter der Materialforschung in Wright Field, schrieb an das Battelle Memorial Institute, ein angesehenes wissenschaftliches Forschungsinstitut in den USA, das in Ohio in der Nähe von Wright Field ansässig war.

> »Wir bestätigen den Empfang von zehn Exemplaren des Berichts Nr. 5-W-Untersuchung von Teilen eines Mercedes-Benz DB 601 E-Motors ... Das Vorhandensein von 0,12 % Schwefel im Einlassventil ist bemerkenswert ... Dies ist der erste Hinweis darauf, dass ein schwefelhaltiger Stahl von den Deutschen als Material für Einlassventile verwendet wurde. Es wird interessant sein, die Ergebnisse einer Analyse der Einlassventile des BMW 801 zu erfahren, die Sie haben. Die Teile eines deutschen BMW 801-D ... sind eingegangen und werden zur Untersuchung zur Verfügung stehen.«[80]

Schwefel wird allgemein als Verunreinigung in allen mechanisch brauchbaren Edelstählen definiert, und sein einziger Verwendungszweck ist die Verbesserung der Bearbeitbarkeit von Stählen. Die Einbeziehung von Schwefel zeigte den amerikanischen Ingenieuren, dass entweder die Sauberkeit in der deutschen Fertigung nachgelassen hatte oder dass sie unter starkem Druck standen, die für die Herstellung ihrer Bauteile erforderliche Bearbeitungszeit zu verkürzen. In der Tat waren beide Hypothesen richtig.

Im Dezember 1943 begann die wichtigste Entwicklung, als die P-51 nach England geliefert wurden. Obwohl diese frühen Modelle eine geringere Bewaffnung von vier 12,7 mm-Maschinengewehren hatten, »war ihre Reichweite ohne Außentanks fast so groß wie die der P-38 mit den beiden 165-Gallonen-Flügeltanks.«[90]

Zu Beginn des Jahres, am 1. März, war die neue 363rd Fighter Group gebildet worden. Sie umfasste drei Staffeln: die 380th, 381st und 382nd. Sie begannen mit der Ausbildung, kamen aber erst im Dezember 1943 in England an, um als funktionierende Kampfeinheit eingesetzt zu werden.

> »Mit einem unterschiedlichen Maß an Überraschung und Freude erkannten die Offiziere und Männer ihr Schiff als die Queen Elizabeth ... der größte Luxusliner auf See ... am Morgen des 20. legte die Queen im Firth of Clyde (Glasgow, Schottland) an.«

Danach würde sie die lange Reise zur RAF Rivenhall antreten, und die groß angelegten US-Kampfflugzeugeinsätze über Deutschland von England aus würden bald beginnen.[91]

Deutschland

Die deutsche Herausforderung für 1943 bestand darin, die horrenden Probleme zu überwinden, die die Motorenproduktion bisher behindert hatten, und die Motorenentwicklungsprogramme wieder auf Kurs zu bringen. Der DB 605 musste zuverlässig gemacht werden, und die Vorbereitung des Jumo 213 auf die Massenproduktion war eine der wichtigsten Prioritäten. Der Jumo 213 blieb Deutschlands beste Chance für einen flüssigkeitsgekühlten V12-Flugmotor der nächsten Generation, obwohl BMW mit dem BMW 801 TJ (der turbogeladenen Version) und dem BMW 801 F (einer leistungsstärkeren Weiterentwicklung des BMW 801 D) ebenfalls sehr vielversprechende Entwicklungen vorweisen konnte.

Im Januar 1943 versuchte BMW jedoch immer noch, die Erprobungsprogramme zu organisieren, und stritt sich mit Junkers über die Lieferung der für diese neuen Motoren erforderlichen Ladeluftkühler.[92] BMW hatte festgestellt, dass der P 8035, der BMW 801 E mit Turbolader, immer noch für die Fw 190 C vorgesehen war, und der BMW 801 F sollte in einer Fw 190 A getestet werden, aber keiner der beiden Motoren war fertig und es handelte sich nur um Pläne.[93] Die vielversprechendste Anwendung des Jumo 213 war im Jagdflugzeug Fw 190 D, um Deutschlands bestes kolbengetriebenes Jagdflugzeug der letzten zwei Jahre in ein Flugzeug zu verwandeln, das in den nächsten

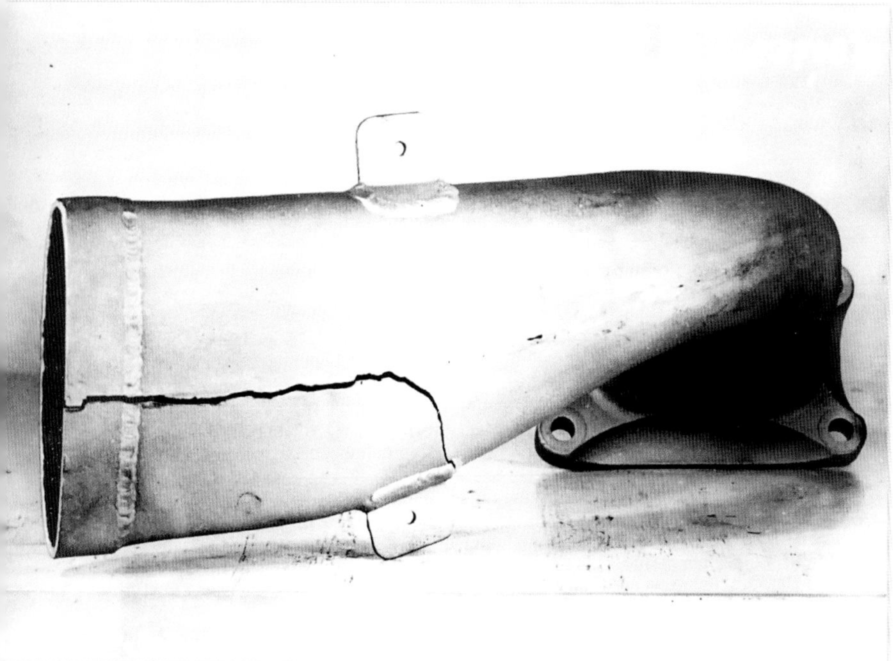

Jumo 213 Auspuffrisse – Fw 190 D.

zwei Jahren mit den besten alliierten Jägern mithalten könnte. Am 11. Januar 1943 stellte sich jedoch heraus, dass dies schwieriger sein würde als erwartet; der Prototyp der Fw 190 D litt unter Rissen im Auspuffrohr.

> »Der Test wurde mit folgenden Verdichterleistungen durchgeführt: 20 % bei Startleistung, 50 % im Steigflug und 30 % bei Reiseflugbedingungen.«[94]

Da Nickel nicht zur Verfügung stand, wurden die deutschen Auspuffrohre aus Sicromal-8 hergestellt, das überhaupt kein Nickel, sondern nur 8 % Chrom und 1 % Aluminium enthielt. Die Junkers-Ingenieure berichteten, dass sich die Risse bereits nach 10 Betriebsstunden bilden konnten, so dass die Möglichkeit bestand, dass heiße Abgase in das Innere der Motorverkleidung gelangten. Nur zwei Monate zuvor, am 8. Oktober 1942, hatten deutsche Ingenieure die neuesten Auspuffkrümmer der Spitfire getestet und die Zusammensetzung der Legierung mit 80 % Nickel, 12,6 % Chrom, 6 % Eisen, 0,67 % Kobalt, 0,28 % Mangan, 0,17 % Silizium, 0,19 % Titan und 0,02 % Kohlenstoff angegeben.[95] Diese Zusammensetzung würde heute zur Familie der Inconel-Legierungen gehören, die in vielen Hochleistungsauspuffanlagen von Motoren verwendet werden, die sich dadurch auszeichnen, dass sie fast vollständig aus Nickel bestehen und daher aus Versorgungsgründen in Deutschland zu Kriegszeiten nicht verwendet werden konnten.

Trotz dieser Schwierigkeiten wurde am 13. Februar 1942 die Möglichkeit eines großen Fortschritts gesehen, als der Jumo 213 mit einem neuen Vierventil-Zylinderkopf diskutiert wurde. In Dessau legten Dr. August Lichte und Dr. Scheibe den nächsten Entwicklungsschritt für den Motor Jumo 213 fest. Angesichts der Schwierigkeit, hochoktanigen Kraftstoff zu beschaffen, zumal ein Großteil der C3-Reserven bereits für den BMW 801 benötigt wurde, erkannten sie, dass es schwierig sein würde, den Ladedruck zu erhöhen, und dass der einzige Weg zu einer höheren Leistung darin bestand, den Motor schneller laufen zu lassen. Dies bedeutete jedoch, die Atmung durch die Ventile zu verbessern, da bei nur drei Ventilen pro Zylinder und einer weiteren Erhöhung der Kurbelwellendrehzahl diese zum begrenzenden Faktor werden würde.

Daher plante man, für den Jumo 213 einen neuen Zylinderkopf mit vier Ventilen pro Zylinder zu entwickeln.[96] Schon der Basis-Jumo 213 mit 3-Ventil-Köpfen war nun selbst extrem spät dran, und am 16. Februar 1943 standen auf der monatlichen GL-Tagung sowohl der Jumo 213 als auch die deutsche Kühlmittelzusammensetzung zur Diskussion. Eisenlohr leitete die Beratungen ein:

> » Eisenlohr: Junkers hatte in der entscheidenden Besprechung mit dem Herrn Feldmarschall optimistische Versprechungen für den 213 abgegeben. Die Entwicklung ist nicht so gelaufen, wie er damals sagte. Die Motoren, die für das Frühjahr 1942 versprochen waren, sind erst im Herbst, im Oktober, herausgekommen … Von ihnen haben 7 Motoren 100 Stundenläufe hinter sich … Schwierigkeiten sind zunächst einmal bei dem Hauptlager aufgetreten … Das Öl kam nicht richtig in die Lager … Bei den Pleuellagern waren ebenfalls noch gewisse Schwierigkeiten, weil von den Schmierlöchern aus Risse aufgetreten sind … In der Flugerprobung ist ein Motor in einer FW 190 rund 50 Stunden gelaufen.
>
> GenFeldm. Milch: Bei Junkers selbst?
>
> Eisenlohr: Nein, bei Focke-Wulf!
>
> GenFeldm. Milch: Kommt der Motor nach Rechlin?
>
> Eisenlohr: Jawohl! … Es zeigt sich …, wie auch bei anderen Motoren, dass man durch die längere Dauer der Entwicklung … immer wieder mit der eigentlichen Erprobung zu nah an den Serienanlauf herankommt.«[97]

Petersen schätzte die realistischen Liefertermine nüchtern ein:

> Petersen: »Die Lage ist nicht sehr rosig. Ich habe im Dezember mit Cambeis gesprochen und alles besprochen. Die gleiche Nachricht habe ich an Oberst Vorwald weitergegeben. Technisch ist die Lage so, wie sie der Generalingenieur [Eisenlohr] beschrieben hat. Ich habe einen Sachbearbeiter aus Rechlin mitgebracht, der nachher Einzelheiten mitteilen kann. Das Schlimmste ist, dass es noch keinen Motor für die Serie-1 gibt.
>
> In den nächsten Tagen soll eine Ju 88 eintreffen, die mit zwei Motoren ausgerüstet werden soll. Der aktuelle 213er ist aber noch nicht der endgültige Motor, sondern einer mit einem speziellen Kühler, also noch eine V-Serie [ein Prototyp]. Wir können

also erst im April mit der Lieferung der Junkers-Motoren rechnen. Wir haben den Einbau und die Erprobung in Staaken mit fünf Ju 88 möglich gemacht. Mit der Erprobung der letzten 13 Motoren plus der Motoren aus der Baureihe 1 werden wir erst Anfang Mai auf breiter Basis mit der Flugerprobung beginnen können.

Bisher wurden nur Prüfstandsversuche durchgeführt, und man kann sagen, dass das, was auf der Testseite gemacht wurde, als äußerst dünn bezeichnet werden muss.«[98]

Später begann Lorenz eine Diskussion über die aktuellen Fragen des Wasserdrucks, der Kühlmitteltemperaturen und der Kühlmittelmischungen, die sich auf die Kühlergrößen in deutschen Flugzeugen auswirkten:

»Lorenz: Vielleicht kann sich Herr Eisenlohr darüber äußern. Wir haben die Möglichkeit, von der Seite der Kühlerflüssigkeit her zu Verbesserungen zu kommen. Wir verwenden ein Gemisch von 50:50, die Engländer verwenden 70:30, und zwar 30 % Heißkühlstoff und 70 % Wasser. Trotzdem haben die Engländer etwas höhere Temperaturen im Zylindermantel. Nach ihren Angaben haben sie 3,1 Atm absolut im Ausgleichsbehälter, während wir zwischen 1,5 und 2 Atm haben. Die Industrie sollte diese Frage doch aufgreifen, selbst wenn dann der Kühler etwas schwerer wird.

Pasewaldt: Diese Frage ist an die Industrie auch gestellt. Sie soll sich eingehend damit beschäftigen. Eigenartigerweise sperrt sie sich dagegen, und die Leute sagen, dass die Heißkühlmittel nicht frostsicher genug wären. Sie sagen auch: die Mischung von 50 % Wasser und 50 % Glykol würde in keiner Weise diesen äußeren Einflüssen genügen. Die Forderung nach der Heißkühlung ist von uns wiederholt an die Industrie gestellt worden, weil wir uns bezüglich der Dimensionierung der Kühler viel davon versprechen.«[99]

Eisenlohr erläuterte als Nächstes, warum die Flugzeuge der Luftwaffe noch keine Hochtemperatur- und Hochdruckkühlsysteme eingesetzt hatten, um die Größe ihrer widerstandsverursachenden Kühler zu verringern:

»Es ist eine alte Forderung von uns, und die He 70 ist mit Erfolg geflogen. Wenn es gelingt, die Temperaturspanne zwischen Kühler und Luft zu verdoppeln, dann wird der Kühler nur ein Drittel so groß, weil die in das Kühlmittel abgeführte Wärme geringer wird und dadurch eine stärkere Verengung der Kühlergröße eintritt.

Man könnte die Kühler ganz bedeutend kleiner machen und damit den Widerstand verringern. Aber die Heißkühlung ist daran gescheitert, dass alle Betriebe stur an ihren Konstruktionen festhalten und sich nur schwer dazu bequemen, eine grundsätzlich neue Konstruktion zu wählen.

Die Engländer verwenden eine Mischung aus Wasser und Glykol, und setzen das Ganze unter einen bestimmten Druck. Wasser und Glykol in einem Mischungsverhältnis von 30:70 kocht bei 104°; unsere Mischung kocht bei 107°. Wenn man eine höhere Temperatur haben will, muss man einen höheren Druck nehmen.

Wir haben 4 Atm zugelassen. Bei den Engländern steigt dieser Druck auf etwa 6 Atm. Dieser Druck ist eine unangenehme Begleiterscheinung; denn jede kleinste Beschädigung am Kühlsystem bedeutet einen großen Schaden. Es tritt eine augenblickliche Verdampfung auf, die zu explosionsartigen Erscheinungen führen kann.

Das Gleiche lässt sich bei uns durch Erhöhung des Drucks und durch Zulassung einer höheren Temperatur erreichen.«[100]

Nur drei Monate zuvor, am 2. Dezember 1942, hatte Professor Messerschmitt an Nallinger bei Daimler-Benz geschrieben und sich darüber beschwert, dass er gezwungen sei, viel größere Kühler einzubauen als die Flugzeuge, mit denen er konkurrierte. Eisenlohr gab Nallinger selbst einen Teil der Schuld daran:

»Jetzt kommt ein zweiter Faktor hinzu. Das ist das Schmiermittel. Die Engländer haben bedeutend bessere Schmiermittel als wir, und wir leiden schon heute durch sehr starke Zersetzung unseres Öls, das sehr starken Schlamm gibt und zur Koksbildung führt. Das sind die Schwierigkeiten, die die Firmen haben, um die Steigerung der Temperatur, die wir dringlichst fordern, auch wirklich durchzuführen.

Bestimmt lässt sich aber durch eine geschicktere Konstruktion selbst bei höherer Kühlmitteltemperatur eine wenn auch nur geringe Steigung der Temperatur erzielen. Unsere Motoren sind leider noch etwas rückständig; denn sie stammen in der Grundkonstruktion aus den Jahren 1929/30.

Die Heißkühlung ist eine ständige Forderung von uns, und zwar unter Verwendung von Vollglykol und nicht in der Mischung mit Wasser. Dann dürfte erreicht werden, dass eine Dampfbildung nicht entsteht. Wenn es nach Nallinger ginge, würden wir heute noch mit Wasser fliegen.

Dann wäre es schon nicht mehr möglich, bei Null-Grad zu fliegen. Die Frage der Heißkühlung ist dringlich. Wir sind auf diesem Gebiet mit der DVL an der Arbeit. Wir müssen heute den Kühler so ausbilden, dass er beim Stand, beim Langsamflug, den Anforderungen genügt. Wir haben mit der DVL einen Kühler in Arbeit, der in seiner Drehzahl nicht mit dem Motor gekoppelt ist, sondern dessen Lüfter lediglich aus der Temperatur des Kühlers gesteuert wird. Da der Kühler die dabei noch abgebbare Wärme der Kühlerluft beimischt, dürfte es möglich sein, einen Kühlerbau zu finden, der noch einen gewissen Vortrieb erzeugt oder wenigstens seinen Widerstand zu Null macht. Er kann kleiner ausgeführt werden als heute. Der gesamte Widerstand wird dadurch schon kleiner, durch eine geschickte Ausnutzung sowohl der Wärme des Kühlers, als auch der Antriebsmaschine für den Lüfter dürfte es möglich sein, den Strahlantrieb, der hinten rauskommt, so groß zu machen, wie der Widerstand des Kühlereinbaus ist.

Der Durchschnittswiderstand des Kühlers selbst beträgt nur 10 % des Gesamtwiderstandes des Kühlereinbaus. Wenn es gelingt, den Kühlereinbau kleiner zu machen, dann werden auch die-

DB 603 Wasserströmungsanalyse mit Kunststoffmotor.

se Einbauwiderstände geringer, und dann ist es möglich, einen Kühler mit sehr viel geringerem Widerstand zu machen. Vielleicht wird er sogar zu Null. Die Arbeiten sind im Gange.«[101]

Lorenz erläuterte einige der Schritte, die zur Verbesserung der Motorkühlung unternommen wurden, darunter ein durchsichtiges Modell des Wassersystems im Inneren des DB 603, so dass man den Wasserfluss im Inneren sehen konnte. Die Pumpe war mit diesem durchsichtigen Kunststoffmodell verbunden, in dem sehr feines Aluminiumpulver im Wasser schwamm, so dass die Fließwege des Kühlmittels mit bloßem Auge zu erkennen waren. Auf diese Weise konnten die Ingenieure die Form der Wasserkanäle anpassen, um eine gleichmäßige Strömung um jeden Zylinder zu erreichen und sicherzustellen, dass die heißesten Teile um die Ventile herum schnell durchströmt wurden.

»Lorenz: Es wurde ein Modell des 603 aus durchsichtigem Kunststoff angefertigt, mit dem in den letzten Wochen Versuche durchgeführt wurden. Sowohl Nallinger als auch Berger von der DB wurde gezeigt, wie die Strömung im Kühlermantel verläuft. Ich denke, es wird eine gute, wenn auch vielleicht nicht riesige Verbesserung geben.«

Deutschland war im Wettlauf um die Verringerung des Luftwiderstands von Flugzeugen durch die Einführung von Hochdruck- und Hochtemperatur-Kühlsystemen, bei denen das thermisch effizienteste praktische Gemisch von nur 30 % Glykol verwendet wurde, ins Hintertreffen geraten. Die Probleme in den deutschen Luftfahrtprogrammen waren Göring zu Ohren gekommen, und am 18. März 1943 rief er seine technischen Leiter zu einer sechsstündigen Schimpftirade nach Carinhall. Einmal drehte er sich zu Professor Messerschmitt um und sagte ihm, was er von der Mosquito hielt, mit kaum verhohlenem Sarkasmus in Bezug auf die so genannten »primitiven« Holzmaterialien, aus denen sie bestand:

» Dieses Flugzeug müssen sich die Herren mal ansehen, damit sie wieder etwas lernen, die Primitivität dieses Flugzeuges ist erstaunlich. Auch hier sage ich: warum lange suchen? Bauen wir die Mosquito nach! Das ist das einfachste, was wir tun können.«[102]

Göring erwähnte, dass er gehört hatte, dass die Me 309 ein Fehlschlag gewesen sei, und Milch ergänzte genüsslich die Details:

» Die 309 ist abgesetzt, weil sie an Steigfähigkeit und Höhe völlig ungenügend ist, überhaupt nicht mit dem Gegner mitkommt.«[103]

Messerschmitt verteidigte sich energisch und wandte sich dann dem Mann zu, den er als Schuldigen für die mangelnde Leistung seines neuesten Flugzeugs ansah: Nallinger von Daimler-Benz.

»Darf ich zu den Motoren noch etwas sagen. Man müsste doch einmal nachprüfen, wie es den Engländern möglich war, aus einem Motor von 27 Litern – das ist der Merlin-Motor – 1600 PS herauszuholen. Ich glaube, dass wir mit der Motorentwicklung nicht richtig liegen. Wir haben viel zu große Motoren und viel zu langsam laufende. Die Engländer haben schnelllaufende und sehr viel kleinere Motoren und holen mehr raus.

Göring: Der 213 ist bei uns schneller!

Messerschmitt: Das ist eine Ausnahme. Aber ich frage mich, warum war es noch nicht möglich, dass wir aus dem 601 die Leistung herausholen, die die Engländer haben. Vielleicht sind die fixer in der Umstellung gewesen.

Nallinger: Der Merlin-Motor hat 27 Liter. Es stimmt, dass er diese Leistung herausholt. Ich darf aber betonen, dass es uns immer wichtiger erschien, auf zwei Punkte abzuheben: auf das Leistungsgewicht, also was er pro PS bietet, und auf die Stirnfläche des Motors … In großer Höhe ist unser Leistungsgewicht, abgesehen vom Merlin 61, immer besser gewesen als bei sämtlichen Rolls Royce-Motoren. Merlin 61 ist der erste Rolls Royce-Motor, der leistungsmäßig in der Höhe besser liegt als unser bisheriger Motor. Dafür kommt bei uns der 628, der noch in der Entwicklung ist. Wenn der Merlin 61 mit den Daten, die wir bis jetzt für den 628 haben, verglichen wird, ist der 628 höher, aber er ist im Augenblick erst im Versuchsstadium.«[104]

Nallinger weiter:

»Wenn ich allgemein über die Motorenentwicklung noch kurz etwas sagen darf: Wir haben in den letzten Jahren vor allem folgende Muster entwickelt: 605, 601 und 603, der ein neuer Motor ist auf größerer Basis. Wir hatten eine Reihe von Varianten von diesem Motor in der Entwicklung und in der Konstruktion. Da ist nun dankenswerterweise durch das Technische Amt eine Vereinfachung vorgenommen worden. Wir sind auf gewisse Entwicklungen jetzt festgelegt, so dass die Vielzahl der Entwicklungen, die gar nicht mehr zu beherrschen gewesen wäre, damit beseitigt ist. Wir haben die beiden Motoren 605 und 603 noch in der Entwicklung. 605 ist der ausgebaute 628 und der 603 der ausgebaute 627. Darüber hinaus bleibt uns allerdings derzeit keine Kapazität, vor allem in der Werkstätte.«[105]

1943 war es nicht nur Göring, der die Vorzüge der Mosquito anpries; ihre Leistung wurde in regelmäßigen Abständen erhöht, da die Leistung der Merlin-Motoren gestiegen war. Die Mosquito V war nun mit dem zweistufigen Merlin 61 ausgestattet, der für einen Ladedruck von 18 psi [1,24 bar] zugelassen war, und erreichte mit ihrem Merlin, der auf eine Reiseflughöhe von 30.000 Fuß [9144 m] eingestellt war und 2000 lb Bombenlast trug, 350 mph [563 km/h].[106] Ohne Bomben überschritt sie leicht 410 mph [660 km/h]. Mit dem gleichen Triebwerk erreichte die Mosquito praktisch die gleiche Geschwindigkeit wie die Spitfire IX und übertraf sie in puncto Reichweite und Vielseitigkeit bei weitem. Bei schnellen Steigflügen und im Luftkampf war die Spitfire IX überragend – aber praktisch jede andere Aufgabe, von der Fotoaufklärung über die Schiffsabwehr und Präzisionsbombardements bis hin zu heimlichen Angriffen in Baumwipfelhöhe unter dem Radar oder der Wegfindung, konnte die Mosquito erfüllen.

Die Fluggeschwindigkeit einiger Modelle übertraf sogar die der neuesten Messerschmitt Bf 109 G. Kein anderes alliiertes Flugzeug wird in der RLM-Korrespondenz so oft erwähnt. Die Mosquito war auch das einzige alliierte Flugzeug, dem ein eigener Konferenzpunkt gewidmet wurde, wenn auch nur, um zu sagen, dass es erfolgreich abgeschossen wurde (z. B. am 14. Dezember 1943 von Kapitän Meurer in einer Junkers 88 unter Verwendung von Lachgas).

Die GL-Konferenz zeigte eine Gruppe von Männern, die alle versuchten, sich gegenseitig die Schuld für diese Situation zuzuschieben. Letztendlich war Messerschmitt vielleicht am wenigsten schuld, da seine neuen Flugzeuge nacheinander von unzuverlässigen und leistungsschwachen Motoren im Stich gelassen worden waren. Zuerst musste der DB 601 N, der die späten Bf 109 E und Bf 109 F aufbessern sollte, zurückgezogen werden, weil das Öl durch den neuen C3-Kraftstoff verdünnt worden war, dann wurden dem DB 601 E und dem DB 605 aufgrund einer fatalen Fehleinschätzung, bei der es versäumt wurde, die Auslassventile ausreichend mit Nickel zu versorgen, die Notstromversorgung entzogen. Milch und Nallinger diskutierten gerne über die Leistung von Motoren wie dem DB 628, die zwar fortschrittlich und interessant waren, aber als serienreife Triebwerke für Flugzeughersteller wie Messerschmitt einfach nicht in Frage kamen.

Bei der Geheimdienstbesprechung von Dietrich Schwenke am 23. März 1943 standen erneut die Motortemperatur und die Kühlergröße im Vergleich zu denen von den Alliierten verwendeten Motoren im Mittelpunkt. Auch die befürchtete Weiterentwicklung der Mosquito war endlich eingetreten – man hatte ein Exemplar entdeckt, das mit den neuen zweistufig aufgeladenen Merlin 61-Motoren ausgestattet war.[107] Eisenlohr versuchte, das Thema zu beschönigen, aber Milch ließ sich nicht beirren:

»Schwenke: Kurz möchte ich die neuen Motormodelle erwähnen, die noch nicht im Detail beschrieben werden können, Merlin 22 aus einer Halifax, hat im Vergleich zum Merlin 20 abnehmbare Zylinderköpfe wie der Merlin 61. Sie scheinen sich allgemein bewährt zu haben. Die Heißkühlertemperatur soll auf 140 ° erhöht sein…

Milch: 140 ° ist die Temperatur der Kühlung um die Zylinder?

Schwenke: Die Kühlungsverhältnisse bei der Spitfire sind überhaupt interessant. Ich habe darüber eine eingehende Ausarbeitung machen lassen.«[108]

Milch, der die neue höhere maximale Kühlsystemtemperatur von 140°, die die Briten nun verwendeten, aufgriff, nutzte den Moment, um Eisenlohr noch einmal darauf anzusprechen:

»GenFeldm. Milch: Warum ist die Sache der Heißkühlung bei uns ins Hintertreffen geraten?

Eisenlohr: Sie war vorhanden beim BMW VI. Das war möglich, weil der Zylinder sehr viel niedriger belastet wurde. Es war ein größerer Wasserweg, so dass es nötig war, die Kühlerdurchlässe zu vergrößern.

Bei den modernen Motoren, die außerordentlich enge Wasserkanäle haben, muss man gusstechnische Rücksichten nehmen, um die Ventilführung usw. unterbringen zu können. Das ist mit Verengungen der Kühlmittelräume verbunden, so dass der notwendige Kühlmittelfluss nicht mehr vorhanden ist. Sowohl bei Junkers als bei Daimler-Benz ist es trotz der immer wieder erhobenen scharfen Forderung, die Heißkühlung einzuführen, bisher nicht gelungen, einen Zylinderkopf zu machen, der die Heißkühlung verträgt. Es tritt immer an gewissen Stellen eine partielle Verdampfung auf, der Motor geht kaputt. Aussichten bietet erst wieder der Flachschiebermotor, den wir bei Daimler-Benz immer wieder forciert haben, der aber aus Kapazitätsmangel nicht vorwärtsgekommen ist. Er bietet mehr Möglichkeiten als der alte, weil wir nicht den Raum oben haben.

(GenFeldm. Milch: Der Engländer schafft es doch bei seinem Motor!)

Werner: Ich habe auch Heißluftkühlung bei meinem Rennwagen mit Druck gehabt.

Eisenlohr: Die Engländer schaffen es auch nur – sie hatten Glykolkühlung – indem sie zurückgegangen sind auf Wasser-Glykol mit mehr Wasseranteil, als wir heute haben. Das Wasser hat aber einen hohen Druck, es hat bei 140 Grad 6 Atm. Wenn man den Wasserdruck hinzu bringt, dann bekommt man über 6 Atm. Ich halte den hohen Druck in vieler Beziehung für unangenehm, da aus jeder kleinen Undichtigkeit sofort kleine Dampftürme steigen, und jede Beschädigung gibt sofort zu explosionsartigen Erscheinungen Anlass. Trotzdem ist auch in Deutschland das Wasser unter Druck zurzeit in Gebrauch, aber bei Temperaturen, die um 115 Grad liegen. Die Engländer haben das bis vor kurzem auch anerkannt. Sie machen aber heute wieder Temperaturen von 140 Grad, allerdings, soweit ich orientiert bin, nur für ganz kurzzeitigen Betrieb, das heißt, wenn besondere Not an Mann ist, im Angriff oder in der Verteidigung. Dann macht er die Kühlerklappe zu und lässt die Temperatur auf 140 Grad steigen für kurze Zeit. Im längeren Betrieb haben auch die Engländer nur 120 Grad …

GenFeldm. Milch: Wenn es planmäßig ausgeführt wird, würde man darauf hinkommen. Wenn er normal fährt, kommt man auf ein Drittel der Kühlergröße. Man hat zwei Drittel des Widerstandes des Kühlers beseitigt. Das ist geschwindigkeitsmäßig bei unseren Maschinen eine gewaltige Sache. Ich stelle mir bei unseren Jägern 80 km/h vor.

Eisenlohr: Das ist nicht ganz der Fall. Ohne Kühler macht es ungefähr 45 km/h.«[109]

Um die Leistung der Flugzeuge in großen Höhen weiter zu steigern, arbeiteten die DVL und Daimler-Benz 1943 intensiv. Im März hatten sie eine erfolgreiche Prüfstandsuntersuchung des DB 601-Motors mit TK9-Abgasturbinenaufladung abgeschlossen.[110] In den Schlussfolgerungen heißt es, dass der Test über Hunderte von Stunden hinweg vollkommen erfolgreich war. Der Zeitpunkt der Entwicklung war in gewisser Weise unerklärlich, da ähnliche Forschungen bereits 1939 durchgeführt worden waren, was die Lücke in der deutschen Triebwerksentwicklung verdeutlicht, die entstanden war.

Der DVL-Bericht schloss mit den folgenden Worten:

»In mehr als 100 Mess- und Betriebsstunden wurden die Leistungs- und Verbrauchswerte der DVL-Abgasturbomotoren DB 601 A mit DVL-TK9A und DB 601 AE mit DVL-TK9AC unter Volllastbedingungen gemessen. Es konnten keine negativen Auswirkungen auf den Motor durch den Einsatz des Abgasturboladers im Betrieb oder in der Nachtestdemontage festgestellt werden.«[111]

Das Grundkonzept dieses Kompressors war identisch mit demjenigen, den Rolls-Royce acht Monate zuvor, am 28. Juli 1942, mit der Spitfire Mk.IX erfolgreich in Betrieb genommen hatte. Der Unterschied bestand in der Art des Antriebs des Kompressors; die Merlin 61-Serie behielt das bewährte Zweigang-Getriebe bei, während die DB und die DVL eine fortschrittlichere Technologie einführten, indem sie das System mit den Abgasen antrieben. Die Kompressoren der ersten und zweiten Stufe sind in Vollmantelausführung gefertigt, die sich bereits einige Jahre vor Kriegsausbruch als absolut effizient erwiesen hatte.

Am 26. März reiste Werner von der Nüll nach Rechlin, um an einer von Milch geleiteten Besprechung über Höhenjäger teilzunehmen, und es herrschte Chaos, als von der Nüll alle möglichen Varianten von Höhenjagdtriebwerken aufzählte, aber schließlich zum Schluss kam:

»Zusammenfassend ist das Ergebnis, dass die 109-605 mit GM1 terminlich allen anderen Lösungen weit überlegen ist, was Steig- und Gefechtsleistung und Einführung der Serienproduktion … 250 Sätze sind bereits bestellt … wir fordern, dass die 109 G-5 serienmäßig mit 20-Minuten-GM1 ausgeliefert wird.«[112]

Messerschmitt beschwerte sich, dass der einzige DB 628-Motor, der ihm zur Verfügung gestellt wurde, eine schlecht gemachte

Attrappe war. Eisenlohr stimmte mit von der Nüll überein und erklärte:

> »Wir fordern, dass ... die gesamte Baureihe 109 auf GM1- und Methanol-Ausrüstung umgestellt wird. Der Methanolverbrauch wird für Motoren im heutigen Entwicklungsstadium mit 390 kg pro Stunde für 801 und 150 kg pro Stunde für 605 angegeben.«

Galland erklärte mit Blick auf die prognostizierten Leistungen der Me 209 lapidar, dass die Leistungsangaben »nicht von Interesse sein können«. Messerschmitt entgegnete, dass man von ihm verlangt habe, 200 kg Panzerung in das winzige Jagdflugzeug einzubauen, und dass der Motor, den man ihm gegeben habe, nicht annähernd so stark sei wie versprochen. Seine Beschwerden wurden von Milch bestätigt:

> » Es wird vom Staatssekretär auf Anfrage Lucht bestätigt, dass die Engländer bereits mit 2200 PS in Jagdflugzeugen fliegen. (Griffin-Spitfire, Sabre-Taifung [sic]). Dem Staatssekretär wird eindeutig klargemacht, dass mit Motorleistungen von 1450 bzw. 1650 PS, noch dazu bei den hohen neu geforderten Zuleitungen an Waffen, Panzerung usw., die Konkurrenzfähigkeit mit den feindlichen Jägern nicht aufrechterhalten werden kann. Der Staatssekretär verlangt daraufhin unbedingt, schärfste nochmalige Nachprüfung aller Gewichte und Besprechungen mit der Firma Daimler-Benz seitens des Amtes und der Firma Messerschmitt mit dem Ziele einer schnelleren Leistungssteigerung der 603 und 605 Motoren.« [113]

Am 29. März 1943 stellte Werner von der Nüll seinen Bericht über die Leistungssteigerung des neuen BMW 801 F-Motors fertig. [114]

Beim RLM am 3. April 1943 wurde das turboaufgeladene Jagdflugzeug Fw 190 nicht gerade begeistert aufgenommen. Der Einbau der sperrigen Verrohrung, der Kühlanlage und des Turboladers hatte die Form des Jägers stark beeinträchtigt.

> »Fw 190 mit DB 603 A und TK 11 ist in geringerer Höhe an Geschwindigkeit erheblich unterlegen. Der Versuchseinbau (›Känguruh‹) ist aerodynamisch unbefriedigend. Eine günstigere Lösung (vgl. Einbau hinten im Rumpf bei Republic Thunderbolt) würde ... einen völlig untragbaren Aufwand machen.« [115]

Die dem Bericht beigefügte Vergleichstabelle für Höhenjäger verhieß nichts Gutes für eines der fortschrittlichen Konzepte mit Turboladern oder zweistufigen Aufladevorrichtungen. Die turbogeladene Fw 190 hatte eine um 800 m niedrigere Flughöhe als eine Standard-Bf 109 G, die mit einem DB 605 D und GM1 ausgerüstet war und mit GM1 eine Höhe von 13,2 km [43.500 ft] erreichen konnte. Die gleiche Bf 109 G konnte auch 1 km höher steigen als die Bf 109 mit dem zweistufig aufgeladenen DB 628 Motor und ihre Höchstgeschwindigkeit von 426 mph erreichen.

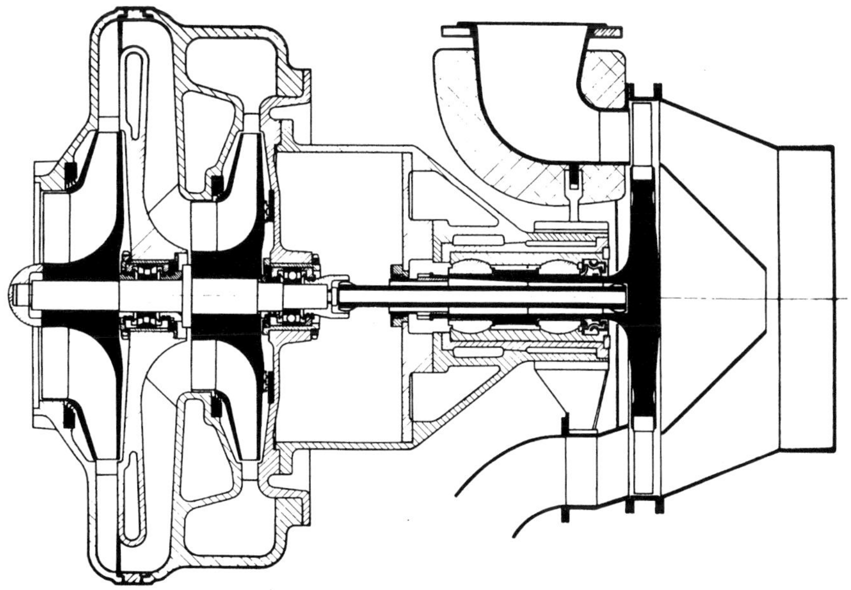

DB 601 AE, März 1943. Querschnitt der TK9 für zweistufige Turboaufladung.

Während die Turbolader-Konstruktion ohne erkennbaren Plan für den möglichen Einsatz solcher Aufladeaggregate weiterlief, trieb Daimler-Benz die Entwicklung des völlig neuen Motors DB 609 V16 weiter voran. Auf Luchts Anfrage hin schreibt das RLM am 10. April 1943 an Nallinger und ordnet die Einstellung des Projekts an:

> »Die Erfordernisse des Krieges zwingen auch auf dem Gebiete der Entwicklung zur schärfsten Zusammenfassung aller Kräfte. Hierdurch ist es notwendig geworden, auch die laufenden Entwicklungsvorhaben nach diesen Bedürfnissen auszurichten. Der Staatssekretär der Luftfahrt und General-Inspekteur der Luftwaffe, Generalfeldmarschall Milch, hat deshalb angeordnet, dass die bei Ihnen in Entwicklung befindlichen Motorenmuster DB 609 und DB 630 vom Entwicklungsvorhaben zu streichen sind.
>
> Sie werden hiermit aufgefordert, sämtliche Arbeiten an den genannten Mustern sofort einzustellen. Die bereits angelaufenen Kosten sind abzurechnen.
>
> Die durch den Ausfall der o. a. Entwicklungsarbeiten frei werdenden Kräfte sind zur beschleunigten Durchführung der zurzeit bei Ihnen laufenden Entwicklungsaufgaben an den Motorenmustern DB 605 und DB 603 einzusetzen.« [116]

Um hohe Leistungen zu ermöglichen, mussten die Hauptlager des DB 609 als Wälzlager ausgeführt werden. Die Schwierigkeiten bei der Entwicklung von Schalenlagern in Deutsch-

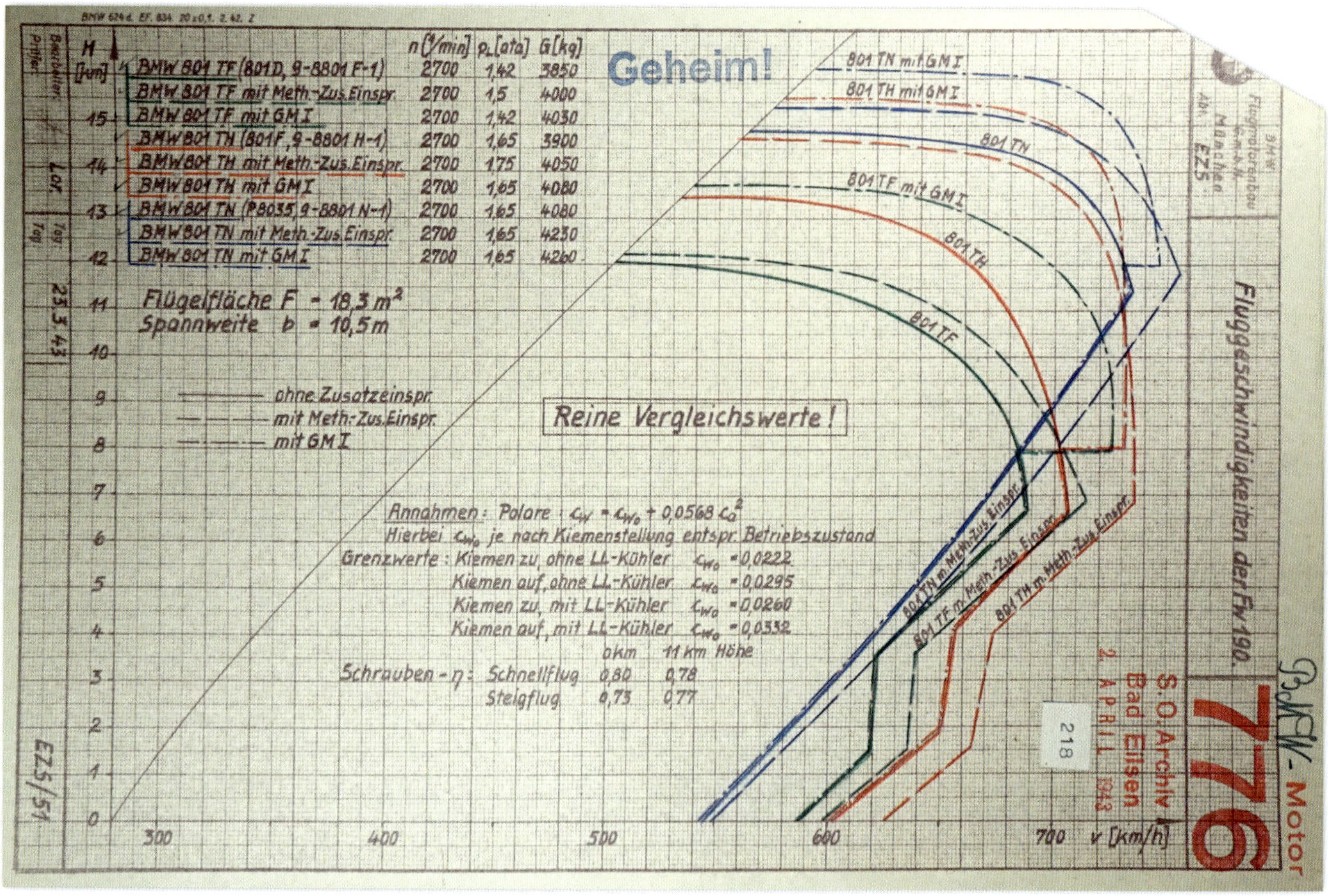

BMW 801 Leistungsdiagramme in Fw 190: TN = P8055, TF = 801 D + GM1 + MW50, F = 801 TH.

DB 603 in der Fw 190 Langnase »Känguru« mit TK11-Turbolader, Seitenansicht.

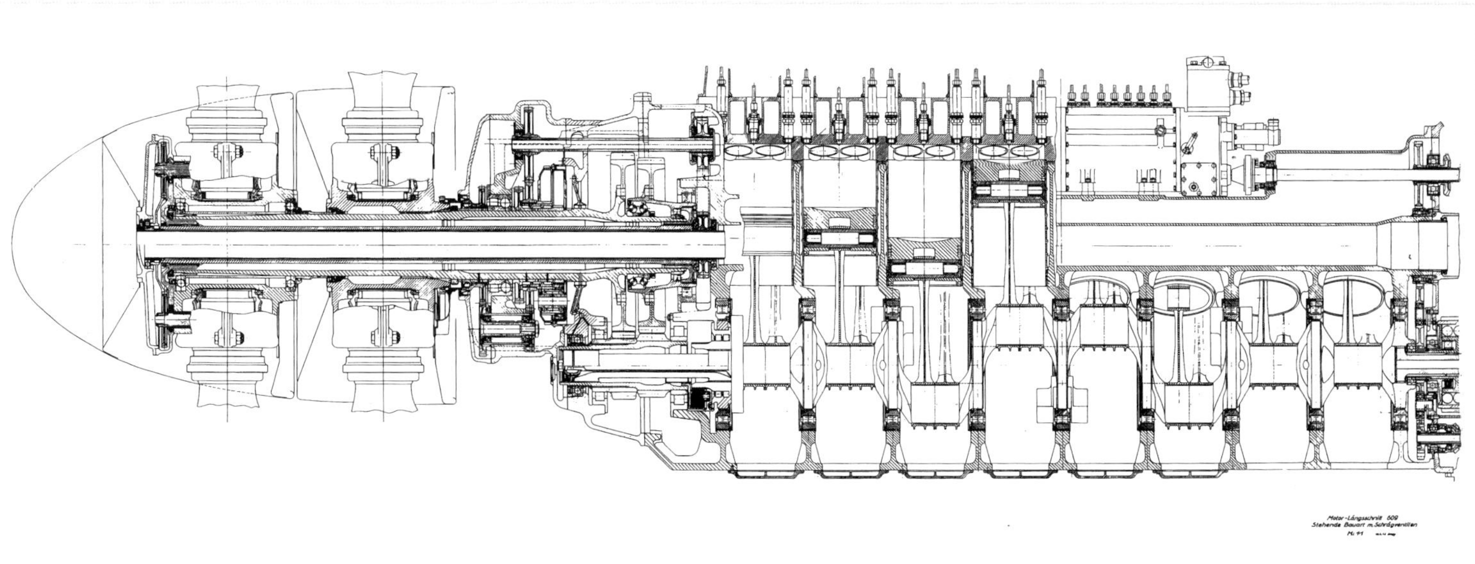

DB 609: Motorlängsschnittzeichnung.

land führten dazu, dass normale Schalenlager eine starke Leistungseinschränkung darstellen würden. Um den Motor so kurz wie möglich zu halten, mussten Lager eingebaut werden, deren Durchmesser fast so groß war wie die Kurbelwelle selbst war. Außerdem wurde die gesamte Struktur des Motors nach den neuesten Erkenntnissen modifiziert, mit nassen Laufbuchsen, dem Verzicht auf das traditionelle Daimler-Schraubbuchsen-System und einem deutlich verbesserten Brennraum. Der neue Brennraum verfügte über zwei senkrecht in der Mitte des Zylinders angeordnete Zündkerzen – wie beim Jumo 213 – und eine zentral angeordnete Einspritzdüse.

Obwohl er viel zu spät entwickelt wurde, um noch zuverlässig eingesetzt werden zu können, wies dieser Motor zahlreiche fortschrittliche Konstruktionsmerkmale auf, die sich zu einem früheren Zeitpunkt des Krieges als vorteilhaft hätten erweisen können. Für den Betrieb des DB 609 wäre hochoktaniger C3-Kraftstoff erforderlich gewesen, doch die Produktionsmengen dieses Kraftstoffs waren noch gering. Am 28. April 1943 wurde ein aktueller Versuch diskutiert, die Liefermenge von C3 zu erhöhen:

> »Die gesteigerte Produktion von hochqualitativem Treibstoff im Jahre 1943 verringert die Produktion von normalem Treibstoff um weniger als 3 %, sie soll daher durch den DHD [Dehydrierung] durchgeführt werden, was bedeutet, dass sie über Leuna und dann Heydebreck und Blechhammer läuft.«[117]

Das vorgeschlagene Programm für die Produktion der DHD (Dehydrierung), die für die Herstellung von C3-Kraftstoff und nicht nur von B4-Kraftstoff erforderlich war, zeigte, dass 1943 35 % C3-Kraftstoff produziert werden sollte, 1944 sollte dieser Anteil auf 65 % und 1945 auf 80 % C3 erhöht werden. Dies war

Daimler-Benz TK9 Turbolader: Vorder- und Rückansicht.

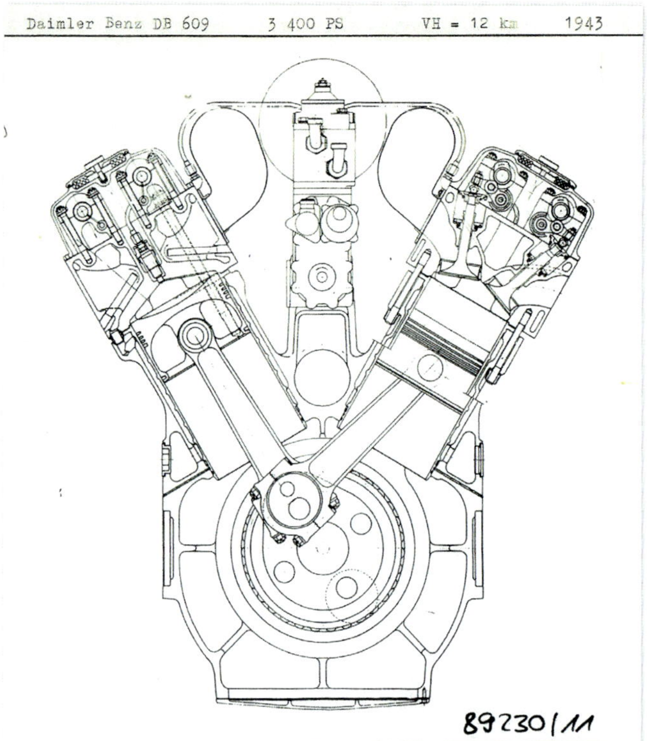

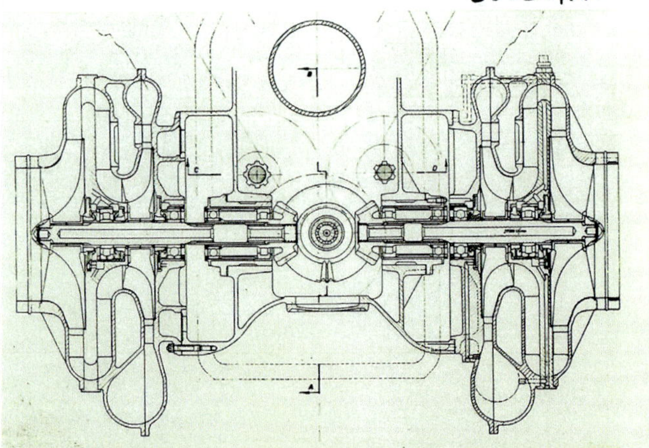

DB 609 und Kompressor: Seitlicher Querschnitt.

etwa drei Jahre zu spät, stellte aber nun eine panikartige Maßnahme der Entwicklungsbemühungen in letzter Minute dar. Der Dehydrierungsprozess konnte nur in einigen wenigen synthetischen Raffinerien durchgeführt werden, die in dem Bericht genannt wurden. Dies machte die deutsche Treibstoffindustrie außerordentlich empfindlich gegenüber Bombenangriffen, da ein Treffer auf eine oder zwei dieser Anlagen, in denen die Dehydrierung durchgeführt wurde, die gesamte Produktion von hochoktanigem Treibstoff lahmlegen konnte.

Obwohl seit 1942 am Einbau der Motoren Jumo 213 und DB 603 in den Rumpf der Fw 190 gearbeitet wurde, waren die Versuche erfolglos geblieben. Keines der beiden Triebwerke stand in zuverlässiger Form ab Werk zur Verfügung, und stattdessen wurden große Anstrengungen unternommen, die Fw 190 mit Turboladern auszustatten. Ebenfalls ohne Erfolg. Tank konzentrierte sich daher auf eine stark modifizierte Fw 190, die entweder mit DB 603- oder Jumo 213-Motoren ausgestattet wurde und praktisch ein neues Jagdflugzeug darstellte. Am 5. Mai wurde der erste Satz von Focke-Wulf-Zeichnungen für das Jagdflugzeug Fw 190 Ra 4 (D) erstellt.[118] Zwei Monate später wurde das Flugzeug (wahrscheinlich wegen des Umfangs der Neukonstruktion und der damit verbundenen Inkompatibilität mit den vorhandenen Teilen) in Ta 153 umbenannt.[119] Zwei Wochen später wurden die Zeichnungen des Flugzeugs mit dem Vermerk »Ta 153« neu herausgegeben und zeigten eine identische Form der Zelle wie auf den Zeichnungen vor der Umbenennung. Die Ta 153 war also die offizielle Bezeichnung für die aktuellen Pläne der Fw 190 D, bevor sie als ausreichend verschieden von der 190 angesehen wurde, um eine völlig neue Bezeichnung zu rechtfertigen.

Am 11. Mai 1943 veröffentlichte BMW Leistungskurven für die Motoren BMW 801 D und 801 E, die die neuesten Leis-

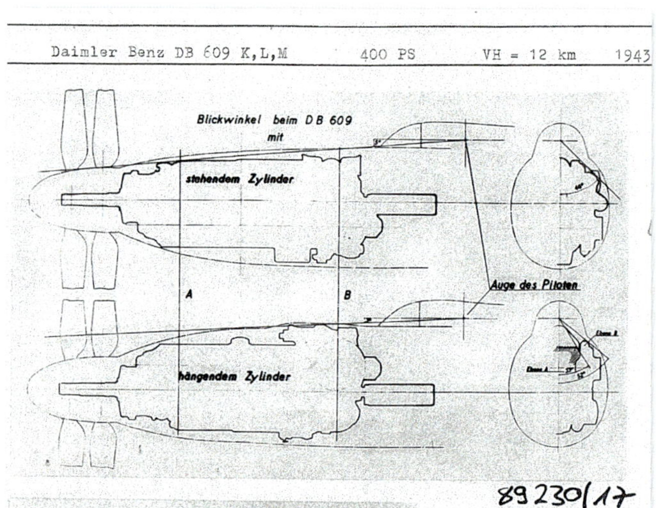

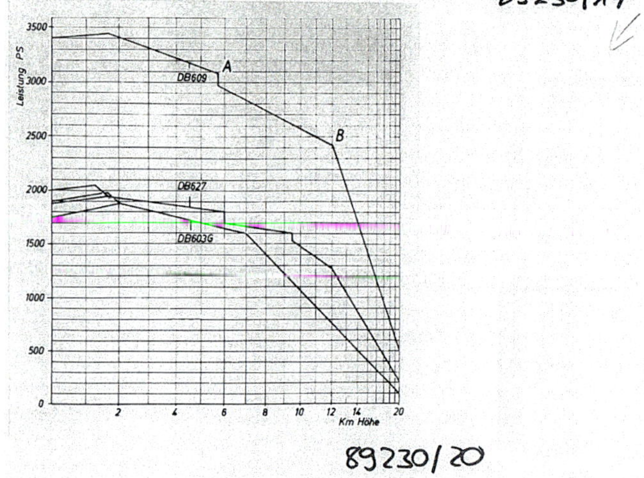

Leistungskurven des DB 609 und vorgeschlagene Jägerinstallation.

tungssteigerungen zeigten, die mit Lachgas- und Methanol-Wassereinspritzung möglich waren. 1943 waren solche kurzzeitigen Aufputschmittel für die meisten deutschen Motorenkonstrukteure die einzig logische Antwort, da eine Leistungssteigerung durch Ventile mit unzureichender Korrosionsbeständigkeit und Lagerbelastungsproblemen effektiv begrenzt war.[120]

Bei der BMW 801-Baureihe bis zur E-Version war der Kraftstoffdurchfluss durch die 14 Haupteinspritzdüsen begrenzt, da die Kraftstoffpumpe ihre maximale Fördermenge erreicht hatte. Um mehr Leistung zu erzielen, ohne das Einspritzsystem völlig neu zu konstruieren, wurde eine separate Einspritzdüse mit einer eigenen Niederdruckpumpe verwendet, die in das Kompressorauge zeigte, um den Hauptkraftstoffstrom durch eine »15. Einspritzdüse« zu stärken. Dies brachte auch einige Vorteile für den Wirkungsgrad des Kompressors mit sich, wie sie auch beim Merlin erreicht wurden. Der BMW 801 E konnte jedoch auch ohne Einspritzung in den Lader mit hoher Leistung betrieben werden, da das Einspritzsystem stark überarbeitet worden war, um einen ausreichenden Kraftstofffluss allein durch die 14 Haupteinspritzdüsen zu gewährleisten. So brauchte dem 801 E kein C3-Kraftstoff in den Kompressor eingespritzt zu werden, um die Grundleistung des Motors auf das gewünschte Niveau zu erhöhen. Stattdessen wurde die »15. Einspritzdüse« verwendet, um MW50 in den Kompressor einzuspritzen, um unterhalb der Nennhöhe zusätzlichen Schub zu erzeugen und auf GM1 umzuschalten für die Leistung in großen Höhen.

Während die deutschen Konstrukteure nur auf mehr C3-Treibstoff und mehr Nickelvorräte hoffen konnten, kamen Schwenkes Geheimdienstberichte immer wieder. Am 25. Mai 1943 wurde sein Bericht »Neu aufgetretene feindliche Flugmotoren«[121] veröffentlicht:

Darin wurde die Hauptänderung in der neuesten Merlin-Familie hervorgehoben – die Einführung des zweiteiligen Blocks. Der zweiteilige Block war für hohe Aufladedrücke erforderlich, da sich herausstellte, dass die Dichtung an der Oberseite der Auskleidung bei dem einteiligen Block nicht mehr dicht war. Der zweiteilige Block klemmte stattdessen einen Zylinderkopfdeckel zwischen die Deckfläche und die Feuerfläche des oberen Kopfes, was sich bei höherem Ladedruck als wesentlich zufriedenstellender erwies. Kollmann, der bei Daimler-Benz in der Hierarchie aufstieg, begann mit einer Studie zur völligen Neukonstruktion des DB 603-Motors. Eine Idee, die er dabei in Betracht zog, war das Merlin-Hut-Buchse-Schema.

Wie für deutsche technische Aufklärungsberichte typisch, die nicht von den Firmen selbst, sondern vom RLM erstellt wurden, enthielten sie Datentabellen und Fotos, ohne den Versuch, über die Gründe für die Konstruktionsänderungen zu spekulieren oder Hinweise darauf zu geben, welche Konstruktionsaspekte nachahmenswert erschienen. Die Berichte waren

Holzmodell des Jumo 213 für Verwendung beim Entwerfen der neuen Fw 190.

bestenfalls Hochglanzbroschüren über alliierte Entwicklungen, keine wirklichen Ingenieurberichte, die den deutschen Triebwerkskonstrukteuren ernsthaft von unmittelbarem Nutzen gewesen wären. Immerhin hatte Schwenke in den Leistungsdiagrammen des Merlin-Motors vermerkt, dass der Merlin nun zumindest kurzzeitig mit einer Kühlmitteltemperatur von

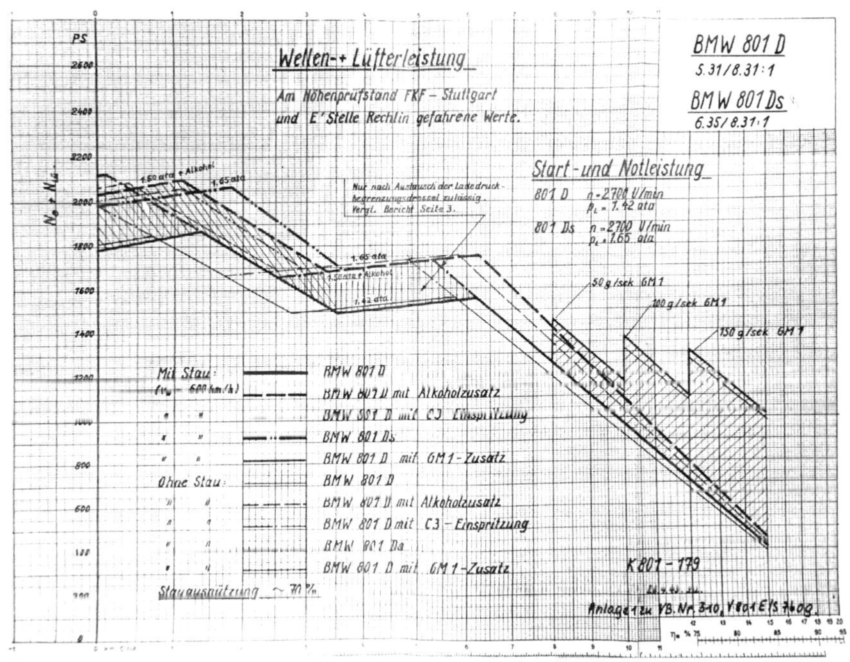

BMW 801 D Leistungsdiagramm. Vergleich mit C3-Kraftstoff, Alkoholeinspritzung und Lachgaseinspritzung.«[122]

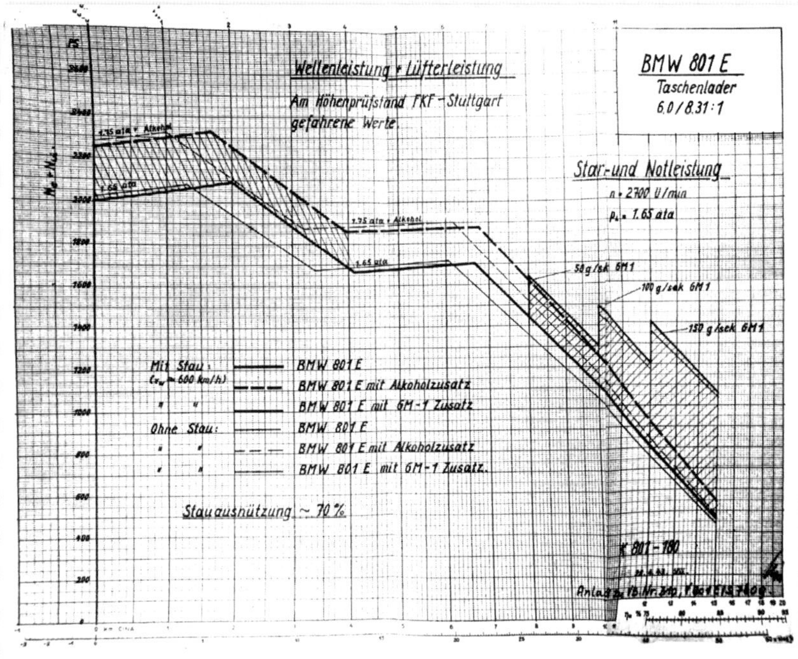

BMW 801 E Leistungsdiagramm. Vergleich mit Alkoholeinspritzung & GM1-Einspritzung.[123]

135 °C betrieben werden konnte. Auf jeden Fall hatten die deutschen Konstrukteure schon genug Probleme damit, ihre eigenen Triebwerke in Gang zu halten. Am 18. Mai 1943 schienen die Probleme des DB 605 noch immer nicht gelöst zu sein:

»GenFeldm. Milch: Dann kommen wir zur Motorenseite! Dazu Folgendes! Ich habe große Sorge wegen des 605. Ich bin jetzt gerade bei einigen Frontstellen gewesen und habe feststellen können, dass die Meinung an der Front über den 605 sehr bösartig ist. Man hat mir eine Liste gegeben und gesagt: am Soundsovielten habt ihr durch eure Schuld die und die Besatzungen in den Tod geführt, und Soundsovielten die und die usw. Der Motor gilt … in keiner Weise als wirklich in Ordnung und sicher. Es ist die leidige Lagerungsfrage, die die Pleuelfrage im Gefolge hat … Ich habe eine Aufstellung von den Nachtjägern, aus der hervorgeht, dass ihnen ein paar Ritterkreuzträger gefallen sind und das sogar Streib aussteigen musste, der erst im letzten Augenblick nach ein paar tausend Meter Fall freigekommen ist. Das alles macht mir unerhörte Sorgen. Es geht schon längere Zeit so. Zum Beispiel war es in Afrika mit Marseille schon dasselbe. Es besteht eine große Vertrauenskrise deshalb hinsichtlich dieses Motors, und zwar sowohl in bezug auf seinen Einbau in die 109, als auch in die 110 …

Eisenlohr: Bei den Kolben sind Schwierigkeiten in der Erprobung fast nicht aufgetreten. Dagegen sehen wir jetzt bei den einlaufenden Reparaturmotoren, dass bei ihnen mindestens 30 % Kolbenschäden vorhanden sind … Allerdings wird das zum Teil damit zusammenhängen, dass die Fertigung der Zündkerzen, und zwar insbesondere bei Bosch, nachgelassen hat, und undichte Zündkerzen bringen sehr bald und leicht einen schweren Kolbenschaden mit sich …

Ein weiterer Punkt ist die Ölundichtigkeit. Die deutschen Motore sind dadurch, dass wir so schlechtes Dichtmaterial verarbeiten müssen, leider Gottes allgemein undichter, als es die ausländischen Motoren sind … sowohl bei der 109 als auch bei der 110 [ist] beschleunigt die Einführung der Schleuder zu betreiben.

GenFeldm. Milch: Ist die Schleuder konstruktiv fertig?

Eisenlohr: Eigentlich ist sie noch nicht fertig … Aber es ist besser, die Ölschleuder in ihrer jetzigen Form zu nehmen, als gar keine zu benutzen …

Cuno: Bei der Erprobung des 605 seit nunmehr über 1 Jahr zeigten sich folgende Hauptschäden. Zunächst trat im Sommer des letzten Jahres eine starke Zunahme von Kolbenbrennern ein. Die wurden durch konstruktive Maßnahmen am Kolben behoben, und zwar durch die Verstromung der Ventile … Die Erprobung im letzten Spätsommer und dann im Herbst, die immer weiter lief, zeigte nun eine starke Zunahme an Grundlageschäden, so dass die Startleistung nicht zugelassen werden konnte. Die Startleistung war zuerst gesperrt wegen dieser Kolbenbrenner … dann wegen der Zunahme an Grundlagerstörungen…

[Mit Ölundichigkeiten] bei Daimler-Benz scheitert es immer wieder daran, aber nicht so sehr durch eigene Schuld, dass sich das Gummimaterial für die Dichtringe laufend ändert. Wir bekommen nicht nur von Daimler-Benz, sondern auch von anderen Stellen diese Dinge nach Rechlin … Einmal quillt es, einmal wird es hart bei Benzin, einmal wird es hart bei Öl und dann wieder bei Wärme. Mit einem solchen Dichtmaterial kann man auf die Dauer einen Motor nicht dicht bekommen. Die Dichtheit ist aber, und zwar besonders beim Jäger und für die 177, für die Brandgefahr ausschlaggebend.

Bei der grundsätzlichen Frage der Kurbelwellenausfälle mussten wir feststellen … dass die Fertigung in keiner Weise den Vorschriften des Versuches nachgekommen ist … dass eine Anordnung über das Anziehen von Schrauben der Lagerdeckel, die vor 1 Jahre gegeben wurde, aus Mangel an Vorrichtungen in Genshagen bis heute nicht befolgt worden ist …

GenFeldm. Milch: Was können wir tun, um an anständigen Gummi heranzubekommen? … trotzdem müssen wir ein Öl bekommen, das möglichst brauchbar ist …

Eisenlohr: Ich erwarte einen Bericht dazu von Dr. Nöcker des RLM.«[125]

Der DB 605-Motor stammte von Motoren mit Wälzlagern ab, die für eine erfolgreiche Schmierung einen mehrfach geringeren Öldurchsatz als Gleitlager benötigen, und es scheint, dass Daimler bei der überstürzten Neukonstruktion des DB 601 E nicht alles richtig gemacht hat. Die Ölzentrifuge, die zur Entfernung von Luftblasen aus dem Öl benötigt wurde, war eine wesentliche Entwicklung für den DB 605, der ohne das Nasenzuführungssystem des Jumo 213 ein stärker belastetes Ölsys-

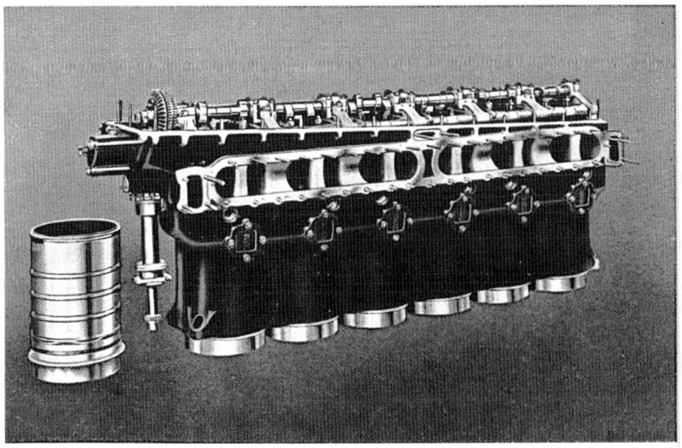

Geschlossener Zylinderblock des „Merlin", wie er bei den Baureihen XLV, 46, 47, XX und 21 verwendet wird.

Zylinderblock mit abnehmbarem Zylinderkopf, wie er für den Packard-Merlin entwickelt wurde und dann bei den englischen Baureihen 61, 22, 23 und XXVIII auftrat.

tem hatte. Dieser DB 605 D, wie er genannt wurde, sollte erst viel später fliegen, und am 15. Juni 1943 wurde die Dringlichkeit, den DB 628 in die Bf 109 zu bringen, erneut betont, diesmal von Galland:

» GenFeldm. Milch: Die Höhenvariante ist also sehr dringend? (Galland: Jawohl!)
Wir versuchen, diese Frage zunächst bei der 109 mit dem 628 zu lösen. Wie weit ist das?

Petersen: 2 Motoren sind im Einbau in Augsburg. Sie sind aber noch nicht geflogen. Die beiden Motoren sind angeliefert, aber ohne die zweite Ladestufe. In die Luft sind sie noch nicht gekommen.

GenFeldm. Milch: ... Hat der 628 dieselben Schwierigkeiten wie der 605 hinsichtlich des Zylinderkopfes?

Eisenlohr: Der 605 hat nie Zylinderkopfschwierigkeiten gehabt.

GenFeldm. Milch: Doch! Ich schicke sie mal zu den Nachtjägern, und dann können Sie sicher sein, dass Sie totgeschlagen werden. Die Leute müssen alle aussteigen. Sie haben jetzt einen prächtigen Jungen, einen Ritterkreuzträger und alle möglichen anderen Leute wegen der Motoren verloren.

Eisenlohr: Die Störungen liegen in der Lagerung des Motors.

GenFeldm. Milch: Es ist gleich, woran es liegt. Aber die Lager haben die Schwierigkeit, weil sie zu heiß werden, da die Zylinderköpfe nicht genug Temperatur abführen.

(Eisenlohr: Nein!)

Wir wollen auch alles Mögliche am Zylinderkopf geändert haben. Sie haben es mir doch gesagt. Er ist aber noch nicht geändert.

Eisenlohr: Er kommt nicht so, wie es sein sollte. Die größten Schwierigkeiten liegen aber zur Zeit im Lager.

GenFeldm. Milch: Was wollen Sie da machen? Soviel ich gehört habe, bringt die Erhöhung des Öldrucks bei der 109 nichts.

Petersen: Es müsste eine Ölschleuder gemacht werden. Die Erhöhung des Drucks soll nichts bringen. Zu dem Vortrag Nallingers über die Zweilochschmierung und den Druckbehälter kann ich nur sagen, dass das ein Schlag ins Wasser ist. Wir haben drei Motoren auseinandergenommen. Sie sahen schlechter aus als die anderen. Die Herren haben da kalte Füße bekommen und selber zurückgezogen.

GenFeldm. Milch: Und die Frage der Erhöhung des Drucks?

Petersen: Das ist eine Zwischenmaßnahme.«[126]

Einteilige und zweiteilige Merlin-Blöcke: Bilder des deutschen Geheimdienstes.

Eisenlohrs Herrschaft an der Spitze der deutschen Flugmotorenentwicklung geriet zunehmend ins Wanken. Er war gezwungen, sich ständig zu entschuldigen und stand vor unlösbaren Schwierigkeiten. Er konnte nur weitermachen, weil Milch nicht den technischen Hintergrund hatte, um ihn bei diesen Konferenzen direkt herauszufordern. Nallinger, und auch in der Tat alle anderen Motorenbauer, schienen relativ seltene Teilnehmer zu sein, obwohl das Thema Motoren häufig auf der Tagesordnung stand.

Am 17. Juni, fast zeitgleich mit der Veröffentlichung der alliierten Studie über deutsche Kraftstoffproben, veröffentlichte Dr. Fritz Seeber von der DVL seine Studie über erbeutete und getestete alliierte Kraftstoffe. Diese wurden alle an den neuen Einzylinder-BMW-132-Motoren im DVL-Aufladeverfahren getestet.

»Fünf alliierte Kraftstoffe, die seit Kriegsbeginn getestet wurden, weisen eine ähnliche Klopffestigkeit wie der deutsche C1-Kraftstoff auf, und eine Sorte hat die gleichen Klopffestigkeitseigenschaften wie der deutsche B4-Kraftstoff ... es kann festgestellt werden, dass alle bisher getesteten feindlichen Kraftstoffproben bestenfalls die gleiche oder eine geringere Klopffestigkeit als der deutsche C3-Kraftstoff aufweisen.«[127]

Seeber schrieb in seiner Schlussfolgerung die folgenden allgemeinen Gedanken:

»Die erbeuteten alliierten Treibstoffproben stammen aus wahllosen Stichproben, und die Testergebnisse legen nahe, dass die Hochleistungs-Treibstoffe den Großteil der von den alliierten

Luftstreitkräften verwendeten Treibstoffe ausmachen ... nur drei der Proben ähneln dem deutschen C3-Treibstoff, jedoch ohne denselben hohen Aromatengehalt. Insgesamt geht der Trend seit Kriegsbeginn zu einem höheren Tetraethylblei-Gehalt und steigenden Anteilen an Aromaten, was wiederum das spezifische Gewicht der Kraftstoffe erhöht.«[128]

Seeber zeigte sich sehr erfreut darüber, dass keiner der getesteten alliierten Kraftstoffe dem deutschen Hochleistungskraftstoff C3 überlegen war. Wie jedoch der Ausschuss für Feindliche Schmier- und Brennstoffe des Petroleum Boards der Alliierten in England im selben Monat berichtete, waren nur sehr wenige der von ihnen getesteten Proben aus deutschen Flugzeugen vom Typ C3. Die offensichtliche Schlussfolgerung daraus ist, dass Seeber entweder die tatsächliche Kriegssituation in Bezug auf die tatsächliche Verfügbarkeit der deutschen fortschrittlichen Kraftstoffe nicht kannte oder der Meinung war, dass es unklug sei, sich dazu zu äußern. Jeder hochrangige deutsche Beamte, der den Bericht liest, würde ein sehr ungenaues Bild vom tatsächlichen Stand der Versorgung der deutschen Jagdverbände mit Hochleistungstreibstoffen erhalten. Nichtsdestotrotz stimmte Seebers Bericht genau mit dem des Shell Thornton Aero-Engine Laboratory überein, der zeigte, dass der britische 100 Oktan-Kraftstoff bei dem von ihnen getesteten BMW 801 einen deutlich niedrigeren klopfbegrenzten eff. Mitteldruck-Wert lieferte als der, den sie beim Betrieb des Motors mit C3-Kraftstoff gemessen hatten.[129]

Am 15. Juni stellte BMW die Ergebnisse einer eingehenden Studie über die Wasser-Methanol-Einspritzung und die Auswirkungen unterschiedlicher Wasseranteile auf die grundlegende Thermodynamik der entstehenden Flüssigkeit zusammen. Professor Triebnigg von der Berliner Universität hatte einen Großteil der theoretischen Arbeiten für BMW durchgeführt.

Triebniggs Diagramm zeigte, dass bei der Verwendung von 100 % Wasser (Werte auf der rechten Seite des Diagramms) die größte Verdampfungswärme bei der Zerstäubung durch den Kompressor entsteht, während die Verwendung einer Flüssigkeit aus 100 % Methanol dies ausgleicht, da sie mehr Brennstoffenergie erzeugt. Technisch gesehen hat Wasser keinen intrinsischen Heizwert, aber unter bestimmten Bedingungen stimmt das nicht ganz – unter extremen Drücken und Temperaturen kann sich das Wasser auch in Wasserstoff und Sauerstoff aufspalten und somit auch »brennen«, obwohl dies von Triebnigg nicht entdeckt wurde.[130] Seine Schlussfolgerungen zeigten, dass im BMW 801-Motor die Verwendung von 100 % Methanol die höchste Leistung erzeugen würde, eine Steigerung von 27,3 %. Dies war jedoch bei den von BMW spezifizierten Ladedruckwerten der Fall und würde nicht unbedingt auf andere Motoren zutreffen. Die Verwendung von Methanol hatte auch den größten Nachteil in Bezug auf das zusätzliche Gewicht des Kraftstoffs zur Folge: 87 %.

»Der Anstieg des Gesamtkraftstoffs aller MW [Methanol-Wasser]-Gemische ist ein Vielfaches der Leistungssteigerung. Die Einspritzung von C3 vor dem Lader verursacht eine Zunahme des Kraftstoffgewichts, die in etwa der Leistungssteigerung entspricht, führt aber zu der geringsten Leistungssteigerung aller untersuchten Einspritzflüssigkeiten.«[131]

Das ideale System konnte nur dadurch bestimmt werden, dass man sich entschied, ob die Spitzenleistung oder das Erreichen des geringsten Gewichts erstrebenswerter war.

Der DB 628 machte schließlich am 21. Juni 1943 einen Schritt in Richtung Fliegen, als der DB 628 ohne seine erste Aufladestufe in die Bf 109 H V1 eingebaut wurde. Bei der H-Variante (Höhenjäger) handelte es sich um eine modifizierte Bf 109 G.[132] Die erste Aufladestufe war trotz ihrer innovativen, nach vorne gerichteten Konstruktion mit Dralldrossel noch immer von Lagerproblemen geplagt.

Ein wirksames Lager für den DB 628-Lader erforderte die Verwendung von Silber in den Lagerlegierungen. Auch dies war 1943 in Deutschland ein äußerst knappes Gut, wie Dr. Kollmann in seinen Erinnerungen festhielt:

»Das Ladersystem des DB 628-Motors bringt auch eine Reihe von schwierigen mechanischen Problemen mit sich. So musste z. B. die Lagerung zwischen der Propellerwelle und dem Verdichterrad der ersten Stufe aus Platzgründen mit Gleitlagern ausgeführt werden, die einen hohen Silberanteil benötigten, um diesen Belastungszustand zu überstehen.«[133]

Zwei Monate später schilderte Eisenlohr in Berlin bei der monatlichen RLM-Entwicklungsbesprechung die Probleme des DB 628:

»Er hat in letzter Zeit wieder Lagerschwierigkeiten gezeigt, die wir bekämpfen müssen. Wir haben schwierigere Verhältnisse als die Amerikaner, die Silberlager verwenden.«[134]

Es war jedoch ein Rätsel, wie sich neue Motoren auf der Basis des DB 605 durchsetzen sollten, wenn der Grundmotor noch immer nicht zuverlässig geflogen werden konnte. Milch, Caroselli und Petersen trafen sich am 6. Juli 1943, um den DB 605, auf dem der DB 628 basierte, zu besprechen.

»Der Generalfeldmarschall erklärte, dass eine große Serie von Flugunfällen darauf zurückzuführen ist, dass der Motor des DB 605 immer noch nicht gut läuft. Dies hat zu einer großen Vertrauenskrise in den Einbau in die Bf 109 und Bf 110 geführt. Die Erhöhung des Öldrucks in Verbindung mit dem neuen Zweiloch-Schmierverfahren hat die Lagerprobleme nicht gelöst. Erste Erfolge wurden mit dem alten Dreiloch-Ölsystem und dem neuen Öldruckbegrenzungsventil erzielt.«[135]

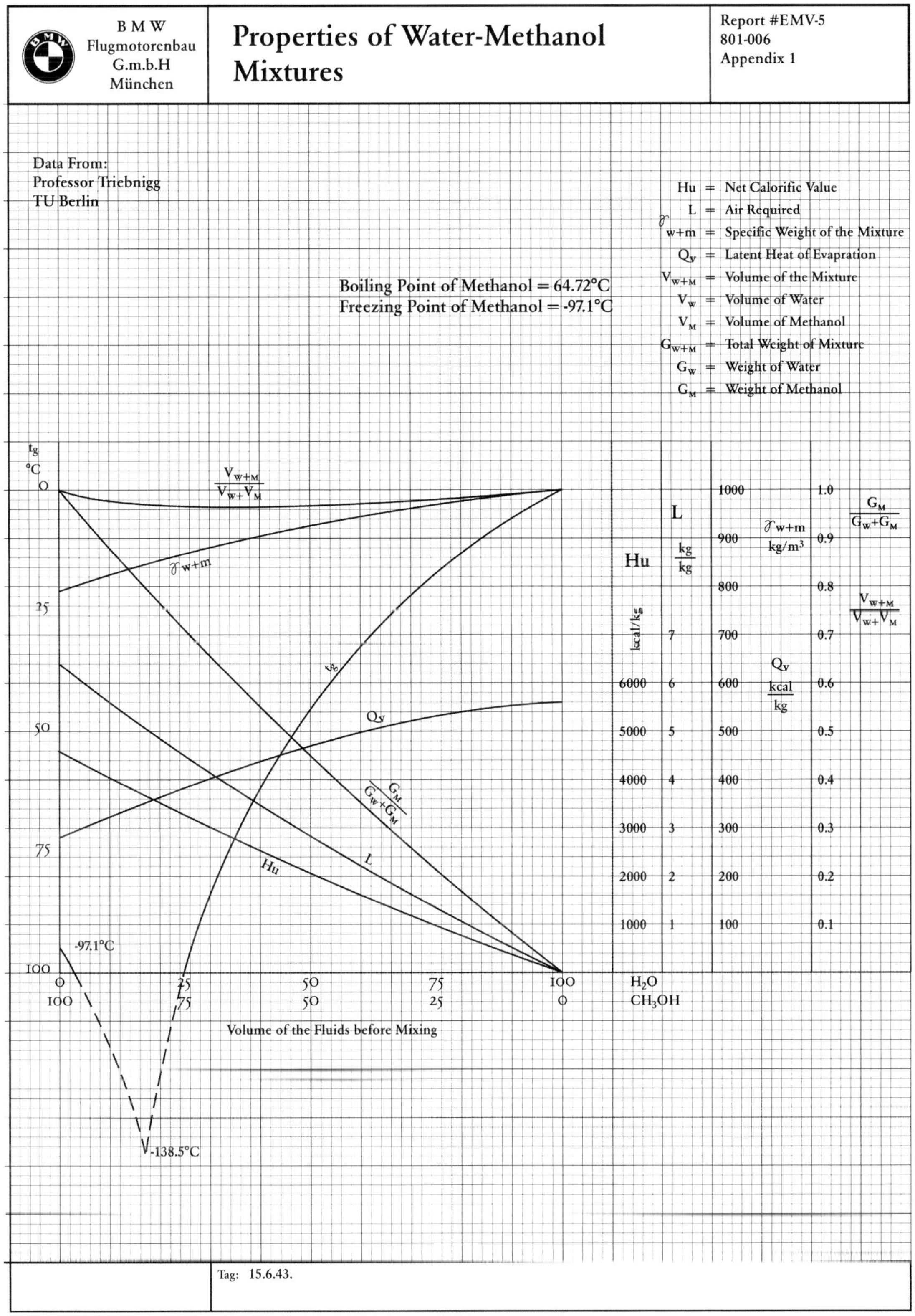

Eigenschaften verschiedener Methanol-Wasser-Gemische.

Lagerbestände an Flugkraftstoff, 31. Juli 1943.

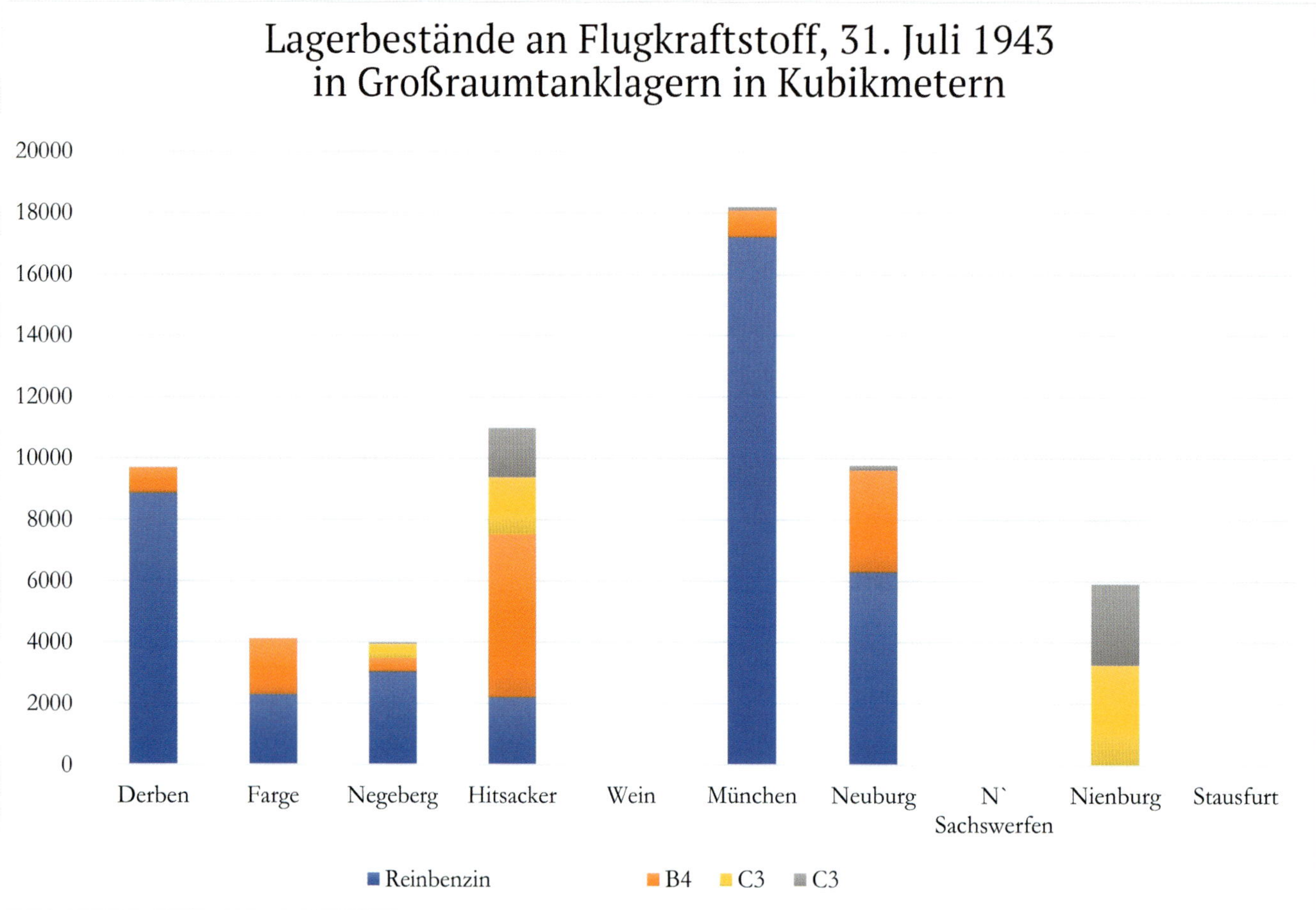

Obwohl Milch berichtete, dass die vor etwa einem Jahr aufgetretenen Kolbenausfälle durch das Verchromen der Ventile behoben worden waren, kam es zu einer neuen Welle von DB 605-Ausfällen. Diese wurden meist auf Fehler im Ölsystem zurückgeführt. Die Ölpumpe wurde so umgestaltet, dass sie eine höhere Durchflussrate hatte, und die Einführung einer Ölzentrifuge zur Entlüftung des Öls wurde zu einem wichtigen Ziel erklärt. Milch merkte trocken an, dass sich die Neukonstruktion des Motors mit Gleitlagern anstelle von Rollenlagern für die Pleuelstangen als ein größerer Aufwand erwiesen hatte, als Daimler-Benz gehofft hatte. Die Ausfallquote sei bei der Bf 109 relativ gering, bei der Bf 110 schlecht und beim Bomber He 177 erschreckend, berichtete Milch.

Auch BMW hatte zu kämpfen, stellte das DVL-Materiallabor fest, nachdem es am 7. Juli 1943 einen Turbolader bis zur Zerstörung getestet hatte. Der vielversprechende BMW-Turbolader hatte aufgrund von »Materialmängeln« einige Ausfälle zu verzeichnen.[136]

BMW kämpfte mit Sparmetallteilen für den Turbolader, während Daimler-Benz mit minderwertigem Öl und minderwertigem Gummi für die Dichtungen zu kämpfen hatte. Der Leiter der Daimler-Benz-Technik, Dr. Haspel, sprach als nächstes über die anderen Probleme des Unternehmens:

> »Es ist klar, dass ... der DB 628 grundsätzlich so lange nicht in Ordnung ist, ehe nicht der Grundmotor bereinigt ist ... Zur Erreichung einer besseren Dichtheit der Motoren ist eine Aktion eingeleitet worden, um anständiges Gummimaterial zu erhalten. Versuche auf Verwendung eines anderen Dichtungsmaterials laufen z. Zt. ... Durch eine Umkonstruktion beim Hauptölaustritt ... hofft Daimler-Benz nunmehr die Hauptschwierigkeiten bei der Ölundichtheit beseitigen zu können ... Auf die z. Zt. sehr schlechte Ölqualität sind eine ganze Reihe von Schäden, insbesondere Pleuelbrüche, sowohl bei DB als auch bei BMW und Junkers, zurückzuführen. Eine weitere Verschlechterung des Öls ist völlig untragbar.«[137]

Milch und andere schoben die Schuld für all diese Probleme gerne auf Daimler-Benz, doch weder die nickelarmen Ventile noch die schlechten Zündkerzen oder das schlechte Öl lagen in der Verantwortung des Teams, in dem Kollmann arbeitete. Nur selten wurde ein Vertreter des RLM-Metallurgiekonzerns, von

Versagen des Turbinengehäuses durch Risse.

Bosch oder der IG Farben zu den GL-Konferenzen gerufen, um seinen Standpunkt zu erläutern.

Im Juli 1943 endete schließlich eine der langwierigsten Entwicklungsgeschichten des Krieges, als die Messerschmitt Me 210, umbenannt in Me 410, in Dienst gestellt wurde – zwar mit einigen Jahren Verspätung, aber sie demonstrierte nun das Potenzial der ursprünglich geplanten Konstruktion.

Bisher wurde Professor Messerschmitt für das Scheitern des zweckmäßig aussehenden zweimotorigen Jagdflugzeugs verantwortlich gemacht, das von aerodynamischer Instabilität geplagt war. Messerschmitt hatte jedoch nicht die Tragflächen entworfen, sondern zwei Arado-Konstrukteure – Rethel und Fröhlich –, die auf Wunsch des RLM in das Team geholt worden waren.[138] Nach langwierigen Entwicklungsarbeiten wurden die Tragflächen schließlich wieder so gestaltet, dass sie der ursprünglichen Absicht der Messerschmitt-Konstrukteure weitaus näher kamen, und das Flugzeug erwies sich als hervorragend, wenn auch etwa zwei Jahre zu spät, um noch von Nutzen zu sein. Das Desaster der Me 210 wurde von Messerschmitts Gegnern, darunter Milch, schadenfroh genutzt, um ihn ins Abseits zu stellen. So wurde ein vielversprechendes zweimotoriges Jagdflugzeug, das ein Gegner für die Mosquito hätte werden sollen, wie so viele andere Flugzeugprogramme durch organisatorisches Missmanagement um Jahre verzögert. Die frühen Versionen waren zudem untermotorisiert, da die Daimler-Benz Motoren zu dieser Zeit nicht die für Messerschmitt vorgesehene Leistung erbringen konnten – ein Problem, das auch für den Misserfolg der Me 309 mitverantwortlich war.

Das Triebwerk DB 605 D, das Messerschmitt sieben Monate zuvor, am 14. Dezember 1942, erstmals mit Nallinger besprochen hatte, war am 27. Juli 1943 auf dem Vormarsch.

»GenFeldm. Milch: Wann glauben Sie, dass 605 mit dem Einstufenlader 603 unter günstigsten Umständen, aber ganz nüchtern gedacht, günstigstenfalls serienmäßig da stehen kann? ... denn davon hängt die Messerschmitt-Entwicklung ab.

Messerschmitt: Diese würde natürlich erheblich gewinnen, wenn dieser Lader käme. Ich glaube, für den DB 605 bin ich darauf angewiesen. Wenn er nicht weiter entwickelt wird, dann wird 109, die in großen Stückzahlen läuft, immer weniger bringen... Diese Änderung am Motor könnte natürlich die 109 erheblich verbessern.«[139]

Die Überlegungen gingen weiter, aber Nallinger machte deutlich, dass die Anpassung des DB 605 mit dem größeren Lader des DB 603 zum DB 605 D der schnellste Weg zu einem Höhenjagdmotor sein würde.

Der erste DB 605 D mit seinem stark verbesserten Ölsystem und dem größeren Lader des DB 603 wurde im Dezember 1943 fertiggestellt.[140] Am 31. Juli 1943 berichtete Milch über die Bestände an Flugbenzin. Er bezog sich dabei auf die Bestände in den Hauptgroßraumtanklagern in Deutschland, die den größten Teil der nationalen Bestände ausmachten.

Nur 16 % der Großraumtanklager in Deutschland enthielten den hochoktanigen Kraftstoff C3 und seine Bestandteile. Der Tank in Nienburg war der einzige, der ausschließlich C3 und C3 verwandte Verbindungen lagerte. Die Methoden zur Herstellung von C3 verschärften das Problem, denn wenn eine der C3-Komponenten in den Lagertanks fehlte, konnten die Grundstoffe nicht zu der erforderlichen Endmischung verarbeitet werden. Die Raffinerien lieferten nur die Basiskomponenten und nicht die fertigen Kraftstoffe aus.

DB 605 D-Motor: Der größere Lader ist sichtbar, die vergrößerten Ölabsaugpumpen sind darunter versteckt.

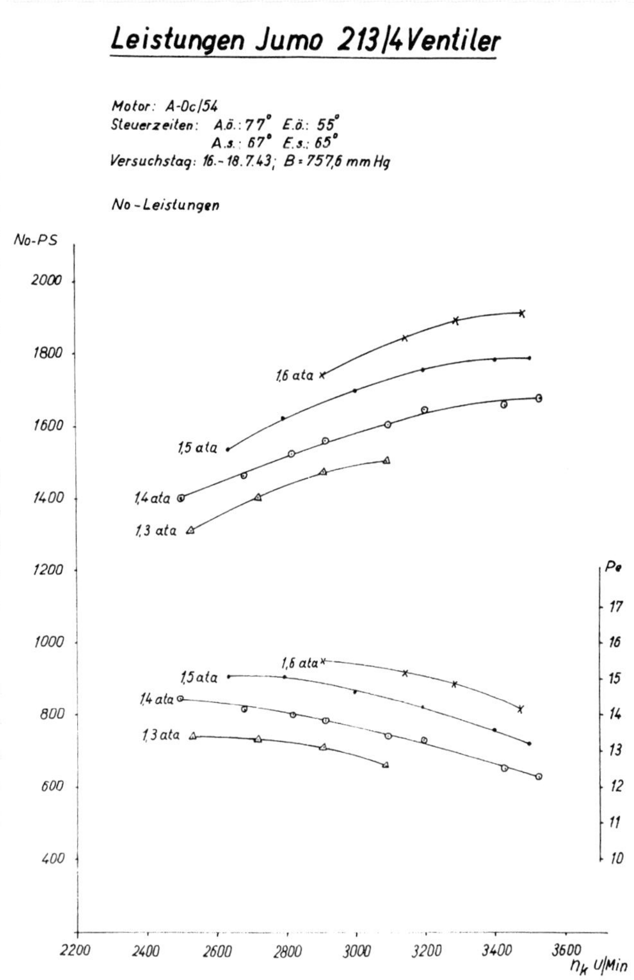

Junkers Jumo 213: Entwicklung mit Vier-Ventil-Zylinderkopf.

Am 18. Juli 1943 führte Jumo die ersten Tests mit dem Vierventil-Zylinderkopf für den Jumo 213 durch. Er leistete 1920 PS bei 3500 Umdrehungen pro Minute und einem Ladedruck von 1,6 Atmosphären.

Sie war nicht wesentlich höher als die mit dem normalen 213er erreichte Leistung, aber sie drehte sich 250 Umdrehungen pro Minute schneller. Um das Leistungspotenzial auszuschöpfen, müsste die Kurbelwellendrehzahl noch weiter erhöht werden, und man plante, 4000 Umdrehungen pro Minute anzustreben, was bei weiterer Entwicklung ein weltbester Motor sein könnte. Der Jumo 213 hätte auch bei den ständigen Problemen mit der Kühlergröße in Deutschland helfen können. Er übernahm die Ölkühlung durch Wärmeaustausch mit dem Kühlmittel im Motorblock, und da er keine Flüssigkeitskupplung zum Antrieb des Kompressors besaß, gab er weniger Gesamtwärme an das Ölsystem ab. Im Anschluss an den anhaltenden Streit über die Kühlerdimensionierung auf den GL-Konferenzen antwortete Nallinger am 3. August 1943 an Professor Messerschmitt:

»In Ihrem Schreiben vom 22. Juli 1943 haben Sie vorgeschlagen, einen originalen Spitfire-Wasserkühler in eine Bf 109 mit Originalverkleidung einzubauen. Das ist als Versuch sicher interessant, aber es hängt auch sehr viel von der Umströmung des Rumpfes ab, die mit den heutigen Methoden nicht ohne weiteres vorhersehbar ist.«[141]

Nallinger verteidigte gegenüber Professor Messerschmitt die Größe der Kühler, die seine Motoren im Vergleich zu den britischen Motoren benötigten, und führte die schlechte Kühlleistung auf die Position der Kühler am Flugzeug selbst zurück. Später unternahm Daimler-Benz einen direkten Vergleich der Kühlsysteme von Spitfire und Messerschmitt anhand einer erbeuteten Spitfire Mk.V mit der Seriennummer EN830, um diesen Punkt zu klären (s. Kapitel 8, 18. Mai 1943). Obwohl die Kühlsysteme einiger deutscher Jagdflugzeuge wie der Bf 109 nicht optimal eingestellt waren, waren sie nicht unwirksam. Ein Bericht über die Ereignisse in der Nacht des 4. August 1943 während eines britischen Luftangriffs auf Köln und Mülheim beschreibt detailliert, wie die deutschen Jagdflugzeuge ihren Tribut gefordert hatten:

»Am 3. Juni fand der erste größere Feindkontakt während des Angriffs auf Köln und Mülheim statt. Die Männer, die in den Kampf kamen, sagen deutlich, dass die Bewaffnung gegen die englischen viermotorigen Maschinen ausgezeichnet ist. Major Hermann ist der Meinung, dass mit der Bewaffnung der Fw 190 bei Nacht vier bis fünf viermotorige Bomber leicht zu erledigen sind, wenn das Ziel einigermaßen gut beleuchtet ist.«[142]

Bald darauf, am 5. August 1943, antwortete Nallinger Messerschmitt auf seine neuesten Motoren und den Einsatz von GM1:

»Sehr geehrter Herr Professor Messerschmitt!
Ich komme zurück auf die Besprechung am 27.7.1943 bei Herrn Generalfeldmarschall Milch. Ich habe nochmals die Aufstockung der Leistung mit GM 1 bezw. O_2 überprüft. Es ist selbstverständlich, dass wir für den Motor DB 627 die gleiche Aufstockung geben können wie für den Motor DB 603 G^+ = DB 632.

Ob wir mit der Aufstockungsleistung von 300 PS später noch höher gehen können, werde ich Ihnen noch mitteilen.

Mit besten Grüßen und Heil Hitler!
bin ich Ihr
F. Nallinger«[143]

Nallinger bemerkte, dass sie viele Turbomotoren hatten, aber niemand sie zu wollen schien. Niemand hatte die Triebwerke auf ein geeignetes Zellenprogramm abgestimmt.[144] Acht Wochen später, am 10. August 1943, diskutierten Galland und Messerschmitt über die Zukunft der Me 209 und der Daimler-Benz-Motoren, die sie verwenden sollten:

»Galland: Dann ist die 209 in einer Bewaffnung angeboten, die m. E. fliegerische unmöglich ist. Sie hat eine 101 im Motor oder eine 103, 2 [MG] 131 obendrauf, 2 [MG] 151 Flügelansatz, 2 MK 108 außerhalb der [sic] Propellers und auch noch zwei MK 103. Ich glaube, dieser Bewaffnungszustand ist überhaupt nicht erreichbar.

(GenFeldm. Milch: Was fordern Sie?)

Es wäre schön, wenn es ginge! Es hat sich gezeigt, dass die 109 mit den beiden 151 unter den Flächen im Westen für den Jägerkampf völlig undiskutabel ist. Sie lässt sich allenfalls so gegen Bomber fliegen, aber auch nur dann, wenn sie nicht zu groß sind.

Messerschmitt: Das liegt daran, dass der Motor viel zu schwach ist. Wir haben leider in der 109 einen Motor, der nicht das gehalten hat, was versprochen worden ist. Der Motor sollte 1500 PS als Notleistung bekommen. Augenblicklich haben wir 1250. Die Verhältnisse werden sofort anders, wenn wir auf den stärkeren Motor übergehen.«[145]

Die monatliche GL-Konferenz in Berlin am 13. August kam einer Krisensitzung gleich, um die Entwicklung des Motors zu besprechen.

»GenFeldm. Milch: Wenn ich der Chef der Motorenentwicklung wäre, würde ich einmal dorthin reisen und so lange bleiben, bis alles so gemacht wird, wie es nötig ist, um das hinzubekommen. Jeder, der heute einen Auftrag bekommen, schreit: ich habe keine Leute, keine Kapazität, keine Maschinen, ich werde mal wieder gebombt! ... 50 % aller Sorgen könnte jeder Firma alleine beseitigen, wenn sie tüchtig wäre.«[146]

Galland war der Meinung, dass der Düsenjäger Messerschmitt Me 262 so schnell wie möglich in Produktion gehen müsse und war skeptisch, völlig neue Flugzeugtypen zu starten.

»Galland: Dann hätten wir damit das erste Jagdflugzeug auf der Basis von 2000 PS, leider erst ein Jahr zu spät, ein Jahr hinter dem Gegner, und ich glaube, dass es leichter ist, von dieser Basis aus den endgültigen Jäger zu finden, als auf einen neuen noch ganz unerprobten Basis, zumal, wenn es möglich ist, dass man durch geringfügige Änderung am Rumpf die Maschine hin bekommt. Es nützt uns nichts, wenn wir jetzt auf ein Flugzeug umschalten, das terminlich noch um Monate später kommt, sondern die höhere Leistung muss bald erreicht werden.«[147]

Bei der Besprechung wurde lange über die Entscheidung diskutiert, ob man mit der Ta 153 oder der Me 209 fortfahren sollte. Milch behauptete Tank gegenüber, dass die Ta 153 bis weit in das Jahr 1945 hinein nicht realisiert werden könne, doch Tank bestand darauf, dass Ende 1944 eine Massenproduktion des neuen Jagdflugzeugs möglich sei.[148] Galland argumentierte, dass die beste Wahl die Fw 190 mit dem stark verbesserten BMW 801 F-Motor sei, der laut Petersen mit C3-Kraftstoff eine Leistung von 2200 PS erreichen würde.

»Um eine Verbesserung so schnell wie möglich herbeizuführen, könnte eine neue Fw 190 mit DB 603 oder Jumo 213 mit nur etwa 10 % Aufwand für neue Konstruktionsänderungen gegenüber den bisherigen Fw 190-Plänen hergestellt werden.«[149]

Focke-Wulf-Konstrukteure in tiefer Diskussion.

Tank, der wusste, wie viel Arbeit auf Messerschmitt zukommen würde, um die Me 209 in Produktion zu bringen, hatte mit seinen Konstrukteuren ausgiebig versucht, dieses nächste Focke-Wulf-Jagdflugzeug mit einem V12-Reihenmotor zu vereinfachen.

In den Nächten des 17. und 18. August flogen britische Bomber über Norddeutschland und bombardierten die bis dahin geheimen deutschen Forschungseinrichtungen in Peenemünde, was die Luftwaffe sehr verärgerte und in Verlegenheit brachte, da sie es versäumt hatte, die wichtige Anlage zu schützen. Am nächsten Tag, dem 19. August, beging der Stabschef der Luftwaffe, Hans Jeschonnek, Selbstmord. Am nächsten Tag warb Walter Hertel, der im RLM für die Flugzeugbeschaffung zuständig war, weiterhin für eine Triebwerkspolitik, die nicht mehr zeitgemäß war. Hertel teilte den Konferenzteilnehmern mit, dass sie sich wegen der hohen Ladedrucke des Merlin keine Sorgen über zukünftige Leistungssteigerungen in großen Höhen durch die britischen Jäger machen müssten. Hertel begründete das damit, dass die Briten ihre Lader bereits zweistufig ausbauen mussten und dass bisher keine Jäger mit Turbolader angetroffen worden waren:

»Wir sollten uns keine allzu großen Sorgen über künftige Angriffe feindlicher Jäger in großen Höhen machen.«

Hertels Argument war im Prinzip völlig richtig, aber die Zeiten hatten sich geändert, und es war für die deutschen Triebwerke einfach nicht mehr vertretbar, einen niedrigen Ladedruck zu verwenden, auch wenn es dadurch einfacher war, die Nennleistung des Motors in größerer Höhe beizubehalten.[150]

Nur eine Woche später, am 1. September 1943, wurde in Deutschland ein Turbolader aus einer Republic P-47 Thunderbolt ausgewertet. Die P-47 hatte einen großen 46-Liter-Sternmotor, der von Pratt & Whitney entwickelt und gebaut wurde und etwa 2000 PS leistete. Die von den deutschen Technikern angefertigte Abbildung vermittelte einen sehr guten Eindruck von den Dimensionen eines typischen Abgasturboladersystems, das in einem einsitzigen Kampfflugzeug eingebaut ist.

Die damals verfügbaren Materialien erforderten jedoch im Allgemeinen eine Kühlung der Turbinenschaufeln – in diesem Fall, indem die Schaufeln dem Außenluftstrom ausgesetzt wurden – sowie eine Montage des Turboladers in einiger Entfernung vom Motor. All diese Maßnahmen verringerten die potentielle Effektivität des aufgeladenen Triebwerks beträchtlich, aber nicht so sehr, dass die Lösung unbrauchbar geworden wäre.

» Im Mai d. J. Wurde erstmalig der amerikanische Jäger P-47 ›Thunderbolt‹ auf dem westlichen Kriegsschauplatz im Einsatz festgestellt. Die bisher anfallenden Flugzeuge waren stark zerstört, immerhin ermöglichten sie die Hauptmerkmale festzustellen. Das Muster P-47 wurde von der feindlichen Fachpresse als Spezial-Höhenjäger bzw. als Langstreckenbegleitflugzeug angegeben. In der derzeitigen Ausführung ist jedoch nur mit einer Einsatzhöhe von etwa 12 km und ohne Zusatzbehälter mit einer Eindringtiefe von etwa 400 km zu rechnen. Der ›Thunderbolt‹ stellt mit seinem Gewicht von 6,1 t und seine Flügelfläche von 28,6 m2 den größten und schwersten einmotorigen Jagdeinsitzer dar.
Er wird von der Feindseite als gut in der Geschwindigkeit, aber schlecht in der Wendigkeit bezeichnet. Bei der Erprobung sollen mit dem ›Thunderbolt‹ Sturzflüge von 12.000 m durchgeführt werden sein, bei denen eine Geschwindigkeit von 1200 km/h, d. h. Überschallgeschwindigkeit, erreicht wurde. Die Bewaffnung, bestehend aus 8 schweren ungesteuerten MG, ergibt eine große Feuerdichte. Die Gasturbinenanlage mit der Luftzwischenkühlung bedingt einen großen Rumpfquerschnitt. Sie füllt den ganzen Grund hinter dem Führersitz aus. Der hierfür notwendige Gewichtsaufwand kann mit 600 kg geschätzt werden.«[151]

Für kleine Jagdflugzeuge wurde ein sehr kompaktes und dennoch leistungsstarkes Aufladesystem benötigt, und am 3. September 1943 prüfte die Abteilung von Werner von der Nüll bei der DVL den Merlin 61-Kompressor. Nach monatelanger Geduld war es der deutschen technischen Bewertungsgruppe end-

Deutsche Zeichnung der Turboladerinstallation der P-47.

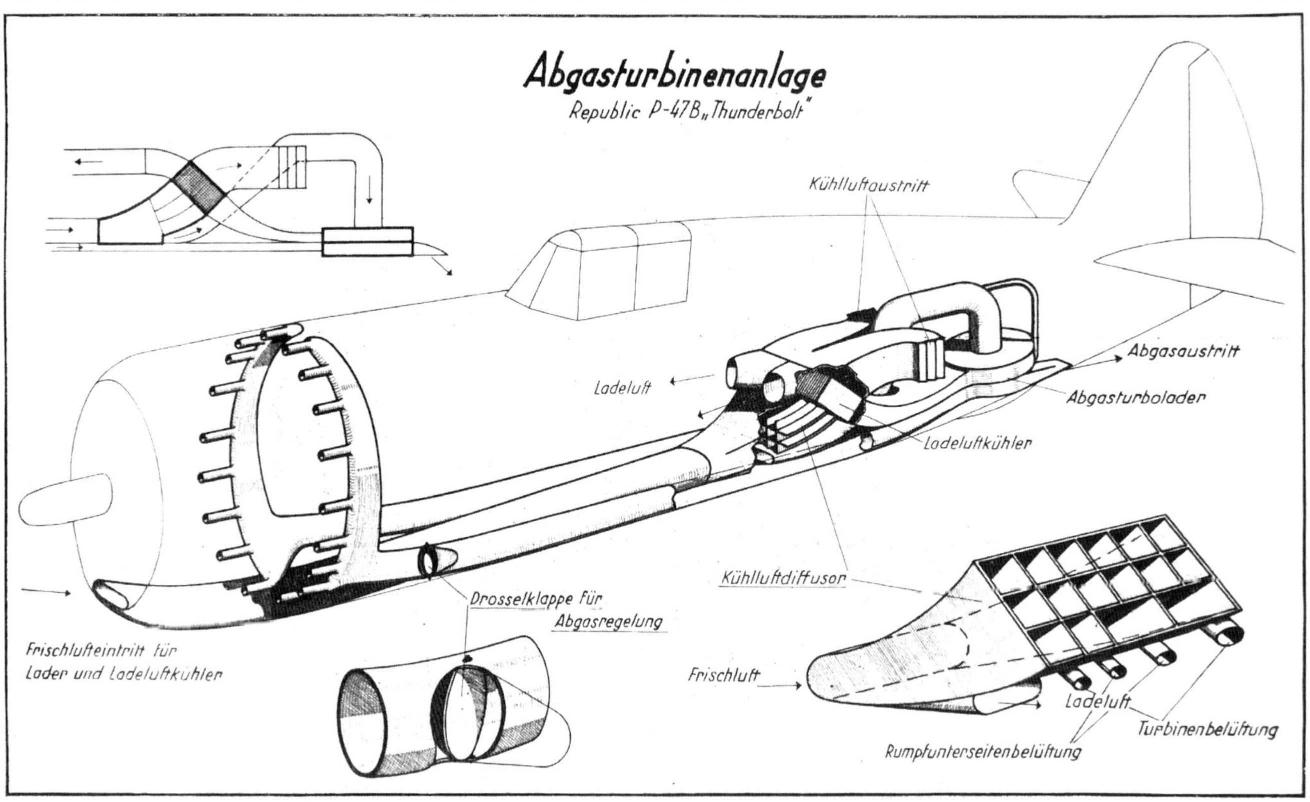

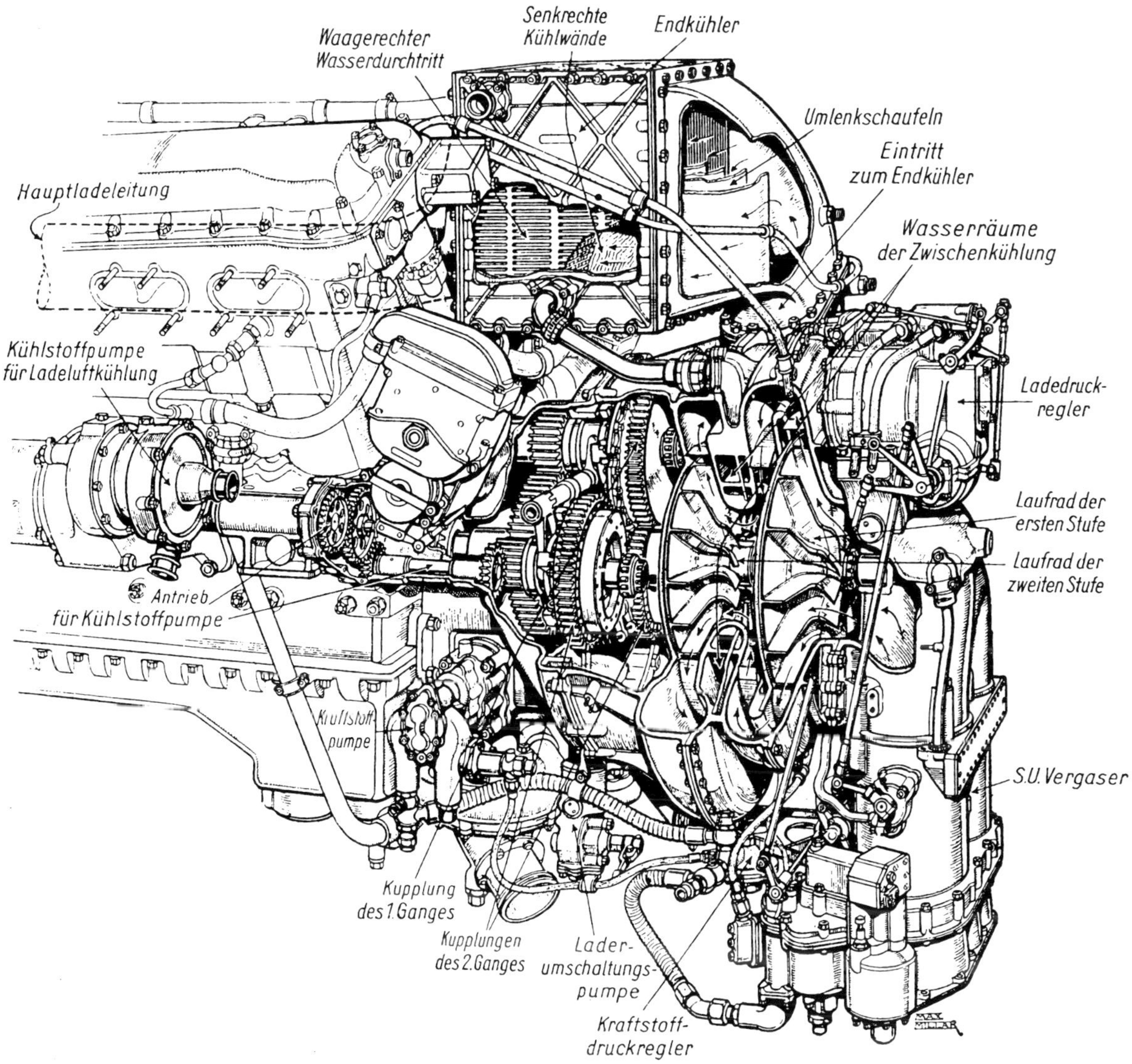

Rolls Royce „Merlin 61" (Zweigang-Zweistufenlader)
Die Laderschaltung arbeitet nach dem gleichen Prinzip wie beim „Merlin XX". Die beiden Laufräder sitzen auf einer gemeinsamen Welle, die mit zwei Geschwindigkeiten angetrieben wird.

Deutscher Nachdruck einer Merlin 61-Abbildung der Zeitschrift »Flight«.

lich gelungen, ein Exemplar des neuesten zweistufig aufgeladenen Rolls-Royce Merlin 61 aus einer abgestürzten Spitfire IX zu erhalten. Die Deutschen hatten die gleichen Schwierigkeiten wie die Briten, Triebwerke des Gegners zu finden, die gut genug für den Betrieb waren, und dann auch noch zu lernen, wie sie zu betreiben waren.[152]

In typisch rigoroser Manier testeten die Techniker jede Stufe des Kompressors separat und schließlich beide Stufen zusammengeschraubt. Rolls-Royce selbst hatte jede Laderstufe auf einer Anlage getestet, bei der jedes Gebläse separat angetrieben werden konnte, um die beiden Stufen korrekt aufeinander abzustimmen.[153]

Das zweistufig aufgeladene Merlin 61-Triebwerk war in der Zeitschrift Flight so schön gezeichnet, dass es in den offiziellen deutschen Geheimdienstbericht über das Merlin 61-Triebwerk übernommen wurde, obwohl man sich die Mühe machte, das Logo der Zeitschrift (oben) zu löschen. Der britische Luftnachrichtendienst hatte intern darüber nachgedacht, eine »Diskussion« mit dem Künstler Max Millar zu führen, um ihn davon zu überzeugen, seine Arbeit zu unterlassen, da sie dem Feind helfen könnte – und das aus gutem Grund. Der deutsche Geheimdienst hatte nicht einmal Millars Signatur entfernt, die direkt unter dem Vergasereinlass des Turboladers zu sehen ist. Vom ZWB-Bericht:

»Der untersuchte zweistufige Merlin 61-Kompressor erreichte eine maximale adiabatische Arbeit von 14.800 m bei einer maximalen Motordrehzahl von 3000 U/min. Die Wirkungsgrade ohne das gekühlte Gehäuse liegen unter denen deutscher Lader mit dem gleichen Druckverhältnis. Die durch die Zwischenkühlung erreichte Temperatursenkung beträgt 8 bis 20 °C, je nach Kühlmittelmenge und -temperatur … Die im Horizontalflug gemessenen Nennhöhen gelten für eine maximale Motordrehzahl von 3000 U/min bei einem Ladedruck von 1,877 atm in 4,9 und 8,8 km Höhe. Die höchste Fluggeschwindigkeit der Spitfire IX – gemessen in 6,9 km – betrug 626 km/h.«

Die DVL-Studie war ein trockener wissenschaftlicher Bericht über die erreichten Wirkungsgrade und scheint keinen ernsthaften Versuch unternommen zu haben, Empfehlungen oder Kommentare zum Nutzen deutscher Konstrukteure abzugeben.

Bei einer RLM-Sitzung am 7. September trafen sich Milch, Vorwald, Eisenlohr, Schwenke und 49 Mitarbeiter aus anderen Abteilungen, um die neuesten Entwicklungen zu diskutieren. Dietrich Schwenke informierte wie üblich über die ausländischen Motorenentwicklungen:

»5. Es gibt 2 Variationen über Griffin Spitfire: Die eine hat eine Startleistung von 1700 – 1800 PS und einen Ladedruck von 1,87; sie ist für untere und mittlere Höhen vorgesehen. Daneben gibt es eine zweite Ausführung mit 2 Stufenlader; die Höhenversion ist noch nicht aufgetreten.

6. Es liegt eine Meldung vor, dass ein Griffin-Motor in die Mustang eingebaut worden ist. Dieses Muster soll erheblich schneller sein, als die Spitfire.«[154]

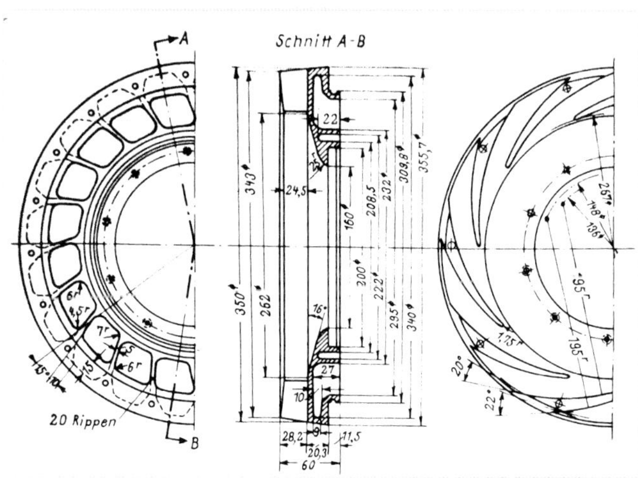

Merlin 61 Kompressor, deutsche Zeichnung des Diffusors und der Drehschaufeln, 1943.

Die Lager des Jumo-Motors 222 erwiesen sich als äußerst problematisch, und Milch schlug vor, dass Jumo den Lagerspezialisten von Daimler-Benz um Rat fragen sollte. Auch die Verwendung von Silber als Beschichtung für die Lagerschalen kam zur Sprache, da die Amerikaner es offenbar zunehmend für ihre Kurbelwellenlagerschalen einsetzten.[155]

Nallinger begann eine Besprechung, die sich ganz dem Motor DB 605 widmete:

»Wir haben beim 605 in der laufenden Serie bezüglich der Lagerfabrikation und der Lagerausführung gewisse Verbesserungen eingeführt. Sodann wurde die Reinigung des Motors besonders vorgenommen, und zwar wurde er durch den kriegsbedingten Wegfall der Benzinwäsche eine neue Maßnahme ergriffen, um diese zu ersetzen. Wir haben festgestellt, dass durch diese Schmutzschleuder, noch besser: Schmutzschleuder und Feinfilter, ganz Wesentliches gewonnen werden kann.«[156]

Daimler-Benz zahlte den Preis dafür, dass es seine Ölsysteme nicht in dem Maße weiterentwickelt hatte wie Jumo, obwohl die Einschränkungen für Öl und Metall in Deutschland für alle Hersteller große Nachteile mit sich brachten, und kleine Details wie das Verbot der Verwendung von Benzin zur Reinigung der Motorteile vor der Montage waren für die Gewährleistung eines zuverlässigen Betriebs problematisch.

Die Jumo 211 F- und J-Versionen mit dem stark verbesserten DVL-Lader mit vollständig ummantelten Schaufeln verfügten über ein hervorragendes Ölabscheidesystem mit nicht weniger als sechs Stirnradpaaren, die Öl und Ölnebel aus dem Kurbelgehäuse absaugten. Die kleine Kurbelwellen-Zentrifuge trug ebenfalls dazu bei, dass kein Öl mit übermäßig vielen Luftblasen auf die Kurbelwelle gelangte. Die Daimler-Benz-Motoren besaßen nur zwei Pumpen, eine in jedem hinteren Nockendeckel, und der Hauptölablass zwischen den Zylinderbänken wurde durch Schwerkraft entleert, während der Jumo über eine separate Spülpumpe verfügte, um diesen Bereich von Ölansammlungen freizuhalten – und vor allem auch, um Ölnebel aus dem Kurbelgehäuse abzusaugen.

Der neue Motor Jumo 213, der noch nicht in Serie produziert wurde, ging noch einen Schritt weiter und verfügte über mehr Spülstufen und einen Zentrifugalöl-Luftabscheider, zusätzlich zu dem in der Nase der Kurbelwelle der Motoren Jumo 210 und 211.

Beim 213 kam eine weitere Spülung für die Propellernasenlager hinzu, die dann in die Zentrifuge zurückgeführt wurde.

Der DB 605-Motor verfügte über einen einfachen Schwerkraftabscheider zur Entfernung von Öl aus der Kurbelgehäuseluft, der aus einer Reihe von konischen Platten bestand, die in einem Stapel auf dem Kurbelgehäuse in der Mitte angeordnet waren.

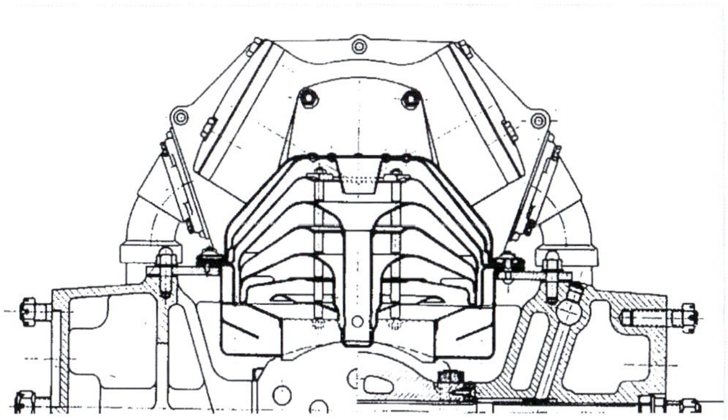

Standard-Öl-/Luftabscheider des DB 605.

Die mechanische Ölzentrifuge für den DB 605 würde das Daimler-Ölsystem so verbessern, dass es besser zum Jumo passte, die Frage war nur: Wie schnell konnte sie in Betrieb genommen werden?

Im September 1943 gab Nallinger einen Überblick über die bisherigen Fortschritte des Unternehmens seit 1933; es handelte sich dabei um eine aktualisierte Fassung derselben Ergebnisse, die er auf der Tagung der Luftfahrtforschung 1941 vorgestellt hatte.[157,158]

Allerdings war noch nicht alles perfekt, wie Nallinger weiter einräumte:

»Die Leistungskurven zeigen, dass die feindlichen Nationen bei ihren Triebwerken ein gutes Leistungsniveau erreicht haben, Amerika hat bei der Entwicklung der Höhenleistung vor allem bei seinen Bombern schon früh den abgasgetriebenen Turbokompressor eingesetzt. Auf diese Weise wurden selbst bei teilweise nicht sehr bemerkenswerten Leistungen in Meereshöhe gute Höhenleistungen erzielt.«[159]

Nallinger ging dann auf die Bedrohung durch die britischen Triebwerksentwicklungen ein.

DB 601 E: Zeichnung der Getriebeanordnung.

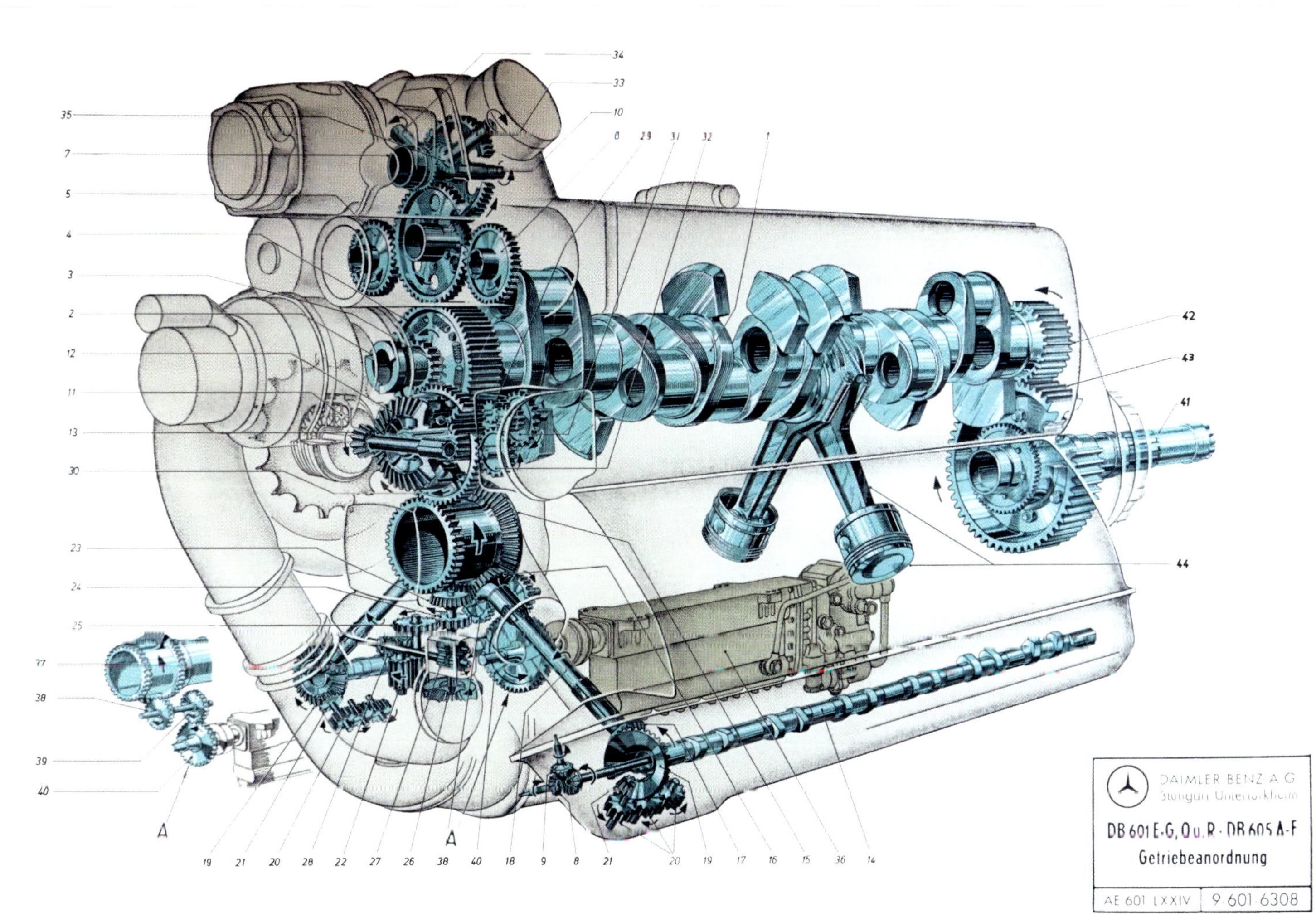

Jumo 213: Zeichnung der Motoreinbauten.

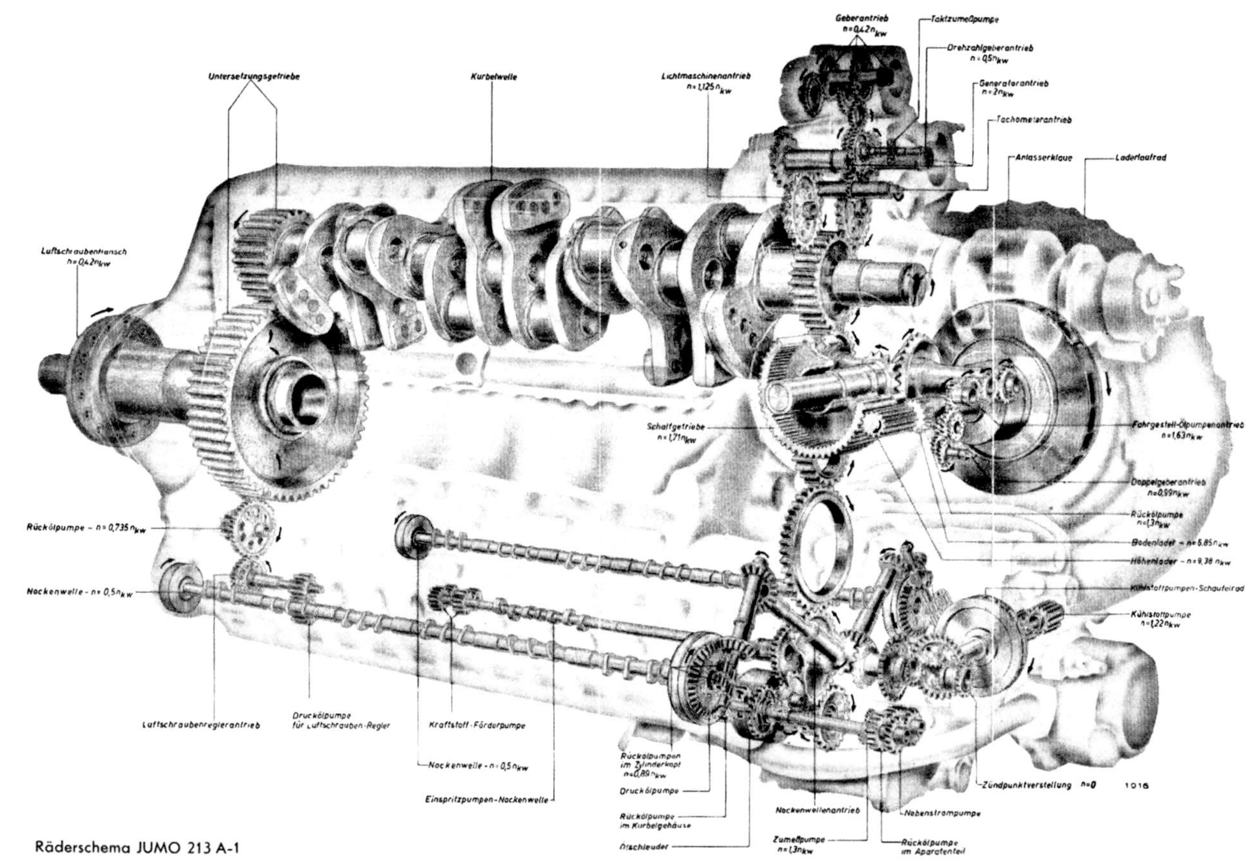

Räderschema JUMO 213 A-1

Jumo 213: Schema des Ölsystems.

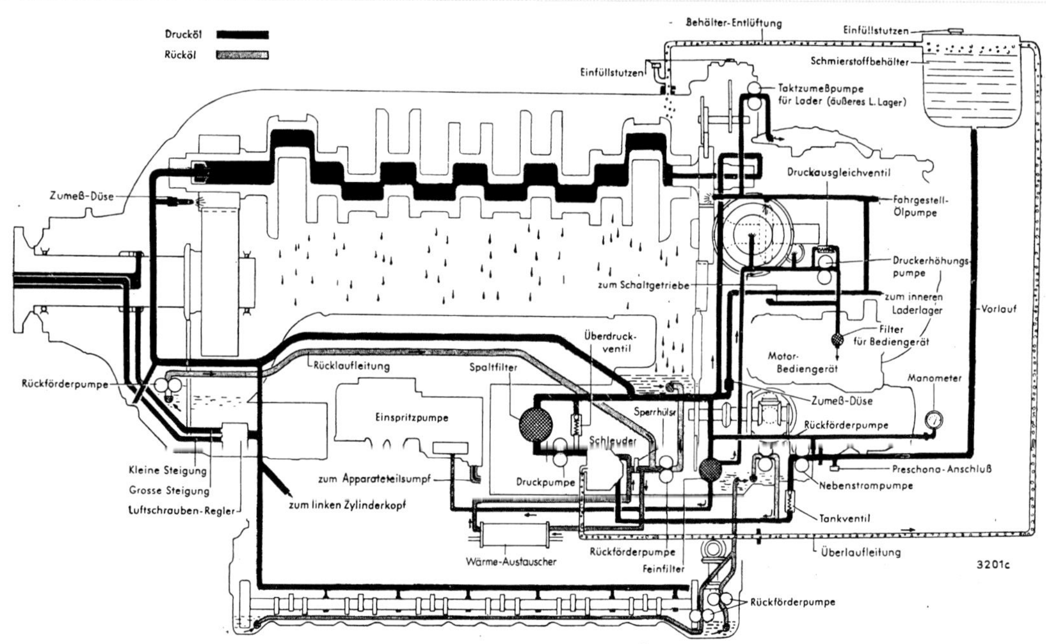

Abb. 13. Schema des Schmierstoff-Kreislaufes

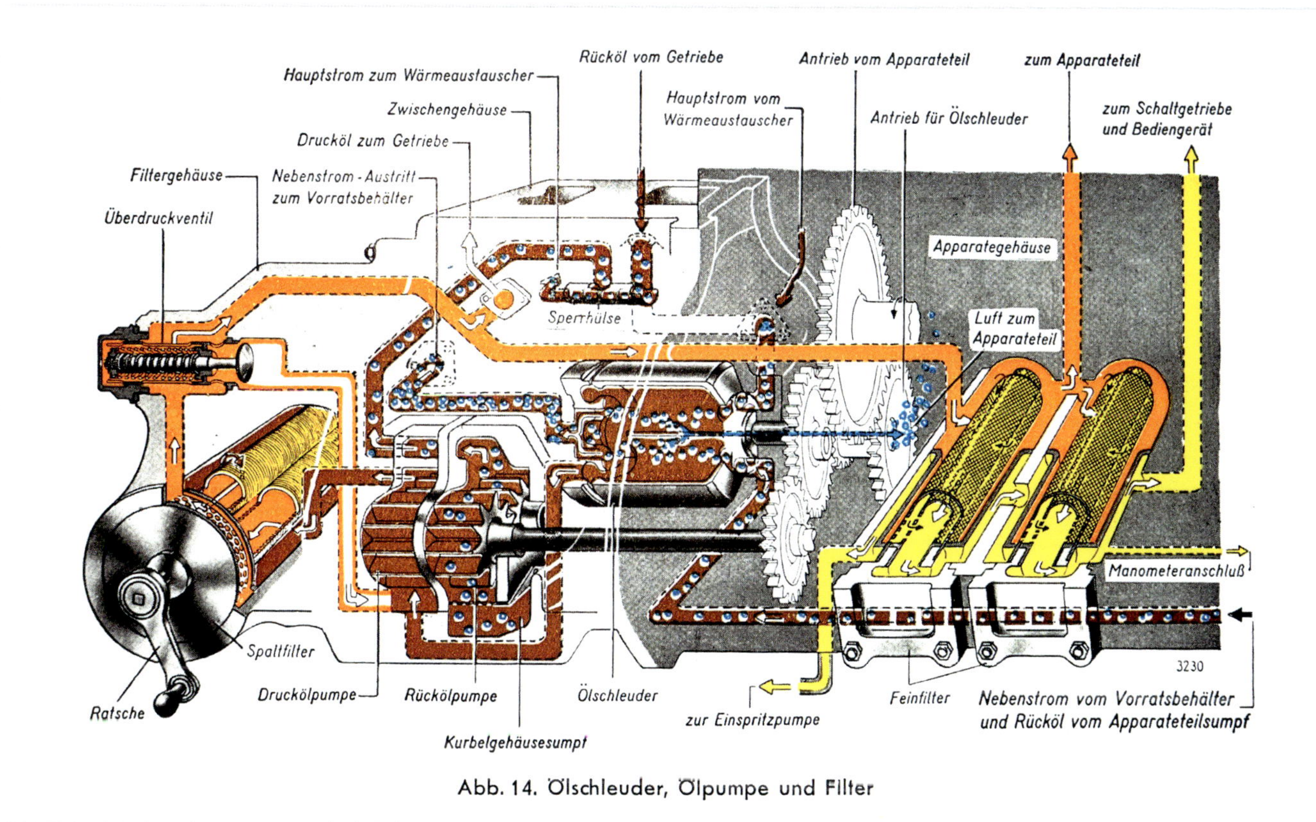

Jumo 213: Ölpumpe und Zentrifuge.

»Großbritannien, das in erster Linie Jagdflugzeuge und Jagdbomber entwickelt, hat das für Jäger geeignete Höhenflugtriebwerk mit zweistufigem mechanisch angetriebenem Lader, das Rolls-Royce Merlin 61, übernommen.«

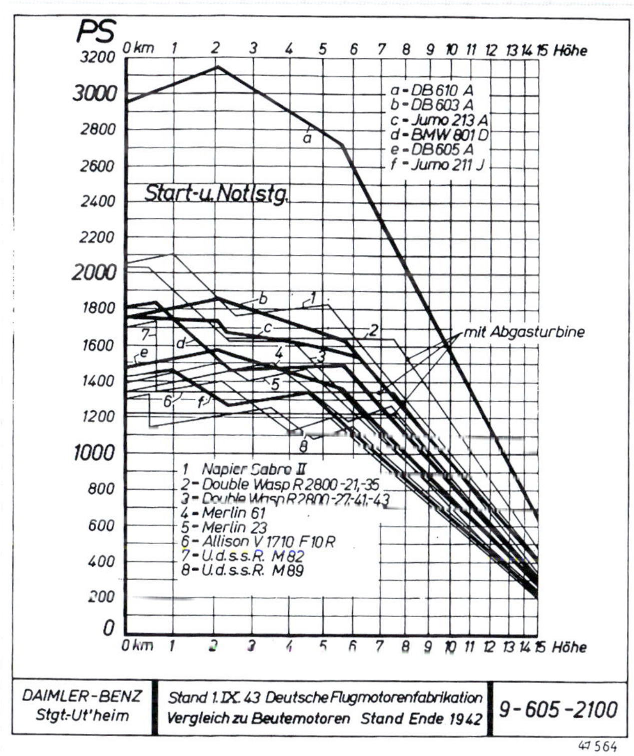

Daimler-Benz-Motorendiagramm mit Motoren der Alliierten.

Nallinger präsentierte ein Diagramm, das die Leistung der deutschen Kolbenmotoren zeigt, die sich derzeit in der Entwicklung befanden. Die gestrichelten Linien stellen berechnete Leistungswerte dar, die durchgezogenen Linien diejenigen, die aus tatsächlichen Prüfstandsdaten stammen. Obwohl einige beeindruckende Leistungen zu sehen sind, kommen von sehr großen,und für Jäger ungeeigneten Motoren. Der BMW 803, der DB 613 und der DB 610 waren praktisch »Doppelmotoren«.

Von den Daimler-Benz-Entwicklungsmotoren schien der DB 627 in Nallingers Diagramm am vielversprechendsten.

Trotz Nallingers optimistischer Darstellung der Fortschritte zeigte Milch am 28. Oktober 1943 einen pessimistischeren Bericht über die deutschen Materialengpässe. Der Mangel an Metallen war weiterhin ein drängendes Problem für die Ingenieure des Reiches, und die Situation verschärfte sich. Milch schickte einen Bericht an Albert Speer, in dem er die Lage der Materialproduktion und des Materialverbrauchs darstellte. Die Nachrichten waren, wie immer, nicht gut:

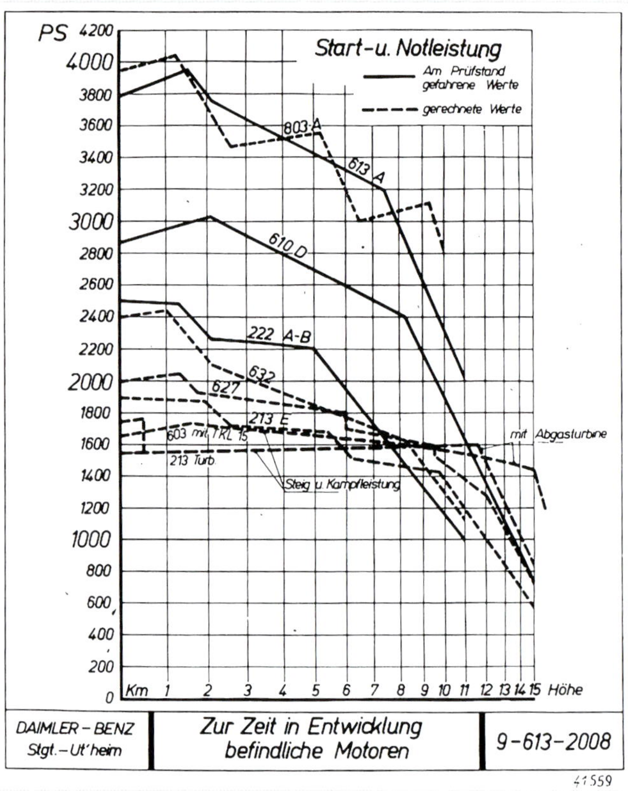

Daimler-Benz – Vergleich Prüfstandleistungen und gerechnete Werte.

»Nickelhaltige Stähle, die früher für hoch beanspruchte Bauteile fast ausschließlich zur Verwendung gelangten, sind heute mit Ausnahme der hochtemperaturbeanspruchten Teile praktisch ausgeschaltet... Der derzeitige Bedarf im fliegerischem Gerät wird für Ventile, Gasturbinen, Sondertriebwerke, Magnete und in geringem Maß für Kurbelwellen, Kolbenlegierungen und einige Waffenbauteile benötigt. Bei ab Gasturbinen und Sondertriebwerken werden zurzeit Erprobung durchgeführt, um trotz der hohen thermischen und chemischen Beanspruchung noch Einsparungen an Nickel zu erzielen.«[160]

Neue Versuchsmotoren, von denen Daimler-Benz Schnappschüsse veröffentlicht hatte, wurden ernsthaft in Frage gestellt, da sie alle große Mengen dieser Metalle verbrauchten.

Im Januar 1943 herrschte ein extremer Mangel an Kobalt, dessen Verfügbarkeit sich innerhalb weniger Monate verzehnfachte.

»Die Verringerung des Kobaltanteils Ende 1942 wurde durch den Fall Französisch-Marokkos und damit sein Ende als unser Hauptkobaltlieferant notwendig. Wir stellen von 65 % Kobalt-Stellit auf 35 % Stellit bei allen Motorkonstruktionen außer den Junkers-Motoren 211, 213, 222 um. Die Versuche, mit kobaltfreiem Stellit auszukommen, sind sehr dringend.«[161]

DB 627 Motor – der DB 603 mit zweistufigem mechanischem Lader.

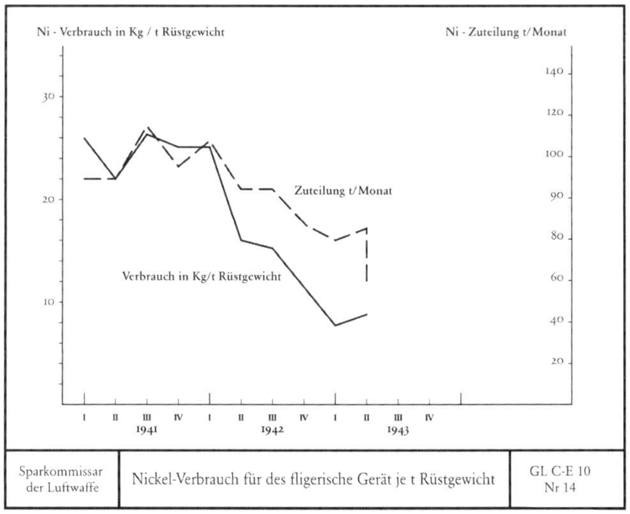

Tabelle der deutschen Nickelproduktion und des Nickelverbrauchs, 1943.

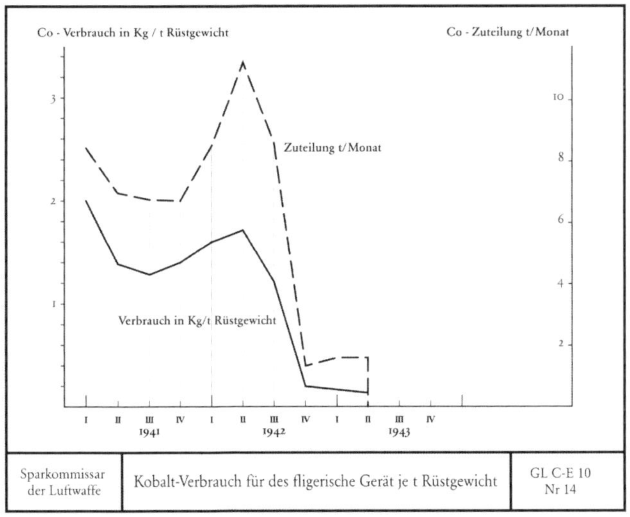

Tabelle der deutschen Kobaltproduktion und des Kobaltverbrauchs, 1943.

Anschließend listet Milch die Einsparungen auf, die in der Luftfahrt bei den benötigten kritischen Metallen erzielt wurden:

»Lieber Speer!
... In nachstehender Tabelle sind die Verbrauchssenkungen für das fliegerische Gerät in kg je Tonne Rüstgewicht und außerdem in Prozenten angegeben:

Molybdän	(von 6,1 kg/t	auf 0,12 kg/t)	98 %
Nickel	(von 26 kg/t	auf 8,7 kg/t)	66 %
Chro	(von 94 kg/t	auf 38 kg/t)	60 %
Wolfram	(von 1,79 kg/t	auf 0,2 kg/t)	89 %
Kobal	(von 8,4 kg/t	auf 1,6 kg/t)	80 %
Kupfer	(von 397 kg/t	auf 145 kg/t)	64 %
Zinn	(von 20,2 kg/t	auf 3,4 kg/t)	83 %
Blei	(von 28,8 kg/t	auf 18,8 kg/t)	35 %

Heil Hitler!
Dein
gez. Milch«[162]

Die deutschen Ingenieure kämpften darum, überhaupt brauchbare Motoren zu bauen, geschweige denn, sie in demselben Tempo zu verbessern, wie die Alliierten ihre Motoren verbesserten.

Das Projekt Ta 153 wurde am 29. November 1943 durch ein neues Konzept von Focke-Wulf ersetzt. Es erschien eine Zeichnung, die die Entstehung dessen zeigte, was das eigentliche einsatzfähige Focke-Wulf-Jagdflugzeug mit dem Jumo 213 werden sollte – die Fw 190 Ra 8 (im Wesentlichen identisch mit der D-9). 163] Sie zeigte das einfache Rumpfabstandsstück, das in das Heck eingesetzt wurde, um den Jumo 213 zu unterbringen, während die Ta 153 in diesem Bereich eine glatte Kontur hatte. Es handelte sich fast nur um das Jagdflugzeug Fw 190 A mit einem aufgepfropften Jumo 213, obwohl an den Flügeln im Bereich der Verbindung zum Rumpf und im Cockpitbereich subtile Änderungen erforderlich waren.

Die Entwicklungslage der deutschen Flugmotoren war ab 1939 ein einziges Desaster. Das war ungefähr der Zeitpunkt, an dem Helmuth Sachse, der alte Freund von Bulman, aus politischen Gründen vom RLM zu BMW »versetzt« und durch Wolfram Eisenlohr ersetzt wurde. Eisenlohr hatte mit Faktoren zu kämpfen, die jedem Manager das Leben unerträglich gemacht hätten: ständige Treibstoffprobleme, Metallknappheit und Fehlentscheidungen seiner Vorgesetzten.

Daimler-Benz Foto des BMW 801 TJ Turbomotors.

Fw 190 D-Holzmodell

Doch Eisenlohr hatte zu viele schreckliche Entscheidungen gefällt, und am 6. Dezember 1943 ordnete Milch seine vorzeitige »Pensionierung« im Alter von 50 Jahren an.

Nach langwierigen Untersuchungen, zu denen auch Gerichtsverhandlungen mit Eisenlohr gehörten, schrieb Milch an das Personalamt des RLM:

> »Berlin, 6. Dezember 1943
> St/GL
> An die Personalabteilung der Luftwaffe /B III
> Betrifft: General-Ingenieur Eisenlohr
> Betreffend: Schreiben GL/C an LP/B vom 20. November 1943
> Die GL bittet den Abteilungsleiter der GL/C-E 3, General Eisenlohr, in den sofortigen Ruhestand mit voller Pension zu versetzen. Nachdem die besonderen Umstände eine Umwidmung der betreffenden Stelle erforderlich gemacht haben, sind weitere Verwendungsmöglichkeiten für General Eisenlohr im allgemeinen Bereich der Luftwaffe nicht mehr gegeben. Andererseits besteht ein Interesse daran, Beschäftigungsmöglichkeiten in der Industrie oder im wissenschaftlichen Bereich offen zu halten.
> Gezeichnet, Milch 7. Dezember 1943.«[164]

Am 15. Dezember schreibt Eisenlohr an den Leiter der GL/C und bittet um sofortige Beurlaubung und um drei Monate Zeit, um eine Stelle im zivilen Bereich zu suchen.

> »Die Arbeit der letzten Jahre von 11 bis 12 Stunden täglich ohne Pause und auch nach den Ereignissen der letzten Monate, die zu meiner Abreise führen, haben meinen Gesundheitszustand schwer beeinträchtigt.«[165]

Die offiziellen Gerichtsprotokolle mit den gegen Eisenlohr erhobenen Vorwürfen sind nicht erhalten. Göring hatte zwar während des Krieges auch viele Hexenjagden angeordnet, aber Eisenlohrs Amtszeit war schwerlich als erfolgreich zu bezeichnen, obwohl die Chancen von Erfolg unter solchen Umständen sehr gering waren. Eisenlohr hatte nicht das gleiche Niveau wie seine Kollegen in Amerika und England erreicht und dafür bezahlt. Vielleicht ist es symptomatisch für Eisenlohrs Amtszeit, dass die DVL am Tag seines Rücktritts einen Bericht veröffentlichte, der die Leistung des Jumo 213 mit dem BMW-Turbolader aufzeigte, ohne jedoch darauf hinzuweisen, dass die betreffenden Ingenieure etwas über die mögliche Anwendung dieser Kombination im Flugzeug wussten.

Vielleicht zwei Jahre zu spät, am 30. Dezember 1943, stellte Focke-Wulf einen Motorenvergleich an, der einen zweistufigen Kompressormotor als Option für das Jagdflugzeug Fw 190 D zeigte. Focke-Wulf verglich alle möglichen Motoren für den Einsatz in seinen Flugzeugen. Der 213er von Jumo gehörte zu den vielversprechendsten Optionen, und insbesondere der 213 E mit seinem zweistufigen Kompressor überzeugte. Allerdings kam er über ein Jahr später als der Merlin 61, und der Einbau würde noch länger dauern.

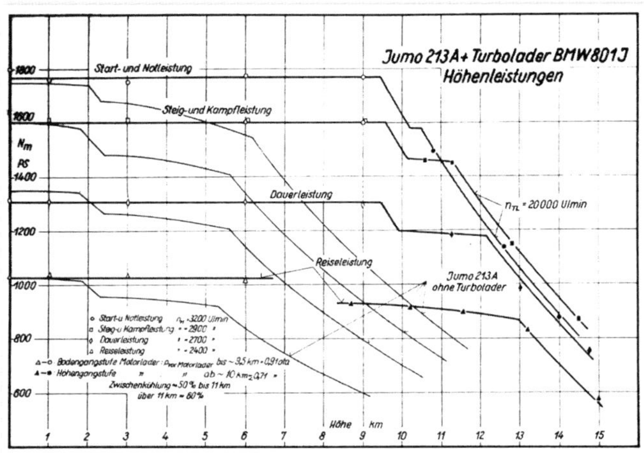

Jumo 213 mit BMW-Turbolader

6) Zusammenstellung der Vergleichswerte

Motor	Triebwerksgewicht kg	Kraftstoff	Startleistung PS	Stirnfläche dm²	Kühlerstfläche dm²	Volldruckhöhe km	Serienstand
BMW 801 D	1560	B 4	1700	131	--	5,7	in Serie
BMW 801 TG	1730	C 3	2000	135	-	5,8	
BMW 801 TH	1680	C 3	2000	135	-	5,8	
DB 603 A	1690	B 4	1750	72	65,0	5,7	seit Ende 1941
DB 603 G	1760	C 3	1900	72	65,5	7,5	Baureihe 0 ab Juni 1944
DB 603m.TKL11	1960	B 4	1740	100	86,3	11,0	
DB 605 A-C	1410	B 4	1475	65	55,8	5,8	seit Ende 1941
DB 610 A	2820	B 4	2950	125	112,6	5,8	seit Ende 1942
Jumo 211 F	1490	B 4	1340	70	40,3	5,3	in Serie
Jumo 211 R	1530	B 4	1350	70	43,5	7,3	in Vorbereitg.
Jumo 213 A	1730	B 4	1750	78	47,2	5,7	erster Motor Mitte 1942
Jumo 213 E	1860	B 4	1740	80	58,3	9,6	erster Motor Ende 1943
Jumo 222 A	2160	B 4	2500	113	84,0	5,1	erster Motor Ende 1942
Jumo 222 E/F	2410	B 4	2400	130	110,3	10,3	erster Motor 1943/1944
Jumo 223 A	2370	Gasöl	2500	125	54,0	6,0	erster Motor Ende 1942 x)

x) Nach einer Rückfrage bei Jumo, Dessau, ist ein Bau des Jumo 223 nicht mehr geplant. Dafür soll der Junkers-Dieselmotor Jumo 224 hergestellt werden, welcher zu einer größeren Leistungsklasse (Startleistung 4500 PS) gehört. Für diesen sind aber Unterlagen z.Zt. noch nicht erhältlich, doch dürften die Leistungsgewichte sich ähnlich wie die des Jumo 223 verhalten.

Focke-Wulf: tabellarischer Vergleich von Motordaten

Italien

Der DB 605-Motor wurde 1943 in das italienische Jagdflugzeug Macchi MC.205 eingebaut. Ursprünglich sollte das Flugzeug mit dem Fiat A-38 ausgestattet werden, aber da Fiat diesen Motor nicht herstellen konnte, war der DB 605 (in Lizenzbauweise als Fiat RA.1050 R.C.58 Tifone bekannt) die einzige ernstzunehmende Option für die italienischen Jäger einschließlich der Fiat G.55 und Reggiane Re.2005. Diese Flugzeuge wurden von denjenigen, die sie flogen, hoch bewertet und hatten Berichten zufolge ein Leistungsniveau, das dem der besten alliierten und deutschen Jäger nahe kam. Sie wurden jedoch nur in geringer Stückzahl gebaut.

Während die Deutschen gehofft hatten, dass die italienische Produktion des DB 605 zu mehr Triebwerken für die Luftwaffe führen würde, benötigte Italien die in Lizenz hergestellten deutschen Triebwerke schließlich für den eigenen Bedarf. Über das Jahr 1943 kann nur teilweise berichtet werden, da Italien am 3. September 1943 durch den Waffenstillstand von Cassibile, der den Rückzug der Nation aus dem Krieg formalisierte, aus dem PS-Wettlauf ausgeschlossen wurde. Dennoch konstruierten die Ingenieure von Fiat, Alfa-Romeo und Isotta das ganze Jahr über neue Flugmotoren für Deutschland unter dem CARIM-CARIF-Banner, wie z. B. den Fiat A-40 in der Konfiguration X-24 (Zeichnungen vom 21. Oktober 1943).

Es wurden vollständige Detailzeichnungen angefertigt, die offenbar ausreichten, um den Motor herstellen zu lassen, einschließlich einer Zeichnung zur Herstellung der A40-Kurbelwelle.

Für Italien war der Krieg zu Ende. Trotz der Produktion von mindestens zwei einsitzigen Jagdflugzeugen, deren Leistung mit der der besten alliierten Jäger vergleichbar war, hatte sich das Land als offensichtlich unfähig erwiesen, seine äußerst begabten Ingenieure und Flugzeugkonstrukteure zu einem Kollektiv zusammenzuschließen, das in der Lage war, einheimische Kampfflugzeuge zu produzieren. Es war ein eklatantes Versäumnis der italienischen Führung, die Fähigkeiten eines Landes nicht besser zu nutzen, das in der Lage war, die bes-

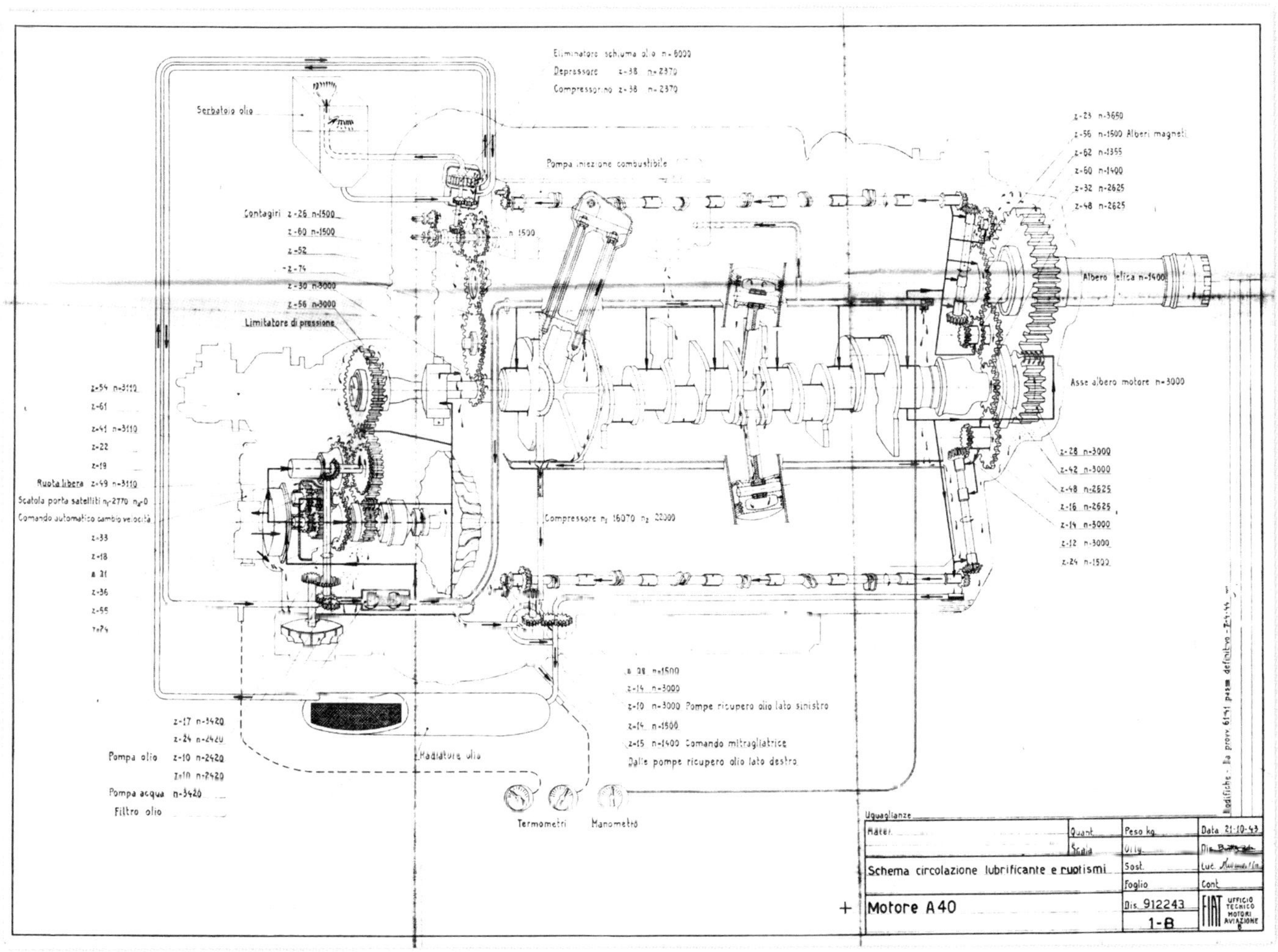

Fiat A-40-Motor: Schema der Motoreinbauten.

ten deutschen Triebwerke ohne offensichtliche Schwierigkeiten herzustellen, und in den 1930er Jahren auch britische Bristol-Motoren in Lizenz mit beachtlicher Präzision und außerordentlicher Zuverlässigkeit produzierte. Keineswegs entsteht der Eindruck, dass es den italienischen Ingenieuren an Können oder Intellekt mangelte.

Dieser totale Misserfolg kann nur auf katastrophales Missmanagement und das Fehlen einer kohärenten nationalen Triebwerkspolitik seit den frühen 1930er Jahren zurückgeführt werden. Italien hatte in den 1930er Jahren nicht ausreichend in fortschrittliche Triebwerkstechnologie investiert, und trotz bemerkenswerter Ausnahmen wie den Weltklasse-Triebwerkstesttunneln von Fiat gab es keine Bemühungen, vor Kriegsausbruch einheimische Triebwerke von gleicher Brillanz zu entwickeln. Dies führte zu einem verzweifelten, inkohärenten Bemühen von Ingenieuren wie denen von Bonas Team, ›Frankenstein‹-Motoren zu schaffen, indem sie Elemente britischer und deutscher Konkurrenzkonstruktionen kopierten, anstatt ihre eigenen von Grund auf zu entwickeln. Es war eine Tragödie für die italienische Luftfahrttechnik. Doch obwohl Italien nun aus dem Krieg ausgeschieden war, war es mit seiner Beteiligung an deutschen Flugmotoren noch nicht ganz fertig. CARIM, ein Konsortium aus Alfa-Reggiane und Isotta-Milano, setzte die Gespräche mit Junkers-Jumo und Daimler-Benz über den Lizenzbau des DB 605 und des Jumo 213 auch nach der Kapitulation Italiens fort, während im Norden des Landes eine Marionettenregierung unter dem Namen Repubblica Sociale Italiana weitergeführt wurde. Diese Gespräche dauerten bis zum totalen Zusammenbruch Deutschlands 1945 an.[166]

Zusammenfassung – 1943

Rolls-Royce erlebte 1943 einen erneuten Aufschwung im Bereich der Flugzeugtriebwerke. Die ultimative Merlin-Variante für den Krieg – der RM14SM oder Merlin 100 – wurde in Derby getestet. Sie verfügte endlich über eine Kraftstoffeinspritzung, allerdings in Form eines einfachen Einpunkt-Einspritzsystems in das Laderauge. Dies brachte nicht die Vorteile in Bezug auf die Kraftstoffeinsparung, die eine Einspritzung an oder in jeden Zylinder bietet, da das Einpunktsystem immer noch genug Kraftstoff durchlassen musste, um sicherzustellen, dass der am schwächsten laufende Zylinder fett genug war, um eine Detonation zu vermeiden. Dies bedeutete, dass die meisten Zylin-

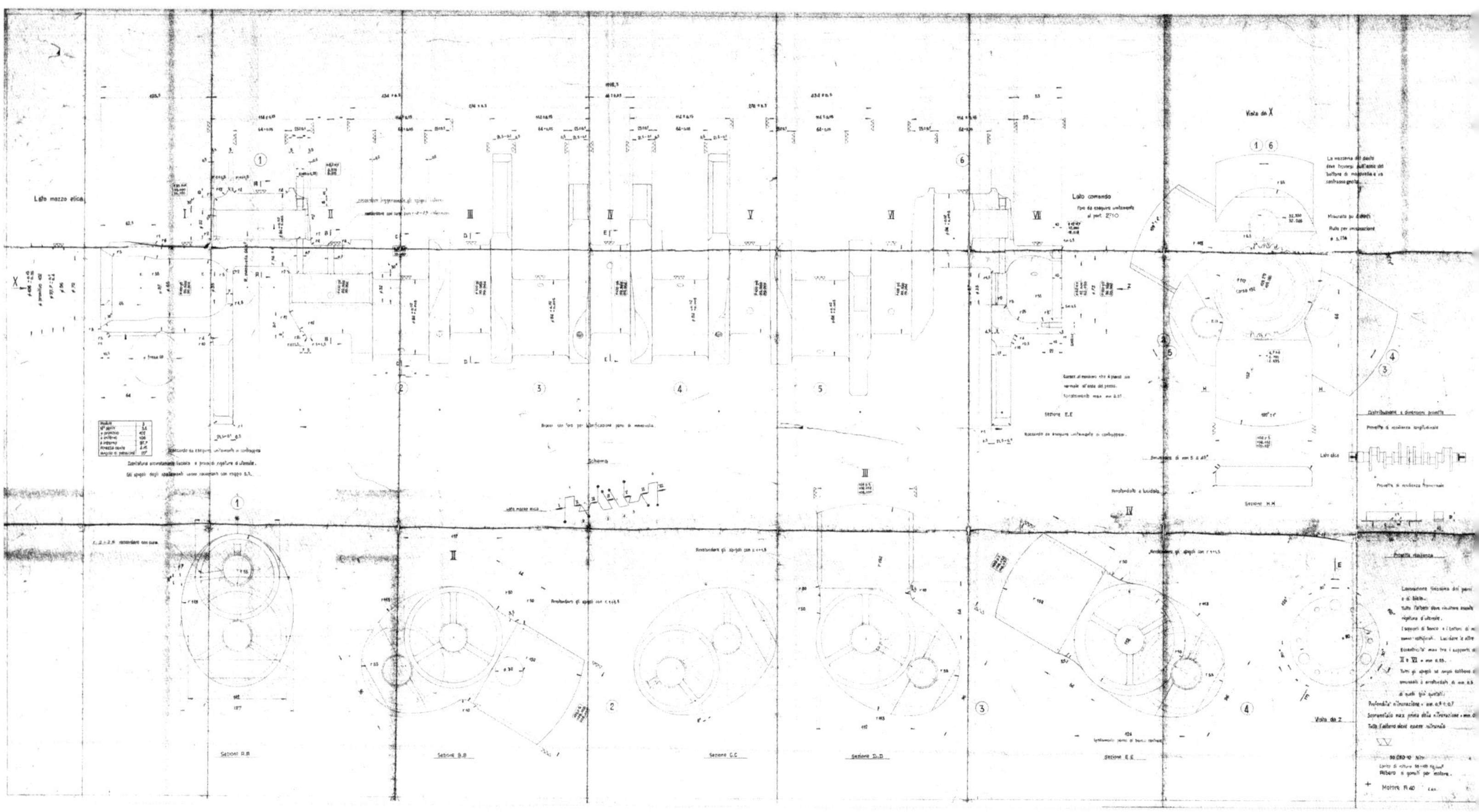

Fertigungszeichnung der Kurbelwelle eines Fiat A-40-Motors.

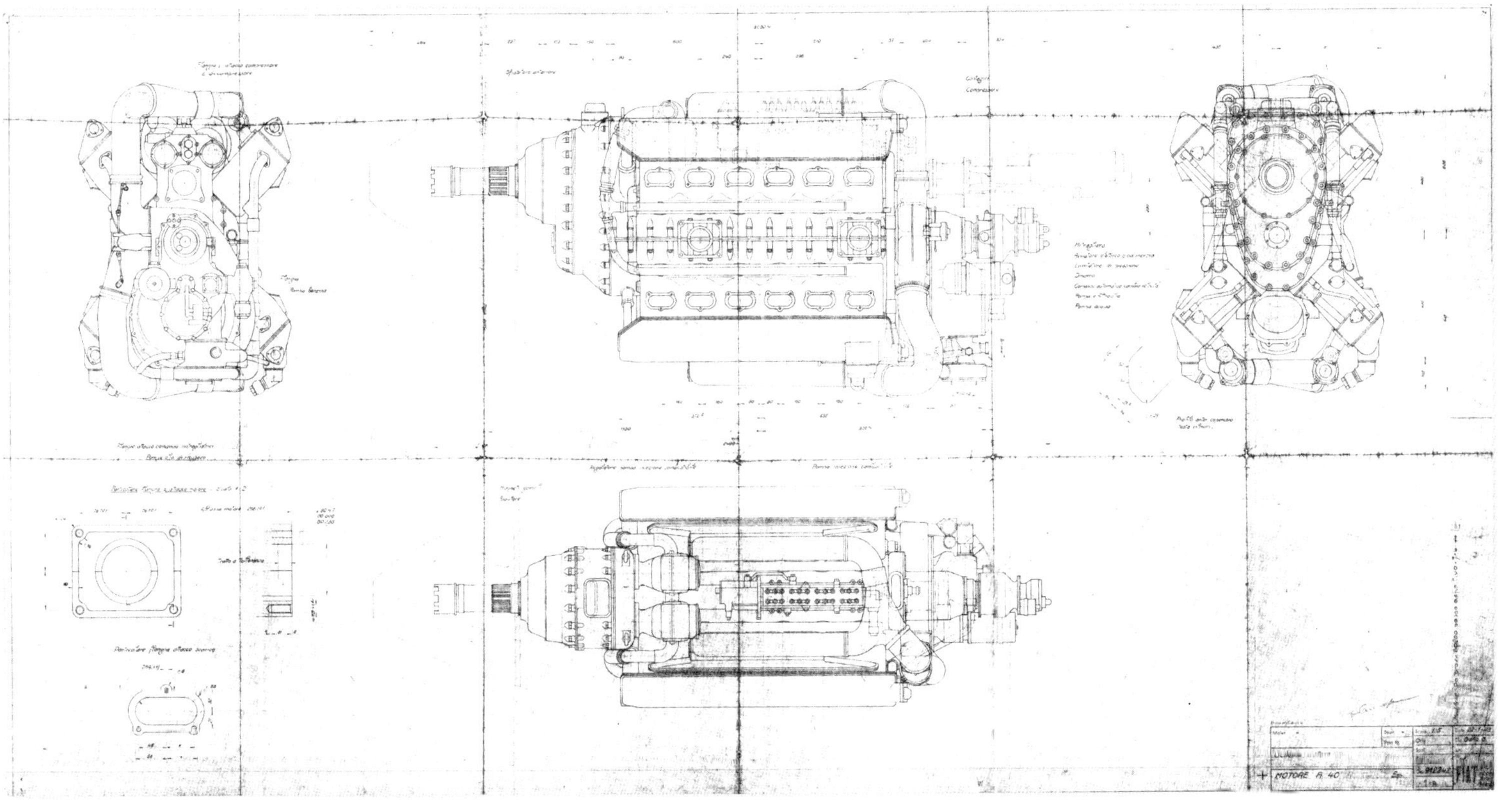

Fiat A-40-Motor.

der mehr Kraftstoff erhielten, als technisch erforderlich war. Es handelte sich jedoch um eine einfache Technologie, die Rolls-Royce schnell umsetzen konnte und die zumindest die Negativ-g-Kraftstoffprobleme ein für alle Mal löste.

Bei der 100er-Serie wurde auch die gleiche durchgehende Ölzuführung zur Kurbelwelle wie bei den V12-Motoren von Jumo eingeführt. Es ist nicht bekannt, ob dies von Jumo kopiert wurde, aber es scheint sehr plausibel, da Rolls-Royce die erste Firma war, die zu Beginn des Krieges einen Jumo 211 studierte.

Auch die Zusammenarbeit Großbritanniens mit Amerika zahlte sich aus: 1943 brachte Packard den ersten zweistufigen, aufgeladenen Packard Merlin auf den Markt. Dies war wahrscheinlich der wichtigste alliierte V12-Serienmotor des Zweiten Weltkriegs, und seine rasche Einführung war ein Beispiel für die entschlossenen und konzentrierten Bemühungen von Rolls-Royce, einen soliden Motortyp herzustellen.

Bei Bristol und Napier hingegen war nicht alles in Ordnung. Beide waren ohne die Konstrukteure, die ihre Motoren konzipiert hatten – Fedden und Halford –, und beide Firmen hatten Mühe, die Entwicklung schnell voranzutreiben. Bristol hatte es das ganze Jahr über nicht geschafft, den Ladedruck des Centaurus über + 8,5 psi [0,586 bar] hinaus zu erhöhen, und die MAP-Datei für das Jahr enthält nur ein paar dürftige Seiten mit Mitteilungen von Bristol. Der Sabre verharrte bei + 9 psi [0,621 bar], und alle Anstrengungen wurden stattdessen auf die Verbesserung der Zuverlässigkeit und eine völlige Umstrukturierung des Unternehmens unter English Electric verwendet, wobei Banks im Ministerium für den Sabre zuständig war.

Der Merlin war am Ende des Jahres in der Lage, zuverlässig mit einem Ladedruck von 25 psi [1,72 bar] zu arbeiten. Auch Großbritannien war keineswegs vor Managementproblemen gefeit, und es kam zu ernsthaften Reibereien zwischen Bulman, Linnell (dem neuen CRD) und F. R. Banks über die beste Politik für die Entwicklung des Sabre, wobei Bulman Banks direkt beschuldigte, er habe versucht, das gesamte Sabre-Projekt mit geheimen Mitteln zu stoppen.

Eine bessere Nachricht für Großbritannien war, dass der britische technische Geheimdienst A.I.2.g. endlich herausgefunden hatte, was sich in den GM1-Tanks befand, und dass Distickstoffoxid bald Teil der britischen Triebwerkspolitik sein würde.

Major Bell hatte auch richtig festgestellt, wie die deutschen synthetischen Treibstoffe gemischt wurden, aber seine Erkenntnisse wurden ignoriert und die Gelegenheit, der schwachen deutschen Treibstoffindustrie einen vernichtenden Schlag zu versetzen, wurde verpasst. Wäre Bells Bericht beachtet worden, hätte der Krieg gegen die synthetischen Kraftstoffe vielleicht ein Jahr früher und auf entscheidendere Weise begonnen, als es später der Fall war. Dies war möglicherweise der größte Fehler in der Bombardierungsstrategie der Alliierten im Zweiten Weltkrieg.

In Bezug auf die Entwicklung war es nun schwierig, Amerika als eine von Großbritannien getrennte Nation zu betrachten, so eng waren ihre Motorenprogramme miteinander verflochten. Chrysler hatte bewiesen, dass seine technischen Analysemethoden weltweit führend waren, und seine Arbeiten über fotoelastische Spannungen konnten es mit allem aufnehmen, was zu dieser Zeit in Deutschland oder England entwickelt wurde.

Allerdings hatte Chrysler, wie viele andere Firmen auch, eine gewisse Naivität bei der Wahl der Motorenkonstruktion an den Tag gelegt und eine unangemessene Summe an Regierungsgeldern für das Hyper-Engine-Projekt – den hängenden V16 – verschwendet. Mit vielen Fortschritten, die eindeutig von deutschen Konstruktionspraktiken beeinflusst waren, war der Chrysler-Motor vielversprechend, aber die Entscheidung für einen V16-Motor machte ihn unpraktisch groß, und die Entscheidung, bei einem flüssigkeitsgekühlten Reihenmotor bei zwei Ventilen pro Zylinder zu bleiben, war als Konzept schon Mitte der 1930er Jahre völlig überholt. Es war eine schockierende Verschwendung von Zeit, Ressourcen, Geld und Potenzial.

Die Amerikaner hatten einige der gleichen Fehler begangen wie die Deutschen und ließen beispielsweise zu, dass viele ihrer Ingenieure zwangsverpflichtet wurden. Wie Hives nach seinem Besuch in Wright Field feststellte, hatte dies zu einer deutlichen Verlangsamung der Entwicklungsbemühungen geführt. Es ist bemerkenswert, dass Amerika trotz dieser selbst auferlegten Beschränkungen die einzige Nation war, die ein- und zweimotorige Jagdflugzeuge mit Turbolader im Einsatz hatte. Wie die amerikanischen Ingenieure jedoch bei der BMW 801 gesehen hatten, fehlte ihnen ein automatisches Triebwerkskontrollsystem wie das Kommandogerät, das die Einsatzmöglichkeiten ihrer turboaufgeladenen Flugzeuge drastisch verbessert hätte.

In der Praxis erforderten ihre Flugzeuge ein hohes Maß an Piloteneingriffen, um bei schnellen Höhenänderungen im Gefecht sicher zu laufen, da die Turbolader nicht über ein effektives vollautomatisches, auf dem Höhendruck basierendes Steuerungssystem verfügten. 1943 war Deutschland noch die einzige Nation, die in der Lage war, die Leistungsvorteile zu nutzen, die durch die extreme Ventilüberschneidung möglich waren. Die Ingenieure von Wright Field bemerkten die vom BMW 801 verwendete Überschneidung und wussten aus eigenen Untersuchungen, dass sie einen Vorteil darstellte. Dies war ein entscheidender Leistungsvorteil, der von keinem alliierten Kampfflugzeugmotor erreicht werden konnte. Ohne Direkteinspritzung würde der Kraftstoff aus den Auspuffrohren herausgeschleudert werden, da die Einlass- und Auslassventile über einen langen Zeitraum gleichzeitig geöffnet wären.

Zwar hatten die Alliierten es versäumt, interessante Motorentwicklungen wie die Direkteinspritzung oder die extreme Ventilüberschneidung zu nutzen, aber sie hatten zugleich katastrophale Fehler in der Grundkonstruktion ihrer Motoren vermieden. Deutschland hatte 1943 in vielerlei Hinsicht einen Rückschritt gemacht; es war ein Jahr des Unglücks und des Scheiterns. Der Motor Jumo 213 ging erst spät in die Massenproduktion, die Materialknappheit war so groß, dass nicht einmal ein einfaches Auspuffrohr hergestellt werden konnte, das nicht rissig wurde, und die nationalen Vorräte an hochoktanigem C3-Kraftstoff waren immer noch erbärmlich niedrig. Bei den Programmen zur Integration von Triebwerken und Flugzeugzellen herrschte völliges Chaos. Niemand schien zu wissen, welches Flugzeug er produzieren oder welches Triebwerk er einbauen sollte, und die Konferenzen arteten in Streitereien zwischen den Herstellern und Milch aus.

Milch selbst hatte schließlich erkannt, was zu tun war, und das Unvermeidliche war geschehen: Der Leiter der Triebwerksentwicklung des RLM, Wolfram Eisenlohr, wurde kurzerhand entlassen und durch Dr. Otto Cuno, ehemals DVL, ersetzt. Bulmans Amtskollege hatte sich als unfähig erwiesen, die komplexen und miteinander verknüpften Facetten der deutschen Triebwerksentwicklung auf nationaler Ebene zu koordinieren, und hatte fast fünf Jahre lang mit Chaos, Missmanagement und schlechten technischen Entscheidungen bezahlt. Es war kaum zu glauben, dass die deutschen Triebwerkshersteller 1943 über die Einführung von Hochdruck-Hochtemperatur-Kühlsystemen stritten. Wie Messerschmitt feststellte, war das Kühlsystem der Spitfire etwa 20 % effizienter als die ihm zur Verfügung stehenden Systeme, weil ein solches System nicht eingeführt worden war. Eisenlohr hatte nur Ausreden vorgebracht, und obwohl es stichhaltige technische Gründe gab, warum die deutschen Motoren nicht heißer laufen konnten, hätte man ein Hochtemperatur-Hochdruck-Kühlsystem schon Jahre früher entwickeln können, als es noch keine Lieferschwierigkeiten gegeben hatte.

Schließlich wurde die Me 210 nun unter dem Namen Me 410 in Dienst gestellt. Messerschmitt wurde vom RLM für die katastrophalen aerodynamischen Mängel der Me 210 verantwortlich gemacht, obwohl es das RLM war, das Messerschmitt die ruinösen Produktionskürzungen und einen externen Konstruktionsstab auferlegt hatte. Auch bei der Me 210 kam es zu Motorbränden,[167] die wahrscheinlich auf eine Vorzündung mit Überhitzung zurückzuführen waren.[168]

Daimler-Benz hatte getan, was vielleicht zwei Jahre zuvor hätte getan werden sollen, und eine Ölzentrifuge entwickelt, die für Motoren mit Problemen bei der Ölversorgung unerlässlich war. Ohne sie war der Bau eines leistungsstarken flüssigkeitsgekühlten Kolbenmotors in Deutschland bis 1943 schlichtweg unmöglich, was auch Jumo mit dem Jumo 213 erkannt hatte. Mit dem 213 hatte Jumo inzwischen einen hervorragenden Motor geschaffen; die Anordnung der Zündkerzen senkrecht nach unten in die Kammer war sogar besser als die diametral entgegengesetzte Anordnung wie beim Merlin und wesentlich besser als die Anordnung bei den Motoren DB 601 oder DB 605. Der

213 verfügte auch über eine Hochdruckkühlung, die Jumo erstmals beim Jumo 211 F mit seiner »Presswasserkühlung« eingesetzt hatte.

Mit dem Selbstmord Jeschonneks und der Entlassung Eisenlohrs bestand zumindest die Chance für einen Neuanfang in der deutschen Flugmotorenentwicklung und -produktion, aber es war viel zu spät.

Die beste Chance für Deutschland bestand darin, alle Anstrengungen zu unternehmen, um den Jumo 213 so schnell wie möglich weiterzuentwickeln, obwohl selbst Jumo den Fehler gemacht hatte, an seinen alten Gewohnheiten festzuhalten. Es war eine schlechte Wahl, in den späten 1930er Jahren einen völlig neuen Flugmotor zu entwickeln und trotzdem die Anordnung mit drei Ventilen pro Zylinder beizubehalten. Obwohl das Unternehmen einen 213er mit Vierventilkopf in der Erprobung hatte, würde die Einführung in die Produktion weitere Störungen verursachen.

Die Daimler-Benz-Motoren waren am anfälligsten für minderwertige Materialien, Kraftstoffe und Öle, da Jumo als erstes Unternehmen Systeme wie die Kurbelwellennase-Ölzufuhr, Ölzentrifuge und Druckkühlung entwickelt hatte.

Jumo- und DB-Motoren nutzten beide dasselbe Kühlkonzept: ein langes Rohr über die gesamte Lange des Motors, das die einzelnen Kammern mit einzelnen Düsen mit Kühlflüssigkeit versorgt, und ein Sekundärstrom, der durch die Zylinderwände fließt. Der höhere Wasserdruck, der bei Jumo verwendet wurde, trug jedoch dazu bei, dass das Kühlmittel nicht in den Zylinderköpfen kochte, was Daimler hätte eigentlich vermeiden können.

Für das kommende Jahr blieb abzuwarten, ob die Alliierten den zweistufigen Merlin mit der P-51 in die Massenproduktion bringen konnten, ob Allison die Turboladerprobleme der zweimotorigen P-38 lösen konnte und ob Deutschland seine vielfältigen Motoren- und Flugzeugprogramme irgendwie konsolidieren und ein Kampfflugzeug mit einem Jumo 213-Motor in großen Stückzahlen in die Luft bringen konnte. Daimler musste die Ölzentrifuge schnell in Betrieb nehmen, die Ölspülung des DB 605 verbessern und vorrangig die Hochdruckkühlung einführen.

BMW hatte bei der Entwicklung der verchromten, nickelarmen Ventile wahre Wunder vollbracht, aber die verchromten Ventile trotzten lediglich den Materialeinschränkungen etwas; sie waren jedoch immer noch nicht so widerstandsfähig gegen Heißkorrosion wie britische oder amerikanische Ventile.

Die Probleme mit der Kraftstoffverdünnung, die Daimler-Benz so sehr schadeten, waren ebenfalls auf dem besten Weg, gelöst zu werden, als die Zusammensetzung des C3-Kraftstoffs geändert wurde. Der C3-Kraftstoff wurde schrittweise so verändert, dass die Verbindungen, die nur bei hohen Temperaturen siedeten, entfernt und durch solche ersetzt wurden, die leicht siedeten. Für den vom Pech verfolgten DB 601 N kam diese Entwicklung zu spät, und auch die Komplexität der Direkteinspritzung war nicht rechtzeitig gelöst worden, um den vielversprechenden DB 601 E mit seiner hohen Ventilüberschneidung, dem verbesserten Kompressor und den gereinigten Zylinderkopföffnungen zu retten.

Deutschland machte große Fortschritte bei der Bewältigung erstaunlich komplexer technischer Probleme, widmete aber zu viel Aufwand der Zuverlässigkeit und ließ nur wenig Zeit für die Leistungsentwicklung. Die Programme kamen zu langsam voran. Aus diesem Grund wurden 1943 viele große Pläne ad acta gelegt, als man erkannte, dass der DB 605 mit einem verbesserten Ölsystem mit Hochleistungspumpen und einem größeren Kompressor besser war als die meisten der phantasievollen Entwürfe, die in den beiden vorangegangenen Jahren erdacht worden waren. Der DB 605 D bildete somit das Rückgrat für die weitere Leistungssteigerung der Me 109 im folgenden Jahr. Die Ingenieure der Alliierten hatten nur wenige Probleme mit Treibstoffen, Ölen oder Materialien, wie sie in Deutschland auftraten. In dieser Hinsicht taten sie gut daran, die Direkteinspritzung nicht schon während des Krieges einzuführen, da ihre Entwicklung möglicherweise zu lange gedauert hätte. Nachdem man den Krieg (unklugerweise) mit der Einpunkt-Kraftstoffzufuhr begonnen hatte (sei es mit Einspritzung, Druckvergasern oder normalen Vergasern), war es richtig, dabei zu bleiben und das Beste aus einer älteren Technologie zu machen.

In Italien versuchte Fiat gerade, neue Flugmotoren zu konzipieren und zu entwickeln, und entwickelte eine Vielzahl neuer und interessanter Entwürfe, von denen viele wie seltsame Hybride aus dem DB 601 und dem Rolls-Royce Merlin aussahen.

Die Ideen für neue Triebwerkskonzepte hatten in dieser Phase des Krieges keine Möglichkeit der praktischen Anwendung. Sie waren wahrscheinlich ein typisches Symptom für den Mangel an logischer Planung und realistischen Fristen, der alle totalitären Regime begleitet. Vielleicht fürchteten die Konstrukteure, dass die Verantwortlichen herausfinden würden, dass sie kaum etwas wirklich Nützliches zu tun hatten. Die Veröffentlichung einer brandneuen Triebwerkskonstruktionszeichnung, die nur sieben Monate vor der Kapitulation Italiens datiert wurde, ist vielleicht ein passendes Sinnbild für die Verschwendung von Talenten in der italienischen Triebwerkskonstruktion in der Zeit vor und während des Zweiten Weltkriegs. Italien hatte es versäumt, das Potenzial seiner Konstruktionen aus den späten 1920er Jahren zu nutzen, hatte zu lange an der geschweißten Blechkonstruktion der Zylinder festgehalten und sich zu sehr auf den Bau von Motoren in Lizenz verlassen, anstatt eigene zu entwickeln.

Ironischerweise war die Verwendung von dünnem Eisenmetall für den Bau von Motoren an sich ein guter Plan, scheiterte aber an der Unpraktikabilität des Handgasschweißens von Tausenden von leckfreien Zylindern pro Jahr. Ihre Konkurrenten hingegen verwendeten für ihre Aluminiumköpfe und -blöcke einfach Sandguss. Die italienischen Ingenieure hatten bewiesen, dass es ihnen an Talent und Können nicht mangelte, wie ihre Fähigkeit zeigte, die deutschen Motoren mit Direkteinspritzung auf ihren eigenen Maschinen zu bearbeiten und zu bauen. Das italienische Scheitern kann nur als eine Kombination aus einem Mangel an gemeinsamen Zielen, Visionen und Motivation beschrieben werden, zusammen mit dem völligen Fehlen einer kohärenten langfristigen Luftfahrtplanungsstrategie auf höchster Regierungsebene.

Ende 1943 waren von der italienischen Triebwerksindustrie nur noch Macchi und Fiat übrig, die hauptsächlich MC.205 und G.55 für die Jagdstaffeln der ANR (Aviazione Nazionale Repubblicana) produzierten. Die italienischen Motorenfirmen Isotta, Alfa und Fiat unterstützten Deutschland als Teil der »Organisation Todt« (OT) und stellten Teile für deutsche V12-Triebwerke her. Trotz des Namens unterstand dies nun Speer, und so wurde das, was von Norditalien übrig geblieben war, tatsächlich nur ein weiterer Bestandteil von Speers Produktionsprogramm.

Kapitel 8

1944 – Der Krieg um den synthetischen Kraftstoff

Großbritannien

Der Ausgang des Krieges war auch zu Beginn des Jahres 1944 noch nicht absehbar. Die deutsche Produktion von Kampfflugzeugen hatte sich im Vergleich zu den 12 Monaten zuvor verdoppelt, der D-Day war noch nicht erfolgreich durchgeführt worden und die Produktion von Flugbenzin in Deutschland stieg stetig an.[1,2] Die Entwicklungsfortschritte der Briten durften nicht nachlassen, und einer davon war die Lösung der Lagerprobleme der Napier Sabre, wie der Vandervell-Ingenieur David Green in seinem Logbuch für die Lagerentwicklung schrieb:

> »13.1.44 - 3000 Stunden ohne Ausfall des Sabre-Hauptlagers bis heute.«[3]

Vandervell stellte fest, dass in seinem Werk während des Krieges bisher 68.000 Blei-Indium-Lager hergestellt worden waren. Anfang des Monats waren Lager mit einer Silberzwischenschicht erprobt worden, und Ende Januar waren die Schalen, bestehend aus einem Stahlrücken, einer Silberzwischenschicht und einer Blei-Indium-Deckschicht, auf der Rückseite aus Gründen der Wärmeleitfähigkeit auch mit Gold beschichtet worden.

Nachdem die Probleme mit den Kurbelwellenlagern gelöst und der Verschleiß der Hülsen auf ein erträgliches Maß reduziert worden waren, konnte der Sabre nach jahrelanger Entwicklung endlich zu einer brauchbaren Kriegsmaschine werden. Es erwies sich jedoch als schwierig, die für die Sabre IV vorgesehene höhere Leistung zuverlässig zu erreichen. 1944 arbeitete Hawker immer noch an der Überarbeitung des Typhoon-Jägers. Diese waren inzwischen so umfangreich geworden, dass die überarbeitete Typhoon II stattdessen als Hawker Tempest in Dienst gestellt wurde; eine völlig neue und viel dünnere Flügelform war die wichtigste Änderung.[4]

Mit dem neuen Sabre IV-Triebwerk sollte sie eine Geschwindigkeit von 455 mph [732 km/h] in 25.000 Fuß [7620 m] erreichen.[5] Die Probleme mit dem Sabre IV erwiesen sich als so gravierend, dass zum Leidwesen von Hawker die Tempest kurz vor 1944 unter Verwendung des Sabre II in Produktion ging. Dies hatte einige unerwünschte Änderungen an der Zelle zur Folge, darunter auch die Rückkehr zum Typhoon-Typ mit untergeschobenem Kühler. Die ursprüngliche Tempest war mit flügelmontierten Kühlern konstruiert worden, die praktisch identisch mit denen der Bf 109 F waren. Als die Tempest mit dem Sabre II-Motor 1944 getestet wurde, stellte sich heraus, dass statt 455 mph nur 439 mph [706 km/h] erreicht wurden.[6]

Glücklicherweise hatten auch die letzten erbeuteten deutschen Motoren keine dramatischen Verbesserungen gezeigt. Der DB 603-Motor wurde zwar seit den späten 1930er Jahren entwickelt, aber von den Alliierten erst im Februar 1944 untersucht, als der DB 603-Motor einer abgeschossenen Me 410 zur Untersuchung durch das RAE zur Verfügung stand. Der Motor war zu stark beschädigt, um repariert und betrieben werden zu können, aber intakt genug, um zerlegt und untersucht zu werden, obwohl die Aufladeeinheit fast zerstört worden war.

Die 603, die in dieser späten Kriegsphase bei der Luftwaffe im Einsatz waren, waren oft recht frühe Exemplare des Motors, wobei das Exemplar des RAE vermutlich ein Prototyp aus der Vorserie war (und daher 1944 schon recht alt).

> »Abgesehen von der Verwendung von Rollenhauptlagern und der ungewöhnlichen Anordnung der Schmierung des Pleuels wurden bei der Untersuchung keine Konstruktionsmerkmale von besonderem Interesse festgestellt.«[7]

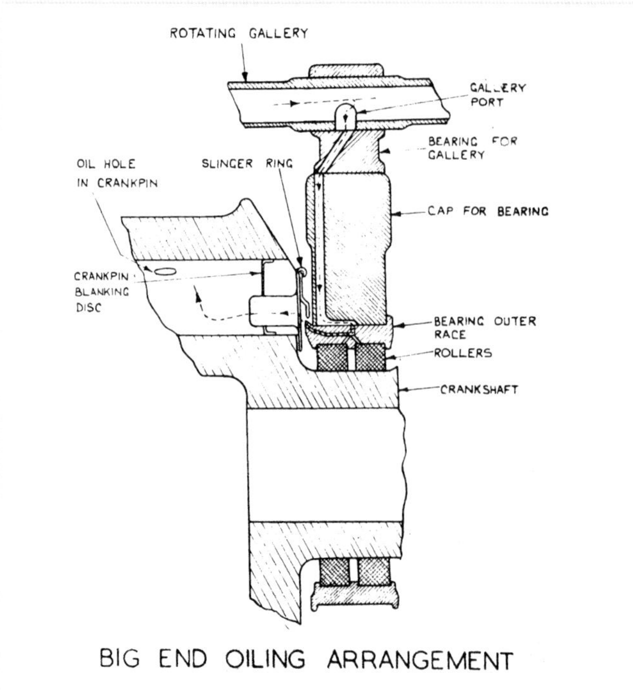

RAE: Zeichnung des Kurbelwellenölsystems des DB 603 von der Me 410, Februar 1944.

Die Konstruktion des DB 603 war eindeutig darauf ausgerichtet, das Kurbelwellensystem mit einem absoluten Minimum an Öl zu betreiben; die Rollenlager benötigten für ein effektives Arbeiten nur sehr wenig Öl, und das Öl musste nicht unter hohem Druck stehen. Nachdem das Öl durch das Rollenlager geflossen war, wurde es in den Pleuelzapfen »geschleudert«.

Die Konstruktion der Ölversorgung des DB 603 war jedoch ziemlich archaisch und ein Überbleibsel der sehr frühen Konstruktionslinie des Motors aus der Mitte der 1930er Jahre. Sie war eine mögliche Folge der dreijährigen Stilllegung der Entwicklung des Motors zwischen 1937 und 1940 und der anschließenden Wiederaufnahme der Entwicklung, die in dieser Zeit fortgeschritten war.[8]

Am 29. Februar 1944 wurden Besprechungen abgehalten, die einen Überblick über den aktuellen Stand der verschiedenen Spitfire-Varianten gaben:

»In jüngerer Zeit hat Rolls-Royce die Motoren der Griffon 61-Serie mit zweistufigem Kompressor und Ladeluftkühler entwickelt. Die Spitfire 21 ist mit diesem Motor ausgestattet … In der Zwischenzeit hat die Produktion des Griffon 61-Motors die Entwicklung der Spitfire 21 hinter sich gelassen, und der Motor wurde daher in der

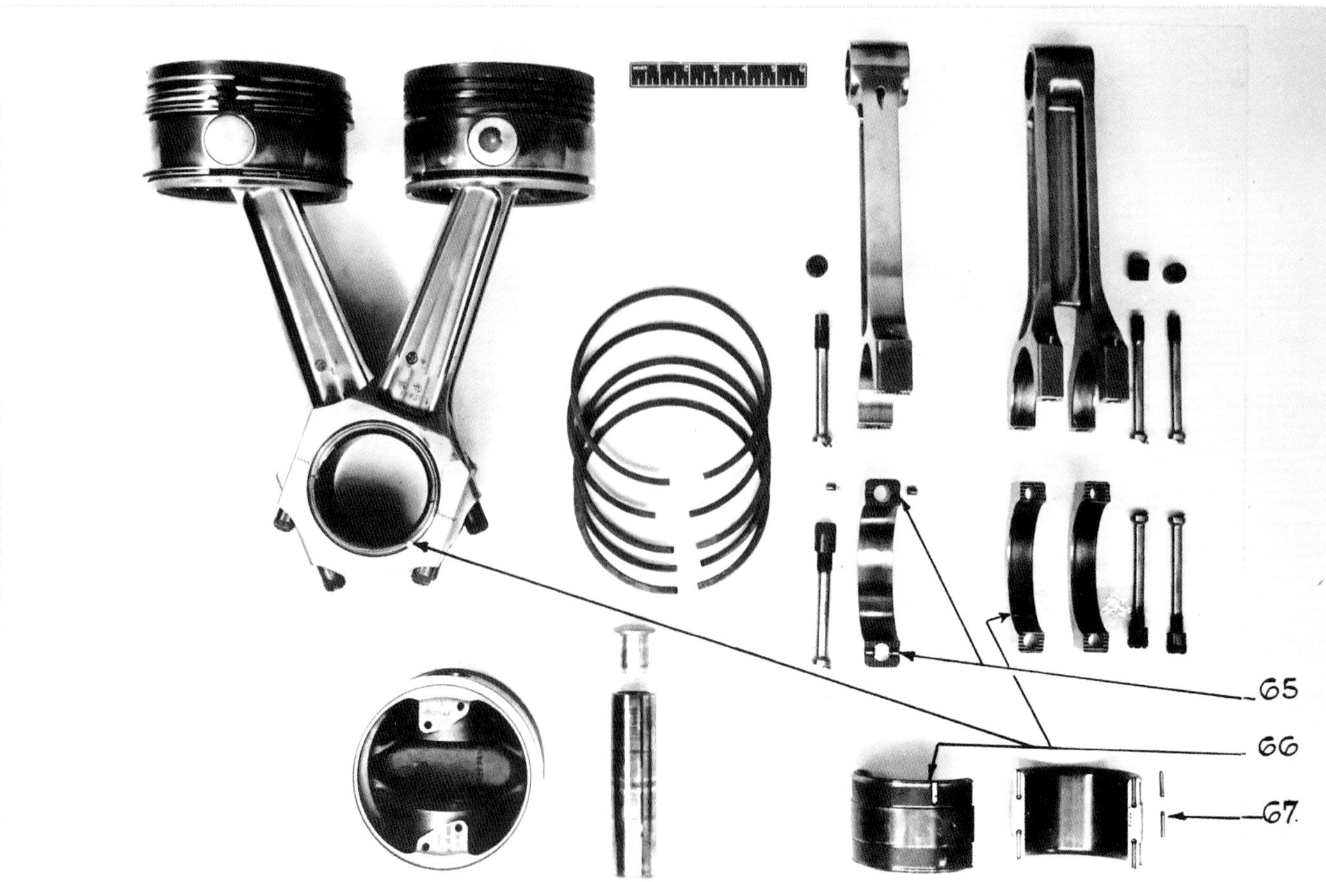

RAE-Studie des DB 603 mit der Kurbelwellenbaugruppe, Februar 1944.

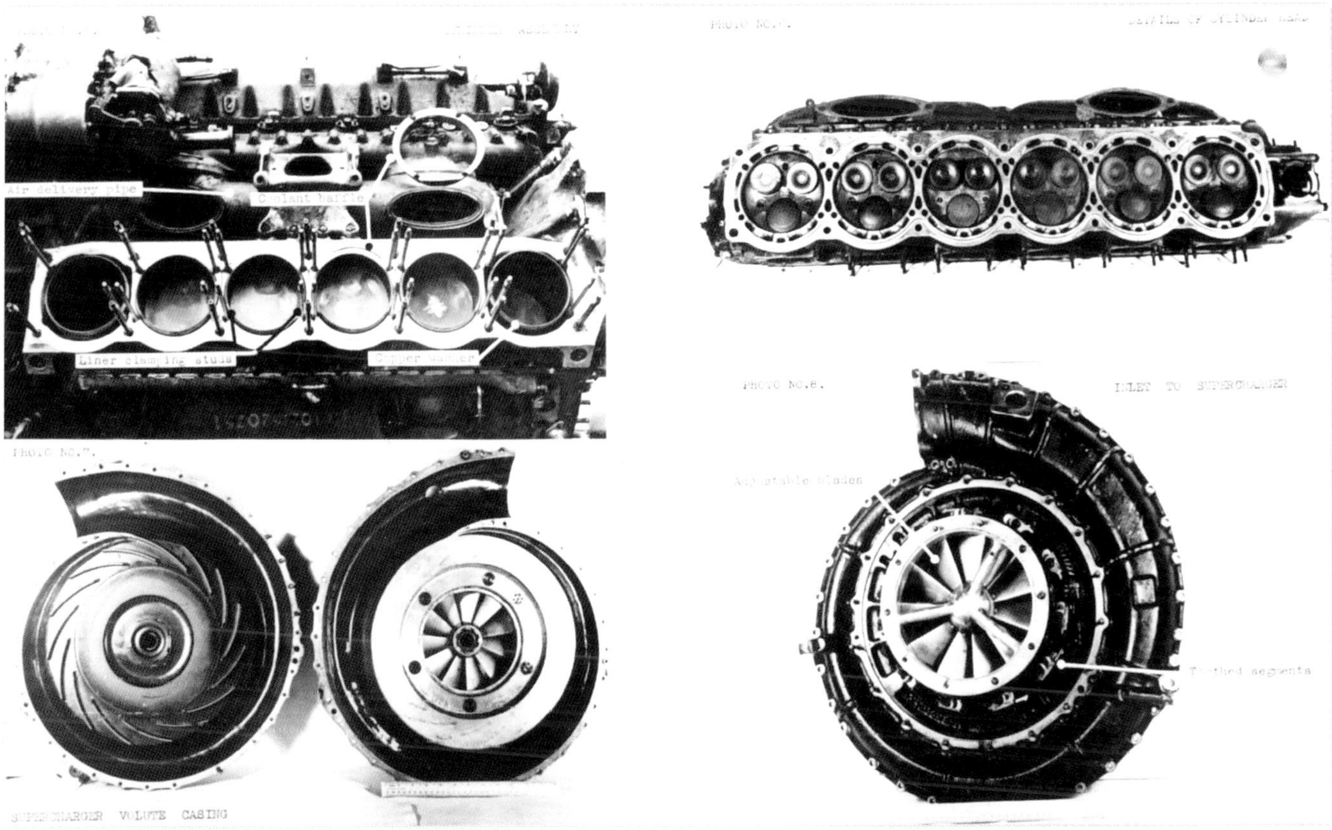

Jumo 213-Motor in England – Zylinderblockoberseite, Kompressor und Zylinderkopf.

Produktion in Spitfire Mk.VIII-Flugzeuge eingebaut, bei denen das Seitenleitwerk und das Seitenruder auf die gleiche Fläche wie bei der Mk.21 vergrößert wurden. Das daraus resultierende Flugzeug wird als Spitfire Mk.XIV bezeichnet.«[9]

Sowohl die Mk.IX als auch die Mk.XIV waren an ihren Grenzen angelangt, und die Lasten konnten nicht weiter erhöht werden. Daher waren diese Flugzeuge leichter (und damit schneller) als die späteren Spitfire-Flugzeuge, die schwerer waren, um zusätzliche zukünftige Entwicklungen bei Nutzlast und Motordrehmoment zu ermöglichen. Der Laminar-Flow-Flügel befand sich ebenfalls in der Entwicklung, und man rechnete damit, dass die Gesamtgeschwindigkeit durch den Einbau dieses Flügels um 10 mph [16 km/h] steigen würde. Die Leistung der Mk.XIV mit dem zweistufig aufgeladenen Griffon versprach außergewöhnlich zu sein und übertraf die der Tempest. Letztere hatte eine Reihe von aerodynamischen Kompromissen hinnehmen müssen, und ihre Motorleistung war unzureichend, da der Sabre IV seine Musterprüfung nicht bestanden hatte. Sie konnte keinen nennenswerten Vorteil gegenüber der letzten aufgerüsteten Spitfire bieten, die eine Geschwindigkeit von 448 mph [721 km/h] und eine Dienstgipfelhöhe von 43.000 Fuß [13.106 m] erreichte.[10]

Das RAE veröffentlichte im März 1944 eine Metallurgiestudie über mehrere Daimler-Benz-Motoren, darunter die DB 601 A, 601 N und 605 A, die eine seltene Lücke in der Genauigkeit der Informationen zeigte:

»Es wurden keine Anzeichen für eine Verschlechterung der Materialqualität oder des Verarbeitungsstandards der verschiedenen Teile festgestellt.«[11]

Eine große Schwierigkeit bei der Erstellung solcher Geheimdienstberichte bestand darin, dass die erbeuteten Teile nur einen winzigen Teil der Gesamtproduktion ausmachten und es sich häufig um alte oder mit alten Ersatzteilen nachgerüstete Typen handelte. Aus diesem Grund war es äußerst schwierig, ein vollständiges metallurgisches Bild zu erhalten.

Nachdem die Briten zuvor die Zusammensetzung des Treibmittels GM1 entdeckt hatten, dauerte es nicht lange, bis sie es auf ihre eigenen Flugzeuge anwendeten, nachdem sie zuvor relativ erfolglose Versuche mit reinem Sauerstoff durchgeführt hatten. Es hatte sich herausgestellt, dass der Sauerstoff ein unerreichbares Maß an Kontrolle erforderte, um das Auftreten hoher Temperaturen in der Brennkammer zu verhindern. Distickstoffmonoxid war wesentlich verträglicher, obwohl die Tests zur Sauerstoffanreicherung noch nicht abgeschlossen waren. Die Ergebnisse der Verwendung von Distickstoffoxid in zweimotorigen Mosquito-Jägern wurden im März 1944 veröffentlicht:

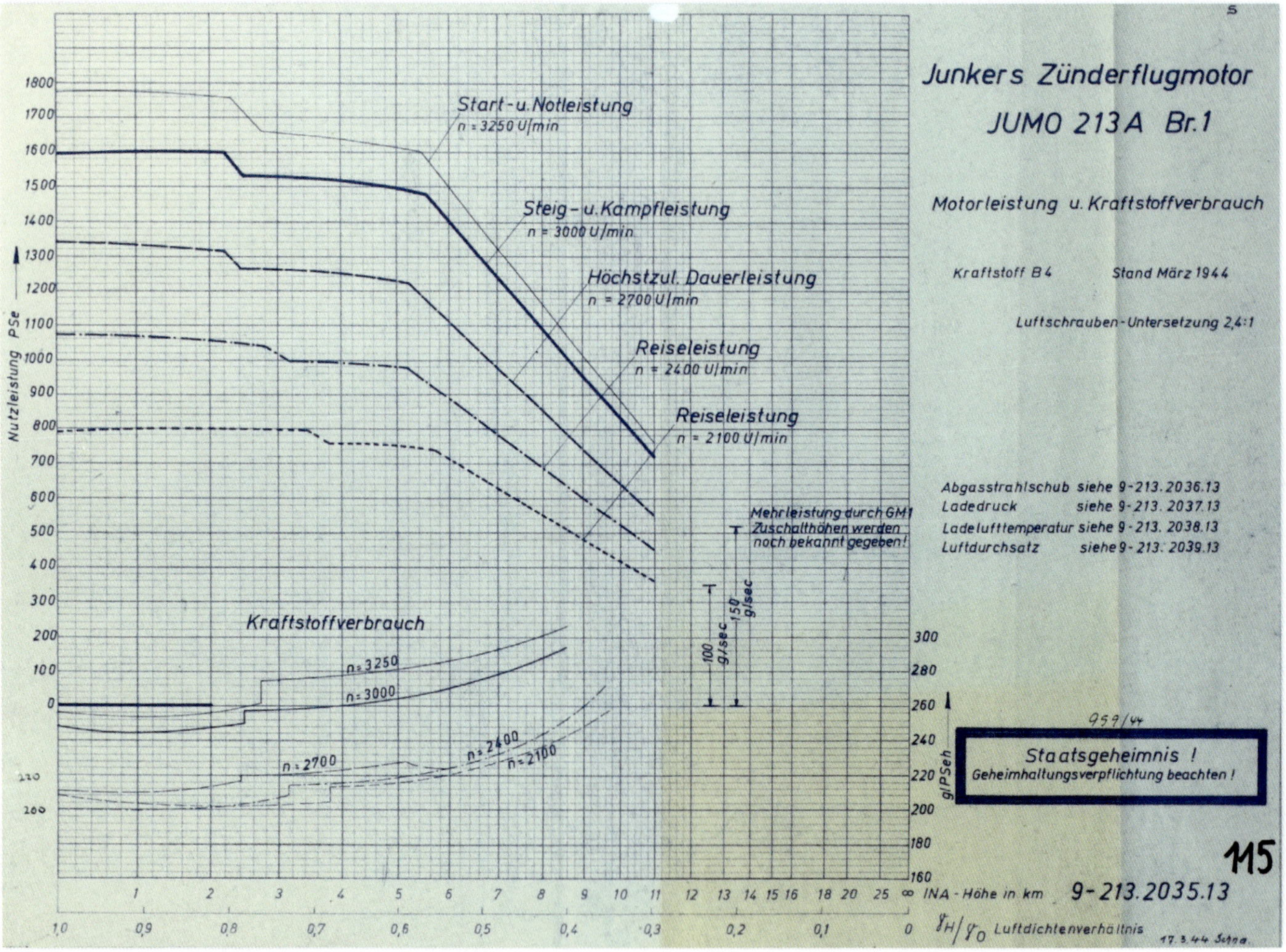

Leistungskurven des Jumo 213 A.

»In diesem Monat sind nur zwei Motoren geplatzt. Nelson kam mit einem Loch in einem Kolben der Mosquito S.M.701 nach einem Flug zurück, bei dem Lachgas zur Leistungssteigerung verwendet wurde … Endlich begannen wir, einige Erfolge mit der Leistungssteigerung durch flüssigen Sauerstoff bei der Spitfire VII zu haben, ein größeres Zuführungsrohr wurde jetzt eingebaut.«[12]

Obwohl Distickstoffoxid weniger riskant war als Sauerstoff, machten die möglichen Leistungssteigerungen einen Motorausfall bei diesen Versuchen durchaus möglich. Nach einer langen Entwicklungszeit in Deutschland ging der Jumo 213 schließlich in die Massenproduktion und am 18. Mai 1944 wurde ein Bericht über einen erbeuteten Jumo 213-Motor erstellt.

»Obwohl das Flugzeug fast völlig zerstört wurde, konnten die Triebwerke, die die ersten Exemplare der Jumo 213 waren, in recht gutem Zustand geborgen werden. Einer davon wurde an das RAE Farnborough weitergeleitet und wird zu gegebener Zeit Gegenstand eines detaillierten Berichts sein.

Die Zylinderblöcke und das Kurbelgehäuse sind aus einem Guss; jeder abnehmbare Zylinderkopf wird von 14 Bolzen gehalten, wobei die Verbindung durch eine Gummikette hergestellt wird, die in eine Nut im Kopf eingepasst ist. Die unteren Enden der Zylinderlaufbuchsen sind in den Zylinderblock eingesetzt, wobei jede mit vier Nasen versehen ist, in die lange verchromte Bolzen geschraubt sind, die durch den Zylinderkopf ragen. Die Druckverbindung wird hergestellt, indem die Buchse fest gegen den Zylinderkopf gezogen wird, wobei eine Kupferscheibe, die möglicherweise kadmiert ist, in eine Nut im abgeschrägten Ende der Buchse eingesetzt wird.«[13]

»Der Zylinderkopf hat eine weitwinklige, unsymmetrische Pentakopf-Form und ist übersichtlich gestaltet … die Einspritzdüse befindet sich in der Nähe der beiden Einlassventile, und die beiden Zündkerzen sind symmetrisch in gleichem Abstand von den Einlassnaben und dem einzigen großen Auslassventil angeordnet. Sowohl die Einlass- als auch die Auslassventile sind in kleinen Winkeln zur Vertikalen geneigt, und die ebenfalls geneigten Zündkerzen werden in dünnen Metallrohren durch die Kipphebelgehäuse geführt ... An beiden Enden der Nockenwellen sind Schwungräder aus Stahl angebracht ... die Pleuelstangen sind robust und die Pleuelstangen- und Kurbelwellenlager sind aus Bleibronze.

Der Kompressor ist von großem Interesse, da er mit einer variablen Lufteinlasssteuerung ausgestattet ist.«[14]

»Es wurde auch von einem erhöhten Ladedruck gesprochen, aber bevor der Kompressor nicht im Detail untersucht und getestet wurde und die Kolben nicht einer metallurgischen Analyse unterzogen wurden, kann keine definitive Meinung zu diesem Punkt geäußert werden ... es ist wahrscheinlich, dass der Motor derzeit mindestens 1500 PS bei einer Höhe von 22.000 – 23.000 Fuß [6706 – 7010 m] entwickelt.«[15]

Am selben Tag kehrte Dr. Moss vom MAP von einem Besuch bei der Bristol Aeroplane Company zurück und berichtete:

»Es wurden Vorkehrungen für die Fortsetzung der Forschung an den Komponenten von Zentrifugalkompressoren auf dem Universalprüfstand getroffen. Bristol wünschte, eine Mehrschaufel-Drosselklappe aus einem Junkers 213-Lader zu testen, und es wurde vereinbart, zu prüfen, ob eine solche verfügbar war.«[16]

Bristol und Napier – die beiden britischen Firmen, die am dringendsten auf Fortschritte bei den Kompressoren angewiesen waren – waren sehr daran interessiert, die Jumo-Dralldrossel zu Testzwecken zu bekommen. Der Centaurus war im Gegensatz zum Merlin immer noch durch seine schwache Höhenleistung behindert, und die Dralldrossel hätte den Einbau eines Kompressors mit höherer Kapazität ermöglichen können, oder eines Kompressors, der schneller drehte, ohne durch die Verwendung einer Drosselklappe auf Meereshöhe unkontrollierbare Pumpverluste zu verursachen.

Während Napier und Bristol frustriert waren, weil sie in großen Höhen nicht genügend Ladedruck erreichen konnten, waren die führenden alliierten Treibstoffexperten immer noch ratlos, warum die Deutschen ihre Motoren nicht stärker aufluden. Der Ausschuss für Feindliche Schmier- und Kraftstoffe trat erneut zusammen und veröffentlichte im Juni 1944 seine Ergebnisse, die sich auf den hochoktanigen grün gefärbten deutschen Kraftstoff C3 konzentrierten:

»Zusammensetzung und Spezifikation haben sich von Mitte 1940 bis Anfang 1943 nur geringfügig geändert, als die Motorleistung von 95 schwach/110 fett auf 97 schwach/125 – 130 fett erhöht wurde, indem 5 % mehr Iso-Oktan, 5 – 10 % mehr Leichtbenzin und vor allem 8 – 10 % der Naphthene mit ihrem höheren Siedepunkt durch weitere Dehydrierung entfernt wurden.

Es hat sich gezeigt, dass der grüne C3-Kraftstoff bei Prüfungen unter britischen Standardbedingungen eine sehr hohe Fettgemisch-Oktanzahl aufweist.«[17]

»Sowohl Haupt- als auch Einzylinder-Triebwerkstests, die mit dem grünen Kraftstoff durchgeführt wurden, haben sehr deutlich gezeigt, dass die deutschen Motoren, zumindest nach unseren Maßstäben, keinen Vorteil aus dieser erhöhten Fettgemischleistung ziehen.«[18]

Der C3-Kraftstoff von 1943 würde bei einer niedrigeren Temperatur vollständiger verdampfen als der 1940 verwendete C3-Kraftstoff, insbesondere um die Ölverdünnung zu beheben, die die Wirkung des DB 601 N-Motors in den Jahren 1940 und 1941 ruiniert hatte. Dies wussten jedoch nur die deutschen Ingenieure, und so blieben die Briten auf Vermutungen angewiesen:

»Die Lösung des Rätsels, warum die Deutschen eine Flugbenzin-Spezifikation haben, die anscheinend viel besser ist, als ihre Motoren benötigen, kann nur durch weitere Arbeit mit den deutschen Motoren gefunden werden ... Grünes (C3) Flugbenzin tauchte erstmals in Flugzeugen auf, die während der Schlacht um Großbritannien im Spätsommer 1940 zerstört wurden. Die Gesamtzahl der bis heute erhaltenen authentischen Proben ist gering ... es deutet darauf hin, dass weniger als ein Fünftel aller einsatzfähigen Flugzeuge diesen Typ verwenden.«[19]

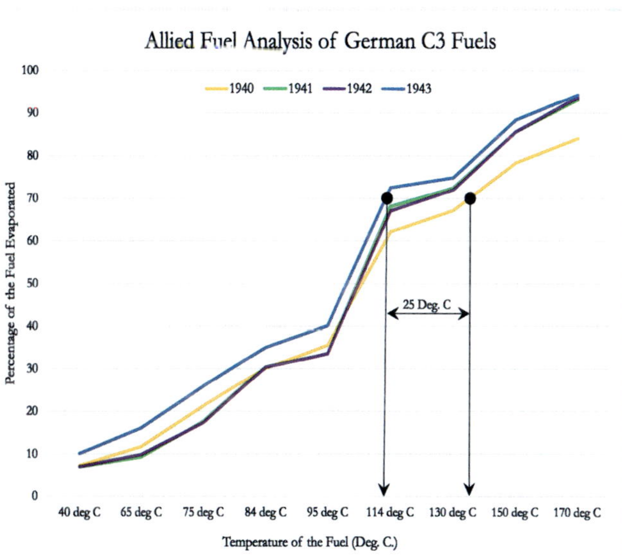

Kraftstoffverdampfungskurven für den deutschen Kraftstoff C3 1940 – 1943.

Der Ausschuss stellte drei Vermutungen über die Gründe für diese Ergebnisse an:

» ... es sei denn, es gibt unbekannte Faktoren, die die Oktanproduktion einschränken oder diesen Kurs aus deutscher Sicht vorteilhafter machen ... Folgende Erklärungen sind möglich:

1. Dass die Politik der Verwendung von Aromaten als Haupt-Hochleistungsadditiv unweigerlich zu einem Überschuss an Qualität im oberen Bereich führt.

2. Dass unsere Testarbeit mit deutschen Kraftstoffen diese nicht so bewertet, wie sie von den Deutschen bewertet werden.
3. Dass dieses verbesserte grüne Benzin Anfang 1943 in Erwartung eines neuen Dienstmotors eingeführt wurde, der es in vollem Umfang nutzen sollte, dass aber dieser Motor durch Entwicklungsprobleme verzögert wurde.«[20]

»Es gab den Hinweis, dass es sich bei diesem Treibstoff ... um einen speziellen Kampftreibstoff handelte. Einige neuere Bf 109 F-Jagdflugzeuge mit DB 601 E-Motoren wurden mit B4-Benzin betrieben, und die Behauptung, dass die gegenwärtigen Flugmotoren der deutschen Luftwaffe nicht so betrieben werden, dass sie die Vorteile des fetten Gemischs des C3-Benzintyps nutzen... ist etwas rätselhaft.«[21]

Diese Änderungen führten zu einer C3-Variante, mit der das Verdünnungsproblem behoben wurde, die aber aufgrund der veränderten Zusammensetzung eine Klopfgrenze bei fetten Gemischen ergab, die weit über derjenigen lag, die von den deutschen Motoren tatsächlich genutzt werden konnte. Sehr zur Verwirrung der britischen Chemiker.

In der Zwischenzeit, außerhalb der Testlabors, war die alliierte Invasion in der Normandie – Codename Overlord – am 6. Juni 1944 wahrscheinlich die letzte ernsthafte Chance für Hitler, das Kriegsende zumindest zu verzögern. Einen Tag vor Beginn der Operation, die als »D-Day« bezeichnet wurde, notierte Air Chief Marshal Leigh-Mallory:

»Während der letzten Wochen hat die deutsche Luftwaffe den amerikanischen Tageslichtbombern kaum Widerstand geleistet. Man hat ihnen erlaubt, mehr oder weniger ohne Störungen aus der Luft zu ihren Zielen vorzudringen.«[22]

Am D-Day +2 (8. Juni 1944) wurde die Treibstoffsituation der Alliierten kritisch. Zwei Tage nach der Landung in der Normandie erhielt Churchill die folgende verschlüsselte Nachricht:

»STRENG GEHEIM
C.O.S. (W)
Nachfolgend von den Stabschefs
Zeichen C.O.S.(W) 106 Juni 8
Wir sind ernsthaft besorgt über den niedrigen Stand, auf den die Vorräte an 100 Oktan-Kraftstoff jetzt gefallen sind. Im Falle einer feindlichen Aktion in Thames Haven oder einer Beschädigung von Konvois müssen wir mit einer sofortigen Einschränkung der Overlord-Luftoperationen rechnen.«[23]

Im Laufe des Jahres 1944 verbrauchten die Alliierten mehr als sieben Millionen Barrel 100-oktaniges Flugbenzin pro Monat, und am 20. Juli 1944 wurde Churchill selbst von den Stabschefs gebeten, ein persönliches Telegramm an US-Präsident Roosevelt zu senden, in dem er dafür plädierte, sofort mehr 100-oktaniges Flugbenzin für den europäischen Kriegsschauplatz bereitzustellen und den Inlandsverbrauch der USA zu reduzieren.[24] Die Lage während der ersten Phasen der Operation Overlord war wirklich prekär; der Verlust eines Konvois hätte die Alliierten ihre Luftüberlegenheit für mehrere Wochen kosten können, bis ein anderer Konvoi den Atlantik überquert hätte, was katastrophal gewesen wäre, wenn das Wetter es der Luftwaffe erlaubt hätte, die Strände der Normandie zu erreichen.

Ein neuer und unerwarteter Anstoß für die britische Triebwerksentwicklung kam in Form der deutschen V1-Flugbomben mit Impulsantrieb am D-Day +10 (16. Juni 1944). Deutschland begann mit Erfolg, Salven von Marschflugkörpern auf London abzufeuern, und die ersten erreichten den britischen Luftraum am 12. Juni. Am 16. Juni druckte der Coventry Evening Telegraph die Schlagzeile »Germans Are Now Using Pilotless Planes« [»Die Deutschen verwenden jetzt unbemannte Flugzeuge«]. Bis zu diesem Datum waren bereits mehr als 70 solche Flugzeuge in London eingeschlagen.[25] Die Zeitung berichtete, dass RAF-Jäger die Raketen verfolgten, aber die V1 flogen auf Meereshöhe mit über 400 km/h und waren in der dichten Luft in Bodennähe ein äußerst schwer abzufangendes Ziel. Schon bald wurde klar, dass die britischen Ingenieure drastische Maßnahmen ergreifen mussten, um die Triebwerksleistung zu erhöhen, damit die Standard-Jagdflugzeuge die V1 abfangen konnten. Napier und Rolls-Royce erhielten die Anweisung, ihre Triebwerke kurzfristig zu verstärken, um zu versuchen, diese primitiven Marschflugkörper abzufangen. In Erwägung gezogen wurden Stickstoffoxid, Methanol-Wasser-Einspritzung, Monomethylanilin (ein Mittel zur Erhöhung der Oktanzahl) und sogar die vollständige Entfernung der Kühler und die Verwendung eines »Boil-Off«-Kühlsystems, ähnlich wie beim Rekordflugzeug Heinkel He 100 von 1939. Rolls-Royce berechnete, dass eine Spitfire, die eine V1-Rakete verfolgte, mit einem 50-Gallonen-Wassertank 11 Minuten lang einen Not-Boost verwenden konnte, bevor der Wasservorrat erschöpft war, wobei die Entfernung des Wasserkühlers zusätzliche 11 Meilen pro Stunde brachte.[26]

Am 27. Juli 1944 wurde schließlich ein Methanoleinspritzsystem, wie es in der Bf 109 G eingebaut war, bekannt als MW50, in einem für die Untersuchung ausreichenden Zustand erbeutet.[27] Als letzte von den Deutschen eingeführte Technik zur Leistungssteigerung konnte MW50 im Prinzip auch in Kombination mit Distickstoffoxid verwendet werden. Die Bf 109 G-6 mit der Nummer 412234 wurde in Nordfrankreich erbeutet und man stellte fest, dass das Flugzeug über ein bisher unbekanntes Leitungssystem verfügte, das in den Einlass des Kompressors führte.

»Bei kürzlich durchgeführten Methanoleinspritzversuchen mit einem Merlin-Motor wurde festgestellt, dass die Zylinderfüllung durch die Einspritzung von reinem Methanol um 40 °C abgekühlt wurde … wenn man den gleichen Effekt beim DB 605 annimmt … erhält man eine Leistungssteigerung von 470 PS.«[28]

Das Flugzeug war auf dem Bauch gelandet und befand sich in einem ziemlich schlechten Zustand. Zum Glück für das RAE waren das Triebwerk und seine Leistungssteigerungssysteme noch in einem ausreichend guten Zustand, um sie zu bewerten. In der deutschen Dokumentation zum Einsatz des Systems heißt es wie folgt:

> »Erhöhung der Leistung bis zur Nennflughöhe.
> Zu diesem Zweck wird ein erhöhter Ladedruck verwendet. Wird dieser ohne MW50-Zusatz eingesetzt, so besteht die Gefahr des Klopfens durch Temperaturerhöhung der Ansaugluft und auch der Überhitzung der Motorkomponenten … Zündkerzenausfälle usw. Diese Schwierigkeiten werden überwunden, wenn MW50 … als inneres Kühlmittel verwendet wird … Die durch dieses Verfahren erzielte Leistungssteigerung ist beträchtlich; so kann zum Beispiel die Startleistung eines Motors von 1475 PS auf 1800 PS erhöht werden.«[29]

Die Methanol-Wasser-Einspritzung wurde von den Briten weitaus weniger genutzt, da ihre Motoren die verfügbaren Kraftstoffe voll ausnutzen konnten und daher während des größten Teils des Krieges bereits an ihren mechanischen Grenzen waren. Die Amerikaner setzten sie unter dem Namen ADI (Anti-Detonation Injection) in der P-47 ein.

Am 1. August 1944 schrieb der Leiter der Triebwerksabteilung des RAE an F. R. Banks, der nach der Ablösung von Bulman die Leitung der Triebwerksentwicklung beim MAP übernommen hatte, um Notmaßnahmen zur Steigerung der Triebwerksleistung zwecks Abfangens von ankommenden V1 zu erörtern:

> »Ricardo hat behauptet, dass Distickstoffoxid detonationshemmende Eigenschaften hat, aber Rolls-Royce hat suggeriert, dass Distickstoffoxid keine inhärenten detonationshemmenden Eigenschaften hat, sondern dass die Detonationsgrenze angehoben wird, weil die Einspritzung von Distickstoffoxid eine niedrigere Ladungstemperatur erzeugt. Wir haben keine ausreichenden Prüfstandsarbeiten zur Lachgaseinspritzung durchgeführt, um eine der beiden Aussagen zu bestätigen, aber ich neige zu der Ansicht von Rolls-Royce.
>
> Wenn der Motor gedrosselt ist, sollte also ein Methanol-Wasser Gemisch eingespritzt und der Ladedruck bis zur Detonationsgrenze erhöht werden. Unter Bedingungen, bei denen der Motor mit Vollgas läuft, sollte jedoch Lachgas eingespritzt werden, was je nach Menge des eingespritzten N20 zu einer Leistungssteigerung führt, und zwar aufgrund a) des erhöhten Ladungsgewichts aufgrund der verringerten Ladungstemperatur, b) des erhöhten Kompressionsverhältnisses des Laders (d. h. des erhöhten Ladedrucks) aufgrund der verringerten Ladungstemperatur, c) der Verbrennung des Sauerstoffs im N20 mit dem zusätzlich eingespritzten Kraftstoff.«[30]

In dem Schreiben wird weiter erörtert, auf welchen Motor diese Techniken angewendet werden können:

> »Die ursprünglichen Lachgasanlagen wurden in Mosquito XIII-Flugzeuge mit Merlin 23-Motoren eingebaut, aber einige von ihnen befinden sich im Invasionseinsatz …, so dass es jetzt nur noch etwa sechs Flugzeuge mit Merlin 25-Motoren und Lachgasanlagen gibt. Die Umrüstung der ursprünglichen Anlagen dauerte acht Wochen, um zwei Staffeln auf Lachgasbetrieb umzustellen.
>
> Der Packard-Merlin V-1650-7-Motor, mit dem die Mustang III-Flugzeuge derzeit ausgestattet sind, leistet 2020 PS bei 3600 Fuß [1097 m]. Der Ladedruck kann durch Einspritzen von Bi-Kraftstoff auf +28 psi [1,931 bar] erhöht werden, und das ergibt … 2170 PS. Es könnte sogar möglich sein, den Ladedruck auf +30 psi [2,068 bar] zu erhöhen, aber es ist zweifelhaft, ob der Motor stark genug ist, um die dann erzielten 2250 PS zu verkraften.
>
> Die größte Schwierigkeit beim Mustang III besteht darin, Platz für den Wassertank zu finden … Allisons hat ein Wassereinspritzsystem für ihren Motor entwickelt … der V-1710-F20R kann bei Vollgas auf Meereshöhe ohne Detonation laufen, wenn ein 50/50 Methanol-Wasser-Gemisch mit 130er Kraftstoff eingespritzt wird. Dies bringt die Leistung des Mustang II auf das Niveau des Mustang III.«[31]

Die Verfolgung der V1 war jedoch aufgrund des großen Sprengkopfes und der unter Druck stehenden Treibstofftanks erstaunlich gefährlich, und am 3. August 1944 wurde ein Bericht über eine typische Begegnung veröffentlicht:

> »Eine fliegende Bombe wurde von einer Spitfire XIV der 610 Sqn und einer Mustang der 316 Sqn verfolgt, die sich daraufhin auf 60 yards [~ 60 m] (Mustang) und 100 yards (Spitfire) näherten und die Bombe in der Luft zur Explosion brachten. Die Spitfire stürzte sofort ab, wobei der Pilot getötet wurde. Die Mustang verlor ihren Propeller, dann fiel der Motor ab und die Flügel wurden nach hinten gebogen, aber dem Piloten gelang es, in 800 Fuß [244 m] Höhe abzuspringen.«[32]

Die Maßnahmen, die ergriffen wurden, um die V1 zu fangen, wurden zur Kenntnis genommen. Das RAE hatte hart daran gearbeitet, die Leistung britischer Jagdflugzeuge im Tiefflug zu verbessern, um die V1 abzufangen. Die Mustang III, die Spitfire XIV und die Tempest wurden getestet, um zu sehen, wie weit sie getrieben werden konnten, und am 31. August 1944 wurde Folgendes berichtet:[33]

> »Die Tempest V konnte ihre Höchstgeschwindigkeit um 5,5 mph [8,85 km/h] durch eine verbesserte Oberflächenqualität und um 20 mph [32,2 km/h] durch die Erhöhung des Ladedrucks von + 9 auf + 11 psi [0,62 – 0,76 bar] steigern. Bei der Mustang III wurden die Tragflächen gesäubert und die Bombenhalterungen entfernt, was zu einer Gesamtsteigerung von 21 mph [33,8 km/h] führte. Die verbesserte Oberflächenqualität der Spitfire XIV führte zu einer Erhöhung der Horizontalgeschwindigkeit um 8 mph [12,9 km/h]. Der Ladedruck wurde von + 19 auf + 25 psi [1,31 – 1,72 bar] erhöht ... dies ergab eine Steigerung von 28 mph [45 km/h] ...
>
> Die Mustang III flog mit +25psi Ladedruck bei 3000 U/min ... Die Spitfire RB176 (Griffon 65, fünfblättriger Rotol-Propeller) ... wurde modifiziert, um +25psi Ladedruck zu erreichen ... der Motor wurde nach zwei Minuten mit dem hohen Ladedruck plötzlich rau, das Untersetzungsgetriebe war gerissen.«[34]

Auf Meereshöhe erreichte die Tempest 404 mph [650 km/h], die Spitfire XIV 395 mph [636 km/h] und die Mustang III 405 mph [652 km/h]. Die Spitfire konnte 423 mph [681 km/h] erreichen – und war damit die schnellste Maschine überhaupt – aber sie konnte dies nur in einer Höhe von 7000 Fuß [2134 m] erreichen.

Obwohl das Luftfahrtministerium Major Bells zutreffende Analyse des Vorjahrs der deutschen Produktionslogistik für synthetischen Treibstoff ursprünglich ignorierte, war die Kampagne zur Zerstörung der deutschen Hydrierwerke im Dezember 1944 jetzt auf dem besten Weg, die gesamte deutsche Kriegsmaschinerie vollständig lahmzulegen.

> »Alles hängt davon ab, wie schnell es gelingt, den mittleren und östlichen Synthesewerken erheblichen Schaden zuzufügen. Ein entschlossener Versuch in dieser Richtung wurde am Donnerstag unternommen, mit Ergebnissen, die noch nicht ausgewertet werden können.«[35]

Dies bedeutete das Ende jeder Möglichkeit für die Luftwaffe, Vergeltung zu üben, unabhängig davon, welche Flugzeuge oder Motoren sie herstellten.

Am 13. Dezember 1944 wurde berichtet, dass die Merlin-Entwicklung in Form der Merlin 100-Motoren (RM14 SM) gut vorankam.

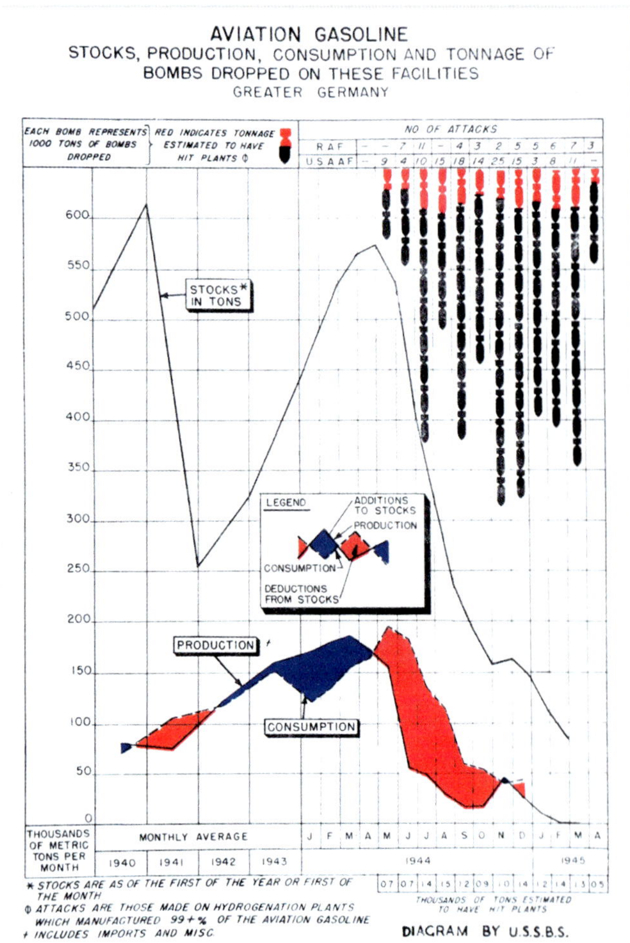

Auswirkungen der Bombenangriffe auf die deutsche Flugbenzinproduktion.[36]

> »Die Motoren der Serie Merlin 100 waren Gegenstand zahlreicher Entwicklungstests und wurden mechanisch bis zur vollen Leistung von 25 psi [1,72 bar] bei 150er Kraftstoff und bis zu 18 psi [1,24 bar] bei 100 Oktan freigegeben. Motoren des Basistyps Merlin 100 wurden auch kurzzeitig mit bis zu 36 [2,48 bar] Ladedruck betrieben, was etwa 2630 PS entspricht.«[37]

Der Merlin 100 war nun bei einer Kühlmitteltemperatur von 135 °C sowohl für den Start als auch für den Kampf zugelassen, was Vorteile beim Kühlerwirkungsgrad und eine geringere Wärmeabfuhr aus dem Kühlmittel mit sich brachte. Die britischen Triebwerke hatten ihren Entwicklungshöhepunkt erreicht; der Merlin 100 verfügte über eine Einpunkt-Kraftstoffeinspritzung, einen Kompressor mit freiem Zugang zum Kompressorauge der ersten Stufe zur Verbesserung der Kompressionsleistung und ein Kurbelwellen-Nasenölschmiersystem. Mit der Wassereinspritzung erreichte der vergleichsweise winzige Merlin eine Leistung höher als die von Motoren, die fast doppelt so groß waren.

USA

Die Amerikaner hatten im vergangenen Jahr erstaunliche Fortschritte gemacht und verfügten nun über zwei Jäger mit Turbolader, die von britischen Flugplätzen aus über Deutschland operierten. Beide hatten jedoch die Probleme im Zusammenhang mit den erforderlichen Kontrollsystemen aufgezeigt. Nun kam das Jahr, in dem sich der Erfolg oder Misserfolg des Turbo-Jägers abzeichnete. Es begann mit einer neuen Politik, die vorsah, dass sich die US-Jagdflugzeuge zweifach aufteilen sollten: Ein Drittel sollte in unmittelbarer Nähe der Bomber bleiben, während der Rest die feindlichen Jäger aufspüren und bei jeder Gelegenheit in den Kampf eingreifen sollte.[38] Die Doktrin war ein sofortiger und spektakulärer Erfolg. Ein Beispiel für einen typischen Einsatz war Mission-200 am 30. Januar 1944, als insgesamt 623 US-Bomber deutsche Flugzeugwerke in der Nähe von Braunschweig angriffen, begleitet von einem unglaublichen Verhältnis von 1 : 1 an Jägern, während eine Armada von 635 P-38, P-47 und P-51 Begleitschutz flog, von denen nur vier nicht zurückkehrten.[39]

Im Februar 1944 wurden noch größere Abwurftanks für P-38- und P-47-Jäger verfügbar, die ihre Reichweite bis nach Berlin ausdehnten. Als noch mehr P-51 zur Verfügung standen, erhielten die US-Piloten den Befehl, so aggressiv wie möglich vorzugehen und ihre Flugroute aktiv so zu planen, dass sie mit möglichst vielen Einheiten der Luftwaffe zusammentrafen – eine völlige Umkehrung der Taktik von nur wenigen Monaten zuvor. Die P-38 war den deutschen einmotorigen Jägern jedoch nicht so gewachsen, wie man es von ihr erwartet hatte.

»Die Eskorttaktik der P-38-Gruppen hatte eindeutig defensiven Charakter. Diese Art des Einsatzes war nicht freiwillig, sondern eher durch die Beschränkungen des Flugzeugs selbst bedingt. Da sie zahlenmäßig und klassenmäßig unterlegen waren, bestand ihre Taktik darin, die Bomber aus nächster Nähe zu unterstützen, indem sie so viele Angriffe wie möglich abwehrten, da sie nicht in der Lage waren, die notwendigen aggressiven Aktionen durchzuführen, um den Kampf zu führen.«[40]

Im März konnte eine P-51 mit zwei 108 Gallonen fassenden Abwurftanks weit über Berlin hinaus fliegen und sogar Prag und Wien erreichen. Bis weit in das Jahr 1944 hinein kam es jedoch immer noch zu schrecklichen Angriffen, und im März verloren die Amerikaner allein bei einem Einsatz 69 Bomber – ein entsetzlicher und untragbarer Verlust. Wiederholte Einsätze zeigten jedoch, dass auch die Luftwaffe stark gelitten hatte, und bei der dritten Wiederholung war sie kaum noch in der Lage, Widerstand zu leisten. Die deutschen Aufzeichnungen zeigen, dass sich die Verlustquote bei den einmotorigen Jagdflugzeugen 1944 im Vergleich zum Vorjahr verdoppelt hatte.[41]

Es wurden Anstrengungen unternommen, um die Leistung der P-38 zu steigern, und die P-38J war das Ergebnis. Am 4. April 1944 wurden Tests mit Kraftstoff der Qualität 100/150 durchgeführt, um zu sehen, wo die Grenze der Notleistung mit den Allison-V-1710-89-Motoren liegen könnte.

»... Versuch einer 7,5-stündigen Notleistung bei 1835 PS, 75 [190,5 cm] inHg Ladedruck und 3000 U/min.

Als der Motor auf Leistung gebracht wurde, 75 Zoll Krümmerdruck und 3000 U/min, wurde das Wasser aus dem vorderen Kurbelgehäusemanometer herausgeblasen. Die Gesamtlaufzeit am Motor betrug 1,5 Minuten. Bei der Demontage wurde festgestellt, dass der Kolben Nr. 3 ausgefallen war, der Pleuel Nr. 1 verbogen und Pleuel Nr. 4 verdreht war.

Man kommt zu dem Schluss, dass diese Art von Versagen zweifellos auf eine Vorzündung zurückzuführen ist und wahrscheinlich mit den Berichten über Pleuelstangenversagen bei Kampfmotoren in Zusammenhang steht.

Es wird empfohlen, die Notleistung bei einem Krümmerdruck von 70 inHg [177,8 cm] durchzuführen, außerdem wird empfohlen, eine Reihe von Untersuchungen mit verschiedenen Glykolmischungen für eine bessere Kühlung durchzuführen, möglicherweise eine 70/30-Lösung.«[42]

Die Kühlung des Verbrennungsraumes ist bei hohen Ladedrücken von entscheidender Bedeutung, um zu vermeiden, dass sich heiße Bereiche bilden, die schnell eine Vorzündung auslösen. Rolls-Royce und das RAE in England hatten in den 1930er Jahren bei ihren flüssigkeitsgekühlten Motoren entdeckt, dass Glykol zwar das Sieden verhinderte, aber die Wärmeübertragung drastisch verringerte – um etwa 70 % geringer als bei dem von Rolls-Royce angegebenen Kühlmittel von 70 % Wasser. Die amerikanischen Ingenieure beschlossen, dies zu umgehen, indem sie Kühlmittelpumpen mit einem sehr hohen Durchsatz von 265 Gallonen pro Minute einsetzten, im Vergleich zu 150 beim Merlin. Damit konnte jedoch nur eine bestimmte Menge erreicht werden, und Allison entdeckte, wo die Grenze lag.

Allison wechselte schließlich zu einem 30-prozentigen Glykolgemisch als Kühlmittel, allerdings erst nach Beendigung der Feindseligkeiten mit Deutschland.

Nur zwei Wochen später liefen Tests mit einem neuen Treibstoff, der die Leistung der P-38, P-47 und P-51 steigern sollte.

»44-1 ist ein Kraftstoff der Güteklasse 100/150, der aus AH-F-28-Benzin durch Zugabe von Xylidin und 1,4 cm^3 pro US-Gallone zusätzlichem Tetraethylblei hergestellt wird.

Flugversuche mit sechs Flugzeugen jedes der drei Typen, um die Praktikabilität der erhöhten Leistungswerte zu ermitteln: Auf der Grundlage der Flugleistungstests wird der Schluss gezogen, dass die Leistung des Flugzeugs erheblich gesteigert werden kann.«[43]

Die Ergebnisse gaben einen aufschlussreichen Hinweis auf die Detonationsgrenzen der einzelnen Triebwerke: das V-1710, das R-2800 und das V-1650-3 und 7 (basierend auf dem Merlin 63 bzw. 66).

Der V-1650-7 hatte mit 75" die höchste Toleranz für den Ladedruck, was 1900 PS ergab – dicht gefolgt von den beiden Allisons mit 70". Die Allisons erreichten wahrscheinlich eine

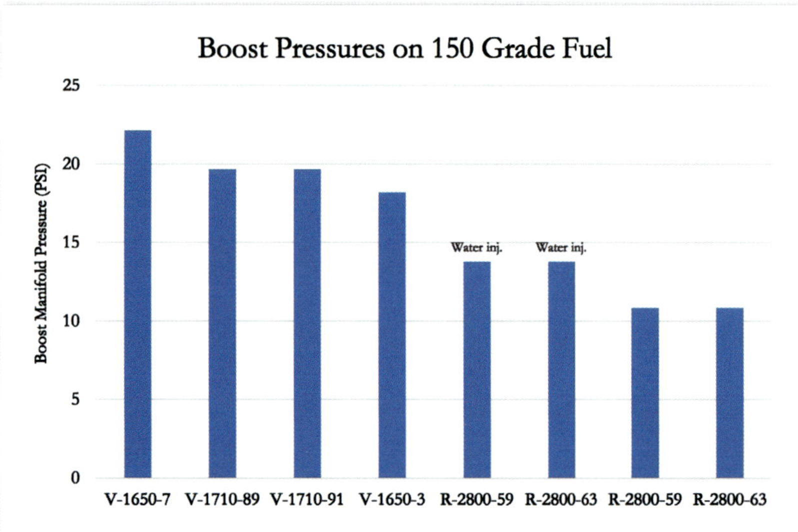

Vergleich des zulässigen Ladedrucks in Flugmotoren amerikanischer Bauart bei Verwendung von Kraftstoff der Klasse 150.

ähnliche Leistung bei geringerem Ladedruck, weil sie einen Turbolader verwendeten und nicht den zweistufigen mechanischen V-1650-7-Kompressor, der die Leistung von der Kurbelwelle abzog. Die luftgekühlten R-2800-Motoren waren mit einem Spitzenwert von 58" [147,3 cm] selbst bei Verwendung einer Wassereinspritzung deutlich schwächer, was das typische Verhalten der höheren Zylindertemperaturen eines luftgekühlten Motors zeigt, die die Detonationsgrenze senken, unabhängig von der Solidität der Grundkonstruktion. Bei allen drei Flugzeugtypen waren erhebliche Änderungen und Optimierungen erforderlich, von neuen Motorentlüftern bis hin zu neuen Wasserpumpenteilen. Die P-38J benötigte einen Satz neuer Teile für die Druckbeaufschlagung des Kühlmittelsystems. Trotz dieser Arbeiten war nun klar, dass die P-38 bald ausgemustert und nach Möglichkeit durch die P-51 oder die P-47 als zweitbeste Maschine ersetzt werden musste.

»Der Grund dafür, dass sich die Lightning als unbefriedigend erwies, liegt in den technischen Mängeln, die nicht rechtzeitig behoben werden konnten. Die meisten dieser Mängel sind darauf zurückzuführen, dass das Triebwerk den extremen kalten Höhenbedingungen, die in diesem Einsatzgebiet während der Wintermonate herrschen, nicht standhalten konnte. Die Laderegler froren ständig ein. Die fehlerhafte Kühlung des Öls ließ die Temperatur zu weit absinken, was zu Motorausfällen führte; die Vergaserlufttemperaturen waren ständig zu niedrig, was zu Detonationen im Motor und damit zu Ausfällen führte. Die Abbruchrate war daher sehr hoch, noch bevor das Rendezvous stattfand.«[44]

In der Zwischenzeit wurde am 24. April 1944, nachdem eine Junkers Ju 188 in England von der Flak abgeschossen worden war und in Dorset abstürzte, ein Jumo 213-Motor in gutem Zustand geborgen. Der britische technische Nachrichtendienst konnte die Motoren schnell bergen, und A.I.2.g erstellte einen Bericht, der an Wright Field in Amerika weitergeleitet wurde.

»Die Einführung des Jumo 213 A-Motors zu Beginn des Frühjahrs 1944 bedeutete eine Abkehr von der gängigen deutschen Praxis bei der Konstruktion von Triebwerken. Obwohl das Aggregat in seiner allgemeinen Konstruktion und seinen Abmessungen dem bewährten Jumo 211 ähnelte, wurden die Drehzahlen für den Start von 2700 auf 3250 erhöht. Das bedeutete, dass die Kolbengeschwindigkeit von 2900 ft/min [14,73 m/s] auf 3490 ft/min erhöht wurde, während bis zu diesem Zeitpunkt die Kolbengeschwindigkeiten der leistungsstarken britischen und deutschen Flugmotoren etwa 3000 ft/min betragen hatten.«[45]

Die bei der Erprobung deutscher wassergekühlter Flugmotoren, einschließlich des Jumo 213, gewonnenen Informationen scheinen von Neulingen auf dem Flugmotorenmarkt wie Chrysler am eifrigsten aufgenommen worden zu sein, die sich, unbelastet von einer langen Vorgeschichte in der Flugmotorenkonstruktion wie der des V-1710 von Allison, vermutlich eher mit dem Gedanken an neue Konstruktionen anfreunden konnten. Die Tests des V-1710-89-Motors der P-38J wurden mit 150-prozentigem Kraftstoff fortgesetzt, und am 6. Mai 1944 wurde er schließlich mit einem Krümmerdruck von 75 inHg [190,5 cm Hg] und einer Leistung von 1840 PS bestanden.

»Das Triebwerk mit einer B-33-Abgasturbine und einem Ladeluftkühler vom Typ P-38J bestand erfolgreich die Kampfnotfallprüfung bei 3000 U/min.«[46]

Dies war nur möglich, weil das innovative Ladeluftkühler-System an der Flügelvorderkante mit seiner geringen Kapazität abgeschafft wurde, das sich zwar als effektiv erwies, aber nicht mit dem Tempo der Leistungssteigerung des Triebwerks mithalten konnte. Die P-38J ersetzte dieses System durch einen herkömmlichen Wärmetauscher, der unter jeder Triebwerksgondel angebracht war.

Sechs Tage später wurde auch eine P-47 mit einem R-2800-59-Motor für den Betrieb mit 150er-Kraftstoff und Wassereinspritzung freigegeben. Das Triebwerk hatte sich ohne jegliche mechanische Probleme bewährt. Der R-2800 war zwar durch die hohen Zylindertemperaturen des luftgekühlten Systems behindert, konnte aber mit der Wassereinspritzung betrieben werden, wie es auch die deutschen Motoren mit ihren ganz anderen thermischen Schwierigkeiten getan hatten. Der große Hubraum des Motors glich den geringeren Ladedruck aus und bildete ein beeindruckend starkes und zuverlässiges – wenn auch sperriges – Triebwerk. Am nächsten Tag, dem 13. Mai, gab Wright Field das Triebwerk R-2800-63 für den Einsatz in der P-47 bis zu einem Ladedruck von 65 inHg [165,1 cm] mit Kraftstoff der Klasse 150 und Wassereinspritzung frei. Es war

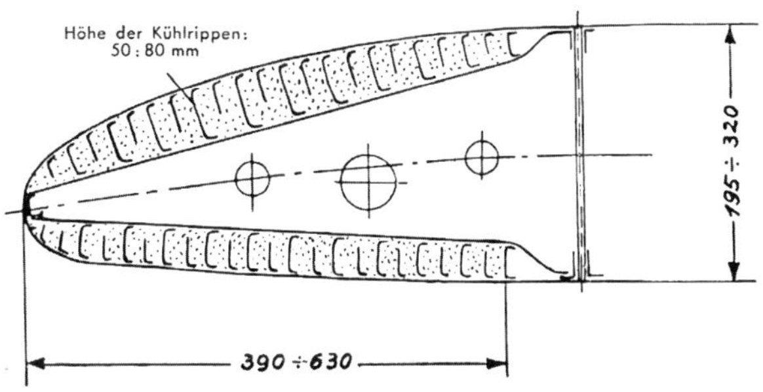

Bild 27
Ladeluftkühler der „Lightning" (P 38 F, G, H)
als Oberflächenkühler im Außenflügel

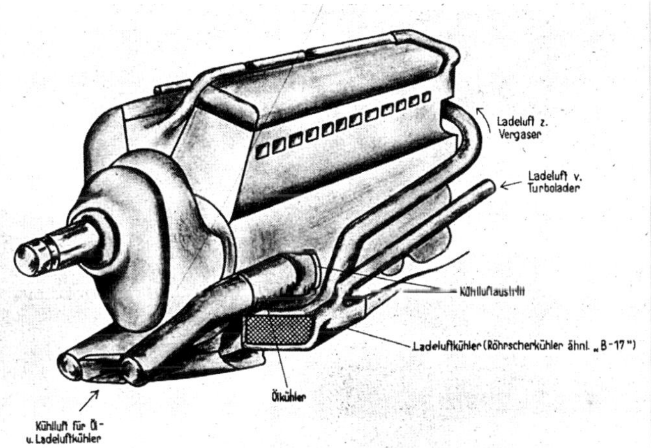

Bild 28
Neue Ausführung des Ladeluftkühlers der „Lightning" (P 38 J)

Illustration des deutschen Nachrichtendienstes zu einem frühen und einem späten P-38-Ladeluftkühler.

eine großartige Leistung, dass ein luftgekühlter Motor einen Ladedruck erreichte, der in der britischen Notation als + 17 lb [1,172 bar] bezeichnet wird. Dies entsprach der besten Leistung, die der Bristol Centaurus während des Krieges erreichte.

Der Bericht enthielt eine ganze Reihe von Änderungen und Bedingungen, die bei der Steuerung im Cockpit der P-47 zu beachten waren, um diese Änderungen zu bewältigen.

Ein Modifizierungssatz zum Verschicken an die Kampfeinheiten wurde bald fertiggestellt. Die Nachteile dieses neuen Kraftstoffs, weitgehend auf den hohen Bleigehalt zurückzuführen, wurden ebenfalls von Wright Field aufgeführt.

»a) Verkürzte Lebensdauer der Zündkerzen
b) Erhöhte Austauschrate von synthetischen Gummiteilen
c) Zunahme der Verschmutzung von Zündkerzen
d) Erhöhter Wartungsaufwand bei allen drei Motoren aufgrund der höheren Betriebsleistung
e) Vermehrtes Festkleben von Ringen
f) Die höhere Toxizität des Kraftstoffs erfordert einen vorsichtigeren Umgang.«[47]

Die Leistungsverbesserungen in den Flugzeugen selbst durch diesen neuen Kraftstoff in den amerikanischen Motoren wurden von Wright Field zwei Tage später dargelegt. Wright Field bestätigte jedoch, dass die P-47 nicht in der Lage war, ihre maximale Notleistung von über 2600 PS bei 2700 U/min mit 130er Kraftstoff und Wassereinspritzung zu erreichen. Die Ingenieure waren der Ansicht, dass zwei der drei Mängel leicht behoben werden könnten: Einbau einer größeren Kraftstoffpumpe und einer größeren Pumpe für die Wassereinspritzung. Leider wurde ein noch schwerwiegenderes Problem gefunden, das nicht gelöst werden konnte.

»Ein Austausch der Ladeluftkühler, um zusätzliche Kühlung zu schaffen, ist bei ausgelieferten Flugzeugen derzeit nicht möglich.

Leistungssteigerungspotenzial mit 150 Oktan bei der P-51 B mit V-1650-7-Motor.

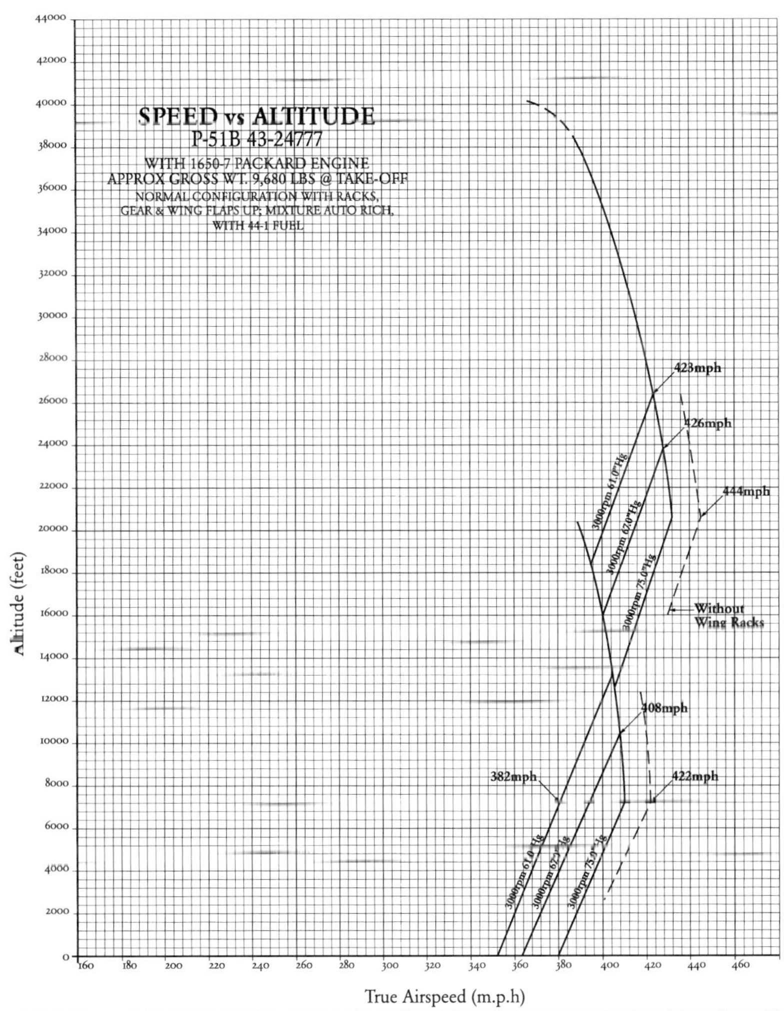

Die einzige verbleibende Alternative ist, die Vergaserlufttemperatur auf 130 °F zu begrenzen.«[48]

Dies bedeutete, dass der Pilot die maximale Leistung nur unter bestimmten Bedingungen ausnutzen konnte. Eine mittlere Höhe wäre wahrscheinlich ideal; hoch genug, um die niedrigen Lufttemperaturen auszunutzen, aber nicht so hoch, dass die beiden Kompressoren zwecks höheren Ladedrucks zu hart arbeiten müssten, da dies die Ansaugluft aufheizen würde. Dies war ein kleiner Rückschlag für die Thunderbolt, die sich aufgrund ihres robusten Motors bereits als Tiefflieger etabliert hatte. Dieses Problem war bei neuen Serienflugzeugen jedoch nur von kurzer Dauer, und der R-2800-63-Motor der P-47D wurde am 26. Juni 1944 nach Testflügen in Elgin Field, Florida, mit 2600 PS bei 2700 U/min mit 130er Kraftstoff und Wassereinspritzung zum Flug zugelassen. Fotos der kritischen Komponenten zeigten, dass sie nach 180 Minuten bei 64" Ladedruck (162,6 cm; +16,7 lb nach britischer Konvention) alle in ausgezeichnetem Zustand waren.

»Der Betrieb der R-2800-59- und -63-Motoren bei 2600 PS, 2700 U/min mit 130 Kraftstoff plus Wasser ist für den Einsatz zufriedenstellend.«[49]

Durch diese Verbesserungen am Motor war die P-47, früher den deutschen Jägern in mittleren und großen Höhen nicht mehr gewachsen, jetzt ihnen in etwa ebenbürtig.[50] Die zahlenmäßige Überlegenheit der alliierten Jäger gegenüber Deutschland erreichte nun unhaltbare Ausmaße, und am 6. Juni 1944, als die D-Day-Operationen in der Normandie begannen, sagte General Eisenhower zu seinen Streitkräften: »Wenn ihr Jagdflugzeuge über euch seht, werden es unsere sein.«[51] Die US-Piloten waren nicht nur zahlenmäßig in Sicherheit, sondern bis Mitte 1944 waren die Ausbildungsstunden bei der Luftwaffe von 240 Stunden auf durchschnittlich knapp über 100 und in einigen Fällen sogar auf weniger Stunden gesunken. Das war viermal weniger als bei den alliierten Piloten, deren Ausbildung im Laufe des Krieges sogar noch verschärft wurde. Am schockierendsten war jedoch die Tatsache, dass deutsche Piloten mit nur 25 Stunden Einsatzzeit in den Kampf geschickt wurden. Das war achtmal weniger als die Piloten der amerikanischen Luftwaffe im Jahr 1944.[52]

Nur zwei Tage nach Eisenhowers Erklärung zum D-Day wurde am 8. Juni 1944 ein weiteres wichtiges Kommuniqué veröffentlicht. General Carl A. Spaatz, Befehlshaber der Strategischen Luftstreitkräfte in Europa, sandte dieses Telegramm an die amerikanischen Flieger in Großbritannien:

»Das primäre strategische Ziel der Strategischen Luftstreitkräfte der USA ist es jetzt, den feindlichen Luftstreitkräften den Zugang zu Öl zu verwehren.«[53]

Diese Kabelnachricht markierte eine bedeutende taktische Verlagerung des Schwerpunkts der nun in England stationierten Bomberflotten und bedeutete den Anfang vom Ende der operationellen Wirksamkeit der Jagdflugzeuge der Luftwaffe.[54] Am 30. Juni 1944 wurden weitere Tests mit dem AllisonV-1710-89-Motor durchgeführt, um die Leistung der P-38 so weit wie möglich zu steigern.

»Ergebnisse einer Reihe von War Emergency Tests, die durch Wiederholung des Standard 7,5 Stunden Kampfnotfall-Zeitplans durchgeführt wurden, bis ein größeres Versagen des Motors auftrat.«[55]

Der Motor wurde mit einem Krümmerdruck von 70" (177,8 cm; + 19,7 lb nach britischer Konvention) betrieben, bis nach 19 Stunden eine Magnetoantriebswelle versagte. Auf den ersten Blick schien es sich um einen eher harmlosen Ausfall zu handeln, bis man den Motor komplett zerlegte und feststellte, dass die Kolben und Ringe stark verschlissen waren und offenbar klebten. Dies war eine typische Folge von zu heiß gelaufenen Kolben, und die Ingenieure waren gezwungen, die Schlussfolgerung zu ziehen:

»Da die Kombination aus Kolben und Ringen die kritische Baugruppe beim Betrieb mit 1425 PS oder mehr ist, sollten verschiedene Kolbenringdesigns und Brennraumdesigns untersucht werden, um die Ring- und Kolbenbetriebstemperaturen zu senken und eine verbesserte Zuverlässigkeit des Motors bei hoher Leistung zu erreichen.«[56]

Viele Detailfragen der Konstruktion standen noch zwischen den Allison-Ingenieuren und dem vollen Potenzial des V-1710. Trotz der Arbeit, die in Friedenszeiten geleistet worden war, hatte Rolls-Royce durch die intensive Entwicklungsarbeit seit Beginn der Feindseligkeiten in Europa einen Vorsprung vor anderen Herstellern flüssigkeitsgekühlter Motoren, die nun versuchten, ihren Rückstand aufzuholen. Die Allison-Ingenieure konnten sich mit der Tatsache trösten, dass sie nicht erwartet hatten, dass die Pleuelstangen überleben würden. Es ist wahrscheinlich, dass das Festkleben der Ringe und die Kolbentemperaturen erheblich hätten reduziert werden können, wenn Allison früher das 70/30 Wasser/Glykol-Kühlmittel mit Hochdruck-Überdruckventilen eingesetzt hätte, wie es Rolls-Royce getan hatte.

Am 26. Juli 1944 wollte Allison Zugang zu einem BMW-Kommandogerät. Hazen, der Chefingenieur des Unternehmens, schrieb an Wright Field:

»Betreff: Antrag auf Leihgabe feindlicher Ausrüstung
Hiermit wird der mündliche Antrag von Herrn Dolza von Allison an das Personal des Kraftwerkslabors auf Leihgabe einer deutschen

Jumo 213 E in Wright Field, Ansicht von hinten.

BMW-Motorsteuerungsbaugruppe und einer Kraftstoffeinspritzsystembaugruppe bestätigt.

Diese Teile sollen in Verbindung mit der Entwicklung ähnlicher Geräte für den Einsatz an Allison V-1710 und V-3420 Motoren verwendet werden.

Wir würden es sehr begrüßen, wenn Sie dieser Bitte frühzeitig nachkommen würden … Die Sendung sollte adressiert werden an … R. M. Hazen, Chefingenieur.«[57]

Die BMW 801 D hatte sich seit ihrer Einführung erheblich verändert, und die neue D-2-Variante befand sich nun in Amerika zur Untersuchung. Die NACA begann am 30. August 1944 mit einem Programm zur Erprobung des Einspritzsystems des BMW 801.

»Auf Ersuchen der Army Air Force, Materialienabteilung … werden im NACA Luftfahrtmotoren-Forschungslabor Tests durchgeführt, um verschiedene Eigenschaften des deutschen BMW 801 D-2 Motors zu bestimmen. Das getestete Kraftstoffeinspritzsystem wurde aus dem BMW 801 D-2 Motor mit der Seriennummer 803068 ausgebaut … die Kraftstofftransferpumpe, die Entlüfter und die Kraftstoffeinspritzpumpe scheinen vom äußeren Erscheinungsbild und der Funktionsweise her die gleiche Konstruktion zu haben wie die, die … für den BMW 801 A Motor beschrieben wurden. Das Einspritzventil des BMW 801 D-2-Motors war ein deutsches Bosch-Tellerventil mit variabler Fläche (60 ° eingeschlossener Winkel) und unterschied sich von dem Einspritzventil mit konstanter Fläche, das … für den BMW 801 A-Motor beschrieben wurde.«[58]

Die Einspritzdüsen waren gegenüber den frühen Typen mit fester Geometrie erheblich weiterentwickelt worden.

Wenige Tage zuvor hatte die NACA auch Kolben und einen kompletten Zylinder vom BMW 801 angefordert.[59] Die amerikanischen Ingenieure waren immer noch bestrebt, die Entwicklung voranzutreiben, obwohl sich der Krieg in Europa in seiner Endphase befand. Sie hatten den Krieg im Pazifik zu berücksichtigen, und es herrschte große Unsicherheit über dessen mögliche Dauer.[60]

Einige bessere Jumo-213-Motoren wurden im Oktober 1944 erbeutet und den Amerikanern zur Verfügung gestellt.

»Zwei vollständige, aber leicht beschädigte Exemplare dieses Motors erhielten die Alliierten aus einer Junkers Ju 188 A, die hinter den amerikanischen Linien in Frankreich auf Rädern gelandet war. Die Ju 188, die brandneu war, soll gestohlen und von einem deutschen Bodeningenieur geflogen worden sein, der noch nie ein Flugzeug gesteuert hatte.«[61]

Diese Jumo 213 E hatten Ladeluftkühler und der zweistufige Lader lag viel tiefer, was zur Folge hatte, dass der untere Motorträger stärker gebogen werden musste, um Platz zu schaffen. Dies war der erste und einzige deutsche Serien-Jagdmotor des Krieges mit einem zweistufigen mechanischen Lader mit Ladeluftkühler. Zwei Jahre nach dem Erscheinen des Merlin 61 war es viel zu spät, um noch militärischen Nutzen zu haben.

Am 14. November 1944 berichtete die US-Wirtschaftskriegsamt über die deutsche Treibstoffsituation:

»Das jüngste niedrige Niveau der deutschen Benzinproduktion durch wiederholte schwere Bomberangriffe auf Produktionsanla-

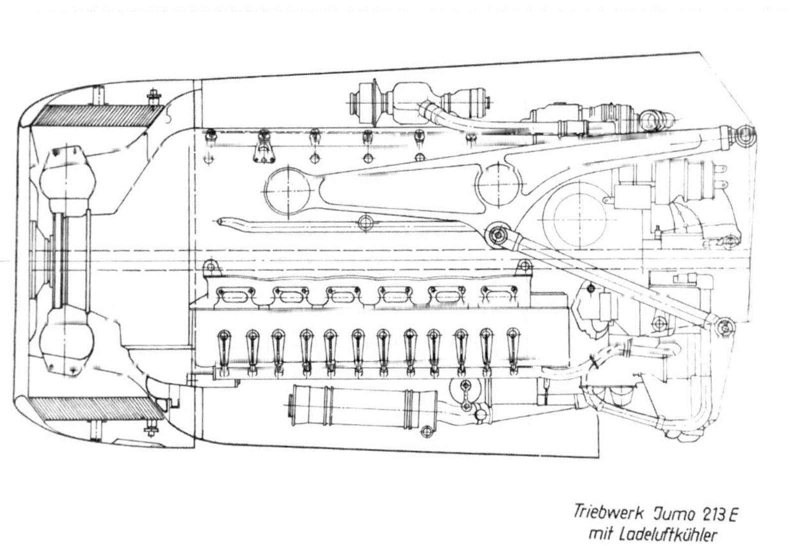

Schnittzeichnung des Jumo 213 E mit ringförmigem Kühler.

Jumo 213 E: Methanol-Wassereinspritzsystem.

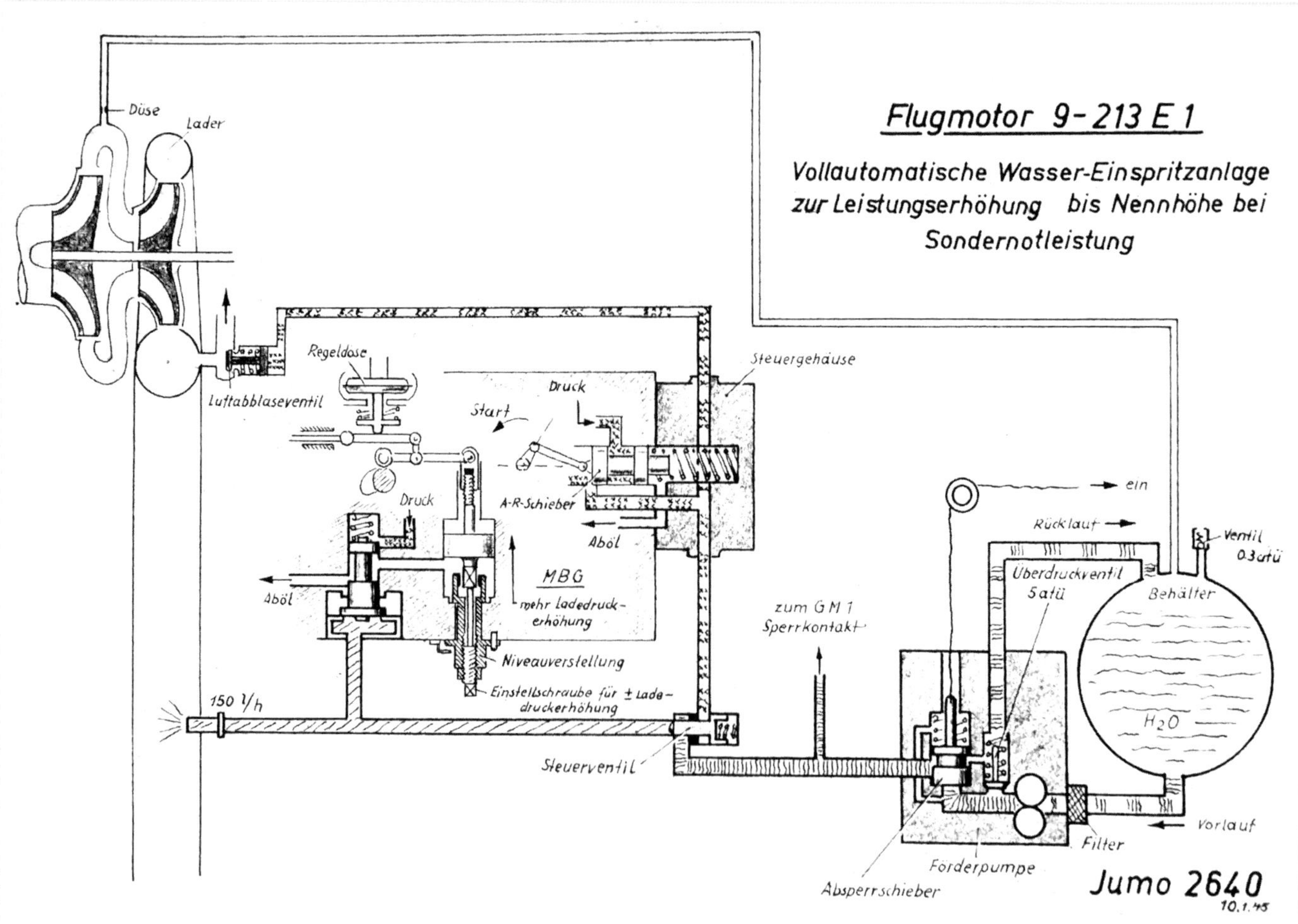

gen dürfte die Gesamtaktivität der deutschen Luftwaffe weiterhin stark einschränken; eine fortschreitende Verschlechterung der Leistung von Jagdflugzeugen, die auf hochwertige Flugkraftstoffe angewiesen sind, ist zu erwarten.«[62]

Tatsächlich hatten, wie der Bericht der US-Botschaft feststellte, die Angriffe auf die Hydrierwerke die Leistungsfähigkeit der deutschen Kampfflugzeuge an der Front bereits erheblich beeinträchtigt.

»Eine beträchtliche Anzahl deutscher einmotoriger Kampfflugzeuge wurde auf den Betrieb mit 87/91 Oktan blauem (Bomber-)Kraftstoff umgerüstet, was zu einer Verringerung der Effizienz und Leistung führte. Solche Umrüstungen scheinen das Ergebnis eines strengen, lang anhaltenden Mangels an grünem 100 Oktan-Kraftstoff gewesen zu sein.«[63]

Das Wirtschaftskriegsamt war außerordentlich gut informiert und wusste auch genau, was getan wurde, um diesen Mangel in Deutschland zu beheben.

»Die monatliche Zuteilung von Benzin an die deutsche Luftwaffe wurde im September 1944 auf etwa 45.000 Tonnen gekürzt. Das waren etwa 25 % der Zuteilung, die vor der strategischen Offensive gegen das Öl erfolgt war… Die kürzlich erbeuteten Flugbenzinproben hatten eine niedrigere Oktanzahl. Um diesen Mangel auszugleichen, wurden höhere Anteile von Tetraethylblei und Aromaten verwendet.«[64]

Der Bericht endete mit einer zutreffenden Schlussfolgerung über die Treibstoffsituation in Deutschland:

»Es kann jedoch kaum ein Zweifel daran bestehen, dass praktisch alle strategischen Benzinvorräte jetzt verbraucht sind.«[65]

Der britische technische Nachrichtendienst A.I.2(g) hatte den Amerikanern ebenfalls Informationen über die Treibstoffsituation übermittelt, und der US-Bericht stellte fest, dass die Briten in Übereinstimmung mit ihren eigenen Erkenntnissen davon ausgingen, dass eine große Anzahl von BMW 801 D-Motoren zusammen mit DB 605-Motoren der Bf 109 G deklassiert worden war.

Deutschland

Die Produktion der BMW-Motoren 801 D-2 und G-2 war im Januar 1944 schon angelaufen, aber es wurden viele Kinderkrankheiten gemeldet, meistens aufgrund von Engpässen im zunehmend unter Druck stehenden Produktionsumfeld in Deutschland. Die zunehmend schweren Bombenangriffe hatten zu chaotischen Zerstreuungsplänen geführt.

»Schadensbegutachtung an fabrikneuen BMW 801 G-2-Motoren ... eine große Anzahl von fabrikmäßig hergestellten Motoren fiel beim Flugzeughersteller aus.«[66]

Es war nun fast unmöglich, unter den Bedingungen in Deutschland zuverlässige Flugmotoren herzustellen und zu bauen.

Trotz der Schwierigkeiten, die vorhandenen Triebwerke zuverlässig zum Laufen zu bringen, befasste sich Focke-Wulf am 1. Februar 1944 mit einem ausgefallenen Projekt.

»Aufgrund der Anfrage, den möglichen Einbau des Napier Sabre II in die Fw 190 oder Ta 152 A zu untersuchen, wurden einige Leistungsschätzungen vorgenommen. Es werden drei mögliche Optionen aufgezeigt:

1) Mit dem Kühler in ähnlicher Position wie bei der Hawker Typhoon.
2) Wasserkühler in den Flügeln (0,28 Quadratmeter Fläche auf jeder Seite), Ölkühler unter dem Rumpf.
3) Ringförmiger Kühler um den Propeller, dies würde den Propeller um 320 mm nach vorne verlegen und einen Verkleidungsdurchmesser von 1210 mm erfordern.

Flugmechaniker
Herr Wolf.«[67]

Das RLM hatte die Durchführung der Studie gefordert:

»Um einen Überblick über die möglichen Flugleistungen feindlicher Kampfflugzeuge bei Verwendung des Napier Sabre II zu erhalten und um die allgemeine Brauchbarkeit eines Napier-Flugmotors beurteilen zu können, hat Focke-Wulf im Auftrag des RLM eine Einbaustudie durchgeführt und einen Einbau des Napier Sabre II in das Jagdflugzeug Ta 152 ›auf Papier‹ entwickelt.«

Später, nachdem die Studie abgeschlossen war, wurde im Abschlussbericht vermerkt:

»Die Durchführung dieser Untersuchung hat keinen praktischen Wert, da es aus offensichtlichen Gründen völlig ausgeschlossen ist, diesen speziellen Motor zu verwenden.«

Am 11. Februar 1944 führten die deutschen Kraftstoffingenieure noch grundlegende Verbrennungsversuche am Einzylinder-Versuchsmotor DB 6001 durch. Im IG-Farben-Kraftstoffforschungswerk Oppau hatte Dipl.-Ing. Witschakowski Versuche durchgeführt, um die Kraftstoffwerte des Einzylindermotors DB 6001 mit denen des Standard-Zylinders des IG-Farben-Versuchsmotors zu vergleichen.

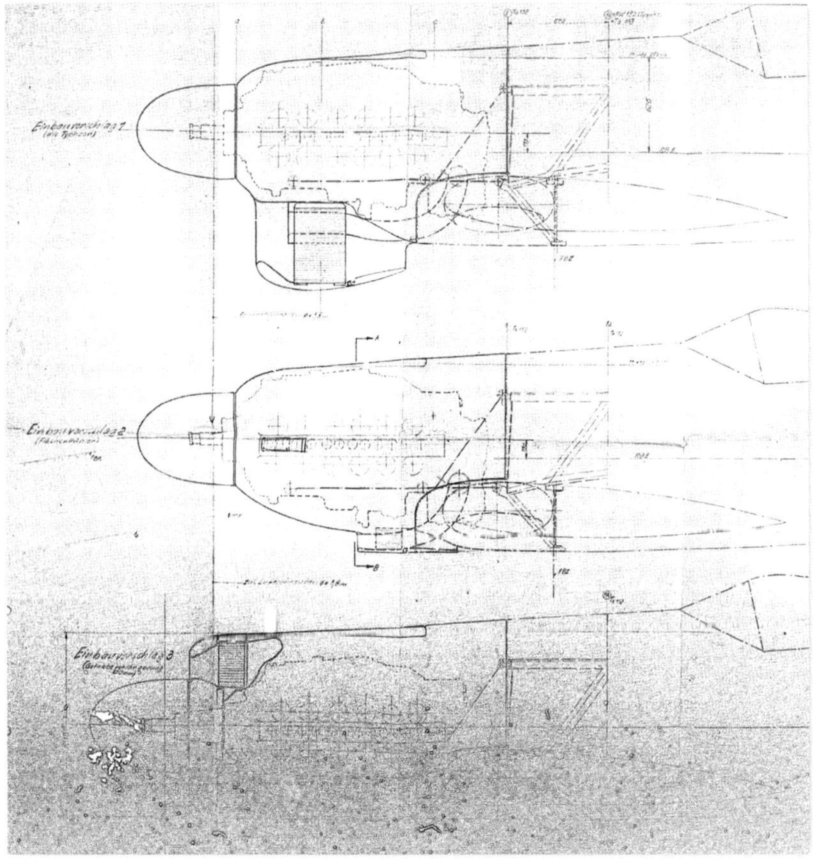

Zeichnung der Ta 152 A mit eingebautem Napier Sabre.

»Auffallend ist, dass im BMW-Zylinder der DHD-Kraftstoff dem C3-Kraftstoff noch überlegen ist, im DB-Zylinder aber der C3-Kraftstoff besser abschneidet ... Motorseitig sollte versucht werden, Flugmotoren so zu entwickeln, dass die verfügbaren Hochleistungskraftstoffe bis an die Grenze der Aufladbarkeit genutzt werden können ... Vier Kraftstoffe wurden auf ihr Klopfverhalten in einem DB-Einzylinder unter vollwertigen Motorbetriebsbedingungen getestet. Die Ergebnisse zeigen, dass sie mit Ausnahme von B4 eine höhere Aufladung als in modernen Flugmotoren zu lassen. Es gibt also viel Spielraum für eine Leistungssteigerung dieser Motoren.«[68]

Der Bericht hatte mit der tatsächlichen militärischen Situation so gut wie nichts zu tun, auch wenn es stimmte, dass die Produktion von C3-Kraftstoff endlich zu steigen begann. Die tatsächlich produzierten Flugmotoren waren so eingeschränkt, dass sie nicht die Leistung der Labormotoren erbringen konnten, die oft aus speziellen Materialien gebaut waren und die besten Zündkerzen unter perfekten Betriebsbedingungen verwendeten.

Als die deutsche Luftfahrtindustrie in Schieflage geriet, saßen Milch und der Staatssekretär für Rüstung und Kriegsproduktion, Karl-Otto Saur, in einem Zug und diskutierten die Situation. Sie einigten sich auf die Schaffung eines neuen Führungsgremiums mit der Bezeichnung Jägerstab, dessen einzige Aufgabe darin bestand, die Produktion von Jagdflugzeugen in Deutschland sofort und drastisch zu erhöhen, um gegen die alliierten Massenangriffe vorzugehen, die die deutsche Industrie lahmlegten. Albert Speer wird häufig ein großer Teil der darauf folgenden Produktionssteigerung zugeschrieben, aber Speer nahm erst am 26. Mai 1944, über zwei Monate nach der Gründung des Jägerstabs, an einer Konferenz teil.[69] Viele der Produktionssteigerungen hatten ihren Preis, der oft mit Qualitätseinbußen bezahlt wurde. Wie zur Veranschaulichung veröffentlichte BMW am 3. April 1944 eine Studie über Korrosionsschäden an Ventilen. Trotz des neuen Verchromungsverfahrens waren die deutschen Ventile immer noch anfälliger für Heißkorrosion als die alliierten Ventile, und es traten immer noch viele Ausfälle auf, was durch Produktionskürzungen noch verschlimmert wurde.[70]

»Aus Gründen der Vereinfachung wurden Auslassventile nur auf der Unterseite des Ventils und in der oberen Nut kugelgestrahlt, Anlage 9, und außerdem wurde die Ventilsitzpanzerung nicht mehr eingeläppt. Es waren 13 Ventile nach dieser Methode zu prüfen.

Die Befunde aller Ventile zeigten, dass insbesondere die kugelgestrahlte Ventilbodenfläche durch das heiße Verbrennungsgas stark angegriffen wird.

Von den 13 Auslassventilen waren nach dem Probelauf im V-96-Motor vier Stück stark beschädigt, die aufgrund von Kolbenero-

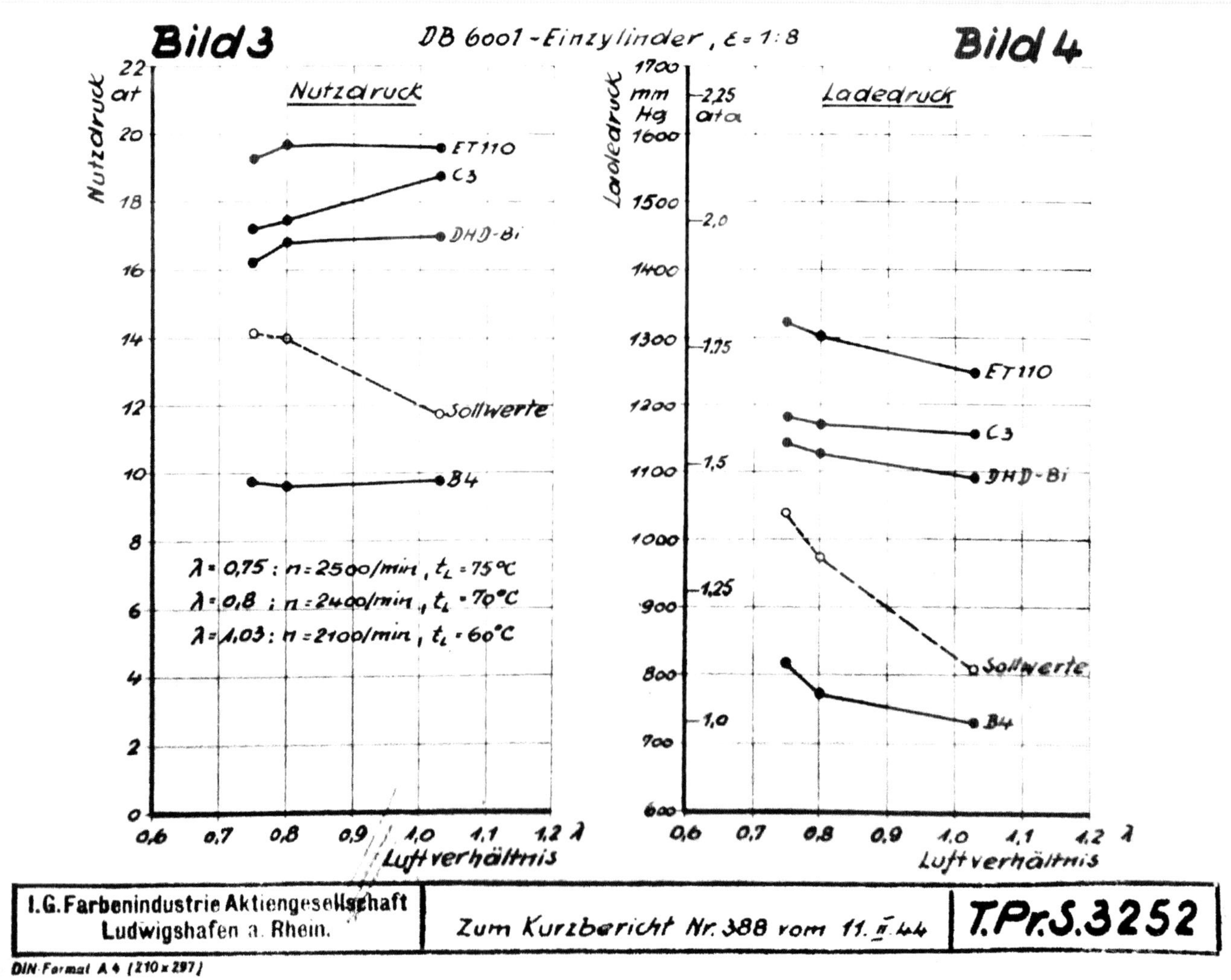

IG Farben: DB 6001-Kraftstofftest.

sion im Zylinder 1 nach 53 Stunden abgebrochen werden mussten.«[71]

Die Triebwerksstrategie wirkte sich weiterhin auf die Konstruktion der Flugzeugzellen aus, und am 7. April 1944 diskutierten der BMW-Manager Walter Schilo und Milch über die Kühlergrößen:

»Schilo: Ich möchte eines anmerken, nämlich, dass unsere Kühler vom Volumen her 25 bis 30 % größer sind als die der Engländer. Der entscheidende Faktor ist die Kühlmitteltemperatur. Wir fahren mit 100 °C und die Engländer mit 130 °C. Maßnahmen zur Erhöhung unserer Kühlmitteltemperaturen sind im Gange. Es sind mehrere Änderungen erforderlich, die einige Zeit in Anspruch nehmen werden.
Milch: Wie machen die Engländer das?
Schilo: Indem sie den Strömungswiderstand im Kühlkreislauf des Motors, vom Motor über den Dampfabscheider bis hin zum Kühler und den Rohrleitungen, verringern. Die Widerstände sind viel kleiner, und sie verwenden höhere Flüssigkeitsdrücke, die sie auch einkalkuliert haben. Wir gehen jetzt auch bei den Temperaturen nach oben, der 213 ist der erste Motor, der davon Gebrauch macht, wir müssen diese Entwicklung vorsichtig angehen.«[72]

Dieses Thema wurde in Deutschland bereits seit über einem Jahr diskutiert, und die deutschen Ingenieure hatten festgestellt, dass die Einführung einer Hochdruck-Hochtemperatur-Kühlung schwierig und zeitaufwendig war. Der Jumo 213 war jedoch führend in der Aufholjagd auf die britische Kühlsystem-Praxis. Auch die Entwicklung des DB 605-Motors, die sich durch die Probleme mit der Ventillegierung, dem Kraftstoff und den Zündkerzen, die die gesamte deutsche Jagdflugzeugflotte aufgehalten hatten, um fast zwei Jahre verzögert hatte, konnte aufgeholt werden. Nachdem diese Probleme nun gelöst waren, konnten sich die Stuttgarter Ingenieure wieder der Aufgabe zuwenden, die Motorleistung mit allen Mitteln zu steigern. Die häufigen Bombenangriffe auf die Konstruktions-, Versuchs- und Fertigungsanlagen, von denen das Werk, in dem die neue Baureihe DB 605 D gebaut wurde, besonders schwer beschädigt wurde, behinderten sie jedoch. Dennoch führte Daimler 1944 mehrere Hochleistungsvarianten des DB 605 ein, die Baureihen 605 AM, AS, ASM und D.[73] Der AM war einfach der DB 605 A mit Methanol-Wasser-Einspritzung, die anderen verfügten alle über den größeren Lader des DB 603 A, aber um die volle Leistungssteigerung zu erreichen, mussten die Daimler-Motoren alle auf C3-Kraftstoff umgestellt werden.

Wenn dies gelänge, wären die angebotenen Leistungssteigerungen beträchtlich. Der DB 605 AM und ASM mit C3 und MW50 steigerte die Leistung des Basis-DB 605 A von 1475 PS auf 1800 PS beim Start. Dies geschah vor allem durch die Erhöhung des Ladedrucks von 1,42 auf 1,7 ata.[74] Der größere Lader

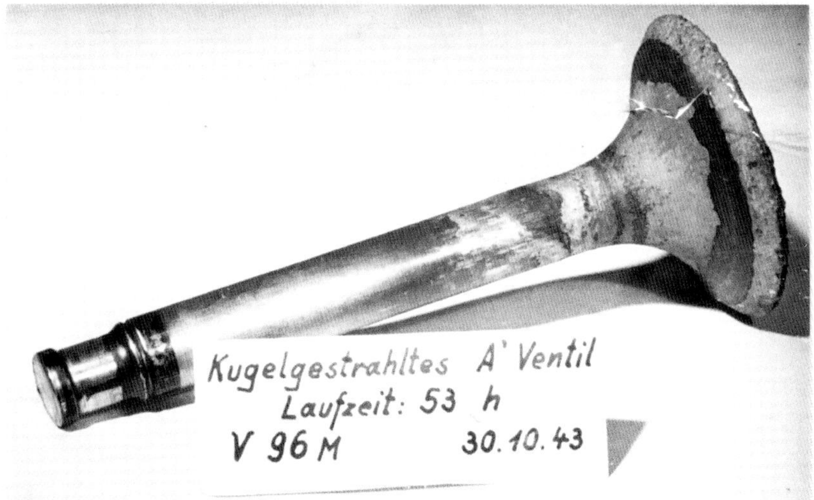

BMW: Ventilversagen.

steigerte die Leistung in 10 km Höhe von 790 auf 925 PS.[75] In dieser Höhe war dies fast identisch mit der Leistung des Merlin 66, der damals in der neuesten Spitfire Mk IX eingesetzt wurde.

Die Baureihe DB 603 (die später im Nachtjäger He 219 und in der zweimotorigen Push-Pull-Dornier Do 335 eingesetzt wurde) wurde ähnlich behandelt, wobei Beispiele wie die DB 603 EM mit C3 und MW50 beim Start 2250 PS bei 1,75 ata Krümmerdruck lieferten.[76] Darüber hinaus hatte Daimler den DB 605 L entwickelt, der einen zweistufigen, mechanisch angetriebenen Lader enthielt und auch die wichtige Ölzentrifuge besaß, um die Lebensdauer der Lager zu erhöhen, indem so viel Luft wie möglich aus dem Öl entfernt wurde.[77] Diese Zentrifuge wurde auch bei den DB 605 D-Modellen eingebaut. Diese Motoren wurden ab Mitte 1944 so schnell wie möglich in die Bf 109 G-Modelle integriert.[78]

Bei Focke-Wulf hatte die Ta 152 im August 1943 die Ta 153 als designierte Nachfolgerin der Fw 190 mit Jumo 213-Motor abgelöst. Der Unterschied bestand darin, dass die 153 einen völlig neuen Rumpf benötigte, während die 152 einen bestehenden, vorne und hinten verlängerten Rumpf nutzte, um Länge und Gewicht des Motors auszugleichen. Kurz nach dieser Schwerpunktverlagerung begann das Unternehmen mit der Arbeit an einer Höhenflugvariante. Aus der zunächst als Fw 190 H bezeichneten Variante wurde schnell die Ta 152 H. Sie wurde ab Ende August 1943 parallel zur allgemeinen 152 (in A-, B- und später C-Form) entwickelt, bis sie kurz vor Kriegsende in Dienst gestellt wurde.

Die 152 H benötigte einen zweistufigen Kompressor, und am 1. Mai 1944 wurden detaillierte Skizzen erstellt, die das Gesamtlayout des Jagdflugzeugs zeigten.

Spätere Tests zeigten, dass die 152 H zwischen 8 und 11 km Höhe (26.000 und 36.000 ft) deutlich schneller war als andere Focke-Wulf-Modelle. Unterhalb von 6 km (20.000 ft) war sie jedoch etwas langsamer als die Modelle D-9 und D-12 der Fw 190.

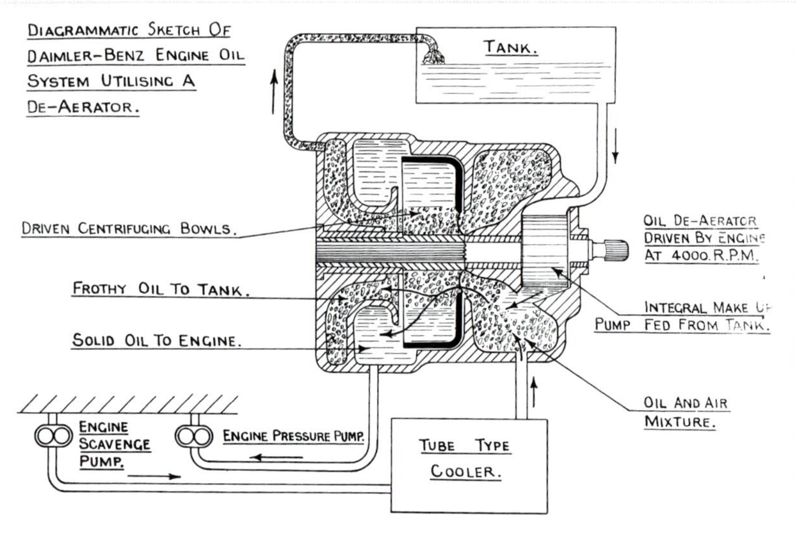

Britische Illustration der Funktionsweise der Ölzentrifuge DB 605.[79]

Am 2. Mai 1944 wurde auf der Jägerstab-Konferenz festgestellt, dass GM1 und Methanol-Wassereinspritzung für den DB 605 nun verfügbar waren. Die Diskussion drehte sich um neue Tanks zur Aufnahme von GM1 und MW50 im Flugzeug.

»Schaede: Die DB 605 AS-Motoren kommen wie geplant vom Programm. Wir wollen mehr davon produzieren.

Milch: Beim MW50 werden wir das Programm von 500 Motoren erfüllen, ich bin nicht sicher, ob Messerschmitt die Zeichnungen fertig hat …«

Milch wurde gefragt, warum es einen Unterschied mache, ob ein GM1- oder ein MW50-Tank verwendet werde, da sie doch im Grunde austauschbar seien, da sie beide einfach nur kalte Flüssigkeit speicherten.

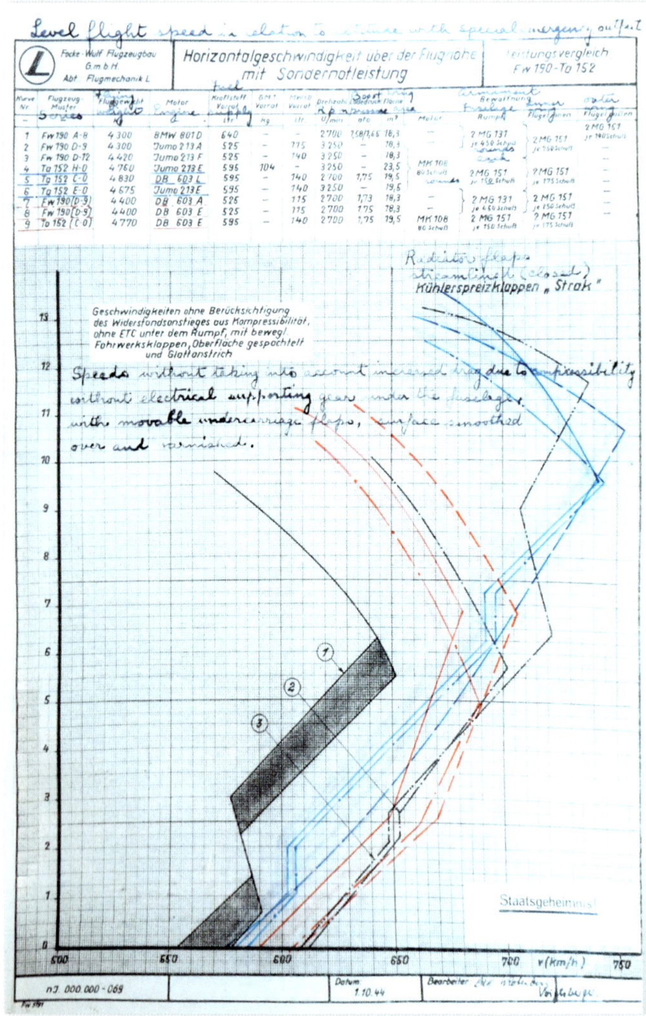

Horizontale Geschwindigkeiten der Ta 152 bei Notleistung im Vergleich zu den Modellen Fw 190 A und D

Es wurde beschlossen, GM1-Tanks sowohl für die Wassereinspritzung als auch für Lachgas zu verwenden, um die Produktion zu konsolidieren. Der GM1-Tank war bei weitem der kompliziertere, da er die Flüssigkeit isolieren musste. Diesing sagte Milch, dass bis zu 3000 Tonnen MW50 pro Monat benötigt würden. Milch schlug vor, Wassertankwagen für die Versorgung der Flugplätze umzuwidmen.

Die Situation in Dessau war unhaltbar, und 500 Jumo 213 pro Monat sollten verloren gehen, während die Produktion auf andere Standorte verlagert wurde. Für den Bau von Triebwerken wird eine unterirdische Fabrik mit einer Fläche von 18.000 Quadratmetern vorbereitet, in der 12.000 Mitarbeiter der Luftwaffe arbeiten.[81]

Am 12. Mai 1944 gab BMW einen Überblick über die verschiedenen BMW-Motoren, die für die Fw 190 im Einsatz waren oder vorgeschlagen wurden:

Die Ölzentrifuge des DB 605 D.[80]

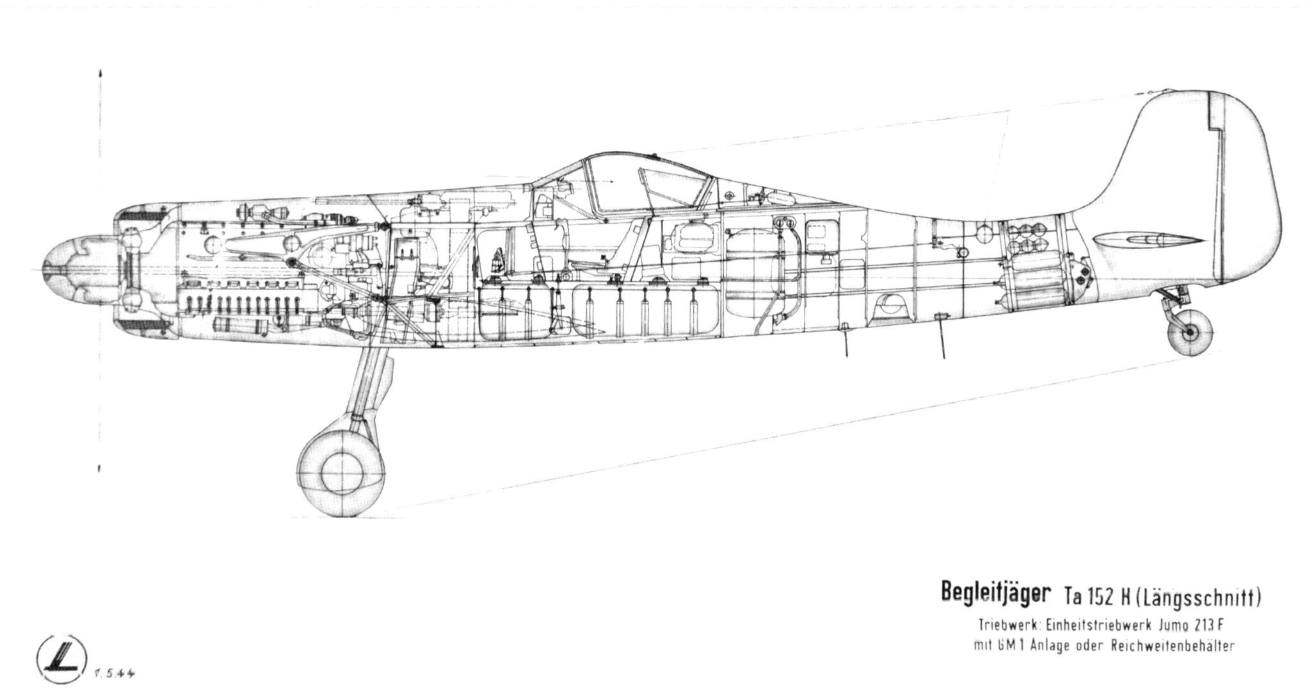

Abbildung der Ta 152 H mit zweistufigem Kompressormotor Jumo 213 E.

»Bastardisierte BMW-Motoren.

1) BMW 801 TU. Die Basis des Motors ist der BMW 801 D-2 Motor. Die Rohrleitungen sind neu, ebenso die Kaltstart-Mischdüse, die Abgasanlage wird teilweise von TH und D-2 Motor übernommen. Beim 801 TU ist die gleiche Leistungssteigerung möglich (erhöhte Notleistung, C3-Einspritzung, GM1) wie beim BMW 801 D-2-Motor.
2) BMW 801 TS. Der Motor enthält den leistungsgesteigerten Motor BMW 801 S mit 2000 PS, ähnlich dem BMW 801 F Motor, aber mit Ölpumpe, Filter und Waffengetriebe wie beim BMW 801 D-2 Motor.«[82]

BMW erklärte, dass diese Motoren alle mit der Fw 190 ab der Variante A-7 kompatibel waren.

Da BMW Schwierigkeiten hatte, die vielversprechenden Versionen des BMW 801 zu produzieren, die ein Jahr zuvor in der Erprobung gewesen waren, wurden andere Optionen für das Jagdflugzeug attraktiver.

»Schaede: Die Fw 190 mit dem Jumo 213 steht kurz vor der Auslieferung, die eigentlich im Juni beginnen sollte.«[83]

Trotz der Tatsache, dass der neue Jumo zumindest in der Fw 190 flog, waren die deutschen Ingenieure immer noch scharf darauf, die Spitfire zu studieren, und am 18. Mai 1944 wurde ein Daimler-Benz/Spitfire-Hybrid getestet.

Zu Beginn des Krieges, im Dezember 1942, hatten sich Professor Messerschmitt und Fritz Nallinger über den Kühlungsbedarf der Daimler-Benz-Motoren gestritten, wobei Messerschmitt behauptete, dass die Konstruktion des Daimler-Benz-Motors die Verwendung größerer Kühler als die der Spitfire erfordere. Um die Angelegenheit aus der Welt zu schaffen, beschloss Nallinger schließlich, Messerschmitt zu zeigen, dass der Daimler-Benz-Motor keine größeren, den Luftwiderstand verursachenden Kühler benötigte als der Rolls-Royce Merlin. Der naheliegendste Weg, dies Messerschmitt zu beweisen, bestand darin, eine Spitfire mit einem DB 605-Motor auszustatten, den ursprünglichen Wasserkühler intakt zu lassen und ihn im Flug zu testen. So wurde die Spitfire EN830, eine erbeutete Mk.V, die ursprünglich einen Merlin 45-Motor besaß, im Daimler-Benz-Werk Untertürkheim umgebaut

Spitfire V mit DB 605-Motor

Das Ergebnis war ein Flugzeug, das zwar etwas seltsam aussah, aber gut flog. Eine solche Triebwerkstransplantation kann keine einfache Angelegenheit gewesen sein – sicherlich kaum leichter als die Bemühungen der Alliierten, das britische Merlin 61-Triebwerk in die amerikanische P-51 Mustang einzubauen. Das gesamte Flugzeug musste neu verdrahtet werden, um mit den unterschiedlichen Stromspannungen zurechtzukommen, neue Motorhalterungen mussten eingebaut und die Ölkühler modifiziert werden.

> »Forschungsbericht Nr. 10-18-105-428. 18. Mai 1944
> Bericht über die Betriebsbedingungen des DB 605-Motors in der Spitfire V, mit besonderem Augenmerk auf die Kühlersysteme und die Leistung des Motors im Flug.«[85]

Die Spitfire mit dem DB 605 war im Tiefflug etwa 15 mph schneller als die ursprüngliche Spitfire. Dies lag in erster Linie daran, dass der 605 aufgrund des durch eine Flüssigkeitskupplung angetriebenen Laders anstelle einer Drosselklappe in niedriger Höhe weitaus geringere Pumpverluste aufwies.

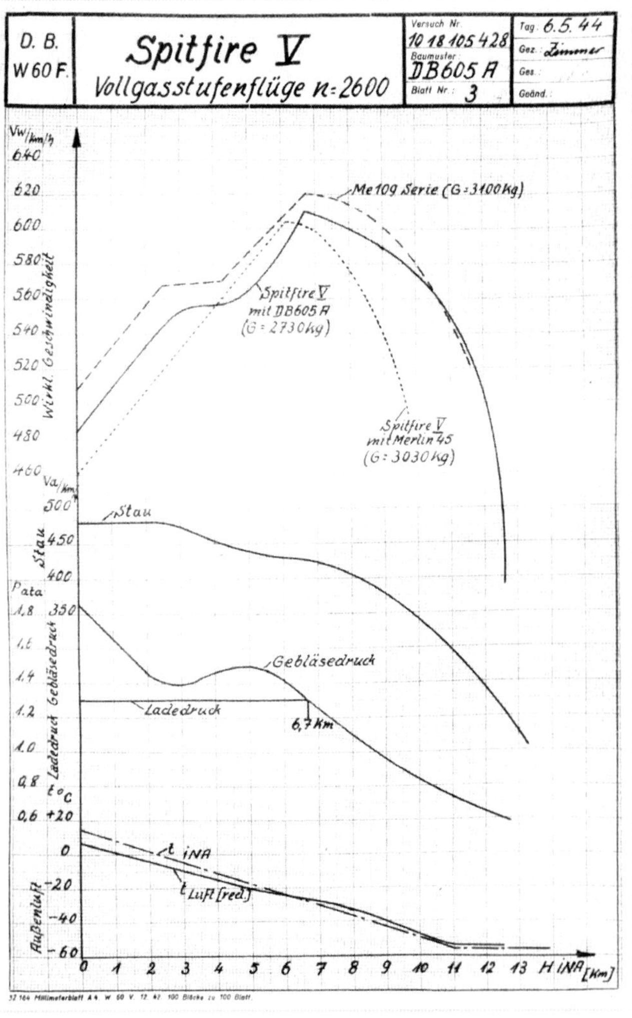

Leistungsdiagramm der Spitfire mit DB 605-Motor.

Was die deutschen Ingenieure am meisten überraschte, war die Leistung des Kühlsystems.

> »Der DB 605 hat in Nennhöhe 150 PS mehr als der Merlin 45, aber das Kühlersystem ist 50 % kleiner als bei der Me 109 G, 17,4 m² im Vergleich zu zwei Kühlern von 16,8 m², der einzelne Spitfire-Kühler bietet nur 4 % weniger Wärmeabgabe als die beiden kombinierten Originalkühler.«[86]

Nach einer unerklärlichen Verzögerung durch die Alliierten kam es zur Katastrophe für die Luftwaffe, als die Angriffe auf die deutschen Anlagen für synthetischen Treibstoff, die mit vier schweren Angriffen am 12. Mai begonnen hatten, fortgesetzt wurden.[87] Auf der Führerkonferenz vom 2. Juni 1944 versuchte Speer, den Spitzen des nationalsozialistischen Deutschlands klarzumachen, wie ernst die Lage werden könnte:

> »Die Hydrierwerke der Reichs- und rumänischen Raffinerien in Ploesti wurden heftig angegriffen. Es muss alles getan werden, um die Werke so schnell wie möglich wieder in Gang zu bringen … Die Hydrierwerke haben die wichtigste Aufgabe unter allen zur Zeit im Reich bestehenden zu erfüllen. Ihr ordnungsgemäßes Funktionieren wird praktisch kriegsentscheidend sein, ich hoffe, dass jeder begreift, was das bedeutet.«[88]

Die Anwesenden wussten sicherlich, was das bedeutete, aber die Verringerung der Treibstoffproduktion, die aus den Angriffen resultierte, bedeutete, dass nun weniger Flugzeuge zur Verteidigung dieser Anlagen geflogen werden konnten.

Drei Wochen später wurde einer der wenigen kompetenten und fleißigen Leitfiguren der deutschen Luftfahrt von Göring aus dem Spiel genommen. Am 20. Juni 1944 forderte er Milch zum Rücktritt als Chef der Luftrüstung auf und unterstellte das RLM faktisch Albert Speer. Dies verdeutlicht die Fehleinschätzung seines Charakters und seines Nutzens für das Reich, denn Speer, der angeblich für die wundersamen Verbesserungen bei der Produktion von Kampfflugzeugen in der Ära des Jägerstabs verantwortlich war, hatte sich nicht einmal die Mühe gemacht, fast drei Monate nach dessen Gründung an den Konferenzen teilzunehmen, geschweige denn für all seine Erfolge verantwortlich zu sein.

Im Rahmen einer totalen organisatorischen Umstrukturierung wurden am 31. Juli 1944 die bisherigen Aufgaben von Milch und die gesamte RLM-Zuständigkeit für Forschung, Entwicklung und Erprobung unter dem Namen Chef der Technischen Luftrüstung (meist abgekürzt als Chef TLR) neu geordnet. Eine solche organisatorische Umstrukturierung zu diesem Zeitpunkt erschien seltsam und war für die deutsche Industrie zweifellos wenig hilfreich.

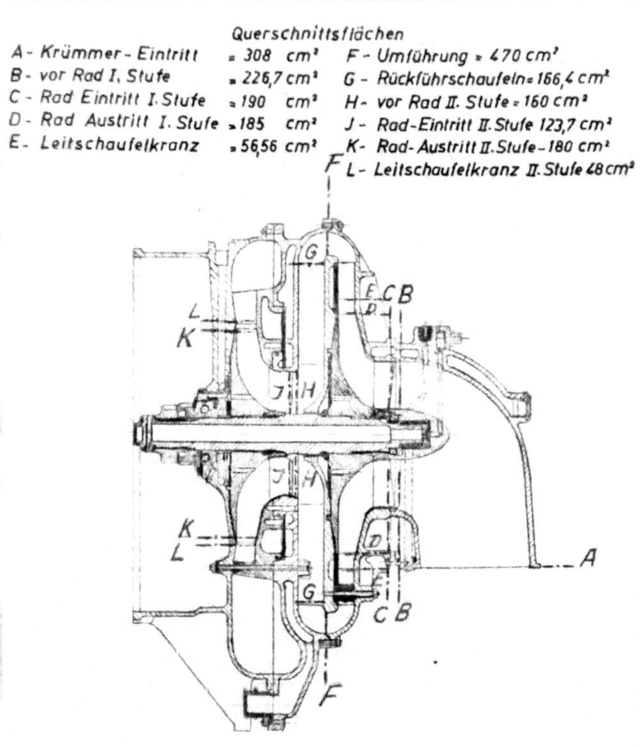

Rolls-Royce Merlin 61-Kompressor. Es ist bemerkenswert, dass dies der einzige alliierte Lader war, den die Deutschen in diesen Bericht aufnahmen.

Am 7. August 1944 – viel zu spät – wurden von Daimler-Benz zweistufige Kompressoren für den DB 603 L und den Merlin 61 verglichen.[89]

Das Layout des DB 628 Kompressors ist besonders interessant, da es einen einzigartigen Ansatz zur Lösung von zwei Problemen bei der Installation von Kompressoren verfolgt: Wie kann man die Rohrleitungen so verlegen, dass der dynamische Druckgewinn durch die Vorwärtsbewegung des Flugzeugs maximal genutzt wird (d. h. die Luft wird gezwungen, durch so wenige Rohrbögen wie möglich zu strömen), und wie kann man die beiden Kompressoren so kompakt unterbringen, dass sie in ein Kampfflugzeug passen? Durch die koaxiale Anordnung der ersten Verdichterstufe zur Propellerwelle wird der Lufteintritt aus dem Vorwärtsflug des Flugzeugs fast direkt in den Einlass des Verdichters gedrückt. Die niedrige Drehzahl dieses Verdichterlaufrads der ersten Stufe (13 100 U/min im Gegensatz zu 27.200 U/min der zweiten Stufe) bedeutet jedoch, dass es einen großen Durchmesser – 0,56 m – hat, um eine brauchbare Druckhöhe zu erzeugen.[90] Die Luft wird zwischen der ersten und der zweiten Verdichterstufe gekühlt, was eine ähnliche Funktion wie das gekühlte Gehäuse des Merlin 61 erfüllt, nämlich die Verringerung der Verdichterarbeit durch Erhöhung der Dichte der Luft nach der ersten Verdichterstufe, was das Verdichtersystem insgesamt »künstlich« verbessert. Die Temperatursenkung ersetzt einen Teil der Verdichterarbeit zur Komprimierung der Ansaugluft des Motors, da die Temperatursenkung den gleichen Effekt hat wie die Komprimierung der Luft, d.h. die Erhöhung der Dichte.

Der zweistufige Lader DB 603 L hingegen ähnelte in seinem Gesamtaufbau dem des Merlin 60, verzichtete aber auf ein wassergekühltes Gehäuse. Möglicherweise wurde dies durch den Einsatz einer Dralldrossel ermöglicht, die bei gedrosseltem Betrieb in geringer Höhe zu einer Verringerung der Ladespitzentemperaturen geführt hätte.

Am 28. Juli 1944 veröffentlichte Focke-Wulf einen Bericht über ein Höhenjagdflugzeug auf der Basis der Fw 190 mit einem Vergleich zwischen einem mechanischen Lader und einem abgasbetriebenen Turbolader fürs Aufladen.[91]

Die Wahl fiel auf das Triebwerk DB 603 mit dem von der DVL entwickelten Turbolader TK15. Am 7. September 1944 verglich Rechlin die Leistung der Fw 190 mit dem BMW 801 Motor mit GM1 mit der der Bf 109 G mit dem DB 605 D Motor ohne GM1.

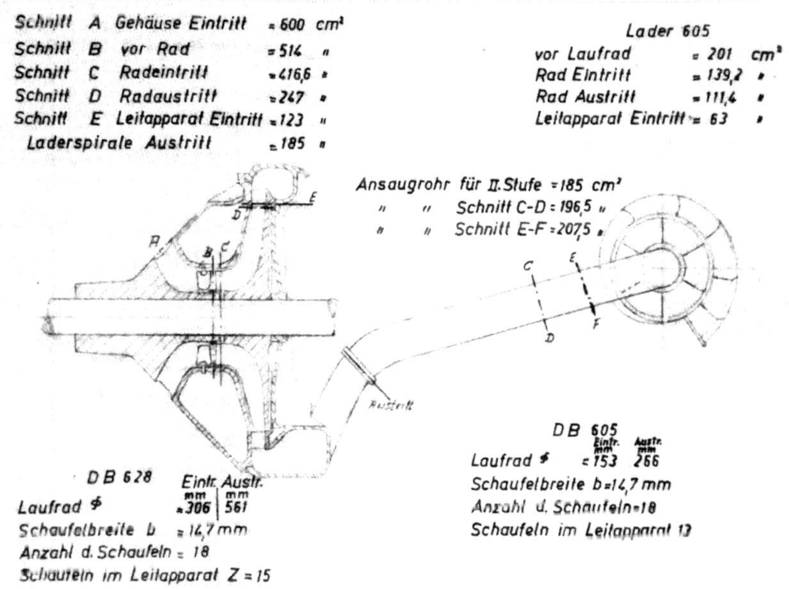

Aufbau und Querschnittsflächen durch das zweistufige Aufladesystem DB 628.

»Die Geschwindigkeit der Fw 190 mit BMW 801 D-2-Motor und GM1 in großen Höhen liegt in der gleichen Größenordnung wie die der Bf 109 G mit DB 605 D-Motor ohne Einsatz von GM1.

Mit GM1-Gerät, vier MG 151/20 Kanonen in den Flügeln und zwei MG 17 sind die mit 80 g/s GM1 erreichten Geschwindigkeiten wie folgt:

- In 7 km Höhe von 567 auf 617 km/h (+ 50 km/h)
- In 8 km Höhe von 535 auf 603 km/h (+ 68 km/h)
- In der Fw 190 hat der GM1-Tank ein Fassungsvermögen von 105 Litern ... daher ist bei 80 g/s ein Betrieb über 20 Minuten möglich.«[92]

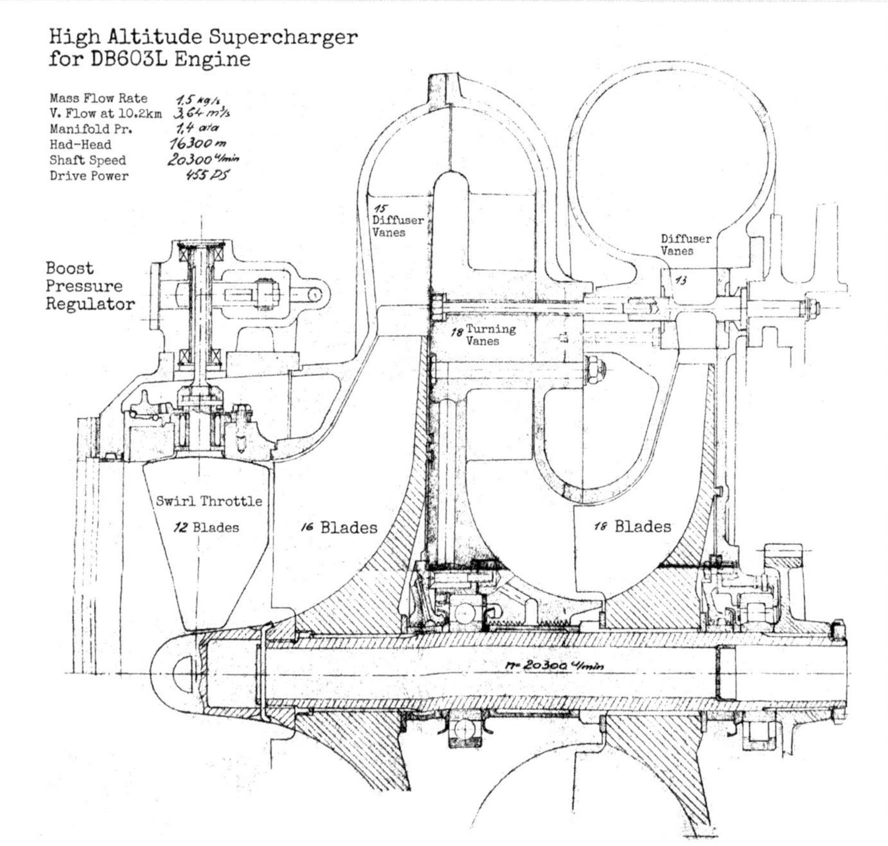

DB 603 L: Kompressor Querschnitt mit englischem Text.

»Sehr geehrter Herr Kreipe,
unter Bezugnahme auf das Memorandum des Reichsministers Speer über die Treibstoffsituation und die jüngsten feindlichen Luftangriffe auf unsere Ölraffinerien möchte ich auf meine bereits gemachte Anregung hinweisen, die Zuteilung von Kampfflugzeugen vorrangig dem Schutz der Ölraffinerien im Inland zu widmen. Die Produktion von Kampfflugzeugen und ihre Verteilung an die Front hat wenig Sinn, wenn es keinen Treibstoff mehr gibt. Ich wiederhole meinen Vorschlag, dass in jeder der wichtigsten Raffinerien, insbesondere in Leuna, Pölitz …, Gelsenberg und Brüx …, ein Jagdgeschwader stationiert wird. Im Juli 1944 erhielt die Luftflotte Reich nur etwa 20 % der Tagesjäger aus der Gesamtverteilung zugewiesen. Ich halte 50 % für notwendig. Bei den Angriffen vom 6. August 1944 flogen die US-Bomber weite Strecken ganz ohne Jagdschutz … wie schädlich die schweren Bomberangriffe gegen die übrige Rüstungsindustrie usw. auch sein mögen, die wirklich entscheidenden Angriffe sind die auf unser Treibstoffpotential.
Milch.«[93]

Es ist erstaunlich, dass zu diesem Zeitpunkt nur 20 % der in Deutschland hergestellten Kampfflugzeuge zur Verteidigung des Heimatlandes eingesetzt wurden, das von Bombern in die Knie gezwungen wurde. Die Zerstörung der Treibstoffvorräte des Landes und der damit verbundenen Infrastruktur war eine Katastrophe. Außerdem klaffte eine große Lücke zwischen der von Speer behaupteten Zahl der hergestellten Jagdflugzeuge und der tatsächlichen Zahl der einsatzbereiten Flugzeuge an der Front. Ende 1943 sollten allein im Dezember 2230 Jagdflugzeuge hergestellt worden sein. Die gesamte deutsche Kampfflugzeugflotte bestand zu diesem Zeitpunkt jedoch aus 2520 Flugzeugen, von denen sich nur 1660 an der Westfront befanden.[94]

Diese Fortschritte waren nützlich, aber wenn es keinen Treibstoff gab, mit dem man diese Flugzeuge fliegen konnte, waren sie nutzlos. Am 8. August 1944 wurde über den Schutz von synthetischen Treibstoffanlagen gesprochen.

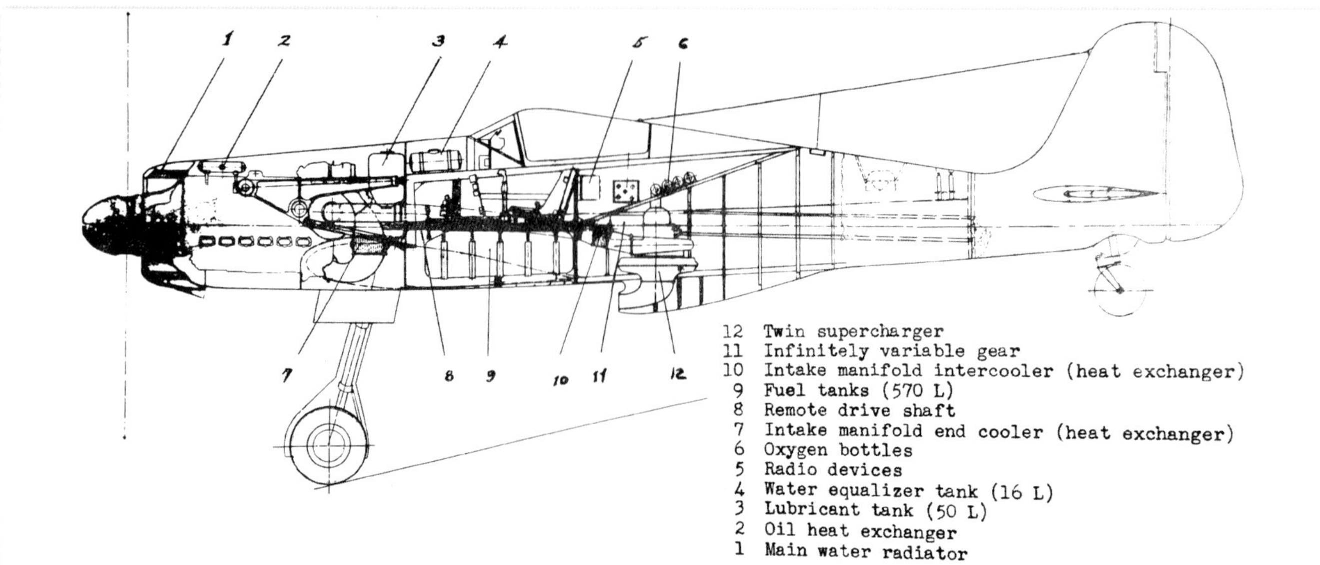

Jagdflugzeug Fw 190 mit Turbolader und Jumo 213 Motor.

Zu dieser Zeit verlor die Luftwaffe etwa 700 Jäger pro Monat, einschließlich derer, die mehr als 10 % beschädigt waren.[95] Dies war jedoch doppelt so viel wie die Zahl der einsatzfähigen amerikanischen Jäger der 8th Air Force in England zu dieser Zeit.[96] Um Salz in die Wunde zu streuen, wurde am 10. August 1944 erbeuteter amerikanischer Treibstoff in Deutschland getestet.

»Betreff: Amerikanischer Flugkraftstoff 10. August 1944
Die mit dem amerikanischen Flugkraftstoff erhaltene Klopfgrenzkurve ähnelt in gewisser Weise dem früher verwendeten deutschen C2, das jedoch wahrscheinlich wegen eines höheren Aromatengehaltes eine steilere Klopfgrenzkurve aufweist. Die gemessenen Oktanzahlen sind:
OZ (im Flugzustand)

Amerikanisches Flugbenzin	102,3
Deutscher C2-Treibstoff	102,0
Deutscher C3-Treibstoff	98,5
Deutscher B4-Treibstoff	91,1

Das Klopfverhalten dieses amerikanischen Flugbenzins kann durch diese Ergebnisse als sehr gut bezeichnet werden.«[97]

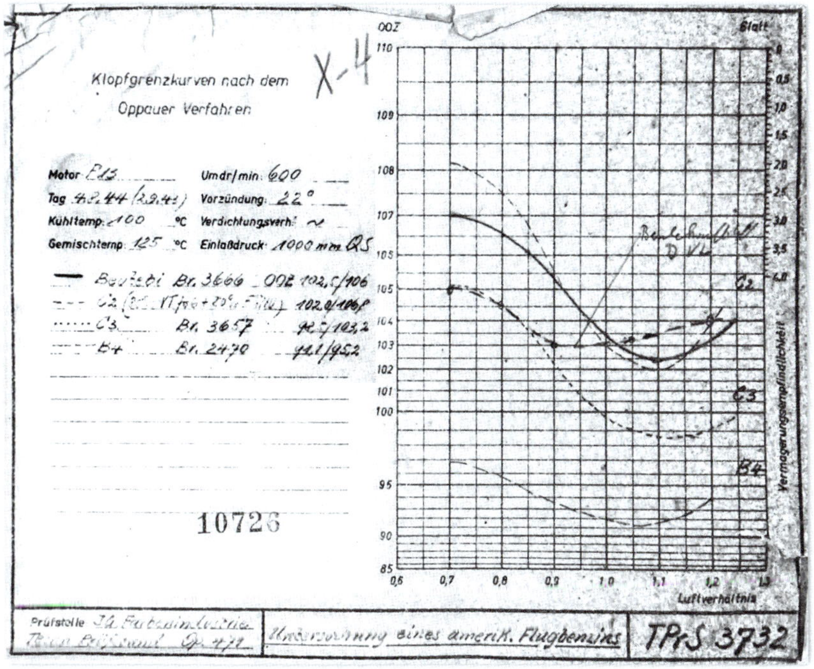

Deutsche Oktanzahlprüfung von Kraftstoffen der Klassen B4, C3, C2 und dem 150er der Alliierten nach der Methode von Oppau und DVL.

Penzigs Bericht enthielt auch Angaben darüber, wie der alliierte 150 Oktan-Kraftstoff im Vergleich zum deutschen C2-Kraftstoff (mit dem ursprünglich kurz vor Kriegsbeginn experimentiert worden war) und dem Standardkraftstoff B4 mit 87 Oktan abschnitt.

Die Schwierigkeit bei der Erprobung von Kraftstoffen wurde durch Penzigs Diagramm verdeutlicht. Sie zeigte zwei verschiedene Tests der Klopffestigkeit des amerikanischen Kraftstoffs der Klasse 150. Die erste Prüfung erfolgte nach der Oppau-Methode (durchgezogene Linie, Br.3666), die zweite nach der DVL-Überlastungsmethode (gestrichelte Linie mit dem handschriftlichen Vermerk »Beutekraftstoff DVL«). Die Oppau-Methode zeigte, dass der 150 Oktan-Kraftstoff im Klopfverhalten dem C2-Kraftstoff nahe kommt (mit einem leichten Defizit im fetten Bereich), aber die DVL-Methode zeigte, dass der 150 Oktan-Kraftstoff dem C2-Kraftstoff im fetten Bereich dramatisch unterlegen war – er entsprach etwa dem C3-Kraftstoff. Alles, was definitiv festgestellt werden konnte, war, dass der 150-oktanige Allied-Kraftstoff bei mageren Gemischen deutlich besser war als C3 und bei fetten Gemischen ungefähr gleich.[98]

Am 25. August 1944 werden die praktischen Aspekte der Einführung des DB 603 L mit zweistufigem Kompressor erörtert. Daimler-Benz stellte dem OKL die Unterlagen zur Verfügung, um zu bestätigen, dass die Kosten für die ersten 12 Motoren 210.000 Reichsmark betragen würden.[99]

»Der 603 L basiert auf der Architektur des 603 E, hat aber einen zweistufigen Lader und eine eingebaute Dralldrossel, einen geänderten Kabelbaum und eine Kühlmittelpumpe mit Drehzahlregler.«

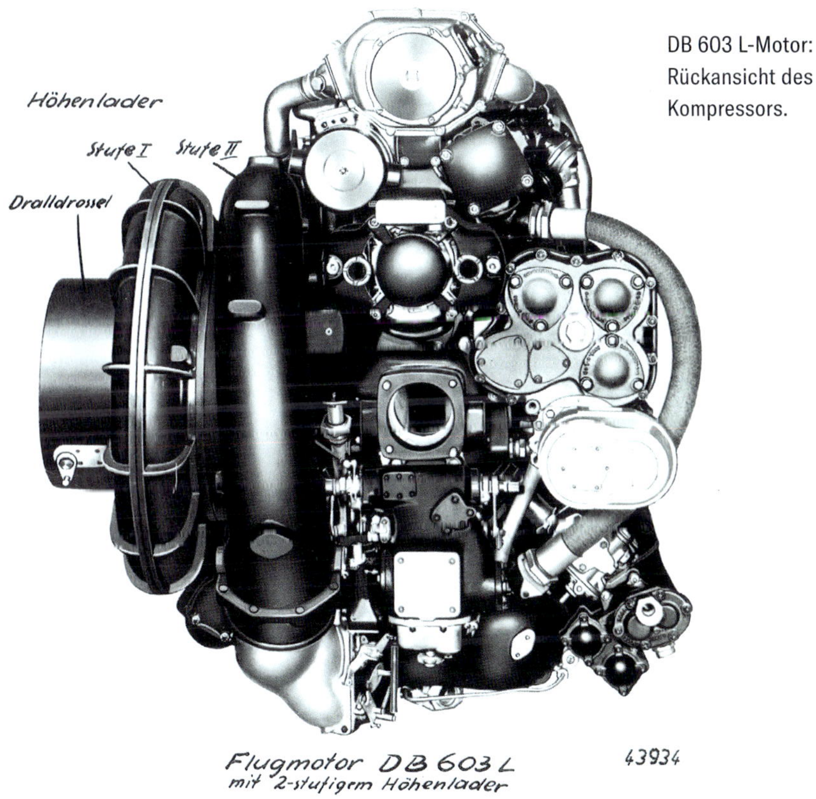

DB 603 L-Motor: Rückansicht des Kompressors.

Im DB 603 L steckten wirklich das ganze Wissen und die Erfahrung, die Daimler-Benz gesammelt hat. Der zweistufige Lader, bei dem beide Stufen konzentrisch angeordnet waren, vereinfachte die Anordnung im Vergleich zu einigen der spezielleren zweistufigen Motoren, die Daimler-Benz getestet hatte. Der Einbau einer Dralldrossel vervollständigt die Palette der Verbesserungen. Das Bild (oben) zeigt die Außenseite des Kompressors (das Innenleben dieses Kompressors ist auf Seite 388 abgebildet).

Der 603-L-Kompressor lief mit 20.300 U/min, im Gegensatz zum Rolls-Royce Merlin 61, der mit 24.000 U/min lief. Beide zweistufigen Lader hatten Laufraddurchmesser, die nur wenige Millimeter voneinander entfernt waren. Der 603 L hatte eine Nennhöhe von 10,2 km, der Merlin 61 eine Nennhöhe von 9 km. Im Gegensatz zum Merlin erhielt der 603 L wieder eine hydraulische Kupplung, um die Drehzahl des Laders zu variieren. Die Kupplung des 603 L musste bei maximaler Auslegungssicherheit 480 PS übertragen können.

Kollmann und sein Kompressor-Berechnungsingenieur Rothe hatten damit gerechnet, einen Ladeluftkühler einbauen zu müssen, stellten aber nach den Tests des DB 603 L-Laders fest, dass der Wirkungsgrad mit 73 % höher war als erwartet und dass daher das zusätzliche Gewicht und der Luftwiderstand des Kühlers und seines externen Kühlers die gewonnene Leistung nicht in ausreichendem Maße aufwogen. Um die maximale Motorleistung zu erreichen, wurde stattdessen ein Methanol-Wasser-Gemisch in die erste Stufe des Kompressors eingespritzt, was zu einer Leistungssteigerung von 300 PS führte.[100]

Kollmann arbeitete nun mit Hochdruck am Daimler-Benz-Turbojet-Programm, veröffentlichte aber am 15. Septem-

Vergleich Leistungskurven DB 603 L und Jumo 213.

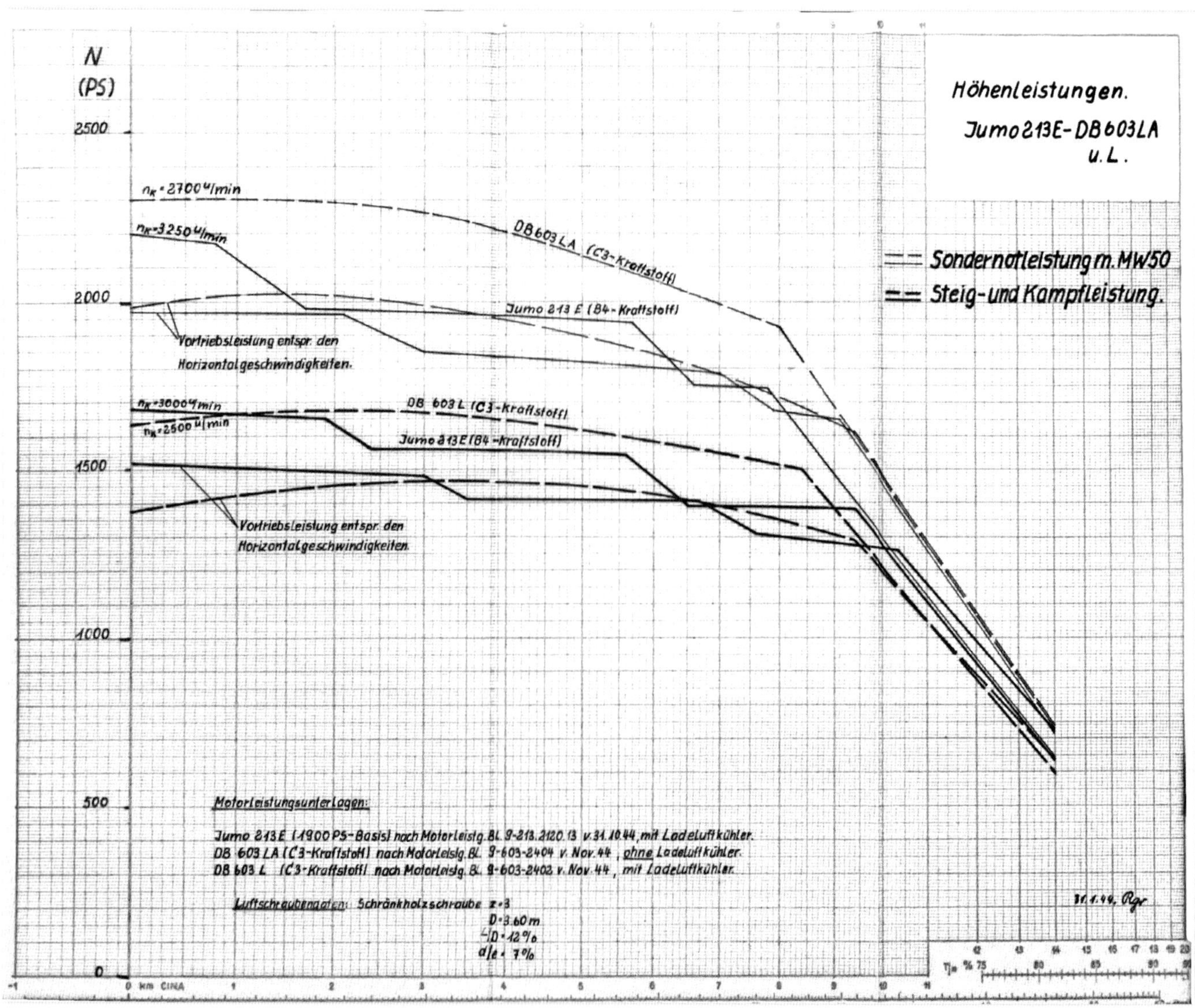

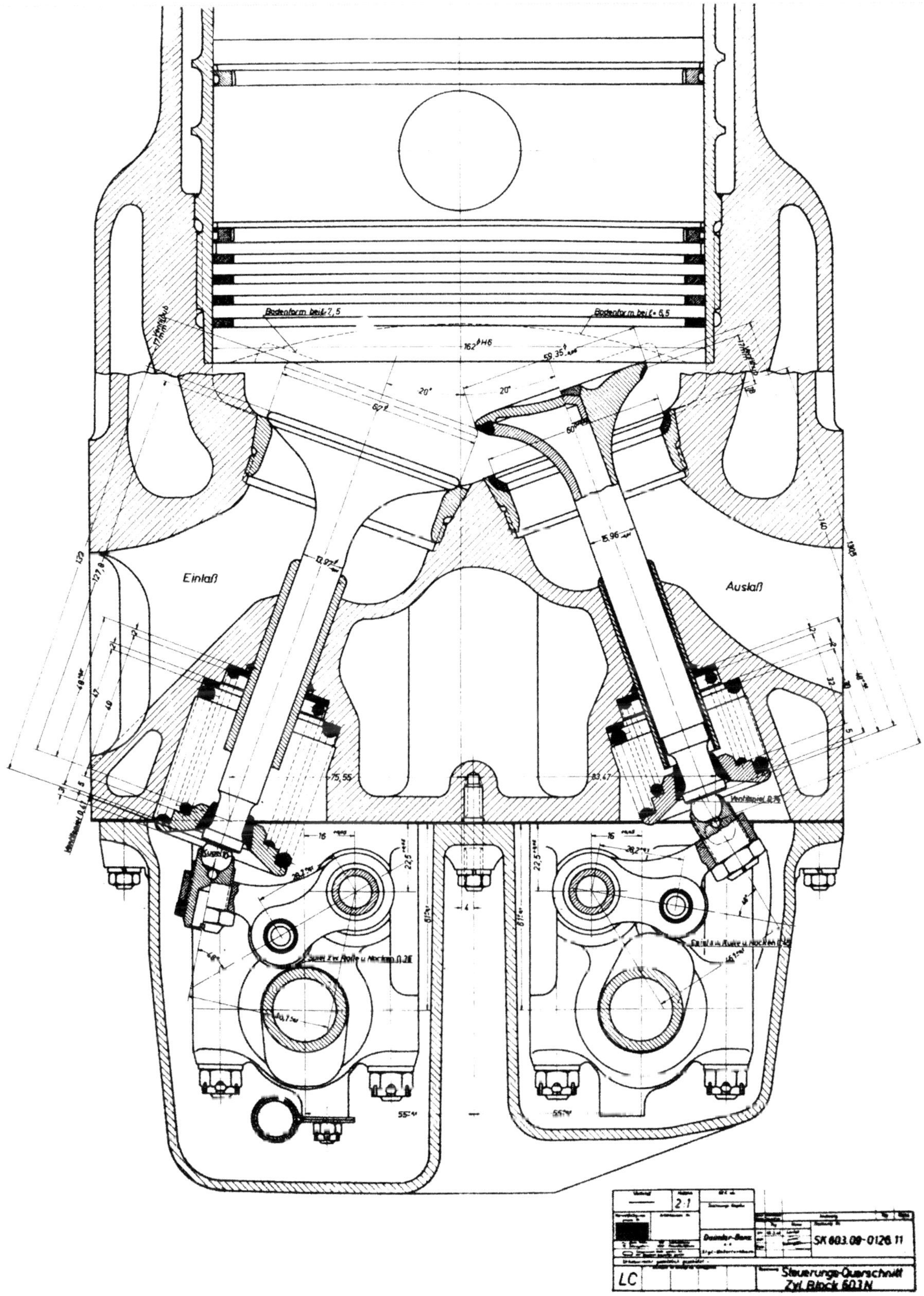

Kollmanns DB 603 N-Zylinderkopf: Querschnittzeichnung.

ber 1944 Informationen über den ultimativen Daimler-Benz-Kolbenmotor, für den Kollmann persönlich verantwortlich war: den DB 603 N. Tatsächlich handelte es sich um eine völlig neue Bauweise.

Er berichtete über die verschiedenen Möglichkeiten der Kompressorauslegung für den DB 603 N.

> »Leistungsabgabe in der Höhe und abgeführte Wärmemengen für verschiedene Laderauslegungen für den DB 603 N.
>
> Die Bedingungen sind auf eine Motordrehzahl von 3000 U/min und einen Ladedruck von 2 ata für den Start und die Notstromversorgung sowie auf 2750 U/min und einen Ladedruck von 1,65 ata für den Steig- und Reiseflug eingestellt. Das Verdichtungsverhältnis beträgt 8,5 : 1, die Öltemperatur 95 °C und die Kühlmitteltemperatur 130 °C.«[101]

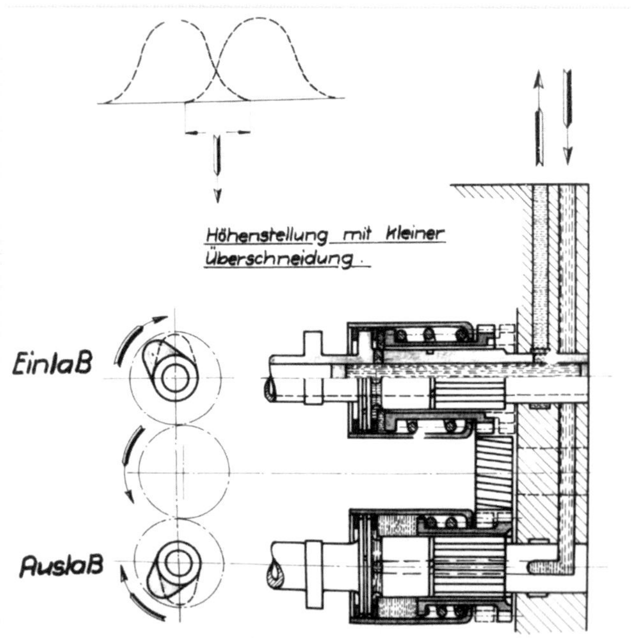

DB 603 N: Mechanismus der variablen Nockensteuerung.

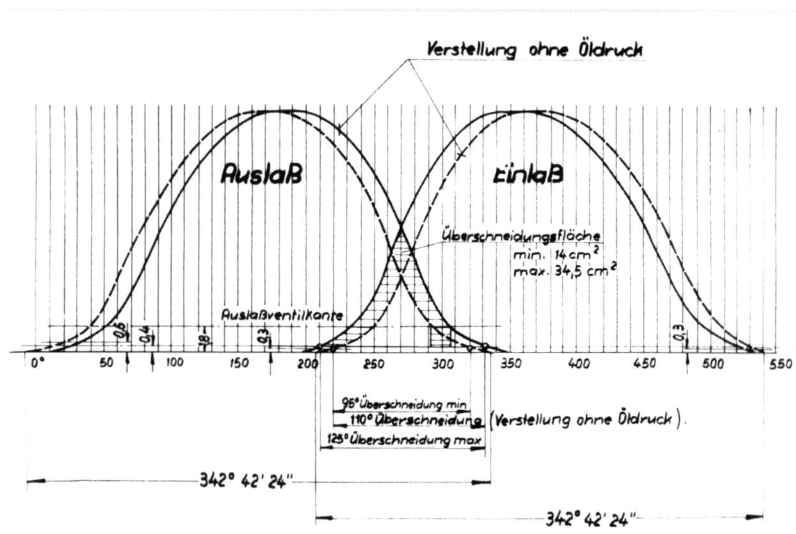

Diagramm der variablen Nockenwellenverstellung des DB 603 N.

Das DB-Aufladungsteam unter Kollmann legte vier mögliche Systeme für den Antrieb des Kompressors fest. Kollmann und seine Konstrukteure konnten dem DB 603 N nur einen Teil ihrer Zeit widmen, da sich die Lage in Deutschland verschlechterte und Turbojets höchste Priorität erhielten. Daher war zu diesem Zeitpunkt nicht nur Kollmann, sondern auch Jumo in vollem Gange mit der Konstruktion einer Vielzahl von Turbojet- und Turboprop-Triebwerken, von denen mindestens fünf in der Entwicklung waren: das frühe und komplexe 17-stufige gegenläufige Turbofan-Triebwerk DB-ZTL-109-007; das Turboprop-Triebwerk DB-PTL-109-021; die Turbojets P80, P85 und P100 (DB-ZTL-109-016) mit 2000 kg, 6500 kg und 13.000 kg Schubkraft.[102,103]

Der Zylinderkopf des DB 603 N hatte weiter angewinkelte Ventile, um Platz für die doppelt hängenden Nockenwellen und deren variable Steuerzeiten zu schaffen. Er kam einem wirklich modernen Brennraum erstaunlich nahe, aber wie beim Allison fehlte ihm trotz der Vierventil-Pentakopf-Kammer der kleine Spalt zwischen Kolbenboden und Kammer am Rand, der die Verbrennungsturbulenzen dramatisch erhöht.

Das auf S. 393 abgebildete Schema mit DB 603 N zeigt die Silhouette eines unbekannten Rumpfes. Der tiefe Schnitt scheint möglicherweise darauf hinzuweisen, dass es sich um ein für die Do 335 vorgesehenes Layout handelt.

Ein vollständiges Exemplar des DB 603 N wurde nie gebaut, und wir wissen nicht, welches der Zylinderkopfschemata schließlich für den von Kollmanns Gruppe entwickelten Einzylinder-Versuchsmotor gewählt wurde. Aus seinen Unterlagen geht hervor, dass sie mehrere Entwürfe in Erwägung gezogen hatten, darunter auch eine Kopie der Merlin-Verbindung, bei der ein ›Hut‹ zwischen Zylinderkopf und einem unteren Laufbuchse untergebracht war. Alle Entwürfe hatten jedoch eine nasse Laufbuchse, um die Kühlung der Zylinderwände zu verbessern. Das variable Ventilantriebssystem bestand aus zwei hydraulisch betätigten Zylindern, von denen sich jeweils einer am Ende jeder Nockenwelle zwischen der Nockenwelle und ihrem Antriebsrad befand. Indem man diese Zylinder auf einem schrägen Zahnrad hin und her gleiten ließ, wurde eine Änderung der Steuerzeiten bewirkt. Bristol hatte bereits vor dem Krieg ein variables Steuerungssystem für Nockenwellen entwickelt, aber dies war möglicherweise die erste wirklich moderne Ausführung eines hydraulisch gesteuerten variablen Nockenwellensteuerungssystems.

Die variable Ventilsteuerung war so ausgelegt, dass sie von einer Überschneidung von 95 °, die nur geringfügig niedriger war als die in Deutschland bereits verwendete, bis zu einer noch höheren Überschneidung von 125 ° reichte. Der Wert von

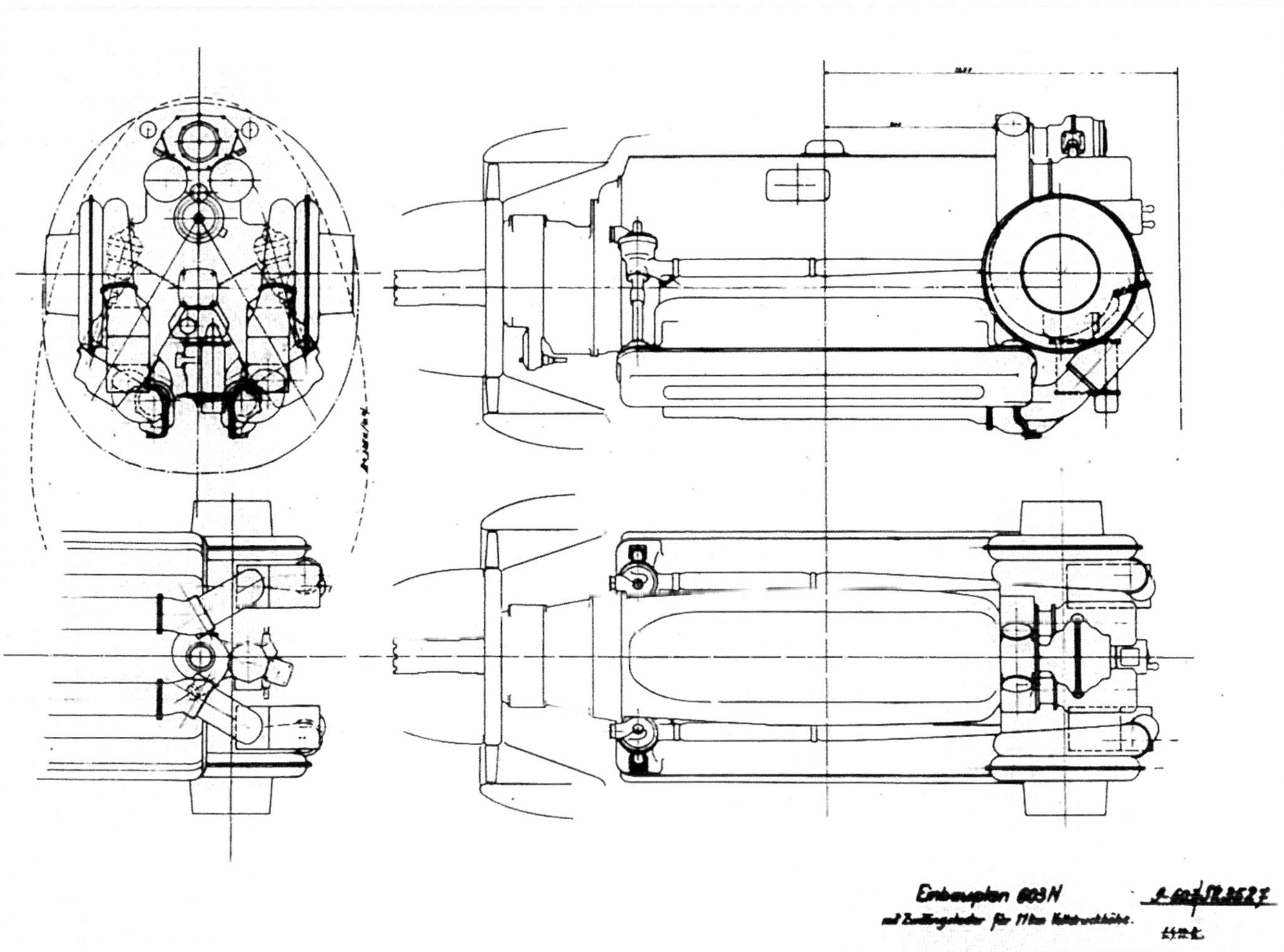

DB 603 N: Anordnungsschema mit zwei getrennten Aufladevorrichtungen.

125 ° sollte auf Meereshöhe verwendet und beim Steigen des Flugzeugs allmählich auf 95 ° reduziert werden, da in großer Höhe mit einem viel niedrigeren Außenluftdruck der Spüleffekt auf natürliche Weise viel stärker sein würde. Die Leistungskurve, die wahrscheinlich aus den Ergebnissen der Einzylindermotoren extrapoliert wurde, sah vielversprechend aus.

Ende 1944 war die Zahl der einsatzfähigen Kampfflugzeuge so hoch wie nie zuvor, obwohl die Luftwaffe als nahezu kampfunfähig galt. Aus dem Gefechtsplan der Luftwaffe vom September 1944 ging hervor, dass an der Westfront 1600 Jagdflugzeuge zur Verfügung standen. Zu diesem Zeitpunkt verfügte die 8th Air Force der USAAF über nur 904 einsatzbereite Jagdflugzeuge.[104,105] In einer merkwürdigen Wiederholung der Auseinandersetzungen zwischen Park, Dowding und Leigh-Mallory in Großbritannien war Galland jedoch in seinen Gesprächen mit Göring gescheitert, einen deutschen Großangriff auf die Bomber zu organisieren (Der Große Schlag).[106]

Er wollte 1000 Kampfflugzeuge in der Luft haben, um die Verbände anzugreifen, aber schlechtes Wetter verhinderte die Bildung einer solchen riesigen koordinierten Welle für mehrere Monate, und zu dieser Zeit entschied Göring, dass die Kampfflugzeuge stattdessen zur Unterstützung der Bemühungen gegen die alliierten Bodentruppen in Frankreich für die Rundstedt Offensive benötigt wurden. Er teilte Galland mit, dass seine großen Pläne nun gestrichen seien.[107] Dies hatte zur Folge, dass bei den meisten amerikanischen Bombenangriffen eine geschätzte Zahl von Abfangjägern von bis zu 280 eingesetzten deutschen Flugzeugen gemeldet wurde.[108]

Die Luftwaffe hatte zwar kein zahlenmäßiges Defizit, aber dieses Potenzial wurde falsch eingesetzt. Auch die Motorenproduktion in Deutschland war zumindest zahlenmäßig zufriedenstellend. Im Jahr 1940 wurden monatlich etwa 1000 Triebwerke aller Typen hergestellt. Im Jahr 1944 lag die Gesamtzahl zwischen 6140 im April und 3228 im August. Davon waren etwa 1000 pro Monat vom Typ DB 605 und weitere 1000 vom Typ BMW 801.[109] Dieser Ausstoß reichte gerade aus, um die vernünftigeren Pläne für die Produktion von Kampfflugzeugen zu erfüllen.[110] Zum Vergleich: 1944 nahm die USAAF monat-

Antriebsschema des DB 603 N mit Kompressoren.

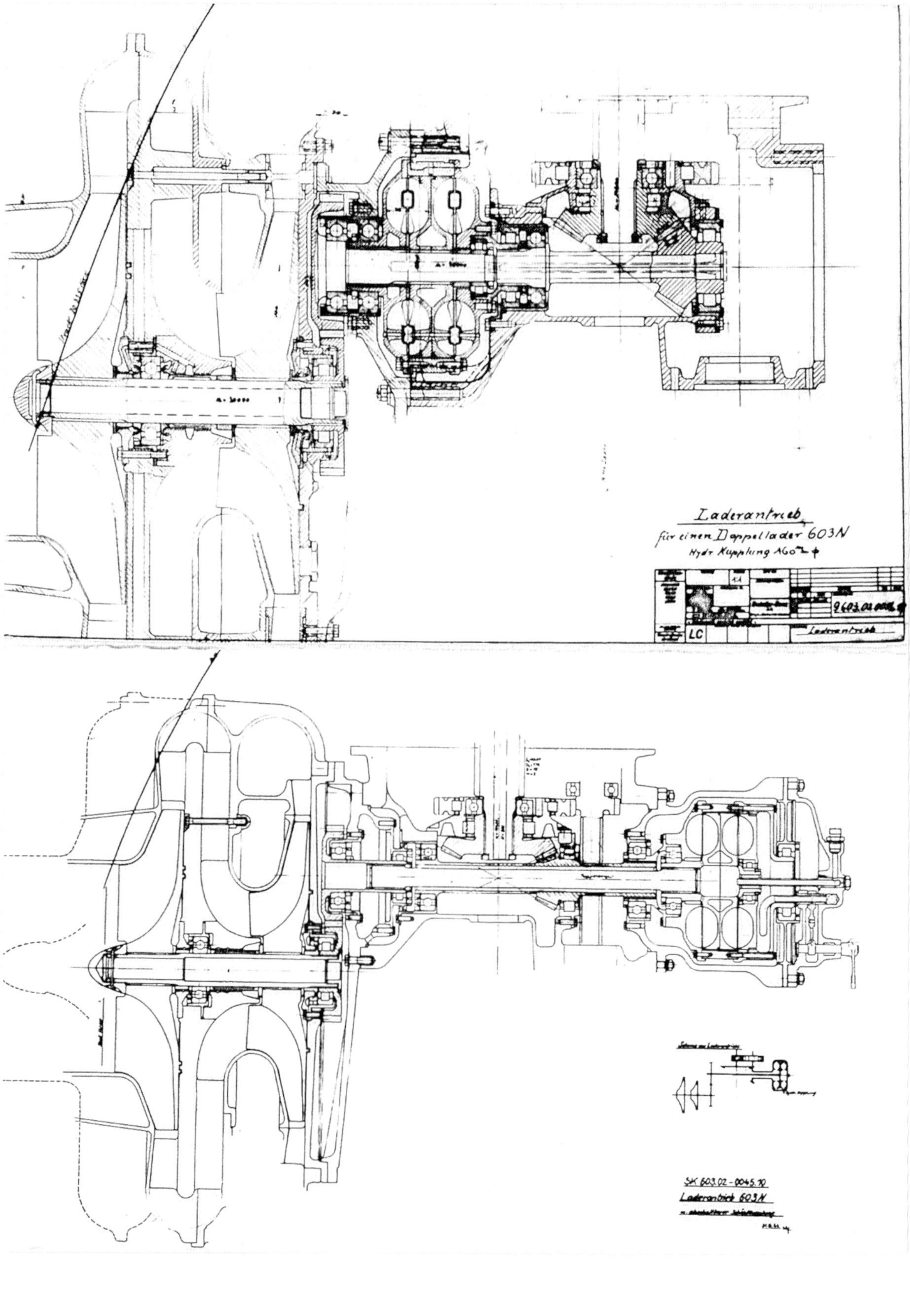

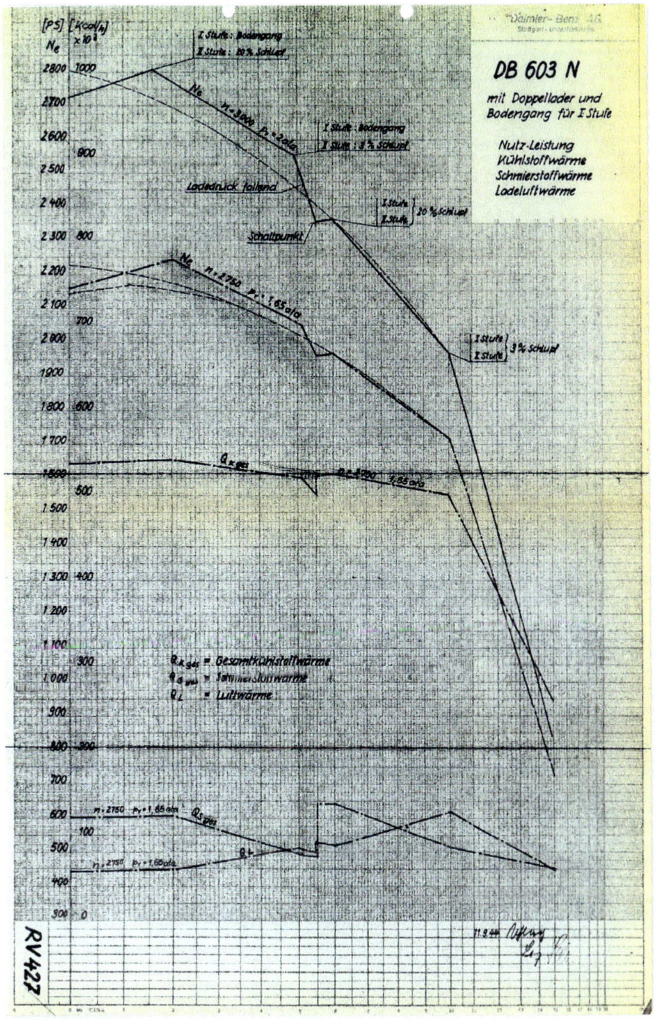

Leistungs-Höhen-Kurve des DB 603 N, September 1944.

lich etwa 1500 Jagdflugzeuge der Typen P-38, P-47 und P-51 ab und produzierte während des ganzen Jahres insgesamt über 5000 R-2800 und Packard-Merlins pro Monat (davon etwa 1900 Merlins).[111]

Da das Kriegsende in Sicht war, schien es unwahrscheinlich, dass der DB 603 N überhaupt noch produziert werden würde, aber die deutschen Ingenieure machten trotzdem weiter. Am 30. September 1944 trieb Kollmann die Entwicklung des zweistufig aufgeladenen DB 603 weiter voran, und Ende September 1944 lag der vollständige Prüfbericht vor. Die Ergebnisse waren positiv: Der Kompressor erreichte einen adiabatischen Spitzenwirkungsgrad von 72 %, was niedrige Ladelufttemperaturen bedeutete. Auch bei der Wasserkühlung hatte der DB 603 L endlich zu Rolls-Royce aufgeschlossen, und die Wassertemperatur am Auslass durfte offiziell kurzzeitig bis zu 140 °C betragen. Zwei Jahre Entwicklungszeit waren nötig gewesen, um ein wirklich effektives Hochdruckkühlsystem zu entwickeln.

Verglichen mit den früheren Lagerbeständen an B4- und C3-Kraftstoff war die Situation besser als zu Beginn des Krieges.

Am 3. Oktober 1944 wurden die B4- und C3-Bestände in Holland veröffentlicht, die die Kraftstoffmenge in Kubikmetern auswiesen.

Die Bestände an hochoktanigem C3 und normalem B4 zeigten, dass 39 % der gesamten Treibstoffvorräte in den großen Depots in Holland aus C3-Kraftstoff bestanden.[112] Die Daten sind nicht für alle diese Lager verfügbar, aber die produzierte Menge an C3 war eindeutig weitaus höher als zu Beginn des Krieges, wenngleich die Menge im Vergleich zur alliierten Produktion von Kraftstoffen mit 100 Oktan und mehr immer noch erstaunlich gering war. In einer Verzweiflungsaktion, um mehr von den in Deutschland verbliebenen mageren Kraftstoffvorräten für Hochleistungsmotoren nutzbar zu machen, wurde am 4. November 1944 von einem Plan berichtet, den B4-Kraftstoff mit anderen Additiven zu versetzen, um einen C3-Ersatz zu schaffen.

Nach der Eröffnung der Sitzung erläuterte Generalingenieur Roluf Lucht dem Direktor Schilo die Treibstoffsituation:

> »Die Produktion von Flugbenzin bestand zunächst nur zu 10 % aus dem hochoktanigen C3-Typ, der Rest ist in der niedrigeren B4-Qualität zu erwarten.
>
> C3-Kraftstoff erfordert die doppelte Herstellungskapazität des B4-Kraftstoffs.
>
> Durch die Zugabe von Anilin ist es möglich, insgesamt 50 % der Treibstoffproduktion auf das Äquivalent der C3-Qualität zu bringen … Generell müssen wir Treibstoff in C3-Qualität fordern."

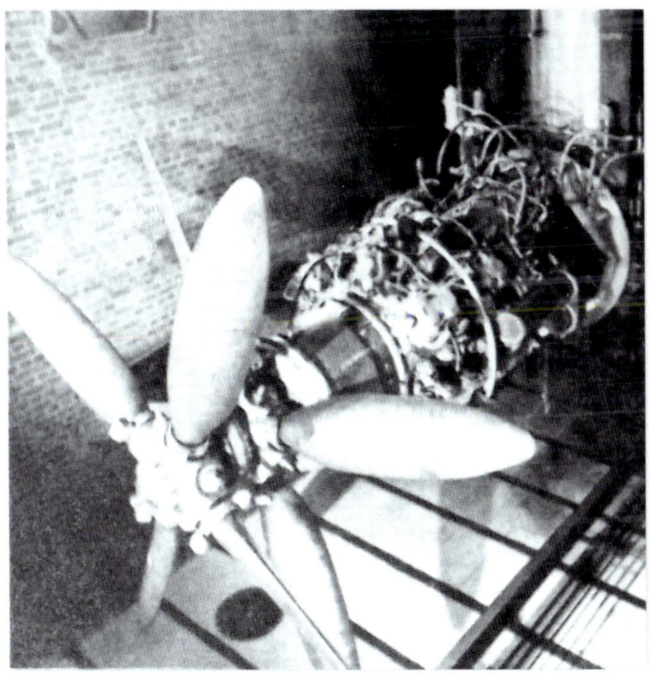

BMW 803 auf dem Prüfstand.

Anschließend verglich Schilo den aktuellen Jumo 213 F mit dem DB 603 L:

»Beide Motoren sind ähnlich. Hätte der 213er von Jumo eine höhere Verdichtung von 8,5, könnte er nur mit C3-Kraftstoff betrieben werden. Deshalb entscheidet sich Jumo dafür, bequem bei einer Verdichtung von 6,5 zu bleiben, um den allgemein vorhandenen B4-Kraftstoff zu verwenden. Für die Daimler-Benz-Motoren sollten dann vor allem die Kraftstoffe der C3-Qualität verwendet werden. Eine Freigabe beider Motorenbaureihen mit spezieller Notstromstufe wird bis Ende des Jahres möglich sein.«

Schilo berichtete über Probleme mit den Ladeluftkühlern des Jumo 213 F:

»Beim Jumo 213 F-Motor gibt es Schwierigkeiten mit dem Wirkungsgrad des Ladeluftkühlers in Bezug auf den Ladeluftkühlerwirkungsgrad, das heißt, es geht zu viel Wärme in den Wasserkreislauf. Die Schwierigkeiten sollten letztendlich durch eine höhere Kühlmittelaustrittstemperatur ausgeglichen werden.«

Die Aussage von Shilo unterstreicht den Nutzen der Verwendung hoher Kühlmitteltemperaturen, die in Deutschland so lange nicht entwickelt wurden.

Am 6. November 1944 veröffentlichte BMW einen Bericht über den BMW 803-Motor.[113] Obwohl er ursprünglich kein Jagdmotor war, hatte die Nachfrage nach hoher Leistung dazu geführt, dass einige schwere Jagdflugzeuge für diesen Motor konzipiert wurden, und Focke-Wulf hatte zuvor ein Schubpropeller-Jagdflugzeug für diesen immens großen Motor entworfen.

Der 803-Motor wurde aus zwei doppelreihigen, miteinander verbundenen Sternmotoren hergestellt, was ein großes und komplexes Kurbelgehäuse erforderte.

Das Getriebe für den Antrieb der beiden gegenläufigen Propeller war wahrscheinlich sehr komplex, die Getriebe für den Antrieb aller Scheibenventile sind ebenfalls hier abgebildet (Seite 397).

Die Ventilscheiben selbst entsprachen denen, die die DVL zu Kriegsbeginn entwickelt hatte und die von allen anderen Herstellern wegen des hohen Entwicklungsaufwands aufgegeben worden waren, um zuverlässig zu funktionieren.

Der Brennraum, der sich aus der Verwendung dieser Drehventile ergab, sah nicht sehr vielversprechend aus: Da die Ventile nicht an der Brennraumoberfläche waren, sondern tiefer im Inneren des Kopfes lagen, entstanden große Hohlräume. Obwohl die Zündkerzen und Einspritzdüsen zugegebenermaßen vorteilhaft mittig angebracht waren, ist es unwahrscheinlich, dass dies ein effektiver Brennraum gewesen wäre.

Schließlich wurden einige Bilder des BMW 802-Motors gezeigt – eine vielversprechende, aber komplexe Weiterentwicklung des BMW 801 (siehe Focke-Wulfs Konzeptskizze des Motors in einem modifizierten Fw 190-Jagdflugzeug in Kapitel 6).

Letzten Endes wurde keiner dieser Motoren rechtzeitig entwickelt, um militärisch genutzt werden zu können. Professor Hans List, der spätere Gründer der AVL (Anstalt für Verbrennungskraftmaschinen List) und der wohl bekannteste Motorenentwickler Deutschlands, verfasste einen weiteren Entwicklungsbericht über die Motoren DB 603 und BMW 801. Dieser Bericht, Nr. 6, konzentrierte sich darauf, wie der BMW 801 weiter verbessert werden könnte.

»Der BMW 801 E-Motor wurde in großen Stückzahlen produziert, hat eine Leistung von 1920 PS bei 3000 ft [914 m], bei 2700 U/min und einem Gesamtkrümmerdruck von 23,5 psi [1,62 bar].

Im vorliegenden Bericht wird nur der BMW 801 F Motor betrachtet, der unter Betriebsbedingungen betrachtet wird, bei denen keine zusätzliche Einspritzung erfolgt, und es wird davon ausgegangen, dass der Ladedruck über 23,5 psi angehoben wird.

Der BMW 801 E hat bereits eine Leistung von 2600 PS bei 2700 U/min (280 psi [19,3 bar] eff. Mitteldruck) bei Einspritzung zusätzlicher Medien und einer Erhöhung des Gesamtkrümmerdrucks

BMW 803: Kurbelgehäuse.

BMW 803 Motor: Ventilantriebgetriebe.

BMW 802-Motor.

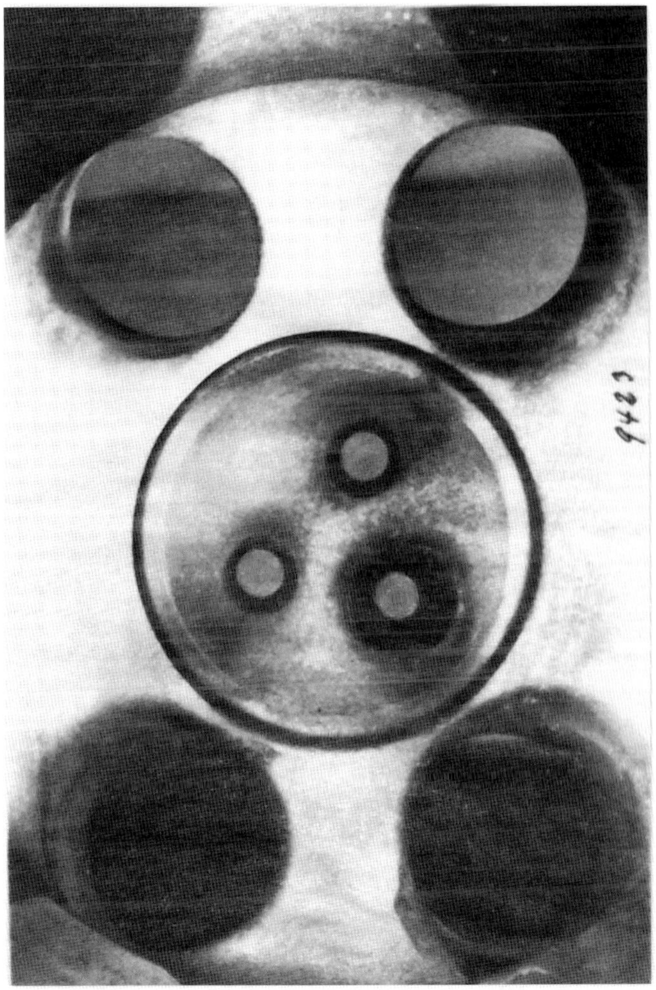

Brennkammer des BMW 803.

auf bis zu 34,2 psi [2,36 bar] erreicht. Aus dem folgenden Bericht geht hervor, dass der optimal modifizierte BMW 801 eine Leistung von 3000 PS erreichen kann, was bei einem Hubraum von 2540 in^2 [41,6 l] als hoch anzusehen ist.

Am 14. November 1944 wurden folgende Vorschläge gemacht.

Vergrößerung der Einlassventildurchgangsfläche von 24,3 cm^2 auf 29,9 cm^2.

Unsymmetrische Gestaltung und zeitliche Abstimmung der Ventilüberschneidung, so dass die Auslass- und Einlassventile zwischen 12 und 18 ° vor OT die gleiche Öffnungsfläche haben.

Erhöhung der Öffnungs- und Schließgeschwindigkeiten des Einlassventils um den größtmöglichen Betrag.«[114]

Dr. List zeigte die von ihm empfohlene starke Vergrößerung der Ventilöffnungsbereiche, die sogar über die des BMW 801 F hinausging.

List merkte an, dass die für die Resonanzabstimmung benötigte Rohrlänge so lang war, dass sich die Unterbringung als schwierig erwies. Bei einem Sternmotor konnte jedoch durch die Verlegung der Ladedruckauslassrohre vom Lader zum Zylinderkopf gegenüber dem Laderausgang statt in dessen Nähe die Länge der Rohre auf ihrem Weg um den Motorumfang so gestaltet werden, dass die Resonanz in diesen Rohren zu einer Leistungssteigerung von 6 bis 12 % führte. Schließlich zeigte List die tatsächliche Leistungsabgabe bei Tests der Motoren BMW 801 E und 801 F. Der BMW 801 F erreichte mehr als 2000 PS ohne jede Form der zusätzlichen Aufladung durch Wassereinspritzung oder GM1.

Trotz der Erfolge bei der Nutzung hoher Kühlmitteltemperaturen mit dem DB 603 L wurde die Hochdruck-Hochtemperaturkühlung erst am 21. Dezember 1944 in einer Bf 109 erprobt.[115] Die DVL hatte die Flugerprobung des zuvor von Ca-

Dr. Lists Zeichnung der akustisch abgestimmten Ansaugrohrlängen an einem Sternmotor.

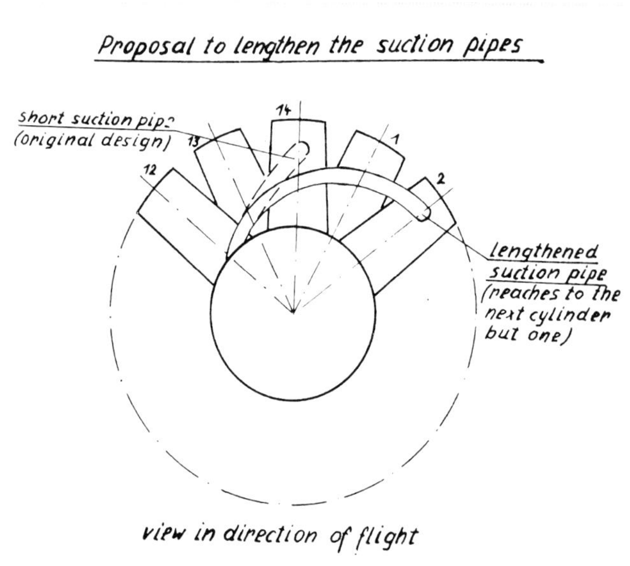

roselli entwickelten Systems am 8. März 1944 in Angriff genommen.[116]

Durch die Verlegung der Luft-/Wasserabscheider vom Auslass des Motorblocks bis kurz vor die Pumpe und die Verlegung der Kühlmittelleitungen ermöglichte das System die von Rolls-Royce verwendeten hohen Temperaturen, ohne jedoch das gesamte System unter Druck setzen zu müssen.

Durch die Isolierung des Sammelbehälters vom Hochdruckbereich des Kühlmittelkreislaufs konnte das Wasser im Motor durch die Pumpe auf hohem Druck gehalten werden, vermied man die Bildung von Dampf bei hohen Temperaturen, aber auch, dass alle Kühlmittelleitungen und -behälter unter sehr hohem Druck standen. Caroselli wies darauf hin, dass das Wasserpumpensystem Jumo 213 ein besonders gutes Beispiel dafür sei, wie dies erreicht werden könne.

Da die Produktion von Flugbenzin in Deutschland von einem Höchststand von 570.000 Tonnen pro Monat im April 1944 auf weniger als 150.000 Tonnen im Dezember zurück-

DB 605 eingebaut in Bf 109 mit Hochdruckwasserkühlung.

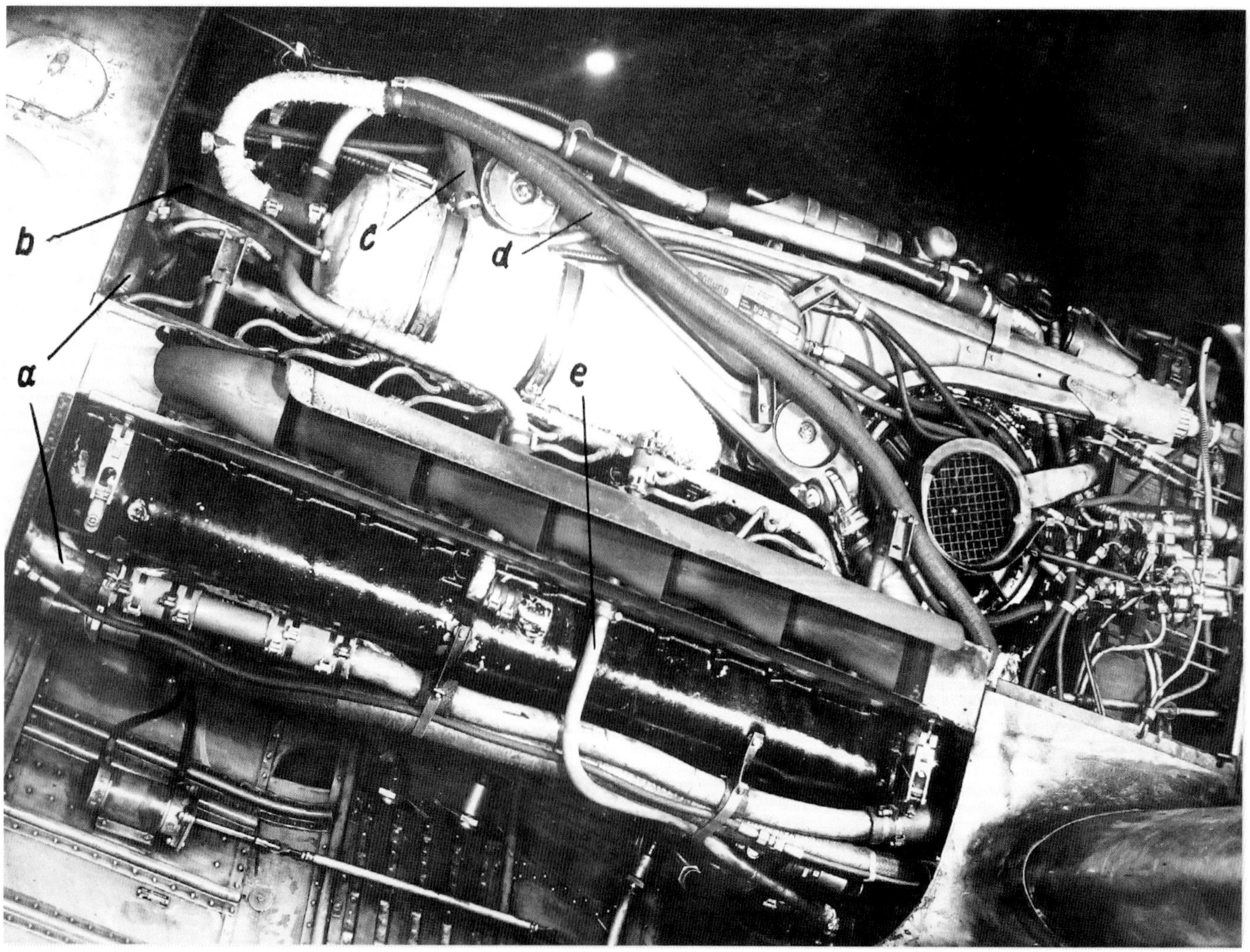

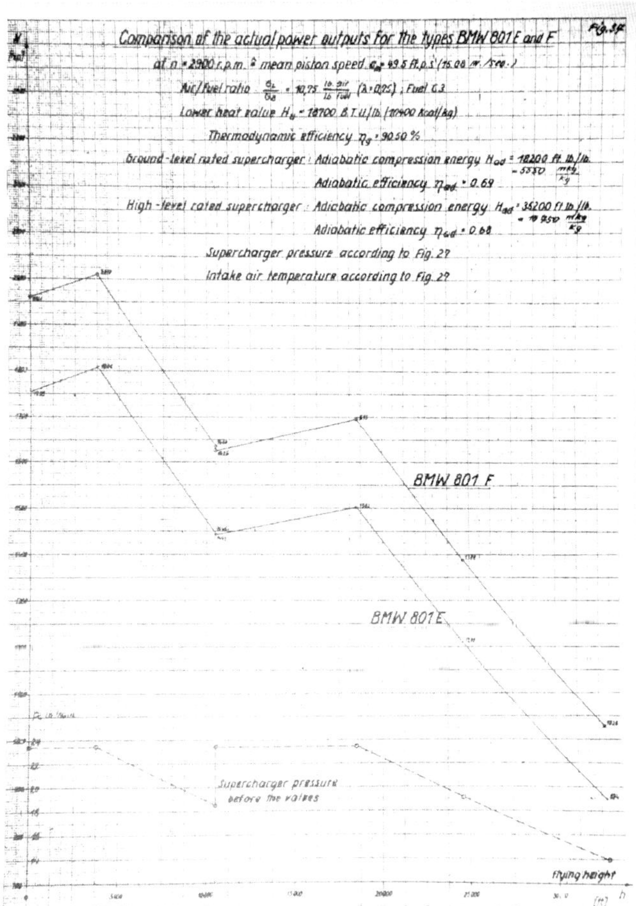

Dr. Lists Leistungsdiagramm für BMW 801 E und 801 F Motoren.

ging, war die Lage düster. Die deutschen Piloten hatten manchmal nicht mehr als 25 Stunden in einem echten Jagdflugzeug verbracht, bevor sie in den Kampf zogen, und trotz der beeindruckenden Produktionserfolge bei den Flugzeugzellen und Motoren schien es wenig zu geben, was die Vorträge von Wissenschaftlern wie Dr. List oder die letzten Bemühungen von Dr Kollmann mit dem DB 603 N noch erreichen konnten.

Zusammenfassung – 1944

Großbritannien war 1944 vom DB 603 A relativ unbeeindruckt, konnte es sich aber nicht leisten, seine eigenen Bemühungen um leistungsstärkere Motoren stagnieren zu lassen; insbesondere bedeutete die Bedrohung durch deutsche Marschflugkörper, dass in außergewöhnlich kurzer Zeit ein enormer Schub in der Leistungsentwicklung erforderlich war. Hier hatte sich die deutsche Vorkriegsforschung auf dem Gebiet der Oxidationsmittel ausgezahlt, und Großbritannien musste aufholen. Die Briten hatten eine sehr lobenswerte Arbeit geleistet, indem sie ihre Mosquitos schnell mit Stickoxid-Verstärkungssystemen ausstatteten, und es ist erstaunlich, dass die Mosquitos über eine ausreichend hohe Leistung verfügten, um die mit einem Pulsstrahltriebwerk ausgerüsteten deutschen V1 abzufangen.

Eine Jumo 213 war erbeutet worden, und alle Beteiligten konnten die Vorteile der Wirbeldrossel erkennen, die am Auge des Aufladers angebracht war. Für Bristol und Napier kam diese Entdeckung jedoch zu spät, da sie bei der Aufladung weit hinter Rolls-Royce zurückgefallen waren. Dieser Nachteil zeigte sich bei den Versuchen, den Tempest aufzuladen, um die V1 zu überholen; der Sabre konnte nur auf die Hälfte des Ladedrucks des Merlin aufgeladen werden. Der Sabre war auf eine hohe Kurbelwellendrehzahl angewiesen, um eine gute Leistung zu erzielen, während der Centaurus auf seinen großen Hubraum setzte, der fast doppelt so groß war wie der des Merlin. Das Problem bestand nun darin, dass die Hülsen bei hohem Schub unrund wurden und sich verklemmten.

Britische Treibstoffwissenschaftler hatten die Änderung der deutschen C3-Treibstoffzusammensetzung sorgfältig beobachtet und standen kurz davor, einige der Hauptprobleme der deutschen Jäger zu diagnostizieren, nämlich die thermischen Belastungsgrenzen, die Ölverdünnung bei Direkteinspritzung und die Lagerschwierigkeiten, die sie daran hinderten, die Leistung des hochsiedenden C3-Gemischs zu nutzen. Die höheren Siedepunktsanteile waren herabgesetzt worden, damit der im Öl der Daimler-Benz-Motoren verdünnte Treibstoff beim Warmlaufen der Motoren wieder verdampfen konnte.

Die Briten hatten jedoch außerordentliches Glück, dass sich die Luftwaffe in einem so schlechten Organisationszustand befand; Görings zunehmend distanzierte und ineffektive Führung führte dazu, dass die Luftwaffe in den ersten Tagen der D-Day-Landung fast überhaupt keinen Widerstand leistete. Das MW50-System der Bf 109 G zeigte den britischen Ingenieuren, dass sie in der Entwicklung solcher von den Deutschen bevorzugten »Bi-Fuel«-Systeme zurückgeblieben waren, da diese die Leistung steigern konnten, ohne die Wärmebelastung zu erhöhen. Solche Systeme wurden nun von den Briten für das Aufladen im Tiefflug benötigt, um die V1-Marschflugkörper abzufangen. Die Notmaßnahmen, die ergriffen wurden, um die Jagdflugzeuge Mosquito, Mustang, Spitfire und Tempest für die »Doodle-Bug-Jagd« aufzurüsten, verdeutlichten die tatsächlichen Entwicklungsstände der verschiedenen Triebwerksfirmen. Die Tatsache, dass das Merlin-Triebwerk auf den doppelten Ladedruck aller anderen britischen Triebwerke hochgefahren werden konnte, zeigte, dass Bristol und Napier trotz der genialen und brillanten Entwicklungsarbeit, die sie geleistet hatten, um ihre avantgardistischen Triebwerke zum Laufen zu bringen, in der Leistungsentwicklung hinter Rolls-Royce zurückblieben. Während diese tüftelten, konnten sich die Rolls-Royce-Ingenieure dank des einfachen und konventionell ausgelegten Merlin voll und ganz auf die vorsichtigen, schrittweisen Leistungsstei-

Dr. Lists Diagramm des Ventilhubs im BMW 801 F Motor.

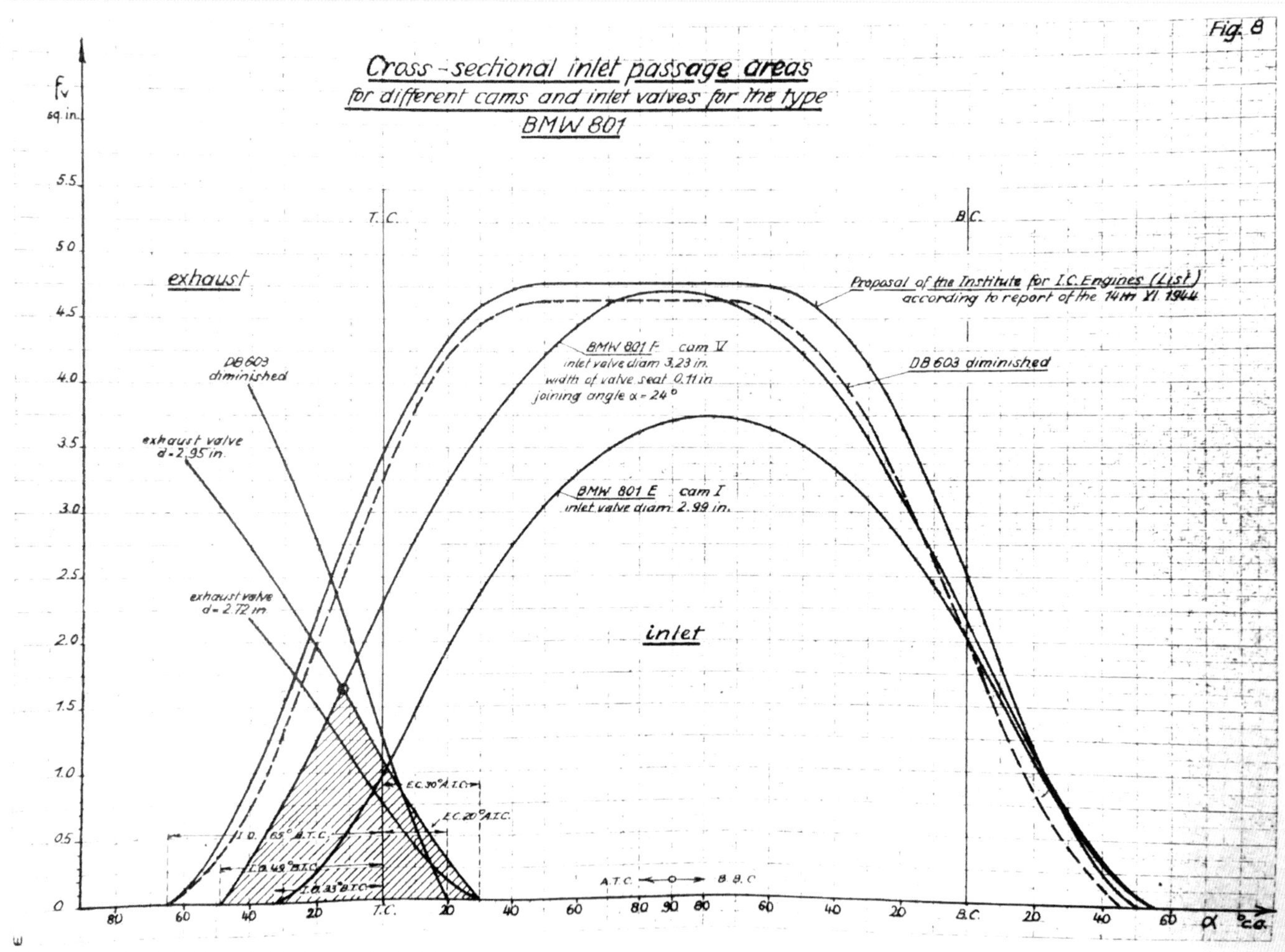

gerungen konzentrieren. Es war eine Lektion über die Vorteile eines einfachen, phantasielosen Konzepts, das mit Sorgfalt entwickelt wurde.

Der Griffon war entstanden und konnte (in der zweistufigen Form des Griffon-65) als ein Merlin mit größerem Hubraum betrachtet werden, da er die Lehren aus dem Merlin mit einem weitgehend ähnlichen Grundlayout nutzte.

Der größere Hubraum bedeutete jedoch schwerere Kolben, und so blieb er bei der maximalen Kurbelwellendrehzahl etwa 10 % hinter dem Merlin zurück. Beide Motoren erreichten ein ähnliches Leistungsniveau pro Pfund Motorgewicht.

Die Amerikaner untersuchten noch immer fleißig die erbeuteten Motoren BMW 801 D und Jumo 213 E. Diese Studien zeigten, dass die deutschen Einspritz- und Kommandogerätesysteme die amerikanischen Motorsteuerungssysteme noch immer in den Schatten stellten. Es war jedoch schwierig, das eine ohne das andere zu implementieren, da (wie die Deutschen Mitte der 1930er Jahre entdeckt hatten) Kraftstoffeinspritzung und automatische Steuerung eine symbiotische Beziehung eingingen. Für die amerikanischen Ingenieure war es schwierig, diese Entwicklungslücke zu schließen, da sie solch komplexe Systeme nachahmen mussten. Der größte amerikanische Beitrag zu den militärischen Anstrengungen im Jahr 1944 war die längst überfällige Bombardierung der deutschen Raffinerien für synthetischen Kraftstoff durch die Alliierten. Sie half den Alliierten, endlich den entscheidenden strategischen Schritt gegen die deutsche Motorenentwicklung zu machen.

Die amerikanische Motorenentwicklung war 1944 in der Lage gewesen, die Leistung des turboaufgeladenen Jagdflugzeugs P-47 auf ein annähernd gleichwertiges Niveau mit den besten deutschen Jägern zu bringen, vorausgesetzt, die Piloten hatten die Gewichtsbeschränkungen verstanden. Dies wurde vor allem dadurch erreicht, dass Pratt & Whitney die Wassereinspritzung einführte und dafür sorgte, dass die P-47 mit den neuesten Kraftstoffen betrieben werden konnte. Ihre Bemühungen, einen luftgekühlten Motor zu verbessern, waren eine herausragende Leistung für ein Konzept, das mit hohen Zylindertemperaturen konfrontiert war. Allison war ebenfalls in der

Lage gewesen, die Leistung der P-38 mit dem J-Modell zu steigern, konnte aber das Potenzial des Motors nicht voll ausschöpfen, da die kritische Kühlung bei hohen Ladedrücken fehlte. Wie die Deutschen hatten sie sich bei der Auslegung des Kühlsystems vertan – wenn auch in geringerem Maße.

In Deutschland waren Speer und Karl-Otto Saur, der nun für die Flugzeugproduktion in Deutschland verantwortlich war, scheinbar für die ständig steigende Zahl von Flugzeugen verantwortlich, die vom Band liefen, was ihnen bei Hitler einen hohen Status einbrachte. Später fanden die Ermittler jedoch heraus, dass nicht alles so war, wie es schien. Tausende von vermeintlich neuen Flugzeugen existierten in Wirklichkeit nicht. Spätere Untersuchungen ergaben, dass Speer und Saur die Zahlen gefälscht hatten, um Hitlers Zorn zu entgehen. Achttausend der in den Büchern aufgeführten Kampfflugzeuge waren durch Taschenspielertricks »geschaffen« worden.

»Mehr als 8000 Kampfflugzeuge bleiben unauffindbar.«[117]

Speer und Saur ließen alle reparierten, modifizierten und aufgerüsteten Flugzeuge (selbst solche, an denen nur geringfügige Arbeiten vorgenommen worden waren) als »neu« bezeichnen, sobald sie die Werkstätten verließen. Mit dieser Strategie sicherte man sich einen Platz an Hitlers Spitze, verriet aber die Luftwaffe – neue Motoren waren in imaginären Flugzeugen nicht von Nutzen. Die Treibstoffsituation war kritisch, und obwohl etwa 40 % des gesamten Treibstoffs zu einem bestimmten Zeitpunkt im Jahr 1944 der Sorte C3 angehörten, war dies nicht nur viel zu wenig, um den Alliierten etwas entgegenzusetzen, sondern die Motoren waren auch immer noch nicht in der Lage, die Leistung des fetten Gemischs dieses benzolreichen aromatischen Treibstoffs voll auszunutzen.

Lagermetallurgie, minderwertige Ventile und unzureichende Zündkerzen schränkten die mögliche Leistung der deutschen Kampfmotoren ein. Anfang 1944 zeigte sich in Gesprächen mit Milch, dass die Frage der Hochtemperatur- und Hochdruckkühlung noch nicht geklärt war. Der Spitfire/DB 605-Hybrid war eigens zur Untersuchung der Effizienz des Spitfire-Kühlsystems ins Leben gerufen worden und hatte den deutschen Ingenieuren bestätigt, dass sie die Effizienz ihrer eigenen Kühler erheblich verbessern mussten.

Ende 1944 zeigten die Motoren DB 603 L und DB 603 N endlich, was Daimler-Benz konstruieren konnte, und weniger als ein Jahr nach dem schmachvollen Abgang Eisenlohrs mit der Behauptung, die Hochdruck- und Hochtemperaturkühlung sei eine zu schwierige Herausforderung für die Industrie, wurde dem Motor DB 603 L kurzzeitig eine Kühlmittelaustrittstemperatur von 140 °C gestattet. Sie war den besten alliierten Systemen ebenbürtig; die deutsche Kühlsystemkonstruktion hatte endlich aufgeholt. Carosellis Test des DB 605 A in einer Serien-Messerschmitt warf jedoch die Frage auf, warum der Informationsaustausch so mangelhaft gewesen war, da es sich bei dem System, das Ende 1944 getestet wurde, angeblich um dasselbe System handelte, das bereits seit Jahren bei Jumo im Einsatz war, seit die 211 F und J freigegeben worden waren. Die Tatsache, dass es einer Studie der DVL bedurfte, um Daimler-Benz dieses System vorzuschlagen, obwohl Jumo es bereits 1942 hergestellt hatte, war ein außergewöhnliches Versäumnis der technischen Leitung.

Der DB 603 N hatte mit der variablen Ventilsteuerung einen großen Durchbruch in der Entwicklung von Flugmotoren gebracht, aber auch hier war es mehrere Jahre zu spät, um noch zum Einsatz zu kommen; die Produktion von hochoktanigem Treibstoff war angesichts der Angriffe auf die synthetischen Treibstoffanlagen stark gefährdet.

Ende 1944 schien Deutschland militärisch ohne Ausweg zu sein, aber die Ingenieure arbeiteten unter unmöglichen Bedingungen weiter, ohne dass es einen logischen Grund fürs Weitermachen gab. Es ist anzunehmen, dass das gesamte technische Personal aufgrund der Angst vor der Einberufung hoch motiviert war, um sicherzustellen, dass die eigene Arbeit weiterhin als entscheidend für die Kriegsanstrengungen angesehen wurde. Erst 1944, mit dem Aufkommen des DB 603 L, des Jumo 213 E und des BMW 801 TJ, waren Motoren bereit, die den zweistufigen Kompressormotoren wie dem Merlin 66 und den turboaufgeladenen Allisons der P-47 und P-38 wirklich ebenbürtig waren. Sie hätten schon Jahre vorher fertig sein können, aber es hatte allen deutschen Ingenieuren immense Anstrengungen abverlangt, um ihre Motoren während der Öl-, Treibstoff- und Materialkatastrophen von 1941 bis 1943 überhaupt zum Laufen zu bringen. Das technische Wissen stand im umgekehrten Verhältnis zur deutschen Lage im Krieg, da insbesondere der Jumo 213 E in vielerlei Hinsicht ein fortschrittlicherer Motor war als jede alliierte Entwicklung.

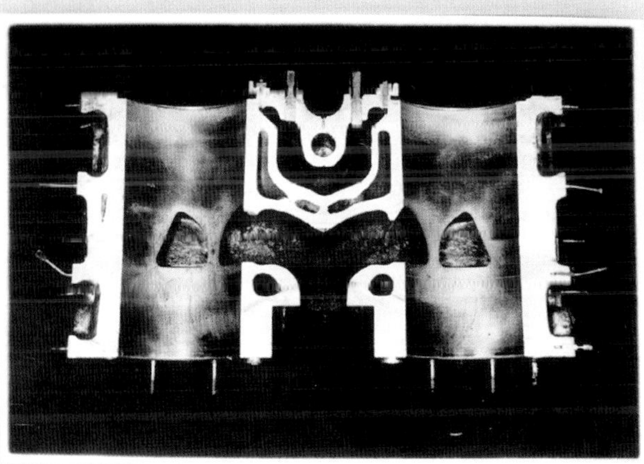
17 720
Bild 5: Ausschnitt aus dem Zylinderblock mit Lage der Probestäbe.

Ausschnitt aus dem Zylinderblock mit Lage der Probestäbe.

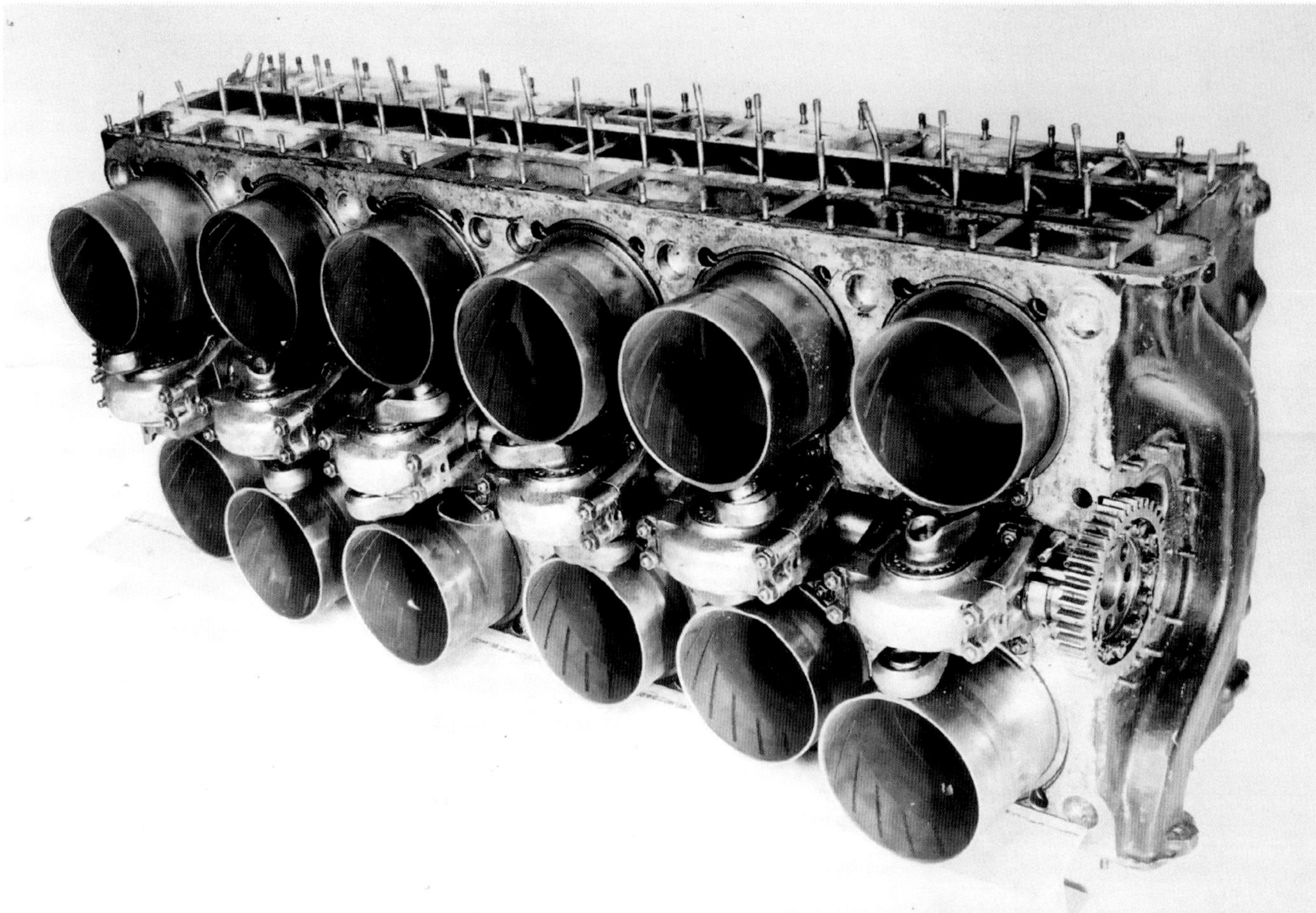

Zweites Bild aus der deutschen Studie über den Sabre, 21. November 1944.

Die Jumo-Konstruktion, mit den Zündkerzen senkrecht nach unten in die Kammer positioniert und gleichmäßig angeordnet von links nach rechts, mit dem Direkteinspritzsystem mit Kommandogerät und dem Nasenölsystem mit Zentrifuge, stellte wohl den besten flüssigkeitsgekühlten Motor der Welt dar, während der BMW 801 TJ zumindest jedem amerikanischen Jagdflugzeug-Sternmotor ebenbürtig war.

Deutschland hatte es geschafft, sein wichtigstes Kampfflugzeug, die Bf 109, durch die rasche Einführung der Methanol-Wasser-Einspritzung im Wettbewerb zu halten, und nutzte die größeren Mengen an C3-Kraftstoff, um dem DB 605-Motor der Bf 109 G neues Leben einzuhauchen.

Die so ausgerüstete 109 war in der Lage, die Motorleistung des Merlin 66 der Spitfire IX zu erreichen, allerdings mit dem Kompromiss einer dramatisch kürzeren Lebensdauer.

Der niedrige Qualitätsstandard der neuen deutschen Jagdflugzeuge unter Speer bedeutete, dass schlechte Exemplare etwa 40 km/h langsamer waren als die Werksspezifikationen. Bei der Bf 109 G wurde der Ladedruck auf 2,1 bar bei 2800 U/min erhöht, um dieses Problem zu kompensieren – auf Kosten der Zuverlässigkeit.[118]

Kapitel 9

1945 – Das Ende in Europa

Großbritannien

Die Liste der alliierten Motoren, die sowohl mit 130er als auch mit 150er Treibstoff betrieben werden konnten, war im Januar 1945 sehr ausführlich.[1] Praktisch jedes Triebwerk konnte mit einigen Modifikationen auch mit 150er Treibstoff betrieben werden.

Am 8. Januar 1945 traf die Nachricht über die erste erbeutete Fw 190 D-9 ein, die noch mit 87 Oktan-Kraftstoff betrieben wurde.

»Eine Fw 190 Langnase stürzte am 1. Januar 1945 bei Wemmel, etwa sechs Meilen nordwestlich von Brüssel, ab.

Die Fw 190 D ist mit einem flüssigkeitsgekühlten Motor des Typs Jumo 213 ausgestattet und ist das erste Flugzeug dieses Typs, das untersucht wird.

Die belgische Polizei war schnell vor Ort und stellte eine Wache auf, mit dem Ergebnis, dass das Flugzeug nicht geplündert wurde … das Flugzeug ist jetzt auf dem Weg zum RAE Farnborough, wo es vollständig untersucht werden wird.«[2]

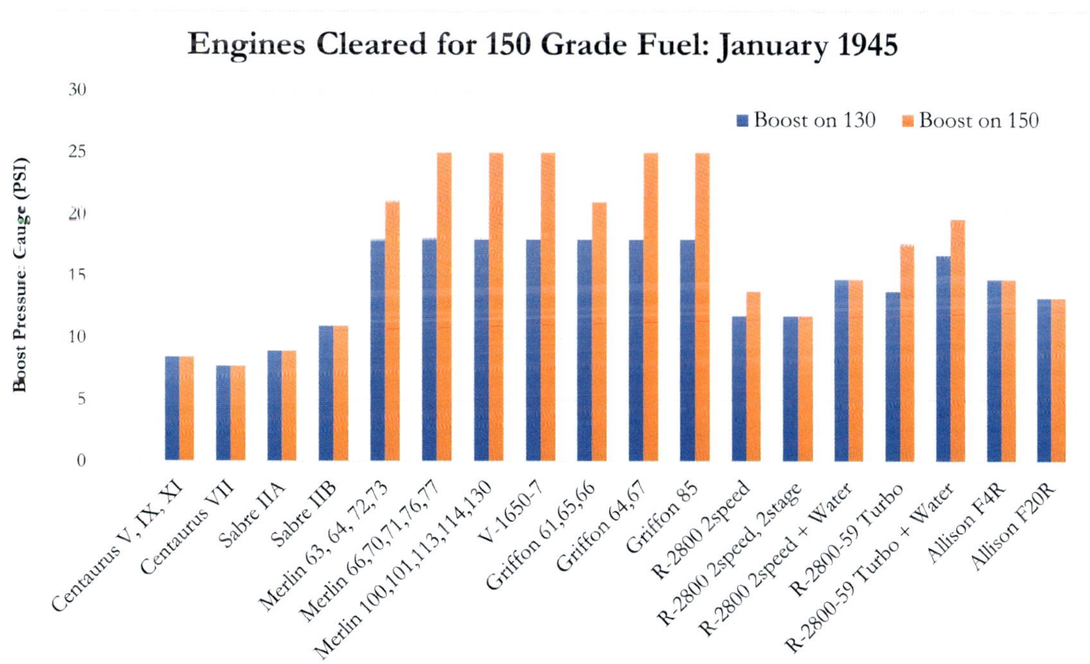

150er-fähige Motoren; Ladedruck für 130er und 150er Kraftstoff.

Untersuchung des Fw 190 D-Jagdflugzeugs in Farnborough.

Bei der Untersuchung vor Ort wurde festgestellt, dass diese Fw 190 D mit B4-Kraftstoff betankt worden war und die gleiche Wirbeldrossel aufwies, wie sie erstmals am Jumo 213 in dem am 24. April 1944 über Dorset in England abgeschossenen Junkers-Jagdbomber Ju 188 gefunden wurde.

Wenige Wochen später, im Februar 1945, wurde ein Ventil des Jumo 213 vom RAE untersucht und die Verchromung, die der Luftwaffe 1941 beim BMW 801 und 1942 beim DB 605 das Leben gerettet hatte, wurde unter dem Mikroskop sichtbar.[3]

Die Jumo 213-Ventile hatten ein ungewöhnliches Aussehen, weshalb das RAE ein Exemplar zerschnitt und polierte, um die aufgebrachten Beschichtungen zu erkennen. Der Sitzkontaktring war genau wie bei den britischen Motoren mit Stellit beschichtet. Im Gegensatz zu den britischen Ventilen, bei denen der gesamte Kopf mit der Nickel/Chrom-Brightray-Beschichtung versehen war, war das 213er-Auslassventil jedoch vollständig verchromt. Eine im Ventilteller sichtbare Wellenstruktur wurde durch das Fließen des Metalls während der Herstellung verursacht und zeigte, dass der Ventilteller geschmiedet war.

Im Lagerwerk von Vandervell trug der Lager-Konstrukteur David Green die neuesten Entwicklungen in sein technisches Tagebuch ein, nämlich Leistungsverbesserungen des Sabre, an denen er und seine Firma großen Anteil hatten:

> »Der beachtliche Erfolg mit indiumbeschichteten Sabre-Zahnrädern rechtfertigte eine Untersuchung der Cu-In- und Cu-Sn-In-Beschichtung. Wir haben mit der Arbeit begonnen. Man berichtet, dass die Sabres jetzt 2700 PS bei 4200 mit 18 Pfund [1,24 bar] Ladedruck liefern und die Lager gut sind.«[4]

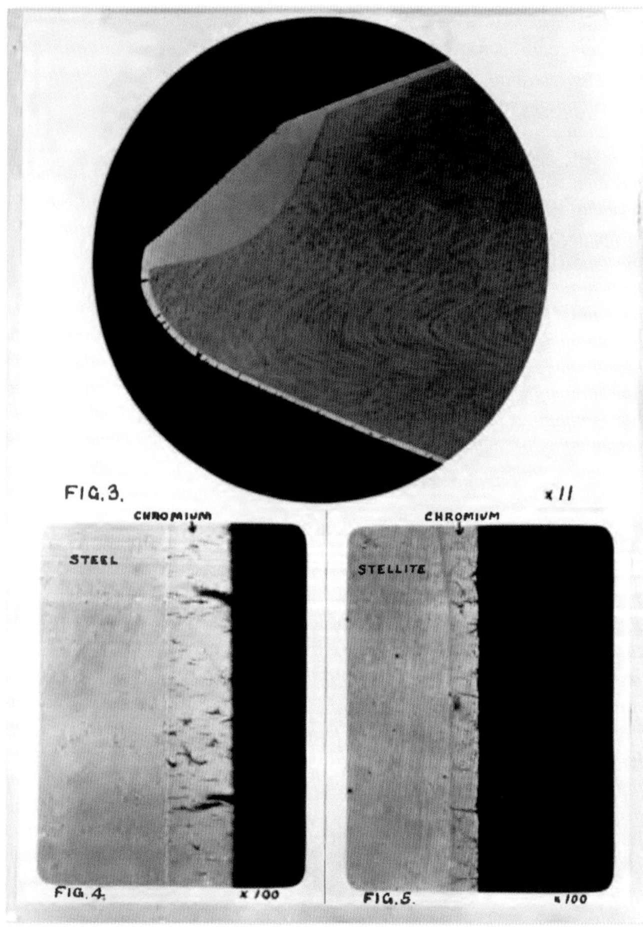

Jumo 213: Ventil-Querschnitt, Farnborough 1945.

Green stellte später fest, dass Vandervell inzwischen 150.000 Sabre-Lager beschichtet hatte. Indium war nicht nur für Kurbelwellenlager nützlich, sondern erwies sich auch als nützlich für die Beschichtung aller rotierenden Teile, die Reibung ausgesetzt waren. Der Sabre enthielt Zahnräder mit sehr hohen Axialbelastungen, da einige der Zahnräder schrägverzahnt waren und somit einen hohen Endschub aufwiesen. Auch diese Oberflächen sprachen gut auf die Indium-Beschichtung an. Der Sabre, der mit so vielen Schwierigkeiten begonnen hatte, war nun ein zuverlässiges Produkt, und am 14. Februar 1945 gab es mehrere Pläne für die Entwicklung neuer Kampfflugzeuge mit dem 24-Zylinder-Motor – vielleicht ein zweiter Versuch mit dem unglücklichen Tornado, der die Spitfire und Hurricane zu Beginn des Krieges nicht ersetzen konnte.[5]

Eine Version schien von der P-51 Mustang inspiriert zu sein, obwohl sie ein neu gestaltetes Kühlersystem und gegenläufige Propeller hatte. Ein anderes Konzept hatte stattdessen einen ringförmigen Kühler und Flügelpods mit schwerer Bewaffnung. Die E.122 war der Name der nächsten experimentellen Version der Sabre.

> »Die Höchstgeschwindigkeit dieses Flugzeugs wird auf 508 mph [817,5 km/h] geschätzt, das Gewicht eines mit dem E.122-Motor angetriebenen Jagdflugzeugs … würde etwa 13.000 bis 13.750 lb [5,797 – 6,237 t] betragen.[6]

Die wichtigste Verbesserung war die Verringerung des Kühlwiderstands.

> »Das RAE hat kürzlich in einer Reihe von Papieren auf die alarmierende Zunahme der Kühlleistung von luft- und flüssigkeitsgekühlten Hochleistungs-Flugmotoren während des Krieges hingewiesen, und auf die Notwendigkeit, diese Zunahme durch die Berücksichtigung von Kühlungsproblemen zu stoppen.«[7]

Die Zeichnungen zeigen die Kühler mit abgewinkeltem Querschnitt, die darauf abzielten, den Kühler mit der größtmöglichen Fläche in den Luftstrom einzubauen und dabei die Aerodynamik so wenig wie möglich zu stören. Auch heute noch ist es schwierig, solche Kühler zu konstruieren, und es wird aus Kostengründen nur selten versucht. Die projektierte Leistung des Flugzeugs wurde mit der Tempest verglichen und erschien beeindruckend (Grafik S. 406 unten). Keines der Flugzeuge wurde gebaut, aber Reste dieser Motoren tauchten nach dem Krieg in der Hawker Sea Fury auf, die von einem Bristol Centaurus-Motor angetrieben wurde. In der Zwischenzeit versuchte Bristol immer noch, seine Kompressoren zu verbessern, und am 2. März 1945 war das Unternehmen erneut mit dem Jumo 213 Kompressor beschäftigt. Bristol war zuvor gefragt worden, ob es einen vollständigen Test des gesamten Jumo 213-Motors durchführen könnte, was jedoch nicht möglich war. Der Jumo drehte sich in die entgegengesetzte Richtung wie die Motoren von Bristol, und die Änderungen hätten die Testanlage des Unternehmens zu lange außer Betrieb gesetzt. Daher wurde Rolls-Royce gebeten, stattdessen den Kompressor des Jumo 213 zu testen, der als der interessanteste Teil des deutschen Motors angesehen wurde.[8]

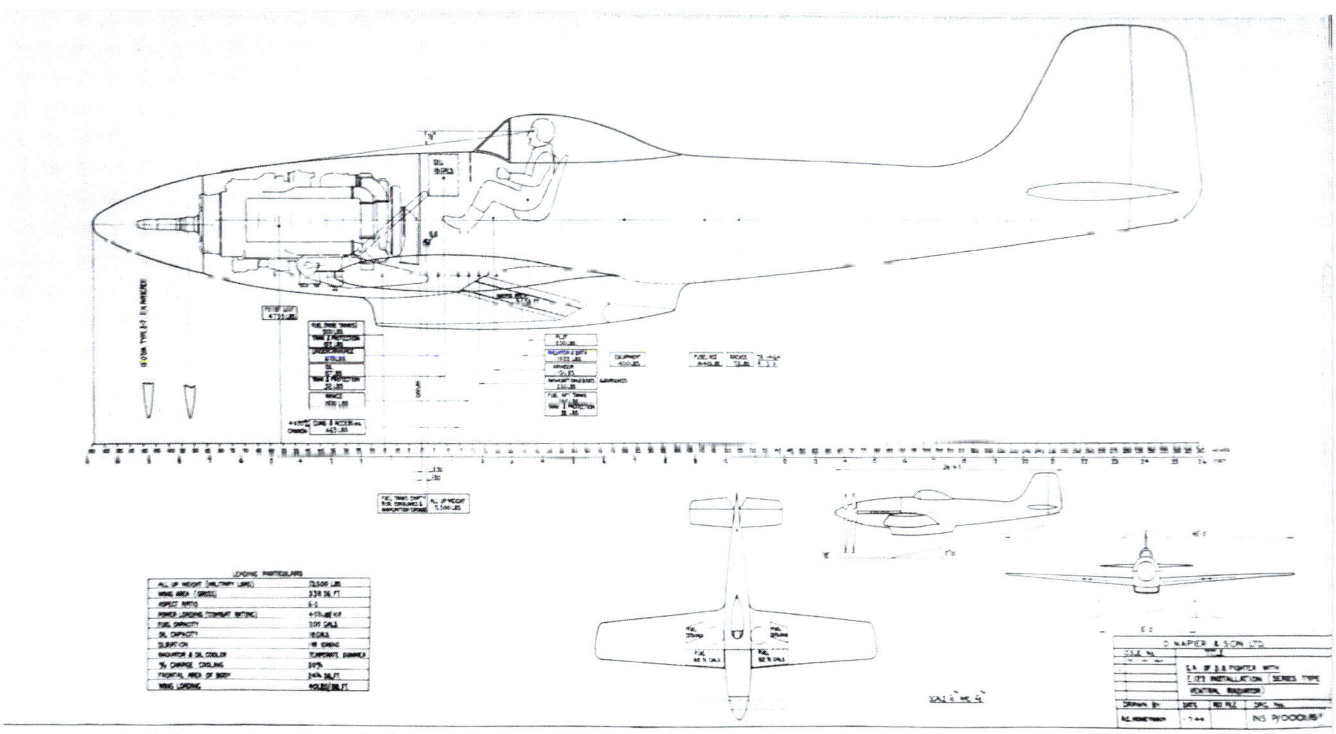

Napier-Jagdflugzeug-Schema: »S. S. Jagdflugzeug mit E.122 Installation, serieller Bauchkühler«

Das RAE veröffentlichte ihren Bericht über ihre früheren Arbeiten zur Anpassung des GM1 an die Mosquito:

> »Um die Geschwindigkeit der Mosquito XIII-Nachtjagdflugzeuge in großer Höhe zu erhöhen, wurde ein System entwickelt, mit dem die Motorleistung durch Einspritzen von flüssigem Distickstoffoxid in den Lufteinlass des Motors erhöht werden konnte. Die Flugzeuge von zwei Nachtjagdgeschwadern wurden mit einer Lachgasanlage ausgestattet, die 472 Pfund wog und 180 Pfund Lachgas enthielt, was für eine Leistungssteigerung pro Motor von 300 PS für eine Dauer von sechs Minuten ausreichte. Bei dieser Einspritzrate (15 lb/min) wurde die tatsächliche Geschwindigkeit der Mosquito XIII-Flugzeuge (Merlin 23-Motoren) um 23 mph [37 km/h] bei 18.000 Fuß [5486 m] und 40 mph [64,4 km/h] bei 28.000 Fuß [8534 m] erhöht.«[9]

Im Bombenschacht einer Mosquito Mk.XIII installierte Lachgasanlage.

Leistung von vier Jägern mit Napier-Sabre-Motoren.

Die Mosquito war seit ihrer Einführung ein Ärgernis für die deutsche Luftwaffe. Ihr bemerkenswertes Spurtvermögen und ihre große Flughöhe machten es außerordentlich schwierig, sie abzufangen. Hochgeschwindigkeitsjäger mit Kolbenmotoren wie die Fw 190 D-9 und später die Ta 152 hatten bessere Chancen, die Mosquito abzufangen, aber auch die Messerschmitt Me 262 war nicht in der Lage, eine gut geflogene Mosquito abzuschießen.[10]

Diese Entwicklungen beflügelten die britischen Versuche, die Geschwindigkeit der Mosquito weiter zu erhöhen. Wie die Deutschen entdeckten auch die Briten, dass recht große Gastanks erforderlich waren, wenn das Flugzeug über einen längeren Zeitraum mit Lachgas versorgt werden sollte. Aus diesem Grund kamen kleinere Flugzeuge wie die Spitfire und die P-51 nie in den Genuss von Lachgas – es konnte nirgends in ausreichender Menge eingebaut werden. Als es im Mai 1943 in eine Spitfire Mk.V eingebaut wurde, war der Lachgas-Tank in nur einer Minute leer und diente somit nur als nützlicher Test des Leistungspotenzials.[11]

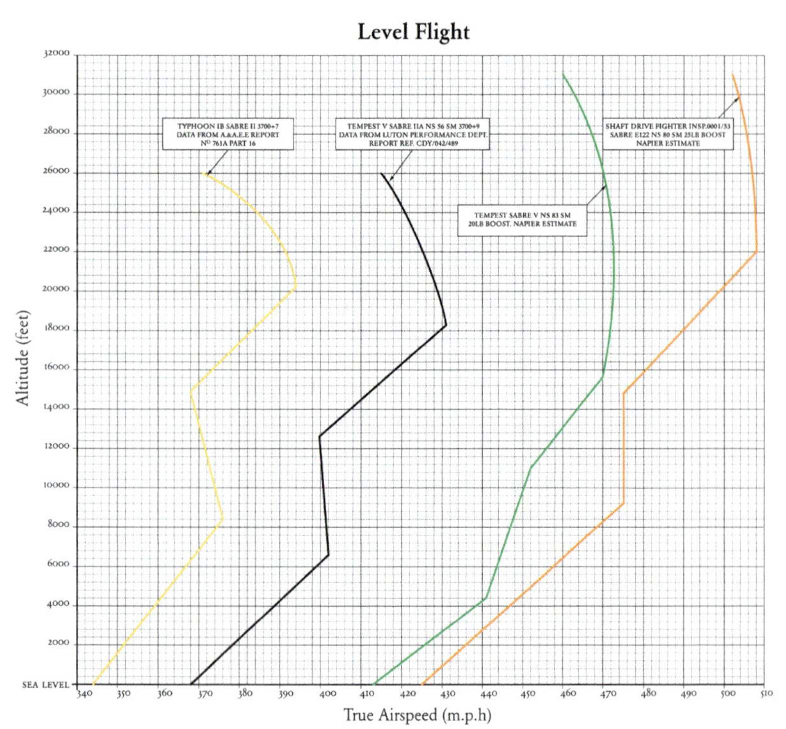

Das System, wie es in der Mosquito installiert war, ist abgebildet (oben). Um einen schnellen Austausch zu ermöglichen, schlugen die Techniker der Staffel vor, die Flaschen in einer schnell zu öffnenden »Kassette« zu installieren, um dem Bodenpersonal das Wiederaufladen des Flugzeugs nach der Landung zu erleichtern.

Distickstoffoxid hat mehrere nützliche Eigenschaften zur Leistungssteigerung. Eine davon ist, dass es eine eigene Sauerstoffquelle enthält und die Lufttemperatur durch den Kompressor senken kann. Der Leistungszuwachs von 300 PS pro Motor ist über den gesamten Höhenbereich, in dem es eingesetzt wird, identisch, da in allen Höhen die gleiche Menge an zusätzlichem Benzin verbrannt werden kann.

Die Wissenschaftler in Farnborough legten die theoretische Grundlage für die Funktionsweise des Systems dar:

> »Der Leistungszuwachs, der durch die Zugabe von Distickstoffoxid zur Ladeluft eines Motors entsteht, ergibt sich aus vier physikalischen Eigenschaften der Substanz:
> (1) Die latente Verdampfungswärme der Flüssiggasphase.

(2) Die fühlbare Wärme von Flüssigkeit und Gas bei atmosphärischem Druck.
(3) Die exotherme Reaktion, die bei der Dissoziation im Motorzylinder 386 CHU/lb [1616 kj/kg] freisetzt.
(4) Der Sauerstoffgehalt von 36,4 Gew.-% (Luft 23 %).«[12]

Punkt (1) bedeutet, dass das Distickstoffoxid, wenn es nach dem Einspritzen in den Motor zu Gas wird, kälter wird. Dies erhöht die Dichte der Luft, steigert den Wirkungsgrad des Laders und verringert die Neigung des Motors, bei hohem Ladedruck zu detonieren. Unter Punkt (2) bedeutet »fühlbare Wärme« einfach, dass die Substanz im gespeicherten Zustand kälter ist als die sie umgebende Luft, was die unter Punkt (1) beschriebenen Effekte noch verstärkt. Punkt (3) besagt, dass bei der Verbrennung des Benzins im Motor die Stickstoff- und Sauerstoffatome auseinanderbrechen und mehr Wärme erzeugen, was hilfreich ist, da sie nicht beim Eintritt in den Zylinder, sondern bei der Verbrennung selbst freigesetzt wird. Da ein Benzinmotor ein Wärmemotor ist, bedeutet dies, dass mehr Leistung erzeugt wird. Und Punkt (4) besagt, dass Distickstoffoxid mehr Sauerstoff als Luft enthält, und da mehr Sauerstoff bedeutet, dass bei einem gegebenen Ladedruck mehr Benzin verbrannt werden kann, bedeutet dies, dass der Kraftstoffdurchsatz erhöht werden kann, wodurch mehr Wärme aus dem Heizwert des Hauptmotorkraftstoffs und somit mehr Leistung erzeugt wird.

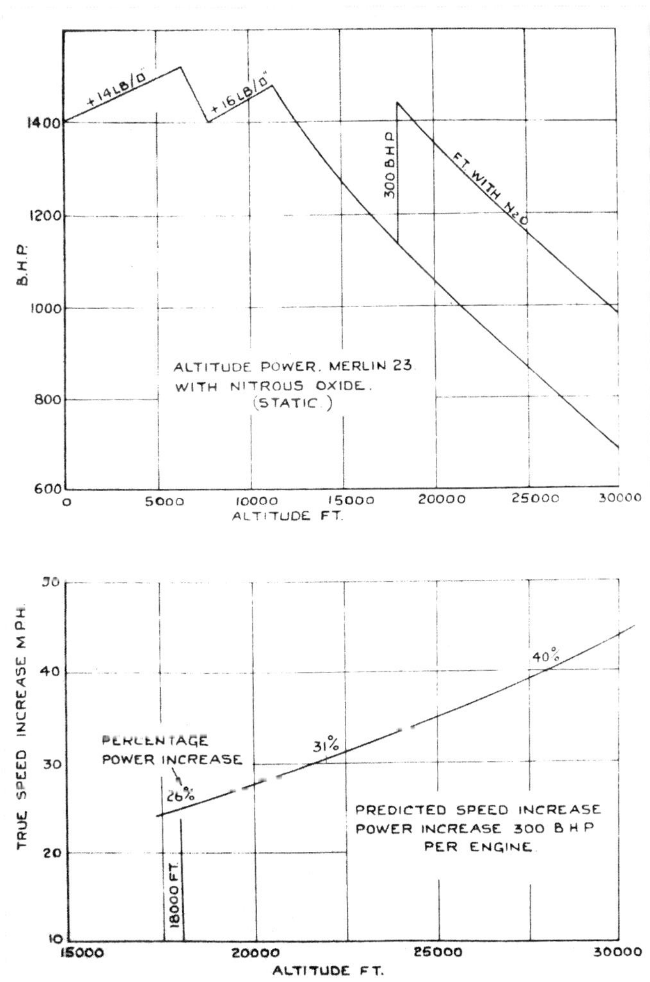

Mosquito Mk.XIII: Leistungssteigerung durch Lachgas

Diese Effekte bedeuten, dass der prozentuale Anteil der durch Distickstoffoxid bereitgestellten Ladung an der normalen Motorleistung mit zunehmender Höhe steigt, da der aufgeladene oder turbogeladene Kolbenmotor (oberhalb seiner Nennhöhe) einen stetigen Leistungsverlust erfährt. Das abgebildete Diagramm (links) zeigt die Nennhöhe des Merlin 23-Motors von 12.000 Fuß [3658 m], über der seine Leistung mit abnehmendem Außendruck allmählich abnimmt. Die 300 PS aus dem Lachgas bleiben jedoch immer verfügbar, so dass die effektive Leistung des Flugzeugs in 30.000 ft sechs Minuten lang um 50 % erhöht werden kann, was die Geschwindigkeit des Flugzeugs um fast 50 mph [80,5 km/h] steigert.

Der Krieg in Europa war offiziell am 7. Mai 1945 zu Ende. In diesen letzten Monaten erhielten die britischen Jagdflugzeuge neuen Auftrieb, da Kurzstreckenjäger wie die Spitfire und die Tempest nun von Stützpunkten auf dem Festland aus operieren konnten.

Das Zeitalter der Düsenjäger und Raketen hatte begonnen, aber es gab auch diejenigen, die das letzte Kapitel der Geschichte noch erleben wollten. Die Triebwerkswissenschaftler und -ingenieure des britischen Luftnachrichtendienstes wollten Exemplare der Motoren, die den Höhepunkt der deutschen Kolbenmotorenentwicklung darstellten, ungeachtet ihrer Veralterung als militärische Antriebsaggregate. So begann die systematische Plünderung der deutschen Technologie durch die Alliierten.

USA

Die US-Ingenieure befanden sich Anfang 1945 auf dem letzten Höhepunkt der Kolbenmotorentechnik, obwohl die fortschrittlichsten Entwicklungen in den USA bei den Bombermotoren stattfanden – mit dem Wright-Aeronautical-Turbomotor R-3350 Duplex-Cyclone, der im Zweiten Weltkrieg nicht in Kampfflugzeugen eingesetzt werden sollte.[13]

Am 17. Januar 1945 entdeckten die Ingenieure von Wright Field, was man in Deutschland bereits zu Beginn des Krieges gelernt hatte, nämlich dass Öl, das den Kraftstoff verunreinigt, zu einer erheblichen Senkung der Klopfgrenze führt.

»Während der maximale spezifische Ölverbrauch eines zeitgenössischen Großmotors 0,035 Pfund pro PS-Stunde beträgt, ist es wahrscheinlich, dass einige wenige Zylinder, z. B. die unteren Zy-

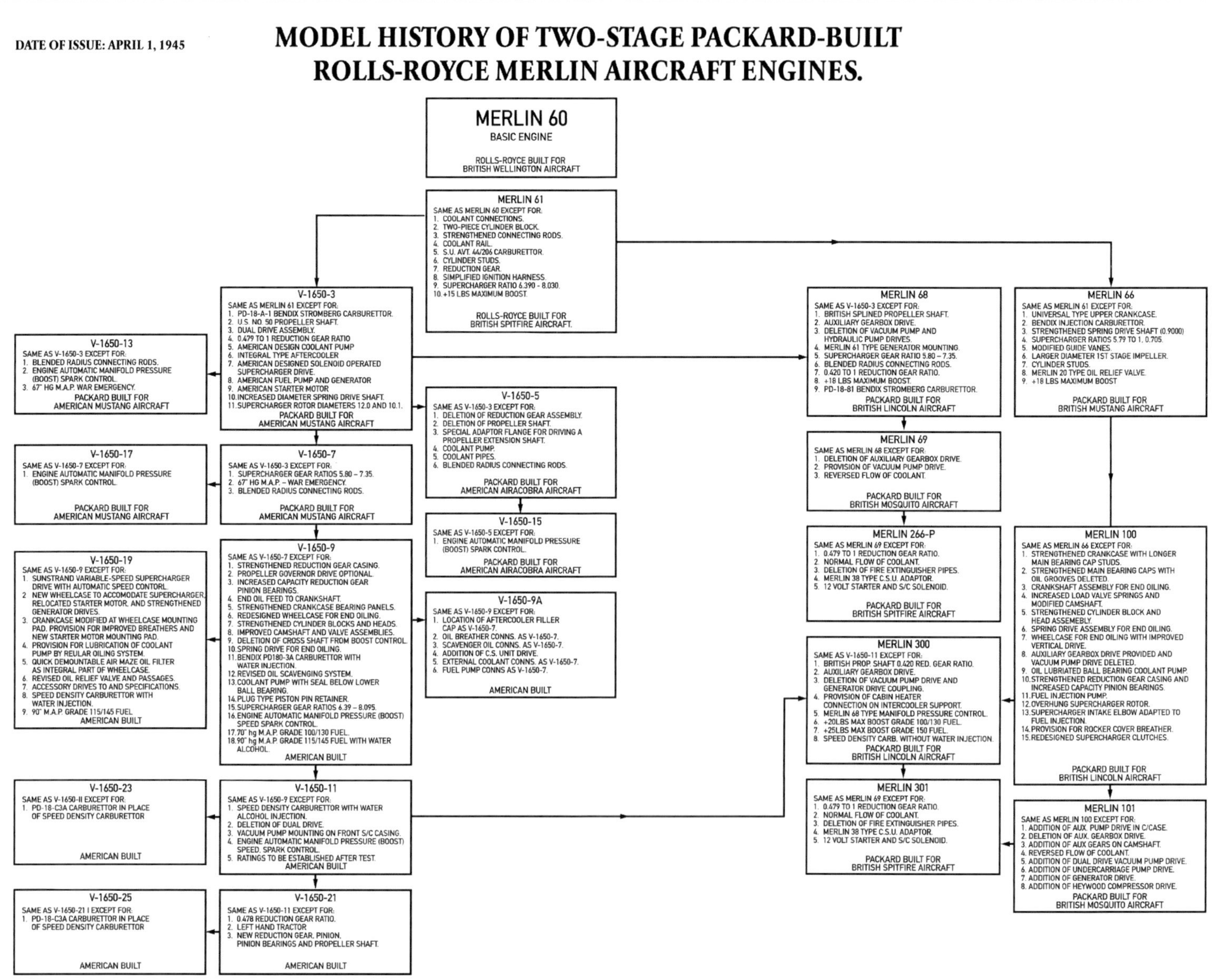

Stammbaum der Packard-Merlin-Motoren.

linder eines Sternmotors, für den größten Teil dieses Verbrauchs verantwortlich sind. Wenn ein Effekt, der durch den Ölverbrauch verursacht oder verschlimmert wird, wie z. B. Detonation, ein begrenzender Faktor ist, können diese Zylinder Öl in solchen Mengen verbrauchen, dass sie die Leistung des gesamten Motors begrenzen.«[14]

Für die amerikanischen Ingenieure war dies eine relativ späte Entdeckung, zumal zwei der amerikanischen »Hypermotoren«, die als überlegene Alternative zu den europäischen Modellen ausgedacht waren, in hängender V-Form kommen sollten, nämlich der 12-Zylinder Continental I-1430 und der 16-Zylinder Chrysler IV-2220. Die Umkehrung der Zylinder entsprach praktisch den »unteren Zylindern eines Sternmotors«, die, wie Wright Field herausgefunden hatte, der begrenzende Faktor für die Detonationsbeständigkeit aufgrund von Öleintritt bei solchen Motoren waren. Keiner der amerikanischen Hypermotoren wurde verwirklicht. Es war eine traurige Verschwendung der Arbeit vieler der besten amerikanischen Motorkonstrukteure in so vielen Firmen über so viele Jahre hinweg.

Trotz eines so ehrgeizigen Motorenprogramms, das sich über ein Jahrzehnt hinzog, gab es letztlich nichts militärisch Nützliches vorzuweisen: Der Continental-Motor hatte nicht annähernd seine geplante Leistung erreicht; der Chrysler-Motor hatte sich zu einer derartigen Fülle an Komplexität und Überarbeitungen entwickelt, dass ihm trotz vielversprechender Merkmale die Zeit davonlief; und der Tornado von Wright-Aeronautical war einfach zu groß und zu komplex, sein Potenzial wurde durch die Verwendung von nur zwei Ventilen pro Zylinder erstickt. Das einzige Triebwerk mit einem beeindruckenden Verhältnis zwischen Leistung und Gewicht war der Continental I-1430, allerdings nur bei seiner geplanten Leistung von 1600 PS. Frühe Tests ergaben rund 1000 PS, womit er nicht besser war als ein zeitgenössischer Merlin.

Die Amerikaner hatten zu ihrem Nachteil entdeckt, was auch Großbritannien erkannt hatte: Es war für jede Nation äußerst schwierig, mehr als ein oder zwei großartige Flugmotoren gleichzeitig zu entwickeln. Die Bemühungen wurden verwässert, als die Unternehmen versuchten, die übermäßig ehrgeizigen Anforderungen des Hyper-Triebwerksvertrags zu erfüllen, und es entstand eine Fülle von avantgardistischen Entwürfen. Diese trugen nur wenig dazu bei, Ressourcen zu verbrauchen, die besser in einer gemeinsamen Anstrengung zur Entwicklung der soliden bestehenden Entwürfe, die die Amerikaner bereits hatten, wie das V-1710 und das R-2800, investiert worden wären. So kam es, dass den Amerikanern bis 1945 genau diese Entwicklung übrig blieb. Jahre nach der Produktion in Deutschland, im Februar 1945, veröffentlichte die NACA endlich die Ergebnisse des Kompressors Jumo 211 F, der ein von der Abteilung von Werner von der Null bei der DVL entwickeltes vollverkleidetes Laufrad hatte:

> »Der DVL ist zugegebenermaßen ein ausgezeichneter Lader mit dem zusätzlichen Vorteil der Kompaktheit und des vergleichsweise geringen Gewichts für die Größe des Motors, mit dem er verwendet wird. Die wünschenswerten Eigenschaften des Spiralverdichters erfordern weitere Forschungen an diesem Lader. Die Leistungsmerkmale des DVL-Kompressors im Vergleich zu den amerikanischen Serienkompressoren lassen sich wie folgt zusammenfassen:
>
> 1. Mit dem DVL-Lader wurden adiabatische Spitzenwirkungsgrade von 72,0 bis 76,5 % erreicht. Dies entspricht der Leistung der amerikanischen Serienlader mit dem besten Wirkungsgrad.
> 2. Obwohl das voll ummantelte Laufrad hohe Wirkungsgrade aufwies, sind diese nicht höher als die mit mehreren von der NACA getesteten amerikanischen Laufrädern erzielten Wirkungsgrade.«[15]

Die amerikanischen Ingenieure kamen zu dem Schluss, dass sich der Wirkungsgrad nicht wesentlich von dem der besten zeitgenössischen amerikanischen Turbolader unterschied. Allerdings handelte es sich dabei um eine Technologie, die zu Beginn des Krieges in Deutschland entwickelt worden war, was die Unterschiede in der Kompressorforschung zwischen den beiden Nationen verdeutlicht.

Am 29. März 1945 erstellte Packard eine nützlichere Studie, um die Auswirkungen des neuen 115/145-Kraftstoffs auf den Packard/Merlin V-1650-3-Motor zu ermitteln:

> »Als Bomberbegleitflugzeuge, bei denen Wirtschaftlichkeit ein Hauptfaktor ist, müssen diese Flugzeuge auch eine überlegene Kampfleistung erbringen können. Mit der Einführung von Kraftstoffen mit höherer Leistung wurden Anstrengungen unternommen, um die Wirtschaftlichkeit im Reiseflug zu verbessern, ohne dabei die maximale Leistung zu verlieren. Arbeiten am Rolls-Royce-Einzylindermotor zeigten, dass durch eine Erhöhung des Verdichtungsverhältnisses von 6:1 auf 7:1 zufriedenstellende Ergebnisse erzielt werden konnten. Bevor ein umfangreiches Produktionsprogramm vorgeschlagen werden konnte, waren vorläufige Leistungsdaten des Motors in Originalgröße erforderlich.«[16]

Die Ergebnisse waren in jeder Hinsicht vielversprechend.

> »Die Verwendung eines Verdichtungsverhältnisses von 7:1 beim Rolls-Royce-Motor ermöglicht eine Verbesserung des Kraftstoffverbrauchs im Reiseflugbereich um 6 bis 13 %... ind. Mitteldruck ist 8 % höher.«[17]

Die enormen Entwicklungsanstrengungen, die zu zwei Varianten des Merlin geführt hatten, nachdem Packard die Produktion in Amerika aufgenommen hatte, wurden am 1. April 1945 enthüllt, als Packard einen internen Bericht veröffentlichte, in dem die Entwicklungserfolge mit dem Packard-Merlin aufgelistet waren.

Das Diagramm (Seite 408) zeigt eine eindrucksvolle Entwicklungsgeschichte des britischen und des amerikanischen Merlins, ist aber vereinfacht und zeigt nicht direkt, dass die Ölzufuhr am Ende der Kurbelwelle von der britischen Praxis auf die amerikanische Version der 100er-Serie, den V-1650-9, übertragen wurde. Diese Motoren trieben die letzten Mustangs an und waren die ultimativen Merlin Jagdmotoren des Krieges, da die Spitfire fast vollständig auf den größeren Griffon umgestellt worden war. Die P-51H mit diesem aus dem Merlin 100 abgeleiteten Motor kam jedoch zu spät für den Kampfeinsatz und blieb ein Reserveflugzeug. Die umfangreichen Verbesserungen, die Packard vornahm, wurden detailliert aufgeführt.

> »Die Rolls-Royce-Merlin-Flugzeugmotoren, die 1935 entwickelt wurden, wurden in England nach der ›Handmethode‹ zusammengebaut, und als die amerikanische Regierung die Verhandlungen mit Großbritannien über die Herstellungsrechte abschloss, lehnten einige Hersteller in den Vereinigten Staaten den Motor als ›zu kompliziert für eine Massenproduktion‹ ab. Ich weiß die ungewöhnliche Gelegenheit zu schätzen, die sich mir bot, als ich das von Packard gebaute Rolls-Royce-Merlin-Flugzeug-Triebwerk kennenlernte und an seiner Herstellung beteiligt war.«[18]

Vincents Bericht begründete vielleicht den lange Zeit vorherrschenden Irrglauben, dass die Merlin-Produktion in England bis zum Eingreifen von Packard auf Amateurbasis durchgeführt worden war. Tatsächlich wurde der Merlin in England sehr erfolgreich in Massenproduktion hergestellt, und insgesamt wurden in England und Schottland mehr Merlins produziert als bei Packard, etwa im Verhältnis zwei zu eins. Die Schattenfabriken wie Glasgow und Crewe waren mit angelernten Arbeitern besetzt und arbeiteten daher zwangsläufig nach der gleichen Methode wie die Produktionslinie von Packard.

Die von Rolls-Royce 1935 angewandte »Handarbeit« hatte keine Ähnlichkeit mehr mit dem Verfahren, das bei Kriegsbeginn angewandt wurde.

Der Grund, warum das Werk in Derby die Montage eher »von Hand« durchführte, war, dass Derby im Gegensatz zu Packard, das sehr große Serien identischer Motoren herstellte, während des Krieges viele verschiedene Merlin-Versionen parallel produzieren musste. Daher konnten sie keine großen standardisierten Montagelinien mit identischen Teilen einrichten. Das bedeutete jedoch nicht, dass die Teile selbst weniger genau bearbeitet waren als die anderswo hergestellten, sondern lediglich, dass die Vielfalt der Motoren von den Arbeitern weitaus mehr Geschick und Erfahrung verlangte als von denjenigen, die einfach tagein, tagaus dieselbe Aufgabe erledigten.[19] Dennoch war die Anstrengung, in so kurzer Zeit eine Produktion am anderen Ende der Welt aufzubauen, eine erstaunliche Leistung, und es ist kein Wunder, dass Vincent darauf bedacht war, seine Bemühungen zu verstärken.

Um Packard die Möglichkeit zu geben, identische Motoren in großen Stückzahlen zu produzieren, nahm Rolls-Royce die in Prestwick nach Großbritannien gelieferten Motoren und modifizierte sie nach den neuesten Spezifikationen.[20] Dies war unerlässlich, denn bis Packard die Hälfte der Charge fertiggestellt hatte, waren die Konstruktionen bereits verbessert und überarbeitet worden. Rolls-Royce akzeptierte es als Kompromiss, dass solche Überarbeitungen erforderlich waren.

> »Ellor, Barrington und Reid von Rolls-Royce kamen am Freitag, dem 2. August 1940, in mein Büro, und wir verloren keine Zeit, um wichtige technische Fragen zu besprechen. Fast unmittelbar nach ihrer Ankunft warfen sie die Frage auf, welche Art von Zylinderblock wir vorhatten, für den wir uns umrüsten sollten. Bis zu diesem Zeitpunkt hatten wir noch nie etwas vom zweiteiligen Rolls-Royce-Zylinderblock gehört und fertigten natürlich Zeichnungen des einteiligen Blocks an ... Sie zeigten uns aber Zeichnungen des zweiteiligen Blocks und erklärten, dass wir ihrer Meinung nach für diese verbesserte zweiteilige Konstruktion umrüsten sollten ... wir mussten alle geplanten Projektionen rückgängig machen und viele Produktionsinformationen einbeziehen, die in den britischen Zeichnungen nicht enthalten waren.
>
> Es ist wichtig zu erwähnen, dass wir etwa Mitte November 1940 die Tatsache entdeckten, dass die britischen Zeichnungen wichtiger Gussteile nicht mit den aktuellen Produktionsteilen übereinstimmten, die von der Firma Rolls-Royce verwendet wurden. Diese Information erhielten wir durch das Zerschneiden von Mustergussteilen, die wir aus England erhalten hatten.
>
> Danach mussten wir feststellen, dass die Gussteile schwerer gemacht worden waren, um Fehler zu vermeiden. Unsere Schlussfolgerung wurde später durch Berichte der Firma Rolls-Royce bestätigt.«[21]

Trotz dieser Schwierigkeiten – einschließlich einer sechswöchigen Verzögerung, während der alle bereits fast fertigen Gussmodelle überarbeitet wurden – wurden von Packard rasch viele Verbesserungen vorgenommen.

> »Wir spezifizierten Haupt- und Pleuellager aus Silber-Blei-Indium, die wir als eine sehr deutliche Verbesserung gegenüber den in England verwendeten Kupfer-Blei-Lagern ansahen, die hierzulande bis etwa 1941 eingesetzt wurden ... diese Lager stellten eine deutliche, lohnende Verbesserung dar.«[22]

Die Negativ-g-Probleme, die in England aufgrund der Verwendung von Saugvergasern so weit verbreitet waren, wurden von Packard ohne Kraftstoffeinspritzung gelöst. Stattdessen wurde der Druckvergaser eingeführt, bei dem es sich im Wesentlichen um einen Vergaser handelte, der eine Mischung aus einer Einspritzdüse und einem Standardvergaser war. Er nutzte Niederdruckkraftstoff von einer Pumpe anstelle des Druckunterschieds über das Ansaugventuri, um den Kraftstoff zu dosieren, und beseitigte so die Schwierigkeit der normalen Kraftstoff-Schwimmerschwingung, die sowohl der Firma SU als auch Rolls-Royce so viele Schwierigkeiten bereitet hatte.

> »Wir hatten ein großes Problem im Zusammenhang mit der Entwicklung des Druckvergasers für den Motor, aber die Arbeit wurde abgeschlossen und die damals in England durchgeführten Tests zeigten, dass dieser Vergasertyp bessere Ergebnisse liefern würde als der SU-Vergaser, der in Rolls-Royce-Motoren verwendet wurde.«[23]

Eine kleine Auswahl der Fehler, die Packard während des Krieges behoben hat, zeigt die enormen Anstrengungen, die Packard nicht nur in der Produktion, sondern auch in der Entwicklung unternommen hat.

> »1942
> Risse im Rad- und Kompressorgehäuse ... korrigiert durch zusätzliche Rippen.
>
> Gebrochene Einlassventilenden an der Passfeder, die das Ventil am Federteller hält ... korrigiert durch Änderung des Materials der Passfeder von Stahl zu Bronze.

Anschwellen des Kugellagers der Turboladerwelle ... Wärmebehandlung korrigiert.

Versagen der Gabelpleuel ... verursacht durch unsachgemäßes Anziehen der Pleuelschrauben. Es wurde eine Spannmethode zum Anziehen eingeführt.

Die ursprünglich gewählte Bearbeitung von Zahnrädern folgte der Rolls-Royce-Empfehlung, das Gehäuse nach dem Aufkohlen abzubrechen, wobei die Teile weich bleiben sollten. Die Verkupferung wurde eingeführt, was zu vielen Einsparungen an Arbeitsstunden führte und die Qualität der Zahnräder durch reduzierten Verzug verbesserte.« [24]

1943 wurde von Packard eine grundlegendere Entwicklungsarbeit geleistet – und es ist anzumerken, dass das Verfahren der Verkupferung von Oberflächen, die nicht gehärtet werden sollten, auch heute noch üblich ist. Es verringerte den Verzug, weil es bedeutete, dass ein fertiges Teil zwischen Bearbeitung und Wärmebehandlung eher seine Form beibehielt.

»Nach der Entwicklung der North-East-Magnetos ... durch Hinzufügen von Gummidichtungen an jedem der 12 Magneto-Klemmenisolatoren ... konnten wir dies so weit verbessern, dass Höhen ohne Fehlzündungen von über 51.500 Fuß [15.697 m] erreicht werden konnten.« [25]

Damit knüpfte er an die frühen Arbeiten von Penzig bei der IG Farben am Dual-Fuel-Ringverfahren an, das den Betrieb in sehr großen Höhen ohne Zündanlage ermöglichte. Durch Verbesserungen an den Magnetzündern und Zünddrähten, indem sie unter Druck gesetzt und von der Außenatmosphäre abgeschottet wurden, konnte das Problem der Funkenzündung in großen Höhen schließlich gelöst werden.

»Die Verformung der Hauptlagerbohrungen des Kurbelgehäuses wies auf die Notwendigkeit hin, die Hauptlagerbolzen genau anzuziehen, um eine Verformung zu verhindern, und führte schließlich zur Einführung von gebohrten Hauptlagerbolzen, die ein Anziehen nach der Streckmethode ermöglichten.« [26]

Das Anziehen von Hochleistungsmuttern und -schrauben ist auch heute noch ein außerordentlich schwieriges Problem, da das zum Anziehen verwendete Drehmoment nicht unbedingt mit der Dehnung übereinstimmt, die die Belastung der Verbindung bestimmt. Bei extremen Hochleistungsanwendungen wird heute auch die Dehnungsmethode angewandt. Heute kann dies jedoch elektronisch mit instrumentierten Unterlegscheiben oder mit Ultraschall erfolgen, indem die Schraube wie ein Klavierdraht gemessen und ihre Frequenz so eingestellt wird, dass sie in der richtigen, der idealen Spannung entsprechenden Tonhöhe schwingt. Wenn dies falsch gemacht wird, kann ein Motor zerstört werden.

»9) Gesprungene Zylinderköpfe. Es wurden Tests an diesen Köpfen durchgeführt, um zu zeigen, dass 600 Betriebsstunden sicher sind und somit die Verschrottung vieler sonst geeigneter Köpfe zu verhindern ist. Außerdem wurde ein neues Aluminium spezifiziert.

10) Die Pleuelstangen mussten überdacht werden, und es wurden zahlreiche Überarbeitungen für notwendig befunden, um die Zuverlässigkeit bei steigender Leistung zu gewährleisten. In diesem Jahr wurde auf Empfehlung von Rolls-Royce eine neu gestaltete Blatt- und Gabelstange spezifiziert. Diese war noch nicht lange in Produktion, als Probleme auftraten ... Durch die Einführung einer neu konstruierten sogenannten Übergangsradius-Stange wurden die Motoren durch Nacharbeit korrigiert.« [27]

Diese Korrektur der Pleuelstangen bestand darin, den Radius in der Nähe der Mutterflächen zu vergrößern, was damals – und auch heute noch – ein kritischer Fehlerpunkt bei der Pleuelkonstruktion war.

»1945.
Mit den erhöhten Leistungen und den speziellen Kraftstoffen wurde die Lebensdauer der Auslassventile unter Gefechtsbedingungen auf etwa 300 Stunden reduziert. Es wurden umfangreiche Experimente durchgeführt.« [28]

Es ist erstaunlich, wenn man bedenkt, dass eine Lebensdauer der Auslassventile von 300 Stunden als stark verkürzt angesehen wurde, während man zu Beginn des Krieges in Deutschland froh gewesen wäre, wenn man 50 Stunden erreicht hätte. Diese Diskrepanz ergab sich aus der metallurgischen Kluft zwischen den in Deutschland verfügbaren Legierungen und denen, die den Alliierten während des Krieges zur Verfügung standen. Im Packard-Bericht wird außerdem erwähnt, dass der Transatlantikflugrekord von einer Mosquito gebrochen wurde, die von Packard Merlins angetrieben wurde, und dass der Motor Nr. V-301579 vor der Überholung 1009 Stunden und 15 Minuten absolvierte.

»Zu Beginn des Jahres 1941 begannen Packard und Rolls-Royce einzeln mit der Entwicklung eines zweistufigen Kompressors, um die gewünschten Flughöhen zu erreichen. Später stellte sich heraus, dass sowohl die englischen als auch die amerikanischen Entwürfe ziemlich genau übereinstimmten, aber da wir erkannten, dass angesichts des härter werdenden Kampfes jede mögliche Verbesserung wünschenswert war, insbesondere solche, die die Aufmerksamkeit des Piloten auf das Fliegen reduzieren konnten, entwickelten wir die Idee des planetarischen Laderantriebsmechanismus, der in Verbindung mit einer vorher festgelegten Aneroid-Höheneinstellung eine automatische Änderung der Drehzahl des Laderades ermöglichte.« [29]

Die Entwicklung des Kompressorantriebs für den V-1650-3 war Packards Beitrag zum eigenen Einsatz des zweistufigen Kompressors, den Hooker zwischen 1939 und Ende 1940 entworfen hatte.

> »Der jüngste Beitrag ist die Wasser-Alkohol-Einspritzung … Ich habe allen Grund zu der Annahme, dass ihre Wirkung in Zukunft ebenso wichtig sein wird wie die Einführung des automatischen zweistufigen Kompressorantriebs. Vorläufige Versuche im Jahre 1943 haben gezeigt, dass durch die Wasser- oder Wasser-Alkohol-Einspritzung für den Kriegsnotbetrieb eine enorme Leistungssteigerung möglich ist … die darauf hinweist, dass eine maximale Kriegsnotleistung von über 2200 PS zur Verfügung steht.«[30]

Erstaunlicherweise betrafen die gravierenden Probleme bei der Entwicklung von Flugmotoren, die, wie Hives berichtet hatte, die Fähigkeiten von Wright Field stark beeinträchtigt hatten, auch Packard in hohem Maße.

> »Der Packard-Vertreter wies darauf hin, dass der Verlust von Ingenieuren aufgrund der Einberufung zum Militär das von der Packard Motor Car Company eingerichtete Entwicklungsprogramm stark eingeschränkt habe.«[31]

Die Wassereinspritzung wurde von Packard in diesem Zusammenhang besonders gelobt, da sie es der P-51 mit minimalem technischen Aufwand ermöglichte, höhere Leistungen zu erbringen, obwohl die neue, leichte P-51H für den Einsatz im Krieg zu spät kam.

> »Der V-1650-9-Motor mit Wassereinspritzung und einer neuen AN-F-33-Kraftstoffleitung verleiht dem Flugzeug P-51H mehr Leistung als jedes andere in Amerika gebaute Flugzeug mit ›V‹-Motor, und zwar mit einer größeren angegebenen PS-Leistung pro Kubikzoll als jeder andere bekannte Serienverbrennungsmotor.«[32]

Bei diesem Kraftstoff handelte es sich um die Kraftstoffsorte 115/145, bei der die Leistung bei fettem Gemisch nur geringfügig verringert wurde, dafür aber die Leistung bei schwachem Gemisch deutlich verbessert wurde, was 115 % der Leistung von 100 Oktan bei schwachem Gemisch entsprach. Schließlich erreichte die Leistung des Merlin trotz der verfügbaren Materialien, Öle und Kraftstoffe einen Punkt, an dem die Verdünnung des Öls durch den Kraftstoff zu einem ernsthaften Problem wurde.

> »Die Erfahrungen mit dem Start bei kaltem Wetter hatten auf einen übermäßigen Verlust an verdünntem Öl hingewiesen, der nach unseren Erkenntnissen durch den Einsatz eines Zentrifugalseparators vollständig beseitigt werden konnte. Einer dieser Separatoren befindet sich derzeit in der Flugerprobung … Diese Änderungen würden einen zufriedenstellenden Betrieb bis zu einer Höhe von 65.000 Fuß [19.812 m] gewährleisten.«[33]

Die Lektüre von Packards Bericht lässt den Schluss zu, dass sich die amerikanischen Triebwerkskonstrukteure in gewisser Hinsicht auch mit ihren britischen Kollegen im Krieg befanden.

> »Die potentielle Höchstleistung eines Motors hängt von der Effizienz der Aufladung und allen Verbesserungen ab … zusätzlich zu den Überarbeitungen der Ansaugkrümmer oder -kanäle zur Verringerung der Restriktionen, den Antriebsüberlegungen … wurden daher beträchtliche Tests an den Ansaugkrümmern zur Verringerung der Restriktionen, den Faktoren, die die Temperatur des Ansaugsystems beeinflussen, dem Betrieb der automatischen Kompressorschaltung für optimale Leistung und an den Ansaugsystemen durchgeführt, um festzustellen, ob die Konstruktion im Vergleich zu den neuesten britischen Designs zufriedenstellend ist.«[34]

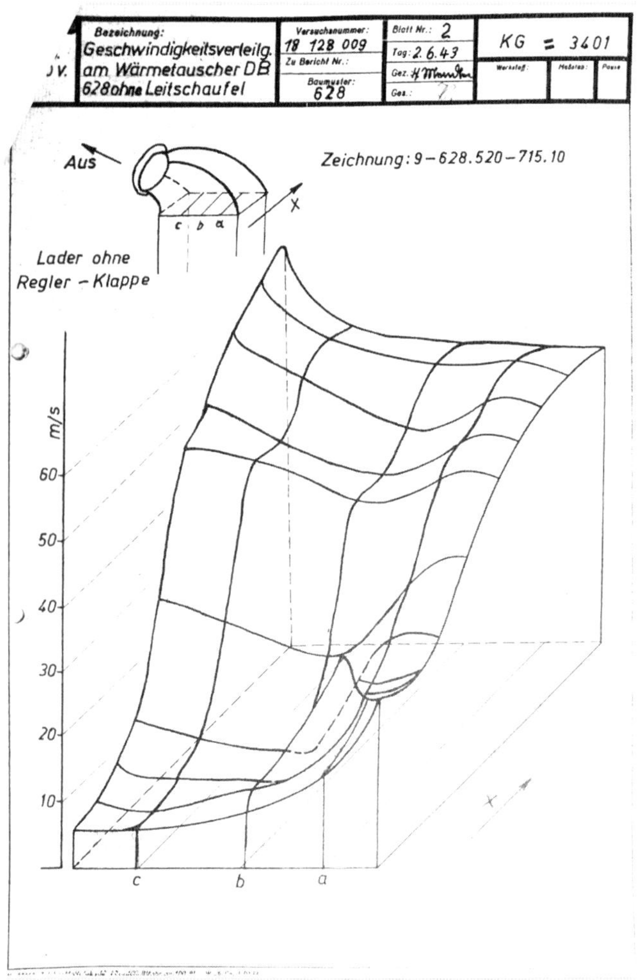

DB 628 Ladeluftkühler: Strömungsverteilung über die Kühlerfläche vor dem Einbau der Leitschaufeln.

Packard hatte, ebenso wie Daimler-Benz, versucht, seine Ladeluftkühler so effizient wie möglich zu gestalten.

> »Im Jahr 1944 führten wir viele Tests durch, um die Verteilung des Luftstroms auf der Oberfläche des Nachkühlerkerns zu verbessern und den Druckabfall durch den Nachkühler zu verringern. Es wurden Tests mit allen erdenklichen Konstruktionen durchgeführt, um die bestmögliche Einheit zu finden, die eine maximale Leistung erbringen würde.«[35]

Packard kam zu dem Schluss, dass bei dem tiefen Kern ein System mit vier Durchläufen die effizienteste Art der Kühlung ist, wobei das Kühlmittel hinten eintritt und einen schlangenförmigen Weg von der Rückseite zur Vorderseite des Kühlerwärmetauschers nimmt. Die Wärmeübertragung wurde maximiert, indem das kälteste Kühlmittel hinten, am weitesten vom Eintritt der Heißluft entfernt, eingeleitet wurde. Da die Wärmeübertragung proportional zum Temperaturunterschied zwischen den beiden Flüssigkeiten ist, ist dies besser, als wenn die Kühlflüssigkeit zuerst vorne eingefüllt wird. Wenn die Kühlflüssigkeit zuerst vorne eintritt, ist die Ansaugluft kühler und die Kühlflüssigkeit heißer, wenn sie hinten ankommt, was das schlechteste Kühlszenario darstellt.

Packard hatte zusammen mit Wright Field und North American Aviation auch ein automatisches Einstufen-Kontrollsystem mit der Bezeichnung SA-9 entwickelt, das jedoch nicht in ausreichender Stückzahl für die Ausrüstung von Flugzeugen im Krieg produziert werden konnte. Hier hatten die Alliierten den Rückstand gegenüber den deutschen Vorkriegsentwicklungen der Bramo-Motorenfirma nicht aufgeholt, die später von Helmuth Sachse bei BMW entwickelt und in Produktion genommen worden waren. Packard beendete seinen Bericht wie folgt:

> »Zu behaupten, dass Packards soeben aufgezählte Beiträge allein für das gestiegene Ansehen des Rolls-Royce-Flugzeugmotors verantwortlich sind, wäre falsch … wir von Packard sind uns der Rolle, die sie bei Packards sensationeller Kriegsarbeit gespielt haben, voll bewusst … daher wäre kein Bericht dieser Art vollständig, ohne diese Kollaboration zu berücksichtigen … Barrington, Ellor, Reid und Soar waren ursprünglich damit beauftragt, dieses fehlende Glied zu liefern. Durch sie wurden alle Entwicklungsinformationen, die von ihrer Firma durchgeführt wurden, an die Flugzeugtechnik weitergegeben, und Packard erkennt die enorme Hilfe an, die sie uns geleistet haben und immer noch leisten.«[36]

Packard hatte ein Ausbildungsprogramm aufgelegt, um sicherzustellen, dass an der Front Personal für die Wartung seiner Motoren zur Verfügung gestellt werden konnte. Mehr als 3000 Techniker und Ausbilder wurden geschult, was fast eine halbe Million Stunden in Anspruch nahm. Von einer solchen Infrastruktur und Arbeitskraft hätte man in Deutschland nicht einmal träumen können, auch wenn sie durch die Wehrpflicht reduziert wurde. Am 31. März lernte man in Wright Field jedoch noch von den deutschen Aktivitäten und traf sich, um einen der auffälligsten Fehler bei der Triebwerksentwicklung in den USA zu besprechen: das Fehlen vollautomatischer Triebwerkssteuerungssysteme, die den Piloten von der ständigen Kontrolle des Ladedrucks und anderer wichtiger Parameter entlasten.

> »Besuch von Mr. R. Bodenmuller, Air Technical Service Command … bei Allison … bezüglich der Entwicklung einer Einhebelsteuerung für die P-38. CTI 1801 hat angeordnet, dass eine Einhebelsteuerung für die P-38 entwickelt werden soll, die den Ladedruck und die Motordrehzahl richtig koordinieren würde.
> Der vorläufige Entwurf wurde bereits erstellt.«[37]

Das Fehlen einer automatischen Steuerung für die P-38 hatte sich negativ auf ihr militärisches Potenzial ausgewirkt, und im Betrieb waren viele Triebwerksausfälle aufgetreten, weil der Pilot das Triebwerk versehentlich überlastet hatte. Die neue Steuerung erlaubte einen maximalen absoluten Krümmerdruck für Notfälle von 29,5 psi Krümmerdruck bzw. etwa 2 atm in der deutschen Konvention.

Inzwischen überrannten die alliierten Bodentruppen die deutschen technischen Einrichtungen, und am 9. April 1945 schrieb Wright Field an die Ohio State University über die Entdeckung einer neuen Keramikturbinentechnologie, die in deutschen Labors erprobt wurde.

> »Betreff: Beschreibung von erbeutetem deutschen Keramikmaterial.
> Der beiliegende Bericht ›Analyse deutscher Turbinenschaufel-Porzellane‹ zeigt die Analyse von keramischen Turbinenschaufeln und -teilen, die in einem Forschungslabor in Deutschland gefunden wurden, das sich mit der Entwicklung von Turbinen für höhere Betriebstemperaturen befasste … Proben einiger dieser Materialien werden zu Ihrer Inspektion weitergeleitet.«[38]

Im April 1945 wurde eine der letzten Kriegsstudien von der NACA über das neueste BMW 801 D-2 Triebwerk Kommandogerät durchgeführt.

> »Die Einführung des Verstellpropellers, die Entwicklung moderner Aufladetechniken und die Anwendung der zwischen den verschiedenen Motorvariablen bestehenden Beziehungen zur Erzielung optimaler Leistung haben die Steuerung eines Flugzeugtriebwerks so kompliziert gemacht, dass es fast unmöglich geworden ist, die gewünschte Triebwerksleistung unter allen Flugbedingungen durch manuelle Steuerung effizient zu erreichen. Das Problem ist besonders gravierend in der militärischen Luftfahrt, wo eine optimale Leistung bei minimaler Aufmerksamkeit für die Motorsteuerung erforderlich ist.«[39]

Das System steuerte jeden Motorparameter und war neben den Kraftstoffeinspritzsystemen wahrscheinlich die am meisten untersuchte Entwicklung in deutschen Kolbenmotoren des Zweiten Weltkriegs in den USA. Die amerikanischen Ingenieure stellten jedoch fest, dass es sich nicht um ein perfektes System handelte, was zum Teil darauf zurückzuführen war, dass BMW ein Turboladergetriebe anstelle des Daimler-Benz-Regelgetriebes verwendete. Es gab einen überraschend großen Höhenbereich, in dem das Steuergerät zwischen niedriger und hoher Laderdrehzahl wählen konnte, und um zu verhindern, dass es zwischen den beiden Gängen hin und her springt, wurde ein Sicherheitssystem eingebaut. Infolgedessen wurde nicht immer die maximale Leistung des Motors erreicht, da der Motor während des Sinkflugs viel Zeit in dem weniger geeigneten Gang verbrachte.

Nachdem der Krieg in Europa im Mai zu Ende gegangen war, wurde die amerikanische Motorenentwicklung mit größerer Energie fortgesetzt als die britische, da der Pazifikkrieg noch im Gange war. Amerika beteiligt sich gemeinsam mit Großbritannien an den Aufklärungsbemühungen in Deutschland.

Deutschland

Der deutsche Nachrichtendienst gab am 3. Januar 1945 pflichtbewusst ein Briefing über die neuesten P-51- und verbesserten Mosquito-Motoren, obwohl zu diesem Zeitpunkt allen klar gewesen sein muss, dass diese Aufklärungsarbeit kaum mehr als eine Formsache war, da die alliierten Streitkräfte nun näher kamen. Die gesamte Entwicklung von Kolbentriebwerken, mit Ausnahme von drei Sonderprojekten, war nun eingestellt worden, um sich auf Flugzeuge mit Strahlantrieb zu konzentrieren. Nur der Jumo 213 J, der DB 603 L und der DB 603 N sollten fortgeführt werden.[40] Dennoch veröffentlichte Schwenke am 3. Januar 1945 seinen typisch umfassenden Bericht über die neuesten alliierten Entwicklungen und schickte ihn an Görings OKL-Büro. Wie so oft bei nachrichtendienstlicher Arbeit wurde nicht alles richtig gedeutet.

> »Es gibt P-51 Mustangs, die mit Rolls-Royce Griffon-Motoren ausgestattet sind und auf englischen Flugplätzen stationiert sind … Was die Erprobung neuer Motoren für die Mosquito anbelangt, so hat man folgende Informationen erhalten – über eine Version mit zwei Napier Sabre VI-Motoren mit zweistufiger Aufladung, die mit sechsblättrigen gegenläufigen Propellern ausgestattet sind«.[41]

Die wahrscheinlichste Quelle wäre die Luftwaffeneinrichtung in Oberursel gewesen, wohin fast alle während des gesamten Zweiten Weltkriegs abgeschossenen alliierten Piloten geschickt und verhört wurden.[42]

Das OKL stellte fest, dass insbesondere in den P-51 mit Merlin-Triebwerk Treibstoff der Klasse 150 verwendet worden war. Allerdings wurden diese Leistungswerte nicht ohne Schwierigkeiten erreicht.

> »Es hat sich herausgestellt, dass seit der Einführung von 150 Oktan-Kraftstoffen bei der Packard-Merlin eine Menge technischer Defekte aufgetreten sind, so dass Verluste nicht durch feindliche Handlungen, sondern durch Notlandungen aufgrund von Motorschäden entstanden sind. Es wurde berichtet, dass die thermische Belastung bei diesen hohen Leistungen (von 2,76 bis 2,83 Atmosphären Ladedruck, mit 2000 PS auf Meereshöhe) – von 27 Litern Hubraum zu hoch ist. Nach langen Flügen ist Motordetonation hörbar, die später in sehr starke Detonation übergeht. Es wird festgestellt, dass die Auslassventile in der Nähe der Köpfe erodiert sind und die beschädigten Ventilköpfe dann in die Zylinder gefallen sind, wodurch die Zylinderwände zerstört wurden. Die Zündkerzen sind bereits nach acht Flugstunden unbrauchbar, da die Mittelelektrode abgefressen ist, so dass die Zündkerzen nach jedem Flug gewechselt werden müssen. Deshalb verwenden die Piloten ungern 150 Oktan-Kraftstoffe. Mit 100- oder 130 Oktan-Kraftstoff sind in der P-51 Mustang bis zu 2,35 – 2,42 Atmosphären Ladedruck möglich, mit 150 Oktan bis zu 2,76 Atmosphären. Wenn keine Rücksicht auf die Ausfallgefahr genommen wird, kann der Ladedruck weiter auf 2,83 Atmosphären absolut erhöht werden.«[43]

Die deutschen Triebwerkswissenschaftler waren nun der Ansicht, dass das Merlin-Triebwerk unter Verwendung der modernsten Kriegskraftstoffe die endgültigen Grenzen der ursprünglichen Konstruktion erreicht hatte. Am 18. Januar, als die deutsche Treibstoffsituation fast aussichtslos geworden war, wurden Leistungsdiagramme für den BMW 801 E erstellt, die zeigten, wie sie nun für den Betrieb mit B4-Kraftstoff ausgelegt werden sollten.

Die Leistung müsste von 2100 auf 1550 PS reduziert werden. Es schien wenig sinnvoll, ein derart verkrüppeltes Flugzeug überhaupt zu fliegen, und deshalb wurde als letzter Ausweg eine neue B4-Mischung namens MA1 vorgeschlagen, die B4 mit etwa 2,5 % Monomethyanilin und einer enormen Menge TEL von 0,16 % (normal waren 0,12 %) enthielt. Dies hätte aufgrund von Korrosion schreckliche Probleme für die Lebensdauer von Zündkerzen und Ventilen mit sich gebracht, bot aber unter den gegebenen Umständen eine Möglichkeit, Flugzeuge, die ohnehin nur wenige Tage durchhalten würden, mit annähernd ihrer Nennleistung zu betreiben.

Am 21. Januar veröffentlichte Focke-Wulf Leistungskurven für das Jagdflugzeug Ta 152 H mit dem Motor Jumo 213 E mit zweistufiger Aufladung, MW50 und GM1, die erstaunliche Leistungen versprachen. Theoretisch waren über 450 mph [724,2 km/h] in 42.000 Fuß [12.802 m] Höhe möglich, wenn

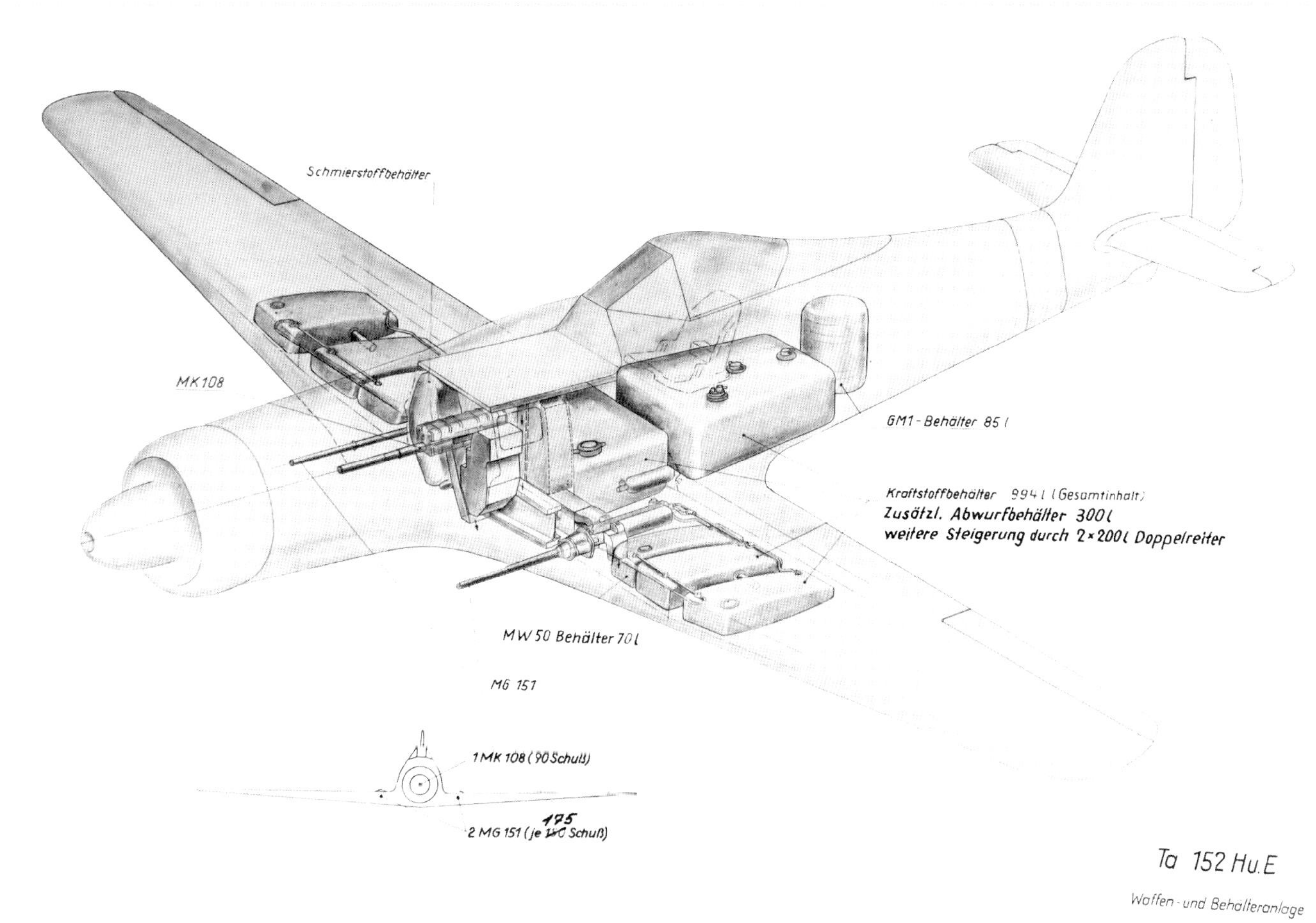

Abbildung: Schnittzeichnung der Ta 152 H und E Variante.

alle verfügbaren Aufladungsmethoden im Horizontalflug verwendet wurden. Bemerkenswerterweise wurde die Leistung der Ta 152 nur mit B4-Kraftstoff gezeigt.[44]

Die Ta 152 war ein potenziell herausragendes Jagdflugzeug, nicht zuletzt, weil sie vom Jumo 213 E hätte angetrieben werden können, dem einzigen zweistufigen flüssigkeitsgekühlten Kompressormotor, der in Deutschland in Serie ging. Die Verzögerung bei der Verfügbarkeit eines Triebwerks wie des 213 E oder des DB 603 L war eine erstaunliche Lücke, wenn man bedenkt, dass die zweistufig aufgeladenen DB 600-Modelle ein halbes Jahrzehnt vor dem Merlin 60 gebaut wurden und ein zweistufig aufgeladener DB 601 D lief, bevor der Krieg überhaupt ausgebrochen war.[45,46,47,48]

Kollmann stellte am 25. Januar 1945 fest, dass es erneut Probleme mit der Treibstoffqualität gab. Angesichts der für die Ingenieure verzweifelten Situation in Deutschland setzte sich Kollmann hin und schrieb seinen Bericht über die aktuelle Flut von Motordetonationsproblemen:

»Als Hauptursache für das Auftreten der weißen Flamme wurde der Treibstoff B4 festgestellt. Die Flammencharakteristik zeigte, dass das Flugzeug bei 100 bis 110 % Leistung in der Klopfzone lief. Dies wurde durch das glimmende Aussehen der Kolben bestätigt. Als die neuen Chargen von B4-Kraftstoff eintrafen, erschienen plötzlich die weißen Flammen – dieser Test wurde in einem Folgeversuch wiederholt, diesmal jedoch mit C3-Kraftstoff und alternativ mit dem alten Bestand an B4-Kraftstoff.«

In allen Fällen verschwanden die weißen Flammen bei Verwendung der anderen Kraftstoffcharge. Dies steht im Gegensatz zu den Zusicherungen von OKL (Oberstleutnant Cuno) und Direktor Schilo, wonach der zuletzt gelieferte Treibstoff im Kraftstoff-Klopftest einen um ca. 1,5 bar höheren eff. Mitteldruck als die B4-Norm liefern sollte – diese Zusicherung war auch die Grundlage für die ursprüngliche Planung der möglichen Triebwerksleistung zu diesem Zeitpunkt.

»Dieser ohnehin schon schlechte Kraftstoff wurde durch den außergewöhnlich hohen Ölverbrauch in den Motoren noch weiter verschlechtert, da Öl im Kraftstoff bekanntlich die Klopfgrenze des Motors erheblich herabsetzt. Der bei acht dieser zehn Motoren gemessene Ölverbrauch lässt darauf schließen, dass der Ver-

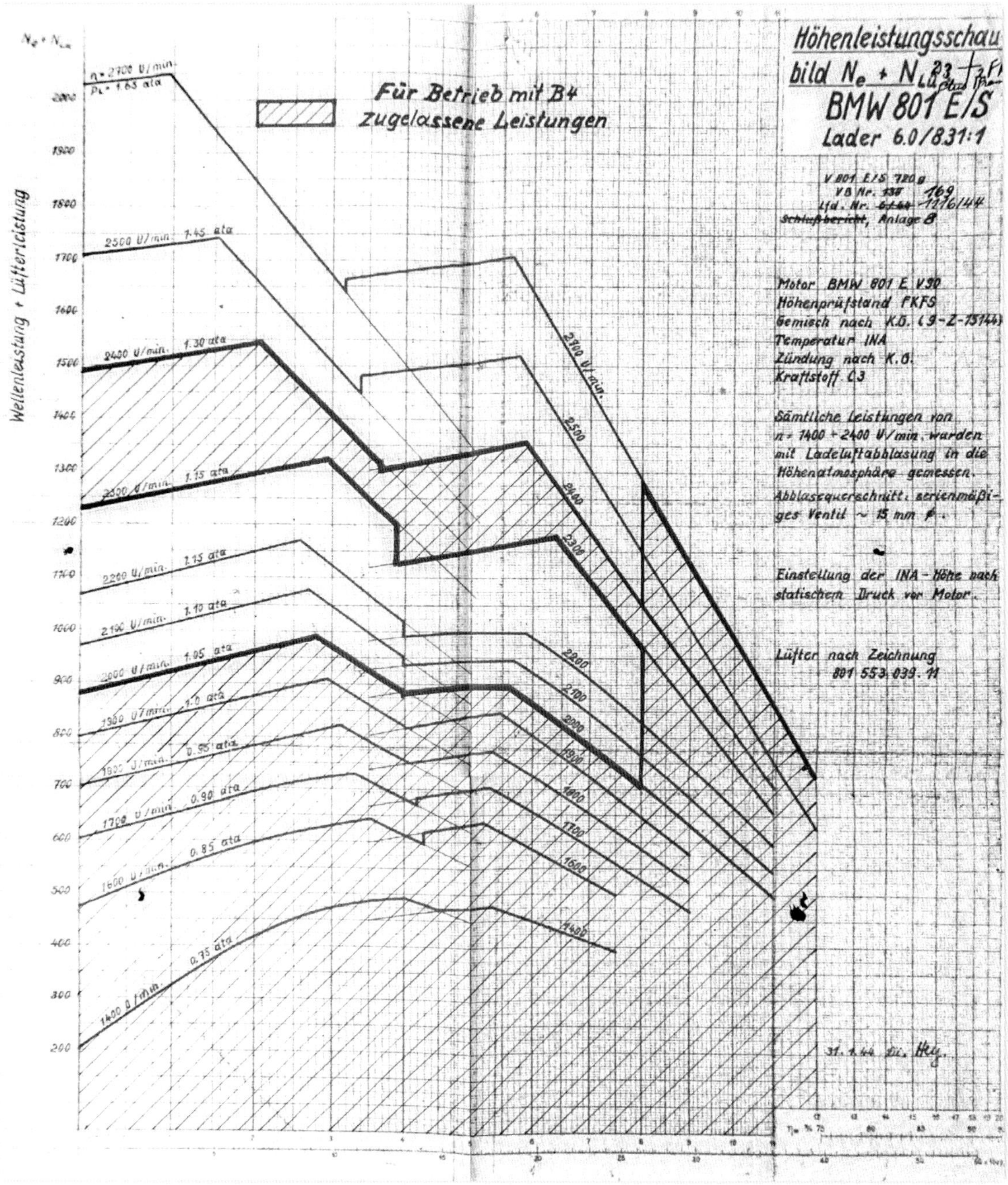

BMW 801E: Leistungskurven mit B4-Kraftstoff.

brauch im Durchschnitt 22 kg/Stunde betrug [Hervorhebung im Original]. Dieser hohe Ölverbrauch ist zum einen darauf zurückzuführen, dass die Motoren beim anfänglichen Warmlauf mit Propan und beim anschließenden Einfahrlauf nur sehr kurz auf 500 PS belastet wurden – sie wurden also nicht richtig eingefahren.

Schlussfolgerungen:

Der ab Ende Dezember 1944 erlittene Rückschlag durch Weißflammen ist im Wesentlichen auf die verminderte Qualität des B4-Kraftstoffs zurückzuführen; bis zu diesem Zeitpunkt waren bereits 400 – 500 Motoren ohne nennenswerte Mängel ausgeliefert worden. Das Profil des Kolbenverschleißes muss verbessert, der Ölverbrauch gesenkt werden, die Ventilsitze müssen gegen fest eingebaute, d. h. nicht mit Gewinde versehene Versionen ausgetauscht werden. Bis zur erwarteten Verbesserung der Kraftstoffleistung durch die Erhöhung des Bleianteils auf 0,16 % wird die Zündung verzögert. Ob und wann die Zündung wieder auf den ursprünglichen Wert eingestellt wird, bleibt abzuwarten.«[49]

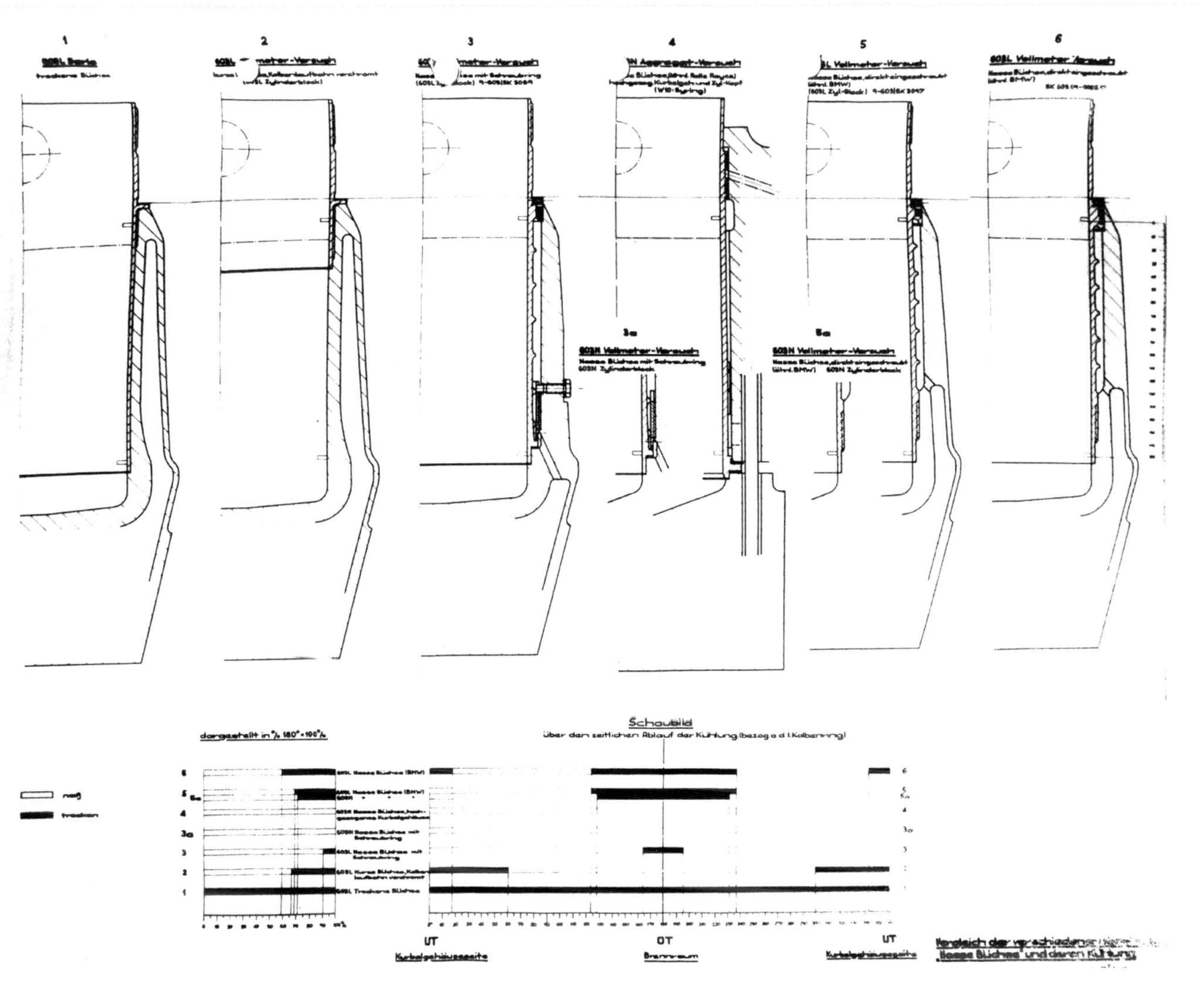

DB 603 N: Variationen bei der Montage von Innenbehältern; Die Zeichnung vergleicht die Innenbehälter mit den Kühlmittelbereichen.

Die neuen Kraftstofflieferungen, selbst der Basiskraftstoff B4, waren eindeutig von minderwertiger Qualität, was durch die strengen Abstriche, die beim »Einfahren« neuer Motoren nach der Herstellung gemacht wurden, noch verstärkt wurde. Dies bedeutete, dass die Oberflächen des Kolbens, der Ringe und der Bohrung nicht gut aufeinander abgestimmt waren. Dies wiederum führte dazu, dass ungewöhnlich große Mengen Öl aus dem Kurbelgehäuse in den Brennraum gelangten, was die Klopfgrenze weiter senkte. Kollmann führte weiter aus, dass die Ventilsitze aufgrund von Problemen mit unsachgemäß angezogenen Gewindesitzen durch Einpresssitze (wie beim Jumo 211 und 213) ersetzt werden sollten. Die Last der schlechten Materialien, des schlechten Treibstoffs, der schlechten Montage und der mangelhaften Qualitätskontrolle war für die deutsche Triebwerksindustrie nun völlig überwältigend. Dr. Otto Cuno stellte später unabhängig fest, dass die Einlaufzeit neuer Triebwerke von vier Stunden auf 70 Minuten reduziert worden war. Am 25. Februar 1945 schrieb Kollmann an das OKL, dass die Planung für die erste Serie von DB 603 N-Motoren abgeschlossen sei:

> »Vorschlag: Betreffend Herstellung der DB 603 N-Motoren V1-V15
> Herstellung: Werk 60, Stuttgart Untertürkheim
> Der DB 603 N ist eine späte Weiterentwicklung des DB 603 L-Motors, zunächst mit normalen Tellerventilen und später mit dem experimentellen Drehschiebersystem. Der Plan für die ersten 15 Prototyp-Motoren, V1 bis V15:
> 5 Motoren in Versuchskonfiguration auf der Basis des DB 603 L mit den Zylinderköpfen der Version N
> 10 Motoren in der endgültigen ›N‹-Version«.[51]

Drei Tage später, am 28. Februar 1945, wird ein DB 603 L-Muster von Daimler-Benz an die Firma Henschel geliefert.

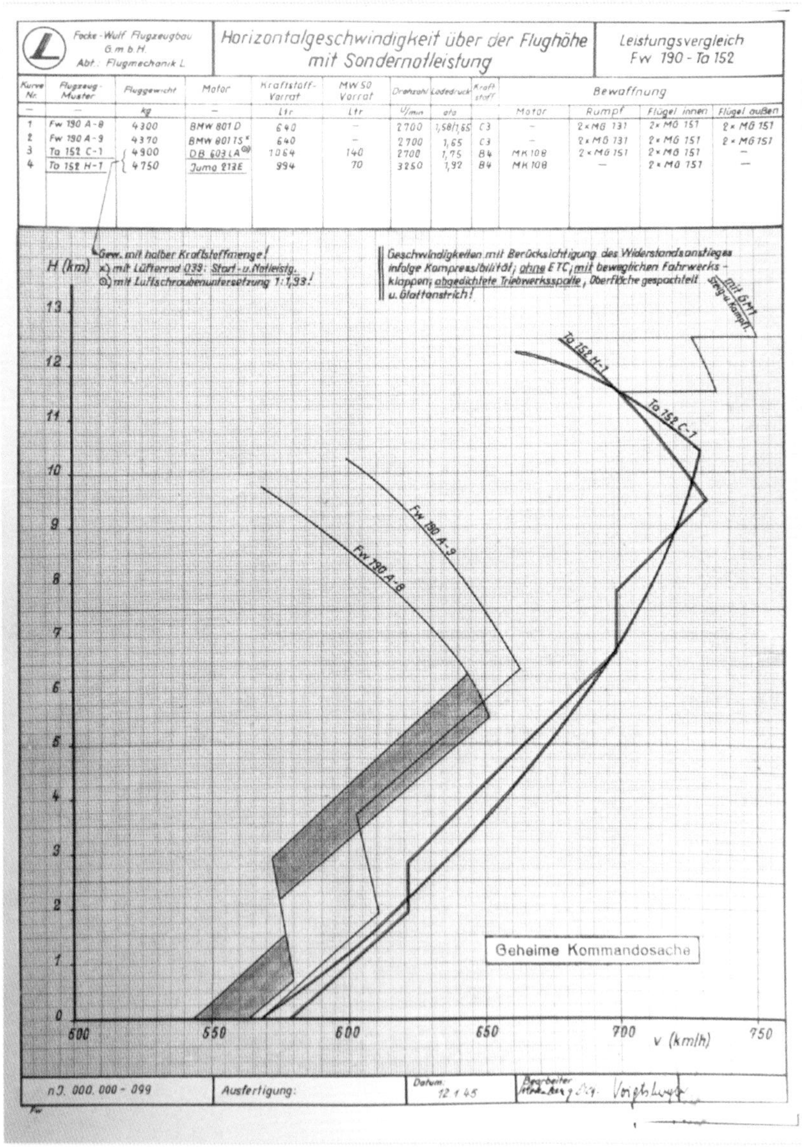

Diagramm der Höhengeschwindigkeiten der Varianten Fw 190 und Ta 152 C und H.

»DB 603 L-Muster an Henschel.
Anbei finden Sie eine Quittung über die Anlieferung des Modells bei Henschel Kassel.

Wir gehen davon aus, dass Sie das notwendige Zubehör für die Fertigstellung des kompletten Attrappenaufbaus inzwischen erhalten haben und bitten um Rückmeldung bei Anlieferung der Motorattrappe.«[52]

Die Arbeiten an den Motoren wurden in den deutschen Werken fortgesetzt, auch als die alliierten Truppen näher rückten. Kollmanns Gruppe arbeitete noch immer am DB 603 N, und die verschiedenen Entwürfe, die sie für die Verbindung zwischen Zylinderlaufbuchse und Zylinderkopf in Betracht gezogen hatten, wurden von Kollmann aufgezeichnet.

Am 7. März 1945 stand die alliierte Frontlinie bei Straßburg in Frankreich, weniger als 160 km vom Daimler-Werk in Untertürkheim entfernt. Nallinger beschrieb seinen Vorgesetzten noch die neuesten Motoren.

»Grüß Gott Herr Böttcher!
Wir haben in der Entwicklung mit dem DB 603 LA-Motor verschiedene Forschungsprogramme mit neuen Leistungssteigerungsmaßnahmen. Anbei finden Sie die neuesten Leistungskurven und Daten.

- DB 603 LA
  Die erste Kurve zeigt, dass die Startleistung 2100 PS bei 1,8 ata Krümmerdruck, mit B4 Kraftstoff und MW50 beträgt.
  Start- und Notleistung von 2300 PS bei 2,0 ata Ladedruck, mit B4-Kraftstoff und MW50.
  Mit B4-Kraftstoff, der mit 2 % Monomethylanilin und 0,16 % TEL (oder C3) dotiert ist, und MW50 sind 2600 PS bei 2,3 Atmosphären Krümmerdruck möglich.
- DB 603 N
  Start- und Notleistung 2800 PS bei
  2,1 Atmosphären Krümmerdruck mit B4 Kraftstoff und MW50.
  Start- und Notleistung von 3000 PS bei
  2,5 Atmosphären Krümmerdruck mit B4-Kraftstoff gemischt mit 2 % Monomethylanilin und 0,16 % TEL (oder C3) und MW50.«[53]

Am 23. März 1945 sollte der DB 603 N mit einem Ladedruck von 2 bar freigegeben werden, was bei den von Daimler-Benz verwendeten hohen Verdichtungsverhältnissen zu einem Spitzendruck von 125 Atmosphären führte. Dies war für einen Benzinmotor außergewöhnlich hoch und sollte bei 3000 Umdrehungen pro Minute eine Leistung von 2700 PS erbringen. Vier Tage später hofften die Junkers-Ingenieure, den neuesten Jumo 213 F in die Fw 190 D einbauen zu können.[54] Der 213 F behielt den zweistufigen Kompressor des 213 E und das Dreiganggetriebe bei, aber um die Belastung des Kühlsystems zu verringern und damit möglicherweise den Luftwiderstand zu reduzieren, indem der Flüssigkeits-Kühler des Ladeluftkühlers wegfiel, wurde an seiner Stelle eine MW50-Einspritzung verwendet.[55]

»Mit dem Wassereinspritzsystem sollte die Einspritzung nach der zweiten Stufe mit einer Rate von 20 Gallonen/Stunde erfolgen. Eine zweite Einspritzrate (33 Gallonen/Stunde) wurde eingerichtet, um die Leistung bei der speziellen Notleistung bis zur Vollgashöhe zu erhöhen. Der Jumo 213 F wurde als komplettes Triebwerk in die Fw 190 D-11 und D-12 eingebaut und erhielt die Bezeichnung 8123 H. Das Triebwerk befand sich zum Zeitpunkt des deutschen Zusammenbruchs in Serienproduktion.«[56]

Der 213 F erreichte 2050 PS bei 3250 U/min in Meereshöhe und mit der maximalen Durchflussmenge der Wassereinspritzung von 44 Gallonen pro Stunde 2120 PS bei 3250 U/min und 1760 PS bis zu einer Höhe von 24.000 Fuß [7,3 km].[57]

Im April waren die alliierten Streitkräfte bis auf 50 Meilen/80,5 km an das Daimler-Benz-Werk in Stuttgart herangekommen, als der Vormarsch durch Mannheim führte. Von diesem Zeitpunkt an konnten die deutschen Motorenbauer nur noch hoffen, vor den Briten, Kanadiern oder Amerikanern kapitulieren zu können – und nicht vor den Russen. Diejenigen, die vielversprechende Forschungsarbeiten hinter sich hatten, hofften auf eine neue Aufgabe.

Der letzte Akt des katastrophalen Konflikts hatte sich abgespielt und die deutschen Jagdflugzeugmotorenprogramme waren gescheitert.

Informationsbeschaffung

Als die Alliierten nach Deutschland vordrangen und sich die Niederlage abzeichnete, wurden panische Anstrengungen unternommen, um Beweise für die geheimsten Waffenprogramme zu vernichten, wobei die Beseitigung von Beweisen für chemische, biologische und nukleare Entwicklungen Priorität genoss.[58, 59] Da Kolbenmotoren als Flugzeugtriebwerke durch das Aufkommen der turbinengetriebenen Me 262 und der Gloster Meteor nahezu obsolet geworden waren, entgingen viele der Kolbenmotoren und die dazugehörigen Forschungsunterlagen der Zerstörung

Zusätzlich zu den Verhören abgeschossener Flieger in England durch A.D.I.(k) und den technischen Bewertungen von Triebwerken durch A.I.2.(g) zu Beginn des Krieges wurde Mitte 1944 damit begonnen, wahrscheinlich technisch interessante Standorte in Deutschland zu identifizieren. Dazu gehörten alle Forschungseinrichtungen und alle privaten und staatlichen Industrieunternehmen, einschließlich aller deutschen Motorenentwicklungs- und -herstellungsbetriebe.[60] Der gemeinsame britische und amerikanische Unterausschuss für Ziele der Kombinierten Nachrichtendienste, die für diese Planung verantwortlich war, wurde als CIOS bezeichnet.

> »Die effektive Ausnutzung der deutschen technischen Entwicklung hat sich als eines der wichtigsten Ergebnisse des europäischen Krieges erwiesen. Der Wert des auf diese Weise gewonnenen wissenschaftlichen Know-hows lässt sich nicht vollständig messen. Dass diese Erkenntnisse zur Niederlage Japans beigetragen haben, steht fest. Der Nutzen dieses Wissens für die britische und amerikanische Industrie wird noch viele Jahre lang in Form von wirtschaftlichem Fortschritt und Wohlstand gemessen werden.
>
> Diese Leistung wird umso interessanter, wenn man sich vor Augen führt, dass vor der Gründung des CIOS nie eine geplante und koordinierte Nutzung gegnerischer technischer Informationen versucht worden war.
>
> Das ständige Streben war, die Ziele so schnell wie möglich zu erforschen, das Fachpersonal so effizient wie möglich einzusetzen und die für Kampfeinsätze erforderlichen Einrichtungen so wenig wie möglich zu beanspruchen.
>
> R. P. Lipstead
> Ministerium für Versorgung, (Br) Stellvertretender Vorsitzender
> T. J. Betts
> Brigadegeneral, (USA) Vorsitzender.
> 15. September 1945.«[61]

Als die alliierten Streitkräfte tief nach Deutschland vordrangen, wurden Hunderte von Spezialisten aus den Bereichen Technik und Wissenschaft mit Spezialeinheiten, den so genannten Field Teams, zusammengelegt, die manchmal so nah an der Front standen, dass sie in Kämpfe verwickelt waren. Etwa 3377 »Ziele« wurden aufgelistet. Diejenigen, die als besonders interessant galten, wurden als »Schwarze Liste«-Ziele bezeichnet, während viele andere Ziele als auch bedeutend eingestuft wurden, wenn es die Zeit erlaubte, und als »Graue Liste«-Ziele bezeichnet wurden. Insgesamt waren 16 britische und amerikanische Nachrichtendienste und technische Behörden an dem Unternehmen beteiligt, darunter die US-Armee, die US-Marine, das Amt für wissenschaftliche Forschung und Entwicklung, die Admiralität, das Luftfahrtministerium und das Handelsministerium. Ein CIOS-Untersuchungsteam wurde speziell für Kolbenflugmotoren eingesetzt und erhielt die Bezeichnung Air Force Group 4-26.

> »Ein solches Team funktionierte wie folgt. Ihre Mitglieder oder Sachverständigen reisten mit den vorrückenden Speerspitzen. Wenn eine Stadt betreten wurde, begutachteten diese Beobachter schnell das Ziel, berieten die Kampfkommandeure, ob ein Ziel bewacht werden sollte oder nicht, schickten einen Bericht nach hinten und fuhren mit den Speerspitzen weiter.«[62]

Insgesamt waren mehr als 2000 CIOS-Mitarbeiter an den Feldoperationen beteiligt. Es war eine immense Anstrengung:

> »Hunderte britischer und amerikanischer Wissenschaftler, die an den CIOS-Untersuchungen teilnahmen, kamen aus dem zivilen Leben ... Bevor sie diese Arbeit aufnahmen, mussten sie von ihren Regierungen überprüft werden.«[63]

Daimler-Benz

Das Daimler-Benz-Werk Untertürkheim, in dem Dr. Kollmann als Chefkonstrukteur gearbeitet hatte, war nach der Verschärfung der Bombenangriffe verlegt worden. Das Daimler-Benz-Werk hatte die Nachricht von den Angriffen früher als die örtlichen Behörden erhalten, und die Anlage wurde frühzeitig abgeschaltet, um den Ingenieuren das Verlassen des Geländes zu ermöglichen; die Bewohner von Stuttgart in der Nähe des Geländes hatten gelernt, Deckung zu suchen, als der normalerweise ohrenbetäubende Lärm aus den Versuchsanlagen für

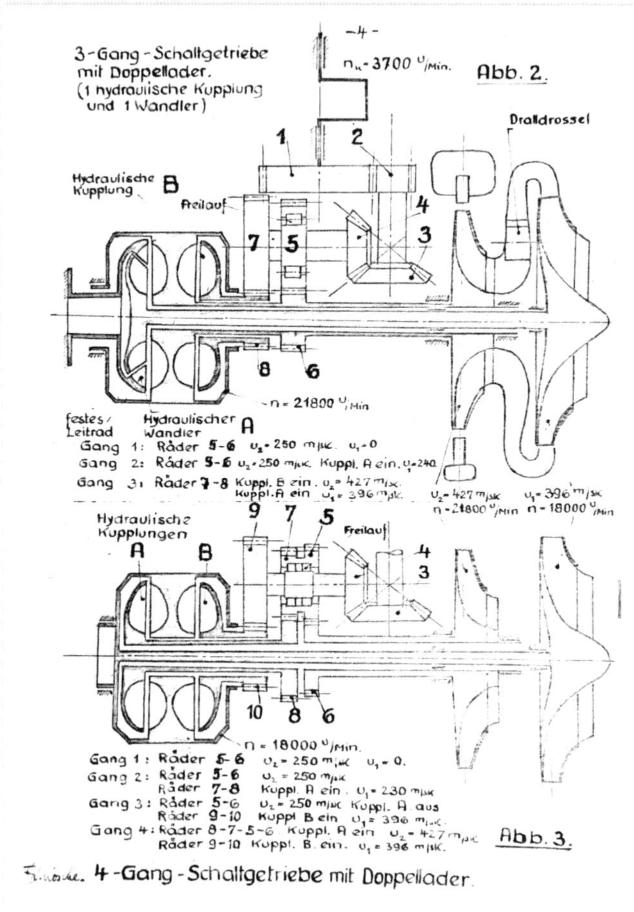

Jumo 213 J Kompressorvarianten, von Friedrich Kosche für den britischen Luftnachrichtendienst gezeichnet.

Flugmotoren abrupt aufhörte.[64] Amerikanische Soldaten trafen ein und begannen damit, das gesamte technische Material aus dem Werk zu entfernen und nach Ingenieuren zu suchen, die auf ihrer Liste der Zielpersonen standen, darunter Dr. Kollmann.

Kollmann befand sich in der Tat südlich des Standorts Untertürkheim in provisorischen Konstruktionsbüros in einer umgewidmeten Fabrik am Stadtrand von Stuttgart. Die ersten Truppen, die eintrafen, waren amerikanische und Kollmann erwartete sie. Er empfing sie in seinem behelfsmäßigen Konstruktionsbüro und übergab ihnen alle dort verbliebenen technischen Unterlagen, bevor er sich in ihre Obhut begab.[65]

Am 28. Juni 1945 bereiteten sich zehn der ranghöchsten RAE-Mitarbeiter zusammen mit ihrem polnischen Dolmetscher, Flugleutnant Murazew, darauf vor, sich mit Dr. Kollmann und seinem Auflader-Mathematiker Dr. Rothe zusammenzusetzen. Es ist schwierig, sich vorzustellen, wie die Atmosphäre während dieser Nachbesprechungen war, aber eine Durchsicht der Dokumente legt nahe, dass es sich nicht um aggressive Verhöre handelte. Die alliierten Ingenieure wollten einfach nur Antworten auf komplexe Fragen finden, auf deren Klärung sie fünf Jahre gewartet hatten. Die RAE-Ingenieure, zu denen auch Beatrice Shilling gehörte (die 1941 dazu beigetragen hatte, die schlimmsten Folgen der Vergaserschwimmeraussparungen beim Merlin zu minimieren), begannen, ihre Antworten von Kollmann und Rothe von Daimler-Benz zu erhalten:

»F: Wie war das Verhältnis von technischem und Konstruktionspersonal?

A: Unser gesamtes Konstruktionspersonal belief sich auf etwa 235 Mitarbeiter, von denen 170 mit Hubkolbenmotoren, 30 mit Kompressoren und 35 mit Düsenantrieben beschäftigt waren.

F: Wie wirkte sich die variable Ventilsteuerung beim DB 603 N aus?

A: Die Ventilüberschneidungszeit nahm mit abnehmendem Abgasgegendruck ab, um Ladungsverluste in großen Höhen zu vermeiden.

F: Warum haben Sie eine direkte Kraftstoffeinspritzung verwendet?

A: Wir stellten fest, dass der Kraftstoffverbrauch um 10 – 15 % gesenkt werden konnte, und die deutschen Vergaser waren damals nicht für den Einbau von automatischen Steuerungssystemen geeignet.

F: Warum sind deutsche Zündkerzen minderwertiger als britische?

A: Wegen des Mangels an speziellen Materialien, für spezielle Hochleistungstests waren einige gesinterte Aluminiumoxid-Isolatoren verfügbar.

F: Wie groß war die Gewichtszunahme beim Einbau eines Turboladers anstelle eines mechanischen Aufladers?

A: 200 bis 300 Kilogramm.

F: Warum haben Sie keine nassen Zylinderbüchsen entwickelt?

A: Für die leistungsschwächeren Motoren hat es sich nicht gelohnt, aber für den DB 603 N haben wir es getan.

F: Warum haben Sie eine rotierende Ölverteilerwelle verwendet?

A: Sie ermöglichte eine genauere Dosierung des Öls zu den Rollenlagern der Kurbelwelle, aber bei späteren Serienmotoren wurde sie nicht mehr benötigt.

F: Warum haben Sie bei einem Motor Hauptrollenlager mit glatten Pleuelköpfen verwendet und bei einem anderen umgekehrt?

A: Damals waren wir uns über die Qualität der Gleitlagerwerkstoffe nicht sicher, also versuchten wir, für die am stärksten beanspruchten Lager im Motor Rollenlager zu verwenden. Später gingen wir beim DB 605 zu nur Gleitlagern über und entfernten die gezahnte Stirnfuge in der Pleuelstange – die Ausrichtung erfolgte dann nur noch durch sorgfältige Montage.«[66]

Bald darauf wurden Dr. Kollmann und Dr. Rothe an einen Ort in der Nähe von St. John's Wood in London versetzt. Das RAE-Triebwerksteam ging nach Hause, um über die erhaltenen Antworten nachzudenken, und tauschte den Platz mit dem RAE-Triebwerksschwingungsteam, das seine eigene – etwas mathematisch intensivere – Liste von Fragen vorbereitet hatte. Nachdem diese erste Befragung abgeschlossen war, ist es interessant, einige der Ergebnisse zu betrachten. Die RAE-Studie des Merlin, der mit einem deutschen Direkteinspritzsystem ausgestattet war, zeigte nicht nur eine weitaus bessere Verteilung des Kraftstoffs zwischen den Zylindern, sondern vor allem, dass der Motor 15 bis 20 % mager betrieben werden konnte, bevor er anfing, unrund zu laufen.[67] Die britische Studie hatte es geschafft, das deutsche Ergebnis fast zu duplizieren. Die deutschen Ingenieure hatten in den kommenden Monaten wenig Zeit, sich zu entspannen, und Dr. Kollmann wurde kurz darauf erneut angefordert. Auch die United States Army Air Force wollte alle führenden Köpfe der deutschen Kolbenmotorenkonstruktion befragen und verhörte Dr. Kollmann am 22. und 24. Mai 1945.[68] Nach der Befragung durch amerikanische, britische und französische Technikerteams stellte sich heraus, dass Kollmann für die französische Turbomaschinenfirma Turbomeca arbeitete.[69] Da sich sein Schwerpunkt in den letzten zwölf Kriegsmonaten fast vollständig auf die Turbinenforschung verlagert hatte, war sein Know-how sehr gefragt.

Ein anderes amerikanisches Verhörteam stellte weiter fest:

> »... Daimler-Benz verfügte nicht einmal über eine eigene Forschungs- und Entwicklungsabteilung. Die staatlich geförderten Laboratorien in Völkenrode und Ainring hingegen waren personell üppig ausgestattet, obwohl es Grund gibt, an ihrer Kompetenz zu zweifeln.«[70]

Es zeichnete sich ein Bild von brillanten Ingenieuren wie Kollmann in Schlüsselpositionen in der Industrie ab, die ihre Talente durch schlechte Leitung vergeudeten, während staatlich geförderte Laborakademiker hoffnungslos obskure Forschungsprojekte durchführten.

Junkers-Jumo

Die beiden wichtigsten Jumo-Werke, in denen der 213er-Motor entwickelt und gebaut wurde, lagen in Dessau und in Magdeburg, das etwa eine Autostunde nördlich von Dessau lag. Beide wurden erstmals zwischen dem 12. und 18. April 1945 von amerikanischen Truppen besetzt. Die Werke standen vor allem wegen der Jumo 004-Turbotriebwerke auf der »schwarzen« Prioritätenliste, obwohl es viele Ingenieure gab, die unbedingt mehr Details über die letzte Version der Jumo 213-Serie – die 213 J – erfahren wollten.

Was genau in Dessau geschah, als die Amerikaner eintrafen, bleibt im Dunkeln.[71] Eine Geschichte besagt, dass irgendwann Anfang Mai ein amerikanisches Team, das von der US-Marine gesponsert und von Charles Lindbergh geleitet wurde, eintraf, 12 Lastwagen mit Dokumenten belud und sich aus dem Staub machte.[72] Anfang Mai trafen weitere alliierte Teams ein, und am 25. Mai führte die USAAF eine Inspektion des Dessauer Motorenwerks durch und befragte am nächsten Tag Dr. August Lichte.[73]

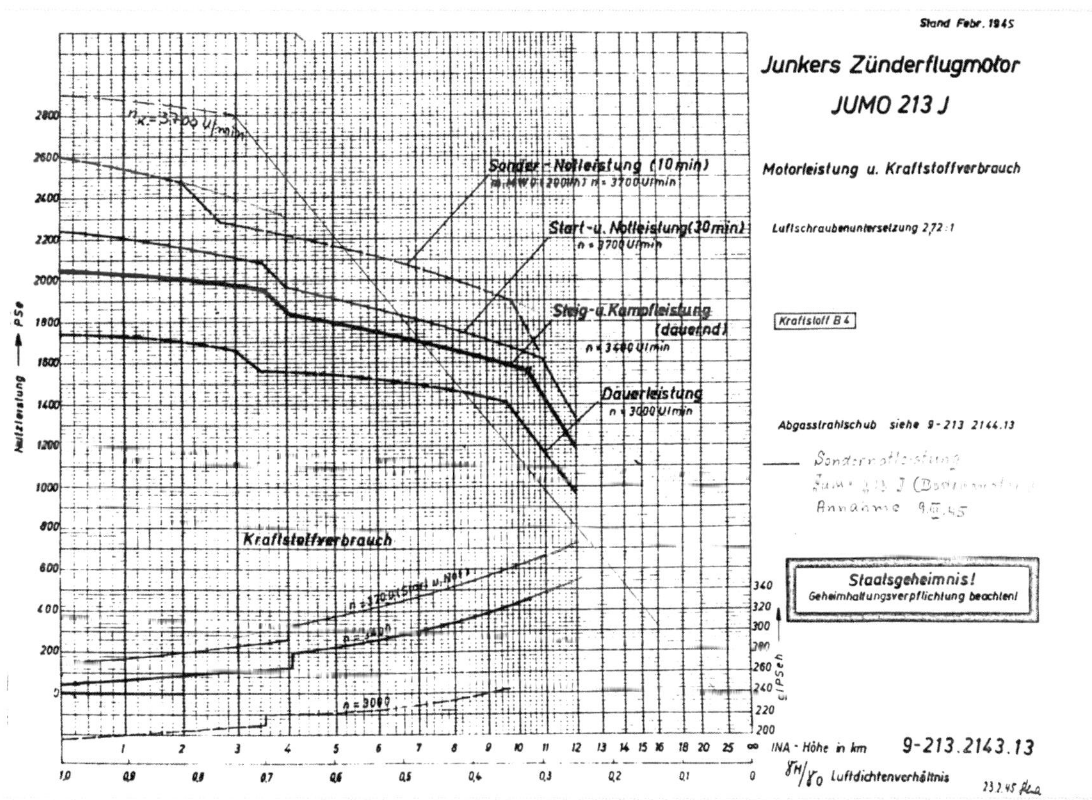

Leistungskurven Jumo 213 J.

Am 14. Juli veröffentlichte das amerikanische Team seinen Bericht über den Motor Jumo 213 J:

> »Da keine Zeichnungen vorhanden waren, wird angenommen, dass sie von früheren Ermittlern mitgenommen wurden.«[74]

Trotz dieses Rückschlags machte das britische Team schließlich ein Mitglied des 213 J-Ingenieurteams ausfindig, das an der Entwicklung des Aufladesystems beteiligt war – Friedrich Kosche. Kosche war sehr darauf bedacht, zu beeindrucken und sich künftige Aufträge zu sichern, und so skizzierte und beschrieb er seinen Vernehmern schnell das gesamte System.[75]

> »Als ehemaliger Ingenieur und Konstrukteur im Zeichenbüro der Junkers-Flugmotorenwerke, Dessau, bitte ich, meine besonderen Kenntnisse im Flugmotorenbau und insbesondere in der Entwicklung von Kompressoren ... für die britischen Militärbehörden anzubieten.«[76]

Skizze von Kosche für ein Gegenpropellerflugzeug.

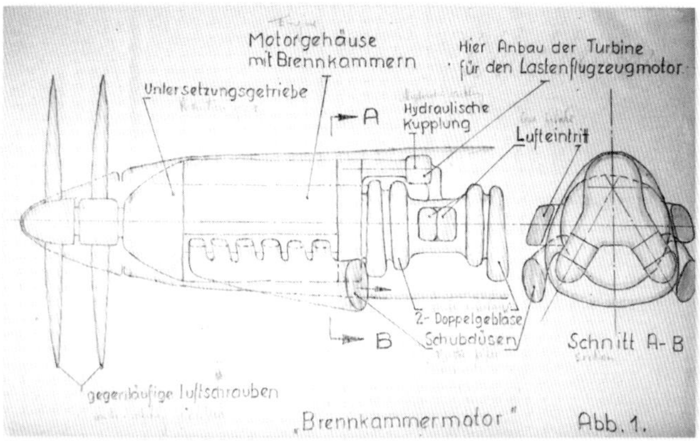

Fortgeschrittene Projektskizzen von Kosche zum 213 J mit Turbolader.

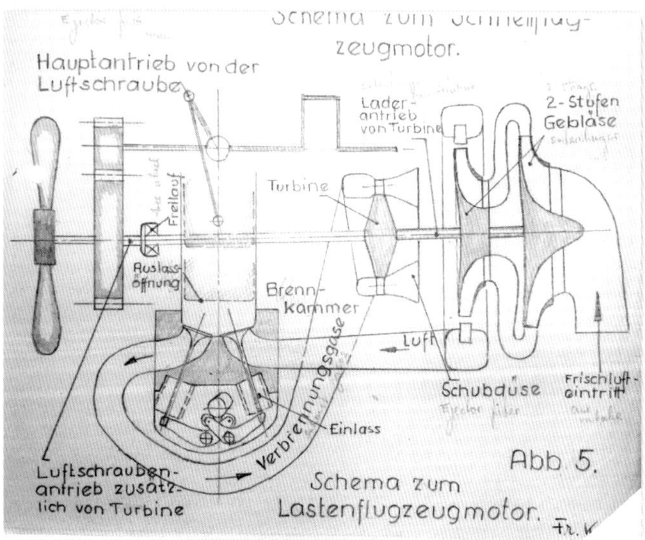

Anfangs war es schwierig festzustellen, wie weit die Entwicklung des 213 J fortgeschritten war, aber schließlich wurden einige Papiere gefunden. Kosche informierte Squadron Leader L.V. Davies, dass er in seinem Haus in Dessau, nicht weit vom Jumo-Motorenwerk entfernt, eine Reihe von technischen Dokumenten »gelagert« habe. Darunter befand sich auch eine offizielle Jumo-Leistungskurve aus einem Test des 213 J, allerdings ohne den neuesten Kompressor und nur mit demselben B4-Kraftstoff mit 87 Oktan, mit dem die Luftwaffe fünf Jahre zuvor in die Schlacht um England gestartet war.

Trotz dieses Handicaps erzeugte der 213 J maximal 25 Kilogramm pro Quadratzentimeter effektiven Mittelzylinderdruck, was selbst nach heutigen Maßstäben für einen aufgeladenen Motor noch sehr respektabel ist. Die Informationen beeindruckten auch den britischen Geheimdienst, der auf mehr drängte und es Kosche ermöglichte, sich um eine Stelle als Ingenieur in Großbritannien zu bewerben, um die Motorenentwicklung fortzusetzen.

Kosche legte dann grob die Leistungssteigerungen dar, die vom 213 A über den zweistufigen 213 E mit Ladeluftkühler bis hin zum 213 J mit Vierventilköpfen erzielt wurden. Das endgültige Konzept, das Jumo für den 213 J-Kompressor vorgesehen hatte, war nicht in den Motor eingeflossen, der sich jetzt in Wright Field befand. Die Probleme mit der Verformung der Buchse wurden dadurch verringert, dass die Befestigung weiter oben angebracht und ein flexibler Aluminiumring verwendet wurde, um die Schraubenkraft gleichmäßiger auf die Buchse zu verteilen. Der 213 J verfügte über dünnwandige Lager, ähnlich wie bei den alliierten Konstruktionen, sowie über hochentwickelte Pleuelstangen und eine Kurbelwelle, mit denen noch höhere Drehzahlen erreicht werden konnten. Die leichten Pleuelstangenkappen sind so konstruiert, dass sie sich bei hohen

Jumo 213 J: Zylinderlaufbuchse mit Klemmring, der jetzt oben auf der Buchse sitzt.[77]

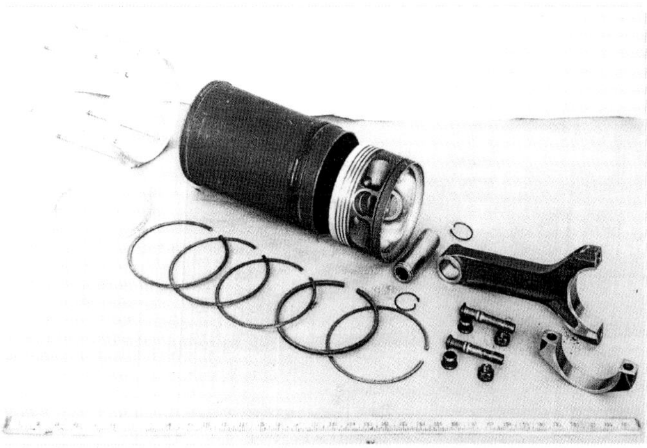

Jumo 213 J: Kolben, Laufbuchse und Pleuel.[79]

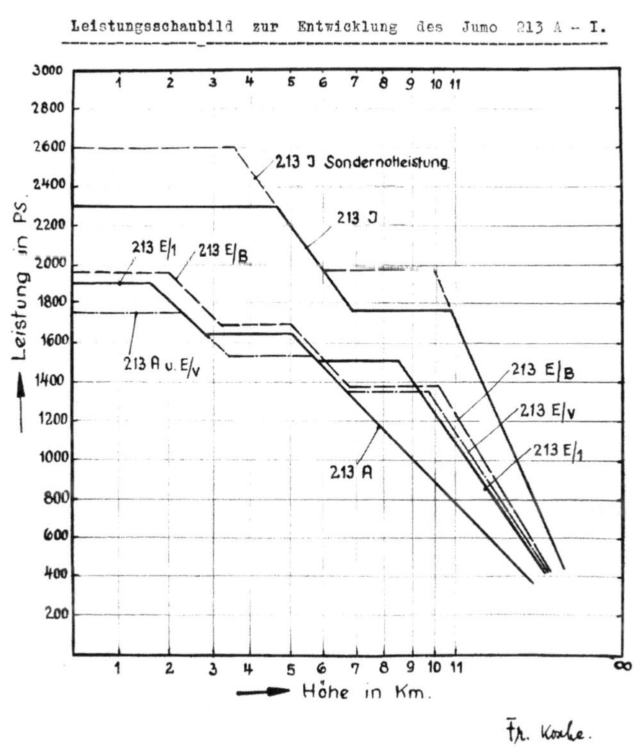

Jumo 213: Leistungsentwicklung von den Versionen A bis E bis J.[80]

Jumo 213 J: Zylinderkopf mit vier Ventilen, Zündkerzen- und Einspritzdüsenpositionen.[82]

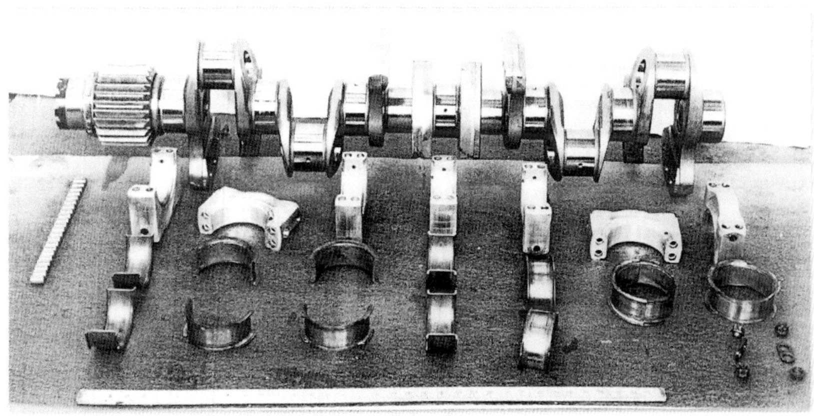

Jumo 213 J: Kurbelwelle und Lager.[78]

Geschwindigkeiten biegen und nicht starr sind und an der Stelle, an der die Bolzen in der Mitte der Kappe auf die Lasche treffen, versagen, wie es bei überlasteten Pleuelstangen normalerweise der Fall ist. Der 213 J war der Motor, den Deutschland 1942 brauchte, den es aber nicht rechtzeitig entwickelt hatte.

Der erbeutete Jumo 213 J wies nicht alle geplanten Verbesserungen auf, zu denen ein Kompressor gehörte, bei dem die Geschwindigkeit jeder Stufe unabhängig voneinander variiert werden konnte, wie von Kosche skizziert.

Auch Dr. Otto Cuno wurde zum 213 J befragt:

»7.4 Gab es weitere Forschungen zur Entwicklung des 213?

Cuno: Es ging vor allem darum, die Drehzahl zu erhöhen. Die neuen Pleuelstangen wurden aus gepresstem Stahlblech hergestellt, weil sie leicht sein sollten. Die Motorleistung erreichte ihren Höhepunkt bei etwa 4500 Umdrehungen pro Minute.

7.5. Cuno erläuterte dann, dass ein ähnliches Programm für den DB 603 eingeleitet worden war und dass die schließlich erreichte

Jumo 213 J: Motor in Seitenansicht – scheinbar mit einer 213 F Kompressoreinheit.[81]

Leistung der des 213 sehr ähnlich war. Durch eine Erhöhung des Ladedrucks sei eine Leistung von 2800 PS erreicht worden, und mit einer weiteren Erhöhung hoffe man, 3000 PS zu erreichen.

7.6 Das RLM hatte Junkers und Daimler-Benz beauftragt, die variable Ventilüberschneidung in Bezug auf Leistung und Anfahrverhalten zu testen.«[83]

Am 20. Juli 1945 schrieb F. R. Banks an Elliott, den Chefingenieur von Rolls-Royce, um mehr über den Verbleib von 213 J-Motoren und Zeichnungen herauszufinden.

»Lieber Elliott,

Wir haben uns mit A.I.2.(g) in Verbindung gesetzt, um entweder den Motor oder Zeichnungen davon zu erhalten. Hat Herreshoff Ihnen einen genaueren Standort dieser Maschine genannt? Wenn ja, können wir jemanden beauftragen, speziell dorthin zu fahren.«

Der jüngste Versuch von Jumo war aus gutem Grund interessant; die Jumo-Mitarbeiter hatten den Rennsportgeist voll erfasst und einen Motor von außergewöhnlichem Ehrgeiz entwickelt. Ohne Rücksicht auf die Größe des Motors von 35 Litern zu nehmen, beschlossen sie, die Drehzahl nicht auf 3000, sondern auf 4000 Umdrehungen pro Minute zu erhöhen, wodurch die Kolben eine erstaunliche Durchschnittsgeschwindigkeit von über 20 m/s erreichten – auch heute noch ein respektabler Wert. Das war für einen Motor dieser Größe völlig untypisch und ein ganzes Drittel schneller als ein Merlin, der zudem fast ein Drittel weniger Hubraum hatte.[84] Jumo erreichte dies auf dieselbe Art und Weise, wie es eine zeitgenössische Rennmotorenfirma tun würde, indem sie sich nicht von einschüchternd klingenden

19th July, 1945.

DED

Dear E.

With reference to your letter of the 12th regarding Herreshoff's visit to you regarding the Junker piston engine 213J. We have contacted A.I.2(g) with a view to getting either the engine, or drawings of it, across here, and when they arrive I will let you have them.

Did Herreshoff give you more definite location of this engine because, if he did, we can get somebody to go out there specifically.

The Jumo 222, which I have had stripped at RAE, also has plugs inserted through the rocker covers but, as you are aware, this only has three valves per cylinder.

I have asked RAE to invite all the firms to see this engine, but I am not aware whether your people have been to Farnborough or not.

I expect to be going to America on or around the 5th August, and if nothing has happened by then perhaps you would be good enough to get hold of Captain Luby or 'Jock' Taylor (ADRDE/R - Ext.1783).

With kind regards,

Yours sincerely,

(sgd.) F.R.Banks.

A. G. Elliott, Esq., CBE,
Rolls-Royce Ltd.,
D E R B Y.

Schreiben an Rolls-Royce betreffend den Jumo 213 J.

Geschwindigkeiten abschrecken ließ, sondern sich auf die reine Wissenschaft konzentrierte: Spannung und Belastung. Um die Kräfte zu minimieren, aber die Geschwindigkeit zu erhöhen, musste die Masse reduziert werden, und so wurden massive Entwicklungsanstrengungen unternommen, um das Gewicht der Pleuelstangen zu verringern. Die Entwürfe, mit denen man experimentierte, waren außergewöhnlich modern konzipiert.

Im September 1945 versuchten die Briten noch, einen 213 J aufzuspüren, den die Deutschen ausschließlich für die Ta 152 und die Junkers Ju 388 vorgesehen hatten.[85]

Die Jumo-Konstrukteure mussten das Gewicht der beweglichen Teile des 213 J drastisch reduzieren, damit er zuverlässig und ohne Ausfälle mit 4000 Umdrehungen pro Minute drehen konnte. Da sie die Pleuelstange, die sich um den Kurbelwellenzapfen wickelte, nicht einfach stärker machen konnten, beschlossen sie, die Pleuelstange sich selbst um den Kurbelwellenzapfen wickeln zu lassen, anstatt gegen das Unvermeidliche anzukämpfen.

Obwohl der dünne Schlitz mit den beiden Zapfen an beiden Enden einfach zerbrach, funktionierte es, wenn man die untere Kappe zu einem »Zugglied« statt zu einem herkömmlichen Träger machte, um der Biegung zu widerstehen (der dafür wesentlich massiver sein muss). Die Konstruktion ähnelt im Prinzip derjenigen, die in einigen der heutigen Rennmotoren verwendet wird. Das Bild rechts zeigt eine Pleuelstange eines Indy-Car-V8-Rennmotors, die von der berühmten englischen Rennmotorenfirma Cosworth hergestellt wurde.[86]

Zweiundsiebzig Jahre nach der Inbetriebnahme des Jumo-Motors wurde von Kawasaki ein kommerzielles Kolbenmotorprodukt entwickelt, das die Wirbeldrossel zur Steuerung der

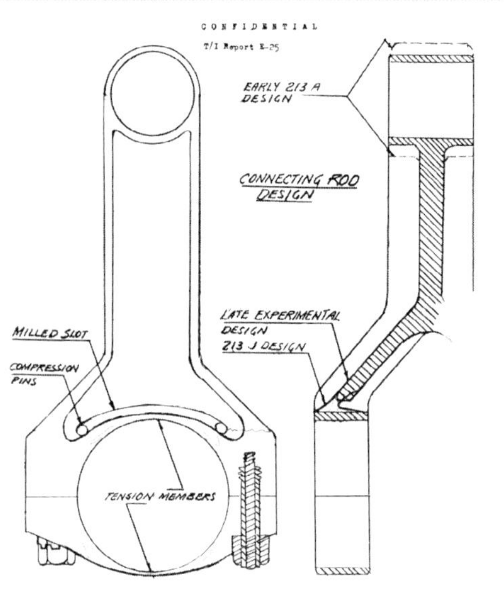

Jumo 213 J Pleuelstangenskizze von A.I.2(g), 1945.

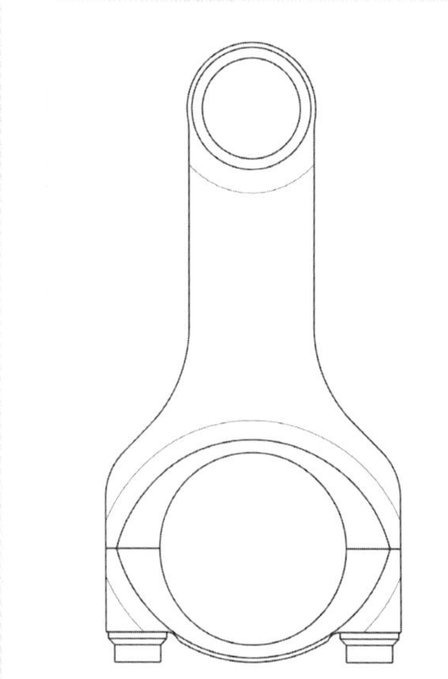

Pleuelstange eines modernen Rennmotors.

Motorleistung ohne nennenswerte Pumpverluste nutzt. Dieses »SC-02«-Rennmotorrad ist jedoch nach wie vor nur ein Konzept, das auf einer großen Ausstellung gezeigt wurde, um Kawasakis zukünftige Ambitionen zu präsentieren. Fast ein Dreivierteljahrhundert nach ihrer Anwendung als Kompressorsteuerung für deutsche Kampfflugzeuge – die ihrerseits auf die Arbeit von Sydlowski-Planiol zurückgeht und dann von der DVL und später von den russischen Ingenieuren Mikulin und Polikovsky an die axiale Form angepasst wurde – ist die Dralldrossel immer noch nicht ganz ein Verbraucherprodukt.

Schließlich wurde ein Exemplar des fortschrittlichsten Kolbenmotors, den Deutschland während des Zweiten Weltkriegs gebaut und getestet hatte, 1947 auf der Wright Field AFB in Ohio zerlegt und fotografiert. Es wurde sorgfältig katalogisiert, die Berichte wurden zu den Akten gelegt, und die Pläne, es zu betreiben, wurden mit dem Aufkommen des Düsenzeitalters aufgegeben.

BMW

Norman Willich von BMW München wurde am 4. September 1945 vom MAP und der Bristol Aeroplane Company in England verhört.

> »Herr Willich hatte sich nach seinem Eintritt in die Firma BMW im Jahre 1935 vor allem mit der Einführung von Einspritzanlagen in Flugmotoren beschäftigt. Er hatte die Entwicklung der verschiedenen Typen des Neunzylinder-Sternmotors BMW 132 miterlebt und auch am 14-Zylinder-Motor BMW 139 (später 801) und am 18-Zylinder-Motor BMW 140 (später 802) mitgearbeitet. Während des Krieges waren einige Entwicklungen am 802 und 803 (28-Zylinder-Motor) durchgeführt worden, aber diese beiden Motoren hatten nicht die gleiche Priorität wie der 801 und wurden 1944 endgültig gestoppt. Sein Hauptinteresse galt offenbar der Weiterentwicklung des 801 zu größeren Leistungen.
>
> BMW 801. Dieser Motor stand bei Kriegsausbruch kurz vor der Produktionsaufnahme. Das erste Exemplar wurde 1940 im Flug erprobt und war im folgenden Jahr im Einsatz. In der Zwischenzeit wurde die Leistung von 1650 auf 2200 PS erhöht, um für den Ernstfall gerüstet zu sein. Die jüngste Produktionsmarke war die 801 S, die diese Leistung durch eine 50:50-Wasser-Methanol-Einspritzung erhielt. Weitere Modelle, die auf dem Weg waren, waren der 801 J mit Turbolader und der 801 F mit verstärkter Kurbelwelle. Letzterer sollte ein zweistufiges Gebläse mit Ladeluftkühlung haben, was aber aufgrund von Produktionsschwierigkeiten fallen gelassen wurde.«[87]

Als Nächstes gab Willich einen interessanten Einblick in die Schwierigkeiten mit der BMW-Direkteinspritzung, die sich mit denen des DB 601 E zu decken schienen, bei dem die Einspritzung von fettem Gemisch die Detonation verstärkte. Der Ingenieur Franke hatte Ende 1943 festgestellt, dass dies auf eine unzureichende Kraftstoffverdampfung im Zylinder zurückzuführen war.

> »Die Gründe für die Mengeneinspritzung eines Teils des Kraftstoffs vor dem Lader bei hohen Leistungen liegen zum einen darin, dass die Einspritzanlage bereits überlastet war und zum anderen, dass die Einspritzung größerer Mengen in den Zylinder, insbesondere bei synthetischen Kraftstoffen, zu einer unbefriedigenden Verdampfung führen konnte. Auch die Laderleistung wurde durch die Mengeneinspritzung begünstigt, wenn der Temperaturanstieg größer als 100 °C war.«[88]

Die Sekundäreinspritzung des Hauptmotorkraftstoffs (anstelle von Methanol/Wasser) vor dem Lader war ein Symptom für die Inflexibilität des Direkteinspritzsystems, wenn es weit von seinen ursprünglichen Konstruktionsleistungen entfernt entwickelt wurde. Willich hatte auch die Resonanzabstimmung des Ansaugsystems untersucht, aber bei derart langsam laufenden Motoren festgestellt, dass die abgestimmte Länge, die Resonanz im Ansaugsystem hervorruft, so lang war, dass sie nicht in das Flugzeug passte.

> »Man schätzte, dass die Leistung bei Vollgas um 100 PS gesteigert werden konnte, indem man den Staueffekt langer Ansaugrohre zwischen Diffusor und Einlassventil nutzte. Die optimale Länge lag in der Größenordnung von 600 mm, was zu lang war, um von praktischem Wert zu sein.«[89]

Die beiden größeren Entwicklungsmotoren, die BMW in Form von Prototypen herstellte, waren der 802 und der 803.

»802: Die Entwicklung dieses Motors hatte bei einem 30 Stunden-Lauf 2200 PS bei 1,35 ata Ladedruck erreicht. Das Gewicht betrug 1600 kg als Triebwerk. Vier Hauptmotoren waren gebaut worden, bevor das Programm eingestellt wurde. Auf beiden Seiten des Untersetzungsgetriebes war ein zweistufiges Vierganggebläse installiert. Die Einlass- und Auslassventile waren von vorne nach hinten statt von Seite zu Seite angeordnet … die besondere Ventilanordnung ermöglichte es, alle Einlassventile von einem vorderen Nockenring und alle Auslassventile von einem hinteren Nockenring aus zu betätigen, so dass die Überlappung mit Hilfe von Planetengetrieben in den Antriebsrädern eingestellt werden konnte.«[90]

Der BMW 803 war ein sehr großer Motor, und Willich stellte fest, dass das Fehlen eines zentralen Kurbelwellenlagers sein Verhängnis war, trotz der Versuche mit silberbeschichteten Lagern (Fedden hätte dafür Verständnis gehabt).

Wie Daimler und Jumo experimentierte auch BMW mit der DVL-Scheibenventilanordnung und früher auch mit wassergekühlten Motoren.

»Als Alternative zu den üblichen Tellerventilen wurde ein Drehscheibenventil erprobt. Dies erforderte einen luftgekühlten Kopf über der Scheibe. Es stellte sich heraus, dass der sehr hohe Gasdruck auf die Scheibe zu einem erheblichen Leistungsverlust und zum Ausfall des Ventilantriebs führte … daher wurde das Projekt fallen gelassen. Andere Arten von Drehventilen wurden ohne großen Erfolg ausprobiert … die Gasdichtigkeit erwies sich als das Hauptproblem, das es zu überwinden galt. Man ging davon aus, dass man sich für das Scheibenventil entschieden hätte, wenn es mechanisch einwandfrei gewesen wäre, selbst wenn es zu leichten Leistungseinbußen gekommen wäre, da es eine erhebliche Platzersparnis mit sich brachte und die Produktion insgesamt einfacher war.

BMW hatte auch eine Reihe von flüssigkeitsgekühlten Motoren, den 116 und 117 mit 20 bzw. 30 Litern Hubraum. Sie hatten geschweißte Kühlmittelmäntel aus Stahl. Die Entwicklung dieser Motoren wurde vom RLM abgelehnt, das Junkers und die DB für flüssigkeitsgekühlte Motoren unterstützte und wollte, dass BMW sich ganz auf luftgekühlte Motoren konzentrierte.«[91]

Interessant ist, dass sich BMW auf Anweisung des RLM auf luftgekühlte Motoren konzentrierte, denn BMW hatte vor der Entwicklung von luftgekühlten Motoren keinerlei Erfahrungen in den letzten Jahren mit diesen Motoren. Daher sei man gezwungen gewesen, zunächst eine Herstellungslizenz für amerikanische luftgekühlte Motoren zu erwerben, was die Entwicklung verzögert habe, da das Unternehmen Anfang der 1930er Jahre neu beginnen musste.

Später wurde Willich zu einigen Besonderheiten der BMW 801er Reihe befragt:

»BMW 801 E.

Bei diesem Motor wurden mehrere Modifikationen vorgenommen, unter anderem wurden die Kurbelwelle, die Pleuelstangen und die Zylinderrohre neu gestaltet. Es wurde eine Höhenzündanlage eingebaut, einschließlich Druckmagnetzünder und Zündanlage. Das Übersetzungsverhältnis des Kompressors wurde erhöht und es wurden spezielle Zündkerzen eingebaut. Das Kommandogerät wurde modifiziert, um spezielle Ladedruckeinstellungen für die Leistungssteigerungssysteme MW50 und GM1 zu ermöglichen.

BMW 801 F.

Ein verbesserter 801 E. Der Einbau eines zweistufigen Kompressors war vorgesehen, aber obwohl der Kompressor separat hergestellt und 1944 getestet wurde, wurde er nie in den Motor eingebaut. Es wurden keine Flugversuche mit dem Motor durchgeführt, und es wurden nur drei Exemplare gebaut.

Man erwartete eine verbesserte Leistung, sowohl auf Meereshöhe als auch in der Höhe. Diese Leistungssteigerung sollte durch verbesserte Einlasskanäle, Ventiltriebe und Kompressorübersetzungen erreicht werden. Die Zylinder hatten eine größere Rippenfläche. Die 801 F war für den Einbau von Lufteinlässen in den Flügeln des Flugzeugs vorgesehen.«[92]

Später wurde Dr. Ammann, Willichs Chef bei BMW München, am 10. August 1945 von der US-Armee verhört und ausführlich über den BMW 801-Motor befragt:

»Aufgrund von Produktionsschwierigkeiten mit dem zweistufigen Motor 801 wurde beschlossen, durch verschiedene Änderungen am Motor zu versuchen, die Leistung und die Höhenleistung zu erhöhen. Professor List, ehemals von der Universität Dresden, beriet bei vielen der Änderungen.

Um den Wirkungsgrad des Laders zu verbessern, wurde der Diffusor mit einem Wassermantel versehen. Dieser war über eine Pumpe mit einem Luftkühler im Windschatten verbunden.

Bei einer Leistung von 1600 PS gab es erhebliche Probleme mit brennenden Auslassventilköpfen. Diese Ventile hatten Stellitflächen und wurden mit Sitzen aus austenitischem Stahl verwendet. Es wird vermutet, dass 50 bis 60 % der Zündkerzenprobleme aufgrund von Vorzündungen auf Probleme mit den Auslassventilen zurückzuführen waren.

Die Ventile waren bis zu einer Temperatur von 700 °C zufriedenstellend, wurden sie heißer, brannten sie.

Die Fw 190 war angeblich 30 km/h schneller als erwartet. Dies wurde auf die kleinere Kühlluftöffnung zurückgeführt, die zu einem geringeren Kopfwiderstand aber auch zu einer Überhitzung des Motors führte. Dr. Ammann erklärt, dass durch die Verwendung von verchromten Ventilen die Kühlungsprobleme behoben wurden.

Die Verchromung hält 300 Stunden. Danach wird sie entfernt, raue Oberflächen werden poliert und das Ventil neu beschichtet. Es wurde festgestellt, dass dies dreimal wiederholt werden kann.«[93]

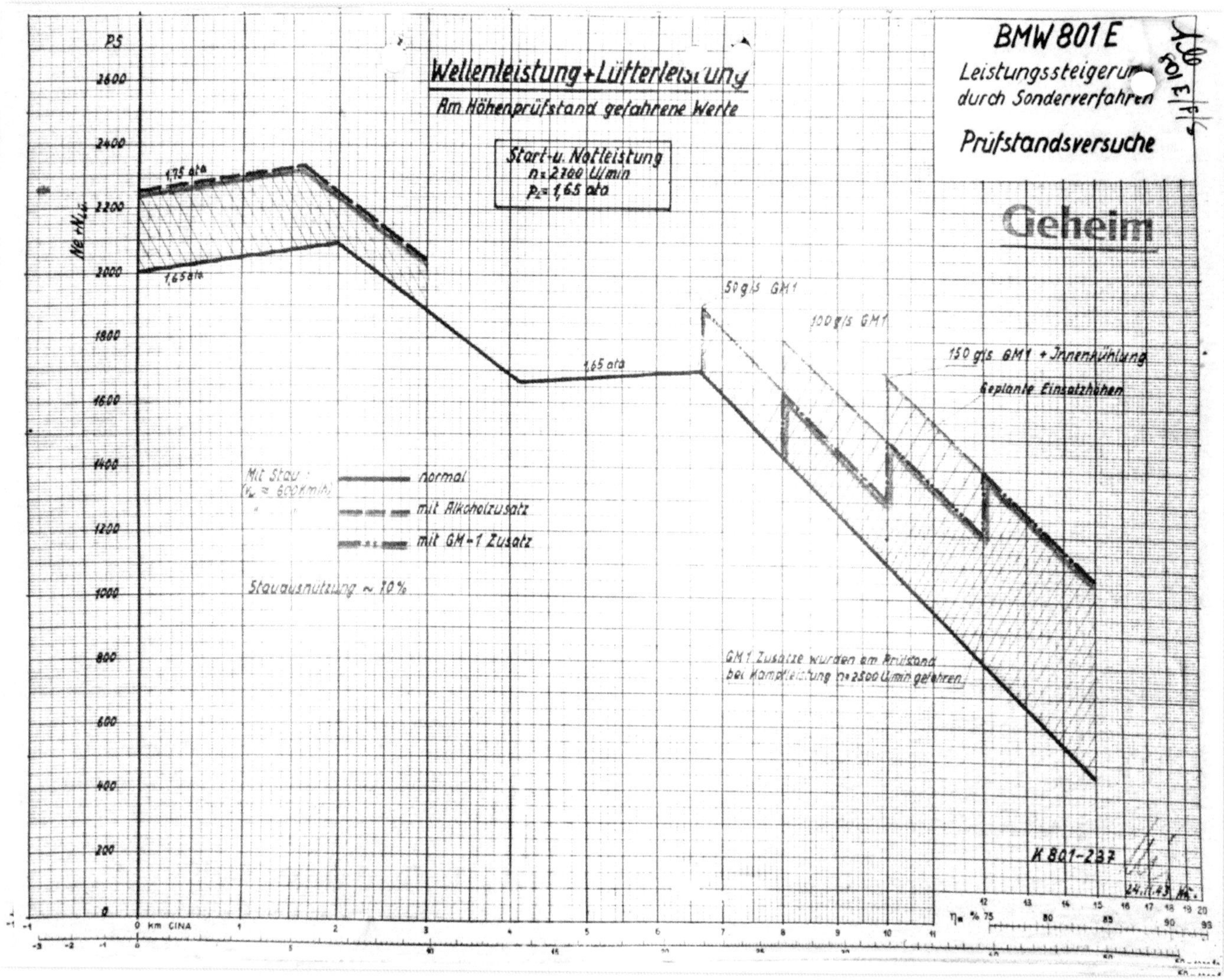

BMW 801 E Leistungskurven mit MW50 und GM-1.

Es scheint sehr gut möglich, dass der frühe Fw 190-Prototyp, der einen deutlich verkleinerten Kühleintrittsbereich hatte, auf Kosten eines höheren Luftwiderstands (zumindest teilweise) zu seiner bekannten Form umgestaltet werden musste, und zwar als Folge der nickelarmen Sparventile, die der Industrie mit der Reduzierung von Spezialmaterialien ab den späten 1930er Jahren langsam aufgezwungen wurden. Es ist auch klar, dass die Probleme, die nur den Zündkerzen zugeschrieben wurden, durch Detonationen, die durch überhitzte Auslassventile verursacht wurden, verschärft wurden. Der BMW 801 war wahrscheinlich der erste der deutschen Motoren, der dieses Problem hatte. Da er luftgekühlt war, lief er heißer als die Jumo- oder Daimler-Motoren, und deshalb stießen die anderen Firmen später auf die gleichen Schwierigkeiten BMW im Rennen um die Leistungsentwicklung.

Die Befragung von BMW-Mitarbeitern durch den amerikanischen Geheimdienst brachte erstaunliche Erkenntnisse darüber, warum die BMW-Motoren für die Massenproduktion bis so spät im Krieg veraltete Kompressoren beibehalten hatten:

> »Die grundsätzlichen Richtlinien für die Forschung und Entwicklung von Flugzeugtriebwerken und deren Treibstoffen während und vor dem Krieg wurden offensichtlich alle von Berlin aus diktiert. So wurden nicht nur allgemeine Triebwerkstypen festgelegt, sondern auch Triebwerkstypen und Treibstoffspezifikationen eingefroren und jede Anstrengung zu ihrer Verbesserung faktisch untersagt. Ein Beispiel dafür, wie weit diese Politik ging, ist die Situation des BMW-Motors 801. Hier hatte man sich für eine einstufige Aufladung entschieden, und infolgedessen war die Entwicklung von Kompressoren bis Ende 1944 fast zwei Jahre lang eingestellt worden. Es folgten verzweifelte Bemühungen zur Entwicklung eines Turboladers (801 E) und zur Erhöhung der Drehzahl und der Ventilüberschneidung (801 F), die beide bei Kriegsende noch nicht abgeschlossen waren.«[94]

Aus dem Tonfall, den er in seinem Bericht oft anschlug, geht klar hervor, dass der amerikanische Ingenieur schockiert war, wie unorganisiert die deutschen Programme gewesen waren.

Deutsche Wissenschaftler auf Wright Field

Eine ausgewählte Gruppe deutscher Wissenschaftler, die an Kolbenmotoren gearbeitet hatten, wurde am 19. Juni 1946 in Wright Field befragt. Es handelte sich um Dr. Ammann von BMW München, Professor W. Kamm vom FKFS der Universität Stuttgart und F. Naugebauer von Jumo. Kamm blieb bis 1953 als Berater in Wright Field.

»F. Wie wurden Kurbelwellendämpfer in deutschen Motoren eingesetzt?

A: Die meisten Triebwerke waren so konstruiert, dass das Hinzufügen von Dämpfern zu den Kurbelwellen ernsthafte Störungen und beträchtliche Neukonstruktionen zur Folge gehabt hätte … um eine zufriedenstellende Kurbelwellenkonstruktion zu erhalten, ohne dass ein kompliziertes Dämpfungssystem erforderlich war, bestand die Praxis darin, das Kurbelwellensystem vollständig zu analysieren, indem man die Welle aus Kunststoff herstellte, diesen Kunststoff erhitzte, Belastungen anbrachte, die die vom Motor auferlegten simulierte, und die Dehnungen einfror, die sich aufgrund der aufgebrachten Belastungen im Kunststoff bildeten. Die Kunststoffe wurden dann in Platten geschnitten und die Spannungsstreifen mit Hilfe von polarisiertem Licht analysiert. Auf diese Weise wurde festgestellt, ob Material hinzugefügt oder entfernt werden musste, was zu einer Kurbelwelle führte, die keine Dämpfer benötigt.

F: Welche Erfahrungen wurden mit der Verbindung von Turbinen und Kolbenmotoren gemacht?

A: Sie haben in dieser Frage beträchtliche Forschungsarbeit geleistet. Sie haben keine echten Motoren für Tests gebaut, aber sie planten, eine Turbine mit einem Dieselmotor zu verbinden und führten die ersten Tests mit Flüssigkeitskupplungen als Dämpfer durch, als der Krieg zu Ende ging. Professor Naugebauer legte einen Bericht vor, der den Einbau von Dieselmotoren in einen B-29-Bomber unter Verwendung eines Verbundsystems zeigte und eine Treibstoffersparnis von 30 % ergab … in einem Bericht mit dem Titel Einführender Bericht über Franz Neugebauer, deutscher ziviler Wissenschaftler, 18. Jan. 1946. Vertraulich. Nr. V-6299.
Sie fanden es sehr vorteilhaft, die Innenseite eines Aluminiumzylinders mit porösem Chromblech zu beschichten und stellten fest, dass ein Druck von 24 kg/qcm erreicht werden konnte. Die Temperaturen im Zylinder waren erheblich niedriger und lagen zwischen 40 und 50 °C. Sie erzielten eine große Verbesserung der Effizienz ihrer Motoren unter allen möglichen Testbedingungen.

F: Welche Materialien sind für die Lager Ihrer Motoren am besten geeignet, und wurden dünnwandige Lager verwendet?

A: Sie behaupteten, dass die Lagerentwicklung in den Vereinigten Staaten weit über der in Deutschland liege und dass unsere gegenwärtigen Praktiken den deutschen in jeder Hinsicht weit überlegen seien. Sie hielten es für notwendig, für die meisten ihrer Anwendungen Kugel- und Rollenlager zu verwenden.«[95]

Die deutschen Wissenschaftler empfahlen, dass zur Erzielung einer guten Leistung, insbesondere bei der Verteilung, Einlasskrümmer mit variablem Volumen konstruiert werden sollten.

»In allen ihren großen Motoren wurde der Kraftstoff bei 130 bis 200 Atmosphären direkt in den Zylinder eingespritzt … Das Verteilungsproblem wurde durch Studien mit Glasverteilern gelöst. Der Autor fertigte eine Skizze unserer Verteiler an, und sie schlugen vor, dass wir bei einer Abstimmungsstudie ein Kolbenrohr am Ende des Verteilers hinzufügen sollten, um die Abstimmung nach Belieben zu ändern.«[96]

Die Amerikaner waren auch überrascht zu erfahren, dass Deutschland während des Krieges nicht in der Lage war, Feinguss mit verlorenem Wachs herzustellen, weil es nicht genügend Wachs für die Herstellung der Formen gab.[97]

Das RLM

Die Situation im Spätkriegsdeutschland wurde noch deutlicher, als Mitglieder der A.I.12-Gruppen des britischen Geheimdienstes begannen, die Mitarbeiter des RLM auszuwerten. Am 12. September 1945 berichtete Wing Commander Guy Jepson, dass er aus den Verhören seine eigenen Schlussfolgerungen gezogen habe.

»GEHEIM A.P/W.I.U.(B. A.F.O.) 103/1945
ZU SPÄT!
Diejenigen, die die Reihe von Berichten verfolgt haben, in denen der Entwicklungstrend verschiedener Aspekte der dt. Luftfahrtforschung erörtert wurde, muss die Häufigkeit aufgefallen sein, mit der die Worte ›zu spät‹ erschienen.

Die deutschen Techniker hatten eine Reihe von wirklich guten Ideen, die nie in die Produktion umgesetzt werden konnten. Dieser Aspekt wurde mit verschiedenen Beamten aus der Abteilung des Chefs der Technischen Luftrüstung erörtert, um herauszufinden, warum die deutschen wissenschaftlichen Bemühungen, zumindest bei der Luftwaffe, immer zu spät kamen.

Jeder deutsche Techniker, der aufgrund seiner privilegierten Stellung Einblick in die außerordentlichen Möglichkeiten der Forschung hatte, stellte mit einer gewissen Bitterkeit fest, dass alles, was erreicht wurde, zu spät kam. Nach einhelliger Meinung hat außer dem Führer keiner der Männer, die in Deutschland hohe militärische Ämter bekleideten, das wahre Wesen der Wissenschaft und der technischen Entwicklung verstanden und ihre vorrangige Bedeutung für die Führung eines modernen Krieges erkannt.

In Deutschland wurde viel über die totale Kriegsführung geredet und geschrieben, aber nur sehr wenige an der Spitze begriffen die volle Tragweite dieses Begriffs. Es ist merkwürdig, dass die Luftwaffe, die mit ihrem Fliegerpersonal, ihrer Flak, ihren Signalen und anderen Spezialisten die technischste aller Waffengattungen war, von Männern befehligt wurde, die den im Wesentlichen technischen und wissenschaftlichen Charakter ihrer Truppe nur unvollkommen begriffen. Die verantwortlichen Köpfe im OKW und OKL und diejenigen, die in engem Kontakt mit Hitler standen, hatten nie mehr als eine laienhafte Vorstellung von den strategischen und taktischen Möglichkeiten sowie den operativen Möglichkeiten einer Luftwaffe.

Es stellt sich nun die Frage, ob die Verantwortlichen aus Gleichgültigkeit oder Verantwortungslosigkeit gehandelt haben oder ob sie schlichtweg inkompetent waren.

Es ist kaum anzunehmen, dass es sich um Gleichgültigkeit oder Verantwortungslosigkeit handelte, und man muss daher zu dem Schluss kommen, dass die Hauptursache für ihr Versagen Inkompetenz war, eine angeborene Unfähigkeit, die Anforderungen ihres Amtes zu erfüllen.«[98]

Das grundsätzliche Versagen, richtig zu organisieren, wird durch das Versäumnis veranschaulicht, einen zweistufig aufgeladenen Motor zu Beginn des Krieges in Betrieb zu nehmen; ein Versäumnis, das durch die Tatsache verstärkt wurde, dass Daimler-Benz fast ein Jahrzehnt vor dem Zusammenbruch Deutschlands zweistufig aufgeladene DB 600-Motoren betrieben hatte.

»Die Deutschen erkannten, dass die Leistung ihrer Motoren in der Höhe angehoben werden musste, um mit den alliierten Motoren konkurrieren zu können, und ein umfangreiches Programm zur Entwicklung zweistufiger Kompressoren (einschließlich Turbolader) war bereits vor dem Zusammenbruch im Gange. Die deutschen Techniker schätzten das System des Rolls-Royce-Merlin-61-Triebwerks sehr und studierten es intensiv.«[99]

Die Fedden-Mission

Sir Roy Fedden besuchte Deutschland im August 1945 für drei Wochen, um einen Bericht über die deutsche Triebwerkskonstruktion und -herstellung zu verfassen. Einige Auszüge wurden in der Zeitschrift Flight veröffentlicht, aber der vollständige Bericht von Fedden ist wahrscheinlich der umfassendste Bericht über deutsche Triebwerksaktivitäten, der heute verfügbar ist. Seine zweite Aufgabe bestand darin, Material aus Deutschland zu beschaffen, um eine neue Klasse der technischen Luftfahrtausbildung in Großbritannien aufzubauen.

»Die britische Industrie war in fast allen Bereichen und insbesondere in der Luftfahrt bedauerlich langsam, wenn es darum ging, Deutschland zu besuchen und die beträchtliche Menge an wissenschaftlichen und technischen Informationen zu sammeln, die verfügbar sind und für Nachkriegsprogramme nützlich sein sollten.

Die Amerikaner haben genau die entgegengesetzte Taktik gewählt. Eine große Zahl amerikanischer Regierungs- und Industrietechniker hat das ganze Land ›durchkämmt‹.«

Fedden kritisierte sowohl die deutschen als auch die britischen Aktivitäten, sehr zum Missfallen des britischen Luftfahrtministeriums, dessen Unmut in den Archivakten mit Feddens vollständigem Bericht festgehalten ist. Fedden war auf seiner Reise wütend gewesen, weil er feststellen musste, dass ein Ort nach dem anderen bereits von anderen alliierten Streitkräften geplündert worden war, die zuerst dort waren. Das Luftfahrtministerium widersprach seiner Behauptung, man habe zu langsam gehandelt und wichtige Informationen durch die Finger schlüpfen lassen. Im Nachhinein betrachtet war Fedden in Wahrheit nicht so sehr über den Umgang der Briten mit dem deutschen Kopfgeld verärgert, sondern darüber, dass sie nicht dafür gesorgt hatten, dass er selbst rechtzeitig seinen Anteil für sein Projekt sichern konnte.

»Ich kann Sir R. Fedden in seiner Kritik an der Langsamkeit der britischen Industrie, Deutschland zu besuchen und wissenschaftliche und technische Informationen zu sammeln, nicht ganz folgen ... es ist unsere Absicht, deutsche Wissenschaftler so weit wie möglich zu beschäftigen, sowohl in Deutschland als auch in Großbritannien ... das MAP hat einen Anspruch auf etwa 40 – 50 dieser Wissenschaftler erhoben.«[100]

Fedden stellte sich vor, dass in Großbritannien eine riesige Luftfahrtforschungseinrichtung aufgebaut werden sollte, um das gesamte während des Krieges erworbene Wissen zu nutzen und Elite-Luftfahrtingenieure für die Zukunft der britischen Luftfahrt auszubilden.

»1) Ausrüstung für das neue Aeronautical College. Es ist eine Richtlinie erforderlich, was mit den vielen ausgezeichneten Maschinenbaufabriken in Deutschland geschehen soll, die zur Zeit brachliegen. Einige von ihnen sind auf Flugzeuge spezialisiert, aber sie decken das ganze Gebiet der Maschinenbauindustrie im Allgemeinen ab. Sollen sie in Deutschland tätig sein dürfen? Oder sollen die Anlagen und Ausrüstungen nach England verlagert werden? Man ist der festen Überzeugung, dass in Deutschland eine Fülle ausgezeichneter Ausrüstungen vorhanden ist, die für die neue Hochschule gesichert werden könnten. Es fanden einige nützliche Diskussionen mit deutschen Professoren über die Lehrmethoden statt, die sich in diesem Land am besten bewährt hatten.[101]

2) Kraftstoffeinspritzung. Die Deutschen sind zweifellos froh, dass sie die Kraftstoffeinspritzung eingeführt haben, um in erster Linie ihr Kraftstoffproblem in den Griff zu bekommen

und hydrierten, aus Braunkohle gewonnenen Kraftstoff einsetzen zu können. Im Zuge der Weiterentwicklung ihrer Motoren mit höherer Leistung, größerer Zylinderzahl usw. ist die Kraftstoffeinspritzung für sie wichtiger denn je geworden, und es scheint, dass dieses System zu weniger Verteilungsproblemen geführt hat.

3) Zündung. Es hat den Anschein, dass das allgemeine Layout und die Konstruktion der deutschen Magnetzünder zusammen mit den grundlegenden Eigenschaften der deutschen Motoren dazu geführt haben, dass es bei deutschen Motoren kaum Probleme mit der Zündung gibt; der Bosch-Magnetzünder hat sich im Betrieb als äußerst solide erwiesen. Die Deutschen waren sich der Hochfrequenzzündung bewusst und haben damit experimentiert.«[102]

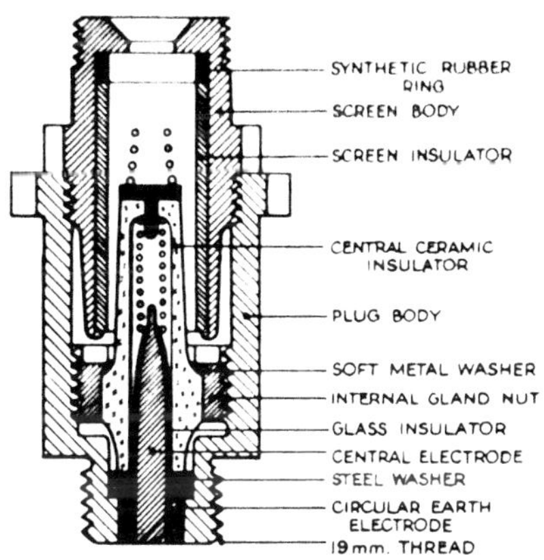

Bosch Oberflächenentladungszündkerze.

»Die Mission ist der Meinung, dass die abgedroschene Phrase ›das Bessere ist der Feind des Guten‹ nie zutreffender war, als auf die große Anzahl von wissenschaftlichen Luftfahrtprojekten, die in Deutschland zur Zeit des Zusammenbruchs in aktiver Entwicklung waren. Das einfache, aber solide britische Luftfahrtprogramm wurde während des gesamten Krieges mit nur wenigen Unterbrechungen fortgesetzt ... vergleicht man diese einfache Konzeption mit der Fülle neuer und vielfältiger Ideen, die von den deutschen Wissenschaftlern hervorgebracht und durch modernste und hochentwickelte Forschungseinrichtungen unterstützt wurden, so wird deutlicher, warum sie am Ende scheiterten. Diese Meinung soll nicht als Rechtfertigung dafür dienen, die in Deutschland geleistete Forschungsarbeit zu ignorieren, sondern vielmehr dafür, dass wir die fortschrittliche deutsche Technik nutzen und zu einem praktischen Abschluss bringen müssen, um unser Ansehen im Flugzeugbau zu erhalten. Es macht jedoch deutlich, welches Glück wir hatten, dass der Krieg zu diesem Zeitpunkt endete, und dass wir, wenn die Feindseligkeiten noch ein Jahr länger gedauert hätten, mit völlig neuen Problemen konfrontiert worden wären.«[103]

»Anhang 12: Entwicklung des Kolbenmotors.
Im Allgemeinen war es offensichtlich, dass in den letzten Jahren nur ein kleiner Teil der gesamten Motorenentwicklung in Deutschland auf Kolbenmotoren verwendet wurde.«[104]

»Hinzu kam, dass Rohstoffmangel und Schwierigkeiten durch unsere Bombenangriffe viele Änderungen notwendig machten. Der Chefingenieur von BMW sagte, er habe während des Krieges zehnmal den Stahl seiner Tellerventile und dreimal den seiner Kurbelwellen wechseln müssen, wobei in jedem Fall Kontrollversuche erforderlich waren. Die Motorenbauer können sich in etwa vorstellen, was dies für die Desorganisation der Produktion bedeutet. Ferner sagte er, dass sie die größten Schwierigkeiten mit Kraftstoffen hätten und sich nicht darauf verlassen könnten, dass diese ihre Eigenschaften einige Wochen lang regelmäßig beibehielten. Zu diesen Schwierigkeiten kommt noch hinzu, dass unsere anhaltenden Bombardierungen zweifellos sehr schwerwiegende Auswirkungen hatten, und man berichtete uns von Organisationen, die innerhalb von 14 Monaten auf vier verschiedene Standorte verteilt worden waren.«[105]

»Fast alle großen Werke hatten einen hohen Anteil an Zwangsarbeitern und Vertriebenen. In den Messerschmitt-Werken waren 70.000 Arbeiter beschäftigt, von denen nur etwa 12.000 Fach- und Führungskräfte waren. Bei BMW waren es insgesamt 55.000 und nur etwa 10.000 Fachkräfte.

Als die Mitglieder der Mission einige der Leiter der Organisationen auf diese Frage ansprachen, sagten diese, dass es schön und gut sei, Kritik zu üben, aber dass sie 1942 von Hitler gezwungen worden seien, ihre eigenen Leute zugunsten von Sklavenarbeitern aufzugeben ... und dass es auch nicht ihr Leben wert sei, sich in deren Behandlung einzumischen.«[106]

Feddens Vision, wie die Luftfahrtwissenschaft gelehrt werden sollte, wobei er sich von der amerikanischen und deutschen Wissenschaft inspirieren ließ, war erfolgreich; er sollte schließlich erleben, wie sich sein Traum erfüllte, und zwar in Form der inzwischen renommierten Cranfield Universität für Nachdiplomstudien.

Erhard Milch

Der britische Geheimdienst entdeckte, dass eine große Menge von Dokumenten, die Erhard Milch gehörten, unversehrt geborgen worden war, und am 7. November sandte Felkin einen Bericht an die britischen und amerikanischen Geheimdienste:

»Eine beträchtliche Menge von Dokumenten, die Generalfeldmarschall Milch gehören, hat dieses Land erreicht und wurde bei der

A.D.I.(k) Documents Section hinterlegt, wo sie zur Einsichtnahme durch interessierte Parteien zur Verfügung steht. Diese Dokumente enthalten eine große Menge an interessantem Material, aber ihr Umfang und ihre Verschiedenartigkeit schließen es aus, in Anbetracht der begrenzten Zeit und der zur Verfügung stehenden Mittel über alle angemessen zu berichten. Es gibt eine beträchtliche Menge an gutem Material, unter anderem zu den folgenden Themen:
- Entwicklung und Produktion von Flugzeugen und Triebwerken,
- Entwicklung und Erprobung von Radar und Funk,
- Fliegerabwehrmaßnahmen,
- Rohstoffstatistiken,
- Engpässe.

Die Akten des ›Jägerstabs‹ scheinen von der Gründung bis Juli 1944 vollständig zu sein. Als wörtliche Sitzungsberichte enthalten sie eine Fülle von Einzelheiten über die großen Anstrengungen der Deutschen bei der Flugzeugproduktion im Rahmen dieses Programms im Jahr 1944.

S.D. Felkin Gruppenführer
A.D.I.(k) und US Luftnachrichtendienst
7. November 1945
A.D.I.(k) Bericht Nr. 414A/1945.«[107]

Die Akten, die Milch besaß, enthielten die stenografischen Aufzeichnungen aller GL-Konferenzen, an denen er teilgenommen hatte, und ermöglichten es dem Autor, sich ein vollständiges Bild davon zu machen, was auf all diesen Konferenzen von Milch, Göring, Messerschmitt und vielen anderen führenden Persönlichkeiten der deutschen Luftfahrt gesagt wurde.

Helmut Caroselli

Caroselli, der bei der DVL an der Konstruktion von Triebwerken arbeitete, war leider in russische Gefangenschaft geraten. Sein Wissen war jedoch gefragt, und so wurde er am 30. Juni 1945 nicht in ein Gulag gesteckt, sondern von dem russischen Triebwerkskonstrukteur Prof. Dr. Polikovski von der Firma Klimov verhört.[108]

»3) Wie sieht die weitere Entwicklung des Otto-Takt-Motors aus?

Caroselli: Ich bin der Meinung, dass der Ottotakt auch in Zukunft bei Flugmotoren beibehalten wird. Der übliche Punkt der Entwicklung ist das Verdichtungsverhältnis … In diesem Zusammenhang ist es lehrreich, den Rolls-Royce Merlin mit dem DB 601, 603, 605 zu vergleichen – die DB hat aus später zu nennenden Gründen immer ein hohes Verdichtungsverhältnis angestrebt und trotz niedriger Ladedrücke immer an thermisch empfindlichen Motoren festgehalten, während der Rolls-Royce-Motor mit seiner Wahl hoher Ladedrücke an der Spitze der Entwicklung stand. Merlin 1:6 mit einem Ladedruck von 1,88 bis 2,3 bar, DB 603 1:7,5 und 1,4 … 1,75 bar Ladedruck.

Die Wahl des Verdichtungsverhältnisses liegt beim derzeitigen Stand der Kraftstoffverfügbarkeit bei 1:6,5, ist aber erfahrungsgemäß von der Kompressortechnik abhängig. Hier ist die Wahl hoher Verdichtungsverhältnisse bei deutschen Motoren darauf zurückzuführen, dass die Leistungsanforderungen in möglichst großen Höhen erfüllt werden müssen und daher der Standardverdichterdruck auf diesem Niveau gehalten werden muss. Der moderate Ladedruck von 1,4 bar kann daher mit einem einstufigen bis 10.000 m adiabatischen Druckkopf bis in 7 km Flughöhe gehalten werden. Hierfür benötigen wir kein Ladeluftkühlersystem, aber das ist die Grenze eines einstufigen Systems.

Ein Verdichterdruck von 1,88 bar erfordert eine adiabatische Druckhöhe von über 13.000 m und erfordert daher einen zweistufigen Lader und einen entsprechenden Ladeluftkühler. Der Entwicklungsweg, wenn man nicht über zweistufige Lader oder ein gutes Ladeluftkühlersystem verfügt, bedeutet, dass die Höhenleistung auf ein größeres Hubvolumen und eine geringere Ladedruckhöhe angewiesen ist. Um dies zumindest teilweise auszugleichen, wird das Verdichtungsverhältnis des Hauptmotors so hoch wie möglich eingestellt.

Wenn die Motorenentwicklung den Sprung zur zweistufigen Aufladung und Ladeluftkühlung geschafft hat, bleibt immer noch die Möglichkeit eines höheren Ladedrucks; um übermäßige thermische Belastungen und Kraftstoff-Detonationen zu vermeiden, kann man sich für ein moderateres Verdichtungsverhältnis des Hauptmotors entscheiden. Es muss darauf hingewiesen werden, dass die Verringerung des Verdichtungsverhältnisses und der daraus resultierende Wirkungsgradverlust nicht allein der entscheidende Faktor ist, denn durch die Erhöhung des Ladedrucks bei gleichzeitiger Verringerung des Verdichtungsverhältnisses des Hauptmotors wird lediglich ein Teil des Verdichtungsvorgangs vom Kolben zurück auf das Aufladesystem geschoben.

Wie viel davon zurückgewonnen werden kann, hängt in hohem Maße von der Qualität des verwendeten Aufladesystems ab, und wenn Abgasstrahlschub verwendet wird, hängt dies auch von der Fluggeschwindigkeit des Flugzeugs in diesem Zustand ab. Es sollte eine detailliertere Studie durchgeführt werden, um genauer zu bestimmen, ob die Idee, das Kolben-Verdichtungsverhältnis zu reduzieren und einen Teil der Verdichtung auf das Kompressorsystem zu verlagern, mehr Möglichkeiten bietet.

Bei der Bearbeitung dieser Frage müsste man – als Weiterentwicklung des klassischen Otto-Prozesses – den Prozess der verlängerten Expansion einbeziehen. Dabei wird das Einlassventil erst sehr spät nach dem Ende des Ansaugtakts geschlossen, so dass ein Teil der Einlassladung während des frühen Teils des Verdichtungstakts über den Kanal in das Ansaugsystem zurückfließt. Somit wird ein geringerer Teil der angesaugten Ladung tatsächlich verdichtet. Die Expansion im Zylinder erfolgt mit einem höheren Expansionsverhältnis und damit einer Verbesserung des Wirkungsgrads.

Für den Viertaktmotor bringt dieses Verfahren wahrscheinlich keinen Vorteil, da ein Teil des Expansionsvolumens ungenutzt bleibt und zusätzliche Verluste bei der Hin- und Herströmung der angesaugten Ladung entstehen. Beim Zweitaktmotor hat der Zyklus eine größere Bedeutung, da die nachfolgende Ansaugladung ohne diese Spülverluste angesaugt werden kann. Dies erfordert eine spezielle Steuerung, die den Zweitaktmotor seines Hauptvorteils der Einfachheit beraubt.«[109]

Caroselli wurde auch zu den Grenzen des Ladedrucks von Kompressoren befragt:

»Die Grenzen für den Ladedruck werden durch die thermischen Grenzen für den Zylinder gesetzt, und die Lager der Kurbelwelle und auch die Dichtungen im Kopfgelenk sowie die Ventilsitze erreichen unter dem Einfluss hoher Laderdrücke die Grenzen ihrer Dauerfestigkeit. Das Dichtungsproblem wurde durch die Verwendung von Schrumpfsitzbuchsen in geschlossener Bauweise gelöst. Die Schwierigkeit, die den Einsatz geschlossener Zylinder behindert, liegt in der Fertigungstechnik, die aber durch die Verwendung geschlossener Einzelzylinderbauweise [d. h. nicht eines ganzen Blocks] gelost werden kann. Die DVL hat dazu Studien durchgeführt.

Die thermische Belastungsgrenze ist für Auslassventil, Kolben und Ringe erreicht – und auch für die Zündkerzen. Gegenmaßnahmen sind natriumgekühlte Ventile, bei denen der Ventilkopf innen mehr Hohlraum für Natrium haben muss als bisher, Stellitschichten auf den Ventilen und Ventilsitzen, Verchromen der Auslassventile, um Verzunderung zu vermeiden, und der Ventilkopf sollte so geformt sein, dass er nie radial über die Sitzkante hinausragt.

Die Konstruktion der Scheibenventile der DVL war thermisch unzuverlässig. So wurde beispielsweise das Drehscheibenventilsystem für die britische Napier Sabre häufig erodiert, und die DVL-Flachscheibe verhielt sich bei hohen thermischen Belastungen sehr ungünstig und wurde auch von bleihaltigen Kraftstoffen angegriffen. Die Ventile werden durch Heißkorrosion beschädigt.«[110]

Als nächstes ging Caroselli auf das Thema Kraftstoffeinspritzung in Deutschland ein und warum man diesen Entwicklungsweg eingeschlagen hat:

»14) Warum wurden in Deutschland Einspritzmotoren den Vergasern vorgezogen?

Caroselli: In den Richtlinien, die das RLM in den ersten Jahren seiner Arbeit veröffentlichte, war ausdrücklich festgelegt, dass das Ansaugsystem nur bei Motoren von 20 bis 30 Litern mit Direkteinspritzung arbeiten sollte. Diese Initiative ging von dem damaligen Leiter der Motorengruppe im RLM, Ing. Sachse, aus. Ausschlaggebend für seine Entscheidung war der Gedanke, dass es für die Flugzeugentwicklung notwendig sei, Sicherheitskraftstoffe zu verwenden. Für diesen Zweck kamen nur Kraftstoffe in Frage, die eine geringere Flüchtigkeit aufwiesen, als für einen Vergaser erforderlich war.

Ein weiterer Vorteil, der sich herausstellte, war, dass die Steuersysteme für Vergaser im Vergleich zu denen der Einspritzung schwierig zu entwickeln waren. Die ersten serienmäßig hergestellten Einspritzmotoren kamen 1936/1937 von Jumo und DB zur Erprobung, sie standen im Wettbewerb zueinander. Vergleicht man die Ergebnisse der Vorgängermodelle mit Vergasern oder der Exportmodelle mit Vergasern, so sind die Vorteile offensichtlich.«[111]

Polikovski wollte dann wissen, wie lange die deutschen Ingenieure brauchten, um ihre Motoren vom Konzept bis zur Serienreife für den Flug zu entwickeln.

»Die Entwicklungszeit betrug sechs Jahre, die Entwicklung ist vergleichbar mit der des Rolls-Royce Vulture, der 1941 in kleinen Stückzahlen in Betrieb genommen wurde und 1937 in der frühen Entwicklungsphase war, so dass die endgültige Entwicklung vier Jahre gedauert hatte. In Deutschland gingen die Triebwerke nach ähnlich kurzen Entwicklungszeiten in die Serienproduktion ein, im Falle des DB 605-Motors, der aus dem DB 601 mit größeren Bohrungen entwickelt wurde, hatte die Entwicklung über ein bis zwei Jahre nach der Konzeption stattgefunden, aber die Startleistung musste reduziert werden und die endgültige Zuverlässigkeit wurde erst 1944 erreicht.«[112]

Polikovski wusste, dass die deutschen Ingenieure die Triebwerke der westlichen Alliierten studiert hatten, und wollte Carosellis Meinung zu den britischen Triebwerksentwicklungen wissen.

»Rolls-Royce steigerte die Leistung des Merlin-Serienmodells ausschließlich durch Erhöhung des eff. Mitteldrucks, Junkers erzielte bei seinem 35-Liter-Serienmodell seinen zentralen Erfolg durch Erhöhung der Kolbengeschwindigkeit. Die DB-Entwicklungen hingegen wurden hauptsächlich durch den eff. Mitteldruck erreicht, mit kleinen Aufschlägen auf den Ladedruck, aber hauptsächlich durch die Verbesserung des angezeigten Drucks.

Experimente von Fedden in Bristol zeigten, dass bei Einzylinderversuchen schnelle Entwicklungen erzielt werden konnten, dass sich diese Verbesserungen aber oft nicht vollständig in der Leistung des vollständigen Motors niederschlugen.«[113]

Caroselli äußerte sich dann dazu, wie die Kolbenflugmotoren in den kommenden Jahren verbessert werden könnten:

»Die Weiterentwicklung der wassergekühlten Motoren wie des Jumo 213 und die Erhöhung der mittleren Kolbengeschwindigkeit müssen möglich sein. Aus der Merlin-Entwicklung lässt sich ableiten, dass die Ladedrücke und damit die effektiven Drücke generell noch deutlich über den heutigen Durchschnitt verbessert werden könnten.«[114]

Caroselli gelangte einige Zeit nach diesem Verhör in den Westen zurück und wurde später, am 9. November 1945, in London verhört. Die Mitarbeiter vom RAE und MAP waren anwesend, darunter auch Dr. Morley.[115] Das Verhör war rein theoretisch, es wurden Gleichungen zur Vorhersage der Motorleistung erörtert, aber Caroselli erwähnte, dass später im Krieg das Methanol praktisch ausgegangen war und stattdessen Ethanol-Wasser-Einspritzung verwendet wurde, offenbar ohne nennenswerte Leistungseinbußen.

Werner von der Nüll

Als nächstes wurde Prof. Dr. Werner von der Nüll befragt. Er wurde nach England gebracht und vom A.D.I.(k) in Wimbledon interniert. Am 29. Oktober 1945 wurde von der Nüll in den Besprechungsraum gerufen, um mit Flight Lieutenant Brett von der USAAF zu sprechen. Alle wollten sein Wissen ausnutzen, und nur wenige Tage später, am 6. und 7. November, besuchten Morley, Evans und Shaw vom RAE Wimbledon mit noch mehr Fragen. Am 12. November traf eine noch größere Gruppe ein, darunter Walter T. Howell von Rolls-Royce, Aston von Napier, W. C. Hosken von de Havilland, Airey von Armstrong Siddley und N. R. Quinn von der Bristol Aeroplane Company. Wie viele deutsche Ingenieure machte von der Nüll bei seinen Verhören deutlich, dass er hoffte, seine Arbeit in irgendeiner Form fortsetzen zu können, und dass es ihm egal war, ob dies bedeutete, für Großbritannien oder Amerika zu arbeiten. Brett hielt seine Eindrücke nach dem ersten Tag des Verhörs fest:

»Professor von der Nüll wurde zu Zentrifugalkompressoren befragt, insbesondere zu den Problemen, an denen er gearbeitet hatte, und zu den verschiedenen Anwendungen, denen dieser Typ von Kompressoren unterzogen worden war. Wir erfuhren, dass er es für sehr wichtig hielt, eine sehr flache Kennlinie des Druckverhältnisses zum Massendurchsatz zu erhalten, insbesondere bei Turbogebläsen. Er hielt es sowohl für wünschenswert als auch für möglich, ein einziges Turbogebläse für die Motoren Jumo 213, BMW 801 und DB 603 zu entwickeln.«[116]

»Eine flache Kennlinie erhält man, indem man einen schaufellosen Diffusor baut und den Finger am Anfang der Spirale wegschneidet – unabhängig von seiner Form konnten wir bei Tests mit einem Kompressor der Wright Aeronautical Company bei einer Spitzengeschwindigkeit von 350 m/s einen Wirkungsgrad von 83 % erzielen, der DB 603-Kompressor verzeichnete bei seiner maximalen Laufradspitzengeschwindigkeit von 440 m/s einen Wirkungsgrad von 75 % – und bei niedrigeren Geschwindigkeiten etwas mehr, nämlich 78 %.«[117]

»Er beabsichtigte, die Strömung in einem Diffusor und einer Spirale aus Glas mit der Interferometermethode zu untersuchen, aber seine Apparatur wurde bei einem Bombenangriff zerstört.«[118]

»Prof. von der Nüll arbeitete ab 1934 bei der DVL Adlershof und war ab 1939 Direktor des Instituts für Strömungsmaschinen. In den Jahren 1942-1943 war er Leiter des Entwicklungsausschusses für Abgasturbolader im Stab von Generalluftzeugmeister Milch.

Von der Nüll hatte keine Berichte oder Datenblätter bei sich, da er diese in der russischen Besatzungszone zurückgelassen hatte, so dass alle Informationen, die er gab, aus dem Gedächtnis stammten. 1937 konstruierte von der Nüll einen fünfstufigen Zentrifugalkompressor, der einen Förderdruck von 19 psi [1,31 bar] in einer Höhe von 52.500 Fuß [16.002 m] erreichen sollte. Der Massenstrom betrug 5,5 m^3/s. Im Jahr 1943 konstruierte er einen dreistufigen Kompressor für Blohm und Voss 155, der 20,6 psi [1,42 bar] in 50.000 ft [15.240 m] erbrachte.«[119]

»Prof. Dr. von der Nüll … war der hauptverantwortliche Wissenschaftler, der sich mit der Erforschung von Düsen-, Luftturbinen- und Stratosphärenflugzeugen beschäftigte, und wurde bei dieser Arbeit von 40 anderen Wissenschaftlern unterstützt. Seine Erkenntnisse waren dem, was die deutsche Luftwaffe tatsächlich einsetzte, weit voraus. Er hat die meisten wichtigen Daten in seinem Gedächtnis bewahrt. Subjekt wurde nach Amerika verschifft.«[120]

Von der Nüll wurde zu einem weiteren Subjekt des geheimen amerikanischen Projekts zur Ausbeutung der deutschen Wissenschaft. Er wurde nach Wright Field gebracht, seine Fingerabdrücke wurden genommen, er wurde fotografiert und überwacht, und er erhielt Leumundszeugnisse von einigen Kollmann-Kollegen bei Daimler-Benz, die nun selbst in amerikanischer Haft saßen.[121] Sein alter Studienfreund Dr. Albert Friedrich, Entwicklungsleiter bei der Daimler-Benz AG, schrieb eine zweiseitige eidesstattliche Erklärung für das US-Außenministerium und trug dazu bei, von der Nülls neuen Lebensanfang zu sichern. Er gab sich als einfacher Akademiker aus normalen Verhältnissen aus und kam laut seiner Überwachungsakte mit seiner Familie und sogar einem Hausmädchen in die USA. In seiner Akte ist auch vermerkt:

»Subjekt hat Säbelnarben auf der Wange und der Stirn«.[122]

Das Säbelduell war ein beliebtes Initiationsritual in den höchsten Kreisen des deutschen akademischen Adels. Von der Nüll stammte offensichtlich aus einer etwas vornehmeren Familie, als er den Amerikanern gegenüber zu erkennen geben wollte; seine beiden mittleren Namen verweisen ihn eindeutig auf die deutsche Aristokratie. Dennoch wurde er mit glänzenden Referenzen und ohne jede Spur von Kriminalität vom US-Geheimdienst für eine Tätigkeit in den USA zugelassen.

»Subjekt war ein brillanter Wissenschaftler auf seinem Gebiet. Er neigte dazu, eitel und egozentrisch zu sein … er war methodisch, erfinderisch und in der Lage, seinen Kollegen klare, eindringliche und verständliche Anweisungen zu geben.

> Seine Abteilung befasste sich mit strömungsaktivierten Motoren (Düsen und Turbinen) und spezialisierte sich auf Gebläse für Kompressoren und Gasturbinen. Zusammen mit Prof. Karl Leist, der heute in Braunschweig wohnt, entwickelte er die ersten deutschen Flugzeugabgasturbinen. Sein Spezialgebiet deckte auch Turbinenschaufeln.«[123]

Er beendete seine Karriere in Los Angeles, wo er für den weltgrößten Turboladerhersteller Garrett AiResearch arbeitete, wo er, wie in Deutschland, in erstaunlich kurzer Zeit zum Forschungsleiter aufstieg. In seinen Überwachungsunterlagen des State Department wird gelegentlich erwähnt, dass seine »preußische Art« zu Reibereien mit seinen amerikanischen Kollegen führte. Von der Nüll hatte sich daran gewöhnt, als deutscher Professor für Ingenieurwesen an der DVL in Berlin ohne Frage respektiert zu werden, und musste sich an seine neue Lebenssituation gewöhnen.

Albert Speer

Speers Vorstoß zur industriellen Umstrukturierung in Deutschland wird heute häufig als eine der größten wirtschaftlichen Erfolgsgeschichten des nationalsozialistischen Deutschlands dargestellt. Die gefälschten Produktionszahlen, die durch den amerikanischen Bericht über die verschwundenen Kampfflugzeuge aufgedeckt wurden, und die britische Nachkriegsanalyse der deutschen wissenschaftlichen Forschung schmälern Speers Erbe jedoch erheblich.

Speer war zwar zweifellos ein außergewöhnlich fähiger Architekt, Organisator und Verwalter, aber kein Ingenieur oder Wissenschaftler. Seine Verschwörung mit Saur, die Bücher über die Flugzeugproduktion zu fälschen und 8000 Kampfflugzeuge aus dem Nichts zu schaffen, wird durch die britische Einschätzung ergänzt, wie es um die deutsche Wissenschaft bestellt gewesen wäre, wenn Speer weiterhin die deutsche Industrie geleitet hätte:

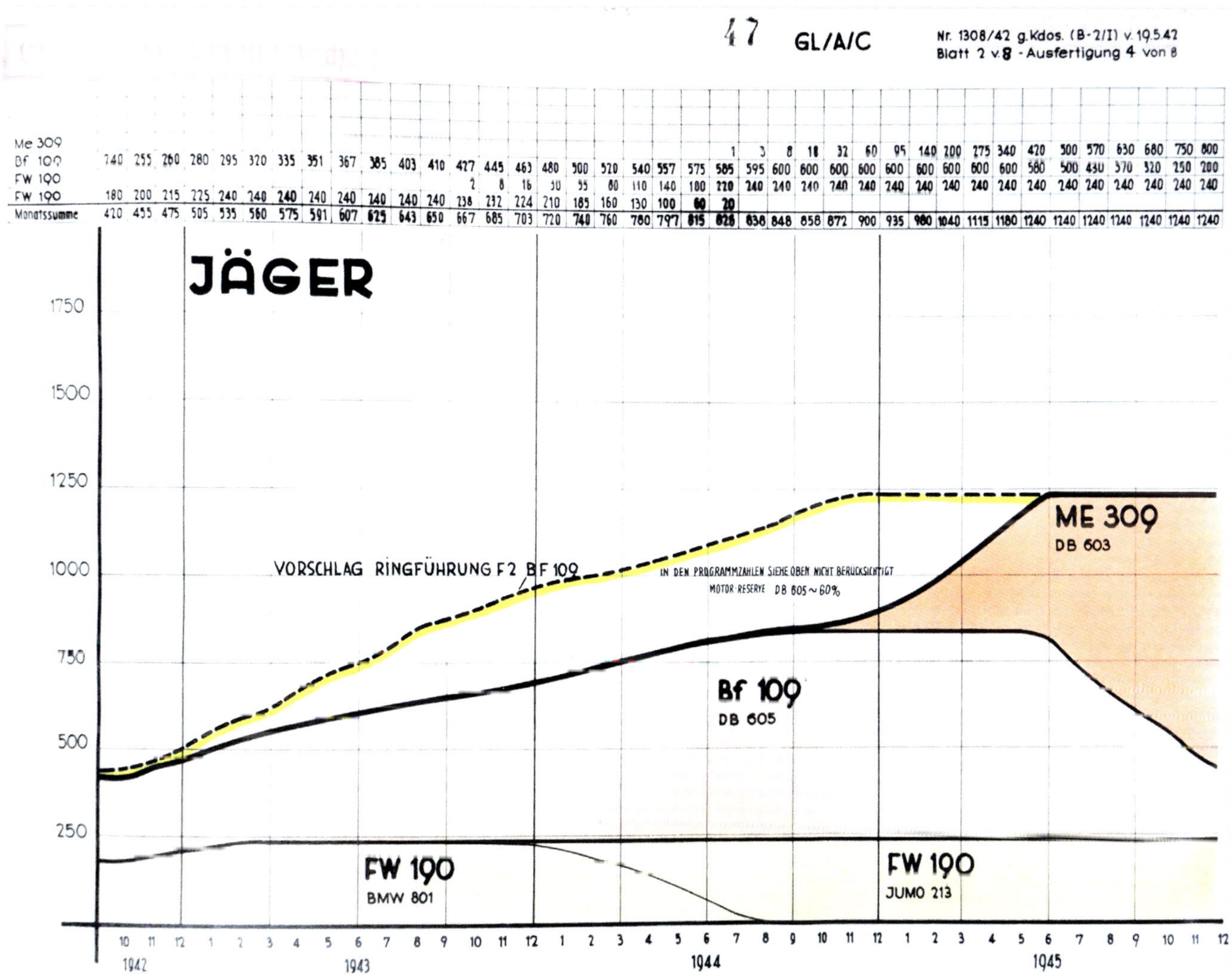

Deutsche Flugzeugproduktionsplanung für Jagdflugzeuge, 1942–45.

»Wir können ziemlich sicher sein, dass die deutsche Wissenschaft, wenn sie eine Generation lang unter der Kontrolle von Speer bleiben könnte, so organisiert (d. h. erstickt) und unoriginell werden würde, dass sie keine Gefahr für die Außenwelt darstellen würde.«[125]

Speers Bemühungen führten zur Produktion unzuverlässiger und schlecht gefertigter Motoren, von denen die meisten nicht mehr als eine mäßige Leistung boten, obwohl es bereits zu Beginn des Krieges fortschrittliche Prototypen gab. Man kann sagen, dass Speer keine Chance hatte, die Probleme zu beheben, als er die Leitung übernahm, aber viele seiner Lobeshymnen basierten auf Lügen und Abkürzungen. Der britische Geheimdienstbericht schrieb viele der tatsächlichen Erfolge den brutalen Methoden der SS und Saur zu und nicht Speer und seinen zahlreichen Ausschüssen.

»Es wäre falsch, den Eindruck zu erwecken, Speers Einfluss sei ausschließlich positiv gewesen. Die Aufgaben, die er übernommen hat, übersteigen ihn ebenso sehr wie Göring, und es ist zweifelhaft, ob seine emsige Einmischung viel erfolgreicher ist als Görings große Vernachlässigung.«[126]

Edgar Petersen

Der Kommandeur der Erprobungsstellen der Luftwaffe und des Kommandos der Erprobungsstellen in Rechlin, Oberst Edgar Petersen, setzte sich am 18. Juni 1945 zu einem Gespräch mit RAE-Ingenieuren zusammen.[127]

»... wir hatten, soweit ich weiß, keine spätere Entwicklung als 100 Oktan. 100 Oktan konnte nur für etwa 20 % der deutschen Jagdflugzeugstärke verwendet werden. Beispiel, die Fw 190 mit dem BMW 801 Motor. Diese Zahl ist allein auf den Mangel an 100 Oktan-Kraftstoff zurückzuführen. Die erdölproduzierenden Firmen hatten einfach nicht die Kapazität, genügend zu produzieren.«[128]

Vor diesem Hintergrund ergibt die ansonsten seltsame Obergrenze für die Produktion der Fw 190 in diesem Plan von 1942 durchaus Sinn.[129]

Petersen wurde zu den deutschen synthetischen Motorenölen befragt:

»Im Allgemeinen waren die synthetischen Öle unbefriedigend, besonders unter den Bedingungen des Frontbetriebs. Ihre Viskosität war nicht so gut wie die von natürlichem Öl, und die Verwendung von schlechtem synthetischem Öl führte immer zu einem erheblichen Leistungsabfall des Motors.

Ich persönlich ziehe Einspritzmotoren den Vergasern vor. Ein großer Vorteil ist, dass der Einspritzmotor kühler läuft, was wiederum Vorteile für die Zündkerzen mit sich bringt. Ich könnte mir vorstellen, dass ein Rolls-Royce-Motor mit Kraftstoffeinspritzung äußerst effizient wäre.«[130]

Als nächstes äußerte er sich zu den praktischen Betriebsbedingungen der deutschen Verwendung von Lachgas:

»Die GM1-Leistungssteigerung lieferte bei den Tests in Rechlin ausgezeichnete Ergebnisse, aber sie war bei den Betriebseinheiten nicht beliebt. GM1-Boosting war nur für den Betrieb in großen Höhen ausgelegt. Auch die Methanol-Wassereinspritzung wurde im Hinblick auf eine Leistungssteigerung in niedrigen Höhen erprobt. Auf dem Prüfstand wurde die Leistung des DB 605 von 1450 auf 1800 PS und die des Jumo 213 E von 1900 auf 2500 PS gesteigert. Kurz vor Beendigung der Feindseligkeiten wurden in Rechlin Versuche mit dem Jumo 213 E und reiner Wassereinspritzung ohne andere Chemikalien durchgeführt. Die Ergebnisse schienen zu zeigen, dass die Wirkung genau dieselbe war wie bei der Methanol-Wasser-Einspritzung.«[131]

Otto Cuno und Heinrich Butefisch

Nachrichtendienstliche Überprüfungen durch die US-Marine Mitte 1945 kamen nach Befragung aller verbliebenen leitenden deutschen Treibstoffwissenschaftler zu dem Schluss, dass der Hauptkritikpunkt an der Treibstoffqualität und -versorgung darin bestand, dass sie nicht in der Lage waren, genügend Isoparaffine aus ihrem synthetischen Prozess zu gewinnen.[132] Dies bedeutete, dass die Magerlaufeigenschaften ihrer Treibstoffe als unbefriedigend angesehen wurden.

»Die relativen Produktionsmengen der beiden Sorten (B4 und C3) können nicht genau angegeben werden, aber in den letzten Kriegsjahren entfiel das größte Volumen, vielleicht zwei Drittel der Gesamtmenge, auf die Sorte C3.«[133]

Angesichts der Auflistung der Großraumtanklager (s. Kapitel 7), aus der hervorgeht, dass die Menge an C3 relativ gering war, ist diese Schätzung eher pessimistisch zu sehen.

Die Alliierten verhörten ranghohe deutsche Treibstoffwissenschaftler wie Dr. Heinrich Butefisch, der 1934 in den Vorstand der IG Farben aufgestiegen war.[134] Im Januar 1946 wurde in einem Verhör von Dr. Butefisch festgestellt:

»... die Luftwaffe war bis 1938 nicht besorgt über hohe Oktanzahlen; sie waren bereit, mit Benzol zu mischen. Als die Luftwaffe auf Druck der Motorenentwickler höhere Oktanzahlen forderte, wurde Iso-Oktan aus Isobutanol hergestellt. Das Hydrierbenzin hatte eine Oktanzahl von 78 – 79 und mit Iso-Oktan oder Alkylatzusatz wurden Werte von 102 – 104 erreicht.«[135]

Ein weiterer wichtiger Punkt ist, dass es deutliche Hinweise darauf gibt, dass deutsche Motoren mit Merkmalen konstruiert wurden, die ihre Leistung beim Betrieb mit sehr mageren Kraftstoff-Luft-Gemischen für einen sparsamen Betrieb verbessern würden. Dies wurde bei einer Befragung des noch verbliebenen Personals des Deutschen Forschungszentrums für Flugmotoren bei der DVL in Berlin festgestellt.

»Ein wichtiger Faktor bei der Verwendung von deutschen Flugkraftstoffen war die Verwendung von 120° Ventilüberschneidung in den Flugmotoren. Dadurch konnten auch mit den hocharomatischen C3-Kraftstoffen sehr gute Schwachgemischleistungen erzielt werden.«[136]

Diese hohe Ventilüberschneidung mit Direkteinspritzung ermöglichte, den Zylinder vor der nächsten Kurbelwellenumdrehung gründlich von verbrauchten Abgasen zu reinigen. Auf diese Weise würde die Temperatur in der Kammer gesenkt und die Temperatur des Auslassventils durch die kalte Luft, die durch den Einlasskanal über das Ventil geblasen wird, ebenfalls gesenkt (magere Kraftstoffgemische erzeugen höhere Verbrennungstemperaturen, fette Gemische das Gegenteil).

»Bis April 1944 wurde das Benzin in Eisenbahnkesselwagen von Deutschland nach Ungarn transportiert. Danach waren die Deutschen aufgrund der intensiven alliierten Bombardierungen der Eisenbahnstrecken gezwungen, es in Fässern per Lastwagen zu versenden. Es wurden niemals Lieferungen von 100 Oktan-Benzin empfangen.«[137]

Viele dieser Dokumente wurden von der Wirtschaftskriegsabteilung des Office of Strategic Services (OSS) verfasst, aus dem später die US CIA hervorging.[138, 139]

Das Verhör von Dr. Cuno, »Gefangener 13«, ist eines der wichtigsten erhaltenen Vernehmungsprotokolle über die deutsche Kolbenmotorenentwicklung. Angesichts des Umfangs der Dokumente scheint es wahrscheinlich, dass nur ein winziger Teil des Gesagten überhaupt zu Papier gebracht wurde:

»Dr. Otto Cuno ... ging 1933 nach Rechlin. Hier arbeitete er unter Eisenlohr an der Prüfstands- und Flugerprobung von Motoren (meist Jumo und Daimler-Benz) und übernahm 1938, als Eisenlohr zum RLM ging, die Abteilung. Seit Januar 1944, als er das Äquivalent des DED in Berlin wurde, war er eng mit den politischen Entscheidungen befasst, die das Motorenentwicklungsprogramm betrafen ... Cuno wurde auch von einem Gremium von Ingenieuren und Wissenschaftlern des RAE in Farnborough zu folgenden Themen befragt: Aufladung mit Laohgas, Wasser-Methanol-Einspritzung, Selbstzündung, Kaltstart, Abgas-Turbo-Aufladung.«

Die Antworten von Dr. Otto Cuno enträtselten die Geschichte des deutschen Flugmotorenentwicklungsprogramms weitgehend:

»F: Hätten Sie sich so sehr für die Leistungssteigerungssysteme interessiert, wenn Sie mehr Kraftstoff hätten verwenden können?
A: Von 1939 bis zum Ende des Krieges waren wir auf B4-Kraftstoff angewiesen. Wir hatten immer lange Grenzen, und es war wichtig, dass alle Motoren mit einer Kraftstoffversorgung liefen. Es war geplant, 1944 auf C3-Kraftstoff umzusteigen, aber die Kraftstofffabriken wurden ausgebombt. Ihr habt bessere Kraftstoffe als wir und seid zu höheren Ladedrücken übergegangen. In Deutschland war es daher notwendig, für kühlere Bedingungen in der Brennkammer zu sorgen, und wir haben unsere Zylinder auf einen höheren eff. Mitteldruck für einen bestimmten Ladedruck als die britischen Motoren entwickelt. Wir haben auch höhere Verdichtungsverhältnisse verwendet, z. B. 7,3 : 1 beim DB 605, was 1,42 ata Ladedruck beim Start mit B4-Kraftstoff ermöglicht. Daher war es bei deutschen Motoren besser, Wassereinspritzung zu verwenden als Kraftstoffe mit höherer Klopffestigkeit. Bei Kriegsende leistete der DB 605 mit C3-Kraftstoff und 20 % Wasser bei einer Ladetemperatur von 60 °C 2000 PS, und mit dem Jumo 213 wurde mit B4-Kraftstoff und 20 % Wasser ein effektiver Mitteldruck von 25 kg/cm² erreicht. Das Wasser wurde mit 20 % Methanol (80W 20M) gemischt, um ein Einfrieren zu verhindern, obwohl 100 % Wasser für einen schnellen Anstieg am besten geeignet war.«[140]

Aus den Versuchsaufzeichnungen geht hervor, dass Deutschland ebenso wie die Alliierten mit Anilinzusätzen zum Kraftstoff als Oktanverstärker experimentierte, aber auch hier scheint es, dass dieser wichtige Schritt laut Cuno nie militärisch umgesetzt wurde:

»Treibstoff, Forschung und Experimente zur Selbstzündung.
F: Wurde Anilin tatsächlich von der Luftwaffe verwendet?
A: Nein, nur für Versuche zur Erhöhung der maximalen Leistung des Jumo 213.«[141]

Letztlich hatte die deutsche Triebwerkskonstruktion und damit die Luftwaffe keine Chance, wenn man die Gesamtmenge der in Deutschland produzierten Treibstoffe mit dem vergleicht, was den Alliierten zur Verfügung stand. Aus Dokumenten, die General Koller nach seiner Gefangennahme abgenommen wurden, geht hervor, dass etwa die Hälfte des im April 1945 verbliebenen Treibstoffs der hochoktanige C3-Typ war, der für hohe Leistungen benötigt wurde, und der Rest war B4 oder niedriger. Die Grafik auf der folgenden Seite zeigt die gesamte deutsche Flugbenzinproduktion und die Lagerbestände während des Zweiten Weltkriegs im Vergleich zu den Zahlen der Alliierten.

Auf dem westeuropäischen Kriegsschauplatz produzierte Deutschland während des Krieges etwa 33 % weniger erstklassige Kampfflugzeuge als die alliierten Streitkräfte. 1943 produzierte Deutschland jedoch viermal weniger Flugbenzin, von dem nur etwa die Hälfte C3 war. Die Zahlen der Al-

Gesamtwerte für die Produktion von Flugkraftstoff; diese deutschen Zahlen umfassen alle Flugkraftstoffsorten, A3 (nur für die Ausbildung), B4 und C3.

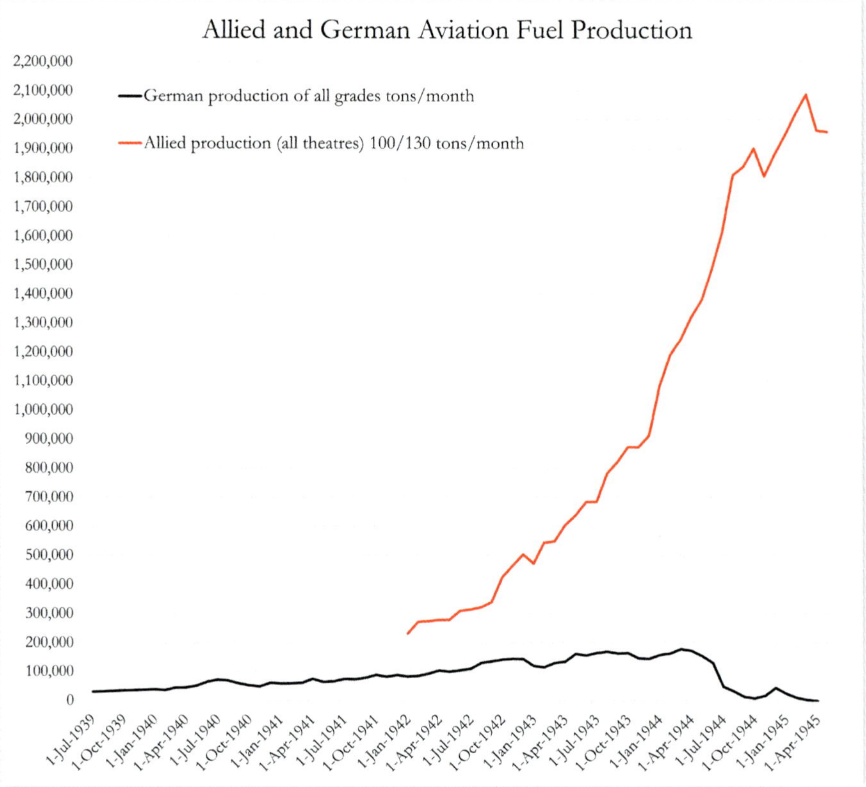

Vorräte an Flugbenzin; diese deutschen Zahlen umfassen alle Flugbenzinsorten, A3 (nur für die Ausbildung), B4 und C3.

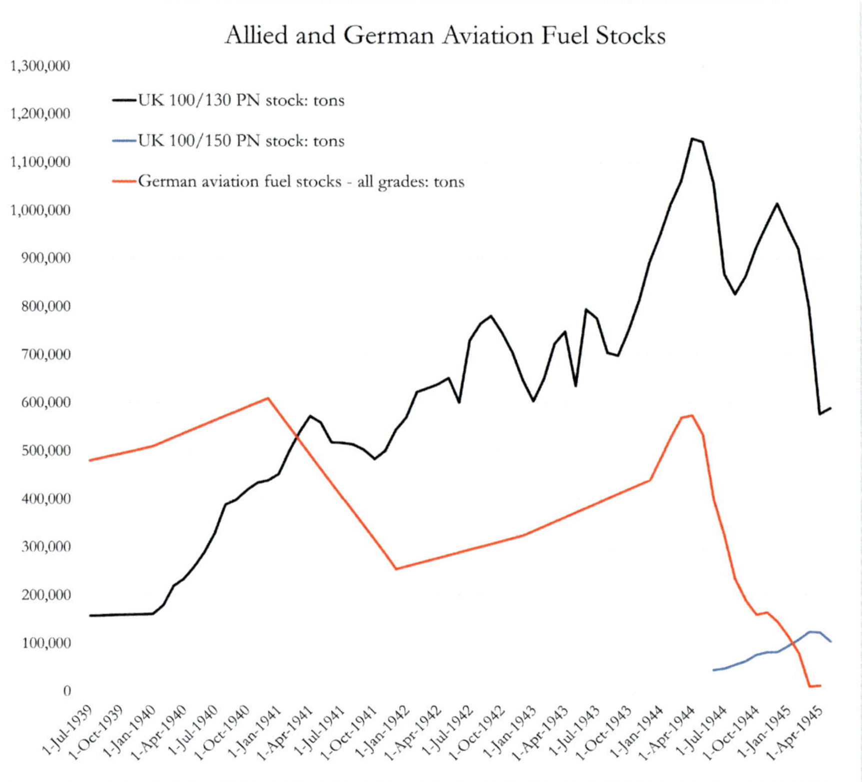

liierten beziehen sich nur auf 100 Oktan und darüber, so dass das Diagramm aus der Sicht der leistungsstärksten Jagdflugzeuge doppelt so ungünstig für Deutschland ist. Anfang 1944 produzierten die Alliierten etwa 20 Mal so viel hochoktanigen Flugzeugtreibstoff wie Deutschland. Man kann also sagen, dass Deutschland in den letzten Kriegsjahren seine Jagdflugzeuge mit etwa 16-mal weniger Treibstoff pro Flugzeug betrieben hat als die Alliierten. Unter diesen Bedingungen hätte keine Luftwaffe gewinnen können.

Es wurden auch Rückschlüsse gezogen, warum die fortschrittlichen Vorarbeiten von Daimler-Benz nicht weitergeführt wurden, wie Cuno am 7. Dezember 1945 gegenüber dem Flugleutnant Arthur Parkin zum Triebwerk DB 601 EZ erklärte.

»601-EZ. 1938 war Daimler-Benz mit der Entwicklung eines zweistufigen Aufladers für die DB 601-Bauart mit einer Nennhöhe von 9000 m beauftragt worden. Damals befand sich ein abgasgetriebener Lader in der Entwicklung, der jedoch nicht fertiggestellt wurde, obwohl diese Konstruktion für Langstrecken-Aufklärungsflugzeuge von größter Bedeutung gewesen wäre und es den Jagdflugzeugen ermöglicht hätte, in der Luftschlacht um England eine größere Höhe zu erreichen. Die Entwicklung des zweistufigen Kompressormotors, die von den führenden Ingenieuren vorgeschlagen wurde, stieß jedoch auf den entschiedenen Widerstand des militärtechnischen Personals. Außerdem gab Daimler-Benz nicht alle Entwicklungsschwierigkeiten zu und stellte schließlich die Arbeit daran ein, da man davon ausging, dass der DB 603 eine höhere Höhenleistung als der 601 E mit dem zweistufigen Lader haben würde.«[142]

Überblick über die Arbeit an Flugmotoren

Als die Alliierten die Verhöre deutscher Wissenschaftler und Ingenieure fortsetzten und begannen, sich durch die riesigen Mengen erbeuteter Unterlagen zu arbeiten, zeichnete sich ein neues Bild von den Schwierigkeiten der deutschen Triebwerkskonstrukteure ab.

»Auswertung der Entdeckungen.
Die Deutschen scheinen gegenüber der entsprechenden Praxis in Großbritannien und den USA erheblich im Rückstand gewesen zu sein. Dies wird auf die folgenden Gründe zurückgeführt:

- Übermäßige Kontrolle und Einmischung der Regierung, ohne die Freiheit, Forschungs- und Entwicklungslinien zu verfolgen.
- Nachteilige Auswirkungen von Bombardierungen.
- Unzureichende Weitergabe von Geheimdienstberichten an die Industrie.
- Unzureichende Koordinierung und unzureichender Austausch von Informationen zwischen Einheiten, die mit ähnlichen Aufgaben betraut sind.
- Geringe Qualität und Knappheit bestimmter Materialien, z. B. Nickel, Kupfer, hochgradige Brennstoffe für Tests usw.

Es ist offensichtlich, dass die Deutschen bei der Entwicklung von Hubkolbenmotoren in diesem Bereich keine technische Überlegenheit gegenüber den entsprechenden britischen und amerikanischen Verfahren hatten.
F. G. Barlow (Leiter, CIOS-Erkundung 769).«[143]

Barlows Reise bestätigte mehrere andere Aspekte der Entwicklungsgeschichte:

»Anfangs wurden Rollenlager eingebaut, um einen engen Abstand zwischen den Zylindern und damit einen kürzeren Motor zu erhalten. Später wurden im Interesse der Produktion Gleitlager eingebaut. Die Leistung des 605-Motors wurde von 1375 PS im Jahr 1943 auf 2000 PS im Jahr 1944 gesteigert, was eine Erhöhung des Ölumlaufs von 660 auf 1100 Gallonen pro Stunde erforderte … Aufgrund von Lagerschäden musste die Höchstdrehzahl des 605-Motors von 2800 auf 2600 Umdrehungen pro Minute gesenkt werden. Es wurden Kupferbleigleitlager der Firma Admos, Berlin, verwendet.«[144]

Weit davon entfernt, dass die alliierten Ingenieure rückständig waren und sich einem Kampf mit der perfekten deutschen Kriegsmaschine stellen mussten, waren es in Wirklichkeit die deutschen Ingenieure, die sich einem ungleichen Kampf gegen ihre eigenen Organisationsstrukturen stellen mussten, um ihre Ideen in Motoren umzusetzen, die rechtzeitig für die Massenproduktion bereit waren und so eventuell den Verlauf des Krieges verändern konnten. Die vielleicht wichtigste Beobachtung, die sich aus dieser CIOS-Reise (Combined Intelligence Objectives Sub-Committee) ergab, war Barlows erster Punkt – nämlich, dass der Hauptkampf des deutschen Ingenieurs darin bestand, dass er nicht die Freiheit hatte, seine Arbeit so auszuführen, wie er dafür ausgebildet worden war. Diese nachrichtendienstliche Enthüllung bildet einen perfekten Kontrapunkt zu der abschließenden Aussage in einem historischen Memorandum des britischen Versorgungsministeriums über die Konstruktion und Entwicklung von Flugzeugtriebwerken:

»Das Lob des Merlin ist in dieser Zeitung und anderswo so oft gesungen worden, dass es keiner weiteren Betonung bedarf. Dieses einzelne Triebwerk wurde so sorgfältig und intensiv entwickelt, dass es die gegensätzlichen Anforderungen fast aller RAF-Jagdflugzeuge, schwerer Bomber und aller Mosquitos mit bemerkenswertem Erfolg erfüllte. Dies sind Leistungen, die für sich selbst sprechen und der Organisation von Rolls-Royce größte Ehre einbringen. In der Tat sind sie, wie wir sehen werden, die wichtigste Rechtfertigung für die Politik, die Konstruktion und Entwicklung in den Händen der Firmen selbst zu belassen.«[145]

Die Implikationen sind klar und geben eine Antwort auf die Frage, warum die große Lücke zwischen den fortgeschrittenen

Forschungsprojekten, die intern von Kollmann durchgeführt wurden, und den Triebwerken, die vom RLM für den Einsatz in Kampfflugzeugen genehmigt wurden, bestand.

Obwohl Rolls-Royce an avantgardistischen Projekten wie dem Zweitaktmotor »Crecy« beteiligt war, konzentrierte sich das Unternehmen rücksichtslos auf das, was für die Kriegsanstrengungen als notwendig erachtet wurde – die Entwicklung des Merlin. Diese Haltung schränkte den potenziellen Erfolg der fortschrittlichen Triebwerke stark ein, aber Rolls-Royce konnte tun, was Daimler-Benz nicht konnte: sich auf das konzentrieren, was für den Sieg im Krieg erforderlich war, und alles beiseiteschieben, was davon ablenkte, egal wie interessant die Technologie war.

> »Die Entwicklung des 12-Zylinder-Zweitaktmotors wurde bei Rolls-Royce Limited als Kriegsprojekt begonnen, aber aufgrund der Anforderungen, die an das Unternehmen gestellt wurden, den Merlin-Motor sofort und intensiv zu entwickeln, um hohe Leistungen zu erzielen, war es nie möglich, ausreichende Einrichtungen für einen schnellen Fortschritt bereitzustellen.
>
> Die mit dem Motor erzielbare Leistung ist erheblich höher als die eines Viertaktmotors gleicher Größe, und diese zufriedenstellende Leistung wurde vollständig nachgewiesen. Um die Zuverlässigkeit bei langem Dauerbetrieb und die Verschleißfreiheit zu erreichen, sind sehr umfangreiche Tests erforderlich, und diese Ziele sind wegen der höheren Priorität der Merlin-Entwicklung noch nicht erreicht worden.
>
> Ein Einsatz des Motors für Kriegszwecke ist derzeit unwahrscheinlich.«[146]

Einer der interessantesten Berichte wurde von W. S. Farren, dem Leiter des RAE, erstellt. Er bereiste einige der wichtigsten Forschungseinrichtungen, darunter Völkenrode, BMW und die Messerschmitt-Werke, und stellte fest:

> »Forschung, Experiment, Entwicklung und Konstruktion standen im Allgemeinen unter der Leitung eines einzigen Mannes, eines technischen Direktors, der in einigen Fällen (z. B. Messerschmitt und Heinkel) auch Geschäftsführer war. Diese Praxis wurde von Albert Speer missbilligt, da sie seiner Meinung nach zu einer Beeinträchtigung des Produktionsflusses führte (aus diesem Grund wurde z. B. Messerschmitt im April 1942 nicht mehr als Geschäftsführer eingesetzt, obwohl er später wieder eingestellt wurde).
>
> Dem technischen Direktor stand ein hochqualifizierter Mitarbeiterstab zur Seite. Dieses übertraf im Allgemeinen das britische Pendant, sowohl was die durchschnittliche wissenschaftliche und technische Qualifikation als auch die Anzahl anging.«[147]

Farren ging dann darauf ein, wie die technische Gesamtrichtung festgelegt wurde:

> »Die Kontrolle der Produktion in der Flugzeug- und Zulieferindustrie lag bis Anfang 1944 in den Händen von Erhard Milch, der den Titel ›Luftzeugmeister‹ trug. Nach dem Übergang auf das Speer-Ministerium lag die technische Leitung beim RLM. Ein mit dem MAP vergleichbares zentrales Ministerium, das Forschung, Entwicklung und Produktion in der gesamten Flugzeugindustrie leitete, gab es nicht.
>
> Das Fehlen eines solchen zentralen Leitungsorgans mag einen Teil der Verwirrung erklären, für die es zahlreiche Belege gab … Die Kritik an der übergeordneten Leitung der Industrie war allgemein. Die Mission ist auch davon überzeugt, dass es insbesondere ab 1943 an Vision, Entscheidungen und einer klaren Politik mangelte. Es gab viele Hinweise auf heftige Schwankungen in den Produktionsprogrammen … die für leitende Positionen ausgewählten Offiziere waren oft ungeeignet. Noch bedeutsamer ist, dass es anscheinend völlig versäumt wurde, wissenschaftliche Methoden bei der Analyse von Betriebserfahrungen anzuwenden (z. B. gab es keine Betriebsforschung, wie wir sie kennen). In den Unternehmen gab es keinen organisierten, ortsansässigen RLM-Vertreter, der mit einem RTO oder RPO vergleichbar gewesen wäre … einige Unternehmen hätten einen ortsansässigen Vertreter begrüßt, vorausgesetzt, es wären wirklich erfahrene Männer eingesetzt worden, die in Bezug auf die technischen Anforderungen und die Lehren aus der Betriebserfahrung hätten beraten können. Die Regierung hatte praktisch die vollständige Kontrolle über die Arbeiten, die von einer Firma ausgeführt werden konnten.«[148]

Farren bezog sich dabei auf die Resident Technical Officers [Ortsansässige technische Beauftragte], die vom MAP beschäftigt wurden. Der Einsatz der RTOs gewährleistete eine effiziente Kommunikation zwischen allen Firmen und dem MAP selbst – einem einzigen zentralen technischen und Produktionskontrollzentrum. Die Deutschen hatten ihren Krieg mit keinem von beiden geführt.

> »Die Mission hatte die Gelegenheit, nur einen kleinen Teil der Einrichtungen zu inspizieren, die der Industrie und den staatlichen Einrichtungen für die Forschung in der Luftfahrt und verwandten Bereichen zur Verfügung stehen. Dennoch hinterließ dieser Bruchteil einen klaren Eindruck von dem verschwenderischen Ausmaß, in dem die Regierung die Forschung finanziert hatte … zum Beispiel wurde bei BMW in München die Testanlage für Hochleistungstriebwerke, die in diesem Land ihresgleichen sucht, mit einem Kostenaufwand von annähernd 500.000 Pfund installiert … die Besichtigung bestärkte die Mission in ihrer Ansicht, dass dieses Land es sich in Zukunft nicht leisten kann, bei den Ausgaben für Arbeitskräfte und materielle Ressourcen für die Forschung und Entwicklung in der Luftfahrt so sparsam zu sein, wie es in der Vergangenheit gewesen ist.«[149]

Farren kam zu dem Schluss, dass die deutsche Entwicklungsarbeit trotz der enormen Mittel, die zur Verfügung gestellt wurden, durch das Versäumnis, Programme wie den Resident Technical Officer einzuführen, zunichte gemacht wurde.

CIA-Ansichten nach dem Krieg

Über die Art des deutschen technischen Fortschritts vor und während des Zweiten Weltkriegs gibt es sehr viele Meinungen. Es ist interessant, den folgenden Auszug aus einem streng geheimen Memo zu lesen, das 1956 an den Direktor der CIA geschickt wurde:

> »In den Jahren 1936-37-38 wurde einer Reihe von Amerikanern (zu denen auch ich gehörte) erlaubt, einen beträchtlichen Teil des deutschen Luftwaffenaufrüstungsprogramms aus erster Hand zu sehen ... Ich wurde durch eine Reihe von deutschen Flugzeug- und Motorenfabriken geführt ... nach meiner Rückkehr wurde ich vom Bureau of Aeronautics und der NACA intensiv befragt. Damals gab es viele Spekulationen darüber, warum die Deutschen ihre Produkte so offensichtlich vorführten. Die gängigste Annahme war, dass sie dem Rest der Welt so weit voraus waren, dass sie in der Lage waren, damit offen zu prahlen. Die jüngsten Ereignisse haben mich davon überzeugt, dass dies nicht der Hauptgrund war. Diese Enthüllungen scheinen ein ›Ablenkungsmanöver‹ gewesen zu sein, um die wirklich wichtigen Forschungs- und Entwicklungsarbeiten auf dem Gebiet der Düsentriebwerke und Lenkraketen zu verbergen.«[150]

Dieser CIA-Bericht könnte eine zusätzliche Erklärung für die Einladungen an Großbritanniens ranghöchste Triebwerkskonstrukteure wie Ellor, Fedden und Ricardo zu Vorträgen auf den renommiertesten deutschen Luftfahrtkongressen noch im Jahr 1938 liefern.

Farrens Schlussfolgerung

Farren schloss mit einem Absatz, der die Geschichte all dessen, was für die deutschen Ingenieure schief gelaufen war, kurz und bündig wiedergibt:

> »Ungeheure Ressourcen und eine Fülle von Talenten, all dies wurde in seinen Bemühungen frustriert und am Ende durch den Mangel an höherer Planung und Richtung ruiniert. Es ist natürlich verständlich, dass das besiegte Land sein Versagen in gewissem Maße seinen Führern zuschreibt. Aber die Erkundungsgruppe hat nichts gehört und gesehen, was sie zu der Annahme veranlasst hätte, dass im Falle der deutschen Bemühungen, Flugzeuge als Kriegswaffen zu konzipieren, zu entwickeln und zu bauen, die Schuld für das Scheitern mit Fug und Recht woanders gesucht werden kann.«[151]

Kapitel 10
Technischer Überblick – internationaler Vergleich

Die Gründe für den Erfolg oder Misserfolg der einzelnen Nationen bei der Herstellung von Hochleistungstriebwerken in der richtigen Menge und zum richtigen Zeitpunkt für die richtige Flugzeugzelle sind vielschichtig. Es gibt keine Anzeichen für grundlegende Unterschiede in der technischen Begabung unter den Ingenieuren der diskutierten Nationen. Es ist jedoch klar, dass die Aneignung spezieller Triebwerkskenntnisse nicht schnell erfolgen konnte und in vielen Fällen ein so komplexer Prozess war, dass Jahre des Experimentierens und Testens erforderlich waren.

Dies wirkte sich vor allem auf die deutschen Konstrukteure aus, die vor Beginn ihrer Wiederaufrüstungsprogramme zehn Jahre lang nicht an den Schneider-Trophy-Rennen teilnehmen durften. Letztendlich war jedoch die von oben diktierte Richtung der Forschung und Koordination der Entwicklung der entscheidende Faktor für Erfolg oder Misserfolg.

Die wichtigsten Punkte aus den Entwicklungsgeschichten aller Firmen werden hier abschließend zusammengetragen.

Großbritannien

Bristol

Bristol entwickelte ab etwa 1920 vielversprechende Sternmotoren, als es die Firma Cosmos von Sir Roy Fedden aufkaufte, die durch das Ende der üppigen Verteidigungsausgaben nach dem Ersten Weltkrieg in Konkurs geraten war. Die aus dieser Übernahme hervorgegangenen Motoren wurden zum Bristol Jupiter und zum zweireihigen Mercury.[1] Diese Motoren waren im Wesentlichen Konstruktionen aus dem Ersten Weltkrieg, aber mit Cosmos wurde der höchst ungewöhnliche Schritt gewagt, einen Sternmotor mit Vierventilköpfen zu bauen – den Jupiter. Selbst der totgeborene Mercury hatte einen dreiventiligen Kopf, während es für einen zweireihigen Sternmotor aufgrund der Komplexität des Antriebssystems für die zusätzlichen Ventile äußerst ungewöhnlich war, mehr als zwei Ventile pro Kopf zu haben. Der Bristol Pegasus zeigte in den 1930er Jahren beachtlichen Einfallsreichtum bei der Anwendung von zweistufiger Aufladung und Ladeluftkühlung auf einen Flugmotor, was später während des Krieges so wichtig werden sollte, und Feddens Abteilung in Bristol kam der Entwicklung eines zweireihigen Sternmotors mit Vierventilkopf sehr nahe. In Verbindung mit den Erkenntnissen aus dem Pegasus-Höhenrekordmotor hätte dies einer der großen Flugmotoren des Zweiten Weltkriegs werden können, doch diese Chance wurde verpasst.

Fedden (und damit auch Bristol) beging seinen größten Fehler, als er versuchte, das Problem der Detonationsgrenzen zu lösen, das durch den unterentwickelten Zustand der Tellerventile in den späten 1920er und frühen 1930er Jahren verursacht wurde. Die Schuld dafür konnte zumindest teilweise Harry Ricardo angelastet werden, da Fedden sich an Ricardos frühen Experimenten orientierte.[2] Es handelte sich um einen schwerwiegenden technischen Fehler, aber das war zu dieser Zeit überhaupt nicht klar. Der deutsche Ingenieur Eugen Vohrer von der DVL schrieb 1938:

> »Der Weg zu Hülsenventilmotoren wurde von Ricardo und Bristol in England gewiesen … der Perseus und der Hercules sind ein Beweis für deren Durchführbarkeit … die zahlreichen Vorteile, der höhere volumetrische Wirkungsgrad, der geringere Kraftstoffverbrauch und die besseren effektiven Mitteldrücke durch die Verwendung einer Schichtladung sind nicht zu übersehen … es ist nicht anzunehmen, dass die Entwicklung hier aufhören wird.«[3]

Doch selbst wenn man die Frage beiseitelasst, welche Technologie besser war, beging Fedden die grundlegende Fehleinschätzung, im Jahrzehnt vor Kriegsausbruch eine fast 180°-Wendung in der technischen Ausrichtung seiner Motorenentwicklung vorzunehmen. Die jahrelange Entwicklung, die nötig war, um die Hülse zum Laufen zu bringen, und die enormen Ausgaben für experimentelle Tests machten all die gute Arbeit zunichte, die in den 1920er Jahren an den Bristol-Motoren geleistet worden war. Diese Energie hätte stattdessen in die Weiterentwicklung der Tellerventilmotoren fließen sollen; die Zeit, die für die Entwicklung der Hülse aufgewendet wurde (die, wie sich herausstellte, in Bezug auf die Leistung wenig erfolgreich war), hätte für die Entwicklung eines Centaurus mit vier Ventilen, zweistufiger Aufladung, Ladeluftkühlung und Direkteinspritzung verwendet werden können.

So wurde Bristol für den größten Teil des Krieges zu einem Hersteller mittelmäßiger Bombermotoren degradiert, da man viel Zeit damit verschwendete, die Hülse zum Laufen zu bringen. Als die Hülse perfektioniert wurde, waren die Tellerventile bereits so weit entwickelt, dass fast alle ursprünglichen Argumente für ihre Abschaffung hinfällig waren.

Die Entscheidung, ob man eine alte Technologie wegwerfen oder weiterentwickeln sollte, ist immer schwierig, und Bristol bewies mit seinen Versuchen, während des Krieges die Kraftstoffeinspritzung zu testen, sowohl die direkte als auch die Saugrohreinspritzung, beeindruckendes Vorwärtsdenken. Es unternahm auch lobenswerte Versuche, bei der Entwicklung eines britischen Kommandogeräts zu helfen, wofür es ein gewisses Lob verdient. Wie ist die Entscheidung von Bristol zwischen dem Versuch, die Kraftstoffeinspritzung zu entwickeln, und der Investition in das Hülsenventil – zu beurteilen? Zu jener Zeit gab es viele Befürworter beider Systeme, die so fest an ihre Vorzüge glaubten, dass die beiden Technologien eher zu Ideologien als zu Mechanismen wurden. Wie Fedden selbst zugab, war er das:

> »Angetrieben von einer Wildheit der Anstrengung … inspiriert von jenen, die sagten, die Einzelhülse … sei ein Jona und besiege immer jene, die sie umworben haben.«

Und schon früh waren diese Tugenden so fein ausbalanciert, dass beide Systeme von Zynikern leicht abgetan werden konnten – so wie es Dr. Morley von der RAE mit der Frage der Kraftstoffeinspritzung getan hatte. Im Nachhinein ist klar, dass die Direkteinspritzung vor dem Krieg jahrzehntelang von mehreren Herstellern mit großem Erfolg in Dieselmotoren eingesetzt wurde, während das Hülsenventil fast ausschließlich Experimentierhäusern wie Ricardo vorbehalten blieb.

Vielleicht kann man sagen, dass es sich bei der Einführung der Direkteinspritzung einfach um die Übertragung eines bewährten Systems von einer Anwendung auf eine andere handelte, wobei die zusätzlichen Steuerungskomplexitäten, die mit

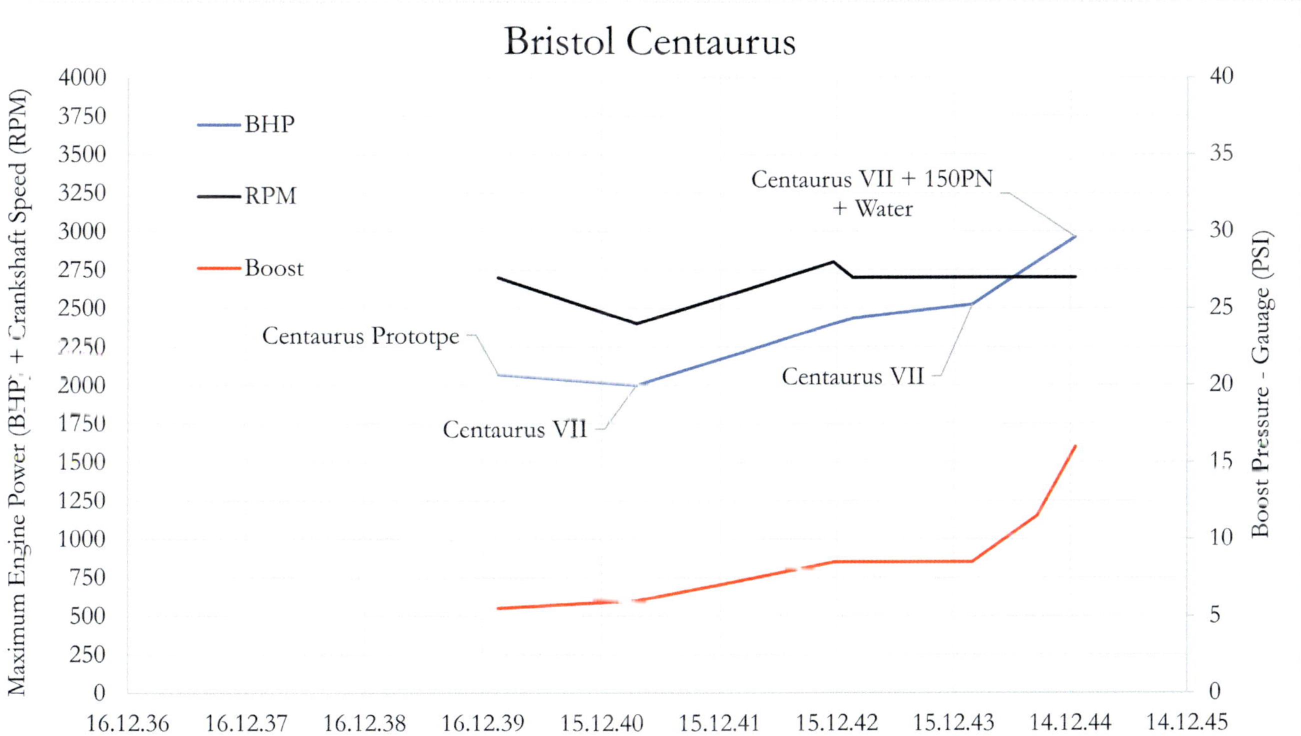

Entwicklung des Bristol Centaurus-Motors.

der Verwendung von funkengezündetem Petroleumkraftstoff einhergingen, zu berücksichtigen waren, während das Hülsenventil im Wesentlichen eine Laborneuheit war, bis Bristol beschloss, ein halbes Jahrzehnt damit zu verbringen, zu lernen, wie man es herstellt. Fedden hätte erkennen müssen, dass das Hülsenventil mehr war als eine Neuanwendung von etwas, das bereits funktionierte; er versuchte im Alleingang, die Motorentechnik zu revolutionieren.

Es war nicht Bristols Schuld, dass es so lange dauerte, die Hülse zum Laufen zu bringen – niemandem sonst gelang das –, aber es war der falsche Kampf, und er war umso frustrierender, als Bristol Anfang bis Mitte der 1930er Jahre alles in der Hand hatte, was es brauchte, um weltweit führende Sternmotoren mit hervorragender Höhenleistung herzustellen.

Napier

Der Sabre-Motor hatte eine Reihe einzigartiger und faszinierender Eigenschaften und war außerdem einer der ersten Flugmotoren, der auf der modernen Grundlage arbeitete, eine hohe Leistung durch Erhöhung der Kurbelwellendrehzahl zu erreichen. Der Sabre hätte dies mit Tellerventilen erreichen können, aber der daraus resultierende Motor wäre möglicherweise unpraktisch breit gewesen. Das H-Muster kam für den Einbau in ein Jagdflugzeug nur dann in Frage, wenn es die kompakten Hülsenventile und die nockenlosen »Schrottköpfe« enthielt, wie sie genannt wurden. Der Motor war also von Anfang an an das Hülsen-Konzept gebunden.

Letztlich erreichte der Sabre sein Potenzial erst nach Kriegsende, wie die unten abgebildete Leistungskurve von 1946 zeigt. Erst dann war seit den anfänglichen Entwicklungsschwierigkeiten genug Zeit vergangen, um den Ladedruck in Richtung der Werte zu erhöhen, die der Merlin bereits 1941 erreicht hatte.

Der Sabre war dem Problem zum Opfer gefallen, dass zwei Entwicklungsarbeiten parallel durchgeführt werden mussten: die Umsetzung des zugrunde liegenden Konzepts und die Erhöhung der Leistungsabgabe. Im Krieg hatten sich solche konzentrierten Anstrengungen für alle Nationen, die dies versuchten, als zu viel erwiesen. Wäre der Sabre drei Jahre früher entwickelt worden, hätte er möglicherweise schon zu Beginn des Krieges ein hervorragender Motor sein können, der, wie vorgesehen, in einen Spitfire-Ersatz eingebaut worden wäre. Aber die Anstrengungen, die Vandervell für die Lager und Hülsen benötigte, hatten die gesamte Entwicklungsarbeit absorbiert, die stattdessen in die Entwicklung des Kompressors und des Ladedrucks hätte gesteckt werden können. Der Sabre wurde auch durch Managementfehler bei Napier, eine Übernahme des Unternehmens in der Mitte des Krieges und den Weggang von Halford, dem Konstrukteur, zum Scheitern verurteilt.

Napier Sabre: Leistungskurven für die späte Variante N.S.96 S.M.

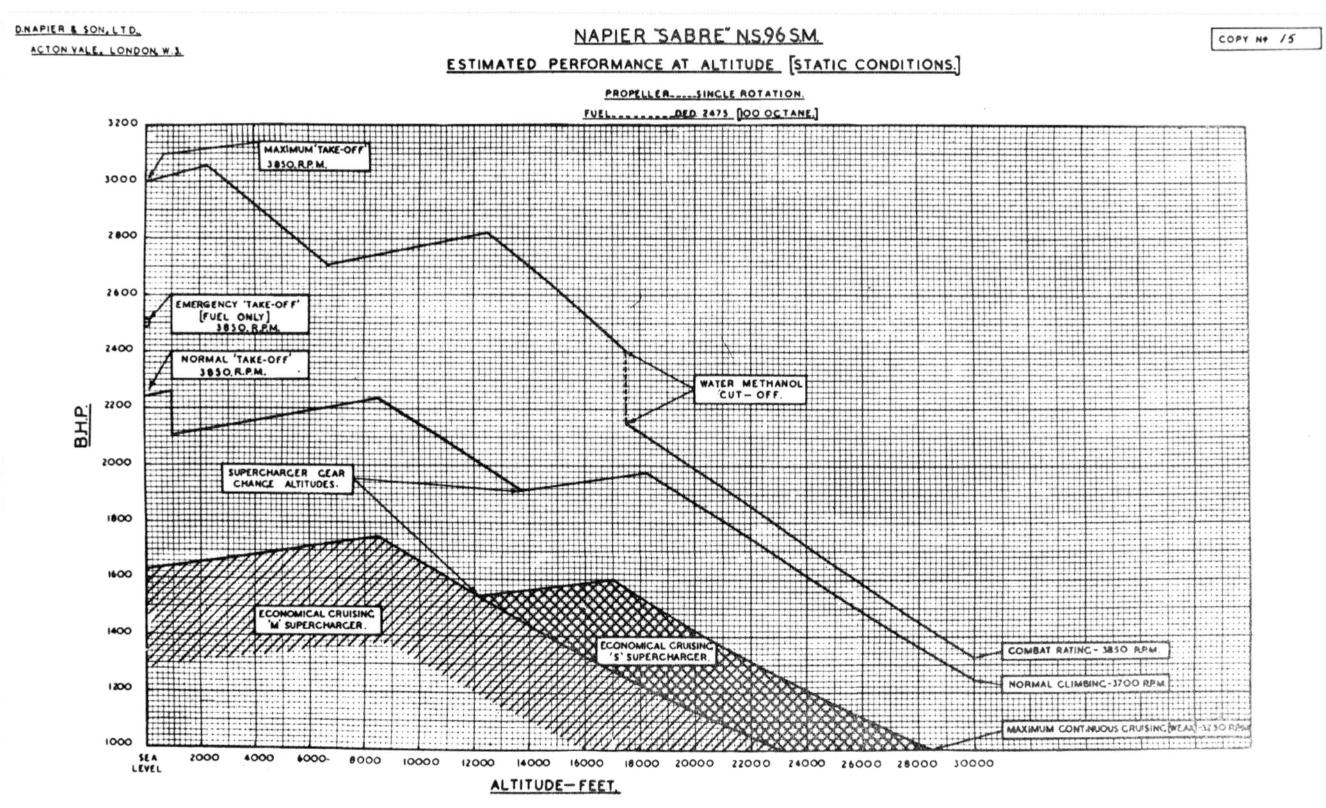

Interessant ist, dass trotz der Verfügbarkeit von Hochleistungstreibstoffen für Flugzeuge, die während des Krieges mit dem Sabre ausgerüstet wurden, die Ladedruckwerte des Sabre nicht über denen lagen, die von deutschen Herstellern mit Treibstoffen geringerer Qualität verwendet wurden. Dies spiegelt die fehlende Entwicklungszeit wider, die Napier für den Sabre aufwenden konnte. Sehr hohe Leistungen erforderten eine Methanol-Wassereinspritzung wie sie in Deutschland verwendet wurde.

Die Entwicklung des Sabre ging auch nach Kriegsende weiter, und am 27. August 1946 wurden im Napier-Entwicklungsbericht 1878 Detonationsgrenztests durchgeführt. Der Grenzwert von 15 Pfund Ladedruck wurde teilweise durch umfangreiche Überarbeitungen der Wasserdurchflusskanäle an der Innenseite der Zylinderköpfe im Bereich der Hülsen verbessert.

> »Die Ergebnisse dieser Untersuchung zeigen sehr deutlich, dass die Verformung der Zylinderbohrungen die Detonationseigenschaften des Motors beeinträchtigt. Des Weiteren kann diese Verformung durch die Entfernung der in den Mittellinien der Zylinder befindlichen Querstege verringert werden, wodurch eine gleichmäßigere Ausdehnung ermöglicht wird. Es wird empfohlen, bei künftigen Konstruktionen die erforderlichen Maßnahmen zu ergreifen, um das erneute Auftreten der inhärenten Schwächen der derzeitigen Konstruktion zu verhindern.«[4]

Der Hülsenventilansatz machte den Zylinder empfindlich gegenüber Bohrungsverzerrungen, und daher ist diese Anordnung eine größere Herausforderung und erfordert mehr Entwicklungsarbeit, um die gleiche Detonationsgrenze zu erreichen wie bei einem gleich entwickelten Sitzventilmotor. Ironischerweise war das Hülsenventil ursprünglich ausschließlich unter dem Gesichtspunkt vorgeschlagen worden, eine bessere Detonationsgrenze als das Tellerventil zu haben, aber das Tellerventil hatte – vor allem durch große Verbesserungen bei den Ventillegierungen, hitzebeständigen und widerstandsfähigen Beschichtungen wie Stellite und Brightray – die Lücke geschlossen und dann das Hülsenventil übersprungen. Der Hülsenventilmotor war eine erstaunliche technische Herausforderung und eine kolossale Leistung in der Massenproduktion, aber die Geschichte zeigt, dass er nur für eine kurze Zeit den Thron der Kolbenflugmotortechnologie zu Recht besetzte, während die in herkömmlichen Tellerventilen verwendeten Ventillegierungen weiterentwickelt wurden.

Der Sabre hätte einen viel größeren Beitrag zu den Kriegsanstrengungen leisten können, wenn Bristol und Napier bei der Hülsentechnologie zusammengearbeitet hätten und Halford vom Napier-Management mehr Unterstützung erhalten hätte, um sein Ausscheiden zu verhindern. Eine frühere Lösung der Probleme mit der Hülsenfertigung und ein besserer Auflader – oder eine Turboladerinstallation, die bereits zu Beginn des Krieges in Erwägung gezogen wurde hätten dazu führen können, dass die Sabre eine weitaus ernstere Bedrohung für Deutschland dargestellt hätte. In den Worten von Lt. Carroll, dem leitenden Versuchsingenieur in Wright Field am 4. November 1941:

> »... Wenn sie in der Lage sind, eine erfolgreiche Turboinstallation auf dem Typhoon-Flugzeug mit den Sabre-Motoren vorzunehmen, werden sie wahrscheinlich etwas haben, das schwer zu schlagen sein wird.«

Sabre I
Original production engine incorporating an S.U. Carburettor, type AVQ 30/200.
Max. Power 2055 B.H.P. Max. R.P.M. 3700 Max. boost pressure + 7.

Sabre II
Used for development flying and service trials.
Max. Power 2095 B.H.P. Max. R.P.M. 3700 Max. boost pressure + 7.

Sabre IIA
Power plant of the Typhoon - Fully lapped and nitrided sleeves - strengthened sleeve drives and redesigned supercharger clutch. Included modifications to the standard set by Modification No.308.
Max. Power 2235 B.H.P. Max. R.P.M. 3750 Max. boost pressure + 9.

Sabre IIB
Power plant of the Tempest - had vandervell thin wall bearings introduced to later engines.
Max. Power 2420 B.H.P. Max. R.P.M. 3850 Max. boost pressure + 11.

Sabre IIC
Current production engine - has "weak mixture" carburettor, being tuned to the position nearer weakest mixture for max. power at all boost pressures above + 7 lbs.
Max. Power 2420 B.H.P. Max. R.P.M. 3850 Max. boost pressure + 11.

Sabre III
Specially developed for the Fleet Air Arm - Incorporated balanced crankshafts and used extensively for training in the Blackburn Firebrand.
Max. Power 2305 B.H.P. Max. R.P.M. 4000 Max. boost pressure + 9.

Sabre IV
Preliminary flight engine for the V - First series Sabre engines to incorporate fuel injection.
Max. Power 2240 B.H.P. Max. R.P.M. 3850 Max. boost pressure + 10.

Sabre V
Development engine for the VA - Earlier engines flew without Single Lever Control.
Max. Power 2600 B.H.P. Max. R.P.M. 3850 Max. boost pressure + 15.

Sabre VA
Current production engine. Fitted with Single Lever Control. Single entry impeller of increased capacity. Output equal to 71 B.H.P. per litre.
Max. Power 2600 B.H.P. Max. R.P.M. 3850 Max. boost pressure + 15.

Sabre VI
Power plant incorporating an annular radiator and fitted with an engine driven cooling fan. Installed in a Vickers Warwick CIII.
Max. Power 2600 B.H.P. Max. R.P.M. 3850 Max. boost pressure + 15.

Sabre VII
Incorporates Water/Methanol injection.
Max. Power 3050 B.H.P. Max. R.P.M. 3850 Max. boost pressure + 17½.

For the benefit of those who are not yet familiar with the function of the various units of the Sabre engine, the following brief description may prove useful. To those who are already conversant with the Sabre engine, it is hoped it will not prove uninteresting.

Überblick über die wichtigsten Versionen der Sabre-Engine.

Napier Sabre Entwicklungsdiagramm.

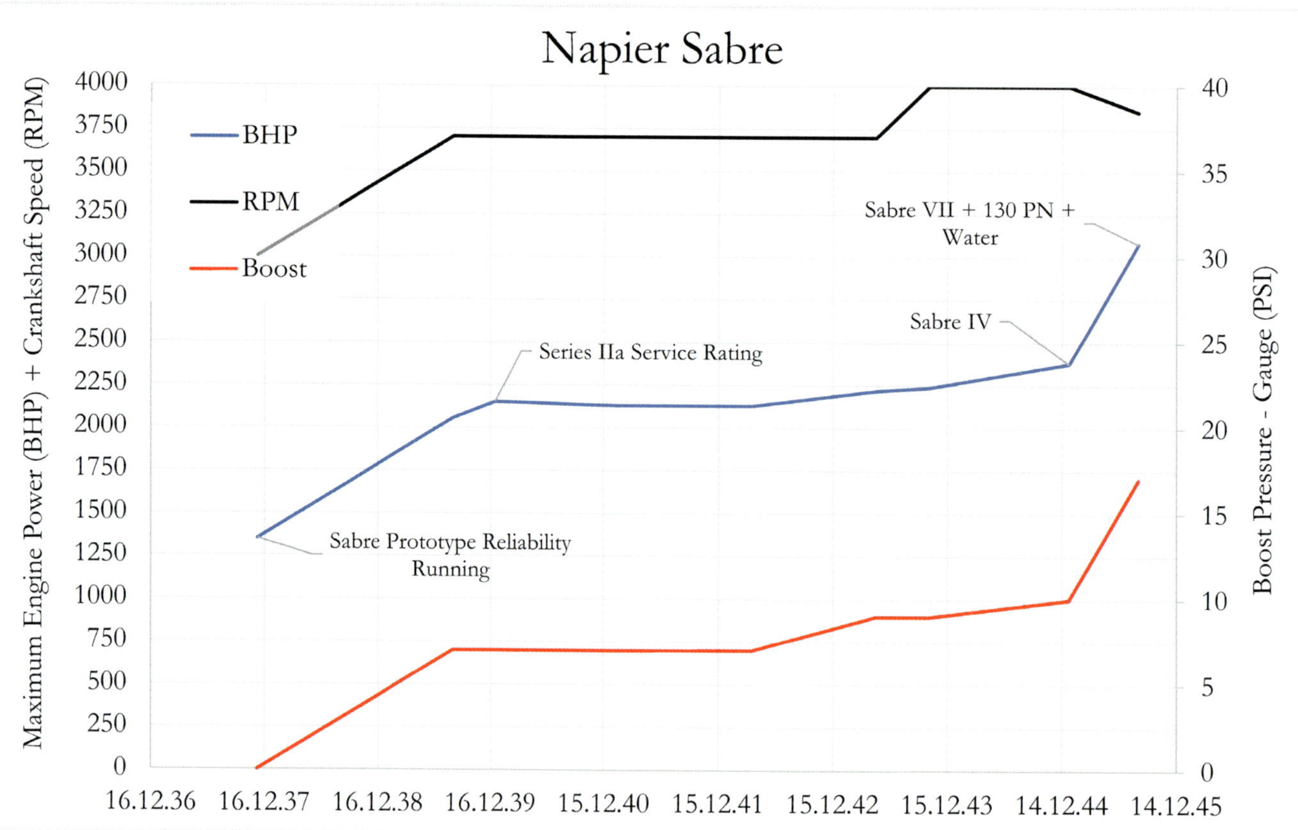

Rolls-Royce Prüfstand Leistungsentwicklung bis 1945 mit Merlin II bis RM17sm Motoren.

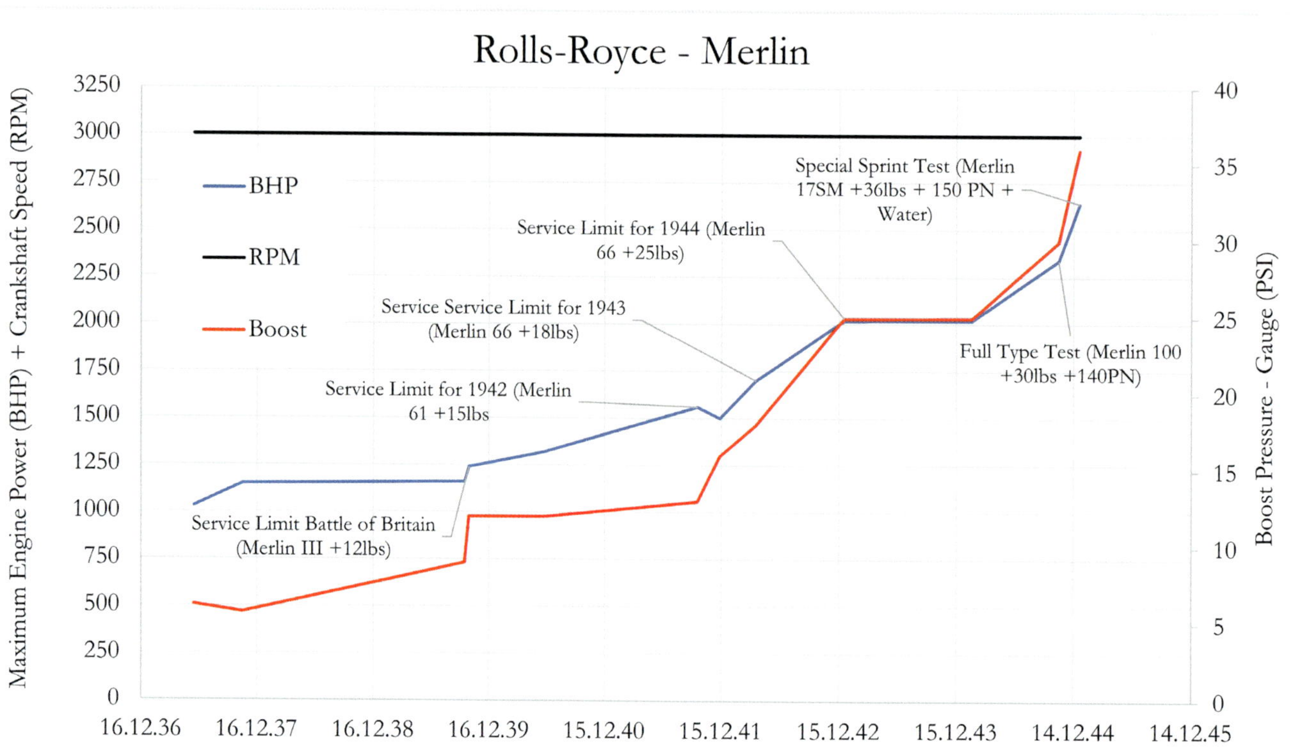

Ähnlich wie Bristol hatte auch die Firma Napier ihre Grundlagen in den frühen 1920er Jahren gelegt. Obwohl sie ihren besten Ingenieur an Rolls-Royce verloren, hatte Napier interessante Motoren wie den H-24 Napier Dagger, der 1934 lief und mit nur zwei Tellerventilen pro Zylinder eine spezifische Leistung von 47 PS/Liter hatte, die der Merlin erst übertraf, als der Merlin III 100 Oktan-Kraftstoff erhielt und mit +12psi [0,827 bar] Ladedruck laufen konnte. Napier hätte bei den Tellerventilen bleiben und lediglich den Hubraum des Dagger vergrößern sollen. Der Aufwand für die Muffen hätte stattdessen in die Entwicklung des Aufladesystems gesteckt werden sollen. Die Philosophie des kurzen Hubs und der höheren Kurbelwellendrehzahlen wies in die Zukunft, und Napier machte den Fehler zu denken, dass es mehr tun müsste, als dieses solide Konzept zu übernehmen und es schrittweise weiterzuentwickeln. Der Dagger, ein luftgekühlter Motor mit 4 × 6 Zylinder in Reihe und H-Anordnung, hätte bei hohen Leistungen ernsthaft unter der Kühlung zu leiden gehabt, da jeweils sechs Zylinder in Reihe standen. Deshalb hätte er auch auf ein wassergekühltes Layout wie der Sabre umgestellt werden müssen. Napier hatte die Angewohnheit, gute Lösungen zu entwickeln, sie aber nicht alle in ein und dasselbe Motormodell zu stecken.

Rolls-Royce

Die Entwicklungen von Rolls-Royce zeichneten sich durch eine kontinuierliche Erhöhung des Ladedrucks und die Behebung der daraus zwangsläufig resultierenden mechanischen Defekte aus. Das endgültige Layout des Merlin war zwar konventionell, aber im Grunde genommen solide und enthielt keine größeren Fehler. Das war kein Zufall, denn der Merlin hatte eine sehr unglückliche Anfangszeit: Rolls-Royce verschwendete 18 Monate mit dem Versuch (und scheiterte), die frühe »Rampenkopf«-Brennkammer zum Laufen zu bringen. Als der Krieg am Horizont auftauchte, konnten daher alle Entwicklungsanstrengungen auf Verbesserungen und nicht auf die Lösung größerer struktureller und grundlegender Systemprobleme gerichtet werden.

Um mehr als 1100 PS zu erreichen, wurde ein neuer Kraftstoff benötigt, da 87 Oktan keinen Ladedruck über 9 psi [0,62 bar] zuließ. Mit der Einführung von 100/130 PN-Kraftstoff konnte der Ladedruck auf etwa 25 psi [1,72 bar] erhöht werden. Um dies zu erreichen, waren mehrere mechanische Änderungen erforderlich, einschließlich des zweiteiligen Zylinderblocks und der Wasser-Luft-Ladungskühlung – beides erforderte umfangreiche strukturelle Überarbeitungen.

Mit 100/150 PN-Kraftstoff wurde der Druck auf über 30 psi [2,07 bar] erhöht, und bei dieser Leistung war die ölgespeiste Kurbelwelle erforderlich, die in den Merlin 100 eingebaut wurde. Dieses Triebwerk wurde in den letzten Kriegsmonaten im de Havilland Hornet-Jagdflugzeug eingesetzt (allerdings nicht im Kampfeinsatz). Mit der Einzeleinspritzung in das Laderauge, einer neuen Drosselklappe und der Entfernung des Lader-Nasenlagers zur Verbesserung des Luftstroms in den Motor war dies die größte Veränderung seit der Einführung des Merlin 60. Myriaden von Detailänderungen und Tausende von Aktualisierungen waren erforderlich, um diese Entwicklung zu erreichen, aber das Konzept des Motors blieb unverändert, wobei Leistung, Betriebsdrehzahl, Zündkerzenpositionen, Anschlüsse und Ventiltrieb nur wenig verändert wurden. Rolls-Royce stellte fest, dass selbst bei Verwendung der KE956-Legierung für die Auslassventile zusätzlich eine Brightray- oder Stellite-Hartstoffbeschichtung erforderlich war, um zu verhindern, dass die Ventile bei hohen Temperaturen erodieren.

Während viele Beschwerden an Daimler-Benz in Deutschland wegen der schlechten Wärmeleitfähigkeit von Schraubventilsitzen gerichtet wurden, wurden diese von Rolls-Royce mit großem Erfolg eingesetzt.

Während die eingeschraubten Sitze unter dem Gesichtspunkt der Leitfähigkeit eine weniger effektive Lösung darstellen als eingepresste Sitze, hatten die Alliierten die Freiheit, das benötigte Nickel und Kobalt in großen Mengen einzusetzen. Dadurch wurde der Merlin-Motor insgesamt unempfindlicher gegenüber höheren Ventiltemperaturen, da die Ventile nicht korrodierten und verkalkten, wie es bei den deutschen Ventilen dieser Zeit der Fall war.

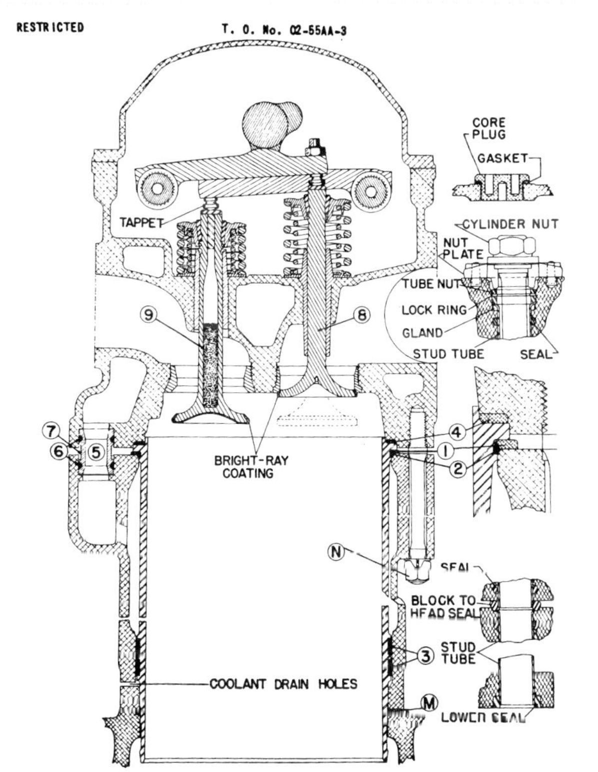

Fig. 35D - Vertical Section Through Coolant Jacket, Cylinder Liner and Cylinder Heads

Schnittdarstellung der Packard Merlin-Zylinderbaugruppe mit Lizenzbauweise.

Die wichtigste Entwicklung war zweifellos der zweistufige Kompressor mit Wasserladungskühlung, ohne den der Merlin-Motor 1943 nicht mehr wettbewerbsfähig gewesen wäre. Durch die Beibehaltung des konventionellen Layouts des Merlin hatte Rolls-Royce Gelegenheit, alle wichtigen Details zu entwickeln, die für die Zuverlässigkeit bei hohen Leistungen erforderlich waren. In der Zeit, in der die Leistung des Merlin von 1939 bis 1943 gesteigert wurde, waren alle anderen britischen Hersteller voll beschäftigt, ihre Triebwerke lediglich zufriedenstellend arbeiten zu lassen, und blieben daher zu weit hinter Rolls-Royce zurück, um den Beitrag zu leisten, den sie hätten leisten können. Der Griffon verdient ein eigenes Kapitel, aber die Geschichte der Bemühungen von Rolls-Royce ist vor allem in den Entwicklungslinien des Merlin zu sehen.

USA

Allison

Im europäischen Kriegsgebiet war Allison für die frühe P-51A und alle im Einsatz befindlichen P-38 Flugzeuge verantwortlich. Das Unternehmen hatte seit dem Ersten Weltkrieg große V12-Motoren hergestellt, darunter viele der berühmten Liberty V12. Der beste Motor von Allison, im Mai 1929 konzipiert, war 1933 eindeutig der V-1710, der nur geringfügig größer als der Merlin war, aber eine weitgehend ähnliche Bauweise aufwies. Unter anderem wegen der Großen Depression in Amerika blieb der Motor chronisch unterentwickelt. Er bestand seine Musterprüfung erst im Dezember 1936, und erstaunlicherweise waren fast ein Jahrzehnt nach seiner Entwicklung Ende 1930 nur 81 Testmotoren gebaut worden.[5]

Obwohl der V-1710 noch vor dem Merlin entwickelt wurde, wies er einige für die damalige Zeit besonders fortschrittliche Merkmale auf, die in mancher Hinsicht den Praktiken von Rolls-Royce weit voraus waren. Der Allison-Motor hatte, wie der totgeborene DB 609, eine fast perfekte Pultdachbrennkammer mit engem Ventilwinkel (Seite 136, oben links). Dies ermöglichte eine hervorragende Verwirbelung der in den Zylinder einströmenden Luft, ein sehr geringes Verhältnis zwischen der Oberfläche der Kammer und ihrem Volumen (was eine geringe Wärmeleitung in den Zylinderkopf und damit einen hohen thermischen Wirkungsgrad zur Folge hatte) und eine gute Platzierung der Zündkerzen an beiden Seiten der Kammer.

Schließlich hatte der V-1710 Ventile, die wie beim Merlin von einer Nockenwelle angetrieben wurden, aber er verwendete ein Rollenlager für Kontakt mit der Nockenwelle, im Gegensatz zu den Reibbelägen des Merlins. Für einen langsam drehenden Motor war dies eine viel bessere Lösung als die abgenutzten

Progression of V-1710 engine performance.

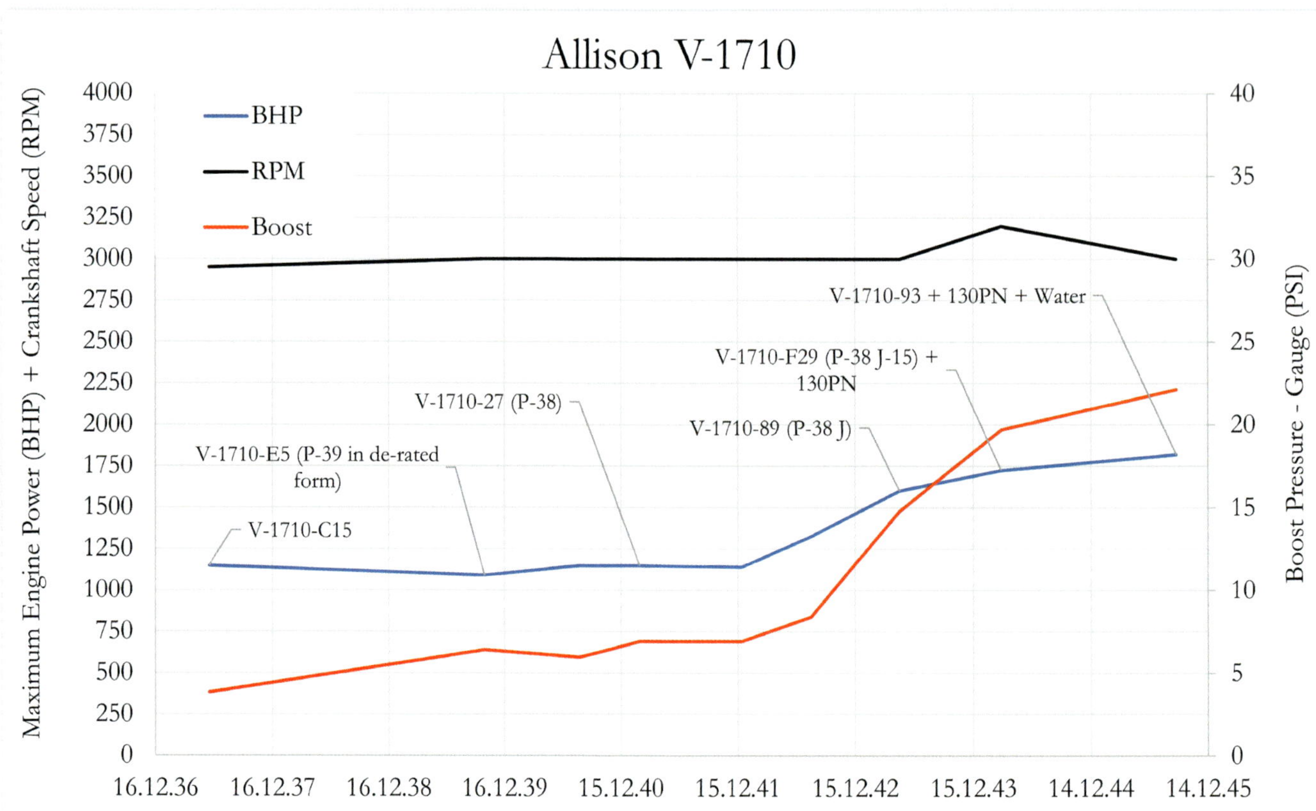

Kipphebel, die den Merlin während seiner gesamten Lebensdauer plagten. Rolls-Royce wusste, dass dies der Fall war, aber eine Neukonstruktion erforderte mehr Platz in den Kipphebelabdeckungen, als zur Verfügung stand, und zu diesem Zeitpunkt hatte man sich bereits auf Flugwerke festgelegt, die den Motor so eng umschlossen, dass die Entwicklung eines Rollenschwingersystems als unpraktisch angesehen wurde.

Allison hatte bereits Jahre vor allen anderen Flugmotorenherstellern versucht, eine Vierventil-Pentadach-Kammer mit einem umlaufenden Verbrennungsring zu entwickeln. Eine gut konstruierte moderne Brennkammer mit einem extrem dünnen Quetschspalt kann mit dem an den meisten Tankstellen erhältlichen Kraftstoff bei über vier Atmosphären Ladedruck ohne Detonation laufen. Da der Allison-Motor keine ungewöhnlich hohe Klopffestigkeit aufwies, kann man nur zu dem Schluss kommen, dass die Konstruktion in irgendeiner Weise mangelhaft war.

Allison war sich wahrscheinlich nicht bewusst, wie nahe der Kolben am Zylinderkopf liegen muss, damit dieser Effekt funktioniert, und die Quetschzonen im V-1710 scheinen flächenmäßig zu klein zu sein. Die Gleichung für die Verbrennungsgeschwindigkeit in der Kammer steht in direktem Zusammenhang mit der Geschwindigkeit der Gasbewegung in der Kammer, die durch Quetschungen dramatisch erhöht werden kann. Allison war frustrierend nahe an einem Leistungssprung bei den Motoren.

Die amerikanische Triebwerksindustrie machte in den 1930er Jahren zwei große Fehler, von denen einer sowohl politischer als auch technischer Natur war.

Erstens bedeutete die Art und Weise, wie die Luftfahrtforschung organisiert war, dass General Electric fast ausschließlich für die Entwicklung der gesamten Kompressor- und Turboladertechnologie in Amerika verantwortlich war. Das Unternehmen leistete Erstaunliches in der Produktion, blieb aber weit hinter dem Stand der Technik in der Gasströmungslehre zurück. Aus Kollmanns Memoiren geht beispielsweise hervor, dass der Strömungsquerschnitt eines typischen General-Electric Turboladerkompressors aus dem Zweiten Weltkrieg vom Einlass zum Auslass 1 : 1 betrug.

Alle anderen seriösen Hersteller verengten damals die Bereiche, um die Geschwindigkeit bei steigender Ladedichte konstant zu halten und die Verluste zu minimieren. Das V-1710-Triebwerk wurde heftig kritisiert, da es im hinteren Bereich ein Turboladerrad mit extrem kleinem Durchmesser besaß und die Höhenleistung durch die relativ rückständigen General Electric-Kompressoren, die als erste Stufe eines zweistufigen Aufladesystems im P-38-Jagdflugzeug eingesetzt wurden, nicht verbessert wurde.

Die Verwendung von General-Electric-Turboladern in Kombination mit einem relativ kleinen und unterentwickelten mechanischen Kompressor hatte auch zur Folge, dass viele kleinere Jagdflugzeuge den Turbolader nicht unterbringen konnten. Daher waren andere US-Jäger wie die P-40 im Höhenkampf stark benachteiligt und wurden im Kampf gegen deutsche Jäger nicht bevorzugt.

Zweitens hatte Allison den Fehler begangen, keine Hochdruck- und Hochtemperaturkühlung mit einem Wasseranteil von mindestens 70 % zu entwickeln. Dies hätte die Detonationsgrenzen herabgesetzt, und die Frage wurde erst nach dem Ende des europäischen Krieges vollständig geklärt. Trotz dieser Einschränkung genoss das Unternehmen von Anfang an Vorteile in der Lagertechnik, die erst viel später von anderen Herstellern nachgeahmt wurden. Allison war nämlich in erster Linie ein Hersteller von Lagern und nicht von Motoren, und dieses Wissen in der Schalenlagertechnologie kam den späteren Motoren des Unternehmens zugute; die Technologie wurde auch nach Europa exportiert und entwickelte sich weiter zu den Blei-Indium-Vandervell-Lagern, die von Napier verwendet wurden, um die sie die deutschen Ingenieure sehr beneideten.. Dennoch kam es beim V-1710 immer noch zu zahlreichen Ausfällen der Hauptlager, die Ende 1943 die schwerwiegendste Ausfallstatistik für den Motor darstellten.[6] Um hier Abhilfe zu schaffen, wurden Indium-Lager erprobt, und Allison fand, wie auch die britischen Hersteller, heraus, dass eine nitrierte Kurbelwelle eine bessere Reibungspaarung mit den Lagerschalen bildete als eine aufgekohlte Kurbelwelle und zu einer längeren Lebensdauer der Lager führte. Es ist wahrscheinlich, dass die Tatsache, dass Allison das System der zentralen Ölzufuhr für die Kurbelwellennase nicht übernommen hat, zu diesen Schwierigkeiten beigetragen hat.

Etwas weniger katastrophale Probleme traten auch bei den Ventilen auf, wenn auch nicht annähernd in dem Ausmaß, wie es in Deutschland der Fall war. Um diese Probleme zu beheben, versuchte Allison es schließlich mit Nichrom, das normalerweise als Heizelement in elektrischen Heizungen verwendet wird und fast vollständig aus Nickel und Chrom besteht.

Wie bei den meisten US-Service-Motoren waren die Ölabsaugpumpen nicht für eine höhere Förderleistung als die Druckpumpen ausgelegt. Dies war ein scheinbar kleines, aber wichtiges Detail – denn die Folge war eine große Ölzirkulation im Kurbelgehäuse, einen höheren Ölverbrauch und die Absenkung der Detonationsgrenzen, da das Öl den Brennraum verunreinigte.

Die vom V-1710 erreichten Leistungen waren immer relativ konkurrenzfähig, was die maximale Leistung anging, aber in den relativen Schwächen in der Höhe enttäuschte er. Ein wesentlich effektiveres zweistufiges System, das dem des Merlin 60 nicht unähnlich war, wurde von Allison entwickelt. Obwohl es 1942 in sehr kleinen Stückzahlen hergestellt wurde, konnte es jedoch nie in einem Kampfflugzeug in Europa eingesetzt werden. Wie Rolls-Royce erreichte auch Allison in Versuchen wesentlich höhere Leistungen, als sie jemals für Kampfflugzeuge zur Verfügung gestellt wurden, und erreichte gegen Kriegsende mit dem V-1710 auf dem Prüfstand rund 2200 PS, wobei die Variante V-1710-133 mit Wassereinspritzung arbeitete.

Pratt & Whitney

Wie bei Allison war der Beitrag von Pratt & Whitney zu den Kampfflugzeugmotoren im europäischen Kriegsgebiet ein relativ kleiner Teil der Gesamtaktivitäten des Unternehmens. Die P-47 war das einzige Kampfflugzeug, zu dem das Unternehmen einen Beitrag leistete – in Form des R-2800 Double Wasp. Im Jahr 1942 belief sich die R-2800-Produktion auf nur 11.840 der 52.769 von Pratt & Whitney hergestellten Triebwerke, doch stieg dieser Anteil 1945 auf etwa 36 %: 45.259 der 125.463 in jenem Jahr gebauten Triebwerke waren R-2800-Triebwerke (einschließlich der in Lizenz gefertigten).

Das Erfolgsrezept von Pratt & Whitney für das R-2800 stammte aus der gleichen Form, die Rolls-Royce für das Merlin verwendet hatte. Das Triebwerk war vom Gesamtaufbau und vom Konzept her unauffällig, aber es baute auf jahrelanger Erfahrung mit luftgekühlten Sternmotoren auf, und das Unternehmen wusste, dass es die wenige Zeit, die ihm zur Verfügung stand, auf die Verbesserung und Produktion des Motors verwenden konnte, anstatt grundlegende Probleme mit einem neuen Konzept zu lösen. Wie bei vielen Sternmotoren wurde auch beim R-2800 – wie bei den Serien Jumo 211, 213 und Merlin 100 – das Öl zwangsläufig durch den Kern der Kurbelwelle in die Lager geleitet und von dort nach außen. Bei einem Radialmotor ist dies aufgrund der Anordnung der Hauptlager oft die einzige Möglichkeit, das Öl zu leiten.

Das Prinzip wurde erst später von den Herstellern flüssigkeitsgekühlter Motoren übernommen, die seinen Nutzen zur Verbesserung der Lebensdauer von Gleitlagern entdeckten. Der R-2800 hatte wie die meisten luftgekühlten Sternmotoren nur zwei Ventile pro Zylinder, was er jedoch durch seine brachiale Leistung wettmachte. Trotz dieses technischen Handicaps erzielte Pratt & Whitney mit dem R-2800 eine beachtliche Leistungssteigerung, obwohl er mehr als seine flüssigkeitsgekühlten Konkurrenten einer Wassereinspritzung bedarf, um die Zylindertemperaturen niedrig zu halten.

Die bemerkenswerteste Leistung des Unternehmens war der einzige wirklich zuverlässige und solide umgesetzte Einbau eines Turboladers in ein Kampfflugzeug des Zweiten Weltkriegs. Obwohl General Electric die Aggregate und Republic Aviation die Zelle und die Systeme herstellte, ist der Erfolg der gemeinsamen Entwicklung des P-47-Jagdflugzeugs von nicht zu unterschätzender Bedeutung. Der mutige Schritt, ein ganzes

Entwicklung der Leistung des R-2800-Motors.

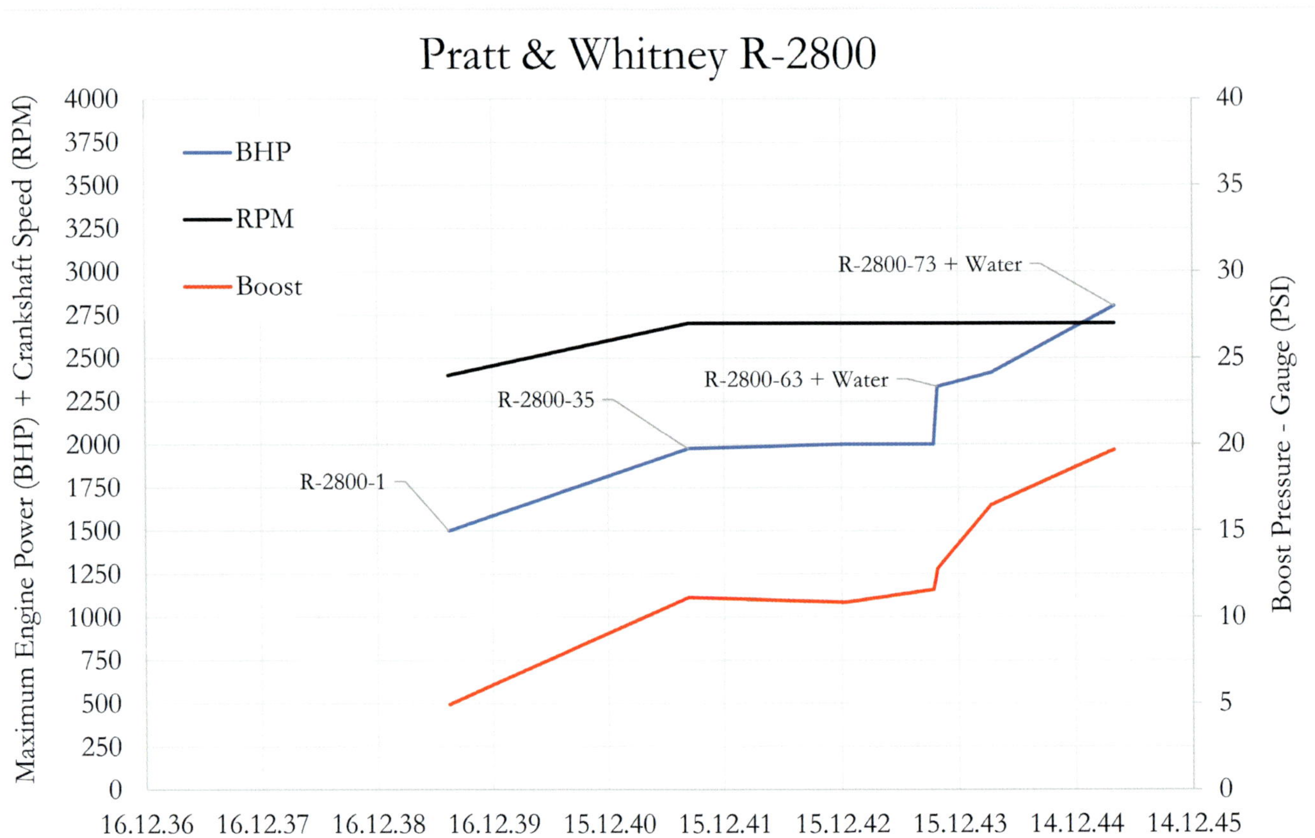

Flugzeug um ein einziges Triebwerk herum zu bauen, mit nur einem relativ neuen Aufladungskonzept, war äußerst zukunftsweisend.

Die deutsche Luftfahrttechnik der Kriegszeit wird oft für ihre fortschrittlichen Ideen gelobt, aber hier haben die amerikanischen Ingenieure nicht nur eine fortschrittliche Idee entwickelt, sondern sie auch erfolgreich in die Massenproduktion und den effektiven Kampfeinsatz gebracht. Die Art und Weise, wie die P-47-Kanäle und die Turboladerinstallation in einer derart integrierten und effektiven Weise mit geschwungenen, eleganten Kanälen verpackt wurden, erinnert stark an turbogeladene Grand-Prix-Autos. Obwohl die Gesamtform des Flugzeugs riesig war, hatte es klare Linien; die verpfuschten Versuche einer Turboladerinstallation in Deutschland, mit bauchigen Karbunkeln, die an die Rümpfe von Flugzeugen wie der Fw 190 angefertigt wurden, zeigen, wie leicht man solche Anpassungen falsch machen konnte.

Die einzige Möglichkeit bestand darin, ein Kampfflugzeug um einen Turbolader herum zu konstruieren, und Republic Aviation, Pratt & Whitney und General Electric lieferten die entsprechenden Produkte. Das Potenzial des Kampfflugzeugs wurde nur durch den relativ schlechten Wirkungsgrad des Turboladerkompressors und des am Motor montierten Turboladerlaufrads (praktisch die zweite Stufe) sowie durch den unterentwickelten Stand der Triebwerkssteuerung begrenzt – ein Problem, das damals alle Nationen außer Deutschland betraf.

Hinter dem scheinbar einfachen Äußeren des R-2800 verbergen sich äußerst komplexe Kolbenkühlrippen an der Innenseite der Kolben, die ihm eine für einen luftgekühlten Motor überdurchschnittlich hohe Klopfgrenze verleihen, sowie hochentwickelte Lager und ein effektives Kurbelwellen-Drehschwingungsdämpfungssystem mit eingebauten Pendeldämpfern in jedem Gegengewicht. Bristol hatte dasselbe mit dem Centaurus versucht, aber Tests der RAE ergaben später, dass die von Bristol verwendeten Kugelgewichte nicht so effektiv waren wie erhofft.

Eine passende Würdigung der sorgfältigen Konstruktionsarbeit von Pratt & Whitney wurde versehentlich am 3. April 1943 in Rechlin auf der Entwicklungskonferenz gegeben, an der fast alle großen Namen der deutschen Luftfahrt teilnahmen und auf der die turbogeladene Fw 190 zur Sprache kam:

> »Die Fw 190 mit DB 603 A und TK11 hat eine unterdurchschnittliche Geschwindigkeit in geringer Höhe. Das Testflugzeug ›Känguru‹ ist aerodynamisch unsolide. Im Vergleich dazu zeigt der Rumpf der Republic Thunderbolt die bessere Lösung.«[7]

Nur weil ein einfaches Layout verwendet wurde, sollte man nicht denken, dass das R-2800 ein einfach zu entwickelnder Motor war. Alle Triebwerke sind ungeheuer komplex, und selbst ein konzeptionell perfektes Triebwerk kann schief gehen, wenn nur ein einziges Detail nicht beachtet wird. Pratt & Whitney hat sich klugerweise auf die versteckte Mammutaufgabe konzentriert, die sich unsichtbar hinter allen scheinbar zuverlässigen Triebwerken verbirgt: dass alles entworfen, hergestellt, geprüft, zusammengebaut und jedes Mal nahezu perfekt betrieben wird. Das ist die eigentliche Schwerstarbeit hinter einem erfolgreichen Triebwerk – und Pratt & Whitney ist sie gelungen.

Deutschland

BMW

BMW befand sich in der wenig beneidenswerten Lage, viele Jahre lang flüssigkeitsgekühlte Motoren gebaut zu haben, um dann vom RLM mit der Umstellung auf luftgekühlte Motoren beauftragt zu werden, während sich Jumo und Daimler-Benz auf erstere konzentrierten. Dies war ein deutlicher Nachteil für das Unternehmen, das sich in erstaunlich kurzer Zeit ein neues Fachgebiet aufbauen musste. Durch den Erwerb einer Lizenz für den Bau amerikanischer luftgekühlter Motoren gelang es BMW, den BMW 132, einen Neunzylinder-Sternmotor, zu entwickeln, der später als Grundlage für einen serienmäßigen Kraftstoffprüfmotor diente.

Diese Entwicklung führte zum BMW 800, der im November 1938 als einreihiger Neunzylinder-Sternmotor mit 30 Litern Hubraum vorgestellt wurde, und dann zum zweireihigen BMW 801 mit 44 Litern Hubraum und 14 Zylindern.[8] BMW war das erste Unternehmen der Welt, das eine vollautomatische mechanische Computereinheit in Betrieb nahm, die den Piloten von der Verantwortung für die Steuerung der verschiedenen Motorfunktionen befreite. Sie wurde zunächst in der BMW 800 als »Kommandogerät« eingesetzt, bevor sie 1941 in der BMW 801, die die Fw 190 antrieb, in Betrieb genommen wurde.

Es sei darauf hingewiesen, dass die Firma Bramo, die von BMW übernommen wurde, bereits einen Großteil der frühen Arbeiten durchgeführt hatte. Diese Übernahme war wahrscheinlich der größte technische Beitrag zu einer neuen Technologie, den BMW leistete, obwohl die Entdeckung, dass die minderwertigen Auslassventile aus Sparsamkeitsstahl, die den deutschen Flugmotorenherstellern aufgezwungen wurden, durch Hartverchromung anstelle von Nickel wieder funktionsfähig gemacht werden konnten, noch folgenreicher war. Obwohl die Ventile immer noch minderwertiger waren als die britischen und amerikanischen, rettete das von BMW entwickelte Verchromungsverfahren im Wesentlichen die gesamte deutsche Flugmotorenindustrie vor der totalen Katastrophe, und dieses Verfahren wurde (schließlich) an die anderen Hersteller, einschließlich Daimler-Benz, weitergegeben.

Wie bei den Motoren anderer Firmen, die mit metallurgischen Schwierigkeiten zu kämpfen hatten, zeigt die Entwicklungskurve des BMW 801 einige zufällige Trends. Nachdem er Ende 1940 eine Leistung von 1750 PS erreicht hatte, behinder-

Entwicklungen bei BMW-Motoren 1936 – 1945.

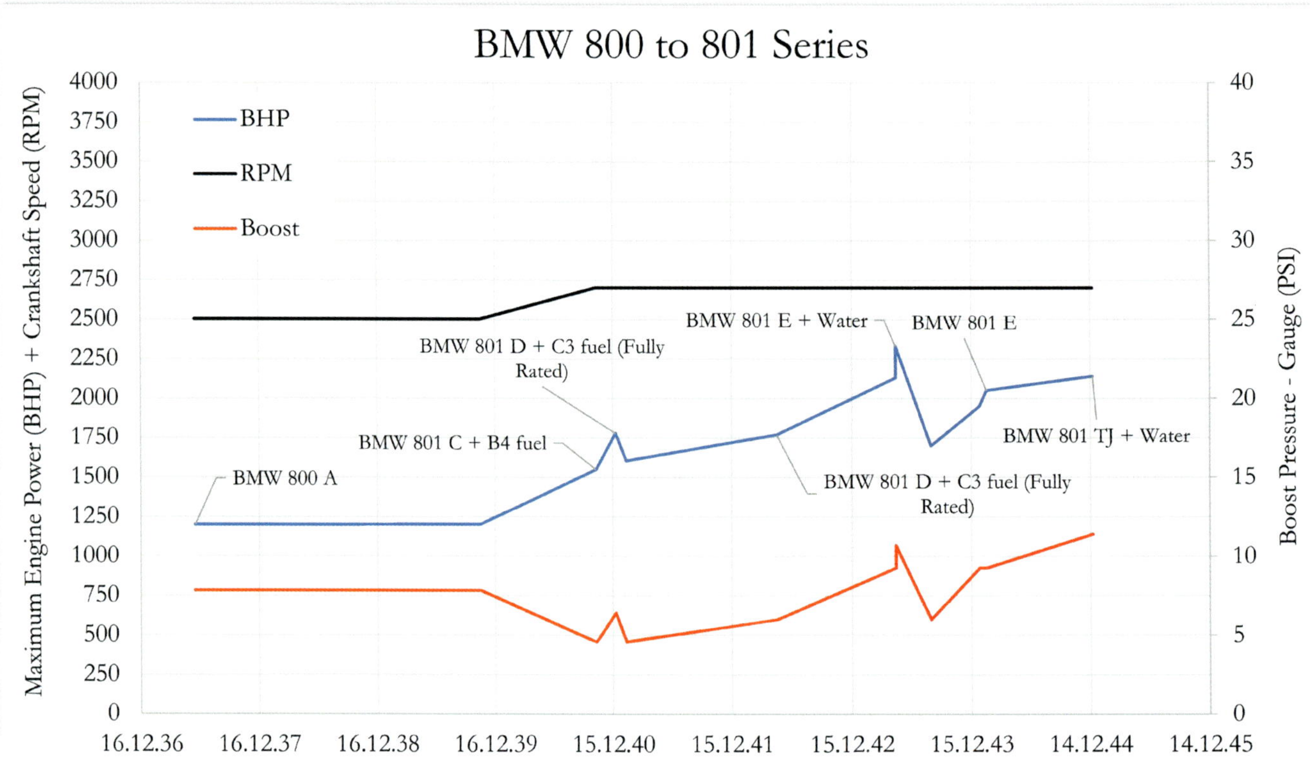

ten die Probleme mit Ventilen mit niedrigem Nickelgehalt und minderwertigen Zündkerzen den Fortschritt für mindestens zwei Jahre. Wie der R-2800 profitierte auch er in späteren Jahren stark von der Methanol-Wasser-Einspritzung.

Wie Daimler-Benz verbrachte auch BMW den größten Teil der ersten beiden Kriegsjahre mit dem Versuch, seine Motoren innerhalb der Grenzen des verfügbaren Kraftstoffs und der verfügbaren Werkstoffe zuverlässig arbeiten zu lassen, worunter die Motorkonstruktionen stark litten. Der Kompressor des BMW 801 war ein gutes Beispiel dafür. Es handelte sich um eine einstufige Konstruktion ohne gekrümmte Verdichterschaufeln, die auf dem gleichen Konzept beruhte wie der Rolls-Royce Buzzard-Kompressor, den Werner von der Nüll von der DVL nach seiner Prüfung zu Recht als leistungsschwach ablehnte. Wie alle deutschen Motorenhersteller baute auch BMW mit großem Aufwand neue Großmotoren für verschiedene ausgefallene RLM-Projekte, wie den BMW 803.

Die BMW-Ingenieure wussten, dass der BMW 801, dessen Konzept auf veralteten, in Lizenz gebauten Pratt & Whitney-Sternmotoren basierte, viele inhärente Schwächen aufwies. Doch anstatt den BMW 801 grundlegend zu überarbeiten, entschieden sie sich dafür, all diese Schwächen in einem Schritt mit dem völlig neuen BMW 802 zu beheben. Es ist nicht realistisch vorstellbar, dass BMW den fortschrittlichen 802 rechtzeitig vor dem Krieg in Produktion hätte bringen können.

Ein Teil der Schuld daran könnte dem RLM angelastet werden, das darauf bestand, dass das Unternehmen die Entwicklung luftgekühlter Motoren in Angriff nahm; die Technologie luftgekühlter Motoren unterschied sich so sehr von der wassergekühlter Motoren, dass dieser Auftrag praktisch einen Neuanfang bedeutete. Selbst mit der Starthilfe durch den Erwerb von Lizenzen von Pratt & Whitney konnte kein Unternehmen einen so radikalen Richtungswechsel vornehmen und hoffen, innerhalb eines Jahrzehnts ein in seiner Klasse führendes Projekt in Serie zu haben.

Daimler-Benz

Der DB 601 war in den späten 1930er Jahren in Rennform vorbereitet worden, um mehrere Geschwindigkeitsweltrekorde mit extrem hoher Leistung zu erzielen, aber diese Art der Entwicklung hatte sich in Kriegszeiten mit den Metallurgiekatastrophen in Deutschland als nicht möglich erwiesen. Trotzdem gelang es Daimler-Benz, Motoren zu entwickeln, die für die Dauer des Krieges in etwa die Leistung der von den Alliierten entwickelten Motoren erreichten. Dazu war jedoch eine schrittweise Vergrößerung der Motoren erforderlich. Die umseitige Grafik zeigt drei große Motortypen: den DB 601, den größeren DB 605 und den noch größeren DB 603.

Der DB 601 war auf etwa 5 psi [0,345 bar] Ladedruck bei 87 Oktan begrenzt, vielleicht ein Drittel weniger als der Merlin bei gleichem Kraftstoff. Änderungen an der Ventilzusammensetzung waren die Hauptursache für diese Begrenzung. Auch minderwertige Zündkerzen und die unerwartet zeitaufwändige Entwicklung der Einspritzdüsen spielten eine Rolle.

Der DB 601 N war der erste DB-Motor, der mit C3-Kraftstoff mit 100 Oktan betrieben wurde und in der Bf 109 E-4 und Bf 109 F zum Einsatz kam. Der 601 N wurde durch Probleme mit der Kraftstoff-Öl-Verdünnung behindert, da er ursprünglich für die Verwendung von C2-Kraftstoff (dem ersten deutschen Äquivalent zu alliiertem 100 Oktan-Kraftstoff) entwickelt worden war, der einen wesentlich niedrigeren Siedepunkt hatte als der C3-Kraftstoff, der schließlich in der Luftwaffe verwendet wurde.

Dadurch war das Öl nicht mehr in der Lage, die beweglichen Komponenten durch einen tragfähigen Ölfilm voneinander zu trennen, was zu zahlreichen Lagerausfällen führte. Der Motor litt in der Bf 109 F unter katastrophalen Detonationen, die auf eine chemische Reaktion zwischen dem C3-Kraftstoff und dem speziellen, mit Gummi ausgekleideten »Beuteltank« zurückgeführt wurden, der erstmals im F-Modell eingeführt worden war, und der 601 N wurde langsam aus dem Verkehr gezogen.

Der DB 601 E war die nächste große Überarbeitung und enthielt eine ganze Reihe von Verbesserungen, darunter bessere Kanäle, einen größeren Lader und eine wesentlich größere Ventilüberschneidung. Allerdings litt er unter Verbrennungsproblemen, die der Ingenieur Franke untersucht hatte und zu dem Schluss kam, dass sie durch die schlechte Kraftstoffverdampfung im Zylinder der DB-Direkteinspritzmotoren verursacht wurden. Dies wurde schrittweise verbessert, indem der Öffnungsdruck der Einspritzdüsen im Laufe von zwei Jahren von 5 auf 90 bar erhöht wurde und viele Entwicklungen mit der Firma L'Orange zur Änderung des Sprühbildes der Einspritzdüsen durchgeführt wurden.

Um das Problem einer höheren Motorleistung ohne Erhöhung der thermischen Belastung schnell zu lösen, wurde der DB 601 E mit einem größeren Zylinder und weiter auseinander liegenden Zündkerzen aufgebohrt. So entstand im Wesentlichen der DB 605-Motor. Aus Produktionsgründen wurden die

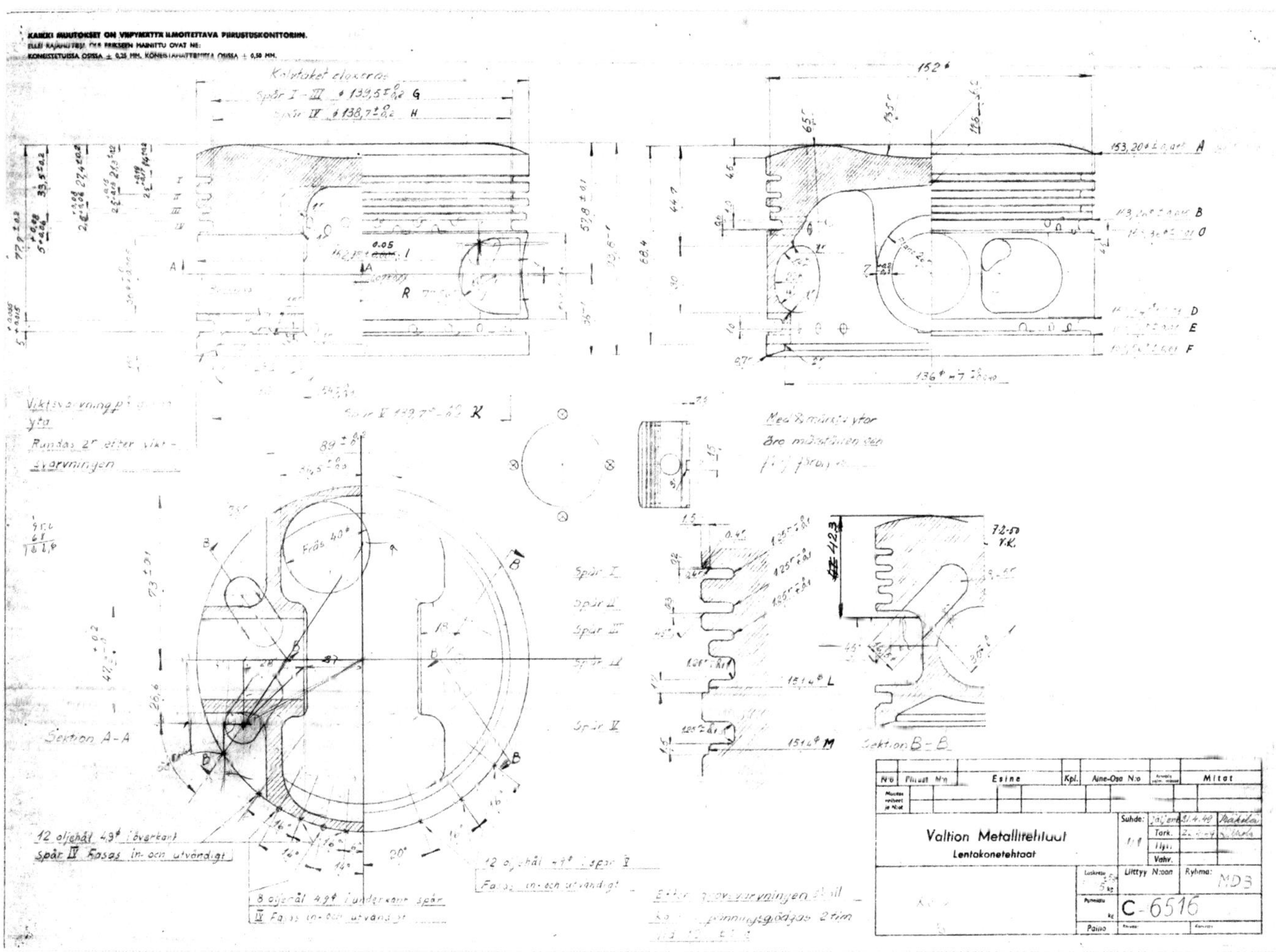

Die Kolbenform des DB 605 D wurde vermutlich so entwickelt, um die Ausbreitung der Flammenfront mit einer glatten Oberfläche zu verbessern.

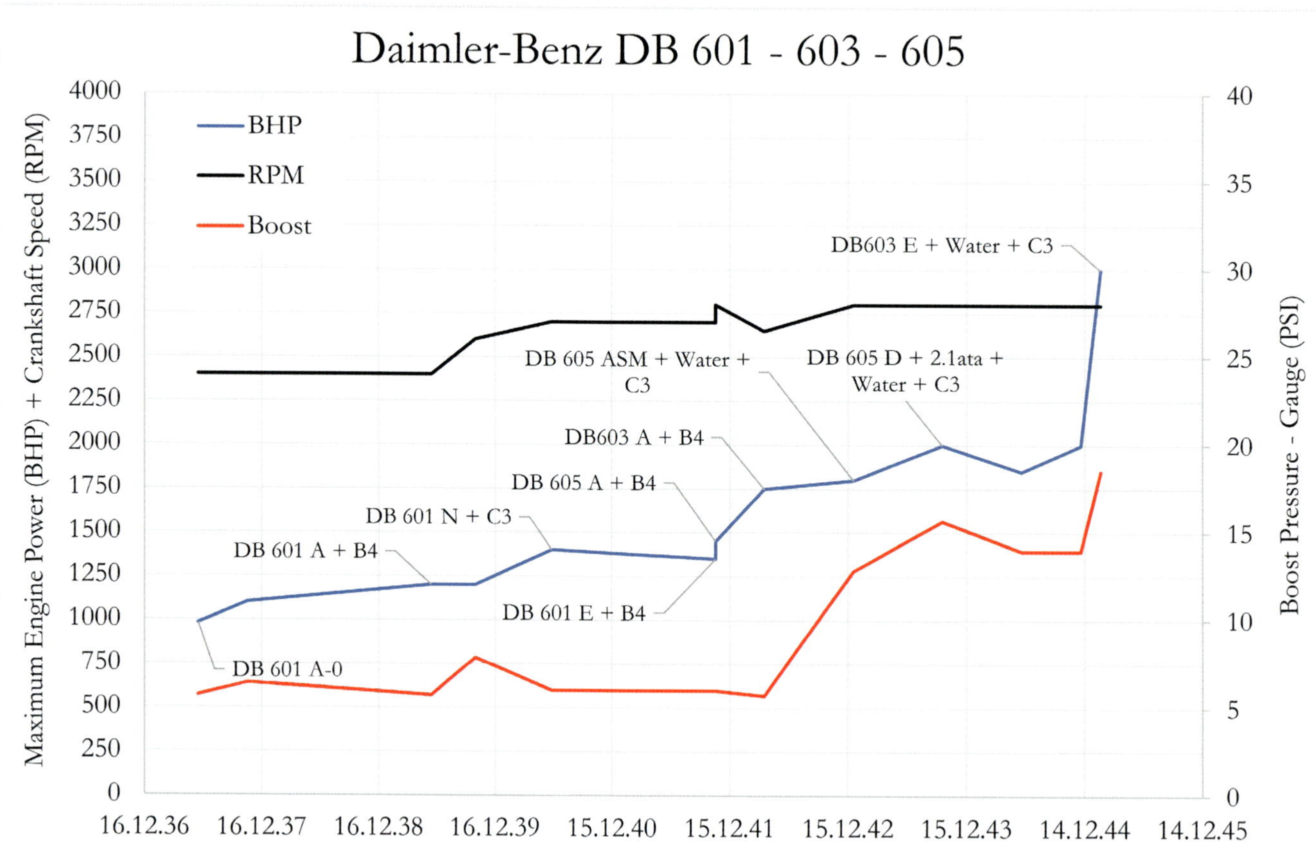

Daimler-Benz DB 600 Serie: Leistungsfortschritt.

schweren und aufwendigen Rollenlager an den Pleueln entfernt und durch normale Schalenlager ersetzt.

Die Metallurgie der Lagerschalen war hinter der der amerikanischen und britischen Ingenieure zurückgeblieben, und die zunehmend schlechtere Qualität der verfügbaren Öle sowie der Mangel an Edelmetallen machten es den Daimler-Benz-Ingenieuren nicht leicht, diese Probleme zu lösen.

Die Verzögerung bei der Einführung des Nitrierens anstelle des Aufkohlens der Kurbelwellenzapfen war ein großes Problem, konnte aber erst nach der Streichung der Wälzlager aus den Konstruktionen übernommen werden, da nur ein aufgekohlter Zapfen eine ausreichende Tiefe der gehärteten Schicht aufwies, um mit dem härteren Linienkontakt der Rollen zurechtzukommen. Aus diesem Grund führte Jumo das Nitrieren vor Daimler-Benz ein, da die Motoren von Anfang an mit Gleitlagern ausgestattet waren.

Zu diesem Zeitpunkt war der DB 605 durch seine Kurbelwellenlager konstruktiv leistungsmäßig begrenzt. Die DB-Ingenieure führten zahlreiche Vergleiche der Lagerbelastungen durch, wobei sie ihren eigenen Motor mit der Konstruktion des Merlin verglichen. Ab 1941 führten die desaströsen Auslassventile aus nickelarmem Sparstahl und die Unfähigkeit von Bosch, gasdichte Zündkerzen zu liefern, dazu, dass die Daimler-Ingenieure die meiste Zeit damit verbrachten, den Motor zum zuverlässigen Laufen zu bringen, ohne dass es zu Detonationen kam. Das Ausmaß dieser Katastrophen war so groß, dass von etwa 1942 bis Ende 1943 die meisten Daimler-Benz-Motoren mit abgeschalteter Leistungsstufe liefen.

Die deutsche Antwort auf den Merlin 61 war der DB 628, eine zweistufig aufgeladene Version des DB 605. Da der DB 605 jedoch als Ersatzplattform diente, wurde dem DB 628 nicht genügend Entwicklungsarbeit zuteil, um erfolgreich zu sein, da der 605 selbst so viel Energie aufnahm, allein um zuverlässig zu laufen. Die inhärente Problematik, den Verdichtereinlass hinter dem Propeller zu platzieren, um die unstetige Waschflüssigkeit von den Blattnaben aufzunehmen, war ein Konstruktionsfehler, der aber in der späten Entwicklungsphase des Motors mit einigem Erfolg behoben worden zu sein scheint. Der 628 hätte vielleicht ein erfolgreicher Motor werden können, wenn er mit ausreichenden Mitteln ausgestattet worden wäre. Ein großer Schritt nach vorn wurde mit dem DB 605 D gemacht, mit größeren Ölpumpen, einem größeren Lader und stark überarbeiteten Kolbenbodenformen.

Daimler-Benz DB 600 Serie: Um diese Zeit begannen die deutschen Daimler-Ingenieure mit der Hochdruckkühlung zu experimentieren, um den Betrieb bei höheren Temperaturen zu ermöglichen und die Dampfbildung im Kühlmittel des Motors zu verhindern, während es durch die Zylinderköpfe floss. Diese Verbesserungen, zusammen mit den nun zuverlässigen hartverchromten »Sparstahl«-Auslassventilen und den von Bosch und Beru verbesserten Zündkerzen, ermöglichten schließlich die Verwendung höherer Ladedruckstufen, wenn auch immer in Kombination mit C3-Kraftstoff und Methanol-Wasser-Einspritzung.

Da Daimler-Benz (im Gegensatz zu Jumo) zu Beginn des Krieges rollengelagerte Pleuelstangen verwendet hatte, konnten wesentlich kleinere Ölpumpen eingesetzt werden, da Rollenlager wesentlich weniger Öl benötigen als Gleitlager. Mit der Einführung des DB 605, der keine Rollenlager hatte, erkannte Daimler jedoch nicht die Notwendigkeit, seine Ölpumpen zu vergrößern.

Dies trug zu Lagerproblemen bei und wurde erst behoben, als 1943 Versuche mit vergrößerten Pumpen zum DB 605 D führten. Bei der letzten Erprobung wurden Pumpen mit einer fast doppelt so hohen Förderleistung wie 1941 verwendet, womit der DB 605 D fast genau die Förderleistung des Merlin 61 erreichte. Jumo, das seine Motoren von Anfang an für Gleitlager ausgelegt hatte, brachte vor allem den Jumo 211 auf den Markt, der einen um 50 % höheren Öldurchsatz hatte als der DB 601. Der DB 605 D und seine Varianten kamen in den Bf 109 G-10 und K-4 zum Einsatz und ermöglichten es den letzten Bf 109-Modellen in letzter Minute, mit den alliierten Jägern jener Zeit zu konkurrieren.

Der DB 603 A war für die Luftwaffe nur wegen seines großen Hubraums von 44 Litern wirklich attraktiv. Er war zu groß für die Bf 109 und aufgrund einer mehrjährigen Entwicklungspause im Grunde schon veraltet, bevor er in die Serienproduktion ging. In den letzten beiden Kriegsjahren führte Daimler eine Reihe von späten Entwicklungen durch, um den Motor zu modernisieren, wobei die Verbesserung des Kompressors im Mittelpunkt stand.

Der letzte Daimler-Motor, der nur als Einzylinder auf dem Prüfstand stand, war der DB 603 N. Aus Kollmanns Unterlagen geht hervor, dass dieser Motor eine nasse Zylinderlaufbuchse

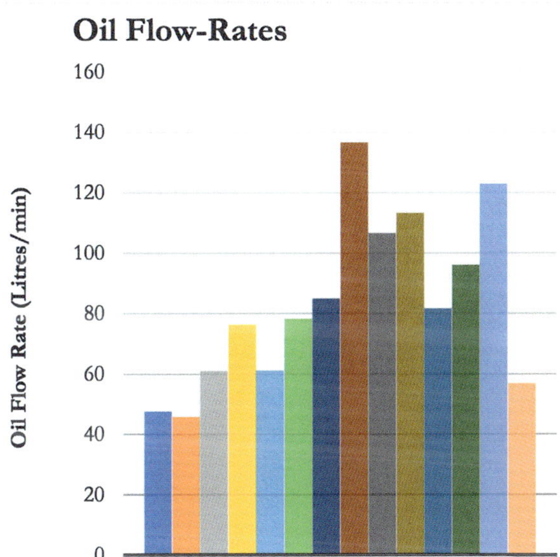

	1
601 l/min	47.7
605A (early)	45.8
605 (1943)	61.1
605 (1943 - trial)	76.3
211D	61.3
Merlin-61 (Spitfire IX)	78.3
V-1650-3 (P51)	85.0
R2800 (P47)	136.7
Sabre (Typhoon)	106.7
V-1710 (P38)	113.3
Hercules (Halifax)	81.7
213A	96.2
DB603	123.0
Merlin 45	57.0

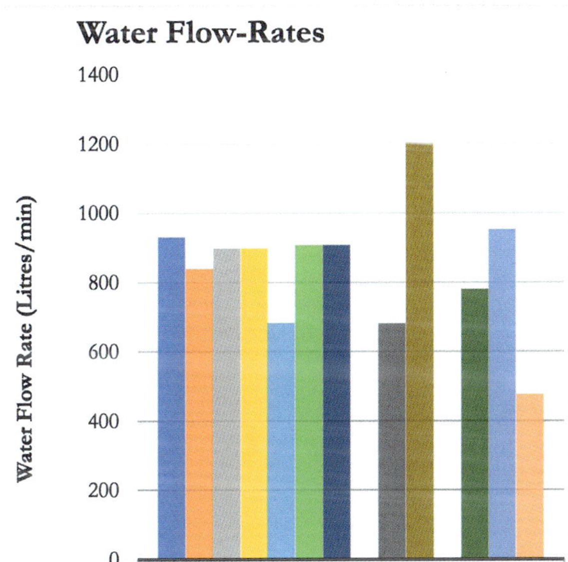

	1
601 litres/min	931
605A (early)	840
605 (1943)	899
605 (1943 - trial)	899
211D & F litres/min	683
Merlin-61 (Spitfire IX)	908
V-1650-3 (P51)	908
R2800 (P47)	0
Sabre (Typhoon)	681
V-1710 (P38)	1203
Hercules (Halifax)	0
213A	781
DB603	953
Merlin 45	477

Diagramm der Öl- und Wasserdurchflussraten der wichtigsten Flugzeugtriebwerke.

DB 603 N: Nassläufer-ausführung.

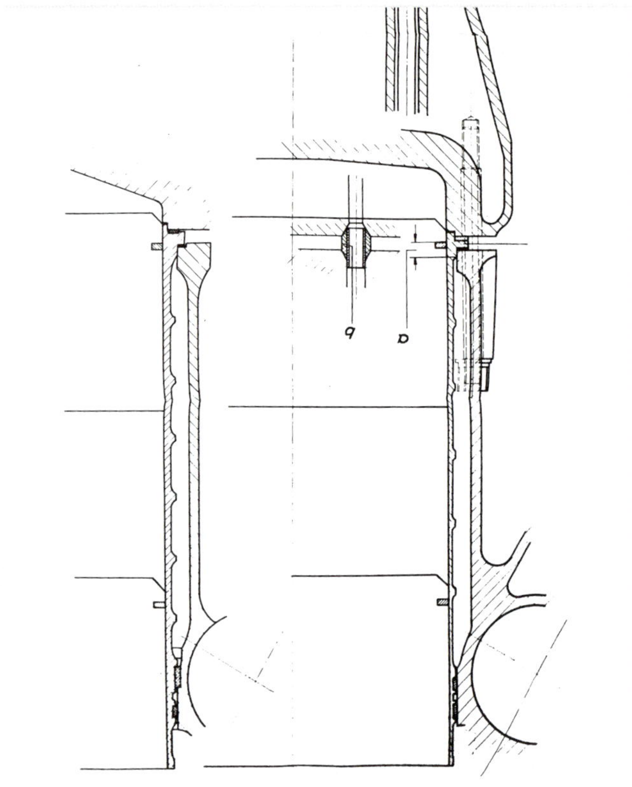

hatte und eine Kopf-Laufbuchsen-Verbindung ähnlich der des Merlin verwendete, was zu einer zweiteiligen Zylinderblockkonstruktion führte.

Vom strukturellen Standpunkt aus gesehen war der vielversprechendste Motor der totgeborene DB 609, der eine vollständige Überarbeitung zu sein schien, mit einem ausgezeichneten Pentadach-Verbrennungsraum und völlig überarbeiteten Zündkerzen- und Einspritzdüsenpositionen. Diese Entwicklungsarbeit war umsonst, denn der DB 609 wurde als V16 entwickelt, und das Konzept kam nie zum Einsatz. Es war außerordentlich nahe an einer effektiven Quetschströmung-Verbrennung, die für die Entwicklung des DB 603 N übernommen wurde.

Jumo 213 A: Kraftstoffeinspritzpumpe und Entlüfter.

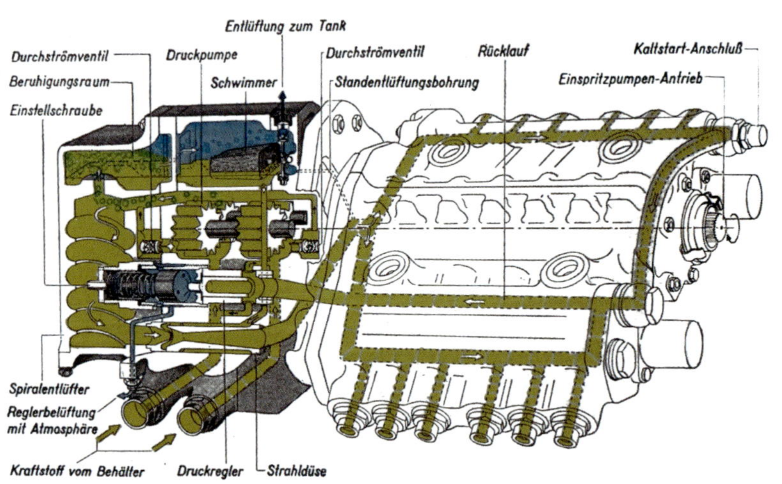

Abb. 16. Kraftstoff-Förderpumpe mit Einspritzpumpe

Insgesamt arbeitete Daimler-Benz an einer Vielzahl von Projektmotoren, von denen jeder seine eigene aufgeladene Variante hatte, aber keiner von ihnen kam aktiv zum Einsatz. Die Geschichte der Daimler-Benz-Flugmotoren ist eine Geschichte des erstaunlichen Missmanagements des RLM. Auch Nallinger, der an der Spitze stand, kann nicht ganz von der Schuld freigesprochen werden. Als Kollmann Ende 1944 die Position des Chefingenieurs erreichte, war selbst für einen Mann mit Kollmanns Ingenieurskunst kaum noch etwas zu retten.

Junkers-Jumo

Jumo-Motoren, unter der Leitung von Professor Otto Mader, war Deutschlands avantgardistischste Firma für flüssigkeitsgekühlte Motoren, die eine Reihe sowohl genialer als auch unglücklicher technischer Entscheidungen traf: Mit dem von Dr. August Lichte entwickelten späten Modell 213 waren die Bemühungen von Jumo die fortschrittlichsten flüssigkeitsgekühlten Motoren, die in Deutschland tatsächlich in Serie produziert wurden. Die Entscheidung, das Öl in das Ende der Kurbelwelle zu leiten, war ein geniales und langlebiges Konstruktionskonzept. Obwohl dies bei vielen Sternmotoren bereits Standard war, stellte die Umsetzung bei einem flüssigkeitsgekühlten V12-Motor eine Neuentwicklung dar. Vor allem der kleine Zentrifugal-Luft-Ölabscheider in der Kurbelwellennase war ein entscheidendes Detail, das auch heute noch in vielen Hochleistungsmotoren für den Motorsport, einschließlich der Formel 1, verwendet wird.

Die Firma Jumo war auch die erste in Deutschland, die mit dem Jumo 211 die Hochdruck-Hochtemperaturkühlung ernsthaft betrieb. Mit der frühen Umsetzung dieses Konzepts war Jumo in dieser Hinsicht Daimler-Benz voraus (Seite 257).

Für den Betrieb dieses Systems, bei dem der Motor unter hohem Wasserdruck stand, die empfindlichen Kühler und Sammelbehälter jedoch nicht, war eine spezielle Wasserpumpe erforderlich. Der Luftabscheider war eine geniale Konstruktion und wurde von Daimler-Benz erst zwei Jahre später erforscht (Seite 260).

Auch bei den Einspritzanlagen war Jumo Daimler-Benz überlegen, da es einen höheren Einspritzdruck verwendete und eigene Einspritzpumpen und Einspritzdüsen entwickelte. Dieser höhere Druck verhinderte bei Jumo die Probleme, auf die Daimler beim DB 601 E gestoßen war und die Franke bei seinen Untersuchungen entdeckt hatte. Diese Eigenentwicklungen verschafften Jumo einen Vorteil, da Daimler-Benz auf die Leistungsfähigkeit der Direkteinspritzsysteme von L'Orange und

Bosch angewiesen war. Die zusätzlichen Kommunikationswege und der Druck, sich um andere Kunden kümmern zu müssen, führten dazu, dass Daimler-Benz bei seinen Einspritzsystemen aus diesem Grund weniger erfolgreich war als Jumo, wenn der Zeitplan enger wurde. Dies zeigt sich am Beispiel der sehr kompakten Jumo-Einspritzpumpe und des kombinierten Kraftstoff-Luft-Abscheiders.

Jumo war während des Krieges gezwungen, für alle seine Dienstmotoren B4-Kraftstoff zu verwenden, da das begrenzte C3 benötigt wurde, um die Fw 190 flugfähig zu halten, obwohl ein Teil des C3-Kraftstoffs auch für Daimler-Benz-Motoren wie den DB 601 N und späte Modelle des DB 605, wie den D und ASM, verwendet wurde. Während Daimler-Benz nur geringe Steigerungen der Motordrehzahl vornahm, erhöhte Jumo mit Ausnahme des kleinen Jumo 210-Motors die Kurbelwellendrehzahl seiner Motoren von 1939 bis 1945 von 2250 auf 3750 U/min. Auf diese Weise konnte das Unternehmen in Verbindung mit einer bescheidenen Erhöhung des Ladedrucks Motoren mit hervorragender Leistung entwickeln.

Einige der charakteristischen Merkmale der Jumo-Motoren waren, gelinde gesagt, schrullig; das System der Verschraubung der Laufbuchsen mit langen Bolzen durch den Zylinderkopf scheint ein besonders komplexes und schwieriges System zu sein. Es führte zu einer starken Verformung der Zylinderbohrung im unteren Bereich, wo die Bolzen an den Laufbuchsen befestigt waren.

Der Jumo verfügte über ein hervorragendes Ölabscheidungssystem mit mehr Abscheidungspumpen als die Daimler-Benz-Motoren.

Dieses hohe Maß an Ölabsaugung aus dem Inneren des Kurbelgehäuses senkte die Ölmenge im Kurbelgehäuse und verringerte Probleme mit dem Eindringen von Öl in die Kolbenringe – ein ernsthaftes Problem bei Motoren mit umgekehrten Ventilen, und ähnliche Probleme gibt es auch bei den untersten Zylindern von Sternmotoren.

Trotz der bis zur Entwicklung des Jumo 213 J verwendeten Dreiventilköpfe war Jumo in der Lage, ein gutes Maß an thermischer Kontrolle beizubehalten, indem moderne Merkmale wie eingepresste Ventilsitze und wassergekühlte Auslassventilführungen verwendet wurden. Die Kühlmittelübertragungsrohre leiteten außerdem Wasser mit hoher Geschwindigkeit direkt auf die beiden Zündkerzeneinsätze, was zweifellos dazu führte, dass der Jumo 213 weniger Zündkerzenprobleme hatte als Daimler-Benz oder BMW (Seite 421).

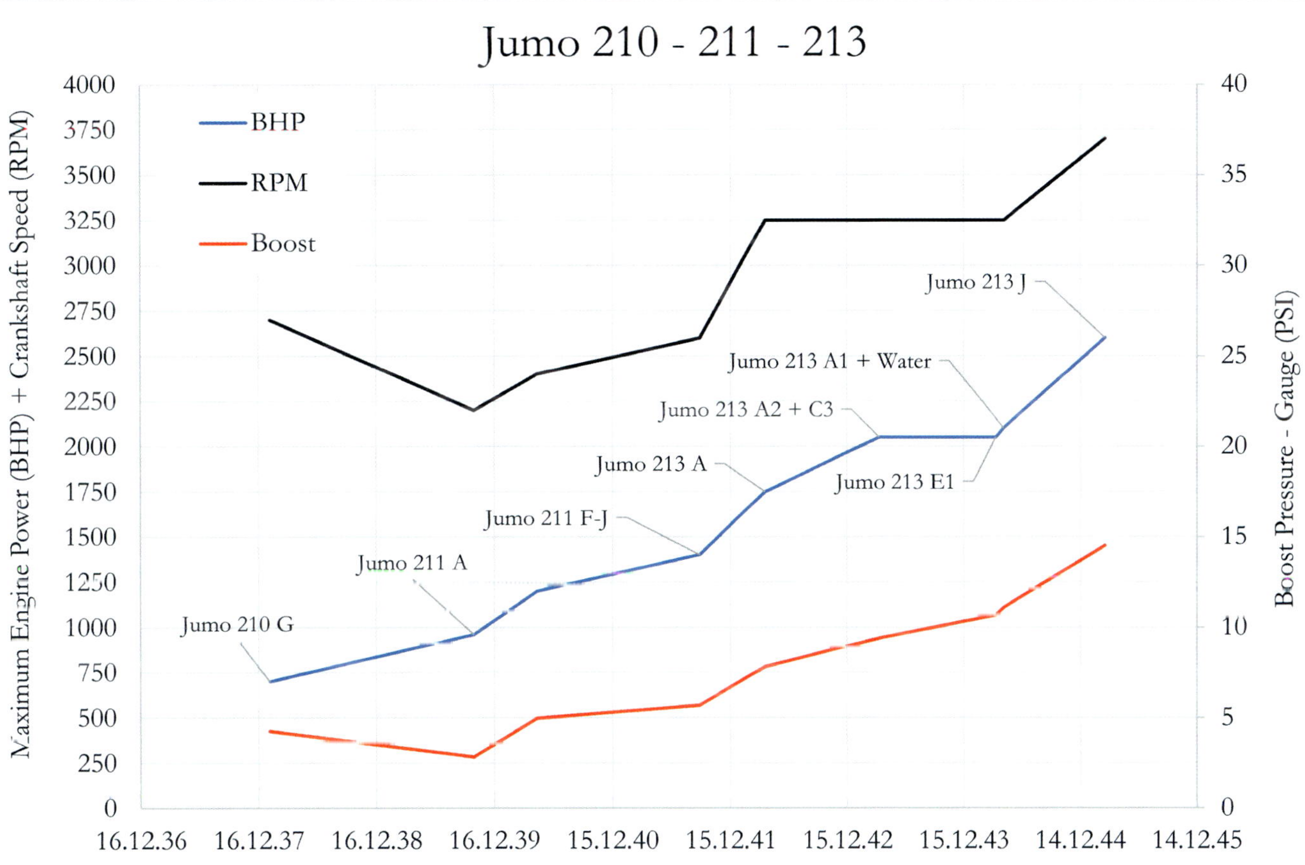

Jumo-Motorenentwicklung, 1937 – 1945.

Jumo 211: Auslassventilsitze zum Einpressen.

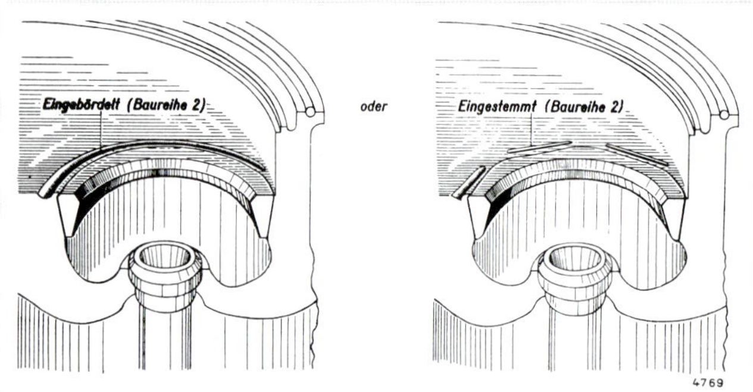

Abb.9... Ventilsitz eingebördelt bzw. verstemmt, nur für Baureihe 2

Jumo 211: wassergekühlte Auspuffventil-Führungen.

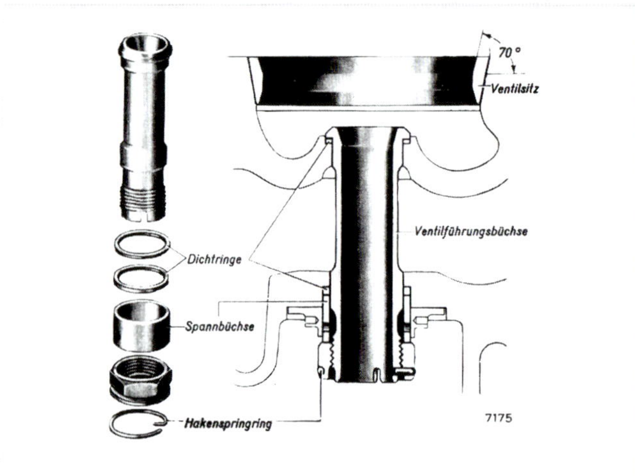

Abb..7.. Auslaßventilführungsbüchse und Ventilsitz.

Das von Jumo entwickelte Ölsystem der Superlative, mit dem Fliehkraftabscheider des Jumo 213 A in Verbindung mit der Kurbelwellenschmierung, verschaffte den Motoren einen enormen Vorteil gegenüber den Triebwerken anderer deutscher Hersteller.

Die frühen Jumo 211-Motoren litten unter einem sehr schlecht konstruierten Kompressor mit »Kasten«-Laufrad. Da Jumo keinen Kompressor-Experten wie Kollmann in seinen Reihen hatte, musste von der Nüll gebeten werden, stattdessen einen von der DVL entwickelten Kompressor zu liefern. Dieser wurde ab der Jumo 211 F- und J-Serie eingebaut und leistete beachtliche 1450 PS bei nur 1,42 Atmosphären Gesamtkrümmerdruck mit B4-Kraftstoff.

Mit seinem vollständig gekapselten Laufrad war er ein guter Lader, der im Gegensatz zum Wasser-Luft-Kühler des Merlin auch mit einem Luft-Luft-Ladeluftkühler erhältlich war. Dieser besaß jedoch nur einen einstufigen Kompressor, so dass die in großen Höhen mögliche Leistung immer noch weit hinter der des zweistufigen Merlin-Systems zurückblieb.

Jumo litt zwar stark unter den gleichen Materialengpässen wie BMW und Daimler-Benz und war ebenfalls gezwungen, nickelarme Spar-Ventilstähle zu verwenden, aber die Kühlsysteme scheinen den von Daimler-Benz verwendeten überlegen gewesen zu sein. In Kombination mit den fortschrittlichen Ölsystemen scheinen diese Vorteile Jumo vor den schlimmsten Katastrophen der deutschen Materialknappheit bewahrt zu haben.

Mit dem Jumo 213 E, der über einen zweistufigen Kompressor und einen Ladeluftkühler verfügt, war Jumo kurz davor, den besten flüssigkeitsgekühlten V12 des Krieges zu bauen. Doch das Fehlen einer Vierventilkammer machte dem Jumo immer noch zu schaffen und wurde erst mit dem Jumo 213 J

Jumo 213: Schnitt durch den Brennraum.

in letzter Minute behoben, mit dem das Unternehmen wahrscheinlich den besten flüssigkeitsgekühlten Motor des Zweiten Weltkriegs produzierte.

Schlussfolgerung

Der Krieg forderte auf allen Seiten einen hohen Tribut, so auch in den Konstruktionsbüros. Rolls-Royce schickte drei Spitzeningenieure in die USA, um das riesige Projekt der Neukonstruktion des Merlin für die Massenproduktion durch Packard zu betreuen, nämlich Jimmy Ellor, (leitender Versuchsingenieur), John Reid (ein Produktionsingenieur) und Colonel Barrington (Chefkonstrukteur). Von diesen dreien starben zwei an der kolossalen Last des unerbittlichen Drucks.[9] Barrington starb nach nur drei Jahren im Jahr 1943, und Jimmy Ellor kehrte 1944 nach England zurück, starb aber 1951 im Alter von nur 59 Jahren vorzeitig. In diesem Jahr ging der letzte Überlebende, Reid, in den Ruhestand. Der menschliche Aufwand für die Überwachung der fast vollständigen Überarbeitung eines ganzen Triebwerks in nur wenigen Monaten ist unschätzbar, und dass dies in einem solchen Zeitrahmen und unter solchen Bedingungen überhaupt möglich war, bleibt eine erstaunliche technische Leistung. Die Zeitschrift Flight, die während des Krieges so viele technische Zeichnungen von Flugzeugen und Triebwerken veröffentlichte, vermerkt Ellors Tod so:

> »… einer der begabtesten Ingenieure des technischen Personals des Unternehmens, der an der Aufladung des Rolls-Royce R-Motors mitwirkte. Seine Arbeit an den Kompressoren für den R-Motor führte zur Entwicklung des einstufigen und später des zweistufigen Kompressors für den Merlin.«

Es liegt auf der Hand, dass es für Deutschland aussichtslos war, sich in einem derart hochtechnischen Feldzug zu engagieren, ohne ausreichende Ressourcen an Edelmetallen oder Treibstoff für mehr als einen kurzen Krieg. In dieser Hinsicht waren die deutschen Kriegsanstrengungen schlecht geführt. Es musste jeder einzelne Feldzug genau nach Plan verlaufen, und es gab keinen Spielraum für Fehler: Großbritannien musste besiegt werden, um eine amerikanische Invasion zu verhindern; Afrika wurde für Kobalt und andere Metalle benötigt, und Russland wurde für Treibstoff und Öl benötigt.

Wenn man sich die Geschichte der Kampfflugzeuge, die einen großen Teil des Zweiten Weltkriegs prägten, in allen möglichen Varianten vorstellt, kann man sich unendlich viele alternative Geschichten ausmalen. Ich überlasse es dem Leser, sich an solchen Vergnügungen zu beteiligen, da es meiner Meinung nach von größerem Wert ist, die wichtigsten Lehren zu ziehen, die aus der Durchführung dieses technischen Entwicklungswettbewerbs gezogen werden können.

Es gibt zwei klare Lektionen, die für jedes Technologieunternehmen heute gelten: Erstens, dass es im Allgemeinen am besten ist, eine Lösung für ein Problem auszuwählen; zu akzeptieren, dass sie nicht perfekt ist; sich ausschließlich auf sie zu konzentrieren und so bald wie möglich mit der Produktion und Entwicklung zu beginnen. Es sei denn, das Konzept stellt einen Generationswechsel, wie z. B. das Düsentriebwerk, dar: Dann wird jede avantgardistische Idee wahrscheinlich so viel Entwicklungsarbeit erfordern, dass Ihre Konkurrenten in der zweifellos begrenzten Zeit, die Ihnen zur Verfügung steht, sich vor Ihnen entwickelt haben werden. Genau das geschah mit jedem neuartigen Triebwerk des Zweiten Weltkriegs, vom britischen Sabre und Centaurus mit Hülsenventilen über jeden einzelnen der amerikanischen Teilnehmer am »Hyper-Engine«-Programm des United States Army Air Corps bis hin zu den zahlreichen spannenden deutschen Versuchstriebwerken wie dem BMW 802, dem DB 628 und dem Jumo 222.

Zweitens ist der Misserfolg vorprogrammiert, wenn ein Unternehmen zu sehr von externen Lieferanten oder Beratungsfirmen abhängig ist. Die deutschen Firmen hatten es zum Teil deshalb schwer, weil die Politik des RLM, interne Entwicklungen zu unterbinden und sich auf namhafte Zulieferer wie Bosch für Einspritzpumpen, Mahle für Kolben und einige Gießereien für die Gussteile zu verlassen, dazu führte, dass die Entwicklungsschleifen überdehnt wurden.

Amerikanische und in noch stärkerem Maße britische Firmen waren in dieser Hinsicht weitaus autarker als die meisten deutschen Unternehmen. Rolls-Royce stellte seine eigenen Kurbelwellenlager her, und sein wichtigster Kolbenlieferant war so nahe am Rolls-Royce-Werk in Derby angesiedelt, dass er praktisch eine Satellitenfirma war, die sehr schnell auf Anfragen reagieren konnte. Eine bemerkenswerte Ausnahme stellt Jumo dar, das über eine eigene Gießerei verfügte und die meisten seiner Teile für die Kraftstoffeinspritzung selbst herstellte. Obwohl das Unternehmen nicht genug tat, um den Krieg zu gewinnen, beendete es den Krieg mit Deutschlands bestem Serienmotor – dem Jumo 213 E. Es war Deutschlands Merlin, aber einige Jahre zu spät.

Die Motoren von heute tragen die Früchte der Arbeit, die während des Zweiten Weltkriegs geleistet wurde, manchmal durch eine »zweite Entdeckung«, manchmal durch die Wiederbelebung einer alten Idee. Alle Formel-1-Motoren haben die axiale Dralldrossel, die in Frankreich als Radialkonzept entwickelt und von Daimler und Mikulin in axialer Form neu konstruiert wurde. Es ist heute üblich, dass Grand-Prix-Motoren mit einer Kühlmitteltemperatur von über 130 °C laufen, und zwar aus genau denselben Gründen, über die sich Professor Messerschmitt 1942 bei Milch so bitter beklagte, und die wassergekühlten Auslassventilführungen des Jumo 213 sind in den Konstruktionsbüros vieler Formel-1-Teams zu finden.

Vandervell, bei dem David Green an der Rettung des Sabre arbeitete, verkauft immer noch Lager mit der Aufschrift »VP1« und »VP2« und beliefert heute die meisten Formel-1-Motorenhersteller. Nur in den kleinsten Verfeinerungen von Reinheit, Oberflächengüte und geometrischer Präzision unterscheiden sich diese Vandervell-Lager heute von denen, die während des Zweiten Weltkriegs entwickelt wurden. Tatsächlich haben wir uns in den Jahrzehnten seit dem Krieg nicht so sehr weiterentwickelt, wie wir vielleicht glauben, und wir sind auch keine besseren Ingenieure, trotz unserer immens leistungsfähigen Computer und der dazugehörigen Softwareprogramme. Ein Beispiel dafür ist, dass viele von Penzigs Ideen für die Flammstrahlzündung schließlich verwirklicht wurden, und das Konzept, einen Flammstrahl zur Zündung der Hauptkraftstoffladung zu verwenden, wird heute in vielen der modernsten Motoren der Welt eingesetzt.

Die einfachen konventionellen Triebwerke, wie der Merlin, der V-1710, der DB 601 und der Pratt & Whitney R-2800, waren die großen Erfolge des Krieges. Der Aufwand, der für sie betrieben wurde, diente nur selten dazu, ein unlösbares grundsätzliches Problem zu lösen, sondern führte fast immer zu einer besseren Zuverlässigkeit oder zu mehr Leistung. Der vielgepriesene Merlin ist in den meisten grundlegenden Aspekten ein einfacher und unauffälliger Motor. Was Nicht-Ingenieure jedoch immer nur schwer begreifen können, ist, dass der eigentliche Motor nur die Spitze des Eisbergs eines jeden Motorenentwicklungsprogramms ist.

Das Blut, der Schweiß und die Tränen, die in die Entwicklung eines Basistriebwerks wie dem Merlin geflossen sind, zeigen sich nicht in einem magischen Gerät, sondern in den Hunderttausenden von Stunden, die für die Grundlagen der Technik aufgewendet wurden: die Erstellung neuer Zeichnungen, die präzise Bearbeitung von Teilen, die Organisation der Fertigung in einer Weise, dass die Teile von hoher Qualität sind und ordnungsgemäß geprüft werden, strenge Tests, die Suche nach Fehlern, sobald sie auftauchen, und die ganze Zeit über schrittweise Fortschritte.

So laufen echte Hochleistungsmotorenprojekte ab, und wer nicht dabei war oder es nicht selbst gemacht hat, kann nie verstehen, unter welchem Druck ein Konstrukteur steht, wenn ein Motor, für den er verantwortlich war, zum ersten Mal startet. In diesem Moment steht sein gesamter Ruf auf dem Spiel – ein Fehlschlag kann eine Katastrophe bedeuten und enorme Summen an Geld und Zeit kosten. Der Triebwerkskonstrukteur ist froh, wenn das Triebwerk läuft und seine Aufgabe erfüllt.

Diese kleine Freude reicht aus, denn wer sich beruflich mit Motoren befasst, weiß, wie außerordentlich schwierig es ist, dieses scheinbar einfache Plateau zu erreichen. Schon eine falsch eingetragene Toleranz auf einer Zeichnung, ein übersehenes Schmutzteilchen bei der Montage oder ein einfaches falsches Komma in einer Berechnung können den Ruin bedeuten.

Dass diese Ingenieure im Chaos des totalen Krieges überhaupt Hunderttausende von hochmodernen Motoren bauen konnten, ist eine unauslöschliche Lektion, die zeigt, dass Erfolg von konzentrierten Anstrengungen und vor allem von einem tiefen mathematischen Verständnis in Verbindung mit pragmatischem Organisationsdenken abhängt. Ingenieure, die heute die Macht sehen, die nur von einem Schieberegler und einem Bleistift herrührt, und die die gleiche Denkweise anwenden, um ihre Computer zu benutzen, anstatt von ihnen benutzt zu werden, werden spektakuläre Erfolge erzielen.

Anhang

Konsultierte Archive

National und Unternehmensarchive

AFB	Air Force Historial Research Agency (USAF)
AFD	Air Force Historical Support Division (USAF)
AFHRA	Air Force Historical Research Agency, Maxwell AFB
BA Lichterfelde	Bundesarchiv-Lichterfelde, Berlin
BA Freiburg	Bundesarchiv-Militärarchiv, Freiburg
BOA	British Online Archives
CARL	Ike Skelton Combined Arms Research Library
DBAG	Daimler-Benz AG, Stuttgart
DLR	Deutsches Zentrum für Luft- und Raumfahrt
FAST	Farnborough Air Sciences Trust, Farnborough, GB
FIAT	Fiat Chrysler Automobiles – Centro Storico Fiat, Italien
FLIGHT	Flight Magazine, Online-Archiv früherer Ausgaben
FT	Fisher-Tropsch (bereitgestellt online von Emerging Fuels Technology)
HENDON	RAF Hendon, London
IMECHE	Institute of Mechanical Engineers, Birdcage Walk, London
IWM	Archives of the Imperial War Museum, GB London Archives, Lambeth Road Duxford Archives, Cambridgeshire
JUMO	Technikmuseum, Hugo Junkers, Dessau
LASA	Landesarchiv Sachsen-Anhalt, Dessau
LC	Library of Congress,Washington DC
MAHLE KILMARNOCK	MAHLE Engine Systems UK Ltd Company Archives, Kilmarnock, GB
NARA	National Archives and Records Administration, College Park,Washington DC
NASM	National Air and Space Museum – Smithsonian Institution Mall-Archives, Washington DC Udvar-Hazy Archives,Washington DC
NMUSAF	National Museum of the United States Air Force,Wright Field, Dayton Ohio
NTRS	Jetzt unter NTRS (NASA, formerly NACA) Technical Reports Server
RICARDO	Ricardo Plc Company Archives, Shoreham-by-Sea, GB
RRHT	Rolls-Royce Heritage Trust Archives, Light-Alloy-Foundry Site, Derby, GB
RRHT BRISTOL	Rolls-Royce Heritage Trust Archives, Bristol, GB
RRHT DERBY	Rolls-Royce Heritage Trust Archives, Moor Lane, Derby (main corporate centre)
SAE	Society of Automotive Engineers, USA
SAFRAN	Unternehmensarchiv Frankreich; ehemals Hispano-Suiza
SE	Schweizerische Eidgenossenschaft: Nationalarchiv, Bern
TNA	British National Archives, Kew, London

Private Archive

AEHS	Aircraft Engine Historical Society
LAH	Luftfahrt-Archiv Hafner

Unveröffentlichte Familienarchive

Familienarchiv Knoll

Familienarchiv Kollmann

Nomenklatur

1. Personen, Behörden, Institutionen

Großbritannien

ACAS Assistent des CAS
- Air Marshal Sir Ralph Squire Sorley (Unterschrift: oft ›RS‹)

AD/RDT1 Assistent-Direktor Forschung und Entwicklung (Technik)
- Captain Liptrott

AD/RDE2 Assistent-Direktor Forschung und Entwicklung (Motoren)
- Mr. Ford

A.D.I.(k) Leitung Luftaufklärung – Humanquellen

AFDU Luftkampfentwicklung

A.I.1.(g) Luftaufklärungsgruppe 1: Auswertung und Erhaltung abgeschossener Flugzeuge

A.I.2.(c) Sondereinsätze: Special Operations Executive (SOE)

A.I.2.(g) Luftaufklärungsgruppe 2 – Technisch Aufklärung

A.I.(T) Luftaufklärungsgruppe – Übersetzungsarbeit

A.I.3.(g) Luftaufklärung – freundschaftlicher Austausch mit den USA

AMSO Ausschussmitglied für Versorgung und Logistik (Luftfahrtministerium)
- Air Marshal Sir Christopher Courtney 1940 – 45

AOC-in-C Kommandant Untergruppe
- Hugh Dowding
- Sholto Douglas
- Leigh Mallory
- Roderic Hill

BIOS Unterausschuss Nachrichtdienstliche Ziele

CAS Oberster Befehlshaber RAF
- (Viscount) Charles F.A. Portal, 1940-45)

CSIC Aufklärungszentrale für alle Streitkräfte

CRD Aufsicht Forschung und Entwicklung (ersetzte DGRD)
- Air Marshal Ralph S. Sorley
- M. Linnell (June 1942)

DDGED Vizedirektor Motorentwicklung
-Major George Bulman

DD/O Vizedirektor Einsätze

DD/RD Vizedirektor Forschung und Entwicklung
- William Farren 1940 – 45

DD/RDA Vizedirektor Forschung und Entwicklung Flugzeuge
- Mr. N. E. Rowe (April 1941)

DD/RDE Vizedirektor Forschung und Entwicklungmotoren
- Andrew A. Ross
- Andrew Swann

DEP Direktor Motorenproduktion
- F. R. Banks

DGE Generaldirektor Rüstung

DGRD Generaldirektor Forschung und Entwicklung
- Tedder (Jan 1939) later MAP

DOR Direktor Forschung Operationen

DSIR Abteilung für wissenschaftliche und industrielle Forschung

DTD Direktor technische Entwicklung
- N. E. Rowe
- W. S. Farren (s. TNA, AVIA-15-560)

MAP Ministerium für Flugzeugproduktion (entstanden 1940)
- Vorsitzender: Air Marshall Linnell

RAE Forschungszentrum der RAF in Farnborough

RAF Royal Air Force – Königliche Luftwaffe

RDE.5 Direktorat Forschung und Entwicklung (Motoren)
- S. G. H. Connock

Rolls-Royce Vertreter: Mr Bill Lappin

RPO Produktionsaufseher vor Ort (angestellt vom MAP)

RTO Technische Aufseher vor Ort (angestellt vom MAP zwecks Koordination mit Herstellern und Konstrukteuren)

SIS Geheimnachrichtendienst (zuständig für ULTRA-Entzifferung)

S-of-S Staatssekretär für Luftangelegenheiten: Sir Archibald Sinclair

ULTRA Nachrichten aus entzifferten deutschen Enigma-Mitteilungen, Bletchley Park

Vice-CAS Vize-Oberbefehlshaber RAF
- Wilfred Freeman
- C. E. H. Medhurst
- Sir Douglas Evill

USA

AERL Forschungslabor für Luftfahrtmotoren

CAFT Team für die Untersuchung deutscher Forschungseinrichtungen 1945

CIOS Team für die Analyse deutscher Forschungseinrichtungen 1945

USSBS Vermessung für strategische Bombardierung; ab 1945 Untersuchung deutscher technischen Einrichtungen

Wright Field US-Luftfahrtforschungsamt und Flugtestzentrum

SAE US-Verband der Motoringenieure

NACA (p.23) Nationales Beratungsgremium für die Luftfahrt

NASM National Air and Space Museum

Deutschland

Abteilung 5 Technischer Nachrichtendienst der Luftwaffe – Oberst 'Beppo' Schmid

Abwehr Generalsnachrichtendienst – bis 1945 unter Admiral Canaris

DHD Dehydrierung: Herstellung künstlicher Kraftstoffe

DVL Deutsche Versuchsanstalt für Luftfahrt

Forschungsamt Abwehrdienst unter Hermann Göring (separat von der Abwehr)

GA/L Kraftstoffabteilung?

GL Generalluftzeugmeister: verantwortlich für Versorgung und Forschung für die Luftfahrt.
- Ernst Udet 1939 – 1941;
- Erhard Milch bis 1944

KdE Kommandeur der Erprobungsstellen
- Oberst Edgar Petersen

ObdL Oberbefehlshaber der Luftwaffe (Göring); Ernst Udet war technischer Chef

OKW Oberkommando der Wehrmacht

OKL Oberkommando der Luftwaffe unter Reichsmarschall Herman Goering

Rechlin Erprobungsstelle nördlich von Berlin für die deutsche Luftfahrtforschung

RLM Reichsluftfahrtministerium

ZWB Zentrale für Wissenschaftliche Berichtswesen der Luftfahrtforschung des Generalluftzeugmeisters – sammelte wichtige technische Berichte aus Forschung und Industrie

2. Maßeinheiten und Begriffe in den abgedruckten Diagrammen

Länge, Höhe:

1000 ft = 304,8 m

1 mile = 5280 ft = 1609 m

Gewicht:

1 pound = 1 lb = 0,45 kg

1 ton (GB) = 1,2 ton (US) = 1016 kg

Volumen:

1 pint (GB) = 1,2 pt (US) = 0,57 liter

1 gallon (GB) = 1,2 gallons (US) = 4,55 liter

1 gallon (UK) = 4,57 l

1 gallon (US) = 3,78 l

Geschwindigkeit:

100 mph = 160,9 km/h

100 ft /sec = 38,4 m/s

rpm = U/min

Druck:

1 inHg = 1" Hg = 1 Zoll Quecksilbersäule = 33,86 Hektopascal

1 lb/sq.in = 1 psi = 0,07 kg/cm2 = 0,069 bar

[1 bar ~ 1 atm ~ 1 at(a)] – In Deutschland wurde generell absolut in »ata« gemessen, während englischsprachig der relative »gauge pressure« (relativ zur umgebenden Luft) gemessen wird. Es bestehen minimale Unterschiede zwischen »bar«, »atm« und »ata«.

Leistung, Stärke, Kraft:

Brake Horse Power, BHP; 0,98 BHP = 1 PS

BMEP = Brake mean effective pressure = effektiver Mitteldruck (pme)

BSPC (Pts/H.P./hr = pints/horsepower/hour) = spezifischer Kraftstoffverbrauch

D.T.D. 230 = Document Type Definition 78 oktaniger Kraftstoff

D.T.D. 472 = Document Type Definition 120 sec. viscosity lubricant. = Schmierstoff mit 120 Sekunden Viskosität

Fuel performance number = Octane number = Oktanzahl (100 octane GB = 91,5 octane US)

IMEP = Indicated mean effective pressure = indizierter Mitteldruck (pmi)

Power-to-weight ratio = Leistungsgewicht: 1 lb/BHP = 0,278 kg/PS.

Torque = Drehmoment (1 lb.ft = 1,36 Nm)

Luftfahrttechnik:

Airscrew: Propeller, Luftschraube
Alloy: Legierung
Altitude: (Flug)-Höhe
Rated altitude: Nennhöhe
Boss: Buckel
Boost: Ladedruckerhöhung
Compression ratio: Verdichtungsverhältnis
Core plug: Kernstopfen
Crankshaft: Kurbelwelle
Cylinder liner: Zylinderlaufbuchse
Cylinder stud: Zylinderbolzen
Degrees overlap: Überschneidungswinkel
Engine swept volume: Motorhubraum
Exhaust: Auslass, Auspuff
Flame trap: Flammensperre
Gland nut: Stopfbuchsmutter
Guide-vanes: Leitschaufeln
Head: Förderhöhe
Header-tank: Ausgleichsbehälter
Impeller: Laufrad, Luftimpeller
Inches of Mercury: Zoll Quecksilbersäule
1 inHg = 33,86 Hektopascal
Induction ports: Ansaugöffnungen
Intake: Einlass, Ansaugtrakt
Knock threshold: Klopfgrenze
Locking pin: Sicherungsstift
Leakage path: Leckagepfad
Manifold pressure: Krümmerdruck, Ladedruck
Nozzle: Düse
Overlap: Überschneidung
Pitch: Steigung
Radial-inline motor: mehrreihiger Sternmotor
Sparking-plug: Zündkerze
Supercharger: Kompressor, Lader
Torque: Drehmoment
Throttle: Drosselklappe
Tungsten: Wolfram
Vane: Schaufel
Inducer-vanes: Leitschaufeln
Volumetric efficiency: volumetrischer Wirkungsgrad
Washer: Unterlegscheibe
Wrapping: Umwicklung

Endnoten

Kapitel 1: Die Schneider-Trophy

1 Familienarchiv Kollmann: *Konstruktion und Berechnung von Schleuderladern zur Leistungssteigerung von Verbrennungsmotoren, insbesondere von Flugmotoren*, Prof. Dr.-Ing. Karl Kollmann, März 1947. [Eine vom Autor und vom Turbolader-Fachmann Dr. John Gülen besorgte englische Version ist am 30. Oktober 2021 bei der American Society of Mechanical Engineers (ASME) erschienen.

2 *Vee's for Victory*, Daniel D.Whitney, Schiffer Publishing Ltd 1998.

3 *R-2800 Pratt &Whitney's Dependable Masterpiece.*, Graham White, SAE International 2001.

4 Später gründete Dr. List die AVL, heute die weltweit größte Motorenforschungseinrichtung in Privatbesitz.

5 Royal Air Force Historical Society, Air Intelligence Symposium, *Bracknell Paper No 7: A LuftwaffeView of the Intelligence War*, Dr. Horsdt Boog, 1997. {S. 56}

6 National Air and Space Intelligence Centre: *A History of NASIC – Chapter One, The Beginning of Scientific and Technical Intelligence.*

7 TNA, AIR-19/310: *Aircraft, comparative performance of German and British Fighters*, 21. July 1942. {Dort der Brief mit Überschrift »MOST SECRET« und Datum »July 21, 1942«}

8 HENDON, B963: *I Ought to Have Been Sacked, Autobiography.* Unveröffentlichter, originaler maschingeschriebener Entwurf, George Purvis Bulman, 1958. {Bulmans Impressionen von Sachse sind über das ganze Buch verteilt; s. aber beispielsweise S. 304 – 314, eine Schilderung seines Besuchs in Deutschland zusammen mit Andrew A. Ross}

9 TNA, AIR-27/827: *Operations Record Book – 105 Squadron*, January 1943. {S. Eintragungen auf der letzten Seite}

10 TNA, AIR-27/960: *Operations Record Book – 139 Squadron*, January 1943. {S. Eintragungen auf der letzten Seite}

11 REVALER ZEITUNG, Nr. 24, Sonntag 31. Januar 1943, Jahrgang 2. *Kämpfen und arbeiten, Der Führer proklamiert den totalen Kreig bis zum Siege*; Rede von Reichsminister Dr. Joseph Goebbels zum zehnten Jahrestag der Machtergreifung, Berliner Sportpalast, 30. Januar 1943. {Unten auf S. 2 ab »Dr. Goebbels spricht«}

12 http://www.airhistory.org.uk {Mit Informationen der Firma DeHavilland zu Flugzeugverlusten im Einsatz.}

13 IWM Collection No. 12489, 35 mm-Mikrofilm MILCH, 32 Spulen: *Foreign Documents: Milch Collection.* {Dort Vol. 62, Einzelbild Nr. 5505 ff.}

14 FLIGHT, No. 1181, Vol. XXIII, No. 33, The Aircraft Engineer and Airships: *The Schneider Trophy*, 14. August 1931.

15 FLIGHT, No. 18, Vol. 17, No. 18, S. 257 – 259: *A Wonderful German Competition*, 30. April 1925.

16 NTRS, NACA, No. 357: *The Fundamental Principles of High Speed Semi-Diesel Engines.* (Englische Übersetzung von Teil 2 eines Artikels im Jahrbuch der Brennkrafttechnischen Gesellschaft, Bd. V, Buchner, 1924), April 1926. {S. 8}

17 TNA, AIR-40/1345: *Report on OKW A.I.12/U.S.A.F.E.* {Vgl. Appendix 16, A.D.I. (K) 373/1945, *The Birth, Life and Death of the German Day Fighter Arm. Related by Generalleutnant Galland.* {Dort S. 2 des Abschnitts mit Überschrift »HIS YOUTH«, ca. S. 218 in der Akte. Diese Akte hat eine zentrale Rolle in dieser Forschung gespielt; sie enthält auch ausführliche Interviews mit Göring, Speer, Saur und Köller}, 1945.

18 RAeS Bristol Branch, *The Schneider Trophy Contest: 1913 – 1931*, Vortrag von Mike Marsden, ehemaligem Leiter von Airbus Wind Tunnels, 12. Dezember 2012.

19 TNA, AVIA-6/10192: *The Effect of Improvement of Surface Finish on the Spitfire W.3310*, Royal Aircraft Establishment, P.A. Hufton, Oktober 1942.

20 TNA, AVIA-6/10404: *The Effect of Conical Windscreen on Performance of a Spitfire IX*, Royal Aircraft Establishment, September 1943.

21 TNA, AVIA-6/10339: *Improvement in Performance of Spitfire EN946*, Royal Aircraft Establishment, W. Stewart, Juni 1943.

22 Ebenda.

23 RAeS Bristol Branch: *The Schneider Trophy Contest: 1913 – 1931*, Vortrag von Mike Marsden, ehemaligem Leiter von Airbus Wind Tunnels, 12. Dezember 2012.

24 TNA, DSIR-23/3014: *Tests on Quarter-scale Models of High Speed Seaplanes for the Schneider Trophy Contest, 1929*, Mai 1930.

25 TNA, DSIR-23/8539: *Note on dimensional relationships for air compressors*, Mai 1928. {Vgl. auch eine weiterentwickelte Darstellung: DSIR-23-8651, von R. S. Capon und G.V. Brooke, Juni 1930}

26 Royal Aeronautical Society: *Centenary Journal – 1866 – 1966*, Vol.70, No. 661, 1966. {S. 161, Sp. 2, Abs. 9, ab »Another landmark is...«}

27 Toledo Blade Newspaper, *Lord Hives Retires from Rolls-Royce, Former Mechanic Became Chairman, Chief Executive*, 3. Oktober 1956. {S. 23}

28 HENDON, B963: *I Ought to Have Been Sacked, Autobiography* (unveröffentlichter, originaler maschingeschriebener Entwurf), George Purvis Bulman, 1958. {S. 150ff}

29 TNA, DSIR-23/3014: *Tests on Quarter-scale Models of High Speed Seaplanes for the Schneider Trophy Contest, 1929*, Mai 1930. {p23}

30 HENDON, B963: *I Ought to Have Been Sacked, Autobiography.* Unveröffentlichter, originaler maschingeschriebener Entwurf, George Purvis Bulman, 1958. {S. 22}

31 RAeS Bristol Branch: *The SchneiderTrophy Contest: 1913–1931*. Vortrag von Mike Marsden, ehemaligem Leiter von Airbus Wind Tunnels, 12. Dezember 2012.
32 TNA, DSIR-23/3014: *Tests on Quarter-scale Models of High Speed Seaplanes for the Schneider Trophy Contest, 1929*, Aeronautical Research Committee/Cowley und Dr. Warden, Mai 1930.
33 TNA, AIR-8/2651, Oral History Programme, Air Historical Branch: *Transcript of an Interview with Air Commodore F. R. Banks CB OBE at AHB (RAF)*, 7. November 1973. {S. 4}
34 US National Archives II, College Park, NARA-6547493, RG342, ID: 40530683: *Rolls-Royce Buzzard, Eagle, Merlin, Vulture*, Wright Field Correspondence Files, 1929–1940. {Dort die Seite mit Überschrift »Aldred & Co, 60 Wall St. New York«}
35 Ebenda. {Dort der Brief des 26. September mit Überschrift »Rolls-Royce Developments«}
36 FLIGHT, S.290: *High Speed Flying*. A. H. Orlebar, 1. April 1932. {Vgl. auch NACA No. 712, Juni 1933}
37 Musée Historique de l'Hydraviation, 332 Louis Breguet 40600 Biscarrosse, France: *La Coupe Schneider.*
38 TNA, AVIA-13/112: *Notes on High Speed Flight 1931 Collected by Wing Commander A. H. Orlebar*, 15. April 1932. {S. 4}
39 Ebenda. {S. 7-8 von »Section II«}
40 Ebenda. {S. 1 von »Section VI«}
41 Ebenda. {Dort Tabelle 1, »Engine Particulars« sowie S. 5 von »Appendix A«}
42 TNA, AIR-19/128: *Schneider Trophy, Minutes*, 1931 {Vgl. »Air Ministry Communique No.2530, January 15th, 1931«}
43 HENDON, B963: *I Ought to Have Been Sacked*, *Autobiography.* Unveröffentlichter, originaler maschingeschriebener Entwurf, George Purvis Bulman, 1958. {S. 194}
44 TNA, AIR-2/616: *Schneider Trophy 1931 Race (Engines)*, 1931. {Dort das blaue, in Bleistift geschriebene, Sitzungsprotokoll »SECRET, 15A« und der darauffolgende Brief »15B«}
45 TNA, TS. 28/207: *Royal Air Force Entry for SchneiderTrophy, Lady Houston's Offer to Cover Costs*, 1931.
46 TNA, AIR-19/128: *SchneiderTrophy, Minutes*, 1931. {Vgl. J. Ramsay MacDonald, 13. September 1931}
47 RRHT BRISTOL, Centaurus Collection: *Project-Engines-Vol2*. {S. 50}.
48 HENDON, B963: *I Ought to Have Been Sacked*, *Autobiography*. (Unveröffentlichter, originaler maschingeschriebener Entwurf,), George Purvis Bulman, 1958. {S. 195}
49 TNA, AVIA-13/112: *Notes on High Speed Flight 1931 Collected by Wing Commander A. H. Orlebar*, 15. April 1932. {S. 3 mit Unterschrift »General Conclusions and Notes on Weather Conditions« und »SECTION II«}
50 HENDON, B963: *I Ought to Have Been Sacked*, *Autobiography*. Unveröffentlichter, originaler maschingeschriebener Entwurf, George Purvis Bulman, 1958. {S. 196}
51 TNA, AIR-19/128: *Schneider Trophy, Minutes*, 1931. {Da der Brief des 26.2.32 mit Überschrift »A.M.S.R, C.A.S.«}
52 HENDON, B963: *I Ought to Have Been Sacked*, *Autobiography*. Unveröffentlichter, originaler maschingeschriebener Entwurf, George Purvis Bulman, 1958. {S. 200}
53 NTRS, NACA No.712: *The Schneider Trophy Contest*, Alfred Richard Weyl, eine Übersetzung aus der Zeitschrift für Flugtechnik und Motorluftschiffart Bd. 23, Nr. 15 & 16, 12. August 1932), Juni 1933.
54 The Royal Aero Club, offizielles Veranstaltungsprogramm: *The Schneider Trophy Contest 1931*, Squadron Leader C.G. Burge OBE, 1931.
55 *I Kept No Diary, an Autobiography*, Air Commodore F. R. (Rod) Banks, Airlife Publishing, 1978. {Dort Kapitel 13, »Italian Interlude«, S. 97 ff}
56 TNA, AIR-8/2651, Oral History Programme: *Air Commodore F. R. Banks*, 7. November 1973. {S. 5–6; enthält einen Zettel: »This interview carries no national security grading, but comes under the heading of 'Personal in Confidence'«}
57 RAeS Bristol Branch, *The Schneider Trophy Contest: 1913–1931*, Vortrag von Mike Marsden, ehemaligem Leiter von Airbus Wind Tunnels, 12. Dezember 2012.
58 RRHT BRISTOL: *7th Barnwell Memorial Lecture, The First 25 Years of The Bristol Engine Department*, Sir Roy Fedden. University of Bristol am 10. März 1960. {S. 25}
59 Ebenda. {S. 31, Absätze 144, 145, 146}
60 Ebenda. {S. 31, Abs. 147}
61 Ebenda. {S. 31, Abs. 144}
62 RAeS Bristol Branch, *The Schneider Trophy Contest: 1913–1931*, Vortrag von Mike Marsden, ehemaligem Leiter von Airbus Wind Tunnels, 12. Dezember 2012.
63 TNA, DSIR-23/5381: *Torsional Vibration of the »R« (Schneider Trophy) 1931 Series Engine*, Royal Aircraft Establishment, August 1935.
64 DBAG: *Dr.-Ing. Arthur Berger* (Personalakte, ohne Datum).
65 TNA, AIR-2/617: *R Engine Developments–1931*, 1930–1932. {S. 16 & '49A'}
66 TNA, AVIA-13/107: *Rolls-Royce R-Type Engines* (Nachdruck eines Artikels aus THE AEROPLANE), 1. Dezember 1931.
67 TNA, AIR-8/2651: *Oral History Programme–Air Commodore F. R. Banks*, 7. November 1973. {S. 5–6}

Kapitel 2: Die 1930er – Vorspiel zum Krieg

1 *Ottomotor mit Direkteinspritzung und Direkteinblasung: Ottokraftstoffe, Erdgas, Methan, Wasserstoff*, Richard van Basshuysen, Springer, 2017.
2 NTRS, NASA/CR-2019-220267: *Volume II–Structural Framework for Flight II: NASA's Role in Development of Advanced Composite Materials for Aircraft and Space Structures*, 1. April 2019.
3 FAST, E.3260: *NOTE: On a Proposed Petrol Injection System, Dr. A. A. Griffith, August 1931.*
4 TNA, AVIA-6/5330: *Note on a Proposed Petrol Injection System by A. A. Griffith, D. Eng., August 1931.* [Inhaltlich = FAST, E.3260]
5 HENDON, B963: *I Ought to Have Been Sacked*, *Autobiography*. Unveröffentlichter, originaler maschingeschriebener Entwurf, George Purvis Bulman, 1958. {Dort die Kommentare zur Zuverlässigkeit vom A.I.D.: S. 20, 23, 24, 40, 42, 43 sowie S. 22 für Anekdoten bezüglich seines Stellvertreters A. A. Ross}
6 TNA, CAB-102: *The Administration of War Production–History of the Second World War – Official History*, J. D. Scott, Richard Hughes, 1955. {S. 364}
7 Nach seinen bahnbrechenden Veröffentlichungen in 1923 wurde Sir Harry Ricardo in den dreißiger Jahren wohl europaweit der berühmteste Ingenieur in der Kolbenmotorentwicklung. Er machte grundlegende Beiträge zum Verständnis von Brennstoffen, Zündung und der Thermodynamik von Motoren. Seine Firma, Ricardo, ist heute immer noch einflussreich weltweit in der Entwicklung von Konzepten von Motoren.
8 RICARDO, Ricardo Report #948: *Report on Fuel Injection Experiments–to The Director of Scientific Research, The Air Ministry, Kingsway, London, W.C.2*, 20. Juni 1932.

9 TNA, DSIR-23/3823: *The Strength of the 'R' Engine Components (1929 series)*, A. A. Griffith, Februar 1933.
10 Massachusetts Institute of Technology: Kurs *Introduction to Fracture Mechanics*, gehalten von David Roylance am Department of Materials Science and Engineering im 2001.
11 TNA, DSIR-23/3823: *The Strength of the 'R' Engine Components (1929 series)*, A. A. Griffith, Februar 1933.
12 TNA, AVIA-6/5345: *Note on Radiator Suitability's and Test Pressures*, C. Anderton Brown, März 1933.
13 TNA, DSIR-36/4225: *Aeronautical Research Committee: Engine Sub-Committee Progress Reports*, 1933–1940. {S. 68}
14 TNA, AVIA-6/5367: *Heat Dissipation of Ethylene Glycol Radiators and Comparison with Water Radiators*, Mai 1935.
15 TNA, DSIR-36/4225: *Aeronautical Research Committee: Engine Sub-Committee Progress Reports*, 1933–1940. {S. 4, Eng. Report #78, 6. Juli 1935}
16 TNA, AVIA-6/14212: *Note on the Draco Petrol Injection Engine*, Oktober 1935.
17 TNA, AIR-5/1369: *The History of Bristol Aero Engine Department*, 1920–1938.
18 TNA, DSIR-36/4225: *Aeronautical Research Committee: Engine Sub-Committee Progress Reports*, 1933–1940. {Eng. Report #81, 31. März 1936}
19 Ebenda.
20 TNA, DSIR-23/5854: *Comparative performance of a supercharged single-cylinder air-cooled engine using normal carburation and fuel injection, and the effect of valve overlap*, September 1936.
21 TNA, AVIA-6/5384: *Flight tests of Kestrel engine with pressure fed carburettor*, Oktober 1936.
22 RICARDO, Ricardo Misc #6610: *Note on Fuel Injection*, H. R. Ricardo, 11. Dezember 1936.
23 Ebenda.
24 Ebenda.
25 TNA, DSIR-23/5854: *Comparative performance of a supercharged single-cylinder air-cooled engine using normal carburation and fuel injection, and the effect of valve overlap*, September 1936.
26 Ebenda.
27 TNA, DSIR-36/4225: *Aeronautical Research Committee: Engine Sub-Committee Progress Reports*, 1933–1940. {Dort Eng. Report #86, 7. April 1937}
28 TNA, AIR-20/4013: *A Historical Summary of the Royal Aircraft Establishment: 1918–1948*, November 1949. {S. 74}
29 Interview des Autors mit dem schon im Ruhestand befindlichen Rolls-Royce-Ingenieur Dave Piggott, 14. Januar 2016.
30 Familienarchiv Kollmann: *Konstruktion und Berechnung von Schleuderladern zur Leistungssteigerung von Verbrennungsmotoren, insbesondere von Flugmotoren*, Prof. Dr.-Ing. Karl Kollmann, März 1947.
31 RRHT, Hives-File: *Secret: Report on Visit to Germany by E. Lr. and Sft. 1937 – Observations on the organization and state of the German aircraft industry*, 10. August 1937. {S. 1}
32 Ebenda. {S. 10}
33 Ebenda. {S. 12}
34 RRHT, Historical Series No. 31: *An account of Partnership – Industry, Government and the Aero Engine*, George Purvis Bulman, hrsg. von M. C. Neale, 2002. {S. 352. dieses ist die öffentliche Version von HENDON, B963: wegen ihres Nachtrages und weiterer, nicht im maschinengeschriebenen Entwurf von Bulman selber enthaltener, Seiten unbedingt zu empfehlen}
35 TNA, AIR-15/907: *MAP-Research and Development–Engines, Appointments*, 1941–1945. {Dort gegen Schluss der Organisationsplan mit dem Titel »R.D.E. Organization Dec. 1940«, wo Bulman 2. von oben steht nach dem Generaldirektor von Forschung und Entwicklung.}
36 HENDON, B963: *I Ought to Have Been Sacked, Autobiography*. Unveröffentlichter, originaler maschingeschriebener Entwurf, George Purvis Bulman, 1958.
37 RRHT, Historical Series No.31: *An account of Partnership – Industry, Government and the Aero Engine*, George Purvis Bulman, hrsg. von M. C. Neale, 2002. {S. 350, Abs. 2}
38 HENDON, B963: *I Ought to Have Been Sacked, Autobiography*. (Unveröffentlichter, originaler maschingeschriebener Entwurf, George Purvis Bulman, 1958. {S. 47}
39 RRHT: *TheVital Spark! – the development of aero-engine sparking plugs*, Keith Gough, 1991. {S. 36}
40 RRHT, Hives-File: *Secret: Report on Visit to Germany by E. Lr. and Sft. 1937 – Observations on the organization and state of the German aircraft industry*, 10. August 1937. {S. 14}
41 Ebenda. {S. 17}
42 RRHT, Historical Series No. 31: *An account of Partnership – Industry, Government and the Aero Engine*, George Purvis Bulman, hrsg. von M. C. Neale, 2002.
43 RRHT, Hives-File: *Secret: Report on Visit to Germany by E. Lr. and Sft. 1937 – Observations on the organization and state of the German aircraft industry*, 10. August 1937. {S. 55}
44 IWM, GDC Collection, GDC-10/269: *Schwingungen in Ventilfedern*, ZWB Forschungsbericht 206/1, A. Hussmann, 7. Januar 1935.
45 RRHT, Hives-File #3010c: *MAP Correspondence: Sir Wilfrid Freeman, July 1937–Dec 1939*. {Dort der Brief »Hs.15/KW, 16th August 1937«}
46 RRHT: *An Account of Partnership – Industry, Government and the Aero Engine*, G. P. Bulman, 2002. {S. 231}
47 RRHT: *An Account of Partnership – Industry, Government and the Aero Engine*, G. P. Bulman, 2002. {S. 236}.
48 HENDON, B954: *Report by Major G.P. Bulman OBE, B.Sc, F.R.Ae.S A.D/R.D.E.Visit to Germany–October 11th – 16th 1937*, Oktober 1937. {Dort Absatz 20, S. 7}
49 RRHT: *An Account of Partnership – Industry, Government and the Aero Engine*, G. P. Bulman, 2002. {S. 236}
50 Ebenda. {S. 237}
51 RRHT, Hives File #3003: *Correspondence 1950-1960*. {Für Bemerkungen zur Rolle Freemans in der Entstehung der wichtigsten Flugzeugtypen der R.A.F. s. den unmittelbar nach seinem Tod erschienenen Nachruf von Sir John Slessor: *The World Today, the Tools of Victory ... with particular reference to the late Air Chief Marshal Sir Wilfrid Freeman*, insbesondere S. 1 & 4 zu Hurricane und Spitfire, S. 5 zur Mosquito und zu den viermotorigen Bombern); in der dort angehängten »DRAFT«-Kopie behandeln die Absätze 3, 6, 7 & 8 seinen Einsatz für die Entwicklung eines Zweistufenlader-Merlin, für die Mustang und die 4-motorige Lancaster}
52 TNA, AVIA 15/2870: *Research: Engines, Merlin*, 1941–1943. {Als Beispiel s. den Brief des 7. September 1942 mit der Überschrift »RESIDENT TECHNICAL OFFICER at Messrs Rolls-Royce Ltd ... Merlin-61 Introduction on 18 lbs Boost ... [gezeichnet] Baker, Resident Technical Officer.«}
53 TNA, AVIA-15/2337: *MAP RDE Reorganization – Engines*, 1940–1942. {Als Ganzes betrachtet vermittelt diese Akte einen guten allgemeinen Hintergrund zur Struktur der Motorenabteilung am Ministerium für Flugzeugproduktion (Ministry of Aircraft Production)}

54 TNA, AIR-15/907: *MAP RDE Engines Appointments*, 1940–1943. {Informationen zum Personal in versch. Funktionen}
55 RRHT, Hives File #3003: *Correspondence 1950-1960*.
56 HENDON, B954: *Report by Major G.P. Bulman OBE, B.Sc, F.R.Ae.S A.D/R.D.E.Visit to Germany–October 11th–16th 1937*, Oktober 1937. {S. 6}
57 RRHT, Hives-File #3010c: *MAP Correspondence: Sir Wilfrid Freeman, July 1937–Dec 1939*. {Dort der Brief »Hs.2/KW. 17.10.37«}
58 IMECHE, NAP-6/2/6: *Monograph of Technical Development during the War (1939–1945)*, 1935–1945. {Dort S.1, Abs. 4 von »Section 1–General«}
59 Ebenda. {Dort die Seite mit der Überschrift »T.P.D./M.31/B.47« gegen Anfang der Akte}
60 Ebenda. {Dort »Section 2–Problems encountered during test bed development, part 1–fully hardened crankshafts«}
61 RRHT: *Stanley Hooker Legendary Rolls-Royce & Bristol Engineer*. {Transkription der TV-Sendung mit Sir Stanley Hooker}
62 Interview des Autors mit dem schon im Ruhestand befindlichen Rolls-Royce-Ingenieur Dave Piggott, 14. January 2016.
63 Ebenda.
64 Royal Aeronautical Society, Centenary Journal 1866–1966, 1966. {S. 161, Sp. 2, Absätze 8 & 9}
65 RRHT, Hives File #3010f: *A.M. & M.A.P. Mr Pye and Mr Farren*, 1938–1941. {Dort Brief: E/Lid.3/HP.23.2.28, S. 2}
66 Diskussionen des Autors mit Professor Geoff Goddard, ehemaligem Chefkonstrukteur des Cosworth-Rennwagenteams, an der Oxford Brookes University 2009.
67 RRHT, Hives File #3010f: *A.M. & M.A.P. Mr Pye and Mr Farren*, 1938–1941. {Dort handschriftlicher Brief überschrieben »21 Lowels Lane, Derby, Feb 17th, 1938«}
68 RRHT, Hives-File #3010c: *MAP Correspondence: Sir Wilfrid Freeman*, Juli 1937–Dez. 1939. {Dort Brief überschrieben: »VISIT OF A.M.R.D — 23.2.38«}
69 RRHT, Hives File #3010f: *A.M. & M.A.P. Mr Pye and Mr Farren*, 1938–1941. {Dort Brief mit Überschrift »648857/37«}
70 RRHT BRISTOL, Centaurus Collection: *The Sabre Breed*, Bristol Technical Publications Dept, C.W. Cain. {Dort Blatt 2}
71 RRHT, Hives-File #3010f: *A.M. & M.A.P — Mr Pye & Mr Farren*, 1938–1941.
72 Ebenda. {Dort Brief »Hs.18/Kw March 9, 1938«}
73 Ebenda. {Dort Brief »Hs.17/Kw March 9, 1938«}
74 TNA, DSIR 23/6792: *Exhaust Driven Superchargers*. Artikel von K. Leist (L.F.F Vol 14, Nr. 4/5, 1937, S. 238/243) in einer Übersetzung durch W. J. Stearn für den A.RC. des 6. Mai 1938.
75 Ebenda. {S. 2 & 3}
76 TNA, AVIA-6/5411: *Note on the development of Centrifugal Superchargers*, Hayne Constant, Mai 1938.
77 TNA, AIR 40/2044: *Visit to Willy Messerschmitt on 27.5.38*, Supermarine Aviation Works (Vickers) Limited, B.Shenstone, 27 Mai 1938. {S. 1 des maschingeschriebenen Hauptberichts}
78 Ebenda. {Handgeschriebenes Memo auf S. 2 des Protokolls}
79 Ebenda. {s. S. 3 des Protokolls}
80 RRHT, Hives-File #3010c: *MAP Correspondence: Sir Wilfrid Freeman*, Juli 1937–Dez. 1939. {Dort Brief mit Überschrift »Hs.3/KW« des 27. Juni 1938}
81 Ebenda. {s. S. 4 des Briefs mit Überschrift »Hs.11/KW«}
82 TNA, AIR-2/2866: *Tornado and Typhoon Single Seat Fighter–Specification F18/37–Type Requirements*, 1937–1943. {s. Seite mit Rötel-Überschrift »Amended Requirements at 8A«}
83 RRHT, Hives-File #3010c: *MAP Correspondence: Sir Wilfrid Freeman*, Juli 1937–Dez. 1939. {Dort Seite mit Überschrift »Hs.15/KW«}
84 TNA, AVIA-13/207: *High Speed Development Project–Spitfire Aircraft N17*, 1938–1940. {s. Absatz 12 des Briefs mit Überschrift »722466/37/D.D./R.D.A«}
85 TNA, AVIA-6/1053: *Tests on KLG Sparking Plug Type RC27 with Corundite Insulation*, Dezember 1938.
86 TNA, AVIA-15/147: *Business Relating to the Technical Sub-Committee on Aviation Fuels*, 1939–1941.
87 Kohlenstoff-Derivative könnten auch benutzt werden–z. B. Schiefer oder Kohlenteer.
88 TNA, AVIA-13/207: *High Speed Development Project–Spitfire Aircraft N17*, 1938–1940. {S. 88a}
89 Ebenda. {Dort Absatz 9 des Briefs mit Überschrift »722466/37/D.D./R.D A«}
90 RRHT, Hives-File #3010c: *MAP Correspondence: Sir Wilfrid Freeman*, Juli 1937–Dez. 1939. {s. S. 4 des Briefs »Hs. 1/MP«}
91 RRHT, Hives-File #3010f: *A.M. & M.A.P–Mr Pye & Mr Farren*, 1938–1941. {s. S. 2 des Briefs von Pye an Hives des 2. Februar 1939, Text ab »Two-Stroke Petrol Injection Engine«}
92 US National Archives II, College Park, NARA-6547493, RG342, ID: 40530683: *Rolls-Royce Buzzard, Eagle, Merlin, Vulture 1929–1940*. {s. Brief auf gelbem Papier mit Datum »February 4, 1939«}
93 RRHT, Hives-File #3010c: *MAP Correspondence: Sir Wilfrid Freeman*, Juli 1937–Dez. 1939. {s. Seite mit Überschrift »Hs.7/KW«}
94 The New Scientist: *Profile Alfred Cyril Lovesey–The Human Qualities that Produce Good Aero Engines*, No 258, S. 234 & 235, 26. Oktober 1961.
95 TNA, DSIR 23/7187: *Note on Water Injection Experiments on the Merlin*, 25. Februar 1939. {S. 1}
96 Ebenda. {S. 2}
97 Ebenda. {S. 3}
98 TNA, AVIA-13/186: *Bench Experiments of Bi-Fuel System on Merlin Engine*,1937–1944. {s. Seite mit Überschrift »Extract from Minutes of Liaison Conference...1.3.39«}
99 Ebenda. {s. Seite mit Überschrift »Fig 1. copy of Rolls-Royce Figure Giving Test Results of Merlin-II«}
100 TNA, AVIA-13/207: *High Speed Development Project–Spitfire Aircraft N17*, 1938–1940. {S. 44a}
101 Ebenda. {S. 63a}
102 TNA, AVIA-13/186: *Bench Experiments of Bi-Fuel System on Merlin Engine*, 1937–1944. {s. S. mit Überschrift »E/2055.R/AAG/12« und Datum 20. April 1939}
103 Ebenda. {s. S. mit Eintrag »120« in blauem Farbstift und Überschrift »Water Injection experiments on the Merlin«}
104 TNA, AVIA-13/186: *Bench Experiments of Bi-Fuel System on Merlin Engine*, 1937–1944. {s. S. 2 des Briefs mit Überschrift »RAE.Ref: E/2055.R« des 17 Oktober 1938}
105 TNA, AVIA-13/207. *High Speed Development Project–Spitfire Aircraft N17*, 1938–1940. {S. 96a}
106 Ebenda. {s. Seite mit Rötelüberschrift »11A« und Kennzeichnung »STD/E/2055/2055-1/12«}
107 RRHT: *People Power & Pumping–my First Year at Rolls-Royce*, Geoffrey Wilde. {Aufsatz von Wilde aus den Nachkriegsjahren}
108 Ebenda.
109 RRHT, Hives-File #3005: *Air Ministry–General*, 1939–1960. {s. Brief mit Überschrift »Hs.24/KW«}
110 Ebenda. {s. Seite mit Überschrift »Hs.25/KW.1.6.39«}
111 RRHT, Hives File: *Confidential Report on American Visit, 1939 by F. R. Banks*, July10, 1939. {S. 10ff}

112 Ebenda. {S. 25ff}
113 TNA, AIR-2/2824: *Spitfire Single Seater Type Requirements F37/34 Specifications*, 1935 – 1942. {S. 40A}
114 RRHT: *The Performance of a Supercharged Aero Engine*, Stanley Hooker, 1941.
115 RRHT BRISTOL, Centaurus Collection, *Bristol Centaurus*, Ringmappe in Regal A 6-1, enthält Typtestdaten für den Centaurus. {s. Seite mit Überschrift »HS5/33« und Textanfang »By November 1937...«}
116 TNA, AIR-2/2833: *Tornado and Typhoon Single Seater Fighter – Specifications F18/37 – Type Requirements*, 1937 – 1943. {S. 72A}
117 RRHT BRISTOL, Centaurus Collection: *7th Barnwell Memorial Lecture: The first 25 years of the Bristol Engine Department by Sir Roy Fedden*, 10. März 1960. {S. 33}
118 TNA, AVIA-46/120: *Type Biography Tornado/Typhoon (Hawker)*, 1937 – 1943. {Für Überblick über die Gesamtgeschichte der Flugzeugzelle s. Seite mit Überschrift »Origin of Requirements« und die nächsten ca. 20 Seiten}
119 RRHT BRISTOL, Centaurus Collection: *7th Barnwell Memorial Lecture: The first 25 years of the Bristol Engine Department by Sir Roy Fedden*, 10. März 1960. {S. 37}
120 MAHLE KILMARNOCK, Technical Diary: *Bearing Development Work in the Laboratory from February 1941* (unveröffentlichtes Tagesbuch der Kriegsjahre), David F. Green.
121 TNA, DSIR-23/8724: *Comparative Performance of Superchargers*, 11. August 1931.
122 NTRS, NACA/No. 399: *Some Characteristics of Fuel Sprays at Low-Injection Pressures*, 4. November 1931.
123 Ebenda.
124 NTRS, NACA/ No. 405: *Valve timing of engines having intake pressures higher than exhaust*, Edward S.Taylor, Februar 1932.
125 Ebenda.
126 NTRS, NACA/ No. 512: *Some factors affecting combustion in an internal combustion engine*. A. M. Rothrock und Mildred Cohn, 11. September 1934. {S. 1}
127 Ebenda. {S. 17, dort »Conclusions«}
128 US National Archives II College Park, NARA-6547493, RG342, ID: 40530683: *Rolls-Royce Buzzard, Eagle, Merlin, Vulture* 1929 – 1940. {Dort gelbe Seite mit Überschrift »Captain Lyon and Captain Estabrook«, 6. Februar 1934}
129 TNA, DSIR-23/4984: *Aircraft Engine Performance With 100 Octane Fuel*, 1935.
130 Ebenda. {S. 1 & 2}
131 *The Development of Aviation Fuels*, Samuel Daziel Heron, Harvard University, 1950. {S. 602}
132 *Utilisation of Farm Crops, Industrial Alcohol and Synthetic Rubber, Hearings before a Subcommittee of the Committee on Agriculture and Forestry United States Senate*, United States Government, 1942. {S. 1199}
133 TNA, AIR-8/2651: *Oral History Programme interview with F. R. Banks – Air Historical Branch*, markiert »Personal in Confidence«, 30. Januar 1974. {Untere Hälfte von S. 6}
134 Pennsylvania State University Library, T26.G3R47, No.281: *IG Farben Industry Plant, Frose, Germany, Fuels and Lubricants*, Office of the Publication Board, Department of Commerce,Washington DC, 12. Mai 1945.
135 Ebenda. {S. 6}
136 *Scientific and Technical Mobilization, Hearing Before a Subcommittee of the Committee on Military Affairs United States Senate*, United States Government, 30. März 1943. {S. 725}
137 US National Archives II College Park, NARA-6547493, RG 342, ID: 40530683: *Rolls-Royce Buzzard, Eagle, Merlin, Vulture*, 1929 – 1940. {s. ausführliches Memo ab Seite »Serial No. E-57-1263-1«, 12. Juni 1936}
138 Colorado Historic Newspapers Collection, Aspen Daily Times: *Indium, Rare Metal, Makes Bearings Last Longer*, 4. April 1938.
139 US National Archives II College Park, NARA-6547493, RG 342, ID: 40530683: *Rolls-Royce Buzzard, Eagle, Merlin, Vulture*, 1929 – 1940. {s. Seite mit Überschrift »E-57-2076-1«, 28. September 1938}
140 Ebenda. {s. Seite mit Überschrift »E-57-2076-1«, 28. September 1938.und ff.}
141 Ebenda. {s. Seite mit Überschrift »E-57-2075-1«, 27. September 1938.}
142 Ebenda. {s. Seite mit Überschrift »E-57-2075-1«, 27. September 1938. und ff.}
143 RRHT, DERBY: *Merlin Two-Stage Two-Speed*, Prüfvorschriften-Mappe.
144 Ebenda.
145 Ebenda.
146 US National Archives II College Park, NARA-6581021, RG 342, ID: 4056443: *Super Fighting Grade Fuels*, 1938 – 1948. {s. Brief mit Überschrift »To: Union Oil Company of California, October 22, 1938«}
147 Ebenda. {s. Brief mit Überschrift »October 25, 1938, Ref RVK – LC–58«}
148 Ebenda. {s. Seite mit Überschrift »E-57-3052-1, December 1, 1938«}
149 US National Archives II College Park, NARA-6547493, RG 342, ID: 40530683: *Rolls-Royce Buzzard, Eagle, Merlin, Vulture*, 1929 – 1940. {s. Brief mit Überschrift »F. Volandt, Lt Colonel, February 4, 1939«}
150 US National Archives II College Park, NARA-P100673: *Visit of German Air Ministry to Wright Field*, 23. Februar 1939. {Mikrofilm von Powerplant Labs. Digitalisierte Kopien von AEHS}
151 Vgl. folgende Ordner im IWM, GDC-Collection: GDC-FD-2862/46, GDC-FD-2864/46, GDC-FD-5074/45. Diese große Sammlung dokumentiert Forschung an Hochleistungsflugtreibstoff an der Hydrierungseinrichtung in Pölitz 1935 – 1945. (Ordner GDC-FD-2862/46 enthält eine große aber undatierte Fotosammlung aus der Raffinerie selber, enstanden vermutlich bald nach Fertigstellung der Anlage)
152 US National Archives II College Park, NARA-6581021, RG342, ID: 40564436, RG342, ID: 40564436: *Super Fighting Grade Fuels*, 1938 – 1948. {s. Seite mit Überschrift »Conference with Representatives of the Fuel Industry Regarding Supercharged Knock Testing...«}
153 Ebenda. {s. Brief von der »Shell Petroleum Corporation, April 3, 1939«}
154 US National Archives II College Park, NARA-6547493, RG 342, ID: 40530683: *Rolls-Royce Buzzard, Eagle, Merlin, Vulture*, 1929 – 1940. {s. S. 9 des Briefs mit Anfang »E-57-4193-1«}
155 Ebenda. {s. alle 9 Seiten des Briefs mit Anfang »E-57-4193-1«}
156 US National Archives II College Park, NARA-6581021, RG 342, ID: 40564436: *Super Fighting Grade Fuels*, 1938 – 1948. {s. Brief mit Überschrift »A High Anti-Knock Value Fuel for Pursuit Aircraft, August 9, 1939«}
157 DBAG: *Die Entwicklung der Flugzeugantriebe bei der Daimler-Benz AG.* (Firmeninterne Veröffentlichung), Dr.-Ing. Bruno Eckert, 1988. {S. 23 & 24}

158 JUMO. {s. Austellungsstücke mit biografischen Informationen zu den führenden Konstrukteuren}

159 DLR, DGLR Bericht 88-01: *Aufschwung und Wende vom Kolben-Grossflugmotor zum Strahltriebwerk*, Eisenlohr, 10. April 1987. {s. Seiten 20 & 21, »Das ‚Motoren Programm‘«}

160 NTRS, NACA, No. 649: *Liquid Cooling of Aircraft Engines*, Hanns Weidinger. (Englische Übersetzung des 2. September 1931).

161 Ebenda.

162 Es ist darauf hinzuweisen, dass der Ausbau der deutschen Flugzeugindustrie schon in den späten 1920er Jahren angefangen hatte; diese Tendenz wurde 1933 bloß – aber drastisch – verstärkt. Für tiefergehende Informationen s. FAST, RAE, LT00087: *A History of German Aeronautical Research*, Baumker, 1944 (spätere englische Übersetzung). {s. die allgemeine Aussage des Textes und die Tabellen 12 & 13 im Anhang}

163 NTRS, NACA, No. 706: *Knowledge Gained from Practical Experience in the Designing of Aircraft Engines*, Oscar Kurtz (englische Übersetzung des 14. Dezember 1932).

164 Wissenschaftliche Gesellschaft fur Luftfahrt, Berlin: *Konstruktionserfahrungen beim Bau von Luftfahrzeugmotoren*, (Konstruktionsrichtlinien für Flugzeugmotoren, 24. Juni 1932).

165 FAST, LT87: *Zur Geschichte Der Deutschen Luftfahrtforschung, Ein Beitrag*, Adolf Baeumker, 1944. {S. 14}

166 DRAG-2MA-121: *F4A, F4B & DB600 Flugmotoren*.

167 IWM, GDC-Collection, GDC-10/12003: *Studienreise durch die Vereinigten Staaten*, P. F. Köster & W. Shilo, ZWB Technische Berichte, Sonderheft 4, Mai 1934.

168 Race Engine Technology Nr. 54: *War on Friction*, Calum E. Douglas, 2014. {Technischer Abhandlung in einer Industriezeitschrift}

169 IWM, GDC-Collection, BIOS-FR-122: *Wirtschaftliche Forschungsgesellschaft GmbH*, 11. Juli 1945. {S. 6, 7 & 8 enthalten Listen mit Standorten der jeweiligen Lagerstätten}

170 TNA, AIR-40/1718: *The Supply Systems of the German Army. 1939–45*, 29. November 1945. {S. 5}

171 TNA, AIR-40/2423: *ADI(k) Interrogations 343–381*, Juli – August 1945. {s. Vernehmungsprotokoll Nr. 374}

172 IWM, GDC-Collection, FIAT-FR-401: *WIFO Berlin Evacuated Personnel at Munich*, 3. Oktober 1945.

173 IWM, GDC-Collection, BIOS-FR-122: *Wirtschaftliche Forschungsgesellschaft GmbH*, 11. Juli 1945. {S. 4 & 14}

174 IWM, GDC-Collection, FIAT-FR-401: *WIFO Berlin Evacuated Personnel at Munich*, 3. Oktober 1945.

175 IWM, GDC-Collection, GDC-10/874: *Investigation of the Rolls-Royce Buzzard Supercharger*, W. von der Nüll, 5. Mai 1936.

176 Ebenda. {S. 10}

177 US National Archives II College Park, NARA-7361539, RG319. *NUELL, Werner T. von der; X8931094*, November 1946.

178 IWM, GDC-Collection, BIOS-IR-18: *Interrogation of Prof. von der Nüll*, 1. November 1945.

179 US National Archives II College Park, NARA-7361539, RG319: *NUELL, Werner T. von der - X8931094*, November 1945. {s. Aussage von Dr.-Ing. Berger}

180 L’Aéronautique, Supplement no.235: *Le compresseur centrifuge Szydlowski-Planiol*, Albert Métral, Dezember 1938. {Die bekannte französische Luftfahrtzeitschrift, monatliche Erscheinungsweise; laut der englischen Zusammenfassung enthält dieser Artikel eine Diskussion der Prinzipien und Verwirklichung des dreistüfigen Radialverdichters von Szydlowski und Planiol mit spiralenförmigem Laufrad.}

181 IWM, GDC-Collection, GDC-10/1823: *Untersuchung des Luftverdichters von B. Thomas*, W. Von d.Nüll, ZWB Forschungsbericht 509, Oktober 1935.

182 US National Archives II College Park, NARA-142736679, RG330, ID: 18531302: *U.S. Strategic Bombing Survey, APC 413, Interview No1, Subject: Dr. Tank, President, Focke-Wulf Aircraft Co.*, 19. Mai 1945. {s. S. 3, dort Section III »The Development of the Luftwaffe«: »Die originäre Festlegung die Luftwaffe betreffend war, dass sie eine taktische Kraft für die Unterstützung der Bodentruppen sein sollte.«}

183 FAST, EA.R.M118: *Artificial Altitude Tests of Mercedes-Benz DB601E Engine No. 34162*, November 1943.

184 SAE, Paper 10.4271/420085: *Two-Speed Supercharger Drives*, F. M. Kinkaid, 1942.

185 FAST, EA.R.M118: *Artificial Altitude Tests of Mercedes-Benz DB601E Engine No. 34162*, November 1943.

186 Ebenda.

187 NTRS, NACA/No.954: *Limits of Single-Stage Compression in Centrifugal Superchargers for Aircraft* (englische Übersetzung des Artikels in Bd. 7 von »Luftwissen«), K. Kollmann, 3. March 1940.

188 Ebenda.

189 TNA, AIR-40/1345: *Report on OKW, prepared by A.I.12/ U.S.A.F.E*, 1945. {Vgl. auch S. 8 des Milch-Vernehmungsprotokoll A.D.I.k. Report No. 360/1945, dort der Abschnitt »III — Generalluftzeugmeister: Dec.1941 – June 1944« sowie andere ähnliche Bemerkungen in anderen Protokollen in dieser Akte}

190 TNA, AIR-40/1891: *A.I.2. RLM Papers* (Bemerkungen zu einigen führenden deutschen Persönlichkeiten), 1945. {s. »Appendix III, Kommandeur der Erprobungsstellen (K.d.E.)«}

191 Ebenda. {Dort Appendix II, Amtsgruppe Flugzeug-Entwicklung}

192 IWM, GDC-Collection, GDC-10/13932: *List of Rechlin Reports up to 1943*, 1934 – 1943. {S. 13 der »Forschungsberichte« mit Stempel »654«}

193 Erstaunlicherweise wurde der Selbstmord von Agenten der britischen Nachrichtendienst quasi vorausgesagt: Als schwarzes Propaganda ließen sie in der Tageszeitung »The Daily Telegraph« des 30. Juli 1943 (Nr. 26878) ein Artikel mit der Überschrift »Bericht über den Selbstmord von Nazi-Luftchef General Udet, der ‚rechten Hand‘ Goerings«. Tatsächlich setzte Udet seinem eigenen Leben ein Ende erst am 17. November 1941. Man kann annehmen, dass die Briten von Informanten wussten, dass er unter großem persönlichen Druck stand; sie entschieden deshalb diesen Artikel dazu einzusetzen, die möglichen Reibungen unter den höheren deutschen Entscheidungsträgern durch diesen (zu diesem Zeitpunkt) noch falschen Bericht zu verschärfen. Die ersten seriösen Untersuchungen zu diesem Fall unternahm Lee Richards, britischer Experte für die schwarze Propaganda im Zweiten Weltkrieg und versierter freischaffender Archiv-Forscher, im Jahr 2008. Für weitere Einzelheiten vgl. »The Intelligencer: Journal of U.S. Intelligence«, Volume 16, Number 2, Fall, 2008.

194 IWM, GDC-Collection, GDC-1401: *Untersuchung über die Anwendunsmöglichkeiten der bei Rennwagenmotoren gewonnenen Erkenntnisse aud den Flugmotorenbau an Hand der Entwürfe der Dr. F. Porsche G.m.b.H*, ZWB Forschungsbericht 731, 20. Dezember 1936.

195 FLIGHT AND THE AIRCRAFT ENGINEER (Ergänzungreihe zur Zeitschrift »FLIGHT«): *German Supercharger Tests–A Review and Some Explanatory Comments*, No. 169, Volume XIX, No.2, Dr. Ing. P. F. Martinuzzi, 29. Februar 1940.
196 NTRS, NACA, No.839: *The Design of Airplane-Engine Superchargers*, Werner von der Nüll, (Übersetzung des Artikels in Luftfahrtforschung, Bd.14, Nr. 4 – 5), 20. April 1937.
197 Ebenda.
198 Ebenda.
199 Ebenda.
200 NTRS, NACA, No.954: *Limits of Single-Stage Compression in Centrifugal Superchargers for Aircraft* (Übersetzung des Artikels aus Bd.7 von »Luftwissen«), K. Kollmann, 3. März 1940.
201 NTRS, NACA, No.839: *The Design of Airplane-Engine Superchargers*, Werner von der Nüll, (Übersetzung des Artikels aus »Luftfahrtforschung«, Bd.14, Nr. 4 – 5), 20. April 1937.
202 NTRS, NACA, No.894: *The Way to Increased Airplane Engine Power* (Übersetzung des Artikels aus »Luftwissen«, Bd. 5, Nr. 10), Eugen Vohrer, 10. Oktober 1938.
203 US National Archives II College Park–T-177 (Mikrofilm): *Records of the Reich Air Ministry*. {Einzelbilder Nr. 267 ff}
204 Ebenda. {Einzelbild Nr. 252}
205 IWM, GDC-Collection, GDC-11/71: *RLM DB601, Alte Mappen – III, 1064*. {Dort große Faltgrafik überschrieben »Stand am 23.4.37«}
206 IWM, GDC-Collection, GDC-11/383: *DB601 Development Records*. {Dort die Seite mit Überschrift »RLM / LC II a,Tag 17.12.36, Seite: 9« auf Papier mit Daimler-Benz-Briefkopf: Liste von Testflügen mit den Motoren DB601A und DB601E in Februar, Mai, Juni und Juli 1937}
207 Ebenda. {s. »Seite: 8« des gleichen Berichts; eine Bestätigung der Datierungen der Testflüge mit dem DB 601D in der EF 61 befindet sich in der großen Tabelle mit Überschrift »Liste Nr. 4«, wo ein 601D mit Hochdruckaufladung und Nennleistungshöhe 6 km behandelt wird}
208 Schriften der Deutschen Akademie der Luftfahrtforschung, Band 1: *Probleme des Schnellflugs*, Professor Willy Messerschmitt, 1938. {S. 165 & 168}
209 Ebenda. {S. 169}
210 TNA, AVIA-6/8754: *Structural Tests of a Messerschmitt Me 109E Wing*, November 1943.
211 TNA, AVIA-13/636: *Spitfire Wing Tests*, 1941 – 1942.
212 Schriften der Deutschen Akademie der Luftfahrtforschung, Band 1: *Probleme des Schnellflugs*, Professor Willy Messerschmitt, 1938. {S. 165 & 168}
213 IWM, GDC-Collection, GDC-15/154T: *Development of Laminar Flow Wing for Me109* (in englischer Übersetzung), 12. Juli 1944.
214 Schriften der Deutschen Akademie der Luftfahrtforschung: *Fortschritte und Ausblicke auf dem Gebiet der Triebstoffe und Schmierstoffe für Flugmotoren*, 1937.
215 TNA, AIR-40/159: *He 100 (He113)*, 1941 – 1942.
216 IWM, GDC-Collection, GDC-11/381: *RLM Misc. Reports on DB600*, 1938.
217 Ebenda. {s. Brief mit Überschrift »26. Januar 1938«}
218 IWM, GDC-Collection, GDC-11/384: *RLM Development Reports 1937/8*. {s. Brief mit Überschrift »8.2.1938 Seite 4«}
219 Ebenda. {s. die 10 Seiten ab dem Daimler-Benz-Bericht-Titelblatt »8.April 1938 Endgültige Fassung des Flugmotoren-Entwicklungsprogramms für das Haushaltsjahr 1938/39«}
220 IWM, GDC-Collection, GDC-11/381: *RLM Misc Reports on DB600*, 1938. {s. Brief mit Überschrift »9. Juli 1938 Betrifft: Japan-Lizenz«}
221 Ebenda. {s. Brief mit Überschrift »20.7.38 RLM LC 8 Berlin, Seite 2«}
222 Ebenda. {s. Brief mit Überschrift »28. Juli 1938 Vierteljahresbericht...«}
223 IWM, GDC-Collection, GDC-17/12T: *Test of Jumo 213 Aero Engines* (in englischer Übersetzung), 1943 – 1944.
224 IWM, GDC-Collection, GDC-11/368: *RLM Development Papers*. {Dort der Brief mit Überschrift »Nal/B Untertürkheim, den 6.Sept. 1938«}
225 Ebenda. {Dort S.2 des Briefs mit Überschrift »Nal/B Untertürkheim, den 6. Sept. 1938«}
226 Ebenda. {Dort S.7 des Briefs mit Überschrift »Nal/B Untertürkheim, den 6. Sept. 1938«}
227 IWM, GDC-Collection, GDC-11/430: *DB Versuchsbericht 10 18 100 400*, 4. Mai 1939.
228 IWM, GDC-Collection, GDC-11/452: *DB Versuchsbericht 10 18 101 282*, 4. Mai 1939.
229 Ebenda. {Dort S.8 des Briefs mit Überschrift »Nal/B Untertürkheim, den 6. Sept. 1938«}
230 AFHRA, Maxwell AFB, MF-Reel-25134: *Aircraft Aero Engine Factories Components Production: German*. {s. S. 3 des Berichts ab Einzelbild 338 des Mikrofilms »Report on Axis Aircraft Valve Industry, March 26, 1943«. Andere Firmen, z. B. Deitz & Pfreim, konnten Ventile herstellen, nur die kritischen, mit Natrium gefühlten Auslassventile nicht. In Italien gab es ebenfalls nur zwei Firmen: Officine Meccaniche Giovanni Zanzi in Ivrea und Villar Perosa in Torino; in Frankreich konnte allein Hispano-Suiza Ventile für Flugzeugmotoren produzieren}.
231 IWM, GDC-Collection, GDC-10/6193: Hauptversammlung 1938 der Lilienthal-Gesellschaft für Luftfahrtforschung: *Einige Aufgaben bei der Aufladung von Flugmotoren* (Vortrag über Flugmotorentwicklung von Jimmy Ellor von Rolls-Royce, in Deutschland gehalten, 1938).
232 IWM, GDC-Collection, GDC-11/337: *DB Versuchsbericht 10-18-100-236*, 6. Oktober 1938.
233 IWM, GDC-Collection, GDC-10/6195: *The Development of the Mono-Sleeve-valve for Aero Engines*, A. H. R. Fedden, 12. Oktober 1938. {Hauptversammlung 1938 der Lilienthal-Gesellschaft für Luftfafhrforschung}
234 DLR, DGLR-Bericht 88-01: *Aufschwung und Wende – Vom Kolben-Grossflugmotor zum Strahltriebewerk*, 10. April 1987. {Interview mit Wolfram Eisenlohr am Deutschen Museum in München. S. 1 & 2 enthalten eine Kurzbiografie. Dieses 56-seitige Transkript ist eine unentbehrliche Lektüre für alle, die sich für die Geschichte von Flugzeugmotoren in Deutschland interessieren}
235 IWM, GDC-Collection, GDC-17/12T: *Test of Jumo 213 Aero Engines* (in englischer Übersetzung), 1943 – 1944.
236 IWM, GDC-Collection, GDC-7/11: *Reichsluftfahrtministerium Papers BMW*, 1938. {Dort die Seite mit BMW-Briefkopf und Datum 9.12.1938, Text Anfang »Sehr geehrter Herr Eisenlohr«}
237 IWM, GDC-Collection, GDC-FD-2862/46: *Photographs of plant and equipment Hydrierwerke Pölitz*, ohne Datum.
238 NTRS, NACA/No. 931: *Testing of High-Octane Fuels in the Single Cylinder Airplane Engine* (Übersetzung von Fritz Seebers Beitrag in Luftfahrtforschung Bd. 16, Nr.1), 10. Januar 1939. {S. 1}
239 Ebenda. {S. 2 ff}
240 IWM, GDC-Collection, GDC-11/453: *DB Versuchsberichte 10 18 100 405, 10 18 101 164, 10 18 101 179*, 25. Mai 1939.

241 TNA, AIR-40/2875: *A.D.I.K Reports 263-342*, 1945. {s. ADIK-Bericht Nr. 399, S. 6, Überschrift »G.A.F Fuel Oil – Supply and Organization«}

242 DBAG-2MA-170: *DB601R Flugmotor*.

243 IWM, GDC-Collection, GDC-11/377: *RLM Reports on DB 601R*, 1938 – 1941. {Dort S. 1 des Briefs mit Überschrift »Berlin, den 28. April 1939«}

244 Ebenda. {s. S. 4 des Briefs mit Überschrift »Berlin, den 28. April 1939«}

245 Ebenda. {s. S. 5 des Briefs mit Überschrift »Berlin, den 28. April 1939«}

246 IWM, GDC-Collection, GDC-11/373: *RLM Development Reports of DB601*, 1939. {s. Tabelle mit Überschrift »Teilbericht Nr. 4 zu Erpr. Nr. 2424«}

247 Ebenda. {Die gleiche Tabelle}

248 IWM, GDC-Collection, GDC-11/373: *RLM Development Reports on DB601*, 1939. {s. Brief mit Endung »Rechlin den 27. Juni 1939«}

249 IWM, GDC-Collection, GDC-11/372; *RLM Misc. Reports on DB601A/B*, 1939. {s. S. mit Überschrift »Bericht über den 100-Stundenlauf des Motors DB601 A Werk-Nr. 10 918«}

250 IWM, GDC-Collection, GDC-11/373: *RLM Development Reports of DB601*, 1939. {s. S. mit Überschrift »Teilbericht Nr.4 zu Erpr. Nr. 2424, Blatt 6«}

251 IWM, GDC-Collection, GDC-7/10: *The Development History of the BMW 800 Engine*, 17. Februar 1941. {S. 3}

252 Ebenda. {S. 4 – 6}

253 US National Archives II, College Par–NASM-MALL-B2-300340-01: *Germany, Piston Engines: Questions asked of Visiting German Scientists on Internal Combustion Engines: Wright Field*, 19. Juni 1946. {s. S. 4 von Abschnitt »II«}

254 IWM, GDC-Collection, GDC-10/5267: *Example Calculations for a Two-Stage Supercharger*, G. Klüglich, 11. November 1944. {S. 2}

255 IWM, GDC-Collection, GDC-11/377: *RLM Reports on DB 601R*, 1938 – 1941. {s. S. mit Überschrift »Anbau der Schnellverstell-Automatik für VDM Verstell-Luftschraube am Motorbaumuster DB608«}

256 IWM, GDC-Collection, GDC-11/373: *RLM Development Reports of DB601*, 1939. {s. »*DB Versuch Nr. 10 18 108 000 zu Bericht Nr. 1*, Seite 6«}

257 Ebenda. {s. *DB Versuch Nr. 10 18 101 533/570 Bericht Nr. 3*, 3. August 1939}

258 Ebenda. {s. S. 4 des Berichts, der auf der Seite mit Überschrift »Genshagen, den 28.8.1939« anfängt}

259 IWM, GDC-Collection, GDC-11/372: *RLM Misc. Alterations on DB601 A/B*, 1939. {s. S. 3 des Briefs mit Überschrift »Bericht über den 100-Stundenlauf des Motors DB601 A Werk-Nr. 10 918…den 4.8.39«}

260 IWM, GDC-Collection, GDC-11/373. *RLM Development Reports on DB601*, 1939. {Dort »Bericht über Erprobung eines Serienmotors DB 601/1, Baureihe 1,Werk Nr. 61878«}

261 Ebenda. {Dort »Technischer Viertaljahresbericht über die Weiterentwicklung des Rekord-Motors und laufende Modernisierung. 10. Aug. 39«}

262 IWM, GDC-Collection, GDC-11/376: *RLM Alteration of DB601A to DB601B (MISC Corresp. + Reports)*, 1939. {Dort Brief des 12. September 1939 von der Messerschmitt AG, überschrieben »Motoreneinbau für Me 210-V-Flugzeuge«}

263 NTRS, NACA, No.691: *Some Ideas on Racing Seaplanes* (englische Übersetzung des Artikels aus der Rivista Aeronautica, Vol III, No. 6), Giovanni Pegna, Juni 1932.

264 *Fiat G 55*, Piero Vergnano con Gregory Alegi, 1998. {S. 4 Absatz 3}

265 NTRS, NACA, No.944: *Italian High-Speed Airplane Engines* (englische Übersetzung eines Vortrags für die Versammlung von »Volta« in Italien), C. F. Bona, 6. Oktober 1935.

266 Ebenda.

267 TNA, AVIA 6/5467: *Performance Limitations of Present and Proposed High Altitude Engine Test Plant at the R.A.E.*, November 1940.

268 Ebenda. {S. 3 »Performance of proposed new plant«}

Kapitel 3: 1939 – Anfang der Luftschlacht um England

1 TNA, AIR-16/234. *Fighter Command Intelligence Summary Nos 1-216 Sept., 1939 – Dec. 1940 Vol. 1*, 1939 – 1940. {S. 1}

2 HENDON, X005-4855: *Rex Horace King*. {s. Brief mit Überschrift »H. F. King December 1989«}

3 FLIGHT: *Fighters of the Luftwaffe*, H. F. King, 5. Oktober 1939.

4 TNA, AVIA-10/282: *Co-Ordination of Oil Policy Committee Minutes & Papers, 24/4/1939 – 04/06/1943*. {s. Seite mit Überschrift »SECRET Annexure 'C'. Notes for Meeting of Committee … October 1939«}

5 TNA, AIR-19/254: *Petroleum 100 Octane – Co-Ordination of Supply and Demand*, 1940 – 1944. {s. z. B. S. 14A für Frühjahr 1941 und die Seite mit Überschrift »TOP SECRET WEBBER W6934« für Zahlen für 1944}

6 RRHT, Derby Evening Telegraph: *Trophy of War*, William Gill, 28. Januar 2003. {Zeitungsausschnitt}

7 IWM, IWM Tonaufnahme Nr. 10427: *Engineer Geoffrey William Bone – Rolls-Royce Development*.

8 RRHT, Hives-File #3010c: *Sir Wilfrid Freeman – (first Air Ministry, then M.A.P., which later became M. of S.), No. 1 file, 1937 – 1939*. {s. letzte Seite des Briefs mit Überschrift »Duffield 2274, Hs.17/KW, 3rd November, 1939«}

9 TNA, AVIA-10/12: *Freeman Hives Engine Production Correspondance*, {S. 2 des Briefs mit Überschrift »Hs17/KW dated November 3, 1939«}

10 FAST, RAE E.A.1/25: *Examination of a Jumo 211A engine including installation*, Dezember 1939.

11 TNA, AVIA-6/8771: *Bench Tests of Jumo 211D engines ex. Heinkel He111 No.1 H.E.N*, Juli 1940.

12 TNA, AVIA-13/207: *High Speed Development Project: Spitfire Aircraft N.17*, 1938 – 1940. {S. überschrieben »Enc 122a« in blauem Buntstift}

13 TNA, AVIA-10/282: *Co-Ordination of Oil Policy Committee Minutes & Papers, 24/4/1939 – 04/06/1943*.

14 TNA, AIR-2/3424: *Aviation Fuel (100 Octane) supplies, 1938 – 1940*. {s. S. 2 mit Überschrift »Enc 129« in rotem Buntstift}

15 Royal Aeronautical Society: *Centenary Journal 1866 – 1966*, Vol.70, No.661, 1966. {S. 185}

16 Ebenda.

17 TNA, AIR-2/3424: *Aviation Fuel (100 Octane) supplies*, 1938 – 1940. {Dort Brief mit Kennzeichen »FC/S.15477/37/EQ.2« des 6. Dezember 1938.}.

18 Ebenda. {S. »86A«}

19 TNA, AIR-2/3424: *Aviation Fuel (100 Octane) supplies*, 1938 – 1940. {S. 121A}

20 US National Archives II–College Park, NARA-6581021, RG 342, ID: 40564436: *Super Fighting Grade Fuels, 1930 – 1935*. {S. 2, dort Brief mit Überschrift »A High Anti-Knock Value Fuel for Pursuit Aircraft«}

21 Ebenda. {s. S. 3 des Briefs mit Überschrift »A High Anti-Knock Value Fuel for Pursuit Aircraft«}
22 Ebenda. {s. S. 1 des gleichen Briefs}
23 US National Archives II, College Park, NARA-6575613, RG 342, ID: 40558792: *Daimler-Benz Engines (GERMAN) - DB601, 1939 - 46.* {Dort Seite überschrieben »JWM: LC Typed September 23, 1939«}
24 Ebenda. {Dort Seite überschrieben »452.8 Eng. Daimler-Benz 601«}
25 TNA,AIR 40/2875: *A.D.I.(k)-Reports 300 - 399,* 1945. {s. »Appendix II«}
26 IWM, GDC-Collection, GDC-10/3070: *Ergebnisse und weitere Planung der Forschungsarbeiten von Dr.-Ing. Lorenz,* ZWB Geheime Kommandosache, Vorgetragen im Reichsluftfahrtministerium am 8. August 1939.
27 Ebenda. {s. Abb. 19 auf S. 18}
28 Ebenda. {S. 41}
29 US National Archives II College Park, T-177 (Mikrofilm): *Records of the Reich Air Ministry*. {siehe Einzelbilder Nr. 3700393 ... 3700410}
30 IWM, GDC-Collection, GDC-7/795: *BMW EINBAU-MAPPE BAUMUSTER P 8000 MAPPE 3*, 19. Dezember 1939. {s. S. 2}

Kapitel 4: 1940 – Großbritannien in Gefahr

1 RRHT, Hives File #3010c: *Sir Wilfrid Freeman - From January 1940 to Dec. 1942. (No.2 F.)*, 1940 - 1942. {s. S.3 des Briefs mit Überschrift »Hs.15/KW.2.2.40«}
2 Ebenda. {Dort Brief überschrieben »24th March 1940.«}
3 FAST, RAE EA/M/5: *Comparison of Mercedes-Benz DB601a and Junkers Jumo 211a (series 1) engines*, März 1940.
4 RRHT, Hives File #3010c: *Sir Wilfrid Freeman - From January 1940 to Dec. 1942. (No.2 F.)*, 1940 - 1942. {Dort Brief überschrieben »Hs.12/KW ... 16th April 1940«}
5 Ebenda. {Dort Brief überschrieben »19th April 1940«}
6 RRHT, Hives File #3005: *Air Ministry - General*, 1939 - 1960. {s. Seite mit Überschrift »Hs.11/KW ... 16th April, 1940«}
7 TNA, CAB-102/210: *Spitfire History, Vickers-Armstrong's Supermarine Works Southampton*, September 1943. {s. die erste Zeichnung in Abschnitt 4 (überschrieben »Spitfire History Effort on Design«)}
8 Journal of the Royal Society of Arts, Vol. 131, No.5319: *Obituary - Mr A. A. Rubbra*, Lionel Haworth OBE, Februar 1983.
9 Rolls-Royce Heritage Trust: *The Vital Spark*, Keith Gough, 1991. {Ein kurzer und sehr empfehlenswerter Überblick der Entwicklung von Zündkerzen für Luftfahrtkolbenmotoren}
10 IWM, GDC Collection, GDC-BIOS-FR-68: *Bosch Spark Plug Factories*, ohne Datum.
11 IWM, GDC Collection, FIAT-FR-679: *Spark Plugs Manufactured by R. Bosch G.m.b.H.*, 9. Januar 1946.
12 TNA, AVIA-6/1115: *Tests on a Lodge Sparking Plug Type R.657-1 (14mm thread)*, Mai 1940.
13 IWM, GDC Collection - GDC-BIOS-FR-68: *Bosch Spark Plug Factories*, ohne Datum.
14 TNA, CAB 102: *The Administration of War Production-History of the Second World War - Official History*, J. D. Scott, Richard Hughes, 1955. {S. 291}
15 Journal of the Royal Aeronautical Society, Vol.70, No. 661: *Aircraft Engine Developments During the Past Half Century*, 1966. {S. 157}
16 TNA, CAB 102: *The Administration ofWar Production - History of the Second World War - Official History*, J. D. Scott, Richard Hughes, 1955. {S. 293}
17 TNA, AIR-28/384: *Royal Air Force Operations Record Book: RAF Hornchurch*, 1915 - 1941.
18 Hodder and Staughton Ltd: *Nine Lives*, Alan Deere, 1959.
19 TNA, AIR-19/226: *Cheetah, Merlin and Sabre Engines - Production Difficulties*, 1940 - 1944.
20 TNA, AVIA-46/119: *Type Biography Spitfire-Supermarine*, 1930 - 1945. {s. Absatz 18 der geschichtlichen Zusammenfassung an Anfang der Akte}
21 US National Archives II, College Park, NARA-6547493, RG342, ID: 40530683: *Rolls-Royce Buzzard, Eagle, Merlin, Vulture*, 1929 - 1940. {s. Seite datiert »June 25, 1940« und überschrieben »EXP-M-51/P709«}
22 Die Aussage hier bezieht sich sicherlich auf die Konzeptvorgaben und -Geschichte der V-1710 und bedeutet keinesfalls, dass amerikanische Ingenieure prinzipiell nicht in der Lage waren, ein Konstruktionsprojekt für einen Kompressor mit größerer Kapazität zu starten.
23 US National Archives II, College Park, NARA-6547493, RG 342, ID: 40530683: *Rolls-Royce Buzzard, Eagle, Merlin, Vulture*, 1929 - 1940. {s. »Table 1« des am 25. Juni 1940 angefangenen Berichts mit Überschrift »EXP-M-51/P709«}
24 Mit freundlicher Genehmigung von Cory Miller von Strix Aviation/Minneapolis, USA.
25 SAE, Journal (Transactions) Vol. 53, No2: *Late Developments of the Allison Aircraft Engine*, Dimitrius Gerdan, Allison Division, General Motors Corp., Februar 1945. {S. 98}
26 Für zusätzliche allgemeine Informationen zu Dämpfern dieser Art s. *A Handbook on Torsional Vibration*, E. J. Nestorides, B.I.C.E.R.A., Cambridge University Press 1958. {S. 566 und die große Grafik mit allen relevanten Bewegungsformen für die verschiedenen Arten von Pendeldämpfern auf S. 582}
27 AEHS: *An Examination of the Torsional Vibration Characteristics of the Allison V-1710 and Rolls-Royce Merlin Aircraft Engines*, Robert J. Raymond und Daniel D. Whitney, Juni 2016. {s. Fazit auf S. 15 & 16}
28 RRHT, Hives File #3010c: *Sir Wilfrid Freeman - From January 1940 to Dec. 1942. (No.2 F.)*, 1940 - 1942. {s. Brief mit Überschrift »Hs.4/DK, 22nd July 1940.«}
29 TNA, AIR-2/2824: *Spitfire (Supermarine) Single Seater Day and Night Fighter Type Requirements for Specn F37/34 and Trials*, 1935 - 1942. {Dort S. »79A«}
30 TNA, AVIA-46/119: *Type Biography Spitfire-Supermarine*, 1930 - 1945. {Absatz 29}
31 TNA, AIR-2/2824: *Spitfire (Supermarine) Single Seater Day and Night Fighter Type Requirements for Specn F37/34 and Trials*, 1935 - 1942. {Dort S. »85A«}
32 TNA, AIR-19/226: *Cheetah, Merlin and Sabre Engines-Production Difficulties*, 1940 - 1944.
33 TNA, AIR-2/2824: *Spitfire (Supermarine) Single Seater Day and Night Fighter Type Requirements for Specn F37/34 and Trials*, 1935 - 1942. {Dort S. »85A«}
34 Ebenda. {Dort S. »88A«}
35 Felkin wurde in der London Gazette des 1. Januar 1946 folgendermaßen geehrt: »Dank der Effizienz, mit der er seine Arbeit als stellvertretender Direktor organisiert und geleitet hat, war es dem Air-Force-Stab möglich, viele deutsche Pläne und Vorrichtungen erfolgreich zu bekämpfen, bevor sie gegen unser Land eingesetzt wurden.«
36 TNA, AIR 2/4591: *A.I.1.(k)-Organizational History*, 1940 - 1945. {Dort »Appendix II. Total P/W Passing Through C.S.D.I.C.«}
37 TNA, AIR-40/235: *Focke-Wulf Fw190 Aircraft: Reports and Photographs*, 1940 - 1945.

38 TNA, AIR-6/2394: *Messerschmitt Me.109 Handling and Manoeuvrability Tests*, September 1940. {S. 27}

39 TNA, AIR-40/190: *Messerschmitt 109 General Report Reproduced from the Report of the French Service Technique De L'Aviation*, December 1939.

40 Ebenda.

41 *The Biography of Air Chief Marshal* Sir Keith Park, *GCB, KBE, MC, DFC, DCL*, Vincent Orange, Methuen London Ltd, 1984. {Dort S. 108: »Wenn ein Mann jemals die Schlacht um Großbritannien gewonnen hat, dann er.«}

42 TNA, CAB-67-8/81: *War Cabinet – Completion of the Thornton Plant*, 30. Oktober 1940. {Dort die Seite mit Stempel »211« oben rechts und überschrieben »W.P.(G.) (40) 281.«}

43 *Contours of the World Economy 1-2030 AD,* Angus Maddison, Oxford University Press 2007.

44 *Resource Mobilization for World War II: The U.S.A., U.K., U.S.S.R., and Germany, 1938 – 1945*, Mark Harrison, Department of Economics, University of Warwick, 1988. (Veröffentlicht in der Economic History Review, 41:2 (1988), S. 171-192.)

45 *Warfare State: Britain, 1920 – 1970*, David Edgerton, Cambridge University Press 2006.

46 *The Economics of World War II: Six Powers in International Comparison*, Mark Harrison, Cambridge University Press 1998.

47 TNA, CAB-67-8/81: *War Cabinet – Completion of the Thornton Plant*, 30. Oktober 1940. {Dort die Seite mit Stempel »211« oben rechts und überschrieben »W.P.(G.)(40)281.«}

48 TNA, CAB-67-8/92: *War Cabinet – Completion of the Thornton Plant*, 5. November 1940. {Dort die Seite mit Stempel »267« oben rechts und überschrieben »W.P.(G)(40)292«}

49 Bei der Vernehmung von Ahrens im Jahr 1945 gab er an, dass der größte Teil des in der Luftschlacht um England verbrauchten Treibstoffs aus dem in Frankreich und Holland erbeuteten Treibstoff stammte, insgesamt 160.000 Tonnen aus Frankreich und 80.000 Tonnen aus Holland, was bei einem durchschnittlichen Treibstoffverbrauch von 72.000 Tonnen pro Monat im Jahr 1940 für etwa vier Monate gereicht hätte. Es ist unklar, wie viel Be- oder Verarbeitung dafür nötig war. {A.D.I. (k) Report No. 399/1945, verfügbar bei TNA, oder alternativ auch in AIR-8/1019, S. 23}

50 TNA, AIR-8/1019: *Oil as a Factor in the German War Effort 1933 – 1945*. {s. den ganzen Bericht; für eine Zusammenfassung aber vgl. die Grafik »Figure 7, Aviation Gasoline…«}

51 TNA, AVIA-10/282: *Co-Ordination of Oil Policy Committee, Minutes and Papers from 21/4/1939 to 4/6/1943*.

52 TNA, AIR-40/191: *Me109F Reports*, 1941 – 1944. {Dort die Seite mit Überschrift »Technical sheet issued by the Quartermaster General«}

53 TNA, AVIA-15/864: *Spitfire with RM5S Engine (Merlin 45) – Design Queries*, 1940 – 1941. {Dort S. »1A«}

54 Ebenda. {Dort S. »3A«}

55 RRHT DERBY: *Merlin Two-Stage Two-Speed Specifications Folder*.

56 *Spitfire: The History*, Eric B. Morgan & Edward Shacklady, Key Publishing, 1987. {S. 138: Die Seriennummern zeigen, dass es sich bei dieser Spitfire um eine modifizierte Mk1 handelte, die mit einem modifizierten Merlin XX geflogen wurde, bei dem das eine Gebläse entfernt wurde, und nicht mit dem endgültigen RM5S aus der Produktion}

57 US National Archives II, College Park, NARA-6581021, RG 342, ID: 40564436: *Super Fighting Grade Fuels*, 1930 – 1945. {Dort S. 2 des Briefs mit Überschrift »EXP-M-57-531-8«}

58 The Aircraft Engineer-Flight-Magazine Supplement, No. 170, Volume XIX, No.3: *German Supercharger Tests – A Review and Some Explanatory Comments*, Dr. Ing. P. F. Martinuzzi, 28. März 1940.

59 US National Archives II, College Park, NARA-6581021, RG 342, ID: 40564436: *Super Fighting Grade Fuels*, 1930 – 1945. {Dort der Brief mit Überschrift »High Anti-Knock Value Fuel«, datiert 7. März 1940}

60 Ebenda.

61 US National Archives II, College Park, NARA-6572360, RG342, ID: 40555536: *Turbo-Supercharger Historical Summary*, 1945. {s. Tabelle der Produktionszahlen für Kompressoren zwischen 1938 und 1945 auf S. 5 des Berichts des 4. September 1945}

62 US National Archives II, College Park, NARA-6547493, RG 342, ID: 40530683: Rolls-Royce Buzzard, Eagle, Merlin, Vulture, 1929 – 1940. {s. »Table x« auf der Seite mit Datum 2. Juni 1940.}

63 AEHS: *A German Assessment of the AllisonV-1710 Aircraft Engine*, Dan Whitney. {S. 10; Bemerkung: Diese Information befindet sich auch in SAE Journal Vol. 46, No. 5, S. 488 – 500}

64 RRHT: *The Performance of a Supercharged Aero Engine*, Stanley Hooker, Harry Reed und Alan Yarker, 1941 (freigegeben 1997). {S. 27}

65 US National Archives II, College Park, NARA-6575613, RG 342, ID: 40558792: *Daimler-Benz Engines (GERMAN)-DB 601*, 1939-46. {Dort die beiden angeschriebenen Seiten am Ende der Akte}

66 US National Archives II, College Park, NARA-6578393, RG 342, ID: 40561763: *Engines Junkers (Jumo) – German*, 1939 – 1947. {s. »Radiogram WU 37 21«}

67 Ebenda. {s. »Telegram OC-rhm-57«}

68 Cradle of Aviation Museum Archives: *War Department Contract #15850*, 13. September 1940.

69 AEHS: *Tabulated Air Force Types ShowingTurbosupercharger Characteristics*, [Dokument der USAAF].

70 AEHS: *No Short Days: The Struggle to Develop the R-2800 »Double-Wasp« Crankshaft*, Kimble D. McCutcheon.

71 *Practical Solution of Torsional Vibration Problems*, W. Kerr Wilson, Vol III, 1968 {S. 533, 673 & 674}

72 AEHS: *No Short Days: The Struggle to Develop the R-2800 »Double-Wasp« Crankshaft*, Kimble D. McCutcheon. {Abschnitt 5, »Crankshaft Development«}

73 LOC, Image No. 2017694149, United States Office of War Information; Fotograf: Andreas Feininger.

74 US National Archives II, College Park, NARA-6575613, RG 342, ID: 40558792: *Daimler-Benz Engines (GERMAN)-DB 601*, 1939 – 46. {Dort S. mit Überschrift »DHQ-T-1199, 9-20-40 GENERAL BRETT«}

75 LOC, Image No. 2017694104, United States Office of War Information; Fotograf: Andreas Feininger.

76 US National Archives II, College Park, NARA-6566652, RG342, ID: 40538898: *Packard-Merlin-Superchargers*, 1941 – 1944. {Dort Brief mit Überschrift »Cooling system installation of the Rolls-Royce Engine…«}

77 US National Archives II, College Park, NARA-6547493, RG342, ID: 40530683: *Rolls-Royce Buzzard, Eagle, Merlin, Vulture*, 1929 – 1940. {Dort »EXP-M-57-523-67«}

78 Ebenda. {s. Seite mit Überschrift »Conference with representatives of the aeroplane division on Engine Installations, October 5, 1940.«}

79 US National Archives II, College Park, NARA-6575613, RG 342, ID: 40558792: *Daimler-Benz Engines (GERMAN)-DB*

601, 1939 – 46. {s. »Memorandum Report on Spectrographic Analysis of samples from Daimler-Benz«, datiert 8. Oktober 1940}

80 Ebenda.

81 US Dept of Defence, Defence Acquisition University: *The P-51 Mustang: A Case Study in Defence Acquisition*, Alan Haggerty und Roy Wood, Oktober 2010. {S. 513}

82 TNA, AIR-20/12776: *Air Fighting Development Unit, Report No.43 on Tactical and Armament Trials – Mustang I aircraft*, 5. Mai 1942.

83 IWM, GDC-Collection, GDC-10/12026: *ZWB Technische Beriche 4, Jahrgang 1940, Seite 121 bis 160*, {S. 130 – 133, *Möglichkeiten der Baulängenverkürzung bei Axial-Flugmotorenladern*, von B. Eckert, Stuttgart}

84 IWM, GDC-Collection, GDC-FD-2872-46-20: *The Otto-Diesel Engine– Lecture given by Dipl. Ing. F. Penzig on February 1st 1940 at the German Air Ministry, IG Farben, Technischer Prüfstand Bericht No.414*, 1. Februar 1940. {S. 1 & 2 der in der Akte befindlichen englischen Übersetzung}

85 Ebenda. {S. 13}

86 IWM, GDC-Collection, GDC-11/366: *Einteilugsliste für V- und Nullreihen-Motoren, Daimler-Benz AG–List Nr. 1/40*, 1. März 1940. {Dort »Motormuster DB 606, Liste No I/V., vom 1.III.1940«}

87 Ebenda. {Dort »Motormuster DB 605, Liste No I/IV., vom 1.III.1940«}

88 Landesarchive-Sachsen-Anhalt, I410-2-Nr19: *Metallurgie des Jumo 213*, 1940 – 1944. {Dort 1. Zeile der Tabelle »Aufstellung über Kurbelwellen 213«}

89 IWM, GDC-Collection, GDC-17/12T: *Test of Jumo 213 Aero Engines*, 1943. {S. 7 der in der Akte befindlichen englischen Übersetzung}

90 Ebenda. {S. 7}

91 JUMO: {s. Ausstellung zu den führenden Persönlichkeiten der Firmengeschichte}

92 IWM, GDC-Collection, GDC-FD-2871-46/53: DB Versuch Nr. 10 18 101 327, 21. Mai 1940. {S. 1 von »*Schmierstoffverdünnug durch Kraftstoff im DB 601 N*« }

93 Ebenda. {S. 3}

94 Ebenda. {S. 3 von »DB Versuch Nr. 10 18 101 802« in der gleichen Akte: 46/53}

95 IWM, GDC-Collection, GDC-7/329: *Das Kommandogerät BMW 810 Funktionsbeschreibung*, 12. Juni 1940. {S. 2}

96 US National Archives II College Park, NARA-142736679, RG330, ID: 18531302: *U.S. Strategic Bombing Survey, APC 413, Interview No1, Subject: Dr. Tank, President, Focke-Wulf Aircraft Co.*, 19. Mai 1945. {Dort S. 4, Absatz f}.

97 IWM, GDC-Collection, GDC-10/13740: *Leistungssteigerung von Flugmotoren durch Mona-Zusatz*, E-Stelle Rechlin, Erpr. Nr. 2574, 3. Juli 1940. {S. 1}

98 Das Diagramm wurde von Dipl.-Ing. Paul Guthrie, BTech, MTech C.Eng, MIMechE, exklusiv für diese Veröffentlichung von Paul Guthrie Consulting, Falkenstein, Deutschland, erstellt. Die von Paul Guthrie verwendeten Daten stammen aus verschiedenen Quellen, der wesentliche Grundüberblick ist jedoch zu finden in: US National Archives II, College Park, NASM-MALL-B4-311028-01: *The Manufacture of Aviation Gasoline in Germany*, Juli 1945. Außerdem verwendete Paul Daten aus dem LEUNA Kraftstoffhandbuch der IG Farben AG (datiert 1941) von Ing. Franz Jantsch (unveröffentlicht).

99 IWM, GDC-Collection, GDC-10/13740: *Leistungssteigerung von Flugmotoren durch Mona-Zusatz*, E-Stelle Rechlin, Erpr. Nr. 2574, 3. Juli 1940. {S. 1}

100 Ebenda. {S. 8}

101 Ebenda. {S. 8}

102 Ebenda. {S. 6 von NB GDC-10/13741 ist beinahe ein Duplikat der entsprechenden Seite in .../13740, aber 13741 enthält einige sonst fehlende Abbildungen}

103 IWM, GDC Collection–BIOS-MR-72: *The Manufacture of Aviation Gasoline in Germany*, Juli 1945. {S. 23}

104 Ebenda. {S. 24 & 25}

105 Die gesamte Geschichte der Herstellung deutscher Brennstoffe von den späten 30er Jahren bis 1945 ist außerordentlich komplex, und die Dehydrierung war nur eine der Methoden, die zur Erzeugung aromatenreicher Grundstoffe eingesetzt wurden. So konnte beispielsweise das Werk Rhuröl-Welheim einen hocharomatischen Grundstoff für C3 nur durch Basishydrierung herstellen, ohne dass eine Dehydrierungs-Wiederaufbereitungsstufe erforderlich war (die Dehydrierung ähnelt im Wesentlichen dem »Hydroforming« [im chemischem Sinn], nur die verwendeten Drücke sind unterschiedlich). Der größte Teil des C3-Basisbrennstoffs wurde jedoch in vier Anlagen nach dem DHD-Verfahren (Dehydrierung unter Druck) hergestellt, das von der IG Farben entwickelt und in den vier Anlagen Ludwigshafen, Leuna, Scholven und Pölitz betrieben wurde {siehe BIOS-MR-72, S. 25}. Für Details zu den Raffinerieprozessen und der Chemie wird dem Leser der »Report on the Petroleum and Synthetic Oil Industry of Germany« von Emanuel Shinwell, MP, für das Ministry of Fuel and Power von 1947 empfohlen. Dieser umfangreiche Bericht ist im IWM-Archiv als BIOS-FR-001 oder auch in der British Library erhältlich.

106 IWM, GDC Collection–BIOS-MR-72: *The Manufacture of Aviation Gasoline in Germany*, Juli 1945. {S. 14}

107 Ebenda. {S. 24 & 25}

108 *Aeronautical Research in Germany: From Lilienthal Until Today*, Ernst Heinrich Hirschel, Springer Verlag 2010. {S. 214}

109 United States Department of Defence, ALSOS Report No. 217 – 45: *The Production of Synthetic Fuels by the Hydrogenation of Solid and Liquid Carbonaceous Materials*, U.S. Naval Technical Mission in Europe, 13. Oktober 1945. {Für Bemerkungen zur Abwägung von Produktion und Qualität vgl. S. 6, Abs. 2; nützliche Zusammenfassungen finden sich auch auf S. 70 ff; das Fazit beginnt auf S. 117}

110 IWM, GDC-Collection, GDC-10-1174: *Regelung der Förderhöhe von Flugmotorenladern durch regelbaren Eintrittsdrall*, H. Pfau, ZWB Forschungsberucht 1302, 15. September 1940.

111 Ebenda.

112 In »Race Engine Technology« (Branchenzeitschrift), Nr. 98: *Air Superiority – Calum Douglas looks at some of the most important advances in supercharging that occurred during World War II*, November 2016.

113 IWM, GDC-Collection, GDC-17-152: *Tests of Connecting Rods Jumo 222,* 1940 – 1943. {s. »Junkers OMW Prüfbericht, Auftrags-Nr. 41 855, ‚Aus einem Beute-Motor Rolls-Royce 'Merlin X'', 17.9.1940«}

114 JUMO: {s. Ausstellung zu den führenden Persönlichkeiten der Firmengeschichte}

115 Die Probleme mit den Lagern, die anscheinend alle mehrreihigen Sternmotoren plagten, treten bei reinen Sternmotoren nicht auf. Es scheint wahrscheinlich, dass dies durch die veränderte Zündfolge verursacht wird.

116 IWM, GDC-Collection, GDC-17/12T: *Test of Jumo 213 Aero-Engines* (englische Übersetzung), 1943. {S. 8}

117 IWM, MINTECH-Collection, MINTECH Spule 2876: *Leistungssteigerung des Motoros 800 durch Zweistoffbetrieb mit Stickoxydul*, Dr Steiglitz, BMW Spandau Bericht Nr. 415, 26. Oktober 1940. {Dort Einzelbild Nr. 413}

118 Ebenda.

119 IWM Collection No. 12489, 35 mm-Mikrofilm MILCH, 32 Spulen: *Foreign Documents: Milch Collection*. {Dort Volume 44, Einzelbild Nr. 7222}

120 US National Archives II, College Park, NARA-64847, Local-ID: 342-USAF- 13202: *The Development of GM 1 Power Boosting Fuel* (originaler deutscher 35 mm-Film), 1941.

121 IWM, GDC-Collection, GDC-FD-2866-46/1: *Anwendung des Ringverfahrens am BMW Cylinder 132 N*, Dipl. Ing. Leib, IG Farben Oppau Bericht Nr. 442, Prüfstand Oppau 471, 1. Dezember 1940. {S. 1 des Originals von der IG Farben AG}

122 *Fiat G55*, PieroVergnano con Gregory Alegi, 1998. {Den Fotos auf S. 4 zufolge wurde dieser Motor in die G55 eingebaut und betrieben; die Ergebnisse dieses Probelaufs bleiben ungeklärt}

Kapitel 5: 1941 – Der Luftkrieg über Europa

1 TNA, AVIA-15/864: *Spitfire with RM5S Engine (Merlin XLV) – Design Queries*, 1940 – 1941. {Dort S. 24A}

2 Ebenda. {Dort S. 25A}

3 RRHT, Hives-File, #3010a: *MAP Officials (War Period 1940/1/2) Dawson, Douglas, Hennesy, Pate, Tizard and Westbrook*, 1940 – 1942. {Dort Seite mit Überschrift »17th December 1940«}

4 RRHT, Hives-File, #3010a: *MAP Officials (War Period 1940/1/2) Dawson, Douglas, Hennesy, Pate, Tizard and Westbrook*, 1940 – 1942. {Dort Seite mit Überschrift »Hs.S/DK. 29th December 1940« – N.B. Diese Akte ist nicht chronologisch geordnet}

5 RRHT, Hives-File, #3010: *MAP Officials (War Period 1940/1/2) Dawson, Douglas, Hennesy, Pate, Tizard and Westbrook*, 1940 – 1942. {Dort Seite mit Überschrift »Hs.3/DK … 2nd January 1941.«}

6 Zum Zeitpunkt der Drucklegung war noch kein Foto von Ross auffindbar; immerhin konnte aber City University London Archives einige biographische Informationen über Ross, aus dessen Zeit als Dozent da, zur Verfügung stellen.

7 London, University Archives: City University {Mitteilung an den Autor des 7. August 2018}

8 HENDON, B963: *I Ought to Have Been Sacked, Autobiography*. Unveröffentlichter, originaler maschingeschriebener Entwurf, George Purvis Bulman, 1958. {S. 22}

9 London Gazette (Beilage): *CENTRAL CHANCERY OF THE ORDERS OF KNIGHTHOOD*, 1. Januar 1948. {S. 15}

10 RRHT, Hives-File, #3010: *MINISTRY OF AIRCRAFT PRODUCTION (Later – M. of S.) No.1 File*, 1940 – 1942. {s. Brief mit Überschrift »R.D.E. 128/40…23rd January 1941«}

11 RRHT, Hives-File, #3010a: *MAP Officials (War Period 1940/1/2) Dawson, Douglas, Hennesy, Pate, Tizard and Westbrook*, 1940 – 1942. {s. Brief mit Überschrift »Lov/SGH.12/GC, 3rd February 1941, SECRET, Dear Sir Henry, …«}

12 Ebenda. {s. Brief mit Überschrift »5th February 1941«, unmittelbar nach Hookers Brief in der Akte.}

13 Ebenda. {s. Brief mit Überschrift »Hs.5/DK. 5th February 1941, Dear Sholto Douglas, …«}

14 TNA, AIR-16/235: *Fighter Command Intelligence Summary Nos. 217-301 Jan-Dec 41 – Vol.2*, 1941 – 1942.

15 RRHT, Hives-File, #3010a: *MAP Officials (War Period 1940/1/2) Dawson, Douglas, Hennesy, Pate, Tizard and Westbrook*, 1940 – 1942. {s. S. 1 & 2 des Briefs mit Überschrift »FC/S.22754, SECRET, 13th February 1941.«}

16 TNA, AVIA-15/864: *Spitfire with RM5S Engine (Merlin XLV) – Design Queries*, 1940 – 1941. {S. 26A}

17 RRHT DERBY: *Merlin Two Stage Two Speed Specifications Folder*.

18 RRHT, Hives File, #3019: *Hives Bulman Correspondence*, 1941 – 1942. {s. Brief mit Überschrift »Belper 320.«}

19 Meine Versuche, die gleichen tabellarischen Darstellungen von den benötigten Mengen von diversen Metallen für jeden Merlin wie bei deutschen Motoren ausfindig zu machen, gingen leer aus. Die Stiftung Rolls-Royce Heritage Trust meint, dass während des Krieges diese Informationen bei Rolls-Royce einfach nie dringend wichtig waren. [Korrespondenz mit Dave Piggott, Archivar in Derby, 27. Oktober 2019].

20 IWM, IWM-Audio #21152: *Geoffrey Light Wilde, Oral History*, 1986. {Tonaufnahme; zum Thema Materialien, höre insbesondere die ersten paar Minuten auf »Reel No. 2«}

21 RRHT, Hives-File, #3010a: *MAP Officials (War Period 1940/1/2) Dawson, Douglas, Hennesy, Pate, Tizard and Westbrook*, 1940 – 1942. {Dort die Seite überschrieben »Hs.3/KW…16th February, 1941«}

22 TNA, AIR-2/2824: *Spitfire Single Seater Day and Night Fighter Type Requirements and Trials for Specn. 37/34 Specifications*, 1935 – 1942. {S. 100A}

23 TNA, AIR-19/509: *Employment of SpitfireV on Operations*, 1941. {S. 1A}

24 Ebenda. {Dort S. 2 des Briefs mit Überschrift »2A«}

25 TNA, AIR-40/101: *German Power Boosting Systems, Nitrous Oxide Injection (GM1)*, 1941 – 1945. {Dort die Seite am Ende der Akte mit Aufschrift »SECRET. The Ha-Ha Process.«}

26 TNA, AIR-2/2824: *Spitfire Single Seater Day and Night Fighter Type Requirements and Trials for Specn. 37/34 Specifications*, 1935 – 1942. {S. 110A}

27 RRHT, Hives-File, #3010a: *MAP Officials (War Period 1940/1/2) Dawson, Douglas, Hennesy, Pate, Tizard and Westbrook*, 1940 – 1942. {s. Brief mit Überschrift »Hs.6/KW, 2nd March 1941«}

28 TNA, AIR-40/189: *Messerschmitt Me109 Performance Trials*. {Dort die Seite mit Überschrift »SECRET QTR/16«}

29 RRHT, Hives File, #3010: *MINISTRY OF AIRCRAFT PRODUCTION (Later – M. of S.) No.1 File*, 1940 – 1942. {s. Brief des 6. März 1941 mit Überschrift »Merlin XLV Plus«}

30 Ebenda. {s. Brief des 13. Mai 1941 mit Überschrift »Lov.8/FEC«}

31 Diese Erklärung ist wahrscheinlich richtig, da sie mit dem Vernehmungsprotokoll (A.D.I.(k), 1945/399) von Ahrens übereinstimmt; Letzterer behauptete, die Luftwaffe hätte die ganze Luftschlacht über England mit nur 200.000 Tonnen von Flugbenzin bestritten, das sie in Frankreich und den Niederlanden erbeutet hätten.

32 TNA, POWE 33/1470: *Axis Fuel Supplies. German/Italian Aviation Spirit Sample Analysis*. {s. Brief mit Überschrift »Secret. S. 1372/A.I.9.L – Enemy Aviation Fuel«}

33 IWM, GDC-Collection, GDC-1589. *Einfluss verschiedener Kraftstoffe und Ventilüberschneidung auf Motoren*, ZWB Forschungsbericht 1610, K. Franke, 17. Juni 1942. {Englische Übersetzung in: GDC-FD-2869-46/35}

34 TNA, POWE 33/1470: *Axis Fuel Supplies. German/Italian Aviation Spirit Sample Analysis*. {s. Brief mit Überschrift »Secret. S. 1372/A.I.9.L – Enemy Aviation Fuel«}

35 RRHT: *Summary 140, Confidential Technical Report–Daimler-Benz Aero-engine*, Frank Halford & staff, c/o De Havilland Aircraft Company Ltd, März 1941.
36 Ebenda. {s. »FOREWORD«}
37 Ebenda. {S. 2}
38 Ebenda. {S. 6}
39 Ebenda. {S. 8}
40 Ebenda. {S. 21}
41 Ebenda. {S. 25}
42 Ebenda. {S. 28}
43 Ebenda. {S. 57}
44 Ebenda. {S. 57}
45 Ebenda. {S. 65 & 66} (Dieser Wasserdurchsatz ist etwa 25% höher als in anderen Quellen angegeben [siehe Bericht P141231 – NARA, Powerplant Labs Mikrofilm, beziehbar bei AEHS] und hängt wahrscheinlich stark von der jeweiligen Anlage ab. Möglicherweise handelt es sich bei der von Halford angegebenen Zahl um eine einfache Prüfstandsinstallation und nicht um eine Nachbildung eines echten Flugzeugwasserkreislaufs mit langen Rohrleitungen usw.)
46 Image © National Museums Scotland.
47 RRHT: *Summary 140, Confidential Technical Repor – Daimler-Benz Aeroengine*, Frank Halford & staff, c/o De Havilland Aircraft Company Ltd, März 1941.
48 TNA, AIR-16/687: *Spitfire V – Merlin XLV Engine*, 1941. {Dort S. »4A«}
49 RRHT DERBY: *Merlin Two Stage Two Speed Specifications Folder*.
50 Image © National Museums Scotland.
51 FAST, RAE, E.A.40/1: *E/2410-2.D – Enemy Aircraft Me109-E7 Crashed at Worth Matravers, Dorset, 9th July1941 – DB601N Includes Bi-Fuel System for Increased Power*, August 1941.
52 Ebenda.
53 RRHT, Hives-File, #3010a: *MAP Officials (War Period 1940/1/2)* Dawson, Douglas, Hennesy, Pate, Tizard and Westbrook, 1940 – 1942. {s. Brief mit Überschrift »29th April 1941. My Dear Hives…«}
54 Ebenda. {s. Brief mit Überschrift »Hs.3/KW«}
55 Ebenda. {s. Brief mit Überschrift »Hs.4/KW«}
56 MAHLE KILMARNOCK, Technical Diary: *Bearing Development Work in the Laboratory from February 1941* (unveröffentlichtes Tagebuch der Kriegsjahre), David F. Green. {s. Brief »Research at Vandervell Products before 1968, 4/9/74«}
57 Author's conversation with Allen Graham at Mahle Powertrain – Kilmarnock (formerly Vandervell), 3. Juli 2019.
58 MAHLE KILMARNOCK, Technical Diary: *Bearing Development Work in the Laboratory from February 1941* (unveröffentlichtes Tagebuch der Kriegsjahre), David F. Green. {Dort S. 2 des Briefs »Research at Vandervell Products before 1968, 4/9/74«}
59 IWM, GDC-Collection, GDC-FD-2873/46/7: *Deutsches Luftfahrtforschung-Jahrbuch 1942 – Triebwerk*. {Dort S. »II 135« mit Überschrift »Die Herstellungsverfahren für Flugmotoren – Bleibronzelager«}
60 TNA, AVIA-46/119: *Type Biography Spitfire–Supermarine*, 1930 – 1945. {s. Ende des Abschnitts Nr. 39 im historischen Überblick am Anfang der Akte mit Überschrift »The Supermarine Spitfire Day and Night Fighter« mit Kommentaren zum Sitzungsprotokoll des 22 Mai 1941.}
61 TNA, AVIA-46/119: *Type Biography Spitfire – Supermarine*, 1930 – 1945.
62 Capt. Eric 'Winkle' Brown: *The first Mosquito carrier deck landing*, 16. Juli 2015. (Transkription vom Video-Interview mit Brown).
63 TNA, AVIA-15/1435: *Mosquito Developments*, August 1941.
64 Airplane and Armament Experimental Establishment, Boscombe Down: *Brief Handling and Performance Trials–Spitfire Vc with Merlin 45–Report #4493/60*, 8. März 1942.
65 RRHT, Hives File, #3019: *Hives Bulman Correspondence Vol.2*, 1941 – 1942. {s. Brief überschrieben »Hs.1/KW … 2nd September 1942«}
66 Ebenda. {s. Brief mit Überschrift »Hs/GLS. 26.9.41«}
67 Ebenda. {s. Brief mit Überschrift »Hs.15/KW. 5th October 1941«}
68 TNA, AVIA-15/1648: *Liquid Oxygen and Nitrous Oxide Equipment in Spitfire*, 1941 – 1942.
69 Ebenda. {S. 2 von I.C.E.1401}
70 Ebenda. {S. 4 des Berichts ENG/2205/LRW/59 ziemlich am Anfang der Akte}
71 Ebenda. {S. 3 des gleichen Berichts}
72 Ebenda. {S. 4 des Berichts ab S. 2C gegen Ende der Akte}
73 Ebenda. {Im gleichen Bericht, »Flight Tests«}
74 TNA, AIR-40/191: *Me109F Intelligence Reports*, 1941 – 1946.
75 FAST, RAE, E.A.39/11: *Brief performance tests on a Me 109F1/2 (DB. 601N)*, Oktober 1941.
76 Ebenda. {S. 2}
77 Ebenda. {S. 4}
78 Ebenda. {s. Abschnitt Nr. 78}.
79 Ebenda. {S. 59A}
80 Ebenda. {S. 3 des auf Seite S. 68B begangenen Berichts}
81 Ebenda. {s. Seite mit Überschrift »L.report 398 of 20/7/41 – Me109F«}
82 RRHT, Hives File, #3019: *Hives Bulman Correspondence*, 1941 – 1942.
83 RRHT, Hives-File, #3010c: *Sir Wilfrid Freeman – (first, Air Ministry, then M.A.P., which later became M. of S. No.2 F)*, 1940 – 1942. {s. Brief mit Überschrift »Hs.10/KW«}
84 TNA, AVIA-15/2870: *Research: Engines – 1317* (Korrespondenz von M.A.P. und Rolls-Royce zum Merlin), 1941 – 1943. {s. Brief mit Überschrift »2157, Merlin 61 Spitfire, 12th November 1941«}
85 TNA, AVIA-15/2870: *Research: Engines – 1317*, (Korrespondenz von M.A.P. und Rolls-Royce zum Merlin)., 1941 – 1943. {Dort S. 11B}
86 RRHT, Hives-File, #3010: *Sir Wilfrid Freeman – (later M. of S. No.1 File)*, 1940 – 1942. {Dort Brief mit Überschrift »Lov.1/EAH.«}
87 Ebenda. {Dort S. 2 des Briefs mit Überschrift »Lov.1/EAH.«}
88 Ebenda. {s. Seite mit Überschrift »SECRET, 15th November 1941«}
89 Ebenda. {s. Brief mit Überschrift »Lov.10/EAH.«}
90 TNA, AIR-40/70: *German Aero-Engines: JunkersType Jumo 211F*, 1941 – 1945.
91 MAHLE KILMARNOCK, Technical Diary: *Bearing Development Work in the Laboratory from February 1941* (unveröffentlichtes Tagebuch der Kriegsjahre), David F. Green. {S. 3}
92 Kerr Wilson hatte bereits vor dem Krieg eine Reihe von Büchern über Vibrationen verfasst, die noch heute von Motorenkonstrukteuren als das ultimative Nachschlagewerk zu diesem Thema angesehen werden.
93 Virginia State University: *Famous Alumni – Virginia State University of Technology*.
94 US Department of Defence, AFD-101105-019: *The Army Air*

Forces In World War II, Vol. 6 Men and Planes, Wesley Frank Craven, James Lea Cate, 1983. {S. 218: »… von allen Jagdflugzeugtypen hatte keines das Potenzial der P-51, ein Flugzeug, das die USAAF nur verspätet schätzen gelernt hat.«}

[95] Ebenda. {S. 217: »Die Geschichte der P-51 stellt beinahe der teuerste Fehler dar, den die USAAF im Zweiten Weltkrieg begangen hat.«}

[96] US National Archives II, College Park, NARA-6561001, RG342, ID: 40533921: *Supercharger, Foreign*, 1939 – 1941. {Dort S. 1-4-41}

[97] Ebenda. {Dort die Seite mit Überschrift »EXP-T-641…«}

[98] NTRS, NACA No.794: TWO-STAGE-SUPERCHARGING, Richard Buck, Pratt & Whitney Aircraft, 1941.

[99] NTRS, NACA No.954: *Limits of single-stage compression in centrifugal superchargers for aircraft*, K. Kollmann (englische Übersetzung), September 1940.

[100] US National Archives II, College Park, NARA-6566297, RG 342, ID: 40549548: *Napier Sabre Engine British*, 1940 – 1944. {s. »EXP-M-57-503-257«}

[101] Ebenda. {s. Tabelle auf dem großen blauen Faltblatt am Ende der Akte}

[102] US National Archives II, College Park, NARA-6575613, RG 342, ID: 40558792: *Daimler-Benz Engines (GERMAN) – DB601*, 1939 – 1946. {s. Brief mit Überschrift »MJH:dk, June 10, 1941, SKF Industries, Inc.«}

[103] US National Archives II, College Park, NARA-6566297, RG 342, ID: 40549548: *Napier Sabre Engine British*, 1940 – 1944. {s. »TELETYPE MESSAGE, date March 4, 1941, Attention, Chief, Material Division.«}

[104] US National Archives II, College Park, NARA-6575613, RG 342, ID: 40558792: *Daimler-Benz Engines (GERMAN) – DB601*, 1939 – 1946. {s. Brief überschrieben »Expr. Engr. Sec. W.F., TTN: HDD: 57«}

[105] US National Archives II, College Park, NARA-6566297, RG 342, ID: 40549548: *Napier Sabre Engine British*, 1940 – 1944. {Dort S. 3ff des Briefs mit Überschrift »March 25, 1941«}

[106] US National Archives II, College Park, NARA-6575613, RG 342, ID: 40558792: *Daimler-Benz Engines (GERMAN) – DB601*, 1939 – 1946. {s. Brief mit Überschrift »WRIGHT AERONAUTICAL CORPORATION, March 31, 1941.«}

[107] US National Archives II, College Park, NARA-6550737, RG 342, ID: 40533929: *Supercharger – Rolls-Royce Merlin X*, 23. Dezember 1941. {s. Brief mit Überschrift »WRIGHT AERONAUTICAL CORPORATION, April 1, 1941 … A. G. Herreshoff«}

[108] Ebenda.

[109] US National Archives II, College Park, NARA-6566297, RG 342, ID: 40549548: *Napier Sabre Engine British*, 1940 – 1944. {s. Brief mit Überschrift »Report on Napier Sabre Engine from General Echols to General Arnold.«}

[110] US National Archives II, College Park, NARA-6580729, RG 342, ID: 40564236: *Rolls-Royce Engines – General (Liquid-Cooled Engine Development)*, 1936 – 1945. {s. Brief mit Überschrift »E881, 4-18-41, General Echols, please remove from teletype records…«}

[111] US National Archives II, College Park, NARA-6575613, RG 342, ID: 40558792: *Daimler-Benz Engines (GERMAN) – DB601*, 1939 – 1946. {Dort S. 1 des Briefs mit Überschrift »Sea Level and Altitude Calibration Tests on the Daimler-Benz DB 601A«}

[112] Ebenda. {S. 4 des gleichen Briefs}

[113] US National Archives II, College Park, NARA-6580729, RG 342, ID: 40564236: *Rolls-Royce Engines – General (Li-quid-Cooled Engine Development)*, 1936 – 1945. {s. Brief mit Überschrift »EXP-T-788, 6-3-41«}

[114] Ebenda.

[115] US National Archives II, College Park, NARA-6566297, RG 342, ID: 40549548: *Napier Sabre Engine British*, 1940 – 1944.

[116] US National Archives II, College Park, NARA-6578393, RG 342, ID: 40561763: *Engines – Junkers (Jumo)*, 1939 – 1947. {s. Brief mit Überschrift »452.1 – German Messerschmidt Airp.«}

[117] The University of Michigan: *The Michigan Alumnus, Volume 65*, 1958.

[118] US National Archives II, College Park, NARA-6575613, RG 342, ID: 40558792: *Daimler-Benz Engines (GERMAN) – DB601*, 1939 – 1946. {s. Bericht mit Überschrift »No. 7 Main Bearing from Daimler-Benz 601A Engine, No. 21178«}

[119] MAHLE-KILMARNOCK: *Second World War Crankshaft Bearing Development Reports Files*.

[120] US National Archives II, College Park, NARA-6580729, RG 342, ID: 40564236: *Rolls-Royce Engines – General (Liquid-Cooled Engine Development)*, 1936 – 1945. {s. Brief mit Überschrift »Two-Stage Supercharger Applicable to Merlin XX Engine«}

[121] Ebenda. {Dort S. 1 des Briefs mit Überschrift »SE-953/ROJ… Dear General Kenney«}

[122] Ebenda. {Dort S. 2 des gleichen Briefs}

[123] US National Archives II, College Park, NARA-6575613, RG 342, ID: 40558792: *Daimler-Benz Engines (GERMAN) – DB601*, 1939 – 1946. {s. Brief mit Überschrift »Declassification of German Engines.«}

[124] US National Archives II, College Park, NARA-6566297, RG 342, ID: 40549548: *Napier Sabre Engine British*, 1940 – 1944. {s. Brief mit mit rotem Stempel »4342« unten rechts}

[125] US National Archives II, College Park, NARA-6566652, RG 342, ID: 40538898: *Packard-Merlin-Superchargers*, 1941 – 1944.{s. Brief mit Überschrift »EXP-T-709, 10-15-41«}

[126] Ebenda. {s. Brief mit Überschrift »E. R. Page, Lt Colonel A. C.«}

[127] US National Archives II, College Park, NARA-65550726, RG 342, ID: 40530687: *Supercharger — Engine*, Januar – Juni 1941. {S. 1}

[128] US National Archives II, College Park, NARA-6566297, RG 342, ID: 40549548: *Napier Sabre Engine British*, 1940 – 1944. {s. hellroten Brief mit Überschrift »From: Echols., OCAC«}

[129] Ebenda. {Dort S. 1 des Berichts mit Überschrift »Sea Level and Altitude Calibration Test of the Napier Sabre Series 1 Engine«}

[130] US National Archives II, College Park, NARA-6566652, RG 342, ID: 40538898: *Packard-Merlin-Superchargers*, 1941 – 1944. {Dort S. 1 des Berichts mit Überschrift »Pistons, Rolls Royce A-1 Engine«}

[131] US National Archives II, College Park, NARA-6550737, RG 342, ID: 40533929: *Supercharger – Rolls-Royce Merlin X*, 23. Dezember 1941. {s. Brief mit Anfangstext »1. Under date of December 16, 1941…«}

[132] Ebenda. {s. Brief mit Überschrift »December 22, Assistant Chief, Materiel Division«}

[133] IWM, GDC-Collection, GDC-7/337: *BMW800, 801, 803 Power Curves*, January 1941. {s. Leistungstabelle mit rotem Stempel »Motor 581« und blauen Aufkleber »No. 802«}

[134] Ebenda. {s. Leistungstabelle mit rotem Stempel »Motor 579« und rotem Aufkleber »No. 400«}

[135] IWM, GDC-Collection, GDC-FD-5074/45: *Pölitz Hydrogenation Plant Records*, Dr. Pier, 27. Januar 1941. {Seite mit schwarzem Stempel »132« oben rechts und mit Eintrag »89«

in blauer Tinte. Diese ist S. 2 eines Berichts mit Überschrift »Spezialflugtriebstoffe.«}
136 IWM Collection No. 12489, 35 mm-Mikrofilm MILCH, 32 Spulen: *Foreign Documents: Milch Collection.*
137 IWM, GDC-Collection, GDC-10-5122: *Bericht über das Beuteflugzeug 'Spitfire II',* ZWB Untersuchungen und Mitteilungen 628, März 1941. {s. »Anhang 6, 11.10.1940«}
138 IWM, GDC-Collection, GDC-17-12T: *Test of Jumo 213 Aero-Engines* (englische Übersetzung), 1943. {S. 8}
139 DBAG-2MA-312: DB609, 1941 - 1943.
140 Ebenda. {s. Bericht mit Textanfang »60 SO Sti/Si, Nr. 2492/41«}
141 IWM Collection No. 12489, 35 mm-Mikrofilm MILCH, 32 Spulen: *Foreign Documents: Milch Collection*, {s. Volume 44, Einzelbild Nr. 7095}
142 Ebenda. {s. Volume 44, Einzelbild Nr. 7090}
143 Ebenda. {s. Volume 44, Einzelbild Nr. 7091}
144 Ebenda. {s. Volume 44, Einzelbild Nr. 7078}
145 Ebenda. {s. Volume 13, Einzelbild Nr. 265}
146 IWM, GDC-Collection, GDC-11/69: RLM, Daimler-Benz Flugberichte, *Überprüfung des gesamten Triebwerksanlage hinsichtlich ihres Einflusses auf die Schüttelscheinungen des Motors, BF109F/8965 GB + KO, BF109F/5634 SC + EC, Motoren: DB 601 N W. Nr. 22156, 10927, 66895 u. 21712*, August 1941.{s. »Erprobungsbericht für Monat August 1941 ... Einlage 703368«}
147 Ebenda. {S. 3-4}
148 TNA, AVIA-6/8971: *Bf109F2 Crash Near Tendertek Kent - Examination of Flexible Fuel Tank*, Juli 1941.
149 IWM, GDC-Collection, GDC-10/13743: *Leistungsteigerung mit unterkühlten GM1 an einem DB601Q*, E-Stelle Rechlin, Erpr. Nr. 2574, 15. August 1941.
150 IWM, GDC-Collection, GDC-17-12T: *Test of Jumo Aero-Engines*, (englische Übersetzung), 1943.
151 IWM, GDC-Collection, GDC-7/356: *Schmierölverdünnung am Motor BMW 801 beim Betrieb mit Flugkraftstoff C 3*, BMW München, Versuchbericht Nr. 021, 2. August 1941.
152 Ebenda.
153 BA-Freiburg, PERS-6-158334: *Edgar Petersen* (Personalakte). {Dort S. überschrieben »LP-24762«}
154 IWM, GDC-Collection, GDC-16/437: *Bf109 F-4/FW190 Leistungsvergleich*, Rechlin Erpr. Nr. 1669 / 1603, 15. Oktober 1941.
155 IWM Collection No. 12489, 35 mm-Mikrofilm MILCH, 32 Spulen: *Foreign Documents: Milch Collection.* {s. Volume 53, Einzelbild Nr. 843}
156 Ebenda. {s. Volume 53, Einzelbild Nr. 828}
157 TNA, AIR-40/2874: *ADI(k) - Reports 151-300.* {Dort S. 1, »ADIK Report No.258/1945«}
158 IWM Collection No. 12489, 35 mm-Mikrofilm MILCH, 32 Spulen: *Foreign Documents: Milch collection.*{s. Volume 53, Einzelbild Nr. 829}
159 Ebenda.
160 Ebenda.
161 Interview des Autors mit ehemaligem RAF-Ingenieur Chris Starr, leitenden Motor-Spezialist bei der Restaurierung der Me 109G ‚Black-6'. In Starrs Haus, 29 Januar 2019.
162 IWM, GDC-Collection, GDC-17/403: *Inhaltsverzeichnis der Mappe Junkers-Motor*, November 1941. {s. Diagramm »Jumo 2327, Junkers Zünderflugmotor Jumo 213A/2, 23.10.41«}
163 BA-Freiburg, PERS-6-142767: *Wolfram Eisenlohr* (Personalakte). {s. Handschriftlichen Brief überschrieben »Reichsluftfahrtministerium, 18.11.1941.«}
164 »The Greenville News«, South Carolina, 19. November 1941. {S. 13, überschrieben »Udet Nazi Air Official Killed During Experiment«}
165 TNA, AIR-40/47: *German Aero-Engines: Historical Review of Development from 1933 Onwards*, 1945. {S. 2 des Berichts mit Überschrift »LC3 II Geheim«}
166 IWM, GDC-Collection, GDC-FD-2872/46-17: *Probleme der Kraftstofforschung und -Versorgung in ihrer Wechselbeziehung*, Alexander von Philippovich, Sonderdruck aus dem Jahrbuch 1941/42 der Deutschen Akademie der Luftfahrtforschung, 21. November 1941.
167 IWM, GDC-Collection, GDC-1073/43: *Probleme der Verbrennung*, Schriften der Deutschen Akademie für Luftfahrtforschung, A. Philippovich et al., 3. Dezember 1942, Sitzungsperiode 1942/43.
168 IWM Collection No. 12489, 35 mm-Mikrofilm MILCH, 32 Spulen: *Foreign Documents: Milch Collection.* {s. Volume 45, Einzelbild Nr. 8182}

Kapitel 6: 1942 – Der Wendepunkt

1 MAHLE KILMARNOCK, Technical Diary: *Bearing Development Work in the Laboratory from February 1941*, (unveröffentlichtes Tagebuch der Kriegsjahre), David F. Green. {S. 3}
2 RRHT-DERBY, File-Box A164: *D.E.D. Minutes of Monthly Meetings - Piston Engine Dev. 1942*, 1942 - 1943.
3 Ebenda.
4 Ebenda.
5 TNA, AVIA-15/1435: *Mosquito Developments*, 1941. {s. Diagramm »R. N. Liptrot«, 10. Februar 1942}
6 TNA, AIR 40/235: *Fw190*, 1941 - 1945.
7 IWM, GDC-Collection, GDC-7/10: *History of the Initial Conception of the BMW800 Series Engines*, 17. Februar 1941.
8 TNA, AIR 40/52: *German Aero Engines–BMW Types 801 A & B*, 1942 - 1944. {s. »Translation #1519«}
9 RRHT, Hives File, #3010: *MINISTRY OF AIRCRAFT PRODUCTION*, 1940 - 1942.
10 RRHT, Hives-File, #3010a: *MAP Officials War Period 1940/ 1/2, Douglas, Hennesy, Pate, Tizard and Westbrook*, 1940 - 1942.
11 Ebenda.
12 RRHT-DERBY, File-Box A164: *D.E.D. Minutes of Monthly Meetings - Piston Engine Dev. 1942*, 1942 - 1943.
13 RRHT, Hives File, #3019: *Correspondence with Bulman*, 1942 - 1945. {s. Brief des 17. April 1942}
14 RRHT, Hives File, #3010: *MINISTRY OF AIRCRAFT PRODUCTION*, 1940 - 1942. {s. Brief des 23. April 1942}
15 TNA, AIR-20/12779: *AFDU Report 46 on Tactical Trials - Spitfire IX*, 2. September 1942. {Dort S. 7}
16 TNA, AIR-19/226: *Merlin, Cheetah and Sabre Engine Production Difficulties*, 1940 - 1945. {Dort S. 11A}
17 MAHLE KILMARNOCK, Technical Diary: *Bearing Development Work in the Laboratory from February 1941* (unveröffentlichtes Tagebuch der Kriegsjahre), David F. Green.
18 Konversation nach dem Krieg zwischen David F. Green, Entwicklungsingenieur bei Vandervell, und seinen Sohn. Später dem Autor mitgeteilt durch Allen Graham von Mahle Powertrain (ehemals Vandervell).
19 TNA, AIR-2/7625: *Fighter Command Directives*, 1941 - 1944. {S. 14A}
20 RRHT, Hives-File, #3010c: *MAP Correspondence Sir Wilfrid Freeman, first Air Ministry, then M.A.P., which later became M.S., No. 2F*, 1940 - 1942.
21 Ebenda. {Dort S. überschrieben »Hs.7/KW«}
22 Ebenda. {Dort S. überschrieben »Hs.6/DK«}

23 Es ist anzumerken, dass es viele Variationen gab, z. B. sind diese Spitfire-Leistungskurven ohne den angebrachten »Schneeschutz« am Motorlufteinlass dargestellt, der, wenn er angebracht war, die Höchstgeschwindigkeit um ca. 7mph senkte. (Für die Entwicklung der SpitfireV s. TNA, AIR-16/687 und für die Wirkung des Schneeschutzes s. S. 15A) Das Diagramm sollte daher (wie alle in diesem Buch gezeigten) als angemessener Hinweis auf die relativen Vorzüge der einzelnen Flugzeug- und Motorkombinationen verstanden werden und nicht als Hinweis auf die genaue Leistung unter allen Bedingungen während der Lebensdauer des betreffenden Flugzeugtyps. Für die Leistung der Fw 190 unter frühen Bedingungen mit verringerter Leistung bei 1.35ata s. RAE-Bericht TNA, AVIA-6/10120, »FIG 6«.

24 Der Test der »Pembrey« Fw190 bei verringerter Leistung findet sich in TNA, AIVA-6/10120.

25 TNA, AVIA-6/10367: *Comparison of three production Spitfires*, Juli 1942-3. {s. »FIG 1, SPITFIRES LEVEL SPEEDS« der SpitfireVb undVc, Flugzeugnr. EN946 und EF644}

26 IWM, Audio Recording #12884: *Vic Cunnings – Supermarine Fitter*, 1991.

27 RRHT, Hives File, #3019: *Hives Bulman Correspondence*, 1941 – 1942.

28 TNA, AIR 27/590/37: *64 Squadron: Operations Record Book*, July 1942.

29 RRHT, Hives File, #3010: *MINISTRY OF AIRCRAFT PRODUCTION, (Later – M of S.) 1940 to December 1942. (No. 1 File)*, 1940 – 1942. {s. Brief überschrieben »HW.10/KW«}

30 TNA, AIR-19/286: *Fighter Aircraft Production Problems*, 1939 – 1944. {Dort S. überschrieben »MOST SECRET, Minutes of Meeting to discuss Fighter Production and Development held on Thursday, July 20th, 1942 ...«}

31 Ebenda. {Dort S. 2 des Briefs überschrieben »MOST SECRET, Minutes of Meeting to discuss Fighter Production and Development held on Thursday, July 20th, 1942...«}

32 TNA, AIR-27/590/37: *64 Squadron: Operations Record Book*, Juli 1942.

33 Ebenda.

34 IWM Collection No. 12489, 35 mm-Mikrofilm MILCH, 32 Spulen: *Foreign Documents: Milch Collection*. {s. Volume 44, Einzelbild Nr. 6918}

35 RRHT, Hives File, #3010: *MINISTRY OF AIRCRAFT PRODUCTION, (Later – M of S.) 1940 to December 1942. (No. 1 File)*, 1940 – 1942.

36 TNA, AVIA-15/2996: *Research Programme – Bristol Aeroplane Company*, 1942 – 1946.

37 Ebenda.

38 New Scientist, Volume 12, No. 258: *Profile, Alfred Cyril Lovesey, The Human Qualities that Produce Good Aero Engines*, 26. Oktober 1961.

39 TNA, AVIA 6/5527: *Tests of a Merlin 46 Supercharger to find the effects of fuel at low intake air temperatures*, Oktober 1942.

40 Ebenda.

41 RRHT, Hives-File, #3010c: *MAP Correspondence Sir Wilfrid Freeman, first Air Ministry, then M.A.P., which later became M.S, No. 2F*, 1940 – 1942.

42 RRHT, Hives File, #3010: *Correspondence with Bulman*, 1942 – 1945.

43 TNA, AVIA 13/247: *Development of Two Stroke Petrol Injection Engine*, 1941 – 1945. {S. 9 des Berichts »Lov/SGH.6«}

44 Ebenda. {S. 8 des gleichen Berichts}

45 Ebenda. {S. 1 des gleichen Berichts}

46 TNA, AIR-19/226: *Merlin, Cheetah and Sabre Engine Production Difficulties*, 1940 – 1945.

47 RRHT, Hives-File, #3010a: *MAP Officials War Period 1940/1/2, Douglas, Hennesy, Pate, Tizard and Westbrook*, 1940 – 1942.

48 RRHT, Hives-File, #3010: *Ministry of Aircraft Production (Later M. of S.) 1940 to December 1942. (No. 1 file)*. {s. Brief S.B. 38065/DD/RDA}

49 TNA, AIR-19/226: *Merlin, Cheetah and Sabre Engine Production Difficulties*, 1940 – 1945.

50 Ebenda. {s. Brief überschrieben »SECRET FC/S.29456 ... 9th November, 1942.«}

51 RRHT: *Fedden, the life of Sir Roy Fedden*, Bill Gunston, 1998. {Das Buch enthält unentbehrliche Hintergrundinformationen, insbesondere auf S. 269 & 270: »Später wurde Bulman zum Direktor für Bau- resp. Forschungseinrichtungen ernannt, und Freeman brüllte vor Freude: ‚Sie haben dich zum DBRF gemacht, zum Direktor für die Bewältigung von Roy Fedden!'«

52 RRHT, Hives-File, #3010c: *MAP Correspondence Sir Wilfrid Freeman, first Air Ministry, then M.A.P., which later became M.S., No. 2F*, 1940 – 1942.

53 Ebenda.

54 TNA, AIR-19/254: *Petroleum 100 Octane – Co-Ordination of Supply and Demand*, 1940 – 1944. {s. Brief überschrieben »SECRET – PRIME MINISTER«}

55 Ebenda. {Hier muss man die ganze Akte im Zusammenhang lesen}

56 TNA, AIR-40/74: *German Aero-Engines Junkers Types 213 A, B &C*, 1942 – 1945.

57 RRHT, Hives File, #3010: *MINISTRY OF AIRCRAFT PRODUCTION, (Later — M. of S.) 1940 to December 1942. (No. 1 File)*, 1940 – 1942.

58 US National Archives II, College Park, NARA-6566652, RG342, ID: 40538898: *Packard-Merlin-Superchargers*, 1941 – 1944.

59 TNA, PREM-3/332/2: *War Cabinet Records–100 Octane Fuel*, 1941 – 1944. {s. Brief überschrieben »UNITED STATES: SECRET... Copy No20, 10th February 1942« und mit Bleistifteintrag »65« oben rechts}

60 Ebenda. {Dort S. 4 des oben erwähnten Briefs, Bleistiftkennzeichen »68«}

61 SMITHSONIAN, NASM-BJ-410920-01: *Design Features of the Junkers 211B Aircraft Engine – Sidney Oldberg and Thomas M. Ball*, 12. März 1942. {Auch in den SAE Journals zu finden}

62 NTRS, NACA, WARTIME-REPORT: *EFFECT OF ADDITIONS OF AROMATICS ON THE KNOCKING CHARACTERISTICS OF SEVERAL 100-OCTANE FUELS AT TWO ENGINE SPEEDS*, Mai 1942.

63 TNA, AVIA 6/10404: *The effect of conical windscreen on performance of the Spitfire IX*, September 1943.

64 TNA, AVIA 6/10339: *Improvement in performance of Spitfire EN946*, Juni 1943.

65 TNA, AVIA 6/10367: *Comparison of three production Spitfires*, Juli 1943.

66 TNA, AVIA 15/1717: *Mustang with Merlin 61, Policy File*, 1942 – 1945. {Dort S. überschrieben »DTD Trav. Fldr.196«}

67 Ebenda. {s. Brief unterschrieben »CRD 15.6.42«}

68 Ebenda. {s. Seite mit Abschluss »14.10.42, A.D./D.A.(N.A)«}

69 Ebenda. {S. 2A}

70 US Dept of Defence, The Defence Acquisition University: *The*

P-51 Mustang: A Case Study in Defence Acquisition, Alan Haggertty and Roy Wood, Oktober 2010.

71 TNA, AVIA-15/1717: *Mustang with Merlin 61, Policy File*, 1942–1945.

72 TNA, AIR 20/3621: *AFDU Report No. 107, Tactical Trials Mustang III*, 8. März 1944.

73 US National Archives II, College Park, NARA-6555692, RG 342, ID: 40538895: *Testing of V-1650-3 Prior to Shipment*, 30. August 1942.

74 TNA, AIR-20/12781: *Tactical Trials – P-38F Lightning (AFDU Report No.56)*, 28. September 1942.

75 Ebenda.

76 Ebenda. {Der Bericht stellt fest, dass dieser P-38 Blister für Falltanks hinzugefügt wurden, was die Höchstgeschwindigkeit um ungefähr 8mph/13 kmh reduzieren könnte}

77 Ebenda. {s. »Addendum to A.F.C. 139«, das irritierenderweise am Anfang der Akte kommt}

78 Ebenda.

79 US National Archives II, College Park, NARA-6580695, RG 342, ID: 40564109: *Engines – BMW – German*, 1942–1946. {Dort S. »100f«}

80 TNA, AVIA 10/106: *C.R.D. Travelling Folder No. 640–SECRET–Sir Roy Fedden's Visit to U.S.A.*, 1942–1944.

81 Ebenda. {s. S. 2}

82 Ebenda. {s. S. 3}

83 Ebenda. {s. Brief überschrieben »31st January, 1944« ziemlich am Anfang der Akte}

84 Ebenda. {s. »LOOSE MINUTE, SECRET CHIEF EXECUTIVE Fedden/ Devereux Reports.«}

85 Ebenda. {s. Brief überschrieben »SECRET, 26th April 1943. Dear Fedden ...«}

86 Ebenda. {s. Brief überschrieben »SECRET C.R.D.«, datiert 25.4.43}

87 US National Archives II, College Park, NARA-6578393, RG 342, ID: 40561763: *Jumo 1943–1948*.

88 US National Archives II, College Park, NARA-6580695, RG 342, ID: 40564109: *Engines-BMW-German 1942–1946*.

89 TNA, AIR-40/70 – »German Aero Engines Junkers Type 211F«, {s. Bericht des 2. Jan 1942 »Jumo 211 F u. J«, Seitenanfang »Kühlstoffkreislauf«

90 IWM, GDC-Collection, GDC 10/1556: *Höhenprüfstandsversuche am DB 601-F-Motor mit Aufladung durch K-9-Lader angetrieben durch Hohlschaufelturbine L6, ZWB Forschungsbericht 1525*, 6. Januar 1942.

91 IWM Collection No. 12489, 35 mm-Mikrofilm MILCH, 32 Spulen: *Foreign Documents: Milch Collection*. {s. Volume 42, Einzelbild Nr. 6530}

92 Ebenda.

93 BA-FREIBURG, RL-3/51: *Handakte Generalfeldmarschall Milch*: *Probleme der Flugzeugproduktion*. {s. Brief datiert »15.1.1942«. Lusser wird allgemein zugeschrieben, dass er einen Großteil der Messerschmitt Bf 108 und Bf 110 sowie des Nachtjägers Heinkel He 219 entworfen hat; er war zum Zeitpunkt dieses Schreibens bei Fieseler an der Entwicklung der späteren fliegenden Bombe V1 beteiligt, die von einem Argus-Pulsstrahl angetrieben wurde. Nach dem Krieg wurde Lusser am Jet Propulsion Laboratory in den USA angestellt}

94 Es war die Katastrophe mit der Me 210, die dazu führte, dass Messerschmitt vom RLM de facto degradiert wurde. Aus den Unterlagen geht hervor, dass der Professor dies wahrscheinlich kaum verhindern konnte. Die Hinzuziehung des Arado-Teams, das die Tragflächen und das Leitwerk der Me210 entwarf (die Bereiche, die nicht richtig funktionierten), war genau die Art von Verfahren, vor der Lusser Milch in seinem Brief warnte und die allmählich die deutsche Luftfahrtentwicklung ruinierte {TNA, AIR-40/200, s. Memo »TOP SECRET« vom »12/3/1943«, in dem die katastrophalen Fehler, die das RLM Messerschmitt bei der Konstruktion des Jagdflugzeugs Me 210 aufzwang, detailliert beschrieben werden. Im Gegensatz dazu stehen die GL-Konferenzprotokolle, in denen Göring und Milch Messerschmitt noch immer die Schuld an den Konstruktionsfehlern der Me 210 geben}

95 IWM, GDC-Collection, GDC-11-224: *Widerstand einer Dralldrossel bei verschiedenen Schaufelstellungen (Anstellwinkel 0 bis 85 Grad)*, DB Versuchsbericht 10 101 925, 21. Januar 1942.

96 Ebenda.

97 S. kurze Biografie Mikulin auf der Webseite der Nationalen Technischen Universität der Ukraine sowie Material der Abteilung »Russian Defence« der Defence Academy of the United Kingdom an der Cranfield University, England; letzteres dem Autor mitgeteilt am 20. September 2017 durch Archivar R. J. Daniels, Barrington Library.

98 DBAG, DB-2MA-339: *Me 109H DB 628*. {Dort S. 2 des Zeitstrahls zur Entwicklung des DB 628, überschrieben »UT., den 14.Jan.1944«}

99 IWM Collection No. 12489, 35 mm-Mikrofilm MILCH, 32 Spulen: *Foreign Documents: Milch Collection*. {s. Volume 50, Einzelbild Nr. 216}

100 IWM, GDC-Collection, GDC-2117: *Beschreibung des amerikanischen Allison-Flugmotors V1710 C15, ZWB Untersuchungen und Mitteilungen 679,* März 1942.

101 IWM, GDC-Collection, GDC-11-368: *MISC Reports on DB605*. {s. »DB Versuchsbericht Nr. 10 18 105 147«}

102 IWM, GDC-Collection, GDC-10-13854: *Untersuchung von Flugmotor-Ventilen mit keramischem Ventilteller (Erfindung Woithe)*, Dipl.-Ing. Herbrich, Berlin-Gatow, Institut für Motorenwesen des Luftkriegsakademie, 9. April 1942.

103 Ebenda.

104 IWM Collection No. 12489, 35 mm-Mikrofilm MILCH, 32 Spulen: *Foreign Documents: Milch Collection*. {s. Volume 13, Einzelbild Nr. 396}

105 IWM, GDC-Collection, GDC-7/358: *Reisebericht über den Besuch der Frontverbände und Aenderungsbetriebe mit BMW 801*, Focke-Wulf, Bremen, Ausfertigung Nr. 27, 27. April 1942. {Teilnehmer: Dir. Sachse, Obering. Schilo, K. Tank}

106 Ebenda.

107 Imperial War Museum: GDC-11/282: Daimler-Benz Versuchsbericht 10 18 105 006, 30th April 1942

108 IWM Collection No. 12489, 35 mm-Mikrofilm MILCH, 32 Spulen: *Foreign Documents: Milch Collection*. {s. Volume 13, Einzelbild Nr. 327}

109 Ebenda. {s. Volume 14, Einzelbild Nr. 574}

110 IWM, GDC-Collection, GDC-10/1351: *DVL Abgasturbo-Triebwerk DB 605A mit DVL-TK 9AC*, ZWB Forschungsbericht 1606, Klüglich, 11 Mai 1942.

111 IWM Collection No. 12489, 35 mm-Mikrofilm MILCH, 32 Spulen: *Foreign Documents: Milch Collection*. {s. Volume 27, Einzelbild Nr. 5202}

112 Ebenda.

113 IWM, GDC-Collection, GDC-11-368: *MISC Reports on DB 605*. {s. »DB Versuchsbericht Nr. 18 105 171«}

114 IWM Collection No. 12489, 35 mm-Mikrofilm MILCH, 32 Spu-

len: *Foreign Documents: Milch Collection*. {s. Volume 45, Einzelbild Nr. 8042}

[115] Diese Äußerung Milchs ist nicht ganz eindeutig. Unmittelbar davor schrieb der Stenograf »(?)«, als wäre irgendwas Unklares vorausgegangen. Höchstwahrscheinlich drückt Milchs »Bei BMW doch!« sein Missfallen aus, dass BMW schon im vergangenen Winter auf diese Lösung gekommen war, nämlich mit Verchromung]

[116] Eisenlohr hat das Wissen von BMW nicht sofort an Daimler weitergegeben, als BMW das Problem mit dem BMW 801 löste, sondern erst viel später, als klar wurde, dass Daimler das gleiche Problem hatte, denn angesichts der Engpässe wäre es nur logisch gewesen, die Ventilfertigung bei beiden Herstellern gleichzeitig zu ändern. BMW verwendete mit ziemlicher Sicherheit die Bayerischen Leichtmetallwerke in München für alle ihre Ventile und Daimler die Firma Teves in Berlin (die einzigen zwei Firmen in Deutschland, die natriumgekühlte Auslassventile für Flugmotoren herstellen konnten).

[117] Eine erstaunliche Fehleinschätzung, wenn man bedenkt, dass die hocharomatischen Kraftstoffe bekanntermaßen die Ventilmaterialien stärker angreifen als der niedrigaromatische B4-Kraftstoff.

[118] Angesichts der starken Detonationsschäden, die das R.A.E. am DB 601 N-Motor mit Dual-Kraftstoff-System feststellte, könnte es gut sein, dass die Probleme bereits Ende 1940 begannen und Eisenlohr sie nur nicht genau genug überwacht hatte, um die Probleme zu diagnostizieren, die durch die Nickelreduzierung verursacht wurden.

[119] Ebenda. {s. Volume 14, Einzelbilder Nr. 603-630}

[120] Hervorhebung durch den Autor zwecks größerer Klarheit in den Ergebnissen des Tests, in dem ein Testmotor mit Serienmotoren verglichen wurde.

[121] Ebenda. {s. Volume 45, Einzelbild Nr. 8036}

[122] Kraftstoff »C3«.

[123] Es ist möglich, dass die ventilinduzierte Vorzündung diese Qualitätsprobleme der Zündkerzen verstärkte.

[124] Ebenda. {s. Volume 14, Einzelbild Nr. 720 ff}

[125] Ebenda. {s. Volume 14, Einzelbild Nr. 784}

[126] Ebenda. {s. Volume 14, Einzelbilder Nr. 830-869}

[127] BA-FREIBURG, RL-25-78: *Feldluftpark Holland*.

[128] IWM, GDC-Collection, GDC-11-368: *MISC Reports on DB605*. {s. »DB Versuchsbericht Nr. 10 18 105 028«}

[129] IWM, GDC-Collection, FD-2872/46-5: *On raising the Power Output of Aircraft Engines by Addition of Oxygen-Carriers,* eine Übersetzung ins Englische eines Artikels der Deutschen Akademie der Luftfahrtforschung im J. 1942; Originalfassung in GDC-10/10048, Otto Lutz, Schriften 1049/42 der Deutschen Akademie der Luftfahrtforschung, 1942.)

[130] Ebenda. {S. 15}

[131] Ebenda. {S. 17}

[132] Ebenda. {S. 22}

[133] IWM, GDC-Collection, GDC-10/10048: *On raising the Power Output of Aircraft Engines be Addition of Oxygen-Carriers,* eine Übersetzung ins Englische *Über Leistungssteigerung von Flugmotoren durch Zugabe von Sauerstoffträgern*, Schriften 1049/42 der Deutschen Akademie der Luftfahrtforschung, Otto Lutz, 1942

[134] IWM Collection No. 12489, 35 mm-Mikrofilm MILCH, 32 Spulen: *Foreign Documents: Milch Collection.* {s. Volume 45, Einzelbild Nr. 8015}

[135] Ebenda. {s. Volume 45, Einzelbild Nr. 8017}

[136] TNA, AIR 40/64: *German Engines: General – DB 605*, 1942 – 1945. {Dort Seite am Ende der Akte überschrieben »Technical Sheet issued by the Quartermaster General … 18th June 1942«}

[137] IWM, GDC-Collection, GDC-7/343: *Beschreibung des BMW 801TJ-Turboladers mit Anwendungsbeispiel auf die DB 601E u. DB 603*, 16. Juni 1942.

[138] IWM, GDC-Collection, GDC-11/732: *DB-Entwicklungen von Abgasturbinenmotoren*, DB-NIN-REI 3657, Boos, Kemmler, Leist u. Speiser, 27. Juli 1942.

[139] IWM, GDC-Collection, GDC-1569: *Einfluss verschiedener Kraftstoffe und Ventilüberschneidung auf Motoren,* ZWB Forschungsbericht 1610, K. Franke, {Englische Übersetzung in: GDC-FD-2869-46/35}

[140] Ebenda. {S. 2}

[141] Ebenda. {S. 2}

[142] Ebenda. {S. 29-30}

[143] IWM, GDC-Collection, GDC-7/349: *Flugleistungen von Fw 190 mit BMW 801J*, BMW München, Bericht Re 2008, 3. Juni 1942.

[144] IWM, GDC-Collection, GDC-7/351: *Turbolader 801 J,* 11. Juli 1942. {Zeichnungen im A0-Format}

[145] IWM, GDC-Collection, GDC-7/323: *Erhöhte Notleistung (C3-Einspritzung) beim BMW 801-D in Fw 190 JaBo und JaBo Rei*, BMW München, Techn. Aussendienst 15/43 (32/801) 801 D, 12. Juli 1942.

[146] Ebenda.

[147] Ike Skelton Combined Arms Research Library Digital Library: *FUEHRER DIRECTIVES AND OTHER TOP-LEVEL DIRECTIVES OF THE GERMAN ARMED FORCES*, 1942 – 1945. {S. 40}

[148] IWM Collection No. 12489, 35 mm-Mikrofilm MILCH, 32 Spulen: *Foreign Documents: Milch Collection*. {s. Volume 15, Einzelbilder Nr. 1561 – 1584}

[149] Interview des Autors mit Elly Hanitsch am 8. Mai 2019 in Dessau; Elly arbeitete während des Krieges als Zeichnerin bei Junkers-Jumo Flugmotorenbau, Junkers: Angestellte Nr. 15859.

[150] Ebenda. {s. Volume 34, Einzelbild Nr. 1880}

[151] Ebenda. {s. Volume 16, Einzelbild Nr. 2428}

[152] Bei einem Verhör im Jahr 1945 erzählte Galland, dass sie zwei Einheiten nur zum Zweck des Abschusses von Fotoaufklärungs-Mosquitos aufgestellt hatten. Er gab an, dass es ihnen nicht gelungen sei, auch nur einen einzigen abzuschießen. {TNA, AIR-40/1345, dort S. 40 der »Galland interrogation«}

[153] IWM, GDC-Collection, GDC-BIOS-FR-320: *German Aero Engine Industry*, 15. November 1945.

[154] IWM Collection No. 12489, 35 mm-Mikrofilm MILCH, 32 Spulen: *Foreign Documents: Milch Collection*. {s. Volume 16, Einzelbild Nr. 2209}

[155] IWM Collection No. 12489, 35 mm-Mikrofilm MILCH, 32 Spulen: *Foreign Documents: Milch Collection*. {s. Volume 16, Einzelbild Nr. 2334}

[156] IWM, GDC-Collection, GDC-1199: *The Influence of Valve Overlap on the Knock-limits of the DB601 Engine with Various Fuels*, 15. September 1942. {s. S. 38-40; für die englische Übersetzung s. GDC-FD-2876-46/83}

[157] DBAG-2MA-312: *DB609*, 1941 – 1943.

[158] IWM Collection No. 12489, 35 mm-Mikrofilm MILCH, 32 Spulen: *Foreign Documents: Milch Collection*. {s. Volume 16, Einzelbild Nr. 2624}

[159] Ebenda.

160 Ebenda. {s. Volume 16, Einzelbild Nr. 2658}
161 IWM, GDC-Collection, GDC-FD-39/50: *Working Directions for the Chromium Plating of Exhaust Valves 9-801.311-770.12*, 10. Oktober 1942. {Englische Übersetzung}
162 IWM Collection No. 12489, 35 mm-Mikrofilm MILCH, 32 Spulen: *Foreign Documents: Milch Collection.* {s. Volume 16, Einzelbild Nr. 2767}
163 Ebenda. {s. Volume 53, Einzelbild Nr. 783}
164 Ebenda. {s. Volume 44, Einzelbild Nr. 6905}
165 DBAG-2MA-339: *Me 109H / DB628 Flugmotor*, 1942–1944.
166 IWM Collection No. 12489, 35 mm-Mikrofilm MILCH, 32 Spulen: *Foreign Documents: Milch Collection.* {s. Volume 34, Einzelbild Nr. 2387}
167 *The Mineral Resources of Africa*, A.Williams Postel, University of Pennsylvania Press – The University Museum, 1943. {S. 29}
168 IWM Collection No. 12489, 35 mm-Mikrofilm MILCH, 32 Spulen: *Foreign Documents: Milch Collection.* {s. Volume 34, Einzelbild Nr. 2517}
169 Ebenda. {s. Volume 34, Einzelbild Nr. 2638}
170 Ebenda. {s. Volume 34, Einzelbild Nr. 1041}
171 IWM, GDC-Collection, GDC-7/393: *Vorläufige Unterlagen über den Abgasturbinenmotor P 8035*, BMW München, Unterlage Nr. 9-801.3428, 17. November 1942.
172 IWM, GDC-Collection, GDC-7/817: *Einheitstriebwerk Jumo 213, DB 603 und BMW 801 for Rumpfeinbauten*, Focke-Wulf, Niederschrift Nr. 14, 17. November 1942.
173 IWM, SPEER-Collection, GDC-FD-4355-45: *SPEER BOX 118 PROF Willy Messerschmitt Augsburg & Oberammergau* [nur in Deutsch] Vol. 3, 1942–1943. {s. S. mit Eintrag 265 oben rechts und datiert »2. Dezember 1942«}
174 Ebenda. {s. S. mit Eintrag 268 oben rechts und datiert »14. 12.42«}
175 Ebenda. {s. S. mit Eintrag 269 oben rechts = S. 2 des gleichen Briefs}
176 IWM, GDC-Collection, GDC-1073-43: *Probleme der Verbrennung*, Schriften der Deutschen Akademie für Luftfahrtforschung, A. Philippovich et al., 3. Dezember 1942, Sitzungsperiode 1942/43. {s. Beitrag Nr. 3, »*Einige Wünsche der Kraftstoffhersteller an den Flugmotor*«, Karl Dehn, ab S. 53}
177 Ebenda. {S. 64 & 65}
178 Ebenda. {S. 64–66}
179 IWM Collection No. 12489, 35 mm-Mikrofilm MILCH, 32 Spulen: *Foreign Documents: Milch Collection.* {s. Volume 17, Einzelbild Nr. 3712}
180 Interview des Autors mit Allen Graham von Mahle-Powertrain Kilmarnock (ehemals Vandervell), 4. Juli 2019.
181 BA-FREIBURG, RL-3/51: *Handakte Generalfeldmarschall Milch: Probleme der Flugzeugproduktion.* {Nur Microfiche, s. Brief des 2. November 1942.}
182 Wahrscheinlich handelt es sich um die 18-Zylinder-Doppelreihen-Sternmotoren BMW 139 und Siemens-Bramo 329. Beide wurden nach der Übernahme der Bramo (Brandenburgische Motorenwerke GmbH) durch BMW (zu der zuvor die Siemens Apparat und Maschinen GmbH gehörte) vor Kriegsausbruch eingestellt. {s. Unternehmensgeschichte der BMW AG, Jahr 1939. Online verfügbar.}
183 BA-FREIBURG, RL-3/51: *Handakte Generalfeldmarschall Milch: Probleme der Flugzeugproduktion.* {Nur Mikrofiche, s. Brief des 2. November 1942.}

Kapitel 7: 1943 – Deutschland in der Defensive

1 TNA, AVIA 6/5653: *Direct Petrol Injection Experiments on a Merlin II Engine*, Januar 1942.
2 Ebenda.
3 RRHT, Hives File, #3009: *Sir Stafford Cripps (When Minister of Aircraft Production)*, 1943–1945. {s. S. 2 des Briefs mit Überschrift »Hs.1/KW.21.2.43«}
4 IWM, GDC-Collection–GDC-11/430: *Motor-Anlagen mit frei angeströmtem Kühler*, DB Bericht 60 AK Nr. 29, 16. März 1942.
5 TNA, AVIA-15/2996: *Research Programme – Bristol Aeroplane Company*, 1942–1946. {s. S. mit Überschrift »EP/CON/HJF/EMD/2328 … 4th March 1943«}
6 Frühe Versuche, einen fortschrittlicheren Kompressor für den BMW 801 zu entwickeln, scheiterten an der Bürokratie des RLM.
7 RRHT, Hives File, #3019: *M.A.P. – Major Bulman Jan. 1942 to February 1945 (No. 3 file)*, 1942–1945. {s. S. mit Überschrift »STRICTLY PERSONAL … 3rd April 1943.«}
8 TNA, AVIA-6/9045: *Bench Tests of the BMW 801D Engine 85089 ex. Fw 190 Fighter WP-499*, April 1943.
9 US National Archives II, College Park, NARA-6580695, RG342, ID: 40564109: *Engines BMW (Bavarian Motor Works) German*, 1942–1946.
10 Dieser war der Rolls-Royce Eagle, von denen insgesamt 30 hergestellt wurden. Laut Geoffrey Wilde bestand die wichtigste Leistungseinschränkung darin, dass die Hülsen bei hohem Ladedruck zu klemmen begannen, weil sie sich verformten. {Interview des Autors mit dem schon im Ruhestand befindlichen Rolls-Royce-Ingenieur Dave Piggott, 14. January 2016}
11 HENDON, SB-46539: *Sabre Development Responsibility – George Bulman*, 1943. {s. Absatz 27 von Bulmans Brief mit Überschrift »CRD, C.E., Permanent Secretary.«}
12 Ebenda. {s. Absatz 22 des gleichen Briefs}
13 Ebenda. {s. Brief mit Überschrift »COPY, 250 HOUR FLIGHT ENDURANCE TESTS OF SABRE IIA ENGINES«, datiert 24. September 1943 und mit Banks Unterschrift. Siehe auch. S. 239 von Banks »I Kept No Diary«}
14 TNA, AIR-40/101: *German Power Boosting Systems, Nitrous Oxide Injection (GM1)*, 1941–1945.
15 Old Police Cells Museum–Brighton: *A CRASHED GERMAN AIRCRAFT – Official Police report written by Sergeant William Mills, PS Number 30 of East Sussex Police*, David Rowland.
16 TNA, AIR-40/101: *German Power Boosting Systems, Nitrous Oxide Injection (GM1)*, 1941–1945. {s. losen dreiseitigen Notizzettel gegen Ende der Akte »ROYAL AIRCRAFT ESTABLISHMENT FARNBOROUGH A.I.2.(g). Preliminary note on inspection of G.M.1 accelerator system on Ju.88 S-1 NL+EX …«}
17 Ebenda. {s. losen Notizzettel mit Text Anfang »AI(K), G.M.1. Installation. G.M.1 accelerator gas appears to be …. « nach ca. 90 Seiten der Akte}
18 Ebenda. {s. Seite mit Überschrift »SECRET, CRASHED ENEMY AIRCRAFT Report Serial No. 197 dated 2nd June. 1943…«}
19 Ebenda. {s. Seite mit Fußzeile »A.I.2.(g) 2.6.43 2G/GE1005/ P«}
20 FISHER-TROPSCH, A5464-0696-0735, Item 6C: *Results of examination of enemy fuels. Fifth summary to June 1943. Petroleum Board, enemy fuels and oil committee*, June 1943. {s. S. 4, überschrieben »RESULTS OF EXAMINATION OF ENEMY FUELS«}

[21] Ebenda. {S. 3}
[22] RRHT, Hives File, #3010b: *M.A.P. Chief Executive Meetings 1942 – 1945 (Minutes)*, 1942 – 1945.
[23] TNA, AVIA-15/148: *Ministry of Supply – Business Relation to Technical Sub-Committee on Aviation Fuel*, 1942 – 1945. {s. Bericht mit Überschrift »Item 5«, dort S. 1 von »Production of Aviation Fuels by Hydrogenation. Summary of I.C.I. Research in 1943.«}
[24] Royal Society, *Ronald Holroyd. 1904-1973*, Biographical Memoirs of Fellows of the Royal Society Vol. 20 (Dez. 1974), S. 235 – 245. {s. S. 239}
[25] TNA, AVIA-15/148: *Ministry of Supply – Business Relation to Technical Sub-Committee on Aviation Fuel*, 1942 – 1945. {s. Bericht mit Überschrift »Item 5«, dort S. 17 von »*Production of Aviation Fuels by Hydrogenation. Summary of I.C.I. Research in 1943.*«}
[26] Ebenda. {S. 14. Victane war Butylbenzol, das ab etwa 1943 als Ersatz für einen Teil des Iso-Oktans in Flugkraftstoffen verwendet wurde und als Bestandteil der britischen Spezifikation für Kraftstoff der Klasse 150 eingesetzt wurde. Seine Hauptaufgabe bestand darin, die Klopffestigkeit von schwachen Gemischen zu verbessern.}
[27] Ebenda. {S. 18}
[28] TNA, AIR-4/64: *German aero-engines: Daimler-Benz type 605*, 1942 – 1945. {s. »Report No. 2161« gegen Ende der Akte}
[29] TNA, DSIR-23/12765: *Notes on Mr Ricardo's paper discussing 'possible lines of development of aero engines'*, Juli 1943.
[30] TNA, AIR-40/2166: *A.I.2.(g) Reports 2174-2283 (incomplete)*, 1943 – 1944. {see S. 1 von »Report No. 2185«gegen Anfang der Akte}
[31] RRHT, Hives File, #3019: *M.A.P. – Major Bulman Jan. 1942 to February 1945 (No. 3 File)*, 1942 – 1945.
[32] RRHT, Hives File, #3009: *SIR STAFFORD CRIPPS (When Minister of Aircraft Production)*, 1943 – 1945. {Dort die Seiten ab der Überschrift »ADDRESS OF SIR STAFFORD CRIPPS TO ...«}
[33] FISCHER-TROPSCH, A5464-0736-0749: *Enemy Fuel and Oils Committee*, 1943. {Dort »3rd September 1943. Sample No. AIR 305«}
[34] TNA, AIR-40/2051: CGHQ MEF: *Captured Document No 497 GHQME 12th September Fuel Testing Syracuse*, 1943. {S. 1}
[35] Ebenda. {S. 13}
[36] Ebenda. {S. 3 des Briefs mit Textanfang »22 captured documents have been forwarded from G.H.Q. N.F.F.«]
[37] FISCHER-TROPSCH, A5464-0638-0654 Item 6A: *Detailed analyses of various samples of German fuels and lubricants. War cabinet technical sub-committee on Axis oil, enemy oils and fuels committee. November 1943 to July 1944*, {s. S. 9 mit Überschrift »A.I.2.(g) Report #2197 – Improvement in German C-3 Green Aviation Petrol«, 16. September 1943.}
[38] Ebenda.
[39] FISCHER-TROPSCH, A5464-0352-0382 – Item 3A: *Report on visit to southern Italy by Mr. E.A. Berthoud – Ministry of fuel and power. J. I. C. (43)465. November 13, 1943.* (Dort S. 3, »ANNEX I. ... Interview with General Rossi on October 10, 1943«. Hervorhebung des Autors}
[40] TNA, AIR-2/2825: *Single Seater Fighter (Supermarines) (Spitfire T/R) Requirements for Specn 37/34,* 1942 – 1944.
[41] Ebenda.
[42] TNA, CAB/HIST/D/3/5/1: *Spitfire History*, Cabinet Office Historical Section, 1943. {Sehr wertvoller Überblick der Entwicklung der Supermarine Spitfire; enthält Einzelheiten der Rüstungszeiten und der Konstruktionsstunden für die verschiedenen Varianten}
[43] Ebenda.
[44] RRHT, Hives File, #3019: *M.A.P. – Major Bulman Jan. 1942 to February 1945 (No. 3 File)*, 1942 – 1945. {s. Brief mit Textanfang »SECRET. During my visit to Derby 21st/22nd September, Mr Hives...«}
[45] FAST, EA.R.M118: *Artificial Altitude Tests of Mercedes-Benz DB601E Engine No. 34162*, November 1943.
[46] TUC Library Collection: *Why Rolls Struck*, December 1943.
[47] TNA, AIR-19/226: *Merlin, Cheetah and Sabre Engine Production Difficulties*, 1940 – 1945. {Dort Seite mit Überschrift »SECRET ... CAS.4680«}
[48] TNA, CAB-80/67-2: *War Cabinet Chiefs of Staff Committee*, {s. S. 2 des Berichts mit erster Seite markiert »124« oben rechts und mit Titel »ANFA. 2nd Meeting, January 18, 1943 at 17:00« zeigt}
[49] Ebenda. {s. Absatz 11 der Seite markiert »117« oben rechts und mit Textanfang »It is considered, therefore, that in the present ...«}
[50] Ebenda. {s. Absatz 9 auf der gleichen Seite}
[51] Aircraft Engine Historical Society, Republic Aviation: *P-47 Flight Manual*. {S. 12, Hervorhebung original; ursprünglichen Wortlaut »... under no circumstances get back of the ...«}
[52] SAE, 430128: *Methods of Stress Determination in Engine Parts*, Chrysler Corporation, 12. Januar 1943
[53] US National Archives II, College Park, NARA-6580695, RG342, ID: 40564109: *Engines – BMW – German*, 1942 – 1946. {s. Brief mit Textanfang »In accordance with telephone conversation between ... Reference: OC:lhb:57«}
[54] US National Archives II, College Park, NARA-P200237: *Conference on Control Systems for P-38 Airplanes*, 18. März 1943. {Mikrofilm von Powerplant Labs. Digitalisierte Kopien von AEHS}
[55] Ebenda.
[56] US National Archives II, College Park, NARA 191705: *Flight Test Performance and Cooling Data – XP-51B Airplane*, 5. April 1943. {Mikrofilm von Powerplant Labs. Digitalisierte Kopien von AEHS}
[57] AFHRA, Maxwell AFB, MF-Reel-25134: *AIRCRAFT AERO ENGINE FACTORIES COMPONENTS PRODUCTION: GERMANY*. {Der Bericht »Report on Axis Aircraft Valve Industry« fängt auf Einzelbild Nr. 338 an, das Zitat ist von »I. Introduction« auf Einzelbild 340.}
[58] Ebenda. {S. 3 des Berichts, Einzelbild Nr. 342}
[59] Ebenda. {S. 14 des Berichts, Einzelbild Nr. 353}
[60] National WWII Museum New Orleans: *The Fighth Air Force vs.The Luftwaffe*, 18. Oktober 2017.
[61] AFHRA, Maxwell AFB, MF-Reel-A1128: *USSBS Reports*. {Dort der Bericht mit Anfang auf Einzelbild Nr. 313: »U.S, Strategic Bombing Survey, Air Force Rate of Operation«; »The assigned strength of the 8th Air Force in June 1943 totalled 775 bomber aircraft« (Einzelbild Nr.324), »expenditures became exceptionally high in October 1943 with 214 bombers lost ... acute losses were suffered«. »The combined bomber offensive began on June 1, 1943 and had ten B-17, two B-24 and three P-47 fighter groups.« (Einzelbild Nr. 334); »in September about 70 P-47s were lost.« (Einzelbild Nr. 414).}
[62] 382nd Bombardment Group Einsatz Nr. 58 – 8th AF Einsatz Nr. 208; 38 Flugzeuge von 41st A and B Combat Wing nahmen teil (5. Februar 1944). Einweisung: »ZIEL: ALFRED TEVES STAMMWERK: INSTALLATION FÜR FLUGZEUGTEI-

LE - ART: FLUGZEUGINDUSTRIE - ORT: FRANKFURT AM MAIN, DEUTSCHLAND.« (Das Leitflugzeug der »Hochgruppe« (B-17 G Seriennummer 42-37974) kehrte um nach dem die Geschwindigkeitsregelungen für die Kompressoren an allen vier Motoren versagten). Das Poldi-Stahlwerk (Ventilstahle für Ventile) wurde am November 15, 1944, February 14 and March 25, 1945 bombardiert.

63 US National Archives II, College Park, NARA-6572356, RG 342, ID: 40564237: *Engines - Russia*, 1943 - 1948.

64 US National Archives II, College Park, NARA-6580695, RG 342, ID: 40564109: *Engines - BMW - German*, 1942 - 1946.

65 AFHRA, Maxwell AFB, MF-Reel-A1128: *USSBS Reports*. {Einzelbild Nr.267, S. 6 des Berichts mit Überschrift »The Defeat of the German Air Force«, Januar 1947.}

66 US National Archives II, College Park, NARA P191660: *Engine Failures on P-47 Airplanes*, 5. Mai 1943. {Mikrofilm von Powerplant Labs. Digitalisierte Kopien von AEHS}

67 Ebenda.

68 US National Archives II, College Park, NARA-6580695, RG 342, ID: 40564109: *Engines - BMW - German*, 1942 - 1946.

69 US National Archives II, College Park, NARA-6580729, RG342, ID: 40564236: *Rolls-Royce Engines - General (Liquid-Cooled Engine Development)*, 1936 - 1945. {Dort Seite überschrieben »Section G. Future Development of the Two-Stage Supercharged Merlin Type«}

70 US National Archives II, College Park, NARA-6578393, RG 342, ID: 40561763: *Chrysler I-2200*, 1943 - 1948. {s. Bericht von Maj. Branshaw datiert 13. August 1943.}

71 Ebenda.

72 Ebenda.

73 US National Archives II, College Park, NARA-6580695, RG342, ID: 40564109: *Engines - BMW - German*, 1942 - 1946. {s. Brief mit Überschrift »JCJ/am/50«}

74 Ebenda. {s. »Memorandum for Executive Engineer,Visit to Wright Field, August 5 and 6«}

75 Ebenda. {S. 4 des obigen Berichts}

76 Dabei handelte es sich wahrscheinlich um eine frühe Version des leichten P-51H-Modells, das im Zweiten Weltkrieg nur knapp den Kampfeinsatz verpasste. Ihre Leistung überstieg sogar die der P-51D, mit dem von Packard gebauten Merlin-100-Serienmotor mit Wassereinspritzung sollte sie 471 mph bei 22.700 Fuß/6,92 km erreichen. {NAA, Performance Calculations, P-51H, 9-25-44, Report NA-8284-A}

77 RRHT, Hives File, #3010: *MINISTRY OF AIRCRAFT PRODUCTION (Later - M of S.) From Jan. 1943 to June 1944. (No. 2 File)*, 1943 - 1944. {s. S. überschrieben »MEETING AT M.A.P ON TUESDAY ...«, dort ab »TRIP TO U.S.A. GENERAL IMPRESSIONS«}

78 IWM, SPEER-Collection, GDC-FD-4355-45: *SPEER BOX 118 PROF Willy Messerschmitt Augsburg & Oberammergau (in German)Vol. 3*, 1942 - 1943. {s S. mit Eintrag »269« oben rechts und datiert »2. Dezember 1942«}

79 IWM Collection No. 12489, 35 mm-Mikrofilm MILCH, 32 Spulen: Foreign Documents: Milch Collection. {s. Volume 62, Einzelbild Nr. 5528}

80 US National Archives II, College Park, NARA-6580695, RG342, ID: 40564109: *Engines - BMW - German*, 1942 - 1946.

81 US National Archives II, College Park, NARA-6575613, RG 342, ID: 40558792: *Daimler-Benz Engines (GERMAN)-DB 601*, 1939 - 1946.

82 IWM, GDC-Collection, GDC-1131: *Eigenschaften von Kolbenlegierungen,* ZWB Forschungsbericht 671, C. A. Duckwitz. {Deutsche Ingenieure hatten die Unterschiede bereits am 27. Juli 1936 gemerkt. Das DVL-Labor stellte fest, dass die Festigkeit von RR56 und RR59 bei 300 Grad Celsius der aus dem Ersten Weltkrieg stammenden »Y-Legierung« überlegen war und auch die Werte der Legierungen mit hohem Siliziumgehalt weit übertraf. Die Lo-Ex-Kolbenlegierung mit einem Siliziumgehalt von etwa 14 % war im August 1930 von der Aluminium Company of American als Legierung #132 entwickelt worden. {aus: U.S. Air Services, Feature Aeronautical Magazine Commercial and Military,Volume 15, No. 8, S. 50}

83 US National Archives II, College Park, NARA-6566297, RG 342, ID: 40549548: *Napier Sabre Engine-British*, 1940 - 1944. {s. Brief mit Überschrift »A1153-43, London, England, October 18 43«}

84 Merlin der »Serie 100«.

85 US National Archives II, College Park, NARA-6580729, RG 342, ID: 40564236: *Rolls-Royce Engines - General (Liquid-Cooled Engine Development)*, 1936 - 1945.

86 Ebenda.

87 US National Archives II, College Park, NARA-6580695, RG342, ID: 40564109: *Engines - BMW - German*, 1942 - 1946. {s. Seite mit Stempel »RESTRICTED 27 NOV 1943, Shipment of German B.M.W. Engines«}

88 AFHRA, Maxwell AFB, MF-Reel-A1128: *USSBS Reports*. {Einzelbild Nr.268, S. 7 des Berichts »The Defeat of the German Air Force«, Januar 1947}

89 US National Archives II, College Park, NARA-6575613, RG 342, ID: 40558792: *Daimler-Benz Engines (GERMAN)-DB 601*, 1939 - 46.

90 AFHRA, Maxwell AFB, MF-Reel-A1128: *USSBS Reports*. {Einzelbild Nr. 268, S. 7, Absatz ›f‹ des Berichts »The Defeat of the German Air Force«, Januar 1947}

91 AFHRA, Maxwell AFB, MF-Reel-A0792: *363rd - 382nd Fighter Squadron*. {s. Einzelbild Nr. 278 mit S. 16 des Berichts, der auf Einzelbild Nr. 261 anfängt und überschrieben »SQ-FI-382-41-HISTORY OF THE 382nd FIGHTER SQUADRON« - N.B. diese Spule enthält die Geschichte in mehreren Abschnitten; siehe das Verzeichnis auf Einzelbildern 2049 - 2055}

92 IWM, GDC-Collection, GDC-7/404: *Vereinheitlichung der 801-Triebwerksvarianten*, Niederschrift Nr. 22 über eine Besprechung bei BMW München am 28. Januar 1943.

93 IWM, GDC-Collection, GDC-7/403: *P8035*, BMW München, Niederschrift Nr. 334, 30. Januar 1943.

94 IWM, GDC-Collection, GDC-17/429: *Dauerprobung Abgas-Strahldüse Fw190 mit Jumo 213*, Junkers OMW Bericht Nr. C/306, Akte 2075, 11. Januar 1943.

95 IWM, GDC-Collection, GDC-11/185: *DB Versuchsbericht 18 101 760*, Edlemann, 8. Oktober 1942.

96 NASM-HAZY, MF-2644-433: *Dessau Monatsbericht - January 1943*. {35 mm-Mikrofilm, dort »13th February 1943«}

97 IWM Collection No. 12489, 35 mm-Mikrofilm MILCH, 32 Spulen: *Foreign Documents: Milch Collection*. {s. Volume 18, Einzelbild Nr. 4383}

98 Ebenda. {s. Volume 18, Einzelbild Nr. 4387}

99 Ebenda. {s. Volume 18, Einzelbild Nr. 4403 f}

100 Ebenda. {s. Volume 18, Einzelbild Nr. 4404}

101 Ebenda. {s. Volume 18, Einzelbild Nr. 4405 f}

102 Ebenda. {s. Volume 62, Einzelbild Nr. 5506}

103 Ebenda. {s. Volume 62, Einzelbild Nr. 5513}

104 Ebenda. {s. Volume 62, Einzelbild Nr. 5528}

105 Ebenda. {seeVolume 62, Einzelbild Nr. 5529. In Vernehmungen nach dem Krieg wird auch darauf hingewiesen, dass das RLM, als es eine Konsolidierung der Entwicklungsprojekte anordne-

te, »nicht weniger als 22« Motorenprojekte, die Daimler-Benz in Angriff genommen hatte, stornierte, wobei anzumerken ist, dass sie diese Projekte größtenteils in voller Kenntnis und mit Zustimmung des RLM in Angriff genommen hatten}

106 TNA, AVIA 15/1435: *Mosquito Developments*, August 1941. {S. 11A}

107 IWM Collection No. 12489, 35 mm-Mikrofilm MILCH, 32 Spulen: *Foreign Documents: Milch Collection*. {s. Volume 19, Einzelbild Nr. 4716}

108 Ebenda. {s. Volume 19, Einzelbild Nr. 4719}

109 Ebenda. {s. Volume 19, Einzelbild Nr. 4722}

110 Die Zahl nach »TK« gab die erwartete Nennhöhe des Turboladers an. TK9 war also dafür ausgelegt, den Ladedruck des Motors bis zu einer Höhe von 9 km (29.700 Fuß) aufrechtzuerhalten.

111 IWM, GDC-Collection, GDC-10/432: *DVL-Abgasturbotriebwerk DB 601 mit DVL-TK9*, ZWB Forschungsbericht 1766, Klüglich, 1. März 1943.

112 IWM, GDC-Collection, GDC-15/1182: *Protokoll über eine GL-Sitzung unter Vorsitz des Staatssekretärs am 26. März 1943 in Rechlin, TDMI/99/987, 26 März 1943*

113 Ebenda.

114 IWM, GDC-Collection, GDC-7/375: *Leistungssteigerung BMW 801*, BMW München, EZS Ka/Lor, 29. März 1943.

115 IWM Collection No. 12489, 35 mm-Mikrofilm MILCH, 32 Spulen: *Foreign Documents: Milch Collection*. {s. Volume 42, Einzelbild Nr. 6396}

116 DBAG-2MA-312: *DB609*, 1941 – 1943.

117 TNA, FO-1078/71: *Führer Conferences 1942 – 1945 Translated*. {s. Vol. 169, S. 2}

118 IWM, GDC-Collection: Focke-Wulf Bremen, Zeichnung datiert 5.5.43 und mit Titel »Fw 190 Ra-4 (D)«.

119 IWM, GDC-Collection, Focke-Wulf Bremen,: *F.A.-Mitteilung Nr.5, Tragwerk. Ta 153 Ra-1*. {Auf dieser Seite ist »Fw 190 D(Ra-4)« ausradiert und mit »Ta-153 Ra-1« überstempelt worden.}

120 IWM, GDC-Collection, GDC-7/365: *Verfahren zur Leistungssteigerung der Baumuster BMW 801D und BMW 801E*, BMW München, VB Nr. 310 Lfd. Nr. 461/43, 11. Mai 1943.

121 BUNDESARCHIV FREIBURG: RL-3/2494 – »Ergebnisse der Beuteauswertung Nr.13 – Neu aufgetretene feindliche Flugmotoren«.

122 Ebenda.

123 Ebenda.

124 Der Nachtjagdpilot war Werner Streib, ausgezeichnet mit dem Ritterkreuz und bekannt für seine Erfolge beim Angriff auf britische Bomber bei Nachteinsätzen.

125 IWM Collection No. 12489, 35 mm-Mikrofilm MILCH, 32 Spulen: *Foreign Documents: Milch Collection*. {s. Volume 21, Einzelbild Nr. 5916}

126 Ebenda. {s. Volume 37, Einzelbild Nr. 3774}

127 FISHER-TROPSCH, DVL Hausruf #617: *Untersuchung Englischer und Amerikanischer Beutekraftstoffe*, Dr. Fritz Seeber, 17. Juli 1943.

128 Ebenda.

129 US National Archives II, College Park, NARA-6580695, RG342, ID: 40564109: *Engines BMW (Bavarian Motor Works) German*, 1942 – 1946. {s. Abb. 2,3,4 & 5 des Berichts of report »Thornton Laboratory Aero-Engine Research – The Performance of the BMW 801 Engine Part I. Engine Performance Tests by M. O'Farrrell.« Der Bericht vermerkt Werte für effektiven Mitteldruck bei Startleistung von 285 PSI mit deutschem Kraftstoff C3 und 255 PSI mit alliiertem 100 Oktan; mit deutschem B4 kamen lediglich 193PSI zu Stande}

130 IWM, GDC-Collection, GDC-7/374: *Stoffwerte von Wasser-Methanol Mischungen*, BMW München, EMV Bericht Br 801-006 Anlage 1, 15. Juni 1943.

131 Ebenda.

132 Daimler-Benz AG, DBAG-2MA-341: *DB 628 Flugmotor*, 1942 – 1943. {s. »Versuch Nr. 8 18 228 003«}

133 Familienarchiv Kollmann: *Konstruktion und Berechnung von Schleuderladern zur Leistungssteigerung von Verbrennungsmotoren, insbesondere von Flugmotoren*, Prof. Dr.-Ing. Karl Kollmann, März 1947.

134 IWM Collection No. 12489, 35 mm-Mikrofilm MILCH, 32 Spulen: *Foreign Documents: Milch Collection*. {s. Volume 25, Einzelbild Nr. 7847}

135 IWM Collection No. 12489, MILCH 35 mm Microfilm, 32 Reels – »Foreign Documents: Milch Collection«. {see Volume 45, Frame #7433}

136 IWM, GDC-Collection, GDC-2170: *Zerstörung des Laderlaufrades des Turboladers BMW 810-I, Gerät Nr. A3*, ZWB Untersuchungen und Mitteilungen 1045, 7. Juli 1943.

137 IWM Collection No. 12489, 35 mm-Mikrofilm MILCH, 32 Spulen: *Foreign Documents: Milch Collection*. {s. Volume 45, Einzelbild Nr. 7435}

138 TNA, AIR-40/200: *A.I.2.g–Me 210 Aircraft File*. {s. Seite mit Stempel »TOP SECRET«, Datum »12/3/43« und Überschrift »A.I. Report 47680 of 30.3.43«. »Um die üblichen langen Verzögerungen bis zur Herstellung eines neuen Typs zu vermeiden, wurden einige Arado-Ingenieure von Messerschmitt übernommen (wahrscheinlich auf Veranlassung der R.L.M.), um die Me 210 zu entwerfen und zu konstruieren ... die R.L.M. lehnte die ursprüngliche zweiflügelige Version ab und bestand auf einer einflügeligen; die R. L.M. ordnete auch an, dass die Zeichnungen der Me 210 im Konstruktionsbüro fertiggestellt werden sollten, ohne das »Fertigungsbüro« zu durchlaufen ... der Entwurf und die Konstruktion waren stark von den Arado-Ingenieuren ... Rethel und Fröhlich beeinflusst worden.«}

139 IWM Collection No. 12489, 35 mm-Mikrofilm MILCH, 32 Spulen: *Foreign Documents: Milch Collection*. {s. Volume 23, Einzelbild Nr. 6881 pp}

140 SMITHSONIAN, NASM-MALL, BD-007100-01: *Daimler-Benz DB 600 Series Documents*. {Diese Akte besteht aus einer großen Menge von Listen mit Produktionszeitpläne und -Variantens. s. S. Mit Überschrift »Liste Ne 10, Blatt Nr. 20 vom 1.11.1943«}

141 IWM, SPEER-Collection, GDC-FD-4355-45, SPEER 118, Vol. 3: *Personal Letters and Correspondence of Professor Willy Messerschmitt*. {s. Brief datiert 3.8.1943, gekennzeichnet »471« oben rechts und mit Textanfang »Sehr geehrter Herr Professor Messerschmitt!«}

142 IWM Collection No. 12489, 35 mm-Mikrofilm MILCH, 32 Spulen: *Foreign Documents: Milch Collection*. {s. Volume 45, Einzelbild Nr. 7386pp}

143 IWM, SPEER-Collection, GDC-FD-4355-45: *SPEER BOX 118 PROF Willy Messerschmitt Augsburg & Oberammergau*, Vol. 3, 1942 – 1943. {S. 470}

144 BA-FREIBURG, RL-3/51: *Handakte Generalfeldmarschall Milch: Probleme der Flugzeugproduktion*.

145 IWM Collection No. 12489, 35 mm-Mikrofilm MILCH, 32 Spulen: *Foreign Documents: Milch Collection*. {s. Volume 38, Einzelbild Nr. 4716}

146 Ebenda. {s. Volume 24, Einzelbild Nr. 7376}
147 Ebenda. {s. Volume 24, Einzelbild Nr. 7378}
148 Ebenda. {s. Volume 24, Einzelbild Nr. 7304 für den Anfang der Konferenz; die Hauptdiskussionen der Ta 153 beginnt auf Einzelbild Nr. 7341 und geht, mit vielen Einzelheiten, bis zum Ende der Konferenz auf Einzelbild Nr. 7428}
149 Ebenda. {Einzelbild Nr. 6303}
150 IWM Collection No. 12489, 35 mm-Mikrofilm MILCH, 32 Spulen: *Foreign Documents: Milch Collection.* {s. Volume 24, Einzelbilder Nr. 7117 & 7118}
151 BA-FREIBURG, RL-3: *Ergebnisse der Beuteauswertung Nr. 22*, 1. September 1943. {S. 10, »Republic ›Thunderbolt‹ P-47«}
152 Der ZWB Bericht, Untersuchungen und Mitteilungen 1067 [IWM GDC/2182, 3. Sept. 1943], erreichte Kollmann ein paar Tage nach der Veröffentlichung. Er wurde direkt in seinen technischen Memoiren von 1947 erwähnt, die dem Autor 2016 von der Familie Kollmann übergeben wurden.
153 Interview des Autors mit dem schon im Ruhestand befindlichen Rolls-Royce-Ingenieur Dave Piggott, 14. January 2016.
154 IWM Collection No. 12489, 35 mm-Mikrofilm MILCH, 32 Spulen: *Foreign Documents: Milch Collection.* {Volume 61, Einzelbild Nr. 5118}
155 Ebenda. {Volume 25, Einzelbild Nr. 7848}
156 Ebenda. {Volume 25, Einzelbild Nr. 7769}
157 IWM, AIR-40/47: *German Aero Engines: Historical Review of Development from 1933 Onwards.* {s. S. 1 des Berichts mit rotem Stempel »A.I. (T) 23 May 1945 Translated« oben rechts und Überschrift »Present Stage of Development and Future Prospects of Piston Engines with Special Reference to the Reich Defence Programme, by Fritz Nallinger.«}
158 Ebenda. {S. 2 des obigen Berichts}
159 Ebenda. {S. 2 des obigen Berichts}
160 IWM Collection No. 12489, 35 mm-Mikrofilm MILCH, 32 Spulen: *Foreign Documents: Milch Collection.* {Volume 67, Einzelbild Nr. 7577}
161 Ebenda.
162 Ebenda. {Volume 67, Einzelbild Nr. 7569}
163 IWM, GDC-Collection: *Focke-Wulf Bremen – Fw 190D Sk. 190 D-0, 29.11.43.*
164 BA-FREIBURG, PERS-6-142767: *Wolfram Eisenlohr.* {s. Brief datiert »6.12.1943«}
165 Ebenda. {s. kleine Notiz mit Überschrift »Berlin, den 15.12.1943«}
166 CARIM-CARIF, Alfa-Romeo Milan: *Minute BoD meeting n° 52 – 14 Jun 1944 – Junkers engines production plan and financing.* {s. Berichte an der Seite überschrieben »12 Giugno 1944 presso il CARIM: PRODUZIONE JUNKERS«}
167 TNA, AIR-40/200: *A.I.2.g–Me 210 Aircraft File*, 1941 – 1944. {s. die ca. 9. Seite vom Anfang der Akte »MOST SECRET Me 210 – NOT QUOTABLE — Testläufe... Es gab eine Anzahl von Unfällen im Lauf der Betriebstestläufe ...«}
168 Me 210 war wie die Bf 109 F zunächst mit dem neuen, von den Allierten »bag-tank« [»Beutel-Tank«] benannten, Treibstofftank ausgestattet worden und hatte ähnlich gelitten. {Für Einzelheiten s. TNA, AIR-40/46 etwa 8 Seiten vom Ende der 290-seitigen Akte auf einer handgeschriebenen Seite mit der Überschrift »Ref I. B3, No12/41 ...... Technical Instructions« vom Generalluftzeugmeister.}

Kapitel 8: 1944 – Krieg um die synthetischen Kraftstoffe

1 AFHRA, Maxwell AFB, MF-Reel-A1128: *USSBS Reports.* {Einzelbild Nr. 242 & 244 auf S. 32 & 34 vom Bericht »The Defeat of the German Air Force«: »Es wurden 300.000 Arbeitskräfte zusammengezogen, um die Schäden an den Flugzeug- und Motorenwerken zu beheben. Im September 1944 wurden insgesamt 2779 einmotorige Kampfflugzeuge von Speers Büro für den Dienst zugelassen, im Vergleich zu 914 im gleichen Monat des Vorjahres}
2 TNA, AIR-8/1019: *Oil as a Factor in the German War Effort, 1933 – 1945*, 8. März 1946. {s. »Figure 5« bezüglich der deutschen Flugbenzinproduktion, die im März 1944 mit 180.000 Tonnen pro Monat ihren Höhepunkt erreichte; im Juni 1940 waren es noch 50.000 Tonnen pro Monat}
3 MAHLE KILMARNOCK, Technical Diary: *Bearing Development Work in the Laboratory from February 1941* (unveröffentlichtes Tagebuch der Kriegsjahre), David F. Green. {S. 8}
4 TNA, AVIA-46/134: *Type Biography, Tempest (Hawker)*, 1941 – 1943. {s. erste Seite der Akte, dort den geschichtlichen Überblick: »The Hawker Tempest Interceptor Fighter«}
5 Ebenda.
6 Ebenda. {s. Das Fazit [»Conclusion«] des geschichtlichen Überblicks}
7 FAST, E.A.R.M-126: *Enemy Aircraft: Messerschmitt 410, Examination of Mercedes Benz DB603 Engine and Installation*, Februar 1944.
8 BA-FREIBURG, RL-3/51, *Handakte Generalfeldmarschall Milch: Probleme der Flugzeugproduktion.* {Mikrofiche: s. Einzelbild mit Eintrag »783« unten rechts und Textanfang »Die Weiterentwicklung des DB 603 ist durch besonderen Befehl des...«}
9 TNA, AVIA-15/1747: *New High Altitude Fighter–Air Staff Requirement and Policy*, 1944 – 1945. {s. Bericht ab der Seite nach »Loose Minute 40A...29.2.44«}
10 TNA, CAB-HIST-D-3-5-1: *Spitfire History*, September 1943. {s. Seiten überschrieben »Spitfire F/XIV« und »Analysis of Performance«}
11 FAST, E.A.2/21–Mat.M7300A/HJH/96: *Examination of Selected Components from DB605 Engine No.76949*, März 1944.
12 TNA, AVIA-6/25660: *Engine Research Flight Diary*, 1941 – 1946.
13 NASM, MALL, BJ-411100-01: *Junkers »Jumo« 213 12-CYLV*, 1944 – 1945. {s. Bericht mit Stempel »JOHN JUDE COLLECTION R 52 1964« und überschrieben »SECRET, Report No. 2240«, dort S. 1}
14 Ebenda. {S. 1 & 2}
15 Ebenda. {S. 2 & 3}
16 TNA, AVIA-15/2996: *Research Programme–Bristol Aeroplane Company*, 1942 – 1946. {s. S. 2 und 3 des Briefs überschrieben »Res/Firms/66/RDE1(b)/M, Visit to Bristol Aeroplane Co. 17th May, 1944«. Diese Brief ist auch markiert »95A«}
17 FISCHER-TROPSCH, A5464-0560-0635, *Item5: Report on German C3 (green) Type of Aviation Gasoline–Properties, Composition and Possible Methods of Manufacture–A survey of samples examined over the period Summer 1940 to Autumn 1943*, June 1944. {s. Einzelbild Nr. 6 ab »GERMAN C3 (GREEN) TYPE AVIATION GASOLINE...«}
18 Ebenda. {s. Einzelbild Nr. 7}
19 Ebenda. {s. Einzelbild Nr. 7}
20 Ebenda. {s. Einzelbild Nr. 7}
21 Ebenda. {s. Einzelbild Nr. 8, Abs. 2 »Use of C3 Aviation Gasoline«}
22 TNA, AIR 37/784: *Daily Reflections on the Course of the Battle, by Air Chief Marshal Sir Trafford Leigh-Mallory*, 1944. {Dort S. 5}

[23] TNA, PREM-3/332/2: *War Cabinet Records–100 Octane Fuel*, 1944. {s. mit Bleistifteintrag »16« oben rechts}
[24] Ebenda. {S. 9}
[25] Coventry Evening Telegraph, 16. Juni 1944.
[26] TNA, AVIA-6-5817: *Methods of Increasing the Low-Altitude Performance of Reciprocating Powerplants*, July 1944. {Informationen über das Boosten von Spitfire-, Mustang-, Tempest- und Mosquito-Kampfflugzeugen. Der Grund dafür, dass das Entfernen der Kühler nur zu einer Steigerung von 11 mph/18 kmh führte, war, dass der Ölkühler, der Ladeluftkühler und schließlich das erhebliche zusätzliche Gewicht von 50 Gallonen Wasser – 225 kg – weiterhin vorhanden waren.}
[27] TNA, AIR-40/100: *German Engines MW50*, 1944 – 1945. {s. »Translation of German leaflet on Me 109 MW 50 Operation« auf der ca. zehnten Seite vom Anfang der Akte}
[28] Ebenda.
[29] Ebenda.
[30] TNA, AVIA-6/25648: *Enemy Pilotless Aircraft Bombs*, 1944. {s. S. 1 des Briefs überschrieben »Eng/2205/EPH/59«}
[31] Ebenda. {S. 1 – 2}
[32] Ebenda. {S. 4 des Briefs überschrieben »From: Flight Lieutenant T. Ciastula, Aero Department«}
[33] TNA, AVIA-6/10618: *Improvement of Performance of Fighter Aircraft Operating Against the German Flying Bomb*, August 1944.
[34] Ebenda.
[35] FISCHER-TROPSCH, A5464-0386-0462, *Item 3C: Correspondence and short (1-3 page) memos on the German oil position. US Joint Chiefs of Staff/Petroleum Administration for War and various British offices*, März 1944. {s. S. 3 of letter at start of file headed »BY FAST AIR BAG, SECRET, AO 2/3/2 ... German Oil Position ... Economic Advisory Branch.«}
[36] TNA, AIR-8/1019: *Oil as a Factor in the German War Effort, 1933 – 1945*, 8. März 1946. {s. »Figure 7«}
[37] TNA, AVIA-15/2913: Merlin R.M.14.S.M. Engines General Development Data up to February 1950 – {s. Faltblatt »Two Stage Supercharged Merlin Engine Series 100 R.M. 14 S.M.«, Juni 1944 – von Rolls-Royce erzeugt, enthält diverse Leistungsgruppen für die 100er Serie; kein Text.}
[38] AFHRA, Maxwell AFB, MF-Reel-A1128: *USSBS Reports*. {Einzelbild Nr. 217, S. 7 des Berichts »The Defeat of the German Air Force«}
[39] Vgl. Dokument »*COMBAT CHRONOLOGY OF THE US ARMY AIR FORCES JANUARY 1944*«, zusammengestellt von der Rutgers School of Arts and Sciences, USA; es bezieht sich wiederum auf folgende Quellen: *AIR FORCE COMBAT UNITS OF WORLD WAR II*, Office of Air Force History, Headquarters USAF, 1961, ISBN 0-912799-02-1; *COMBAT SQUADRONS OF THE AIR FORCE,WORLD WAR II*, Office of Air Force History, Headquarters USAF, 1982. *THE ARMY AIR FORCES IN WORLD WAR II: COMBAT CHRONOLOGY, 1941 – 1945* by the Office of Air Force History, Headquarters USAF, 1973; *THE MIGHTY EIGHTH WAR DIARY*, Roger A. Freeman, ISBN 1-85409-071-2.
[40] AFHRA, Maxwell AFB, MF-Reel-A1128: *USSBS Reports*. {Einzelbild Nr. 765, S. 6, Abs. 14 des Berichts »The Defeat of the German Air Force«, Januar 1947}
[41] Ebenda. {s. Grafik von deutschen Kampfflugzeugverluste auf Einzelbild Nr. 212 und allgemeine Hintergrundinformationen auf Einzelbilder 210 – 222}
[42] US National Archives II, College Park, NARA-P302324: *Attempted War Emergency Rating Test on an Allison V-1710-89 Engine as Installed in a P-38J Airplane Operated on Grade 104/150 Fuel with L886 Spark Plugs*, 4. April 1944. {s. S. 2; Mikrofilm von Powerplant Labs. Digitalisierte Kopien von AEHS}
[43] US National Archives II, College Park, NARA-P302231: *To summarise advantages and disadvantages of using power plant fuel #44-1 in fighter aircraft based on tests conducted to date*, 17. April 1944. {S. 1; Mikrofilm von Powerplant Labs. Digitalisierte Kopien von AEHS}
[44] AFHRA, Maxwell AFB, MF-Reel-A1128: *USSBS Reports*. {Einzelbild Nr. 776, S. 17 of USSBS Report »The Relative Performance and Tactics of American and British Fighters against German Fighters 1940 – 1945«, 1945. Es handelt sich um ein äußerst informatives Dokument, das viele Notizen aus direkten Nachkriegsgesprächen mit Adolf Galland über die Leistung von Jagdflugzeugen enthält}
[45] NASM, MALL-BJ-411100-01: *Junkers »Jumo« 213 12-Cyl V.* {s. S. 1 des Berichts überschrieben »CONFIDENTIAL, A.I.2.(g) Report No. 2375. Junkers Jumo 213 E, F and J Aero Engines«}
[46] US National Archives II, College Park, NARA-P302305: *7-1/2 Hour War Emergency Rating of the Allison V-1710-89 Engine as Installed in the P-38 Airplane operated in Grade 104/150 Fuel and C34S-Exp.No 894 Spark Plugs*, 6. Mai 1944. {Mikrofilm von Powerplant Labs. Digitalisierte Kopien von AEHS}
[47] US National Archives II, College Park, NARA-P302442: *Use of PFF 44-1 Fuel in Fighter Aircraft*, 15. Mai 1944. {Mikrofilm von Powerplant Labs. Digitalisierte Kopien von AEHS}
[48] Ebenda.
[49] US National Archives II, College Park, NARA-P281682: *Inspection of R-2800-63 Engine, P11902 and R-2800-59 Engine, FP00310 Which Had Operated at War Emergency Powers In P-47D Aircraft at Elgin Field, Florida*, 26. Juni 1944. {Mikrofilm von Powerplant Labs. Digitalisierte Kopien von AEHS}
[50] AFHRA, Maxwell AFB, MF-Reel-A1128: *USSBS Reports*. {Einzelbild Nr. 779, S. 20 von USSBS-Bericht »The Relative Performance and Tactics of American and British Fighters against German Fighters 1940 – 1945«, 1945.
[51] Ebenda. {Einzelbild Nr. 211, S. 1 von »USSBS, Military Analysis Division, The Defeat of the German Air Force«}
[52] Ebenda. {Einzelbilder Nr. 213-215, Grafik auf Einzelbild Nr. 215 zeigt Ausbildungsstundenzahlen in der Luftwaffe 1939 – 1945.}
[53] TNA, AIR-48/86: *United States Strategic Bombing Survey, Oil Division Final Report*, 25 August 1945. {s. Spalte 2 auf S. 1 von »General Summary«, dort »Primary Target: Oil«}
[54] Wie noch abschliessend im Haupttext vorgetragen wird, kann der einzige Fehler darin gesehen werden, dass die beiden Tetraethylblei-Anlagen und die einzige Ethylendibromid-Anlage überhaupt nicht angegriffen wurden, was die Luftwaffe noch wirksamer hätte ausschalten können.
[55] US National Archives II, College Park, NARA-P302722: *A Series of War Emergency Tests on AllisonV 1750 39 Engine No.A-045071 at 70 InHg Manifold Pressure with LS 82 Spark Plugs and Grade 44-1 Fuel*, 30. Juni 1944. {Mikrofilm von Powerplant Labs. Digitalisierte Kopien von AEHS}
[56] Ebenda.
[57] US National Archives II, College Park, NARA-6580695, RG342, ID. 40564109: *Engines – BMW – German – 1942 – 1946*. {s. Brief überschrieben »July 26, 1944 ... X3026BE«}
[58] Ebenda. {s. Brief überschrieben »BENCH TEST OF THE FUEL-INJECTION SYSTEM FROM A BMW 801D2 ENGINE«}
[59] US National Archives II, College Park, NARA-6580695, RG 342, ID: 40564109: *Engines – BMW – German – 1942 – 1946*.

[60] Amerikanische technische Aufklärungsbemühungen vom europäischen Schauplatz aus wurden von amerikanischen Ingenieuren noch 1944 besonders ernst genommen, weil man mit einem sehr langen und erbitterten konventionellen Kampf gegen Japan rechnete, weit nach der Kapitulation Deutschlands, und dessen Dauer niemand sicher war. {z. B. FISCHER TROPSCH, AR-311-99: *US Navy First Narrative': Historical Data on U.S. Naval Technical Mission in Europe: First Narrative*, 1. November 1945, dort S. 12 überschrieben »INTRODUCTORY...«: »[Die Mission] wurde konzipiert und aufgebaut, um alle verfügbaren deutschen wissenschaftlichen und technischen Informationen ausfindig zu machen und dem Marineministerium zu übermitteln – und zwar so schnell wie möglich ... Bei der Übermittlung von Informationen an Washington wurde denjenigen höchste Priorität eingeräumt, die für den Krieg gegen Japan relevant waren.« Insgesamt waren über 900 Mitarbeiter beteiligt}

[61] NASM, MALL-BJ-411100-01: *Junkers »Jumo« 213 12-Cyl V.*

[62] FISCHER-TROPSCH, A5464-0540-0548, Item 4C: *German aviation fuels. Embassy of the USA, economic warfare division, enemy objectives unit*, 14. November 1944. {Einzelbild Nr. 1}

[63] Ebenda. {Einzelbild Nr. 1}

[64] Ebenda. {Einzelbild Nr. 1}

[65] Ebenda. {Einzelbild Nr. 4}

[66] IWM, GDC-Collection, GDC-7/221: *Schadensermittlungen an Fabrikeneuen Motoren 801 G 2 und D2*, BMW EZV Nr. 226/44, Januar 1944.

[67] IWM, MIN.TECH Collection, Catalogue Number 13381, FW/Ta152/ 12/4/44: *Vergleich Leistungssteigerung Ta 152 und Fw 190 mit Napier Sabre II*, Focke-Wulf Bremem, DVL Leistungsrechnung Nr. 26a, 1. Februar 1944. {Titel erraten von der auf diesem Einzelbild kaum erkennbaren Schrift. Die Sammlung MIN.TECH besteht ausschließlich aus Mikrofilm, insgesamt um die 2000 Spulen}

[68] IWM, GDC-Collection, FD-2867/46-83: *Supercharge Testing of Aviation Fuels under Full Size Engine Conditions*, 11. Februar 1944.

[69] Harvard University, HLS Nuremberg Trials Project, Document, NOKW-336, HLSL Item No. 3557: *Minutes of a Jaegerstab meeting, concerning the progress of the program and the workweek for labour*, {»Diese Sitzung des Jägerstabs ist die erste, an der Speer teilnimmt«; Notizen zur dieser Konferenz vom 26. Mai 1944 um 10 Uhr gibt es auch in IWM Collection No. 12489, MILCH 35 mm Microfilm,Vol. 7, wo Speer auf Einzelbild Nr. 3672 erscheint (S. 27 der stenografischen Aufzeichnungen von jener Sitzung; der ganze Bericht fängt auf Einzelbild Nr.3642 an}

[70] IWM, GDC-Collection, GDC-7/246: *Kugelgestrahlte 801-Auslassreparaturventile von Werk Zühlsdorf* , BMW Müchen, Lfd. Nr. 285/44, 3. April 1944.

[71] Ebenda.

[72] IWM Collection No. 12489, 35 mm-Mikrofilm MILCH, 32 Spulen: *Foreign Documents: Milch Collection*. {s. Volume 29, Einzelbild Nr. 9536}

[73] IWM, GDC-Collection, GDC-11/202: *Leistungsblätter für die Mercedes-Benz Flugmotoren*, Juli 1944.

[74] Ebenda. {s. »Leistungsblatt DB 605 AM-BM C3 + MW 50... 9-605-6085«}

[75] Ebenda. {s. »Leistungsblatt DB 605 ASM-BSM C3 + MW 50... 9-605-6134«}

[76] Ebenda. {s. »Leistungsblatt DB 603 EM C3 + MW 50... 9-605-6248«}

[77] Ebenda. {s. »Leistungsblatt DB 605 L C3 + MW 50... 9-605-6123«}

[78] IWM, GDC-Collection, GDC-10-13675: *Technische Richtlinien für den Entwurf eines Hochleistungs-Jaegereinsitzers mit Otto-Triebwerk*, RLM-Richtlinie aus Berlin, 16. Juni 1944. {s. Siehe Tabellen am Ende mit Planung für die Verwendung von GM1 und MW50 in den Flugzeugen Fw 190 und Me 109}

[79] IWM, GDC-Collection, GDC-FD-3022/48: *Reciprocating Aero Engines, Daimler-Benz, Target No.26/4, CIOS Trip No.769*. {Ergänzende Informationen zu BIOS-FR-147, datiert »24/3/48«}

[80] Foto mit freundlicher Genehmigung von Andreas Haferkorn von Airbus, der die Messerschmitt-Stiftung mit Sitz bei Airbus Defence, Manching, Deutschland, unterstützt.

[81] IWM Collection No. 12489, 35 mm-Mikrofilm MILCH, 32 Spulen: *Foreign Documents: Milch Collection*. {s. Volume 6, Einzelbild Nr. 3024}

[82] IWM, GDC-Collection, GDC-11/593: *BMW 801 TU, TS, TH und 801D in Fw 190*, 5. Mai 1944.

[83] IWM Collection No. 12489, 35 mm-Mikrofilm MILCH, 32 Spulen: Foreign Documents: Milch Collection. {s. Volume 6, Einzelbild Nr. 3023ff}

[84] IWM, GDC-Collection, GDC-FD-4355-45, Vol.3: *SPEER Papers 118 – Personal Letters and Correspondence of Professor Willy Messerschmitt Jan 1942 to December 1943*. {s. Seite mit Markierung »269« oben rechts, »14.12.42 H. Dir. Nallinger«}

[85] IWM, GDC-Collection, GDC-11/278: *DB Versuch Nr. 10 18 105 428*, 18. Mai 1944. {s. auch Dokument IWM, GDC-11/824. In der Akte TNA, AIR-40/64 gibt es ein weiteres Duplikat des Berichts}

[86] Ebenda.

[87] TNA, AIR-48/86: *United States Strategic Bombing Survey, Oil Division Final Report*, 25. August 1945. {s. S. 1 der »General Summary«}

[88] TNA, FO-1078/71: *Führer Conferences 1942–1945* (ins Englische übersetzt).

[89] IWM, GDC-Collection, GDC-11/489: *DB Versuch Nr. 18 105 601*, August 7, 1944.

[90] IWM, GDC-Collection, GDC-11/523: *Höhenmotor mit 2-stufigem, einflutigem, vollmechanisch angetriebenem Höhenlader unter Verwendung des Gründmotors DB 605*, Bericht L-13, 5. März 1942. {s. »Tabelle 1« für Auflistung der Merkmale des DB628-Kompressors}

[91] IWM, GDC-Collection, GDC-16-137T: *Comparison of Mechanical Supercharger or Turbocharger for High Altitude Fighter*, 28. Juli 1944. {Englische Übersetzung}

[92] IWM, GDC-Collection, GDC-10/13916: *Verhalten des Motorenmusters BMW 801 D 2 in Fw 190 bei 80 g/sec GM 1 Zusatz*, E-Stelle Rechlin Erpr. Nr. 2381, 7. September 1944.

[93] BA, FREIBURG, RL-3/51: *Handakte Generalfeldmarschall Milch: Probleme der Flugzeugproduktion*.

[94] AFHRA, Maxwell AFB, AFD-090529-044: *U.S. Air Force Historical Study No. 136, Development of the Long-Range Escort Fighter*, 1955. {S. 196}

[95] AFHRA, Maxwell AFB, MF-Reel-A1128: *USSBS Reports*. {Einzelbild Nr. 212, S. 2 des Berichts: »The Defeat of the German Air Force«, dort Diagramm »German A/c Destroyed & Damaged«}

[96] AFHRA, Maxwell AFB, AFD-090529-044: *U.S. Air Force Historical Study No. 136, Development of the Long-Range Escort Fighter*, 1955. {s. Grafik nach S. 193; bis Ende 1944 war

das auf 1026 Jagdflugzeuge gewachson, wovon die meisten P-51-Mustangs waren; die 8th Air Force hatte bis Oktober 1044 die P-38 und P-47 fast vollständig aus dem Dienst gezogen: dann waren 760 der 1000 einsatzbereiten Jagdflugzeuge der 8th Air Force fighters P-51s und nur 168 waren P-47s. Bis Januar 1945 waren es nur noch 70}

97 IWM, GDC-Collection, GDC-FD-2872/46-38: *Amerikanisches Flugbenzin, IG Farben Oppau TPrS Nr. 3832*, Penzig, 10. August 1944.

98 Die von der DVL verwendete Methode war in diesem speziellen Fall wahrscheinlich die genauere der beiden Methoden. Hocharomatische Kraftstoffe wie die deutschen Kraftstoffe haben in der Regel eine viel höhere Klopffestigkeit als paraffinitische Kraftstoffe wie die 100/130 und 100/150 der Alliierten, die eine ziemlich flache Ansprechkurve haben sollten, wie die DVL-Methode zeigte.

99 IWM, GDC-Collection, GDC-5507-45-SPEER: *Papers of Albert Speer Trial*, 1936 – 1945. {s. Bericht mit Daimler-Benz-Stempel und Überschrift »UT., des 25. August 1944. Angebot über Herstellung und Lieferung von 12 Motorattrappen des Baumusters DB 603 L ...«}

100 IWM, GDC-Collection, German-Misc-203/425: *DB 603L LA*. {s. Akte »425« mit Rötel-Markierung »DB 603 L LA« in Kasten 203; dort Bericht »AAF Station 379, 24 May 1945«, s. Abs. 10 »Supercharger Air Cooling«}

101 IWM, GDC-Collection, German-Misc-203/426: *DB 603 N*. {s. Akte »42« mit Rötel-Markierung »DB 603M« in Kasten 203; dort »Report number L48« datiert »15.9.44«}

102 IWM, GDC-Collection, GDC-11/951, *U.S. Embassy Naval Air Attaché ADRC Unit*. (Große Zusammstellung von Dokumenten, mehrheitlich von Dr.-Ing. Kollmann zum Thema Turbotriebwerk-Entwicklung bei Daimler-Benz 1944 – 1945; alles in Deutsch mit englischer Zusammenfassung der grundsätzlichen Themen in jedem Bericht)

103 Daimler-Benz AG: *Die Entwicklung der Flugzeugantriebe bei der Daimler-Benz AG*, Dr.-Ing. Bruno Eckert, 1988. (Offizielle interne Firmenveröffentlichung, anscheinend sonst kaum verbreitet. Der Autor empfing eine Kopie aus dem Kollmann-Familienarchiv)

104 AFHRA, Maxwell AFB, AFD-090529-044: *U.S. Air Force Historical Study No. 136, Development of the Long-Range Escort Fighter*, 1955. {s. Grafik nach S. 193 mit Überblick der Kriegsgliederung der 8th AF 1943 – 1945.}

105 AFHRA, Maxwell AFB, MF-Reel-A1128: *USSBS Reports*. {s. »Figure 16« für Zahlen zur Stärke der Luftwaffe an allen Fronten 1940 – 1945}

106 TNA, AIR-40/1435: *Report on O.K.W, Prepared by A.I.12/U.S.A.F.E* {Vernehmung von Schlüsselpersonen der Luftwaffe, darunter Galland; s. S. 59 der Galland-Vernehmung, Absatz 459. »The Big Blow«}

107 Ebenda. {s. Abs. 463}

108 AFHRA, Maxwell AFB, MF-Reel-A1128: *USSBS Reports*. {Einzelbild Nr. 235, »Figure 14« überschrieben »Trends in the Strategic Air War« im Bericht »The Defeat of the German Air Force«}

109 IWM, GDC-Collection, BIOS-FR-320: *German Aero Engine Industry*, 15. November 1945. {s. Diagramm in Appendix II}

110 AFHRA, Maxwell AFB, MF-Reel-A1128: *USSBS Reports*. {s. Diagramm nach Seite 4; drei »RLM-Studien« wurden vorschlagen, für die aber die nötige Anzahl von Motoren nicht lieferbar waren. »Studien Nr. 1013, 1036, & 227/1 benötigten alle eine monatliche Jadgflugzeugproduktion von ungefähr 4000 bis zum Ende 1944/Jan 1945. Das war wahrscheinlich zweimal größer als die tatsächlich realisierbare Lieferungsmenge.«}

111 *Problems of Accelerating Aircraft Production During World-War II*, Tom Lilley et. al., Division of Research, Graduate School of Business Administration, Harvard University, {S. 12}

112 BUNDESARCHIV-FREIBURG, RL-21/108: *Luftfahrzeugbewegungskontrollaufzeichnungen Strassburg-Enzheim*.

113 IWM, GDC-Collection, GDC-11/657: *200-Stunden Wechsellastlauf mit dem 803-EZ-Schieber-Zylinder*, BMW München, EZV Nr. 1020/44, 6. November 1944.

114 IWM, GDC-Collection, GDC-FD-1244/50: *Investigations into Power Output Increase of High Altitude Aero Engines (Sixth Report), Short and Comprehensive Observations on Power Increase of the BMW 801 by Means of Amelioration of theVolumetric Efficiency and Decrease of the Loss Due to Exhaust, Institute for Internal Combustion engines Professor List*, 1944. {Englische Übersetzung}

115 IWM, GDC-Collection, GDC-10/5276: *Untersuchung an einem DVL Überdruckkühlsystem in einer Me 109 mit DB 605 A-Motor bei hohen Kühlstofftemperaturen*, ZWB Untersuchungen und Mitteilungen 1443, 21. December 1944.

116 IWM, GDC-Collection, GDC-2249: *Kühlsysteme*. ZWB Untersuchungen und Mitteilungen 1194, Caroselli, 8. März 1944.

117 AFHRA, Maxwell AFB, MF-Reel-A1128: *USSBS Reports*. {Einzelbild Nr. 247, S. 37 des Berichts »The Defeat of the German Air Force«, dort Absatz 17 mit Textanfang »Even if all fighters ...«}

118 TNA, AIR-40/47: *German Aero-Engines – Historical Review of Development from 1933 onwards*. {Dort S. 9 von A.D.I.(k) Report 417/1944}

Kapitel 9: 1945 – Das Ende in Europa

1 TNA, AVIA-15/2911: *Centaurus V, VII, VIII, IX, X, & XI Engines. General Development*, 1945-1958. {s. Diagramm gegen Ende der Akte mit Überschrift »Engines Clear for Use of 150 Grade Fuel, Jan/45«}

2 TNA, AIR-40/152: *Fw190 C D F & G*. {Dort Memo mit Textanfang »SECRET CRASHED ENEMY AIRCRAFT, Report Serial No. 263, dated 8th January 1945.«}

3 FAST, E.A.M./241/1: *Examination of Jumo 213 Engine Valve for Evidence of Ceramic Coating*, Februar 1945.

4 MAHLE KILMARNOCK, Technical Diary: *Bearing Development Work in the Laboratory from February 1941* (unveröffentlichtes Tagebuch der Kriegsjahre), David F. Green.

5 IMECHE, NAP-6/2/7: *Napier Sabre New Fighter Cooling Schemes*, 14. Februar 1945.

6 Ebenda.

7 Ebenda.

8 TNA, AVIA-15/2996: *Research Programme 1942 – Bristol Aeroplane Company Ltd*, 1942 – 1946. {s. Seite mit Eintrag »124« in blauem Buntstift oben rechts}

9 TNA, AVIA-6/5586, *Installation and Flight Tests of the Nitrous Oxide Power Boosting System on the Mosquito NF XIII Aircraft*, März 1945.

10 TNA, AIR-51/364: *SECRET T.E. 34 – Tactical Extracts from Various Sources. Encounters with German Jet-Propelled Aircraft*. {Dort S. 1 »540 Squadron (Mosquitos)... Im Lauf eines Fotografische-Aufklärungs-Einsatz am 4. September wurde ich von zwei Me 262s abgefangen...«}

11 TNA, AVIA-6/5586: *Installation and Flight Tests of the Nitrous Oxide Power Boosting System on the Mosquito NF XIII Aircraft*, März 1945. {Dort S. 2. Abs. 2}

12 Ebenda. {s. Abschnitt des »Appendix«}

[13] Dieser diente jedoch mit großer Anerkennung im einsitzigen Zerstörer »Douglas A-1 Skyraider« während des gesamten Vietnamkriegs und im B29-Bomber, der im Zweiten Weltkrieg im Pazifikraum eingesetzt wurde.
[14] US National Archives II, College Park, NARA-P303130: *Effect of Lubricating Oil Contamination on Knock Ratings of Aircraft Fuel*, 17. Januar 1945. {Mikrofilm von Powerplant Labs. Digitalisierte Kopien von AEHS}
[15] NTRS, NACA-E5B03-E-3: *PERFORMANCE CHARACTERISTICS OF A JUNKERS JUMO 211F ENGINE SUPERCHARGER WITH A DVL FULLY SHROUDED IMPELLER AND SCROLL DIFFUSER*, Februar 1945.
[16] NASM-HAZY: *Acc-2013-0036, Box-2: Aircraft Engine Division Engineering Report on V-1650-3 Knock-Limit and Economy Test of AN-F-33 fuel at 7:1 Cylinder Compression Ratios*, 29 März 1945. {S. 1}
[17] Ebenda. {S. 1}
[18] NASM, MALL-BP-100060-15: *Packard Merlin Development History*, 1. April 1945. {S. 1; man bemerke, dass es sich hierbei um ein äußerst wichtiges historisches Dokument handelt, das für jede Studie über die Packard-Merlin-Geschichte als unentbehrlich angesehen werden sollte}
[19] Interview des Autors mit dem schon im Ruhestand befindlichen Rolls-Royce-Ingenieur Dave Piggott, 14. Januar 2016.
[20] Ebenda.
[21] NASM, MALL-BP-100060-15: *Packard Merlin Development History*, 1. April 1945. {S. 3 & 6}
[22] Ebenda. {S. 8}
[23] Ebenda. {S. 8}
[24] Ebenda. {s. S. 3 von »SECTION II«}
[25] Ebenda. {s. S. 4 von »SECTION II«}
[26] Ebenda. {s. S. 4 von »SECTION II«}
[27] Ebenda. {s. S. 7 von »SECTION II«}
[28] Ebenda. {s. S. 8 von »SECTION II«}
[29] Ebenda. {s. S. 11 von »SECTION II«}
[30] Ebenda. {s. S. 13 von »SECTION II«}
[31] Ebenda. {s. S. 13 von »SECTION II«: Vgl. diese Aussage mit der Aussage von Hives und Bulman nach der Rückkehr von Hives aus den USA; die stellt eine wichtige Bestätigung seiner ähnlich lautenden Äußerungen}
[32] Ebenda. {s. S. 14 von »SECTION II«}
[33] Ebenda. {s. S. 16 von »SECTION II«, Abs. 6}
[34] Ebenda. {s. S. 16 von »SECTION II«, Abs. 7}
[35] Ebenda. {s. S. 18 von »SECTION II«, Abs. 10}
[36] Ebenda. {s. S. 20 von »SECTION II«}
[37] US National Archives II, College Park, NARA, P301937: *Single Lever Throttle Control for P38 – Visit to Allison*, 31. März 1945. {Mikrofilm von Powerplant Labs. Digitalisierte Kopien von AEHS}
[38] US National Archives II, College Park, NARA, 6580936, RG 342, ID: 40564351: *Superchargers–German: 1940 – 1948*. {Dort Seite überschrieben »CROSS REFERENCE RECORD, DATE 9-4-45.«}
[39] NTRS, NACA, E5D19: *Characteristics of the BMW 801D2 Automatic Engine Control as Determined from Bench Tests*, April 1945. {S. 1}
[40] TNA, AIR-40/47: *German Aero Engines: Historical Review of Development from 1933 Onwards*, 1945. {Diese Akte sollte die erste sein, die ein an der deutschen Triebwerksentwicklung interessierter Leser in Kew beschaffen sollte. Sie ist die wichtigste A.I.2.(g)-Akte über deutsche Flugzeugtriebwerke. Von Bedeutung hier ist S. 2 des Memos überschrieben »Guiding principles for the development of aero engines…« im Lauf der Vernehmung von Cuno gegen Ende der Akte. In dieser Akte s. auch S. 12 unten im Bericht »A.D.I.(K) Report No.417/1945«}
[41] IWM, GDC-Collection, FD-2276/48: *Kurzmitteilung: Nr. 15 – Triebwerk*, OKL Chef TLR-Rü/ I F, 3. Januar 1945. {Dort S. 2}
[42] TNA, AIR-40/2316: *Interrogation Reports*. {Diese Akte besteht aus deutschen Berichten über Vernehmungen von alliierten Fliegern im Lager Oberursel.}
[43] IWM, GDC-Collection, FD-2276/48: *Kurzmitteilung: Nr. 15– Triebwerk*, OKL Chef TLR-Rü/ I F, 3. Januar 1945. {s. S. 2-3}
[44] IWM, GDC-Collection, GDC-16/70: *Ta 152H, Focke-Wulf Flugzeugbau*, 12. Januar 1945.
[45] DBAG-2MA-132: *DB 601A to 601X Fotografien*. {s. Abb. »U 18371, 29996, 23367«}.
[46] DBAG-2MA-121: *F4a, F4B and DB 600 Prototyp-Motoren*. {s. Abb. »1934 Atrappe des Mercedes-Benz Flugmotors DB 600, #24641«, ein DB 600 mit 2-Stufen-Turboladern montiert – wahrscheinlich alles aus Holz; s. auch Abb. »23432«}.
[47] DBAG-2MA-130: *DB 600 Prototyp-Motor,* 2. Teil {s. S. 2 mit Datumstempel »14. Oktober 1936«: »1 Aufhängung: Lader auf beiden Seiten (Stufe I u. II)«}.
[48] DBAG-2MA-120: *Entwicklungs-Auftrag 1934 – 1939*. {s. S. überschrieben »22.11.35 Flugmotoren Entwicklungs-Programm 1935/1936«. In diesem Dokument werden die Entwicklungskosten für einen zweistufigen Kompressormotor mit hydraulischen Kupplungen mit 72.000 RM angegeben – man beachte auch die vielen Verweise auf den »Sparmetall-Motor«: Die ersten DB 600 wurden aus »Sparmetallen« mit geringem Gehalt an kritischen Elementen hergestellt. Im Jahr 1935 waren also die möglichen zukünftigen Schwierigkeiten mit Metallen und Hochleistungs-Flugmotoren bereits bekannt}
[49] IWM, GDC-Collection, GDC-11/550: *Auftreten der weissen Flamme*, DB Niederschrift Nr. 6729, 25 Januar 1945.
[50] TNA, AIR-40/47: *German Aero Engines: Historical Review of Development from 1933 Onwards*, 1945. {s. Abs. IV der Vernehmung von Cuno gegen Ende der Akte auf der Seite überschrieben »Cuno. 18. Under all development questions….«}
[51] IWM, GDC-Collection, GDC-203/426: *DB 603N*, {s. »ANGEBOT über Herstellung von 15 DB 603-N Motoren V1-V15, Dr. Karl Kollmann«}
[52] IWM, SPEER-Collection, GDC-5507-45-SPEER: *Papers of Albert Speer Trial*. {Box 89, blaue Mappe »Speer 204«, dort kleine beigefarbene Notiz »Sti/Fr Steibling 28.2.45…«}
[53] NASM-HAZY, 3214-052: *Power Curves for DB 603LA, N*, 7. März 1945. {35 mm-Mikrofilm}
[54] TNA, AIR-40/152: *Fw 190 C D F & G*. {s. Brief »Betr.: Jumo 213F für Fw 190 D … 27.3.1945«}
[55] NASM-MALL, BJ-411100-01: *Junkers »Jumo« 213 12-CYL-V*. {s. S. 3 des Berichts »A.I.2.(g) Report No. 2375, Junkers Jumo 213 E,F, and J Aero Engines«}
[56] Ebenda. {s. S. 3 – 4 des Berichts »A.I.2.(g) Report No. 2375, Junkers Jumo 213 E, F and J aero engines«}
[57] Ebenda. {s. Tabellen auf S. 4 des Berichts »A.I.2.(g) Report No. 2375, Junkers Jumo 213 E, F and J aero engines«}
[58] IWM, GDC-Collection, CARD-INDEX: *CIOS The Intelligence Exploitation of Germany*, 15. September 1945. {Dies ist die einzige bekannte (freigegebene) offizielle Geschichte der CIOS-Einsätze in Deutschland und eine unverzichtbare Lektüre zu diesem Thema. Diese Broschüre ist nicht Teil der eigentlichen Sammlung, sondern gehört zum Index der GDC-

Sammlung, ist aber selbst ein wertvolles historisches Dokument. Siehe S. 17 für »BLACK LIST«-Ziele, zu denen auch chemische Waffen gehören, und S. 54, 55 für die Ergebnisse der Verfolgung dieser Ziele.

59 IWM, GDC-Collection: FOREIGN DOCUMENTS: HEC / UNT COLLECTION: *Catalogue No. 13379, Halsted Exploitation Centre.* {Für einen Überblick siehe die in braunem Leder gebundenen HEC-Indexbücher und HEC-Akten im IWM, die sich direkt mit den Untersuchungen zu nuklearen/biologischen/chemischen Waffen befassen}

60 IWM, GDC-Collection, CARD-INDEX: *CIOS The Intelligence Exploitation of Germany*, 15. September 1945. {Für einen breiten Überblick s. die »Introduction«}

61 Ebenda. {S. 5}

62 Ebenda. {S. 27}

63 Ebenda. {S. 33}

64 Interview des Autors mit Dr. Ing. Karl Kollmann bei ihm in der Nähe von Stuttgart. 11. Mai 2017. {N.B. Der Autor hat später ein langes Video-Interview mit Kollmann aufgezeichnet, das auf der Website des Autors zu sehen ist}

65 Ebenda.

66 TNA, AIR-40/61: *Daimler-Benz Engines – General*, 1940 – 1945. {Dort »Evaluation Report No. 540, 16 Apl 46, ... report No. POW/Eng/7« gegen Anfang der Akte}

67 TNA, AVIA-6/5653: *Direct Petrol Injection Experiments on Merlin II Engine*, Januar 1943.

68 TNA, AIR-40/61: *Daimler-Benz Engines – General*, 1940 – 1945. {Dort »Evaluation Report No. 538, 15 Apl 46, ... report No. POW/Eng/5« und »Evaluation Report No. 539, 16 Apl 46, ... report No. POW/Eng/6; des Weiteren s. Text gegen Ende der Akte »SECRET, Notes on Interrogation of Dr. Ing. Karl Kollmann ...«}

69 Interview des Autors mit Dr. Ing. Karl Kollmann bei ihm in der Nähe von Stuttgart. 11. Mai 2017.

70 TNA, AIR-40/46: *German Aero-Engines – General*. {s. S. 3 von »Technical Intelligence Report No. A-480« datiert »21 July 1945«.}

71 Eine Überprüfung von drei Biografien über Lindbergh, einschließlich seiner eigenen Autobiografie, brachte nicht viel Licht in die Details. »The Hero« von Kenneth S. Davies, »Lindbergh, Autobiography of Values« von Harcourt Brace Jovanovich, sowie seine Autobiographie der Kriegsjahre, »The Wartime Journals of Charles A. Lindbergh«.

72 Persönliche Diskussion zwischen dem Autor und dem Leitenden Kurator des Technikmuseums »Hugo Junkers« am 8. Mai 2019 in Dessau. »In Dessau, im Luftfahrtmuseum, das ich vor dem Krieg besucht hatte, waren die Ausstellungsstücke zerbrochen und verstreut, die unersetzlichen Dokumente und Fotos zertrampelt.« { H.B.J., S. 28}

73 *The Wartime Journals of Charles A. Lindbergh*, C. A. Lindbergh. {In Lindberghs Kriegstagebüchern ist vermerkt, dass er am 9. Juni 1945 Dessau besuchte (S. 983) und er aß mit Dr. August Lichte zu Abend, der wollte, dass Lindberg ihm dabei half, Jumo-Ingenieure in die amerikanische Zone zu bringen (S. 982)}

74 TNA, AIR-40/75: *German Aero Engines – Daimler-Benz Types*. {s. S. 2 von »Inspection of Junkers Piston Engine Plants at Dessau, Leipzig, and Koethen, Germany« der USSAF; man beachte, dass zum Zeitpunkt der Sichtung dieses Datensatzes dieser fälschlicherweise als »Daimler-Benz« abgelegt war. Die TNA-Mitarbeiter wurden vom Autor benachrichtigt, so dass es sein kann, dass dieses Material in Zukunft unter einer neuen Kennzeichnung abgelegt wird}

75 IWM, GDC-Collection, GDC-203: *Junkers Engines – Collective*. {Fast die gesamte 36-seitige Akte besteht aus Material aus der Vernehmung von Friedrich Kosche; seine Bleistiftskizze der Kompressorauslegung befindet sich am Ende der Akte, z. B. »Abb. 1 Laderantrieb des Jumo 213J«}

76 Ebenda. {s. Seite überschrieben »Friedrich Kosche Engineer, To the military authorities. As a former...«}

77 Mit freundlicher Genehmigung des Smithsonian Museum, Wright Field photographic archive collection.

78 Ebenda.

79 Ebenda.

80 IWM, GDC-Collection, GDC-203: *Junkers Engines-Collective*.

81 Mit freundlicher Genehmigung des Smithsonian Museum, Wright Field photographic archive collection.

82 Ebenda.

83 IWM, GDC-Collection, BIOS-ER-546: *Evaluation Report No. 546, Interrogation of Dr. Otto Cuno at R.A.E*, 21. September 1945. {S. 3}

84 Trotz der hohen Kurbelwellendrehzahl des Sabre war die mittlere Kolbengeschwindigkeit nicht so hoch wie die des Jumo 213J, da der Kurbelwellenhub kurz war.

85 TNA, AIR-40/47: *German Aero Engines Historical Review of Development from 1933 Onwards*, 1933 – 1945. {s. S. 9 von »A.D.I.(k) Report No.417/1945.«}

86 Foto des Autors von der Cosworth XB-Pleuelstange.

87 IWM, GDC-Collection, BIOS-ER-543: *Interrogation of Norman Willich of BMW Munich*, 15. September 1945. {S. 1}

88 Ebenda. {S. 1}

89 Ebenda. {S. 1}

90 Ebenda. {S. 2}

91 Ebenda. {S. 3}

92 TNA, AIR-40/55: *BMW 801 Aero Engines E and F*. {Dort erste Seite der maschingeschriebenen Notizen, die an die Innenseite angeklebt sind: »Interrogation of Dipl. Ing. Norman Willich«}

93 TNA, AIR-40/55: *BMW 801 Aero Engines E and F*. {s. Ab. 15 von »Interrogation of Dr. Ammann Concerning the BMW 801F High Output Engine«}

94 TNA, AIR-40/46: *German Aero-Engines – General*. {Dort S. 2 von »Technical Intelligence Report No. A-480« datiert »21 July 1945«}

95 NASM, MALL, B2-300340-01: *Germany, Piston Engines. 'Questions asked of Visiting German Scientists on Internal Combustion Engines: Wright-Field'*, 19. Juni 1946. {S. 4, Abs. 1}

96 Ebenda. {S. 11}

97 Ebenda. {S. 15}

98 TNA, AIR 40/1891: *A.I.12 RLM Papers*, 1945. {s. S. 1 von 7 im Bericht »A.P/W.I.U.(B.A.F.O.) 103/1945... TOO LATE!«}

99 TNA, AIR-40/47: *German Aero Engines: Historical Review of Development from 1933 Onwards*, 1945. {s. Abs. 1 auf S. 3 des Berichts »German Service Aero Engines« nach ca. 12 Seiten der Hauptakte}

100 TNA, AVIA-9/83: *The Fedden Mission to Germany–Final Report — SECRET*, 7. August 1945. {s. Brief an Anfang der Akte mit Überschrift »Sir Roy Fedden« in Bleistift im Briefkopf. Diese wichtige Akte enthält neben den Bericht selber auch etwas Korrespondenz bezüglich Kritik an Feddens Bericht sowie Feddens Entwürfe für den Bericht}

101 Ebenda. {s. Abs. 1 des Memo datiert »SECRET. August 7th 1945« und überschrieben »SECTION 4: Final Conclusions and Recommendations of the Mission« und mit rotem Dreieck oben rechts auf dem Titelblatt}

102 Ebenda. {s. Abs. 2 des obigen Berichtabschnitts}
103 Ebenda. {s. Abs. 9 auf S. 5 des obigen Berichtabschnitts}
104 Ebenda. {s. S. 88 des »Final Report«}
105 Ebenda. {s. S. 61 des »Final Report«}
106 Ebenda. {s. S. 62 des »Final Report«}
107 TNA, AIR-40/2876: *A.D.I.(k) Reports 401–433*, 1945–1946. {s. »A.D.I.(k) Report No. 414A/1945«}
108 IWM, GDC-Collection, GDC-10/3549: *Caroselli File*, 1945.
109 Ebenda. {s. Seite mit Stempel »1443-1450« oben rechts}
110 Ebenda. {s. Seite mit Stempel »1477« unten links sowie die nächste Seite}
111 Ebenda. {s. Seite mit Stempel »1521-1522« unten rechts}
112 Ebenda. {s. langen Abschnitt ab Seite mit Stempel »1526« unten rechts für eine Besprechung des Zeitplans für Produktion und Entwicklung. Dieser Kommentar selber befindet sich auf der Seite mit Überschrift »-17.4-«}
113 Ebenda. {s. Seite mit Stempel »1531« unten rechts}
114 Ebenda. {s. Seiten mit Stempeln »1532–1533« unten rechts}
115 IWM, GDC-Collection, BIOS-ER-553: *Enemy Interrogation Report No. POW/ENG/20 – Interrogation of P.O.W. H. Caroselli Dipl. Eng. of the Institute of Power Unit Design, D.V.L.* 9. November 1945.
116 IWM, GDC-Collection, BIOS-ER-550: *Enemy Interrogation Report No. Eng/P.O.W./17*, 29. Oktober 1945.
117 Ebenda.
118 Ebenda.
119 IWM, GDC-Collection, BIOS-IR-18: *Interrogation of Prof. von der Nüll on 1st November 1945.*
120 US National Archives II, College Park, NARA-7361539, RG319: *NUELL, Werner T. von der – X8931094*, 1945–1948. {Dort Seite überschrieben »SUBJECT: Preliminary Interrogation Report on Prof. Werner von der Nüll … 17th July 1945«}
121 Ebenda. {s. Seite mit Überschrift »Affidavit #3« datiert »June 2, 1948«}
122 Ebenda. {s. Seite mit Überschrift »G2 201, BASIC PERSONNEL RECORD« mit Fotos und Fingerabdrücke gegen Ende der Akte}
123 US National Archives II, College Park, NARA-18530877, RG 330: *Foreign Scientist Case File Von der Nüll.* {Dort Seite mit rotem Stempel »RESTRICTED« auf der Überschrift »OFFICE OF THE MILITARY GOVERNMENT OF THE U.S. – REVISED SECURITY REPORT«}
124 *Nüll, Werner von der*, Neue Deutsche Biographie 19 (1999), S. 370, Seherr-Thoß, Hans Christoph Graf von.
125 TNA, AIR-40/3066: *The War Organisation of German Science, ADI Sc.32*, 29. März 1945. {Dort S. 8, Abs. 3}
126 Ebenda. {Dort S. 8}
127 TNA, AIR-40/2836: *Answers to Fighter Command Questionnaire by Oberst Edgar Petersen, A.D.I.(k) Report 353A/19*, 23. Juli 1945. {S. 1}
128 Ebenda. {S. 5, Abschnitt (ii)}
129 IWM, GDC-Collection, GDC-FD-61-70/46, SPEER 212: *A/C + Aero Engine Stats, 5 folders*. {Dort Diagramm mit Stempel »47«}
130 Ebenda. {S. 5, Abschnitt (iv)}
131 Ebenda. {S. 6, Abschnitt (vii)}
132 NASM-MALL, B4-311028-01: *The Manufacture of Aviation Gasoline in Germany*, Juli 1945.
133 Ebenda. {S. 6}
134 IWM, GDC-Collection, NurembergTrial Records: *Interrogation Summaries, Interrogation #618*, 2. Dezember 1946. {Vernehmungen in den großen, fest eingebundenen grünen Bänden, diese in Reihen 601-900}
135 IWM, GDC-Collection, BIOS-FR-667: *Synthetic Oil Production in Germany Interrogation of Dr. Butefisch*. {S. 3, Abs. 5}
136 IWM, GDC-Collection, BIOS-FR-119: *Deutsche Versuchsanstalt für Luftfahrt (D.V.L.) Institut für Betriebstoff Forschung*, 8. August 1945. {S. 5, Abs. (d)}
137 FISCHER-TROPSCH, A5464-0386-0462, Item 3C: *Correspondence and short (1-3 page) memos on the German oil position. US Joint Chiefs of Staff/Petroleum Administration forWar and various British offices. March 1944 through June 1945*. {s. S. 62 der 77 PDF-Seiten, überschrieben »CONFIDENTIAL Office of Strategic Services,Washington DC, Date of Information 8 December 1944, Place of Origin, Italy, Original Report No. GB-3415«}
138 FISCHER-TROPSCH–A5464-0540-0548 Item 204C: *German aviation fuels. Embassy of the USA, Economic Warfare Division, Enemy Objectives Unit. November 14, 1944*.
139 CIA Historical Archives – Library Center for the Study of Intelligence, Studies Archive Indexes, Vol. 35 No.4: *Waging Economic Warfare from London*, W.W. Rostow, 8. Mai 2007.
140 IWM, GDC-Collection, BIOS-ER-546: *Enemy Interrogation Report No. ENG/POW/13, Interrogation of Dr Otto Cuno at RAE on 21st September 1945.* {S. 2-3}
141 Ebenda. {S. 3}
142 TNA, AIR-40/47: *German Aero Engines Historical Review of Development from 1933 Onwards*, 1933–1945. {s. S. 1 von »A.D.I.(k) Report No.417/1945.« (Vernehmung von Dr. Otto Cuno.}
143 IWM, GDC-Collection, BIOS-FR-147: *Reciprocating Aero Engines (Daimler-Benz), (CIOS Trip #769)*, 14. August 1945. {S. 3, Abschnitt »Evaluation of Discoveries«}
144 Ebenda. {S. 6–7, N.B. dieser Lagerhersteller trägt jetzt den Namen ADMOS Gleitlager}
145 TNA, AVIA-46/160: *Narrative: – Reciprocating Aero Engines Design and Development*, 1951. {Dort Abs. 147, Teil III/3c »Rolls-Royce«}
146 TNA, AVIA-15/2988: *Engine Research Programmes 1944: Rolls Royce File*. {Dort S. 4 des Briefs mit Eintrag »RDE/7463/R« oben in blauer Tinte}
147 TNA, AVIA-10/411: *Farren Mission to Germany*. {S. 5, Abschnitt »2.3 Internal Organization«}
148 Ebenda. {S. 4, Abschnitt »2.2 Higher Direction«}
149 Ebenda. {S. 1 von »Appendix IV – Courage in Provision of Research Facilities«}
150 CIA Historical Archives – CIA-RDP80R01731R000500480005-4: *CIA MEMORANDUM FOR: DIRECTOR, CENTRAL INTELLIGENCE AGENCY*, 31. Mai 1956.
151 TNA, AVIA-10/411: *Farren Mission to Germany*. {s. S. 3 des Abschnitts »Preamble«}

Kapitel 10: Technischer Überblick

1 TNA, AIR-5/1369: *The History of the »Bristol« Aero Engine Department*. {S. 1}
2 RRHT-BRISTOL: *7th Barnwell Memorial Lecture: The First 25 Years of the Bristol Engine Department by Sir Roy Fedden*, 10. März 1960. {S. 31, Abs. 146, »…and the help of early work by Harry Ricardo.«}
3 NTRS, NACA, No. 894: *The Way to Increased Airplane Engine Power*, Mai 1939. (Englische Übersetzung vom Artikel in »Luftwissen«, Nr. 10, 10. Oktober 1938.) {S. 16}
4 IMECHE, NAP/6/2/2/3: *Napier Sabre*, 27. August 1946. {s. Abs. 4, S. 6 von »Sabre E107 Cooling System, An Investigation into the Means of Minimising Distortion of the Cylinder

Bore, Research Report No 1878, 27th August 1946«. – N.B. dieses Dokument ist im Archiv vielleicht falsch eingeordnet und trägt zusätzlich das Etikett »Same as J2A NAP/6/2/3«}

5 SAE, SAE Transactions, Vol. 36/49, 1941: *The ALLISON AIRCRAFT – ENGINE DEVELOPMENT*, R. M. HAZEN. {S. 488 – 500}

6 NARA, P170512 and P171172, WU-EXP-M-57-8133-1: Combat Engine Failures, 1942 – 1944. {Mikrofilm von Powerplant Labs, Einzelbilder Nr. 422-564. Digitalisierte Kopien von AEHS}

7 IWM Collection No. 12489, 35 mm-Mikrofilm MILCH, 32 Spulen: *Foreign Documents: Milch Collection*. {s. Volume 42, Einzelbild Nr. 6396}

8 IWM, GDC-Collection, GDC-7/10: *Entwicklungsgeschichte des Motormusters 800*, BMW Spandau – GL 1168/41g, 17. Februar 1941. {Zur Datierung des BMW800 s. S. 4, »IV. Die Konstruktion des Motors 800«; zur Leistung und Anlage s. S. 1 & 3 des Abschnitts »Streng Vertraulich«}

9 Interview des Autors mit dem schon im Ruhestand befindlichen Rolls-Royce-Ingenieur Dave Piggott, 14. January 2016.

Impressum

Einbandgestaltung: schreiberVIS, Seeheim
Titelgrafik: Piotr Forkasiewicz

Bildnachweis: Soweit nicht anders vermerkt, stammen die Bilder vom Autor bzw. aus dessen Archiv.

Ins Deutsche übertragen von: Autor und William Buchanan

Die englische Originalausgabe erschien 2020 bei Tempest/ Mortons Books Ltd. unter dem Titel »The Secret Horsepower Race – Western Front Fighter Engine Development«.

Eine Haftung des Autors oder des Verlages und seiner Beauftragten für Personen-, Sach- und Vermögensschäden ist ausgeschlossen.

ISBN: 978-3-613-04505-7

Copyright © by Motorbuch Verlag,
Postfach 103743, 70032 Stuttgart.
Ein Unternehmen der Paul Pietsch Verlage GmbH & Co. KG

Sie finden uns im Internet unter:
www.motorbuch-verlag.de

1. Auflage 2022

Nachdruck, auch einzelner Teile, ist verboten. Das Urheberrecht und sämtliche weiteren Rechte sind dem Verlag vorbehalten. Übersetzung, Speicherung, Vervielfältigung und Verbreitung einschließlich Übernahme auf elektronische Datenträger wie DVD, CD-ROM usw. sowie Einspeicherung in elektronische Medien wie Internet usw. ist ohne vorherige schriftliche Genehmigung des Verlags unzulässig und strafbar.

Layout, Satz und Prepress: schreiberVIS, Seeheim
Lektorat: Manuel Miscrok
Druck und Bindung: Graspo CZ, 76302 Zlin
Printed in Czech Republic

Fliegerhorst Gatow | Heinkel He 118 im Detail | Einsatzbericht: Absetz-Tragödie
Klassiker der Luftfahrt
Das Magazin für Luftfahrtgeschichte
Die schöne „Miss Stress“
Do X: Vom Traum zur Realität
Angriffe auf zivile Ziele
JUNKERS JU 52/3M
90 Jahre Faszination
Luftbild-fotografie
Aufklärung auf neuem Niveau
McDonnell F2H
Der zweite Jet der US Navy
Deutschland 6,50 €
Fliegende Legenden
8 Ausgaben pro Jahr
www.klassiker-der-luftfahrt.de